Springer Collected Works in Mathematics

For further volumes:
http://www.springer.com/series/11104

avec H. Cartan, Paris, 1970

Jean-Pierre Serre

Oeuvres - Collected Papers II

1960–1971

Reprint of the 2003 Edition

Springer

Jean-Pierre Serre
Collège de France
Paris, France

ISSN 2194-9875
ISBN 978-3-642-37725-9 (Softcover)
978-3-540-43563-1 (Hardcover)
DOI 10.1007/978-3-642-37726-6
Springer Heidelberg New York Dordrecht London

Library of Congress Control Number: 2012954381

Mathematics Subject Classification (2000): 14-XX, 18-XX, 20-XX, 32-XX, 55-XX

Printed on acid-free paper

Springer is part of Springer Science+Business Media (www.springer.com)

Table des Matières

Volume II: 1960–1971

45.

Analogues kählériens de certaines conjectures de Weil

Ann. of Math. **71** (1960), 392−394

(extrait d'une lettre à A. Weil, 9 Nov. 1959)

··· Au congrès d'Amsterdam, en 1954, tu as indiqué une démonstration par voie transcendante de la "formule de Castelnuovo" $\sigma(\xi \circ \xi') > 0$. En fait, un procédé analogue, basé sur la théorie de Hodge, s'applique aux variétés de dimension quelconque, et l'on obtient à la fois la positivité de certaines traces, et la détermination des valeurs absolues de certaines valeurs propres, en parfaite analogie avec tes chères conjectures sur les fonctions zêta.

Le résultat sur les valeurs propres est celui qui s'énonce le plus simplement:

THÉORÈME 1. *Soit V une variété projective irréductible, non singulière, définie sur le corps $\mathbf{C}$ des nombres complexes, et soit $f : V \to V$ un morphisme de V dans elle-même. Supposons qu'il existe un entier $q > 0$ et une section hyperplane E de V tels que le diviseur $f^{-1}(E)$ soit algébriquement équivalent à $q \cdot E$. Alors, pour tout entier $r \geqq 0$, les valeurs propres de l'endomorphisme f_r^* de $H^r(V, \mathbf{C})$ défini par f ont pour valeur absolue $q^{r/2}$.*

1   (Note que, si l'on remplace $\mathbf{C}$ par un corps fini $\mathbf{F}_q$ et f par le morphisme de Frobenius correspondant, le diviseur $f^{-1}(E)$ est équivalent à $q \cdot E$; le Théorème 1 est donc bien l'analogue kählérien de "l'hypothèse de Riemann".)

Soit $H(V)$ l'algèbre de cohomologie de V, somme directe des $H^r(V, \mathbf{C})$, $r \geqq 0$, et soit $\mathbf{u} \in H^2(V, \mathbf{C})$ la classe de cohomologie définie par le diviseur E; avec les notations de tes *Variétés Kählériennes* (citées VK dans ce qui suit), la classe $\mathbf{u}$ est une classe *de type kählérien*, et l'on a $f_2^*(\mathbf{u}) = q \cdot \mathbf{u}$. Pour tout $r \geqq 0$, posons:

$$g_r = q^{-r/2} f_r^* ,$$

et soit g l'endomorphisme de $H(V)$ défini par les g_r. De même que f^*, l'endomorphisme g est un endomorphisme *d'algèbre*, compatible avec la structure *bigraduée* de $H(V)$, et c'est un opérateur *réel* (VK, Chap. IV, § 5); enfin, on a $g(\mathbf{u}) = \mathbf{u}$. Si $n = \dim. V$, on a $g(\mathbf{u}^n) = \mathbf{u}^n$ et puisque la classe fondamentale $\mathbf{v}$ de V est un multiple de $\mathbf{u}^n$, on a $g(\mathbf{v}) = \mathbf{v}$; comme g est un endomorphisme d'algèbre, il s'ensuit que g conserve le *produit scalaire* $I(\mathbf{a}, \mathbf{b})$ de deux classes de cohomologie de dimensions complémentaires (VK, Chap. IV, § 7). Munissons alors $H^r(V, \mathbf{C})$ de la forme sesquilinéaire

$$T_V(\mathbf{a}, \mathbf{b}) = A(\mathbf{a}, C\bar{\mathbf{b}}) ,$$

les notations étant celles de VK, p. 77–78. Les formules établies à cet endroit montrent que T_V est une *forme hermitienne positive non dégénérée*; de plus, elle est déterminée de façon unique par la connaissance de l'algèbre bigraduée $H(V)$, munie du produit scalaire $I(\mathbf{a}, \mathbf{b})$, et des opérateurs $\mathbf{a} \to \bar{\mathbf{a}}$ et $\mathbf{a} \to \mathbf{u} \cdot \mathbf{a}$. Comme g respecte ces diverses structures, g respecte aussi T_V, autrement dit c'est un opérateur *unitaire*; les valeurs propres de g ont donc une valeur absolue égale à 1, ce qui démontre le
2 Théorème 1.

Observe également que g_r et g_{2n-r} sont transposés l'un de l'autre par rapport à la forme bilinéaire $I(\mathbf{a}, \mathbf{b})$; si les valeurs propres de f_r^* sont $\lambda_1, \cdots, \lambda_k$, celles de f_{2n-r}^* sont donc $q^n/\lambda_1, \cdots, q^n/\lambda_k$; c'est l'analogue kählérien de "l'équation fonctionnelle" de la fonction zêta.

Je passe maintenant aux correspondances, et à la généralisation de la formule $\sigma(\xi \circ \xi') > 0$. Pour éviter des difficultés inessentielles, je prendrai le terme de "correspondance" en un sens purement homologique: si V et W sont deux variétés kählériennes compactes connexes, de dimension n, une correspondance X de V dans W est une application $\mathbf{C}$-linéaire $H(V) \to H(W)$ qui respecte les bidegrés, et commute à la conjugaison (autrement dit, c'est un opérateur *réel*); un tel X correspond à une classe de cohomologie réelle de type (n, n) de $V \times W$.

Soit $\mathbf{u}_V \in H^2(V, \mathbf{C})$ la classe de cohomologie définie par la structure kählérienne de V, et soit L_V l'endomorphisme $\mathbf{a} \to \mathbf{u}_V \cdot \mathbf{a}$ de $H(V)$; définition analogue pour L_W. Je dirai que *la correspondance X est compatible avec les structures kählériennes de V et W* (dans le cas algébrique, il faudrait parler de *polarisations*) si la condition suivante est vérifiée:

(c) *Pour tout couple d'entiers $r, s \geqq 0$, X applique* $L_V^r(\operatorname{Ker} L_V^s)$ *dans* $L_W^r(\operatorname{Ker} L_W^s)$.

Il revient au même de dire que X est compatible avec les décompositions de Hodge des espaces $H(V)$ et $H(W)$, cf. VK, p. 76.

Soit maintenant ${}^tX: H(W) \to H(V)$ la *transposée* de X par rapport à la dualité de Poincaré; la décomposition de Hodge étant auto-duale, ${}^tX$ vérifie également (c). Pour tout entier r, notons X_r et ${}^tX_r$ les restrictions de X et ${}^tX$ à $H^r(V, \mathbf{C})$ et $H^r(W, \mathbf{C})$; si $r \leqq n$, on sait que $L_V^{n-r}: H^r(V, \mathbf{C}) \to H^{2n-r}(V, \mathbf{C})$ est un isomorphisme; notons L_V^{r-n} l'isomorphisme réciproque. Pour tout entier $r, 0 \leqq r \leqq 2n$, on peut alors définir une application linéaire

$$X'_r : H^r(W, \mathrm{C}) \rightarrow H^r(V, \mathrm{C})$$

par la formule:

$$X'_r = L_V^{r-n} \circ {}^tX_{2n-r} \circ L_W^{n-r} .$$

3 C'est l'opérateur X'_r qui joue le rôle du ξ' de la formule de Castelnuovo. On a en effet:

THÉORÈME 2. *Soient V et W deux variétés kählériennes connexes de même dimension, et soit X une correspondance compatible avec les structures kählériennes de V et de W. Pour tout entier r, on a alors*

$$\mathrm{Tr}\,(X_r \circ X'_r) \geqq 0;$$

de plus, si $\mathrm{Tr}\,(X_r \circ X'_r) = 0$, *on a* $X_r = 0$.

Munissons $H^r(V, \mathrm{C})$ de la forme hermitienne $T_V(\mathrm{a}, \mathrm{b})$ introduite plus haut, et faisons de même pour $H^r(W; \mathrm{C})$. Un calcul simple (où la condition (c) joue un rôle essentiel) montre que les opérateurs $X_r : H^r(V, \mathrm{C}) \rightarrow H^r(W, \mathrm{C})$ et $X'_r : H^r(W, \mathrm{C}) \rightarrow H^r(V, \mathrm{C})$ sont *adjoints* l'un de l'autre par rapport aux formes T_V et T_W. La trace de $X_r \circ X'_r$ n'est donc pas autre chose que le *carré de la norme* (au sens d'Hilbert-Schmidt) *de l'opérateur* X_r, et le Théorème 2 résulte évidemment de là.

Bien entendu, le Théorème 2 redonne le Théorème 1: il suffit de l'appliquer aux correspondances de l'anneau engendré par $X = f^*$, en tenant compte des formules $X \circ {}^tX = {}^tX \circ X = q^n$; le raisonnement est identique à celui que tu fais dans tes *Courbes Algébriques* pour déduire "l'hypothèse de Riemann" de la formule $\sigma(\xi \circ \xi') > 0$.

Observe également que, si l'on prend $r = 1$, l'hypothèse (c) est superflue (la décomposition de Hodge de H^1 étant triviale), et l'on obtient ainsi, sans restriction sur X, la positivité de $\mathrm{Tr}(X_1 \circ X'_1)$; c'est là un résultat essentiellement équivalent au Th. 7, p. 137, de VK. Pour $r \geqq 2$, l'hypothèse (c) est par contre essentielle.

INSTITUTE FOR ADVANCED STUDY

46.

Sur la rationalité des représentations d'Artin

Ann. of Math. **72** (1960), 405–420

1. Représentations d'Artin

Soit K un corps muni d'une valuation discrète v, et *complet* pour la topologie définie par cette valuation; nous supposerons que v est *normée*, donc applique K^* sur $\mathbf{Z}$.

Soit L une extension galoisienne finie de K, de groupe de Galois G. On sait qu'il existe une valuation discrète normée w de L et un entier $e \geqq 1$ tels que $w(x) = ev(x)$ si $x \in K^*$; de plus w et e sont uniques. L'entier e est appelé *l'indice de ramification* de l'extension L/K. Nous supposerons que l'extension L/K est *totalement ramifiée*[1], c'est-à-dire que $e = [L:K]$,
1 ou encore que les corps des restes de K et de L coïncident. Soit t une uniformisante de L, autrement dit un élément de valuation égale à 1. Pour tout $\sigma \in G$ distinct de l'élément neutre 1, posons:

$$(1) \qquad i(\sigma) = w(\sigma(t) - t) \, .$$

Pour $\sigma = 1$, on pose $i(1) = +\infty$.

En utilisant le fait que L/K est totalement ramifiée, on montre que l'entier $i(\sigma)$ ne dépend pas du choix de l'uniformisante t.

Définissons maintenant une application $a : G \to \mathbf{Z}$ par les formules:

$$(2) \qquad a(\sigma) = -i(\sigma) \qquad \text{si } \sigma \neq 1 \, ,$$

$$(3) \qquad a(1) = \sum_{\sigma \neq 1} i(\sigma) \, .$$

On a donc:

$$(4) \qquad \sum_{\sigma \in G} a(\sigma) = 0 \, .$$

THÉORÈME 1. *La fonction a est le caractère d'une représentation linéaire du groupe G.*

Il est clair que la fonction a vérifie la relation:

$$(5) \qquad a(\sigma\tau) = a(\tau\sigma) \qquad \text{pour } \sigma, \tau \in G \, .$$

C'est donc une combinaison linéaire, à coefficients complexes, des caractères irréductibles χ de G:

---

[1] Cette hypothèse ne sert qu'à simplifier le langage; les théorèmes 1 et 2 énoncés ci-après s'étendent d'eux-mêmes au cas où l'extension des corps des restes est *séparable*, la représentation d'Artin de G étant *induite* par la représentation d'Artin du *sous-groupe d'inertie* de G (cf. n°5, prop. 6).

(6) $$a(\sigma) = \sum_\chi f_\chi \chi(\sigma)\ , \qquad f_\chi \in \mathrm{C}\ .$$

Le théorème 1 équivaut à dire que les f_χ sont des *entiers* $\geqq 0$. Pour les calculer, introduisons les *groupes de ramification* G_i de L/K; par définition, on a $\sigma \in G_i$ si et seulement si $i(\sigma) \geqq i+1$. On sait (voir [11, Chap. V], par exemple) que les G_i forment une suite décroissante de sous-groupes invariants de G, avec $G_0 = G$, et $G_n = \{1\}$ pour n assez grand. Comme $a(\sigma) = a(\sigma^{-1})$, on peut écrire

$$e\cdot f_\chi = \sum_{\sigma \in G} a(\sigma)\chi(\sigma) = \sum_{\sigma \neq 1} i(\sigma)(\chi(1) - \chi(\sigma))\ ,$$

et puisque la fonction $i(\sigma)$ est égale à $i+1$ sur $G_i - G_{i+1}$, on obtient:

$$e\cdot f_\chi = \sum_{i=0}^{\infty} \sum_{\sigma \in G_i - G_{i+1}} (i+1)(\chi(1) - \chi(\sigma))$$
$$= \sum_{i=0}^{\infty} \sum_{\sigma \in G_i} (\chi(1) - \chi(\sigma))\ .$$

Soit e_i l'ordre de G_i, et posons $\chi(G_i) = (1/e_i)\sum_{\sigma \in G_i} \chi(\sigma)$. Les formules d'orthogonalité des caractères montrent que $\chi(G_i)$ est un entier compris entre 0 et $\chi(1)$. On obtient donc finalement:

(7) $$e\cdot f_\chi = \sum_{i=0}^{\infty} e_i(\chi(1) - \chi(G_i))\ ,$$

ce qui montre déjà que les f_χ sont des nombres rationnels $\geqq 0$. De plus, en comparant avec [2], on voit que f_χ est égal à la valuation du *conducteur d'Artin* $\mathfrak{f}_\chi$ du caractère χ. Or cette valuation est un *entier*: cela a été démontré par Artin [2] lorsque le corps des restes de K est un corps fini (grâce à la théorie du corps de classes), et par C. Arf [1] dans le cas général; d'où le théorème 1.

(Signalons que la démonstration d'Artin peut être étendue au cas général, à condition d'utiliser la théorie des isogénies du groupe des unités de K (cf. [13], n°5). On évite ainsi les calculs compliqués de [1].)

La représentation dont le théorème 1 affirme l'existence sera appelée la *représentation d'Artin* du groupe G attachée à l'extension L/K; nous la désignerons par la lettre A. La formule (7) se traduit en termes de représentations de la façon suivante: si U_i désigne la représentation du sous-groupe G_i différence de la représentation régulière et de la représentation triviale (représentation "d'augmentation"), et si U_i^* est la représentation de G induite par U_i, on a:

(8) $$e\cdot A = \sum_{i=0}^{\infty} e_i U_i^*\ ,$$

ce qui donne de $e\cdot A$ une définition simple.

Quant à la représentation A elle-même, on ne peut la définir, pour l'instant, que par l'intermédiaire de son caractère, donc seulement à un

isomorphisme près (et par des matrices à coefficients dans **C**). Peut-on faire mieux, c'est-à-dire construire canoniquement un G-module qui réalise cette représentation? C'est la question que pose Weil dans [15]. Nous ne ferons ici que traiter une question préliminaire, celle des corps de rationalité de A: nous dirons que la représentation d'Artin A est *rationnelle* sur un corps E de caractéristique zéro s'il existe une représentation linéaire de G par des matrices à coefficients dans E dont le caractère est la fonction a. La représentation d'Artin n'est *pas toujours*
2 *rationnelle sur* **Q**, ni même sur **R** (voir les n°s 4 et 5). Toutefois:

THÉORÈME 2. *Soit p la caractéristique du corps des restes de K. Si l est un nombre premier distinct de p, la représentation d'Artin attachée à l'extension L/K est rationnelle sur le corps l-adique* $\mathbf{Q}_l$.

Si $p=0$, il n'y a pas de ramification supérieure, autrement dit $G_i = \{1\}$ pour $i \geqq 1$, et la formule (8) montre que la représentation d'Artin est égale à la représentation d'augmentation de G; elle est donc rationnelle sur **Q**, et *a fortiori* sur $\mathbf{Q}_l$.

Si $p \neq 0$, le groupe G jouit de la propriété que voici[2]:

(R_p) *Il existe un sous-groupe invariant H de G qui est un p-groupe et qui est tel que G/H soit cyclique d'ordre premier à p.*

Il suffit en effet de prendre $H = G_1$, et d'appliquer la théorie de la ramification [11, *loc. cit.*].

3 Nous sommes donc ramenés à démontrer le théorème suivant, qui n'a plus rien à voir avec les représentations d'Artin:

THÉORÈME 3. *Soit p un nombre premier, et soit G un groupe fini vérifiant la propriété* (R_p) *ci-dessus. Tout caractère de G à valeurs dans le corps l-adique $\mathbf{Q}_l$, où $l \neq p$, est le caractère d'une représentation linéaire de G rationnelle sur* $\mathbf{Q}_l$.

La démonstration sera donnée au n°3.

2. Rappel de résultats sur les représentations linéaires

Soit G un groupe fini, et soit E un corps de caractéristique zéro. L'algèbre $E[G]$ du groupe G sur le corps E est une algèbre semi-simple[3], qui se décompose en produit d'algèbres simples A_i; chaque A_i est une algèbre de matrices $M_{n_i}(D_i)$ sur un corps gauche D_i de centre une extension finie E_i de E; si m_i^2 est le degré de D_i sur E_i, l'entier m_i est appelé *l'indice de Schur* de la composante A_i, cf. par exemple Brauer [3].

[2] Réciproquement, on peut montrer que tout groupe vérifiant (R_p) est groupe de Galois d'une extension du type envisagé ici.

[3] Pour tout ce qui concerne les algèbres semi-simples, voir Bourbaki, *Alg.* VIII, ou Deuring [5].

Soit V_i un A_i-module simple (unique à un isomorphisme près); c'est un espace vectoriel de dimension $m_i n_i$ sur E_i. Tout $\sigma \in G$ définit un endomorphisme $\rho_i(\sigma)$ de V_i; la trace de $\rho_i(\sigma)$, considéré comme E_i-endomorphisme de V_i, est égale à m_i fois la *trace réduite* de l'image de σ dans A_i; cette trace réduite sera notée $\psi_i(\sigma)$. On a donc $\psi_i(\sigma) \in E_i$. D'autre part, on peut considérer V_i comme un E-espace vectoriel, et la trace de $\rho_i(\sigma)$, considéré comme E-endomorphisme de V_i, est égale à $m_i\chi_i(\sigma)$, avec:

$$\chi_i(\sigma) = \mathrm{Tr}_{E_i/E}(\psi_i(\sigma)) \,. \tag{9}$$

Si α est un isomorphisme de E_i dans la clôture algébrique $\bar{E}$ de E, on constate facilement que $\chi_{i,\alpha}(\sigma) = \alpha(\psi_i(\sigma))$ est un *caractère irréductible* de G, et que l'on obtient ainsi, quand i et α varient, tous les caractères irréductibles de G. La formule (9) s'écrit:

$$\chi_i(\sigma) = \textstyle\sum_\alpha \chi_{i,\alpha}(\sigma) \,. \tag{10}$$

Cette décomposition met en évidence les faits suivants:

(a) Pour qu'un caractère $\chi = \sum d_{i,\alpha}\chi_{i,\alpha}$ ($d_{i,\alpha}$ entiers positifs) *soit à valeurs dans* E, il faut et il suffit que les $d_{i,\alpha}$ *ne dépendent que de* i, et si d_i est leur valeur commune, on a:

$$\chi = \textstyle\sum_i d_i\chi_i \,. \tag{11}$$

(b) Pour qu'un caractère χ soit le caractère d'une représentation de G *rationnelle sur* E, il faut et il suffit qu'il soit à valeurs dans E, et que les entiers d_i soient *divisibles par les indices de Schur* m_i. (En effet, toute représentation de G rationnelle sur E est somme directe des représentations V_i répétées un certain nombre de fois, et on a vu que le caractère de V_i n'est autre que $m_i\chi_i$.)

Convenons de dire qu'une algèbre semi-simple est *décomposée* si c'est un produit d'algèbres de matrices sur des corps *commutatifs*; l'algèbre $E[G]$ est décomposée si et seulement si tous les indices de Schur m_i sont égaux à 1. En comparant (a) et (b) on obtient alors le résultat suivant, dû à Brauer:

PROPOSITION 1. *Soit G un groupe fini et soit E un corps de caractéristique zéro. Les deux conditions suivantes sont équivalentes:*

(i) *L'algèbre $E[G]$ est décomposée.*

(ii) *Tout caractère de G à valeurs dans E est le caractère d'une représentation linéaire de G rationnelle sur E.*

Soit maintenant q un nombre premier; nous dirons qu'un groupe fini G vérifie la propriété (B_q) si l'on a:

(B_q) *Il existe un sous-groupe invariant C de G qui est cyclique d'ordre premier à q, et qui est tel que G/C soit un q-groupe.*

Le résultat suivant est dû à Brauer [3] et Witt [18]:

PROPOSITION 2. *Soit G un groupe fini et soit E un corps de caractéristique zéro. Supposons que, pour tout nombre premier q, et pour tout sous-groupe H de G vérifiant* (B_q), *l'algèbre $E[H]$ soit décomposée. Alors $E[G]$ est décomposée.*

Rappelons brièvement la démonstration:

On commence par établir une formule:

$$1 = \sum_\lambda n_\lambda \varphi_\lambda^* , \qquad n_\lambda \in \mathbf{Z} , \tag{12}$$

où les φ_λ sont des caractères de représentations rationnelles sur E de sous-groupes H_λ vérifiant (B_{q_λ}), et où φ_λ^* désigne le caractère de G *induit* par φ_λ; voir Witt [18, Satz 6], ou bien Swan [14, th. 4.1].

Si maintenant χ est un caractère de G à valeurs dans E, on multiplie (12) par χ, et l'on obtient:

$$\chi = \sum_\lambda n_\lambda \varphi_\lambda^* \chi = \sum_\lambda n_\lambda (\varphi_\lambda \chi)^* . \tag{13}$$

Comme $\varphi_\lambda \chi$ est un caractère de H_λ à valeurs dans E, l'hypothèse faite sur les H_λ montre que c'est le caractère d'une représentation de H_λ rationnelle sur E; donc $(\varphi_\lambda \chi)^*$ est le caractère d'une représentation de G rationnelle sur E (à savoir la représentation induite). La formule (13), jointe au critère (b) ci-dessus, montre que χ est caractère d'une représentation de G rationnelle sur E. Ceci ayant lieu pour tout χ, la proposition 1 montre que $E[G]$ est décomposée, cqfd.

3. Démonstration du Théorème 3

Compte tenu de la proposition 1, il s'agit de prouver que, *si G vérifie* (R_p) *et si $l \neq p$, l'algèbre $\mathbf{Q}_l[G]$ est décomposée.* De plus, la proposition 2 permet de supposer qu'*il existe un nombre premier q tel que G vérifie* (B_q). Nous allons distinguer deux cas, suivant que q est ou non égal à p:

Premier cas: $q = p$. Soient H et C les sous-groupes de G dont l'existence est affirmée par (R_p) et (B_p). Si l'ordre de G est égal à $m \cdot p^k$, avec $(m, p) = 1$, l'ordre de H est p^k, celui de C est m; comme chacun de ces sous-groupes est invariant dans G, il s'ensuit que G s'identifie au *produit* $C \times H$. L'algèbre $\mathbf{Q}_l[G]$ est donc produit tensoriel sur $\mathbf{Q}_l$ des algèbres $\mathbf{Q}_l[C]$ et $\mathbf{Q}_l[H]$, et l'on est ramené à démontrer le théorème pour C et pour H.

C'est trivial pour C, car C est commutatif, donc aussi $\mathbf{Q}_l[C]$.

Pour H, qui est un p-groupe, le théorème est conséquence[4] de résultats plus précis de Roquette [10]; si $p \neq 2$, Roquette démontre que $\mathbf{Q}[G]$ est décomposée, donc *a fortiori* $\mathbf{Q}_l[G]$ pour tout l; si $p = 2$, il démontre que les seuls corps non commutatifs qui puissent intervenir dans $\mathbf{Q}[G]$ sont de la forme $\mathbf{K} \otimes_{\mathbf{Q}} E$, où $\mathbf{K}$ désigne le corps des quaternions usuels (relatif au couple $(-1, -1)$), et où E est une extension finie de $\mathbf{Q}$; comme $\mathbf{Q}_l$ est corps neutralisant de $\mathbf{K}$ pour tout $l \neq 2$, il s'ensuit bien que $\mathbf{Q}_l[G]$ est décomposée.

Second cas: $q \neq p$. Soit encore H le sous-groupe de G dont l'existence est affirmée par (R_p); c'est un p-groupe. D'autre part, puisque G vérifie (R_q), il en est de même de H, et, comme $p \neq q$, il s'ensuit que H est *cyclique d'ordre une puissance de* p. Quant au groupe G/H, d'après (R_p), il est *cyclique d'ordre premier à* p. Le groupe G, étant extension de deux groupes cycliques d'ordres premiers entre eux, a une structure suffisamment simple pour qu'on puisse déterminer explicitement $\mathbf{Q}[G]$, et c'est ce que nous allons commencer par faire.

Soit T l'ensemble des éléments de G qui permutent aux éléments de H; c'est un sous-groupe invariant de G, contenant H, et le quotient T/H est cyclique d'ordre premier à p; comme H est contenu dans le centre de T, il s'ensuit que T est produit direct de H et d'un sous-groupe H' cyclique d'ordre d premier à p, et en particulier T est *cyclique d'ordre* $n = d \cdot h$, où h est l'ordre de H. Le groupe $R = G/T$ opère sur T (grâce aux automorphismes intérieurs de G), et opère fidèlement par construction; de plus R opère trivialement sur H'.

Puisque les ordres de H et de G/H sont premiers entre eux, il existe un sous-groupe H'' de H appliqué isomorphiquement sur G/H par la projection $G \to G/H$ (le groupe G est "produit semi-direct" de H par H''). Pour tout $\sigma \in R = G/T$, nous choisirons un représentant $u_\sigma \in H''$, et nous noterons $a_{\sigma,\tau}$ le système de facteurs correspondant, défini par la formule:

$$u_\sigma u_\tau = u_{\sigma\tau} a_{\sigma,\tau}\,, \qquad \text{avec } a_{\sigma,\tau} \in T \cap H'' = H'\,. \tag{14}$$

Soit maintenant $\Lambda = \mathbf{Q}[T]$ l'algèbre du groupe cyclique T; comme R opère sur T, il opère aussi sur Λ. Tout élément $z \in \mathbf{Q}[G]$ s'écrit de façon unique sous la forme:

$$z = \textstyle\sum_{\sigma \in R} \lambda_\sigma u_\sigma\,, \qquad \text{avec } \lambda_\sigma \in \Lambda\,, \tag{15}$$

et l'on a

$$u_\sigma \lambda u_\sigma^{-1} = \sigma(\lambda)\,, \qquad \text{pour } \sigma \in R,\ \lambda \in \Lambda\,. \tag{16}$$

[4] On peut aussi démontrer directement que $\mathbf{Q}_l[G]$ est décomposée si l ne divise pas l'ordre de G (cf. Schilling [12]).

Les formules (14), (15), (16) *déterminent complètement* l'algèbre $\mathbf{Q}[G]$ à partir de Λ, du système de facteurs $a_{\sigma,\tau}$, et des opérations de R sur Λ. En particulier, toute décomposition de Λ en produit qui soit stable par R correspond à une décomposition de $\mathbf{Q}[G]$. Or le groupe T est cyclique d'ordre n. L'algèbre $\Lambda=\mathbf{Q}[T]$ est donc quotient de l'algèbre de polynômes $\mathbf{Q}[X]$ par l'idéal engendré par X^n-1. En décomposant X^n-1 en produit des polynômes cyclotomiques $\Phi_m(X)$, avec $m \mid n$, et en tenant compte de l'irréductibilité de ces polynômes, on obtient un isomorphisme:

$$\Lambda = \prod_{m|n} K_m \,, \tag{17}$$

en notant K_m le corps des racines m-èmes de l'unité; de plus, cette décomposition de Λ est invariante par $\mathrm{Aut}(T)$, et en particulier par R. L'algèbre $\mathbf{Q}[G]$ est donc *produit direct* des algèbres A_m que l'on obtient en prenant $\lambda_\sigma \in K_m$ dans (15). Ces algèbres ne sont pas en général des algèbres simples; toutefois, c'est le cas de l'algèbre A_n correspondant à $m = n$, algèbre que nous noterons $A[G]$. En effet, comme R opère fidèlement sur T, et que T est plongé dans K_n, le groupe R s'identifie au groupe de Galois d'une certaine extension K_m/F, et $A[G]$ n'est pas autre chose que le *produit croisé* $(a_{\sigma,\tau}, K_m/F)$, qui est une algèbre simple de centre F (pour tout ce qui concerne les produits croisés, voir Deuring [5, Kap. V]). L'algèbre $A[G]$ est donc une *composante simple* de $\mathbf{Q}[G]$; de plus c'est une composante *fidèle*: l'application $G \to A[G]$ est injective. Quant aux algèbres A_m, où m divise strictement n, elles se décomposent en produits d'algèbres simples, et aucune de ces algèbres n'est fidèle (puisque l'application naturelle de T dans K_m n'est pas injective). En résumé:

PROPOSITION 3. *L'algèbre $A[G]$ est une composante simple et fidèle de $\mathbf{Q}[G]$ et c'est la seule.*

Si A' est une autre composante simple de $\mathbf{Q}[G]$, le noyau de l'application $G \to A'$ est un sous-groupe invariant G' de G; comme G/G' est justiciable de la proposition 3, on en conclut que A' n'est pas autre chose que $A[G/G']$; de plus, la même proposition montre que la correspondance $A' \to G'$ est bijective. D'où:

PROPOSITION 4. *L'algèbre $\mathbf{Q}[G]$ est produit direct des algèbres simples $A[G/G']$, où G' parcourt l'ensemble des sous-groupes invariants de G.*

Revenons maintenant à la question de la décomposition de $\mathbf{Q}[G]$ par $\mathbf{Q}_l$, avec $l \neq p$. Vu la proposition précédente, il suffit de voir que $A[G]$ *est décomposée par* $\mathbf{Q}_l$. Or, on a $A[G] = (a_{\sigma,\tau}, K_m/F)$, et de plus:

(1) Les $a_{\sigma,\tau}$ sont des *unités* (ce sont même des racines de l'unité par construction).

(2) *L'extension K_m/F n'est ramifiée pour aucune des valuations de K_m prolongeant la valuation l-adique de* $\mathbf{Q}$. En effet, la décomposition de T sous la forme $T=H\cdot H'$ se traduit par la décomposition $K_m=K_h\cdot K_d$ de K_m, et le groupe R opère trivialement sur H', donc sur K_d; on a alors $K_d \subset F$, d'où $K_m = K_h \cdot F$: le corps K_m s'obtient en adjoignant à F les racines h-èmes de l'unité, et ne peut donc être ramifié que pour des valuations de K_m prolongeant la valuation p-adique.

Les propriétés (1) et (2) suffisent à assurer que le système de facteurs $a_{\sigma,\tau}$ devient trivial sur $\mathbf{Q}_l$; c'est là un résultat classique, dont on trouvera par exemple une démonstration dans Witt [17, n°2]. L'algèbre $A[G]$ est donc bien décomposée par $\mathbf{Q}_l$, ce qui achève la démonstration du théorème 3.

4. Un exemple où la représentation d'Artin n'est pas rationnelle sur R

Soit G le groupe *quaternionien* $\{\pm 1, \pm i, \pm j, \pm k\}$ et soit $C = \{\pm 1\}$ son centre. Si $\mathbf{K}$ désigne le corps des quaternions sur $\mathbf{Q}$ relatif au couple $(-1, -1)$, le plongement naturel de G dans $\mathbf{K}$ se prolonge en un homomorphisme surjectif $\mathbf{Q}[G] \to \mathbf{K}$, donc identifie $\mathbf{K}$ à une composante simple de $\mathbf{Q}[G]$. Les autres composantes simples, au nombre de quatre, sont isomorphes à $\mathbf{Q}$ et correspondent aux représentations de degré 1 de G/C. Le caractère χ attaché à la composante $\mathbf{K}$ par le procédé du n°2 est donné par les formules:

$$\chi(1) = 2\,, \qquad \chi(-1) = -2\,, \qquad \chi(\sigma) = 0 \qquad \text{si } \sigma \notin C\,. \tag{18}$$

C'est un caractère irréductible. L'indice de Schur correspondant est égal à 2, et reste égal à 2 si l'on remplace $\mathbf{Q}$ par $\mathbf{R}$, puisque $\mathbf{K}\otimes_{\mathbf{Q}}\mathbf{R}$ est un corps. En appliquant les résultats du n°2 on obtient:

PROPOSITION 5. *Soit a un caractère du groupe quaternionien G. Pour que a soit le caractère d'une représentation linéaire de G rationnelle sur le corps* $\mathbf{R}$, *il faut et il suffit que l'entier*

$$(a, \chi) = \frac{1}{4}(a(1) - a(-1)) \tag{19}$$

soit pair.

Au lieu de $\mathbf{R}$ on pourrait d'ailleurs prendre n'importe quel corps qui ne décompose pas $\mathbf{K}$, par exemple $\mathbf{Q}$ lui-même, ou bien $\mathbf{Q}_2$.

COROLLAIRE. *Supposons que le groupe quaternionien G soit groupe de Galois d'une extension L/K de corps locaux, et que les groupes de ramification $\{G_i\}$ de cette extension soient les suivants:*

$$(20)\qquad \begin{aligned} G &= G_0 = G_1 \\ C &= G_2 = G_3 \\ \{1\} &= G_4 = G_5 = \cdots . \end{aligned}$$

La représentation d'Artin attachée à L/K n'est alors pas rationnelle sur $\mathbf{R}$ (*ni sur* $\mathbf{Q}_2$).

En effet, avec les notations du n°1, on a $i(-1)=4$ et $i(\sigma)=2$ si $\sigma \notin C$, d'où $a(1) = 4 + 6\cdot 2 = 16$, $a(-1) = -4$, et, d'après (19), $(a, \chi) = 20/4 = 5$ qui est *impair*.

Nous allons maintenant construire une extension L/K vérifiant les hypothèses du corollaire:

Soit $k = \mathbf{Q}_2(i)$, avec $i^2 = -1$, et soit $\pi = i - 1$. Si l'on note $x \to \bar{x}$ le $\mathbf{Q}_2$-automorphisme non trivial de k, on a:

$$(21)\qquad \bar{\pi} = i\cdot\pi = (1 + \pi)\cdot\pi .$$

De plus, π est une uniformisante de k.

Soit A le sous-groupe de k^* formé par les éléments $2^n u$, avec $n \in \mathbf{Z}$, et $v(1 - u) \geqq 3$ (v désignant la valuation normée de k). Comme $v(2) = 2$, et que le corps des restes de k est $\mathbf{F}_2$, le groupe k^*/A est d'ordre 8; en outre, la formule:

$$(22)\qquad \pi^2 \equiv (-i) \qquad \mathrm{mod}\, A ,$$

montre que k^*/A est *cyclique d'ordre* 8, et engendré par l'image de π.

D'après la théorie du corps de classes local, il existe une extension abélienne L/k, de groupe de Galois $\mathfrak{h}$, telle que l'application de réciprocité $\varphi : k^* \to \mathfrak{h}$ définisse un *isomorphisme* de k^*/A sur $\mathfrak{h}$. De plus, A est stable par $x \to \bar{x}$, et les formules (21) et (22) montrent que $\bar{\pi} \equiv \pi^{-1} \bmod A$. Il s'ensuit que l'extension $L/\mathbf{Q}_2$ est galoisienne, et que, si $\mathfrak{g}$ désigne son groupe de Galois, le groupe $\mathfrak{g}/\mathfrak{h} = \mathbf{Z}/2\mathbf{Z}$ opère sur $\mathfrak{h}$ par $\sigma \to \sigma^{-1}$. Le groupe $\mathfrak{g}$ *n'est pas produit semi-direct de* $\mathfrak{h}$ *par* $\mathfrak{g}/\mathfrak{h}$. En effet, supposons qu'il le soit. Un calcul immédiat montre que l'homomorphisme de *transfert*

$$t : \mathfrak{g}/\mathfrak{g}' \to \mathfrak{h}$$

serait trivial. Or, d'après la théorie du corps de classes, on a un diagramme commutatif:

$$(23)\qquad \begin{array}{ccc} \mathfrak{g}/\mathfrak{g}' & \xrightarrow{t} & \mathfrak{h} \\ \psi\uparrow & & \uparrow\varphi \\ \mathbf{Q}_2^* & \longrightarrow & k^* , \end{array}$$

où φ et ψ désignent les applications de réciprocité, et où $\mathbf{Q}_2^* \to k^*$ est l'injection naturelle du premier groupe dans le second. Par construction,

$\varphi(-1)$ est un élément non trivial de $\mathfrak{h}$, et ceci suffit à prouver que t est non trivial.

Il s'ensuit que le groupe $\mathfrak{g}$ est le groupe *quaternionien généralisé*, d'ordre 16. Si $\sigma \in \mathfrak{g}$, $\sigma \notin \mathfrak{h}$, l'élément σ^2 est l'unique élément d'ordre 2 de $\mathfrak{h}$.

Soit C (resp. H) le sous-groupe d'ordre 2 (resp. d'ordre 4) de $\mathfrak{h}$. L'image par φ du groupe des unités de k^* est égale à H. Donc H est le *groupe d'inertie* de L/k. Soit maintenant $G \subset \mathfrak{g}$ le groupe d'inertie de $L/\mathbf{Q}_2$; on a $G \cap \mathfrak{h} = H$; de plus, puisque $k/\mathbf{Q}_2$ est ramifiée, G n'est pas contenu dans $\mathfrak{h}$, et c'est un groupe d'ordre 8; on voit tout de suite que ce groupe est isomorphe au groupe quaternionien. Le corps K de L correspondant à G est l'unique extension quadratique non ramifiée de $\mathbf{Q}_2$, *i.e.* $\mathbf{Q}_2(\sqrt{5})$.

L'extension L/K étant construite, il reste à déterminer ses groupes de ramification, et à vérifier les formules (20).

La théorie de la ramification dans les extensions abéliennes (Hasse [7]) montre tout d'abord que $\mathfrak{h}_0 = \mathfrak{h}_1 = H$, $\mathfrak{h}_2 = \mathfrak{h}_3 = C$, $\mathfrak{h}_4 = \{1\}$. On en tire $G_2 \cap H = C$, $G_3 \cap H = C$, $G_4 \cap H = \{1\}$; la dernière égalité entraîne $G_4 = \{1\}$. D'autre part, comme L/K est totalement ramifiée, et que G est un 2-groupe, on a $G_0 = G_1 = G$. Reste à voir que G_2 et G_3 sont réduits à C. Mais la formule (21) montre que les groupes de ramification de $\mathfrak{g}/\mathfrak{h} = G/H$ sont donnés par:

$$(G/H)_0 = (G/H)_1 = G/H\ , \qquad (G/H)_2 = \{1\}\ .$$

D'après un théorème de Herbrand [8], (voir aussi [7]), on a:

$$i(\alpha) = \frac{1}{(G:H)} \sum\nolimits_{\sigma \to \alpha} i(\sigma)\ , \qquad \alpha \in G/H\ . \tag{24}$$

Appliquons cette formule avec $\alpha \neq 1$; on a $i(\alpha) = 2$, et l'on trouve:

$$\sum\nolimits_{\sigma \notin H} i(\sigma) = 8\ . \tag{25}$$

Mais, puisque $G_1 = G$, chacun des $i(\sigma)$ est au moins égal à 2; ceci implique alors $i(\sigma) = 2$ pour $\sigma \notin H$, d'où $G_2 \subset H$, et comme $G_2 \cap H = G_3 \cap H = C$, on trouve $G_2 = G_3 = C$ et toutes les hypothèses du corollaire à la proposition 5 sont bien vérifiées.

5. Interprétation homologique des représentations d'Artin pour les courbes algébriques

Avant de donner cette interprétation, rappelons comment on peut définir les "groupes d'homologie l-adiques" d'une courbe:

Soit k un corps algébriquement clos, de caractéristique p, et soit X une courbe algébrique projective, non singulière, connexe, définie sur k. Soit

l un nombre premier distinct de p. On définit les groupes d'homologie $H_0(X; l)$ et $H_2(X; l)$ comme étant égaux à $\mathbf{Z}_l$. On définit $H_1(X; l)$ comme le groupe de Tate $T_l(J)$ de la jacobienne J de X (cf. Lang [9, Chap. VII, § 1]); c'est un $\mathbf{Z}_l$-module libre de rang $2g_X$, où g_X désigne le genre de X. Définition équivalente: $H_1(X; l)$ est la composante l-primaire du groupe fondamental de X rendu abélien.

Si Y est une autre courbe (vérifiant les mêmes hypothèses), et si $f : X \to Y$ est un morphisme, on définit

$$f_i : H_i(X; l) \longrightarrow H_i(Y; l)\,, \qquad i = 0, 1, 2$$

en prenant pour f_0 l'application identique de $\mathbf{Z}_l$ sur $\mathbf{Z}_l$, pour f_1 l'application évidente, pour f_2 la multiplication par le degré de f (ce degré étant considéré comme nul si f est constante).

Ceci s'applique notamment si $Y = X$. On note alors $\mathrm{Tr}_i(f)$ la trace du $\mathbf{Z}_l$-endomorphisme f_i, $0 \leqq i \leqq 2$; c'est un entier. Soit $L(f)$ le *nombre algébrique de points fixes* de f, c'est-à-dire le degré de l'intersection de la diagonale Δ avec le graphe Γ_f de f[5]. D'après Weil (voir par exemple [9, p. 161]), on a la *formule de Lefschetz*:

$$L(f) = \sum_{i=0}^{i=2} (-1)^i \mathrm{Tr}_i(f)\,. \tag{26}$$

Soit maintenant G un groupe fini d'automorphismes de X, et soit $Y = X/G$ la variété quotient. On se propose de déterminer la représentation de G dans $H_1(X)$. Pour cela, on va d'abord définir des "représentations d'Artin" attachées à tout point $P \in Y$:

Soit $Q \in X$, et soit P son image dans Y. Soit G_Q le sous-groupe de G formé des éléments σ tels que $\sigma(Q) = Q$. Soit $\hat{L}_Q$ le complété du corps L des fonctions rationnelles sur X pour la valuation discrète v_Q définie par Q; définition analogue pour $\hat{K}_P$. L'extension $\hat{L}_Q/\hat{K}_P$ est galoisienne de groupe de Galois G_Q; comme elle est totalement ramifiée (k étant algébriquement clos), on peut lui appliquer les constructions du n°1, et définir sur G_Q les fonctions i et a, que l'on notera ici i_Q et a_Q. Si t est une uniformisante locale en Q, on a donc:

$$i_Q(\sigma) = v_Q(\sigma(t) - t) \qquad \text{pour } \sigma \in G_Q,\ \sigma \neq 1\,. \tag{27}$$

Un calcul simple montre que $i_Q(\sigma)$ est égal à la *multiplicité* de $Q \times Q$ dans l'intersection $\Delta \cdot \Gamma_\sigma$.

On conviendra de prolonger i_Q à G en posant $i_Q(\sigma) = 0$ si $\sigma \notin G_Q$.

[5] Cette définition n'a pas de sens si f est l'application identique. Dans ce cas, on doit définir $L(f)$ comme le degré de $\Delta \cdot \Delta'$, où Δ' est un cycle équivalent à Δ et coupant proprement Δ; on trouve $L(f) = 2 - 2g_X$.

Partons maintenant d'un point $P \in Y$, et définissons une fonction $a_P : G \to \mathbf{Z}$ par les formules:

$$a_P(\sigma) = -\sum_{Q \to P} i_Q(\sigma)\,, \qquad \sigma \neq 1\,, \tag{28}$$

$$a_P(1) = -\sum_{\sigma \neq 1} a_P(\sigma)\,. \tag{29}$$

PROPOSITION 6. *Soit Q un point de X, et soit P son image dans Y. La fonction $a_P : G \to \mathbf{Z}$ est le caractère de la représentation de G induite par la représentation d'Artin de G_Q.*

(Bien entendu, il s'agit de la représentation d'Artin attachée à l'extension $\hat{L}_Q/\hat{K}_P$.)

Pour tout point Q' de X se projetant en P, choisissons $\tau \in G$ tel que $\tau(Q') = Q$. On a $\tau G_{Q'} \tau^{-1} = G_Q$ et $i_{Q'}(\sigma) = i_Q(\tau\sigma\tau^{-1})$. On peut donc écrire:

$$a_P(\sigma) = \sum_\tau a_Q(\tau\sigma\tau^{-1})\,, \tag{30}$$

d'où la proposition.

La représentation A_P définie par a_P sera appelée la *représentation d'Artin* de G, attachée au point $P \in Y$. Vu le th. 2, on a:

COROLLAIRE. *Si $l \neq p$, la représentation d'Artin A_P est rationnelle sur le corps $\mathbf{Q}_l$.*

Soit maintenant n l'ordre de G, et soit r le caractère de la *représentation régulière* de G:

$$r(1) = n\,; \qquad r(\sigma) = 0 \qquad \text{si } \sigma \neq 1\,. \tag{31}$$

On a alors le résultat suivant, dû à Chevalley-Weil [4] dans le cas classique, et à Weil [16, p. 79] dans le cas général:

THÉORÈME 4. *Le caractère de la représentation de G dans $H_1(X; l)$ est donné par la formule:*

$$\mathrm{Tr}_1(\sigma) = 2 + (2g_Y - 2)\cdot r(\sigma) + \sum_{P \in Y} a_P(\sigma)\,. \tag{32}$$

Rappelons la démonstration:

Pour $\sigma \neq 1$, la formule de Lefschetz (26) donne:

$$2 - \mathrm{Tr}_1(\sigma) = L(\sigma) = \sum_{Q \in X} i_Q(\sigma) = -\sum_{P \in Y} a_P(\sigma)\,,$$

d'où la formule (32) dans ce cas.

Pour $\sigma = 1$, il suffit de voir que les sommes, pour $\sigma \in G$, des termes de gauche et de droite de (32) coïncident. La somme de droite donne $2n + (2g_Y - 2)n = 2ng_Y$. La somme de gauche donne n fois le rang du sous-module de $H_1(X; l)$ formé des éléments invariants par G; on montre sans difficulté que ce sous-module est isomorphe à un sous-module d'indice fini de $H_1(Y; l)$, et son rang est donc bien égal à $2g_Y$, ce qui achève la démonstration[6].

En tenant compte du corollaire à la prop. 6, on en déduit:

COROLLAIRE. *Si* $g_Y \geqq 1$, *la représentation de* G *dans le* $\mathbf{Q}_l$*-espace vectoriel* $H_1(X; l) \otimes \mathbf{Q}_l$ *est isomorphe à la somme directe de 2 fois la représentation triviale, de* $(2g_Y - 2)$ *fois la représentation régulière, et des représentation d'Artin attachées aux points de* $Y = X/G$.

Lorsque $g_Y = 0$, il faut légèrement modifier l'énoncé précédent.

Remarque. Lorsque l'on fait varier le nombre premier l, la formule (32) montre que le caractère $\mathrm{Tr}_1(\sigma)$ ne change pas; c'est d'ailleurs un cas particulier de résultats de Weil sur les représentations l-adiques (voir [9, Chap. VII, § 1]). On peut donc parler de *la* représentation de G dans $H_1(X)$, sans préciser l. Signalons que cette représentation *n'est pas toujours rationnelle sur* $\mathbf{Q}_p$. En voici un exemple:

En caractéristique $p = 3$, soit X la courbe elliptique définie par l'équation $y^2 = x^3 - x$. Les automorphismes

$$\begin{cases} x \to x + 1 \\ y \to y \end{cases} \quad \text{et} \quad \begin{cases} x \to -x \\ y \to iy \end{cases}$$

engendrent un groupe d'automorphismes G de X, d'ordre 12. Le produit tensoriel de $\mathbf{Q}$ et de l'anneau des endomorphismes de X est un corps gauche D, engendré (sur $\mathbf{Q}$) par G, qui est ramifié pour $p = 3$ et pour $p = \infty$ (cf. Deuring [6]). Le corps D est donc une composante simple de $\mathbf{Q}[G]$; si χ est le caractère qui lui est attaché par le procédé du n°2, χ est le caractère de la représentation de G dans $H_1(X)$. Comme l'indice de Schur de la composante D est égal à 2 (sur $\mathbf{Q}$, $\mathbf{Q}_3$, ou $\mathbf{R}$), on en déduit bien que la représentation en question n'est rationnelle ni sur $\mathbf{Q}$, ni sur $\mathbf{Q}_3$, ni sur $\mathbf{R}$. Tenant compte du théorème 4, on voit que *l'une au moins des représentations d'Artin du revêtement* X/G n'est pas rationnelle sur $\mathbf{Q}_3$ (en fait, c'est la représentation attachée au point à l'infini de X, qui est fixe par tous les $\sigma \in G$); on a donc construit un exemple, analogue à celui du n°4, mais "géométrique".

6. Représentations d'Artin en dimension supérieure (conjectures)

Les calculs du n° précédent reposent essentiellement sur la *formule de*

---

[6] On peut aussi vérifier directement que

$$2g_X = 2 + n(2g_Y - 2) + \sum a_P(1),$$

en utilisant la formule de Hurwitz, et en remarquant que le diviseur $\sum a_P(1) \cdot P$ n'est rien d'autre que le *discriminant* du revêtement $X \to Y$.

Lefschetz; ils s'étendront d'eux-mêmes aux variétés de dimension quelconque, une fois que nous aurons à notre disposition les "groupes d'homologie l-adiques" promis par Grothendieck. On est conduit à penser qu'il existe même des "représentations d'Artin", pourvu que l'on fasse des hypothèses de non singularité, et que l'on suppose que tout $\sigma \in G$, $\sigma \neq 1$, n'a que des points fixes isolés (de sorte que la *multiplicité* de ces points fixes soit définie). Si l'on formule la question en termes d'algèbre locale, on voit qu'il n'y a pas lieu de se borner au cas d'égale caractéristique:

De façon précise, soit A un anneau local noethérien, de corps des restes k; soit p la caractéristique de k. Soit G un groupe fini d'automorphismes de A, et soit A' l'ensemble des $a \in A$ tels que $\sigma(a) = a$ pour tout $\sigma \in G$. L'anneau A' est un anneau local de corps des restes $k' \subset k$; nous supposerons que A' est *noethérien*, et que A est un *A'-module de type fini*. Pour tout $\sigma \in G$ nous noterons $\mathfrak{a}_\sigma$ l'idéal de A engendré par les $\sigma(a) - a$, $a \in A$; c'est le plus petit idéal de A qui soit stable par σ et qui soit tel que σ opère trivialement sur $A/\mathfrak{a}_\sigma$. Nous ferons en outre les trois hypothèses suivantes:

(i) *L'anneau A est un anneau local régulier* (hypothèse de non singularité).

(ii) *On a $k = k'$* (ramification totale).

(iii) *Pour tout $\sigma \in G$, $\sigma \neq 1$, le quotient $A/\mathfrak{a}_\sigma$ est un A-module de longueur finie* (les points fixes de σ sont isolés).

Soit $n = \dim(A)$, et soit $t_1, \cdots, t_n$ un système de générateurs de l'idéal maximal de A. On montre aisément que les t_i engendrent A (considéré comme A'-algèbre), et que $\mathfrak{a}_\sigma$ est engendré par les n éléments $\sigma(t_i) - t_i$, $1 \leqq i \leqq n$. La *multiplicité* de $\mathfrak{a}_\sigma$ (au sens de la théorie des anneaux locaux) est donc égale à la *longueur* de $A/\mathfrak{a}_\sigma$, longueur que l'on notera $i(\sigma)$. Posons, comme au n°1:

$$a(\sigma) = -i(\sigma) \qquad \text{si } \sigma \neq 1\,, \tag{33}$$

$$a(1) = \textstyle\sum_{\sigma \neq 1} i(\sigma)\,. \tag{34}$$

On peut alors poser les questions suivantes:

(1) *La fonction a est-elle le caractère d'une représentation linéaire de G?*

(2) *Cette représentation est-elle rationnelle sur tous les corps $\mathbf{Q}_l$, pour $l \neq p$?*

4 Ces questions ne paraissent pas faciles à résoudre. Il nous manque principalement une "théorie du conducteur", dans le cas abélien, analogue à celle que nous fournit la théorie du corps de classes en dimension 1. Autre source de difficultés: si G n'est pas trivial, et si $\dim(A) \geqq 2$, l'anneau

A' n'est pas un anneau local régulier. Aussi n'ai-je pu démontrer que le résultat suivant, beaucoup trop faible:

PROPOSITION 7. *Si n est l'ordre de G, la fonction na est le caractère d'une représentation linéaire de G.*

La démonstration repose sur les propriétés suivantes de la fonction a:

(35) *Pour tout $\sigma \neq 1$, $a(\sigma)$ est un entier $\leqq 0$.*

(36) $\sum_{\sigma\in G} a(\sigma) = 0$.

(37) *Si σ et σ' engendrent le même sous-groupe, on a $a(\sigma) = a(\sigma')$.*

(38) *On a $a(\tau\sigma\tau^{-1}) = a(\sigma)$.*

Les propriétés (35), (36), (38) sont évidentes. Si σ' et σ engendrent le même sous-groupe, σ' opère trivialement sur $A/\mathfrak{a}_\sigma$, d'où $\mathfrak{a}_{\sigma'} \subset \mathfrak{a}_\sigma$, et en renversant les rôles de σ et σ', on obtient $\mathfrak{a}_\sigma = \mathfrak{a}_{\sigma'}$, ce qui établit (37).

Soit maintenant χ un caractère irréductible de G. Tout revient à montrer que le nombre complexe

$$(na, \chi) = \sum_{\sigma\in G} a(\sigma)\chi(\sigma) \tag{39}$$

est un entier $\geqq 0$.

Tout d'abord, c'est un nombre *rationnel*. En effet, c'est en tout cas un élément du corps K_n des racines n-èmes de l'unité. Soit i un entier premier à n, et soit α_i l'automorphisme de K_n qui applique une racine n-ème de l'unité z sur z^i. On voit tout de suite que l'on a:

$$\alpha_i(\chi(\sigma)) = \chi(\sigma^i) \,,$$

d'où:

$$\alpha_i((na, \chi)) = \sum_{\sigma\in G} a(\sigma)\chi(\sigma^i) = \sum_{\sigma\in G} a(\sigma^i)\chi(\sigma^i) = (na, \chi) \,,$$

en tenant compte de (37). Puisque (na, χ) est invariant par tous les α_i, on en déduit bien $(na, \chi) \in \mathbf{Q}$.

D'autre part, il est clair sur la formule (39) que (na, χ) est un entier algébrique; c'est donc un entier rationnel. Montrons enfin qu'il est $\geqq 0$. Compte tenu de (36), on peut écrire:

$$(na, \chi) = \sum_{\sigma\neq 1} (\chi(\sigma) - \chi(1))a(\sigma) \,. \tag{40}$$

Si l'on pose $r = \chi(1)$, le nombre $\chi(\sigma)$ est somme de r racines de l'unité; comme chacune a une partie réelle $\leqq 1$, on en déduit:

$$R(\chi(1) - \chi(\sigma)) \geqq 0 \,. \tag{41}$$

En combinant (40), (41) et (35), on trouve:

$$R((na, \chi)) \geqq 0 ,$$

d'où $(na, \chi) \geqq 0$ puisque (na, χ) est un nombre réel, cqfd.

Remarque. Il est facile de prouver que la représentation correspondant à na est *rationnelle sur* **Q** (cf. par exemple Swan [14, prop. 4.1]); malheureusement, cela n'aide en rien à résoudre les questions (1) et (2).

Collège de France

Bibliographie

1. C. Arf, *Untersuchungen über reinverzweigte Erweiterungen diskret bewerteter perfekter Körper*, J. Crelle, 181 (1939), 1–44.
2. E. Artin, *Die gruppentheoretische Struktur der Diskriminanten algebraischer Zahlkörper*, J. Crelle, 164 (1931), 1–11.
3. R. Brauer, *On the algebraic structure of group rings*, J. Math. Soc. Japan, 3 (1951), 237–251.
4. C. Chevalley et A. Weil, *Über das Verhalten der Integrale* 1. *Gattung bei Automorphismen des Funktionenkörpers*, Abh. Math. Sem. Univ. Hamburg, 10 (1934), 358–361.
5. M. Deuring, Algebren, Ergebnisse der Math., n°IV–1, Springer, 1935.
6. ———, *Die Typen der Multiplikatorenringe elliptischer Funktionenkörper*, Abh. Math. Sem. Univ. Hamburg, 14 (1941), 197–272.
7. H. Hasse, *Normenresttheorie galoisscher Zahlkörper mit Anwendungen auf Führer und Diskriminante abelscher Zahlkörper*, J. Fac. Sci. Tokyo, 2 (1934), 477–498.
8. J. Herbrand, *Sur la théorie des groupes de décomposition, d'inertie, et de ramification*, J. Liouville, 10 (1931), 481–498.
9. S. Lang, Abelian Varieties, Interscience Tracts n°7, New-York, 1959.
10. P. Roquette, *Realisierung von Darstellungen endlicher nilpotenter Gruppen*, Arch. Math., 9 (1958), 241–250.
11. P. Samuel et O. Zariski, Commutative Algebra I, Van Nostrand, 1958.
12. O. Schilling, *Über die Darstellungen endlicher Gruppen*, J. Crelle, 174 (1936), 188.
13. J.-P. Serre, Corps locaux et isogénies, Sém. Bourbaki, 1959, n°185.
14. R. Swan, *Induced representations and projective modules*, Ann. of Math., 71 (1960), 552–578.
15. A. Weil, L'avenir des mathématiques, Cahiers du Sud, Marseille, 1947, ainsi que Bol. Sao Paulo, 1 (1946), 55–68.
16. ———, Sur les courbes algébriques et les variétés qui s'en déduisent, Paris, Hermann, 1948.
17. E. Witt, *Schiefkörper über diskret bewerteten Körpern*, J. Crelle, 176 (1936), 153–156.
18. ———, *Die algebraische Struktur des Gruppenringes einer endlichen Gruppe über einem Zahlkörper*, J. Crelle, 190 (1952), 231–245.

47.

Résumé des cours de 1959–1960

Annuaire du Collège de France (1960), 41–43

1 Soit K un corps muni d'une valuation discrète v, complet pour la topologie définie par v, et de corps des restes k. Le groupe U des unités de K est limite projective des quotients U/U^n, U^n désignant le sous-groupe de U formé des x tels que $v(1 - x) \geqslant n$. Lorsque k est algébriquement clos, on peut munir les groupes U/U^n d'une structure de groupe algébrique (en égale caractéristique on retrouve les groupes locaux qui interviennent dans la construction des Jacobiennes généralisées). Le groupe U apparaît ainsi comme une limite projective de groupes algébriques, c'est-à-dire comme un *groupe proalgébrique* défini sur k; il se trouve, et c'est là le principal résultat du cours, que la connaissance de ce groupe proalgébrique permet de déterminer toutes les *extensions abéliennes* de K, et l'on obtient ainsi une théorie analogue à celle du corps de classes local (valable, comme on sait, lorsque k est un corps fini).

Pour cela, il faut tout d'abord étudier les groupes proalgébriques commutatifs, et c'est à cette étude que la première partie du cours a été consacrée. On définit en premier lieu la catégorie Q des groupes *quasi-algébriques*; un objet de Q est un groupe algébrique défini « à isogénie radicielle près »; la catégorie Q est une catégorie abélienne. Par définition, la catégorie P des groupes *proalgébriques* est formée des limites projectives d'objets de Q; dans la terminologie de Grothendieck, on a P = Pro (Q). La catégorie P est encore une catégorie abélienne, avec limites projectives, et suffisamment d'objets projectifs. Ces derniers peuvent être complètement déterminés. Les projectifs indécomposables sont de quatre types :

1° Les groupes d'entiers l-adiques (l premier quelconque);

2° Le groupe additif G_a (en caractéristique 0), le revêtement universel rev(W) du groupe de Witt infini W (en caractéristique $\neq 0$);

3° Le revêtement universel rev(G_m) du groupe multiplicatif G_m;

4° Les enveloppes projectives des variétés abéliennes simples (leur construction explicite est trop longue pour être indiquée ici).

D'après un théorème de Gabriel, tout projectif est produit de projectifs indécomposables, cette décomposition étant essentiellement unique.

En même temps que les projectifs de P, on construit des *résolutions projectives* pour les objets de P; ces constructions montrent la *nullité des foncteurs* Ext^i pour $i \geqslant 2$ (en caractéristique 0), et pour $i \geqslant 3$ (en caractéristique $\neq 0$).

A côté des Ext^i, on introduit les *groupes d'homotopie* $\pi_i(G)$ d'un groupe proalgébrique G comme les foncteurs dérivés du foncteur $\pi_0(G)$, lui-même défini comme le quotient de G par sa composante connexe. On démontre que ces groupes sont *nuls pour* $i \geqslant 2$, ou, ce qui revient au même, que le foncteur « revêtement universel » est exact.

Une fois ces résultats atteints, le formalisme des groupes proalgébriques devient très maniable, et on peut l'appliquer commodément au cas considéré au début. Considérons en particulier une extension galoisienne L/K, de groupe de Galois G; notons U_L le groupe des unités de L, et rev(U_L) son revêtement universel. On a une suite exacte de G-modules :

$$0 \longrightarrow \pi_1(U_L) \longrightarrow \mathrm{rev}(U_L) \longrightarrow L^* \longrightarrow Z \longmapsto 0.$$

Les G-modules rev(U_L) et L^* ont une cohomologie triviale en toute dimension; au moyen de la suite exacte de cohomologie on déduit de là un isomorphisme

$$H^q(G, Z) = H^{q+2}(G, \pi_1(U_L)).$$

Cet isomorphisme montre que les $\pi_1(U_L)$ constituent une *formation de classes*, au sens de ARTIN-TATE. En particulier, si G′ désigne le groupe des commutateurs de G, le quotient G/G′ est isomorphe au conoyau de l'homomorphisme de norme

$$N_{L/K} : \pi_1(U_L) \longrightarrow \pi_1(U_K).$$

L'analogie avec la théorie du corps de classes local se poursuit très loin :

(*i*) La filtration définie sur $\pi_1(U_K)$ par les $\pi_1(U^n)$ correspond sur G/G′ à la filtration par les *groupes de ramification* (numérotés à la Herbrand). On montre en même temps que le conducteur d'Artin est entier, résultat qui s'énonce de façon plus satisfaisante en introduisant la notion de *représentation d'Artin*; ces représentations soulèvent d'ailleurs des questions intéressantes, que le cours n'a fait qu'effleurer.

(*ii*) On démontre un *théorème d'existence* : tout revêtement connexe fini $U' \longrightarrow U_K$ provient d'une extension abélienne L de K. Par passage à la limite on voit que *le groupe* $\pi_1(U_K)$ *est isomorphe au groupe de Galois de l'extension abélienne maximale de* K.

SÉMINAIRE

Il a comporté cinq séances, pendant lesquelles M. Pierre GABRIEL a exposé
2 les résultats qu'il vient d'obtenir sur la structure des catégories abéliennes localement finies, et plus particulièrement sur la catégorie des groupes formels commutatifs de DIEUDONNÉ.

D'un point de vue géométrique, cette dernière catégorie peut être considérée comme celle des groupes « de dimension zéro » (mais dont l'anneau de coordonnées peut contenir des éléments nilpotents). D'un point de vue algébrique, on étudie les algèbres commutatives A sur un corps k, munies d'un homomorphisme diagonal $\Delta : A \longrightarrow A \otimes A$ vérifiant certaines identités; on suppose que l'algèbre A est limite inductive d'algèbres analogues qui sont finies sur k. GABRIEL a démontré que la catégorie ainsi obtenue est abélienne (la démonstration est inspirée par celle donnée par MOORE dans le cas gradué, qui est celui que l'on rencontre en topologie algébrique). Il a montré en outre que, dans la sous-catégorie des groupes unipotents (sur un corps parfait k) il existe un unique objet injectif indécomposable I, que l'on peut expliciter au moyen des vecteurs de Witt.

En appliquant un résultat général sur les catégories localement finies, GABRIEL en a déduit que la catégorie des groupes formels commutatifs unipotents est équivalente à celle des « modules de Chevalley » sur l'anneau des endomorphismes de I, anneau que l'on peut déterminer complètement. Cela lui permet de retrouver de façon plus naturelle les théorèmes de structure de DIEUDONNÉ.

48.

Sur les modules projectifs

Séminaire Dubreil-Pisot 1960/61, n° 2

Conventions. Tous les anneaux considérés dans cet exposé sont supposés *commutatifs, noethériens,* et pourvus d'un élément unité. Tous les modules sur ces anneaux sont supposés *unitaires* et *de type fini.*

Introduction. Les modules projectifs sur un anneau de dimension 0 ou 1 sont assez bien connus (cf. par exemple [10]). Il n'en est plus de même en dimension supérieure. Par exemple, lorsque n est un entier ≥ 3, on ignore si tout
1 module projectif sur l'anneau des polynômes $k[X_1, \ldots, X_n]$ est libre (k désignant un corps). Pour $n=2$, on sait d'après SESHADRI [13] qu'il en est bien ainsi; dans la première partie de cet exposé nous reproduisons sa démonstration, en l'adaptant à un cadre un peu plus général. Dans la deuxième partie, nous construisons certains modules projectifs, et nous montrons que, s'ils sont libres, certaines variétés algébriques sont des «intersections complètes»; dans cette direction, de nombreuses questions restent à résoudre. Les deux parties sont essentiellement indépendantes.

§ 1. Le théorème de Seshadri

1. Énoncé

Soit A un anneau, et soit $A[X]$ l'anneau des polynômes en une variable à coefficients dans A. Si E est un A-module, nous noterons $E[X]$ le $A[X]$-module défini à partir de E par extension des scalaires. On a:

$$E[X] = A[X] \otimes_A E.$$

Tout élément $f \in E[X]$ s'écrit de façon unique sous la forme

$$f = \sum a_i X^i,$$

où les a_i sont des éléments de E, nuls sauf un nombre fini d'entre eux.

Soit F un $A[X]$-module. Nous dirons que F *provient de A* s'il existe un A-module E tel que $E[X]$ soit isomorphe à F. Cette condition détermine alors E à isomorphisme près, car $E = F/XF$.

Le théorème de SESHADRI s'énonce ainsi:

Théorème 1. *Si A est un anneau de Dedekind, tout $A[X]$-module projectif provient de A.*

Corollaire 1. *Tout $A[X]$-module projectif non nul est somme directe d'un module libre et d'un module de la forme $\mathfrak{a}[X]$, où $\mathfrak{a}$ est un idéal non nul de A.*

Cela résulte du théorème de structure des A-modules.

Corollaire 2. *Si A est un anneau principal, tout $A[X]$-module projectif est libre.*

Cela résulte du corollaire 1 (ou du théorème 1, au choix).

[Le théorème 1 a été démontré par Seshadri lorsque A est l'anneau de coordonnées d'une courbe affine non singulière définie sur un corps algébriquement clos [14], et lorsque A est un anneau principal [13].]

Remarque. Soit F un $A[X]$-module projectif. Si *F est de rang* 1, il correspond à une *classe de diviseurs* de $A[X]$ (en effet les anneaux locaux de $A[X]$ sont réguliers, donc factoriels). Or, il est facile de prouver que le groupe $Cl(A[X])$ formé par ces classes de diviseurs est isomorphe au groupe $Cl(A)$ (cf. par exemple [7]). Il s'ensuit que F provient de A. Si maintenant le rang de F est ≥ 2, le théorème 1 de [10] montre que $F = L \oplus Q$, où Q est de rang 2 (en effet, $\dim A[X] = \dim A + 1 \leq 2$). Finalement, on voit qu'il suffit de prouver que *tout $A[X]$-module projectif de rang 2 provient de A*; c'est ce que nous ferons au n° 3.

2. Résultats auxiliaires

Lemme 1. *Si E et E' sont deux A-modules,* $\mathrm{Ext}^i_{A[X]}(E[X], E'[X])$ *s'identifie à* $\mathrm{Ext}^i_A(E, E')[X]$.

En effet, $A[X]$ est un A-module libre, donc plat, et l'on peut appliquer l'exercice 11, p. 123–124, de [1].

Remarque. Soit $0 \to E' \to E'' \to E \to 0$ une suite exacte, et e l'élément correspondant de $\mathrm{Ext}^1_A(E, E')$. Cette suite définit une autre suite exacte:

$$0 \to E'[X] \to E''[X] \to E[X] \to 0,$$

d'où un élément $e(X) \in \mathrm{Ext}^1_{A[X]}(E[X], E'[X])$. On vérifie aisément que l'isomorphisme du lemme 1 transforme $e(X)$ en l'image canonique de e dans $\mathrm{Ext}^1_A(E, E')[X]$; nous noterons encore e cette image (c'est un polynôme «réduit à son terme constant»).

A partir de maintenant, et jusqu'à la fin du n° 3, nous supposerons que *A est un anneau de Dedekind.*

Soit $\mathfrak{p}$ un idéal premier non nul de A, soit $k = A/\mathfrak{p}$, et soit E un A-module projectif de rang 2.

On sait (cf. [10] par exemple) que $\bar{E} = E/\mathfrak{p}E$ est un k-espace vectoriel de dimension 2. Il s'ensuit que $\bar{E}[X] = E[X]/\mathfrak{p}E[X]$ est un module libre de rang 2 sur l'anneau $k[X]$.

Lemme 2. *Tout automorphisme de déterminant* 1 *de $\bar{E}[X]$ est induit par un automorphisme de $E[X]$.*

D'après le théorème de structure des A-modules projectifs, on peut supposer que E est de la forme $E = \mathfrak{a} \oplus \mathfrak{b}$, où $\mathfrak{a}$ et $\mathfrak{b}$ sont deux idéaux non nuls de A. L'espace vectoriel $\bar{E}$ se décompose alors en somme directe des deux sous-espaces de dimension 1, $\bar{\mathfrak{a}}$ et $\bar{\mathfrak{b}}$. En prenant des bases ξ et η de ces espaces, on obtient du même coup une base du $k[X]$-module $\bar{E}[X]$. Soit θ un automorphisme de déterminant 1 de ce module; il nous faut trouver un automorphisme f de $E[X]$ dont la réduction $\bar{f}$ mod $\mathfrak{p}$ soit égale à θ. Comme l'anneau $k[X]$ est *euclidien,* la matrice représentant θ est produit de matrices de l'un des types suivants (cf. [15], § 108):

(a) Matrice triangulaire supérieure, $\theta_1 = \begin{pmatrix} 1 & P(X) \\ 0 & 1 \end{pmatrix}$, $P(X) \in k[X]$.

(b) Matrice triangulaire inférieure, $\theta_2 = \begin{pmatrix} 1 & 0 \\ P(X) & 1 \end{pmatrix}$.

(c) Matrice diagonale, $\theta_3 = \begin{pmatrix} \lambda & 0 \\ 0 & \mu \end{pmatrix}$, $\lambda\mu = 1$.

Il nous suffit évidemment de prouver que ces trois types de matrices «se remontent» (c'est-à-dire sont de la forme $\bar{f}$, où f est un automorphisme de $E[X]$). On peut même se borner aux deux premiers types; en effet, une matrice θ_3 appartient à $\mathbf{SL}(2, k)$, donc est produit de matrices du premier type (cf. [2], p. 36).

Considérons donc une matrice du type (a). Soit $P(X) = \sum c_i X^i$, avec $c_i \in k$. On relève chaque c_i en un élément x_i de l'idéal fractionnaire $\mathfrak{c} = \mathfrak{b}\,\mathfrak{a}^{-1}$ (cela a un sens, car $\bar{\mathfrak{c}}$ est de dimension 1 sur k, et la donnée des bases ξ, η définit une base $\xi^{-1}\eta$ de $\bar{\mathfrak{c}}$ sur k). Soit $Q(X) = \sum x_i X^i$. Si $g \in \mathfrak{a}[X]$, on a $Qg \in \mathfrak{b}[X]$. On peut donc définir un automorphisme f de $E[X]$ au moyen de la matrice:

$$f = \begin{pmatrix} 1 & Q(X) \\ 0 & 1 \end{pmatrix},$$

et il est clair que $\bar{f} = \theta_1$. On raisonne de même pour θ_2. C.Q.F.D.

On conserve les mêmes hypothèses sur $\mathfrak{p}$ et sur E. On pose $V = \mathrm{Ext}^1_A(k, E)$. En localisant en $\mathfrak{p}$, on voit que

$$V = \mathrm{Ext}^1_A(k, E) = \mathrm{Ext}^1_{A_\mathfrak{p}}(k, E_\mathfrak{p}),$$

et on en déduit que V est un espace vectoriel de dimension 2 sur k.

Lemme 3. *Soit* $\varepsilon \in \mathrm{Ext}^1_{A[X]}(k[X], E[X]) = V[X]$ *un élément tel que l'extension* F_ε *correspondante soit un* $A[X]$*-module projectif. Si* e_1 *et* e_2 *forment une base de* V *sur* k*, les composantes de* ε *suivant* e_1 *et* e_2 *sont des éléments étrangers de* $k[X]$.

Par construction même de F_ε, on a une suite exacte de $A[X]$-modules:

$$0 \to E[X] \to F_\varepsilon \to k[X] \to 0.$$

Si G est un $A[X]$-module, le fait que F_ε soit projectif montre que l'homomorphisme

$$d\colon \mathrm{Hom}_{A[X]}(E[X], G) \to \mathrm{Ext}^1_{A[X]}(k[X], G)$$

est surjectif.

De plus, si $h \in \mathrm{Hom}_{A[X]}(E[X], G)$, $d(h)$ n'est autre que $h_*(\varepsilon)$, image de ε par l'homomorphisme

$$h_*: \mathrm{Ext}^1_{A[X]}(k[X], E[X]) \to \mathrm{Ext}^1_{A[X]}(k[X], G)$$

On applique ceci à $G = k[X]$. Pour faire le calcul, il est commode de supposer que A est un anneau principal (on se ramène à ce cas en remplaçant A par l'anneau local $A_\mathfrak{p}$), et $E = A^2$; l'isomorphisme $E = A^2$ définit alors une base e_1, e_2 de V. On décompose ε suivant cette base:

$$\varepsilon = \varepsilon_1(X)\, e_1 + \varepsilon_2(X)\, e_2, \quad \varepsilon_i(X) \in k[X].$$

Un homomorphisme $h: E[X] \to k[X]$ est donné par ses deux composantes $h_1(X)$, $h_2(X) \in k[X]$. Le module $\mathrm{Ext}^1_{A[X]}(k[X], k[X])$ s'identifie à $k[X]$. Enfin,

$$h_*(\varepsilon) = h_1(X)\, \varepsilon_1(X) + h_2(X)\, \varepsilon_2(X).$$

Puisque d est surjectif, il existe h_1 et h_2 tels que $h_*(\varepsilon) = 1$, ce qui prouve bien que $\varepsilon_1(X)$ et $\varepsilon_2(X)$ sont étrangers.

[Inversement, il est facile de montrer que, si $\varepsilon_1(X)$ et $\varepsilon_2(X)$ sont étrangers, le module F_ε est projectif.]

Lemme 4. *Avec les hypothèses du lemme* 3, *il existe un automorphisme f de $E[X]$ tel que $f_*(\varepsilon) = e_1$.*

La suite exacte $0 \to \mathfrak{p} \to A \to k \to 0$ montre que $V = \mathfrak{p}^{-1} E/E$; le choix d'un générateur de $\mathfrak{p} A_\mathfrak{p}$ permet donc d'identifier V et $\bar{E} = E/\mathfrak{p}E$. Cette identification est compatible avec les structures de $\mathrm{Hom}_A(E, E)$-modules de V et de $\bar{E}$ On identifie de même $V[X]$ et $\bar{E}[X]$.

Ceci fait, puisque ε_1 et ε_2 sont étrangers, il existe h_1, h_2 tels que $h_1 \varepsilon_1 + h_2 \varepsilon_2 = 1$. La matrice

$$\theta = \begin{pmatrix} h_1 & h_2 \\ -\varepsilon_2 & \varepsilon_1 \end{pmatrix}$$

est unimodulaire, et transforme ε en e_1. D'après le lemme 2, il existe un automorphisme f de P tel que $f = \theta$. D'où le lemme.

Lemme 5. *Soit $0 \to E[X] \to F \to A/\mathfrak{p}[X] \to 0$ une suite exacte, avec E projectif sur A, et F projectif sur $A[X]$. Le module F provient alors de A.*

Soit ε l'élément de $\mathrm{Ext}^1_{A[X]}(A/\mathfrak{p}[X], E[X])$ correspondant à cette extension. D'après le lemme précédent, il existe un automorphisme f de $E[X]$ qui transforme ε en un élément e indépendant de X. Le module F est isomorphe au module F_e correspondant à e. Puisque e est indépendant de X, F_e est de la forme $E'[X]$, où E' est une extension de $A/\mathfrak{p}$ par E. Donc F provient de A.

3. Démonstration du théorème 1

Lemme 6. *Soit Λ un anneau régulier de dimension $\leqq 2$. Soient P et Q deux Λ-modules projectifs, contenus dans un même Λ-module sans torsion X. Alors $P \cap Q$ est un Λ-module projectif.*

On se ramène tout de suite au cas où A est un anneau local régulier de dimension 2. On a la suite exacte:

$$0 \to P \cap Q \to P \oplus Q \to P + Q \to 0.$$

Pour prouver que $\mathrm{dh}(P \cap Q) = 0$, il suffit de prouver que $\mathrm{dh}(P + Q) \leq 1$. Or $P + Q$ est un module sans torsion. On a donc $\mathrm{codh}(P + Q) \geq 1$ (cf. [9] pour tout ce qui concerne la codimension homologique). D'où $\mathrm{dh}(P + Q) \leq 1$,

C.Q.F.D.

[On aurait également pu utiliser le fait que tout module *réflexif* sur A est projectif, cf. [11], lemme 6.]

Soient maintenant P et Q deux modules projectifs de rang 2 sur $A[X]$, avec $Q \subset P$. Si n est un entier ≥ 0, nous dirons que *le couple* (P, Q) *vérifie la propriété* T_n s'il existe un idéal non nul $\mathfrak{a}$ de A vérifiant les deux conditions suivantes:

(i) $\mathfrak{a} P \subset Q$.

(ii) Si $\mathfrak{a} = \prod \mathfrak{p}_i^{n_i}$ est la décomposition de $\mathfrak{a}$ en facteurs premiers, on a $\sum n_i = n$.

Lemme 7. *Pour tout module projectif P de rang 2 sur $A[X]$, il existe un sous-module libre Q de P et un entier $n \geq 0$ tels que (P, Q) vérifie T_n.*

Soit $S = A - \{0\}$, et soit K le corps des fractions de A. On a $S^{-1}A = K$, et $S^{-1}A[X] = K[X]$. Comme $K[X]$ est principal, le module $S^{-1}P$ est libre. On en conclut qu'il existe un sous-module libre Q de P, de rang 2, tel que $S^{-1}P = S^{-1}Q$. Si P est engendré par des éléments x_i, il existe donc $s_i \in S$ tel que $s_i x_i \in Q$. L'idéal $\mathfrak{a}$ de A engendré par le produit des s_i vérifie alors (i),

C.Q.F.D.

Lemme 8. *Soit n un entier ≥ 0, et soit (P, Q) un couple vérifiant T_n. Si Q provient de A, il en est de même de P.*

On raisonne par récurrence sur n; si $n = 0$, on a $P = Q$, et notre assertion est triviale.

Soit donc $n \geq 1$, soit $\mathfrak{a}$ un idéal vérifiant (i) et (ii), et soit $\mathfrak{p}$ un idéal premier de A divisant $\mathfrak{a}$. Posons $\mathfrak{a} = \mathfrak{b}\,\mathfrak{p}$. Le module $\mathfrak{p} P$ est projectif (c'est évident par localisation, par exemple). Posons:

$$Q' = Q \cap \mathfrak{p} P, \quad P' = \mathfrak{p} P.$$

D'après le lemme 6, Q' est projectif. D'autre part, on voit tout de suite que $\mathfrak{b} P' \subset Q'$, donc (P', Q') vérifie T_{n-1}.

Considérons alors la suite exacte:

$$0 \to Q'/\mathfrak{p} Q \to Q/\mathfrak{p} Q \to P/\mathfrak{p} P.$$

Si $k = A/\mathfrak{p}$, les $k[X]$-modules $Q/\mathfrak{p} Q$ et $P/\mathfrak{p} P$ sont libres de rang 2. Il y a donc trois possibilités pour $Q'/\mathfrak{p} Q$:

(a) $Q'/\mathfrak{p} Q = 0$. Dans ce cas, $Q' = \mathfrak{p} Q$, donc Q' provient de A (car $\mathfrak{p} Q$ peut aussi s'écrire $\mathfrak{p} \otimes_A Q$).

(b) $Q'/\mathfrak{p}\,Q$ est isomorphe à $k[X]$. Comme $\mathfrak{p}\,Q$ provient de A, le lemme 5 s'applique aux modules $F=Q'$ et $E[X]=\mathfrak{p}\,Q$. On en conclut que Q' provient de A.

(c) $Q'/\mathfrak{p}\,Q$ est libre de rang 2 sur $k[X]$. Comme le quotient de $Q/\mathfrak{p}\,Q$ par $Q'/\mathfrak{p}\,Q$ est sous-module de $P/\mathfrak{p}\,P$, donc sans torsion, on a nécessairement $Q'/\mathfrak{p}\,Q=Q/\mathfrak{p}\,Q$, d'où $Q'=Q$ et Q' provient encore de A.

D'après l'hypothèse de récurrence, P' provient aussi de A, et comme P est isomorphe à $\mathfrak{p}^{-1}\otimes_A P'$, il en est de même de P, C.Q.F.D.

En combinant les lemmes 7 et 8, on voit que tout module projectif de rang 2 sur $A[X]$ provient de A, ce qui établit le théorème de Seshadri.

§ 2. Intersections complètes

4. Constructions

Lemme 9. *Soit A un anneau, soit E un A-module, et supposons*:

(i) $\mathrm{dh}(E)\leq 1$.
(ii) $\mathrm{Ext}^1_A(E,A)=0$.

Alors E est projectif.

On se ramène tout de suite au cas où A est local. Puisque $\mathrm{dh}(E)\leq 1$, il existe une suite exacte

$$0\to L\to L'\to E\to 0$$

où L et L' sont libres. Vu (ii), on a $\mathrm{Ext}^1_A(E,L)=0$, ce qui montre que E est facteur direct de L', donc projectif.

Proposition 1. *Soit F un A-module de dimension homologique ≤ 1, soit $\xi\in\mathrm{Ext}^1_A(F,A)$, et soit E_ξ l'extension de F par A correspondant à ξ. Pour que E_ξ soit un module projectif, il faut et il suffit que ξ engendre le A-module $\mathrm{Ext}^1_A(F,A)$.*

La suite exacte

$$0\to A\to E_\xi\to F\to 0$$

montre que $\mathrm{dh}(E_\xi)\leq 1$. La suite exacte des Ext s'écrit ici:

$$\mathrm{Hom}_A(A,A)\xrightarrow{d}\mathrm{Ext}^1_A(F,A)\to\mathrm{Ext}^1_A(E_\xi,A)\to 0.$$

On a $\mathrm{Hom}_A(A,A)=A$, et l'image par d d'un élément $x\in A$ est égale à $x\,\xi$. L'application d est donc surjective si et seulement si ξ engendre $\mathrm{Ext}^1_A(F,A)$. La proposition résulte de là et du lemme 9.

Supposons maintenant que A soit *intègre,* ce qui permet de définir le *rang* de tout A-module E. Si m est un entier, nous dirons que *A vérifie la propriété L_m si tout A-module projectif de rang m* est libre. Avec ces notations, on a:

Proposition 2. *Supposons que A vérifie la propriété L_1. Soit F un A-module de dimension homologique ≤ 1, et de rang m. Alors la condition*:

(i) *F peut être engendré par $m+1$ éléments*
entraîne la condition:
(ii) $\mathrm{Ext}_A^1(F, A)$ *est un A-module monogène.*

Réciproquement, si A vérifie L_{m+1}, la condition (ii) *entraîne la condition* (i).

Si (i) est vérifiée, on a la suite exacte:

$$0 \to P \to A^{m+1} \to F \to 0.$$

Puisque $\mathrm{dh}(F) \leq 1$, P est projectiv. Comme le rang de F est égal à m, le rang de P est égal à 1, et on en conclut que P est isomorphe à A. Il existe donc une extension de F par A qui est un module projectif, et la prop. 1 montre bien que (ii) est vérifiée.

Réciproquement, supposons (ii) vérifiée, et soit ξ un générateur de $\mathrm{Ext}_A^1(F, A)$. Soit E_ξ l'extension correspondante. D'après la proposition 1, E_ξ est un A-module projectif, évidemment de rang $m+1$. Puisque A vérifie L_{m+1}, E est isomorphe à A^{m+1}, et comme F est quotient de E, on voit bien que F peut être engendré par $m+1$ éléments.

Corollaire. *Supposons que A vérifie les propriétés L_1 et L_2. Soit $\mathfrak{a}$ un idéal non nul de A, de dimension homologique ≤ 1. Les deux conditions suivantes sont alors équivalentes*:

(i) $\mathfrak{a}$ *peut être engendré par* 2 *éléments.*
(ii) $\mathrm{Ext}_A^1(\mathfrak{a}, A)$ *est un A-module monogène.*

En effet, le rang de $\mathfrak{a}$ est égal à 1.
(Noter que $\mathrm{Ext}_A^1(\mathfrak{a}, A) = \mathrm{Ext}_A^2(A/\mathfrak{a}, A)$, à cause de la suite exacte des Ext.)

5. Le cas de la dimension 2

Lemme 10. *Soit A un anneau local régulier de dimension n, et soit $\mathfrak{a}$ un idéal de A qui soit primaire pour l'idéal maximal $\mathfrak{m}$ de A. Pour que $\mathfrak{a}$ soit irréductible, il faut et il suffit que* $\mathrm{Ext}_A^n(A/\mathfrak{a}, A)$ *soit monogène.*

(Rappelons que $\mathfrak{a}$ est dit *irréductible* s'il n'est pas intersection de deux idéaux $\mathfrak{b}_1$ et $\mathfrak{b}_2$, avec $\mathfrak{b}_i \neq \mathfrak{a}$ pour $i = 1, 2$.)

Dans le cas classique, ce résultat est dû à Macaulay (au langage près); le cas général est dû à Grothendieck et Gabriel (cf. [3], n° 8). Rappelons brièvement comment procède Gabriel:

Soit $k = A/\mathfrak{m}$, et soit *I l'enveloppe injective* de k. On montre que I s'identifie à $\varinjlim \mathrm{Ext}_A^n(A/\mathfrak{q}, A)$, pour $\mathfrak{q}$ parcourant l'ensemble des idéaux de A primaires pour $\mathfrak{m}$. Si E est un A-module de longueur finie, on pose $E' = \mathrm{Hom}_A(E, I)$, c'est le module *dual* du module E. Cette dualité jouit des propriétés habituelles (elle fournit une équivalence de la catégorie des A-modules de longueur finie avec la catégorie duale). On vérifie également que E' est isomorphe à $\mathrm{Ext}_A^n(E, A)$. Si $E = A/\mathfrak{a}$, E' n'est pas autre chose que le sous-module de I annulé par $\mathfrak{a}$, on le note $\mathfrak{a}^{-1}$ (c'est l' «inverse system» de Macaulay). Comme la dualité transforme intersection en somme, on voit que $\mathfrak{a}$ est irréductible si et seulement si $\mathfrak{a}^{-1}$ n'est pas somme (de façon non triviale) de deux sous-modules, c'est-à-dire si $\mathfrak{a}^{-1}$ est monogène. Comme $\mathfrak{a}^{-1}$ est isomorphe à $\mathrm{Ext}_A^n(A/\mathfrak{a}, A)$, cela démontre le lemme.

Proposition 3. *Soit A un anneau local régulier de dimension 2, et soit $\mathfrak{a}$ un idéal de A qui soit primaire pour l'idéal maximal de A. Les deux conditions suivantes sont alors équivalentes:*

(i) $\mathfrak{a}$ *peut être engendré par deux éléments;*
(ii) $\mathfrak{a}$ *est irréductible.*

On applique le corollaire à la prop. 2. Comme A est local, il vérifie L_1 et L_2. Comme il est régulier de dimension 2, on a $\mathrm{dh}(\mathfrak{a}) \leq 1$. Enfin, le lemme 10 montre que la condition «$\mathrm{Ext}_A^1(\mathfrak{a}, A)$ est monogène» peut être remplacée par la condition (ii).

Remarque. Le résultat précédent avait été démontré par MACAULAY [6] dans le cas particulier de la géométrie algébrique.

Passons maintenant au *cas global.* Soit C un anneau principal, ayant une infinité d'idéaux premiers, et soit $A = C[X]$. D'après le théorème de SESHADRI, A vérifie L_1 et L_2. On peut en outre démontrer que tout anneau local $A_\mathfrak{m}$, où $\mathfrak{m}$ est un idéal maximal de A, est un anneau local régulier de dimension 2.

Proposition 4. *Sous les hypothèses précédentes, soit $\mathfrak{a}$ un idéal de A dont tous les idéaux premiers associés soient maximaux. Soit*

$$\mathfrak{a} = \mathfrak{q}_1 \cap \ldots \cap \mathfrak{q}_h$$

la décomposition primaire de $\mathfrak{a}$ dans A. Alors, pour que $\mathfrak{a}$ puisse être engendré par deux éléments, il faut et il suffit que tous les $\mathfrak{q}_i$ soient irréductibles.

Soient $\mathfrak{m}_1, \ldots, \mathfrak{m}_h$ les idéaux maximaux correspondant aux $\mathfrak{q}_i$, et posons $A_i = A_{\mathfrak{m}_i}$. En localisant en $\mathfrak{m}_i$, on voit facilement que $\mathrm{Ext}_A^1(\mathfrak{a}, A)$ est somme directe des modules $Q_i = \mathrm{Ext}_{A_i}^1(\mathfrak{q}_i, A_i)$, lesquels sont de longueur finie sur A_i. On en conclut que $\mathrm{Ext}_A^1(\mathfrak{a}, A)$ est monogène si et seulement si tous les Q_i le sont, c'est-à-dire (prop. 3) si et seulement si les $\mathfrak{q}_i$ sont irréductibles. La proposition résulte alors du corollaire à la prop. 2.

Remarque. La proposition précédente s'applique notamment à l'anneau $\mathbf{Z}[X]$, ainsi qu'aux anneaux de polynômes $k[X, Y]$, où k est un corps.

6. Formes différentielles et foncteurs $\mathscr{E}xt$

A partir de maintenant, nous nous bornons au cas *géométrique,* autrement dit, nous considérons des variétés algébriques sur un corps algébriquement clos k; les notations employées seront celles de FAC [8].

Soit V une variété non singulière de dimension r; nous noterons Ω_V le faisceau des formes différentielles de degré r sur V. C'est un faisceau localement libre de rang 1. Soit maintenant W une sous-variété de V. Supposons W

de codimension h en tous ses points. Si W est non singulière, le faisceau Ω_W est défini, et l'on construit facilement un isomorphisme canonique:

$$\mathscr{E}xt^h_{\mathscr{O}_V}(\mathscr{O}_W, \Omega_V) = \Omega_W,$$

(cf. [5]).

Lorsque W n'est plus non singulière, on prend la formule précédente comme *définition* du faisceau Ω_W. Lorsque par exemple W est une *courbe,* Grothendieck a vérifié que le faisceau Ω_W ainsi défini coïncide avec le faisceau des «formes différentielles régulières» de W, au sens de Rosenlicht (c'est le faisceau noté Ω' dans [12], chap. IV, § 3).

Nous dirons que W est une *variété de Cohen-Macaulay* si les anneaux locaux de W sont de Cohen-Macaulay, c'est-à-dire si leur codimension homologique est égale à leur dimension. Toute courbe est une variété de Cohen-Macaulay. Nous dirons que W est une *variété de Gorenstein* si c'est une variété de Cohen-Macaulay, et si Ω_W est localement libre de rang 1. Pour une courbe, cela signifie que, pour tout $Q \in W$, on a l'égalité «$n_Q = 2\,\delta_Q$», cf. [12], p. 80–81. Nous dirons que W est une *intersection complète en* Q (resp. *sur une variété affine* V) si l'idéal $\mathfrak{a}$ de $\mathscr{O}_Q(V)$ (resp. de l'algèbre affine de V) défini par W peut être engendré par h éléments. On démontre aisément que, si W est une intersection complète en Q, c'est une variété de Gorenstein en Q.

7. Dimension supérieure

Commençons par le cas local:

Proposition 5. *Soit V une variété non singulière, soit $Q \in V$, et soit W une sous-variété de V de codimension 2 passant par Q. Les deux conditions suivantes sont équivalentes:*

(i) *W est une intersection complète en Q.*

(ii) *W est de Gorenstein en Q.*

On sait déjà que (i) $\Rightarrow$ (ii). Inversement, soit A l'anneau local de Q sur V, et soit $\mathfrak{a}$ l'idéal de A défini par W. L'hypothèse (ii) équivaut à dire que $\mathrm{Ext}^2_A(A/\mathfrak{a}, A)$ est isomorphe à $A/\mathfrak{a}$, donc est monogène; la proposition résulte alors du corollaire à la prop. 2.

Corollaire. *Dans une variété non singulière de dimension* 3, *toute courbe de Gorenstein est localement une intersection complète.*

Dans le cas global, il nous faut faire davantage d'hypothèses:

Proposition 6. *Soit V une variété affine non singulière sur laquelle tout fibré vectoriel de rang 1 est trivial. Soit W une sous-variété de Cohen-Macaulay de V, de codimension 2 en chacun de ses points. La condition*

(i) *W est une intersection complète dans V,*

entraîne alors:

(ii) *Le faisceau Ω_W est isomorphe au faisceau $\mathscr{O}_W$.*

Réciproquement, si tout fibré vectoriel de rang 2 sur V est trivial, la condition (ii) *entraîne la condition* (i).

Le faisceau Ω_V est localement libre de rang 1, donc isomorphe à $\mathcal{O}_V$ d'après l'hypothèse faite sur V. Si W est une intersection complète, on en déduit une résolution explicite de $\mathcal{O}_W$ qui montre tout de suite que (ii) est vérifiée. Inversement, si A (resp. $\mathfrak{a}$) désigne l'anneau de coordonnées de V (resp. l'idéal définie par W), le faisceau associé à $\mathrm{Ext}_A^2(A/\mathfrak{a}, A)$ est isomorphe à Ω_W; si (ii) est vérifié, on en déduit que $\mathrm{Ext}_A^2(A/\mathfrak{a}, A)$ est monogène (en fait isomorphe à $A/\mathfrak{a}$). D'autre part, puisque $A/\mathfrak{a}$ est localement un anneau de Cohen-Macaulay, on a $\mathrm{dh}(\mathfrak{a}) \leq 1$. On peut donc appliquer le corollaire à la prop. 2.

Exemple. Prenons pour V *l'espace affine de dimension* 3, et pour W une *courbe* de cet espace affine. On en déduit que, pour que W soit une intersection complète, *il faut* que ce soit une courbe de Gorenstein, et que son fibré tangent (correspondant au dual du faisceau Ω_W) soit *trivial.* On ne pourrait affirmer la réciproque que si l'on savait que tout fibré vectoriel de rang 2 sur l'espace affine k^3 est trivial (en particulier si l'on pouvait étendre le théorème de Seshadri à la dimension 3).

Corollaire. *Supposons que tout fibré vectoriel de rang* 2 *sur l'espace affine* k^3 *soit trivial. Soit* W *une courbe non singulière de* k^3 *de genre* 0 *ou* 1. *Alors* W *est une intersection complète.*

Puisque W est non singulière, elle est de Gorenstein, et il nous faut voir que son fibré tangent est trivial. C'est clair pour le genre 1 (car le fibré tangent d'une courbe elliptique est trivial). Pour le genre 0, cela résulte du fait que tout fibré vectoriel sur la courbe est trivial.

[Ainsi, pour mettre en défaut le théorème de Seshadri en dimension 3, il
2 suffirait de construire une courbe non singulière de k^3, de genre 0 ou 1, qui ne soit pas une intersection complète... Malheureusement, il est difficile de prouver qu'une courbe, donnée explicitement par des équations, n'est pas une intersection complète.]

8. Intersections complètes de codimension 2 dans l'espace projectif

Lemme 11. *Soit* A *un anneau local régulier de dimension* m, *et soit* E *un* A*-module de Cohen-Macaulay de dimension* $m-h$ (autrement dit, on a $\dim(E) = m - h = \mathrm{codh}(E)$). *On a alors* $\mathrm{Ext}_A^i(E, A) = 0$ *pour* $i \neq h$, *et le module* $E' = \mathrm{Ext}_A^h(E, A)$ *est un module de Cohen-Macaulay de dimension* $m - h$.

Ce résultat est bien connu (cf. par exemple [5], p. 8); rappelons rapidement la démonstration:

Lorsque $h = m$, E est de longueur finie, et le lemme se démontre immédiatement par récurrence sur la longueur de E. On raisonne ensuite par récurrence sur $m - h = \mathrm{codh}(E)$. Si x est un élément de l'idéal maximal $\mathfrak{m}$ de A qui fait partie d'une «E-suite», on a la suite exacte:

$$0 \to E \xrightarrow{x} E \to E/xE \to 0.$$

D'où la suite exacte des Ext:

$$\mathrm{Ext}_A^i(E/xE, A) \to \mathrm{Ext}_A^i(E, A) \xrightarrow{x} \mathrm{Ext}_A^i(E, A) \to \mathrm{Ext}_A^{i+1}(E/xE, A).$$

Comme E/xE est un module de COHEN-MACAULAY de dimension $m-h-1$, l'hypothèse de récurrence montre que x: $\mathrm{Ext}_A^i(E,A) \to \mathrm{Ext}_A^i(E,A)$ est surjectif pour $i \neq h$, d'où la nullité de $\mathrm{Ext}_A^i(E,A)$ pour $i \neq h$. Pour $i=h$, on voit que x est non diviseur de zéro dans E', et que E'/xE' s'identifie à $\mathrm{Ext}_A^{h+1}(E/xE,A)$; comme ce dernier module est un module de COHEN-MACAULAY de dimension $m-h-1$, cela achève la démonstration.

Remarque. Le résultat ci-dessus (comme d'ailleurs tous les résultats locaux de cet exposé) reste valable lorsqu'on remplace A par l'algèbre graduée $k[X_1,\dots,X_m]$ (k étant un corps), et E par un A-module gradué. Cela se voit, soit en refaisant la démonstration dans ce nouveau cadre, soit tout simplement en passant au localisé de $k[X_1,\dots,X_m]$ par rapport à l'idéal maximal engendré par les X_i.

Proposition 7. *Soit r un entier ≥ 3, et soit W une sous-variété de l'espace projectif $\mathbf{P}_r(k)$ qui est de codimension 2 en chacun de ses points. Pour que W soit une intersection complète, il faut et il suffit que les deux conditions suivantes soient satisfaites:*

(a) *W est une variété de première espèce au sens de* DUBREIL (cf. [4], ainsi que FAC, [8], n° 77).

(b) *Il existe un entier N tel que le faisceau Ω_W soit isomorphe à $\mathcal{O}_W(N)$.*

Soit $A=k[T_0,\dots,T_r]$, et soit $\mathfrak{a}$ l'idéal de A défini par W. Dire que W est une intersection complète signifie que $\mathfrak{a}$ peut être engendré par deux polynômes homogènes. Si tel est le cas, on sait que $\mathrm{dh}(A/\mathfrak{a})=2$, ce qui signifie que W est de première espèce (cf. FAC, n°s 77 et 78). De plus, si l'on désigne par d_1 et d_2 les degrés de ces polynômes, on a une suite exacte de faisceaux:

$$0 \to \mathcal{O}(-d_1-d_2) \to \mathcal{O}(-d_1) \oplus \mathcal{O}(-d_2) \to \mathcal{O} \to \mathcal{O}_W \to 0.$$

Cette suite permet de calculer Ω_W, en tenant compte de ce que $\Omega_V = \mathcal{O}(-r-1)$. On trouve:

$$\Omega_W = \mathcal{O}_W(N), \quad \text{avec} \quad N = d_1+d_2-r-1, \quad (\text{cf. } \textit{loc. cit.}, \text{prop. 5}).$$

Inversement, supposons les conditions (a) et (b) vérifiées et montrons que W est une intersection complète. Soit $F=\mathrm{Ext}_A^2(A/\mathfrak{a},A)$; d'après le corollaire à la proposition 2 (transposé au cas gradué), il nous suffit de prouver que *F est un module gradué monogène.* Le faisceau $\mathcal{F}$ associé à F n'est autre que le faisceau $\mathcal{E}xt_{\mathcal{O}}^2(\mathcal{O}_W,\mathcal{O})$, c'est-à-dire le faisceau $\Omega_W(r+1)$. Vu l'hypothèse (b), c'est le faisceau $\mathcal{O}_W(N+r+1)$. Notons alors $F^{\natural}$ le module gradué attaché au faisceau $\mathcal{F}$ (cf. FAC, n° 67). Puisque le module attaché à $\mathcal{O}_W$ est $A/\mathfrak{a}$ (FAC, p. 273, prop. 5, (a)), on a $F^{\natural} = A/\mathfrak{a}(N+r+1)$, et $F^{\natural}$ est un module monogène. Mais d'autre part, le lemme 11 montre que $\mathrm{dh}(F)=2$. On en déduit que l'application canonique $F \to F^{\natural}$ est bijective (cf. FAC, p. 271, prop. 2 – c'est ici qu'intervient l'hypothèse $r \geq 3$). Donc F est monogène, C.Q.F.D.

3 **Corollaire.** *Pour qu'une courbe non singulière W de $\mathbf{P}_3(k)$ soit une intersection complète, il faut et il suffit que ce soit une courbe de première espèce et que sa classe canonique soit égale à un multiple entier de la classe des sections planes.*

En effet, si K est un diviseur canonique, et si H est un diviseur découpé sur W par un plan, la relation «$K \sim N \cdot H$» est équivalente à la relation «Ω_W est isomorphe à $\mathcal{O}_W(N)$».

Exemple. Soit W une courbe de genre 4, non hyperelliptique. Le système linéaire des diviseurs canoniques de W définit un plongement de W dans $\mathbf{P}_3(k)$. Ce plongement vérifie les conditions (a) et (b), avec $N = 1$. On retrouve ainsi le fait que W est intersection complète de deux surfaces de degrés 2 et 3.

Bibliographie

[1] Cartan (Henri) and Eilenberg (Samuel). *Homological Algebra.* Princeton, Princeton Univ. Press, 1956 (Princeton math. Series, **19**).

[2] Dieudonné (Jean). *La géométrie des groupes classiques.* Berlin, Springer-Verlag, 1955 (Ergebnisse der Math., **5**).

[3] Gabriel (Pierre). *Objets injectifs dans les catégories abéliennes,* Séminaire Dubreil-Pisot: Algèbre et théorie des nombres, t. **12**, 1958/59, n° **17**, 32 p.

[4] Gaeta (Federico). *Quelques progrès récents dans la classification des variétés algébriques d'un espace projectif,* Deuxième Colloque de Géométrie algébrique [1952. Liège]; p. 145–183. Liège, Georges Thone, 1952 (Centre belge de Recherches mathématiques).

[5] Grothendieck (Alexander). *Théorèmes de dualité pour les faisceaux algébriques cohérents,* Séminaire Bourbaki, t. **9**, 1956/57, n° **149**, 25 p.

[6] Macaulay (F. S). *On a method of dealing with the intersections of plane curves.* Trans. Amer. math. Soc., t. **5**, 1904, p. 385–410.

[7] Samuel (Pierre). *Sur les anneaux factoriels,* Bull. Soc. math. France, t. **89**, 1961, p. 155–173.

[8] Serre (Jean-Pierre). *Faisceaux algébriques cohérents,* Ann. of Math., t. **61**, 1955, p. 197–278.

[9] Serre (Jean-Pierre). *Sur la dimension homologique des anneaux et des modules noethériens,* Proceedings of the international Symposium on algebraic number theory [1955. Tokyo et Nikko]; p. 175–189. Tokyo, Science Council of Japan, 1956.

[10] Serre (Jean-Pierre). *Modules projectifs et espaces fibrés à fibre vectorielle,* Séminaire Dubreil-Pisot: Algèbre et Théorie des nombres, t. **11**, 1957/58, n° **23**, 18 p.

[11] Serre (Jean-Pierre). *Classes des corps cyclotomiques,* Séminaire Bourbaki, t. **11**, 1958/59, n° **174**, 11 p.

[12] Serre (Jean-Pierre). *Groupes algébriques et corps de classes.* Paris, Hermann, 1959 (Act. scient. et ind., 1264; Publ. Inst. Math. Univ. Nancago, **7**).

[13] Seshadri (C. S). *Triviality of vector bundles over the affine space K^2,* Proc. Nat. Acad. Sci. USA, t. **44**, 1958, p. 456–458.

[14] Seshadri (C. S). *Algebraic vector bundles over the product of an affine curve and the affine line,* Proc. Amer. math. Soc., t. **10**, 1959, p. 670–673.

[15] van der Waerden (Bartel L.). *Moderne Algebra,* t. **1** et **2**. Berlin, Springer-Verlag, 1930 et 1931 (Grundlehren der math. Wiss., **33** et **34**).

49.

Groupes proalgébriques

Publ. Math. I.H.E.S., n° 7 (1960), 5–68

INTRODUCTION

On rencontre fréquemment des *systèmes projectifs* de groupes algébriques commutatifs. Citons notamment :

(i) Les groupes connexes qui sont des revêtements d'un groupe fixé G.

(ii) Les jacobiennes généralisées J_m associées à une courbe algébrique X (cf. [13], par exemple).

(iii) Les groupes U/U^n, où U désigne le groupe des unités d'un corps valué complet à corps résiduel algébriquement clos (cf. [14]).

On peut, bien entendu, étudier séparément chaque groupe du système; c'est le point de vue de [13]. Mais il est plus commode de « passer à la limite »; les résultats obtenus sont en général plus simples. Dans le cas (i), la limite en question est le *revêtement universel* de G (au sens qui sera défini plus loin), dans le cas (ii), c'est le *groupe des classes d'idèles de degré* 0 de X, et dans le cas (iii), c'est le groupe U. Bien entendu, pour que le passage à la limite soit utilisable, il est nécessaire d'en démontrer au préalable un certain nombre de propriétés fondamentales : c'est là le but du présent mémoire; les applications à la théorie des corps locaux (c'est-à-dire au groupe U de l'exemple (iii))
1 seront exposées ailleurs.

Une première difficulté se présente; en caractéristique $\neq 0$, les groupes algébriques (commutatifs, comme toujours dans ce qui suit) *ne forment pas une catégorie abélienne* : il existe des morphismes $f : G \to G'$ dont le noyau et le conoyau sont nuls, et qui ne sont pas des isomorphismes. Nous remédierons à cette situation en convenant d'*identifier* deux groupes tels que G et G'; on obtient ainsi la catégorie $\mathcal{Q}$ des *groupes quasi-algébriques* (cf. § 1), qui, cette fois, est abélienne. Cette façon un peu brutale de procéder n'a pas d'inconvénients tant que l'on ne s'intéresse qu'à des extensions séparables (ce qui est le cas dans les applications que nous avons en vue). Si l'on voulait conserver les phénomènes dus à l'inséparabilité, il faudrait au contraire *agrandir* la catégorie des groupes algébriques, en acceptant ceux dont les anneaux locaux contiennent des *éléments nilpotents*; d'après un résultat inédit de Grothendieck, la catégorie ainsi définie
2 est bien une catégorie abélienne.

Dans ce qui suit, nous nous en tenons au point de vue des groupes quasi-algébriques, et nous définissons les groupes proalgébriques comme des *limites projectives de groupes quasi-algébriques* (on devrait donc les qualifier de « pro-quasi-algébriques »...). On verra au § 2 que ces groupes forment une catégorie abélienne $\mathcal{P}$, où le foncteur limite projective existe et est exact. Les méthodes générales de l'Algèbre homologique, développées par Cartan-Eilenberg [1] et Grothendieck [7] (cité T dans ce qui suit), s'appliquent à la catégorie $\mathscr{P}$; en particulier cette catégorie contient *suffisamment de projectifs*. Il est alors commode de définir le groupe fondamental π_1 ainsi que les groupes d'homotopie supérieurs comme les *foncteurs dérivés* du foncteur $\pi_0 =$ groupe des composantes connexes. On trouve, et c'est là le principal résultat de ce mémoire, que les foncteurs π_i sont *nuls* pour $i \geqslant 2$, ou, ce qui revient au même, que π_1 est *exact à gauche*. La démonstration repose sur une étude détaillée de divers types de groupes proalgébriques : groupes de dimension zéro (§ 4), groupes de type multiplicatif (§ 7), groupes unipotents (§ 8), variétés abéliennes (§ 9). On obtient en même temps des *résolutions projectives* de ces groupes, et aussi (grâce à un théorème général de Gabriel, cf. § 3) la détermination de tous les *projectifs* de $\mathscr{P}$; les foncteurs Ext^i sont nuls dans $\mathscr{P}$ pour $i \geqslant 3$, et même pour $i \geqslant 2$ en caractéristique zéro (cf. § 10).

Les résultats résumés ci-dessus ont fait l'objet d'un cours au Collège de France; je tiens à remercier les auditeurs de ce cours, et particulièrement P. Gabriel et A. Grothendieck, pour l'aide qu'ils m'ont apportée par leurs commentaires et leurs suggestions.

CONVENTIONS GÉNÉRALES

1) Tous les groupes considérés sont supposés *commutatifs*.

2) La lettre k désigne un corps algébriquement clos; on note p son *exposant caractéristique* (Bourbaki, *Alg.*, V, § 1). Toutes les variétés algébriques considérées sont définies sur k (au sens de *FAC* [11], nº 34); nous conservons les notations de *FAC*, à cela près qu'une « application régulière » sera appelée un « morphisme ».

§ 1. GROUPES QUASI-ALGÉBRIQUES

1.1. Équivalence de structures de groupes algébriques.

Soit V une variété et soit $\mathcal{O}$ le faisceau des fonctions sur V. Si $q = p^n$, avec $n \in \mathbf{Z}$, nous noterons $\mathcal{O}^q$ le faisceau dont les sections sur un ouvert $\mathrm{U} \subset \mathrm{V}$ sont les puissances q-ièmes des sections de $\mathcal{O}$ sur U; on vérifie tout de suite que V, muni de sa topologie de Zariski et du nouveau faisceau $\mathcal{O}^q$, est une variété algébrique; on la notera V^q. Si $n \geqslant 0$, on a $\mathcal{O}^q \subset \mathcal{O}$, ce qui signifie que l'application identique $i : \mathrm{V} \to \mathrm{V}^q$ est un morphisme; de même, si $n \leqslant 0$, $i : \mathrm{V}^q \to \mathrm{V}$ est un morphisme. On a donc une suite de morphismes :

$$\ldots \to \mathrm{V}^{p^{-1}} \to \mathrm{V} \to \mathrm{V}^p \to \ldots$$

On notera $\mathcal{O}^{p^{-\infty}}$ la réunion des faisceaux $\mathcal{O}^q$; la structure définie sur V par sa topologie et ce nouveau faisceau n'est pas en général une structure de variété algébrique; nous reviendrons là-dessus au nº 1.4.

Si G est un groupe algébrique, il en est de même de G^q, la loi de composition de G^q étant la même (ensemblistement !) que celle de G. En particulier, si $q \geqslant 1$, le morphisme $i: G \to G^q$ est un morphisme de groupes algébriques ; ce morphisme est bijectif, mais ce n'est pas un isomorphisme en général (sauf si $q=1$, ou si $\dim(G)=0$).

PROPOSITION 1. *Soit* $f: G_1 \to G_2$ *un morphisme bijectif de groupes algébriques. Il existe alors une puissance positive* q *de* p, *et un morphisme* $g: G_2 \to G_1^q$ *tels que le composé :*

$$G_1 \xrightarrow{f} G_2 \xrightarrow{g} G_1^q$$

soit l'application identique $i: G_1 \to G_1^q$.

On se ramène tout de suite au cas où G_1 et G_2 sont connexes, ou, ce qui revient au même, irréductibles. Si l'on note K_1 et K_2 leurs corps de fonctions rationnelles, f définit un plongement de K_2 dans K_1; de plus, comme f est bijectif, l'extension K_1/K_2 est radicielle, et comme les corps K_i sont de type fini sur k, il existe $q=p^n$, $n \geqslant 0$, tel que $K_2 \supset K_1^q$. On en déduit une application rationnelle $g: G_2 \to G_1^q$ telle que $g \circ f = i$; comme f et i sont des morphismes de groupes algébriques, on a $g(x+y)=g(x)+g(y)$ si x et y appartiennent à un ouvert non vide convenable de G_2; on en déduit par translation (cf. [13], p. 89, lemme 6, ou bien Lang [9], p. 5) que g est un morphisme de groupes algébriques.

Remarque. La proposition précédente peut aussi s'énoncer en disant que f est un homéomorphisme, et que, si l'on identifie G_1 et G_2 au moyen de f, le faisceau $\mathcal{O}_2$ de G_2 contient $\mathcal{O}_1^q$ pour q convenable. Comme $\mathcal{O}_2 \subset \mathcal{O}_1$, on a donc $\mathcal{O}_1^{p^{-\infty}} = \mathcal{O}_2^{p^{-\infty}}$.

Soit maintenant G un groupe. Si S est une structure de groupe algébrique sur G, compatible avec sa structure de groupe, nous noterons G_S le groupe G muni de S, et nous désignerons par T_S et $\mathcal{O}_S$ sa topologie et son faisceau d'anneaux.

PROPOSITION 2. *Soient* S_1 *et* S_2 *deux structures de groupe algébrique sur* G, *compatibles avec sa structure de groupe. Les conditions suivantes sont équivalentes :*

(i) *Il existe une structure* S_3 *telle que les applications identiques* $G_{S_3} \to G_{S_1}$ *et* $G_{S_3} \to G_{S_2}$ *soient des morphismes.*

(ii) *Il existe une structure* S_4 *telle que les applications identiques* $G_{S_1} \to G_{S_4}$ *et* $G_{S_2} \to G_{S_4}$ *soient des morphismes.*

(iii) *Il existe une puissance positive* q *de* p *telle que l'application identique* $G_{S_1} \to G_{S_2}^q$ *soit un morphisme.*

(iv) *On a* $T_{S_1} = T_{S_2}$ *et* $\mathcal{O}_{S_1}^{p^{-\infty}} = \mathcal{O}_{S_2}^{p^{-\infty}}$.

On a (iii)$\Rightarrow$(i) : il suffit de prendre $G_{S_3} = G_{S_1}^{q^{-1}}$; de même, on a (iii)$\Rightarrow$(ii) en prenant $G_{S_4} = G_{S_2}^q$.

D'après la remarque qui suit la prop. 1, on a (i)$\Rightarrow$(iv) et (ii)$\Rightarrow$(iv). Il reste donc seulement à montrer que (iv)$\Rightarrow$(iii). Posons, pour simplifier, $\mathcal{O}_1 = \mathcal{O}_{S_1}$ et $\mathcal{O}_2 = \mathcal{O}_{S_2}$. D'après (iv), on a $\mathcal{O}_2 \subset \mathcal{O}_1^{p^{-\infty}}$. Recouvrons G_{S_2} par un nombre fini d'ouverts affines U_i, et pour chacun d'eux choisissons un système fini h_{ij} de générateurs de la k-algèbre $\Gamma(U_i, \mathcal{O}_2)$. On a $h_{ij} \in \Gamma(U_i, \mathcal{O}_1^{p^{-\infty}})$, et comme chacun des U_i est quasi-compact, on en déduit qu'il existe une puissance positive q de p telle que $h_{ij} \in \Gamma(U_i, \mathcal{O}_1^{q^{-1}})$ pour tout couple (i, j); on a alors $\Gamma(U_i, \mathcal{O}_2) \subset \Gamma(U_i, \mathcal{O}_1^{q^{-1}})$, d'où $\mathcal{O}_2 \subset \mathcal{O}_1^{q^{-1}}$ et $\mathcal{O}_2^q \subset \mathcal{O}_1$, ce qui établit (iii) et achève la démonstration.

Définition 1. *Soit* G *un groupe, et soient* S_1 *et* S_2 *deux structures de groupe algébrique sur* G, *compatibles avec sa structure de groupe. On dit que* S_1 *et* S_2 *sont équivalentes si elles vérifient les conditions de la proposition* 2.

(Vu (iv), c'est bien une relation d'équivalence.)

On notera que, en caractéristique zéro, l'équivalence se réduit à l'égalité, puisque $\mathcal{O}^{p^{-\infty}} = \mathcal{O}$.

1.2. Groupes quasi-algébriques.

Définition 2. *On appelle groupe quasi-algébrique un groupe* G *muni d'une classe d'équivalence (au sens de la définition* 1*) de structures de groupe algébrique compatibles avec sa structure de groupe.*

Si G est un groupe quasi-algébrique, une structure de groupe algébrique sur G appartenant à la classe d'équivalence définissant la structure de G sera dite *compatible* avec la structure quasi-algébrique de G.

Tout groupe algébrique G définit de façon naturelle un groupe quasi-algébrique, que l'on notera $G^{p^{-\infty}}$, ou simplement G si aucune confusion ne peut en résulter.

D'après la condition (iv), tout groupe quasi-algébrique G est muni d'une *topologie* (dite « de Zariski »), et d'un *faisceau d'anneaux*, que l'on notera $\mathcal{O}_G^{p^{-\infty}}$.

Soit G un groupe quasi-algébrique, et soit H un *sous-groupe fermé* de G; soit S une structure de groupe algébrique sur G, compatible avec sa structure quasi-algébrique. Puisque H est fermé dans G_S, on peut le munir de la structure induite par celle de G_S, structure que l'on notera $S|H$. On vérifie (par exemple en se servant de la condition (i)) que si S et S′ sont équivalentes, il en est de même de $S|H$ et $S'|H$; la classe ainsi définie munit H d'une structure de groupe quasi-algébrique, dite *induite* par celle de G. On définit de même la structure *quotient* sur G/H, et la structure *produit* sur $G \times G'$ (G′ étant un autre groupe quasi-algébrique). En ce qui concerne les *morphismes*, on peut les caractériser de diverses façons :

Proposition 3. *Soient* G *et* G′ *deux groupes quasi-algébriques, et soit* $f : G \to G'$ *un homomorphisme (au sens usuel, i.e. ensembliste). Les conditions suivantes sont équivalentes :*

a) Il existe sur G *et* G′ *des structures algébriques* S *et* S′, *compatibles avec leur structure quasi-algébrique, et telles que* $f : G_S \to G'_{S'}$ *soit un morphisme de groupes algébriques.*

b) L'application f est continue et si φ *est une section de* $\mathcal{O}_{G'}^{p^{-\infty}}$ *sur un ouvert* U′, $\varphi\circ f$ *est une section de* $\mathcal{O}_G^{p^{-\infty}}$ *sur l'ouvert* $f^{-1}(U')$.

c) Le graphe de f est un sous-groupe fermé de $G \times G'$.

Il est clair que *a)* entraîne *b)* et *c)*. Supposons *b)* vérifiée, et munissons G et G′ de structures algébriques S et S′ compatibles avec leur structure quasi-algébrique; si φ est une section de $\mathcal{O}_{S'}$ sur un ouvert U′, $\varphi\circ f$ est une section de $\mathcal{O}_S^{p^{-\infty}}$ sur $f^{-1}(U)$. Le raisonnement déjà fait dans la démonstration de la prop. 2 montre alors qu'il existe une puissance positive q de p telle que f^{-1} applique $\mathcal{O}_{S'}$ dans $\mathcal{O}_S^{q^{-1}}$, et f est un morphisme de G_S dans $G_{S'}^{\prime q}$, d'où *b)* $\Rightarrow$ *a)*. Enfin, supposons *c)* vérifiée et choisissons comme ci-dessus des structures S et S' sur G et G'; si G'' désigne le graphe de f, on peut munir G'' de la structure induite par celle de $G_S \times G'_{S'}$, et l'on obtient une structure S''. Comme $pr_1 : G''_{S''} \rightarrow G_S$ est un morphisme bijectif, S'' et S sont équivalentes (une fois G et G'' identifiés au moyen de pr_1); comme $pr_2 : G''_{S''} \rightarrow G'_{S'}$ est un morphisme, on a bien *c)* $\Rightarrow$ *a)*.

Définition 3. *Si* G *et* G' *sont deux groupes quasi-algébriques, on appelle morphisme de* G *dans* G' *tout homomorphisme* $f : G \rightarrow G'$ *qui vérifie les conditions équivalentes de la proposition* 3.

Les propriétés habituelles des morphismes sont vérifiées (cf. Bourbaki, *Ens.*, IV, § 2). On notera Hom(G, G') l'ensemble des morphismes de G dans G'; c'est un groupe abélien pour l'addition des morphismes. On vérifie également que les termes de « structure induite », « structure quotient », « structure produit » définis plus haut sont justifiés du point de vue « morphique » (cf. Bourbaki, *loc. cit.*, n°s 4 et 6). De plus :

Proposition 4. *Soit* $f : G \rightarrow G'$ *un morphisme de groupes quasi-algébriques, soit* N *le noyau de* f *et soit* I *son image. Alors* N *et* I *sont fermés dans* G *et* G' *respectivement, et* f *définit par passage au quotient un isomorphisme de* G/N *sur* I.

Choisissons sur G et G' des structures S et S' telles que la condition *a)* de la prop. 3 soit vérifiée. Comme $f : G_S \rightarrow G'_{S'}$ est un morphisme de groupes algébriques, on voit que I et N sont fermés, et que $G_S/N \rightarrow I$ est un morphisme bijectif. D'après la définition même de l'équivalence des structures algébriques, il s'ensuit que $G/N \rightarrow I$ est un isomorphisme pour les structures quasi-algébriques de ces deux groupes.

Nous noterons $\mathcal{Q}$ la catégorie formée par les groupes quasi-algébriques et les morphismes que l'on vient de définir.

Proposition 5. *La catégorie* $\mathcal{Q}$ *est une catégorie abélienne, où la notion de sous-objet coïncide avec celle de sous-groupe fermé.*

En effet, la prop. 4 montre que les axiomes AB 1) et AB 2) de T sont satisfaits. Lorsque la caractéristique de k est zéro, la catégorie $\mathcal{Q}$ est identique à la catégorie $\mathcal{A}$ des groupes algébriques.

1.3. Premières propriétés de la catégorie $\mathcal{Q}$.

Notons d'abord la propriété suivante, qui jouera un rôle essentiel par la suite :

Proposition 6. *Tout objet de* $\mathcal{Q}$ *est artinien.*

En d'autres termes, si $G \in \mathcal{Q}$, et si $G_1, \ldots, G_n, \ldots$ est une suite décroissante de sous-objets de G, la suite $G_1, \ldots, G_n, \ldots$ est stationnaire; c'est évident du fait que les G_i sont fermés dans G, et que G est un espace topologique noethérien.

Par contre, il existe des objets de $\mathcal{Q}$ qui *ne sont pas noethériens* (le groupe multiplicatif G_m contient une suite strictement croissante de sous-groupes finis). La situation s'améliore si l'on passe à la catégorie quotient $\mathcal{Q}/\mathcal{Q}_0$, où $\mathcal{Q}_0$ désigne la catégorie des groupes finis : tout objet de $\mathcal{Q}/\mathcal{Q}_0$ est de longueur finie [pour la définition des catégories quotients, voir T, nº 1.11 — ici, passer au quotient par $\mathcal{Q}_0$ équivaut à raisonner « à une isogénie près », comme on le fait souvent dans la théorie des variétés abéliennes].

Avant d'aller plus loin, introduisons une convention générale. Soit P une propriété portant sur les groupes algébriques, et vérifiant la condition suivante :

Si S_1 *et* S_2 *sont deux structures équivalentes de groupe algébrique sur un même groupe* G, *et si* S_1 *vérifie* P, *alors* S_2 *vérifie* P.

Soit G un groupe quasi-algébrique. Nous dirons que G *vérifie* P si toute structure de groupe algébrique sur G qui est compatible avec la structure quasi-algébrique de G vérifie P; vu la condition ci-dessus, il suffit que ce soit vrai pour *l'une* de ces structures. Par exemple, cela a un sens de dire que G est *connexe*, *fini*, *linéaire*, *unipotent*, ou que c'est un *tore*, une *variété abélienne*, etc. Les théorèmes de structure pour les groupes algébriques (voir Chevalley [2], exposés 4 et 6, ainsi que Rosenlicht [10]) donnent alors :

Proposition 7. a) *Tout groupe quasi-algébrique connexe* G *contient un sous-groupe connexe linéaire* L *tel que* G/L *soit une variété abélienne.*

b) *Tout groupe connexe linéaire* L *est produit d'un tore* T *par un groupe unipotent* U.

c) *Tout tore est produit de groupes isomorphes au groupe multiplicatif* G_m.

d) *Tout groupe unipotent connexe possède une suite de composition formée de sous-groupes fermés dont les quotients successifs sont isomorphes au groupe additif* G_a.

De plus, les sous-groupes L, T, U *dont l'existence est affirmée par* a) *et* b) *sont uniques.*

On peut donner des résultats plus précis sur les groupes unipotents ([13], chap. VII, théorèmes 1, 2, 3), mais nous n'en aurons pas besoin dans ce qui suit.

Corollaire. *Tout groupe quasi-algébrique possède une suite de composition dont les quotients successifs sont isomorphes, soit au groupe* G_a, *soit au groupe* G_m, *soit à une variété abélienne, soit à un groupe fini.*

(Il va sans dire qu'il s'agit de suite de composition formée de *sous-objets*, c'est-à-dire de sous-groupes fermés; des omissions de ce genre seront fréquentes dans la suite.)

1.4. Variétés parfaites.

Les définitions et résultats des numéros précédents conduisent naturellement à introduire une nouvelle catégorie de variétés, que j'appellerai *variétés parfaites* (leurs anneaux locaux sont en effet des anneaux parfaits, c'est-à-dire tel que $x \to x^p$ soit un automorphisme). Cette catégorie est utile en diverses circonstances; toutefois, je n'en ferai pas usage dans la suite de ce travail, et je vais donc me borner à de brèves indications.

Soit X un espace topologique, muni d'un sous-faisceau $\mathcal{H}_X$ du faisceau des fonctions continues à valeurs dans k. Je dirai que X est une *pré-variété parfaite* si l'on a :

(P_I). *Il existe un recouvrement ouvert fini* $\{U_i\}$ *de* X *tel que chaque* U_i, *muni de la structure induite par celle de* X, *soit isomorphe à une variété algébrique munie de sa topologie de Zariski et de son faisceau* $\mathcal{O}^{p^{-\infty}}$ (*cf.* nº 1.1).

On définit de façon évidente le produit de deux prévariétés parfaites, et l'on dit que X est une *variété parfaite* si l'on a :

(P_{II}). *La diagonale* Δ *est fermée dans* $X \times X$.

Les *morphismes* $f : X \rightarrow X'$ sont définis par la condition d'être continus et d'appliquer $\mathcal{H}_{X'}$ dans $\mathcal{H}_X$. Toutes les propriétés élémentaires des morphismes, sous-variétés, produits, se démontrent comme dans le cas algébrique (cf. *FAC*, nº 35).

Toute variété algébrique V définit (au moyen de $\mathcal{O}_V^{p^{-\infty}}$) une variété parfaite $V^{p^{-\infty}}$, et tout morphisme de variétés $f : V \rightarrow V'$ est un morphisme de variétés parfaites $f : V^{p^{-\infty}} \rightarrow V'^{p^{-\infty}}$. Inversement :

Proposition 8. *Si* $f : V^{p^{-\infty}} \rightarrow V'^{p^{-\infty}}$ *est un morphisme de variétés parfaites, il existe une puissance q de p telle que f soit un morphisme de la variété algébrique* V *dans la variété algébrique* V'^q.

On raisonne comme dans la démonstration de la prop. 2.

Soit maintenant X une variété parfaite quelconque, et soient X_i ses composantes irréductibles; pour tout $x \in X_i$, soit $\mathfrak{p}_i$ l'idéal de $\mathcal{H}_{x,X}$ formé des fonctions nulles sur X_i, et soit $K_{i,x}$ le corps des fractions de l'anneau d'intégrité $\mathcal{H}_{x,X}/\mathfrak{p}_i$. Les $K_{i,x}$ forment un faisceau constant sur X_i (cf. *FAC*, nº 36 pour le cas algébrique); soit K_i le corps des sections de ce faisceau. Les K_i sont des corps *parfaits*. Choisissons maintenant, pour chaque *i*, un sous-corps E_i de K_i vérifiant les deux conditions suivantes :

1) $K_i = E_i^{p^{-\infty}}$.

2) E_i *est une extension de type fini de k.*

(On montre facilement qu'un tel choix est possible.)

La donnée des E_i permet alors de définir un sous-faisceau $\mathcal{H}_E$ de $\mathcal{H}$: on a $f \in \mathcal{H}_{x,E}$ si, pour tout *i* tel que $x \in X_i$, l'image de *f* dans $\mathcal{H}_{x,X}/\mathfrak{p}_i$ appartient au sous-corps E_i.

Proposition 9. *La topologie de Zariski et le faisceau* $\mathcal{H}_E$ *définissent sur* X *une structure de variété algébrique* X_E *dont la variété parfaite associée n'est autre que* X.

La démonstration a un caractère local (l'axiome de séparation se vérifiant trivialement), et est laissée au lecteur.

Corollaire. *Toute variété parfaite peut être définie par une variété algébrique.*

Revenons maintenant aux groupes. Puisque les produits existent dans la catégorie des variétés parfaites, on n'a pas de difficulté à définir un « groupe parfait » : c'est un groupe G, muni d'une structure de variété parfaite telle que $(x, y) \rightarrow x - y$ soit un morphisme de $G \times G$ dans G. Tout groupe quasi-algébrique est évidemment un groupe parfait. Inversement :

Proposition 10. *Tout groupe parfait est un groupe quasi-algébrique.*

Indiquons le principe de la démonstration. On se ramène au cas où G est connexe, donc irréductible; soit K le corps parfait qui lui est attaché, et soit E un sous-corps de K vérifiant les conditions 1) et 2) ci-dessus. Si l'on note σ_g les translations par les éléments $g \in G$, on a $\sigma_g(E) \subset E^{p^{-\infty}}$; en appliquant la prop. 8 au morphisme $(x, y) \to x - y$ de $G \times G$ dans G, on montre qu'il existe une puissance q de p telle que $\sigma_g(E) \subset E^q$ pour tout g. Le corps E' engendré par les $\sigma_g(E)$ vérifie donc encore 1) et 2) et est invariant par les σ_g. Si l'on munit G de la structure de variété algébrique associée à E' (prop. 9), on trouve une variété $G_{E'}$; de plus, l'application $(x, y) \to x - y$ est un morphisme de $G_{E'} \times G_{E'}$ dans $G_{E'}$ (cela se voit par un raisonnement semblable à celui de [12], p. 723, lemme 6). Comme $(G_{E'})^{p^{-\infty}} = G$, la proposition est démontrée.

Remarque. Les résultats de ce paragraphe s'étendent, avec des modifications évidentes, aux groupes non commutatifs. Dans la démonstration de la prop. 10, il faut introduire les translations à gauche et à droite, ainsi que les automorphismes induits sur la composante connexe de l'élément neutre de G par les automorphismes intérieurs de G.

§ 2. GROUPES PROALGÉBRIQUES

2.1. Définitions.

DÉFINITION 1. *On appelle groupe proalgébrique un groupe* G *muni d'une famille non vide* S *de sous-groupes et, pour tout* $H \in S$, *d'une structure de groupe quasi-algébrique sur* G/H, *ces données vérifiant les axiomes suivants* :

(P-1) $H, H' \in S \Rightarrow H \cap H' \in S$.

(P-2) *Si* $H \in S$, *les sous-groupes* H' *contenant* H *qui appartiennent à* S *sont les images réciproques des sous-groupes fermés de* G/H.

(P-3) *Si* $H, H' \in S$, *et si* $H \subset H'$, *l'homomorphisme* $G/H \to G/H'$ *est un morphisme de groupes quasi-algébriques.*

(P-4) *L'application naturelle* $G \to \varprojlim G/H$ *est une bijection de* G *sur la limite projective des groupes* G/H ($H \in S$).

L'ensemble S sera appelé *l'ensemble complet de définition* du groupe G, et les $H \in S$ seront appelés les *sous-groupes de définition* de G.

Remarques. 1) L'axiome (P-4) est équivalent à la conjonction des deux suivants :

(P-4.1) *On a* $\bigcap_{H \in S} H = 0$.

(P-4.2) *Si, pour tout* $H \in S$, *on se donne un translaté* T(H) *de* H *de telle sorte que* $H \subset H'$ *entraîne* $T(H) \subset T(H')$, *alors* $\bigcap_{H \in S} T(H) \neq \emptyset$.

2) Les axiomes (P-1) et (P-2) expriment une condition de *saturation* pour S, analogue à celle que l'on exige pour les *faisceaux* ou les *atlas complets*. Il est souvent commode de partir d'axiomes moins forts (cf. les préfaisceaux) : supposons donné un ensemble S' de sous-groupes qui vérifie seulement (P-3) et (P-4), et soit filtrant décrois-

sant; on montre alors aisément qu'il existe une façon et une seule de prolonger S' en un ensemble S vérifiant (P-1), (P-2), (P-3) et (P-4). On dit que S' est un *ensemble de définition* pour le groupe proalgébrique ainsi obtenu.

Exemples.

1) Tout *groupe quasi-algébrique* G peut être muni canoniquement d'une structure de groupe proalgébrique : on prend pour S l'ensemble des sous-groupes fermés de G, et pour structure quasi-algébrique sur les G/H, H∈S, la structure quotient de celle de G. Les groupes proalgébriques ainsi obtenus sont ceux pour lesquels 0 est un sous-groupe de définition.

2) Soit G un groupe topologique *compact et totalement discontinu*. Soit S l'ensemble des sous-groupes ouverts de G. Si H∈S, le groupe quotient G/H est fini, et peut donc être considéré comme un groupe quasi-algébrique de dimension zéro. Les axiomes (P-1) à (P-4) sont vérifiés (seul (P-4.1) n'est pas tout à fait évident). On peut donc considérer G comme un groupe proalgébrique; un tel groupe est dit *de dimension zéro* (cf. § 4).

3) Soit W le groupe additif des *vecteurs de Witt* (cf. [15])

$$x = (x_0, \ldots, x_n, \ldots), \qquad x_i \in k$$

de longueur infinie. Soit H_n le sous-groupe de W formé des vecteurs x dont les n premières composantes sont nulles; le quotient W/H_n n'est autre que le groupe W_n des *vecteurs de Witt de longueur n*, et se trouve muni de façon naturelle d'une structure de groupe algébrique (les x_i jouant le rôle de coordonnées), donc aussi de groupe quasi-algébrique. Les H_n forment une famille filtrante décroissante, vérifiant (P-3) et (P-4); ils forment donc un ensemble de définition pour une structure de groupe proalgébrique sur W. Ce groupe joue un rôle important dans l'étude des groupes unipotents (cf. § 8).

Passons maintenant aux morphismes :

DÉFINITION 2. *Soient* G_1 *et* G_2 *deux groupes proalgébriques, d'ensembles complets de définition* S_1 *et* S_2. *On appelle morphisme de* G_1 *dans* G_2 *un homomorphisme* $f : G_1 \to G_2$ *qui vérifie la condition suivante* :

(M) *Pour tout* $H_2 \in S_2$, *on a* $f^{-1}(H_2) \in S_1$, *et l'application de* $G_1/f^{-1}(H_2)$ *dans* G_2/H_2 *définie par f est un morphisme de groupes quasi-algébriques.*

Il suffit de vérifier (M) pour des sous-groupes H_2 cofinaux dans S_2 (c'est-à-dire formant un ensemble de définition pour G_2).

On démontre tout de suite les propriétés habituelles des morphismes (Bourbaki, *Ens.*, IV, § 2); de plus, la différence de deux morphismes est un morphisme. On note $\mathrm{Hom}(G_1, G_2)$ l'ensemble des homomorphismes de G_1 dans G_2; c'est un groupe abélien. On note $\mathscr{P}$ la catégorie formée par les groupes proalgébriques et les morphismes que l'on vient de définir. Le but essentiel du présent paragraphe est de montrer que $\mathscr{P}$ est une *catégorie abélienne*, où les *limites projectives* existent, et où le foncteur $\varprojlim$ est *exact* (prop. 7 et prop. 10). On notera que $\mathscr{Q}$ est une sous-catégorie de $\mathscr{P}$, et que $\mathrm{Hom}(G_1, G_2)$ est le même dans $\mathscr{Q}$ et dans $\mathscr{P}$ si G_1 et G_2 appartiennent tous deux à $\mathscr{Q}$; nous verrons plus loin d'autres propriétés de la sous-catégorie $\mathscr{Q}$ (prop. 7).

2.2. Produits.

Soit $\{G_i\}_{i \in I}$ une famille de groupes proalgébriques ; soit S_i l'ensemble complet de définition de G_i. Nous allons munir le produit $G = \prod G_i$ d'une structure de groupe proalgébrique :

Soit S′ l'ensemble des sous-groupes H de G qui sont de la forme $\prod H_i$, où $H_i \in S_i$, et $H_i = G_i$ sauf pour un nombre fini d'indices. Le quotient G/H s'identifie au produit des G_i/H_i, c'est-à-dire au produit d'un nombre fini de groupes quasi-algébriques ; on munira alors G/H de la structure quasi-algébrique produit de celle des G_i/H_i. Il est clair que S′ est filtrant décroissant, et que les conditions (P-3) et (P-4) sont vérifiées. D'après la remarque 2 du nº 2.1, il existe donc sur G une structure proalgébrique dont S′ est ensemble de définition.

Proposition 1. *La structure proalgébrique définie ci-dessus sur le groupe* $G = \prod G_i$ *est le produit* (au sens de Bourbaki, *Ens.*, IV, § 2, nº 4) *des structures proalgébriques des* G_i.

Il est clair que les projections $pr_i : G \to G_i$ sont des morphismes. Si G′ est un groupe proalgébrique, et si $f : G' \to G$ est un morphisme, il s'ensuit que les $f_i = pr_i \circ f$ sont des morphismes. Inversement, supposons que les f_i soient des morphismes, et soit $H = \prod H_i$ un sous-groupe appartenant à S′. On a $f^{-1}(H) = \bigcap f_i^{-1}(H_i)$, ce qui, vu l'axiome (P-1), montre que $f^{-1}(H)$ est un sous-groupe de définition de G′; de plus, l'homomorphisme de $G'/f^{-1}(H)$ dans $G/H = \prod G_i/H_i$ défini par f est un morphisme : en effet, sa i-ème composante est composée de $G'/f^{-1}(H) \to G'/f_i^{-1}(H_i)$ et de $G'/f_i^{-1}(H_i) \to G_i/H_i$ qui sont tous deux des morphismes. L'application f est donc bien un morphisme, c.q.f.d.

Corollaire. *La catégorie $\mathcal{P}$ des groupes proalgébriques est une catégorie additive où les produits infinis existent.*

2.3. Limites projectives d'espaces homogènes principaux sur des groupes quasi-algébriques.

Soit G un groupe, et soit X un espace homogène sur G. Nous dirons que X est *principal* si le sous-groupe d'isotropie d'un point $x \in X$ est réduit à 0; le choix de x définit alors une bijection de G sur X. Si G est quasi-algébrique, on transporte à X la structure topologique de G ; le résultat ne dépend pas du point choisi; dans ce cas, on appellera *sous-variété affine* de X toute orbite d'un sous-groupe fermé de G; c'est une partie fermée non vide de X.

Soient X et X′ deux espaces homogènes principaux sur des groupes quasi-algébriques G et G′. Une application $h : X \to X'$ est dite un *morphisme affine* s'il existe un morphisme $f : G \to G'$ tel que $h(x+g) = h(x) + f(g)$; l'application f est déterminée de façon unique par h et on l'appelle la *partie homogène* de h. Un morphisme affine transforme une sous-variété affine de X en une sous-variété affine de X′.

Proposition 2. *Soit* $\mathbf{X}=(X_i, f_{ij})$ *un système projectif où les* X_i *sont des espaces homogènes principaux sur des groupes quasi-algébriques, et où les* $f_{ij} : X_j \to X_i$ *sont des morphismes affines. Soit* $X = \varprojlim \mathbf{X}$ *et soit* $f_i : X \to X_i$ *l'application canonique de* X *dans* X_i. *Alors* :

a) On a $X \neq \emptyset$.

b) On a $f_i(X) = \bigcap_{j \geqslant i} f_{ij}(X_j)$.

C'est une conséquence d'un résultat général sur les limites projectives (Bourbaki, *Top.*, I, 3e édition, Appendice). Pour la commodité du lecteur, nous allons rappeler brièvement la démonstration :

Soit $\mathfrak{S}$ l'ensemble des familles $(A_i)_{i \in I}$, où A_i est une sous-variété affine de X_i, et où $f_{ij}(A_j) \subset A_i$. L'ensemble $\mathfrak{S}$, ordonné par inclusion décroissante, est *inductif* : cela se voit en remarquant que l'ensemble des sous-variétés affines de chacun des X_i *vérifie la condition d'Artin* (cf. § 1, prop. 6). Soit (A_i) un élément minimal de $\mathfrak{S}$; si l'on pose $A'_i = \bigcap_{i \geqslant j} f_{ij}(A_j)$, on vérifie aisément que $(A'_i) \in \mathfrak{S}$, et comme (A_i) est minimal, on a $A_i = A'_i$, c'est-à-dire $f_{ij}(A_j) = A_i$ pour $j \geqslant i$. Enfin, chacun des A_i est réduit à un point x_i; en effet, soit $x_i \in A_i$ (i fixé), et pour $j \geqslant i$, soit A''_j l'image réciproque de x_i dans A_j; si j n'est pas $\geqslant i$, prenons $A''_j = A_j$; on vérifie encore que $(A''_j) \in \mathfrak{S}$, d'où $A''_j = A_j$, et en particulier $A_i = \{x_i\}$, ce qui démontre notre assertion. Le système des $\{x_i\}$ est alors cohérent, ce qui démontre *a)*. Si maintenant on a $x_i \in \bigcap_{i \geqslant j} f_{ij}(X_j)$, on remplace les X_j, $j \geqslant i$, par les $f_{ij}^{-1}(x_i)$, et l'on applique *a)* au système projectif ainsi obtenu; on en déduit *b)*.

Remarque. Dans toute la suite, on écrira indifféremment $\varprojlim X_i$ ou $\varprojlim \mathbf{X}$.

Corollaire. *Soient* $\mathbf{A}$, $\mathbf{A}'$, $\mathbf{A}''$ *trois systèmes projectifs dans la catégorie* $\mathcal{Q}$, *indexés par le même ensemble d'indices, et formant une suite exacte* :

$$\mathbf{A}' \to \mathbf{A} \to \mathbf{A}'' \qquad (cf.\ \mathrm{T},\ n^o\ 1.7)$$

La suite $\varprojlim \mathbf{A}' \to \varprojlim \mathbf{A} \to \varprojlim \mathbf{A}''$ *est alors exacte.*

Posons $\mathbf{A}' = (A'_i, f'_{ij})$, $\mathbf{A} = (A_i, f_{ij})$, $\mathbf{A}'' = (A''_i, f''_{ij})$. Dire que la suite $\mathbf{A}' \to \mathbf{A} \to \mathbf{A}''$ est exacte signifie que, pour chaque i, on a des morphismes $\varphi_i : A'_i \to A_i$, $\psi_i : A_i \to A''_i$, commutant aux f_{ij}, f'_{ij}, f''_{ij}, et tels que la suite :

$$A'_i \to A_i \to A''_i$$

soit exacte.

Soit (a_i) un élément du noyau de $\varprojlim \mathbf{A} \to \varprojlim \mathbf{A}''$, et posons $X_i = \varphi_i^{-1}(a_i)$. Si G_i est le noyau de $A'_i \to A_i$, l'ensemble X_i est un espace homogène principal sur G_i, et la restriction de f'_{ij} à X_j est un morphisme affine de X_j dans X_i. D'après la prop. 2, il existe un point $(a'_i) \in \varprojlim X_i$; comme $\varprojlim X_i \subset \varprojlim A'_i$, on a ainsi construit un élément de $\varprojlim A'_i$ dont l'image dans $\varprojlim A_i$ est (a_i), c.q.f.d.

Remarque. Les résultats de ce numéro s'étendent aux groupes proalgébriques, cf. no 2.5.

2.4. Sous-objets et objets quotients dans la catégorie $\mathscr{P}$.

Soient tout d'abord G un groupe proalgébrique, et S un ensemble de définition de G. On peut identifier G à $\varprojlim G/H$, pour $H \in S$; comme chacun des G/H est un groupe quasi-algébrique, on peut donc munir G de la topologie *limite projective* des topologies des G/H. Si l'on note f_H la projection $G \rightarrow G/H$, on obtient une base d'ouverts de cette topologie en prenant les ensembles de la forme $f_H^{-1}(U_H)$, où $H \in S$, et où U_H est ouvert dans G/H (cf. Bourbaki, *Top.*, I, § 4, nº 4, 3ᵉ édition). Si A est une partie de G, et si l'on pose $A_H = f_H(A)$, l'adhérence de A dans G est donnée par la formule :

$$(*) \qquad \overline{A} = \bigcap_{H \in S} f_H^{-1}(\overline{A_H}) = \varprojlim \overline{A_H}$$

Si A est fermé, on a donc :

$$(**) \qquad A = \varprojlim A_H = \varprojlim \overline{A_H}$$

cf. Bourbaki, *loc. cit.*

On notera que G n'est *pas nécessairement quasi-compact*, bien que les G/H le soient.

Dans tout ce qui suit, on considérera G comme muni de la topologie que l'on vient de définir. Il est clair que tout morphisme $f: G' \rightarrow G$ est continu.

PROPOSITION 3. *Soit* G *un groupe proalgébrique, et soit* S *un ensemble de définition de* G.

1) *Donnons-nous, pour tout* $H \in S$, *un sous-groupe fermé* G'_H *de* G/H *de telle sorte que, si* $H \subset K$, *l'image de* G'_H *dans* G/K *soit égale à* G'_K. *Soit* $G' = \varprojlim G'_H = \bigcap f_H^{-1}(G'_H)$. *Alors* G' *est un sous-groupe fermé de* G, *et son image dans* G/H *est égale à* G'_H.

2) *On obtient par le procédé précédent tous les sous-groupes fermés de* G.

La formule $G' = \bigcap f_H^{-1}(G'_H)$ montre que G' est fermé dans G. Le fait que l'application $G' \rightarrow G'_H$ soit surjective, résulte de la proposition 2, *b)*, appliquée au système projectif des G'_H. Enfin, si G' est un sous-groupe fermé de G, et si l'on définit G'_H comme l'adhérence de $f_H(G')$, la formule (**) ci-dessus montre que $G' = \varprojlim G'_H$, ce qui démontre 2).

COROLLAIRE. *Si* G' *est un sous-groupe fermé de* G, *et si* H *est un sous-groupe de définition de* G, *l'image de* G' *dans* G/H *est fermée.*

Cela résulte de 1) et 2).

Conservons les notations de la prop. 3. Les groupes $H \cap G'$, $H \in S$, forment une famille filtrante décroissante de sous-groupes de G', et l'on a $G'_H = G'/G' \cap H$; comme G'_H est fermé dans G/H, il y a donc une structure naturelle de groupe quasi-algébrique sur $G'/G' \cap H$. Comme les axiomes (P-3) et (P-4) sont vérifiés, on obtient *sur* G' *une structure proalgébrique.*

Posons $G'' = G/G'$, et soit $G''_H = (G/H)/G'_H$. Pour tout H, on a une suite exacte :

$$0 \rightarrow G'_H \rightarrow G/H \rightarrow G''_H \rightarrow 0$$

On a $\varprojlim G'_H = G'$ et $\varprojlim G/H = G$; en appliquant le corollaire à la prop. 2, on voit que $\varprojlim G''_H$ s'identifie à G/G'. On en déduit *une structure proalgébrique sur* G/G', dont les groupes de définition sont les images des groupes de définition de G.

PROPOSITION 4. *La structure de groupe proalgébrique sur* G' (*resp. sur* G/G') *définie ci-dessus est la structure induite* (*resp. quotient*) *de celle de* G, *au sens de Bourbaki, Ens.*, IV, § 2.

Nous nous bornerons au cas de G', celui de G/G' étant analogue. Comme l'injection $i: G' \to G$ est visiblement un morphisme, il nous faut prouver que, si $G'' \in \mathcal{P}$, et si $f: G'' \to G'$ est une application telle que $g = i \circ f$ soit un morphisme, alors f est un morphisme. Il suffit de vérifier la condition (M) pour les $H \cap G'$, où H parcourt un ensemble de définition de G. Comme $f^{-1}(H \cap G') = g^{-1}(H)$, on voit que $f^{-1}(H \cap G') = H''$ est un groupe de définition de G''. De plus, le composé :

$$G''/H'' \to G'/(H \cap G') \to G/H$$

est un morphisme dans $\mathcal{Q}$, et comme $G'/(H \cap G') \to G/H$ est injectif, $G'/(H \cap G')$ est un sous-objet de G/H dans $\mathcal{Q}$, ce qui montre que $G''/H'' \to G'/(H \cap G')$ est un morphisme dans $\mathcal{Q}$, et l'application f est bien un morphisme, c.q.f.d.

PROPOSITION 5. (i) *Pour qu'un groupe proalgébrique* G *soit quasi-algébrique, il faut et il suffit que ses sous-groupes fermés vérifient la condition d'Artin.*

(ii) *Pour qu'un sous-groupe* H *d'un groupe proalgébrique* G *soit un groupe de définition de* G, *il faut et il suffit qu'il soit fermé et que* G/H *soit quasi-algébrique.*

La nécessité des conditions de (i) et de (ii) est triviale. Soit alors G un groupe proalgébrique; comme ses groupes de définition sont fermés, l'hypothèse de (i) entraîne qu'il existe un plus petit sous-groupe de définition, qui ne peut être que o, ce qui montre bien que G est quasi-algébrique, d'où (i).

Soit maintenant H un sous-groupe fermé de G tel que G/H soit quasi-algébrique. Le sous-groupe o de G/H est groupe de définition de G/H; or, les sous-groupes de définition de G/H sont les images de ceux de G; il y a donc un sous-groupe de définition H' de G contenu dans H, et on en déduit aussitôt que H lui-même est un groupe de définition, c.q.f.d.

PROPOSITION 6. *Soit* $f: G \to G'$ *un morphisme de groupes proalgébriques, soit* N *le noyau de* f *et soit* I *son image. Alors* N *et* I *sont fermés dans* G *et* G' *respectivement, et* f *définit par passage au quotient un isomorphisme de* G/N *sur* I.

La formule $N = f^{-1}(0)$ montre que N est fermé.

Soit S (resp. S') l'ensemble complet de définition de G (resp. G') et soit T l'ensemble des couples (H, H'), $H \in S$, $H' \in S'$, tels que $f(H) \subset H'$. Ordonnons T par la relation :

$$(H_1, H'_1) \leqslant (H_2, H'_2) \quad \text{si} \quad H_1 \subset H_2 \quad \text{et} \quad H'_1 \subset H'_2$$

C'est un ensemble filtrant décroissant. Si $t = (H, H')$ est un élément de T, nous poserons $G_t = G/H$, $G'_t = G'/H'$, et nous noterons G''_t l'image de G_t dans G'_t par l'application définie par f. Les groupes G'_t et G''_t ne dépendent en fait que de H'; on a $\varprojlim G'_t = G'$, et si l'on pose $G'' = \varprojlim G''_t$, G'' est un sous-groupe fermé de G'. Mais d'autre part, on a $G = \varprojlim G_i$, et le corollaire à la prop. 2 montre que $\varprojlim G_i \to \varprojlim G_i''$ est surjectif. On en conclut que G″ n'est autre que l'image I de G dans G′, ce qui montre bien que cette image est fermée.

Montrons enfin que le morphisme $G/N \to I$ est un isomorphisme. Quitte à remplacer G par G/N et G′ par I, on peut supposer que $N = 0$ et $I = G'$, c'est-à-dire que f est *bijectif*. Soit H un groupe de définition de G; d'après la première partie de la proposition, le groupe $H' = f(H)$ est fermé dans G′; de plus, l'homomorphisme $G/H \to G'/H'$ est bijectif, et tout sous-groupe fermé de G′/H′ a pour image réciproque un sous-groupe fermé de G/H; comme G/H est quasi-algébrique, la prop. 5 (i) montre que G′/H′ est quasi-algébrique, et la prop. 5 (ii) montre que H′ est un groupe de définition de G′. Inversement, si H′ est un groupe de définition de G′, $H = f^{-1}(H')$ est groupe de définition de G d'après l'axiome (M); de plus, l'homomorphisme $G/H \to G'/H'$, étant bijectif, est un isomorphisme. Il s'ensuit bien que f est un isomorphisme, c.q.f.d.

PROPOSITION 7. *La catégorie $\mathscr{P}$ est une catégorie abélienne où les sous-objets sont les sous-groupes fermés. Pour qu'un objet $G \in \mathscr{P}$ soit dans la sous-catégorie $\mathscr{Q}$ des groupes quasi-algébriques, il faut et il suffit qu'il soit artinien.*

La première assertion résulte de la prop. 6, et de l'existence de produits finis dans $\mathscr{P}$. La seconde n'est qu'une reformulation de la prop. 5 (i).

COROLLAIRE 1. *La sous-catégorie $\mathscr{Q}$ est épaisse dans $\mathscr{P}$* (au sens de T, nº 1.11).

Cela signifie que, si $A \to B \to C$ est une suite exacte dans $\mathscr{P}$, et si A et C appartiennent à $\mathscr{Q}$, on a $B \in \mathscr{Q}$, ce qui est une propriété générale des objets artiniens dans une catégorie abélienne.

COROLLAIRE 2. *Les objets de $\mathscr{Q}$ forment une famille de cogénérateurs dans $\mathscr{P}$.*

Cela signifie que tout objet $G \in \mathscr{P}$ est isomorphe à un sous-objet d'un produit d'objets appartenant à $\mathscr{Q}$. Or, si S est un ensemble de définition de G, il est clair que G est isomorphe à un sous-objet du produit de tous les G/H, lesquels appartiennent à $\mathscr{Q}$.

2.5. Limites projectives.

Nous allons d'abord étendre à $\mathscr{P}$ les résultats du nº 2.3.

Soit $G \in \mathscr{P}$, et soit X un espace homogène principal sur G. Nous transporterons à X la topologie de G. Nous appellerons *sous-variété affine* de X l'orbite d'un sous-groupe *fermé* de G; si X et X′ sont deux tels espaces, correspondant aux groupes G, G′, nous appellerons *morphisme affine* toute application $h : X \to X'$ telle qu'il existe un morphisme (dans $\mathscr{P}$) $f : G \to G'$ vérifiant $h(x+g) = h(x) + f(g)$ pour $x \in X$ et $g \in G$.

PROPOSITION 8. *Soit $G \in \mathscr{P}$, et soit A_i une famille filtrante décroissante de sous-variétés affines de G. L'intersection des A_i est alors une sous-variété affine de G.*

Tout revient évidemment à démontrer que $\bigcap A_i \neq \emptyset$. Pour cela, soit S un ensemble de définition de G, et, si $H \in S$, soit $A_{i,H}$ l'image de A_i dans G/H; c'est un translaté de l'image de G_i dans G/H, et comme cette dernière est fermée (cor. à la prop. 3), $A_{i,H}$ est une *sous-variété affine* de G/H. Soit A_H l'intersection des $A_{i,H}$; comme les sous-variétés affines de G/H vérifient la condition d'Artin, A_H est une sous-variété affine de G/H. Quand H varie, les A_H forment un système projectif d'espaces homogènes principaux sur des groupes quasi-algébriques. On a donc $\varprojlim A_H \neq \emptyset$ d'après la prop. 2, et comme $\varprojlim A_H$ est contenue dans l'intersection des A_i, cela démontre la proposition.

Proposition 9. *La proposition 2 du n° 2.3 reste valable lorsqu'on substitue dans son énoncé le mot « proalgébrique » au mot « quasi-algébrique ».*

La démonstration est la même, à cela près que, dans la prop. 2, on faisait usage de la propriété artinienne des sous-variétés affines de l'un des X_i, alors qu'ici on utilise la propriété d'intersection donnée par la prop. 8 (cf. Bourbaki, *Top.*, I, *loc. cit.*).

Corollaire. *Le corollaire à la proposition 2 du n° 2.3 reste valable lorsqu'on substitue* $\mathscr{P}$ *à* $\mathscr{Q}$ *dans son énoncé.*

La démonstration est la même.

Soit maintenant $\mathbf{A}=(A_i, f_{ij})$ un système projectif dans $\mathscr{P}$. Par définition même, le groupe $\varprojlim \mathbf{A}$ est le sous-groupe du produit $\prod A_i$ défini par les équations $f_{ij}(x_j)=x_i$ pour tout couple (i, j) tel que $j \geqslant i$. Si l'on munit le produit $\prod A_i$ de la structure de groupe proalgébrique définie au n° 2.2, on voit que $\varprojlim \mathbf{A}$ en est un sous-groupe *fermé*. Nous pouvons donc le munir de la structure proalgébrique *induite* par celle du produit; on obtient un ensemble de définition de cette structure en prenant les images réciproques des sous-groupes de définition des A_i. Il est immédiat que le groupe proalgébrique $\varprojlim \mathbf{A}$ est limite projective *dans la catégorie* $\mathscr{P}$ des groupes A_i; de plus, le corollaire à la prop. 9 montre que $\varprojlim$ est un foncteur exact. En résumé :

Proposition 10. *Pour tout système projectif* $\mathbf{A}$ *dans* $\mathscr{P}$, *la limite projective* $\varprojlim \mathbf{A}$ *existe, et c'est un foncteur exact en* $\mathbf{A}$.

Corollaire 1. *Soit* $\mathbf{A}=(A_i, f_{ij})$ *un système projectif dans* $\mathscr{P}$, *et soit* f_i *le morphisme canonique de* $\varprojlim \mathbf{A}$ *dans* A_i. *On a alors* :

$$\mathrm{Im}(f_i) = \bigcap_{j \geqslant i} \mathrm{Im}(f_{ij})$$

C'est un cas particulier de la prop. 9, *b)* (ou un corollaire de la prop. 10, au choix).

Corollaire 2. *Soit* $f : G \rightarrow G'$ *un morphisme de groupes proalgébriques, et soit* (A_i) *une famille filtrante décroissante de sous-groupes fermés de* G. *On a alors* :

$$f(\bigcap A_i) = \bigcap f(A_i)$$

On applique la prop. 10 aux systèmes projectifs formés par les A_i et par les $f(A_i)$, en tenant compte de ce que la limite projective s'identifie ici à l'intersection.

Remarque. Si $B = \mathrm{Ker}(f)$, la formule du cor. 2 est équivalente à la suivante, qui n'est autre que l'axiome (AB 5*) de T, n° 1.5 :

$$B + \bigcap A_i = \bigcap (B + A_i)$$

Corollaire 3. *Soit* G *un groupe proalgébrique, et soit* A_i *une famille filtrante décroissante de sous-groupes fermés de* G, *avec* $\bigcap A_i = 0$. *L'application canonique* $G \to \varprojlim G/A_i$ *est alors un isomorphisme. Si, de plus, les* G/A_i *sont quasi-algébriques, les* A_i *forment un ensemble de définition de* G.

Posons $G_i = G$ pour tout i. On a des suites exactes :

$$0 \to A_i \to G_i \to G_i/A_i \to 0$$

d'où, en passant à la limite, la suite exacte :

$$0 \to \varprojlim A_i \to \varprojlim G_i \to \varprojlim G/A_i \to 0$$

Il est clair que $\varprojlim A_i = \bigcap A_i = 0$, et $\varprojlim G_i = G$. On voit donc bien que $G \to \varprojlim G/A_i$ est un isomorphisme.

Si les G/A_i sont quasi-algébriques, la définition même de la structure de groupe proalgébrique de $\varprojlim G/A_i$ montre que les A_i forment un ensemble de définition de $G = \varprojlim G/A_i$.

Variante. Au lieu d'utiliser, comme nous l'avons fait, les systèmes projectifs d'espaces homogènes principaux, on pourrait tirer directement (AB 5^*) de la prop. 8, et en déduire l'exactitude du foncteur $\varprojlim$ en appliquant la prop. 1.8 de T. C'est à peu près aussi long, surtout si l'on prend la peine de démontrer la prop. 1.8 en question (ce qui n'est pas fait dans T).

2.6. Équivalence des catégories $\mathscr{P}$ et Pro($\mathscr{Q}$).

Proposition 11. *Soit* $\mathbf{G} = (G_i, f_{ij})$ *un système projectif dans* $\mathscr{Q}$, *et soit* $B \in \mathscr{Q}$. *On a* :

$$\varinjlim \operatorname{Hom}(G_i, B) = \operatorname{Hom}(\varprojlim G_i, B)$$

[Ce résultat reste vrai si l'on suppose seulement que $\mathbf{G}$ est un système projectif dans $\mathscr{P}$, cf. prop. 14. Par contre, il est essentiel que B appartienne à $\mathscr{Q}$.]

Soit $G = \varprojlim G_i$, et soit f_i le morphisme canonique de G dans G_i; chacun des f_i définit un homomorphisme $\operatorname{Hom}(G_i, B) \to \operatorname{Hom}(G, B)$, d'où un homomorphisme $h : \varinjlim \operatorname{Hom}(G_i, B) \to \operatorname{Hom}(G, B)$, et il s'agit de montrer que *h est un isomorphisme.*

Supposons d'abord que les f_{ij} soient *surjectifs.* Il en est alors de même des f_i (cor. 1 à la prop. 10), ce qui prouve déjà que h est injectif. De plus, si $A_i = \operatorname{Ker}(f_i)$, les A_i forment un ensemble de définition de G (cor. 3 à la prop. 10). Tout morphisme de G dans B provient donc d'un morphisme de l'un des G_i dans B, ce qui montre que h est bijectif.

Passons au cas général. Soit $G'_i = \operatorname{Im}(f_i) = \bigcap_{j \geqslant i} \operatorname{Im}(f_{ij})$, cf. cor. 1 à la prop. 10. Il est clair que $\varprojlim G'_i \to \varprojlim G_i$ est un isomorphisme, et d'après ce qui précède, on a $\operatorname{Hom}(G, B) = \varinjlim \operatorname{Hom}(G'_i, B)$. On est donc ramené à démontrer que l'application naturelle (induite par les injections $G'_i \to G_i$)

$$r : \varinjlim \operatorname{Hom}(G_i, B) \to \varinjlim \operatorname{Hom}(G'_i, B)$$

est bijective. On va pour cela définir une application en sens inverse. Pour i fixé, les sous-groupes $\mathrm{Im}(f_{ij})$ forment une famille filtrante décroissante dans G_i, d'intersection G'_i; comme G_i est artinien, il existe donc un indice $j \geqslant i$ tel que $\mathrm{Im}(f_{ij}) = G'_i$. Le morphisme $G_j \to G'_i$ ainsi obtenu définit un homomorphisme

$$\mathrm{Hom}(G'_i, B) \to \mathrm{Hom}(G_j, B) \to \varinjlim \mathrm{Hom}(G_k, B)$$

que l'on notera s_i. La collection des s_i définit elle-même un homomorphisme

$$s : \varinjlim \mathrm{Hom}(G'_i, B) \to \varinjlim \mathrm{Hom}(G_i, B)$$

On a $r \circ s = 1$ et $s \circ r = 1$ (c'est trivial, dès que l'on a explicité ce que cela signifie). D'où la proposition.

Corollaire. *Si* (G_i) *et* (G'_j) *sont deux systèmes projectifs dans* $\mathscr{Q}$, *on a* :

$$\varprojlim_j \varinjlim_i \mathrm{Hom}(G_i, G'_j) = \mathrm{Hom}(\varprojlim G_i, \varprojlim G'_j)$$

Par définition même de $\varprojlim$, on a $\mathrm{Hom}(A, \varprojlim G'_j) = \varprojlim \mathrm{Hom}(A, G'_j)$. En appliquant cette formule à $A = \varprojlim G_i$, et en tenant compte de la prop. 11, on obtient le corollaire.

Avant d'aller plus loin, rappelons comment on définit la catégorie $\mathrm{Pro}(\mathscr{C})$ des *pro-objets* d'une catégorie $\mathscr{C}$ (Grothendieck [8], p. 3) : un objet de $\mathrm{Pro}(\mathscr{C})$ est un système projectif $\mathbf{X} = (X_i, f_{ij})$ d'objets de $\mathscr{C}$, les f_{ij} étant des morphismes dans $\mathscr{C}$, et l'ensemble d'indices étant un ensemble préordonné filtrant quelconque; si $\mathbf{X} = (X_i)$ et $\mathbf{X}' = (X'_j)$ appartiennent à $\mathrm{Pro}(\mathscr{C})$, on pose :

$$\mathrm{Pro\,Hom}(\mathbf{X}, \mathbf{X}') = \varprojlim_j \varinjlim_i \mathrm{Hom}(X_i, X'_j)$$

Prenons maintenant $\mathscr{C} = \mathscr{Q}$. Si $\mathbf{X} = (X_i)$ appartient à $\mathrm{Pro}(\mathscr{Q})$, posons $\varphi(\mathbf{X}) = \varprojlim \mathbf{X}$. On obtient ainsi un foncteur

$$\varphi : \mathrm{Pro}(\mathscr{Q}) \to \mathscr{P}$$

Proposition 12. *Le foncteur* φ *définit une équivalence de la catégorie* $\mathrm{Pro}(\mathscr{Q})$ *avec la catégorie* $\mathscr{P}$.

Si $\mathbf{X}$ et $\mathbf{X}'$ sont deux objets de $\mathrm{Pro}(\mathscr{Q})$, le corollaire à la prop. 11 montre que φ définit une bijection de $\mathrm{Pro\,Hom}(\mathbf{X}, \mathbf{X}')$ sur $\mathrm{Hom}(\varphi(\mathbf{X}), \varphi(\mathbf{X}'))$. Pour prouver que φ est une équivalence, il suffit de remarquer que tout objet de $\mathscr{P}$ est isomorphe à un objet de la forme $\varphi(\mathbf{X})$, avec $\mathbf{X} \in \mathrm{Pro}(\mathscr{Q})$.

On obtient un foncteur $\psi : \mathscr{P} \to \mathrm{Pro}(\mathscr{Q})$ adjoint de φ en associant à tout groupe proalgébrique G, d'ensemble de définition S, le pro-objet $\psi(G) = (G/H)_{H \in S}$ (c'est un pro-objet *strict* dans la terminologie de Grothendieck, *loc. cit.*).

2.7. Prolongement d'un foncteur défini sur $\mathscr{Q}$.

Soit $\mathscr{C}$ une catégorie abélienne où les limites projectives existent (axiome AB 3*) de T, nº 1.5), et soit $T : \mathscr{Q} \to \mathscr{C}$ un foncteur covariant additif. On prolonge T à $\mathrm{Pro}(\mathscr{Q})$ en posant

$$\mathrm{T}(\mathbf{X}) = \varprojlim \mathrm{T}(\mathrm{X}_i) \quad \text{si} \quad \mathbf{X} = (\mathrm{X}_i)$$

cf. Grothendieck [8], *loc. cit.*

Comme $\mathscr{P}$ est équivalente à Pro($\mathscr{Q}$) (prop. 12), on peut donc aussi prolonger T à $\mathscr{P}$; on aura par définition :

$$\mathrm{T}(\varprojlim \mathrm{G}_i) = \varprojlim \mathrm{T}(\mathrm{G}_i) \quad \text{si} \quad (\mathrm{G}_i) \in \mathrm{Pro}(\mathscr{Q})$$

PROPOSITION 13. (i) *Le foncteur prolongé* $\mathrm{T} : \mathscr{P} \to \mathscr{C}$ *commute aux limites projectives.*

(ii) *Si* $\mathrm{T} : \mathscr{Q} \to \mathscr{C}$ *est exact à gauche, il en est de même de son prolongement à* $\mathscr{P}$.

(iii) *Si* $\mathrm{T} : \mathscr{Q} \to \mathscr{C}$ *est exact à droite, et si* $\mathscr{C}$ *vérifie* (AB 5*) (T, nº 1.5), *le foncteur prolongé* $\mathrm{T} : \mathscr{P} \to \mathscr{C}$ *est exact à droite.*

Soit $\mathbf{G} = (\mathrm{G}_i, f_{ij})$ un système projectif dans $\mathscr{P}$, indexé par I, et soit $\mathrm{G} = \varprojlim \mathbf{G}$. Soit S_i l'ensemble de définition de G_i, et soit S l'ensemble des couples (i, H_i), où $\mathrm{H}_i \in \mathrm{S}_i$. On pose $(i, \mathrm{H}_i) \leqslant (j, \mathrm{H}_j)$ si $i \leqslant j$, et si $f_{ij}(\mathrm{H}_j) \subset \mathrm{H}_i$; l'ensemble S, muni de cette relation de préordre, est filtrant croissant. On voit facilement que, dans toute catégorie où $\varprojlim$ existe, on a la formule de « double limite » :

$$\varprojlim_{\mathrm{S}} = \varprojlim_{\mathrm{I}}(\varprojlim_{\mathrm{S}_i})$$

où $\varprojlim_{\mathrm{S}}$ désigne la limite suivant S.

En particulier, on a $\mathrm{G} = \varprojlim_{\mathrm{S}}(\mathrm{G}_i/\mathrm{H}_i)$, et comme les $\mathrm{G}_i/\mathrm{H}_i$ sont dans $\mathscr{Q}$, on en déduit :

$$\mathrm{T}(\mathrm{G}) = \varprojlim_{\mathrm{S}} \mathrm{T}(\mathrm{G}_i/\mathrm{H}_i)$$

En appliquant à nouveau la formule de double limite, on en tire :

$$\mathrm{T}(\mathrm{G}) = \varprojlim_{\mathrm{I}}(\varprojlim_{\mathrm{S}_i} \mathrm{T}(\mathrm{G}_i/\mathrm{H}_i)) = \varprojlim_{\mathrm{I}} \mathrm{T}(\mathrm{G}_i)$$

ce qui démontre (i).

Soit maintenant G' un sous-groupe fermé de G, et $\mathrm{G}'' = \mathrm{G}/\mathrm{G}'$. Si H est un groupe de définition de G, soit $\mathrm{H}' = \mathrm{H} \cap \mathrm{G}'$, et soit $\mathrm{H}'' = (\mathrm{G}' + \mathrm{H})/\mathrm{G}'$; on sait que les sous-groupes ainsi obtenus forment un ensemble de définition pour G' et G''. De plus, pour tout H, on a des suites exactes :

$$0 \to \mathrm{G}'/\mathrm{H}' \to \mathrm{G}/\mathrm{H} \to \mathrm{G}''/\mathrm{H}'' \to 0$$

Si T est exact à gauche, on en déduit des suites exactes :

$$0 \to \mathrm{T}(\mathrm{G}'/\mathrm{H}') \to \mathrm{T}(\mathrm{G}/\mathrm{H}) \to \mathrm{T}(\mathrm{G}''/\mathrm{H}'')$$

et en passant à la limite (ce qui est possible, le foncteur $\varprojlim$ étant toujours exact à gauche), on obtient la suite exacte :

$$0 \to \mathrm{T}(\mathrm{G}') \to \mathrm{T}(\mathrm{G}) \to \mathrm{T}(\mathrm{G}'')$$

qui montre bien que le foncteur T, prolongé à $\mathscr{P}$, est exact à gauche.

Le raisonnement est le même si T est exact à droite, à cela près qu'il faut supposer que $\mathscr{C}$ vérifie (AB 5*) pour pouvoir affirmer que $\varprojlim$ est exact à droite.

Donnons tout de suite une application de la prop. 13 (on en verra d'autres par la suite) :

PROPOSITION 14. *Soit* $\mathbf{G}=(G_i)$ *un système projectif dans* $\mathscr{P}$, *et soit* $B\in\mathscr{Q}$. *On a* :

$$\varinjlim \operatorname{Hom}(G_i, B) = \operatorname{Hom}(\varprojlim G_i, B)$$

Posons $T(G)=\operatorname{Hom}(G, B)$, pour $G\in\mathscr{Q}$, et considérons T comme un foncteur de $\mathscr{Q}$ dans la catégorie $\mathscr{G}^*$ *duale* de la catégorie $\mathscr{G}$ des groupes; c'est un foncteur additif et covariant. Prolongeons-le à $\mathscr{P}$ par le procédé expliqué au début. On a encore $T(G)=\operatorname{Hom}(G, B)$, d'après la prop. 11. En appliquant la prop. 13, (i), on voit que T commute aux limites projectives, d'où la proposition (puisque le passage de $\mathscr{G}$ à $\mathscr{G}^*$ transforme $\varinjlim$ en $\varprojlim$).

§ 3. OBJETS PROJECTIFS ET FONCTEURS DÉRIVÉS DANS LA CATÉGORIE $\mathscr{P}$

3.1. Existence d'objets projectifs.

Comme dans toute catégorie abélienne, un objet G de la catégorie $\mathscr{P}$ des groupes proalgébriques est dit *projectif* si $\operatorname{Hom}(G, B)$ est un foncteur exact en B, pour $B\in\mathscr{P}$.

PROPOSITION 1. *Tout objet de* $\mathscr{P}$ *est quotient d'un objet projectif. De façon plus précise* : *Il existe un foncteur* $X:\mathscr{P}\to\mathscr{P}$, *et un morphisme f du foncteur* X *dans le foncteur identique, tels que* $X(G)$ *soit projectif pour tout* $G\in\mathscr{P}$, *et que* $f(G): X(G)\to G$ *soit surjectif.*

Il suffit de montrer que $\mathscr{P}$ vérifie les hypothèses duales de celles du th. 1.10.1 de T (p. 135), c'est-à-dire que $\mathscr{P}$ vérifie (AB 5*), et possède un *ensemble* de cogénérateurs. Le premier point a été démontré au nº 2.5 (remarque suivant le cor. 2 à la prop. 10). Pour le second, on remarque que les objets de $\mathscr{Q}$ forment une famille de cogénérateurs pour $\mathscr{P}$ (2.4, cor. 2 à la prop. 7), et qu'il existe un *sous-ensemble* V de $\mathscr{Q}$ tel que tout $A\in\mathscr{Q}$ soit isomorphe à un $A'\in V$.

PROPOSITION 2. *Pour qu'un objet* $G\in\mathscr{P}$ *soit projectif, il suffit (et il faut, trivialement) que* $\operatorname{Hom}(G, B)$ *soit un foncteur exact en* B, *pour* $B\in\mathscr{Q}$.

On s'appuie sur les propriétés suivantes : *a)* $\mathscr{P}$ vérifie (AB 5*); *b)* les objets de $\mathscr{Q}$ forment une famille de cogénérateurs pour $\mathscr{P}$; *c)* tout quotient d'un objet de $\mathscr{Q}$ est dans $\mathscr{Q}$. La démonstration est standard (cf. T, p. 136, lemme 1, où est traité le cas d'un cogénérateur unique).

COROLLAIRE. *Toute limite projective et tout produit d'objets projectifs dans* $\mathscr{P}$ *est un objet projectif dans* $\mathscr{P}$.

Soit $\mathbf{G}=(G_i)$ un système projectif formé d'objets G_i projectifs dans $\mathscr{P}$, et soit $G=\varprojlim G_i$. Pour tout $B\in\mathscr{Q}$, on a $\operatorname{Hom}(G, B)=\varinjlim \operatorname{Hom}(G_i, B)$, cf. nº 2.7, prop. 14. Comme chacun des $\operatorname{Hom}(G_i, B)$ est un foncteur exact en B, et que $\varinjlim$ est aussi un foncteur exact (sur la catégorie des groupes abéliens), on voit que $\operatorname{Hom}(G, B)$ est exact en B, ce qui démontre bien que G est projectif, d'après la prop. 2. Le cas d'un produit se ramène à celui d'une limite projective, car tout produit est limite projective de produits finis.

3.2. Structure des objets projectifs (d'après Gabriel).

La catégorie $\mathcal{P}$ vérifie les hypothèses duales de celles introduites par Gabriel ([5], n°s 1 à 4, [6], n° 1) dans l'étude des objets injectifs. Nous allons commencer par traduire ses définitions et ses résultats :

Soit $X \xrightarrow{u} G \to 0$ une suite exacte dans $\mathcal{P}$. Nous dirons que X est *extension essentielle* de G si tout sous-objet de X se projetant sur G est égal à X lui-même.

PROPOSITION 3. *Pour tout* $G \in \mathcal{P}$, *il existe une suite exacte* $X \xrightarrow{u} G \to 0$, *où* X *est projectif et extension essentielle de* G. *Deux telles suites exactes sont isomorphes.*

Pour la démonstration, voir Eckmann-Schopf [4], ou bien Gabriel [5], p. 17-03 à 17-05.

Le couple (X, *u*) de la prop. 3 est appelé *l'enveloppe projective* de G.

PROPOSITION 4. *a) Toute extension essentielle de* G *est quotient de l'enveloppe projective de* G.

b) Si $Y \xrightarrow{v} G \to 0$ *est une suite exacte,* Y *étant projectif, il existe un morphisme surjectif* $f : Y \to X$ *tel que* $v = u \circ f$.

Pour la démonstration, voir [5], *loc. cit.* Noter que, sous les hypothèses de *b)*, l'objet projectif Y se décompose en produit $Y = X \times Y'$, où Y' est un autre objet projectif. La situation est tout à fait analogue à celle que l'on rencontre en algèbre locale, à propos des « résolutions minimales ».

Un objet projectif X dans $\mathcal{P}$ sera dit *indécomposable* s'il est non nul et s'il n'est pas somme directe de sous-objets X', X'', non nuls. L'anneau des endomorphismes d'un projectif indécomposable est un « anneau local non commutatif » (le quotient de l'anneau par son radical est un corps gauche), cf. [5], p. 17-11.

PROPOSITION 5. *Pour que l'enveloppe projective d'un objet* $G \in \mathcal{P}$ *soit indécomposable, il faut et il suffit que* G *soit non nul, et que la relation* $G = A + B$, A *et* B *étant des sous-objets de* G, *entraîne* $A = G$ *ou* $B = G$.

Voir [5], *loc. cit.*

THÉORÈME 1 (Gabriel [5], p. 17-11 et 17-12). *Tout projectif* X *dans* $\mathcal{P}$ *est produit direct de projectifs indécomposables, et cette décomposition est unique, à un automorphisme de* X *près.*

Le théorème précédent ramène la détermination des objets projectifs à celle des projectifs *indécomposables.* A cet effet, posons la définition suivante :

DÉFINITION 1. *On appelle groupes élémentaires les groupes suivants :*

(i) *Les groupes cycliques d'ordre premier* $\mathbf{Z}/l\mathbf{Z}$.

(ii) *Le groupe multiplicatif* G_m.

(iii) *Le groupe additif* G_a.

(iv) *Les variétés abéliennes simples au sens de Weil* (*cf.* Lang [9], p. 29).

Théorème 2. *L'enveloppe projective d'un groupe élémentaire est un projectif indécomposable, et tout projectif indécomposable de la catégorie* $\mathcal{P}$ *est de ce type. Si* G *et* G' *sont deux groupes élémentaires distincts, leurs enveloppes projectives* X *et* X' *sont isomorphes si et seulement si* G *et* G' *sont des variétés abéliennes isogènes.*

Les groupes élémentaires vérifient l'hypothèse de la prop. 5 : c'est clair pour les types (i), (ii), (iii), et pour le type (iv) cela résulte du théorème de complète réductibilité de Poincaré-Weil (cf. [9], th. 6, p. 28). Leurs enveloppes projectives sont donc bien indécomposables. Inversement, soit X un projectif indécomposable. Les théorèmes de structure pour les groupes quasi-algébriques (cf. n° 1.3, cor. à la prop. 7) montrent que X admet un quotient isomorphe à un groupe élémentaire G, et, d'après la prop. 4 *b)*, le groupe X est nécessairement l'enveloppe projective de G.

Reste à voir à quelles conditions les enveloppes projectives X et X' de deux groupes élémentaires G et G' sont isomorphes. Tout d'abord, si G et G' sont des variétés abéliennes isogènes, il existe un morphisme surjectif $G \to G'$ qui montre que G' est quotient de X. Puisque X est indécomposable, on en déduit comme ci-dessus que X est enveloppe projective de G', c'est-à-dire est isomorphe à X'. Nous allons voir que, à part le cas trivial $G = G'$, le cas précédent est le seul où X soit isomorphe à X' :

Supposons donc $G \neq G'$, et, si G et G' sont tous deux des variétés abéliennes, supposons que G ne soit pas isogène à G'. Si X était isomorphe à X', il existerait un morphisme surjectif $X \to G'$. Les morphismes $X \to G$ et $X \to G'$ définissent un morphisme $X \to G \times G'$, dont nous noterons l'image par G''. Le groupe G'' est un sous-objet de $G \times G'$ se projetant sur G et sur G'; de plus, il est distinct de $G \times G'$, car sinon X serait l'enveloppe projective de $G \times G'$, et serait décomposable. Or, un tel sous-groupe de $G \times G'$ *n'existe pas*; en effet :

a) Si G est du type (i), comme $G'' \cap G \times \{0\}$ est distinct de G, on a $G'' \cap G \times \{0\} = \{0\}$, et G'' est le graphe d'un morphisme surjectif $G \to G'$, ce qui est absurde.

b) On peut donc supposer G et G' connexes, ainsi que G'' (quitte à le remplacer par sa composante connexe de l'élément neutre). Les projections $G'' \to G$ et $G'' \to G'$ ont des noyaux finis (car ce sont des sous-groupes de G' et de G distincts de G' et G). Les théorèmes de structure des groupes quasi-algébriques (n° 1.3) montrent alors que si G est égal à G_a, G_m, ou une variété abélienne simple, il en est de même de G''; de plus, dans le dernier cas, G'' et G sont isogènes. Notre assertion est alors immédiate, c.q.f.d.

Il reste bien entendu à *déterminer explicitement les enveloppes projectives des groupes élémentaires*. C'est ce que nous ferons dans les paragraphes suivants. Pour le groupe élémentaire $\mathbf{Z}/l\mathbf{Z}$, on trouve le groupe $\mathbf{Z}_l$ des entiers *l*-adiques (n° 4.3); pour G_m, son revêtement universel $\overline{G_m}$ (n° 7.5); pour G_a, le groupe G_a lui-même si la caractéristique est zéro, et le revêtement universel $\overline{W}$ du groupe de Witt sinon (n°s 8.2 et 8.6); pour une variété abélienne A, une certaine extension de A par une limite projective de groupes linéaires (nº 9.2). Dans chaque cas on constate que le groupe obtenu est sans torsion; d'après le th. 2, *tout projectif est donc sans torsion*; y a-t-il une démonstration *a priori* de ce résultat ?

3.3. Foncteurs dérivés.

La prop. 1 montre que tout objet de $\mathscr{P}$ admet une *résolution projective*. Cela permet, par le procédé habituel, de définir les foncteurs *dérivés droits d'un foncteur additif contravariant*, ainsi que les foncteurs *dérivés gauches d'un foncteur additif covariant*, cf. T, nº 2.3. Si F désigne le foncteur en question, ses foncteurs dérivés seront notés R^iF dans le premier cas, L_iF dans le second (la position de l'indice i indiquant qu'il s'agit d'un foncteur *cohomologique*, ou d'un foncteur *homologique*). Bien entendu, on passe d'un cas à l'autre par dualité.

Proposition 6. *Soit* $\mathscr{C}$ *une catégorie abélienne vérifiant* (AB 5*), *et soit* $T : \mathscr{P} \to \mathscr{C}$ *un foncteur additif covariant. Si* T *commute aux limites projectives, il en est de même de ses foncteurs dérivés* L_iT.

La démonstration est la même que celle du th. 9.4* de [1] (p. 100). Soit $\mathbf{G} = (G_\alpha)$ un système projectif dans $\mathscr{P}$; pour chaque α, soit $X_\alpha = (X_{n,\alpha})$ la résolution projective *canonique* de G, obtenue au moyen du foncteur X de la prop. 1; comme cette résolution dépend fonctoriellement de G_α, les X_α forment un système projectif de complexes, dont la limite projective sera notée X. Comme le foncteur $\varprojlim$ est exact dans $\mathscr{P}$, le complexe X est une résolution projective de G. Par définition, on a :

$$L_iT(G) = H_i(T(X)) \quad \text{et} \quad L_iT(G_\alpha) = H_i(T(X_\alpha))$$

Comme T commute aux limites projectives, on a $T(X) = \varprojlim T(X_\alpha)$, et comme le foncteur $\varprojlim$ est exact dans $\mathscr{C}$, on a :

$$H_i(\varprojlim T(X_\alpha)) = \varprojlim H_i(T(X_\alpha))$$

En combinant ces relations, on obtient bien :

$$L_iT(G) = \varprojlim L_iT(G_\alpha) \qquad \text{c.q.f.d.}$$

La proposition précédente s'applique notamment lorsque le foncteur $T : \mathscr{P} \to \mathscr{C}$ est obtenu par passage à la limite à partir d'un foncteur additif covariant $T : \mathscr{Q} \to \mathscr{C}$, cf. nº 2.7, prop. 13.

3.4. Les foncteurs Ext^i.

Soit $\mathscr{G}$ la catégorie des groupes abéliens. Si B et G sont deux objets de $\mathscr{P}$, posons :

$$F_B(G) = \mathrm{Hom}(G, B)$$

Pour B fixé, F_B est un foncteur additif contravariant de $\mathscr{P}$ dans $\mathscr{G}$, exact à gauche. On pose :

$$\mathrm{Ext}^i(G, B) = R^iF_B(G)$$

Autrement dit, si $X=(X_n)$ est une résolution projective de G, on définit $\mathrm{Ext}^i(G, B)$ comme $H^i(\mathrm{Hom}(X, B))$. On sait (voir [1], chap. VI, ou bien T, n° 2.3) que les $\mathrm{Ext}^i(G, B)$ forment un foncteur cohomologique à la fois par rapport à G et par rapport à B; on a $\mathrm{Ext}^0(G, B)=\mathrm{Hom}(G, B)$.

PROPOSITION 7. *Soit* $\mathbf{G}=(G_\alpha)$ *un système projectif dans* $\mathcal{P}$, *et soit* $B\in\mathcal{Q}$. *On a :*

$$\varinjlim \mathrm{Ext}^i(G_\alpha, B)=\mathrm{Ext}^i(\varprojlim G_\alpha, B) \quad \textit{pour tout } i\geqslant 0.$$

D'après la prop. 14 du n° 2.7, on a $F_B(\varprojlim G_\alpha)=\varinjlim F_B(G_\alpha)$. On peut donc appliquer à F_B la proposition duale de la prop. 6, et l'on obtient la formule cherchée.

Ainsi, les foncteurs Ext^i « passent à la limite » par rapport à la première variable (quand la seconde appartient à $\mathcal{Q}$); il n'en est pas de même pour la seconde variable, comme on peut le voir facilement. Toutefois :

PROPOSITION 8. *On a* $\mathrm{Ext}^i(G, \prod B_\alpha)=\prod \mathrm{Ext}^i(G, B_\alpha)$.

En effet, soit $X=(X_n)$ une résolution projective de G. On a

$$\mathrm{Hom}(X, \prod B_\alpha)=\prod \mathrm{Hom}(X, B_\alpha)$$

et comme la cohomologie commute aux produits directs (cf. [1], chap. V, prop. 9.3), on en déduit :

$$H^i(\mathrm{Hom}(X, \prod B_\alpha))=\prod H^i(\mathrm{Hom}(X, B_\alpha))$$

c'est-à-dire $\mathrm{Ext}^i(G, \prod B_\alpha)=\prod \mathrm{Ext}^i(G, B_\alpha)$, c.q.f.d.

Rappelons qu'on appelle *dimension projective* d'un objet $G\in\mathcal{P}$ la borne inférieure des entiers n tels que G admette une résolution projective de longueur n. On la notera $dp(G)$. Pour que $dp(G)$ soit $\leqslant k$, il faut et il suffit que $\mathrm{Ext}^i(G, B)=0$ pour $i>k$ et pour tout $B\in\mathcal{P}$. On a même :

PROPOSITION 9. *Soit* $G\in\mathcal{P}$, *et soit* k *un entier* $\geqslant 0$. *Si l'on a* $\mathrm{Ext}^{k+1}(G, B)=0$ *pour tout groupe élémentaire* B (n° 3.2, déf. 1), *la dimension projective de* G *est* $\leqslant k$.

On raisonne par récurrence sur k. Si $k=0$, et si $\mathrm{Ext}^1(G, B)=0$ pour tout groupe élémentaire B, on en déduit d'abord $\mathrm{Ext}^1(G, B)=0$ pour tout $B\in\mathcal{Q}$, puisque tout objet de $\mathcal{Q}$ admet une suite de composition dont les quotients successifs sont des groupes élémentaires. Le foncteur $\mathrm{Hom}(G, B)$ est alors exact sur la catégorie $\mathcal{Q}$, ce qui montre que G est projectif (prop. 2), c'est-à-dire de dimension projective nulle.

Si $k\geqslant 1$, on écrit G sous la forme $G=P/R$, où P est projectif. On a alors $\mathrm{Ext}^{k+1}(G, B)=\mathrm{Ext}^k(R, B)$ pour tout $B\in\mathcal{P}$. L'hypothèse de récurrence montre donc que $dp(R)\leqslant k-1$, d'où évidemment $dp(G)\leqslant k$.

COROLLAIRE. *Soit* k *un entier tel que* $\mathrm{Ext}^{k+1}(G, B)=0$ *pour tout couple de groupes élémentaires* G *et* B. *On a alors :*

$$\mathrm{Ext}^i(G, B)=0 \quad \textit{pour } i>k, \textit{ et } B, G\in\mathcal{P}$$

(C'est l'analogue d'un théorème bien connu de M. Auslander.)

Puisque tout objet de $\mathcal{Q}$ admet une suite de composition dont les quotients successifs sont des groupes élémentaires, on voit que $\mathrm{Ext}^{k+1}(\mathrm{G}, \mathrm{B}) = 0$ pour tout $\mathrm{G} \in \mathcal{Q}$ et tout groupe élémentaire B. La prop. 7 montre alors que cette relation est vraie pour tout $\mathrm{G} \in \mathcal{P}$, et il s'ensuit, d'après la prop. 9, que $dp(\mathrm{G}) \leqslant k$, d'où le corollaire.

Remarque. On verra au § 10 que les hypothèses du corollaire ci-dessus sont vérifiées pour $k = 2$ (et même pour $k = 1$ en caractéristique zéro).

3.5. Classes d'extensions.

Soient A et $\mathrm{B} \in \mathcal{P}$. Une extension de A par B est une suite exacte :

$$(*) \qquad 0 \to \mathrm{B} \to \mathrm{E} \to \mathrm{A} \to 0$$

La notion d'*isomorphisme* de deux extensions se définit de manière évidente. Les classes (à isomorphisme près) d'extensions de A par B forment un ensemble, que l'on note $\mathrm{Ext}(\mathrm{A}, \mathrm{B})$; un procédé bien connu, dû à Baer, permet de munir $\mathrm{Ext}(\mathrm{A}, \mathrm{B})$ d'une structure de groupe abélien (cf. [1], chap. XIV, § 1, ou bien [13], chap. VII, § 1). On sait que ce groupe est isomorphe à $\mathrm{Ext}^1(\mathrm{A}, \mathrm{B})$. De façon plus précise, la suite exacte (*) définit deux opérateurs bords

$$d : \mathrm{Hom}(\mathrm{B}, \mathrm{B}) \to \mathrm{Ext}^1(\mathrm{A}, \mathrm{B})$$
$$d : \mathrm{Hom}(\mathrm{A}, \mathrm{A}) \to \mathrm{Ext}^1(\mathrm{A}, \mathrm{B})$$

et, si 1_{A} (resp. 1_{B}) désigne l'application identique de A (resp. de B) sur lui-même, on pose :

$$\theta_1(\mathrm{E}) = d(1_{\mathrm{B}}) \qquad \theta_2(\mathrm{E}) = d(1_{\mathrm{A}})$$

En faisant correspondre à E les éléments $\theta_1(\mathrm{E}), \theta_2(\mathrm{E}) \in \mathrm{Ext}^1(\mathrm{A}, \mathrm{B})$, on obtient deux applications

$$\theta_1, \theta_2 : \mathrm{Ext}(\mathrm{A}, \mathrm{B}) \to \mathrm{Ext}^1(\mathrm{A}, \mathrm{B})$$

[La notation θ_1 provient de ce que θ_1 est définie au moyen du cobord par rapport à la *première* variable; de même pour θ_2.]

PROPOSITION 10. *Les applications* θ_1 *et* θ_2 *sont des isomorphismes de* $\mathrm{Ext}(\mathrm{A}, \mathrm{B})$ *sur* $\mathrm{Ext}^1(\mathrm{A}, \mathrm{B})$; *on a* $\theta_1 + \theta_2 = 0$.

Le fait que θ_1 soit un isomorphisme est démontré dans [1] (th. 1.1, p. 291) au moyen d'une résolution projective de A. Tout revient donc à prouver que $\theta_1 + \theta_2 = 0$; c'est fait en exercice dans [1], pour la catégorie des modules, mais la démonstration utilise à la fois des résolutions projectives et des résolutions injectives; elle ne s'applique donc pas ici. En fait, il n'est pas difficile de vérifier la formule en question par un calcul explicite; nous allons nous borner à en donner le principe.

Changeons d'abord les notations, et considérons une suite exacte :

$$0 \to \mathrm{A}' \xrightarrow{\psi} \mathrm{A} \xrightarrow{\varphi} \mathrm{A}'' \to 0$$

Choisissons une résolution projective *normale*

$$0 \to \mathrm{X}' \xrightarrow{\Psi} \mathrm{X} \xrightarrow{\Phi} \mathrm{X}'' \to 0$$

de cette suite exacte (cf. [1], p. 78-79, dont nous conservons les notations). On va expliciter $d(1_{A''})$ et $d(1_{A'})$ au moyen des opérateurs Θ_n, σ qui interviennent dans la construction de X.

Calcul de $d(1_{A''})$. On considère $1_{A''}$ comme un élément de $H^0(\mathrm{Hom}(X'', A''))$, et on doit prendre son cobord en utilisant la suite exacte de complexes :

$$0 \to \mathrm{Hom}(X'', A') \to \mathrm{Hom}(X'', A) \to \mathrm{Hom}(X'', A'') \to 0$$

On relève la 0-cochaîne $1_{A''}$ en $\sigma \in \mathrm{Hom}(X_0'', A)$, et son cobord $\lambda \in \mathrm{Hom}(X_1'', A')$ est tel que $\psi\lambda = \sigma d_1''$. L'élément $d(1_{A''})$ cherché est la classe de λ dans

$$H^1(\mathrm{Hom}(X'', A')) = \mathrm{Ext}^1(A'', A')$$

Calcul de $d(1_{A'})$. On considère $1_{A'}$ comme un élément de $H^0(\mathrm{Hom}(X', A'))$, et on doit prendre son cobord en utilisant la suite exacte de complexes :

$$0 \to \mathrm{Hom}(X'', A') \to \mathrm{Hom}(X, A') \to \mathrm{Hom}(X', A') \to 0$$

On relève la 0-cochaîne $1_{A'}$ en $\zeta \in \mathrm{Hom}(X_0, A')$, où ζ est défini par $\zeta(x_0', x_0'') = \varepsilon' x_0'$. Le cobord de ζ est l'élément $\mu \in \mathrm{Hom}(X_1'', A')$ défini par $\mu = \varepsilon' \Theta_1$. L'élément $d(1_{A'})$ cherché est la classe de μ dans $H^1(\mathrm{Hom}(X'', A')) = \mathrm{Ext}^1(A'', A')$.

D'après [1], *loc. cit.*, formule (3), on a $\psi\varepsilon'\Theta_1 + \sigma d_1'' = 0$, c'est-à-dire $\psi\mu + \psi\lambda = 0$, et comme ψ est injectif, cela donne $\mu + \lambda = 0$, et achève la démonstration.

Les isomorphismes θ_1 et θ_2 sont fonctoriels en A et B. Nous allons voir comm ils se comportent vis-à-vis des opérateurs de bord :

Soit $B \in \mathscr{P}$, et soit $0 \to A' \to A \to A'' \to 0$ une suite exacte dans $\mathscr{P}$. $f \in \mathrm{Hom}(A', B)$, l'image par f de la classe de A dans $\mathrm{Ext}(A'', A')$ est un élém $f(A) \in \mathrm{Ext}(A'', B)$ que l'on note $d'(f)$. L'application $d' : \mathrm{Hom}(A', B) \to \mathrm{Ext}(A'', B)$ est un homomorphisme (cf. [13], *loc. cit.*), que l'on veut comparer avec l'homomorphisme bord $d : \mathrm{Hom}(A', B) \to \mathrm{Ext}^1(A'', B)$.

De même, si $A \in \mathscr{P}$, et si $0 \to B' \to B \to B'' \to 0$ est une suite exacte, on définit $d'' : \mathrm{Hom}(A, B'') \to \mathrm{Ext}(A, B')$, et l'on veut comparer d'' à l'opérateur bord

$$d : \mathrm{Hom}(A, B'') \to \mathrm{Ext}^1(A, B')$$

Le résultat est le suivant :

PROPOSITION 11. *On a* $\theta_1 d' = d = -\theta_2 d'$ *et* $\theta_2 d'' = d = -\theta_1 d''$.

Démontrons d'abord la formule $\theta_1 d' = d$. Les notations étant comme ci-dessus, soit $f \in \mathrm{Hom}(A', B)$, et soit E_f l'extension de A'' par B déduite au moyen de f. On a un diagramme commutatif :

$$\begin{array}{ccccccccc} 0 & \longrightarrow & A' & \longrightarrow & A & \longrightarrow & A'' & \longrightarrow & 0 \\ & & \downarrow f & & \downarrow g & & \downarrow 1 & & \\ 0 & \longrightarrow & B & \longrightarrow & E_f & \longrightarrow & A'' & \longrightarrow & 0 \end{array}$$

où $i = 1_{A''}$, et où g est un morphisme convenable, cf. [13], p. 164. On en tire le diagramme commutatif :

$$\begin{array}{ccc} \mathrm{Hom}(A', B) & \xrightarrow{d} & \mathrm{Ext}^1(A'', B) \\ \uparrow j & & \uparrow i \\ \mathrm{Hom}(B, B) & \xrightarrow{d} & \mathrm{Ext}^1(A'', B) \end{array}$$

où i est l'identité, et où j fait correspondre à $\varphi \in \mathrm{Hom}(B, B)$ l'élément $\varphi \circ f$ de $\mathrm{Hom}(A', B)$. Appliquons la formule $i \circ d = d \circ j$ à l'élément 1_B de $\mathrm{Hom}(B, B)$. On trouve $d(1_B) = d(f)$, et comme $d(1_B)$ n'est autre que $\theta_1(E_f) = \theta_1 d'(f)$, la formule $\theta_1 d' = d$ est bien démontrée.

On prouve par le même argument fonctoriel la formule symétrique $\theta_2 d'' = d$. Les deux autres formules en résultent puisque $\theta_1 = -\theta_2$.

Ainsi, si l'on identifie $\mathrm{Ext}(A, B)$ et $\mathrm{Ext}^1(A, B)$ au moyen de θ_2 (par exemple), l'opérateur d'' se transforme en l'opérateur bord par rapport à la seconde variable, mais l'opérateur d' se transforme en *l'opposé* de l'opérateur bord par rapport à la première variable. C'est dire qu'il faut se méfier de l'identification $\mathrm{Ext}(A, B) = \mathrm{Ext}^1(A, B)$! On va tout de même s'en servir pour démontrer le résultat suivant (qui m'a été signalé par Grothendieck) :

PROPOSITION 12. *Soit* $A \in \mathscr{P}$, *et soit* $(B_\alpha, \varphi_{\alpha,\beta})$ *un système projectif dans* $\mathscr{P}$. *On suppose que* $\mathrm{Hom}(A, B_\alpha) = 0$ *pour tout* α. *On a alors :*

$$\mathrm{Ext}^1(A, \varprojlim B_\alpha) = \varprojlim \mathrm{Ext}^1(A, B_\alpha)$$

Soit $B = \varprojlim B_\alpha$. On va prouver que l'homomorphisme canonique de $\mathrm{Ext}(A, B)$ dans $\varprojlim \mathrm{Ext}(A, B_\alpha)$ est bijectif.

Montrons d'abord qu'il est *injectif*. Soit

$$0 \to B \to E \to A \to 0$$

une extension appartenant à son noyau. Cela signifie que, pour tout α, il existe un morphisme $f_\alpha : E \to B_\alpha$ tel que le composé $B \to E \to B_\alpha$ soit l'application canonique de B dans B_α. Un tel morphisme est unique; en effet, si $f'_\alpha : E \to B_\alpha$ vérifie la même condition, la différence $f_\alpha - f'_\alpha$ est nulle sur B, et définit donc un morphisme de A dans B_α, morphisme qui est nécessairement nul puisque $\mathrm{Hom}(A, B_\alpha) = 0$. Si $\beta \geqslant \alpha$, le composé $E \to B_\beta \to B_\alpha$ n'est autre que f_α, en vertu de l'unicité de f_α; le système des f_α définit donc un morphisme $f : E \to \varprojlim B_\alpha = B$, dont la restriction à B est l'identité. L'extension E est triviale.

Montrons maintenant que $\mathrm{Ext}(A, B) \to \varprojlim \mathrm{Ext}(A, B_\alpha)$ est *surjectif*. Donnons-nous donc, pour chaque α, une extension

$$0 \to B \to E_\alpha \to A \to 0$$

de telle sorte que les (E_α) forment un élément de $\varprojlim \operatorname{Ext}(A, B_\alpha)$. Cela signifie que, si $\beta \geqslant \alpha$, il existe un morphisme $\psi_{\alpha\beta}$ de E_β dans E_α rendant commutatif le diagramme :

$$\begin{array}{ccccccccc} 0 & \longrightarrow & B_\beta & \longrightarrow & E_\beta & \longrightarrow & A & \longrightarrow & 0 \\ & & \downarrow{\scriptstyle \varphi_{\alpha\beta}} & & \downarrow{\scriptstyle \psi_{\alpha\beta}} & & \downarrow{\scriptstyle 1_A} & & \\ 0 & \longrightarrow & B_\alpha & \longrightarrow & E_\alpha & \longrightarrow & A & \longrightarrow & 0 \end{array}$$

Ce morphisme est d'ailleurs unique, comme on le voit en utilisant l'hypothèse $\operatorname{Hom}(A, B_\alpha) = 0$. Les E_α forment donc un système projectif, dont la limite E est une extension de A par B ayant pour image le système $(E_\alpha) \in \varprojlim \operatorname{Ext}(A, B_\alpha)$, c.q.f.d.

3.6. Comparaison des Hom et des Ext dans $\mathscr{A}$ et dans $\mathscr{P}$.

Soit $\mathscr{A}$ la catégorie des groupes algébriques. Bien que ce ne soit pas une catégorie abélienne (en caractéristique $p \neq 0$), la notion de suite *strictement exacte* permet d'y définir le foncteur $\operatorname{Ext}(A, B)$, $A, B \in \mathscr{A}$, cf. [13], chap. VII, nº 1. Pour ne pas créer de confusions avec la catégorie $\mathscr{P}$, nous noterons ce foncteur $\operatorname{Ext}_a(A, B)$. Nous définirons de même le foncteur $\operatorname{Hom}_a(A, B)$. Nous allons comparer ces foncteurs aux foncteurs correspondants dans $\mathscr{P}$:

PROPOSITION 13. *On a* $\operatorname{Hom}(A, B) = \varinjlim \operatorname{Hom}_a(A, B^{p^n}) = \varinjlim \operatorname{Hom}_a(A^{p^{-n}}, B)$ *et* $\operatorname{Ext}(A, B) = \varinjlim \operatorname{Ext}_a(A, B^{p^n}) = \varinjlim \operatorname{Ext}_a(A^{p^{-n}}, B)$.

L'assertion relative à Hom est essentiellement la *définition* de ce foncteur dans la catégorie $\mathscr{Q}$.

Montrons maintenant que l'homomorphisme canonique

$$\varepsilon : \varinjlim \operatorname{Ext}_a(A, B^{p^n}) \to \operatorname{Ext}(A, B)$$

est bijectif.

Soit $0 \to B^{p^n} \to E \to A \to 0$ une extension qui devient triviale dans $\mathscr{Q}$. Il existe donc un morphisme quasi-algébrique $r : E \to B^{p^n}$ qui est une rétraction. Vu la définition des morphismes quasi-algébriques, il existe un entier $m \geqslant 0$ tel que r soit un morphisme (dans $\mathscr{A}$) de E dans $B^{p^{n+m}}$. Il s'ensuit que l'image de E dans la limite inductive des $\operatorname{Ext}(A, B^{p^n})$ est triviale, ce qui démontre que ε est *injectif*.

Inversement, donnons-nous une extension

$$0 \to B \to E' \to A \to 0$$

dans la catégorie $\mathscr{Q}$. Munissons E' d'une structure algébrique compatible avec sa structure quasi-algébrique, et munissons B (resp. A) de la structure algébrique induite (resp. quotient) de celle de E'; soient B' et A' les groupes algébriques ainsi obtenus. La suite

$$0 \to B' \to E' \to A' \to 0$$

est strictement exacte, et définit un élément $e' \in \mathrm{Ext}_a(A', B')$. Quitte à remplacer E' par E'^{p^n}, on peut supposer que l'application identique de A sur A' est un morphisme (dans $\mathscr{A}$); en outre, on peut trouver un n assez grand pour que $B' \to B^{p^n}$ soit un morphisme. Les deux morphismes $A \to A'$ et $B' \to B^{p^n}$ appliquent $\mathrm{Ext}_a(A', B')$ dans $\mathrm{Ext}_a(A, B^{p^n})$; soit $e \in \mathrm{Ext}_a(A, B^{p^n})$ le transformé de e'. On vérifie tout de suite que ε transforme e en l'élément donné de Ext(A, B), d'où la surjectivité de ε.

La formule $\mathrm{Ext}(A, B) = \varinjlim \mathrm{Ext}_a(A^{p^{-n}}, B)$ se démontre de même.

Corollaire. *Si A ou B est un groupe fini, on a* $\mathrm{Hom}(A, B) = \mathrm{Hom}_a(A, B)$ *et* $\mathrm{Ext}(A, B) = \mathrm{Ext}_a(A, B)$.

En effet, si A est un groupe fini, on a $A^q = A$ pour toute puissance q de p.

Remarque. La prop. 13 nous permettra par la suite d'utiliser les déterminations des $\mathrm{Ext}_a(A, B)$ contenues dans [13], chap. VII, pour calculer les $\mathrm{Ext}^1(A, B)$ correspondants.

§ 4. GROUPES DE DIMENSION ZÉRO

4.1. Premières propriétés.

Rappelons (n° 2.1) qu'un groupe $G \in \mathscr{P}$ est dit *de dimension zéro* si, pour tout sous-groupe de définition H, le quotient G/H est un groupe *fini*. Il revient au même de dire que G est *limite projective de groupes finis* (dans la terminologie de Tate, G est un groupe « de type galoisien »). Nous noterons $\mathscr{Q}_0$ la catégorie des groupes finis, et $\mathscr{P}_0$ celle des groupes de dimension zéro. On a $\mathscr{Q}_0 = \mathscr{P}_0 \cap \mathscr{Q}$. De plus, *la catégorie* $\mathscr{P}_0$ *est équivalente à la catégorie* $\mathrm{Pro}(\mathscr{Q}_0)$: la démonstration est la même que celle de la prop. 12 du n° 2.6.

Si l est un nombre premier, nous dirons qu'un groupe $G \in \mathscr{P}_0$ est un *l-groupe*, ou est *l-primaire*, si tous ses quotients finis sont d'ordre une puissance de l. Tout $G \in \mathscr{P}_0$ se décompose de façon unique en produit :

$$G = \prod_l G_l \qquad (l \text{ parcourant l'ensemble des nombres premiers})$$

où les G_l sont l-primaires : cela se démontre par passage à la limite à partir du cas fini. Les G_l sont appelés les *composantes primaires* de G; ce sont des foncteurs additifs et exacts de G.

4.2. Dualité.

Proposition 1. *La catégorie duale de la catégorie* $\mathscr{P}_0$ *est équivalente à la catégorie* $\mathscr{T}$ *des groupes abéliens de torsion.*

C'est là un résultat classique en théorie de la dualité des groupes localement compacts. Rappelons comment se définit l'équivalence : à tout $G \in \mathscr{P}_0$ on fait correspondre $\check{G} = \mathrm{Hom}(G, \mathbf{Q}/\mathbf{Z})$, ce dernier Hom étant défini comme $\varinjlim \mathrm{Hom}(G, \mathbf{Z}/n\mathbf{Z})$.

Le foncteur $\breve{G}$ définit une équivalence de la catégorie duale de $\mathcal{Q}_0$ avec $\mathcal{Q}_0$; par passage à la limite il définit donc une équivalence de la catégorie duale de $\mathrm{Pro}(\mathcal{Q}_0)=\mathcal{P}_0$ avec la catégorie des limites inductives de groupes finis, elle-même équivalente à $\mathcal{T}$.

4.3. Le groupe $\hat{\mathbf{Z}}$ et les groupes $\mathbf{Z}_l$.

Nous noterons $\hat{\mathbf{Z}}$ le complété du groupe $\mathbf{Z}$ pour la topologie définie par ses sous-groupes d'indice fini. C'est un groupe compact totalement discontinu, donc un élément de $\mathcal{P}_0$; on peut d'ailleurs l'écrire comme limite projective :

$$\hat{\mathbf{Z}}=\varprojlim(\mathbf{Z}/n\mathbf{Z})$$

Sous cette forme, on voit que le groupe dual est $\mathbf{Q}/\mathbf{Z}$.

Si l est un nombre premier, la composante l-primaire de $\hat{\mathbf{Z}}$ est $\mathbf{Z}_l=\varprojlim(\mathbf{Z}/l^m\mathbf{Z})$, groupe additif des entiers l-adiques. On a donc :

$$\hat{\mathbf{Z}}=\prod_l \mathbf{Z}_l$$

formule duale de la formule bien connue :

$$\mathbf{Q}/\mathbf{Z}=\coprod \mathbf{Q}_l/\mathbf{Z}_l \qquad \text{(somme directe)}.$$

Proposition 2. *Pour tout* $B\in\mathcal{Q}$, *le groupe* $\mathrm{Hom}(\hat{\mathbf{Z}}, B)$ *s'identifie fonctoriellement au sous-groupe* B_f *de* B *formé des éléments d'ordre fini.*

Puisque B appartient à $\mathcal{Q}$, on peut appliquer la prop. 11 du nº 2.6 à $\mathrm{Hom}(\hat{\mathbf{Z}}, B)$, et l'on obtient :

$$\mathrm{Hom}(\hat{\mathbf{Z}}, B)=\varinjlim \mathrm{Hom}(\mathbf{Z}/n\mathbf{Z}, B)$$

Il est clair que $\mathrm{Hom}(\mathbf{Z}/n\mathbf{Z}, B)$ s'identifie à ${}_nB$, sous-groupe de B formé par les éléments x tels que $nx=0$; comme B_f est réunion des ${}_nB$, la proposition en résulte.

Remarque. L'isomorphisme $\mathrm{Hom}(\hat{\mathbf{Z}}, B)\to B_f$ que l'on vient de construire peut aussi se décrire directement : il associe à un morphisme $\varphi : \hat{\mathbf{Z}}\to B$ l'élément $\varphi(1)\in B_f$.

Proposition 3. *Le groupe* $\hat{\mathbf{Z}}$ *est un objet projectif de* $\mathcal{P}$.

D'après la prop. 2 du nº 3.1 il suffit de montrer que le foncteur $\mathrm{Hom}(\hat{\mathbf{Z}}, B)$ est exact pour $B\in\mathcal{Q}$. Soit donc :

$$0\to A\to B\to C\to 0$$

une suite exacte dans $\mathcal{Q}$. Compte tenu de la prop. 2, il nous faut prouver que B_f s'applique *sur* C_f.

Pour tout entier $n\geqslant 1$, soit nA le sous-groupe de A formé des nx, $x\in A$; ces sous-groupes forment une famille filtrante décroissante de sous-groupes fermés. Comme A est artinien, cette famille est stationnaire. Si l'on pose donc $A'=\bigcap nA$, il existe un entier $m\geqslant 1$ tel que $A'=mA$. On a $A'=nA'$ pour tout n.

On peut factoriser l'homomorphisme $B_l \to (B/A)_l$ en $B_l \to (B/A')_l \to (B/A)_l$. Nous allons montrer que chacun de ces homomorphismes est surjectif :

a) *Homomorphisme* $B_l \to (B/A')_l$. Soit $x \in (B/A')_l$, et soit n un entier $\geqslant 1$ tel que $nx = 0$. Choisissons $y \in B$ s'appliquant sur x. On a $ny \in A'$. Mais $A' = nA'$. Il existe donc $a' \in A'$ tel que $na' = ny$, d'où $n(y - a') = 0$. L'élément $y - a'$ appartient donc à B_l, et a bien pour image x.

b) *Homomorphisme* $(B/A')_l \to (B/A)_l$. Le noyau de $B/A' \to B/A$ est A/A'; comme $mA = A'$, le groupe A/A' est annulé par m. Si $x \in B/A$ est annulé par n, et si l'on relève x en $y \in B/A'$, on aura $ny \in A/A'$, d'où $mny = 0$ et $y \in (B/A')_l$. C.q.f.d.

Proposition 4. *Pour tout nombre premier l, le groupe additif* $\mathbf{Z}_l$ *des entiers l-adiques est un projectif indécomposable dans* $\mathscr{P}$; *c'est l'enveloppe projective* (cf. nº 3.2) *du groupe élémentaire* $\mathbf{Z}/l\mathbf{Z}$.

Puisque $\mathbf{Z}_l$ est facteur direct dans $\hat{\mathbf{Z}}$, qui est projectif, il est lui-même projectif. D'autre part, ses seuls sous-groupes fermés $\neq 0$ sont les sous-groupes $l^n\mathbf{Z}_l$ $(n = 0, 1, \ldots)$ qui sont emboîtés : il est donc indécomposable. Enfin, on a $\mathbf{Z}/l\mathbf{Z} = \mathbf{Z}_l/l\mathbf{Z}_l$, et comme $\mathbf{Z}_l$ est projectif indécomposable, c'est nécessairement l'enveloppe projective de $\mathbf{Z}/l\mathbf{Z}$.

4.4. Objets projectifs dans $\mathscr{P}_0$.

Proposition 5. *Soit* $G \in \mathscr{P}_0$. *Les propriétés suivantes sont équivalentes* :

(i) G *est projectif dans* $\mathscr{P}_0$.

(ii) G *est projectif dans* $\mathscr{P}$.

(iii) G *est isomorphe à un produit de groupes* $\mathbf{Z}_l$.

(iv) G *est sans torsion.*

(v) *Le groupe* $\breve{G}$ *dual de* G *est divisible.*

Le théorème de structure de Gabriel, appliqué à $\mathscr{P}$, montre l'équivalence de (ii) et (iii) (cf. nº 3.2, th. 2). Le même théorème, appliqué cette fois à $\mathscr{P}_0$, montre l'équivalence de (i) et (iii). Il est clair que (iii)$\Rightarrow$(iv)$\Leftrightarrow$(v). D'autre part, (v) signifie que $\breve{G}$ est injectif dans la catégorie $\mathscr{G}$ des groupes abéliens, et entraîne donc que $\breve{G}$ est injectif dans la sous-catégorie $\mathscr{T}$ des groupes de torsion. Par dualité, il s'ensuit que G est projectif dans $\mathscr{P}_0$. Donc (v)$\Rightarrow$(i), ce qui achève la démonstration.

Variante. En utilisant les théorèmes de structure pour les groupes de torsion (Bourbaki, *Alg.*, VII, § 2, exer. 3), on montre directement que (i), (iii), (iv), (v) sont équivalents. Comme (ii)$\Rightarrow$(i) (trivialement), et (iii)$\Rightarrow$(ii) (prop. 4), la proposition en résulte.

Corollaire 1. *Soit* $A \in \mathscr{P}_0$. *L'enveloppe projective de* A *est la même dans* $\mathscr{P}_0$ *et dans* $\mathscr{P}$.

Cela résulte de l'équivalence (i)$\Leftrightarrow$(ii). On voit en particulier que tout objet de $\mathscr{P}_0$ est quotient d'un objet projectif *appartenant aussi à* $\mathscr{P}_0$.

Corollaire 2. *La dimension projective d'un objet* $A \in \mathscr{P}_0$ *est* $\leqslant 1$.

En effet, on peut écrire $A = X/R$, où X est projectif dans $\mathscr{P}_0$, donc dans $\mathscr{P}$.

Comme X est sans torsion, il en est de même de R et R est projectif (prop. 5). La suite exacte :

$$0 \to R \to X \to A \to 0$$

est donc une résolution projective de A, de longueur 1, c.q.f.d.

Exemple : La suite exacte

$$0 \to \mathbf{Z}_l \xrightarrow{l} \mathbf{Z}_l \to \mathbf{Z}/l\mathbf{Z} \to 0$$

est une résolution projective de longueur 1 du groupe élémentaire $\mathbf{Z}/l\mathbf{Z}$.

§ 5. GROUPES D'HOMOTOPIE

5.1. Connexion.

Soit G un groupe quasi-algébrique. Nous noterons G^0 la composante connexe de l'élément neutre dans G (et nous l'appellerons simplement la *composante connexe* de G); c'est le plus petit sous-groupe fermé de G tel que G/G^0 soit fini.

Soit maintenant G un groupe *proalgébrique*, d'ensemble de définition S; pour tout $H \in S$, la composante connexe $(G/H)^0$ de G/H est un sous-groupe fermé de G/H, et, si $K \subset H$, l'image de $(G/K)^0$ dans G/H est $(G/H)^0$. D'après la prop. 3 du nº 2.4, il existe donc un sous-groupe fermé G^0 de G dont l'image dans chaque G/H est égale à $(G/H)^0$. Ce sous-groupe peut aussi être caractérisé de la manière suivante :

PROPOSITION 1. *Le sous-groupe* G^0 *est le plus petit sous-groupe fermé* G′ *de* G *tel que* G/G′ *soit de dimension zéro.*

Par construction, on a $G/G^0 = \varprojlim (G/H)/(G/H)^0$, ce qui montre que $G/G^0 \in \mathscr{P}_0$. D'autre part, si G′ est un sous-groupe fermé de G tel que $G/G' \in \mathscr{P}_0$, les quotients $G/(G'+H)$ sont dans $\mathscr{P}_0 \cap \mathscr{Q}$, c'est-à-dire sont finis, et il s'ensuit que l'image de G′ dans G/H contient $(G/H)^0$, ce qui signifie bien que G′ contient G^0.

Le sous-groupe G^0 défini ci-dessus sera appelé la *composante connexe* de G; si $G = G^0$, on dit que G est *connexe*. On montre aisément que ces définitions sont équivalentes aux définitions *topologiques* usuelles (lorsqu'on munit G de la topologie définie au début du nº 2.4); ce fait ne jouera d'ailleurs aucun rôle dans la suite.

Le quotient G/G^0 sera noté $\pi_0(G)$; on a $\pi_0(G) \in \mathscr{P}_0$. C'est le 0-*ième groupe d'homotopie* de G.

On voit tout de suite que π_0 et « composante connexe » sont des foncteurs additifs covariants sur $\mathscr{P}$ (à valeurs dans $\mathscr{P}_0$ et dans $\mathscr{P}$ respectivement).

PROPOSITION 2. *Les foncteurs* π_0 *et « composante connexe » commutent aux limites projectives. Le foncteur* π_0 *est exact à droite.*

Les deux foncteurs en question ont été définis par passage à la limite à partir des foncteurs correspondants sur $\mathscr{Q}$ (cf. nº 2.7). La proposition en résulte en appliquant la prop. 13 de 2.7 et en remarquant que π_0 est exact à droite sur $\mathscr{Q}$. [Bien entendu, on peut aussi raisonner directement, en utilisant la caractérisation de G^0 donnée par la prop. 1.]

On notera que le foncteur « composante connexe » n'est pas semi-exact; toutefois, il transforme une injection en une injection, et une surjection en une surjection.

5.2. Décomposition des projectifs.

PROPOSITION 3. *Tout projectif de la catégorie $\mathscr{P}$ est produit d'un projectif connexe et d'un projectif de dimension zéro.*

Soit $X \in \mathscr{P}$ un projectif; posons $C = X/X^0$. D'après le n° 4.4 (cor. 1 à la prop. 5) l'enveloppe projective Y de C est dans $\mathscr{P}_0$. D'autre part, d'après la prop. 4 du n° 3.2, X se décompose en $X = Y \times Z$; on en déduit $\pi_0(X) = \pi_0(Y) \times \pi_0(Z)$, et comme, par construction, l'application $\pi_0(Y) \to \pi_0(X) = C$ est surjective, on a nécessairement $\pi_0(Z) = 0$, ce qui montre que Z est connexe; comme Z est facteur direct dans X, Z est projectif, c.q.f.d.

COROLLAIRE 1. *Si $X \in \mathscr{P}$ est projectif, il en est de même de X^0 et de $\pi_0(X)$.*

En effet, si $X = Y \times Z$, avec $Y \in \mathscr{P}_0$ et Z connexe, on a nécessairement $Z = X^0$, et $Y = \pi_0(X)$.

COROLLAIRE 2. *L'enveloppe projective d'un groupe connexe est connexe.*

Soit $u : X \to G$ cette enveloppe. Puisque G est connexe, la restriction de u à X^0 est surjective; on en déduit $X = X^0$, par définition des extensions essentielles (cf. n° 3.2).

COROLLAIRE 3. *Un projectif indécomposable est ou bien connexe, ou bien de dimension zéro.*

C'est évident.

5.3. Groupes d'homotopie.

DÉFINITION 1. *Les foncteurs dérivés gauches du foncteur $\pi_0 : \mathscr{P} \to \mathscr{P}_0$ sont notés π_i et l'opérateur de bord correspondant ∂. Si $G \in \mathscr{P}$, les groupes $\pi_i(G)$ sont appelés les groupes d'homotopie du groupe* G.

Noter que, puisque π_0 est exact à droite, le 0-ième foncteur dérivé de π_0 s'identifie à π_0 lui-même, et notre notation est cohérente.

Par définition même des foncteurs dérivés, on a $\pi_i(G) = 0$ pour $i \geqslant 1$, si G est *projectif*. De plus, si

$$0 \to G' \to G \to G'' \to 0$$

est une suite exacte dans $\mathscr{P}$, il lui correspond une suite exacte (dite *suite exacte d'homotopie*) :

$$\ldots \to \pi_i(G') \to \pi_i(G) \to \pi_i(G'') \xrightarrow{\partial} \pi_{i-1}(G') \to \ldots$$

PROPOSITION 4. *Les foncteurs $\pi_i : \mathscr{P} \to \mathscr{P}_0$ commutent aux limites projectives.*

Cela résulte de la prop. 6 du n° 3.3 et de la prop. 2 du n° 5.1.

PROPOSITION 5. *Si* G *est un groupe de dimension zéro, on a $\pi_i(G) = 0$ pour tout $i \geqslant 1$.*

D'après le n° 4.4, il existe une résolution de G de longueur 1 par des projectifs X_i

de $\mathscr{P}_0$. Comme on a $\pi_0(X_i) = X_i$, les groupes d'homologie supérieurs du complexe formé par les $\pi_0(X_i)$ sont nuls, et ce sont justement les groupes d'homotopie de G.

COROLLAIRE. *On a* $\pi_i(G) = \pi_i(G^0)$ *pour* $i \geqslant 1$, *et tout* $G \in \mathscr{P}$.

Cela résulte de la prop. 5 (appliquée à G/G^0) et de la suite exacte d'homotopie.

Remarque. On verra au § 10 que les foncteurs π_i sont *nuls* pour $i \geqslant 2$, ou, ce qui revient au même, que π_1 est *exact à gauche*.

5.4. Groupes d'homotopie et foncteurs Ext.

Soit $N \in \mathscr{P}_0$. Si $G \in \mathscr{P}$, on peut évidemment écrire :

$$\mathrm{Hom}(G, N) = \mathrm{Hom}(\pi_0(G), N)$$

En d'autres termes, le foncteur $\mathrm{Hom}(\ , N) : \mathscr{P} \to \mathscr{G}$ se *factorise* en

$$\mathscr{P} \xrightarrow{\pi_0} \mathscr{P}_0 \xrightarrow{\mathrm{Hom}(\ ,N)} \mathscr{G}$$

De plus (cor. 1 à la prop. 3), le foncteur $\pi_0 : \mathscr{P} \to \mathscr{P}_0$ transforme un objet projectif en un objet projectif. On est donc dans les conditions d'application de la *suite spectrale des foncteurs composés* (T, théorème 2.4.1, p. 148); on obtient ainsi une suite spectrale

$$\mathrm{Ext}^p(\pi_q(G), N) \Rightarrow \mathrm{Ext}^n(G, N)$$

Le foncteur Ext^p qui intervient ici est calculé dans $\mathscr{P}_0$; comme tout objet de $\mathscr{P}_0$ a une résolution projective de longueur 1 (cf. nº 4.4, cor. 2 à la prop. 5), on a $\mathrm{Ext}^p = 0$ pour $p \geqslant 2$. La suite spectrale dégénère alors en une série de suites exactes :

PROPOSITION 6. *Si* $G \in \mathscr{P}$ *et* $N \in \mathscr{P}_0$, *on a des suites exactes* :

$$0 \to \mathrm{Ext}^1(\pi_{i-1}(G), N) \to \mathrm{Ext}^i(G, N) \to \mathrm{Hom}(\pi_i(G), N) \to 0$$

Pour $i = 1$, on obtient en particulier :

COROLLAIRE. *Si* G *est connexe, on a un isomorphisme* :

$$\mathrm{Ext}^1(G, N) = \mathrm{Hom}(\pi_1(G), N)$$

[Pour la commodité du lecteur, nous allons rappeler brièvement comment on construit la suite spectrale précédente. On commence par choisir une résolution projective $X = (X_i)$ de G; les $\mathrm{Hom}(X_i, N)$ forment un complexe de cochaînes, noté $\mathrm{Hom}(X, N)$, et l'on a par définition :

$$\mathrm{Ext}^n(G, N) = H^n(\mathrm{Hom}(X, N))$$

D'autre part, on a $\mathrm{Hom}(X, N) = \mathrm{Hom}(\pi_0(X), N)$, et $\pi_0(X)$ est un complexe dont chaque composante est projective. Sa *seconde suite spectrale d'hyperhomologie* (T, p. 146) est la suite spectrale cherchée.

Quant à l'homomorphisme $\mathrm{Ext}^i(G, N) \to \mathrm{Hom}(\pi_i(G), N)$ qui intervient dans l'énoncé de la prop. 6, c'est l'un des « edge-homomorphisms » de la suite spectrale. On peut l'expliciter ainsi : si $Y = \pi_0(X)$, on a

$$\mathrm{Ext}^i(G, N) = H^i(\mathrm{Hom}(Y, N)), \qquad \pi_i(G) = H_i(Y)$$

et c'est l'homomorphisme standard de $H^i(\mathrm{Hom}(Y, N))$ dans $\mathrm{Hom}(H_i(Y), N)$.

On peut aussi montrer que $\mathrm{Ext}^i(G, N) \to \mathrm{Hom}(\pi_i(G), N)$ est l'unique homomorphisme de ∂^*-foncteurs qui prolonge l'isomorphisme canonique de $\mathrm{Hom}(G, N)$ sur $\mathrm{Hom}(\pi_0(G), N)$, cf. T, nos 2.1 et 2.3.]

Nous allons maintenant envisager un cas un peu différent, celui où N, au lieu d'appartenir à $\mathscr{P}_0$, appartient à la catégorie $\mathscr{T}$ des *groupes de torsion*. Si $G \in \mathscr{P}$, nous poserons :

$$\mathrm{Hom}(G, N) = \varinjlim \mathrm{Hom}(G, N_\alpha) \qquad \mathrm{Ext}^i(G, N) = \varinjlim \mathrm{Ext}^i(G, N_\alpha)$$

les N_α parcourant l'ensemble filtrant croissant des *sous-groupes finis* de N. On voit immédiatement que les $\mathrm{Ext}^i(\ , N)$ sont les foncteurs dérivés du foncteur $\mathrm{Hom}(\ , N)$, qu'ils commutent aux limites projectives, et qu'ils forment un foncteur cohomologique en N (pour un groupe G fixé). La prop. 6 et son corollaire sont encore valables, comme on le voit par passage à la limite à partir du cas où N est fini.

Proposition 7. *Si* N *est un groupe de torsion divisible, on a des isomorphismes fonctoriels :*

$$\mathrm{Ext}^i(G, N) = \mathrm{Hom}(\pi_i(G), N)$$

Puisque N est divisible, on a $\mathrm{Ext}^1(A, N) = 0$ pour A fini, puis, par passage à la limite, pour $A \in \mathscr{P}_0$. Dans la suite exacte de la prop. 6, le terme $\mathrm{Ext}^1(\pi_{i-1}(G), N)$ est donc nul, d'où la proposition.

Corollaire. *Le groupe* $\pi_i(G)^\vee$, *dual du groupe* $\pi_i(G)$ (cf. no 4.2), *est fonctoriellement isomorphe à* $\mathrm{Ext}^i(G, \mathbf{Q}/\mathbf{Z}) = \varinjlim \mathrm{Ext}^i(G, \mathbf{Z}/n\mathbf{Z})$.

On applique la prop. 7 avec $N = \mathbf{Q}/\mathbf{Z}$.

Remarque. L'isomorphisme de la prop. 7 peut aussi s'obtenir en remarquant que $\mathrm{Ext}^i(G, N)$ et $\mathrm{Hom}(\pi_i(G), N)$ sont deux foncteurs cohomologiques en G, qui coïncident pour $i = 0$, et qui sont nuls pour $i \geqslant 1$ et G projectif.

§ 6. GROUPE FONDAMENTAL ET REVÊTEMENT UNIVERSEL

6.1. Les groupes connexes et simplement connexes.

Définition 1. *Soit* $G \in \mathscr{P}$. *On appelle groupe fondamental de* G *le premier groupe d'homotopie* $\pi_1(G)$ *de* G (cf. no 5.3, déf. 1).

Définition 2. *Un groupe* $G \in \mathscr{P}$ *est dit simplement connexe si* $\pi_1(G) = 0$.

Les groupes G qui sont à la fois connexes et simplement connexes forment une sous-catégorie de $\mathscr{P}$, que l'on notera $\mathscr{S}$.

Proposition 1. *Soit* $G \in \mathscr{P}$. *Les conditions suivantes sont équivalentes :*

(i) G *appartient à* $\mathscr{S}$.

(ii) G *est connexe, et si* $0 \to N \to G' \to G \to 0$ *est une suite exacte telle que* G' *soit connexe, et* $N \in \mathscr{P}_0$, *on a* $N = 0$.

(iii) $\mathrm{Hom}(G, N) = \mathrm{Ext}^1(G, N) = 0$ *pour tout* $N \in \mathscr{P}_0$.

(iv) $\mathrm{Hom}(G, N) = \mathrm{Ext}^1(G, N) = 0$ *pour tout* N *fini.*

(v) $\mathrm{Hom}(G, \mathbf{Q}/\mathbf{Z}) = \mathrm{Ext}^1(G, \mathbf{Q}/\mathbf{Z}) = 0$.

[La condition (ii) signifie que G est connexe et n'a aucun « revêtement » connexe non trivial.]

Nous allons raisonner « en cercle ». D'abord (i) $\Rightarrow$ (ii) car la suite exacte d'homotopie, appliquée à

$$0 \to N \to G' \to G \to 0$$

donne :

$$\pi_1(G) \to \pi_0(N) \to \pi_0(G')$$

d'où $\pi_0(N) = N = 0$.

Montrons que (ii) $\Rightarrow$ (iii). Puisque G est connexe, on a $\mathrm{Hom}(G, N) = 0$. Soit d'autre part E une extension de G par N; la composante connexe E^0 de E s'applique sur G, et l'on a la suite exacte :

$$0 \to N \cap E^0 \to E^0 \to G \to 0$$

Tenant compte de (ii), on voit que $N \cap E^0 = 0$, ce qui montre que l'extension E est triviale, d'où $\mathrm{Ext}^1(G, N) = 0$.

L'implication (iii) $\Rightarrow$ (iv) est évidente; l'implication (iv) $\Rightarrow$ (v) résulte de la définition même de $\mathrm{Hom}(G, \mathbf{Q}/\mathbf{Z})$ et $\mathrm{Ext}^1(G, \mathbf{Q}/\mathbf{Z})$, cf. n° 5.4. Enfin, l'implication (v) $\Rightarrow$ (i) résulte du cor. à la prop. 7 du n° 5.4.

Corollaire. *Soit* $G \in \mathscr{S}$, *et soit* $f : A \to B$ *un morphisme dont le noyau et le conoyau appartiennent à* $\mathscr{P}_0$. *L'homomorphisme :*

$$\mathrm{Hom}(G, A) \to \mathrm{Hom}(G, B)$$

défini par f est alors un isomorphisme.

Supposons d'abord que f soit surjectif, et soit N son noyau. On a la suite exacte :

$$\mathrm{Hom}(G, N) \to \mathrm{Hom}(G, A) \to \mathrm{Hom}(G, B) \to \mathrm{Ext}^1(G, N)$$

et comme on a $\mathrm{Hom}(G, N) = \mathrm{Ext}^1(G, N) = 0$ (prop. 1), on en déduit bien le résultat cherché. On raisonne de même lorsque f est injectif, et le cas général se déduit de ces deux cas particuliers.

6.2. Revêtement universel.

Proposition 2. *Soit* $G \in \mathscr{P}$. *Il existe* $\overline{G} \in \mathscr{S}$ *et un morphisme* $u : \overline{G} \to G$ *tels que le noyau et le conoyau de u appartiennent à* $\mathscr{P}_0$. *Le couple* $(\overline{G}, u)$ *est unique, à un isomorphisme unique près.*

Établissons d'abord *l'existence* du couple $(\overline{G}, u)$. Écrivons le groupe G^0, composante connexe de G, comme un quotient X/R, où X est projectif connexe (cf. n° 5.2, cor. 2 à la prop. 3). Posons $\overline{G}=X/R^0$, et soit $u : \overline{G} \to G$ le morphisme défini par passage au quotient à partir de $X \to G$. Comme R^0 est connexe, et que X est projectif, la suite exacte d'homotopie montre que $\overline{G}$ est connexe et simplement connexe; le noyau de u est $R/R^0 \in \mathscr{P}_0$, et son conoyau est $G/G^0=\pi_0(G)$, qui appartient aussi à $\mathscr{P}_0$.

Établissons maintenant *l'unicité* de $(\overline{G}, u)$, et, plus généralement, son *caractère fonctoriel* en G. Soit donc $G' \in \mathscr{P}$, et soit $u' : \overline{G}' \to G'$ un morphisme dont le noyau et le conoyau appartiennent à $\mathscr{P}_0$, et tel que $\overline{G}' \in \mathscr{S}$. Soit $\varphi : G \to G'$ un morphisme. En appliquant le corollaire de la prop. 1 au groupe $\overline{G}$ et à $u' : \overline{G}' \to G'$, on voit qu'il existe un morphisme $\overline{\varphi} : \overline{G} \to \overline{G}'$ et un seul rendant commutatif le diagramme :

$$\begin{array}{ccc} \overline{G} & \xrightarrow{\overline{\varphi}} & \overline{G}' \\ {\scriptstyle u}\downarrow & & \downarrow{\scriptstyle u'} \\ G & \xrightarrow{\varphi} & G' \end{array}$$

On voit donc bien que $(\overline{G}, u)$ est un *foncteur covariant* par rapport à G; c'est un foncteur additif.

DÉFINITION 3. *Le couple* $(\overline{G}, u)$ *est appelé le revêtement universel de* G.

Il est clair que l'image de $\overline{G}$ dans G est égale à G^0. On a donc une suite exacte :

$$0 \to N \to \overline{G} \to G^0 \to 0$$

où N désigne le noyau de u. La suite exacte d'homotopie montre en outre que $\partial : \pi_1(G^0) \to \pi_0(N)$ est un isomorphisme. Comme $\pi_1(G)=\pi_1(G^0)$ (n° 5.3, cor. à la prop. 5), et $\pi_0(N)=N$, on obtient finalement un isomorphisme de $\pi_1(G)$ sur N, d'où :

PROPOSITION 3. *Pour tout* $G \in \mathscr{P}$, *on a une suite exacte* :

$$0 \to \pi_1(G) \to \overline{G} \to G \to \pi_0(G) \to 0$$

On notera que le revêtement universel de G coïncide avec celui de G^0; on a $\overline{G}=0$ si et seulement si G est de dimension zéro; nous reviendrons là-dessus au n° 10.4.

PROPOSITION 4. *Le foncteur « revêtement universel » commute aux limites projectives.*

Si les (G_i) forment un système projectif, il en est de même des $(\overline{G}_i)$. De plus, le noyau (resp. le conoyau) du morphisme

$$\varprojlim \overline{G}_i \to \varprojlim G_i$$

est limite projective des noyaux (resp. des conoyaux) des morphismes $\overline{G}_i \to G_i$ (cf. n° 2.5, prop. 10), donc appartient à $\mathscr{P}_0$, ce qui montre que $\varprojlim \overline{G}_i \to \varprojlim G_i$ est bien le revêtement universel de $\varprojlim G_i$.

Proposition 5. *Si* $0 \to G' \to G \to G'' \to 0$ *est une suite exacte, la suite*

$$\ldots \to \pi_2(G') \to \pi_2(G) \to \pi_2(G'') \xrightarrow{d} \overline{G}' \to \overline{G} \to \overline{G}'' \to 0$$

est exacte (le morphisme $d : \pi_2(G'') \to \overline{G}'$ *étant défini comme le composé de* $\partial : \pi_2(G'') \to \pi_1(G')$ *avec l'injection de* $\pi_1(G')$ *dans* $\overline{G}'$).

[Dès que l'on saura que $\pi_i = 0$ pour $i \geqslant 2$, on en déduira donc que le foncteur « revêtement universel » est exact, cf. nº 10.3.]

Soit X″ le conoyau du morphisme $\overline{G}' \to \overline{G}$, et soit $v'' : X'' \to G''$ le morphisme défini par passage au quotient à partir de $u : \overline{G} \to G$. Par construction, on a le diagramme commutatif :

$$\begin{array}{ccccccccc} & & \overline{G}' & \longrightarrow & \overline{G} & \longrightarrow & X'' & \longrightarrow & 0 \\ & & \downarrow{\scriptstyle u'} & & \downarrow{\scriptstyle u} & & \downarrow{\scriptstyle v''} & & \\ 0 & \longrightarrow & G' & \longrightarrow & G & \longrightarrow & G'' & \longrightarrow & 0 \end{array}$$

D'après le lemme 3.3 de [1], chap. III, on en déduit la suite exacte :

$$(*) \qquad \mathrm{Ker}(u') \to \mathrm{Ker}(u) \to \mathrm{Ker}(v'') \to \mathrm{Coker}(u') \to \mathrm{Coker}(u) \to \mathrm{Coker}(v'')$$

On a ici $\mathrm{Ker}(u') = \pi_1(G')$, $\mathrm{Ker}(u) = \pi_1(G)$, $\mathrm{Coker}(u') = \pi_0(G')$, $\mathrm{Coker}(u) = \pi_0(G)$. Il s'ensuit que $\mathrm{Ker}(v'')$ appartient à $\mathscr{P}_0$; d'autre part, puisque $G \to G''$ est surjectif, il en est de même de $\mathrm{Coker}(u) \to \mathrm{Coker}(v'')$, ce qui montre que $\mathrm{Coker}(v'')$ appartient aussi à $\mathscr{P}_0$. De plus, X″ est connexe (car image de $\overline{G}$), et simplement connexe (car quotient de $\overline{G}$ par un sous-groupe connexe). Le couple (X'', v'') peut donc être identifié au revêtement universel $(\overline{G}'', u'')$ de G″, et la suite

$$\overline{G}' \to \overline{G} \to \overline{G}'' \to 0$$

est bien exacte. Enfin, tout élément du noyau de $\overline{G}' \to \overline{G}$ a une image nulle dans G, donc aussi dans G′, c'est-à-dire appartient au noyau de $\pi_1(G') \to \pi_1(G)$; comme ce noyau est l'image de $\pi_2(G'')$, on en déduit bien la suite exacte de l'énoncé.

Remarque. Reprenons la suite exacte (∗). Puisque (X'', v'') est le revêtement universel de G″, elle peut s'écrire :

$$(*) \qquad \pi_1(G') \to \pi_1(G) \to \pi_1(G'') \to \pi_0(G') \to \pi_0(G) \to \pi_0(G'')$$

En fait, *c'est la suite exacte d'homotopie* définie par la suite exacte $0 \to G' \to G \to G'' \to 0$. C'est évident pour tous les morphismes qui figurent dans (∗), sauf pour le morphisme médian : $\pi_1(G'') \to \pi_0(G')$, morphisme que nous noterons θ. Montrons donc que $\theta = \partial$.

Soit $B'' = (G'')^0$, et soit B l'image réciproque de B″ dans G. La suite $0 \to G' \to B \to B'' \to 0$ est exacte, et donne lieu à deux morphismes $\theta, \partial : \pi_1(B'') \to \pi_0(G')$. Comme θ et ∂ sont tous deux fonctoriels, on a des diagrammes commutatifs :

$$\begin{array}{ccc} \pi_1(B'') & \xrightarrow{\theta} & \pi_0(G') \\ & \searrow \quad \nearrow{\scriptstyle \theta} & \\ & \pi_1(G'') & \end{array} \qquad \begin{array}{ccc} \pi_1(B'') & \xrightarrow{\partial} & \pi_0(G') \\ & \searrow \quad \nearrow{\scriptstyle \partial} & \\ & \pi_1(G'') & \end{array}$$

Comme $\pi_1(B'') \to \pi_1(G'')$ est un isomorphisme, on voit que, pour démontrer l'égalité $\theta = \partial$ pour la suite exacte donnée, il suffit d'établir la même égalité pour la suite exacte $0 \to G' \to B \to B'' \to 0$. En d'autres termes, on est ramené *au cas où* G'' *est connexe*; un argument analogue montre que l'on peut aussi supposer *que* G' *est de dimension zéro*. Soit alors N'' le noyau de $\overline{G}'' \to G''$. On a le diagramme commutatif :

$$\begin{array}{ccccccccc} & & & & & & 0 & & \\ & & & & & & \downarrow & & \\ & & & & & & N'' & & \\ & & & & & & \downarrow & & \\ & & & & \overline{G} & \to & \overline{G}'' & & \\ & & & & \downarrow & & \downarrow & & \\ 0 & \to & G' & \to & G & \to & G'' & \to & 0 \\ & & & & & & \downarrow & & \\ & & & & & & 0 & & \end{array}$$

et le morphisme $\overline{G} \to \overline{G}''$ est un isomorphisme, puisque $\overline{G}' = 0$. Le morphisme $\overline{G}'' \to G''$ se relève donc en $\overline{G}'' \to G$, et sa restriction à N'' applique N'' dans G'. Soit $g : N'' \to G'$ le morphisme ainsi obtenu. On a un diagramme commutatif :

$$\begin{array}{ccccccccc} 0 & \longrightarrow & N'' & \longrightarrow & \overline{G}'' & \longrightarrow & G'' & \longrightarrow & 0 \\ & & {\scriptstyle g}\downarrow & & \downarrow & & \downarrow{\scriptstyle id.} & & \\ 0 & \longrightarrow & G' & \longrightarrow & G & \longrightarrow & G'' & \longrightarrow & 0 \end{array}$$

On en déduit le diagramme commutatif :

$$\begin{array}{ccc} \pi_1(G'') & \xrightarrow{\partial'} & N'' \\ & {\scriptstyle \partial}\searrow \quad \swarrow{\scriptstyle g} & \\ & G' & \end{array}$$

Or, par définition même de θ, on a $\theta = g \circ \partial'$. On obtient donc bien $\theta = \partial$, c.q.f.d.

6.3. Interprétation de l'isomorphisme $\mathrm{Ext}^1(G, N) = \mathrm{Hom}(\pi_1(G), N)$ **pour un groupe** G **connexe.**

Soit $N \in \mathscr{P}_0$. On a vu au n° 5.4 qu'il existe un morphisme du foncteur cohomologique $(\mathrm{Ext}^i(G, N))$ dans le ∂^*-foncteur $(\mathrm{Hom}(\pi_i(G), N))$, se réduisant à l'identité en dimension zéro. De plus, si G est connexe, et si l'on prend $i = 1$, ce morphisme est un isomorphisme ; nous le noterons $f : \mathrm{Ext}^1(G, N) \to \mathrm{Hom}(\pi_1(G), N)$.

D'autre part (G étant toujours supposé connexe), on a la suite exacte

$$0 \to \pi_1(G) \to \overline{G} \to G \to 0$$

qui définit un élément canonique $\xi \in \mathrm{Ext}(G, \pi_1(G))$. Si φ est un morphisme de $\pi_1(G)$ dans N, l'image de ξ par φ est un élément $\varphi\xi = g(\varphi)$ de $\mathrm{Ext}(G, N)$. On obtient ainsi un homomorphisme

$$g : \mathrm{Hom}(\pi_1(G), N) \to \mathrm{Ext}(G, N)$$

PROPOSITION 6. *Si l'on identifie* Ext(G, N) *à* $\text{Ext}^1(G, N)$ *au moyen de l'isomorphisme* θ_1 *défini au n° 3.5, les deux homomorphismes f et g deviennent inverses l'un de l'autre.*

Comme f et θ_1 sont des isomorphismes, tout revient à démontrer que $g \circ f \circ \theta_1 = 1$. Soit donc $e \in \text{Ext}(G, N)$; on représente e par une extension :

$$0 \to N \to E \to G \to 0$$

L'élément $\theta_1(e) \in \text{Ext}^1(G, N)$ est égal, par définition, à $d(1_N)$, cf. n° 3.5. Considérons le diagramme :

$$\begin{array}{ccc} \text{Hom}(N, N) & \xrightarrow{d} & \text{Ext}^1(G, N) \\ \downarrow f_0 & & \downarrow f \\ \text{Hom}(\pi_0(N), N) & \xrightarrow{\partial^*} & \text{Hom}(\pi_1(G), N) \end{array}$$

où f_0 est l'identité, et où ∂^* est l'homomorphisme défini par $\partial_E : \pi_1(G) \to \pi_0(N)$. Vu la définition de f (comme composante d'un morphisme de foncteurs cohomologiques), ce diagramme est commutatif. On en conclut que $f \circ \theta_1(e) = \partial_E$. D'autre part, le morphisme $\overline{G} \to G$ se relève en un morphisme $\overline{G} \to E$ (cor. à la prop. 1), et l'on obtient ainsi un diagramme commutatif :

$$\begin{array}{ccccccccc} 0 & \longrightarrow & \pi_1(G) & \to & \overline{G} & \longrightarrow & G & \longrightarrow & 0 \\ & & \downarrow h & & \downarrow & & \downarrow id. & & \\ 0 & \longrightarrow & N & \longrightarrow & E & \longrightarrow & G & \longrightarrow & 0 \end{array}$$

On voit tout de suite que $h = \partial_E$, c'est-à-dire que $e = g(\partial_E)$. Comme $f \circ \theta_1(e) = \partial_E$ on a bien $g \circ f \circ \theta_1(e) = e$, c.q.f.d.

6.4. Revêtement universel d'un groupe algébrique.

Soit G un groupe algébrique connexe. Nous appellerons *isogénie au-dessus* de G un morphisme (de groupes algébriques)

$$f : G_f \to G$$

où G_f est un groupe algébrique connexe de même dimension que G, et où f est surjectif (donc à noyau fini). Une isogénie sera dite *séparable* si l'extension de corps $k(G_f)/k(G)$ correspondante est séparable ; il revient au même de dire que la suite

$$0 \to \text{Ker}(f) \to G_f \to G \to 0$$

est strictement exacte ([13], chap. VII, n° 1).

Si $f : G_f \to G$ et $g : G_g \to G$ sont deux isogénies au-dessus de G, on dira que g *domine* f s'il existe un morphisme $h : G_g \to G_f$ tel que $g = f \circ h$; le morphisme h est alors unique et si g est séparable, il en est de même de f. L'ensemble I des isogénies au-dessus de G est *préordonné* par la relation de domination; on montre facilement que c'est un ensemble *filtrant*, de même que le sous-ensemble I_s formé des isogénies séparables.

Ainsi, les G_f, pour $f \in I$ ou $f \in I_s$, forment un système projectif de groupes algébriques, donc aussi de groupes quasi-algébriques; on peut prendre leur limite projective, notée $\varprojlim G_f$; elle s'applique de façon naturelle sur G.

PROPOSITION 7. *Le groupe proalgébrique* $\varprojlim G_f$ *est le revêtement universel du groupe* G (*la limite projective étant prise soit suivant* I, *soit suivant* I_s).

(En termes plus imagés, le revêtement universel de G est limite projective des isogénies au-dessus de G.)

Notons G_s la limite projective des G_f, pour $f \in I_s$. C'est une extension de G par un groupe de dimension zéro, et c'est un groupe connexe. On va montrer que c'est un groupe simplement connexe. Pour cela, il suffit de prouver (cf. prop. 1) que, si N est un groupe fini, on a $\mathrm{Ext}(G_s, N) = 0$. Or, $\mathrm{Ext}(G_s, N) = \varinjlim \mathrm{Ext}(G_f, N)$ (n° 3.4, prop. 7), et $\mathrm{Ext}(G_f, N) = \mathrm{Ext}_a(G_f, N)$ (n° 3.6, cor. à la prop. 13). On est donc ramené à prouver que $\varinjlim \mathrm{Ext}_a(G_f, N) = 0$; soit donc $E/N = G_f$ une extension de G_f par N, et soit E^0 la composante connexe de E. Le composé $E^0 \to G_f \to G$ est une isogénie séparable au-dessus de G, et l'image de l'élément $E \in \mathrm{Ext}_a(G_f, N)$ dans $\mathrm{Ext}_a(E^0, N)$ est évidemment nulle; on a donc bien $\varinjlim \mathrm{Ext}_a(G_f, N) = 0$, ce qui démontre la proposition pour I_s. Le cas de I se traite de la même manière.

Remarque. Il résulte de la proposition précédente que les isogénies séparables au-dessus de G correspondent biunivoquement (à isomorphisme près, bien entendu), aux sous-groupes fermés d'indice fini de $\pi_1(G)$.

6.5. Détermination du groupe fondamental (cas élémentaires).

Soit $G \in \mathscr{P}$, et soit $n \in \mathbf{Z}$; l'application $x \to nx$ de G dans lui-même est un endomorphisme de G, que nous noterons encore $n : G \to G$.

LEMME 1. *Soit* $G \in \mathscr{P}$, *et soit* $n \in \mathbf{Z}$. *Si le morphisme* $n : G \to G$ *est surjectif, son noyau est un groupe de dimension zéro.*

Lorsque G est quasi-algébrique, cela résulte de l'additivité de la dimension. Le cas général s'en déduit par passage à la limite.

Dans tout ce qui suit nous noterons ${}_nG$ le noyau de $n : G \to G$, c'est-à-dire le sous-groupe de G formé des $x \in G$ tels que $nx = 0$.

LEMME 2. *Soit* G *un groupe proalgébrique connexe, et soit* n *un entier premier à* p. *Le morphisme* $n : G \to G$ *est alors surjectif.*

Il suffit de considérer le cas où G est algébrique, le cas général s'en déduisant par passage à la limite. Soit alors $\mathfrak{g}$ l'algèbre de Lie de G; le morphisme $n : G \to G$ définit un morphisme $\mathfrak{g} \to \mathfrak{g}$ qui n'est autre que la multiplication par n (pour les propriétés élémentaires des algèbres de Lie, voir par exemple [13], chap. III, n° 11); comme $(n, p) = 1$, le morphisme $n : \mathfrak{g} \to \mathfrak{g}$ est surjectif, et il en est donc de même de $n : G \to G$. (Bien entendu, on pourrait aussi utiliser les théorèmes de structure.)

PROPOSITION 8. *Soit* G *un groupe proalgébrique connexe, et soit* l *un nombre premier. Supposons que* $l : G \to G$ *soit surjectif. Alors :*

(i) *La composante l-primaire* $\pi_i(G)_l$ *de* $\pi_i(G)$ *est nulle pour tout* $i \geqslant 2$.

(ii) *Le groupe* $\pi_1(G)_l$ *est projectif, et le quotient* $\pi_1(G)_l/l\pi_1(G)_l$ *est isomorphe à* ${}_lG$.

On applique la suite exacte d'homotopie à la suite exacte :

$$0 \to {}_lG \to G \xrightarrow{l} G \to 0$$

Comme $\pi_i({}_lG) = 0$ pour $i \geqslant 1$ (en vertu du lemme 1 et de la prop. 5 du n° 5.3), on en tire d'abord que la multiplication par l est bijective dans $\pi_i(G)$, $i \geqslant 2$, ce qui équivaut à dire que la composante l-primaire de $\pi_i(G)$ est nulle, d'où (i). On en tire ensuite la suite exacte :

$$0 \to \pi_1(G) \xrightarrow{l} \pi_1(G) \to {}_lG \to 0,$$

qui montre d'abord que la composante l-primaire de $\pi_1(G)$ est sans torsion, donc projective (n° 4.4, prop. 5), puis que le quotient $\pi_1(G)_l/l\pi_1(G)_l$ est isomorphe à ${}_lG$ (car ce quotient s'identifie visiblement à $\pi_1(G)/l\pi_1(G)$).

COROLLAIRE 1. *Les hypothèses sur* l *et* G *étant les mêmes, supposons que* ${}_lG$ *soit isomorphe à* $(\mathbf{Z}/l\mathbf{Z})^I$, *où* I *est un ensemble quelconque. Alors* $\pi_1(G)_l$ *est isomorphe à* $(\mathbf{Z}_l)^I$.

(En particulier, si ${}_lG$ est un groupe fini d'ordre l^a, $\pi_1(G)_l$ est un $\mathbf{Z}_l$-module libre de rang a.)

Puisque $\pi_1(G)_l$ est projectif, il est de la forme $(\mathbf{Z}_l)^J$, pour un certain ensemble d'indices J (cf. n° 4.4, prop. 5). Le groupe ${}_lG$ est donc isomorphe à $(\mathbf{Z}/l\mathbf{Z})^J$, ce qui entraîne que J est équipotent à I, d'où le corollaire.

COROLLAIRE 2. *On a* $\pi_i(G_m) = 0$ *pour* $i \geqslant 2$. *La composante l-primaire de* $\pi_1(G_m)$ *est isomorphe à* $\mathbf{Z}_l$ *si* $l \neq p$, *et est nulle si* $l = p$.

Pour tout l, l'application $x \to x^l$ de G_m dans lui-même est surjective; son noyau a l éléments (resp. 1 élément) si $l \neq p$ (resp. si $l = p$). On applique alors la proposition et le cor. 1.

COROLLAIRE 3. *Soit* A *une variété abélienne, et soit* r *sa dimension. On a* $\pi_i(A) = 0$ *pour* $i \geqslant 2$. *La composante l-primaire de* $\pi_1(A)$ *est isomorphe à* $(\mathbf{Z}_l)^{2r}$ *pour* $l \neq p$, *et à* $(\mathbf{Z}_p)^s$ *pour* $l = p$, *l'entier* s *étant compris entre* 0 *et* r.

D'après un théorème de Weil (cf. par exemple Lang [9], p. 109, th. 6), le morphisme $l : A \to A$ est surjectif, et de degré l^{2r}. Si $l \neq p$, son application tangente est bijective; c'est donc une isogénie séparable, et le nombre d'éléments de son noyau est égal à son degré; d'où nos assertions dans ce cas. Si $l = p$, son application tangente est identiquement nulle. On en déduit aisément qu'il se factorise en $A \to A^p \xrightarrow{f} A$, où A^p désigne la « puissance p-ième » de A (cf. n° 1.1), et où f est un morphisme de degré p^r; le noyau de f a donc p^s éléments, s étant un entier compris entre 0 et r; d'où le résultat.

COROLLAIRE 4. *Soit* G *un groupe proalgébrique, et soit* l *un nombre premier différent de la caractéristique. Alors* $\pi_i(G)_l$ *est nul pour* $i \geqslant 2$, *et* $\pi_1(G)_l$ *est isomorphe à un produit de groupes* $\mathbf{Z}_l$.

On applique la proposition au groupe G^0, en tenant compte du lemme 2.

Corollaire 5. *Les hypothèses sur G et l étant les mêmes que dans la proposition, soit* $G(l)$ *la limite projective du système projectif :*

$$\ldots \xrightarrow{l} G \xrightarrow{l} G \xrightarrow{l} G.$$

On a alors une suite exacte :

$$0 \rightarrow \pi_1(G)_l \rightarrow G(l) \rightarrow G \rightarrow 0.$$

Il est clair que $G(l)$ s'applique sur G; soit N le noyau. Comme $G(l)$ est connexe, l'homomorphisme $\partial : \pi_1(G) \rightarrow N$ est surjectif. D'autre part, la multiplication par l est *bijective* dans $G(l)$, par construction même. La composante l-primaire de $\pi_1(G(l))$ est donc nulle (cor. 1) ; comme N est l-primaire, la suite exacte d'homotopie montre alors que $\partial : \pi_1(G)_l \rightarrow N$ est un isomorphisme, c.q.f.d.

Remarque. La suite exacte du corollaire 5 montre que $\pi_1(G)_l$ est limite projective des groupes ${}_{(l^n)}G$, pour $n \rightarrow +\infty$. Lorsque G est une variété abélienne, on retrouve la construction du « groupe de Tate » $T_l(G)$, cf. Lang [9], chap. VII, § 1. Ce groupe joue le rôle d'un « groupe d'homologie l-adique de dimension 1 »; son caractère fonctoriel conduit immédiatement aux matrices l-adiques de Weil, cf. [9], *loc. cit.*

Soit maintenant G un groupe proalgébrique tel que $n : G \rightarrow G$ soit surjectif pour *tout* $n \geqslant 1$; en vertu du lemme 2, il revient au même de dire que G est *connexe* et que $p : G \rightarrow G$ est surjectif. Soit $\mathbf{N}_+$ l'ensemble des entiers $\geqslant 1$, ordonné par la relation de divisibilité. Si $n \in \mathbf{N}_+$, posons $G_n = G$, et, si n divise m, soit $f_{nm} : G_m \rightarrow G_n$ la multiplication par m/n. Les (G_n, f_{nm}) forment un système projectif, dont nous désignerons la limite par $G(\infty)$.

Proposition 9. *Le groupe* $G(\infty)$ *est le revêtement universel du groupe* G.

La démonstration est la même que celle du cor. 5 à la prop. 8. Puisque les f_{nm} sont surjectifs, et de noyau de dimension zéro, le groupe $G(\infty)$ s'applique *sur* G, et le noyau de $G(\infty) \rightarrow G$ est de dimension zéro. D'autre part, la construction de $G(\infty)$ montre que

$$n : G(\infty) \rightarrow G(\infty)$$

est bijectif pour tout $n \in \mathbf{N}_+$. D'après le cor. 1 à la prop. 8, le groupe $G(\infty)$ est simplement connexe, et c'est donc bien le revêtement universel de G.

La proposition précédente s'applique notamment aux *variétés abéliennes et au groupe* G_m.

§ 7. GROUPES DE TYPE MULTIPLICATIF

7.1. Définitions.

Soit G un groupe quasi-algébrique. Nous dirons que G est *de type multiplicatif* s'il est produit de groupes isomorphes à G_m et d'un groupe fini d'ordre premier à la caractéristique. D'après Borel (cf. [2], exposé 4, par exemple), il revient au même de dire que G admet une représentation linéaire fidèle par des matrices *semi-simples*. Les groupes quasi-algébriques de type multiplicatif forment une sous-catégorie $\mathcal{QM}$ de $\mathcal{Q}$; cette sous-catégorie est *épaisse* : tout sous-groupe, tout quotient, et toute extension de groupes appartenant à $\mathcal{QM}$ appartient encore à $\mathcal{QM}$.

Soit maintenant $G \in \mathcal{P}$. Nous dirons que G est *de type multiplicatif* si $G/H \in \mathcal{QM}$ pour tout sous-groupe de définition H de G; ces groupes forment une sous-catégorie épaisse $\mathcal{M}$ de $\mathcal{P}$, stable par limite projective. La catégorie $\mathcal{M}$ est équivalente à la catégorie $\mathrm{Pro}(\mathcal{QM})$; cela se démontre comme la prop. 12 du nº 2.6.

7.2. Dualité.

Proposition 1. *L'anneau* $\Lambda = \mathrm{Hom}(G_m, G_m)$ *est isomorphe à l'anneau de fractions de* $\mathbf{Z}$ *par rapport à la partie multiplicative formée des puissances de* p.

On a $\Lambda = \varinjlim \mathrm{Hom}_a(G_m, (G_m)^{p^k})$, cf. nº 3.6, prop. 13. Comme tout morphisme (algébrique) de G_m dans lui-même est de la forme $x \to x^n$ pour $n \in \mathbf{Z}$ (cf. [2], *loc. cit.*), on en déduit que tout morphisme (quasi-algébrique) de G_m dans lui-même est de la forme $x \to x^{n/p^k}$, $n \in \mathbf{Z}$, $k \geqslant 1$, d'où la proposition.

[En caractéristique zéro, l'exposant caractéristique p est égal à 1, et l'on a $\Lambda = \mathbf{Z}$.]

Soit $G \in \mathcal{M}$. Nous poserons :

$$X(G) = \mathrm{Hom}(G, G_m).$$

Le groupe $X(G)$ est muni de façon naturelle d'une structure de Λ-module (noter d'ailleurs qu'un Λ-module n'est rien d'autre qu'un groupe abélien dans lequel la multiplication par p est bijective). Nous l'appellerons le *groupe des caractères* de G. C'est un foncteur contravariant additif de G.

Proposition 2. *Le foncteur* X *définit une équivalence de la catégorie duale de* $\mathcal{M}$ *(resp.* $\mathcal{QM}$*) avec la catégorie* $\mathcal{C}_\Lambda$ *(resp.* $\mathcal{F}_\Lambda$*) des* Λ*-modules (resp. des* Λ*-modules de type fini).*

Montrons d'abord que X est un foncteur *exact*, autrement dit que G_m est *injectif* dans $\mathcal{M}$. D'après [2], *loc. cit.*, on a $\mathrm{Ext}_a(G_m, G_m) = 0$, et $\mathrm{Ext}_a(N, G_m) = 0$ si N est fini puisque G_m est divisible; on en tire $\mathrm{Ext}(G_m, G_m) = \mathrm{Ext}(N, G_m) = 0$ (cf. nº 3.6), d'où $\mathrm{Ext}(G, G_m) = 0$ pour $G \in \mathcal{QM}$, puis, par passage à la limite (nº 3.4, prop. 7), pour tout $G \in \mathcal{M}$, ce qui prouve bien que G_m est injectif dans $\mathcal{M}$.

Soient maintenant $G, G' \in \mathcal{QM}$. Le foncteur X définit un homomorphisme

$$\theta : \mathrm{Hom}(G, G') \to \mathrm{Hom}(X(G'), X(G)).$$

Si l'on décompose G et G' en produits de groupes G_m et de groupes cycliques finis, on constate que θ est un isomorphisme, et que $X(G)$ et $X(G')$ sont des Λ-modules de type fini. Comme tout Λ-module de type fini est somme directe de modules isomorphes soit à Λ, soit à $\Lambda/n\Lambda$ (avec $(n, p) = 1$), donc est de la forme $X(G)$ avec $G \in \mathcal{QM}$, on en conclut que *X :* $(\mathcal{QM})^* \to \mathcal{F}_\Lambda$ *est une équivalence.*

Comme X transforme $\varprojlim$ en $\varinjlim$ (nº 2.7, prop. 14), et que $\mathrm{Pro}(\mathcal{QM})$ est équivalente à $\mathcal{M}$, on voit que X définit une équivalence de $\mathcal{M}^*$ avec la catégorie des limites inductives des objets de $\mathcal{F}_\Lambda$, catégorie qui est équivalente à $\mathcal{C}_\Lambda$, c.q.f.d.

Remarques. 1) Le groupe G_m est injectif dans $\mathcal{M}$, mais pas dans $\mathcal{P}$: si A est une variété abélienne non nulle, on a en effet $\mathrm{Ext}(A, G_m) \neq 0$, cf. n° 9.1. On peut d'ailleurs montrer que *la catégorie $\mathcal{P}$ ne contient aucun objet injectif non nul.*

2) Signalons, d'après Tate, une construction directe du groupe $G \in \mathcal{M}$ admettant un groupe de caractères X donné : on considère l'algèbre $k^{(X)}$ du groupe abélien X sur le corps k, et l'on définit G comme la « variété affine » dont l'anneau de coordonnées est $k^{(X)}$; l'homomorphisme de $k^{(X)}$ dans $k^{(X)} \otimes k^{(X)} = k^{(X \times X)}$ induit par l'application diagonale $X \to X \times X$ définit sur G la structure de groupe cherchée.

3) La proposition précédente peut aussi se déduire d'un résultat général sur les équivalences de catégories, en tenant compte de ce que G_m est un *cogénérateur injectif et artinien* de $\mathcal{M}$; voir une note récente de B. M. Mitchell, *Amer. Math. Soc. Notices*, 7, 1960, p. 199, n° 566-29.

7.3. Connexion et simple connexion.

PROPOSITION 3. *Soit* $G \in \mathcal{M}$, *et soit* X *son groupe des caractères. Alors* :

(i) G *est de dimension zéro* $\Leftrightarrow$ X *est un groupe de torsion.*

(ii) G *est connexe* $\Leftrightarrow$ X *est sans torsion.*

(iii) G *est connexe et simplement connexe* $\Leftrightarrow$ X *est sans torsion et divisible (i.e. est un* **Q***-espace vectoriel).*

Le foncteur X transforme groupes finis en groupes finis, d'où (i). Pour prouver (ii) on remarque que « G est connexe » équivaut à « tout quotient fini de G est nul », d'où, par dualité, à « tout sous-groupe fini de X est nul », ce qui signifie bien que X est sans torsion.

Supposons maintenant que G soit connexe et simplement connexe, et soit $X' = X \otimes_\Lambda \mathbf{Q}$; puisque X est sans torsion, on a une suite exacte :

$$0 \to X \to X' \to T \to 0$$

où T est un Λ-module de torsion. Par dualité, on obtient une suite exacte :

$$0 \to N \to G' \to G \to 0, \quad \text{avec } X(G') = X' \text{ et } X(N) = T.$$

D'après (i) et (ii) le groupe G' est connexe, et le groupe N de dimension zéro. Puisque $\pi_1(G) = 0$, on en conclut que $N = 0$ (n° 6.1, prop. 1), d'où $X = X'$, ce qui montre bien que X est divisible. Inversement, si X est sans torsion et divisible, pour tout nombre premier l, le morphisme $l : G \to G$ a un transposé $l : X \to X$ qui est bijectif, et il est donc lui-même bijectif ; d'après la prop. 8 du n° 6.5, il s'ensuit que $\pi_1(G)_l = 0$, et G est bien simplement connexe. [On pourrait aussi montrer directement que G n'a pas de « revêtement » connexe.]

COROLLAIRE 1. *Soit* $\overline{G}$ *le revêtement universel d'un groupe* $G \in \mathcal{M}$. *On a alors* $\overline{G} \in \mathcal{M}$ *et* $X(\overline{G}) = X(G) \otimes_\Lambda \mathbf{Q}$.

Soit $G' \in \mathcal{M}$ tel que $X(G') = X(G) \otimes_\Lambda \mathbf{Q}$; d'après (iii), le groupe G' est connexe et simplement connexe. D'autre part, l'application canonique de $X(G)$ dans $X(G)\otimes_\Lambda \mathbf{Q}$ définit un morphisme

$$u : G' \to G.$$

On constate tout de suite (en appliquant (i)) que le noyau et le conoyau de u sont de dimension zéro; le groupe G' est donc bien le revêtement universel de G.

Corollaire 2. *Le groupe des caractères du groupe* $\overline{G_m}$ *est égal à* $\mathbf{Q}$.

Cela résulte du cor. 1.

Corollaire 3. *Pour qu'un groupe* $G \in \mathscr{M}$ *soit connexe et simplement connexe, il faut et il suffit qu'il soit produit de groupes isomorphes à* $\overline{G_m}$.

La condition est évidemment suffisante. D'autre part, si G est connexe et simplement connexe, $X(G)$ est un $\mathbf{Q}$-espace vectoriel (d'après (iii)), donc est somme directe de groupes isomorphes à $\mathbf{Q}$; par dualité, on voit que G est produit de groupes isomorphes à $\overline{G_m}$, c.q.f.d.

7.4. Résultats auxiliaires sur les variétés abéliennes.

Proposition 4. *Soit* A *une variété abélienne et soit* G *un groupe algébrique. Le groupe* $\mathrm{Ext}_a(G, A)$ *est un groupe de torsion.*

(Rappelons que Ext_a est relatif à la catégorie des *groupes algébriques*, cf. nº 3.6.)

La proposition est évidente si G est fini, car il existe alors un entier $n \geqslant 1$ qui annule G, donc $\mathrm{Ext}_a(G, A)$. La suite exacte des Ext_a nous permet donc de nous ramener au cas où G est *connexe.*

Soit $\widetilde{H}^1(G, A)$ le groupe des classes d'espaces fibrés principaux (localement isotriviaux) de base G et de groupe structural A (cf. [3], exposé 1). On a un homomorphisme canonique :

$$\mathrm{Ext}_a(G, A) \to \widetilde{H}^1(G, A).$$

Cet homomorphisme est *injectif.* En effet, si une extension E de G par A est triviale comme espace fibré, il existe un morphisme de variétés $f : E \to A$ qui est l'identité sur A. D'après une propriété fondamentale des variétés abéliennes, f est aussi un morphisme pour les structures de groupe de E et de A, ce qui montre que l'extension E est triviale.

Comme G est une variété non singulière, on sait que $\widetilde{H}^1(G, A)$ est un groupe de torsion ([3], p. 1-27, lemme 7), d'où la proposition.

Corollaire 1. *Si* A *est une variété abélienne et* G *un groupe proalgébrique, le groupe* $\mathrm{Ext}(G, A)$ *est un groupe de torsion.*

Si $G \in \mathscr{Q}$, on a $\mathrm{Ext}(G, A) = \varinjlim \mathrm{Ext}_a(G, A^{p^k})$, d'où la proposition dans ce cas. Le cas général s'en déduit par passage à la limite.

Corollaire 2. *Si* A *est une variété abélienne et* G *un groupe proalgébrique connexe et simplement connexe, on a* $\mathrm{Ext}(G, A) = 0$.

Soit n un entier $\geqslant 1$. On a la suite exacte :

$$0 \to {}_nA \to A \xrightarrow{n} A \to 0$$

où ${}_nA$ est un groupe fini. On en déduit la suite exacte :

$$\mathrm{Ext}(G, {}_nA) \to \mathrm{Ext}(G, A) \xrightarrow{n} \mathrm{Ext}(G, A)$$

Comme $\pi_0(G) = \pi_1(G) = 0$, on a $\mathrm{Ext}(G, {}_nA) = 0$, cf. nº 6.1, prop. 1. La multiplication par n est donc injective dans $\mathrm{Ext}(G, A)$, ce qui signifie que $\mathrm{Ext}(G, A)$ est sans torsion. Comme d'autre part c'est un groupe de torsion (cor. 1), ce groupe est nul.

7.5. Objets projectifs dans $\mathscr{M}$.

PROPOSITION 5. *Le groupe* $\overline{G_m}$ *est projectif dans* $\mathscr{P}$, *et c'est l'enveloppe projective de* G_m.

Il est clair que $\overline{G_m}$ est une extension *essentielle* de G_m, et il nous suffit donc de prouver que $\overline{G_m}$ est projectif, c'est-à-dire que $\mathrm{Ext}(\overline{G_m}, B) = 0$ pour tout groupe élémentaire B (cf. nº 3.4, prop. 9). Lorsque $B = \mathbf{Z}/l\mathbf{Z}$, cela résulte de ce que $\overline{G_m}$ est connexe et simplement connexe ; lorsque $B = G_m$, de ce que G_m est injectif dans $\mathscr{M}$; lorsque $B = G_a$, de ce que $\mathrm{Ext}(G, G_a) = 0$ pour tout $G \in \mathscr{M}$, en vertu de la décomposition des groupes linéaires commutatifs en partie semi-simple et partie unipotente ([2], *loc. cit.*) ; enfin, lorsque B est une variété abélienne, cela résulte du corollaire 2 à la prop. 4.

PROPOSITION 6. *Soit* G *un groupe de type multiplicatif, et soit* X *son groupe des caractères. Les propriétés suivantes sont équivalentes* :

a) G *est projectif dans* $\mathscr{P}$.

b) G *est projectif dans* $\mathscr{M}$.

c) X *est divisible.*

d) G *est produit de groupes isomorphes à* $\mathbf{Z}_l$ $(l \neq p)$, *ou à* $\overline{G_m}$.

Il est trivial que *a)* $\Rightarrow$ *b)*. On voit par dualité que *b)* équivaut à *c)*, et les théorèmes de structure sur les Λ-modules divisibles (Bourbaki, *Alg.*, VII, § 2, exer. 3) montrent que *c)* $\Leftrightarrow$ *d)*. Enfin, *d)* entraîne *a)* puisque $\mathbf{Z}_l$ est projectif (nº 4.3, prop. 4), de même que $\overline{G_m}$ (prop. 5).

COROLLAIRE. *La dimension projective d'un groupe de type multiplicatif est* $\leqslant 1$.

Cela résulte de la prop. 6 et du fait que tout Λ-module admet une résolution injective de longueur 1.

Exemple. La suite exacte $0 \to \Lambda \to \mathbf{Q} \to \mathbf{Q}/\Lambda \to 0$ donne par dualité la suite exacte :

$$0 \to \prod_{l \neq p} \mathbf{Z}_l \to \overline{G_m} \to G_m \to 0$$

qui est une résolution projective de longueur 1 du groupe élémentaire G_m. On retrouve le fait que $\pi_1(G_m)_l = \mathbf{Z}_l$, cf. nº 6.5, cor. 2 à la prop. 8.

§ 8. GROUPES UNIPOTENTS

8.1. Définitions.

Soit G un groupe quasi-algébrique. Nous dirons que G est *unipotent* s'il admet une représentation linéaire fidèle par des matrices unipotentes, ou, ce qui revient au même d'après Borel ([2], exposé 4), s'il admet une suite de composition dont les quotients successifs sont isomorphes, soit au groupe additif G_a, soit au groupe $\mathbf{Z}/p\mathbf{Z}$.

Un groupe proalgébrique G est dit *unipotent* si G/H est unipotent pour tout sous-groupe de définition H de G; ces groupes forment une sous-catégorie épaisse $\mathcal{U}$ de $\mathcal{P}$, stable par limite projective. Tout groupe proalgébrique *linéaire* (c'est-à-dire limite projective de groupes linéaires) se décompose de façon unique en produit d'un groupe unipotent par un groupe de type multiplicatif; on peut dire, en un sens évident, que la catégorie des groupes linéaires est équivalente au *produit* des catégories $\mathcal{M}$ et $\mathcal{U}$.

8.2. Caractéristique zéro.

Supposons que la caractéristique soit zéro, et soit G un groupe algébrique unipotent, d'algèbre de Lie $\mathfrak{g}$. L'application exponentielle exp : $\mathfrak{g} \rightarrow G$ est un isomorphisme, comme on le voit aussitôt. On en conclut que le foncteur $T(G) = \mathrm{Hom}(G, G_a)$ définit une équivalence de la catégorie duale de $\mathcal{Q} \cap \mathcal{U}$ avec la catégorie des k-espaces vectoriels de dimension finie (cela résulte également du corollaire à la prop. 8 de [13], p. 172). En passant à la limite on obtient :

PROPOSITION 1. *En caractéristique zéro, le foncteur* $T(G) = \mathrm{Hom}(G, G_a)$ *définit une équivalence de la catégorie duale de* $\mathcal{U}$ *avec la catégorie des* k*-espaces vectoriels.*

COROLLAIRE. *En caractéristique zéro, tout groupe unipotent est produit de groupes isomorphes à* G_a.

PROPOSITION 2. *En caractéristique zéro, tout groupe unipotent est projectif dans* $\mathcal{P}$.

Vu le corollaire à la prop. 1, on peut se borner à prouver que G_a est projectif. D'après la prop. 1 (ou d'après [13], *loc. cit.*), on a $\mathrm{Ext}(G_a, G_a) = 0$; d'après le théorème de Borel souvent cité, on a $\mathrm{Ext}(G_a, G_m) = 0$; puisque $n : G_a \rightarrow G_a$ est inversible pour tout n, on a $\mathrm{Ext}(G_a, N) = 0$ pour tout groupe fini N; il s'ensuit que G_a est simplement connexe, et le cor. 2 à la prop. 4 du n° 7.4 montre alors que $\mathrm{Ext}(G_a, A) = 0$ pour toute variété abélienne A. Le groupe G_a est donc bien projectif (n° 3.4, prop. 9).

8.3. Le groupe $\pi_1(G_a)$.

A partir de maintenant, et jusqu'à la fin du paragraphe, on suppose que la caractéristique du corps de base k *est* $\neq 0$.

Nous allons déterminer le groupe $\pi_1(G_a)$, ou, ce qui revient au même, son groupe *dual* $\pi_1(G_a)^{\vee} = \mathrm{Hom}(\pi_1(G_a), \mathbf{Q}/\mathbf{Z})$, cf. nº 4.2. Comme G_a est annulé par la multiplication par p, il en est de même de $\pi_1(G_a)$, et l'on a :

$$\mathrm{Hom}(\pi_1(G_a), \mathbf{Q}/\mathbf{Z}) = \mathrm{Hom}(\pi_1(G_a), \mathbf{Z}/p\mathbf{Z}) = \mathrm{Ext}(G_a, \mathbf{Z}/p\mathbf{Z}),$$

cf. nº 6.3.

Considérons alors la suite exacte :

$$(*) \qquad 0 \to \mathbf{Z}/p\mathbf{Z} \to G_a \xrightarrow{\wp} G_a \to 0$$

où $\wp : G_a \to G_a$ est le morphisme d'Artin-Schreier, défini par la formule :

$$\wp(x) = x^p - x$$

Cette suite définit un élément canonique $\varepsilon \in \mathrm{Ext}(G_a, \mathbf{Z}/p\mathbf{Z})$. Si $t \in G_a$, nous noterons encore $t : G_a \to G_a$ l'homothétie $x \to tx$. Puisque $\mathrm{Ext}(A, B)$ est contravariant en A, cette homothétie applique $\mathrm{Ext}(G_a, \mathbf{Z}/p\mathbf{Z})$ dans lui-même; nous noterons ξt l'image d'un élément $\xi \in \mathrm{Ext}(G_a, \mathbf{Z}/p\mathbf{Z})$ par cette application, cf. [13], p. 164. En particulier, εt est défini.

Proposition 3. *L'application* $t \to \varepsilon t$ *est un isomorphisme du groupe abélien* G_a *sur le groupe* $\mathrm{Ext}(G_a, \mathbf{Z}/p\mathbf{Z})$.

Il est clair que $t \to \varepsilon t$ est un homomorphisme. De plus, puisque G_a est connexe, l'extension $(*)$ est non triviale, et l'on a $\varepsilon \neq 0$; si $t \neq 0$, le morphisme $t : G_a \to G_a$ est un isomorphisme, et l'on a $\varepsilon t \neq 0$. L'application :

$$G_a \to \mathrm{Ext}(G_a, \mathbf{Z}/p\mathbf{Z})$$

est donc *injective*.

Avant de prouver qu'elle est surjective, établissons un lemme :

Lemme 1. *Soient* a, b, c *trois scalaires non nuls vérifiant la relation* $ac^p + bc = 0$. *Posons* $\varphi(n) = cn$, $\psi(x) = ax^p + bx$. *La suite*

$$0 \to \mathbf{Z}/p\mathbf{Z} \xrightarrow{\varphi} G_a \xrightarrow{\psi} G_a \to 0$$

est alors exacte ; si l'on désigne par (a, b, c) *l'élément de* $\mathrm{Ext}(G_a, \mathbf{Z}/p\mathbf{Z})$ *qu'elle définit, on a :*

$$(a, b, c) = \varepsilon t \quad \text{avec} \quad t = 1/ac^p = -1/bc.$$

L'exactitude de la suite en question est immédiate. Posons $u = c^{-1}$, et considérons le diagramme :

$$\begin{array}{ccccccccc} 0 & \longrightarrow & \mathbf{Z}/p\mathbf{Z} & \xrightarrow{\varphi} & G_a & \xrightarrow{\psi} & G_a & \longrightarrow & 0 \\ & & \downarrow{\scriptstyle id.} & & \downarrow{\scriptstyle u} & & \downarrow{\scriptstyle t} & & \\ 0 & \longrightarrow & \mathbf{Z}/p\mathbf{Z} & \dashrightarrow & G_a & \xrightarrow{\wp} & G_a & \longrightarrow & 0. \end{array}$$

On a $u\varphi(n) = n$ et $t\psi(x) = \wp(ux)$; le diagramme est donc commutatif, ce qui prouve bien que $(a, b, c) = \varepsilon t$, cf. [13], chap. VII, nº 1.

Revenons à la démonstration de la prop. 3. Soit :

$$0 \to \mathbf{Z}/p\mathbf{Z} \xrightarrow{\varphi} E \xrightarrow{\psi} G_a \to 0$$

une extension de G_a par $\mathbf{Z}/p\mathbf{Z}$. Comme $\mathrm{Ext}(G_a, \mathbf{Z}/p\mathbf{Z}) = \mathrm{Ext}_a(G_a, \mathbf{Z}/p\mathbf{Z})$ (nº 3.6, cor. à la prop. 13), on peut supposer qu'il s'agit d'une extension de *groupes algébriques*; si elle est triviale, elle est de la forme εt, avec $t = 0$. Supposons donc qu'elle soit non triviale, c'est-à-dire que E soit connexe. Comme il est unipotent de dimension 1, on peut alors l'identifier à G_a; l'homomorphisme $\psi : G_a \to G_a$ définit une extension de corps de degré p, et est donc de la forme $x \to ax^p + bx$, avec $a \neq 0$; comme il est séparable, on a $b \neq 0$; quant à l'homomorphisme φ, il est de la forme $n \to cn$, avec $c = \varphi(1)$. En appliquant le lemme 1, on voit alors que l'extension considérée est de la forme εt, pour t convenable, ce qui achève la démonstration.

Corollaire. *Le groupe* $\pi_1(G_a)$ *est isomorphe au groupe* $\mathrm{Hom}(k, \mathbf{Z}/p\mathbf{Z})$, *muni de la topologie de la convergence simple.*

Cela résulte de la proposition par dualité.

Remarque. On peut également démontrer la prop. 3 en utilisant la suite exacte :

$$\mathrm{Hom}_a(G_a, G_a) \to \mathrm{Hom}_a(G_a, G_a) \to \mathrm{Ext}_a(G_a, \mathbf{Z}/p\mathbf{Z}) \to \mathrm{Ext}_a(G_a, G_a) \to \mathrm{Ext}_a(G_a, G_a)$$

ainsi que la détermination de $\mathrm{Ext}_a(G_a, G_a)$ effectuée dans [13], chap. VII, nºˢ 7 et 9. De toutes façons, le lemme 1 est utile lorsque l'on veut calculer des « symboles locaux ».

8.4. Le groupe $\pi_1(W_n)$.

Rappelons (nº 2.1, exemple 3) que W_n désigne le groupe des *vecteurs de Witt* $(x_0, \ldots, x_{n-1})$ *de longueur n*. C'est un groupe unipotent, annulé par p^n, et qui se réduit à G_a pour $n = 1$. On définit des morphismes :

$$F : W_n \to W_n, \quad V : W_{n-1} \to W_n, \quad R : W_n \to W_{n-1}$$

par les formules :

$$\begin{aligned} F(x_0, \ldots, x_{n-1}) &= (x_0^p, \ldots, x_{n-1}^p) \\ V(x_0, \ldots, x_{n-2}) &= (0, x_0, \ldots, x_{n-2}) \\ R(x_0, \ldots, x_{n-1}) &= (x_0, \ldots, x_{n-2}). \end{aligned}$$

Ces morphismes commutent, et leur produit est égal à p (cf. Witt [15], ainsi que [13], chap. VII, nº 8).

D'autre part, si U est un groupe unipotent quelconque, nous poserons :

$$U^* = \mathrm{Ext}(U, \mathbf{Q}_p/\mathbf{Z}_p).$$

Comme $\pi_1(U)$ est un p-groupe, le groupe U^* s'identifie au dual de $\pi_1(U)$, cf. nº 5.4, cor. à la prop. 7. C'est un foncteur additif et contravariant en U; on notera $f^* : U_2^* \to U_1^*$ l'homomorphisme défini par un morphisme $f : U_1 \to U_2$.

Ceci s'applique en particulier à W_n; comme p^n annule W_n, on a

$$\mathrm{Hom}(\pi_1(W_n), \mathbf{Q}_p/\mathbf{Z}_p) = \mathrm{Hom}(\pi_1(W_n), \mathbf{Z}/p^n\mathbf{Z})$$

ce qui peut encore s'écrire :

$$W_n^* = \mathrm{Ext}(W_n, \mathbf{Z}/p^n\mathbf{Z}).$$

Considérons alors la suite exacte :

$$0 \to \mathbf{Z}/p^n\mathbf{Z} \to W_n \overset{F-1}{\to} W_n \to 0$$

Elle définit un élément $\varepsilon_n \in \mathrm{Ext}(W_n, \mathbf{Z}/p^n\mathbf{Z})$. Si t est un élément de W_n, l'homothétie de rapport t dans W_n transforme ε_n en un élément $\varepsilon_n t$ de $\mathrm{Ext}(W_n, \mathbf{Z}/p^n\mathbf{Z}) = W_n^*$. On obtient ainsi un homomorphisme

$$t \to \varepsilon_n t$$

de W_n dans W_n^*, homomorphisme que l'on notera θ_n.

Proposition 4. *L'homomorphisme* $\theta_n : W_n \to W_n^*$ *est un isomorphisme.*

Établissons d'abord un lemme :

Lemme 2. *On a les formules de commutativité :*

1) $\theta_n \circ t = t^* \circ \theta_n$ ($t \in W_n$ *étant identifié à l'homothétie correspondante*).

2) $\theta_n \circ F^{-1} = F^* \circ \theta_n$.

3) $\theta_n \circ FV = R^* \circ \theta_{n-1}$.

4) $\theta_{n-1} \circ FR = V^* \circ \theta_n$.

Soit $x \in W_n$. On a $\theta_n \circ t(x) = \theta_n(tx) = \theta_n(xt) = \varepsilon_n xt = t^*(\varepsilon_n x) = t^* \circ \theta_n(x)$, ce qui démontre 1).

Vu la définition de ε_n, on a $\varepsilon_n(F-1) = 0$, c'est-à-dire $\varepsilon_n F = \varepsilon_n$. Si $x \in W_n$, on a alors $\theta_n \circ F^{-1}(x) = \varepsilon_n F^{-1}(x) = \varepsilon_n F \circ F^{-1}(x)$; mais comme $F \circ F^{-1}(x) = x \circ F$, on trouve $\varepsilon_n x \circ F = F^* \circ \theta_n(x)$ ce qui démontre 2).

Le diagramme commutatif :

$$\begin{array}{ccccccccc} 0 & \to & \mathbf{Z}/p^n\mathbf{Z} & \longrightarrow & W_n & \overset{F-1}{\to} & W_n & \longrightarrow & 0 \\ & & \downarrow R & & \downarrow R & & \downarrow R & & \\ 0 & \to & \mathbf{Z}/p^{n-1}\mathbf{Z} & \to & W_{n-1} & \overset{F-1}{\to} & W_{n-1} & \to & 0 \end{array}$$

montre que $p\varepsilon_n = \varepsilon_{n-1}R$. Soit alors $x \in W_{n-1}$, et choisissons $y \in W_n$ tel que $R(y) = x$. On a évidemment $x \circ R = R \circ y$. D'où :

$$R^* \circ \theta_{n-1}(x) = \varepsilon_{n-1} x \circ R = \varepsilon_{n-1} R \circ y = \varepsilon_n py = \varepsilon_n FVR(y) = \varepsilon_n FV(x) = \theta_n \circ FV(x)$$

ce qui démontre 3).

On pourrait démontrer 4) par un raisonnement analogue. Mais on peut aussi le déduire de 2) et 3). En effet, puisque RF est surjectif, et à noyau connexe, la suite exacte des Ext montre que F^*R^* est injectif, et il suffit d'établir la formule :

$$F^*R^* \circ \theta_{n-1} \circ FR = F^*R^*V^* \circ \theta_n$$

Or, d'après 2) et 3), le membre de gauche est égal à $\theta_n \circ VFR$, qui est égal à $p\theta_n$ puisque $VFR = p$; de même, le membre de droite est égal à $p\theta_n$, ce qui achève la démonstration du lemme.

Passons maintenant à la démonstration de la prop. 4. On raisonne par récurrence sur n, le cas $n=1$ n'étant autre que la prop. 3. Supposons donc $n \geqslant 2$. La suite exacte :

$$0 \to W_{n-1} \xrightarrow{V} W_n \xrightarrow{R^{n-1}} G_a \to 0$$

donne par transposition la suite exacte :

$$0 \to G_a^* \xrightarrow{(R^*)^{n-1}} W_n^* \xrightarrow{V^*} W_{n-1}^*$$

D'après le lemme 2, on a le diagramme commutatif :

$$(**)\qquad \begin{array}{ccccccc} 0 \to & G_a & \xrightarrow{(VF)^{n-1}} & W_n & \xrightarrow{RF} & W_{n-1} & \to 0 \\ & \downarrow{\scriptstyle\theta_1} & & \downarrow{\scriptstyle\theta_n} & & \downarrow{\scriptstyle\theta_{n-1}} & \\ 0 \to & G_a^* & \xrightarrow{(R^*)^{n-1}} & W_n^* & \xrightarrow{V^*} & W_{n-1}^* & \end{array}$$

Vu l'hypothèse de récurrence, les deux homomorphismes θ_1 et θ_{n-1} sont des isomorphismes; il en est donc de même de θ_n, c.q.f.d.

Corollaire 1. *L'homomorphisme* $V^* : W_n^* \to W_{n-1}^*$ *est surjectif.*

Cela résulte de la commutativité du diagramme $(**)$ ci-dessus, et du fait que θ_{n-1} est surjectif.

Corollaire 2. *Le groupe* $\pi_1(W_n)$ *est canoniquement isomorphe au groupe des homomorphismes de* W_n *dans* $\mathbf{Z}/p^n\mathbf{Z}$, *muni de la topologie de la convergence simple.*

Cela résulte de la proposition par dualité.

Remarque. L'isomorphisme $\theta_n : W_n \to W_n^*$ permet de munir le groupe abélien W_n^* d'une structure canonique de groupe quasi-algébrique. C'est là un fait général : si U est un groupe unipotent connexe quasi-algébrique, il y a sur U^* une structure *canonique* de groupe unipotent connexe quasi-algébrique; la correspondance $U \Rightarrow U^*$ jouit de propriétés analogues à celles que l'on rencontre dans la dualité des variétés abéliennes; on a $U^{**} = U$, etc. Je reviendrai peut-être là-dessus à l'occasion.

8.5. Le groupe de Witt.

Soit $W = \varprojlim W_n$ le groupe de Witt; ses éléments sont les vecteurs de Witt de longueur infinie $x = (x_0, x_1, \ldots)$. Les morphismes F et V appliquent W dans lui-même, et vérifient la formule $FV = p$; de plus, F est un isomorphisme.

Proposition 5. *Le groupe* $\pi_1(W)$ *est un p-groupe sans torsion.*

Il est clair que $\pi_1(W)$ est un p-groupe, puisque c'est la limite projective des $\pi_1(W_n)$. Montrons que $p : \pi_1(W) \to \pi_1(W)$ est injectif. Puisque $p = FV$, et que F est un isomorphisme, il suffit de prouver que $V : \pi_1(W) \to \pi_1(W)$ est injectif. Mais le cor. 1 à la prop. 4 montre que, pour tout $n \geqslant 2$, $V : \pi_1(W_{n-1}) \to \pi_1(W_n)$ est injectif; en passant à la limite sur n, on obtient le résultat cherché, c.q.f.d.

Remarque. La suite exacte $0 \to W \xrightarrow{p} W \to G_a \to 0$ montre que $\pi_1(W)/p\pi_1(W)$ s'identifie à $\pi_1(G_a)$.

THÉORÈME 1. *On a* $\mathrm{Ext}^1(W, G_a) = 0$.

Démontrons d'abord quelques résultats auxiliaires :

(i) Considérons la suite strictement exacte de groupes algébriques :

$$0 \to W_1 \xrightarrow{V} W_2 \xrightarrow{R} G_a \to 0$$

Elle donne naissance à deux homomorphismes

$$d'_a : \mathrm{Hom}_a(W_1, G_a) \to \mathrm{Ext}_a(G_a, G_a)$$
$$d' : \mathrm{Hom}(W_1, G_a) \to \mathrm{Ext}(G_a, G_a).$$

LEMME 3. *Les homomorphismes d' et d'_a sont des isomorphismes.*

Pour d'_a c'est fait dans [13], p. 174, lemme 3. On passe de là à d' en utilisant les isomorphismes :

$$\mathrm{Hom}(W_1, G_a) = \varinjlim \mathrm{Hom}_a(W_1, G_a^{p^n}), \quad \mathrm{Ext}(G_a, G_a) = \varinjlim \mathrm{Ext}_a(G_a, G_a^{p^n})$$

ainsi que le fait que G_a^q est isomorphe à G_a.

(ii) Considérons la suite exacte :

$$0 \to W \xrightarrow{V} W \to G_a \to 0$$

Elle donne naissance à un homomorphisme

$$d' : \mathrm{Hom}(W, G_a) \to \mathrm{Ext}(G_a, G_a)$$

LEMME 4. *L'homomorphisme d' est un isomorphisme.*

Le diagramme commutatif :

$$\begin{array}{ccccccccc} 0 & \longrightarrow & W & \xrightarrow{V} & W & \longrightarrow & G_a & \longrightarrow & 0 \\ & & \downarrow & & \downarrow & & \downarrow{\scriptstyle id.} & & \\ 0 & \longrightarrow & W_1 & \xrightarrow{V} & W_2 & \longrightarrow & G_a & \longrightarrow & 0 \end{array}$$

donne naissance à un diagramme commutatif :

$$\begin{array}{ccc} \mathrm{Hom}(W_1, G_a) & \xrightarrow{d'} & \mathrm{Ext}(G_a, G_a) \\ \downarrow{\scriptstyle \alpha} & & \downarrow{\scriptstyle id.} \\ \mathrm{Hom}(W, G_a) & \xrightarrow{d'} & \mathrm{Ext}(G_a, G_a) \end{array}$$

Comme G_a est annulé par p, tout homomorphisme de W dans G_a est nul sur $pW = V(W)$, ce qui prouve que α est un isomorphisme, et le lemme 4 résulte alors du lemme 3.

(iii) Considérons la suite exacte :

$$(***) \qquad 0 \to W \xrightarrow{p} W \to G_a \to 0$$

et l'homomorphisme $d' : \mathrm{Hom}(W, G_a) \to \mathrm{Ext}(G_a, G_a)$ qu'elle définit.

LEMME 5. *L'homomorphisme d' est un isomorphisme.*

Cela résulte du lemme 4 et du fait que $p = VF$, où $F: W \to W$ est un isomorphisme.

(iv) Passons maintenant à la démonstration du théorème 1. La suite exacte des Ext associée à l'extension (∗∗∗) donne une suite exacte :

$$\mathrm{Hom}(W, G_a) \xrightarrow{d'} \mathrm{Ext}(G_a, G_a) \to \mathrm{Ext}(W, G_a) \xrightarrow{p} \mathrm{Ext}(W, G_a)$$

Compte tenu du lemme 5, il s'ensuit que

$$p : \mathrm{Ext}(W, G_a) \to \mathrm{Ext}(W, G_a)$$

est injectif. Mais, puisque G_a est annulé par p, cet homomorphisme est nul. On a donc bien $\mathrm{Ext}(W, G_a) = 0$, c.q.f.d.

8.6. Le revêtement universel du groupe de Witt.

PROPOSITION 6. *Soit G un groupe unipotent connexe et simplement connexe. Si* $\mathrm{Ext}^1(G, G_a) = 0$, *le groupe G est projectif dans la catégorie* $\mathscr{P}$.

Puisque G est connexe et simplement connexe, on a $\mathrm{Ext}^1(G, B) = 0$ si B est un groupe fini (n° 6.1, prop. 1) ou une variété abélienne (n° 7.4, cor. 2 à la prop. 4); puisque G est unipotent, on a $\mathrm{Ext}^1(G, G_m) = 0$. La proposition résulte de là et de la prop. 9 du n° 3.4.

THÉORÈME 2. *Le revêtement universel* $\overline{W}$ *du groupe de Witt W est projectif dans* $\mathscr{P}$; *c'est l'enveloppe projective du groupe additif* G_a.

Considérons la suite exacte :

$$0 \to \pi_1(W) \to \overline{W} \to W \to 0$$

Elle donne naissance à la suite exacte :

$$\mathrm{Ext}^1(W, G_a) \to \mathrm{Ext}^1(\overline{W}, G_a) \to \mathrm{Ext}^1(\pi_1(W), G_a)$$

D'après le théorème 1, on a $\mathrm{Ext}^1(W, G_a) = 0$. D'autre part, la prop. 5 montre que $\pi_1(W)$ est un groupe sans torsion, donc projectif dans $\mathscr{P}$ (n° 4.4, prop. 5), et l'on a $\mathrm{Ext}^1(\pi_1(W), G_a) = 0$. On en conclut que $\mathrm{Ext}^1(\overline{W}, G_a) = 0$, et $\overline{W}$ est bien projectif en vertu de la proposition 6.

Par ailleurs, puisque $\overline{W}$ est un « revêtement » de W, c'est une extension essentielle de W; le groupe W lui-même est extension essentielle de G_a (cela se voit en remarquant que les seuls sous-groupes connexes non nuls des W_n sont les V^iW_n). Donc $\overline{W}$ est extension essentielle de G_a.

COROLLAIRE 1. *Le groupe* $\overline{W}$ *est un projectif indécomposable.*

On applique le th. 2 du n° 3.2.

COROLLAIRE 2. *On a* $\pi_i(G_a) = 0$ *pour* $i \geqslant 2$.

Pour $i \geqslant 2$, on a $\pi_i(W) = \pi_i(\overline{W}) = 0$. La suite exacte d'homotopie définie par la suite exacte :

(∗∗∗) $$0 \to W \xrightarrow{p} W \to G_a \to 0$$

montre alors bien que $\pi_i(G_a)=0$ (pour $i=2$ il faut également utiliser le fait que $\pi_1(W)$ est sans torsion).

Corollaire 3. *La dimension projective du groupe* W *est égale à* 1.

En effet, la suite exacte

$$0\rightarrow\pi_1(W)\rightarrow\overline{W}\rightarrow W\rightarrow 0$$

est une résolution projective de longueur 1, et le groupe W n'est pas projectif, puisque $\pi_1(W)$ n'est pas nul.

Corollaire 4. *La dimension projective du groupe additif* G_a *est égale à* 2.

Le corollaire 3, joint à la suite exacte

$$(***) \qquad 0\rightarrow W\xrightarrow{p} W\rightarrow G_a\rightarrow 0$$

montre que cette dimension est $\leqslant 2$. Cette même suite exacte montre d'ailleurs que $\mathrm{Ext}^2(G_a, \mathbf{Z}/p\mathbf{Z})$ est isomorphe à $\mathrm{Ext}^1(W, \mathbf{Z}/p\mathbf{Z})$, lui-même isomorphe à $\mathrm{Hom}(\pi_1(W), \mathbf{Z}/p\mathbf{Z})$, qui est différent de zéro. La dimension projective de G_a est donc bien égale à 2.

Corollaire 5. *Si* B *est un groupe quasi-algébrique connexe, on a* $\mathrm{Ext}^2(G_a, B)=0$.

On peut évidemment supposer que B est un groupe élémentaire. Si $B=G_a$, la suite exacte (***) montre que $\mathrm{Ext}^2(G_a, G_a)$ s'identifie à $\mathrm{Ext}^1(W, G_a)$ qui est nul; si B est une variété abélienne, ou le groupe G_m, la suite exacte

$$0\rightarrow {}_pB\rightarrow B\xrightarrow{p} B\rightarrow 0$$

montre que $\mathrm{Ext}^2(G_a, B)$ est isomorphe à un sous-groupe de $\mathrm{Ext}^3(G_a, {}_pB)$, qui est nul d'après le cor. 4.

Remarque. Dans le cor. 5, l'hypothèse « B est quasi-algébrique » ne peut pas être supprimée; on peut montrer en effet que $\mathrm{Ext}^2(G_a, \overline{G_a})$ est non nul.

8.7. Résolution projective de G_a.

Nous venons de voir que le groupe G_a possède une résolution projective de longueur 2. Nous allons construire explicitement une telle résolution.

Pour simplifier les notations, nous poserons $N=\pi_1(W)$; nous noterons $i: N\rightarrow\overline{W}$ l'injection de N dans $\overline{W}$, $\pi:\overline{W}\rightarrow W$ la projection de $\overline{W}$ sur W, $\rho: W\rightarrow G_a$ celle de W sur G_a. Définissons des morphismes

$$\alpha: N\rightarrow N\times\overline{W}, \quad \text{par} \quad \alpha(n)=(-pn, i(n)),$$
$$\beta: N\times\overline{W}\rightarrow\overline{W}, \quad \text{par} \quad \beta(n,x)=i(n)+px,$$
$$\gamma:\overline{W}\rightarrow G_a, \quad \text{par} \quad \gamma=\rho\circ\pi.$$

Proposition 7. *La suite* :

$$0\rightarrow N\xrightarrow{\alpha} N\times\overline{W}\xrightarrow{\beta}\overline{W}\xrightarrow{\gamma} G_a\rightarrow 0$$

est une résolution projective de longueur 2 *du groupe* G_a.

Cela résulte facilement du diagramme commutatif suivant :

$$\begin{array}{ccccccccc}
 & & 0 & & 0 & & 0 & & \\
 & & \downarrow & & \downarrow & & \downarrow & & \\
0 & \rightarrow & N & \xrightarrow{p} & N & \rightarrow & N/pN & \rightarrow & 0 \\
 & & \downarrow & & \downarrow & & \downarrow & & \\
0 & \rightarrow & \overline{W} & \xrightarrow{p} & \overline{W} & \rightarrow & \overline{G_a} & \rightarrow & 0 \\
 & & \downarrow & & \downarrow & & \downarrow & & \\
0 & \rightarrow & W & \xrightarrow{p} & W & \rightarrow & G_a & \rightarrow & 0 \\
 & & \downarrow & & \downarrow & & \downarrow & & \\
 & & 0 & & 0 & & 0 & &
\end{array}$$

8.8. Groupes unipotents projectifs.

PROPOSITION 8. *Soit* G *un groupe unipotent connexe. Les trois propriétés suivantes sont équivalentes* :

(i) G *est projectif.*

(ii) G *est produit de groupes isomorphes à* $\overline{W}$.

(iii) G *est simplement connexe et sans torsion.*

L'implication (i) ⇒ (ii) résulte du théorème de structure des objets projectifs de P dû à Gabriel (cf. n° 3.2). L'implication (ii) ⇒ (iii) est triviale. Montrons enfin que (iii) ⇒ (i). Soit $H = G/pG$. La suite exacte $0 \rightarrow G \xrightarrow{p} G \rightarrow H \rightarrow 0$ donne naissance à la suite exacte :

$$\mathrm{Ext}^1(G, G_a) \xrightarrow{p} \mathrm{Ext}^1(G, G_a) \rightarrow \mathrm{Ext}^2(H, G_a)$$

et comme G_a est annulé par p, on voit que $\mathrm{Ext}^1(G, G_a)$ se plonge dans $\mathrm{Ext}^2(H, G_a)$. Mais on sait que $\mathrm{Ext}^2(G_a, G_a) = 0$ (cor. 5 au th. 2); on en déduit que $\mathrm{Ext}^2(K, G_a) = 0$ si K est unipotent connexe quasi-algébrique, puis que $\mathrm{Ext}^2(H, G_a) = 0$ si H est unipotent connexe (par passage à la limite). Comme le groupe $H = G/pG$ est bien unipotent connexe, on en tire que $\mathrm{Ext}^1(G, G_a) = 0$, ce qui montre que G est projectif (prop. 6).

Remarque. D'après le théorème de structure de Gabriel, les groupes unipotents projectifs (non nécessairement connexes) sont des produits de groupes isomorphes à $\overline{W}$ ou à $\mathbf{Z}_p$.

§ 9. VARIÉTÉS ABÉLIENNES

9.1. Détermination de certains Ext.

Soit A une variété abélienne de dimension n. Le groupe $\mathrm{Ext}_a(A, G_a)$ a été déterminé par Rosenlicht (cf. [13], chap. VII, th. 7 et th. 10) : il est isomorphe à $H^1(A, \mathcal{O}_A)$, et c'est un espace vectoriel de dimension n sur k. Le groupe $\mathrm{Ext}_a(A, G_m)$ a été déterminé par Weil et Barsotti (cf. [13], chap. VII, th. 6) : il est isomorphe au groupe additif des points de la variété de Picard A^* de A.

PROPOSITION 1. *On a* $\mathrm{Ext}(A, G_m) = A^*/A^*_\pi$, A^*_π *désignant le sous-groupe de* A^* *formé des éléments* x *tels qu'il existe une puissance* q *de* p *vérifiant* $qx = 0$.

On utilise la formule $\mathrm{Ext}(A, G_m) = \varinjlim \mathrm{Ext}_a(A, G_m^q)$, en tenant compte de ce que G_m^q est isomorphe à G_m, l'isomorphisme transformant l'application $G_m^q \to G_m$ en $q : G_m \to G_m$. Le groupe $\mathrm{Ext}(A, G_m)$ est donc limite inductive du système :

$$A^* \xrightarrow{p} A^* \xrightarrow{p} A^* \to \ldots$$

Comme $p : A^* \to A^*$ est surjectif (A^* étant une variété abélienne), on trouve bien A^*/A^*_π.

Remarque. On peut montrer que $\mathrm{Ext}(A, G_a)$ s'identifie à la « composante semi-simple » de $H^1(A, \mathcal{O}_A)$ vis-à-vis de l'endomorphisme de Frobenius, mais nous n'aurons pas besoin de ce fait.

PROPOSITION 2. *Soit* $\bar{A}$ *le revêtement universel de* A. *Alors :*

(i) $\mathrm{Ext}(\bar{A}, G_m) = A^*/A^*_f$, A^*_f *désignant le sous-groupe des éléments d'ordre fini de* A^*.

(ii) *En caractéristique zéro,* $\mathrm{Ext}(\bar{A}, G_a)$ *est un k-espace vectoriel de dimension* $n = \dim(A)$.

(iii) *En caractéristique* $\neq 0$, *on a* $\mathrm{Ext}(\bar{A}, G_a) = 0$.

D'après la prop. 9 du nº 6.5, dont nous conservons les notations, le groupe A est limite projective du système (A_n, f_{nm}). Pour tout groupe quasi-algébrique B, on a donc

$$\mathrm{Ext}(\bar{A}, B) = \varinjlim(\mathrm{Ext}(A_n, B), f^*_{nm}),$$

où f^*_{nm} désigne le transposé de f_{nm}, c'est-à-dire la multiplication par m/n. Lorsque $B = G_m$, on a $\mathrm{Ext}(A, B) = A^*/A^*_\pi$ et les f^*_{nm} sont surjectifs; il s'ensuit que $\mathrm{Ext}(\bar{A}, B)$ s'identifie au quotient de A^*/A^*_π par le sous-groupe des éléments d'ordre fini, quotient lui-même isomorphe à A^*/A^*_f. Lorsque $B = G_a$ et que la caractéristique est zéro, les f^*_{nm} sont des isomorphismes, et l'on trouve $\mathrm{Ext}(\bar{A}, G_a) = \mathrm{Ext}(A, G_a) = \mathrm{Ext}_a(A, G_a)$. Lorsque $B = G_a$ et que la caractéristique est non nulle, les homomorphismes f^*_{nm} sont nuls si p divise m/n; on a donc $\mathrm{Ext}(\bar{A}, G_a) = 0$ dans ce cas.

COROLLAIRE. *Si le corps de base k est la clôture algébrique du corps premier* $\mathbf{F}_p$, *le groupe* $\bar{A}$ *est projectif dans* $\mathcal{P}$.

En effet, dans ce cas, la variété A peut être définie sur un corps fini, de même que sa duale A^*. Tout point de A^* rationnel sur k est rationnel sur un corps fini convenable $\mathbf{F}_q$; or, pour q fixé, les points rationnels sur $\mathbf{F}_q$ forment un groupe fini. On a donc $A^* = A^*_f$, d'où $\mathrm{Ext}(\bar{A}, G_m) = \mathrm{Ext}(\bar{A}, G_a) = 0$. D'autre part, puisque $\bar{A}$ est connexe et simplement connexe, on a $\mathrm{Ext}(\bar{A}, B) = 0$ si B est un groupe fini (nº 6.1, prop. 1), ou une variété abélienne (nº 7.4, cor. 2 à la prop. 4). Il en résulte bien que $\bar{A}$ est projectif (nº 3.4, prop. 9).

9.2. L'enveloppe projective d'une variété abélienne.

Dans tout ce numéro, A désigne une variété abélienne de dimension n, et $\bar{A}$ son revêtement universel.

PROPOSITION 3. *Soit* $u : X \to \bar{A}$ *l'enveloppe projective de* $\bar{A}$ (cf. n° 3.2), *et soit* R *le noyau de* u.

1) *Le groupe* R *est un groupe connexe ; il est produit d'un groupe de type multiplicatif* T, *et d'un groupe unipotent* U.

2) *Le groupe* $\mathrm{Hom}(T, G_m)$ *des caractères de* T *est isomorphe à* $\mathrm{Ext}(\bar{A}, G_m) = A^*/A^*_l$.

3) *En caractéristique zéro, le groupe* U *est un* k*-espace vectoriel de dimension* n ; *en caractéristique* $\neq 0$, *on a* $U = 0$.

On sait (n° 4.4, cor. 1 à la prop. 5) que X est connexe. La suite exacte

$$\pi_1(\bar{X}) \to \pi_0(R) \to \pi_0(X)$$

montre alors que R est *connexe*.

Soit H un sous-groupe fermé de R tel que $R/H = B$ soit une variété abélienne; nous allons prouver que $B = 0$. En effet, X/H est une extension de $\bar{A}$ par B; d'après le cor. 2 à la prop. 4 du n° 7.4, cette extension est triviale; il existe donc un sous-groupe fermé Y de X, tel que $Y \cap R = H$, et qui se projette sur $\bar{A}$; puisque X est extension essentielle de $\bar{A}$, on a $Y = X$, d'où $H = R$ et $B = 0$. Soit maintenant H un sous-groupe de définition quelconque de R. Ce qui précède montre que le quotient R/H est un groupe *linéaire*, donc se décompose de façon unique en produit d'un groupe de type multiplicatif T_H et d'un groupe unipotent U_H; en passant à la limite sur H, on voit que $R = T \times U$, avec $T = \varprojlim T_H$, $U = \varprojlim U_H$, ce qui démontre l'assertion 1).

On a $\mathrm{Hom}(X, G_m) = 0$. C'est immédiat à partir du théorème de structure de Gabriel (n° 3.2). Donnons-en tout de même une démonstration directe : si $f : X \to G_m$ est un homomorphisme non nul, de noyau Y, le groupe $X/Y = G_m$ s'applique sur $\bar{A}/f(Y)$, qui est une variété abélienne, ce qui entraîne $f(Y) = \bar{A}$, et X ne serait pas extension essentielle de $\bar{A}$.

Ceci étant, la suite exacte des Ext montre que $\mathrm{Hom}(R, G_m)$ est isomorphe à $\mathrm{Ext}(\bar{A}, G_m)$, et comme $\mathrm{Hom}(R, G_m) = \mathrm{Hom}(T, G_m)$, on obtient 2).

En remplaçant G_m par G_a dans le raisonnement précédent, on voit que $\mathrm{Hom}(U, G_a)$ est isomorphe à $\mathrm{Ext}(\bar{A}, G_a)$. En caractéristique zéro, ceci prouve que U est le dual de l'espace vectoriel $\mathrm{Ext}(\bar{A}, G_a)$ qui est de dimension n d'après la prop. 2. En caractéristique $\neq 0$, on obtient $\mathrm{Hom}(U, G_a) = 0$, ce qui prouve que U est nul, c.q.f.d.

COROLLAIRE. *Le groupe* R *est projectif.*

Le groupe A^*/A^*_l est divisible; comme c'est le groupe des caractères de T, il s'ensuit que T est projectif (n° 7.5, prop. 6). D'autre part, la prop. 2 du n° 8.2 montre que U est projectif. Le groupe $R = T \times U$ est donc bien projectif.

Passons maintenant au groupe A lui-même :

PROPOSITION 4. *Le groupe* X *est l'enveloppe projective de* A. *Le noyau* S *de* $X \to A$ *est isomorphe à* $T \times U \times \pi_1(A)$, *et la suite exacte*

$$0 \to S \to X \to A \to 0$$

est une résolution projective de longueur 1 *de* A.

Puisque $\bar{A}$ est un revêtement de A, c'est une extension essentielle de A, et l'application composée $X \to \bar{A} \to A$ fait de X une extension essentielle de A; comme X est projectif, c'est donc l'enveloppe projective de A. On a $S/R = \pi_1(A)$. D'après le cor. 3 à la prop. 8 du n° 6.5, le groupe $\pi_1(A)$ est produit de groupes isomorphes à $\mathbf{Z}_l$, donc est projectif dans $\mathcal{P}$ (n° 4.3, prop. 4). L'extension $S/R = \pi_1(A)$ est donc triviale, ce qui prouve que S est isomorphe à $R \times \pi_1(A) = T \times U \times \pi_1(A)$. Enfin, puisque $\pi_1(A)$ et R sont projectifs, il en est de même de S, c.q.f.d.

Remarque. Si l'on veut simplement démontrer que A possède une résolution projective de longueur 1, on n'a pas besoin des déterminations des Ext effectuées au n° 9.1. En effet, pour prouver que R est projectif, on s'est appuyé sur les deux faits suivants :

a) Le groupe $\mathrm{Ext}(\bar{A}, G_m)$ est divisible.

b) En caractéristique $\neq 0$, le groupe $\mathrm{Ext}(\bar{A}, G_a)$ est nul.

Or, par construction même de $\bar{A}$, les morphismes $n : \bar{A} \to \bar{A}$ sont des isomorphismes. Il en est donc de même des morphismes $n : \mathrm{Ext}(\bar{A}, B) \to \mathrm{Ext}(\bar{A}, B)$ pour tout groupe B, ce qui démontre à la fois *a)* et *b)* [dans le cas *b)* il faut remarquer en outre que $p : \mathrm{Ext}(\bar{A}, G_a) \to \mathrm{Ext}(\bar{A}, G_a)$ est nul].

§ 10. CONCLUSION

10.1. Dimension projective.

THÉORÈME 1. *Soit* $G \in \mathcal{P}$. *La dimension projective de* G (cf. n° 3.4) *est* $\leqslant 2$; *en caractéristique zéro, elle est même* $\leqslant 1$.

D'après le corollaire à la prop. 9 du n° 3.4, il suffit de vérifier le th. 1 lorsque G est un groupe *élémentaire*. Or, si G est un groupe fini, on a $dp(G) \leqslant 1$, cf. n° 4.4, cor. 2 à la prop. 5; si $G = G_m$, on a $dp(G) = 1$, cf. n° 7.5; si $G = G_a$, et si la caractéristique est zéro, on a $dp(G) = 0$, cf. n° 8.2, prop. 2; si $G = G_a$, et si la caractéristique est $\neq 0$, on a $dp(G) = 2$, cf. n° 8.6, cor. 4 au th. 2; enfin, si G est une variété abélienne, on a $dp(G) \leqslant 1$, cf. n° 9.2, prop. 4.

Lorsque A et B sont deux groupes élémentaires, on constate facilement que $\mathrm{Ext}^2(A, B) = 0$, sauf, en caractéristique $\neq 0$, lorsque $A = G_a$ et $B = \mathbf{Z}/p\mathbf{Z}$.

Remarque. Rosenlicht m'a signalé avoir obtenu un résultat analogue au th. 1, mais portant sur les $\mathrm{Ext}_a^i(A, B)$, où A et B sont des groupes *algébriques*, et où Ext_a^i est défini à la Yoneda, par des classes d'extensions multiples.

10.2. Groupes d'homotopie.

THÉORÈME 2. *On a* $\pi_i(G) = 0$ *pour tout* $i \geqslant 2$ *et tout* $G \in \mathcal{P}$.

Comme π_i commute aux limites projectives (n° 5.1, prop. 2), il suffit de démontrer le théorème lorsque G est quasi-algébrique, et même, par dévissage, lorsque G est *élémentaire*, ce qui a été fait dans les numéros précédents [pour G fini, cf. n° 5.3, prop. 4; pour $G = G_m$, cf. n° 6.5, cor. 2 à la prop. 8; pour $G = G_a$, cf. n° 8.2, prop. 2 et n° 8.6, cor. 2 au th. 2; pour G variété abélienne, cf. n° 6.5, cor. 3 à la prop. 8].

COROLLAIRE 1. *Pour toute suite exacte :*

$$0 \to A \to B \to C \to 0$$

de groupes proalgébriques, on a la suite exacte d'homotopie :

$$0 \to \pi_1(A) \to \pi_1(B) \to \pi_1(C) \xrightarrow{\partial} \pi_0(A) \to \pi_0(B) \to \pi_0(C) \to 0$$

Cela résulte du fait que $\pi_2(C) = 0$.

COROLLAIRE 2. *Tout sous-groupe d'un groupe simplement connexe est simplement connexe.*

10.3. Le revêtement universel.

THÉORÈME 3. *Le foncteur « revêtement universel » est un foncteur exact.*

Cela résulte du th. 2 ci-dessus, compte tenu de la prop. 5 du n° 6.2.

Remarque. Comme me l'a signalé J. Tate, on peut utiliser le th. 3 pour donner une nouvelle interprétation de la suite exacte d'homotopie :

Soit $A \in \mathscr{P}$; soit K_A le complexe égal à A en dimension zéro, à $\bar{A}$ en dimension 1, nul en dimensions $\neq 0, 1$, et où l'opérateur bord : $(K_A)_1 \to (K_A)_0$ est égal au morphisme canonique $\bar{A} \to A$. Il est clair que l'on a :

$$H_0(K_A) = \pi_0(A) \qquad H_1(K_A) = \pi_1(A)$$

De plus, soit $0 \to A \to B \to C \to 0$ une suite exacte dans $\mathscr{P}$. D'après le th. 3, on a une suite exacte de complexes :

$$0 \to K_A \to K_B \to K_C \to 0$$

La remarque du n° 6.2 montre alors que *la suite exacte d'homologie associée à cette suite exacte de complexes s'identifie à la suite exacte d'homotopie :*

$$0 \to \pi_1(A) \to \pi_1(B) \to \pi_1(C) \xrightarrow{\partial} \pi_0(A) \to \pi_0(B) \to \pi_0(C) \to 0$$

10.4. Revêtement universel et localisation.

Soit $\mathscr{C}$ une catégorie abélienne, et soit $\mathscr{D}$ une sous-catégorie de $\mathscr{C}$. Lorsque le couple $(\mathscr{C}, \mathscr{D})$ vérifie certaines hypothèses qu'il est inutile de rappeler ici, Gabriel a montré que tout objet $M \in \mathscr{C}$ admet une « $\mathscr{D}$-enveloppe » $M_{\mathscr{D}}$ unique, dépendant fonctoriellement de M (cf. [6], chap. I, n° 4). Le foncteur $\mathscr{C} \to \mathscr{C}$ ainsi obtenu est appelé le foncteur *localisation* (par rapport à $\mathscr{D}$) ; il se factorise en

$$\mathscr{C} \xrightarrow{D} \mathscr{C}/\mathscr{D} \xrightarrow{S} \mathscr{C}$$

où $D : \mathscr{C} \to \mathscr{C}/\mathscr{D}$ est le foncteur canonique, et où S est un foncteur que Gabriel appelle « foncteur section ». Lorsque le foncteur S (ou $S \circ D$, cela revient au même) est *exact*, le foncteur S définit une équivalence de la catégorie $\mathscr{C}/\mathscr{D}$ avec la sous-catégorie de $\mathscr{C}$ formée des objets « $\mathscr{D}$-fermés » (c'est-à-dire égaux à leur $\mathscr{D}$-enveloppe).

Il se trouve que les hypothèses *duales* de celles de Gabriel sont vérifiées par la catégorie $\mathscr{P}$ et sa sous-catégorie $\mathscr{P}_0$, ce qui permet d'appliquer au couple $(\mathscr{P}, \mathscr{P}_0)$ les résultats précédents (dualisés, bien entendu). Le foncteur localisation (ou mieux « co-localisation ») correspondant n'est autre que le *revêtement universel*, les objets $\mathscr{D}$-fermés étant les groupes connexes et simplement connexes. Compte tenu du th. 3, on obtient donc :

THÉORÈME 4. *Le foncteur « revêtement universel » définit par passage au quotient une équivalence de la catégorie quotient* $\mathscr{P}/\mathscr{P}_0$ *avec la catégorie* $\mathscr{S}$ *des groupes connexes et simplement connexes.*

Exemple. On a vu au n° 7.2 que la catégorie duale de la catégorie $\mathscr{M}$ des groupes de type multiplicatif est équivalente à celle des Λ-modules, Λ désignant un certain anneau de corps des fractions $\mathbf{Q}$. Le foncteur « revêtement universel » est transformé par cette équivalence en le foncteur « produit tensoriel avec $\mathbf{Q}$ », cf. n° 7.3, c'est-à-dire justement en un foncteur « localisation », au sens usuel de ce terme en algèbre commutative.

Remarque. On peut montrer que les catégories $\mathscr{P}/\mathscr{P}_0$ et $\mathscr{S}$ sont de *dimension projective égale à* 1 (noter que, en caractéristique $\neq 0$, le groupe $\overline{G_a}$ admet la résolution projective :

$$0 \rightarrow \overline{W} \xrightarrow{p} \overline{W} \rightarrow \overline{G_a} \rightarrow 0$$

qui est de longueur 1).

BIBLIOGRAPHIE

[1] H. Cartan et S. Eilenberg, *Homological algebra*, Princeton Math. Series, nº 19, Princeton, 1956.

[2] C. Chevalley, Séminaire 1956-1958, *Classification des groupes de Lie algébriques.*

[3] C. Chevalley, Séminaire 1958, *Anneaux de Chow et applications.*

[4] B. Eckmann et A. Schopf, *Ueber injektive Moduln*, Archiv der Math., *4*, 1953, p. 75-78.

[5] P. Gabriel, *Objets injectifs dans les catégories abéliennes*, Sém. Dubreil-Pisot, 1958-1959, nº 17.

[6] P. Gabriel, *La localisation dans les anneaux non commutatifs*, Sém. Dubreil-Pisot, 1959-1960, nº 2.

[7] A. Grothendieck, *Sur quelques points d'algèbre homologique*, Tôhoku Math. J., *9*, 1957, p. 119-221 (*cité* T).

[8] A. Grothendieck, *Technique de descente et théorèmes d'existence en géométrie algébrique* : II. *Le théorème d'existence en théorie formelle des modules*, Sém. Bourbaki, 1959-1960, nº 195.

[9] S. Lang, *Abelian varieties*, Interscience Tracts, nº 7, New York, 1959.

[10] M. Rosenlicht, *Some basic theorems on algebraic groups*, Amer. J. of Maths., *78*, 1956, p. 401-443.

[11] J.-P. Serre, *Faisceaux algébriques cohérents*, Ann. of Maths., *61*, 1955, p. 197-278 *(cité FAC)*.

[12] J.-P. Serre, *Quelques propriétés des variétés abéliennes en caractéristique p*, Amer. J. of Maths., *80*, 1958, p. 715-739.

[13] J.-P. Serre, *Groupes algébriques et corps de classes*, Act. Sci. Ind., nº 1264, Paris, Hermann, 1959.

[14] J.-P. Serre, *Corps locaux et isogénies*, Sém. Bourbaki, 1959, nº 185.

[15] E. Witt, *Zyklische Körper und Algebren der Charakteristik p vom Grade* p^m, J. Crelle, *176*, 1936, p. 126-140.

LISTE DES PRINCIPALES CATÉGORIES

$\mathcal{A}$	: catégorie des groupes algébriques (commutatifs), nº 1.2.
$\mathcal{C}_{\Lambda}$	: — Λ-modules, nº 7.2.
$\mathcal{F}_{\Lambda}$	: — — de type fini, nº 7.2.
$\mathcal{G}$	: — groupes, nº 2.7.
$\mathcal{M}$	: — — de type multiplicatif, nº 7.1.
$\mathcal{P}$	: — — proalgébriques, nº 2.1.
$\mathcal{P}_0$	: — — de dimension zéro, nº 4.1.
Pro($\mathcal{Q}$)	: — pro-objets de $\mathcal{Q}$, nº 2.6.
$\mathcal{Q}$	: — groupes quasi-algébriques, nº 1.2.
$\mathcal{QM}$	: — — — de type multiplicatif, nº 7.1.
$\mathcal{S}$	: — — connexes et simplement connexes, nº 6.1.
$\mathcal{T}$	: — — de torsion, nº 4.2.
$\mathcal{U}$	: — — unipotents, nº 8.1.

TABLE DES MATIÈRES

Reçu le 2 mai 1960.

50.

Exemples de variétés projectives en caractéristique p non relevables en caractéristique zéro

Proc. Nat. Acad. Sci. USA **47** (1961), 108–109

Communicated by Oscar Zariski, November 23, 1960

1. *Position du problème.*—La *théorie des schémas* de Grothendieck[1] permet de définir avec précision le terme de "relèvement":

Soit X_0 une variété projective non singulière, définie sur un corps k; soit A un anneau local noethérien complet de corps résiduel k. Un *relèvement de* X_0 *sur* A est un schéma X propre et plat sur A, tel que $X \otimes_A k$ soit isomorphe à X_0 (cf. Grothendieck[2]). Le cas qui nous intéresse ici est celui où k est de caractéristique p et A de caractéristique zéro. On pose la question suivante:

(1) *Peut-on toujours relever X_0 sur A?*

D'après Grothendieck,[2] la réponse est affirmative si X_0 est une courbe, ou, plus généralement, si certains groupes de cohomologie de X_0 sont nuls.

On peut également poser une question plus faible:

(2) *Pour une variété X_0 donnée, existe-t-il toujours un anneau A de caractéristique zéro sur lequel X_0 se relève?*

Nous allons montrer que *ces deux questions admettent une réponse negative, même si k est algébriquement clos.*

2. *Construction du contre-exemple.*—Soit n un entier $\geqslant 1$. Si R est un anneau local, nous noterons $\mathbf{GL}_n(R)$ le groupe des matrices inversibles d'ordre n à coefficients dans R, et $\mathbf{PGL}_n(R)$ le groupe quotient de $\mathbf{GL}_n(R)$ par le sous-groupe R^* des matrices scalaires.

Soit G un groupe fini, et soit r_0 un homomorphisme de G dans le groupe $\mathbf{PGL}_n(k)$. Le groupe G opère sur l'espace projectif $\mathbf{P}_{n-1}(k)$ au moyen de r_0. Nous ferons l'hypothèse suivante:

(D)—Pour tout $\sigma \in G$, $\sigma \neq 1$, l'ensemble F_σ des points de $\mathbf{P}_{n-1}(k)$ invariants par σ est de codimension $\geqslant 4$.

Un raisonnement classique, dû essentiellement à Godeaux,[3] montre qu'il existe une sous-variété non singulière Y_0 de $\mathbf{P}_{n-1}(k)$, stable par G, qui est une intersection complète, et qui ne rencontre aucun des F_σ, $\sigma \neq 1$; l'hypothèse (D) permet en outre de supposer que $\dim (Y_0) \geqslant 3$. Le groupe G opère librement (c'est-à-dire "sans points fixes") sur Y_0 et le quotient $X_0 = Y_0/G$ est une variété projective non singulière.

LEMME. *Si X_0 se relève sur A, l'homomorphisme $r_0 : G \to \mathbf{PGL}_n(k)$ se relève en un homomorphisme $r : G \to \mathbf{PGL}_n(A)$.*

Admettons provisoirement ce lemme. Pour obtenir un contre-exemple aux questions (1) et (2) du *n*° 1, il suffit donc de construire un groupe G et un homomorphisme $r_0 : G \to \mathbf{PGL}_n(k)$ qui vérifie (D) et qui ne se relève à aucun anneau de caractéristique zéro. C'est là un problème de pure théorie des groupes, qui ne présente aucune difficulté. Supposons par exemple $p \geqslant 7$, et soit G un groupe de type $(p, \ldots, p)$. Prenons $n = 5$. Soit $N = (u_{ij})$ la matrice nilpotente d'ordre 5 définie par $u_{ij} = 1$ si $j = i + 1$, $u_{ij} = 0$ sinon; soit h un isomorphisme de G sur un sous-groupe du groupe additif de k, et soit $s(\sigma) = \exp(h(\sigma)N)$. L'application $\sigma \to s(\sigma)$ est un homomorphisme de G dans $\mathbf{GL}_5(k)$. Si $r_0(\sigma)$ désigne l'image de $s(\sigma)$ dans $\mathbf{PGL}_5(k)$, l'application $r_0 : G \to \mathbf{PGL}_5(k)$ est un homomorphisme. Si $\sigma \neq 1$, l'ensemble F_σ est réduit à un point, ce qui montre que (D) est satisfaite. Enfin, si r_0 se relevait en $r : G \to \mathbf{PGL}_5(A)$, on pourrait supposer A intègre (quitte à le remplacer par $A/\mathfrak{p}$, où $\mathfrak{p}$ est un idéal premier ne contenant pas le nombre p); on en déduirait l'existence d'un corps K de caractéristique zéro tel que $\mathbf{PGL}_5(K)$ contienne un sous-groupe isomorphe à G, ce que l'on voit facilement être impossible si l'ordre de G est $\geqslant p^5$.

3. *Démonstration du lemme.*—Soit X un schéma sur A relevant X_0. D'après un résultat de Grothendieck,[2] le groupe fondamental de X s'identifie à celui de X_0. Comme Y_0 est un revêtement étale ("non ramifié" dans l'ancienne terminologie) de X_0, galoisien et de groupe de Galois G, on en conclut qu'il existe un revêtement étale Y de X, jouissant des mêmes propriétés, et tel que $Y \otimes_A k = Y_0$. Soit $\mathcal{O}$ le faisceau d'anneaux de Y, et soit $\mathcal{O}_0$ celui de Y_0. D'après FAC n° 78, on a $H^0(Y_0, \mathcal{O}_0) = k$ et $H^1(Y_0, \mathcal{O}_0) = 0$. Il en résulte[4] que $H^0(Y, \mathcal{O}) = A$.

Soit $\mathcal{E}_0 = \mathcal{O}_0(1)$ le faisceau localement libre de rang 1 défini sur Y_0 par le plongement projectif $Y_0 \to \mathbf{P}_{n-1}(k)$. Comme dim $(Y_0) \geqslant 3$, on a $H^2(Y_0, \mathcal{O}_0) = 0$ (FAC, *loc. cit.*) et un théorème de Grothendieck[2] montre qu'il existe sur Y un faisceau $\mathcal{E}$, localement libre de rang 1, et tel que $\mathcal{E} \otimes_A k = \mathcal{E}_0$; comme $H^1(Y_0, \mathcal{O}_0) = 0$, ce faisceau est unique, à un isomorphisme près.[2] D'autre part, d'après FAC, *loc. cit.*, on a $H^0(Y_0, \mathcal{E}_0) = k^n$ et $H^1(Y_0, \mathcal{E}_0) = 0$. Il en résulte[4] que $H^0(Y, \mathcal{E})$ est un A-module libre de rang n, et que $H^0(Y, \mathcal{E}) \otimes_A k$ s'identifie à $H^0(Y_0, \mathcal{E}_0) = k^n$. Si σ est un élément de G, l'unicité de $\mathcal{E}$ montre l'existence d'un isomorphisme $a(\sigma) : \mathcal{E} \to \mathcal{E}$ compatible avec $\sigma : Y \to Y$; cet isomorphisme définit un automorphisme de $H^0(Y, \mathcal{E}) = A^n$; de plus, $a(\sigma)$ est déterminé à la multiplication près par un automorphisme de $\mathcal{E}$, i.e. par un élément de A^*. On obtient donc ainsi un élément bien déterminé $r(\sigma)$ de $\mathbf{PGL}_n(A)$, et il est clair que l'application $r : G \to \mathbf{PGL}_n(A)$ est un homomorphisme qui relève r_0, cqfd.

4. *Compléments.*—(*a*) Si X_0 est la variété définie ci-dessus, on peut montrer qu'il existe un entier n tel que tout anneau sur lequel X_0 se relève soit annulé par p^n. En d'autres termes, *l'anneau local de la variété formelle des modules*[5] *de* X_0 *est annulé par* p^n. (*b*) On peut considérer X_0 comme un *cycle* dans un certain espace projectif. Le fait que X_0 ne se relève pas en tant que schéma montre qu'il ne se relève pas non plus comme cycle (au sens de la *réduction des cycles* de Shimura[6]).

[1] Grothendieck, A., et J. Dieudonné, "Eléments de Géométrie Algébrique," *Publ. Math. Inst. Htes. et Sci.* (Paris).

[2] Grothendieck, A., "Géométrie formelle et géométrie algébrique," *Sém. Bourbaki*, Mai 1959, no. 182.

[3] Voir par exemple J-P. Serre, "Sur la topologie des variétés algébriques en caractéristique p," *Symp. Top. Mexico*, 1956, pp. 24–53.

[4] Lorsque A est un anneau de valuation discrète, il suffit d'appliquer la *formule de Künneth* (cf. W. L. Chow et J. I. Igusa, "Cohomology theory of varieties over local rings," these PROCEEDINGS, **44**, 1958, pp. 1244–1248). Dans le cas général, il faut recourir au *théorème des fonctions holomorphes*, sous la forme cohomologique que lui a donnée Grothendieck (cf. le Chapitre III des "Eléments").

[5] Grothendieck, A., "Technique de descente et théorèmes d'existence en géométrie algébrique. II: Le théorème d'existence en théorie formelle des modules," *Sém. Bourbaki*, Février 1960, no. 195.

[6] Shimura, G., "Reduction of algebraic varieties with respect to a discrete valuation of the basic field," *Amer. J. of Math.*, **77**, 134–176 (1955).

51.

Sur les corps locaux à corps résiduel algébriquement clos

Bull. Soc. Math. de France **89** (1961), 105–154

Introduction. — Soit K un *corps local*, c'est-à-dire un corps muni d'une valuation discrète, et complet pour la topologie définie par cette valuation. Soit $\mathfrak{A}_K$ le groupe de Galois de l'extension abélienne maximale de K. Lorsque le corps résiduel k de K est un corps *fini* (ou plus généralement quasi-galoisien au sens de WHAPLES [27]), on peut déterminer explicitement $\mathfrak{A}_K$ au moyen de la théorie du corps de classes local : c'est le complété du groupe multiplicatif K^* pour une certaine topologie (*cf.* WHAPLES [25]). Le but du présent mémoire est d'édifier une théorie analogue lorsque *le corps résiduel k est algébriquement clos*. Il faut d'abord munir le groupe U_K des unités de K d'une structure de *groupe proalgébrique sur k*, au sens de [21]; c'est possible, en vertu des résultats généraux de GREENBERG [7], appliqués au groupe multiplicatif G_m. On peut donc parler du *groupe fondamental* $\pi_1(U_K)$ *du groupe* U_K (*cf.* [21], n° 6.1), et la détermination de $\mathfrak{A}_K$ se fait en construisant un *isomorphisme*

$$\theta: \quad \pi_1(U_K) \to \mathfrak{A}_K.$$

En termes imagés, on peut dire que les *extensions abéliennes* de K correspondent biunivoquement aux *isogénies* du groupe U_K.

Le contenu des différents paragraphes est le suivant :

Le § 1 rappelle la définition de la structure proalgébrique de U_K, et établit ses principales propriétés. Le § 2 donne deux définitions équivalentes de l'homomorphisme θ; l'une est directe, l'autre est basée sur une *formation de classes*, au sens d'Artin-Tate [celle formée par les $\pi_1(U_L)$, pour L parcourant l'ensemble des extensions finies séparables de K]. Les deux définitions montrent immédiatement que θ est surjectif. Qu'il soit injectif constitue le *théorème d'existence*, démontré au § 4. Comme dans le cas classique, la démonstration consiste à construire « suffisamment » d'extensions abéliennes de K, au moyen d'équations bien choisies; nous utilisons principalement les « équations d'Artin-Schreier » (*cf.* MacKenzie-Whaples [14]). Le § 3 complète l'analogie avec la théorie du corps de classes local en montrant que l'isomorphisme θ transforme la filtration naturelle de $\pi_1(U_K)$ en la filtration de $\mathfrak{A}_K$ définie par les groupes de ramification (numérotés à la Herbrand); on a donc une théorie du conducteur, qui montre en particulier que le conducteur d'Artin est entier; les démonstrations suivent de près celles données par Hasse dans le cas classique (*cf.* [8]). Le § 5 indique comment les résultats locaux des paragraphes 2, 3, 4 se relient à ceux de la théorie des courbes algébriques.

Comme nous l'avons indiqué au début, tout ce qui précède ne concerne que le cas d'un corps résiduel algébriquement clos. On peut, dans une cer-
1 taine mesure, passer de là au cas général par une méthode analogue à celle utilisée par Lang pour les corps de fonctions (*cf.* [18], chap. VI, ainsi que [19], n° 7). Nous n'exposerons pas ici cette méthode; ce ne serait d'ailleurs possible qu'en changeant assez sensiblement le cadre dans lequel nous nous sommes placés.

§ 1. Structure proalgébrique sur le groupe des unités.

L'existence et les propriétés générales de cette structure sont dues à Greenberg [7]; les numéros 1.1 à 1.6 reproduisent sans grand changement ses démonstrations. Les deux derniers numéros contiennent des théorèmes de structure relatifs au cas des anneaux de valuation.

Dans tout ce paragraphe, la lettre k désigne un corps *algébriquement clos*, de caractéristique quelconque.

1.1. Modules sur les vecteurs de Witt. — Supposons que k soit de caractéristique p, et soit W l'anneau des vecteurs de Witt de longueur infinie à coefficients dans k (pour tout ce qui concerne les vecteurs de Witt, *voir* Witt [28], ou Hasse [9], § 10). On sait que W est un anneau de valuation discrète, complet, de corps résiduel k, et dont l'idéal maximal est engendré par p (ces propriétés le caractérisent d'ailleurs à un isomorphisme unique près). Pour $x \in k$, on pose $r(x) = (x, 0, \ldots, 0, \ldots)$; c'est le *représentant multiplicatif* de x. Si $w = (x_0, x_1, \ldots)$, on a

$$w = \sum_{i=0}^{\infty} r(x_i^{p^{-i}}) p^i.$$

Si n est un entier ≥ 0, nous noterons W_n l'anneau des vecteurs de Witt de longueur n, anneau qui s'identifie à $W/p^n W$; les coordonnées (x_i) font de W_n une variété algébrique sur k. Comme l'addition et la multiplication sont données par des formules polynomiales, W_n est même un *anneau algébrique*. Si $m \geqq n$, la structure algébrique de W_n est *quotient* de celle de W_m.

Si E est un produit fini de W_{n_i}, on munira E de la structure algébrique produit de celles des W_{n_i}. On a :

LEMME 1. — *Soient E_0, E_1, ..., E_k des produits finis de W_{n_i}, et soit $f : E_1 \times \ldots \times E_k \to E_0$ une application W-multilinéaire. Si l'on munit E_0, ..., E_k des structures algébriques produits de celles des W_{n_i} l'application f est un morphisme.*

La multilinéarité permet de se ramener au cas où chaque E_i est isomorphe à un W_{n_i}, et le lemme est immédiat dans ce cas.

Lorsque $k = 1$, on voit en particulier que toute application linéaire $f : E_1 \to E_0$ est un morphisme; si f est bijective, ce résultat, appliqué à f^{-1}, montre que f est un isomorphisme.

Soit maintenant E un W-module de longueur finie. D'après le théorème de structure des modules sur un anneau principal, il existe un isomorphisme $g : E \to E_0$, où E_0 est un produit de W_{n_i}; nous transporterons à E la structure algébrique de E_0 au moyen de g^{-1}. Comme g est unique à un automorphisme W-linéaire près de E_0, et qu'un tel automorphisme respecte la structure algébrique de E_0, on en conclut que la structure algébrique de E *ne dépend pas du choix de g*. On l'appellera la *structure canonique* de E.

PROPOSITION 1. — *Soient E_0, E_1, ..., E_k des W-modules de longueur finie, munis de leurs structures canoniques de variétés algébriques.*

(*a*) *Toute application W-multilinéaire $f : E_1 \times \ldots \times E_k \to E_0$ est un morphisme.*

(*b*) *Si $f : E_1 \to E_0$ est une application W-linéaire surjective, la structure algébrique de E_0 s'identifie à la structure quotient $E_1/\mathrm{Ker}\,(f)$.*

(*c*) *Si $p^n E_0 = 0$, l'application $(w, x) \to w . x$ de $W_n \times E_0$ dans E_0 est un morphisme.*

L'assertion (*a*) résulte du lemme 1, et (*c*) est un cas particulier de (*a*). Dans le cas (*b*), f définit un morphisme bijectif f_0 de $E_1/\mathrm{Ker}\,(f)$ sur E_0, et il nous faut prouver que ce morphisme est un isomorphisme. On peut supposer que $E_0 = \prod_{i=1}^{i=k} W_{n_i}$. Choisissons un entier n tel que $p^n E_1 = 0$; on peut donc considérer E_1 et E_0 comme des W_n-modules, et l'on a, en particulier, $n \geqq n_i$ pour tout i. Soit E' le produit de k facteurs égaux chacun à W_n, et soit g l'application de E' sur E_0 produit des projections canoniques $W_n \to W_{n_i} (1 \leqq i \leqq k)$. Il est clair que la structure algébrique de E_0 s'identifie à celle de $E'/\mathrm{Ker}(g)$. Comme E' est un W_n-module libre, il existe un W-homomorphisme $h : E' \to E_1$ tel que $g = f \circ h$. L'application h est un morphisme, et applique $\mathrm{Ker}(g)$ dans $\mathrm{K}(f)$; elle définit donc par passage au quotient un morphisme h_0 de $E'/\mathrm{Ker}(g) = E_0$ dans $E_1/\mathrm{Ker}(f)$. On vérifie tout de suite que f_0 et h_0 sont des morphismes inverses l'un de l'autre, et ce sont donc des isomorphismes, ce qui achève de prouver (*b*).

REMARQUE. — Si E_1 est un sous-module de E_0, il n'est pas vrai en général que la structure algébrique canonique de E_1 soit *induite* par celle de E_0 (sauf, bien sûr, si E_1 est facteur direct dans E_0). Exemple : $E_1 = W_1$, $E_0 = W_2$, le module E_1 étant identifié à un sous-module de E_0 au moyen de l'application W-linéaire $x \to (0, x^p)$, déduite par passage au quotient de la multiplication par p dans W; si l'on note E'_1 la structure algébrique sur E_1 induite par celle de E_0, l'application identique $E_1 \to E'_1$ est une *isogénie radicielle* de degré p.

1.2. Anneaux locaux artiniens. — Soit A un anneau local artinien de corps résiduel k; nous notons s l'homomorphisme canonique de A sur k. Nous allons munir A d'une structure de k-variété algébrique qui en fera un *anneau algébrique*. Distinguons deux cas :

(i) *La caractéristique de k est nulle.*

On sait (*cf.* par exemple COHEN [5], § 4) qu'il existe alors un corps de représentants de k, c'est-à-dire un homomorphisme $r : k \to A$ tel que $s \circ r = 1$ Nous *choisirons* une fois pour toutes un tel homomorphisme. L'anneau A devient alors une k-algèbre de dimension finie (égale à la longueur de A), et sa structure de variété algébrique est évidente.

(ii) *La caractéristique de k est* $p \neq 0$.

Il existe alors une application $r : k \to A$, et une seule, qui vérifie les deux conditions suivantes :

(*a*) $s \circ r = 1$;
(*b*) $r(x^p) = r(x)^p$ pour tout $x \in k$.

Si $x \in k$, l'élément $r(x)$ de A est appelé le *représentant multiplicatif* de x; cette terminologie est justifiée par la formule :

(*c*) $r(xy) = r(x).r(y)$ (*cf.* COHEN [5], § 5).

L'application r permet de définir un homomorphisme bien déterminé $\chi : W \to A$ par la formule

$$\chi(x_0, x_1, \ldots) = \sum_{i=0}^{\infty} r(x_i^{p^{-i}}).p^i,$$

cf. WITT [28], où est traité le cas des anneaux de valuation discrète (le cas général se traite de même). Notons que, dans la formule précédente, tous les termes sont nuls à l'exception d'un nombre fini.

L'anneau A se trouve ainsi muni d'une structure de W-algèbre, et en particulier d'une structure de W-module de longueur finie. On le munit de la structure canonique de variété algébrique correspondant à cette structure de module (*cf.* n° 1.1). Comme la multiplication est une application W-bilinéaire de $A \times A$ dans A, la proposition 1 montre que A est un *anneau algébrique*.

Dans les deux cas (i) et (ii), les applications $r : k \rightarrow A$ et $s : A \rightarrow k$ sont des morphismes; comme $s \circ r = 1$, on en conclut que r est un *isomorphisme* de k sur une sous-variété fermée (pour la topologie de Zariski) de A. Noter également que, si A est de longueur n, il est isomorphe en tant que variété algébrique à l'espace affine de dimension n.

1.3. **Groupe des unités d'un anneau local artinien.** — Nous conservons les notations du numéro précédent. Soit $\mathfrak{m}$ l'idéal maximal de A, et soit $U = A - \mathfrak{m}$ le groupe des unités de A. Soit U^1 le sous-groupe de U formé des $x \in A$ tels que $x \equiv 1 \bmod \mathfrak{m}$, et soit G_m le sous-groupe formé des $r(x)$, $x \in k^*$. Il est clair que U est produit direct des sous-groupes G_m et U^1.

Comme $s : A \rightarrow k$ est un morphisme, $\mathfrak{m} = s^{-1}(0)$ et $U^1 = s^{-1}(1)$ sont fermés pour la topologie de Zariski de A, et U est ouvert. Quant à $G_m = U \cap r(k)$, il est fermé dans U. La structure de variété algébrique de A induit donc sur chacun des trois groupes U, G_m et U^1 une structure de variété algébrique.

PROPOSITION 2.

(*a*) *Les structures algébriques définies ci-dessus font de* U, U^1 *et* G_m *des groupes algébriques.*

(*b*) *L'application* $r : k^* \rightarrow G_m$ *est un isomorphisme.*

(*c*) *Le groupe* U *est produit direct (en tant que groupe algébrique) des groupes* G_m *et* U^1.

Puisque la multiplication $(x, y) \rightarrow x.y$ est un morphisme de $A \times A$ dans A, elle induit sur U un morphisme de $U \times U$ dans U, et de même pour U^1 et G_m. Pour montrer que ces groupes sont des groupes algébriques, il nous reste à prouver que $x \rightarrow x^{-1}$ est aussi un morphisme. Cela peut se faire, soit par un raisonnement général utilisant le « main theorem » de Zariski, soit directement de la façon suivante :

Pour G_m, c'est clair, car les applications $r : k^* \rightarrow G_m$ et $s : G_m \rightarrow k^*$ sont des morphismes inverses l'un de l'autre, donc des isomorphismes, ce qui établit en même temps (*b*).

Pour U^1, on remarque que, si $x = 1 - a$, avec $a \in \mathfrak{m}$, et si $\mathfrak{m}^k = 0$, on a

$$x^{-1} = 1 + a + \ldots + a^{k-1} = 1 + (1 - x) + \ldots + (1 - x)^{k-1},$$

ce qui définit évidemment un morphisme de U^1 dans lui-même.

Reste le cas de U. L'application évidente de $G_m \times U^1$ dans U est un morphisme. On va montrer que c'est un isomorphisme, ce qui établira à la fois (*c*) et le fait que U est un groupe algébrique. Il faut donc voir que l'application inverse est un morphisme. Or cette application s'écrit explicitement $x \to (r(s(x)), x.r(s(x)^{-1}))$, ce qui montre bien que c'est un morphisme.

Proposition 3. — *Le groupe U^1 est un groupe unipotent.*

En caractéristique zéro, l'application $a \to \exp(a)$ est un isomorphisme du k-espace vectoriel $\mathfrak{m}$ sur le groupe U^1, ce qui montre bien que U^1 est unipotent. En caractéristique p, la relation $x \equiv 1 \bmod \mathfrak{m}^i (i \geq 1)$ entraîne $x^p \equiv 1 \bmod \mathfrak{m}^{i+1}$, d'où $x^{p^m} = 1$ pour $x \in U^1$, si m est assez grand, ce qui montre encore que U^1 est unipotent.

Remarque. — La décomposition $U = G_m \times U^1$ est un cas particulier du théorème de décomposition de Borel-Kolchin : tout groupe algébrique commutatif affine connexe est produit direct d'un tore par un groupe unipotent.

1.4. Passage à la limite. — Soit A un anneau local noethérien complet, de corps résiduel k. Lorsque la caractéristique de k est nulle, nous supposons choisi un relèvement $r : k \to A$ (*cf.* Cohen [5], § 4).

Soit $\mathfrak{m}$ l'idéal maximal de A, et soit $\mathfrak{q}$ un *idéal de définition* de A, c'est-à-dire un idéal contenu dans $\mathfrak{m}$ et contenant une puissance de $\mathfrak{m}$. L'anneau $A/\mathfrak{q}$ est alors un anneau local artinien, et l'anneau A s'identifie à la limite projective des $A/\mathfrak{q}$, pour $\mathfrak{q}$ parcourant l'ensemble des idéaux de définition de A. En caractéristique zéro, le relèvement $r : k \to A$ définit un relèvement de k dans $A/\mathfrak{q}$. On peut donc appliquer à $A/\mathfrak{q}$ les constructions du nº 1.2; d'où une structure d'anneau algébrique sur $A/\mathfrak{q}$, et une structure de groupe algébrique sur son groupe des unités, groupe que nous noterons $U(A/\mathfrak{q})$. Si $\mathfrak{q} \subset \mathfrak{q}'$, la structure algébrique de $A/\mathfrak{q}'$ est quotient de celle de $A/\mathfrak{q}$; c'est évident si k est de caractéristique nulle; en caractéristique p, cela résulte de la partie (b) de la proposition 1. Comme $A/\mathfrak{q}$ et $A/\mathfrak{q}'$ sont des groupes algébriques, cela montre que l'application tangente à la projection $A/\mathfrak{q} \to A/\mathfrak{q}'$ est partout surjective. Il en est donc de même de l'application tangente à la projection $U(A/\mathfrak{q}) \to U(A/\mathfrak{q}')$, ce qui montre que *la structure algébrique de $U(A/\mathfrak{q}')$ est quotient de celle de $U(A/\mathfrak{q})$.*

Quand $\mathfrak{q}$ varie, on a donc un *système projectif d'anneaux algébriques*, à savoir les $A/\mathfrak{q}$, dont la limite s'identifie à A, et un *système projectif de groupes algébriques*, à savoir les $U(A/\mathfrak{q})$, dont la limite s'identifie au groupe U des unités de A [on a, en effet, $U(A/\mathfrak{q}) = U/(1+\mathfrak{q})$].

A côté de ces structures de groupes algébriques, on peut considérer les structures de *groupes quasialgébriques* (au sens de [21], nº 1.2) qui leur sont associées. Comme U est limite projective des $U/(1+\mathfrak{q})$, on voit que U se trouve muni d'une structure de *groupe proalgébrique* sur k, admettant les sous-groupes $1+\mathfrak{q}$ comme ensemble de définition (*cf.* [21], nº 2.1,

Remarque 2). De même, A, considéré comme groupe additif, est muni d'une structure de groupe proalgébrique admettant les sous-groupes $\mathfrak{q}$ pour ensemble de définition.

1.5. **Anneaux de valuation discrète.** — A partir de maintenant, nous supposons que A est un *anneau de valuation discrète* (complet, bien entendu), c'est-à-dire l'anneau des entiers d'un corps local K. Distinguons deux cas :

(a) *Égale caractéristique* (K et k ont même caractéristique).

L'ensemble $r(k)$ est alors un sous-corps de K, et, en le prenant pour corps des constantes, on voit que A s'identifie à *l'anneau des séries formelles* $k[[T]]$, et K au corps $k((T))$. Les idéaux de définition de A sont les idéaux principaux (T^n), $n = 1, 2, \ldots$. Le groupe des unités de $A/(T^n)$ est le groupe multiplicatif des « séries tronquées »

$$a_0 + a_1 T + \ldots + a_{n-1} T^{n-1}, \qquad a_0 \neq 0$$

et sa structure algébrique s'obtient en considérant les a_i comme des coordonnées. On reconnaît là le *groupe local* qui intervient dans la construction des *jacobiennes généralisées* de Rosenlicht (*cf.* [18], chap. V, nº 14). La composante unipotente U^1 de U est donnée par l'équation $a_0 = 1$. On peut facilement déterminer sa structure : en caractéristique zéro, U^1 est isomorphe à un k-espace vectoriel de dimension $n-1$ (*cf.* la démonstration de la proposition 3, ou bien [18], chap. V, nº 15); en caractéristique p, U^1 est isomorphe à un certain produit de groupes additifs de Witt (*cf.* [18], chap. V, nº 16).

En passant à la limite sur n, on voit que, si la caractéristique est nulle, le groupe proalgébrique U^1 est isomorphe à un produit infini de groupes isomorphes à G_a, et, si la caractéristique est $p \neq 0$, il est isomorphe à un produit de groupes isomorphes à W. Nous retrouverons d'ailleurs ce résultat au nº 1.8.

(b) *Inégale caractéristique* (K est de caractéristique zéro, et k de caractéristique p).

L'homomorphisme $\chi : W \to A$ du numéro 1.2 est alors injectif. Si v désigne l'unique valuation *normée* de K (c'est-à-dire appliquant K^* sur $\mathbf{Z}$), on posera $e = v(p)$; c'est « l'indice de ramification absolu » de K. Si π est une uniformisante de K, les éléments

$$1, \quad \pi, \quad \pi^2, \quad \ldots, \quad \pi^{e-1}$$

forment une *base* de A considéré comme W-module [*cf.* par exemple Hasse [9], § 10, f)].

Les idéaux $\mathfrak{q}_n = (p^n)$ forment une famile cofinale d'idéaux de définition de A, et tout élément de $A/\mathfrak{q}_n$ s'écrit de façon unique sous la forme

$$a = w_0 + w_1 \pi + \ldots + w_{e-1} \pi^{e-1}, \qquad w_i \in W_n.$$

Les coordonnées des w_i définissent la structure algébrique de $A/\mathfrak{q}_n$. On a $a \in U(A/\mathfrak{q}_n)$ si et seulement si $w_0 \notin p\,W_n$, c'est-à-dire si la première coordonnée du vecteur de Witt w_0 est non nulle.

Ici, il paraît difficile de préciser exactement la structure du groupe $U(A/\mathfrak{q}_n)$ considéré comme *groupe algébrique;* nous nous bornerons à étudier sa structure de *groupe quasialgébrique* (*cf.* n° 1.8).

1.6. **Filtration du groupe des unités.** — Nous conservons les notations du numéro précédent. Soit $\mathfrak{m}$ l'idéal maximal de A, et soit U^n le sous-groupe de U formé des $x \in A$ tels que $x \equiv 1 \bmod \mathfrak{m}^n$. Le groupe U/U^n est le groupe des unités de l'anneau d'Artin $A/\mathfrak{m}^n$, et les U^n forment une famille de définition du groupe proalgébrique U. On a évidemment

$$U = U^0 \supset U^1 \supset U^2 \supset \ldots,$$

les U^n forment donc une *filtration décroissante* du groupe U.

Déterminons le *groupe gradué* associé à cette filtration, c'est-à-dire l'ensemble des quotients successifs U^n/U^{n+1}. On a tout d'abord :

Proposition 4. — *Le groupe proalgébrique U est produit direct du groupe G_m et du groupe U^1.*

(En particulier, on a $U^0/U^1 = G_m$.)
Cela résulte de la proposition 2.

Supposons donc $n \geqq 1$, et soit x_n un élément de valuation n, c'est-à-dire appartenant à $\mathfrak{m}^n$ et n'appartenant pas à $\mathfrak{m}^{n+1}$. Pour tout $t \in A$, on a $1 + t x_n \in U^n$; l'application $t \to 1 + t x_n$ définit par passage au quotient une application

$$\alpha_{x_n}: \quad G_a \to U^n/U^{n+1},$$

où G_a désigne le corps k considéré comme groupe additif. On vérifie immédiatement que α_{x_n} est un isomorphisme pour les structures de groupes de G_a et de U^n/U^{n+1}. Plus précisément :

Proposition 5. — *L'application $\alpha_{x_n} : G_a \to U^n/U^{n+1}$ définie ci-dessus est un isomorphisme pour les structures de groupes quasialgébriques de G_a et de U^n/U^{n+1}.*

Dans l'anneau algébrique $A/\mathfrak{m}^{n+1}$, l'application $t \to 1 + t x_n$ est un morphisme de A dans un sous-groupe de $U(A/\mathfrak{m}^{n+1})$ qui s'identifie à U^n/U^{n+1}; en passant au quotient, on voit donc que α_{x_n} est un morphisme pour les structures de groupes algébriques de G_a et de U^n/U^{n+1}, donc *a fortiori* pour leurs structures de groupes quasialgébriques. Comme α_{x_n} est bijectif, c'est un isomorphisme ([21], § 1, prop. 4).

Remarque. — Dans le cas d'égale caractéristique, la proposition précédente reste valable si l'on remplace « quasialgébrique » par « algébrique » dans son énoncé. Il n'en est plus de même en inégale caractéristique : si e désigne l'indice de ramification absolu de K, on montre par un calcul facile que α_{x_n} est une isogénie radicielle de degré p^{h_n}, où h_n est égal à la partie entière de n/e; ce n'est donc un isomorphisme que si $n < e$.

Donnons ici l'énoncé d'un lemme qui nous servira plus loin :

LEMME 2. — *Soient A et A' deux groupes abéliens munis de filtrations décroissantes $\{A_n\}$ et $\{A'_n\}$, avec $A_0 = A$, $A'_0 = A'$. Supposons que les homomorphismes canoniques $A \to \varprojlim A/A_n$ et $A' \to \varprojlim A'/A'_n$ soient bijectifs. Soit $u : A \to A'$ un homomorphisme appliquant A_n dans A'_n Si les homomorphismes $u_n : A_n/A_{n+1} \to A'_n/A'_{n+1}$ définis par u sont tous injectifs (resp. surjectifs), il en est de même de u.*

Rappelons la démonstration de ce résultat bien connu (*cf.* BOURBAKI, *Alg. comm.*, chap. III, § 2).

Si les u_n sont injectifs, on a $\mathrm{Ker}(u) \cap A_n = \mathrm{Ker}(u) \cap A_{n+1}$, d'où par récurrence sur n, $\mathrm{Ker}(u) \subset A_n$ pour tout n, et comme $\bigcap A_n = 0$ par hypothèse, on voit bien que u est injectif.

Supposons les u_n surjectifs, et soit $a' \in A' = A'_0$. Il existe alors $a_0 \in A_0$ et $a'_1 \in A'_1$ tels que $u(a_0) = a' - a'_1$. Utilisant la surjectivité de u_1, on voit qu'il existe $a_1 \in A_1$ et $a'_2 \in A'_2$ tels que $u(a_1) = a'_1 - a'_2$. On construit de même a_2, a_3, ... et a'_3, a'_4, ... Si l'on munit A de la topologie définie par les A_n, on obtient un groupe topologique complet, et la série $a_0 + a_1 + \ldots$ converge donc vers un élément $a \in A$. On a $u(a) - a' \in A'_n$ pour tout n, d'où $u(a) = a'$. C. Q. F. D.

1.7. Opération de puissance $p^{\text{ième}}$ dans le groupe des unités. — Dans ce numéro et dans le suivant, nous supposerons que la caractéristique de k est différente de zéro, et nous la noterons p. L'application $x \to x^p$ est un endomorphisme u du groupe U. Nous nous proposons de déterminer son effet sur la filtration des U^n.

Nous poserons comme précédemment $e = v(p)$, v désignant la valuation normée du corps local K. Si K est de caractéristique p, on a $e = +\infty$; si K est de caractéristique zéro, on a $1 \leq e < +\infty$. Pour tout entier $n \geq 0$, nous poserons

$$\lambda(n) = \inf(pn, n + e).$$

La fonction λ est une fonction linéaire par morceaux, strictement croissante, et à valeurs entières. Si l'on pose $e_1 = e/(p-1)$, on a

$$\lambda(n) = pn \quad \text{si} \quad n \leq e_1,$$
$$\lambda(n) = n + e \quad \text{si} \quad n \geq e_1.$$

PROPOSITION 6. — *L'homomorphisme $u : U \to U$ applique U^n dans $U^{\lambda(n)}$, U^{n+1} dans $U^{\lambda(n)+1}$, et définit par passage au quotient un homomorphisme surjectif*

$$u_n : \quad U^n/U^{n+1} \to U^{\lambda(n)}/U^{\lambda(n)+1}.$$

Le noyau de u_n est toujours nul, sauf si $n = e_1$, auquel cas il est cyclique d'ordre p.

La démonstration est standard (*cf.* par exemple Hasse [9], § 15, *c*). Si $n = 0$, la proposition est évidente. Pour $n \geqq 1$, choisissons un élément x_n de valuation n, et soit $x = 1 + t x_n$, $t \in A$, un élément de U^n. On a

$$u(x) = (1 + t x_n)^p = 1 + pt x_n + \ldots + t^p x_n^p.$$

La valuation de $p x_n$ est égale à $n + e$, celle de x_n^p est égale à pn, et les termes non écrits ont une valuation strictement supérieure à

$$\inf(pn, n + e) = \lambda(n).$$

On voit donc bien que u applique U^n dans $U^{\lambda(n)}$, d'où aussi U^{n+1} dans $U^{\lambda(n)+1}$ puisque $\lambda(n+1) \geqq \lambda(n) + 1$. La même formule donne explicitement u_n :

(*a*) Si $n < e_1$, on a $u(x) = 1 + t^p x_n^p \bmod U^{pn+1}$ et, si l'on identifie U^n/U^{n+1} à G_a au moyen de α_{x_n} (*cf.* prop. 5), et U^{pn}/U^{pn+1} à G_a au moyen de $\alpha_{(x_n^p)}$, l'application u_n s'identifie à l'application $t \to t^p$ de G_a dans lui-même.

(*b*) Si $n = e_1$, le même raisonnement montre que u_n s'identifie à une application de G_a dans lui-même de la forme

$$u_n(t) = a t^p + bt \qquad (a, b \neq 0),$$

et cette application est bien surjective, et de noyau isomorphe à $\mathbf{Z}/p\mathbf{Z}$ (comparer à [21], n° 8.3, lemme 1).

(*c*) Si $n > e_1$, le même raisonnement montre que u_n s'identifie à l'application identique de G_a dans lui-même.

On a donc bien vérifié la proposition 6 dans tous les cas.

Corollaire 1. — *Si $n > e_1$, l'homomorphisme u applique isomorphiquement U^n sur U^{n+e}.*

On applique le lemme 2 à $u : U^n \to U^{n+e}$, le groupe U^n étant filtré par les U^{n+m} ($m = 0, 1, \ldots$), le groupe U^{n+e} par les U^{n+e+m} ($m = 0, 1, \ldots$). L'application correspondante des gradués associés est bijective, et il en est donc de même de u.

Corollaire 2. — *Pour que le corps local K contienne une racine $p^{\text{ième}}$ de l'unité non triviale, il faut et il suffit que $p - 1$ divise e.*)

(Si $e = +\infty$, on convient que $p - 1$ *ne divise pas* e.)

Si $p - 1$ ne divise pas e, l'entier n ne peut pas être égal à e_1, et u définit des morphismes injectifs

$$U^n/U^{n+1} \to U^{\lambda(n)}/U^{\lambda(n+1)}.$$

D'après le lemme 2, u est injectif, ce qui signifie bien que K ne contient pas de racine de l'unité non triviale.

Supposons maintenant que e_1 soit entier. La proposition 6 montre alors qu'il existe un élément x de U^{e_1}, non situé dans U^{e_1+1}, tel que x^p appartienne à U^{e_1+e+1}. D'après le corollaire 1, il existe $y \in U^{e_1+1}$ tel que $y^p = x^p$. En posant $z = x/y$, on a $z^p = 1$, et z n'appartient pas à U^{e_1+1} : c'est bien une racine $p^{\text{ième}}$ de l'unité non triviale.

Remarque. — Le corollaire 1 reste vrai même lorsqu'on ne fait plus d'hypothèses sur le corps résiduel k : la démonstration est la même. Il n'en est évidemment plus de même du corollaire 2 (*cf.* Hasse, *loc. cit.*).

1.8. **Structure du groupe U^1 en caractéristique p.** — Nous allons déterminer cette structure en nous servant uniquement des renseignements fournis par les propositions 5 et 6. De façon plus précise, considérons un groupe proalgébrique H filtré par une famille décroissante de sous-groupes fermés

$$H = H_1 \supset H_2 \supset \ldots$$

vérifiant les conditious suivantes :

(*a*) *On a* $\bigcap H_i = 0$.

(*b*) *Pour tout* $n \geqq 1$, *le groupe* H_n/H_{n+1} *est isomorphe au groupe* G_a.

La condition (*a*) entraîne $H = \varprojlim H/H_n$ (*cf.* [21], 2.5, prop. 10, cor. 3). La condition (*b*) entraîne que G/H_n est un groupe unipotent de dimension $n-1$.

Lemme 3. — *Soit i un entier $\geqq 1$, et soit f un morphisme de G_a dans H_i/H_{i+1}. Il existe alors un morphisme φ de W dans H_i tel que le diagramme*

$$\begin{array}{ccc} W & \xrightarrow{\varphi} & H_i \\ {\scriptstyle\rho}\downarrow & & \downarrow \\ G_a & \xrightarrow{f} & H_i/H_{i+1} \end{array}$$

soit commutatif (ρ *désignant l'application canonique de* W *sur* G_a).

Il s'agit de remonter à H_i le morphisme $f \circ \rho : W \to H_i/H_{i+1}$. Supposons que $f \circ \rho$ soit déjà remonté en $\varphi_n : W \to H_i/H_{i+n}$. On a une suite exacte :

$$\operatorname{Hom}(W, H_i/H_{i+n+1}) \to \operatorname{Hom}(W, H_i/H_{i+n}) \to \operatorname{Ext}^1(W, H_{i+n}/H_{i+n+1}).$$

Comme $\operatorname{Ext}^1(W, G_a) = 0$ (*cf.* [21], n° 8.5, th. 1), cette suite exacte montre que φ_n se remonte en $\varphi_{n+1} : W \to H_i/H_{i+n+1}$. La collection des φ_n définit un morphisme $\varphi : W \to \varprojlim H_i/H_{i+n}$, et comme $\varprojlim H_i/H_{i+n}$ s'identifie à H_i, le lemme est démontré.

Soit maintenant $\lambda : \mathbf{N}^* \to \mathbf{N}^*$ une application *strictement croissante* de l'ensemble des entiers non nuls dans lui-même. Nous supposerons que la filtration $\{H_n\}$ vérifie l'une des deux conditions suivantes :

(c_λ) *Le morphisme* $x \rightarrow px$ *applique* H_n *dans* $H_{\lambda(n)}$ *et définit pour tout* n *un isomorphisme de* H_n/H_{n+1} *sur* $H_{\lambda(n)}/H_{\lambda(n)+1}$.

(c'_λ) *Même énoncé que* (c_λ), *à cela près que pour une valeur particulière* n_0 *de* n *le morphisme de* H_n/H_{n+1} *sur* $H_{\lambda(n)}/H_{\lambda(n)+1}$ *a un noyau cyclique d'ordre* p.

[Quand on prend $H = U^1$, filtré par les U^n, on se trouve dans le cas (c'_λ), ou le cas (c_λ), suivant que K contient, ou ne contient pas, de racine $p^{\text{ième}}$ de l'unité non triviale.]

Soit $I = \mathbf{N}^* - \lambda(\mathbf{N}^*)$ le complémentaire de l'image de λ, et soit $G = W^I$ le produit de I copies du groupe de Witt W; le $i^{\text{ième}}$ facteur de G sera noté $W^{(i)}$. Pour tout $i \in I$, soit $f_i : G_a \rightarrow H_i/H_{i+1}$ un isomophisme, et soit $\varphi_i : W^{(i)} \rightarrow H_i$ un morphisme qui relève $f_i \circ \rho$ (*cf.* lemme 3). Comme les H_i tendent vers o, la somme des φ_i est bien définie, et c'est un morphisme de $G = W^I$ dans le groupe H. Le théorème de structure que nous avons en vue s'énonce alors ainsi :

Proposition 7. — *Si* H *vérifie les conditions* (a), (b) *et* (c_λ), *le morphisme* $\varphi : W^I \rightarrow H$ *est un isomorphisme. Si* H *vérifie les conditions* (a), (b) *et* (c'_λ), *le morphisme* φ *est surjectif, et son noyau est isomorphe au groupe* $\mathbf{Z}_p$ *des entiers p-adiques.*

Nous allons en fait démontrer un résultat plus précis : nous allons munir W d'une filtration, et montrer que φ applique cette filtration *sur* celle de H.

Si m est un entier $\geq$ o, nous noterons λ^m le $m^{\text{ième}}$ itéré de l'application λ. On a :

Lemme 4. — *Le morphisme* $\varphi_i : W^{(i)} \rightarrow H_i$ *applique* $p^m W^{(i)}$ *dans* $H_{\lambda^m(i)}$ *et définit par passage au quotient un morphisme surjectif*

$$p^m W^{(i)}/p^{m+1} W^{(i)} \rightarrow H_{\lambda^m(i)}/H_{\lambda^m(i)+1}.$$

Le noyau de ce morphisme est réduit à zéro, sauf, dans le cas (c'_λ), *lorsqu'il existe un entier* $r \leq m - 1$ *tel que* $\lambda^r(i) = n_0$, *auquel cas ce noyau est cyclique d'ordre* p.

Pour $m = $ o, c'est évident d'après la construction des morphisme φ_i. A partir de là on raisonne par récurrence sur m, en utilisant le diagramme commutatif

$$\begin{array}{ccc} p^{m-1} W^{(i)}/p^m W^{(i)} & \rightarrow & H_{\lambda^{m-1}(i)}/H_{\lambda^{m-1}(i)+1} \\ \downarrow & & \downarrow \\ p^m W^{(i)}/p^{m+1} W^{(i)} & \rightarrow & H_{\lambda^m(i)}/H_{\lambda^m(i)+1} \end{array}$$

où les flèches verticales sont induites par la multiplication par p.

Nous définirons maintenant la filtration du groupe $G = W^I$ en posant

$$G_n = \prod_{i \in I} p^{m(n,i)} W^{(i)},$$

où $m(n, i)$ désigne le plus petit entier m tel que $\lambda^m(i) \geqq n$.

L'entier n peut être écrit de façon unique sous la forme $n = \lambda^q(j)$, avec $q \geqq 0$, $j \in I$. Si $i \neq j$, il est clair que la $i^{\text{ième}}$ composante de G_{n+1} coïncide avec celle de G_n; par contre, pour $i = j$, celle de G_n est $p^q W^{(j)}$ et celle de G_{n+1} est $p^{q+1} W^{(j)}$. On a donc $G_{n+1} \subset G_n$, et le quotient G_n/G_{n+1} s'identifie à $p^q W^{(j)}/p^{q+1} W^{(j)}$, lui-même isomorphe à G_a. Les groupes G_n forment une filtration décroissante de G, qui vérifie les conditions (a), (b) et (c_λ).

On vérifie tout de suite que φ applique G_n dans H_n. De plus, le lemme 4 montre que le morphisme

$$G_n/G_{n+1} \rightarrow H_n/H_{n+1}$$

défini par φ est bijectif, sauf, dans le cas (c'_λ), lorsque n est de la forme $\lambda^s(n_0)$, $s \geqq 1$, auquel cas il est cyclique d'ordre p. En appliquant le lemme 2 à G_n et H_n, on voit que φ applique G_n *sur* H_n, et que, dans le cas (c_λ), *c'est un isomorphisme*.

Reste à considérer le cas (c'_λ). Soit alors Γ le noyau de φ, et posons $\Gamma_n = \Gamma \cap G_n$. Le quotient Γ_n/Γ_{n+1} s'identifie au noyau du morphisme de G_n/G_{n+1} dans H_n/H_{n+1} défini par φ. On a donc $\Gamma_n = \Gamma_{n+1}$ si n n'est pas de la forme $\lambda^s(n_0)$; s'il l'est, le quotient Γ_n/Γ_{n+1} est isomorphe à $\mathbf{Z}/p\mathbf{Z}$. En particulier, on a $\Gamma = \Gamma_{\lambda(n_0)}$, et $\Gamma_{\lambda(n_0)}/\Gamma_{\lambda(n_0)+1} = \mathbf{Z}/p\mathbf{Z}$. Soit x un élément de $\Gamma_{\lambda(n_0)}$ non contenu dans $\Gamma_{\lambda(n_0)+1}$. On peut évidemment considérer G comme un $\mathbf{Z}_p$-module. Soit Γ' le sous-$\mathbf{Z}_p$-module de G engendré par x; on a $\Gamma' \subset \Gamma$, et Γ' est isomorphe à $\mathbf{Z}_p$. Si l'on pose $\Gamma'_n = \Gamma' \cap G_n$, on vérifie tout de suite que Γ'_n/Γ'_{n+1} est isomorphe à $\mathbf{Z}/p\mathbf{Z}$ lorsque n est de la forme $\lambda^s(n_0)$. Appliquant le lemme 2 à l'injection de Γ' dans Γ, on voit que $\Gamma' = \Gamma$, ce qui achève de démontrer la proposition.

Remarques. — Lorsqu'on applique ce qui précède au groupe $H = U^1$, l'ensemble I est l'ensemble des entiers $< e_1 + e$ et premiers à p; c'est un ensemble à e éléments.

Quant aux homomorphismes $\varphi_i : W \rightarrow U_i$, définis ici grâce à l'annulation de $\mathrm{Ext}^1(W, G_a)$, il peuvent s'obtenir aussi, de façon explicite, grâce à *l'exponentielle de Artin-Hasse :*

L'exponentielle de Artin-Hasse est un homomorphisme

$$E: \quad W \rightarrow 1 + W[[T]],$$

où $1 + W[[T]]$ désigne le groupe multiplicatif des séries formelles à coefficients dans W, et de terme constant égal à 1. A un vecteur de Witt a, elle fait donc correspondre une série formelle en T, qu'on notera $E(a, T)$, et qui est définie par la formule

$$E(a, T) = \exp.\left(-\sum_{n=0}^{\infty} \frac{T^{p^n}}{p^n} . F^n(a)\right)$$

(*cf.*, par exemple, Whaples [26], n° 9, ou Šafarevič [16], § 1).

Si A est un anneau local complet noethérien, de corps résiduel k, et si t appartient à l'idéal maximal de A, on peut substituer t à T dans la série $E(a, T)$, et l'on obtient ainsi un élément $E(a, t)$ du groupe $U(A)$ des unités de A. Il n'est pas difficile de vérifier que l'application $a \rightarrow E(a, t)$ est un *morphisme* du groupe proalgébrique W dans le groupe proalgébrique $U(A)$. Dans le cas considéré ici, on prend pour t un élément de valuation i, et le morphisme $a \rightarrow E(a, t)$ correspondant est le morphisme φ_i cherché. C'est la méthode suivie par Šafarevič (*loc. cit.*), à une petite complication près, due au fait qu'il travaille avec un corps résiduel qui n'est pas algébriquement clos; c'est aussi la méthode qui, en égale caractéristique, donne la structure de *groupe algébrique* des quotients U^1/U^n ([18], chap. V, n° 16).

§ 2. L'homomorphisme $\theta : \pi_1(U_K) \rightarrow \mathfrak{A}_K$.

2.1. Préliminaires (proalgébriques). — Dans tout ce paragraphe, K désigne un corps local, de corps résiduel k algébriquement clos. Lorsque k est de caractéristique nulle, on se donne un relèvement de k dans l'anneau A_K des entiers de K. On munit le groupe U_K des unités de K de la structure de groupe proalgébrique définie au § 1.

Soit L une extension finie de K; on sait que L est un corps local, de corps résiduel K. En caractéristique zéro, le relèvement r de k dans A_K peut être considéré comme un relèvement de k dans A_L, et c'est ce relèvement que nous choisirons. On vérifie alors sans difficultés que l'injection de K dans L définit un *morphisme* du groupe proalgébrique U_K dans le groupe U_L; en sens inverse, l'opération de *norme* est un *morphisme* de U_L dans U_K (cela peut se vérifier, soit en remarquant que la norme est donnée par une formule « polynomiale », soit en se ramenant au cas galoisien, où le résultat est évident).

Si L est galoisien sur K, de groupe de Galois $\mathfrak{g}$, les éléments de $\mathfrak{g}$ définissent des *automorphismes* du groupe proalgébrique U_L : c'est évident par transport de structure.

2.2. Préliminaires (cohomologiques). — Si $\mathfrak{g}$ est un groupe fini, et A un $\mathfrak{g}$-module, nous noterons $H^q(\mathfrak{g}, A)$ les groupes de cohomologie de $\mathfrak{g}$ à coefficients dans A, modifiés à la Tate; ce sont les groupes $\hat{H}^q(\mathfrak{g}, A)$ de Cartan-Eilenberg ([4], chap. XII); ils sont définis pour tout $q \in \mathbf{Z}$. On a, en particulier :

$$H^0(\mathfrak{g}, A) = A^{\mathfrak{g}}/NA, \qquad H^{-1}(\mathfrak{g}, A) = A_N/IA,$$

$A^{\mathfrak{g}}$ désignant l'ensemble des éléments invariants de A, NA (resp. A_N) désignant l'image (resp. le noyau) de la norme $N : A \rightarrow A$, et I désignant l'idéal de l'algèbre de groupe $\mathbf{Z}[\mathfrak{g}]$ engendré par les $1 - \sigma$, pour $\sigma \in \mathfrak{g}$.

PROPOSITION 1. — *Soit L/K une extension galoisienne finie, de groupe de Galois $\mathfrak{g}$. Le $\mathfrak{g}$-module L^* est alors cohomologiquement trivial* (*cf.* RIM [15]), *autrement dit on a $H^q(\mathfrak{h}, L^*) = 0$ pour tout $q \in \mathbf{Z}$ et tout sous-groupe $\mathfrak{h}$ de $\mathfrak{g}$.*

Le théorème de Hilbert-Speiser montre que $H^1(\mathfrak{h}, L^*) = 0$. En vertu du théorème de Tate (*cf.* TATE [23], ou RIM [15], th. 4.12), il suffit donc de prouver que $H^2(\mathfrak{h}, L^*) = 0$, ou encore que le groupe de Brauer de toute extension finie de K est nul; c'est là un résultat bien connu (on sait même que K est quasi-algébriquement clos, *cf.* LANG [13]).

Au lieu d'utiliser la nullité de H^2, on pourrait aussi utiliser celle de H^0, c'est-à-dire le fait que tout élément de K^* est norme d'un élément de L^*; on trouvera une démonstration directe de ce fait dans WHAPLES [24], lemme 2 (*voir* aussi plus loin, n° 3.4, prop. 6).

COROLLAIRE. — *L'application norme $N : L^* \to K^*$ applique L^* sur K^* et U_L sur U_K.*

Le fait que $N(L^*) = K^*$ a déjà été explicité. D'autre part, si $y \in L^*$ est tel que $N(y)$ soit une unité dans K, il est clair que y est une unité dans L, d'où la seconde partie du corollaire.

Soit maintenant $w : L^* \to \mathbf{Z}$ la valuation normée du corps local L. Si l'on fait opérer $\mathfrak{g}$ trivialement sur $\mathbf{Z}$, la suite

$$(1) \qquad 0 \to U_L \to L^* \xrightarrow{w} \mathbf{Z} \to 0$$

est une suite exacte de $\mathfrak{g}$-modules.

PROPOSITION 2. — *Pour tout sous-groupe $\mathfrak{h}$ de $\mathfrak{g}$ et tout $q \in \mathbf{Z}$, l'opérateur cobord*

$$\delta : H^q(\mathfrak{h}, \mathbf{Z}) \to H^{q+1}(\mathfrak{h}, U_L),$$

défini par la suite exacte (1), *est un isomorphisme.*

Cela résulte de la nullité des $H^q(\mathfrak{h}, L^*)$.

COROLLAIRE. — *Le groupe $H^{-1}(\mathfrak{h}, U_L)$ est isomorphe au groupe $\mathfrak{h}/\mathfrak{h}'$, quotient de $\mathfrak{h}$ par son groupe des commutateurs.*

C'est le cas particulier $q = -2$ de la proposition 2, compte tenu de l'isomorphisme $H^{-2}(\mathfrak{h}, \mathbf{Z}) = \mathfrak{h}/\mathfrak{h}'$ (*cf.* CARTAN-EILENBERG, *loc. cit.*, p. 237).

REMARQUE. — L'isomorphisme $\mathfrak{h}/\mathfrak{h}' \to H^{-1}(\mathfrak{h}, U_L)$ est facile à expliciter. Bornons-nous, pour simplifier, au cas où $\mathfrak{h} = \mathfrak{g}$. Si V_L désigne le noyau de $N : U_L \to U_K$, on a par définition $H^{-1}(\mathfrak{g}, U_L) = V_L/I.U_L$. Si T est une uniformisante de L, l'élément $\sigma(T)/T$ appartient à V_L pour tout $\sigma \in \mathfrak{g}$, et l'on vérifie tout de suite que $\sigma \to \sigma(T)/T$ définit par passage au quotient l'isomorphisme cherché de $\mathfrak{g}/\mathfrak{g}'$ sur $V_L/I.U_L$.

2.3. L'isomorphisme $\theta_{L/K} : \pi_1(U_K)/N\pi_1(U_L) \to \mathfrak{g}/\mathfrak{g}'$. — Nous allons maintenant faire intervenir les structures proalgébriques des groupes U_L et U_K. La suite exacte

$$(2) \qquad 0 \to V_L \to U_L \xrightarrow{N} U_K \to 0$$

montre tout d'abord que V_L est un sous-groupe proalgébrique de U_L. De plus :

PROPOSITION 3. — *La composante connexe de* V_L (au sens de [21], n°5.1) *est égal à* $I.U_L$.

Le sous-groupe $I.U_L$ est somme des sous-groupes $(1-\sigma).U_L$, $\sigma\in\mathfrak{g}$; comme U_L est connexe, chacun de ces sous-groupes est un groupe proalgébrique connexe, et il en est de même de $I.U_L$; donc $I.U_L$ est contenu dans la composante connexe V_L^0 de V_L. D'autre part, le corollaire à la proposition 2 montre que $V_L/I.U_L$ est un groupe fini. On en conclut que $I.U_L$ contient V_L^0 (*loc. cit.*, prop. 1), d'où la proposition.

COROLLAIRE. — *Le groupe* $\pi_0(V_L)$ *s'identifie au groupe* $\mathfrak{g}/\mathfrak{g}'$.

Cela résulte de la proposition 3, et du corollaire à la proposition 2.

On peut interpréter les résultats précédents de la façon suivante : si l'on divise U_L par $I.U_L$, on obtient un groupe connexe U'_L et la suite exacte (2), jointe à l'isomorphisme $V_L/I.U_L = \mathfrak{g}/\mathfrak{g}'$, donne *la suite exacte*

$$(3) \qquad 0 \to \mathfrak{g}/\mathfrak{g}' \to U'_L \to U_K \to 0.$$

On a donc associé à toute extension galoisienne L/K une « isogénie » du groupe U_K, ayant pour groupe de Galois le groupe $\mathfrak{g}/\mathfrak{g}'$. Le théorème d'existence montrera que toute isogénie de U_K est obtenue de cette façon, et même au moyen d'une extension abélienne; on obtiendra ainsi une correspondance bijective entre extensions abéliennes de K et isogénies de U_K.

D'un point de vue pratique, il est plus commode de parler de « groupe fondamental » que d'« isogénies ». Au lieu de considérer la suite exacte (3), on écrit la *suite exacte d'homotopie* ([21], n° 5.3) associée à (2) :

$$(4) \qquad \pi_1(U_L) \xrightarrow{N} \pi_1(U_K) \xrightarrow{\partial} \pi_0(V_L) \to \pi_0(U_L).$$

Comme U_L est connexe, on a $\pi_0(U_L) = 0$. D'autre part, le corollaire à la proposition 3 permet d'identifier $\pi_0(V_L)$ à $\mathfrak{g}/\mathfrak{g}'$. On en déduit donc un *isomorphisme*

$$(5) \qquad \theta_{L/K} : \pi_1(U_K)/N\pi_1(U_L) \to \mathfrak{g}/\mathfrak{g}',$$

qui va jouer le même rôle que l'isomorphisme de réciprocité en théorie du corps de classes local. Notons tout d'abord :

PROPOSITION 4. — *L'injection de* U_K *dans* U_L *définit une injection de* $\pi_1(U_K)$ *dans* $\pi_1(U_L)$ *qui applique* $\pi_1(U_K)$ *sur* $\pi_1(U_L)^{\mathfrak{g}}$.

Soit $C^i(\mathfrak{g}, U_L)$ le groupe des i-cochaînes de $\mathfrak{g}$ à valeurs dans U_L; c'est un produit d'un certain nombre de copies de U_L, et c'est donc un groupe proalgébrique; on vérifie immédiatement que le cobord

$$d : C^i(\mathfrak{g}, U_L) \to C^{i+1}(\mathfrak{g}, U_L)$$

est un morphisme.

Par définition, on a une suite exacte

$$0 \to (U_L)^{\mathfrak{g}} \to C^0(\mathfrak{g}, U_L) \to C^1(\mathfrak{g}, U_L).$$

Mais le foncteur π_1 est *exact à gauche* ([21], n° **10**.2); on a donc la suite exacte

$$0 \to \pi_1((U_L)^{\mathfrak{g}}) \to \pi_1(C^0(\mathfrak{g}, U_L)) \to \pi_1(C^1(\mathfrak{g}, U_L)),$$

qui peut encore s'écrire

$$0 \to \pi_1(U_K) \to C^0(\mathfrak{g}, \pi_1(U_L)) \to C^1(\mathfrak{g}, \pi_1(U_L)).$$

On en déduit bien que $\pi_1(U_K)$ s'identifie à $\pi_1(U_L)^{\mathfrak{g}}$.

C. Q. F. D.

Remarque. — Si l'on effectue l'identification $\pi_1(U_K) = \pi_1(U_L)^{\mathfrak{g}}$, l'homomorphisme $N : \pi_1(U_L) \to \pi_1(U_K)$ devient simplement la *norme* dans le $\mathfrak{g}$-module U_L, et le quotient $\pi_1(U_K)/N\pi_1(U_L)$ n'est autre que $H^0(\mathfrak{g}, \pi_1(U_L))$.

2.4. **L'homomorphisme** θ. — Soit M une extension galoisienne de K, contenant l'extension L; nous noterons $\mathfrak{g}_{M/K}$ (resp. $\mathfrak{g}_{L/K}$) le groupe de Galois de M/K (resp. de L/K); le groupe $\mathfrak{g}_{L/K}$ est *quotient* du groupe $\mathfrak{g}_{M/K}$.

Proposition 5. — *Le diagramme suivant est commutatif*

$$(6)\qquad \begin{array}{ccc} \pi_1(U_K)/N\pi_1(U_M) & \to & \pi_1(U_K)/N\pi_1(U_L) \\ \downarrow{\scriptstyle \theta_{M/K}} & & \downarrow{\scriptstyle \theta_{L/K}} \\ \mathfrak{g}_{M/K}/\mathfrak{g}'_{M/K} & \to & \mathfrak{g}_{L/K}/\mathfrak{g}'_{L/K} \end{array}$$

(Les homomorphismes horizontaux étant définis de façon évidente.)

Le diagramme suivant est évidemment commutatif :

$$(7)\qquad \begin{array}{ccccccccc} 0 & \to & V_M & \to & U_M & \to & U_K & \to & 0 \\ & & \downarrow{\scriptstyle N_{M/L}} & & \downarrow{\scriptstyle N_{M/L}} & & \downarrow{\scriptstyle \mathrm{id.}} & & \\ 0 & \to & V_L & \to & U_L & \to & U_K & \to & 0 \end{array}$$

$N_{M/L}$ désignant la norme dans l'extension M/L. On en déduit la commutativité du diagramme

$$(8)\qquad \begin{array}{ccc} \pi_1(U_K)/N\pi_1(U_M) & \xrightarrow{\partial} & \pi_0(V_M) \\ \downarrow & & \downarrow{\scriptstyle N_{M/L}} \\ \pi_1(U_K)/N\pi_1(U_L) & \xrightarrow{\partial} & \pi_0(V_L) \end{array}$$

Vu les définitions de $\theta_{M/K}$ et $\theta_{L/K}$, il ne nous reste plus qu'à établir la commutativité du diagramme suivant :

$$\begin{array}{ccc} \mathfrak{g}_{M/K}/\mathfrak{g}'_{M/K} & \rightarrow & \pi_0(V_M) \\ \downarrow & & \downarrow N_{M/L} \\ \mathfrak{g}_{L/K}/\mathfrak{g}'_{L/K} & \rightarrow & \pi_0(V_L) \end{array} \tag{9}$$

Or, soit T une uniformisante de M; l'élément $t = N_{M/L}(T)$ est une uniformisante de L. On a vu au nº 2.2 que l'homomorphisme $\mathfrak{g}_{M/K} \rightarrow \pi_0(V_M)$ s'obtient à partir de l'application $\sigma \rightarrow \sigma(T)/T$. De même $\mathfrak{g}_{M/K} \rightarrow \mathfrak{g}_{L/K} \rightarrow \pi_0(V_L)$ s'obtient à partir de $\sigma \rightarrow \sigma(t)/t$. Comme $N_{M/L}$ commute à σ, on a

$$N_{M/L}(\sigma(T)/T) = \sigma(t)/t,$$

ce qui prouve bien la commutativité de (9), et achève la démonstration.

Soit maintenant $\mathfrak{A}_K$ le groupe de Galois de l'extension abélienne maximale de K; c'est la limite projective des groupes $\mathfrak{g}_{L/K}/\mathfrak{g}'_{L/K}$, pour L parcourant l'ensemble des extensions galoisiennes finies de K. La proposition 5 montre que les homomorphismes $\pi_1(U_K) \rightarrow \mathfrak{g}_{L/K}/\mathfrak{g}'_{L/K}$ définis par les $\theta_{L/K}$ sont compatibles entre eux. *Ils définissent donc un homomorphisme*

$$\theta : \pi_1(U_K) \rightarrow \mathfrak{A}_K.$$

Proposition 6. — *L'homomorphisme θ est surjectif. Son noyau est l'intersection des groupes $N\pi_1(U_L)$ pour L parcourant l'ensemble des extensions finies séparables (resp. galoisiennes, resp. abéliennes) de K.*

On sait qu'images et noyaux commutent aux limites projectives (*cf.* [21], nº 2.5); d'où la proposition (noter également que les extensions galoisiennes sont cofinales dans les extensions séparables).

Soit maintenant K' une extension séparable finie de K, et soit L une extension galoisienne finie de K, contenant K'. Le groupe $\mathfrak{g}_{L/K'}$ est un sous-groupe d'indice fini de $\mathfrak{g}_{L/K}$; on a donc deux homomorphismes canoniques

$$i : \mathfrak{g}_{L/K'}/\mathfrak{g}'_{L/K'} \rightarrow \mathfrak{g}_{L/K}/\mathfrak{g}'_{L/K},$$
$$t : \mathfrak{g}_{L/K}/\mathfrak{g}'_{L/K} \rightarrow \mathfrak{g}_{L/K'}/\mathfrak{g}'_{L/K'},$$

le premier étant défini par l'*injection* de $\mathfrak{g}_{L/K'}$ dans $\mathfrak{g}_{L/K}$, le second étant le *transfert* (*cf.* [4], p. 264, exerc. 10).

Par passage à la limite sur L, on en déduit des homomorphismes

$$i : \mathfrak{A}_{K'} \rightarrow \mathfrak{A}_K \quad \text{et} \quad t : \mathfrak{A}_K \rightarrow \mathfrak{A}_{K'}.$$

Proposition 7. — *Les deux diagrammes suivants sont commutatifs*

$$\begin{array}{ccc} \pi_1(U_K) & \xrightarrow{j} & \pi_1(U_{K'}) \\ \theta\downarrow & & \theta\downarrow \\ \mathfrak{A}_K & \xrightarrow{t} & \mathfrak{A}_{K'} \end{array} \tag{10}$$

$$(11)\qquad \begin{array}{ccc} \pi_1(U_{K'}) & \xrightarrow{N} & \pi_1(U_K) \\ \theta\downarrow & & \theta\downarrow \\ \mathfrak{A}_{K'} & \xrightarrow{i} & \mathfrak{A}_K \end{array}$$

l'homomorphisme j étant induit par l'injection $U_K \to U_{K'}$, *et l'homomorphisme N par la norme* $N_{K'/K} : U_{K'} \to U_K$.

La démonstration sera donnée au numéro suivant.

Remarque. — Les homomorphismes j, t, N, i sont définis même si K' est une extension *inséparable* de K. Le diagramme (11) est encore commutatif; le diagramme (10) l'est aussi à condition d'y remplacer t par son produit avec $[K' : K]_i$. [Ces assertions se démontrent, soit directement, soit par réduction au cas où $K' = k((T))$, $K = k((T^p))$.]

2.5. **Une formation de classes.** — Soit de nouveau L/K une extension galoisienne finie, de groupe de Galois $\mathfrak{g}$. Le groupe $\mathfrak{g}$ est un groupe d'automorphismes du groupe proalgébrique U_L; il opère donc aussi sur le *revêtement universel* $\overline{U_L}$ de U_L (*cf.* [21], nº 6.2).

Proposition 8. — *Le* $\mathfrak{g}$*-module* $\overline{U_L}$ *est cohomologiquement trivial.*

(La démonstration qui suit m'a été indiquée par J. Tate.)

Puisque le foncteur « revêtement universel » est *exact* ([21], nº 10.3, th. 3), il commute aux groupes de cohomologie (*cf.* la démonstration de la proposition 4). En d'autres termes, si $\mathfrak{h}$ est un sous-groupe de $\mathfrak{g}$, les groupes $H^q(\mathfrak{h}, \overline{U_L})$ s'identifient aux revêtements universels des groupes $H^q(\mathfrak{h}, U_L)$. Comme ces derniers sont des groupes *finis* (prop. 2), leurs revêtements universels sont nuls, d'où la proposition.

Considérons maintenant la suite exacte

$$(12)\qquad 0 \to \pi_1(U_L) \to \overline{U_L} \to U_L \to 0.$$

En la combinant avec la suite exacte (1), on obtient la nouvelle suite exacte

$$(13)\qquad 0 \to \pi_1(U_L) \to \overline{U_L} \to L^* \to \mathbf{Z} \to 0.$$

C'est une suite exacte de $\mathfrak{g}$-modules. Elle donne naissance à un *cobord itéré*

$$\delta^2 : \quad H^q(\mathfrak{g}, \mathbf{Z}) \to H^{q+2}(\mathfrak{g}, \pi_1(U_L)).$$

Proposition 9. — *L'homomorphisme* δ^2 *défini ci-dessus est un isomorphisme.*

Cela résulte de ce que $\overline{U_L}$ et L^* sont cohomologiquement triviaux.

Pour $q = -2$, on a $H^{-2}(\mathfrak{g}, \mathbf{Z}) = \mathfrak{g}/\mathfrak{g}'$, et

$$H^0(\mathfrak{g}, \pi_1(U_L)) = \pi_1(U_K)/N\pi_1(U_L),$$

on l'a vu.

PROPOSITION 10. — *L'isomorphisme* $\delta^2 : \mathfrak{g}/\mathfrak{g}' \to \pi_1(U_K)/N\pi_1(U_L)$ *et l'isomorphisme* $\theta_{L/K}$ *du* n° 2.3 *sont inverses l'un de l'autre.*

Remontons aux définitions de δ^2 et de $\theta_{L/K}$. Dans les deux cas, on a identifié $\mathfrak{g}/\mathfrak{g}'$ tout d'abord à $H^{-2}(\mathfrak{g}, \mathbf{Z})$, puis à $H^{-1}(\mathfrak{g}, U_L) = V_L/I.U_L$, au moyen du cobord défini par la suite exacte (1). Ensuite, pour définir $\theta_{L/K}$, on a utilisé l'isomorphisme

$$f : \quad \pi_1(U_K)/N\pi_1(U_L) \to V_L/I.U_L = \pi_0(V_L)$$

défini par l'opérateur bord $\partial : \pi_1(U_K) \to \pi_0(V_L)$; pour définir δ^2 on a utilisé l'isomorphisme

$$g : \quad V_L/I.U_L \to \pi_1(U_K)/N\pi_1(U_L)$$

défini par le cobord associé à la suite exacte (12).

Tout revient donc à prouver que $g \circ f = 1$.

Soit $a \in \pi_1(U_K)/N\pi_1(U_L)$, et calculons $f(a)$. Soit $a' \in \pi_1(U_K)$ un représentant de a; on a $f(a) = \partial(a')$. Mais, d'après [21], n° 10.3, on peut calculer $\partial(a')$ de la manière suivante : on choisit $b \in \overline{U_L}$ dont l'image par $N : \overline{U_L} \to \overline{U_K}$ soit égale à a', et l'on considère l'image c de b dans U_L; c'est un élément de V_L dont la classe dans $\pi_0(V_L)$ est égale à $\partial(a') = f(a)$. Pour calculer maintenant $g \circ f(a)$, on doit d'abord relever $f(a)$ en un élément de V_L : on peut prendre c. Puis on doit relever c en un élément de $\overline{U_L}$, et prendre la norme du résultat : on peut choisir b pour relèvement, et comme $N(b) = a'$, on voit qu'on trouve un représentant de a, ce qui démontre que $g \circ f = 1$, et achève la démonstration.

Il n'y a plus maintenant aucune difficulté à expliciter la « formation de classes » des $\pi_1(U_L)$. Observons tout d'abord que la proposition 9, appliquée pour $q = -1$, montre que $H^1(\mathfrak{g}, \pi_1(U_L)) = 0$; pour $q = 0$, si l'on pose $u_{L/K} = \delta^2(1)$, l'élément $u_{L/K}$ engendre le groupe $H^2(\mathfrak{g}, \pi_1(U_L))$, groupe qui est d'ailleurs isomorphe à $\mathbf{Z}/n\mathbf{Z}$, avec $n = [L : K]$. Si $x \in H^q(\mathfrak{g}, \mathbf{Z})$, on a

$$(14) \qquad \delta^2(x) = \delta^2(x.1) = x.\delta^2(1) = x.u_{L/K},$$

le produit étant le *cup-produit* relatif à l'accouplement naturel de $\mathbf{Z} \times \pi_1(U_L)$ dans $\pi_1(U_L)$ (comparer avec TATE [23]).

PROPOSITION 11. — *La donnée des* $\pi_1(U_L)$ *et des classes* $u_{L/K}$ *constituent une formation de classes au sens d'Artin-Tate* (*cf.* KAWADA [12]).

Il nous faut vérifier que les clasees $u_{L/K}$, ou, ce qui revient au même, les homomorphismes δ^2, vérifient certaines propriétés formelles. De façon précise, il y a deux cas à considérer :

(i) On se donne une extension galoisienne M de K contenant l'extension galoisienne L/K; on note $\delta^2_{L/K}$ et $\delta^2_{M/K}$ les cobords itérés relatifs à L/K et M/K respectivement. On doit alors vérifier la formule

$$(15) \qquad \mathrm{Inf} \circ \delta^2_{L/K} = [M:L].\delta^2_{M/K} \circ \mathrm{Inf},$$

où Inf désigne l'homomorphisme appelé « inflation » par ARTIN-TATE (c'est celui qui provient de l'homomorphisme $\mathfrak{g}_{M/K} \to \mathfrak{g}_{L/K}$; on notera qu'il n'est défini *qu'en degrés positifs*).

La formule (15) résulte tout de suite de la commutativité du diagramme

$$(16) \qquad \begin{array}{ccccccccc} 0 \to & \pi_1(U_M) & \to & \overline{U_M} & \to & M^* & \to & \mathbf{Z} & \to 0 \\ & \uparrow & & \uparrow & & \uparrow & & \uparrow & \\ 0 \to & \pi_1(U_L) & \to & \overline{U_L} & \to & L^* & \to & \mathbf{Z} & \to 0 \end{array}$$

où les flèches verticales sont induites par les injections évidentes, à l'exception de $\mathbf{Z} \to \mathbf{Z}$ qui est la multiplication par $[M:L]$.

(ii) On se donne une extension finie K' de K, et une extension galoisienne finie L de K, contenant K'. On doit vérifier les formules

$$(17) \qquad \mathrm{Res} \circ \delta^2_{L/K} = \delta^2_{L/K'} \circ \mathrm{Res},$$

$$(18) \qquad \mathrm{Cor} \circ \delta^2_{L/K'} = \delta^2_{L/K} \circ \mathrm{Cor},$$

où Res (resp. Cor) désigne l'homomorphisme de « restriction » (resp. « corestriction »; c'est le « transfert » de CARTAN-EILENBERG [4], chap. XII, n° 8), défini par l'injection de $\mathfrak{g}_{L/K'}$ dans $\mathfrak{g}_{L/K}$.

Ces formules sont d'ailleurs évidentes, car $\delta^2_{L/K'}$ et $\delta^2_{L/K}$ sont les cobords itérés définis par *la même* suite exacte (13), et l'on sait que les cobords commutent à Res et Cor.

Ceci achève la démonstration de la proposition **11**.

REMARQUE. — Si l'on applique les formules (17) et (18) aux homomorphismes

$$\delta^2_{L/K} : \ H^{-2}(\mathfrak{g}_{L/K}, \mathbf{Z}) \to H^0(\mathfrak{g}_{L/K}, \pi_1(U_L))$$

et

$$\delta^2_{L/K'} : \ H^{-2}(\mathfrak{g}_{L/K'}, \mathbf{Z}) \to H^0(\mathfrak{g}_{L/K'}, \pi_1(U_L)),$$

on obtient les diagrammes commutatifs

$$(19) \qquad \begin{array}{ccc} \pi_1(U_K) & \xrightarrow{j} & \pi_1(U_{K'}) \\ \downarrow & & \downarrow \\ \mathfrak{g}_{L/K}/\mathfrak{g}'_{L/K} & \xrightarrow{t} & \mathfrak{g}_{L/K'}/\mathfrak{g}'_{L/K'} \end{array}$$

$$(20) \qquad \begin{array}{ccc} \pi_1(U_{K'}) & \xrightarrow{N} & \pi_1(U_K) \\ \downarrow & & \downarrow \\ \mathfrak{g}_{L/K'}/\mathfrak{g}'_{L/K'} & \xrightarrow{i} & \mathfrak{g}_{L/K}/\mathfrak{g}'_{L/K} \end{array}$$

les lettres j, N, i, t ayant le même sens qu'au numéro 2.4. En passant à la limite sur L, ces diagrammes deviennent identiques aux diagrammes (10) et (11), ce qui démontre la proposition 7.

§ 3. Ramification et conducteur.

3.1. **Groupes de ramification.** — Nous allons rappeler la définition et les principales propriétés de ces groupes. Pour les démonstrations, le lecteur pourra se reporter à SAMUEL-ZARISKI [17], chap. V, § 10, ou à ARTIN [3], chap. IV-V.

Soit K un corps local, et soit L une extension galoisienne finie de K, de groupe de Galois $\mathfrak{g}$. Dans ce numéro, nous ne supposons plus que le corps résiduel k de K est algébriquement clos, mais nous nous bornons au cas où L/K est *totalement ramifiée* (L et K ont même corps résiduel).

Soient A_K et v_K (resp. A_L et v_L) l'anneau des entiers et la valuation normée de K (resp. de L). Si $g = [L:K]$, on a

$$(1) \qquad v_K(x) = g.v_L(x) \quad \text{pour tout } x \in K.$$

Soit T une uniformisante de L. Si n est un entier $\geqq 0$, on notera $\mathfrak{g}_n$ l'ensemble des $\sigma \in \mathfrak{g}$ tels qu'on ait

$$(2) \qquad v_L(\sigma(T)/T - 1) \geqq n.$$

La condition (2) équivaut à

$$(3) \qquad v_L(\sigma(x) - x) \geqq n + 1 \quad \text{pour tout } x \in A_L.$$

L'ensemble $\mathfrak{g}_n$ est un sous-groupe invariant de $\mathfrak{g}$, appelé $n^{\text{ième}}$ *groupe de ramification* de L/K. Les $\mathfrak{g}_n$ forment une filtration décroissante de $\mathfrak{g}$, avec $\mathfrak{g}_0 = \mathfrak{g}$, et $\mathfrak{g}_n = \{1\}$ pour n assez grand.

PROPOSITION 1. — *L'application $\sigma \to \sigma(T)/T$ définit par passage au quotient un isomorphisme de $\mathfrak{g}_n/\mathfrak{g}_{n+1}$ sur un sous-groupe de U_L^n/U_L^{n+1}.*

La démonstration est immédiate.

COROLLAIRE 1. — *Si k est de caractéristique zéro, on a $\mathfrak{g}_1 = \{1\}$, et le groupe $\mathfrak{g}$ est cyclique.*

En effet, pour $n \geqq 1$, le groupe U_L^n/U_L^{n+1} est isomorphe à k, et ne contient aucun sous-groupe fini non nul; d'où $\mathfrak{g}_1 = \mathfrak{g}_2 = \ldots = \{1\}$. De plus le groupe U_L/U_L^1 est isomorphe à k^*, et l'on sait qu'un sous-groupe fini de k^* est cyclique.

COROLLAIRE 2. — *Si k est de caractéristique p, le groupe $\mathfrak{g}_1$ est un p-groupe, et le groupe $\mathfrak{g}/\mathfrak{g}_1$ est cyclique d'ordre premier à p.*

Même démonstration que pour le corollaire 1.

Proposition 2. — *Si* $\mathfrak{h}$ *est un sous-groupe de* $\mathfrak{g}$, *on a* $\mathfrak{h}_n = \mathfrak{h} \cap \mathfrak{g}_n$ *pour tout* $n \geqq 0$.

C'est évident.

La détermination des groupes de ramification d'un *groupe quotient* est moins simple; avant d'énoncer le résultat (dû à Herbrand [10]), il est nécessaire de définir *une autre numérotation* des groupes $\mathfrak{g}_n$; cela se fait au moyen des fonctions φ et ψ de Hasse (*cf.* [8], ou Tamagawa [22]), dont nous allons rappeler la définition :

Pour tout nombre réel positif x, nous définirons $\mathfrak{g}_x$ comme étant égal à $\mathfrak{g}_i$, où i est le plus petit entier $\geqq x$. Nous poserons

$$\varphi(x) = \int_0^x \frac{dt}{(\mathfrak{g}:\mathfrak{g}_t)}. \tag{4}$$

Si l'on note g_i l'ordre du groupe $\mathfrak{g}_i$, et si l'on suppose x compris entre les entiers q et $q+1$, on a

$$\varphi(x) = \frac{1}{g}\left[g_1 + g_2 + \ldots + g_q + (x-q)\, g_{q+1} \right]. \tag{5}$$

Propriétés de la fonction φ.

a. C'est une fonction continue, linéaire par morceaux, strictement croissante, concave.

b. On a $\varphi(0) = 0$.

c. Si l'on désigne par $\varphi'_d(x)$ et $\varphi'_g(x)$ les dérivées à droite et à gauche de φ, on a

$$\varphi'_g(x) = \varphi'_d(x) = 1/(\mathfrak{g}:\mathfrak{g}_x) \quad \text{si } x \text{ n'est pas un entier,} \tag{6}$$

$$\varphi'_g(x) = 1/(\mathfrak{g}:\mathfrak{g}_x) \quad \text{et} \quad \varphi'_d(x) = 1/(\mathfrak{g}:\mathfrak{g}_{x+1}) \quad \text{si } x \text{ est entier.} \tag{7}$$

L'application $\varphi : \mathbf{R}_+ \to \mathbf{R}_+$ est bijective. On notera ψ l'application réciproque.

Propriétés de la fonction ψ.

a'. C'est une fonction continue, linéaire par morceaux, strictement croissante, convexe.

b'. On a $\psi(0) = 0$.

c'. Si $y = \varphi(x)$, on a $\psi'_d(y) = 1/\varphi'_d(x)$, $\psi'_g(y) = 1/\varphi'_g(x)$. En particulier, ψ'_d et ψ'_g ne prennent que des valeurs entières.

d'. Si y est entier, il en est de même de $\psi(y)$.

[Pour démontrer *d'*, on applique (5) avec $x = \varphi(y)$. On trouve

$$(x-q)\, g_{q+1} = gy - (g_1 + \ldots + g_q).$$

Comme g_{q+1} divise g, g_1, ..., g_q, on en déduit que $x-q$ est entier, d'où le résultat cherché.]

Nous définirons maintenant la *numérotation supérieure* des groupes de ramification en posant

(8) $$\mathfrak{g}^y = \mathfrak{g}_{\psi(y)} \quad \text{ou encore} \quad \mathfrak{g}^{\varphi(x)} = \mathfrak{g}_x.$$

Le théorème de Herbrand s'énonce alors :

PROPOSITION 3. — *Soit* $\mathfrak{k}$ *un sous-groupe invariant de* $\mathfrak{g}$, *et soit* $\mathfrak{h} = \mathfrak{g}/\mathfrak{k}$. *Pour tout* $s \in \mathbf{R}_+$, *on a*

(9) $$\mathfrak{h}^s = \mathfrak{g}^s\mathfrak{k}/\mathfrak{k}.$$

[Autrement dit, la filtration des $\mathfrak{h}^s$ est *l'image* de la filtration des $\mathfrak{g}^s$.]

Pour la démonstration, *voir* HERBRAND [10], ou ARTIN [3], p. 99.

La proposition 3 permet de définir, par passage à la limite, les groupes de ramification $\mathfrak{g}^s$ d'une *extension galoisienne infinie* L/K, de groupe de Galois $\mathfrak{g}$.

Nous aurons besoin par la suite d'une propriété de *transitivité* des fonctions φ et ψ. Pour l'énoncer, nous conviendrons de noter $\varphi_{L/K}$ et $\psi_{L/K}$ les fonctions φ et ψ relatives à une extension galoisienne L/K.

PROPOSITION 4. — *Soit K' une extension galoisienne de K contenue dans L. On a*

(10) $$\psi_{L/K} = \psi_{L/K'} \circ \psi_{K'/K} \quad \textit{et} \quad \varphi_{L/K} = \varphi_{K'/K} \circ \varphi_{L/K'}.$$

La formule relative à $\psi_{L/K}$ est démontrée dans TAMAGAWA [22] (elle est d'ailleurs essentiellement équivalente au théorème de Herbrand). L'autre formule s'en déduit.

REMARQUE. — Comme l'a observé KAWADA, la proposition 4 permet de définir les fonctions $\varphi_{L/K}$ et $\psi_{L/K}$ pour des extensions finies quelconques (pour une extension radicielle, on pose $\varphi(x) = x$).

3.2. **Énoncé du théorème.** — A partir de maintenant, et *jusqu'à la fin de ce paragraphe*, nous revenons aux hypothèses du § 2; en particulier, le corps résiduel k de K est supposé *algébriquement clos*.

Puisque le foncteur π_1 est exact à gauche ([21], n° 10.2), l'injection de U_K^n dans U_K définit une injection de $\pi_1(U_K^n)$ dans $\pi_1(U_K)$. Quand n varie, les $\pi_1(U_K^n)$ forment donc une *filtration décroissante* de $\pi_1(U_K)$; le quotient $\pi_1(U_K)/\pi_1(U_K^n)$ s'identifie à $\pi_1(U_K/U_K^n)$, comme le montre la suite exacte d'homotopie. De plus, la formule

$$\bigcap U_K^n = 0$$

montre que $\varprojlim U_K^n = 0$, d'où ([21], n° 5.3, prop. 4) $\varprojlim \pi_1(U_K^n) = 0$, c'est-à-dire $\bigcap \pi_1(U_K^n) = 0$. La filtration des $\pi_1(U_K^n)$ est donc *séparée*. Il est commode d'étendre cette filtration aux valeurs réelles positives de l'exposant, en posant

$$U_K^s = U_K^n \quad \text{si } n \text{ est le plus petit entier } \geqq s.$$

D'autre part, si $\mathfrak{A}_K$ désigne le groupe de Galois de l'extension abélienne maximale de K, on peut filtrer $\mathfrak{A}_K$ au moyen des groupes de ramification $\mathfrak{A}_K^s$, définis comme il a été dit au numéro précédent.

THÉORÈME 1. — *L'homomorphisme* $\theta : \pi_1(U_K) \to \mathfrak{A}_K$, *défini au* § 2, *applique* $\pi_1(U_K^s)$ *sur* $\mathfrak{A}_K^s$, *pour tout* $s \in \mathbf{R}_+$.

La démonstration sera donnée au n° 3.5. Observons tout de suite que le cas d'un corps résiduel de caractéristique zéro est trivial. En effet, on a alors $\mathfrak{A}_K^s = 0$ pour tout $s > 0$ (cor. 1 à la prop. 1), et $\pi_1(U_K^s) = 0$ pour tout $s > 0$ car U_K^s est unipotent, donc simplement connexe d'après [21], n° 8.2.

3.3. Cas d'une extension cyclique de degré premier. — Dans tout ce numéro, L/K désigne une extension *cyclique de degré premier* l; on note $\mathfrak{g}$ son groupe de Galois. On conserve les notations et hypothèses du n° 3.1 (et l'on suppose, en outre, que k est algébriquement clos).

Il existe évidemment un entier $t \geqq 0$ tel qu'on ait

$$\mathfrak{g} = \mathfrak{g}_0 = \ldots = \mathfrak{g}_t,$$
$$\mathfrak{g}_{t+1} = \mathfrak{g}_{t+2} = \ldots = \{1\}.$$

Le calcul des fonctions φ et ψ est immédiat. On trouve

$$(11) \qquad \psi(x) = \begin{cases} x & \text{si } x \leqq t. \\ t + l(x - t) & \text{si } x \geqq t. \end{cases}$$

Nous noterons $\mathfrak{P}$ (resp. $\mathfrak{p}$) l'idéal maximal de A_L (resp. A_K).

LEMME 1. — *La différente* $\mathfrak{D}$ *de l'extension* L/K *est égale à* $\mathfrak{P}^m$, *avec* $m = (t + 1)(l - 1)$.

Si T est une uniformisante de L, on sait que $\mathfrak{D}$ est engendrée par $\prod_{\sigma \neq 1} (\sigma(T) - T)$; comme chaque terme a une valuation égale à $t + 1$, on en déduit bien le lemme.

LEMME 2. — *Soit* Tr : $L \to K$ *la trace dans l'extension* L/K. *Posons* $m = (t + 1)(l - 1)$. *Pour tout entier* $s \geqq 0$, *on a*

$$(12) \qquad \mathrm{Tr}(\mathfrak{P}^s) = \mathfrak{p}^r, \qquad \text{avec} \quad r = [(m + s)/l].$$

[Le symbole $[x]$ désigne la *partie entière* du nombre réel x.]

Puisque la trace est une application A_K-linéaire de A_L dans A_K, $\mathrm{Tr}(\mathfrak{P}^s)$ est un idéal de A_K. Si r est un entier $\geqq 0$, on a $\mathrm{Tr}(\mathfrak{P}^s) \subset \mathfrak{p}^r$ si et seulement si $\mathrm{Tr}(\mathfrak{p}^{-r}\mathfrak{P}^s) \subset A_K$, c'est-à-dire si $\mathfrak{p}^{-r}\mathfrak{P}^s \subset \mathfrak{D}^{-1}$, vu la définition de la différente au moyen de la trace; d'après le lemme 1, cette dernière inclusion équivaut à l'inégalité $s - lr \geqq -m$, c'est-à-dire $r \leqq [(m+s)/l]$.

C. Q. F. D.

Lemme 3. — *Si T_s est un élément de L de valuation $\geqq s$, on a*

$$(13) \qquad N(1+T_s) \equiv 1 + \mathrm{Tr}(T_s) + N(T_s) \mod \mathrm{Tr}(\mathfrak{P}^{2s}).$$

On a, par définition,

$$N(1+T_s) = \prod_{\sigma \in \mathfrak{g}} (1 + T_s^\sigma),$$

d'où, en développant,

$$N(1+T_s) = \sum_\lambda T_s^\lambda,$$

où λ parcourt l'ensemble des éléments de l'algèbre de groupe $\mathbf{Z}[\mathfrak{g}]$ qui sont de la forme $\lambda = \sigma_1 + \ldots + \sigma_k$, les σ_i étant des éléments de $\mathfrak{g}$ deux à deux distincts. On posera $n(\lambda) = k$: c'est *l'augmentation* de λ. Les λ d'augmentation $0, 1$ et l donnent les termes 1, $\mathrm{Tr}(T_s)$ et $N(T_s)$ de la formule (13). Tout revient donc à prouver que la somme des autres termes appartient à $\mathrm{Tr}(\mathfrak{P}^{2s})$. Or, soit σ un générateur de $\mathfrak{g}$. Si $\sigma = \sigma\lambda$, l'élément λ est nécessairement multiple de la norme. Si $2 \leqq n(\lambda) \leqq l-1$, on a donc $\lambda \neq \sigma\lambda$. Groupant ensemble les $\sigma^i\lambda$, $0 \leqq i \leqq l-1$, on obtient $\mathrm{Tr}(T_s^\lambda)$; comme $n(\lambda) \geqq 2$, on a $T_s^\lambda \in \mathfrak{P}^{2s}$, d'où $\mathrm{Tr}(T_s^\lambda) \in \mathrm{Tr}(\mathfrak{P}^{2s})$, ce qui achève la démonstration.

Proposition 5.

(*a*) *Pour tout entier $s \geqq 0$, on a $N(U_L^{\psi(s)}) = U_K^s$ et $N(U_L^{\psi(s)+1}) = U_K^{s+1}$.*

(*b*) *Soit $N_s : U_L^{\psi(s)}/U_L^{\psi(s)+1} \to U_K^s/U_K^{s+1}$ l'application définie par passage au quotient à partir de N. Pour $s \neq t$, N_s est un isomorphisme. Pour $s = t$, on a la suite exacte*

$$(14) \qquad 0 \to \mathfrak{g} \xrightarrow{\gamma} U_L^t/U_L^{t+1} \xrightarrow{N_t} U_K^t/U_K^{t+1} \to 0,$$

où γ est défini par $\sigma \to \sigma(T)/T$ (cf. proposition 1).

Nous démontrerons simultanément (*b*) et un résultat plus faible que (*a*) :

(*a'*) *On a $N(U_L^{\psi(s)}) \subset U_K^s$ et $N(U_L^{\psi(s)+1}) \subset U_K^{s+1}$.*

Une fois (*a'*) et (*b*) démontrés, on peut appliquer le lemme 2 du numéro 1.6 au groupe complet $U_L^{\psi(s)}$, filtré par les $U_L^{\psi(s+n)}$, et au groupe U_K^s, filtré par les U_K^{s+n} : comme $\psi(s) + 1 \leqq \psi(s+1)$, (*b*) montre que N applique

$U_L^{\psi(s+n)}/U_L^{\psi(s+n+1)}$ *sur* U_K^{s+n}/U_K^{s+n+1}, donc, d'après le lemme en question, N applique $U_L^{\psi(s)}$ *sur* U_K^s. On en déduit aussi $N(U_L^{\psi(s)+1}) \supset N(U_L^{\psi(s+1)}) = U_K^{s+1}$ et, en tenant compte de (a'), on voit bien que $N(U_L^{\psi(s)+1}) = U_K^{s+1}$.

Tout revient donc à démontrer (a') et (b). Nous distinguerons quatre cas :

(i) *On a* $s = 0$.

Il est clair que $N(U_L^0) \subset U_K^0$ et $N(U_L^1) \subset U_K^1$. Le morphisme

$$N_0 : \quad G_m \to G_m$$

est donné par $\lambda \to \lambda^l$. Si l est égal à la caractéristique de k, N_0 est un isomorphisme; comme on a $t \geqq 1$ dans ce cas (n° 3.1, cor. 2 à la prop. 1), on a bien vérifié (b). Si, d'autre part, l n'est pas égal à la caractéristique de k, on a $t = 0$ (*loc. cit.*), et le noyau de N_0 est le groupe cyclique d'ordre l formé des racines $l^{\text{ièmes}}$ de l'unité; d'après la proposition 1, ce groupe s'identifie à $\mathfrak{g}$ au moyen de γ, d'où encore (b) dans ce cas.

(ii) *On a* $1 \leqq s < t$.

Puisque $t \geqq 1$, le nombre premier l est nécessairement égal à la caractéristique de k, caractéristique que nous noterons p. On a de plus $\psi(s) = s$.

Soit $X_s \in \mathfrak{P}^s$; on a $N(X_s) \in \mathfrak{p}^s$. D'autre part, le lemme 2 montre que la valuation de $\mathrm{Tr}(X_s)$ est supérieure ou égale à l'entier

$$\left[\frac{(t+1)(l-1)+s}{l}\right] \geqq \left[s + 2 - \frac{2}{l}\right] \geqq s+1.$$

Le même calcul montre que $\mathrm{Tr}(\mathfrak{P}^{2s}) \subset \mathfrak{p}^{s+1}$. D'après le lemme 3, on a donc

$$(15) \qquad N(1+X_s) \equiv 1 + N(X_s) \quad \mathrm{mod}\, \mathfrak{p}^{s+1}.$$

Comme $N(X_s)$ appartient à $\mathfrak{p}^s$, cette formule montre que N applique U_L^s dans U_K^s; si $X_s \in \mathfrak{P}^{s+1}$, on a $N(X_s) \in \mathfrak{p}^{s+1}$, donc N applique U_L^{s+1} dans U_K^{s+1}, ce qui démontre (a'). Pour déterminer N_s, choisissons un élément T_s de valuation s dans L; tout élément de U_L^s est congru modulo U_L^{s+1} à un élément de la forme $1 + a\mathrm{T}_s$, avec $a \in A_K$. Appliquant (15) à $a T_s$, on trouve

$$(16) \qquad N(1+aT_s) \equiv 1 + a^p N(T_s) \quad \mathrm{mod}\, \mathfrak{p}^{s+1}.$$

Si l'on identifie U_L^s/U_L^{s+1} et U_K^s/U_K^{s+1} au groupe additif G_a (*cf.* n° 1.6), la formule (16) montre que N_s est de la forme $\lambda \to \alpha\lambda^p$; comme $N(T_s)$ est un élément de valuation s, on a $\alpha \neq 0$, et N_s est un isomorphisme, ce qui achève de prouver (b) dans ce cas.

(iii) *On a* $1 \leqq s = t$.

Ici encore, $l = p$, et $\psi(t) = t$. Soit $X_t \in \mathfrak{P}^t$; un calcul analogue à celui du cas précédent montre que

$$(17) \qquad N(1+X_t) \equiv 1 + \mathrm{Tr}(X_t) + N(X_t) \quad \mathrm{mod}\, \mathfrak{p}^{t+1}.$$

Cette formule, jointe au lemme 2, montre que $N(1+X_t) \equiv 1 \mod \mathfrak{p}^{t+1}$ si $X_t \in \mathfrak{P}^{t+1}$, d'où ($a'$). Pour démontrer ($b$), on choisit un $X_t \in \mathfrak{P}^t$ tel que $\mathrm{Tr}(X_t)$ soit de valuation t : c'est possible en vertu du lemme 2. Si $a \in A_K$, on a

$$(18) \qquad N(1+aX_t) \equiv 1 + a\,\mathrm{Tr}(X_t) + a^p N(X_t) \mod \mathfrak{p}^{t+1}.$$

Par passage au quotient, cette formule montre que $N_t : G_a \to G_a$ est de la forme $\lambda \to \alpha\lambda + \beta\lambda^p$, avec $\alpha\beta \neq 0$. Le morphisme N_t est donc surjectif et son noyau est cyclique d'ordre p. Comme $N(\sigma(T)/T) = 1$, ce noyau contient l'image de $\mathfrak{g}$ par γ, donc est égal à cette image, ce qui démontre bien (b) dans ce cas.

(iv) *On a* $s > t$.

Ici $\psi(s) = t + l(s-t)$. Si $X_s \in \mathfrak{P}^{\psi(s)}$, le lemme 2 montre que $\mathrm{Tr}(X_s) \in \mathfrak{p}^s$, et le lemme 3 donne la formule

$$(19) \qquad N(1+X_s) \equiv 1 + \mathrm{Tr}(X_s) \mod \mathfrak{p}^{s+1}.$$

Le morphisme $N_s : G_a \to G_a$ est de la forme $\lambda \to \alpha\lambda$, avec $\alpha \neq 0$; c'est un isomorphisme.

Nous avons donc vérifié (a') et (b) dans tous les cas.

C. Q. F. D.

3.4. Extensions abéliennes.

Proposition 6. — *Soit L/K une extension galoisienne finie, de groupe de Galois $\mathfrak{g}$, et soit ψ la fonction associée* (*cf.* n° 3.1).

(a) *Pour tout entier $s \geq 0$, on a $N(U_L^{\psi(s)}) = U_K^s$ et $N(U_L^{\psi(s)+1}) = U_K^{s+1}$.*

(b) *Soit $N_s : U_L^{\psi(s)}/U_L^{\psi(s)+1} \to U_K^s/U_K^{s+1}$ l'application définie par passage au quotient à partir de N, et soit γ_s l'homomorphisme de $\mathfrak{g}_{\psi(s)}/\mathfrak{g}_{\psi(s)+1}$ dans $U_L^{\psi(s)}/U_L^{\psi(s)+1}$ défini par $\sigma \to \sigma(T)/T$* (*cf. prop.* 1). *La suite*

$$(20) \qquad 0 \to \mathfrak{g}_{\psi(s)}/\mathfrak{g}_{\psi(s)+1} \xrightarrow{\gamma_s} U_L^{\psi(s)}/U_L^{\psi(s)+1} \xrightarrow{N_s} U_K^s/U_K^{s+1} \to 0$$

est alors exacte.

Nous raisonnerons par récurrence sur l'ordre g de $\mathfrak{g}$, le cas $g=1$ étant trivial. Les corollaires de la proposition 1 montrent que $\mathfrak{g}$ est *résoluble*. Il existe donc une sous-extension K'/K de L/K telle que K'/K soit cyclique d'ordre premier, et que L/K' soit galoisienne. D'après l'hypothèse de récurrence (resp. la proposition 5), la proposition est vraie pour L/K' (resp. pour K'/K). Si l'on pose

$$s' = \psi_{K'/K}(s), \qquad s'' = \psi_{L/K'}(s'),$$

on a donc

$$N_{L/K'}(U_L^{s''}) = U_{K'}^{s'} \quad \text{et} \quad N_{K'/K}(U_{K'}^{s'}) = U_K^s, \qquad \text{d'où} \qquad N_{L/K}(U_L^{s''}) = U_K^s.$$

La proposition 4 montre que $s''=\psi_{L/K}(s)$, ce qui démontre la première formule de (a). La seconde se démontre de même. Pour (b), on remarque que N_s se factorise en

$$U_L^{s''}/U_L^{s''+1} \xrightarrow{N''} U_{K'}^{s'}/U_{K'}^{s'+1} \xrightarrow{N'} U_K^{s}/U_K^{s+1},$$

où N'' et N' sont respectivements induits par $N_{L/K'}$ et $N_{K'/K}$. On en déduit que N_s est surjectif, et que l'ordre m de son noyau est égal au produit des ordres m' et m'' des noyaux de N' et N''. Si $\mathfrak{h}$ est le groupe de Galois de L/K', la proposition 6 (appliquée à L/K', ce qui est licite), montre que $m''=(\mathfrak{h}_{s''}:\mathfrak{h}_{s''+1})$. Convenons de noter $f'_{d/g}(x)$ le quotient $f'_d(x)/f'_g(x)$ de la dérivée à droite de f en x par la dérivée à gauche en x. Les propriétés de ψ énoncées au nº 3.1 montrent qu'on a

$$m''=(\psi_{L/K'})'_{d/g}(s').$$

De même, $m'=(\psi_{K'/K})'_{d/g}(s)$. Comme $\psi_{L/K}=\psi_{L/K'}\circ\psi_{K'/K}$, la formule donnant la dérivée d'une fonction composée montre qu'on a

$$m=\psi'_{d/g}(s)=(\mathfrak{g}_{\psi(s)}:\mathfrak{g}_{\psi(s)+1}). \tag{21}$$

D'autre part, on sait que γ_s est injectif, et il est clair que $\mathrm{Ker}(N_s)\supset\mathrm{Im}(\gamma_s)$. La formule précédente montre que ces deux groupes ont même nombre d'éléments; ils sont donc égaux, ce qui achève la démonstration.

COROLLAIRE. — *Pour tout $s\in\mathbf{R}_+$, on a $N(U_L^{\psi(s)})=U_K^s$.*

Choisissons des entiers r et t tels que

$$r<s\leq r+1 \quad \text{et} \quad t<\psi(s)\leq t+1.$$

On a alors, par définition (*cf.* nº 3.2), $U_K^s=U_K^{r+1}$ et $U_L^{\psi(s)}=U_L^{t+1}$. Comme les inégalités écrites ci-dessus entraînent

$$\psi(r)+1\leq t+1\leq\psi(r+1),$$

la proposition précédente montre que $N(U_L^{t+1})=U_K^{r+1}=U_K^s$.

C. Q. F. D.

REMARQUES.

1º Le corollaire ci-dessus s'étend immédiatement au cas où l'extension L/K n'est plus supposée galoisienne, ni même séparable.

2º La proposition précédente est essentiellement due à HASSE [8]. On notera que, lorsqu'on ne suppose pas k algébriquement clos, la suite exacte (20) doit être remplacée par une *suite exacte de k-groupes quasi-algébriques*. Le fait qu'un point rationnel d'un quotient ne puisse pas toujours se remonter en un point rationnel explique pourquoi l'application norme n'est plus surjective (HASSE, *loc. cit.*).

Nous allons maintenant étudier d'un peu plus près le noyau V_L de l'homomorphisme $N: U_L \to U_K$. Pour tout entier $n \geqq 0$, nous poserons

$$(22) \qquad V_n = V_L \cap U_L^{\psi(n)}.$$

Le groupe V_n est le noyau de $N: U_L^{\psi(n)} \to U_K^n$.

Proposition 7. — *On a une suite exacte :*

$$(23) \qquad 0 \to U_L^{\psi(n)+1}/U_L^{\psi(n+1)} \to V_n/V_{n+1} \to \mathfrak{g}_{\psi(n)}/\mathfrak{g}_{\psi(n)+1} \to 0.$$

Il est clair que V_n/V_{n+1} s'identifie au noyau de l'homomorphisme $\overline{N}_n: U_L^{\psi(n)}/U_L^{\psi(n+1)} \to U_K^n/U_K^{n+1}$ défini par la norme. De plus, la proposition 6 montre que $\overline{N}_n$ est nul sur le sous-groupe $U_L^{\psi(n)+1}/U_L^{\psi(n+1)}$ de $U_K^{\psi(n)}/U_K^{\psi(n+1)}$; la suite exacte (23) résulte immédiatement de là, et de la suite exacte (20).

Corollaire 1. — *Le groupe $\pi_0(V_n/V_{n+1})$ s'identifie au quotient $\mathfrak{g}_{\psi(n)}/\mathfrak{g}_{\psi(n)+1}$.*

C'est évident.

[Comme d'habitude, l'identification fait correspondre à $\sigma \in \mathfrak{g}_{\psi(n)}$ la classe dans $\pi_0(V_n/V_{n+1})$ de $\sigma(T)/T$.]

Corollaire 2. — *Le groupe $\pi_0(V_n)$ est un groupe fini dont l'ordre divise le produit des indices $(\mathfrak{g}_{\psi(n+k)} : \mathfrak{g}_{\psi(n+k)+1})$, pour k entier $\geqq 0$.*

Supposons d'abord que n soit assez grand pour que $g_{\psi(n)} = \{1\}$. Le corollaire 1 montre que $\pi_0(V_{n+1}) \to \pi_0(V_n)$ est surjectif. En appliquant ce résultat à $n+1$, $n+2$, et en passant à la limite, on voit que $\varprojlim \pi_0(V_{n+k}) \to \pi_0(V_n)$ est surjectif. Mais $\varprojlim V_{n+k} = \bigcap V_{n+k} = 0$, d'où ([21], n° 5.1, prop. 2) $\varprojlim \pi_0(V_{n+k}) = 0$ et $\pi_0(V_n) = 0$. Le corollaire 2 est donc exact pour n assez grand. D'autre part, le corollaire 1 montre que, si le corollaire 2 est exact pour $n+1$, il l'est pour n. D'où le résultat cherché.

Corollaire 3. — *L'application $\sigma \to \sigma(T)/T$ définit par passage au quotient un homomorphisme surjectif*

$$\delta_n : \quad \mathfrak{g}_{\psi(n)} \to \pi_0(V_n).$$

Soient $\sigma, \tau \in \mathfrak{g}_{\psi(n)}$. On a

$$\sigma\tau(T)/T = \sigma(T)/T . \tau(T)/T . \sigma(u)/u, \qquad \text{avec} \quad u = \tau(T)/T.$$

Les éléments de la forme $\sigma(u)/u$, $u \in U_L$ forment un sous-groupe connexe de V_n; leur image dans $\pi_0(V_n)$ est donc nulle, et δ_n est un *homomorphisme*. Un argument analogue montre qu'il ne dépend pas du choix de l'uniformisante T.

Le corollaire 1 montre que, si δ_{n+1} est surjectif, il en est de même de δ_n. Comme $\pi_0(V_n) = 0$ pour n assez grand, ceci démontre le corollaire.

3.5. Extensions abéliennes. — Nous conservons toutes les notations du numéro précédent.

PROPOSITION 8. — *Supposons l'extension L/K abélienne. Pour tout entier $n \geqq 0$ on a :*

(i) $\mathfrak{g}_{\psi(n)+1} = \mathfrak{g}_{\psi(n+1)}$.

(ii) *L'homomorphisme* $\delta_n : \mathfrak{g}_{\psi(n)} \to \pi_0(V_n)$ *est bijectif.*

(iii) *L'homomorphisme* $\pi_0(V_n) \to \pi_0(V_L)$ *défini par l'inclusion de* V_n *dans* V_L *est injectif.*

(iv) *Soit* $\partial : \pi_1(U_K) \to \pi_0(V_L)$ *l'homomorphisme bord dans la suite exacte* (2) *du* n° 2.3. *L'image par* ∂ *de* $\pi_1(U_K^n)$ *est égale à* $\pi_0(V_n)$.

[Dans (iv), on convient d'identifier $\pi_0(V_n)$ à un sous-groupe de $\pi_0(V_L)$, ce qui est licite d'après (iii).]

DÉMONSTRATION DE (i). — En appliquant le corollaire 2 de la proposition 3 avec $n = 0$, on voit que l'ordre de $\pi_0(V_L)$ divise le produit des $(\mathfrak{g}_{\psi(n)} : \mathfrak{g}_{\psi(n)+1})$, pour n entier $\geqq 0$. Si l'on avait $\mathfrak{g}_{\psi(n)+1} \neq \mathfrak{g}_{\psi(n+1)}$ pour un entier n, ce produit serait strictement inférieur à l'ordre de $\mathfrak{g}$; mais c'est impossible, car, puisque $\mathfrak{g}$ est abélien, il est isomorphe à $\pi_0(V_L)$ (*cf.* n° 2.3, cor. à la prop. 3).

DÉMONSTRATION DE (ii). — On raisonne par récurrence sur n, le cas $n = 0$ étant connu. Le diagramme

$$(24)\qquad \begin{array}{ccccccccc} & & \pi_0(V_{n+1}) & \to & \pi_0(V_n) & \to & \pi_0(V_n/V_{n+1}) & \to & 0 \\ & & \uparrow{\scriptstyle \delta_{n+1}} & & \uparrow{\scriptstyle \delta_n} & & \uparrow & & \\ 0 & \to & \mathfrak{g}_{\psi(n+1)} & \to & \mathfrak{g}_{\psi(n)} & \to & \mathfrak{g}_{\psi(n)}/\mathfrak{g}_{\psi(n+1)} & \to & 0 \end{array}$$

est commutatif. Tenant compte de l'hypothèse de récurrence et du corollaire 1 à la proposition 7, on voit que δ_{n+1} est injectif. Comme on sait qu'il est surjectif, c'est bien un isomorphisme.

DÉMONSTRATION DE (iii). — Le diagramme (24) montre que $\pi_0(V_{n+1}) \to \pi_0(V_n)$ est injectif. En itérant, on obtient le résultat cherché.

DÉMONSTRATION DE (iv). — On a le diagramme commutatif :

$$(25)\qquad \begin{array}{ccccccccc} 0 & \to & V_n & \to & U_L^{\psi(n)} & \to & U_K^n & \to & 0. \\ & & \downarrow & & \downarrow & & \downarrow & & \\ 0 & \to & V_L & \to & U_L & \to & U_K & \to & 0 \end{array}$$

On en tire le diagramme commutatif :

$$(26)\qquad \begin{array}{ccc} \pi_1(U_K^n) & \to & \pi_0(V_n) \\ \downarrow & & \downarrow \\ \pi_1(U_K) & \to & \pi_0(V_L) \end{array}$$

ce qui exprime exactement (iv).

Corollaire 1. — *Si m est un entier $\geqq 0$ tel que $\mathfrak{g}_m \neq \mathfrak{g}_{m+1}$, le nombre réel $\varphi(m)$ est un entier.*

Si $\varphi(m)$ n'était pas entier, il existerait un entier $n \geqq 0$ tel que

$$\psi(n) < m < \psi(n+1).$$

Comme m est entier, on aurait

$$m \geqq \psi(n)+1 \quad \text{et} \quad m+1 \leqq \psi(n+1).$$

En appliquant (i) on trouverait

$$\mathfrak{g}_{\psi(n)+1} = \mathfrak{g}_m = \mathfrak{g}_{m+1} = \mathfrak{g}_{\psi(n+1)},$$

contrairement à l'hypothèse.

Corollaire 2. — *Soit $\theta_L : \pi_1(U_K) \to \mathfrak{g}$ l'homomorphisme défini au* § 2. *Pour tout $s \in \mathbf{R}_+$, l'image par θ_L de $\pi_1(U_K^s)$ est égale à $\mathfrak{g}^s = \mathfrak{g}_{\psi(s)}$.*

Supposons d'abord que s soit entier. Par définition, θ_L s'obtient en composant $\partial : \pi_1(U_K) \to \pi_0(V_L)$, avec l'isomorphisme réciproque de $\partial : \mathfrak{g} \to \pi_0(V_L)$. La formule $\theta_L(\pi_1(U_K^s)) = \mathfrak{g}_{\psi(s)}$ résulte immédiatement de là et des assertions (ii) et (iv).

Dans le cas général, soient r et t deux entiers tels que

$$r < s \leqq r+1 \quad \text{et} \quad t < \psi(s) \leqq t+1.$$

On a

$$\psi(r)+1 \leqq t+1 \leqq \psi(r+1), \quad \text{d'où} \quad \mathfrak{g}_{t+1} = \mathfrak{g}_{\psi(r+1)},$$

d'après (i). Par définition, on a $U_K^s = U_K^{r+1}$, $\mathfrak{g}_{\psi(s)} = \mathfrak{g}_{t+1}$. En appliquant à $r+1$ le résultat démontré ci-dessus, il vient

$$\theta_L(\pi_1(U_K^s)) = \theta_L(\pi_1(U_K^{r+1})) = \mathfrak{g}_{\psi(r+1)} = \mathfrak{g}_{t+1} = \mathfrak{g}_{\psi(s)}.$$

C. Q. F. D.

Remarques.

1° Par passage à la limite sur L, on voit que le corollaire 2 reste valable même si L est une *extension abélienne infinie* de K.

En prenant pour L l'extension abélienne maximale de K, on a $\mathfrak{g} = \mathfrak{A}_K$, et *l'on a donc démontré le théorème* 1 *du* n° 3.2.

2° Soit n un entier $\geqq 0$. On vient de voir que θ_L applique $\pi_1(U_K^n)$ sur $\mathfrak{g}^n$, et $\pi_1(U_K^{n+1})$ sur $\mathfrak{g}^{n+1}$. Par passage au quotient, il définit donc un homomorphisme $\theta_n : \pi_1(U_K^n/U_K^{n+1}) \to \mathfrak{g}^n/\mathfrak{g}^{n+1}$. *Cet homomorphisme n'est autre que l'homomorphisme bord associé à la suite exacte* (20), *relative à $s = n$.* C'est immédiat, à partir du diagramme commutatif :

$$(27) \qquad \begin{array}{ccccccccc} 0 & \to & V_n & \to & U_L^{\psi(n)} & \to & U_K^n & \to & 0 \\ & & \downarrow & & \downarrow & & \downarrow & & \\ 0 & \to & \mathfrak{g}^n/\mathfrak{g}^{n+1} & \to & U_L^{\psi(n)}/U_L^{\psi(n)+1} & \to & U_K^n/U_K^{n+1} & \to & 0. \end{array}$$

En particulier, dans le cas d'une extension cyclique de degré premier, θ_L est nul sur $\pi_1(U_K^{t+1})$, et l'homomorphisme de $\pi_1(U_K^t)/\pi_1(U_K^{t+1})$ sur $\mathfrak{g}$ qu'il définit n'est autre que l'opérateur bord dans la suite exacte (14).

3° Le corollaire 1 impose des conditions très restrictives à la filtration des groupes de ramification. Considérons, par exemple, le cas d'un groupe $\mathfrak{g}$ cyclique d'ordre p^k. Notons $\mathfrak{g}(i)$ le sous-groupe de $\mathfrak{g}$ d'ordre p^i, et soit n_i le nombre des entiers n tels que $\mathfrak{g}_n = \mathfrak{g}(i)$. Le corollaire 1 équivaut à dire que n_i *est divisible par* p^{k-i}.

3.6. **Conducteur (cas abélien).** — Gardons les notations et hypothèses du numéro précédent. On appelle *conducteur* de l'extension L/K le plus petit entier f tel que l'homomorphisme

$$\theta_L : \quad \pi_1(U_K) \to \mathfrak{g}$$

soit trivial sur $\pi_1(U_K^f)$.

Proposition 9. — *Soit c l'unique entier tel que $\mathfrak{g}_c \neq \{1\}$ et $\mathfrak{g}_{c+1} = \{1\}$* (si $L = K$, on convient de poser $c = -1$). *Le conducteur f de L/K est égal à $\varphi(c) + 1$.*

Le cas $L = K$ est trivial : on a $f = 0$. Supposons donc $L \neq K$. D'après le corollaire 2 à la proposition 8, f est le plus petit entier $\geqq 0$ tel que $\mathfrak{g}_{\psi(f)} = \{1\}$. On a donc $f \geqq 1$, et $\mathfrak{g}_{\psi(f-1)} \neq \{1\}$. D'autre part, l'assertion (i) de la proposition 8 montre que

$$\mathfrak{g}_{\psi(f-1)+1} = \mathfrak{g}_{\psi(f)} = \{1\}.$$

On a donc $c = \psi(f-1)$, c'est-à-dire $f = \varphi(c) + 1$. C. Q. F. D.

3.7. **Le conducteur d'Artin.** — Rappelons d'abord sa définition (*cf.* Artin [2], *voir* aussi [20]). Soit L/K une extension galoisienne finie, de groupe de Galois $\mathfrak{g}$. Si χ est une *fonction centrale* sur $\mathfrak{g}$, à valeurs complexes, on pose

$$\chi(\mathfrak{g}_i) = \frac{1}{g_i} \sum_{\sigma \in \mathfrak{g}_i} \chi(\sigma), \qquad g_i \text{ désignant l'ordre de } \mathfrak{g}_i. \tag{28}$$

Le *conducteur* $f(\chi)$ de χ est le nombre complexe défini par

$$f(\chi) = \frac{1}{g} \sum_{i=0}^{i=\infty} g_i(\chi(1) - \chi(\mathfrak{g}_i)), \tag{29}$$

somme qui a un sens puisque $\chi(1) - \chi(\mathfrak{g}_i) = 0$ pour i assez grand. On a évidemment

$$f(\lambda_1\chi_1 + \lambda_2\chi_2) = \lambda_1 f(\chi_1) + \lambda_2 f(\chi_2). \tag{30}$$

Il suffit donc de connaître $f(\chi)$ lorsque χ est un *caractère* de $\mathfrak{g}$, et même, si l'on veut, un *caractère irréductible*. Dans ce cas, il est immédiat que $f(\chi)$ est un nombre rationnel positif. En fait :

THÉORÈME 2. — *Si χ est un caractère de $\mathfrak{g}$, $f(\chi)$ est un entier positif.*

Ce théorème est dû à ARTIN [2] (dans le cas particulier où le corps résiduel k est un corps fini), et ARF [1] (dans le cas général). Nous allons montrer rapidement comment on peut le déduire des résultats des n°s 3.5 et 3.6.

D'après le théorème de Brauer, tout caractère χ de $\mathfrak{g}$ est combinaison linéaire (à coefficients dans $\mathbf{Z}$) de caractères χ_i^* induits par des caractères χ_i de degré 1 de sous-groupes de $\mathfrak{g}$. Or, si $\mathfrak{h}$ est un sous-groupe de $\mathfrak{g}$, correspondant à l'extension K'/K, et si χ est un caractère de $\mathfrak{h}$, on a la formule (ARTIN [2])

$$f(\chi^*) = f(\chi) + \chi(1)\, d(K'/K), \tag{31}$$

où $d(K'/K)$ désigne la valuation dans K du discriminant de K'/K. Cette formule montre que $f(\chi)$ est entier si les $f(\chi_i)$ le sont. On est donc ramené au cas d'un *caractère de degré* 1. Dans ce cas on a même un résultat plus précis (qui justifie le terme de « conducteur ») :

PROPOSITION 10. — *Soit χ un caractère de degré 1 de $\mathfrak{g}$, soit $\mathfrak{h}_\chi$ le noyau de $\chi : \mathfrak{g} \to \mathbf{C}^*$, et soit L_χ la sous-extension de L correspondant à $\mathfrak{h}_\chi$. Le conducteur de l'extension L_χ/K est égal à $f(\chi)$.*

Si χ est trivial sur $\mathfrak{g}$, on a $f(\chi) = 0$, $L_\chi = K$, et la proposition est vérifiée. Supposons donc χ non trivial. Il existe un entier $c \geqq 0$ tel que χ soit non trivial sur $\mathfrak{g}_c$, mais soit trivial sur $\mathfrak{g}_{c+1}$. On a alors $\chi(\mathfrak{g}_i) = 0$ si $i \leqq c$, et $\chi(\mathfrak{g}_i) = 1$ si $i \geqq c+1$. La formule (29) s'écrit donc

$$f(\chi) = \frac{1}{g} \sum_{i=0}^{i=c} g_i \tag{32}$$

ou encore, en comparant avec la formule (5) du n° 3.1,

$$f(\chi) = 1 + \varphi_{L/K}(c). \tag{33}$$

Posons $c_\chi = \varphi_{L/L_\chi}(c)$. Le théorème de Herbrand montre que $(\mathfrak{g}/\mathfrak{h}_\chi)_{c_\chi}$ est l'image dans $\mathfrak{g}/\mathfrak{h}_\chi$ de $\mathfrak{g}_c$, donc est différent de $\{1\}$, par définition même de c. De même, on a $(g/h_\chi)_{c_\chi+1} = \{1\}$. La proposition 9 montre alors que le conducteur de l'extension L_χ/K est égal à $1 + \varphi_{L_\chi/K}(c_\chi) = 1 + \varphi_{L/K}(c)$, d'après la transitivité de la fonction φ. Ceci achève la démonstration de la proposition 10, et, en même temps, du théorème 2.

REMARQUES.

1° La formule (31), appliquée au caractère unité du sous-groupe $\mathfrak{h}$, donne une décomposition de $d(K'/K)$. En particulier, pour $\mathfrak{h} = \{1\}$, on obtient la « Führerdiskriminantenproduktformel » (*cf.* ARTIN [2] et HASSE [8])

$$d(L/K) = \sum_\chi \chi(1) f(\chi), \tag{34}$$

où χ parcourt l'ensemble des caractères irréductibles de $\mathfrak{g}$.

2° *A priori*, la démonstration du théorème 2 donnée ci-dessus suppose le corps résiduel k algébriquement clos; en fait, il est facile de ramener le cas général à celui-là :

Si L_0/K_0 est une extension totalement ramifiée, de corps résiduel k_0, galoisienne et de groupe de Galois $\mathfrak{g}$, on construit une extension L/K, de corps résiduel la clôture algébrique k de k_0, qui a même groupe de Galois et mêmes groupes de ramifications que L_0/K_0; l'extension L/K a donc les mêmes conducteurs d'Artin que L_0/K_0, et, puisque le théorème 2 est vrai pour L/K, il l'est aussi pour L_0/K_0.

[La construction de L/K peut se faire de la manière suivante : on choisit une clôture algébrique $\bar{L}_0$ de L_0, ainsi qu'une extension K' de K_0, contenue dans $\bar{L}_0$, de même groupe des ordres que K_0, et maximale pour ces propriétés; on vérifie tout de suite que le corps résiduel de K' est isomorphe à k, et que L_0 et K' sont linéairement disjoints sur K_0; si l'on pose $L' = L_0K'$, l'extension L'/K' est galoisienne, de groupe de Galois $\mathfrak{g}$, et L' (resp. K') a même groupe des ordres que L_0 (resp. K_0); en complétant L' et K' on trouve l'extension L/K cherchée.]

§ 4. Le théorème d'existence.

Les notations et hypothèses de ce paragraphe sont les mêmes que dans les paragraphes 2 et 3.

4.1. Énoncé du théorème. — C'est le suivant :

THÉORÈME 1. — *Si K est un corps local, à corps résiduel k algébriquement clos, l'homomorphisme*

$$\theta : \pi_1(U_k) \to \mathfrak{A}_K$$

défini au § 2 *est un isomorphisme.*

On sait déjà que θ est surjectif; il suffira donc de montrer qu'il est injectif.

Les groupes $\pi_1(U_K)$ et $\mathfrak{A}_K$ sont des groupes proalgébriques de dimension zéro. Ils se décomposent donc en produit de *composantes primaires* (*cf.* [21], n° 4.1)

$$\pi_1(U_K) = \prod_l \pi_1(U_K)_l, \qquad \mathfrak{A}_K = \prod_l (\mathfrak{A}_K)_l,$$

l parcourant l'ensemble des nombres premiers. Comme θ est produit des homomorphismes $\theta_l : \pi_1(U_K)_l \to (\mathfrak{A}_K)_l$, il suffira de prouver que les θ_l sont *injectifs*.

Supposons que l soit distinct de la caractéristique de k. Si l'on décompose U_K en $U_K = G_m \times U_K^1$ (*cf.* n° 1.6, prop. 4), on a

$$\pi_1(U_K) = \pi_1(G_m) \times \pi_1(U_K^1).$$

Comme U_K^1 est unipotent, on a $\pi_1(U_K^1)_l = 0$ (cela résulte, par exemple, du fait que la multiplication par l est un isomorphisme de U_K^1 sur lui-même, donc aussi de $\pi_1(U_K^1)_l$ sur lui-même) ; on sait que $\pi_1(G_m)_l = \mathbf{Z}_l$, groupe des entiers l-adiques (*cf.* [21], nº 6.5). On a donc

$$\pi_1(U_K)_l = \mathbf{Z}_l. \tag{1}$$

D'autre part, puisque l est distinct de la caractéristique de k, le corps local K contient les racines l^n-ièmes de l'unité, quel que soit l'entier $n \geqq 0$. Si T est une uniformisante de K, l'adjonction à K d'une racine de l'équation

$$X^{l^n} = T \tag{2}$$

définit une extension L_n/K qui est cyclique d'ordre l^n. La réunion L des L_n est une extension abélienne de K de groupe de Galois isomorphe à $\mathbf{Z}_l$. Le groupe $(\mathfrak{A}_K)_l$ a donc un quotient isomorphe à $\mathbf{Z}_l$, et puisque $\theta_l : \mathbf{Z}_l \to (\mathfrak{A}_K)_l$ est surjectif, c'est nécessairement un isomorphisme.

Il ne nous reste donc plus qu'à traiter le cas où *le corps résiduel k est de caractéristique $p \neq 0$, et où $l = p$.* C'est ce que nous allons faire dans les prochains numéros.

4.2. **Résultats auxiliaires.** — A partir de maintenant, et jusqu'à la fin de ce paragraphe, on suppose que k est un corps de caractéristique $p \neq 0$.

Si U est un k-groupe proalgébrique, nous noterons $H(U)$ le groupe $\mathrm{Hom}(\pi_1(U), \mathbf{Z}/p\mathbf{Z})$. On sait (*cf.* [21], nº 6.3) que ce groupe s'identifie canoniquement à $\mathrm{Ext}(U, \mathbf{Z}/p\mathbf{Z})$ si U est connexe. Si $f : U \to V$ est un morphisme de groupes proalgébriques, on notera $f^* : H(V) \to H(U)$ l'homomorphisme qu'il définit. De même on note $H(K)$ le groupe $\mathrm{Hom}(\mathfrak{A}_K, \mathbf{Z}/p\mathbf{Z})$, et $\theta^* : H(K) \to H(U_K)$ l'homomorphisme défini par θ.

[On peut interpréter $H(K)$ comme le groupe dual du groupe de Galois de l'extension de K engendrée par les extensions cycliques de degré p.]

Lemme 1. — *Soit $0 \to N \to G' \xrightarrow{f} G \to 0$ une suite exacte de groupes proalgébriques. On suppose que G et G' sont connexes, et que $\pi_0(N)$ est un groupe fini d'ordre h. Le noyau de*

$$f^* : \quad H(G) \to H(G')$$

est alors un groupe fini d'ordre divisant h.

On utilise la suite exacte des Ext

$$\mathrm{Hom}(N, \mathbf{Z}/p\mathbf{Z}) \to \mathrm{Ext}(G, \mathbf{Z}/p\mathbf{Z}) \to \mathrm{Ext}(G', \mathbf{Z}/p\mathbf{Z}).$$

On a $\mathrm{Ext}(G, \mathbf{Z}/p\mathbf{Z}) = H(G)$, et de même pour G'; d'autre part, on a $\mathrm{Hom}(N, \mathbf{Z}/p\mathbf{Z}) = \mathrm{Hom}(\pi_0(N), \mathbf{Z}/p\mathbf{Z})$, et ce dernier groupe est évidemment fini et d'ordre divisant h. D'où le lemme.

Posons, pour simplifier l'écriture, $U = U_K$ et $U^n = U_K^n$. L'injection canonique

$$i_n : \quad U^n/U^{n+1} \rightarrow U/U^{n+1}$$

définit par transposition un homomorphisme

$$(3) \qquad i_n^* : \quad H(U/U^{n+1}) \rightarrow H(U^n/U^{n+1}).$$

Si v désigne la valuation normée de K, on posera, comme au n° **1**.6,

$$(4) \qquad e = v(p), \qquad e_1 = e/(p-1).$$

LEMME 2.

(a) Si $n < pe_1$ et si p divise n, l'image de i_n^* est nulle.

(b) Il en est de même si $n > pe_1$.

(c) Si $n = pe_1$, l'image de i_n^* a 1 ou p éléments.

Soit m l'entier défini, dans le cas (a), par $m = n/p$, dans les cas (b) et (c) par $m = n - e$. Soit $u : U \rightarrow U$ l'homomorphisme $x \rightarrow px$ (le groupe U étant ici noté additivement). On sait (n° **1**.7, prop. 6) que u applique U^m dans U^n, U^{m+1} dans U^{n+1}, et définit par passage au quotient un homomorphisme surjectif

$$u_m : \quad U^m/U^{m+1} \rightarrow U^n/U^{n+1}$$

dont le noyau est nul dans les cas (a) et (b), et isomorphe à $\mathbf{Z}/p\mathbf{Z}$ dans le cas (c).

Considérons le diagramme commutatif

$$(5) \qquad \begin{array}{ccccc} & & U^m/U^{m+1} & \xrightarrow{u_m} & U^n/U^{n+1} \\ & \nearrow^{\alpha} & & & \searrow^{i_n} \\ U^m/U^{n+1} & & \xrightarrow{\beta} \quad U/U^{n+1} & \xrightarrow{p} & U/U^{n+1} \end{array}$$

où α et β désignent les applications canoniques évidentes, et où p désigne la multiplication par p dans U/U^{n+1}. Le foncteur H transforme le diagramme (5) en le diagramme commutatif suivant :

$$\begin{array}{ccccc} & & H(U^m/U^{m+1}) & \xleftarrow{u_m^*} & H(U^n/U^{n+1}) \\ & \swarrow^{\alpha^*} & & & \nwarrow^{i_n^*} \\ H(U^m/U^{n+1}) & \xleftarrow{\beta^*} & H(U/U^{n+1}) & \xleftarrow{p^*} & H(U/U^{n+1}). \end{array}$$

Comme la multiplication par p est nulle dans $\mathbf{Z}/p\mathbf{Z}$, elle l'est aussi dans $H(V)$ pour tout groupe proalgébrique V; on a donc $p^* = 0$, d'où $\alpha^* \circ u_m^* \circ i_n^* = 0$. Comme α est surjectif et de noyau connexe, le lemme 1 montre que α^* est injectif, d'où $u_m^* \circ i_n^* = 0$. D'après le lemme 1, appliqué cette fois à u_m, le noyau de u_m^* est nul dans les cas (a) et (b), et d'ordre 1 ou p dans le cas (c). Il en est donc de même de l'image de i_n^*, ce qui démontre le lemme.

La suite exacte des Ext associée à la suite exacte

$$(6) \qquad 0 \to U^n \to U \to U/U^n \to 0$$

s'écrit

$$(7) \qquad 0 \to H(U/U^n) \to H(U) \to H(U^n).$$

Nous pouvons donc *identifier* $H(U/U^n)$ *à un sous-groupe de* $H(U)$, à savoir le sous-groupe des homomorphismes de $\pi_1(U)$ dans $\mathbf{Z}/p\mathbf{Z}$ qui sont nuls sur $\pi_1(U^n)$.

Lemme 3.

(i) *Si* $n = pe_1$, *il existe un élément* $\xi \in H(K)$ *tel que* $\xi' = \theta^*(\xi)$ *appartienne à* $H(U/U^{n+1})$, *et que l'image de* ξ' *dans* $H(U^n/U^{n+1})$ *soit non nulle.*

(ii) *Si* $n < pe_1$ *et* $(n, p) = 1$, *pour tout élément* $\eta \in H(U^n/U^{n+1})$ *il existe* $\xi \in H(K)$ *tel que* $\xi' = \theta^*(\xi)$ *appartienne à* $H(U/U^{n+1})$ *et que l'image de* ξ' *dans* $H(U^n/U^{n+1})$ *soit égale à* η.

La démonstration sera donnée au nº 4.3 pour le cas (i), et au nº 4.4 pour le cas (ii).

Proposition 1. — *L'homomorphisme* $\theta^* : H(K) \to H(U)$ *est bijectif.*

Puisque θ est surjectif, θ^* est injectif. Montrons qu'il est injectif. Le groupe $\pi_1(U)$ est limite projective des $\pi_1(U/U^n)$; donc $H(U)$ est limite inductive (c'est-à-dire réunion) des $H(U/U^n)$. Il nous suffit donc de montrer que $\mathrm{Im}(\theta^*)$ contient $H(U/U^n)$, ce que nous ferons par récurrence sur n, le cas $n = 0$ étant trivial.

Pour passer de n à $n+1$ on utilise la suite exacte

$$(8) \qquad 0 \to H(U/U^n) \to H(U/U^{n+1}) \to H(U^n/U^{n+1}).$$

Il suffit évidemment de montrer que $H(U/U^{n+1})$ et $\mathrm{Im}(\theta^*) \cap H(U/U^{n+1})$ ont même image dans $H(U^n/U^{n+1})$. C'est trivial dans chacun des cas (a) et (b) du lemme 2, puisque cette image est nulle. Dans le cas (c), l'image de $H(U/U^{n+1})$ a au plus p éléments (lemme 2), et celle de $\mathrm{Im}(\theta^*) \cap H(U/U^{n+1})$ a au moins p éléments (lemme 3); ces deux images coïncident donc bien. Enfin, dans le cas restant où $n < pe_1$ et $(n, p) = 1$, l'image de $\mathrm{Im}(\theta^*) \cap H(U/U^{n+1})$ dans $H(U^n/U^{n+1})$ est égale à tout $H(U^n/U^{n+1})$ (lemme 3), d'où encore le résultat dans ce cas.

4.3. Extensions données par une équation $x^p = \pi$. — Soit d'abord L/K une extension dont le groupe de Galois $\mathfrak{g}$ est cyclique d'ordre p, et fixons un isomorphisme $\mathfrak{g} = \mathbf{Z}/p\mathbf{Z}$ (autrement dit choisissons un générateur σ de $\mathfrak{g}$).

Comme $\mathfrak{g}$ est quotient de $\mathfrak{A}_K$, la donnée de L/K revient à la donnée d'un homomorphisme non nul

$$\xi: \ \mathfrak{A}_K \to \mathbf{Z}/p\mathbf{Z}.$$

On peut donc considérer ξ comme un élément de $H(K)$. La suite exacte (3) du nº 2.3 s'écrit ici

$$(9) \qquad 0 \to \mathbf{Z}/p\mathbf{Z} \to U_L/I.U_L \to U \to 0$$

et *l'homomorphisme bord* $\partial : \pi_1(U) \to \mathbf{Z}/p\mathbf{Z}$ *associé à cette suite exacte n'est autre que* $\xi' = \theta^*(\xi)$, par définition même de θ.

Soit de plus t le plus grand entier tel que $\mathfrak{g}_t = \mathfrak{g}$ (*cf.* nº 3.3). L'entier $t+1$ est le *conducteur* de L/K (*cf.* nº 3.6). L'homomorphisme

$$\xi': \ \pi_1(U) \to \mathbf{Z}/p\mathbf{Z}$$

est nul sur $\pi_1(U^{t+1})$ et non nul sur $\pi_1(U^t)$, par définition du conducteur; on peut donc le considérer comme un élément de $H(U/U^{t+1})$. La remarque 2 du nº 3.5 montre, en outre, que *l'image* η' *de* ξ' *dans* $H(U^t/U^{t+1})$ *n'est autre que l'homomorphisme bord*

$$\partial: \ \pi_1(U^t/U^{t+1}) \to \mathbf{Z}/p\mathbf{Z}$$

associé à la suite exacte (14) *du* nº 3.3

$$(10) \qquad 0 \ \to \ \mathbf{Z}/p\mathbf{Z} \ \xrightarrow{\gamma} \ U_L^t/U_L^{t+1} \ \xrightarrow{N_t} \ U^t/U^{t+1} \ \to \ 0.$$

[Rappelons que N_t est défini par passage au quotient à partir de la norme, et que γ applique σ sur la classe de $\sigma(T)/T$, T étant une uniformisante de L.]

Comme U_L^t/U_L^{t+1} est connexe, on a $\eta' \neq 0$ (cela résulte aussi du fait que ξ' n'appartient pas à $H(U/U^t)$). En particulier, pour démontrer la partie (i) du lemme 3, *il suffit de construire une extension* L/K, *cyclique de degré* p, *et telle que* $t = pe_1$.

Or, puisqu'on suppose que pe_1 est entier, $p-1$ divise e, et le corps K contient une racine primitive $p^{\text{ième}}$ de l'unité, soit z (nº 1.7, cor. 2 à la prop. 6). Si π est une uniformisante de K, l'équation $x^p = \pi$ définit une extension galoisienne L de K, cyclique de degré p; on peut supposer que le générateur σ de son groupe de Galois applique x sur zx. On a donc

$$\sigma(x)/x = z.$$

L'élément x est une uniformisante de L. D'autre part, il est bien connu (et on l'a vu au cours de la démonstration du corollaire cité plus haut) que $z \in U^{e_1}$, $z \notin U^{e_1+1}$. On a donc

$$t = v_L(1-z) = pv_K(1-z) = pe_1.$$

C. Q. F. D.

4.4. Extensions d'Artin-Schreier.

LEMME 4. — *Soit n un entier $\geqq 1$, avec $n < pe_1$ et $(n, p) = 1$. Soit λ un élément de K de valuation $-n$.*

(*a*) *L'équation « d'Artin-Schreier »*

$$x^p - x = \lambda \tag{11}$$

est irréductible sur K, et engendre une extension L/K cyclique de degré p.

(*b*) *L'entier t correspondant à cette extension* (n° 3.3) *est égal à n.*

(*c*) *Soit η'_λ l'élément de $H(U^n/U^{n+1})$ associé à L/K comme il a été dit au numéro précédent. On a $\eta'_\lambda \neq 0$; pour tout élément non nul η de $H(U^n/U^{n+1})$ il existe un λ tel que $\eta'_\lambda = \eta$.*

Il est clair que ce lemme entraîne la partie (ii) du lemme 3.

DÉMONSTRATION. — Les assertions (*a*) et (*b*) sont bien connues (*cf.* WHAPLES [25], n° 6, ou MACKENZIE-WHAPLES [14]). Rappelons-en les démonstrations :

Soit $L = K(x)$ le corps obtenu en adjoignant à K une racine x de l'équation (11). Comme $v_L(\lambda) < 0$, il en est de même de $v_L(x)$, et l'on a

$$v_L(x) = p^{-1} v_L(\lambda) = -p^{-1}[L:K]n. \tag{12}$$

Comme p ne divise pas n, on a nécessairement $[L:K] = p$, ce qui montre que (11) est irréductible.

De plus, si l'on cherche à quelle condition $x + y$ est racine de (11), on trouve

$$y^p - y + p\,F(x, y) = 0 \tag{13}$$

où $F(x, y) = ((x+y)^p - x^p - y^p)/p$ est un polynôme à coefficients entiers. Comme $v_L(x) = -n$, $v_L(p) = pe$, on a $v_L(p) + (p-1)v_L(x) > 0$, ce qui montre que les coefficients de $p\,F(x, y)$, considéré comme polynôme en y, appartiennent à l'idéal maximal $\mathfrak{P}$ de A_L. La réduction modulo $\mathfrak{P}$ de (13) s'écrit donc

$$\bar{y}^p - \bar{y} = 0, \tag{14}$$

équation qui admet les p racines simples $\bar{y}_i = i$, $i \in \mathbf{Z}/p\mathbf{Z}$. D'après le lemme de Hensel, l'équation (13) a p solutions $y_i \in A_L$, avec

$$y_i \equiv i \mod \mathfrak{P}, \qquad i \in \mathbf{Z}/p\mathbf{Z}. \tag{15}$$

Les $x + y_i = x_i$ sont p solutions distinctes de (11), ce qui montre que L/K est galoisienne. Son groupe de Galois $\mathfrak{g}$ est nécessairement cyclique d'ordre p. Nous choisirons comme générateur de ce groupe l'élément σ qui vérifie

$$\sigma(x) = x + y_1, \quad \text{c'est-à-dire} \quad \sigma(x) - x \equiv 1 \mod \mathfrak{P}. \tag{16}$$

Pour prouver (b), choisissons une uniformisante T de L. On peut écrire $x = u . T^{-n}$, où u est une unité de L. Par définition de t, on a

(17) $$\sigma(T)/T = 1 + z, \quad \text{avec} \quad v_L(z) = t.$$

On en déduit

$$\sigma(u)/u \equiv 1 \mod \mathfrak{P}^{t+1}$$
$$\sigma(T^{-n})/T^{-n} \equiv 1 - nz \mod \mathfrak{P}^{t+1},$$

d'où

$$\sigma(x)/x \equiv 1 - nz \mod \mathfrak{P}^{t+1}.$$

D'autre part, d'après (16), on a

(18) $$\sigma(x)/x \equiv 1 + x^{-1} \mod \mathfrak{P}^{n+1} \quad \text{et} \quad v_L(x^{-1}) = n.$$

Comparant les deux expressions obtenues pour $\sigma(x)/x$, on voit que $t = n$, ce qui démontre (b). On voit également qu'on a

(19) $$-nz \equiv x^{-1} \mod \mathfrak{P}^{n+1}.$$

Reste à démontrer (c), et pour cela il nous faut expliciter l'élément $\eta'_\lambda \in H(U^n/U^{n+1})$. D'après ce que nous avons vu au numéro précédent, η'_λ coïncide avec l'opérateur bord de la suite exacte

(20) $$0 \rightarrow \mathbf{Z}/p\mathbf{Z} \xrightarrow{\gamma} U_L^n/U_L^{n+1} \xrightarrow{N_n} U^n/U^{n+1} \rightarrow 0,$$

γ et N_n étant des homomorphismes qu'on a déjà explicités plusieurs fois.

Comme $v_L(x^{-1}) = n$, tout élément de U_L^n/U_L^{n+1} peut se représenter par un élément de la forme $1 - sx^{-1}$, avec $s \in A_K$. Si l'on fait correspondre à $1 - sx^{-1}$ l'image $\bar{s}$ de s dans k, on obtient un *isomorphisme de* U_L^n/U_L^{n+1} *sur* G_a, qui nous permet d'identifier ces deux groupes. L'homomorphisme $\gamma : \mathbf{Z}/p\mathbf{Z} \rightarrow U_L^n/U_L^{n+1}$ se transforme alors en un homomorphisme

$$f : \mathbf{Z}/p\mathbf{Z} \rightarrow G_a.$$

Par définition, γ applique σ sur la classe de $\sigma(T)/T = 1 + z$; en utilisant (19), on voit donc que $\gamma(\sigma)$ est la classe de $1 - n^{-1}x^{-1}$, ce qui montre que *f est la multiplication par n^{-1}.*

Après avoir explicité γ, explicitons N_n. On a

$$N(1 - sx^{-1}) = N(s - x)/N(-x) = (s^p - s - \lambda)/(-\lambda).$$

D'où

(21) $$N(1 - sx^{-1}) = 1 - \lambda^{-1}(s^p - s).$$

Soit π_n un élément de K de valuation n. On peut écrire

(22) $$\lambda^{-1} = \pi_n \mu, \quad \text{avec} \quad \mu \in U.$$

Identifions U^n/U^{n+1} à G_a en faisant correspondre à $1+s'\pi_n$, $s'\in A_K$, la classe $\bar{s}'$ de s' dans k.

L'homomorphisme $N_n : U_L^n/U_L^{n+1} \to U^n/U^{n+1}$ se transforme par les identifications précédentes en un homomorphisme

$$g : \quad G_a \to G_a.$$

La formule (21) *montre que*

(23) $$g(\bar{s}) = -\bar{\mu}(\bar{s}^p - \bar{s}),$$

$\bar{\mu}$ désignant l'image de μ dans k^*.

Nous avons donc remplacé la suite exacte (20) par la suite exacte

(24) $$0 \to \mathbf{Z}/p\mathbf{Z} \xrightarrow{f} G_a \xrightarrow{g} G_a \to 0,$$

où f et g ont été déterminés explicitement. Il ne nous reste plus qu'à calculer l'élément $\eta'_\lambda \in \mathrm{H}(G_a)$ associé à (24). Or, on sait que *$H(G_a)$ s'identifie à k* ([21], nº 8.3, prop. 3); de plus, on sait calculer l'élément de k correspondant à une suite exacte du type (24) ([21], *loc. cit.*, lemme 1); c'est

(25) $$-1/\bar{\mu}n^{-1} = -n/\bar{\mu}.$$

Il est clair que $-n/\bar{\mu}$ n'est pas nul, et que tout élément non nul de k est de la forme $-n/\bar{\mu}$, pour une unité μ convenable. Ceci achève la démonstration du lemme 4, donc aussi celle du lemme 3.

4.5. **Fin de la démonstration du théorème 1.** — Pour simplifier les notations, nous poserons $B_K = \pi_1(U_K)$, et nous noterons D_K le noyau de $\theta : B_K \to \mathfrak{A}_K$. Les résultats du nº 4.1 montrent que D_K est un *groupe p-primaire*. On a, de plus,

(26) $$D_K \subset pB_K.$$

En effet, soit $D'_K = D_K \cap pB_K$. On a la suite exacte

(27) $$0 \to D_K/D'_K \to B_K/pB_K \to \mathfrak{A}_K/p\mathfrak{A}_K \to 0.$$

Les groupes qui figurent dans cette suite exacte sont tous annulés par p. Le dual de B_K/pB_K est donc $\mathrm{Hom}(B_K, \mathbf{Z}/p\mathbf{Z}) = H(U)$, et celui de $\mathfrak{A}_K/p\mathfrak{A}_K$ est $H(K)$. D'après la proposition 1, l'homomorphisme $H(K) \to H(U)$ est un isomorphisme. Il en est donc de même de $B_K/pB_K \to \mathfrak{A}_K/p\mathfrak{A}_K$, ce qui montre que $D'_K = D_K$ et établit (26).

On a, d'autre part, $D_K = \bigcap N_{L/K}(B_L)$, pour L parcourant l'ensemble des extensions finies et séparables de K (*cf.* nº 2.4, prop. 6). Si L/K est une telle extension, le fait que le morphisme $N_{L/K} : B_L \to B_K$ commute aux intersections ([21], nº 2.5) permet d'écrire

$$N_{L/K}(D_L) = N_{L/K}\Big(\bigcap N_{M/L}(B_M)\Big) = \bigcap N_{M/K}(B_M) = D_K.$$

En appliquant à L la relation (26), on voit alors qu'on a

$$D_K \subset \bigcap p N_{L/K}(B_L),$$

d'où, pour la raison déjà invoquée ci-dessus,

$$D_K \subset p \bigcap N_{L/K}(B_K) = p D_K.$$

Mais tout groupe p-primaire D qui vérifie $D = pD$ est réduit à zéro (sinon, il admettrait un quotient fini non trivial vérifiant la même identité, ce qui est absurde). Donc $D_K = 0$. C. Q. F. D.

Variante. — Une fois démontré (26) on peut aussi raisonner de la façon suivante : puisque le groupe de Brauer de K et de toutes ses extensions finies est réduit à 0, le groupe de Galois $G(p)$ de la p-extension maximale de K est un *p-groupe libre* au sens de KAWADA et TATE (*cf.* [6], th. 4.2 et prop. 3.4). Comme le plus grand quotient abélien de $G(p)$ n'est autre que $(\mathfrak{A}_K)_p$, ce dernier groupe est produit de groupes isomorphes à $\mathbf{Z}_p$, autrement dit est *projectif* dans la catégorie des groupes proalgébriques (*cf.* [21], n° 4.4). Le groupe D_K est alors facteur direct dans B_K, et la formule (26) signifie que $D_K = pD_K$, d'où $D_K = 0$ comme ci-dessus.

4.6. **Extensions infinies.** — Soit L une extension algébrique infinie de K. Lorsque K' parcourt l'ensemble filtrant des extensions finies de K contenues dans L, les groupes $U_{K'}$ forment de façon naturelle un système projectif (pour les applications de norme). On *définit* alors un groupe proalgébrique U_L en posant

$$U_L = \varprojlim U_{K'}.$$

(On notera que le groupe abélien sous-jacent à U_L *n'est pas* le groupe des unités de L.)

Il résulte immédiatement du théorème d'existence et de la proposition 7 du n° 2.4 que *le groupe $\pi_1(U_L)$ est isomorphe au groupe de Galois de l'extension abélienne maximale de L.* En particulier, si L est la clôture algébrique de K, le groupe U_L est simplement connexe.

§ 5. Application aux courbes algébriques.

5.1. **Structure de groupe proalgébrique sur le groupe des classes d'idèles de degré zéro.** — Nous allons rappeler un certain nombre de définitions et de résultats bien connus (*cf.* par exemple [18]).

Soit k un corps algébriquement clos, et soit X une courbe algébrique irréductible, projective, non singulière, définie sur k. Soit $K = k(X)$ le corps des fonctions rationnelles sur X; la connaissance de l'extension K/k

détermine la courbe X de façon unique. Si $P \in X$, on note K_P le complété de K pour la valuation discrète normée v_P définie par P; c'est un corps local, muni d'une structure de k-algèbre, et isomorphe au corps des séries formelles $k((T))$; on note U_P son groupe des unités.

Un *idèle* x de K (ou de X, c'est la même chose) est, par définition, une famille $(x_P)_{P\in X}$, avec $x_P \in K_P^*$ et même $x_P \in U_P$ pour presque tout P (c'est-à-dire sauf pour un nombre fini de points P). Les idèles forment un groupe multiplicatif $I(K)$, dans lequel se plonge de façon évidente le groupe K^*; les éléments de K^* sont appelés *idèles principaux;* le quotient $C(K) = I(K)/K^*$ est le *groupe des classes d'idèles* de K.

Le *degré* d'un idèle $x = (x_P)_{P\in X}$ est défini par la formule

(1) $$\deg(x) = \sum_{P\in X} v_P(x_P).$$

Si $x \in K^*$, on a $\deg(x) = 0$, ce qui permet de définir le degré d'une classe d'idèles. Les classes d'idèles de degré zéro forment un sous-groupe $C_0(K)$ de $C(K)$; on a la suite exacte

(2) $$0 \to C_0(K) \to C(K) \to \mathbf{Z} \to 0.$$

Soit maintenant $\mathfrak{m} = \sum_{P\in X} n_P P$ un *diviseur positif* sur X, et posons

(3) $$I_{\mathfrak{m}}(K) = \prod_{P\in X} U_P^{n_P}.$$

Le groupe $I_{\mathfrak{m}}(K)$ est un sous-groupe de $I(K)$. On vérifie facilement que $I(K)$ s'identifie à la limite projective des quotients $I(K)/I_{\mathfrak{m}}(K)$, et que $C(K)$ s'identifie à la limite projective des groupes

$$C_{\mathfrak{m}}(K) = I(K)/K^* I_{\mathfrak{m}}(K),$$

pour $\mathfrak{m}$ parcourant l'ensemble ordonné filtrant des diviseurs positifs de X. Le groupe $C_{\mathfrak{m}}(K)$ est canoniquement isomorphe au *groupe des classes de diviseurs de* $X - \mathrm{Supp}(\mathfrak{m})$ *pour la relation d'équivalence définie par* $\mathfrak{m}$ (*cf.* [18], chap. V, n° 2). Comme $\deg(x) = 0$ si $x \in I_{\mathfrak{m}}(K)$, le degré d'un élément de $C_{\mathfrak{m}}(K)$ est défini; les éléments de $C_{\mathfrak{m}}(K)$ de degré zéro forment un sous-groupe $J_{\mathfrak{m}}(K)$. On a la suite exacte

(4) $$0 \to J_{\mathfrak{m}}(K) \to C_{\mathfrak{m}}(K) \to \mathbf{Z} \to 0$$

et la formule

(5) $$C_0(K) = \varprojlim J_{\mathfrak{m}}(K).$$

D'après Rosenlicht, il existe sur $J_{\mathfrak{m}}(K)$ une structure canonique de variété algébrique, qui en fait un groupe algébrique, appelée *jacobienne géné-*

ralisée de X relativement à $\mathfrak{m}$ (*cf.* [18], chap. V). Si $\mathfrak{m}' \geqq \mathfrak{m}$, l'application $J_{\mathfrak{m}'}(K) \rightarrow J_{\mathfrak{m}}(K)$ est un morphisme, ce qui permet, grâce à la formule (5), de définir sur $C_0(K)$ une structure de *groupe proalgébrique.* On observera que, pour tout $P \in X$, l'application canonique de U_P dans $C_0(K)$ est un *morphisme de groupes proalgébriques* (cela résulte de la structure des jacobiennes généralisées, *cf.* [18], chap. V, § 3); comme cette application est évidemment injective, elle identifie U_P à un sous-groupe fermé de $C_0(K)$; nous reviendrons là-dessus au n° 5.3.

Si n est un entier, nous noterons $J_{\mathfrak{m}}^{(n)}(K)$ l'ensemble des éléments de degré n de $C_{\mathfrak{m}}(K)$; c'est un espace principal homogène sur $J_{\mathfrak{m}}(K)$. On désignera par

$$\varphi_{\mathfrak{m}} : \quad X - \operatorname{Supp}(\mathfrak{m}) \rightarrow J_{\mathfrak{m}}^{(1)}(K)$$

l'application qui fait correspondre à un point P la classe du diviseur réduit à P; on sait ([18], *loc. cit.*) que $\varphi_{\mathfrak{m}}$ est un morphisme de variétés algébriques.

5.2. **Le groupe de Galois de l'extension abélienne maximale de** K. — Soit $\mathfrak{m}$ un diviseur positif sur X, et considérons une *isogénie séparable au-dessus de* $J_{\mathfrak{m}}(K)$, autrement dit une suite strictement exacte

$$0 \rightarrow \mathfrak{g} \rightarrow H \rightarrow J_{\mathfrak{m}}(K) \rightarrow 0, \tag{6}$$

où $\mathfrak{g}$ est un groupe abélien fini, et H un groupe algébrique commutatif connexe (*cf.* [21], n° 6.4). En choisissant un point dans $J_{\mathfrak{m}}^{(1)}(K)$, on peut identifier $J_{\mathfrak{m}}^{(1)}(K)$ et $J_{\mathfrak{m}}(K)$, donc définir à partir de (6) un revêtement abélien $H^{(1)}$ de $J_{\mathfrak{m}}^{(1)}(K)$, de groupe de Galois $\mathfrak{g}$; du fait que k est algébriquement clos, ce revêtement ne dépend pas du point choisi dans $J_{\mathfrak{m}}^{(1)}(K)$. L'image réciproque de $H^{(1)}$ par le morphisme

$$\varphi_{\mathfrak{m}} : \quad X - \operatorname{Supp}(\mathfrak{m}) \rightarrow J_{\mathfrak{m}}^{(1)}(K)$$

est un revêtement abélien de $X - \operatorname{Supp}(\mathfrak{m})$. On sait ([18], chap. VI, n° 11) que ce revêtement est irréductible. Son corps des fonctions L est donc une extension abélienne de K, de groupe de Galois $\mathfrak{g}$. Si $\mathfrak{A}_K$ désigne le groupe de Galois de l'extension abélienne maximale de K, on obtient donc un homomorphisme surjectif $\mathfrak{A}_K \rightarrow \mathfrak{g}$. Les isogénies (6) forment un système filtrant croissant, et la limite projective des groupes $\mathfrak{g}$ correspondants n'est autre que $\pi_1(J_{\mathfrak{m}}(K))$ (*cf.* [21], n° 6.4, prop. 7). On a donc construit un homomorphisme surjectif

$$\psi_{\mathfrak{m}} : \quad \mathfrak{A}_K \rightarrow \pi_1(J_{\mathfrak{m}}(K)). \tag{7}$$

En passant à la limite sur $\mathfrak{m}$, on en déduit un homomorphisme surjectif

$$\psi : \quad \mathfrak{A}_K \rightarrow \pi_1(C_0(K)). \tag{8}$$

PROPOSITION 1. — *L'homomorphisme ψ défini ci-dessus est un isomorphisme.*

Cela revient à dire que toute extension abélienne L/K peut être obtenue par le procédé ci-dessus, ce qui est un résultat connu ([18], chap. VI, prop. 9).

On peut aussi, comme au § 2, définir directement un homomorphisme en sens inverse

$$\theta: \quad \pi_1(C_0(K)) \to \mathfrak{A}_K.$$

Pour cela, soit L/K une extension galoisienne finie de groupe de Galois $\mathfrak{g}$; le groupe $\mathfrak{g}$ opère sur L^*, $I(L)$, $C(L)$, $C_0(L)$, et l'on a le résultat suivant (*cf.* HOCHSCHILD-NAKAYAMA [11], th. 4.3) :

LEMME 1. — *Les $\mathfrak{g}$-modules L^*, $I(L)$ et $C(L)$ sont cohomologiquement triviaux.*

On en déduit, en particulier, que $C(L)^{\mathfrak{g}} = C(K)$, et que la norme $N: C(L) \to C(K)$ est surjective; les mêmes résultats valent pour $C_0(L)$ et $C_0(K)$. De plus, la suite exacte

$$(9) \qquad 0 \to C_0(L) \to C(L) \to \mathbf{Z} \to 0$$

montre que $\mathfrak{g}/\mathfrak{g}'$ s'identifie à $H^{-1}(\mathfrak{g}, C_0(L))$. Si l'on note W_L le noyau de $N: C_0(L) \to C_0(K)$, on en déduit, comme au n° 2.3, que la composante connexe de W_L est égale à $I.C_0(L)$, et qu'on a

$$(10) \qquad \mathfrak{g}/\mathfrak{g}' = \pi_0(W_L).$$

L'isomorphisme en question fait correspondre à $\sigma \in \mathfrak{g}$ la classe dans $\pi_0(W_L)$ de $\sigma(D)/D$, où D est un élément de degré 1 de $C(L)$. La suite exacte

$$(11) \qquad 0 \to W_L \to C_0(L) \xrightarrow{N} C_0(K) \to 0$$

donne naissance à un homomorphisme bord

$$(12) \qquad \pi_1(C_0(K)) \to \pi_0(W_L) = \mathfrak{g}/\mathfrak{g}'.$$

Passant à la limite sur L, on obtient l'homomorphisme cherché

$$\theta: \quad \pi_1(C_0(K)) \to \mathfrak{A}_K.$$

PROPOSITION 2. — *Les homomorphismes ψ et θ sont inverses l'un de l'autre.*

Soit L/K une extension abélienne finie, de groupe de Galois $\mathfrak{g}$, provenant de l'isogénie (6). Considérons le diagramme

$$(13) \qquad \begin{array}{ccc} \pi_1(C_0(K)) & \to & \mathfrak{g} \\ \downarrow & & \downarrow \scriptstyle{\mathrm{Id}} \\ \pi_1(J_m(K)) & \to & \mathfrak{g} \end{array}$$

Si l'on démontre que (13) est commutatif, par passage à la limite on en déduira que $\psi \circ \theta = 1$, d'ou la proposition.

Soit Y la courbe normalisée de X dans L/K; l'application rationnelle de Y dans $H^{(1)}$ se prolonge en un homomorphisme $C_0(L) \to H$ de groupes proalgébriques (c'est une conséquence d'un théorème de Rosenlicht, *cf.* [18], chap. III). D'après un résultat connu ([18], chap. III, prop. 4), le diagramme

$$\begin{array}{ccc} C_0(L) & \xrightarrow{N} & C_0(K) \\ \downarrow & & \downarrow \\ H & \to & J_{\mathfrak{m}}(K) \end{array}$$

est commutatif. Il peut donc se plonger dans le diagramme commutatif suivant :

$$(14) \qquad \begin{array}{ccccccccc} 0 & \to & W_L & \to & C_0(L) & \xrightarrow{N} & C_0(K) & \to & 0 \\ & & \downarrow & & \downarrow & & \downarrow & & \\ 0 & \to & \mathfrak{g} & \to & H & \to & J_{\mathfrak{m}}(K) & \to & 0 \end{array}$$

L'homomorphisme $W_L \to \mathfrak{g}$ ainsi obtenu définit par passage au quotient un homomorphisme de $\pi_0(W_L)$ dans $\mathfrak{g}$ *qui n'est autre que l'isomorphisme* (10) : cela se vérifie sans difficultés. La commutativité de (13) résulte alors de celle de (14).

C. Q. F. D.

Remarque. — Ici encore, on peut définir une *formation de classes* en utilisant la suite exacte

$$(15) \qquad 0 \to \pi_1(C_0(L)) \to \overline{C_0(L)} \to C(L) \to \mathbf{Z} \to 0.$$

On sait, en effet, que $C(L)$ est cohomologiquement trivial, et le raisonnement de la proposition 8 du nº 2.5 montre qu'il en est de même de $\overline{C_0(L)}$. On en déduit un isomorphisme

$$(16) \qquad \delta^2 : \ H^q(\mathfrak{g}, \mathbf{Z}) \to H^{q+2}(\mathfrak{g}, \pi_1(C_0(L))).$$

Pour $q = -2$, l'isomorphisme $\delta^2 : \mathfrak{g}/\mathfrak{g}' \to \pi_1(C_0(L))/N\pi_1(C_0(K))$ est inverse de l'isomorphisme défini au moyen de (12) : la démonstration est identique à celle de la proposition 10 du nº 2.5.

5.3. **Groupes de décomposition.** — Soit L/K une extension abélienne finie, de groupe de Galois $\mathfrak{g}$, et soit Y la courbe normalisée de X dans L/K. Soit $P \in X$, et choisissons un point $Q \in Y$ se projetant en P. Le sous-groupe de $\mathfrak{g}$ formé des éléments σ tels que $\sigma(Q) = Q$ ne dépend pas du choix de Q (du fait que $\mathfrak{g}$ est abélien); nous l'appellerons le *groupe de décomposition de P*, et nous le noterons $\mathfrak{g}_P$. C'est le groupe de Galois de l'extension de corps locaux L_Q/K_P. D'après la théorie locale du § 2, on a un homomorphisme surjectif : $\pi_1(U_P) \to \mathfrak{g}_P$ et, d'après ce qu'on vient de voir au numéro précédent, on a un homomorphisme surjectif : $\pi_1(C_0(K)) \to \mathfrak{g}$.

Lemme 2. — *Le diagramme*

$$(17)\qquad \begin{array}{ccc} \pi_1(U_P) & \rightarrow & \mathfrak{g}_P \\ \downarrow & & \downarrow \\ \pi_1(C_0(K)) & \rightarrow & \mathfrak{g} \end{array}$$

est commutatif.

Cela résulte immédiatement de la commutativité du diagramme

$$(18)\qquad \begin{array}{ccccccccc} 0 \rightarrow & \pi_1(U_Q) & \rightarrow & \overline{U_Q} & \rightarrow & L_Q^* & \rightarrow & \mathbf{Z} & \rightarrow 0 \\ & \downarrow & & \downarrow & & \downarrow & & \downarrow \scriptstyle{\mathrm{id}} & \\ 0 \rightarrow & \pi_1(C_0(L)) & \rightarrow & \overline{C_0(L)} & \rightarrow & C(L) & \rightarrow & \mathbf{Z} & \rightarrow 0. \end{array}$$

Passons à la limite sur L. On a $\mathfrak{A}_K = \varprojlim \mathfrak{g}$, et la limite des groupes $\mathfrak{g}_P$ est un sous-groupe fermé $(\mathfrak{A}_K)_P$ de $\mathfrak{A}_K$, que nous appellerons encore le *groupe de décomposition* de P. Si K_a désigne l'extension abélienne maximale de K, $\mathfrak{A}_K$ est le groupe de Galois de K_a/K, et $(\mathfrak{A}_K)_P$ est le groupe de Galois d'une extension composée $K_a K_P/K_P$; en particulier, $(\mathfrak{A}_K)_P$ s'identifie à un groupe quotient de $\mathfrak{A}_{K_P}$ (le groupe de Galois de l'extension abélienne maximale de K_P).

Proposition 3.

(*a*) *Le groupe* $(\mathfrak{A}_K)_P$ *s'identifie à* $\mathfrak{A}_{K_P}$.

(*b*) *L'image de* $\pi_1(U_P)$ *par l'isomorphisme* $\theta : \pi_1(C_0(L)) \rightarrow \mathfrak{A}_K$ *est égale au groupe de décomposition* $(\mathfrak{A}_K)_P$, *et la restriction de* θ *à* $\pi_1(U_P)$ *coïncide avec l'isomorphisme* θ *du* § 2.

Par passage à la limite, le diagramme (17) donne

$$(19)\qquad \begin{array}{ccc} \pi_1(U_P) & \rightarrow & (\mathfrak{A}_K)_P \\ \downarrow & & \downarrow \\ \pi_1(C_0(K)) & \xrightarrow{\theta} & \mathfrak{A}_K \end{array}$$

et l'homomorphisme $\pi_1(U_P) \rightarrow (\mathfrak{A}_K)_P$ se factorise en

$$(20)\qquad \pi_1(U_P) \xrightarrow{\theta} \mathfrak{A}_{K_P} \rightarrow (\mathfrak{A}_K)_P.$$

Comme $U_P \rightarrow C_0(K)$ est injectif, il en est de même de $\pi_1(U_P) \rightarrow \pi_1(C_0(K))$. On en conclut que l'homomorphisme (20) est injectif, d'où à la fois le fait que θ est injectif (ce qu'on avait déjà démontré au § 4), et l'assertion (*a*). L'assertion (*b*) ne fait que traduire la commutativité de (19).

Remarques.

1° La nouvelle démonstration du *théorème d'existence* que nous venons d'obtenir est nettement plus satisfaisante que celle du § 4 (qui reposait sur un « dévissage » plutôt pénible); malheureusement, elle ne s'applique qu'*au cas d'égale caractéristique*.

2° L'assertion (a) signifie que l'extension composée $K_a K_P/K_P$ est *l'extension abélienne maximale* de K_P; on sait qu'un résultat analogue est valable dans la théorie du corps de classes usuelle.

3° Revenons à une extension abélienne finie L/K, de groupe de Galois $\mathfrak{g}$. Le *conducteur* de L/K a été défini dans [18], chap. VI, § 2, comme le plus petit diviseur positif $\mathfrak{m}$ tel que l'homomorphisme

$$\pi_1(C_0(K)) \to \mathfrak{g}$$

puisse se factoriser en $\pi_1(C_0(K)) \to \pi_1(J_\mathfrak{m}(K)) \to \mathfrak{g}$. La proposition précédente montre que *le coefficient d'un point P dans $\mathfrak{m}$ est égal au conducteur* (au sens du n° 3.6) *de l'extension locale L_Q/K_P correspondante*.

BIBLIOGRAPHIE

[1] ARF (Cahit). — Untersuchungen über reinverzweigte Erweiterungen diskret bewerteter perfekter Körper, *J. reine ang. Math.*, t. 181, 1940, p. 1-44.

[2] ARTIN (Emil). — Die gruppentheoretische Struktur der Diskriminanten algebraischer Zahlkörper, *J. reine ang. Math.*, t. 164, 1931, p. 1-11.

[3] ARTIN (Emil). — *Algebraic numbers and algebraic functions*. — Princeton University, 1950-1951 (polycopié).

[4] CARTAN (Henri) and EILENBERG (Samuel). — *Homological algebra*. — Princeton, University Press, 1956. (Princeton math. Series, 19).

[5] COHEN (Irvin). — On the structure and ideal theory of complete local rings, *Trans. Amer. math. Soc.*, t. 59, 1946, p. 54-106.

[6] DOUADY (Adrien). — Cohomologie des groupes compacts totalement discontinus, *Séminaire Bourbaki*, t. 12, 1959-1960, exposé 189.

[7] GREENBERG (Marvin). — Schemata over local rings, *Annals of Math.*, t. 73, 1961, p. 624-648.

[8] HASSE (Helmut). — Normenresttheorie galoisscher Zahlkörper mit Anwendungen auf Führer und Diskriminante abelscher Zahlkörper, *J. Fac. Sc. Tokyo*, t. 2, 1934, p. 477-498.

[9] HASSE (Helmut). — *Zahlentheorie*. — Berlin, Akademie-Verlag, 1949.

[10] HERBRAND (Jacques). — Sur la théorie des groupes de décomposition, d'inertie et de ramification, *J. Math. pures et appl.*, Série 9, t. 10, 1931, p. 481-498.

[11] HOCHSCHILD (Gerhard) and NAKAYAMA (Tadasi). — Cohomology in class field theory, *Annals of Math.*, t. 55, 1952, p. 348-366.

[12] KAWADA (Yukiyosi). — Class formations, *Duke math. J.*, t. 22, 1955, p. 165-178.

[13] LANG (Serge). — On quasi algebraic closure, *Annals of Math.*, t. 55, 1952, p. 373-390.

[14] MACKENZIE (Robert) and WHAPLES (George). — Artin-Schreier equations in characteristic zero, *Amer. J. of Math.*, t. 78, 1956, p. 473-485.

[15] RIM (Dock Sang). — Modules over finite groups, *Annals of Math.*, t. 69, 1959, p. 700-712.

[16] ŠAFAREVIČ. (Igor). — A general reciprocity law, *Mat. Sbornik*, t. 26, 1950, p. 113-146 (*Amer. math. Soc. Transl.*, Series 2, vol. 4, p. 73-106).

[17] SAMUEL (Pierre) and ZARISKI (Oscar). — *Commutative algebra*, I. — Princeton, Van Nostrand, 1958.

[18] SERRE (Jean-Pierre). — *Groupes algébriques et corps de classes.* — Paris, Hermann, 1959 (*Act. scient. et ind.*, 1264; *Publ. Inst. Math. Univ. Nancago*, 7).

[19] SERRE (Jean-Pierre). — Corps locaux et isogénies, *Séminaire Bourbaki*, t. 11, 1958-1959, exposé 185.

[20] SERRE (Jean-Pierre). — Sur la rationalité des représentations d'Artin, *Annals of Math.*, t. 72, 1960, p. 406-420.

[21] SERRE (Jean-Pierre). — Groupes proalgébriques, *Inst. H. Ét. scient.*, *Publ. math.*, nº 7, 1960, p. 1-67.

[22] TAMAGAWA (Tsuneo). — On the theory of ramification groups and conductors, *Jap. J. of Math.*, t. 21, 1951, p. 197-215.

[23] TATE (John). — The higher dimensional groups of class field theory, *Annals of Math.*, t. 56, 1952, p. 294-297.

[24] WHAPLES (George). — Generalized local class field theory, I : reciprocity law, *Duke math. J.*, t. 19, 1952, p. 505-517.

[25] WHAPLES (George). — Generalized local class field theory, II : existence theorem, *Duke math. J.*, t. 21, 1954, p. 247-256.

[26] WHAPLES (George). — Generalized local class field theory, III : second form of the existence theorem; structure of analytic groups, *Duke math. J.*, t. 21, 1954, p. 583-586.

[27] WHAPLES (George). — The generality of local class field theory (Generalized local class field theory, V), *Proc. Amer. math. Soc.*, t. 8, 1957, p. 137-140.

[28] WITT (Ernst). — Zyklische Körper und Algebren der Charakteristik p vom Grade p^m, *J. reine ang. Math.*, t. 176, 1936, p. 126-140.

(Manuscrit reçu le 30 octobre 1960)

Jean-Pierre SERRE,
6, avenue de Montespan,
Paris, 16e.

52.

Résumé des cours de 1960–1961

Annuaire du Collège de France (1961), 51–52

1 On connaît plusieurs espèces de « fonctions zêta » et de « fonctions L » : celles relatives aux corps de nombres algébriques (les plus anciennes), aux variétés algébriques sur les corps finis (Artin, Weil), aux variétés algébriques sur les corps de nombres algébriques (Hasse, Weil). Le langage des *schémas* de Grothendieck permet d'en donner une définition unique :

Soit X un schéma de type fini sur l'anneau des entiers, et soit $\overline{X}$ l'ensemble des points fermés de X. Si $x \in \overline{X}$, le corps résiduel de x a un nombre fini d'éléments, soit $N(x)$, et l'on définit la *fonction zêta* de X par le produit infini

$$\zeta_X(s) = \prod_{x \in \overline{X}} \frac{1}{1 - \frac{1}{N(x)^s}}$$

Ce produit converge uniformément dans tout demi-plan $R(s) > \dim. X + \varepsilon$, avec $\varepsilon > 0$. La fonction ζ_X qu'il définit se prolonge en une fonction méromorphe dans le demi-plan $R(s) > \dim. X - \frac{1}{2}$; on conjecture qu'elle se prolonge même en une fonction méromorphe dans tout le plan complexe, mais on ne sait le démontrer que dans des cas particuliers.

Lorsque $X = \mathrm{Spec}(A)$, où A est l'anneau des entiers d'un corps de nombres algébriques K, la fonction ζ_X n'est autre que la fonction zêta (au sens classique) du corps K. Lorsque X est un schéma sur un corps fini à q éléments, ζ_X est une fonction de $t = q^{-s}$; c'est même une fonction rationnelle de t, d'après un résultat récent de Dwork.

Les fonctions L se définissent dans le cadre suivant : on se donne un schéma Y de type fini sur l'anneau des entiers, un groupe fini G d'automorphismes de Y, et un caractère χ de G. On construit alors, en suivant Artin, un produit infini $L_Y(\chi, s)$. Le formalisme d'Artin s'applique sans modifications : il suffit en fait de le vérifier pour les schémas *de dimension zéro*. Ici encore, le produit infini converge uniformément dans tout demi-plan $R(s) > \dim. Y + \varepsilon$, et la fonction $L_Y(\chi, s)$ ainsi définie se prolonge analytiquement dans le demi-plan $R(s) > \dim. Y - \frac{1}{2}$; son comportement dans la « bande critique » :

$$\dim. Y - \frac{1}{2} < R(s) \leqslant \dim. Y$$

se ramène à celui des fonctions L d'Artin proprement dites. L'étude de la singularité $s = \dim. Y$ permet de démontrer des théorèmes de densité.

Séminaire

Il a porté sur les propriétés arithmétiques des représentations linéaires des groupes finis, et en particulier sur les représentations induites, les modules projectifs, et la théorie de Brauer.

Liste des exposés :

N° 1 (J.-P. Serre), *Généralités sur les représentations linéaires, les représentations induites, et les groupes de Grothendieck.*

N° 2 (I. Giorgiutti), *Exemples variés de groupes de Grothendieck; indices de Schur.*

N° 3 (J.-P. Serre), *Les théorèmes d'Artin, Brauer et Witt sur les caractères induits. Applications aux fonctions L.*

N°s 4, 5 (I. Giorgiutti), *Le spectre de l'anneau des caractères. Applications aux théorèmes de Brauer et Witt.*

N° 6 (J.-P. Serre), *Compléments aux exposés précédents.*

N° 7 (J.-P. Serre), N°s 8, 9 (I. Giorgiutti), *Le groupe des classes de modules projectifs, d'après un mémoire de Swan.*

N° 10 (I. Giorgiutti), *Caractères modulaires de Brauer.*

N° 11 (J.-P. Serre), *Le théorème de finitude de Jordan-Minkowski.*

53.

Cohomologie galoisienne des groupes algébriques linéaires

Colloque sur la théorie des groupes algébriques, Bruxelles (1962), 53–68

A tout groupe algébrique G sur un corps k, on peut associer l'ensemble $H^1(k, G)$ des classes d'espaces principaux homogènes sur G qui sont définis sur k (cf. Weil [23] ainsi que Lang-Tate [17]). Lorsque G est un groupe «classique», $H^1(k, G)$ a une interprétation non moins classique; ainsi, si G est le groupe projectif $\boldsymbol{PGL}_n$, $H^1(k, G)$ s'identifie à la partie du groupe de Brauer de k formée des éléments décomposés par une extension de k dont le degré divise n (cf. [20], Chap. X); si G est le groupe orthogonal d'une forme quadratique non dégénérée Q, les éléments de $H^1(k, G)$ correspondent bijectivement aux classes de formes quadratiques non dégénérées sur k qui ont même rang que Q; etc. Jusqu'à présent, ces cas particuliers ont été étudiés séparément. Lorsqu'on essaie d'unifier les résultats obtenus, pour avoir des énoncés valables pour tout groupe linéaire, ou tout groupe semi-simple, on est amené à formuler un certain nombre de *conjectures*; ce sont ces conjectures que je me propose de discuter.

Je me bornerai au cas des groupes *linéaires*; les variétés abéliennes posent des problèmes tout aussi intéressants, mais d'un genre différent.

§ 1. Rappels

1.1. *Cohomologie galoisienne*

Soit k un corps, et soit G un groupe algébrique sur k, autrement dit un groupe dans la catégorie des schémas algébriques sur k (cf. Grothendieck [12], Chap. I, § 6.4). On supposera dans tout ce qui suit que le schéma de G est *simple sur* k ([11], § II); comme G est un groupe, cela revient à dire que, pour toute extension k' de k, le faisceau d'anneaux de $G \otimes_k k'$ n'a pas d'éléments nilpotents. La composante connexe de l'élément neutre de G est alors un «groupe algébrique défini sur k», au sens de Weil.

Si K est une extension de k, nous noterons G_K le groupe des points de G à valeurs dans K (ou, comme on dit, des points de G «rationnels sur K»). Si K/k est galoisienne, de groupe de Galois $\mathfrak{g}$, le groupe $\mathfrak{g}$ opère sur G_K; il opère même continûment, si l'on munit G_K de la topologie discrète, et $\mathfrak{g}$ de sa topologie naturelle de groupe de Galois; si $s \in \mathfrak{g}$ et $x \in G_K$, nous noterons $s(x)$, ou ${}^s x$ le transformé de x par s. L'ensemble $H_0(\mathfrak{g}, G_K)$ des éléments de G_K invariants par $\mathfrak{g}$ s'identifie à G_k. On définit $H^1(\mathfrak{g}, G_K)$ de la manière suivante (cf. Lang-Tate [17], ou [20], p. 131) : un *cocycle* est une application continue $s \rightarrow x_s$ de $\mathfrak{g}$ dans G_K telle que $x_{st} = x_s {}^s x_t$; deux cocycles x_s et x'_s sont dits *cohomologues* s'il existe $a \in G_K$ tel que $x'_s = a^{-1} x_s {}^s a$; c'est là une relation d'équivalence entre cocycles, et les classes de cette relation d'équivalence sont par définition les éléments de $H^1(\mathfrak{g}, G_K)$; l'ensemble $H^1(\mathfrak{g}, G_K)$ contient un élément canonique, noté indifféremment 0 ou 1 (il correspond au cocycle x_s égal à 1 pour tout $s \in \mathfrak{g}$). Lorsque G est commutatif, $H^1(\mathfrak{g}, G_K)$ a une structure naturelle de groupe abélien; de plus, on définit par le procédé habituel les groupes de cohomologie supérieurs $H^i(\mathfrak{g}, G_K)$. On écrit souvent $H^i(K/k, G)$ au lieu de $H^i(\mathfrak{g}, G_K)$; on a $H^i(K/k, G) = \varinjlim \cdot H^i(K_\alpha/k, G)$, lorsque K_α parcourt l'ensemble des sous-extensions galoisiennes *finies* de K.

Le cas le plus intéressant est celui où l'on prend pour K la *clôture séparable* k_s de k; les $H^i(k_s/k, G)$ sont alors notés $H^i(k, G)$.

Remarque. Lorsque le groupe G n'est pas simple sur K, $H^1(k_s/k, G)$ ne coïncide pas nécessairement avec la «vraie» cohomologie de G, définie par Cartier et Grothendieck (voir [10]); de tels groupes s'introduisent nécessairement, par exemple lorsque l'on veut étudier des isogénies inséparables sur un corps imparfait.

1.2. *Formes*

Soit V un schéma algébrique sur k, et supposons que G soit le groupe des automorphismes de V (en ce sens que, pour toute extension K/k, G_K est le groupe d'automorphismes de $V \otimes_k K$).

Soit K/k une extension, et soit V' un schéma algébrique sur k; on dit que V' est une *K/k-forme* de V si $V \otimes_k K$ et $V' \otimes_k K$ sont K-isomorphes (i.e. si V et V' «deviennent isomorphes sur K»). Supposons que K/k soit galoisienne, de groupe de Galois $\mathfrak{g}$, et que V soit quasi-projective; alors *les classes de K/k-formes de V* (pour la relation d'équivalence définie par l'isomorphisme) *correspondent bijectivement aux éléments de* $H^1(K/k, G)$. La correspondance se définit de la manière suivante : si V' est une K/k-forme de V, on choisit un isomorphisme $f : V \otimes_k K \to V' \otimes_k K$, et à tout $s \in \mathfrak{g}$ on fait correspondre $x_s = f^{-1} \circ {}^s f$, qui est un élément de G_K; on obtient ainsi un cocycle x_s dont la classe ne dépend pas du choix de f; deux K/k-formes définissent des cocycles cohomologues si et seulement si elles sont isomorphes. Réciproquement, tout cocycle x_s correspond à une K/k-forme V_x de V (on dit parfois que V_x se déduit de V en «tordant V au moyen de x»); cela se voit en utilisant les théorèmes de descente du corps de base de Weil (ce qui revient à faire opérer $\mathfrak{g}$ dans $V \otimes_k K$ et à passer au quotient); c'est là que l'hypothèse de quasi-projectivité intervient. Lorsque l'on prend $K = k_s$, on parle simplement d'une *k-forme* de V; les classes de k-formes correspondent donc aux éléments de $H^1(k, G)$, du moins si V est quasi-projective.

La correspondance entre formes et classes de cohomologie s'applique aussi lorsque les variétés considérées sont munies de *structures* de groupes (ou d'espaces homogènes, ou d'algèbres, etc.), G_K étant alors le groupe des automorphismes de $V \otimes_k K$ muni de la structure en question; la démonstration est la même (bien entendu, il faut vérifier dans chaque cas que l'espèce de structure considérée est compatible avec la descente du corps de base dans une extension galoisienne).

Exemple : prenons pour V le groupe G, et munissons-le de sa structure naturelle d'*espace principal homogène* sur G; le groupe d'automorphismes est G lui-même. Comme G est quasi-projectif, on retrouve le résultat connu (cf. Lang-Tate [17]) selon lequel les éléments de $H^1(K/k, G)$ correspondent bijectivement aux classes d'espaces principaux homogènes sur G qui ont un point rationnel dans K.

On trouvera d'autres exemples dans [20], Chap. X, et dans Hertzig [13].

1.3. *Propriétés formelles des H^i*

On va se borner à en citer quelques-unes :

1.3.1. Soit K/k une extension finie séparable, soit G un groupe algébrique sur K, et soit $H = R_{K,k}(G)$ le groupe algébrique sur k obtenu à partir de G par restriction du corps de base au sens de Weil ([24], p. 4).

On a alors des bijections canoniques :

$$H^i(k, H) \to H^i(K, G)$$

pour $i = 0, 1$ (et même pour tout i si G est commutatif).

1.3.2. Soit H un sous-groupe de G, et soit $x = (x_s)$ un cocycle dans G. Pour que x soit cohomologue à un cocycle de H, il faut et il suffit que le schéma $V = (G/H)_x$, obtenu en tordant G/H au moyen de x, ait un point à valeurs dans k.

1.3.3. Si H est un sous-groupe invariant de G, on a un analogue non commutatif de la suite exacte de cohomologie; cf. [20] p. 131-134, qui est d'ailleurs très incomplet; il n'y a heureusement aucune difficulté à le compléter, en se guidant sur le cas topologique pour lequel on dispose des exposés de Dedecker [6], Frenkel [8] et Grothendieck [9].

§ 2. Corps de dimension $\leqslant 1$

2.1. *Définition*

Soit k un corps. Nous dirons que k est *de dimension* $\leqslant 1$ (ce que nous écrirons $d(k) \leqslant 1$) si, pour toute extension algébrique K de k, le *groupe de Brauer B_K de K est nul*; il suffit d'ailleurs que $B_K = 0$ pour toute extension *finie* K de k (1).

Cette condition équivaut à la suivante (cf. [20], p. 169, prop. 11) :

(*) *Si $L \supset K$ sont deux extensions finies de k, avec L séparable sur K, on a $N_{L/K}(L^*) = K^*$.*

(1) Il suffit même que B_K soit nul pour toute extension finie et *séparable* K de k. En effet, toute extension finie L de k est radicielle sur une telle extension K, et, d'après un théorème de Hochschild, l'homomorphisme $B_K \to B_L$ est surjectif; d'où $B_L = 0$.

Le terme de «dimension» est justifié (au moins pour un corps parfait) par le résultat suivant :

PROPOSITION 2.1. *Soit* k_s *la clôture séparable de* k, *soit* $\mathfrak{g}$ *le groupe de Galois de* k_s/k, *et soit* $cd(\mathfrak{g})$ *la dimension cohomologique de* $\mathfrak{g}$ (au sens de Tate, cf. [7]). *Si* k *est de dimension* $\leqslant 1$, *on a* $cd(\mathfrak{g}) \leqslant 1$ *et la réciproque est vraie si* k *est parfait.*

[On rappelle que $cd(\mathfrak{g})$ est le plus petit entier n tel que $H^{n+1}(\mathfrak{g}, A) = 0$ pour tout $\mathfrak{g}$-module fini A (commutatif, bien entendu).]

Si $d(k) \leqslant 1$, on a $cd(\mathfrak{g}) \leqslant 1$ d'après le théorème 4.2 de [7]. Si k est parfait, k_s^* est un groupe *divisible*; si $cd(\mathfrak{g}) \leqslant 1$, on voit tout de suite que cela entraîne $H^2(\mathfrak{g}, k_s^*) = 0$, autrement dit $B_k = 0$. En appliquant le même argument à une extension finie de k, ce qui est licite vu la prop. 3.2 de [7], on voit bien que k est de dimension $\leqslant 1$.

2.2. *Exemples de corps de dimension* $\leqslant 1$

2.2.1. Un corps fini.

2.2.2. Une extension de degré de transcendance 1 d'un corps algébriquement clos.

2.2.3. Un corps local (i.e. complet pour une valuation discrète) à corps résiduel algébriquement clos; plus généralement, l'extension maximale non ramifiée d'un corps local à corps résiduel parfait.

2.2.4. Une extension algébrique de $\boldsymbol{Q}$ contenant toutes les racines de l'unité.

Pour les démonstrations (ou les références à la bibliographie), voir [20], p. 170.

2.3. *Corps* (C_1)

Ce sont ceux qui vérifient la propriété suivante (cf. Lang [14]) :

(C_1) — *Toute équation homogène* $f(x_1, ..., x_n) = 0$, *de degré* $d < n$, *a une solution non triviale dans* k.

On sait que $(C_1) \Rightarrow d(k) \leqslant 1$ (cf. [20], p. 169, prop. 10). La réciproque est inexacte; en effet, si k est de caractéristique $p \neq 0$, la condition (C_1) entraîne que $[k : k^p] \leqslant p$ (considérer une p-base de k), et il est facile de construire des corps de dimension $\leqslant 1$ mettant en défaut cette condition (clôture séparable d'un corps de fonctions à deux variables). Il n'est pas exclu que, pour les corps k

tels que $[k : k^p] \leqslant p$, la condition (C_1) soit équivalente à la con-
1 dition $d(k) \leqslant 1$, mais c'est peu probable.

Les exemples 2.2.1, 2.2.2 et 2.2.3 du n° précédent vérifient (C_1), cf. Lang [14]; on ignore s'il en est de même de l'exemple 2.2.4.

2.4. *Première conjecture*

CONJECTURE I. *Si k est un corps parfait de dimension $\leqslant 1$,*
2 *et si G est un groupe linéaire connexe défini sur k, on a $H^1(k, G)=0$* (2).

Cette conjecture est démontrée dans les cas suivants :

a) *Si k est un corps fini* (Lang [15]); dans ce cas, l'hypothèse que G est un groupe linéaire est inutile.

b) *Si k est de caractéristique zéro et vérifie* (C_1) (cf. l'exposé de Springer à ce colloque).

c) *Si G est résoluble, ou si c'est un groupe semi-simple «classique»* (cf. § 3).

On peut raisonnablement espérer que la démonstration de Springer peut être transposée en caractéristique $p \neq 0$; le fait qu'il doive remplacer l'hypothèse $d(k) \leqslant 1$ par (C_1) n'est pas gênant pour les applications : les corps de dimension $\leqslant 1$ les plus importants vérifient bien (C_1), cf. n° 2.2.

Remarques

1) Inversement, si $H^1(k, G) = 0$ pour tout groupe semi-simple G, on a $d(k) \leqslant 1$. En effet, soit K une extension séparable finie de k, soit n un entier, et soit G le groupe $R_{K/k}(\boldsymbol{PGL}_n)$, obtenu à partir du groupe projectif $\boldsymbol{PGL}_n$ par restriction du corps de base de K à k (cf. n° 1.3.1); comme $H^1(k, G) = 0$, on voit que $H^1(K, \boldsymbol{PGL}_n) = 0$, et, puisque ceci est vrai pour tout n, on en déduit $B_K = 0$ (cf. [20], Chap. X), d'où $d(k) \leqslant 1$.

2) Si l'on abandonne l'hypothèse que k est parfait, on peut seulement conjecturer que $H^1(k, G) = 0$ lorsque G est *réductif*
3 connexe. On peut en effet construire des groupes unipotents dont la cohomologie est non nulle; par exemple, si $k = k_0((t))$, k_0 étant un corps de caractéristique p non nulle, le sous-groupe G de $\boldsymbol{G}_a \times \boldsymbol{G}_a$ défini par l'équation $y^p - y = tz^p$ est tel que

(2) Lang m'a signalé que cette conjecture lui avait été communiquée par Adelberg il y a plusieurs années.

$H^1(k, G) \neq 0$ (si $p \neq 2$ — on peut construire des exemples analogues pour $p = 2$).

2.5. *Conjectures supplémentaires*

La conjecture I ci-dessus me paraît extrêmement probable. Les deux suivantes sont plus hasardeuses :

4 CONJECTURE I'. *Soit k un corps parfait de dimension $\leqslant 1$, et soit G un groupe linéaire connexe défini sur k. Tout espace homogène sur G qui est défini sur k possède un point rationnel sur k.*

(Bien entendu, si X est l'espace homogène en question, on suppose que l'application de $G \times X$ dans X est définie sur k.)

Cette conjecture est plus forte que la conjecture I, comme on le voit en l'appliquant au cas d'un espace homogène *principal.*

CONJECTURE I''. *Soit k un corps parfait de dimension $\leqslant 1$, et soit $f : G \to G'$ un homomorphisme de groupes algébriques (définis sur k, ainsi que f). Si f est surjectif, l'application $H^1(k, G) \to H^1(k, G')$ induite par f est surjective.*

Ces deux conjectures sont vraies lorsque k est un *corps fini* : la première a été démontrée par Lang [15], et la seconde est immédiate. Dans le cas général, elles paraissent nettement plus difficiles que la conjecture I; la conjecture I'', appliquée au cas où G et G' sont finis, entraîne que le groupe de Galois de k_s/k possède une *propriété de relèvement* très stricte, qui l'apparente à un groupe libre.

§ 3. DÉMONSTRATION DE LA CONJECTURE I POUR DIVERS GROUPES

3.1. *Réduction au cas semi-simple*

PROPOSITION 3.1.1. *Si k est parfait, et si G est unipotent connexe, on a $H^1(k, G) = 0$.*

Comme k est parfait, G admet une suite de composition dont les quotients successifs sont isomorphes au groupe additif $\mathbf{G}_a$ (cf. Rosenlicht [19], cor. 2 à la prop. 5); comme l'on sait que $H^1(k, \mathbf{G}_a) = 0$ (cf. [20], p. 158), on en déduit bien que $H^1(k, G) = 0$.

PROPOSITION 3.1.2. *Si k est de dimension $\leqslant 1$, et si G est un tore, on a $H^1(k, G) = 0$.*

On sait (cf. Ono [18], prop. 1.2.1) qu'il existe une extension galoisienne finie K/k telle que G soit K-isomorphe à un produit de groupes multiplicatifs G_m. Si L/k est une extension galoisienne de k contenant K, de groupe de Galois $\mathfrak{g}$, le groupe $\mathfrak{g}$ opère sur le groupe X des *caractères* de G, et aussi sur le groupe $Y = \mathrm{Hom}(X, \mathbf{Z})$; le groupe G_L s'identifie de façon naturelle au produit tensoriel $L^* \otimes Y$. Comme $d(k) \leqslant 1$, L^* est un $\mathfrak{g}$-module cohomologiquement trivial (cf. [20], p. 169, prop. 11), et d'après le théorème de Nakayama, il en est de même de $L^* \otimes Y$ (*loc. cit.*, p. 170). On a donc $H^1(L/k, G) = 0$, et en passant à la limite sur L on voit bien que $H^1(k, G) = 0$.

PROPOSITION 3.1.3. *Si k est parfait de dimension $\leqslant 1$, et si G est un groupe linéaire connexe résoluble défini sur k, on a $H^1(k, G) = 0$.*

Cela résulte des propositions précédentes, en remarquant qu'un tel groupe est extension d'un tore par un groupe unipotent connexe.

COROLLAIRE. *Pour démontrer la conjecture* I, *on peut se borner au cas des groupes semi-simples.*

Cela résulte de la proposition précédente et du fait que tout groupe linéaire connexe est extension d'un groupe semi-simple par un groupe résoluble connexe.

PROPOSITION 3.1.4. *Soit $f : G \to G'$ une isogénie de groupes linéaires connexes définis sur k. Si k est parfait de dimension $\leqslant 1$, l'application de $H^1(k, G)$ dans $H^1(k, G')$ définie par f est bijective.*

(Bien entendu, on suppose que f est définie sur k.)

Soit N le noyau de f; c'est un sous-groupe fini du centre de G; si k_s désigne la clôture algébrique de k, le groupe G'_{k_s} s'identifie au quotient G_{k_s}/N. Comme $d(k) \leqslant 1$, on a $H^2(k, N) = 0$, et la suite exacte de cohomologie (cf. [20], p. 133, prop. 2) montre que $H^1(k, G) \to H^1(k, G')$ est surjectif. Reste à voir que cette application est injective. Soient x et y deux éléments de $H^1(k, G)$ ayant même image dans $H^1(k, G')$; quitte à «tordre» G et G' au moyen d'un cocycle représentant x, on peut supposer que $x = 0$. D'après [20], *loc. cit.*, l'élément y provient d'un élément $z \in H^1(k, N)$, et l'on est ramené à démontrer que l'image de $H^1(k, N)$ dans $H^1(k, G)$ est nulle. Or, d'après Rosenlicht ([19], p. 45), il existe un sous-groupe de Cartan C de G rationnel sur k; ce sous-groupe contient N, et l'application $H^1(k, N) \to H^1(k, G)$ se factorise à travers $H^1(k, C)$. Mais C est nilpotent, donc *a fortiori* résoluble, et connexe; d'après la proposition 3.1.3, on a

$H^1(k, C) = 0$, et il s'ensuit bien que l'image de $H^1(k, N)$ dans $H^1(k, G)$ est nulle.

COROLLAIRE. *Pour démontrer la conjecture* I, *on peut se borner au cas des groupes semi-simples simplement connexes* (*ou adjoints. au choix*).

C'est évident.

3.2. *Nullité de la cohomologie pour les extensions quadratiques*

Démontrons d'abord un résultat général :

PROPOSITION 3.2.1. *Soit k un corps parfait infini, soit G un groupe linéaire connexe défini sur k, et soit K/k une extension galoisienne finie, de groupe de Galois* $\mathfrak{g}$. *Toute classe de cohomologie $\gamma \in H^1(K/k, G)$ peut être représentée par un cocycle c_s ($s \in \mathfrak{g}$, $c_s \in G_K$) tel que, pour tout $s \neq 1$, c_s soit un élément régulier de G_K (au sens de Chevalley,* [4], p. 7-03).

Soit x_s un cocycle représentant γ; nous devons montrer qu'il existe $a \in G_K$ tel que $c_s = a^{-1}\, x_s\, {}^s a$ soit régulier pour tout $s \neq 1$ dans $\mathfrak{g}$. Soit $H = R_{K/k}(G)$ le groupe obtenu à partir de G par restriction des scalaires de K à k (cf. n° 1.3.1) et soit p l'homomorphisme canonique de H dans G; on sait que p est défini sur K, et que la collection $\varphi = ({}^s p)$ de ses conjugués est un K-isomorphisme de H sur $G \times \ldots \times G$ (les facteurs de ce produit étant indexés par les éléments s de $\mathfrak{g}$). Soit U l'ensemble des éléments $b \in H$ tels que $p(b)^{-1} \cdot x_s {}^s p(b)$ soit régulier pour tout $s \neq 1$. En tenant compte de ce que φ est un isomorphisme, on voit que U est un ouvert non vide (pour la topologie de Zariski de H); d'après Rosenlicht ([19], p. 44), il s'ensuit que $H_k \cap U$ est non vide. Soit $b \in H_k \cap U$, et soit $a = p(b)$; on a $a \in G_K$, et ${}^s p(b) = {}^s a$; vu la définition de U, il s'ensuit bien que $a^{-1} x_s {}^s a$ est régulier pour tout $s \neq 1$.

PROPOSITION. 3.2.2. *Si K est une extension quadratique d'un corps parfait k de dimension $\leqslant 1$, et si G est un groupe linéaire connexe défini sur k, on a $H^1(K/k, G) = 0$.*

Notons $x \to \bar{x}$ l'automorphisme de G_K défini par l'automorphisme non trivial s de K/k. Un cocycle s'identifie à un élément $x \in G_K$ tel que $x \cdot \bar{x} = 1$. Vu la proposition précédente, on peut supposer que x est régulier (si k est fini, on sait de toutes façons que $H^1(K/k, G) = 0$). Soit C l'unique sous-groupe de Cartan de G qui contient x; il est défini sur K. Mais comme $\bar{x} = x^{-1}$, c'est aussi l'unique sous-groupe de Cartan contenant $\bar{x}$, ce qui montre qu'il est stable par s; il est donc en fait défini sur k. D'après la proposition 3.1.3, on a $H^1(k, C) = 0$ d'où *a fortiori* $H^1(K/k, C)=0$; le cocycle x est cohomologue à zéro dans C, donc aussi dans G, cqfd.

Remarque. La proposition précédente s'étend au cas d'une extension galoisienne K/k dont le groupe de Galois est un 2-groupe; en effet, le corps K s'obtient par extensions quadratiques successives à partir de k, et l'on applique la proposition à chacune de ces extensions.

3.3. *Groupes classiques*

PROPOSITION 3.3.1. *Soit k un corps parfait de dimension* $\leqslant 1$, *et soit G un groupe semi-simple défini sur k, dont tous les facteurs simples* (sur la clôture algébrique de k) *sont de type* $\boldsymbol{A}_n$, $\boldsymbol{B}_n$, $\boldsymbol{C}_n$ *ou* $\boldsymbol{D}_n$ *(le type* $\boldsymbol{D}_4$ *étant exclu). Alors* $H^1(k, G) = 0$.

D'après la proposition 3.1.4, on peut supposer que G est un groupe *adjoint*; on peut aussi supposer qu'il est simple sur k, i.e. qu'il n'est pas décomposable en produit de façon non triviale sur le corps k. Cela n'implique pas nécessairement que G soit simple sur la clôture algébrique k_s de k; mais, si H désigne un facteur simple de G, et K/k le corps de rationalité de H, on voit tout de suite que G s'identifie à $R_{K/k}(H)$. Comme $H^1(k, G) = H^1(K, H)$, on est ramené à étudier le groupe H. En d'autres termes, on peut supposer que G est *simple* (sur k_s). Soit G_0 le groupe «de Tohoku», construit par Chevalley (cf. [3] ainsi que [5]), et de même type que G. Soit A le groupe d'automorphismes de G_0; comme G_0 est son propre groupe adjoint, on a une suite exacte

$$0 \to G_0 \to A \to E \to 0,$$

où E est un groupe fini (le groupe des automorphismes externes de G_0). On sait que E est cyclique d'ordre 1 ou 2 (grâce au fait que l'on a éliminé $\boldsymbol{D}_4$). Comme G est une k-forme de G_0, il est défini par un élément $g \in H^1(k, A)$, lequel a une image $e \in H(k, E)$; l'élément e peut être interprété comme un caractère d'ordre 1 ou 2 du groupe de Galois $\mathfrak{g}$ de k_s/k; il correspond à une extension K/k de degré 1 ou 2. Sur K, le groupe G est défini par un élément $g_K \in H^1(K, A)$ qui, cette fois, appartient à l'image de $H^1(K, G_0)$. Il en résulte en particulier que $H^1(K, G)$ est en correspondance bijective avec $H^1(K, G_0)$. Si l'on montre que $H^1(K, G_0)=0$, on en déduira que $H^1(K, G) = 0$, et comme on sait déjà que $H^1(K/k, G) = 0$ (cf. prop. 3.2.2), il en résultera bien que $H^1(k, G) = 0$.

Nous sommes donc ramené à montrer la nullité de $H^1(K, G_0)$ lorsque G_0 est un «groupe de Tohoku» de type $\boldsymbol{A}_n$, $\boldsymbol{B}_n$, $\boldsymbol{C}_n$, $\boldsymbol{D}_n$. De plus, la proposition 3.1.4 nous permet, si besoin est, de remplacer G_0 par un groupe isogène. Cela rend la vérification presque triviale : pour $\boldsymbol{A}_n$ (resp. $\boldsymbol{C}_n$), on remplace G_0 par $\boldsymbol{SL}_n$ (resp. par $\boldsymbol{Sp}_n$), et l'on sait que $H^1(K, \boldsymbol{SL}_n) = H^1(K, \boldsymbol{Sp}_n) = 0$ (cf. [20], Chap. X); pour $\boldsymbol{B}_n$ et $\boldsymbol{D}_n$, on remplace G_0 par le groupe spécial orthogonal correspondant $\boldsymbol{SO}(Q)$, et $H^1(K, \boldsymbol{SO}(Q))$ est l'ensemble des classes de formes quadratiques ayant même rang et même discriminant que Q (même invariant d'Arf si la caractéristique est 2 et si le rang est pair). Or, on sait que, pour tout couple de formes quadratiques Q, Q', non dégénérées et de même rang, il existe une extension L/K, composée d'extensions quadratiques, et telle que Q et Q' soient isomorphes sur L. Il s'ensuit que $H^1(K, \boldsymbol{SO}(Q))$ est réunion des $H^1(L/K, \boldsymbol{SO}(Q))$; comme ces derniers sont nuls (n° 3.2.2), on en déduit que $H^1(K, \boldsymbol{SO}(Q)) = 0$, ce qui achève la démonstration.

[La nullité de $H^1(K, \boldsymbol{SO}(Q))$ se déduit aussi sans difficultés des résultats de Witt [25] (en caractéristique $\neq 2$) et d'Arf [1] (en caractéristique 2).]

Remarques

1) Les types $\boldsymbol{G}_2$ et $\boldsymbol{F}_4$ doivent pouvoir se traiter par la même méthode, en utilisant l'interprétation de $\boldsymbol{G}_2$ (resp. $\boldsymbol{F}_4$) comme groupe d'automorphismes d'une algèbre d'octonions (resp. d'une algèbre de Jordan exceptionnelle).

2) Chevalley a démontré que le groupe d'automorphismes A introduit ci-dessus est produit *semi-direct* de G_0 par E : on peut réaliser E comme sous-groupe de A laissant stable un sous-groupe de Borel de G_0. Il en résulte que, *si* $H^1(k, G) = 0$ *pour toute forme* G *de* G_0, *l'application* $H^1(k, A) \to H^1(k, E)$ *est bijective.* La conjecture I entraîne donc que les formes de G_0, c'est-à-dire les groupes adjoints de même type que G_0, correspondent bijectivement aux éléments de $H^1(k, E)$, autrement dit aux homomorphismes du groupe de Galois de k_s/k dans E (à conjugaison près); lorsque k est fini, cela redonne un résultat de Hertzig [13]. Toujours en supposant

que k vérifie la conjecture I, le fait que E laisse stable un groupe de Borel de G_0 implique que *tout groupe semi-simple sur k possède un groupe de Borel défini sur k* (du point de vue Borel-Tits, il n'existe pas de groupe simple «anisotrope»); en fait, cette propriété est *équivalente* à la conjecture I (cf. l'exposé de Springer).

§ 4. Conjecture II

4.1. *Définitions*

Nous allons formuler diverses conditions, portant sur un corps k, et qui signifient plus ou moins que k «est de dimension $\leqslant 2$». La première est de nature cohomologique :

(H_2) — *Le groupe de Galois* $\mathfrak{g}$ *de* k_s/k *est de dimension cohomologique* $\leqslant 2$, *au sens de Tate* (cf. nº 2.1).

Voici des exemples de corps vérifiant (H_2) :

a) Un corps de nombres totalement imaginaire (Tate, non publié).

b) Une extension de degré de transcendance 1 d'un corps de dimension $\leqslant 1$; en particulier, un corps de fonctions à 2 variables sur un corps algébriquement clos, ou un corps de fonctions à 1 variable sur un corps fini.

c) Un corps local à corps résiduel parfait de dimension $\leqslant 1$; en particulier, un corps p-adique, ou un corps de séries formelles sur un corps fini.

La seconde condition est de nature diophantienne :

(C_2) — *Toute équation homogène* $f(x_1, \ldots, x_n) = 0$, *de degré* d, *telle que* $n > d^2$, *a une solution non triviale dans* k.

«Expérimentalement», ces deux conditions semblent très voisines : on ne connaît aucun exemple de corps parfait qui vérifie l'une et qui mette l'autre en défaut. Toutefois, on n'a démontré,
5 ni l'implication (H_2) $\Rightarrow$ (C_2) (du reste peu probable), ni l'implication (C_2) $\Rightarrow$ (H_2); la situation est franchement désagréable.

Enfin, voici la troisième condition :

(C_2') — *Toute extension finie K de k jouit des deux propriétés suivantes* :

(i) *Toute forme quadratique à 5 variables sur K représente zéro* (i.e. possède un vecteur isotrope non nul).

(ii) *Si D est un corps gauche fini sur K et de centre K, la norme réduite* $Nrd : D^* \to K^*$ *est surjective.*

Il est immédiat que $(C_2) \Rightarrow (C_2')$; l'avantage de (C_2') est qu'elle se vérifie beaucoup plus facilement. Par exemple, on sait que (C_2') est valable pour un corps de nombres totalement imaginaire, alors que la question analogue pour (C_2) paraît extrêmement difficile.

4.2. *Conjectures*

6 Conjecture II. *Si k est un corps parfait vérifiant* (H_2), *et si G est un groupe semi-simple simplement connexe défini sur k, on a* $H^1(k, G) = 0$ (3).

Vu l'incertitude où nous sommes sur «la bonne» définition d'un corps de dimension $\leqslant 2$, nous sommes forcés d'énoncer aussi :

Conjecture II bis (resp. II′ bis). *Même énoncé que la conjecture* II, *à cela près que la condition* (H_2) *est remplacée par la condition* (C_2) (resp. *par la condition* (C_2')).

Remarques

1) La conjecture II entraîne la conjecture I (appliquer le corollaire à la proposition 3.1.4).

2) Les conjectures II bis et II′ bis paraissent les plus accessibles à une vérification cas par cas; on en verra un exemple au n° suivant.

4.3. *Groupes semi-simples non simplement connexes*

Soit G un tel groupe, défini sur un corps parfait k, et soit $\bar{G}$ son revêtement simplement connexe. Soit A le noyau de $\bar{G} \to G$; la suite exacte de cohomologie (non abélienne) définit des applications cobords

$$\delta_0 : H^0(k, G) \to H^1(k, A) \quad \text{et} \quad \delta_1 : H^1(k, G) \to H^2(k, A).$$

Si la conjecture II s'applique au corps k et aux formes de $\bar{G}$, on voit que δ_1 est *injectif*, et δ_0 *surjectif*, ce qui fournit des renseignements sur $H^1(k, G)$.

(3) Pour les corps p-adiques, cette conjecture m'a été communiquée par Martin Kneser, qui l'a vérifiée pour la plupart des groupes classiques.

Exemple : Prenons pour G un groupe spécial orthogonal (en caractéristique $\neq 2$); on a $\bar{G} = \boldsymbol{Spin}$, $A = \boldsymbol{Z}/2\boldsymbol{Z}$, $H^1(k,A)=k^*/k^{*2}$, tandis que $H^2(k, A)$ s'identifie au groupe des éléments α du groupe de Brauer de k tels que $2\alpha = 0$. L'homomorphisme δ_0 est la *norme spinorielle*; l'application δ_1 est en rapport étroit avec *l'invariant de Witt* des formes quadratiques (cf. Witt [25], ainsi que Springer [22]); il est facile de voir que δ_0 est surjective et δ_1 injective lorsque k vérifie (C_2'); on en conclut que la conjecture II'bis est valable pour un groupe $\boldsymbol{Spin}$.

§ 5. Compléments

5.1. *Corps p-adiques*

Si k est un corps p-adique et G un groupe linéaire défini sur k, on peut démontrer que $H^1(k, G)$ est *fini*; le même résultat vaut pour le corps $\boldsymbol{R}$ des nombres réels. Voir là-dessus un article en
7 collaboration avec A. Borel.

Il est probable que ce résultat de finitude reste valable sur un corps de séries formelles sur un corps fini, à condition de supposer en plus que G est *réductif*.

5.2. *Corps de nombres*

Soit k un corps de nombres (autrement dit une extension finie de $\boldsymbol{Q}$), soit I l'ensemble des topologies définies sur k par des valeurs absolues non triviales, et pour tout $i \in I$ soit k_i le complété de k; on sait que k_i est, soit un corps p-adique, soit $\boldsymbol{R}$, soit $\boldsymbol{C}$. Si G est un groupe algébrique défini sur k, notons G_i le groupe algébrique sur k_i défini par extension des scalaires à partir de G. Les injections $k \to k_i$ définissent une application

$$\omega : H^1(k, G) \to \prod_{i \in I} H^1(k_i, G_i).$$

Lorsque G est linéaire, cette application est *propre* : l'image réciproque d'un élément est finie (cf. Borel [2] pour le cas réductif). Pour certains groupes ω est même *injective* («principe de Hasse», cf. Lang [16]); les exemples les plus connus sont ceux des groupes projectifs et des groupes orthogonaux. Ce n'est malheureusement

pas là une propriété générale des groupes réductifs (ou même
8 semi-simples) comme on peut le voir sur des exemples.

Il reste toutefois la possibilité que les groupes *semi-simples simplement connexes* se comportent mieux. De façon précise, soit J le sous-ensemble de I formé des $i \in I$ tels que $k_i = \boldsymbol{R}$, et considérons l'application canonique

$$\pi : H^1(k, G) \to \prod_{i \in J} H^1(\boldsymbol{R}, G_i).$$

On peut conjecturer que π est *bijective* si G est semi-simple sim-
9 plement connexe. Noter que, si la conjecture de Kneser s'applique à G, on a $H^1(k_i, G_i) = 0$ pour $i \in I - J$, et π s'identifie à ω. Noter également que, si k est totalement imaginaire, J est vide, et l'on retombe sur un cas particulier de la conjecture II.

5.3. *Questions diverses*

(i) Comment se traduit en langage cohomologique le point de vue de Borel et Tits, ramenant la classification des groupes semi-simples à celle des groupes *anisotropes*?

(ii) Lorsque G est un groupe orthogonal, Springer [21] a démontré le résultat suivant : si K/k est une extension de degré impair, l'application canonique $H^1(k, G) \to H^1(K, G)$ est injective. Peut-on associer de même, à tout type de groupes semi-simples, un entier d tel que $H^1(k, G) \to H^1(K, G)$ soit injectif si le degré $[K : k]$ est premier à d?

BIBLIOGRAPHIE

[1] Arf, C., Untersuchungen über quadratische Formen in Körpern der Charakteristik 2 (*Journal de Crelle*, **183**, 1941, p. 148-167).

[2] Borel, A., Some properties of adele groups attached to algebraic groups (*Bull. Amer. Math. Soc.*, **67**, 1961, p. 583-585).

[3] Chevalley, C., Sur certains groupes simples (*Tohoku Math. Journal*, **7**, 1955, p. 14-66).

[4] Chevalley, C., Classification des groupes de Lie algébriques, séminaire ENS, 1956-58.

[5] Chevalley, C., Certains schémas de groupes semi-simples, séminaire Bourbaki, **13**, 1960-61, exposé 219.

[6] Dedecker, P., La structure algébrique de l'ensemble des classes d'espaces fibrés (*Bull. Acad. Roy. Belg.*, **42**, 1956, p. 270-290).

[7] Douady, A., Cohomologie des groupes compacts totalement discontinus, séminaire Bourbaki, **12**, 1959-60, exposé 189.

[8] Frenkel, J., Cohomologie non abélienne et espaces fibrés (*Bull. Soc. math. France*, **85**, 1957, p. 135-220).

[9] Grothendieck, A., A general theory of fibre spaces with structure sheaf (Univ. Kansas, Report n° 4, 1955).

[10] Grothendieck, A., Technique de descente et théorèmes d'existence en géométrie algébrique. I. Généralités. Descente par morphismes fidèlement plats, séminaire Bourbaki, **12**, 1959-60, exposé 190.

[11] Grothendieck, A., Séminaire de géométrie algébrique, IHES, 1960-61.

[12] Grothendieck, A., Eléments de géométrie algébrique (en collaboration avec J. Dieudonné), *Publ. Math. IHES*, 1960-61-62-...

[13] Hertzig, D., Forms of algebraic groups (*Proc. Amer. Math. Soc.*, **12**, 1961, p. 657-660).

[14] Lang, S., On quasi-algebraic closure (*Annals of Maths.*, **55**, 1952, p. 373-390).

[15] Lang, S., Algebraic groups over finite fields (*Amer. Journal of Maths.*, **78**, 1956, p. 555-563).

[16] Lang, S., Some theorems and conjectures in diophantine equations (*Bull. Amer. Math. Soc.*, **66**, 1960, p. 240-249).

[17] Lang, S., et Tate, J., Principal homogeneous spaces over abelian varieties (*Amer. Journal of Maths.*, **80**, 1958, p. 659-684).

[18] Ono, T., Arithmetic of algebraic tori (*Annals of Maths.*, **74**, 1961, p. 101-139).

[19] Rosenlicht, M., Some rationality questions on algebraic groups (*Annali di Matematica*, **43**, 1957, p. 25-50).

[20] Serre, J-P., Corps locaux, *Act. Sci. Ind.*, n° 1296, Hermann, 1962.

[21] Springer, T., Sur les formes quadratiques d'indice zéro (*Comptes Rendus*, **234**, 1952, p. 1517-1519).

[22] Springer, T., On the equivalence of quadratic forms (*Proc. Acad. Amsterdam*, **62**, 1959, p. 241-253).

[23] Weil, A., On algebraic groups and homogeneous spaces (*Amer. Journal of Maths.*, **77**, 1955, p. 493-512).

[24] Weil, A., Adeles and algebraic groups (notes by M. Demazure and T. Ono), Inst. Adv. St., Princeton, 1961.

[25] Witt, E., Theorie der quadratischen Formen in beliebigen Körpern (*Journal de Crelle*, **176**, 1936, p. 31-44).

54.

(avec A. Fröhlich et J. Tate)

A different with an odd class

J. de Crelle **209** (1962), 6–7

Let A be a Dedekind ring, E its field of fractions, F a finite separable extension of E, and B the integral closure of A in F. Let $\mathfrak{D}$ be the different of B over A, and $\mathfrak{d} = N_{B/A}(\mathfrak{D})$ the discriminant. One knows that the ideal class of $\mathfrak{d}$ is a square. When E is a number field, *Hecke* (Algebraische Zahlen, § 63) has proved that the same is true for the class of $\mathfrak{D}$. We want to show that this is not true in general.

We use function fields. Let k be a perfect field and X a complete, normal, absolutely irreducible curve over k; let

$$\pi : Y \to X$$

be a separable covering and let $\mathfrak{D}$ be the different of this covering; $\mathfrak{D}$ is a divisor of Y. If K_X and K_Y are the canonical classes of X and Y, the class $cl(\mathfrak{D})$ of $\mathfrak{D}$ is given by the formula:

$$cl(\mathfrak{D}) = K_Y - \pi^*(K_X).$$

In particular, if X is a projective line, the divisibility by 2 of the divisor class of $\mathfrak{D}$ is equivalent to the divisibility by 2 of the canonical class K_Y; in any case, X can be separably projected on a line, and the different can be computed by the tower formula. This shows that, for a given constant field k, the divisibility by 2 of $cl(\mathfrak{D})$ (for all separable coverings) is equivalent to the same divisibility for the canonical classes of curves over k.

Since the degree of K_Y is even, K_Y is divisible by 2 if k is algebraically closed (because the group of divisor classes of degree 0 is divisible by 2); the same is true for any perfect field of characteristic 2: in that case, one shows that K_Y is equal to twice the Chern class of the O_Y-Module $O_Y^{2^{-1}}$. On the other hand, the canonical class is obviously not divisible by 2 for a curve of genus 0 (or 2!) without rational divisor classes of degree 1.
1 Such curves don't exist over finite fields and we don't know what happens in that case (the closest to Hecke's!).

The reader may object that these considerations are not "ring-theoretic", since we used projective curves. However, it is easy to give an affine counter-example:

Let Y be a curve of genus 0, without rational points, and with a prime $\mathfrak{p}$ of degree divisible by 4. On the affine curve $Y' = Y - \{\mathfrak{p}\}$ the degree of a divisor class can be defined modulo $deg(\mathfrak{p})$, hence also modulo 4; the canonical class K' is of degree 2 mod. 4, and therefore is not divisible by 2. Let $B = k[Y']$ be the affine ring of Y'; one knows that B is integral and separable over a subring A isomorphic to the polynomial ring $k[T]$. The different $\mathfrak{D}$ of B over A belongs to the canonical class K'; hence, its class is not divisible by 2.

As a numerical example, consider the curve Y defined over the field $\mathcal{Q}$ by the homogeneous equation:

$$x^2 + y^2 + z^2 = 0.$$

This curve has no rational point, its genus is 0, and its geometric point $(\sqrt{-3}, \sqrt{2}, 1)$ determines a prime $\mathfrak{p}$ of degree 4: our hypotheses are fulfilled. One may take $A = \mathcal{Q}[T]$ with:

$$T = \frac{z^2}{x^2 + 3z^2} = \frac{z^2}{2z^2 - y^2}.$$

One has $B = \mathcal{Q}[T, Tx/z, Ty/z, Txy/z^2]$; the field of fractions of B is a biquadratic extension of the field of fractions $\mathcal{Q}(T)$ of A.

Oberwolfach, Mai 1961.

Eingegangen 21. Juni 1961.

55.

Endomorphismes complètement continus des espaces de Banach p-adiques

Publ. Math. I.H.E.S., n° **12** (1962), 69–85

Dans le mémoire de Dwork [3] sur la rationalité des fonctions zêta, un rôle essentiel est joué par la fonction analytique p-adique $\det(1-tu)$, où u est une certaine matrice infinie. Cette fonction analytique est une *fonction entière*, exactement comme dans la théorie classique de Fredholm. Il était naturel de poursuivre cette analogie et d'étendre à u la théorie spectrale de F. Riesz; c'est ce que vient de faire Dwork ([4], § 2). Dans ce qui suit, je montre que ces résultats proviennent simplement du fait que u est la matrice d'un endomorphisme *complètement continu* d'un espace de Banach; il se trouve en effet que, en analyse p-adique, les théories de Riesz et de Fredholm ont le même domaine de validité : il n'y a pas à distinguer entre applications nucléaires (ou « à trace ») et applications complètement continues.

1. Espaces de Banach.

Dans tout ce qui suit, K désigne un corps valué complet, non archimédien; on note A l'anneau de valuation de K (c'est-à-dire l'ensemble des $x \in K$ tels que $|x| \leqslant 1$), $\mathfrak{m}$ son idéal maximal, k le corps résiduel $A/\mathfrak{m}$, et G l'image de K^* dans $\mathbf{R}_+^*$ par l'application $x \rightarrow |x|$. On suppose en outre que K n'est pas discret, c'est-à-dire que $G \neq \{1\}$.

Nous appellerons *espace de Banach* sur K un espace vectoriel normé complet sur K dont la norme vérifie l'inégalité ultramétrique

$$|x+y| \leqslant \operatorname{Sup}(|x|, |y|).$$

Si E est un tel espace, et si E_0 désigne l'ensemble des $x \in E$ tels que $|x| \leqslant 1$, il est clair que E_0 est un A-module, et que la topologie de E est définie par les sous-modules $c_n E_0$, où c_n est une suite d'éléments de A tendant vers 0.

Nous aurons à considérer la propriété suivante :

(N) — *Pour tout* $x \in E$, $|x|$ *appartient à l'adhérence* $\overline{G}$ *de* G.

On observera que cette propriété est automatiquement vérifiée lorsque G n'est pas discret, c'est-à-dire lorsque la valuation de K n'est pas une « valuation discrète ». De plus, toute norme est équivalente à une norme vérifiant (N). En effet, si $|x|$ est la norme donnée, on définit $|x|'$ comme la borne inférieure des éléments $r \in G$ qui sont $\geqslant |x|$, et l'on obtient ainsi une norme équivalente à l'ancienne et vérifiant (N).

Exemple. — Soit I un ensemble, et soit $c(\mathrm{I})$ l'ensemble des familles $x=(x_i)_{i\in \mathrm{I}}$, $x_i \in \mathrm{K}$, telles que x_i tende vers o suivant le filtre des complémentaires des parties finies (ce que nous écrirons $x_i \to 0$ pour $i \to \infty$). Posons $|x| = \operatorname{Sup}_{i\in \mathrm{I}} |x_i|$. On définit ainsi sur $c(\mathrm{I})$ une structure d'espace de Banach vérifiant la condition (N). Le module E_0 correspondant est l'ensemble des $x=(x_i)$ tels que $x_i \in \mathrm{A}$ pour tout $i\in \mathrm{I}$, et $x_i \to 0$.

Proposition **1** (cf. Monna [8] et Fleischer [5]). — *Supposons que la valuation de* K *soit discrète. Alors tout espace de Banach* E *sur* K *qui vérifie la condition* (N) *est isomorphe (avec sa norme) à un espace* $c(\mathrm{I})$.

Tout revient à trouver dans E une famille $(e_i)_{i\in \mathrm{I}}$ jouissant de la propriété suivante :

(B) — *Tout* $x\in \mathrm{E}$ *s'écrit de façon unique comme somme d'une série*

$$x = \sum_{i\in \mathrm{I}} x_i e_i, \quad \textit{avec} \quad x_i \to 0 \quad \textit{et} \quad |x| = \operatorname{Sup}_{i\in \mathrm{I}} |x_i|.$$

Une telle famille sera appelée une *base orthonormale* de E. L'existence de bases orthonormales résulte du lemme suivant :

Lemme **1.** — *Soit* E_0 *l'ensemble des* $x\in \mathrm{E}$ *tels que* $|x| \leqslant 1$, *et soit* $\overline{\mathrm{E}} = \mathrm{E}_0/\mathfrak{m}\mathrm{E}_0$. *Pour qu'une famille* $(e_i)_{i\in \mathrm{I}}$ *d'éléments de* E *soit une base orthonormale de* E, *il faut et il suffit que les* e_i *appartiennent à* E_0, *et que leurs images* $\overline{e}_i$ *dans* $\overline{\mathrm{E}}$ *forment une base* (au sens algébrique) *du k-espace vectoriel* $\overline{\mathrm{E}}$.

La nécessité est évidente (elle est vraie même si la valuation de K n'est pas discrète). Montrons la suffisance. Soit π une uniformisante de K (c'est-à-dire un générateur de $\mathfrak{m}$). Si $x\in \mathrm{E}_0$, soit $\overline{x}$ l'image de x dans $\overline{\mathrm{E}}$; on a $\overline{x} = \Sigma \xi_i \overline{e}_i$, $\xi_i \in k$, et en relevant les ξ_i dans A, on obtient des éléments $x_i^1 \in \mathrm{A}$, nuls sauf un nombre fini d'entre eux, tels que

$$x = \Sigma x_i^1 e_i + \pi x^1, \quad \text{avec} \quad x^1 \in \mathrm{E}_0.$$

En recommençant la même opération sur x^1, et en itérant, on obtient

$$x = \Sigma x_i e_i, \quad \text{avec} \quad x_i \in \mathrm{A}, \quad \text{et} \quad x_i \to 0,$$

cette décomposition étant unique. De plus, si $|x| = 1$, on a nécessairement $|x| = \operatorname{Sup}|x_i|$, et par homothétie (ce qui est possible à cause de la condition (N)), on en déduit le même résultat pour tout $x\in \mathrm{E}$, *cqfd.*

Corollaire. — *Si la valuation de* K *est discrète, tout espace de Banach sur* K *est isomorphe comme espace vectoriel topologique à un espace* $c(\mathrm{I})$.

En effet, on a vu que l'on peut remplacer toute norme par une norme équivalente vérifiant la propriété (N), ce qui permet d'appliquer la proposition 1.

Ainsi, lorsque la valuation de K est discrète, *on peut se borner à considérer les espaces du type* $c(\mathrm{I})$. C'est ce que nous ferons le plus souvent dans ce qui suit.

Proposition **2.** — *Soit* F *un sous-espace vectoriel fermé d'un espace de Banach* E *vérifiant la condition* (N). *Si la valuation de* K *est discrète, il existe un projecteur continu de* E *sur* F *de norme* $\leqslant 1$.

Soit $E' = E/F$. D'après la proposition 1, il existe une base orthonormale (e'_i) de E'; si l'on choisit dans E des représentants e_i des e'_i tels que $|e_i| \leqslant 1$, l'application $e'_i \to e_i$ se prolonge en une application linéaire continue $s : E' \to E$ de norme $\leqslant 1$ (cf. n° 2). L'espace de Banach E s'identifie alors, avec sa norme, au produit $F \times E'$, d'où la proposition.

Remarques. — 1) D'après Monna [8], la prop. 2 et le cor. à la prop. 1 sont encore vrais lorsque K est « maximalement complet » au sens de Kaplansky.

2) Soit $E = c(I)$, et soit F un sous-espace vectoriel fermé *de dimension finie* de E. Alors, même si la valuation de K n'est pas discrète, il existe un projecteur continu de E sur F de norme $\leqslant 1$, et l'espace E/F est isomorphe à un espace $c(J)$. Cela se voit par récurrence sur la dimension de F, en se ramenant au cas $\dim F = 1$, qui est immédiat.

2. Applications linéaires continues.

Soient E et F deux espaces de Banach, et soit $\mathscr{L}(E, F)$ l'espace vectoriel des applications linéaires continues de E dans F. On munit $\mathscr{L}(E, F)$ de la norme habituelle

$$|u| = \operatorname*{Sup}_{x \neq 0} \frac{|ux|}{|x|}.$$

Lorsque E vérifie la condition (N), on a $|u| = \operatorname*{Sup}_{|x| \leqslant 1} |ux|$. On sait que $\mathscr{L}(E, F)$ est un espace de Banach. Lorsque E et F vérifient la condition (N), il en est de même de $\mathscr{L}(E, F)$.

Supposons maintenant que $E = c(I)$, et soit $(e_i)_{i \in I}$ la base orthonormale canonique de E. Si $u \in \mathscr{L}(E, F)$, posons $f_i = ue_i$. Les f_i forment une famille bornée d'éléments de F.

Proposition 3. — *L'application qui associe à un élément* $u \in \mathscr{L}(E, F)$ *la famille* $(ue_i)_{i \in I}$ *est un isomorphisme de l'espace de Banach* $\mathscr{L}(E, F)$ *sur l'espace des familles bornées* $(f_i)_{i \in I}$ *d'éléments de* F, *muni de la norme* $\operatorname*{Sup}_{i \in I} |f_i|$.

Soit $b_I(F)$ l'espace de Banach formé par ces familles bornées, et soit

$$\pi : \mathscr{L}(E, F) \to b_I(F)$$

l'application linéaire définie dans l'énoncé. Si $(f_i) \in b_I(F)$, on définit un élément $u \in \mathscr{L}(E, F)$ en posant

$$u(x) = \sum_{i \in I} x_i f_i \quad \text{si} \quad x = (x_i) \in E.$$

On obtient ainsi une application linéaire $\omega : b_I(F) \to \mathscr{L}(E, F)$. Il est immédiat que $\pi \circ \omega = 1$, $\omega \circ \pi = 1$, et que $|\pi| \leqslant 1$, $|\omega| \leqslant 1$, d'où la proposition.

Corollaire. — *Le dual* E' *de* E *est isomorphe à l'espace de Banach* $b(I)$ *des familles bornées d'éléments de* K.

On applique la proposition avec $F = K$.

Explicitons la proposition 3 lorsque F a une base orthonormale, autrement dit s'identifie à un espace $c(J)$. Les éléments $f_i \in F$ s'écrivent alors sous la forme $(n_{ij})_{j \in J}$, avec $n_{ij} \in K$, $|n_{ij}|$ borné, et $n_{ij} \to 0$ pour i fixé et $j \to \infty$. On a :

$$|u| = \operatorname*{Sup}_{(i,j)} |n_{ij}|.$$

Si $x = (x_i)$ est un élément de $c(I)$, on a $ux = (y_j)$, avec

$$y_j = \sum_{i \in I} n_{ij} x_i.$$

Nous dirons que (n_{ij}) est la *matrice* de u relativement aux bases orthonormales données de E et de F.

3. Applications linéaires complètement continues.

Soient E et F deux espaces de Banach, et soit $u \in \mathscr{L}(E, F)$. On dit que u est *complètement continu* s'il est adhérent dans $\mathscr{L}(E, F)$ au sous-espace des applications linéaires continues *de rang fini*; on notera $\mathscr{C}(E, F)$ le sous-espace de $\mathscr{L}(E, F)$ formé des éléments u complètement continus. Si E' est un espace de Banach, et si $v \in \mathscr{L}(F, E')$, le composé $v \circ u$ est complètement continu si u ou v est complètement continu; en particulier, $\mathscr{C}(E, E)$ est un *idéal bilatère fermé* de l'algèbre $\mathscr{L}(E, E)$.

Supposons maintenant que $F = c(J)$. Si $u \in \mathscr{L}(E, F)$, on a, pour tout $x \in E$,

$$ux = (w_j x),$$

où les w_j sont des éléments du *dual* E' de E. On posera :

$$r_j(u) = |w_j|.$$

On a $|u| = \operatorname*{Sup}_{j \in J} r_j(u) = \operatorname*{Sup}_{j \in J} |w_j|$.

Si $E = c(I)$ et si la matrice de u est (n_{ij}), on a :

$$w_j = (n_{ij})_{i \in I} \quad \text{et} \quad r_j(u) = \operatorname*{Sup}_{i \in I} |n_{ij}|.$$

Proposition 4. — *Soit* $F = c(J)$. *L'application qui, à tout* $u \in \mathscr{C}(E, F)$, *associe la famille* $(w_j)_{j \in J}$ *définie comme ci-dessus, est un isomorphisme de l'espace de Banach* $\mathscr{C}(E, F)$ *sur l'espace* $c_{E'}(J)$ *des familles* $(w_j)_{j \in J}$ *d'éléments de* E' *tendant vers* 0, *muni de la norme* $\operatorname{Sup} |w_j|$.

Montrons d'abord que, si u est de rang fini, les w_j tendent vers 0. Il suffit de le vérifier lorsque u est de rang 1, donc de la forme $x \to v(x) f$, avec $v \in E', f \in F$; dans ce cas, on a $w_j = x_j v$, où x_j est la j^e coordonnée de f, d'où $w_j \to 0$. Supposons maintenant que $u \in \mathscr{C}(E, F)$, et soit $u^{(n)}$ une suite d'applications de rang fini convergeant vers u. Si $u^{(n)} = (w_j^{(n)})$, les $w_j^{(n)}$ tendent uniformément vers les w_j, d'où le fait que $w_j \to 0$. Reste à montrer que, pour tout élément $(v_j) \in c_{E'}(J)$, il existe un $u \in \mathscr{C}(E, F)$ avec $w_j = v_j$. On définit u par la formule

$$ux = (v_j x), \quad x \in E.$$

Il est clair que u est linéaire et continue. Si $\varepsilon > 0$, il existe une partie finie T de J telle que $|v_j| \leqslant \varepsilon$ pour $j \in J - T$. Soit $u' = (v'_j)$, avec $v'_j = v_j$ si $j \in T$ et $v'_j = 0$ si $j \in J - T$.

L'application u' est de rang fini, et l'on a $|u-u'|\leqslant\varepsilon$. Donc u est limite d'applications de rang fini, ce qui achève la démonstration.

Corollaire. — Soit $u=(w_j)$ *un élément de* $\mathscr{L}(\mathrm{E}, \mathrm{F})$. *Pour que u soit complètement continu, il faut et il suffit que* $w_j\to 0$, *c'est-à-dire que* $r_j(u)\to 0$.

C'est clair.

Proposition 5. — *Supposons que* K *soit localement compact. Soient* E *et* F *deux espaces de Banach sur* K, *et soit* $u\in\mathscr{L}(\mathrm{E}, \mathrm{F})$. *Pour que u soit complètement continu, il faut et il suffit que l'image par u de toute partie bornée de* E *soit relativement compacte dans* F.

La démonstration est la même que dans le cas classique. Si u est complètement continu, et si B est borné dans E, en utilisant le fait que u est limite d'applications de rang fini, on voit que $u(\mathrm{B})$ est précompact, donc relativement compact puisque F est complet. Inversement, si l'image par u de la boule unité B_1 de E est précompacte, pour tout $\varepsilon>0$, il existe un sous-espace V de F de dimension finie tel que la distance de $u(\mathrm{B}_1)$ à V soit $\leqslant\varepsilon$. Supposons que E et F vérifient (N), ce qui est loisible, et soit $p:\mathrm{F}\to\mathrm{V}$ un projecteur de norme $\leqslant 1$ (cf. prop. 2); on a $|u-p\circ u|\leqslant\varepsilon$, et comme $p\circ u$ est de rang fini, cela montre bien que u est complètement continu.

4. Le point de vue des produits tensoriels topologiques.

Soient E, F, X trois espaces de Banach. Notons $\mathscr{B}(\mathrm{E}, \mathrm{F}; \mathrm{X})$ l'espace de Banach des applications bilinéaires continues de $\mathrm{E}\times\mathrm{F}$ dans X, muni de la norme usuelle. On appelle *produit tensoriel topologique* de E et de F un espace de Banach $\mathrm{E}\hat{\otimes}\mathrm{F}$, muni d'une application bilinéaire continue $\mathrm{E}\times\mathrm{F}\to\mathrm{E}\hat{\otimes}\mathrm{F}$, notée $(x, y)\to x\hat{\otimes}y$, qui vérifie la propriété suivante :

(PTT) — *Pour tout espace de Banach* X, *l'application naturelle de* $\mathscr{L}(\mathrm{E}\hat{\otimes}\mathrm{F}, \mathrm{X})$ *dans* $\mathscr{B}(\mathrm{E}, \mathrm{F}; \mathrm{X})$ *est un isomorphisme.*

[Cette application fait correspondre à $w\in\mathscr{L}(\mathrm{E}\hat{\otimes}\mathrm{F}, \mathrm{X})$ l'élément W de $\mathscr{B}(\mathrm{E}, \mathrm{F}; \mathrm{X})$ défini par la formule $\mathrm{W}(x, y)=w(x\hat{\otimes}y)$.]

L'unicité, à isomorphisme unique près, de $\mathrm{E}\hat{\otimes}\mathrm{F}$ est claire : il « représente » le foncteur $\mathrm{X}\to\mathscr{B}(\mathrm{E}, \mathrm{F}; \mathrm{X})$. L'existence se démontre en introduisant sur $\mathrm{E}\otimes\mathrm{F}$ la « semi-norme »

$$|z|=\mathrm{Inf}(\mathrm{Sup}(|x_i|.|y_i|)), \quad z\in\mathrm{E}\otimes\mathrm{F},$$

la borne inférieure étant prise sur tous les systèmes finis (x_i, y_i), $x_i\in\mathrm{E}$, $y_i\in\mathrm{F}$, tels que $z=\Sigma x_i\otimes y_i$. En séparant $\mathrm{E}\otimes\mathrm{F}$ pour cette semi-norme, et en complétant l'espace normé ainsi obtenu, on obtient $\mathrm{E}\hat{\otimes}\mathrm{F}$. La vérification est analogue à celle du cas classique (cf. Grothendieck [6]) et ne présente aucune difficulté. On peut d'ailleurs montrer (mais c'est plus délicat) que $z\to|z|$ est en fait une *norme* : l'application canonique $\mathrm{E}\otimes\mathrm{F}\to\mathrm{E}\hat{\otimes}\mathrm{F}$ est donc une *injection*. Nous ne donnerons pas la démonstration, car ce résultat est évident dans les cas particuliers que nous aurons à considérer.

Proposition **6.** — *Pour tout espace de Banach* L, *le produit tensoriel complété* $L\hat{\otimes}c(J)$ *s'identifie à l'espace* $c_L(J)$ *des familles* $(z_j)_{j\in J}$ *d'éléments de* L *tendant vers* 0, *muni de la norme* $\operatorname{Sup}|z_j|$.

Soit (ε_j) la base orthonormale canonique de $c(J)$. Si $z=(z_j)$ est un élément de $c_L(J)$, posons

$$\pi(z)=\sum_{j\in J} z_j\hat{\otimes}\varepsilon_j,$$

la série étant convergente dans $L\hat{\otimes}c(J)$, puisque $|z_j\hat{\otimes}\varepsilon_j|\leqslant|z_j|$. On obtient ainsi une application linéaire

$$\pi : c_L(J)\rightarrow L\hat{\otimes}c(J),$$

et l'on a $|\pi|\leqslant 1$. D'autre part, l'application linéaire évidente $L\otimes c(J)\rightarrow c_L(J)$ se prolonge par continuité en une application linéaire

$$\omega : L\hat{\otimes}c(J)\rightarrow c_L(J).$$

Ici encore, on a $|\omega|\leqslant 1$. Comme on vérifie que $\omega\circ\pi=1$, $\pi\circ\omega=1$, cela achève la démonstration.

En appliquant la proposition précédente au dual E' d'un espace de Banach E, et en comparant avec la proposition 4, on obtient :

Corollaire. — *Soit* $F=c(J)$. *Pour tout espace de Banach* E, *le produit tensoriel complété* $E'\hat{\otimes}F$ *s'identifie à l'espace* $\mathscr{C}(E, F)$ *des applications linéaires complètement continues de* E *dans* F.

Bien entendu, cette identification transforme $E'\otimes F$ en l'espace des applications linéaires continues de rang fini de E dans F.

Remarque. — Dans la terminologie de la thèse de Grothendieck [6], le corollaire ci-dessus revient à dire qu'il y a identité entre *applications nucléaires* et *applications complètement continues*, et que la norme nucléaire coïncide avec la norme usuelle.

5. Le déterminant de Fredholm.

Soit tout d'abord L un module libre sur un anneau commutatif R, et soit f un endomorphisme de L tel que $f(L)$ soit *contenu dans un sous-module de type fini* de L. Soit M un sous-module libre de type fini de L, contenant $f(L)$, et facteur direct dans L (on peut prendre, par exemple, le sous-module engendré par une partie d'une base de L). Soit $f_M : M\rightarrow M$ la restriction de f à M. Le polynôme $\det(1-tf_M)$ est bien défini, et l'on vérifie aisément qu'il ne dépend pas du choix de M; on le note $\det(1-tf)$. Le coefficient de $-t$ dans $\det(1-tf)$ coïncide avec la *trace* de f, définie directement en considérant f comme un élément de $L'\otimes L$. Plus généralement, on a :

$$\det(1-tf)=1+c_1t+\ldots+c_mt^m+\ldots,$$

avec $c_m=(-1)^m\operatorname{Tr}(\wedge^m f)$, $\wedge^m f$ désignant la *puissance extérieure* m^e *de* f. Soit $(e_i)_{i\in I}$ une base de L, et soit (n_{ij}) la matrice de f par rapport à cette base. On peut expliciter c_m de la manière suivante : si S est une partie finie de I, et si σ est une permutation de S, de signature ε_σ, on pose

$$n_{S,\sigma} = \prod_{i \in S} n_{i,\sigma i} \qquad \text{et} \qquad c_S = \sum_{\sigma} \varepsilon_\sigma n_{S,\sigma},$$

la somme étant étendue à toutes les permutations σ de S. On a alors :

$$c_m = (-1)^m \sum_{S} c_S,$$

la somme étant cette fois étendue à toutes les parties S à m éléments de I.

Après ces préliminaires algébriques, revenons aux applications complètement
1 continues. Soit E un espace de Banach, que nous supposerons *isomorphe à un espace* $c(\mathrm{I})$, et soit u un endomorphisme complètement continu de E. Nous nous proposons de définir le *déterminant de Fredholm* $\det(1-tu)$ de u. Supposons d'abord que $|u| \leqslant 1$. Soit E_0 l'ensemble des $x \in E$ tels que $|x| \leqslant 1$; on a $u(E_0) \subset E_0$. Soit $\mathfrak{a}$ un idéal non nul de A, contenu dans $\mathfrak{m}$. L'endomorphisme u définit par passage au quotient un endomorphisme $u_\mathfrak{a}$ de $E_\mathfrak{a} = E_0/\mathfrak{a}E_0$; si $(e_i)_{i \in I}$ est une base orthonormale de E, les images des e_i dans $E_\mathfrak{a}$ forment une base (au sens algébrique) de $E_\mathfrak{a}$ considéré comme $A/\mathfrak{a}$-module. Si (n_{ij}) désigne la matrice de u par rapport à (e_i), et si $r_j(u) = \operatorname{Sup}_{i \in I} |n_{ij}|$, on a $r_j(u) \to 0$, d'où l'existence d'une partie finie $T(\mathfrak{a})$ de I telle que $n_{ij} \in \mathfrak{a}$ si $j \in I - T(\mathfrak{a})$. Il s'ensuit que l'image de $u_\mathfrak{a}$ est contenue dans un sous-module de type fini de $E_\mathfrak{a}$, et le polynôme $\det(1-tu_\mathfrak{a})$ est bien défini ; ses coefficients appartiennent à $A/\mathfrak{a}$. Lorsque $\mathfrak{a}$ varie, ces polynômes forment un système projectif, et leur limite est une série formelle, notée $\det(1-tu)$, dont les coefficients tendent vers 0 ; elle ne dépend que du produit tu. Si maintenant u est un endomorphisme complètement continu quelconque de E, on choisit un scalaire c non nul tel que $|cu| \leqslant 1$; alors $\det(1-tcu)$ est défini, d'où aussi $\det(1-tu)$.

Proposition 7. — *a) Si la matrice de u par rapport à la base orthonormale* $(e_i)_{i \in I}$ *est égale à* (n_{ij}), *on a*

$$\det(1-tu) = \sum_{m=0}^{\infty} c_m t^m, \qquad \textit{avec} \qquad c_m = (-1)^m \Sigma \varepsilon_\sigma n_{S,\sigma}$$

les notations étant les mêmes que ci-dessus.

b) La série $\det(1-tu)$ *est une fonction entière de t* (autrement dit, son rayon de convergence est infini).

c) Si $u_n \to u$, *avec* $u_n \in \mathscr{C}(E, E)$, *alors* $\det(1-tu_n)$ *tend vers* $\det(1-tu)$ *pour la topologie de la convergence simple des coefficients.*

d) Si u est de rang fini, $\det(1-tu)$ *coïncide avec le polynôme défini plus haut.*

Lorsque $|u| \leqslant 1$, la formule *a)* se déduit par passage à la limite de la formule écrite plus haut (dans le cas algébrique) ; le cas général en résulte par homothétie. Pour démontrer *b)*, notons $r_1, r_2, \ldots$, la famille des nombres réels positifs $r_j(u) = \operatorname{Sup}_{i \in I} |n_{ij}|$, rangés par ordre décroissant. Si S est une partie à m éléments de I, chaque produit $n_{S,\sigma}$ fait intervenir m indices j distincts, d'où

$$|n_{S,\sigma}| \leqslant r_1 \ldots r_m \quad \text{et} \quad |c_m| \leqslant r_1 \ldots r_m.$$

Si M est un nombre positif quelconque, on a

$$|c_m| \mathrm{M}^m \leqslant (r_1 \mathrm{M})(r_2 \mathrm{M}) \ldots (r_m \mathrm{M})$$

et comme les $r_i \mathrm{M}$ tendent vers 0, on en déduit $|c_m|\mathrm{M}^m \to 0$, ce qui démontre *b)*. L'assertion *c)* résulte trivialement de *a)*. Enfin, supposons que u soit de rang fini; quitte à remplacer u par un multiple, on peut supposer que $|u| \leqslant 1$. Soit V un sous-espace vectoriel de dimension finie de E contenant $u(\mathrm{E})$, et soient

$$\mathrm{V}_0 = \mathrm{E}_0 \cap \mathrm{V}, \quad \mathrm{V}_\mathfrak{a} = \mathrm{V}_0/\mathfrak{a}\mathrm{V}_0.$$

Comme V_0 est facteur direct dans E_0, $\mathrm{V}_\mathfrak{a}$ est facteur direct dans $\mathrm{E}_\mathfrak{a}$, et c'est un sous-module libre de $\mathrm{E}_\mathfrak{a}$; le déterminant $\det(1-tu_\mathfrak{a})$ peut donc se calculer dans $\mathrm{V}_\mathfrak{a}$, et comme $\det(1-tu) = \lim.\det(1-tu_\mathfrak{a})$, on voit que $\det(1-tu) = \det(1-tu_\mathrm{V})$, où u_V désigne la restriction de u à V, d'où *d)*.

Le fait que $\det(1-tu)$ soit une fonction entière permet de substituer à t n'importe quelle valeur dans K (ou dans une extension complète de K). En particulier, $\det(1+u)$ est défini pour tout $u \in \mathscr{C}(\mathrm{E}, \mathrm{E})$.

Corollaire 1. — *Si u et v appartiennent à* $\mathscr{C}(\mathrm{E}, \mathrm{E})$, *on a*

$$\det(1+u+v+uv) = \det(1+u).\det(1+v).$$

On a plus généralement

$$\det((1-tu)(1-tv)) = \det(1-tu).\det(1-tv),$$

comme on le voit en se ramenant au cas où $|u| \leqslant 1$, $|v| \leqslant 1$, et en réduisant modulo $\mathfrak{a}$.

Corollaire 2. — *Soit* F *un espace de Banach isomorphe à un espace* $c(\mathrm{J})$. *Si* $u \in \mathscr{C}(\mathrm{E}, \mathrm{F})$ *et* $v \in \mathscr{L}(\mathrm{F}, \mathrm{E})$, *on a*

$$\det(1-tu \circ v) = \det(1-tv \circ u).$$

[Cette formule a un sens, puisque $u \circ v \in \mathscr{C}(\mathrm{F}, \mathrm{F})$ et $v \circ u \in \mathscr{C}(\mathrm{E}, \mathrm{E})$.]

Grâce à *c)* et *d)*, on peut supposer que u est de rang fini, et la formule est alors bien connue : elle résulte par exemple des égalités

$$\mathrm{Tr}(\wedge^m u \circ v) = \mathrm{Tr}(\wedge^m u \circ \wedge^m v) = \mathrm{Tr}(\wedge^m v \circ \wedge^m u) = \mathrm{Tr}(\wedge^m v \circ u).$$

La *trace* $\mathrm{Tr}(u)$ d'un élément u de $\mathscr{C}(\mathrm{E}, \mathrm{E})$ est définie comme le coefficient de $-t$ dans $\det(1-tu)$, c'est-à-dire comme $\sum_{i \in \mathrm{I}} n_{ii}$. On a $|\mathrm{Tr}(u)| \leqslant |u|$. L'isomorphisme $\mathscr{C}(\mathrm{E}, \mathrm{E}) \to \mathrm{E}'\hat{\otimes}\mathrm{E}$ transforme la trace en l'application linéaire canonique de $\mathrm{E}'\hat{\otimes}\mathrm{E}$ dans K.

Corollaire 3. — *Soit* $u \in \mathscr{C}(\mathrm{E}, \mathrm{E})$. *Si la caractéristique du corps* K *est nulle, on a*

$$\det(1-tu) = \exp\Big(-\sum_{m=1}^{\infty} \mathrm{Tr}(u^m)t^m/m\Big).$$

Ici encore, cela se voit par passage à la limite à partir du cas des endomorphismes de rang fini.

Remarques. — 1) Les propriétés *c)* et *d)* montrent que $\det(1-tu)$ ne dépend pas de la *norme* de E, mais seulement de sa topologie.

2) On peut définir les *puissances extérieures complétées* de E, et associer à tout $u \in \mathscr{L}(\mathrm{E}, \mathrm{E})$ des endomorphismes $\wedge^m u$ de ces puissances extérieures. Si u est complètement continu, il en est de même des $\wedge^m u$, et l'on a $c_m = (-1)^m \mathrm{Tr}(\wedge^m u)$; ce n'est qu'une autre façon d'exprimer *a)*.

3) La partie *c)* de la proposition 7 peut se préciser de la manière suivante :

Proposition **8.** — *Soit* (u_n) *une suite d'éléments de* $\mathscr{C}(\mathrm{E}, \mathrm{E})$ *convergeant vers un élément* u. *Alors* $\det(1-tu_n) \to \det(1-tu)$ *pour la topologie de la convergence uniforme sur toute partie bornée de la clôture algébrique* $\overline{\mathrm{K}}$ *de* K.

Soient (n_{ij}) et $(n_{ij}^{(n)})$ les matrices de u et de u_n ; posons :

$$\det(1-tu) = \Sigma c_m t^m, \quad \det(1-tu_n) = \Sigma c_m^{(n)} t^m.$$

Soit ε un nombre réel tel que $0 < \varepsilon < 1$. Soient $r_1, \ldots, r_h$ ceux des $r_j(u)$ qui sont >1, et soit η un nombre >0 tel que

$$\eta r_1 \ldots r_h \leqslant \varepsilon.$$

Soit n un entier tel que $|u - u_n| \leqslant \eta$. On a $|n_{ij} - n_{ij}^{(n)}| \leqslant \eta$ pour tout couple (i, j) ; on en déduit que $r_j(u_n) = r_j(u)$ si $r_j(u) > \eta$ et que $r_j(u_n) \leqslant \eta$ sinon. Considérons alors un terme de la forme

$$n_{\mathrm{S},\sigma} - n_{\mathrm{S},\sigma}^{(n)} = \prod_{i \in \mathrm{S}} n_{i,\sigma i} - \prod_{i \in \mathrm{S}} n_{i,\sigma i}^{(n)}.$$

En l'écrivant comme somme de produits de différences, on obtient l'inégalité

$$|n_{\mathrm{S},\sigma} - n_{\mathrm{S},\sigma}^{(n)}| \leqslant \eta \,.\, \underset{i \in \mathrm{S}}{\mathrm{Sup.}} \prod_{\substack{j \in \mathrm{S} \\ j \neq i}} \mathrm{Sup}(r_j(u), r_j(u_n)).$$

En tenant compte des inégalités écrites plus haut, et du fait que $\eta < 1$, on voit que $|n_{\mathrm{S},\sigma} - n_{\mathrm{S},\sigma}^{(n)}|$ est majoré par $\eta r_1 \ldots r_h$, donc par ε. En sommant, on en déduit

$$|c_m - c_m^{(n)}| \leqslant \varepsilon \text{ pour tout } m.$$

Il résulte de ce qui précède que $\det(1-tu_n)$ tend uniformément vers $\det(1-tu)$ *sur le disque unité* de $\overline{\mathrm{K}}$. Par homothétie, on en déduit le même résultat pour toute partie bornée de $\overline{\mathrm{K}}$, *cqfd.*

Lemme **2.** — *Soit* $\mathrm{I} = \mathrm{I}' \cup \mathrm{I}''$ *une partition de* I. *Soit* u *un endomorphisme complètement continu de* $\mathrm{E} = c(\mathrm{I})$ *qui applique* $\mathrm{E}' = c(\mathrm{I}')$ *dans lui-même. Soit* u' *la restriction de* u *à* E' *et soit* u''

l'endomorphisme de $E''=c(I'')$ *défini par passage au quotient par u. Alors u' et u'' sont complètement continus, et l'on a*

$$\det(1-tu)=\det(1-tu').\det(1-tu'').$$

Cela résulte immédiatement de la définition.

Proposition 9. — *Supposons que la valuation de* K *soit discrète. Soit*

$$0\to E_0 \xrightarrow{d} E_1 \xrightarrow{d} \dots \xrightarrow{d} E_n \to 0,$$

une suite exacte d'espaces de Banach, les applications d étant linéaires et continues. Pour tout i, soit u_i *un endomorphisme complètement continu de* E_i; *supposons que* $d\circ u_i = u_{i+1}\circ d$ *pour* $0\leqslant i < n$. *On a alors*

$$\prod_{i=0}^{i=n} \det(1-tu_i)^{(-1)^i}=1.$$

Soit $V_i=d(E_i)$; puisque V_i est le noyau de $d: E_{i+1}\to E_{i+2}$, c'est un sous-espace fermé de E_{i+1}, et en particulier c'est un espace de Banach. On a des suites exactes :

$$0\to V_{i-1}\to E_i\to V_i\to 0.$$

D'après la proposition 2 (applicable puisque la valuation de K est discrète), V_{i-1} est facteur direct dans E_i, et chacun des espaces E_i, V_i est de la forme $c(I)$. On peut donc appliquer le lemme 2 à l'endomorphisme u_i de E_i et aux endomorphismes v_{i-1} et v_i définis par u_i sur V_{i-1} et sur V_i. On en déduit que $\det(1-tu_i)=\det(1-tv_i).\det(1-tv_{i-1})$ d'où aussitôt la formule à démontrer.

6. La résolvante de Fredholm.

Nous conservons les notations et hypothèses du numéro précédent : E désigne l'espace de Banach $c(I)$, u un élément de $\mathscr{C}(E, E)$, (n_{ij}) la matrice de u, et l'on pose

$$\det(1-tu)=1-\mathrm{Tr}(u)t+\dots=\sum_{m=0}^{\infty} c_m t^m.$$

La *résolvante de Fredholm* de u est par définition la série formelle

$$P(t,u)=\frac{\det(1-tu)}{1-tu}=\sum_{m=0}^{\infty} v_m t^m.$$

Les v_m sont des éléments de $\mathscr{L}(E, E)$. On les calcule au moyen des formules de récurrence

$$v_0=1,\quad v_m=c_m+uv_{m-1}.$$

Ces formules montrent en particulier que les v_m sont des *polynômes en u*.

Proposition 10. — *La résolvante de Fredholm* $P(t,u)$ *est une fonction entière de t à valeurs dans* $\mathscr{L}(E, E)$. *De façon plus précise, pour tout nombre réel* M, *on a* $\lim.|v_m|M^m=0$.

Il s'agit de majorer $|v_m|$. Pour cela, soit $r_1, \dots, r_m, \dots$, la suite décroissante de nombres réels introduite dans la démonstration de la proposition 7. Nous allons démontrer le résultat suivant :

Lemme 3. — *On a* $|v_m| \leqslant r_1 \ldots r_m$.

Cette majoration suffit pour la démonstration de la proposition 10. En effet, les $r_i M$ tendent vers 0, et il en est donc de même de leurs produits $(r_1 M) \ldots (r_m M)$.

Reste à démontrer le lemme 3, ce que nous ferons en trois étapes :

a) *L'espace* E *est de dimension finie.* — Soit $n = \dim E$. Les formules de Cramer montrent que la résolvante de Fredholm $P(t, u)$ a pour matrice la *matrice adjointe* de $1 - tu$: les coefficients de cette matrice sont égaux, au signe près, aux mineurs d'ordre $n-1$ de la matrice

$$(\delta_{ij} - tn_{ij}).$$

Le coefficient de t^m dans un tel terme est une combinaison linéaire, à coefficients ± 1, de mineurs d'ordre m de la matrice (n_{ij}), donc aussi une combinaison linéaire, à coefficients ± 1, de produits

$$n_{i_1 j_1} \ldots n_{i_m j_m},$$

où les indices $j_1, \ldots, j_m$ sont *deux à deux distincts*. La valeur absolue d'un tel produit est donc $\leqslant r_1 \ldots r_m$, d'où le même résultat pour tous les coefficients de la matrice de v_m, ce qui signifie bien que $|v_m| \leqslant r_1 \ldots r_m$.

b) *Il existe une partie finie* J *de* I *telle que* $n_{ij} = 0$ *si* j *n'appartient pas à* J. — Soit E^J le sous-espace de E engendré par les $(e_i)_{i \in J}$; l'hypothèse faite sur u signifie que $u(E) \subset E^J$. Notons u^J la restriction de u à E^J; on a $\det(1 - tu^J) = \det(1 - tu)$, ce qui montre que la résolvante de Fredholm $\Sigma v_m^J t^m$ de u^J a pour coefficients les restrictions v_m^J des v_m à E^J. En appliquant a) à u^J, on obtient

$$|v_m^J| \leqslant r_1(u^J) \ldots r_m(u^J) \leqslant r_1 \ldots r_m.$$

D'autre part, il est clair que $|v_m|$ est la borne supérieure des $|v_m^J|$ quand J varie. D'où l'inégalité cherchée.

c) *Cas général.* — Soit J une partie finie de I, et soit $u(J)$ l'endomorphisme de E dont la matrice (n'_{ij}) est donnée par les formules :

$$n'_{ij} = n_{ij} \quad \text{si} \quad j \in J, \qquad n'_{ij} = 0 \quad \text{si} \quad j \in I - J.$$

L'endomorphisme $u(J)$ vérifie la condition b); si l'on note $\Sigma v_m(J) t^m$ sa résolvante de Fredholm, on a donc :

$$|v_m(J)| \leqslant r_1(u(J)) \ldots r_m(u(J)) \leqslant r_1 \ldots r_m.$$

Quand J varie, les $u(J)$ tendent vers u; de même, les formules de récurrence définissant les v_m montrent que $v_m(J) \to v_m$. On en déduit bien

$$|v_m| \leqslant r_1 \ldots r_m, \quad \textit{cqfd}.$$

Remarque. — La démonstration ci-dessus établit en fait les inégalités

$$|c_m| \leqslant |\wedge^m u|, \quad |v_m| \leqslant |\wedge^m u| \quad \text{et} \quad |\wedge^m u| \leqslant r_1 \ldots r_m.$$

7. La théorie de Riesz.

Soit, comme ci-dessus, u un endomorphisme complètement continu de l'espace de Banach $E = c(I)$, soit $H(t) = \det(1 - tu)$ son déterminant de Fredholm, et soit $P(t, u)$ sa résolvante de Fredholm. On a tout d'abord :

Proposition **11**. — *Soit a un élément du corps* K. *Pour que* $1 - au$ *soit inversible dans* $\mathscr{L}(E, E)$, *il faut et il suffit que* $H(a) \neq 0$.

Si $H(a) \neq 0$, la relation

$$H(a) = (1 - au) . P(a, u) = P(a, u) . (1 - au)$$

montre que $1 - au$ est inversible. Réciproquement, supposons que $1 - au$ soit inversible, et écrivons son inverse sous la forme $1 - v$. En écrivant que $(1 - au)(1 - v) = 1$, on trouve $v = -au + auv$, ce qui montre que v est complètement continu. Le déterminant $\det(1 - v)$ est donc défini, et le corollaire 1 à la proposition 7 montre que

$$\det(1 - au) . \det(1 - v) = 1$$

ce qui démontre que $\det(1 - au) \neq 0$.

Proposition **12**. — *Soit* $a \in K$ *un zéro d'ordre h du déterminant de Fredholm* $H(t)$. *L'espace* E *se décompose de façon unique en somme directe topologique de sous-espaces fermés stables par u*

$$E = N(a) + F(a)$$

jouissant des propriétés suivantes :

(i) $1 - au$ *est nilpotent sur* $N(a)$.

(ii) $1 - au$ *est inversible sur* $F(a)$.

De plus, la dimension de $N(a)$ *est finie et égale à h.*

Si $f = \sum_{m=0}^{\infty} e_m t^m$ est une série formelle, et si s est un entier $\geqslant 0$, nous poserons

$$\Delta^s f = \sum_{m=0}^{\infty} \binom{m+s}{s} e_{m+s} t^m.$$

Si K est de caractéristique zéro, on a $\Delta^s f = \frac{1}{s!} \frac{d^s f}{dt^s}$. Les « dérivées divisées » Δ^s transforment une fonction entière en une fonction entière. Dire que a est un zéro d'ordre h de $H(t)$ signifie que l'on a

$$\Delta^s H(a) = 0 \quad \text{pour} \quad s < h \quad \text{et} \quad \Delta^h H(a) = c \neq 0.$$

Considérons alors l'identité :

$$(1 - tu) . P(t, u) = H(t).$$

En lui appliquant l'opérateur Δ^s, on trouve :

$$(1 - tu)\Delta^s P(t, u) - u\Delta^{s-1} P(t, u) = \Delta^s H(t).$$

Posons $v_s = \Delta^s P(a, u)$. En faisant $t = a$ dans les identités précédentes, on obtient les relations :

$$(1 - au) . v_0 = 0$$
$$(1 - au) . v_1 - u . v_0 = 0$$
$$. \quad . \quad . \quad . \quad . \quad . \quad . \quad . \quad . \quad . \quad .$$
$$(1 - au) . v_{h-1} - u . v_{h-2} = 0$$
$$(1 - au) . v_h - u . v_{h-1} = c, \text{ avec } c \neq 0.$$

On en déduit, par récurrence sur s, que $(1 - au)^{s+1} v_s = 0$ pour $s < h$. D'autre part, si l'on pose :

$$e = c^{-1}(1 - au) . v_h \quad \text{et} \quad f = -c^{-1} u . v_{h-1}$$

la dernière équation montre que $e + f = 1$. De plus, on a :

$$fe^h = 0, \quad \text{puisque} \quad (1 - au)^h v_{h-1} = 0.$$

[Noter que, puisque les v_s sont des séries de puissances de u, tous les endomorphismes considérés commutent entre eux.]

En développant l'équation $(e + f)^h = 1$, on trouve :

$$e^h + (he^{h-1}f + \ldots + hef^{h-1} + f^h) = 1.$$

Posons alors :

$$p = e^h, \quad q = he^{h-1}f + \ldots + hef^{h-1} + f^h.$$

On a $p + q = 1$ et $pq = 0$ puisque $fe^h = 0$. Il s'ensuit que $p^2 = p$, $q^2 = q$: les endomorphismes p et q sont des *projecteurs* et si l'on pose $N(a) = \mathrm{Ker}(p) = \mathrm{Im}(q)$, $F(a) = \mathrm{Ker}(q) = \mathrm{Im}(p)$, l'espace E se décompose en somme directe

$$E = N(a) + F(a).$$

On a $(1 - au)^h q = 0$, ce qui montre que $1 - au$ est *nilpotent sur* $N(a)$; de même, la formule $(1 - au)^h (v_h)^h = c^h p$ montre que $1 - au$ *est inversible sur* $F(a)$, son inverse étant $c^{-h}(1 - au)^{h-1}(v_h)^h$. On a donc démontré l'existence de la décomposition cherchée; son unicité est immédiate. Reste à montrer que $\dim N(a) = h$. Soit W un sous-espace de dimension finie de $N(a)$, stable par u. D'après la remarque 2 du n° 1, le sous-espace W est facteur direct dans E, et E/W est de la forme $c(J)$. On peut appliquer le lemme 2 du n° 6, et l'on en déduit que $\det(1 - tu)$ est divisible par $\det(1 - tu_W) = (1 - ta^{-1})^{\dim W}$. Il s'ensuit que $\dim W \leqslant h$, et ceci étant vrai pour tout W, on voit que l'on a nécessairement $\dim N(a) \leqslant h$. Appliquant encore le lemme 2, on obtient $\det(1 - tu) = (1 - ta^{-1})^{\dim N(a)} H'(t)$, où $H'(t)$ est le déterminant de Fredholm de la restriction de u à $F(a)$. D'après la proposition 11, on a $H'(a) \neq 0$, et comme a est zéro d'ordre h de $H(t)$, on en déduit finalement que $\dim N(a) = h$, *cqfd*.

Corollaire (« alternative de Fredholm »). — *Pour tout* $a \in K$, *l'image de* $1-au$ *est un sous-espace fermé de codimension finie de* E; *cette codimension est égale à la dimension du noyau de* $1-au$.

C'est évident sur la décomposition $E = E(a) + F(a)$.

Remarques. — 1) Lorsque K est *localement compact*, l'existence de la décomposition $E = N(a) + F(a)$ peut aussi se démontrer, sans faire intervenir la théorie de Fredholm, en procédant exactement comme Riesz (cf. par exemple Dieudonné [2], Chap. XI, §§ 3, 4, dont les démonstrations s'appliquent sans changement).

2) La théorie classique de Fredholm fournit des formules explicites (à la Cramer) pour la résolution des équations du type

$$x - a.u(x) = y, \quad y \in E$$

cf. par exemple l'exposé de Sikorski [9]. Il est très probable que ces formules restent valables dans le cas considéré ici. (Par contre, on ne peut pas suivre la présentation de la théorie donnée par Grothendieck [7], ne serait-ce qu'à cause des nombreuses factorielles qu'il a introduites en dénominateur.)

3) Ce qui précède ne concerne qu'une racine a de $H(t)$ *qui appartient* au corps K. Plus généralement, soit a une racine quelconque de $H(t)$, soient $a^{(i)}$ ses conjuguées, et formons le polynôme

$$Q(t) = \Pi(1 - a^{(i)}t),$$

chaque $a^{(i)}$ étant répété un nombre de fois égal à sa multiplicité. Les coefficients de Q appartiennent à K. On a alors une décomposition analogue à celle de la proposition 12 :

$$E = N(Q) + F(Q),$$

avec $Q(u)$ nilpotent (resp. inversible) sur $N(Q)$ (resp. sur $F(Q)$). Cela se voit en écrivant $Q(u)$ sous la forme $1-u'$, avec $u' \in \mathscr{C}(E, E)$, et en appliquant la proposition 12 à u' et à $a = 1$. On obtient ainsi une théorie en tout point analogue à celle de Riesz.

Signalons une application simple de ce qui précède :

Proposition **13**. — *Supposons que la valuation de* K *soit discrète. Soient* E *et* F *deux espaces de Banach sur* K, *soient* $u \in \mathscr{C}(E, F)$, $v \in \mathscr{L}(E, F)$, *et supposons que* v *soit surjectif. Alors l'image de* $u + v$ *est un sous-espace fermé de codimension finie de* F.

(Dans le cas classique, c'est un résultat de Schwartz, cf. [1], exposé 16.)

Soit N le noyau de v; d'après le théorème de Banach, v définit par passage au quotient un isomorphisme de E/N sur F. D'après la proposition 2 du n° 1, il existe dans E un supplémentaire fermé F' de F. Comme $(u+v)(E)$ contient $(u+v)(F')$, il suffit de prouver que $(u+v)(F')$ est un sous-espace fermé de codimension finie de F; on est donc ramené au cas où v est un isomorphisme, donc aussi au cas où $v = 1$; en appliquant alors le corollaire à la proposition 12 avec $a = -1$, on obtient le résultat cherché.

Corollaire. — *Soient* $C=(C_n, d_n)$ *et* $C'=(C'_n, d'_n)$ *deux complexes, les* C_n, C'_n *étant des espaces de Banach, et les applications bords*

$$d_n : C_{n+1} \to C_n, \qquad d'_n : C'_{n+1} \to C'_n$$

étant linéaires et continues. Soit $u : C' \to C$ *une application linéaire complètement continue commutant avec les applications bords. Supposons que la valuation de* K *soit discrète. Soit n un entier tel que u applique* $H_n(C')$ *sur* $H_n(C)$; *alors* $H_n(C)$ *est de dimension finie.*

Soit Z_n (resp. Z'_n) le sous-espace des cycles de degré n de C (resp. C'); l'application u définit une application linéaire

$$\bar{u} : Z'_n \to Z_n$$

qui est complètement continue. L'hypothèse faite sur les H_n équivaut à dire que l'application

$$(d_n, \bar{u}) : C_{n+1} \times Z'_n \to Z_n$$

est surjective. D'après la proposition 13, l'image de $(d_n, \bar{u}) - (0, \bar{u})$ est un sous-espace de codimension finie de Z_n; comme cette image est égale à $d_n(C_{n+1})$, cela signifie bien que $H_n(C)$ est de dimension finie.

8. Dualité.

Soit E (resp. F) un espace de Banach, et soit E' (resp. F') son dual. Si $u \in \mathscr{L}(E, F)$, le *transposé* u' de u est défini; c'est un élément de $\mathscr{L}(F', E')$.

Proposition 14. — *Si u est complètement continu, il en est de même de son transposé.*

Si u est complètement continu, il existe une suite u_n d'applications continues de rang fini tendant vers u. Comme $|u'-u'_n| \leqslant |u-u_n|$, la suite des u'_n tend vers u', et les u'_n sont de rang fini. Donc u' est complètement continu.

Exemple. — Soit $E=c(I)$, soit $F=c(J)$. On a $E'=b(I)$, $F'=b(J)$. Soit (n_{ij}) une matrice bornée telle que n_{ij} tende vers 0 quand $j \to \infty$, la convergence étant *uniforme* par rapport à i. Si $y=(y_j)_{j\in J}$ appartient à $b(J)$, posons

$$u'y = (x_i)_{i \in I}, \qquad \text{avec } x_i = \sum_{j \in J} n_{ij} y_j.$$

On définit ainsi une application linéaire $u' : F' \to E'$ qui est *complètement continue.* En effet, c'est la transposée d'une application $u \in \mathscr{L}(E, F)$ qui est complètement continue en vertu du cor. à la prop. 4.

Proposition 15. — *Supposons que la valuation de* K *soit discrète. Soit* $u \in \mathscr{C}(E, E)$. *Alors* $\det(1-tu) = \det(1-tu')$ *et, pour tout* $a \in K$, *la décomposition de Riesz de* E' *est duale de celle de* E.

(Noter que, puisque la valuation de K est discrète, E et E' sont isomorphes à des espaces $c(I)$ et $c(I')$; en particulier, $\det(1-tu)$ et $\det(1-tu')$ sont bien définis.)

Soit $E = E(a) + F(a)$ la décomposition de Riesz de E; par dualité, on obtient une décomposition $E' = E(a)' + F(a)'$ de E', et comme $1 - au$ est nilpotent (resp. inversible) sur $E(a)$ (resp. sur $F(a)$), son transposé $1 - au'$ est nilpotent (resp. inversible) sur $E(a)'$ (resp. sur $F(a)'$). Donc $E' = E(a)' + F(a)'$ est la décomposition de Riesz de E' relative à a.

On a un résultat analogue pour les racines de $\det(1-tu)$ qui ne sont pas dans le corps K (cf. remarque 3 du n° 7). On en déduit que $\det(1-tu)$ et $\det(1-tu')$ ont les mêmes racines, avec les mêmes multiplicités. D'après la théorie des fonctions entières p-adiques (cf. Dwork [4], § 1) cela entraîne que $\det(1-tu) = \det(1-tu')$.

[On peut aussi commencer par montrer que $\det(1-tu) = \det(1-tu')$ quand u est *de rang fini*, et passer à la limite.]

9. Exemples tirés de [4].

Nous supposerons dans ce numéro que la valuation de K est *discrète*; on a donc $x = a^{v(x)}$, avec $a < 1$, v étant un homomorphisme de K^* sur un sous-groupe discret de $\mathbf{R}$.

Soient n et d deux entiers $\geqslant 1$, et soit $X = (X_0, \ldots, X_{n+1})$ un système de $n+2$ indéterminées; soit T la partie de $\mathbf{N}^{n+2}$ formé des $u = (u_0, \ldots, u_{n+1})$ tels que $du_0 = u_1 + \ldots + u_{n+1}$ (nous suivons ici les conventions du § 3 de [4], plutôt que celles du § 2). Si $u \in T$ on note X^u le monôme $X_0^{u_0} \ldots X_{n+1}^{u_{n+1}}$. Soit b un élément de $\mathbf{R}$ tel qu'il existe $\pi \in K$ avec $v(\pi) = b$. Soit $L(b)$ l'ensemble des séries

$$f = \sum_{u \in T} a_u X^u, \quad a_u \in K$$

telles que $v(a_u) + bu_0$ soit borné inférieurement, ou, ce qui revient au même, telles que $|a_u \pi^{-u_0}|$ soit borné. On munit $L(b)$ de la norme

$$|f| = \operatorname{Sup}_{u \in T} |a_u \pi^{-u_0}|.$$

C'est un *espace de Banach*, isomorphe à l'espace $b(T)$. Soit $b' = v(\pi')$, et supposons que $b' > b$; alors $L(b')$ est un sous-espace de $L(b)$. *L'injection* $i : L(b') \to L(b)$ *est complètement continue* (« critère de normalité de Montel »); en effet, si l'on identifie $L(b)$ et $L(b')$ à $b(T)$, l'application i transforme (x'_u) en (x_u), avec

$$x_u = (\pi'/\pi)^{u_0} x_u;$$

elle est donc définie par une matrice diagonale à termes tendant vers 0 ce qui suffit à établir sa complète continuité (cf. n° 8).

On a deux autres types d'applications linéaires à considérer :

(i) On se donne un élément $g = \Sigma c_u X^u$ de $L(b)$, avec $b > 0$. L'application $f \to fg$ est un endomorphisme continu de $L(b)$, que l'on note encore g.

(ii) Soit q un entier fixé $\geqslant 2$. Si $f = \Sigma a_u X^u$ est une série formelle, on pose $\psi(f) = \Sigma a_{qu} X^u$; si $f \in L(b)$, on a $\psi(f) \in L(qb)$, et ψ est une application linéaire continue de $L(b)$ dans $L(qb)$.

Comme $b>0$, on a $qb>b$, et l'injection $L(qb)\xrightarrow{i}L(b)$ est définie. En composant

$$L(qb) \xrightarrow{i} L(b) \xrightarrow{g} L(b) \xrightarrow{\psi} L(qb),$$

on obtient un endomorphisme α de $L(qb)$, noté $\psi\circ g$ par abus d'écriture. Puisque i est complètement continu et que g et ψ sont continus, α est *complètement continu*; son déterminant de Fredholm se calcule en remarquant que c'est le transposé de l'endomorphisme complètement continu défini par la matrice (c_{qu-v}); en appliquant à α les théories de Riesz et de Fredholm, on retrouve les résultats du § 2 de [4].

L'un des résultats principaux du § 3 de [4] est la construction d'une *suite exacte*

$$0 \to E \xrightarrow{d} E^{n+1} \xrightarrow{d} \ldots \xrightarrow{d} E^{\binom{n+1}{2}} \xrightarrow{d} E^{n+1} \xrightarrow{d} E \to W \to 0,$$

où E est un espace de Banach du type $L(b)$, où W est un espace vectoriel de dimension finie, et où les opérateurs d sont construits par un procédé standard (« complexe de l'algèbre extérieure ») à partir des opérateurs différentiels $D_1, \ldots, D_{n+1}$. Si l'on munit $E^{\binom{n+1}{i}}$ de l'endomorphisme $u_i = q^i(\psi\circ g)$, les u_i commutent aux opérateurs d, et la proposition 9 montre que l'on a :

$$\prod_{i=0}^{i=n+1} \det(1 - tq^i\psi\circ g)^{(-1)^i\binom{n+1}{i}} = \det(1 - t\overline{\alpha}),$$

où $\overline{\alpha}$ est l'endomorphisme de W défini par $\psi\circ g$. On obtient ainsi directement la formule du théorème 4.2 de [4], formule qui joue un rôle essentiel dans le calcul de la fonction zêta d'une hypersurface.

BIBLIOGRAPHIE

[1] H. CARTAN, *Séminaire E.N.S.*, 1953-1954.
[2] J. DIEUDONNÉ, *Foundations of modern analysis*, Acad. Press, 1960.
[3] B. DWORK, On the rationality of the zeta function of an algebraic variety, *Amer. J. of Maths.*, *82*, 1960, p. 631-648.
[4] B. DWORK, On the zeta function of a hypersurface, *Publ. Math. I.H.E.S.*, n° 12, 1962.
[5] I. FLEISCHER, Sur les espaces normés non archimédiens, *Proc. Acad. Amsterdam*, *57*, 1954, p. 165-168.
[6] A. GROTHENDIECK, Produits tensoriels topologiques et espaces nucléaires, *Memoirs of the Amer. Math. Soc.*, n° 16, 1955.
[7] A. GROTHENDIECK, La théorie de Fredholm, *Bull. Soc. Math. France*, *84*, 1956, p. 319-384.
[8] A. MONNA, Sur les espaces normés non archimédiens : I. *Proc. Acad. Amsterdam*, *59*, 1956, p. 475-483; II. *Ibid.*, p. 484-489; III. *Ibid.*, *60*, 1957, p. 459-467; IV. *Ibid.*, p. 468-476.
[9] R. SIKORSKI, The determinant theory in Banach spaces, *Colloquium mathematicum*, *8*, 1961, p. 141-198.

Manuscrit reçu le 18 décembre 1961.

56.

Géométrie algébrique

Cong. Int. Math., Stockholm (1962), 190–196

1. Introduction

Je voudrais exposer ici quelques uns des développements récents de la géométrie algébrique. Je dois préciser que je prends ce dernier terme au sens qui est devenu le sien depuis quelques années : celui de *théorie des schémas*.

Il n'est pas question de rappeler la définition précise d'un schéma; je renvoie pour cela à la conférence de Grothendieck au congrès précédent. Disons seulement que, alors qu'une variété algébrique se construit à partir d'algèbres de polynômes sur des corps, un *préschéma* se construit à partir d'anneaux commutatifs quelconques (et un schéma est un préschéma séparé)(1). Bien entendu, certains théorèmes exigent des hypothèses de finitude (nous en verrons de nombreux exemples), mais ces hypothèses sont vérifiées par des anneaux que l'ancienne géométrie algébrique ne pouvait traiter qu'indirectement (et incomplètement), ne serait-ce que l'anneau $\mathbf{Z}$ des entiers. (Et pourtant, on peut dire qu'une partie importante de l'arithmétique consiste justement en l'étude des schémas de type fini sur $\mathbf{Z}$ — c'est là, par exemple, le cadre naturel de la théorie des fonctions zêta et L, à la Artin-Weil.) Un autre type d'anneaux qui intervient fréquemment est celui des *anneaux locaux* : lorsqu'on désire étudier un morphisme $f:X\rightarrow Y$ au voisinage de $f^{-1}(y)$, avec $y\in Y$, on est amené à remplacer X par un schéma X' sur l'anneau local O_y de y, celui déduit de X par image réciproque au moyen du morphisme $\mathrm{Spec}(O_y)\rightarrow Y$; souvent même, pour localiser davantage, on remplace O_y par son complété $\hat{O}_y$.

Je n'essaierai pas de donner un aperçu complet des résultats obtenus ces dernières années en théorie des schémas, et je me limiterai aux deux thèmes suivants : *théorèmes d'existence*, et étude des *schémas sur un anneau local noethérien complet*. Pour le reste, on pourra se reporter aux exposés de Grothendieck au séminaire Bourbaki [7, 10] et au séminaire de l'I.H.E.S. [9], ainsi, bien entendu, qu'aux *Eléments* [8].

2. Théorèmes d'existence

Il s'agit chaque fois de construire un préschéma M de propriétés données; le plus souvent, comme Grothendieck l'a mis en évidence, ces propriétés s'expriment de la façon la plus commode en disant que M *représente* un certain foncteur. Rappelons ce que l'on entend par là :

Soit C une catégorie, soit $\mathcal{E}ns$ la catégorie des ensembles, et soit $F:\mathsf{C}\rightarrow\mathcal{E}ns$ un foncteur contravariant. On dit qu'un couple (M,m), où $M\in\mathrm{Ob}(\mathsf{C})$, $m\in F(M)$, *représente* F si, pour tout $T\in\mathrm{Ob}(\mathsf{C})$, l'application de $\mathrm{Hom}(T,M)$ dans $F(T)$ qui associe à $\varphi\in\mathrm{Hom}\,(T,M)$ l'élément $F\varphi(m)$ de $F(T)$ est une

(1) D'après Grothendieck, il faudrait élargir cette définition, de telle sorte que l'on puisse parler de « préschémas au-dessus d'un espace annelé », cet espace pouvant être, par exemple, une variété différentiable ou analytique (comme dans les travaux de Kodaira-Spencer sur les variétés de modules).

bijection; si $h_M: \mathcal{C} \to \mathcal{E}ns$ désigne le foncteur $h_M(T) = \mathrm{Hom}(T, \mathcal{M})$, il revient au même de dire que m définit un isomorphisme de h_M sur F. Lorsqu'un tel couple (M, m) existe, il est unique (à isomorphisme unique près), et l'on dit que F est *représentable* (on dit aussi, par abus de langage, que M représente F). En géométrie algébrique, on prend le plus souvent pour catégorie $\mathcal{C}$ la catégorie $\mathcal{S}ch/_S$ des préschémas au-dessus d'un préschéma de base S (i.e. munis d'un morphisme dans S). On ne dispose pas de critères généraux maniables ([1]) permettant d'affirmer qu'un foncteur F donné est représentable. Il est en tout cas nécessaire que F transforme limites inductives (dans $\mathcal{S}ch/_S$) en limites projectives (dans $\mathcal{E}ns$); en particulier, F doit être un foncteur *local* : si U parcourt l'ensemble des ouverts d'un S-préschéma T, le préfaisceau des $F(U)$ doit être un *faisceau*.

Exemples de schémas définis par ce procédé :

(i) *Schémas de Grassmann.* On se donne un schéma S, un $\mathcal{O}_S$-Module quasi-cohérent $\mathcal{E}$, et un entier $n \geqslant 0$. Si T est un S-préschéma, notons $\mathcal{E} \times_S T$ l'image réciproque de $\mathcal{E}$ par le morphisme canonique de T dans S, et soit $F_n(T)$ l'ensemble des *quotients du $\mathcal{O}_T$-Module $\mathcal{E} \times_S T$ qui sont localement libres de rang n*; c'est un foncteur contravariant de T (sur la catégorie $\mathcal{S}ch/_S$)). On démontre sans grandes difficultés (cf. Grothendieck [11], exposé 12, pour le cas analytique) que ce foncteur est représentable par un S-préschéma $\mathrm{Grass}_n(\mathcal{E})$. que l'on appelle la *grassmannienne* (d'indice n) de $\mathcal{E}$; si $\mathcal{E}$ est de type fini, $\mathrm{Grass}_n(\mathcal{E})$ est projectif sur S; si de plus $\mathcal{E}$ est localement
1 libre, $\mathrm{Grass}_n(\mathcal{E})$ est simple sur S. Pour $n=1$, on retrouve le *schéma projectif* $\mathbf{P}(\mathcal{E})$ associé à $\mathcal{E}$ (cf. [8], II–4.1.1); on définit de même les *schémas de drapeaux* de $\mathcal{E}$.

(ii) *Schémas de Hilbert.* Soit S un schéma noethérien, et soit X un schéma projectif sur S; soit $\mathcal{C}$ la catégorie des S-préschémas localement noethériens. Si $T \in \mathrm{Ob}(\mathcal{C})$, soit $X_T = X \times_S T$, et soit $F(T)$ l'ensemble des *sous-préschémas fermés de X_T qui sont plats sur T*; c'est un foncteur contravariant de T. Grothendieck a démontré que ce foncteur est représentable par un schéma $\mathrm{Hilb}_{X/S}$ qui est somme disjointe de S-schémas projectifs $\mathrm{Hilb}^P_{X/S}$, indexés par certains polynômes à coefficients rationnels (cf. [10], exposé 221 — voir aussi [11], exposé 16, pour le cas analytique). Ces schémas jouent un rôle analogue à celui des classiques « coordonnées de Chow » (qui, elles, servent à paramétrer des *cycles*, et non des sous-schémas). Leur existence entraîne facilement celle d'autres schémas importants (schémas de morphismes, d'isomorphismes, etc. — voir [10], *loc. cit.*); elle intervient également dans la construction des schémas de Picard et des schémas de modules (voir ci-dessous).

(iii) *Schémas de Picard.* (Ici, la définition générale du foncteur F est délicate; je me limiterai à un cas particulier relativement simple.) Soit $\pi: X \to S$ un morphisme de préschémas localement noethériens. On suppose que π est projectif, plat, admet une section, et que ses fibres sont géométriquement intègres. Posons

$$P_{X/S} = H^0(S, R^1\pi(\mathcal{O}_X^*)).$$

Vu les hypothèses faites, ce groupe s'identifie à $H^1(X, \mathcal{O}_X^*)/H^1(S, \mathcal{O}_S^*)$. Si T

([1]) On trouvera toutefois dans Grothendieck ([11], exposé 11) des critères permettant de déduire la représentabilité d'un foncteur de celle d'autres foncteurs. Voir aussi [10], exposé 195, pour une caractérisation des foncteurs « proreprésentables ».

est un S-préschéma localement noethérien, posons $F(T) = P_{X_T/T}$, avec $X_T = X \times_S T$; c'est un foncteur contravariant de T. Grothendieck a démontré qu'il est représentable par un S-préschéma en groupes abéliens $\mathrm{Pic}_{X/S}$, appelé le *préschéma de Picard de X sur S* (cf. [10], exposés 232–236 — voir aussi [11], exposé 16, pour le cas analytique). En général, $\mathrm{Pic}_{X/S}$ n'est pas de type fini sur S : lorsque S est le spectre d'un corps, et que X est simple sur S, c'est une extension du « groupe de Néron-Severi » de X (considéré comme groupe discret) par la « variété de Picard » de X, au sens classique; toutefois Mumford a démontré qu'il est somme disjointe de schémas quasi-projectifs sur S.

Les hypothèses faites ci-dessus ne sont certainement pas nécessaires pour l'existence du préschéma de Picard; par exemple Murre a construit $\mathrm{Pic}_{X/k}$ pour tout schéma X propre sur un corps k.

(iv) *Schémas de modules* (courbes de genre donné). Si S est un préschéma, une *courbe de genre g sur S* est un S-préschéma X qui est simple, propre, et dont les fibres sont des courbes algébriques de genre g, au sens usuel. Pour S et g donnés, les classes (à isomorphisme près) de telles courbes forment un ensemble $F_g(S)$; c'est un foncteur contravariant de S. Toutefois, pour $g \geqslant 1$, le foncteur F_g *n'est pas* représentable. Il est nécessaire de le modifier en remplaçant la notion de « courbe » par celle de « courbe rigidifiée » (c'est-à-dire, en gros, munie de points d'ordre fini de sa jacobienne); voir la définition précise (dans le cas analytique) dans Grothendieck [11], exposé 7. Mumford a démontré, grâce à un théorème convenable de passage au quotient, que les foncteurs ainsi définis sont représentables, et il en a déduit la construction du *schéma des modules* de courbes de genre g (au sens absolu, i.e. « sur **Z** »); voir [14, 15]. Dans cette direction, on disposait déjà de nombreux résultats partiels : construction du schéma des modules sur **Q** (Baily [1, 2]), étude détaillée des genres 1 et 2 (Igusa [12, 13]), cas analytique (cf. par exemple Bers [3] et Grothendieck [11], exposés 7 et 17). Dans le cas général, il
2 manque encore une « bonne » compactification des schémas de modules sur **Z** analogue à celle donnée pour le genre 1 par Igusa [12], et sur **Q** par Baily [2].

3. Schémas sur un anneau local noethérien complet

Dans tout ce qui suit, on désigne par A un anneau local noethérien complet, par $\mathfrak{m}$ l'idéal maximal de A, et par k le corps résiduel $A/\mathfrak{m}$.

Si X est un schéma sur A, on lui associe la fibre X_0 du point $\mathfrak{m} \in \mathrm{Spec}(A)$, autrement dit le schéma $X_0 = X \otimes_A A/\mathfrak{m}$. Si X est de type fini sur A, X_0 est un *schéma algébrique sur k*; on dit que X_0 se déduit de X par « réduction modulo $\mathfrak{m}$ ». On essaie, autant que possible, de *ramener l'étude de X à celle de* X_0 (muni éventuellement de structures supplémentaires).

Un premier pas dans cette direction consiste à réduire X, non pas seulement modulo $\mathfrak{m}$, mais modulo un idéal primaire pour $\mathfrak{m}$, par exemple une puissance de $\mathfrak{m}$. Les schémas $X_n = X \otimes_A A/\mathfrak{m}^{n+1}$ ainsi obtenus ont même espace topologique sous-jacent que X_0; leurs faisceaux structuraux forment un système projectif. L'espace X_0, muni de ce système projectif, est appelé le *complété formel* de X, et noté $\hat{X}$; c'est un « schéma formel », au sens de [8], I – 10; il représente, en quelque sorte, les « voisinages infinitésimaux » de la fibre X_0; c'est l'intermédiaire le plus naturel entre X_0 et X.

La situation est particulièrement favorable lorsque X est *propre* sur A;

dans ce cas, en effet, on peut dire que la connaissance de $\hat{X}$ *équivaut* à celle de X (cf. [8], III–5). De façon plus précise, on a les résultats suivants :

(i) Soit $\mathcal{E}$ un O_X-Module cohérent, soit $\mathcal{E}_n = \mathcal{E} \times_X X_n = \mathcal{E}/\mathfrak{m}^{n+1}\mathcal{E}$, et soit $\hat{\mathcal{E}}$ le système projectif des $\mathcal{E}_n$. On a alors des isomorphismes canoniques :

$$H^q(X, \mathcal{E}) = \varprojlim H^q(X_n, \mathcal{E}_n) = H^q(\hat{X}, \hat{\mathcal{E}}) \quad (q \geqslant 0).$$

(C'est un cas particulier du « théorème des fonctions holomorphes », cf. Grothendieck [8], III–4.)

(ii) Appelons « Module cohérent sur $\hat{X}$ » un système projectif $\mathcal{F} = (\mathcal{F}_n)$ de O_{X_n}-Modules cohérents tels que $\mathcal{F}_n = \mathcal{F}_m \times_{X_m} X_n$ si $m \geqslant n$, et soit $\hat{\mathsf{C}}$ la catégorie abélienne formée par ces systèmes. Soit d'autre part C la catégorie des O_X-Modules cohérents. Alors le foncteur $\mathcal{E} \to \hat{\mathcal{E}}$ défini dans (i) est une *équivalence* de C avec $\hat{\mathsf{C}}$. En particulier, tout Module cohérent sur $\hat{X}$ est isomorphe au complété formel $\hat{\mathcal{E}}$ d'un O_X-Module cohérent $\mathcal{E}$ (défini à isomorphisme unique près). [C'est le « théorème d'existence en géométrie formelle », cf. [8], III-5 — noter son analogie avec celui qui permet de passer de la géométrie analytique à la géométrie algébrique (sur $\mathbf{C}$).]

Ces résultats ont de nombreuses applications. Citons par exemple :

(iii) (cf. [7], p. 182–11) Supposons que X soit *propre* et *plat* sur A, et que $H^2(X_0, O_{X_0}) = 0$. Alors pour tout O_{X_0}-Module inversible $\mathcal{E}_0$ sur X_0, il existe un O_X-Module inversible $\mathcal{E}$ sur X tel que $\mathcal{E}_0 = \mathcal{E} \times_X X_0$. En particulier, si X_0 est projectif sur k, X est projectif sur A (prendre pour $\mathcal{E}_0$ un Module ample).

[On prolonge $\mathcal{E}_0$ aux X_n de proche en proche; *l'obstruction* pour passer de X_{n-1} à X_n se trouve dans $H^2(X_0, O_{X_0}) \otimes \mathfrak{m}^n/\mathfrak{m}^{n+1}$, qui est nul par hypothèse; on obtient ainsi un Module inversible $\hat{\mathcal{E}}$ sur $\hat{X}$, qui est "algébrique" d'après (ii).]

(iv) (Cf. [7], p. 182–24, ainsi que [9].) Supposons encore que X soit *propre* et *plat* sur A. L'application canonique $\pi_1(X_0) \to \pi_1(X)$ est alors un isomorphisme.

[Il faut démontrer que les catégories formées par les revêtements étales de X_0 et de X sont équivalentes; or un revêtement étale de X_0 est défini par une O_{X_0}-Algèbre cohérente $\mathcal{A}_0$ d'un certain type; on montre qu'on peut lui associer, de façon essentiellement unique, un système projectif $\hat{\mathcal{A}} = (\mathcal{A}_n)$ de O_{X_n}-Algèbres cohérentes $\mathcal{A}_n$ du même type; on applique ensuite (ii) comme ci-dessus.]

Du point de vue où nous nous sommes placés, il est naturel d'essayer de reconstruire [1] le schéma formel $\hat{X}$, ou même le schéma X, à partir de X_0 (en exigeant toujours que $\hat{X}$ soit *plat* sur A). Supposons, pour simplifier, que X_0 soit *simple* sur k, autrement dit, que X_0 soit une « variété algébrique non singulière ». La construction de X_n à partir de X_{n-1} se heurte alors à une *obstruction* qui appartient à $H^2(X_0, \mathcal{T}_0) \otimes \mathfrak{m}^n/\mathfrak{m}^{n+1}$, où $\mathcal{T}_0$ désigne le O_{X_0}-Module des k-dérivations de O_{X_0} (celui qui correspond au fibré tangent à X_0). Si $H^2(X_0, \mathcal{T}_0)$ est nul, cette obstruction est nulle, et l'on peut construire le système des X_n, d'où un schéma formel $\hat{X}$; si en outre X_0 est projectif et si $H^2(X_0, O_{X_0})$ est nul, la méthode employée dans (iii) ci-dessus montre que $\hat{X}$ est le complété formel d'un schéma X qui est projectif et plat sur A; c'est le schéma cherché.

[1] La classification des schémas formels ainsi obtenus conduit à la notion de « schéma formel des modules », cf. Grothendieck [7], p. 182–16, ainsi que [10], exposé 195.

Lorsque k est de caractéristique $p>0$, il est intéressant de prendre pour A un anneau de valuation discrète de caractéristique 0 (par exemple l'anneau $W(k)$ des vecteurs de Witt à coefficients dans k, si k est parfait); on « remonte » ainsi X_0 de la caractéristique p à la caractéristique 0 (toujours en supposant la nullité de $H^2(X_0, \mathfrak{T}_0)$ et de $H^2(X_0, \mathcal{O}_{X_0})$). En particulier, *toute courbe algébrique se remonte*; de ce résultat, joint à (iv), Grothendieck a déduit la détermination de la partie « première à p » du groupe fondamental d'une courbe en caractéristique p (cf. [7], p. 182–27, ainsi que [9]). En dimension supérieure, il existe par contre des schémas projectifs et simples qui ne se remontent pas en caractéristique 0 (même comme schémas formels); on en trouvera des exemples dans [21] (ces exemples sont de dimension $\geqslant 3$, mais Mumford m'a fait observer qu'on peut en construire d'analogues en dimension 2). Ce genre de question mériterait une étude plus approfondie. Peut-on par exemple définir directement (par des arguments de géométrie différentielle) les obstructions mentionnées ci-dessus ? Elles ont sans doute des relations avec la cohomologie de X_0 à valeurs dans les vecteurs de Witt (cf. [18]). Que peut-on dire du relèvement des morphismes (et en particulier des morphismes « de Frobenius ») ? Le seul cas où l'on sache quelque chose est celui des courbes elliptiques (Deuring [4]).

Les méthodes précédentes font intervenir de façon essentielle des *schémas sur des anneaux artiniens*. D'après Greenberg [6], ces derniers peuvent être eux-mêmes ramenés — dans une certaine mesure — à des *schémas algébriques*. De façon plus précise, supposons que le corps résiduel k soit *parfait*, et que l'anneau local A soit de longueur finie N; si k est de caractéristique 0, choisissons un relèvement de k dans A. On peut alors décrire les éléments de A au moyen de N coordonnées à valeurs dans k, les lois de composition étant polynomiales par rapport à ces coordonnées (c'est clair si k est de caractéristique 0, car A est une k-algèbre — en caractéristique p, on utilise le fait que A est une algèbre sur l'anneau $W(k)$ des vecteurs de Witt); ces lois polynomiales définissent un *schéma en anneaux* Λ sur k, et l'on a $\Lambda_k = A$. Soit maintenant C_k (resp. C_A) la catégorie des k-préschémas (resp. des A-préschémas) de type fini. Si $Y \in \mathrm{Ob}(\mathsf{C}_k)$, soit GY le A-schéma obtenu en munissant Y du faisceau des germes de k-morphismes de Y dans Λ. On définit ainsi un foncteur $G: \mathsf{C}_k \to \mathsf{C}_A$ qui a un *adjoint* $F: \mathsf{C}_A \to \mathsf{C}_k$; c'est cet adjoint que l'on appelle le *foncteur de Greenberg*. Par définition, on a

$$\mathrm{Hom}_A(GY, X) = \mathrm{Hom}_k(Y, FX) \quad (Y \in \mathrm{Ob}(\mathsf{C}_k),\ X \in \mathrm{Ob}(\mathsf{C}_A)),$$

d'où, en prenant $Y = \mathrm{Spec}(k)$, la formule $X_A = (FX)_k$.

Revenons maintenant au cas d'un anneau local noethérien complet A, à corps résiduel parfait k, et soit X un schéma de type fini sur A (ou plus généralement un schéma formel de type fini). Pour tout $n \geqslant 0$, on peut appliquer le foncteur de Greenberg au $A/\mathfrak{m}^{n+1}$-schéma X_n défini plus haut; on associe ainsi à X un *système projectif* $FX = (FX_n)$ *de schémas algébriques sur* k; on a encore $X_A = (FX)_k = \varprojlim (FX_n)_k$. On trouvera dans [6] une liste des propriétés élémentaires du foncteur F. Il conviendrait de la compléter sur plusieurs points. Par exemple, si X est simple sur A, Greenberg a montré que chaque FX_n est un espace fibré sur le précédent, et il en a déterminé le groupe structural; lorsque A est un anneau de valuation discrète, de corps des fractions K, un résultat analogue doit être valable (pour n assez grand) lorsqu'on suppose seulement que $X \otimes_A K$ est simple sur K

(cf. Néron [17], ainsi que Bourbaki, *Alg. comm.*, Chap. III, § 4, *n*°5). Il serait également intéressant (mais sans doute plus difficile) d'« enrichir » le système des FX_n de structures supplémentaires permettant de reconstruire le schéma formel de départ.

Lorsqu'on suppose que X est un *schéma en groupes* sur A, les FX_n forment un *système projectif de groupes algébriques.* C'est ainsi que s'introduisent les *groupes proalgébriques*, limites projectives de groupes algébriques. Dans le cas commutatif, ces groupes forment une catégorie abélienne $\mathcal{D}$, contenant la sous-catégorie $\mathcal{D}_i$ des groupes proalgébriques « infinitésimaux » (i.e. limites projectives de groupes réduits à l'élément neutre). La catégorie quotient $\mathcal{D}/\mathcal{D}_i$ a été étudiée en détail dans [19] (en supposant k algébriquement clos). Quant à la catégorie $\mathcal{D}_i$, elle constitue le cadre naturel de la théorie des « groupes formels » commutatifs de Dieudonné (cf. Gabriel [5] et Cartier — non publié).

Le *groupe multiplicatif* G_m fournit un exemple simple de ce qui précède : on lui associe un groupe proalgébrique U, et les points de U rationnels sur k correspondent bijectivement aux unités de A. Lorsque A est un anneau de valuation discrète, de corps des fractions K, et de corps résiduel algébriquement clos, le groupe U ainsi obtenu *détermine les extensions abéliennes de* K : le groupe de Galois de l'extension abélienne maximale de K est isomorphe au groupe fondamental $\pi_1(U)$ du groupe proalgébrique U (cf. [20]).

A cet ordre d'idées se rattachent également des résultats extrêmement intéressants de Néron (on les trouvera résumés dans [16] et [17]). Ici, l'on part d'une variété abélienne C sur le corps des fractions K de A, et l'on cherche un schéma en groupes Γ simple sur A tel que $\Gamma \otimes_A K = C$; de façon plus précise, Néron montre(¹) que l'on peut choisir Γ de telle sorte que, pour tout schéma X simple sur A, l'application canonique :

$$\mathrm{Hom}_A(X, \Gamma) \to \mathrm{Hom}_K(X \otimes_A K, C)$$

soit une bijection (en d'autres termes, Γ *représente* le foncteur $\mathrm{Hom}_K(X \otimes_A K, C)$ dans la catégorie des schémas simples sur A). En prenant $X = \mathrm{Spec}(A)$, on voit en particulier que C_K s'identifie à Γ_A; grâce au foncteur de Greenberg, ce dernier groupe s'identifie lui-même au groupe $(F\Gamma)_k$ des points rationnels sur k d'un groupe proalgébrique commutatif $F\Gamma$. Ce résultat a été utilisé par Šafarevič et Ogg dans l'étude de la cohomologie galoisienne de C (le corps k étant algébriquement clos). Ce n'est là qu'un début; d'après
3 Grothendieck, il doit exister un « théorème de dualité » qui englobe ces résultats, ceux de Tate (lorsque k est fini), et ceux de la théorie du corps de classes local (au sens classique — et aussi au sens de [20]).

BIBLIOGRAPHIE

[1]. Baily, W., On the moduli of Jacobian varieties and curves. *Inter. Coll. Function Theory*, 51–62. Bombay, 1960.

[2]. —— On the theory of θ-functions, the moduli of abelian varieties, and the moduli of curves. *Ann. Math.*, 75 (1962), 342–381.

[3]. Bers, L., Uniformization and moduli. *Inter. Coll. Function Theory*, 41–49. Bombay, 1960.

(¹) Lorsque C est de dimension 1, Néron démontre un théorème plus précis: il plonge Γ dans un schéma $\bar{\Gamma}$ projectif sur A et régulier, jouissant en outre d'une certaine propriété de minimalité (cf. [16, 17]).

[4]. Deuring, M., Die Typen der Multiplikatorenringe elliptischer Funktionenkörper. *Abh. Math. Sem. Hamburg*, 14 (1941), 197–272.

[5]. Gabriel, P., Sur les catégories abéliennes localement noethériennes et leurs applications aux algèbres étudiées par Dieudonné. *Séminaire d'algèbre et géométrie*. Collège de France, 1960.

[6]. Greenberg, M., Schemata over local rings. *Ann. Math.*, 73 (1961), 624–648.

[7]. Grothendieck, A., Géométrie formelle et géométrie algébrique. *Séminaire Bourbaki*, 1958–59, exposé 182.

[8]. —— Eléments de géométrie algébrique (rédigés avec la collaboration de J. Dieudonné), *Publ. Math.* (*I.H.E.S.*), *Paris*, 1960–61–62–...

[9]. —— *Séminaire de géométrie algébrique* (*I.H.E.S.*), *Paris*, 1960–62.

[10]. —— Technique de descente et théorèmes d'existence en géométrie algébrique. *Séminaire Bourbaki*, 1959–62, exposés 190, 195, 212, 221, 232, 236.

[11]. —— Techniques de construction en géométrie analytique. *Séminaire H. Cartan*, 1960–61, exposés 7 à 17.

[12]. Igusa, J., Kroneckerian model of fields of elliptic modular functions. *Amer. J. Math.*, 81 (1959), 561–577.

[13]. —— Arithmetic variety of moduli for genus 2. *Ann. Math.*, 72 (1960), 612–649.

[14]. Mumford, D., An elementary theorem in geometric invariant theory. *Bull. Amer. Math. Soc.*, 67 (1961), 483–486.

[15]. —— *Geometric invariant theory* (en preparation).

[16]. Néron, A., Réduction des variétés abéliennes. *J. reine angew. Math.*, 209 (1962), 29–35.

[17]. —— Modèles p-minimaux des variétés abéliennes. *Séminaire Bourbaki*, 1961–62, exposé 227.

[18]. Serre, J-P., Sur la topologie des variétés algébriques en caractéristique p. *Symp. de top. alg.*, Mexico, 1956, 24–53.

[19]. —— Groupes proalgébriques. *Publ. Math.* (*I.H.E.S.*), *Paris*, 7, 1960.

[20]. —— Sur les corps locaux à corps résiduel algébriquement clos. *Bull. Soc. Math. France*, 89 (1961), 105–154.

[21]. —— Exemples de variétés projectives en caractéristique p non relevables en caractéristique 0. *Proc. Nat. Acad. Sci. U.S.A.*, 47, (1961), 108–109

57.

Résumé des cours de 1961–1962

Annuaire du Collège de France (1962), 47–51

Le corps **Q** des nombres rationnels admet pour complété le corps **R** des nombres réels; c'est là, en un sens, le point de départ de l'analyse classique. Mais, d'un point de vue arithmétique, il est tout aussi naturel de choisir pour complété de **Q** un corps p-adique $\mathbf{Q}_p$; on est ainsi conduit à un autre type d'analyse, que l'on peut appeler *l'analyse p-adique*. Cette dernière s'est développée depuis une trentaine d'années, à la suite notamment des travaux de Schnirelmann, Schoebe, Skolem, Krasner, Chabauty; toutefois, ce n'est que récemment qu'elle a obtenu des résultats spectaculaires, avec la démonstration donnée par Dwork de la rationalité des fonctions zêta des variétés algébriques. A l'heure actuelle, un certain nombre de chapitres d'analyse p-adique commencent à prendre forme; le cours s'est proposé de les exposer.

Avant de les résumer, indiquons que le cadre naturel de l'analyse p-adique n'est pas le corps $\mathbf{Q}_p$ lui-même (pas plus qu'en analyse classique on ne peut se limiter à **R**), mais plutôt tout corps complet pour une valuation de rang 1; un tel corps sera noté K dans ce qui suit.

1. *Fonctions holomorphes.*

Une fonction f définie sur un ouvert U de K^n et à valeurs dans K est dite *holomorphe* si elle est localement développable en série de Taylor. Cet ensemble de fonctions est stable pour les opérations usuelles : addition, multiplication, composition, dérivation. Lorsque K est de caractéristique zéro, on démontre aisément l'existence des solutions locales des équations différentielles (résolues par rapport aux plus hautes dérivées).

Il y a, toutefois, une différence essentielle avec le cas complexe : comme K est totalement discontinu, il existe « beaucoup » de fonctions holomorphes pathologiques (par exemple, égale à 0 dans un certain ouvert, à 1 dans le complémentaire). Pour les écarter, on est amené à définir la notion plus restrictive de fonction *strictement holomorphe* (cf. ci-dessous).

2. *Variétés analytiques.*

On les définit en recollant des ouverts de K^n par des isomorphismes holomorphes (on dit aussi « analytiques »); exemple : l'ensemble V_K des points rationnels sur K d'une variété algébrique non singulière V, définie sur K. Tout le formalisme de la géométrie différentielle se transpose sans difficultés : vecteurs tangents, points proches, jets, opérateurs différentiels, etc.

Lorsque K est de caractéristique zéro, le théorème de Frobenius est valable; cela permet, par exemple, de montrer qu'une variété de groupe G est déterminée localement par son algèbre de Lie. Plus précisément, si G_1 et G_2 ont même algèbre de Lie, ils contiennent des sous-groupes ouverts isomorphes. Ceci s'applique à deux groupes commutatifs de même dimension, et redonne le théorème de Lutz-Mattuck. Autre application (due à Chabauty) : soit X une courbe algébrique de genre g, définie sur un corps de nombres k, et soit r le rang du groupe J_k des points rationnels de la Jacobienne J de X; si $r < g$, X n'a qu'un nombre fini de points rationnels sur k.

3. *Fonctions strictement holomorphes d'une variable.*

Le seul cas envisagé dans le cours a été celui des fonctions définies sur un disque ou une couronne; il n'a pas été question des résultats plus généraux de Krasner. Si C est le disque $|z| \leqslant R$, une fonction holomorphe f sur C est dite *strictement holomorphe* si elle peut s'écrire :

$$f = \sum_{n \geqslant 0} a_n z^n, \quad a_n \in K,$$

cette série convergeant pour tout $z \in C$, ce qui signifie que $|a_n| R^n \longrightarrow 0$. (Dans le cas d'une couronne $r \leqslant |z| \leqslant R$, la série de Taylor est remplacée par une série de Laurent.)

L'étude de ces fonctions repose sur la propriété suivante, due à Ostrowski et Schoebe. Posons :

$$|f|_R = \text{Sup.}\ |a_n| R^n$$

et soit n (resp. N) le plus petit (resp. le plus grand) entier i tel que $|a_i| R^i = |f|_R$. On peut alors écrire f sous la forme $f = P.g$ où P est un polynôme de degré $N - n$ dont tous les zéros sont sur le cercle $|z| = R$ (dans la clôture algébrique de K), et où g est une fonction strictement holomorphe sans zéro sur ce cercle. On a ainsi une façon simple de déterminer les valeurs absolues des zéros de f; le même résultat vaut pour les séries de Laurent; on peut l'exprimer sous forme géométrique en introduisant le polygone de Newton de f. On en tire immédiatement le théorème de Schnirelmann sur la décomposition en produit des fonctions « entières » :

$$f(z) = cz^n \prod (1 - a_i z), \quad a_i \longrightarrow 0$$

(Noter qu'il n'y a ici ni terme exponentiel, ni facteur de Weierstrass.)

Un quotient de fonctions strictement holomorphes est appelé une fonction *strictement méromorphe;* une telle fonction est déterminée par son diviseur, à la multiplication près par une fonction strictement holomorphe inversible.

1 4. *Fonctions elliptiques p-adiques* (d'après Tate).

Soit $q \in K^*$, $|q| < 1$, et soit Γ_q le sous-groupe discret de K^* formé des puissances de q. Les fonctions strictement méromorphes dans la « couronne infinie » K^* forment un corps H; on dit que $f \in H$ est *elliptique* (par rapport à Γ_q) si elle est invariante par Γ_q, c'est-à-dire si $f(qz) = f(z)$; les fonctions elliptiques forment un sous-corps H_q de H. On démontre (Tate) que H_q est un corps de fonctions algébriques d'une variable sur K, de genre 1, qui correspond donc à une courbe elliptique $E(q)$; de plus, les points rationnels de $E(q)$ sur K forment un groupe $E(q)_K$ qui est isomorphe (comme groupe analytique) au quotient K^*/Γ_q.

Ces résultats se démontrent en suivant essentiellement la méthode de Jacobi (et non celle de Weierstrass); on introduit tout d'abord la notion de *fonction thêta* : c'est une fonction strictement holomorphe sur K* dont le diviseur est invariant par Γ_q; une telle fonction vérifie une identité de la forme :

$$\theta(qz) = cz^n \theta(z), \; c \in K$$

La fonction :

$$f(z) = \prod_{n \geqslant 0} (1 - q^n z) \prod_{n \geqslant 1} (1 - q^n z^{-1})$$

en est un exemple.

On construit des fonctions elliptiques en prenant des quotients de fonctions thêta relatives au même exposant n et à la même constante c; on peut même, suivant Tate, expliciter un plongement de la courbe elliptique $E(q)$ dans le plan projectif. On obtient (en toute caractéristique) la courbe d'équation :

$$y^2 + xy = x^3 - b_2 x - b_3,$$

avec :

$$b_2 = 5 \sum_{m=1}^{\infty} m^3 q^m/(1 - q^m)$$

$$b_3 = \sum_{m=1}^{\infty} \left(\frac{7m^5 + 5m^3}{12}\right) q^m/(1 - q^m).$$

On en déduit l'invariant modulaire $j(q)$ de $E(q)$:

$$j(q) = \frac{(1 + 48 b_2)^3}{q \prod (1 - q^n)^{24}} = q^{-1} + 744 + 196\,884\, q + \ldots$$

Ce développement en série (bien connu sur le corps **C**) montre que $|j(q)| > 1$. Inversement, toute courbe elliptique sur K dont l'invariant modulaire a cette propriété, et qui a un point rationnel sur K, est isomorphe à une courbe $E(q)$ sur une extension quadratique de K (elle se déduit donc de $E(q)$ par « descente du corps de base »). Cela facilite beaucoup l'étude de ces courbes (détermination du H^1, par exemple).

2 Il devrait être possible de développer une théorie analogue pour les variétés abéliennes, mais il y a de sérieuses difficultés supplémentaires.

3 5. *Espaces de Banach.*

Un espace de Banach sur K est un espace vectoriel normé complet dont la norme vérifie l'inégalité ultramétrique :

$$|x + y| \leqslant \text{Sup.}\,(|x|, |y|).$$

Pour tout ensemble I, l'espace $c(\mathrm{I})$ des familles $(x_i)_{i\in \mathrm{I}}$, $x_i \in \mathrm{K}$, telles que $x_i \longrightarrow 0$ est un espace de Banach (la norme d'une famille (x_i) étant définie comme $\mathrm{Sup.}\, |x_i|$). Les espaces de fonctions strictement holomorphes (sur un polydisque fermé, par exemple) sont du type $c(\mathrm{I})$; lorsque la valuation de K est discrète, *tout* espace de Banach sur K est du type $c(\mathrm{I})$.

Soit u un endomorphisme continu d'un espace de Banach E du type $c(\mathrm{I})$. On dit que u est *complètement continu* s'il est limite uniforme d'endomorphismes de rang fini, ou, ce qui revient au même, si c'est un élément du produit tensoriel complété $\mathrm{E}' \hat{\otimes} \mathrm{E}$. La théorie de Fredholm s'applique à ces endomorphismes; le déterminant de Fredholm $\mathrm{H}_u(t) = \det(1 - tu)$ est une fonction entière de t. De plus, si a est un zéro d'ordre h de $\mathrm{H}_u(t)$, l'espace E se décompose en somme directe :

$$\mathrm{E} = \mathrm{N} + \mathrm{F}$$

avec $1 - au$ nilpotent sur N et inversible sur F; la dimension de N est égale à h. C'est là une « décomposition de Riesz ».

Ces résultats servent à simplifier des démonstrations de Dwork (cf. ci-dessous). J'espère que l'on pourra aussi les utiliser dans la théorie globale des variétés analytiques rigides, pour y démontrer des théorèmes du genre
4 « analytique = algébrique ».

6. *Théorie de Dwork.*

Il s'agit de démontrer la rationalité de la fonction zêta d'une variété algébrique sur un corps fini à q éléments. La méthode de Dwork est la suivante : tout d'abord, on se ramène facilement au cas où la variété est une hypersurface H d'un espace affine, autrement dit est définie par une seule équation $f = 0$. Si $\mathrm{Z}(t) = \Sigma\, a_n t^n$ est la fonction zêta de H, on montre, par une méthode très ingénieuse, que $\mathrm{Z}(t)$ peut s'exprimer comme quotient des déterminants de Fredholm de certains endomorphismes d'espaces de Banach p-adiques (des espaces de fonction strictement holomorphes sur des polydisques); ces endomorphismes dépendent bien entendu de l'équation f de l'hypersurface H. Ceci fait, il est clair que $\mathrm{Z}(t)$ est une fonction strictement méromorphe de t dans tout le « plan p-adique »; comme d'autre part, elle est holomorphe au voisinage de l'origine du point de vue complexe, une généralisation convenable d'un critère de E. Borel montre que c'est une fonction rationnelle.

Cette théorie peut être poursuivie dans deux directions différentes. La première, explorée par Dwork lui-même, vise à préciser la forme de $\mathrm{Z}(t)$ lorsque l'on fait des hypothèses supplémentaires (non singularité) sur l'hypersurface H. Des résultats satisfaisants ont été obtenus; il est vraisemblable (bien que ce ne soit pas fait à l'heure actuelle) que l'on pourra démontrer
5 ainsi *l'équation fonctionnelle* de $\mathrm{Z}(t)$; il est peu probable, par contre, que l'on puisse obtenir de cette façon une démonstration complète des conjectures de Weil, autrement dit, de « l'hypothèse de Riemann » pour $\mathrm{Z}(t)$.

La seconde direction concerne les *séries* $\mathrm{L}(\chi, t)$ attachées à une variété algébrique V sur le corps à q éléments, à un groupe fini G opérant sur V, et à un caractère χ de G. Ces séries devraient aussi être des fonctions rationnelles de t. La méthode de Dwork, convenablement adaptée, permet de le démontrer lorsque χ est soit du type Kummer, soit du type Artin-Schreier-Witt. En combinant ceci avec le théorème de Brauer sur les caractères induits, on arrive à traiter le cas où le groupe G vérifie la condition suivante : pour tout sous-groupe cyclique T de G, d'ordre t premier à la caractéristique p, l'entier t divise $q - 1$. C'est là une condition tout à fait artificielle, mais je n'ai pas réussi à m'en débarrasser.

Séminaire

Il a comporté quatre séances, pendant lesquelles M. Christian Houzel a
6 exposé un manuscrit inédit de Tate sur les *espaces analytiques rigides* (sur un corps K du type considéré ci-dessus). Il s'agit en somme de renforcer la structure usuelle de variété analytique, trop « molle », de telle sorte que l'on obtienne des théorèmes se rapprochant davantage de ceux du cas complexe. Seule la théorie *affine* est à peu près au point; on part de la catégorie des algèbres topologiquement de type fini; une telle algèbre se définit comme un quotient de l'algèbre $K\{X_1,.., X_n\}$ des séries formelles à coefficients tendant vers zéro (autrement dit les fonctions strictement holomorphes sur le polydisque unité). L'algèbre $K\{X_1,..., X_n\}$ est noethérienne; ses idéaux maximaux correspondent aux points du polydisque unité (du moins si K est algébriquement clos); le polydisque unité joue donc le rôle du *spectre* de l'algèbre, tout comme en théorie de Gelfand, ou en géométrie algébrique. De plus, pour certains types de recouvrements, Tate démontre la nullité des groupes de cohomologie correspondants — exactement comme en théorie des variétés de Stein. Il reste, toutefois, de nombreux points à élucider : par exemple, trouver une définition satisfaisante des « bons » recouvrements, et démontrer l'engendrement local des faisceaux par leurs sections (« théorème A » de Cartan, pour les variétés de Stein).

58.

Structure de certains pro-p-groupes (d'après Demuškin)

Séminaire Bourbaki 1962/63, n° **252**

§ 1. Résultats

1. Pro-p-groupes

Soit p un nombre premier. Un *pro-p-groupe* est un groupe topologique qui est limite projective de p-groupes finis; c'est un groupe compact totalement discontinu.

Exemple. Soit n un entier, soit $L(n)$ le groupe libre engendré par n éléments, et soit $F(n)$ la limite projective des quotients finis de $L(n)$ qui sont des p-groupes. Le groupe $F(n)$ s'appelle le pro-p-groupe *libre* de rang n. On a $F(0)=1$, $F(1)=\mathbf{Z}_p$ (groupe additif des entiers p-adiques).

2. Cohomologie des pro-p-groupes

1 Soit G un pro-p-groupe. La cohomologie de G se définit comme dans [2]. Nous aurons surtout à considérer le cas où le groupe des coefficients est $\mathbf{Z}/p\mathbf{Z}$, G opérant trivialement; les groupes de cohomologie correspondants seront notés $H^q(G)$. On a:

$$H^q(G) = \varinjlim H^q(G/U),$$

lorsque U parcourt l'ensemble des sous-groupes ouverts distingués de G.

Les groupes $H^1(G)$ et $H^2(G)$ ont une interprétation simple:

On a $H^1(G) = \mathrm{Hom}(G, \mathbf{Z}/p\mathbf{Z})$. De là, et des propriétés élémentaires des p-groupes finis, on tire:

2.1. Soient $x_1, \ldots, x_n \in G$. Pour que les x_i engendrent (topologiquement) le groupe G, il faut et il suffit que tout $f \in \mathrm{Hom}(G, \mathbf{Z}/p\mathbf{Z})$ tel que $f(x_1) = \ldots = f(x_n) = 0$ soit nul.

En particulier, G est isomorphe à un quotient de $F(n)$ si et seulement si $\dim H^1(G) \leq n$.

2.2 (cf. [2], prop. 3.3). Pour que G soit isomorphe à $F(n)$, il faut et il suffit que $H^2(G)=0$ et $\dim H^1(G)=n$.

2.3. Soit $G=F(n)/R$. Supposons que $\dim H^1(G)=n$, et soit $h=\dim H^2(G)$. L'entier h est égal au «nombre de relations» définissant R (nombre minimum d'éléments de R dont les conjugués engendrent un sous-groupe dense dans R).

La démonstration se fait en construisant un isomorphisme $H^1(R)^G \to H^2(G)$, et en montrant (comme pour 2.1) que la dimension de $H^1(R)^G$ est égale au «nombre de relations» engendrant R.

On voit en même temps que tout élément $r \in R$ définit un homomorphisme $\bar{r}: H^2(G) \to \mathbf{Z}/p\mathbf{Z}$, et que des éléments $r_1, \ldots, r_k$ ont des conjugués qui engendrent topologiquement R si et seulement si l'intersection des noyaux des $\bar{r}_i$ est réduite à zéro.

3. Les groupes de Demuškin

Nous dirons qu'un pro-p-groupe G est un *groupe de Demuškin* s'il vérifie les deux propriétés suivantes:

(i) *$H^2(G)$ est de dimension 1 sur le corps $\mathbf{Z}/p\mathbf{Z}$.*

(ii) *$H^1(G)$ est de dimension finie, et le cup-produit:*

$$H^1(G) \times H^1(G) \to H^2(G) = \mathbf{Z}/p\mathbf{Z}$$

est une forme bilinéaire non dégénérée.

On se propose de *classer* ces groupes. Avant de le faire, il faut en définir deux invariants:

a) L'invariant le plus évident est le *rang* $n = \dim H^1(G)$. Vu 2.3, le groupe G peut s'écrire comme quotient de $F(n)$ par un sous-groupe distingué fermé $R = (r)$ engendré topologiquement par les conjugués d'*un* élément r (un groupe de DEMUŠKIN est défini par *une relation*). Il faudra donc classer ces relations, et les mettre sous forme aussi canonique que possible.

b) Soit G^{ab} le quotient de G par l'adhérence (G, G) du groupe des commutateurs. C'est un quotient de $(\mathbf{Z}_p)^n$ par un sous-groupe isomorphe à $\mathbf{Z}_p$, ou réduit à 0. Comme en outre $H^1(G^{ab}) = H^1(G)$ est de dimension n, on en conclut que G^{ab} est isomorphe à $(\mathbf{Z}_p)^n$ ou à $\mathbf{Z}/q\mathbf{Z} \times (\mathbf{Z}_p)^{n-1}$, avec $q = p^f$ $(f \geq 1)$. L'entier q est un *invariant* de G (on convient que $G^{ab} = (\mathbf{Z}_p)^n$ correspond à $q = 0$).

3.1. Théorème (DEMUŠKIN). *Supposons que l'invariant q de G soit $\neq 2$. Le groupe G est alors déterminé par ses invariants n et q; il est isomorphe au groupe défini par n générateurs $x_1, \ldots, x_n$ liés par la relation*

$$x_1^q (x_1, x_2)(x_3, x_4) \cdots (x_{n-1}, x_n) = 1 .$$

Remarques. a) On note (x, y) le commutateur $x y^{-1} y^{-1}$.

b) L'entier n est nécessairement pair (toujours sous l'hypothese $q \neq 2$).

c) Lorsque $q = 0$, la relation (3.1) n'est autre que la relation bien connue donnant le groupe fondamental $\pi_1(S)$ d'une surface orientable compacte S. Il serait d'ailleurs facile de prouver directement que le p-complété de $\pi_1(S)$ est un groupe de DEMUŠKIN.

Le cas $q = 2$ (i.e. $p = 2$ et $f = 1$) est exceptionnel: les invariants n et q ne suffisent plus à déterminer G (à part, bien sûr, le cas trivial $n = 1$, où $G = \mathbf{Z}/2\mathbf{Z}$). Lorsque n est impair, on peut donner une classification complète:

3.2. Théorème. *Supposons que $q = 2$ et $n = 2m+1$, avec $m \geq 1$. Le groupe G est alors isomorphe au groupe défini par n générateurs $x_1, \ldots, x_n$ liés par une relation de la forme*

$$x_1^2 x_2^k (x_2, x_3) \cdots (x_{2m}, x_{2m+1}) = 1 ,$$

où k est égal à 0 ou à 2^s (avec $s \geq 2$). De plus, des valeurs distinctes de k conduisent à des groupes non isomorphes.

Pour $n=2$, on a un résultat analogue: le groupe G peut être défini par deux générateurs x, y liés par une relation de la forme

$$y x y^{-1} = x^{-(1+k)},$$

k prenant les mêmes valeurs que ci-dessus; ici encore deux valeurs distinctes de k conduisent à des groupes non isomorphes. Pour n pair et ≥ 4 je ne connais
2 pas de classification complète.

4. Application aux groupes de Galois des corps locaux

Soit $\mathbf{Q}_p$ le corps p-adique usuel et soit K une extension de $\mathbf{Q}_p$ de degré fini d. Soit $K(p)$ la plus grande extension galoisienne de K dont le groupe de Galois G soit un pro-p-groupe. On désire déterminer la structure de G.

4.1. Théorème (Šafarevič [6]). *Si K ne contient pas les racines p-ièmes de l'unité, G est un pro-p-groupe libre de rang $n=d+1$.*

4.2. Théorème. *Soit q la plus grande puissance de p telle que K contienne les racines q-ièmes de l'unité, et supposons $q \neq 1$. Alors G est un groupe de Demuškin d'invariants $(d+2, q)$.*

(En particulier, G est défini par *une* relation, comme l'avait déjà remarqué Kawada [3].)

4.3. Corollaire (Demuškin [1]). *Si $q \neq 2$, le groupe G peut être défini par $d+2$ générateurs $x_1, \ldots, x_{d+2}$ liés par la relation*

$$x_1^q (x_1, x_2) \cdots (x_{d+1}, x_{d+2}) = 1 .$$

Lorsque $q=2$, on a:

4.4. Corollaire. *Supposons $q=2$ et d impair. Alors G peut être défini par $d+2$ générateurs $x_1, \ldots, x_{d+2}$ liés par la relation:*

$$x_1^2 x_2^4 (x_2, x_3) \cdots (x_{d+1}, x_{d+2}) = 1 .$$

En particulier, pour $K=\mathbf{Q}_2$, le groupe G est engendré par trois éléments x, y, z liés par la relation

$$x^2 y^4 (y, z) = 1 .$$

§ 2. Démonstrations

5. Une précision au théorème 3.1

Le résultat prouvé par Demuškin est plus précis que le théorème 3.1 en ce sens qu'il détermine la structure d'une *relation* donnée.

Il s'énonce ainsi:

5.1. Théorème. *Soit* $r \in F(n)$, *soit* $R=(r)$ *le sous-groupe distingué fermé engendré par* r, *et soit* $G_r = F(n)/R$. *Supposons que* G_r *soit un groupe de Demuškin d'invariants* (n,q), *avec* $q \neq 2$. *Il existe alors un système de générateurs* $x_1, \ldots, x_n$ *de* $F(n)$ *tel que l'on ait*:

$$r = x_1^q (x_1, x_2) \cdots (x_{n-1}, x_n).$$

Lorsque $q=2$ et $n=2m+1$, on a un résultat analogue, qui précise le théorème 3.2.

6. Démonstration du théorème 5.1

On va se borner, pour simplifier, au cas où $p \neq 2$ et $q \neq 0$. La démonstration utilise de façon essentielle une certaine *filtration* (F_i) du pro-p-groupe libre $F = F(n)$. Elle est définie ainsi:

$$F_1 = F, \quad F_{i+1} = (F_i)^q (F, F_i), \quad i \geq 2.$$

En fait, la définition suivante (cf. Lazard [4]) est plus commode: soit A l'algèbre des séries formelles associatives (mais non commutatives) en n lettres $t_1, \ldots, t_n$, et à coefficients dans $\mathbf{Z}_p$; muni de la topologie de la convergence simple des coefficients, A est une $\mathbf{Z}_p$-algèbre compacte. Le groupe multiplicatif U_A^1 des éléments de A de terme constant égal à 1 est un pro-p-groupe, contenant les éléments $1+t_i$. Si l'on associe aux générateurs x_i de F les $1+t_i$, on définit un homomorphisme ε: $F \to U_A^1$; cet homomorphisme est injectif. De plus, si $\mathfrak{m}$ est l'idéal de A engendré par q et les t_i, on a

$$F_i = \varepsilon^{-1}(1+\mathfrak{m}^i);$$

la filtration (F_i) est induite par la filtration $\mathfrak{m}$-adique de A. Ceci permet de déterminer le *gradué associé* $\mathrm{gr}(F)$ de F: c'est une certaine sous-algèbre de Lie de $\mathrm{gr}(A)$. De façon plus précise, pour $p \neq 2$, c'est *l'algèbre de Lie libre* en n lettres $y_1, \ldots, y_n$, à coefficients dans l'anneau de polynômes $\mathbf{Z}/q\mathbf{Z}[\pi]$, π étant une indéterminée (l'image de q dans $\mathrm{gr}_1(A)$); la graduation est définie par le fait que π et les y_i sont de degré 1; la multiplication par π dans $\mathrm{gr}(F)$ est induite par l'élévation à la puissance q-ième dans F.

Soit maintenant r un élément de F tel que le groupe G_r correspondant soit un groupe de Demuškin d'invariants (n,q). On voit tout de suite que r appartient *au second terme* F_2 de la filtration (F_i). Soit $\bar{r}$ l'image de r dans $\mathrm{gr}_2(F) = F_2/F_3$. Vu la structure de $\mathrm{gr}(F)$, $\mathrm{gr}_2(F)$ a une base (sur $\mathbf{Z}/q\mathbf{Z}$) formée des πy_i et des $[y_k, y_l]$ $(k<l)$, images respectivement des x_i^q et des (x_k, x_l). Tout $r \in F_2$ a donc une classe $\bar{r} \in F_2/F_3$ qui s'écrit:

$$\bar{r} = \sum a_i \pi y_i + \sum b_{kl}[y_k, y_l], \quad a_i, b_{kl} \in \mathbf{Z}/q\mathbf{Z},$$

ce qui équivaut à:

$$r \equiv \prod x_i^{qa_i} \prod (x_k, x_l)^{b_{kl}} \mod F_3.$$

6.1. Lemme. *Soit $r \in F_2$. Pour que le groupe $G_r = F/(r)$ soit un groupe de Demuškin d'invariants (n, q), il faut et il suffit que*:

(i) *Les a_i soient premiers entre eux* mod q.

(ii) *La matrice alternée b définie par les (b_{kl}) soit inversible* mod q.

On obtient (i) en écrivant que le groupe G_r, rendu abélien, a un groupe de torsion d'ordre exactement q. Pour (ii), on montre que la réduction mod p de la matrice b donne le cup-produit sur $H^1(G)$.

De ce lemme résulte aussitôt (en faisant un changement linéaire sur les y_i):

6.2. Lemme. *Si r vérifie les conditions de 5.1, il existe un système $x_1, \ldots, x_n$ de générateurs de F tel que l'on ait*:

$$r \equiv x_1^q (x_1, x_2) \cdots (x_{n-1}, x_n) \quad \operatorname{mod} F_3 .$$

On va maintenant procéder par approximations successives. Notons $r_0(x)$ l'élément $x_1^q (x_1, x_2) \ldots (x_{n-1}, x_n)$, et supposons trouvés des générateurs $x_1, \ldots, x_n$ tels que

$$r \equiv r_0(x) \quad \operatorname{mod} F_h , \quad h \geq 3 .$$

On va voir que l'on peut modifier les x_i de telle sorte que cette relation soit vraie mod F_{h+1}. De façon plus précise, soit $c = (c_1, \ldots, c_n)$ un système d'éléments de F_{h-1}, et posons $x_i = x_i' c_i$; les x_i' sont encore des générateurs de F. Ecrivons $r_0(x)$ sous la forme $r_0(x')\, d(c)$, avec $d(c) \in F$. On voit tout de suite que le terme correctif $d(c)$ appartient à F_h, et que son image $\bar{d}(c)$ dans $\operatorname{gr}_h(F)$ ne dépend que des images $(\bar{c}_1, \ldots, \bar{c}_n)$ des c_i dans $\operatorname{gr}_{h-1}(F)$. On a ainsi défini une application

$$\bar{d} : (\operatorname{gr}_{h-1}(F))^n \to \operatorname{gr}_h(F) ,$$

application qui est d'ailleurs un homomorphisme.

6.3. Lemme. *L'application $\bar{d} : (\operatorname{gr}_{h-1}(F))^n \to \operatorname{gr}_h(F)$ est surjective pour $h \geq 2$.*

On identifie $\operatorname{gr}(F)$ à l'algèbre de Lie libre sur $\mathbf{Z}/q\mathbf{Z}[\pi]$, et l'on calcule $\bar{d}$. On trouve:

$$\bar{d}(\bar{c}_1, \ldots, \bar{c}_n) = \pi \cdot \bar{c}_1 + [\bar{c}_1, y_2] + [y_1, \bar{c}_2] + \ldots + [y_{n-1}, \bar{c}_n] .$$

C'est suffisamment explicite pour que la surjectivité de $\bar{d}$ se voie sans trop de mal...

Le lemme 6.3 permet de passer de h à $h+1$. Si l'on a $r = r_0(x) \cdot u$, avec $u \in F_h$, on choisit c de telle sorte que $d(c) \equiv u^{-1} \operatorname{mod} F_{h+1}$, et en passant aux x_i', on a $r \equiv r_0(x') \operatorname{mod} F_{h+1}$. On itère cette construction, et on passe à la limite (c'est possible puisque les corrections successives c tendent vers 1). On obtient alors $r = r_0(x)$, ce qui achève de démontrer le théorème 5.1.

Remarques. a) Lorsque $q = 0$, on filtre F au moyen de la *suite centrale descendante*. Le gradué associé est l'algèbre de Lie libre à coefficients dans

$\mathbf{Z}_p$; la démonstration ci-dessus se simplifie un peu (du fait que les puissances q-ièmes et l'élément π ont disparu).

b) Lorsque $q=2^f$, avec $f \geq 2$, le groupe $\operatorname{gr}(F)$ n'est plus tout à fait une algèbre de Lie libre; toutefois, on peut montrer que le lemme 6.3 reste vrai, et c'est l'essentiel.

7. Démonstration du théorème 3.2

Il s'agit du cas exceptionnel $q=p=2$. On se bornera à de brèves indications.

La filtration (F_i) de F est la même que ci-dessus:

$$F_1 = F, \quad F_{i+1} = (F_i)^2 \, (F, F_i),$$

et la méthode de LAZARD s'applique encore. Il s'ensuit que $\operatorname{gr}(F)$ se plonge comme sous-algèbre de Lie dans $\operatorname{gr}(A)$. Mais ici l'application $x \mapsto x^2$ ne correspond plus, par passage à $\operatorname{gr}(A)$, à la multiplication par π; il en résulte que $\operatorname{gr}(F)$ n'est plus une algèbre sur $\mathbf{Z}/2\mathbf{Z}[\pi]$. Cela n'empêche pas de déterminer explicitement $\operatorname{gr}(F)$.

En particulier, si $r \in F_2$ définit un groupe de DEMUŠKIN, un argument analogue à celui de lemme 6.1 montre qu'il existe des générateurs x_i tels que:

(7.1) $$r \equiv x_1^2 (x_2, x_3) \dots (x_{n-1}, x_n) \mod F_3 \quad (n \text{ impair})$$

ou encore:

(7.2) $$r \equiv x_1^2 x_2^2 \dots x_n^2 \mod F_3 \quad (n \text{ quelconque}).$$

A partir de là, on procède par approximations successives, comme ci-dessus. On définit $\bar{d}$: $(\operatorname{gr}_{h-1}(F))^n \to \operatorname{gr}_h(F)$, mais cette application n'est pas surjective. Tout ce que l'on peut affirmer, c'est que (une fois (7.1) vérifié) $\operatorname{gr}_h(F)$ est engendré par l'image de $\bar{d}$ et par les classes des éléments $x_2^{2^h}, \dots, x_n^{2^h}$. On en déduit facilement que l'on peut mettre r sous la forme

$$r = r_0 \cdot x_2^{\mu_2} \dots x_n^{\mu_n}, \quad (\text{pour } n \text{ impair})$$

avec $r_0 = x_1^2 (x_2, x_3) \dots (x_{n-1}, x_n)$, les μ_i étant des entiers 2-adiques divisibles par 4.

Cette expression de r peut aussi s'écrire:

$$r = x_1^2 \cdot r', \quad \text{avec } r' = (x_2, x_3) \dots (x_{n-1}, x_n) \, x_2^{\mu_2} \dots x_n^{\mu_n}.$$

La relation r' ne contient que les variables $x_2, \dots, x_n$, et c'est une relation «de DEMUŠKIN» par rapport à ces variables; de plus, son invariant q est nul ou ≥ 4. On peut donc lui appliquer le théorème 5.1, et choisir $x_2, \dots, x_n$ de telle sorte que:

$$r' = x_2^k (x_2, x_3) \dots (x_{n-1}, x_n),$$

où k est égal à 0 ou à 2^s $(s \geq 2)$. Comme $r = x_1^2 r'$, on a bien mis r sous la forme cherchée, ce qui démontre la première partie du théorème.

Il reste à voir que les groupes G_k correspondant à des valeurs distinctes de k ne sont pas isomorphes. Pour cela, on utilise l'homomorphisme canonique

$$\chi: G_k \to U_2$$

associé au *module dualisant* du groupe G_k (cf. n° 9). Un calcul sans difficultés montre que l'on a $\chi(x_1)=-1$, $\chi(x_3)=1+k$, et que $\chi(x_i)=1$ pour $i \neq 1, 3$. L'image de G_k par χ est donc égale au groupe $\{\pm 1\} \times C_k$, où C_k désigne le sous-groupe de U_2 formé des éléments congrus à 1 mod k. Comme ces sous-groupes sont deux à deux distincts, il en résulte bien que les groupes G_k sont deux à deux non isomorphes.

8. Démonstration des résultats du n° 4 (corps locaux)

On laisse de côté le théorème 4.1, qui est bien connu (cf. [3], [6]). Pour prouver 4.2, on utilise la suite exacte

$$0 \to \mathbf{Z}/p\mathbf{Z} \to K(p)^* \to K(p)^* \to 0\,.$$

Par passage à la cohomologie, elle fournit la suite exacte:

$$0 \to H^2(G) \to H^2(G, K(p)^*) \xrightarrow{p} H^2(G, K(p)^*)\,.$$

On a $H^2(G, K(p)^*) = \mathbf{Q}_p/\mathbf{Z}_p$: cela résulte du calcul du groupe de Brauer d'un corps local (voir par exemple [7], chap. XIII). On a donc $H^2(G) = \mathbf{Z}/p\mathbf{Z}$. D'autre part, on voit facilement que $H^1(G)$ s'identifie au quotient K^*/K^{*p}, le cup-produit correspondant au symbole (a, b) de Hilbert (cf. [7], chap. XIV). Il est bien connu que ce symbole est non dégénéré, d'où le fait que G est un groupe de Demuškin. De plus, la théorie du corps de classes local montre que G^{ab} est isomorphe à la p-complétion du groupe K^*, c'est-à-dire au produit de $\mathbf{Z}/q\mathbf{Z}$ par $(\mathbf{Z}_p)^{d+1}$. Les invariants de G sont donc $d+2$ et q, ce qui achève de prouver le théorème 4.2 et le corollaire 4.3.

Pour démontrer 4.4, on remarque d'abord que le module dualisant de G est la composante p-primaire du groupe des racines de l'unité. Lorsque $p=2$ et que d est impair, on a $q=2$, et l'homomorphisme canonique $\chi: G \to U_2$ est surjectif. Ceci entraîne $k=4$ (avec les notations de 3.2), d'où le résultat cherché.

§ 3. Compléments

9. Autres propriétés des groupes de Demuškin

Soit G un groupe de Demuškin *infini* (ce qui écarte le cas trivial $G = \mathbf{Z}/2\mathbf{Z}$, et revient à demander que $n \geq 2$). On a alors les propriétés suivantes, qui m'ont été communiquées par Tate:

9.1. *G est de dimension cohomologique 2.* [En d'autres termes, on a $H^q(G, A) = 0$ pour $q \geq 3$ lorsque A est un G-module de torsion, cf. [2].]

Esquissons la démonstration. Soit C la catégorie des G-modules finis annulés par p. Si $M \in C$, soit $M' = \mathrm{Hom}(M, \mathbf{Z}/p\mathbf{Z})$ le dual de M; le cup-produit définit un accouplement entre $H^i(G, M)$ et $H^{2-i}(G, M')$, autrement dit un homomorphisme $\alpha_i: H^i(G, M) \to (H^{2-i}(G, M'))'$. Ces homomorphismes sont des isomorphismes pour $M = \mathbf{Z}/p\mathbf{Z}$ et $i = 0, 1, 2$. Par dévissage, on en déduit que, pour tout $M \in C$, α_0 est surjectif, α_1 bijectif et α_2 injectif. D'autre part, du fait que G est infini, on peut montrer que le foncteur $H^0(G, \ )$ est *coeffaçable*: pour tout $M \in C$, il existe $M_1 \in C$ et une surjection $M_1 \to M$ tel que l'homomorphisme $H^0(G, M_1) \to H^0(G, M)$ soit nul. Combinant ces résultats, on voit que α_i est un isomorphisme pour tout $M \in C$ et $i=0, 1, 2$. En particulier le foncteur $H^2(G, \ )$ est exact à droite sur C; il en résulte facilement que $H^3(G, M)=0$ pour tout $M \in C$, d'où 9.1.

9.2. *Tout sous-groupe ouvert H de G est un groupe de Demuškin.* On ramène la cohomologie de H à celle de G, grâce à la formation des «modules induits», cf. [2], et on applique le théorème de dualité démontré ci-dessus.

[Si les rangs de G et H sont respectivement n_G et n_H, et si $d=(G:H)$, un
3 calcul de caractéristiques d'Euler-Poincaré montre que $n_H - 2 = d(n_G - 2)$.]

9.3. *Il existe un homomorphisme unique $\chi: G \to U_p$* (groupe des unités p-adiques) *tel que, si l'on fait opérer G sur $\mathbf{Q}_p/\mathbf{Z}_p$ au moyen de χ, le module I ainsi obtenu ait les propriétés suivantes*:

a) $H^2(G, I) = \mathbf{Q}_p/\mathbf{Z}_p$.

b) *Si M est un G-module fini p-primaire, et si l'on pose $M' = \mathrm{Hom}(M, I)$, le cup-produit met en dualité les groupes finis $H^i(G, M)$ et $H^{2-i}(G, M')$, pour $i = 0, 1, 2$.*

4 Le module I est appelé le *module dualisant* de G. Son existence et ses propriétés peuvent se démontrer pour tout pro-p-groupe G dont l'algèbre de cohomologie $H^*(G)$ vérifie la *dualité de Poincaré* pour une certaine dimension; il n'est pas nécessaire que cette dimension soit égale à 2.

L'homomorphisme χ est un invariant intéressant du groupe G (il rend inutile l'invariant q: en effet, q est la plus grande puissance de p telle que l'image de χ soit formée d'éléments congrus à 1 mod q). On peut caractériser χ par la propriété suivante:

Si l'on fait opérer G sur $\mathbf{Z}/p^n\mathbf{Z}$ au moyen de χ, le G-module I_n ainsi obtenu est tel que l'homomorphisme

$$H^1(G, I_n) \to H^1(G, I_1) = H^1(G)$$

soit *surjectif* (pour tout $n \geq 1$). C'est cette caractérisation que l'on utilise pour déterminer explicitement χ lorsque la relation r définissant G est connue.

10. Questions

10.1. Classifier les groupes de DEMUŠKIN lorsque n est pair et $p = 2$. Sont-ils
5 encore caractérisés par n et $\mathrm{Im}(\chi)$?

10.2. Soit $r \in F_2$, et soit $G_r = G/(r)$. Peut-on étendre à G_r les résultats démontrés par LYNDON [5] dans le cas discret? En particulier, si r n'est pas une
6 puissance p-ième, est-il vrai que G est de dimension cohomologique 2?

Bibliographie

[1] DEMUŠKIN (S.). *Le groupe de la p-extension maximale d'un corps local* [en russe], Dokl. Akad. Nauk S.S.S.R., t. **128,** 1959, p. 657–660.

[2] DOUADY (A.). *Cohomologie des groupes compacts totalement discontinus,* Séminaire Bourbaki, t. **12,** 1959/60, exposé **189,** 12 p.

[3] KAWADA (Y.). *On the structure of the Galois group of some infinite extensions,* I., J. Fac. Sc., Univ. Tokyo, t. **7,** 1954, p. 1–18.

[4] LAZARD (M.). *Sur les groupes nilpotents et les anneaux de Lie,* Ann. scient. E.N.S., t. **71,** 1954, p. 101–190.

[5] LYNDON (R.). *Cohomology theory of groups with a single defining relation,* Ann. of Math., t. **52,** 1950, p. 650–665.

[6] ŠAFAREVIČ (I.). *Sur les p-extensions* [en russe], Math. Sbornik, N.S., t. **20,** 1947, p. 351–363 [Amer. Math. Soc. Transl., Series 2, t. **4,** p. 59–72].

[7] SERRE (J-P.). *Corps Locaux.* Paris, Hermann, 1962 (Act. scient. et ind., 1296; Publ. Inst. Math. Univ. Nancago, 8).

59.

Résumé des cours de 1962–1963

Annuaire du Collège de France (1963), 49–53

L'étude arithmétique des groupes algébriques a été longtemps limitée aux groupes « classiques » : orthogonal, unitaire, symplectique, projectif. Ce n'est que récemment que l'on a pu, d'abord formuler des conjectures, puis démontrer des théorèmes, qui soient valables dans le cas général. Le cours s'est borné principalement à l'aspect *cohomologique* de ces questions, tout en donnant quelques compléments sur la structure des groupes d'unités. Il a comporté quatre parties :

1 1. *Groupes profinis.*

Un groupe profini est par définition une limite projective de groupes finis. Les groupes de Galois des extensions algébriques infinies, les groupes analytiques p-adiques compacts en sont les exemples les plus importants. Beaucoup de propriétés des groupes finis s'étendent aux groupes profinis par un simple « passage à la limite »; c'est ainsi que l'on définit les pro-p-groupes, les groupes de Sylow, etc. Les groupes de cohomologie $H^q(G, A)$ $(q \geqslant 0)$ d'un groupe profini G se définissent par le même procédé; le plus souvent on prend pour groupe de coefficients A un groupe discret sur lequel G opère continûment; il est parfois utile d'accepter pour coefficients des groupes topologiques. Comme l'a montré Tate, la cohomologie des groupes profinis est souvent plus simple que celle des groupes finis eux-mêmes; ainsi, cette cohomologie peut être nulle à partir d'une certaine dimension (ce qui n'est jamais le cas pour un groupe fini non réduit à l'élément neutre); on dit alors que le groupe est de dimension cohomologique finie; Tate a donné des critères permettant de déterminer cette dimension. Certains pro-p-groupes ont même des propriétés qui les rapprochent des variétés topologiques, y compris une « dualité de Poincaré »; on peut les caractériser de diverses manières.

2. *Cohomologie galoisienne. — Cas commutatif.*

On spécialise ce qui précède au cas où le groupe profini G est le groupe de Galois d'une extension de corps K/k; le plus souvent on prend pour K la clôture séparable k_s de k. Le groupe de coefficients est le groupe des points rationnels sur K d'un groupe algébrique commutatif A; les groupes de cohomologie correspondants sont notés $H^q(K/k, A)$ ou simplement $H^q(k, A)$ si $K = k_s$.

Lorsque A est le groupe *additif* G_a, tous les $H^q(K/k, A)$ sont nuls $(q \geqslant 1)$. Pour le groupe *multiplicatif* G_m, on a $H^1(K/k, G_m) = 0$ («théorème 90 » de Hilbert), et $H^2(k, G_m)$ s'identifie au *groupe de Brauer* de k. L'étude de la cohomologie galoisienne de G_m permet de déterminer la dimension cohomologique du groupe de Galois G de **l'extension** k_s/k. Ainsi, si k est parfait, **on a** $cd\,(G) \leqslant 1$ si et seulement si les groupes de Brauer des extensions algébriques de k sont triviaux. On dit qu'un tel corps est « de dimension $\leqslant 1$ »; exemples : corps finis, corps de fonctions d'une variable sur un corps algébriquement clos, corps locaux à corps résiduel algébriquement clos. Toutefois, les corps les plus intéressants du point de vue arithmétique sont de dimension 2 (à de petites difficultés près, causées par le corps des réels, ou, ce qui revient au même, par le nombre premier 2); ce sont les corps de nombres algébriques, les corps p-adiques, les corps de fonctions d'une variable sur un corps fini. Leur cohomologie a été étudiée en détail, notamment par Tate. Seul le cas p-adique a été exposé avec démonstrations dans le cours; pour les corps de nombres, on s'est borné à énoncer les résultats.

3. *Cohomologie galoisienne. — Cas non commutatif.*

Lorsque A est un groupe algébrique quelconque (non nécessairement commutatif), on peut encore définir le *groupe* $H^0(k, A) = A_k$ des points rationnels de A, et *l'ensemble* $H^1(k, A)$; les éléments de $H^1(k, A)$ correspondent bijectivement aux classes d'espaces homogènes principaux sur A. Lorsque A est un groupe classique (orthogonal, projectif, etc.), $H^1(k, A)$ a une interprétation non moins classique (classes de formes quadratiques, groupe de Brauer, etc.). Les propriétés des $H^1(k, A)$ dépendent en grande partie de la dimension cohomologique du corps k :

a. *Corps parfaits de dimension* $\leqslant 1$.

Soit k un tel corps. Il est très probable que, si A est un groupe linéaire
2 connexe défini sur k, on a $H^1(k, A) = 0$. Cette conjecture (« conjecture I ») est démontrée lorsque k est un corps fini (Lang) ou un corps C_1 de caractéristique zéro (Springer); elle est également démontrée lorsque A est un groupe classique. On a de plus :

(*i*). Si V est un espace homogène sur A, et si $H^1(k, A) = 0$, alors V a un point rationnel sur k.

(*ii*). Si $A \longrightarrow B$ est un homomorphisme surjectif, l'application correspondante $H^1(k, A) \longrightarrow H^1(k, B)$ est surjective.

J'avais donné ces résultats comme conjecturaux au colloque de Bruxelles, en 1962. Springer en a trouvé récemment une démonstration qui a été exposée dans une séance du séminaire.

b. *Corps parfaits de dimension* $\leqslant 2$.

Soit k un tel corps. Il est probable que $H^1(k, A) = 0$ lorsque A est un groupe semi-simple connexe et simplement connexe. Cette conjecture (« conjecture II ») paraît nettement plus difficile que la première; jusqu'à présent elle n'a été démontrée que dans des cas assez particuliers (M. Kneser).

La conjecture II peut être utilisée pour obtenir des renseignements sur

$H^1(k, A)$, lorsque A est un groupe semi-simple quelconque. Il suffit en effet d'écrire A sous la forme $\tilde{A}/C$, avec $\tilde{A}$ simplement connexe et C fini; la suite exacte de cohomologie définit une application $\delta_1 : H^1(k, A) \longrightarrow H^2(k, C)$ qui est injective si la conjecture II est vraie. L'application δ_1 et l'homomorphisme analogue $\delta_0 : H^0(k, A) \longrightarrow H^1(k, C)$ interviennent fréquemment dans la géométrie des groupes classiques; pour le groupe orthogonal ce sont respectivement l'invariant de Witt et la norme spinorielle.

c. *Théorèmes de finitude.*

Supposons que le corps parfait k n'ait qu'un nombre fini d'extensions de degré donné. Alors, pour tout groupe algébrique linéaire A, l'ensemble $H^1(k, A)$ est *fini*. Ce résultat (obtenu en collaboration avec A. Borel) s'étend à certains groupes localement algébriques, par exemple au groupe des automorphismes d'un groupe algébrique linéaire de caractéristique zéro. L'hypothèse faite sur k est satisfaite lorsque k est un corps p-adique, ou le corps des réels.

La démonstration se fait par « dévissage » en se ramenant au cas des groupes finis. On utilise le résultat suivant, dû à Springer : si N est le normalisateur d'un sous-groupe de Cartan de A, l'application $H^1(k, N) \longrightarrow H^1(k, A)$ est surjective.

Dans le cas des corps de nombres, on a un théorème de finitude un peu différent : les éléments de $H^1(k, A)$ qui sont triviaux localement sont en nombre fini (on dit qu'un élément de $H^1(k, A)$ est trivial en une place v si son image dans $H^1(k_v, A)$ est nulle). Ce résultat est dû à Borel. On peut même conjecturer que l'application :

$$H^1(k, A) \longrightarrow \prod H^1(k_v, A)$$

est bijective lorsque A est semi-simple simplement connexe. En général, cette application n'est pas surjective. On pouvait penser qu'elle est injective lorsque A est semi-simple; on a donné un exemple montrant qu'il n'en est rien.

4. *Groupes de type arithmétique.*

Ce sont les groupes $A_{\mathbf{Z}}$ formés des points entiers d'un groupe algébrique linéaire A défini sur $\mathbf{Q}$. Un tel groupe dépend évidemment du plongement choisi de A dans un groupe GL_n; toutefois, deux plongements différents définissent des groupes commensurables. En utilisant des résultats de Borel et Harish-Chandra (cités sans démonstration dans le cours), on voit qu'un tel groupe Γ possède diverses propriétés de finitude. Par exemple, Γ peut être défini par un nombre fini de générateurs et de relations; les sous-groupes finis de Γ sont en nombre fini (à conjugaison près).

Un sous-groupe de $\Gamma = A_{\mathbf{Z}}$ est appelé un *groupe de congruence* s'il contient l'ensemble des éléments de $A_{\mathbf{Z}}$ congrus à 1 modulo un entier q convenable. Ces sous-groupes sont *d'indice fini* dans Γ. Tout sous-groupe d'indice fini de Γ est-il de ce type? C'est vrai lorsque A est un tore (Chevalley), faux lorsque $A = SL_2$ ou lorsque A est un groupe projectif PGL_n ($n \geqslant 2$). Peut-être est-ce

vrai pour tout groupe semi-simple A qui est simplement connexe et n'a aucun
3 facteur de rang 1 (sur la clôture algébrique de **Q**).

Une question analogue se pose pour une *variété abélienne* A, le groupe Γ étant remplacé par le groupe A_k des points rationnels; on sait que, lorsque k est un corps de nombres, ce groupe est de type fini (Mordell-Weil). Des arguments de cohomologie galoisienne permettent de transformer cette question en une autre portant sur la cohomologie de certaines *algèbres de Lie p-adiques*; on en déduit que la réponse est affirmative lorsque dim. A = 1 (cas des courbes elliptiques), ou lorsque A a suffisamment de multiplications complexes. Le cas
4 général reste ouvert.

Séminaire

Jean-Louis Verdier a fait deux exposés sur un théorème de dualité concernant la cohomologie des groupes profinis. Au lieu d'utiliser, comme l'avait fait le cours, un « module dualisant » qui ne donne de résultats qu'en dimensions extrêmes, il introduit un « complexe dualisant » nettement plus satisfaisant. Des résultats analogues ont été également obtenus par Tate.

5 Michel Lazard a fait quatre exposés sur la correspondance entre algèbres de Lie p-adiques et groupes analytiques p-adiques. Du point de vue classique des « germes », il n'y a pas de problème : l'exponentielle fournit un isomorphisme local de l'algèbre de Lie sur le groupe. Toute la difficulté consiste à définir une catégorie suffisamment grande d'algèbres de Lie (resp. de groupes analytiques) pour laquelle l'exponentielle soit un isomorphisme global. C'est ce que fait Lazard, grâce à la notion d'algèbre de Lie (resp. de groupe analytique) *valué*. Les valuations qu'il considère sont à valeurs réelles; elles doivent vérifier un certain nombre d'axiomes, parmi lesquels les suivants :

$$\omega(x^p) = \omega(x) + 1, \qquad \omega(x) > \frac{1}{p-1}, \qquad \omega(xyx^{-1}y^{-1}) \geqslant \omega(x) + \omega(y).$$

Un groupe analytique p-adique possédant une telle valuation mérite d'être appelé un « bon » groupe analytique; sa cohomologie ressemble beaucoup à celle de l'algèbre de Lie correspondante. En particulier, c'est un pro-p-groupe de Poincaré, et sa dimension cohomologique est égale à sa dimension analytique; son module dualisant est donné par les formes différentielles de degré maximum. Tout groupe analytique p-adique G, de dimension n, contient des sous-groupes ouverts qui sont « bons » au sens précédent; il en résulte notamment que $cd_p(G)$ est égal à ∞ ou à n. Le premier cas se présente nécessairement lorsque G contient un élément d'ordre p; on ignore
6 si cette condition est nécessaire.

Hyman Bass a fait quatre exposés sur les groupes $K_0(A)$ et $K_1(A)$ associés à un anneau A; le groupe $K_0(A)$ est le groupe de Grothendieck de la catégorie des A-modules projectifs de type fini; la définition de $K_1(A)$ fait intervenir de façon essentielle les *unités* de A. Ces groupes sont les analogues algébriques de ceux introduits en Topologie par Atiyah et Hirzebruch; ils vérifient les mêmes théorèmes de « stabilité » (la dimension topologique étant ici remplacée par la dimension du spectre maximal de A, supposé commutatif). Les résultats de Bass ont des applications importantes au problème des « groupes de congruence » des groupes SL_n : en les combinant avec ceux de Lazard, on peut démontrer que tout sous-groupe d'indice fini de $SL_n(\mathbf{Z})$ est un groupe de congruence pour $n \geqslant 3$.

60.

Groupes analytiques p-adiques (d'après Michel Lazard)

Séminaire Bourbaki 1963/64, n° 270

§ 1. Introduction

1.1. Définition des groupes analytiques p-adiques

Soit k un corps valué complet non discret. Si U est un ouvert de k^n, une application $f\colon U \to k$ est dite *analytique* si elle est développable en série de Taylor au voisinage de tout point. On peut utiliser de telles fonctions pour «recoller» des ouverts de k^n, et définir ainsi la catégorie des *variétés analytiques sur k*. Un groupe dans cette catégorie est appelé un *groupe analytique* sur k (ou encore un groupe «de Lie»).

Le cas qui nous intéresse ici est celui où $k = \mathbf{Q}_p$, corps des nombres p-adiques usuels. Un groupe analytique sur $\mathbf{Q}_p$ est appelé un *groupe analytique p-adique;* un tel groupe est localement compact et totalement discontinu.

1.2. Exemples

Les groupes $\mathbf{GL}(n, \mathbf{Q}_p)$, $\mathbf{SL}(n, \mathbf{Q}_p)$, $\mathbf{Sp}(n, \mathbf{Q}_p)$ sont des groupes analytiques p-adiques, admettant comme sous-groupes ouverts compacts les groupes $\mathbf{GL}(n, \mathbf{Z}_p)$, $\mathbf{SL}(n, \mathbf{Z}_p)$, $\mathbf{Sp}(n, \mathbf{Z}_p)$, où $\mathbf{Z}_p$ désigne comme d'habitude l'anneau des *entiers p-adiques* (i.e. $\varprojlim \mathbf{Z}/p^k\mathbf{Z}$).

Plus généralement, si k est une extension finie de $\mathbf{Q}_p$, et si G est un groupe algébrique sur k, le groupe $G(k)$ des points de G à valeurs dans k est muni canoniquement d'une structure de groupe analytique sur k; par restriction des scalaires, on en déduit une structure de groupe analytique p-adique.

Autre procédé: soit R l'anneau des entiers de k (fermeture intégrale de $\mathbf{Z}_p$ dans k), et soit $\mathfrak{m}$ son idéal maximal. Notons X un système de n indéterminées X_i $(1 \leq i \leq n)$, et soit $Z = f(X, Y)$ une *loi de groupe formel* (au sens de Dieudonné et Lazard) à coefficients dans R. Si l'on donne aux X_i et Y_i des valeurs x_i, y_i appartenant à $\mathfrak{m}$, la série $f(x, y)$ converge vers un élément z dont les coordonnées appartiennent aussi à $\mathfrak{m}$. On obtient ainsi un groupe analytique G_f sur k (de dimension n); par restriction des scalaires, il définit un groupe analytique p-adique. Un groupe de type G_f est dit *standard.*

[Noter que, si G est un schéma en groupes lisse sur R (au sens de Grothendieck), le complété formel de G le long de la section unité est un groupe formel au sens précédent. Les éléments de G_f s'identifient aux éléments de $G(R)$ dont la «réduction» est égale à 1. Bien entendu, ce procédé est loin de donner tous les groupes formels (même pour $n = 1$); l'étude arithmétique de ceux-ci semble très intéressante (cf. la thèse de Lubin, qui doit paraître prochainement aux Annals of Mathematics).]

Autres exemples de groupes analytiques p-adiques: les groupes de Galois des modules de Tate des variétés abéliennes (cf. [7]).

1.3. La théorie de Lie

Elle s'applique, mais ne fournit que des résultats *locaux*. Si $\mathfrak{g}$ désigne l'algèbre de Lie du groupe analytique p-adique G, l'exponentielle définit un isomorphisme local de $\mathfrak{g}$ sur G. Deux groupes ayant même algèbre de Lie ont des *sous-groupes ouverts isomorphes.* De plus, tout homomorphisme continu est analytique, et tout sous-groupe fermé est analytique (cf. Hooke [2] et Dynkin [1]).

La théorie de Lazard [5], résumée ci-après, précise considérablement les relations entre algèbres de Lie et groupes analytiques (cf. n° 4.2). Elle fournit en outre une caractérisation simple des groupes analytiques (cinquième problème p-adique!) ainsi que des renseignements sur leur cohomologie.

§ 2. Filtrations

2.1. Définitions

Soit G un groupe. Une *filtration* sur G est une application

$$\omega\colon G \to \mathbf{R}_+^* \cup \{+\infty\}$$

qui vérifie les deux axiomes:

$$(1) \qquad \omega(xy^{-1}) \geq \inf(\omega(x), \omega(y)),$$

$$(2) \qquad \omega(x^{-1}y^{-1}xy) \geq \omega(x) + \omega(y).$$

Si p est un nombre premier, on dit que ω est une *p-valuation* (ou que G est *p-valué*) si l'on a:

$$(3) \qquad \omega(x) \neq \infty \qquad \text{pour tout } x \neq 1 \ (\textit{séparation})$$

$$(4) \qquad \omega(x) > \frac{1}{p-1} \qquad \text{pour tout } x \in G,$$

$$(5) \qquad \omega(x^p) = \omega(x) + 1 \qquad \text{pour tout } x \in G.$$

Enfin, un groupe filtré G est dit *p-saturé* s'il est p-valué, et s'il vérifie les deux conditions supplémentaires:

(6) G est complet pour la topologie définie par sa filtration.

(7) Pour tout $x \in G$ tel que $\omega(x) > 1 + \dfrac{1}{p-1}$, il existe $y \in G$ tel que $x = y^p$.

2.2. Gradué associé

Soit G un groupe filtré. Pour tout $\nu \in \mathbf{R}_+^*$, soit G_ν (resp. G_ν^+) l'ensemble des $x \in G$ tels que $\omega(x) \geq \nu$ (resp. $\omega(x) > \nu$). On obtient ainsi des sous-groupes distingués de G, et l'on pose:

$$\mathrm{gr}_\nu(G) = G_\nu/G_\nu^+ , \qquad \mathrm{gr}(G) = \coprod_{\nu \in \mathbf{R}_+^*} \mathrm{gr}_\nu(G) .$$

La loi de composition et le commutateur définissent par passage au quotient une structure *d'algèbre de Lie graduée* sur $\mathrm{gr}(G)$ (cf. LAZARD [3], où est traité le cas d'une filtration à valeurs entières). Lorsque G est p-valué, $\mathrm{gr}(G)$ est une algèbre sur le corps premier $\mathbf{F}_p$. De plus, l'application $x \mapsto x^p$ définit par passage au quotient un endomorphisme π de $\mathrm{gr}(G)$, ce qui permet de munir $\mathrm{gr}(G)$ d'une structure d'algèbre graduée sur l'anneau de polynômes $\Gamma = \mathbf{F}_p[\pi] = \mathrm{gr}(\mathbf{Z}_p)$. (La condition (4) intervient notamment pour montrer que π est *linéaire*.) La condition (5) entraîne que $\mathrm{gr}(G)$ est un *Γ-module gradué libre*; son rang est appelé *le rang du groupe p-valué G*.

2.3. Exemples de groupes filtrés

a. Soit G_f le groupe standard défini par une loi de groupe formel f (cf. n° 1.2), et soit w la valuation naturelle de corps k, supposée normée de telle sorte que $w(p) = 1$. Si $x = (x_1, \ldots, x_n)$ est un élément de G_f, posons:

$$\omega(x) = \inf(w(x_1), \ldots, w(x_n)) .$$

On vérifie tout de suite que l'on obtient ainsi une filtration de G_f; de plus, en utilisant la forme de la série formelle qui donne la puissance p-ième, on montre que l'on a:

$$\omega(x^p) \geq \inf(\omega(x) + 1, p\,\omega(x)) . \tag{8}$$

Soit alors H le sous-groupe de G_f formé des $x \in G_f$ tels que $\omega(x) > \dfrac{1}{p-1}$. On vérifie sans difficultés que H est *un groupe p-saturé de rang fini*, donc *a fortiori* un groupe p-valué.

[On voit ainsi pourquoi $\dfrac{1}{p-1}$ intervient: c'est la racine de l'équation $pX = X + 1$ («équation de LAZARD»).]

Noter que, si $k = \mathbf{Q}_p$, la filtration ω est à *valeurs entières*; si en outre le nombre premier p est distinct de 2, on a $H = G_f$.

b. Soit G un groupe et soit $p \neq 2$ (pour simplifier). Posons:

$$G_1 = G , \qquad G_{n+1} = (G_n)^p (G, G_n) , \qquad n \geq 1 .$$

On obtient ainsi une filtration sur G, vérifiant l'axiome (4). Elle ne vérifie pas nécessairement (5), mais on a toutefois:

$$\omega(x^p) \geq \omega(x) + 1 \quad \text{pour tout } x \in G . \tag{5'}$$

Cela suffit pour que $\mathrm{gr}(G)$ soit définie, et soit une *Γ-algèbre de Lie*, avec $\Gamma = \mathbf{F}_p[\pi]$ comme ci-dessus. La condition (5) équivaut à exiger que cette algèbre de Lie soit un Γ-module gradué *sans torsion* (donc *libre*).

§ 3. Caractérisation des groupes analytiques p-adiques

3.1. Relations avec les groupes p-valués complets de rang fini

Théorème 1. (1) *Tout groupe analytique p-adique possède un sous-groupe ouvert compact qui est p-saturé de rang fini* (pour une filtration convenable).

(2) *Tout groupe p-valué complet de rang fini est un groupe analytique p-adique.*

(L'énoncé (2) a un sens, car, si un groupe topologique possède une structure analytique, cette structure est unique (cf. n° 1.3).)

Démontrons (1). Soit G un groupe analytique p-adique de dimension n. Au voisinage de l'origine, la loi de composition de G s'exprime comme série convergente $f(X, Y)$ à coefficients dans $\mathbf{Q}_p$. Quitte à effectuer une homothétie sur les coordonnées, on peut supposer que les coefficients de f appartiennent tous à $\mathbf{Z}_p$, et que G contient comme sous-groupe ouvert le groupe standard G_f associé à f (cf. n° 1.2). D'après 2.3, G_f contient lui-même un sous-groupe ouvert H qui est p-saturé de rang fini, ce qui démontre (1).

Soit maintenant G un groupe p-valué complet de rang fini. Soit $(\xi_i)_{1 \leq i \leq n}$ une base homogène du Γ-module $\operatorname{gr}(G)$, et soient (x_i) des représentants des (ξ_i) dans G. Un raisonnement d'approximations successives montre que tout $x \in G$ s'écrit de manière unique sous la forme:

$$x = x_1^{\nu_1} \ldots x_n^{\nu_n}, \qquad \nu_i \in \mathbf{Z}_p$$

(les ν_i sont des «coordonnées de deuxième espèce»). Il reste à voir que la loi de composition de G, écrite en termes de ces coordonnées, est analytique. Cela pourrait se déduire d'un théorème général de DYNKIN [1]. LAZARD en donne une démonstration directe, basée sur les propriétés de l'algèbre $\operatorname{Al} G$ complétée de $\mathbf{Z}_p[G]$ (cf. n° 5.1). Le résultat qu'il obtient est plus précis qu'une simple analyticité locale: si par exemple G est p-saturé, la loi de composition de G s'écrit au moyen de séries formelles à coefficients dans $\mathbf{Z}_p$, ces coefficients tendant vers 0.

3.2. Caractérisation des groupes analytiques p-adiques

Soit H un pro-p-groupe (limite projective de p-groupes finis). Si H^n désigne l'ensemble des x^n, $x \in H$, considérons les deux propriétés suivantes:

(*) $$(H, H) \subset H^p \quad (p \neq 2), \qquad (H, H) \subset H^4 \quad (p = 2),$$

(**) H est de type fini (i.e. il existe un sous-ensemble fini de H qui engendre un sous-groupe dense dans H).

Théorème 2. *Soit G un groupe topologique. Pour que G soit analytique p-adique, il faut et il suffit qu'il existe un sous-groupe ouvert H de G qui soit un pro-p-groupe et qui vérifie les conditions* (*) *et* (**) *ci-dessus.*

Si G est analytique p-adique, le théorème 1 montre que G contient un sous-groupe ouvert G^0 qui est p-saturé de rang fini. Soit H l'ensemble des $x \in G^0$

tels que $\omega(x) > 1$ (resp. $\omega(x) > 2$ si $p = 2$). On voit facilement que H est ouvert dans G, et vérifie les conditions (*) et (**).

Réciproquement, soit H un pro-p-groupe vérifiant ces conditions. Bornons-nous pour simplifier au cas $p \neq 2$, et munissons H de la filtration ω définie dans l'exemple 2.3 (b). La Γ-algèbre de Lie $\mathrm{gr}(H)$ est engendrée par ses éléments de degré 1, lesquels sont en nombre fini d'après (**). De plus, la condition (*) montre que

$$[\mathrm{gr}_1(H), \mathrm{gr}_1(H)] \subset \pi \cdot \mathrm{gr}_1(H).$$

On en déduit que $\mathrm{gr}(H)$ est engendré *comme Γ-module* par $\mathrm{gr}_1(H)$; c'est donc la somme directe d'un module fini et d'un module libre de rang fini. Quitte à remplacer H par un sous-groupe ouvert, on peut se débarrasser du module fini, et supposer que $\mathrm{gr}(H)$ est *libre*. La filtration ω est alors une *p-valuation*, et le théorème 1 montre que H est analytique.

Corollaire. *Tout groupe topologique qui est extension de deux groupes analytiques p-adiques est un groupe analytique p-adique.*

On montre qu'un tel groupe vérifie le critère du théorème 2.

§ 4. Correspondance «Groupes ⇔ Algèbres de Lie»

4.1. Algèbres de Lie filtrées

Soit L une algèbre de Lie sur $\mathbf{Z}_p$. Une *filtration* de L est une application

$$w\colon\ L \to \mathbf{R}_+^* \cup \{+\infty\}$$

qui vérifie les deux axiomes:

(1*) $$w(x-y) \geq \inf(w(x), w(y)),$$

(2*) $$w([x,y]) \geq w(x) + w(y).$$

On aura également à considérer les axiomes suivants, analogues à ceux du n° 2.1:

(3*) $w(x) \neq \infty$ pour tout $x \neq 0$ (*séparation*).

(4*) $w(x) > \dfrac{1}{p-1}$ pour tout $x \in L$.

(5*) $w(px) = w(x) + 1$ pour tout $x \in L$.

(6*) L est complète pour la topologie définie par sa filtration.

(7*) Pour tout $x \in L$ tel que $w(x) > 1 + \dfrac{1}{p-1}$, il existe $y \in L$ tel que $x = py$.

Une algèbre de Lie vérifiant toutes ces conditions sera dite $*$-*saturée* (la notion d'*algèbre de Lie saturée* définie par Lazard [5] est un peu différente).

4.2. La correspondance

Théorème 3. *La formule de Hausdorff définit un isomorphisme de la catégorie des algèbres de Lie $*$-saturées sur la catégorie des groupes p-saturés.*

Cela signifie ceci: si l'on part d'une algèbre de Lie $*$-saturée L, et si

$$f(x,y) = x + y + \tfrac{1}{2}[x,y] + \dots$$

est la série formelle donnant $\log(e^x e^y)$, on peut donner à x, y des valeurs dans L. Les différents termes de $f(x,y)$, qui sont *a priori* dans $\mathbf{Q}_p \otimes L$, appartiennent en fait à L et tendent vers 0 (cela résulte des calculs de [4], mais Lazard en donne une démonstration plus directe dans [5]). On obtient ainsi sur L une structure de groupe telle que $x \cdot y = f(x,y)$, et la filtration w munit ce groupe G d'une structure de groupe p-saturé. Réciproquement, tout groupe p-saturé G peut s'obtenir ainsi, et cela de manière unique: on prend pour L l'ensemble G muni des lois de composition

$$x + y = \lim_{i\to\infty} (x^{p^i} y^{p^i})^{p^{-i}}, \qquad [x,y] = \lim_{i\to\infty} (x^{-p^i} y^{-p^i} x^{p^i} y^{p^i})^{p^{-2i}}.$$

Bien entendu, il n'est nullement évident que les formules précédentes définissent bien sur G une algèbre de Lie ni qu'en appliquant Hausdorff à cette algèbre on retombe bien sur la loi de composition de G. Lazard le démontre par une méthode assez détournée, mais qui réduit les calculs au minimum. Il filtre de façon convenable l'algèbre $\mathbf{Z}_p[G]$ de G et prend son *saturé* $A = \operatorname{Sat} \mathbf{Z}_p[G]$ (si M est un $\mathbf{Z}_p$-module filtré, on définit $\operatorname{div} M$ comme le sous-module de $\mathbf{Q}_p \otimes M$ formé des éléments de filtration ≥ 0, et $\operatorname{Sat} M$ est le complété de $\operatorname{div} M$). L'algèbre A possède une «application diagonale»

$$\Delta : A \to \operatorname{Sat}(A \otimes A).$$

Lazard démontre que G s'identifie à l'ensemble des $x \in A$ tels que

$$w(x-1) > \frac{1}{p-1} \quad \text{et} \quad \Delta(x) = x \otimes x;$$

de même, l'algèbre de Lie correspondante L s'identifie à l'ensemble des $x \in A$ tels que

$$w(x) > \frac{1}{p-1} \quad \text{et} \quad \Delta(x) = x \otimes 1 + 1 \otimes x.$$

Il ne reste plus alors qu'à prouver que $\exp: L \to G$ est une bijection, ce qui est facile.

Remarques

a) La démonstration montre en même temps que A s'identifie à $\operatorname{Sat} UL$, où UL est *l'algèbre enveloppante* de L. On a de plus $\operatorname{gr} L = \operatorname{gr} G$ et $U \operatorname{gr} L = \operatorname{gr} \mathbf{Z}_p[G]$.

b) Le théorème 3 ne contient aucune hypothèse de finitude. On peut dire qu'il met en relation des groupes de Lie p-adiques (resp. algèbres de Lie p-adiques) *banachiques;* dans cette direction, un résultat plus faible avait été obtenu par Dynkin [1].

§ 5. Cohomologie

5.1. Dimension cohomologique

Théorème 4. *Si G est un groupe p-valué complet de rang fini n, la dimension cohomologique de G est égale à n.*

(Noter que G est un pro-p-groupe; sa dimension cohomologique est donc définie, cf. par exemple [6].)

Soit $\mathrm{Al}\, G = \varprojlim \mathbf{Z}_p[G/U]$, où U parcourt l'ensemble des sous-groupes ouverts distingués de G; l'algèbre $\mathrm{Al}\, G$ est la complétée de l'algèbre $\mathbf{Z}_p[G]$. C'est un *anneau local* (non commutatif), qui a des propriétés très voisines de celles d'un anneau local *régulier*. Le gradué $\mathrm{gr}\,\mathrm{Al}\, G$ est isomorphe à $\mathrm{gr}\,\mathbf{Z}_p[G]$, lequel est isomorphe à $U\,\mathrm{gr}\, G$; quitte à modifier légèrement la filtration donnée sur G, on peut supposer que $\mathrm{gr}\, G$ est une algèbre de Lie abélienne, et dans ce cas $\mathrm{gr}\,\mathrm{Al}\, G$ est une algèbre de polynômes $\Gamma[X_1, \dots, X_n]$ (ce qui justifie l'adjectif «régulier»). En relevant à $\mathrm{Al}\, G$ le complexe de l'algèbre extérieure, on montre qu'il existe une *résolution* de $\mathbf{Z}_p$ de la forme

$$0 \to L_n \to \dots \to L_1 \to L_0 \to \mathbf{Z}_p \to 0\,,$$

où les L_i sont des $\mathrm{Al}\, G$-modules libres de rangs $\binom{n}{i}$. Si M est un p-groupe discret sur lequel G opère continûment, on montre que $H^i(G, M)$ s'identifie à $\mathrm{Ext}^i_{\mathrm{Al}\, G}(\mathbf{Z}_p, M)$; on a donc $H^i(G, M) = 0$ pour $i > n$, d'où $\mathrm{cd}(G) \leq n$. De plus, la même méthode montre que G contient un sous-groupe ouvert U tel que l'algèbre de cohomologie $H^*(U, \mathbf{F}_p)$ soit une algèbre extérieure à n générateurs. On en déduit que $\mathrm{cd}(U) = n$, et comme $\mathrm{cd}(G) \geq \mathrm{cd}(U)$, cela montre bien que $\mathrm{cd}(G) = n$.

Théorème 5. *Soit G un groupe analytique p-adique compact, et supposons que* $\mathrm{cd}(G) < \infty$. *Alors:*

(i) *G est un pro-p-groupe de Poincaré de dimension n* (cf. [6], p. I-47).

(ii) *Le caractère χ définissant la dualité de G est donné par la formule*

$$\chi(x) = \det \mathrm{Ad}(x)\,,$$

où $\mathrm{Ad}(x)$ *désigne l'automorphisme de l'algèbre de Lie $\mathfrak{g}$ de G défini par x.*

Vu ce qui précède, il existe un sous-groupe ouvert U de G qui est un pro-p-groupe de Poincaré de dimension n; l'assertion (i) résulte de là et d'un théorème général de cohomologie (cf. par exemple [6], exposé VERDIER, prop. 4.7). L'assertion (ii) résulte de la comparaison entre la cohomologie de G et celle de son algèbre de Lie (cf. n° 5.3).

Remarque. Soit G un groupe analytique p-adique compact. On aimerait avoir un critère simple permettant d'affirmer que $\mathrm{cd}(G) < \infty$. Une condition
1 évidemment nécessaire est que G soit *sans torsion.* Est-elle suffisante? C'est vrai dans un certain nombre de cas particuliers: lorsque G est valué (théorème 4), ou lorsque l'algèbre de Lie $\mathfrak{g}$ est abélienne (même dans ce cas, c'est loin d'être trivial: la seule démonstration que j'en connaisse consiste à se

ramener au cas discret (groupes «de Bieberbach») et à appliquer des arguments topologiques).

5.2. Cohomologie continue et cohomologie analytique

Soit G un groupe analytique p-adique compact, soit M un $\mathbf{Z}_p$-module sans torsion de rang fini, et supposons que G opère continûment sur M muni de la topologie induite par celle de $M \otimes \mathbf{Q}_p$. On peut parler de cochaînes *continues* (resp. *analytiques*) sur G à valeurs dans M, d'où des groupes de cohomologie $H_c^i(G,M)$ (resp. $H_{\text{ana}}^i(G,M)$). On a des homomorphismes canoniques:

$$H_{\text{ana}}^i(G,M) \rightarrow H_c^i(G,M).$$

Théorème 6. *Les homomorphismes $H_{\text{ana}}^i(G,M) \rightarrow H_c^i(G,M)$ sont bijectifs.*

C'est trivial pour $i=0$. Pour $i=1$, cela résulte du fait que tout homomorphisme croisé $f\colon G \rightarrow M$ est analytique (cf. [7]). Le cas général est loin d'être aussi facile. LAZARD commence par traiter le cas où G est p-valué; sa démonstration utilise notamment un critère d'analyticité établi récemment par Y. AMICE et J. HILY. Pour ramener le cas général au cas p-valué, LAZARD utilise la suite spectrale des extensions de groupes (celle que MACLANE appelle «de LYNDON»); il en donne d'ailleurs un exposé détaillé, basé sur une méthode de WALL [8].

5.3. Comparaison avec la cohomologie de l'algèbre de Lie

On conserve les notations précédentes, à cela près que M est maintenant un *espace vectoriel* sur $\mathbf{Q}_p$. Si U est ouvert dans G, l'homomorphisme

$$H_c^i(G,M) \rightarrow H_c^i(U,M)$$

est injectif. On démontre que, lorsque U tend vers l'élément neutre, les $H_c^i(U,M)$ deviennent stationnaires; leur valeur commune est notée $H_{\text{st}}^i(G,M)$, c'est la cohomologie *stable* de G à valeurs dans M.

Théorème 7. *Les groupes $H_{\text{st}}^i(G,M)$ s'identifient aux groupes de cohomologie $H^i(\mathfrak{g},M)$ de l'algèbre de Lie* $\mathfrak{g}$.

Ici encore, ce résultat est facile à prouver directement lorsque $i \leq 1$ (c'est ce qui était fait dans [7]). Dans le cas général, on choisit un sous-groupe ouvert p-saturé U de G; si L est la $\mathbf{Z}_p$-algèbre de Lie correspondante, on a $\mathfrak{g} = L \otimes \mathbf{Q}_p$. De plus, si U est assez petit, M peut être muni canoniquement d'une structure de module sur Sat UL. On démontre alors que $H^i(\mathfrak{g},M)$ (resp. $H_c^i(U,M)$) peut être considéré comme un Ext^i pris par rapport à l'algèbre Sat UL (resp. par rapport à Sat Al U). Le théorème résulte alors de l'égalité Sat UL = Sat Al U.

Corollaire. *Le groupe $H_c^i(G,M)$ s'identifie à $H^0(G,H^i(\mathfrak{g},M))$.*

On applique le théorème 7 et la suite spectrale des extensions de groupes.

Bibliographie

[1] Dynkin, E. *Algèbres de Lie normées et groupes analytiques* [en russe], Uspekhi Mat. Nauk, N. S, t. **5**, n° 1 (35), 1950, p. 135–186; Amer. math. Soc. Translations, Series 1, vol. **9**, p. 471–534.

[2] Hooke, R. *Linear p-adic groups and their Lie algebras,* Ann. of Math., t. **43**, 1942, p. 641–655.

[3] Lazard, M. *Sur les groupes nilpotents et les anneaux de Lie,* Ann. scient. E. N. S., t. **71**, 1954, p. 101–190.

[4] Lazard, M. *Quelques calculs concernant la formule de Hausdorff,* Bull. Soc. math. France, t. **91**, 1963, p. 435–451.

[5] Lazard, M. *Groupes analytiques p-adiques* (à paraître dans les Publ. Math. I. H. E. S., n° **26**).

[6] Serre, J.-P. *Cohomologie galoisienne.* Cours au Collège de France, 1963 (multigraphié).

[7] Serre, J.-P. *Sur les groupes de congruence des variétés abéliennes,* Izv. Akad. Nauk S. S. S. R, t. **28**, 1964, p. 3–20.

[8] Wall, C. *Resolutions for extensions of groups,* Proc. Cambridge phil. Soc., t. **57**, 1961, p. 251–255.

61.

(avec H. Bass et M. Lazard)

Sous-groupes d'indice fini dans $SL(n,Z)$

Bull. Amer. Math. Soc. **70** (1964), 385–392

Communicated by Deane Montgomery, November 18, 1963

1. Enoncé du théorème et schéma de démonstration. Soit n un entier $\geqq 2$, et soit $G(n) = SL(n, Z)$. Si q est un entier $\geqq 1$, nous noterons $G_q(n)$ le noyau de l'homomorphisme canonique

$$SL(n, Z) \to SL(n, Z/qZ).$$

Un sous-groupe de $G(n)$ est appelé un *sous-groupe de congruence* s'il contient l'un des $G_q(n)$. Un tel sous-groupe est évidemment d'indice fini dans $G(n)$. Réciproquement:

THÉORÈME 1. *Si $n \geqq 3$, tout sous-groupe d'indice fini de $SL(n, Z)$ est un groupe de congruence.*[1]

(Pour $n=2$, il est bien connu que l'énoncé analogue est *faux*.)

Soit $\hat{G}(n)$ (resp. $A(n)$) le complété de $G(n)$ pour la topologie des sous-groupes d'indice fini (resp. des sous-groupes de congruence). Les groupes $\hat{G}(n)$ et $A(n)$ sont des groupes *profinis*, cf. [**4**]. On notera que, d'après le théorème d'approximation dans le groupe SL_n, le groupe $A(n)$ s'identifie au produit des groupes $SL(n, Z_p)$, pour tous les nombres premiers p (on note Z_p l'anneau des entiers p-adiques). Il est clair que $A(n)$ s'identifie au quotient de $\hat{G}(n)$ par un sous-groupe distingué fermé $C(n)$. La suite exacte correspondante:

$$1 \to C(n) \to \hat{G}(n) \to A(n) \to 1$$

sera notée (X_n). *Le Théorème* 1 *équivaut à dire que* $C(n) = 1$ *pour* $n \geqq 3$.

L'étude des groupes $C(n)$ utilise la méthode de "suspension" de [**1**]. De façon précise, soit $S: G(n) \to G(n+1)$ l'homomorphisme défini par la formule:

$$S(x) = \begin{pmatrix} x & 0 \\ 0 & 1 \end{pmatrix}, \qquad x \in G(n).$$

Cet homomorphisme se prolonge par continuité en un homomorphisme (encore noté S) de la suite exacte (X_n) dans la suite exacte (X_{n+1}); en particulier, $S: C(n) \to C(n+1)$ est bien défini.

[1] (Note ajoutée le 27 novembre 1963.) Nous apprenons que le théorème 1 a été également démontré par J. Mennicke; sa démonstration doit paraître dans les Ann. of Math.

Les trois propriétés suivantes seront démontrées dans les nos 2 et 3:

(1) *Pour* $n \geqq 3$, *l'homomorphisme* S: $C(n-1) \to C(n)$ *est surjectif.*

(2) *Pour* $n \geqq 3$, $C(n)$ *est contenu dans le centre de* $\hat{G}(n)$.

(3) *On a* $H^1(A(2), \boldsymbol{Q}/\boldsymbol{Z}) = \boldsymbol{Z}/12\boldsymbol{Z}$ *et* $H^2(A(2), \boldsymbol{Q}/\boldsymbol{Z}) = 0$. (Il s'agit ici de cohomologie des groupes profinis, cf. [4, Chap. I]; de plus, le groupe $A(2)$ opère trivialement sur le groupe de coefficients $\boldsymbol{Q}/\boldsymbol{Z}$.)

Montrons comment ces propriétés entraînent le Théorème 1:

La suite spectrale des extensions de groupes, appliquée à (X_2) et au groupe de coefficients $I = \boldsymbol{Q}/\boldsymbol{Z}$, donne la suite exacte:

$$0 \to H^1(A(2), I) \to H^1(\hat{G}(2), I) \to H^1(C(2), I)^{A(2)} \to H^2(A(2), I).$$

D'après (3), on a $H^1(A(2), I) = \boldsymbol{Z}/12\boldsymbol{Z}$. D'autre part, le groupe $H^1(\hat{G}(2), I)$ s'identifie à $\mathrm{Hom}(G(2), I)$, qui est aussi cyclique d'ordre 12 (cela se voit, par exemple, sur la présentation standard de $G(2)$ au moyen de deux générateurs x, y liés par les relations $x^4 = 1$, $x^2 = y^3$). Il suit de là que $H^1(A(2), I) \to H^1(\hat{G}(2), I)$ est bijectif. La suite exacte écrite plus haut, jointe à la propriété (3), montre alors que $H^1(C(2), I)^{A(2)} = 0$. Mais ce groupe est dual du quotient $C(2)/D(2)$, où $D(2)$ désigne l'adhérence du groupe de commutateurs $(\hat{G}(2), C(2))$. Ainsi, $(\hat{G}(2), C(2))$ est dense dans $C(2)$. La propriété (1), appliquée au cas $n = 3$, montre alors que $(S(\hat{G}(2)), C(3))$ est dense dans $C(3)$; d'après la propriété (2), on a donc $C(3) = 1$, d'où $C(n) = 1$ pour tout $n \geqq 3$ d'après la propriété (1).

2. **Démonstration des propriétés (1) et (2).** Soit R un anneau commutatif, et soit M un R-module. Un élément $x \in M$ est dit *unimodulaire* s'il existe une forme linéaire f sur M telle que $f(x) = 1$.

Lemme 1. *Soit* $x = (x_1, \cdots, x_m)$ *un élément unimodulaire de* R^m. *Si l'anneau* R *est semi-local, il existe une famille* $(y_2, \cdots, y_m)$ *d'éléments de* R *telle que* $x_1 + y_2x_2 + \cdots + y_mx_m$ *soit inversible dans* R.

Quitte à diviser par le radical de R, on peut supposer que R est semi-simple; dans ce cas, c'est un composé direct de corps commutatifs, et le lemme est immédiat.

Rappelons d'autre part qu'une matrice carrée $s \in \boldsymbol{M}_n(\boldsymbol{Z})$ est dite *élémentaire* si elle est de la forme $s = 1 + aE_{ij}$, avec $i \neq j$, $a \in \boldsymbol{Z}$. Du fait que $\boldsymbol{Z}$ est un anneau *euclidien*, le groupe engendré par les matrices élémentaires est égal à $\boldsymbol{SL}(n, \boldsymbol{Z}) = G(n)$. Pour tout entier $q \geqq 1$, nous noterons $E_q(n)$ le *sous-groupe distingué* de $G(n)$ engendré par les matrices élémentaires appartenant à $G_q(n)$, autrement dit de la forme $1 + aE_{ij}$, avec $i \neq j$, $a \in q\boldsymbol{Z}$.

Lemme 2. *Soient* $x = (x_1, \cdots, x_n)$ *et* $x' = (x_1', \cdots, x_n')$ *deux élé-*

ments de $\mathbf{Z}^n$. *Soit* I *une partie de* $[1, n]$ *telle que* $x_i = x_i'$ *pour* $i \in I$, *et soit* $\mathfrak{a}$ *l'idéal de* $\mathbf{Z}$ *engendré par les* x_i, $i \in I$. *Supposons que l'on ait*

$$x_j' \equiv x_j \bmod. q\mathfrak{a} \qquad \textit{pour tout } j \notin I.$$

Il existe alors $s \in E_q(n)$ *qui transforme* x *en* x'.

Par hypothèse, on a $x_j' = x_j + \sum_{i \in I} q t_{ij} x_i$, avec $t_{ij} \in \mathbf{Z}$. On prend alors pour s le produit des matrices $1 + q t_{ij} E_{ji}$, pour tous les couples (i, j) tels que $i \in I$, $j \notin I$.

Proposition 1. *Supposons* $n \geqq 3$, *et* $q \geqq 1$. *Soient* $a = (a_1, \cdots, a_n)$ *et* $a' = (a_1', \cdots, a_n')$ *deux éléments unimodulaires de* $\mathbf{Z}^n$ *tels que* $a \equiv a'$ mod. q. *Il existe alors* $s \in E_q(n)$ *qui transforme* a *en* a'.

Il est clair que le groupe $E_1(n) = G(n)$ opère transitivement sur l'ensemble des éléments unimodulaires de $\mathbf{Z}^n$. On peut donc supposer que a' est égal au vecteur coordonnée $e_1 = (1, 0, \cdots, 0)$ et que $q > 1$. Posons $a_1 = 1 - r$, avec $r \in q\mathbf{Z}$. L'image de $(a_2, ra_3, \cdots, ra_n)$ dans le $(\mathbf{Z}/a_1\mathbf{Z})$-module $(\mathbf{Z}/a_1\mathbf{Z})^{n-1}$ est unimodulaire. Comme $\mathbf{Z}/a_1\mathbf{Z}$ est semi-local, le Lemme 1 montre qu'il existe des entiers $t_3, \cdots, t_n$ tels que l'élément $b = a_2 + \sum_{i \geq 3} t_i r a_i$ soit inversible mod. a_1. En appliquant le Lemme 2 avec $I = [3, n]$, on voit qu'il existe $s_1 \in E_q(n)$ tel que $s_1(a)$ soit égal à l'élément $c' = (a_1, b, a_3, \cdots, a_n)$. Comme a_1 et b sont premiers entre eux, le Lemme 2 (appliqué avec $I = [1, 2]$ cette fois) montre qu'il existe $s_2 \in E_q(n)$ transformant c' en $a'' = (a_1, b, r, 0, \cdots, 0)$. Soit maintenant θ l'élément de $SL(n, \mathbf{Z})$ qui laisse fixes les vecteurs coordonnées e_i $(i \neq 3)$ et transforme e_3 en $e_3 + e_1$. On a $\theta e_1 = e_1$, et $\theta a'' = (1, b, r, 0, \cdots, 0)$. Le Lemme 2, appliqué avec $I = \{1\}$, montre qu'il existe $s_3 \in E_q(n)$ transformant $\theta a''$ en e_1. L'élément $\theta^{-1} s_3 \theta \cdot s_2 s_1$ transforme alors a en e_1, ce qui achève de démontrer la proposition.

Corollaire 1. *Pour* $n \geqq 3$, $G_q(n) = E_q(n) \cdot G_q(n-1)$.

(On convient d'identifier $G(n-1)$ à un sous-groupe de $G(n)$ au moyen de l'homomorphisme de suspension S.)

Soit $t \in G_q(n)$. On peut appliquer la Proposition 1 aux éléments $e_n = (0, \cdots, 0, 1)$ et $t(e_n)$ de $\mathbf{Z}^n$; il existe donc $s \in E_q(n)$ tel que $st(e_n) = e_n$. La matrice de st est de la forme

$$\begin{pmatrix} A & 0 \\ x & 1 \end{pmatrix},$$

avec $A \in G_q(n-1)$ et $x \in q\mathbf{Z}^{n-1}$. Soit $y = -xA^{-1}$; en multipliant à gauche

$$\begin{pmatrix} A & 0 \\ x & 1 \end{pmatrix} \text{ par } \begin{pmatrix} 1 & 0 \\ y & 1 \end{pmatrix},$$

on obtient

$$\begin{pmatrix} A & 0 \\ 0 & 1 \end{pmatrix}$$

qui appartient à $G_q(n-1)$. Comme on a évidemment

$$\begin{pmatrix} 1 & 0 \\ y & 1 \end{pmatrix} \in E_q(n),$$

cela montre bien que t appartient à $E_q(n) \cdot G_q(n-1)$.

COROLLAIRE 2. *Pour $n \geqq 3$, on a $(G(n), G_q(n)) \subset E_q(n)$.*

Il suffit de prouver que, si $s \in G_q(n)$, et si t est élémentaire, le commutateur $(s, t) = s^{-1}t^{-1}st$ appartient à $E_q(n)$. Après conjugaison, on peut supposer t de la forme

$$\begin{pmatrix} 1 & 0 \\ x & 1 \end{pmatrix}$$

avec $x \in \mathbf{Z}^{n-1}$; le Corollaire 1 montre qu'on peut d'autre part supposer s de la forme

$$\begin{pmatrix} A & 0 \\ 0 & 1 \end{pmatrix}$$

avec $A \in G_q(n-1)$. On a alors:

$$(s, t) = \begin{pmatrix} 1 & 0 \\ x(1 - A) & 1 \end{pmatrix},$$

et il est immédiat que cet élément appartient à $E_q(n)$.

COROLLAIRE 3. *Pour $n \geqq 3$, les sous-groupes $E_q(n)$ sont d'indice fini dans $G(n)$.*

On utilise le lemme suivant, qui est bien connu:

LEMME 3. *Soit $1 \to H \to G \to \pi \to 1$ une suite exacte de groupes. Si π et $G/(G, G)$ sont finis, $G/(G, H)$ l'est aussi.*

(Rappelons la démonstration: il suffit de prouver que $H/(G, H)$ est fini; cela résulte de la suite exacte:

$$H_2(\pi, \mathbf{Z}) \to H/(G, H) \to G/(G, G),$$

et du fait que $H_2(\pi, \mathbf{Z})$ est fini.)

En appliquant ce lemme au groupe $G=G(n)$, et au sous-groupe distingué $H=G_q(n)$, on voit que $(G(n), G_q(n))$ est d'indice fini dans $G(n)$, et il en est donc de même de $E_q(n)$, d'après le Corollaire 2.

Démonstration des propriétés (1) *et* (2) *du n°*1. Soit $n \geqq 3$. Soit H un sous-groupe d'indice fini de $G(n)$; il existe un sous-groupe distingué H' d'indice fini dans $G(n)$ qui est contenu dans H (par exemple l'intersection des conjugués de H). Si $q=(G: H')$, on a $E_q(n) \subset H'$, puisque $E_q(n)$ est engendré par des puissances q ièmes. Ce résultat, joint au Corollaire 3 ci-dessus, montre que les $E_q(n)$ sont *cofinaux* parmi les sous-groupes d'indice fini de $G(n)$. Cela nous permet d'écrire:

$$\hat{G}(n) = \text{lim. proj. } G(n)/E_q(n), \qquad A(n) = \text{lim. proj. } G(n)/G_q(n),$$

d'où:

$$C(n) = \text{lim. proj. } G_q(n)/E_q(n).$$

Les propriétés (1) et (2) sont alors conséquences immédiates des Corollaires 1 et 2, respectivement.

3. **Cohomologie des groupes $SL(2, Z_p)$.** Posons, pour simplifier les notations:

$$G_p = SL(2, Z_p), \qquad I = Q/Z, \qquad I_p = Q_p/Z_p.$$

Le groupe $A(2)$ est produit des groupes G_p. On en conclut facilement que la propriété (3) du n°1 est conséquence de la proposition plus précise suivante:

Proposition 2. (a) *On a* $H^1(G_2, I)=Z/4Z$, $H^1(G_3, I)=Z/3Z$ *et* $H^1(G_p, I)=0$ *pour* $p\geqq 5$.

(b) *On a* $H^2(G_p, I)=0$ *pour tout* p.

Soit V le groupe des commutateurs de G_p. C'est un sous-groupe ouvert de G_p. L'assertion (a) équivaut à dire que G_p/V est isomorphe à $Z/4Z$ pour $p=2$, $Z/3Z$ pour $p=3$, et est trivial pour $p\geqq 5$, ce qui se vérifie sans difficultés.

Pour prouver (b), il suffit de voir que $H^2(G_p, I_l)=0$ pour tout nombre premier l. Or, si $l\neq p$, les l-groupes de Sylow de G_p sont isomorphes à ceux de $SL(2, F_p)$, et sont cycliques finis (ou quaternioniens si $l=2$); leur deuxième groupe de cohomologie à valeurs dans I_l est donc nul, et l'on a *a fortiori* $H^2(G_p, I_l)=0$. *Reste donc à prouver que* $H^2(G_p, I_p)=0$.

Lemme 4. *On a* $H^1(V, I_p)=0$.

La suite spectrale des extensions de groupes donne la suite exacte:

$$0 \to H^1(G_p/V, I_p) \to H^1(G_p, I_p) \to H^0(G_p/V, H^1(V, I_p)) \to H^2(G_p/V, I_p).$$

Par définition même de V, l'homomorphisme $H^1(G_p/V, I_p) \to H^1(G_p, I_p)$ est bijectif; d'autre part, puisque G_p/V est cyclique, $H^2(G_p/V, I_p)=0$. On en conclut que $H^0(G_p/V, H^1(V, I_p))=0$. Mais G_p/V est un p-groupe, et il en est de même de $H^1(V, I_p)$; d'après un résultat élémentaire, il en résulte bien que $H^1(V, I_p)=0$.

Il résulte de ce lemme que $H^2(G_p, I_p)$ est isomorphe à un sous-groupe de $H^2(V, I_p)$ et il suffit de prouver la nullité de ce dernier groupe, ou encore, *celle de $H^2(U, I_p)$, où U désigne un p-groupe de Sylow de V*. Or, on a le lemme suivant:

LEMME 5. *Soit P un pro-p-groupe. Supposons vérifiées les conditions suivantes:*

(a) *P est un groupe de Poincaré (cf. [4, Chap. I, n° 4.5]) de dimension 3.*

(b) *Le module dualisant de P est isomorphe à I_p (avec opérateurs triviaux).*

(c) *L'adhérence du groupe des commutateurs (P, P) est un sous-groupe ouvert de P.*

On a alors $H^2(P, I_p)=0$.

Comme $I_p=\lim.\text{ind.}\, \mathbf{Z}/p^n\mathbf{Z}$, on a $H^2(P, I_p)=\lim.\text{ind.}\, H^2(P, \mathbf{Z}/p^n\mathbf{Z})$. D'après les hypothèses (a) et (b), $H^2(P, \mathbf{Z}/p^n\mathbf{Z})$ est dual de $H^1(P, \mathbf{Z}/p^n\mathbf{Z})$. Le dual du groupe $H^2(P, I_p)$ est donc isomorphe à lim. proj. $\mathrm{Hom}(P, \mathbf{Z}/p^n\mathbf{Z})$, groupe des homomorphismes de P dans $\mathbf{Z}_p$. D'après (c), ce dernier groupe est réduit à 0.

Tout revient à voir que le groupe U vérifie les hypothèses du lemme précédent. Séparons les cas:

(i) $p=2$. Le groupe U est alors un sous-groupe distingué d'indice 3 dans V (donc d'indice 12 dans G_2); un élément $s \in G_2$ appartient à U si et seulement si $s=1+2t$, où $t \in \mathbf{M}_2(\mathbf{Z}_2)$ est congrue mod. 2 à l'une des quatre matrices

$$0, \quad \begin{pmatrix}1 & 1\\ 0 & 1\end{pmatrix}, \quad \begin{pmatrix}1 & 0\\ 1 & 1\end{pmatrix}, \quad \begin{pmatrix}0 & 1\\ 1 & 0\end{pmatrix}.$$

D'après [3, Chap. IV], U est un groupe *p-valuable* (au sens de [3, Chap. III, n° 3.1]). Il en résulte que c'est un groupe de Poincaré (loc. cit., Chap. V) et sa dimension est évidemment égale à 3. Le fait que U opère trivialement sur son module dualisant résulte par exemple de ce que U est contenu dans le groupe des commutateurs de G_2 (ou bien, si l'on préfère, de ce que $\mathbf{SL}_2$ est "unimodulaire"). Enfin, la propriété (c) est évidente.

(ii) $p=3$. Le groupe U est alors l'ensemble des $s \in G_3$ tels que $s \equiv 1$ mod. 3. D'après [3, Chap. III, n° 3.2.6], c'est un groupe *p-saturable*, donc *a fortiori* p-valuable, et les mêmes arguments que ci-dessus s'appliquent.

(iii) $p \geqq 5$. On a $V = G_p$, et U est donc simplement un p-groupe de Sylow de G_p. D'après [3, Chap. III, n° 3.2.7], c'est un groupe *p-saturable*, et on conclut comme ci-dessus, cqfd.

REMARQUE. Il devrait être possible de démontrer directement la Proposition 2, à partir d'une présentation de $\boldsymbol{SL}(2, \boldsymbol{Z}_p)$ par générateurs et relations (dans le cas d'un corps de base, c'est la méthode de Steinberg [5]).

4. Compléments. En combinant le Théorème 1 avec certains résultats de [1] et [2], on obtient:

COROLLAIRE 1. *Tout sous-groupe distingué de* $\boldsymbol{SL}(n, \boldsymbol{Z})$, $n \geqq 3$, *est l'image réciproque d'un sous-groupe du centre de* $\boldsymbol{SL}(n, \boldsymbol{Z}/q\boldsymbol{Z})$, *pour un entier* $q \geqq 0$ *convenable.*

Soit maintenant S un ensemble fini de nombres premiers, et soit $\boldsymbol{Z}_S$ l'anneau de fractions de $\boldsymbol{Z}$ relativement à la partie multiplicative engendrée par S. Si q est un entier $\geqq 1$ et premier aux éléments de S, nous noterons $\boldsymbol{SL}_q(n, \boldsymbol{Z}_S)$ le noyau de $\boldsymbol{SL}(n, \boldsymbol{Z}_S) \rightarrow \boldsymbol{SL}(n, \boldsymbol{Z}/q\boldsymbol{Z})$; un sous-groupe de $\boldsymbol{SL}(n, \boldsymbol{Z}_S)$ est appelé un sous-groupe *de S-congruence* s'il contient l'un des $\boldsymbol{SL}_q(n, \boldsymbol{Z}_S)$.

COROLLAIRE 2. *Si* $n \geqq 3$, *tout sous-groupe d'indice fini de* $\boldsymbol{SL}(n, \boldsymbol{Z}_S)$ *est un groupe de S-congruence.*

Cela se démontre sans difficultés, à partir du Théorème 1, et du théorème d'approximation dans le groupe $\boldsymbol{SL}_n$.

Soit R un sous-anneau de l'anneau des entiers d'un corps de nombres algébriques. Si l'on pose $G_R(n) = \boldsymbol{SL}(n, R)$, on définit comme au n° 1 une extension:

$$1 \rightarrow C_R(n) \rightarrow \hat{G}_R(n) \rightarrow A_R(n) \rightarrow 1.$$

On peut se demander si l'on a encore $C_R(n) = 1$ pour $n \geqq 3$. Nous ne savons démontrer que le résultat plus faible suivant:

THÉORÈME 2. *Pour n assez grand, on a*:

(i) $C_R(n)$ *est un groupe fini.*

(ii) *Les propriétés* (1) *et* (2) *du n°* 1 *sont vérifiées pour* $C_R(n)$.

(iii) *Tout sous-groupe distingué de* $G_R(n)$ *est soit fini, soit d'indice fini.*

La démonstration est analogue à celle du Théorème 1. On fait intervenir les deux faits suivants:

(a) $H^2(A_R(n), I)$ est fini (résulte de [3] et [5]).

(b) Pour n assez grand $G_R(n)/(G_R(n), G_R(n))$ est fini (cf. [2, n° 4]).

Signalons enfin le cas du groupe *symplectique*:

THÉORÈME 3. *Tout sous-groupe d'indice fini du groupe* $Sp(2n, \boldsymbol{Z})$, $n \geqq 2$, *est un groupe de congruence.*

Le schéma de démonstration est le même que pour le groupe SL_n. Les propriétés (1) et (2) se démontrent par des procédés analogues, mais un peu plus compliqués. La propriété (3) résulte simplement de l'égalité $Sp_2 = SL_2$.

BIBLIOGRAPHIE

1. H. Bass, *K-theory and stable algebra,* Inst. Hautes Études Sci. Publ. Math. n° 22

2. ———, *The stable structure of quite general linear groups,* Bull. Amer. Math. Soc. 70 (1964), 430–434.

3. M. Lazard, *Groupes analytiques p-adiques,* Inst. Hautes Études Sci. Publ. Math. n° 26

4. J.-P. Serre, *Cohomologie galoisienne,* cours au Collège de France 1963 (notes polycopiées).

5. R. Steinberg, *Générateurs, relations et revêtements de groupes algébriques,* Colloque de Bruxelles, 1962, pp. 113–127.

PARIS

62.

Sur les groupes de congruence des variétés abéliennes

Izv. Akad. Nauk. SSSR **28** (1964), 3–18

Le présent travail apporte un complément aux résultats de Cassels (²) et Tate (¹⁰) sur l'arithmétique des variétés abéliennes. Il s'agit de la question suivante:

Soit A une variété abélienne définie sur un corps de nombres algébriques k, et soit $A(k)$ — le groupe des points rationnels de A. Est-il vrai que tout sous-groupe d'indice fini de $A(k)$ contienne un «groupe de congruence»?

Cette question peut être reformulée en termes de cohomologie des groupes; les groupes qui interviennent sont les groupes de Galois G_p des extensions de k obtenues par adjonction des coordonnées des points de A d'ordre une puissance de p (p premier quelconque). Or il se trouve que G_p est un *groupe de Lie p-adique*, et sa cohomologie est en relations avec celle de son *algèbre de Lie*. Le problème posé se trouve ainsi «linéarisé» et l'on peut le résoudre (affirmativement) dans le cas des courbes elliptiques ainsi que dans le cas des variétés abéliennes ayant suffisamment de multiplications
1 complexes. Le cas général reste ouvert, faute de renseignements assez précis sur les groupes G_p.

Les résultats résumés ci-dessus font l'objet du § 3. Les deux premiers paragraphes sont préliminaires. Le § 1 donne la définition des groupes G_p et quelques-unes de leurs propriétés. Le § 2 contient les résultats de nature cohomologique nécessaires pour la suite.

§ 1. Le groupe de Lie p-adique attaché à une variété abélienne

1.1. Groupes de Lie p-adiques. Soit K un corps valué complet non discret. Une application f d'un ouvert U de K^n dans K est dite *analytique* si elle est développable en série de Taylor au voisinage de tout point de U. Ces fonctions possèdent les propriétés habituelles des fonctions analytiques; on peut les utiliser pour «recoller» des ouverts de K^n et définir ainsi la catégorie des *K-variétés analytiques*. Un groupe dans cette catégorie est appelé un K-groupe analytique, ou encore un *groupe de Lie sur* K. Si G est un tel groupe, on définit comme d'ordinaire son algèbre de Lie $\mathfrak{g}$. Lorsque K est de caractéristique zéro, les théorèmes fondamentaux de Lie s'appliquent à G et $\mathfrak{g}$; en particulier, l'application exponentielle est définie sur un voisinage de 0 dans $\mathfrak{g}$, et donne un isomorphisme de ce voisinage sur un voisinage de l'élément neutre de G; la connaissance de $\mathfrak{g}$ équivaut à celle du *germe* de groupe G [cf. Hooke (⁶)].

Dans ce qui suit, nous n'aurons besoin que du cas où le corps de base K est le corps $\mathbf{Q}_p$ des nombres rationnels p-adiques. Un groupe de Lie sur $\mathbf{Q}_p$ est appelé un *groupe de Lie p-adique*; c'est un groupe localement compact totalement discontinu; ses sous-groupes fermés assez petits sont des pro-p-groupes (limites projectives de p-groupes finis).

Proposition 1. (a) *Soient G_1 et G_2 deux groupes de Lie p-adiques. Tout homomorphisme continu f: $G_1 \to G_2$ est analytique.*

(b) *Tout sous-groupe fermé d'un groupe de Lie p-adique est analytique.*

L'énoncé correspondant sur $\mathbf{R}$ est dû à Elie Cartan. Le cas p-adique se traite de façon tout à fait analogue, cf. Hooke ([6]).

Corollaire. *Si un groupe localement compact possède une structure analytique p-adique compatible avec sa structure de groupe topologique, cette structure est unique.*

Cela résulte de l'assertion (a) de la proposition 1.

Proposition 2. *Soit G un groupe de Lie p-adique compact Il existe un sous-ensemble fini X de G qui engendre topologiquement G.* (On dit que X *engendre topologiquement* G lorsque le sous-groupe de G algébriquement engendré par X est dense dans G.)

Soit $\mathfrak{g} = \Sigma \mathfrak{r}_i$ une décomposition de l'algèbre de Lie de G en somme directe de droites. Pour chaque indice i, il existe $x_i \in G$ tel que le sous-groupe topologiquement engendré par x_i ait pour algèbre de Lie $\mathfrak{r}_i$. La famille des x engendre topologiquement un sous-groupe ouvert U de G; comme G est compact, U est d'indice fini dans G. En adjoignant aux x_i des représentants de G/U, on obtient un ensemble fini X qui répond à la question.

1.2. Les groupes G_p. Soit A une variété abélienne de dimension d définie sur un corps k, et soit $\bar{k}$ une clôture algébrique de k. Soit p un nombre premier distinct de la caractéristique de k. Pour tout entier $n \geqslant 1$, les points de A d'ordre divisant p^n sont rationnels sur $\bar{k}$, et forment un $\mathbf{Z}/p^n\mathbf{Z}$— module libre A_{p^n} de rang $2d$ [cf. Weil ([11]) ou Lang ([7])]. Le *module de Tate* associé au couple (A, p) est défini par la formule:

$$T_p(A) = \varprojlim_{n} A_{p^n}.$$

C'est un module libre de rang 2d sur l'anneau $\mathbf{Z}_p$ des entiers p-adiques. Le $\mathbf{Q}_p$-espace vectoriel associé sera noté $V_p(A)$. On a donc:

$$V_p(A) = T_p(A) \otimes \mathbf{Q}_p = T_p(A)\left[\frac{1}{p}\right].$$

Dans la suite, on écrira fréquemment T_p et V_p (ou même simplement T et V) à la place de $T_p(A)$ et $V_p(A)$.

Le groupe de Galois $G(\bar{k}/k)$ de l'extension $\bar{k}/k$ opère sur chacun des A_{p^n}, donc aussi sur $T_p(A)$. Cela définit un homomorphisme canonique

$$\pi : G(\bar{k}/k) \to \mathbf{GL}(T_p(A)) = \mathbf{GL}(2d, \mathbf{Z}_p).$$

On vérifie immédiatement que π est *continu*. Son image G_p est donc un sous-groupe fermé du groupe $\mathbf{GL}(T_p) = \mathbf{GL}(2d, \mathbf{Z}_p)$. Mais $\mathbf{GL}(2d, \mathbf{Z}_p)$ est un sous-groupe ouvert du groupe $\mathbf{GL}(2d, \mathbf{Q}_p)$; c'est un groupe de Lie p-adique de dimension $4d^2$. En appliquant la prop. 1, on obtient alors:

P r o p o s i t i o n 3. *Le groupe* $G_p = \pi\ (G\ (\bar{k}/k))$ *est un sous-groupe analytique du groupe de Lie p-adique* GL (T_p).

On notera que l'algèbre de Lie de GL (T_p) est la même que celle de GL (V_p) : c'est la $\mathbf{Q}_p$-algèbre de Lie $\mathfrak{gl}$ (V_p) de tous les endomorphismes de V_p. Il s'ensuit que l'algèbre de Lie $\mathfrak{g}_p$ du groupe G_p s'identifie à une sous-algèbre de $\mathfrak{gl}$ (V_p); elle opère donc sur V_p.

P r o p o s i t i o n 4. *Lorsqu'on remplace le corps de base k par une extension k' de type fini, le groupe* G_p *est remplacé par un sous-groupe ouvert.*

C'est évident lorsque k' est une extension finie de k. On peut donc se ramener au cas où k' est une extension transcendante pure de k. Les extensions k'/k et $\bar{k}/k$ sont alors linéairement disjointes; on en conclut facilement que le groupe G_p ne change pas.

C o r o l l a i r e. *L'algèbre de Lie* $\mathfrak{g}_p$ *est invariante par extension de type fini du corps de base.*

C'est clair.

En particulier, soit A une variété abélienne définie sur un corps algébriquement clos quelconque (par exemple **C**). Choisissons un corps de définition k de A qui soit de type fini sur le corps premier. D'après le corollaire ci-dessus, l'algèbre de Lie $\mathfrak{g}_p$ correspondante n e d é p e n d p a s d u c h o i x d e k. C'est donc u n i n v a r i a n t d u c o u p l e (A, p). On en donnera quelques propriétés au n° suivant. Signalons dès à présent que l'on ne sait à
2 peu près rien de la variation de $\mathfrak{g}_p$ avec p; on ne sait même pas si la dimension de $\mathfrak{g}_p$ dépend de p.

1.3. P r o p r i é t é s d e s g r o u p e s G_p e t d e s a l g è b r e s d e L i e $\mathfrak{g}_p$.

(a) Soit R l'anneau d'endomorphismes de la variété abélienne A. Quitte à remplacer k par une extension finie (ce qui ne change pas $\mathfrak{g}_p$) on peut supposer que les éléments de R sont définis sur k; ils commutent alors aux éléments du groupe de Galois $G\ (\bar{k}/k)$. On en conclut que *l'algèbre de Lie* $\mathfrak{g}_p$ *est contenue dans le commutant de* R (dans l'algèbre End (V_p) des $\mathbf{Q}_p$-endomorphismes de V_p).

Supposons en particulier que A admette «suffisamment de multiplications complexes» [cf. Taniyama (⁹)], c'est-à-dire que $R \otimes \mathbf{Q}$ soit une algèbre commutative semi-simple de rang $2d$. Le commutant de R dans End (V_p) est alors simplement $R \otimes \mathbf{Q}_p$; d'où l'inclusion:

$$\mathfrak{g}_p \subset R \otimes \mathbf{Q}_p.$$

En particulier, l'algèbre $\mathfrak{g}_p$ est *abélienne*.

b) Soit $\hat{A}$ la variété abélienne duale de A. Soit d'autre part $T_p\ (\mathbf{G}_m)$ le «module de Tate» construit par limite projective à partir des racines p^n-ièmes de l'unité; c'est un $\mathbf{Z}_p$-module libre de rang 1. Soit $V_p\ (\mathbf{G}_m)$ le $\mathbf{Q}_p$-espace vectoriel correspondant; le groupe de Galois $G\ (\bar{k}/k)$ opère en général de façon non triviale sur $V_p\ (\mathbf{G}_m)$. Le symbole (x, y) défini par Weil (¹¹) [cf. aussi Lang (⁷), Chap. VII] peut être interprété comme une application bilinéaire:

$$V_p\ (A) \times V_p\ (\hat{A}) \to V_p\ (\mathbf{G}_m).$$

Soit X un diviseur ample de A, défini sur k; on lui associe comme on sait une isogénie: $A \to \hat{A}$, d'où un isomorphisme

$$\varphi_X : V_p(A) \to V_p(\hat{A}).$$

En posant $B_X(x, x') = (x, \varphi_X(x'))$, on obtient une forme bilinéaire

$$B_X : V_p(A) \times V_p(A) \to V_p(\mathrm{G}_m).$$

On sait [cf. Lang (7), loc. cit.] que B_X est une forme *alternée non dégénérée*. Si $g \in G(\bar{k}/k)$, on a évidemment:

$$B_X(gx, gx') = g \cdot B_X(x, x').$$

On en conclut que le groupe G_p est contenu dans le *groupe des similitudes* de la forme B_X (ce fait m'a été signalé par Grothendieck). Si l'on note $\mathfrak{sp}$ l'algèbre de Lie du groupe symplectique de B_X, et $\mathfrak{c}$ l'algèbre de Lie des homothéties, on a donc:

$$\mathfrak{g}_p \subset \mathfrak{c} \times \mathfrak{sp}.$$

Lorsque k est de type fini sur le corps premier, l'action de $G(\bar{k}/k)$ sur $V_p(\mathrm{G}_m)$ est non triviale, et l'on en conclut que $\mathfrak{g}_p$ *n'est pas contenue dans* $\mathfrak{sp}$.

(c) Supposons que k soit un *corps de nombres algébriques* (autrement dit une extension finie de Q). Si v est une place de k et w une extension de v à $\bar{k}$, le *groupe de décomposition* D_w de w dans G_p est défini; on peut l'interpréter comme le groupe G_p associé au corps local k_v et à sa clôture algébrique $\bar{k}_w$. A conjugaison près, ce groupe (et son algèbre de Lie) ne dépend que de v.

On peut préciser un peu ce qui précède. Soit S un ensemble fini de places de k, contenant les places archimédiennes, et tel que A «se réduise bien» en dehors de S [cf. par exemple Lang — Tate (8)]. Si $v \notin S$ et si v ne divise pas p, l'extension de k donnée par les points d'ordre une puissance de p est non ramifiée (loc. cit.); le groupe de décomposition D_w correspondant à une telle place s'identifie au groupe G_p de la variété abélienne réduite de A, définie sur le corps résiduel de v; ce groupe est topologiquement engendré par l'élément «de Frobenius» F_w; en particulier son algèbre de Lie est de dimension 1. On sait [cf. par exemple Lang (7)] que F_w est un endomorphisme semi-simple de V_p, que son polynôme caractéristique a tous ses coefficients entiers (et indépendants de p), et que ses valeurs propres sont de valeur absolue $Nv^{\frac{1}{2}}$ (Nv désignant le nombre d'éléments du corps résiduel de v). En particulier, aucune de ces valeurs propres ne peut être une racine de l'unité. D'après le théorème de Čebotarev, les F_w sont *denses* dans G_p.

R e m a r q u e. Comme Grothendieck me l'a fait observer, les résultats de (c) s'étendent en fait à tout corps k qui est de type fini sur le corps premier: on choisit un schéma intègre et normal Y, de type fini sur $\mathbf{Z}$, de corps des fonctions k, tel que A provienne d'un «schéma abélien» sur Y. Les points fermés de Y dont la caractéristique résiduelle n'est pas égale à p donnent alors naissance à des éléments de Frobenius F_w jouissant des mêmes propriétés que ci dessus; on peut montrer que le théorème de Čebotarev est encore valable.

1.4. C o u r b e s e l l i p t i q u e s d é f i n i e s s u r u n c o r p s d e n o m b r e s a l g é b r i q u e s. On suppose que k est un corps de nombres algébriques, et que la dimension d de A est égale à 1. On a alors

$$\dim V_p = 2;$$

le choix d'une base de V_p permet d'identifier l'algèbre de Lie $\mathfrak{gl}(V_p)$ à l'algèbre $\mathfrak{gl}_2 = \mathfrak{c} \times \mathfrak{sl}_2$ (ici encore, $\mathfrak{c}$ désigne l'algèbre des homothéties). Ainsi, on peut considérer $\mathfrak{g}_p$ comme une sous-algèbre de $\mathfrak{c} \times \mathfrak{sl}_2$; en particulier, sa projection sur le second facteur est une sous-algèbre de Lie de $\mathfrak{sl}_2$. Or les sous-algèbres de Lie de $\mathfrak{sl}_2$ sont faciles à déterminer: à part 0 et $\mathfrak{sl}_2$ il n'y a que des sous-algèbres abéliennes de dimension 1 et des sous-algèbres résolubles de dimension 2 (ces dernières étant conjuguées entre elles). D'autre part, les résultats du n° 1.3 fournissent quelques renseignements sur $\mathfrak{g}_p$; par exemple, $\mathfrak{g}_p$ n'est pas contenue dans $\mathfrak{sl}_2$, et n'annule aucun élément non nul de V_p (sinon l'une des valeurs propres des éléments de Frobenius F_w serait une racine de l'unité). En combinant ces différents renseignements on voit que $\mathfrak{g}_p$ est nécessairement égale à l'une des algèbres suivantes (à un changement de base près dans V_p):

(i) *l'algèbre* $\mathfrak{gl}_2$, de dimension 4;

(ii) *l'algèbre résoluble* $\mathfrak{b}$, de dimension 3, formée des matrices de la forme $\begin{pmatrix} a & b \\ 0 & c \end{pmatrix}$;

(iii) *la sous-algèbre* $\mathfrak{r}_\lambda$ de $\mathfrak{b}$ formée des matrices de la forme $\begin{pmatrix} a & b \\ 0 & \lambda a \end{pmatrix}$, avec $\lambda \in \mathbf{Q}_p$; c'est une algèbre résoluble de dimension 2;

(iv) *une algèbre abélienne de dimension* 1 *ou* 2.

On pourrait réduire quelque peu cette liste en faisant intervenir les propriétés des *groupes de décomposition* des différentes places de k (et notamment de celles qui divisent p). Cela nous entraînerait trop loin. Nous nous bornerons ici à donner le résultat suivant:

Proposition 5. *Si* $\lambda \in \mathbf{Q}$, *l'algèbre de Lie* $\mathfrak{g}_p$ *ne peut pas être égale à* $\mathfrak{r}_\lambda$.

Supposons que $\mathfrak{g}_p = \mathfrak{r}_\lambda$, avec $\lambda = n/m$, où n et m sont deux entiers premiers entre eux. D'après la théorie de Lie, le groupe G_p contient un sous-groupe ouvert U tel que tout élément $g \in U$ soit de la forme $\begin{pmatrix} \alpha & \beta \\ 0 & \gamma \end{pmatrix}$ avec $\alpha^n = \gamma^m$. Quitte à remplacer k par l'extension finie correspondant à U, on peut supposer que $G_p = U$. Soit v une place de k de degré 1 (c'est-à-dire telle que $Nv = l$ soit un nombre premier); de telles places sont en nombre infini; on peut donc exiger en outre que $l \neq p$ et que A se réduit bien en v. Soit F un élément de Frobenius correspondant à v, et soient π et $\bar{\pi}$ ses valeurs propres; puisque F est contenu dans G_p, on a $\pi^n = \bar{\pi}^m$ ou $\bar{\pi}^n = \pi^m$. Comme $|\pi| = |\bar{\pi}| = l^{\frac{1}{2}}$, cela donne $n = m$ d'où $\pi = \bar{\pi}$ et π appartient à $\mathbf{Q}$; l'équation

$$l = \pi\bar{\pi} = \pi^2$$

conduit alors à une contradiction, cqfd.

Remarques. 1) Si la courbe elliptique a des *multiplications complexes* (c'est-à-dire si son anneau d'endomorphismes R est distinct de $\mathbf{Z}$), il est facile de voir que $\mathfrak{g}_p$ s'identifie à $R \otimes \mathbf{Q}_p$; c'est une *algèbre abélienne de dimension* 2.

Lorsqu'il n'y a pas de multiplications complexes, je ne connais pas de procédé général permettant de déterminer $\mathfrak{g}_p$; dans tous les cas que j'ai pu
3 traiter, on a $\mathfrak{g}_p = \mathfrak{gl}_2$; peut-être est-ce toujours vrai?

2) Comme on l'a signalé plus haut, l'étude des groupes de décomposition (et d'inertie) de G_p fournit des renseignements supplémentaires sur $\mathfrak{g}_p$. Ainsi, par exemple, si $k = \mathbf{Q}$ et si l'invariant modulaire j n'est pas un entier, on peut montrer que $\mathfrak{g}_p = \mathfrak{gl}_2$.

§ 2. Cohomologie

2.1. Notations. Un groupe topologique G est dit *profini* s'il est limite projective de groupes finis, ou, ce qui revient au même, s'il est compact et totalement discontinu. Soit G un tel groupe et soit A un G-module topologique; nous nous bornerons au cas où A est *séparé* (mais pas nécessairement discret, comme dans Douady ([4])); par définition, le produit $g.a$, $g \in G$, $a \in A$, dépend continûment du couple (g, a). Une n-cochaîne de G à valeurs dans A est une application *continue* f du produit n-uple $G \times \ldots \times G$ dans A. Le cobord df de la cochaîne f est défini par la formule usuelle

$$df(g_1, \ldots, g_{n+1}) = g_1 \cdot f(g_2, \ldots, g_{n+1}) + \sum_{j=1}^{j=n} (-1)^j f(g_1, \ldots, g_j g_{j+1}, \ldots, g_{n+1}) + (-1)^{n+1} f(g_1, \ldots, g_n).$$

On obtient ainsi un complexe $C(G, A) = \Sigma C^n(G, A)$ dont les groupes de cohomologie sont notés $H^n(G, A)$. Le groupe $H^0(G, A)$ s'identifie à l'ensemble A^G des éléments de A invariants par G. Un 1-cocycle f est un «homomorphisme croisé» continu de G dans A, autrement dit une application continue vérifiant l'identité

$$f(gh) = f(g) + g \cdot f(h), \quad g, h \in G.$$

C'est un cobord lorsqu'il existe $a \in A$ tel que $f(g) = g \cdot a - a$ pour tout $g \in G$.

Soit $0 \to A \to B \to C \to 0$ une suite exacte de G-modules topologiques; supposons que la topologie de A (resp. de C) soit induite (resp. quotient) de celle de B, et qu'il existe une section continue $C \to B$ (ces conditions sont trivialement vérifiées dans toutes les applications que nous avons en vue). La suite de complexes

$$0 \to C(G, A) \to C(G, B) \to C(G, C) \to 0$$

est alors exacte. On en déduit la suite exacte de cohomologie:

$$\ldots \to H^n(G, A) \to H^n(G, B) \to H^n(G, C) \xrightarrow{d} H^{n+1}(G, A) \to \ldots$$

2.2. Le groupe H^1_*. Soit encore G un groupe profini, et soit C un sous-groupe fermé de G. Nous dirons que C est *monogène* s'il peut être engendré topologiquement par un élément; il revient au même de dire que les images de C dans les quotients finis de G sont des groupes cycliques.

Soit A un G-module topologique. Nous définirons $H^1_*(G, A)$ comme le sous-groupe de $H^1(G, A)$ intersection des noyaux des homomorphismes de restriction $H^1(C, A) \to H^1(C, A)$, où C parcourt l'ensemble des sous-groupes monogènes de G. Un élément x de $H^1(G, A)$ appartient donc à $H^1_*(G, A)$ *si et seulement si sa restriction à tout sous-groupe monogène de G est nulle.*

(La définition du foncteur H^1_* est due à Tate, ainsi que l'idée de l'utiliser dans l'étude des groupes de congruence.)

Proposition 6. *Soit U un sous-groupe distingué fermé de G opérant trivialement sur A. L'injection canonique*

$$i : H^1(G/U, A) \to H^1(G, A)$$

définit un isomorphisme de $H^1_*(G/U, A)$ sur $H^1_*(G, A)$.

Montrons d'abord que i applique $H^1_*(G/U, A)$ dans $H^1_*(G, A)$. Soit $x \in H^1_*(G/U, A)$ et soit C un sous-groupe monogène de G. L'image $\overline{C}$ de C dans G/U est un sous-groupe monogène G/U. On a un diagramme commutatif d'applications canoniques:

$$\begin{array}{ccc} H^1(G, A) & \to & H^1(C, A) \\ \uparrow & & \uparrow \\ H^1(G/U, A) & \to & H^1(\overline{C}, A). \end{array}$$

Comme x appartient à $H^1_*(G/U, A)$, son image dans $H^1(\overline{C}, A)$ est nulle. Il en est donc de même de l'image de $i(x)$ dans $H^1(C, A)$, ce qui prouve bien que $i(x)$ appartient à $H^1_*(G, A)$.

Inversement, soit $y \in H^1_*(G, A)$, et soit f un cocycle représentant y. Soit H un sous-groupe monogène de U. Comme la restriction de y à H est nulle, et que H opère trivialement sur A, on voit que f s'annule sur H. Mais U est évidemment réunion de sous-groupes monogènes. On en conclut que f s'annule sur U, i. e. provient d'un 1-cocycle de G/U. On a donc $y = i(x)$, avec $x \in H^1(G/U, A)$. Soit $\overline{C}$ un sous-groupe monogène de G/U. En relevant dans G un générateur topologique de $\overline{C}$, on voit que $\overline{C}$ est image d'un sous-groupe monogène C de G. Le diagramme écrit plus haut montre alors que y induit 0 sur $\overline{C}$, i. e. que y appartient à $H^1_*(G/U, A)$, ce qui achève la démonstration.

La proposition précédente peut notamment s'appliquer en prenant pour U l'ensemble des éléments de G qui opèrent trivialement sur A. Le groupe G/U s'identifie alors à un sous-groupe de Aut (A). En particulier, lorsque A est fini, G/U est fini, et il en est de même de $H^1(G/U, A)$. On obtient donc:

Corollaire. *Si A est fini, $H^1_*(G, A)$ est fini.*

Nous aurons besoin d'une propriété de «passage à la limite» pour les foncteurs H^1 et H^1_*:

Proposition 7. *Si A est limite projective de G-modules compacts A_n, on a*

$$H^1(G, A) = \varprojlim H^1(G, A_n) \text{ et } H^1_*(G, A) = \varprojlim H^1_*(G, A_n).$$

L'assertion relative à H^1_* résulte immédiatement de celle relative à H^1 (à condition de l'appliquer aussi aux sous-groupes monogènes C de G). On va donc se borner à H^1.

Montrons d'abord que l'application canonique de $H^1(G, A)$ dans $\varprojlim H^1(G, A_n)$ est injective. Soit x un élément du noyau de cette application, et soit f un 1-cocycle représentant x. Soit f_n le 1-cocycle à valeurs dans A_n obtenu en composant f et $A \to A_n$; par hypothèse, il existe $a \in A_n$ tel que $f_n = da$. Soit F_n l'ensemble des $a \in A_n$ vérifiant cette condition. Les F_n forment un système projectif d'ensembles compacts non vides. D'après un résultat bien connu (cf. Bourbaki, Top. Gén., Chap. I, 3ème éd., § 9, n° 6, prop. 8), la limite projective des F_n est non vide. Si $a \in A$ appartient à cette limite, on a évidemment $da = f$, d'où $x = 0$.

Soit maintenant (x_n) un élément de $\varprojlim H^1(G, A_n)$. Pour tout n, soit $\mathbf{Z}_n$ l'ensemble des cocycles appartenant à la classe x_n. L'ensemble $\mathbf{Z}_n$ est un espace homogène sur le groupe A_n, le stabilisateur d'un élément étant A_n^G. Cette structure permet de munir $\mathbf{Z}_n$ d'une topologie d'espace compact. Le même argument que ci-dessus montre que $\lim \mathbf{Z}_n$ contient un élément $f = (f_n)$. Il est clair que f est un 1-cocycle à valeurs dans A, et que sa classe x a pour image (x_n), ce qui achève la démonstration.

2.3. Relations avec la cohomologie galoisienne. Soit k un corps de nombres algébriques, soit $\bar{k}$ une clôture algébrique de k, et soit G le groupe de Galois $G(\bar{k}/k)$. Si A est un G-module topologique, on écrira $H^n(k, A)$ à la place de $H^n(G, A)$; c'est la notation usuelle en cohomologie galoisienne, cf. Lang — Tate ([10]). Si v est une place de k, et si w est une extension de v à $\bar{k}$, on note D_w le *groupe de décomposition* correspondant; sa classe (à conjugaison près) ne dépend que de v. En particulier, si un élément x de $H^1(G, A)$ induit 0 sur D_w, il induit aussi 0 sur tous les autres groupes de décomposition correspondant à v; on dit alors que *x s'annule en v.*

4 Soit S un *ensemble fini de places* de k. On définit $H^1_S(k, A)$ comme le sous-groupe de $H^1(k, A)$ formé des éléments qui s'annulent en toutes les places v n'appartenant pas à S; c'est le noyau de l'application canonique de $H^1(k, A)$ dans le produit des groupes de cohomologie locaux $H^1(k_v, A)$, avec $v \notin S$.

Proposition 8. *Si A est fini, $H^1_S(k, A)$ est contenu dans $H^1_*(G, A)$.*

(Cet énoncé a un sens, car $H^1_S(k, A)$ et $H^1_*(G, A)$ sont tous deux des sous-groupes de $H^1(G, A)$.)

D'après nos conventions générales, A est séparé, donc discret. Soit $x \in H^1_S(k, A)$ et soit f un cocycle représentant x. La continuité de f montre qu'il existe un sous-groupe ouvert U de G sur lequel f s'annule. Quitte à restreindre U, on peut supposer que U est distingué dans G, et opère trivialement sur A. Soit C un sous-groupe monogène de G. Son image $C \cdot U/U$ dans G/U est cyclique. D'après le théorème de densité de Frobenius ([5]) il existe une infinité de places ayant un groupe de décomposition (dans G/U) égal à $C \cdot U/U$. On peut donc trouver une place $v \notin S$ et un prolongement w de v tels que $D_w.U = C \cdot U$. Puisque x est nul en v, il existe $a \in A$ tel que

$$f(g) = g \cdot a - a$$

pour tout $g \in D_w$. Tenant compte de ce que f s'annule sur U, et que U opère trivialement sur A, on voit que la même identité vaut pour tout $g \in D_w.U$ et en particulier pour tout $g \in C$. Ainsi la restriction de f à C est un cobord, ce qui prouve bien que x appartient à $H^1_*(G, A)$.

Corollaire. *Si A est fini, $H^1_S(k, A)$ est fini.*

Cela résulte du corollaire à la prop. 6.

2.4. Cohomologie d'un groupe de Lie p-adique. Dans ce n°, ainsi que dans le suivant, on suppose que *G est un groupe de Lie p-adique compact* (cf. n° 1.1.).

LEMME 1. *Si E est un G-module topologique fini, $H^1(G, E)$ est fini.*

D'après la proposition 2 du n° 1.1, il existe un sous-ensemble fini X de G qui engendre topologiquement G. Il est clair que deux homomorphismes croisés f et f' de G dans E qui coïncident sur X coïncident partout. Ces homomorphismes croisés sont donc en nombre fini, ce qui démontre le lemme.

Soit maintenant T un module libre de rang fini N sur l'anneau $\mathbf{Z}_p$ des entiers p-adiques, et soit $V = T \otimes \mathbf{Q}_p$ le $\mathbf{Q}_p$-espace vectoriel associé. On suppose que G *opère continûment* sur T muni de la topologie p-adique (c'est la situation rencontrée au § 1).

Proposition 9. *$H^1(G, T)$ est un $\mathbf{Z}_p$-module de type fini. Son produit tensoriel par $\mathbf{Q}_p$ s'identifie à $H^1(G, V)$.*

Le lemme ci-dessus montre que chacun des $H^1(G, T/p^nT)$ est un p-groupe abélien fini. D'après la prop. 7, le $\mathbf{Z}_p$-module $Y = H^1(G, T)$ s'identifie à $\varprojlim H^1(G, T/p^nT)$; c'est donc un $\mathbf{Z}_p$-module *compact*. De plus, la suite exacte de cohomologie montre que Y/pY, s'identifie à un sous-groupe de $H^1(G, T/pT)$, donc est fini; d'après un résultat classique sur les pro-p-groupes, cela entraîne que Y est topologiquement engendré par un nombre fini d'éléments, ce qui revient à dire que c'est un $\mathbf{Z}_p$-module de type fini. (On aurait pu également raisonner comme dans la démonstration du lemme ci-dessus.) Reste à montrer que $Y \otimes \mathbf{Q}_p$ s'identifie à $H^1(G, V)$. On a en tout cas une application évidente

$$p : Y \otimes \mathbf{Q}_p \to H^1(G, V).$$

Soit $x \in \operatorname{Ker}(p)$. Quitte à multiplier x par une constante, on peut supposer que x est de la forme $y \otimes 1$, avec $y \in Y$. Soit f un cocycle représentant y. Par hypothèse, il existe $a \in V$ tel que

$$f(g) = g \cdot a - a$$

pour tout $g \in G$. Si n est assez grand, on a $p^n a \in T$, ce qui montre que $p^n f$ est un cobord, d'où $p^n y = 0$ et $x = 0$. Ainsi p est injective. Sa surjectivité se démontre par un procédé analogue: si v est un élément de $H^1(G, V)$ et si f est un cocycle représentant v, l'image $f(G)$ de G par f est compacte, donc contenue dans un homothétique $p^{-n}T$ de T; le cocycle $p^n f$ prend ses valeurs dans T, et définit un élément $y \in Y$ tel que $p(y \otimes p^{-n}) = v$, cqfd.

Remarque. Il est clair que l'isomorphisme

$$p : H^1(G, T) \otimes \mathbf{Q}_p \to H^1(G, V)$$

transforme $H^1_*(G, T) \otimes \mathbf{Q}_p$ en un sous-espace vectoriel de $H^1_*(G, V)$.

Proposition 10. *Supposons qu'il existe $s \in G$ tel que les relations $s \cdot a = a$, $a \in V$, entraînent $a = 0$. Alors $H^1_*(G, T)$ est un $\mathbf{Z}_p$-module libre de rang $\leqslant \dim H^1_*(G, V)$.*

Vu la proposition précédente et la remarque ci-dessus, il suffit de prouver que $H^1_*(G, T)$ est un $\mathbf{Z}_p$-module *sans torsion*. Soit donc x un élément de $H^1_*(G, T)$ annulé par p. La suite exacte:

$$H^0(G, T) \to H^0(G, T/pT) \xrightarrow{d} H^1(G, T) \xrightarrow{p} H^1(G, T)$$

montre qu'il existe $b \in H^0(G, T/pT)$ tel que $x = db$. Soit C le sous-groupe monogène de G engendré topologiquement par s. On a un diagramme commutatif:

$$\begin{array}{ccc} H^0(C, T/pT) & \xrightarrow{d} & H^1(C, T) \\ i\uparrow & & j\uparrow \\ H^0(G, T/pT) & \xrightarrow{d} & H^1(G, T). \end{array}$$

Comme x appartient à $H^1_*(G, T)$, son image par j est nulle. On a donc $d\circ i(b) = 0$. Mais l'hypothèse faite sur s entraîne que $H^0(C, T)$ est réduit à 0, et l'homomorphisme

$$d: H^0(C, T/pT) \to H^1(C, T)$$

est injectif. D'où $i(b) = 0$, et comme i est trivialement injectif, ceci entraîne $b = 0$ et $x = 0$, cqfd.

Remarque. Les résultats de ce n° restent valables pour tout groupe profini engendré topologiquement par un nombre fini d'éléments.

2.5. Relations avec la cohomologie de l'algèbre de Lie. On conserve les notations et hypothèses du n° précédent.

Il est clair que V et T sont des groupes de Lie p-adiques (abéliens). De plus, la prop. 1 du n° 1.1 montre que l'homomorphisme de G dans le groupe $GL(T) = GL(N, \mathbf{Z}_p)$ est analytique; il en résulte que *G opère analytiquement sur T* et sur V.

Proposition 11. *Tout 1-cocycle $f: G \to V$ est analytique.*

Les opérations de G sur V permettent de définir le *produit semi-direct* $E = V.G$ de V par G; les éléments de $V.G$ sont les couples (a, g), $a \in V$, $g \in G$, la multiplication étant définie par la formule:

$$(a, g)\cdot(b, h) = (a + g\cdot b, g\cdot h).$$

Si l'on munit E de la structure de variété analytique p-adique produit de celles de V et de G, on obtient un groupe de Lie p-adique. Le cocycle $f: G \to V$ définit une application $\tilde{f}: G \to E$ par la formule:

$$\tilde{f}(g) = (f(g), g).$$

L'identité $f(g\cdot h) = f(g) + g\cdot f(h)$ montre que $\tilde{f}(g\cdot h) = \tilde{f}(g)\cdot\tilde{f}(h)$. Ainsi $\tilde{f}$ est un *homomorphisme*. En appliquant la prop. 1 du n° 1.1, on en déduit que $\tilde{f}$ est analytique, donc aussi f, cqfd.

En fait, l'argument précédent conduit à un résultat plus précis. En effet, l'algèbre de Lie $\mathfrak{e}$ de E s'identifie au *produit semi-direct $V.\mathfrak{g}$ de V par l'algèbre de Lie $\mathfrak{g}$ de G* (V étant muni de sa structure naturelle de $\mathfrak{g}$-module, cf. Bourbaki, Groupes et Alg. de Lie, Chap. I, § 1, n° 8, exemple 2). L'homomorphisme $\tilde{f}$ définit par passage aux algèbres de Lie un homomorphisme

$$\tilde{\varphi}: \mathfrak{g} \to \mathfrak{e} = V\cdot\mathfrak{g}.$$

Si $\varphi: \mathfrak{g} \to V$ est l'application tangente à f en l'élément neutre, on voit facilement que $\tilde{\varphi}(x) = (\varphi(x), x)$ pour tout $x \in \mathfrak{g}$. En écrivant que $\tilde{\varphi}$ est un homomorphisme, on trouve que φ vérifie l'identité:

$$\varphi([x, y]) = x\cdot\varphi(y) - y\cdot\varphi(x), \quad x, y \in \mathfrak{g}$$

[cf. Bourbaki, loc. cit., formule (13)]. Cette identité signifie que *φ est un 1-cocycle de $\mathfrak{g}$ à valeurs dans V*, au sens de la cohomologie des algèbres de Lie [cf. par exemple Cartan — Eilenberg ([1]), Chap. XIII]. S'il existe $a \in V$ tel que $f(g) = g\cdot a - a$ pour tout $g \in G$, on a $\varphi(x) = x\cdot a$ pour tout $x \in \mathfrak{g}$;

ainsi, si f est un cobord (au sens de la cohomologie des groupes), φ est un cobord (au sens de la cohomologie des algèbres de Lie). En faisant correspondre à la classe de cohomologie de f celle de φ on définit une application linéaire canonique

$$\theta : H^1(G, V) \to H^1(\mathfrak{g}, V).$$

Proposition 12. *L'application* θ *est injective.*

Soit $\alpha \in \operatorname{Ker}(\theta)$, et soit f un cocycle représentant α. Soit φ l'application tangente à f en l'élément neutre de G. Puisque $\theta(\alpha) = 0$, il existe $a \in V$ tel que $\varphi(x) = x \cdot a$ pour tout $x \in \mathfrak{g}$. Posons $f' = f - da$, et soit φ' l'application tangente à f' en l'élément neutre; on a

$$\varphi'(x) = \varphi(x) - x \cdot a = 0$$

pour tout $x \in \mathfrak{g}$. Soient $\widetilde{f'}$ et σ les homomorphismes de G dans le produit semi-direct $V.G$ définis par les formules:

$$\widetilde{f'}(g) = (f'(g), g), \quad \sigma(g) = (0, g).$$

Du fait que $\varphi' = 0$, $\widetilde{f'}$ et σ induisent *le même homomorphisme* de l'algèbre de Lie de G dans celle de $V.G$; d'après la théorie de Lie, ils coïncident donc sur un voisinage U de l'élément neutre. Quitte à restreindre U, on peut supposer que c'est un sous-groupe ouvert distingué de G. On a $f'(g) = 0$ pourt tout $g \in U$; on en conclut que f' provient d'un 1-cocycle de G/U à valeurs dans V^U; comme V^U est un $\mathbf{Q}_p$-espace vectoriel, on a $H^1(G/U, V^U) = 0$. Donc f'est un cobord et $\alpha = 0$, cqfd.

Remarque. En général l'application θ n'est pas surjective. Toutefois, il est facile de voir qu'il existe un sous-groupe ouvert U de G tel que

$$\theta_U : H^1(U, V) \to H^1(\mathfrak{g}, V)$$

soit surjective (donc bijective).

Dans ce qui suit, nous noterons $H^1_*(\mathfrak{g}, V)$ *le sous-espace de* $H^1(\mathfrak{g}, V)$ *formé des éléments dont la restriction à toute sous-algèbre à une dimension de* $\mathfrak{g}$ *est nulle.* La classe d'un cocycle φ appartient à $H^1_*(\mathfrak{g}, V)$ si $\varphi(x) \in x \cdot V$ pour tout $x \in \mathfrak{g}$.

Proposition 13. *L'image de* $H^1_*(G, V)$ *par* $\theta : H^1(G, V) \to$ $\to H^1(\mathfrak{g}, V)$ *est contenue dans* $H^1_*(\mathfrak{g}, V)$.

Soit $\mathfrak{h}$ une sous-algèbre à une dimension de $\mathfrak{g}$. D'après la théorie de Lie [cf. Hooke ([6])], il existe une sous-groupe monogène C de G ayant $\mathfrak{h}$ pour algèbre de Lie (on peut même prendre C isomorphe au groupe $\mathbf{Z}_p$). La proposition résulte immédiatement de là.

Remarque. On a en fait

$$H^1_*(G, V) = \theta^{-1}(H^1_*(\mathfrak{g}, V)).$$

On va combiner entre eux les différents résultats obtenus jusqu'ici:

THÉORÈME 1. (i) *Si* $H^1(\mathfrak{g}, V) = 0$, $H^1(G, T)$ *est un p-groupe fini.*

(ii) *Supposons que* $H^1_*(\mathfrak{g}, V) = 0$ *et qu'il existe* $s \in G$ *tel que les relations* $s \cdot a = a$, $a \in V$, *entraînent* $a = 0$. *Alors* $H^1_*(G, T) = 0$.

Si $H^1(\mathfrak{g}, V) = 0$, la prop. 2 montre que $H^1(G, V) = 0$, donc (prop. 9) $H^1(G, T)$ est un p-groupe fini.

Si les hypothèses de (ii) sont vérifiées, la prop. 13 montre que $H^1_*(G, V) = 0$, et, en appliquant la prop. 10, on voit que $H^1_*(G, T)$ est réduit à 0.

R e m a r q u e. Les résultats relatifs à H^1 démontrés dans ce n° et dans le précédent ont été étendus par Lazard à la cohomologie de dimension quelconque. La méthode de Lazard est d'ailleurs tout à fait différente de celle utilisée ici (qui semble limitée à la dimension 1).

2.6. U n e x e m p l e o u $H^1_*(\mathfrak{g}, V)$ e s t n o n t r i v i a l. On prend pour $\mathfrak{g}$ une algèbre commutative de base $\{X, Y\}$, et pour V un espace de dimension 3, de base $\{e_1, e_2, e_3\}$. On fait opérer $\mathfrak{g}$ sur V par les formules

$$Xe_1 = e_2, \quad Xe_2 = e_3, \quad Xe_3 = 0$$
$$Ye_1 = e_3, \quad Ye_2 = 0, \quad Ye_3 = 0.$$

Le calcul de $H^1(\mathfrak{g}, V)$ et de $H^1_*(\mathfrak{g}, V)$ ne présente pas de difficultés. On trouve que $H^1_*(\mathfrak{g}, V)$ est un espace vectoriel de dimension 1, admettant pour base la classe du cocycle φ donné par les formules:

$$\varphi(X) = 0, \quad \varphi(Y) = e_3.$$

§ 3. Groupes de congruence

3.1. P o s i t i o n d u p r o b l è m e. Soit A une variété abélienne, définie sur un corps de nombres algébriques k. D'après le théorème de Mordell — Weil, le groupe $A(k)$ des points de A rationnels sur k est un groupe abélien de type fini. En imposant aux éléments de $A(k)$ des conditions «de congruence», on obtient des sous-groupes d'indice fini de $A(k)$. De façon plus précise, donnons-nous un système

$$U = \{I, (U_i)_{i \in I}\}$$

où I est un ensemble *fini* de places non archimédiennes de k, et où, pour chaque i, U_i est un *sous-groupe ouvert* du groupe compact $A(k_i)$ des points de A rationnels sur le corps local k_i; les éléments de $A(k)$ qui appartiennent à U_i pour tout $i \in I$ forment un sous-groupe Γ_U de $A(k)$, évidemment d'indice fini dans $A(k)$; nous dirons que Γ_U est un *sous groupe de congruence* de $A(k)$. Il s'agit de savoir si l'on obtient par ce procédé un ensemble cofinal de sous-groupes d'indice fini de $A(k)$. Si S est un ensemble fini de places de k, contenant toutes les places archimédiennes, on peut demander en outre que l'ensemble I soit *disjoint de S*, auquel cas on dira que Γ_U est un *sous-groupe de S-congruence*. On est ainsi amené à formuler la condition suivante:

(C_S) *Pour tout sous-groupe Γ d'indice fini de $A(k)$, il existe un système $U = \{I, U_i\}$, avec $I \cap S = \emptyset$, tel que le groupe Γ_U correspondant soit contenu dans Γ.*

Cette condition peut aussi s'énoncer en termes topologiques:

(C'_S) *Si l'on plonge $A(k)$ dans le groupe compact $\prod_{v \notin S} A(k_v)$, la topologie induite est celle des sous-groupes d'indice fini.*

C'est sous cette dernière forme que le problème apparaît dans Cassels [2] à cela près que Cassels ne s'intéresse qu'au cas où S est l'ensemble des places archimédiennes de k.

R e m a r q u e s. 1) Tout sous-groupe Γ d'indice fini de $A(k)$ contient une intersection finie de sous-groupes de la forme $p^n A(k)$, avec p premier et $n \geqslant 1$. On en conclut que la condition (C_S) équivaut à la conjonction des conditions ($C_S(p)$) suivantes:

($C_S(p)$): *Pour tout* $n \geqslant 1$, *il existe un groupe de S-congruence* Γ_U *contenu dans* $p^n A(k)$.

2) Des problèmes analogues se posent pour les groupes linéaires, le groupe $A(k)$ étant remplacé par un groupe d' «unités», ou plus généralement de «S-unités». Le cas du groupe multiplicatif G_m a été résolu affirmativement par Chevalley ([3]); nous reviendrons là-dessus au n° 3.5. Dans le cas semi-simple on n'a que des résultats très partiels; par exemple, pour $k = \mathbf{Q}$ et pour le groupe SL_n, la réponse est négative pour $n = 2$, positive pour $n \geqslant 3$ (ce dernier fait résulte de théorèmes récents de Bass et de Lazard).

3.2. Traduction cohomologique. On va montrer que la propriété ($C_S(p)$) peut se déduire d'une propriété portant sur la cohomologie galoisienne du module $T_p(A)$:

Soit $\bar{k}$ une clôture algébrique de k, et soit A_{p^n} le sous-groupe de $A(\bar{k})$ formé des éléments d'ordre divisant p^n; c'est un module topologique fini sur le groupe de Galois $G(\bar{k}/k)$. On a défini au n° 2.3 le sous-groupe $H^1_S(k, A_{p^n})$ du groupe $H^1(k, A_{p^n})$; lorsque n varie, ces groupes forment un *système projectif*.

THÉORÊME 2. *La propriété* ($C_S(p)$) *est vérifiée si* $\varprojlim H^1_S(k, A_{p^n}) = 0$.

On va utiliser la suite exacte «de Kummer» [cf. Lang — Tate ([8])]; c'est la suite exacte associée à la suite exacte de coefficients:

$$0 \to A_{p^n} \to A \xrightarrow{p^n} A \to 0.$$

Elle définit un opérateur cobord $d_n : A(k) \to H^1(k, A_{p^n})$; le noyau de d_n est égal à $p^n A(k)$.

LEMME 2. *Il existe un sous-groupe de S-congruence* Γ_U *de* $A(k)$, *dont l'image par* d_n *est contenue dans* $H^1_S(k, A_{p^n})$.

Le groupe $d_n(A(k))$ est isomorphe à $A(k)/p^n A(k)$; c'est un groupe fini. Soient $(x_i)_{i \in I}$ les éléments de $d_n(A(k))$ qui n'appartiennent pas à $H^1_S(k, A_{p^n})$. Pour tout $i \in I$ il existe une place $v_i \notin S$ telle x_i ait une image non nulle dans $H^1(k_{v_i}, A_{p^n})$. Posons d'autre part

$$U_i = p^n A(k_{v_i});$$

comme l'homomorphisme $p^n : A(k_{v_i}) \to A(k_{v_i})$ a une application tangente surjective, U_i est un sous-groupe *ouvert* de $A(k_{v_i})$. Soit Γ_U le groupe de S-congruence défini par le système des v_i et des U_i. Si $x \in \Gamma_U$, on a $x \in p^n A(k_{v_i})$ pour tout i, et l'image de $d_n(x)$ dans $H^1(k_{v_i}, A_{p^n})$ est nulle; ainsi $d_n(x)$ ne peut être égal à aucun des x_i, et l'on a nécessairement $d_n(x) \in H^1_S(k, A_{p^n})$, ce qui démontre le lemme.

Revenons à la démonstration du théorème 2. Supposons que

$$\varprojlim H^1_S(k, A_{p^n}) = 0.$$

Soit n un entier $\geqslant 1$. Puisque les $H^1_S(k, A_{p^{n+m}})$ sont finis (prop. 8, n° 2.3) et de limite projective réduite à 0, il existe un entier $m \geqslant 0$ tel que l'homomorphisme canonique

$$\alpha : H^1_S(k, A_{p^{n+m}}) \to H^1_S(k, A_{p^n})$$

soit nul. D'après le lemme précédent, il existe un groupe de S-congruence Γ_U, dont l'image par d_{n+m} est contenue dans $H^1_S(k, A_{p^{n+m}})$. Comme d_n s'obtient en composant d_{n+m} et α, on a

$$d_n(\Gamma_U) = 0,$$

d'où $\Gamma_U \subset p^n A(k)$, et la condition ($C_S(p)$) est bien vérifiée.

Remarque. Signalons, d'après Tate ([10]), que la condition $\varprojlim H^1_S(k, A_{p^n}) = 0$ entraîne également la nullité de la composante p-primaire de $H^2(k, A)$ (du moins si $p \neq 2$, ou si k est totalement imaginaire).

Dans l'énoncé suivant, les notations T_p, V_p, G_p, $\mathfrak{g}_p$ sont celles du n° 1.2; les notations cohomologiques sont celles des n°s 2.2 et 2.5.

THÉORÈME 3. *On a les implications suivantes*:

$$H^1_*(\mathfrak{g}_p, V_p) = 0 \Rightarrow H^1_*(G_p, T_p) = 0 \Rightarrow \varprojlim H^1_S(k, A_{p^n}) = 0.$$

La première implication résulte du théorème 1 du n° 2.5 (qui est applicable a G_p grâce aux propriétés des éléments de Frobenius signalées au n° 1.3). D'autre part, les propositions 6 et 7 du n° 2.2 montrent que:

$$H^1_*(G_p, T_p) = \varprojlim H^1_*(G_p, A_{p^n}) = \varprojlim H^1_*(G(\bar{k}/k), A_{p^n}),$$

et la prop. 8 du n° 2.3 montre que $H^1_S(k, A_{p^n})$ est un sous-groupe de $H^1_*(G(\bar{k}/k), A_{p^n})$. Il est donc clair que la nullité de $H^1_*(G_p, T_p)$ entraîne celle de $\varprojlim H^1_S(k, A_{p^n})$.

Les deux n^{os} qui suivent contiennent les deux cas particuliers dans lesquels je sais démontrer la nullité de $H^1_*(\mathfrak{g}_p, V_p)$; dans chacun de ces cas, c'est d'ailleurs le groupe $H^1(\mathfrak{g}_p, V_p)$ lui-même qui est nul.

3.3. Variétés abéliennes ayant suffisamment de multiplications complexes.

THÉORÈME 4. *Soit A une variété abélienne ayant suffisamment de multiplications complexes* (cf. n° 1.3). *Pour tout nombre premier p, on a alors* $H^1(\mathfrak{g}_p, V_p) = 0$. *En particulier*:

(a) $H^1(G_p, T_p)$ *est un p-groupe fini.*

(b) *La condition* (C_S) *est vérifiée quel que soit l'ensemble fini S.*

Pour démontrer que $H^1(\mathfrak{g}_p, V_p) = 0$ on s'appuie sur le lemme suivant:

LEMME 3. *Soit $\mathfrak{g}$ une algèbre de Lie, soit V un $\mathfrak{g}$-module de dimension finie, et soit $\mathfrak{c}$ un idéal de $\mathfrak{g}$ de dimension* 1. *Si* $H^0(\mathfrak{c}, V) = 0$, *on a* $H^n(\mathfrak{g}, V) = 0$ *pour tout* $n \geqslant 0$.

Soit X un élément non nul de $\mathfrak{c}$. L'hypothése $H^0(\mathfrak{c}, V) = 0$ signifie que l'endomorphisme de V défini par X est injectif; comme V est de dimension finie, il est aussi surjectif, et $H^1(\mathfrak{c}, V) = 0$. Il est trivial que $H^q(\mathfrak{c}, V) = 0$ pour $q \geqslant 2$. La suite spectrale:

$$H^p(\mathfrak{g}/\mathfrak{c}, H^q(\mathfrak{c}, V)) \Rightarrow H^n(\mathfrak{g}, V)$$

montre alors bien que $H^n(\mathfrak{g}, V) = 0$ pour tout $n \geqslant 0$.

On applique ce lemme à la sous-algèbre $\mathfrak{c}$ de $\mathfrak{g}_p$ tangente au sous-groupe monogène de G engendré topologiquement par un élément de Frobenius F. Comme aucune valeur propre de F n'est une racine de l'unité, on a $H^0(\mathfrak{c}, V) = 0$. D'autre part, on a vu au n° 1. 3 que $\mathfrak{g}_p$ est une algèbre commutative, et $\mathfrak{c}$ est donc bien un idéal de $\mathfrak{g}_p$. Ainsi, on a $H^1(\mathfrak{g}_p, V_p) = 0$. Le théorème 1 du n° 2.5 montre alors que $H^1(G_p, T_p)$ est un p-groupe fini; les théorèmes 2 et 3 du n° 3.3 montrent que la condition ($C_S(p)$) est vérifiée, cqfd.

3.4. Courbes elliptiques. Le résultat est le même qu'au n° précédent:

THÉORÈME 5. *Si A est une courbe elliptique, on a* $H^1(\mathfrak{g}_p, V_p) = 0$ *pour tout nombre premier p. En particulier:*

(a) $H^1(G_p, T_p)$ *est un p-groupe fini.*

(b) *La condition* (C_S) *est vérifiée quel que soit l'ensemble fini S.*

Ici encore, il suffit de prouver que $H^1(\mathfrak{g}_p, V_p) = 0$. Si $\mathfrak{g}_p$ est abélienne, on applique le lemme 3 du n° 3.3 comme ci-dessus. Si $\mathfrak{g}_p$ est égale à $\mathfrak{gl}_2$ ou à l'algèbre triangulaire $\mathfrak{b}$, on applique le même lemme, en prenant cette fois pour $\mathfrak{c}$ l'algèbre des homothéties (le centre de $\mathfrak{gl}_2$). Reste le cas où $\mathfrak{g}_p$ est égale à une algèbre résoluble $\mathfrak{r}_\lambda$ formée des matrices de la forme $\begin{pmatrix} a & b \\ 0 & \lambda a \end{pmatrix}$. On obtient une base $\{X, Y\}$ de $\mathfrak{r}_\lambda$ en posant:

$$X = \begin{pmatrix} 1 & 0 \\ 0 & \lambda \end{pmatrix}, \quad Y = \begin{pmatrix} 0 & 1 \\ 0 & 0 \end{pmatrix}.$$

On a $[X, Y] = (1 - \lambda) Y$. Une 1-cochaîne $\varphi : \mathfrak{r}_\lambda \to V$ est déterminée par les deux vecteurs

$$\varphi(X) = \begin{pmatrix} x_1 \\ x_2 \end{pmatrix}, \quad \varphi(Y) = \begin{pmatrix} y_1 \\ y_2 \end{pmatrix}.$$

C'est un cocycle si $\varphi([X, Y]) = X \cdot \varphi(Y) - Y \cdot \varphi(X)$, ce qui s'écrit:

$$\begin{cases} (1 - \lambda) y_1 = y_1 - x_2, \\ (1 - \lambda) y_2 = \lambda y_2. \end{cases}$$

On sait (cf. n° 1.4, prop. 5) que $\lambda \neq \frac{1}{2}$. La deuxième équation donne alors $y_2 = 0$. Soit a le vecteur de composantes x_1 et $\lambda^{-1} x_2$; on vérifie tout de suite que $\varphi(X) = X \cdot a$ et $\varphi(Y) = Y \cdot a$, ce qui montre que φ est un cobord. On a donc bien $H^1(\mathfrak{g}_p, V_p) = 0$ dans tous les cas, cqfd.

Remarques. 1) La finitude de $H^1(G_p, T_p)$ et la validité de la condition (C_S) ont été également démontrées par J. Cassels. La démonstration de Cassels est basée sur une énumération de cas analogue à celle utilisée ici; toutefois elle ne fait aucun usage de la structure analytique de G_p ni *a fortiori* de son algèbre de Lie.

2) Si l'on veut simplement démontrer la nullité de $H^1_*(\mathfrak{g}_p, V_p)$ (ce qui suffit pour le problème des groupes de congruence), on n'a besoin d'*aucune* propriété de $\mathfrak{g}_p$; on peut en effet vérifier que $H^1_*(\mathfrak{g}_p, V) = 0$ pour toute algèbre de Lie $\mathfrak{g}$ et tout $\mathfrak{g}$-module V de dimension $\leqslant 2$.

3.5. Compléments. Il serait évidemment désirable d'étendre les résultats des deux derniers n^{os} à *toutes* les variétés abéliennes. Il faudrait
7 en savoir davantage sur les algèbres de Lie $\mathfrak{g}_p$; par exemple, V_p est-il toujours un $\mathfrak{g}_p$-module semi-simple? L'algèbre $\mathfrak{g}_p$ contient-elle nécessairement les homothéties? Une réponse affirmative à l'une de ces questions suffirait à entraîner la nullité de $H^1(\mathfrak{g}_p, V_p)$ et *a fortiori* la condition ($C_S(p)$).

Signalons d'autre part que les méthodes utilisées dans ce travail s'appliquent plus généralement aux extensions de variétés abéliennes par des tores; bien entendu, le groupe $A(k)$ doit être remplacé par un groupe d'*unités* (ou de «S-unités»). Le cas d'un tore est particulièrement simple: l'algèbre de Lie $\mathfrak{g}_p$ est réduite aux homothéties, et sa cohomologie est triviale. Dans le cas du groupe G_m cela redonne le théorème de Chevalley (^{3}) cité au n° 3.1.

BIBLIOGRAPHIE

1 C a r t a n H. and E i l e n b e r g S., Homological Algebra, Princeton Math. Ser., n° 19, Princeton, 1956.

2 C a s s e l s J., Arithmetic on an elliptic curve, International Congress, Stockholm, 1962.

3 C h e v a l l e y C., Deux théorèmes d'arithmétique, J. Math. Soc. Japan, 3 (1951), 36—44.

4 D o u a d y A., Cohomologie des groupes compacts totalement discontinus, Séminaire Bourbaki (1959—60), exposé 189.

5 F r o b e n i u s G., Ueber Beziehungen zwischen den Primidealen eines algebraischen Körpers und den Substitutionen seiner Gruppe, Sitz. Berlin Akad. (1896), 689—705.

6 H o o k e R., Linear p-adic groups and their Lie algebras, Annals of Math., 43 (1942), 641—655.

7 L a n g S., Abelian varieties, Interscience Tracts, n°7, New York, 1959.

8 L a n g S. and T a t e J., Principal homogeneous spaces over abelian varieties, Amer. Journ. of Math., 80 (1958), 659—684.

9 T a n i y a m a Y., L-functions of number fields and zeta functions of abelian varieties, J. Math. Soc. Japan, 9 (1957), 330—366.

10 T a t e J., Duality theorems in Galois cohomology over number fields, International Congress, Stockholm, 1962.

11 W e i l A., Variétés abéliennes et courbes algébriques, Act. Sci. Ind., n° 1064, Paris, Hermann, 1948.

63.

Exemples de variétés projectives conjuguées non homéomorphes

C. R. Acad. Sci. Paris **258** (1964), 4194–4196

Soit V une variété projective non singulière, définie sur un corps de nombres algébriques K; si φ est un plongement de K dans **C**, soit V_φ la variété complexe déduite de V par extension des scalaires au moyen de φ. On sait ([1]) que les nombres de Betti de V_φ sont indépendants de φ. Cette propriété d'invariance *ne s'étend pas au groupe fondamental* : nous construisons ci-dessous une variété V et deux plongements φ et ψ tels que $\pi_1(V_\varphi)$ ne soit pas isomorphe ([2]) à $\pi_1(V_\psi)$; en particulier, V_φ *et* V_ψ *ne sont pas homéomorphes.*

1. Construction d'une variété abélienne auxiliaire. — Soient k un corps quadratique imaginaire, D l'anneau des entiers de k, Cl_k le groupe des classes d'idéaux de D, h l'ordre de Cl_k, et K le corps de classes absolu de k; on a $[\mathrm{K}:k]=h$. D'après la théorie de la multiplication complexe ([3]), il existe une courbe elliptique E, définie sur K, qui admet D pour anneau d'endomorphismes. Si φ est un plongement de K dans **C**, le groupe $\pi_1(\mathrm{E}_\varphi)$ est un D-module projectif de rang 1, et correspond donc à un élément e_φ de Cl_k. On sait que tout élément de Cl_k est de la forme e_φ et que $e_\varphi = e_{\varphi'}$ si et seulement si φ' est égal à φ ou à $\bar{\varphi}$.

Prenons maintenant $k=\mathbf{Q}(\sqrt{-p})$, où p est un nombre premier congru à -1 modulo 4. L'entier h est alors impair. Nous supposerons vérifiées les deux conditions suivantes :

$$h>1 \quad \text{et} \quad (h, p-1)=1.$$

(Exemples : $p=23$, $h=3$; $p=47$, $h=5$; $p=59$, $h=3$; ...).

D'après ce qui précède, il existe une courbe elliptique E définie sur K, et admettant D pour anneau d'endomorphismes ([4]); il existe un plongement φ de K dans **C** tel que $\pi_1(\mathrm{E}_\varphi)$ soit un D-module libre de rang 1 ([5]); puisque $h>1$, il existe aussi un plongement ψ de K dans **C** tel que $\pi_1(\mathrm{E}_\psi)$ ne soit pas libre sur D.

Soit d'autre part S l'anneau des entiers du corps des racines $p^{\text{ièmes}}$ de l'unité. On a $\mathrm{D}\subset\mathrm{S}$, puisque $p\equiv -1 \bmod 4$.

Lemme 1. — S *est un* D-*module libre de rang* $(p-1)/2$.

Il est clair que S est un D-module projectif de rang $(p-1)/2$; sa structure est donc déterminée ([6]) par un élément s de Cl_k. De plus, s^2 est égal à la classe du discriminant de S sur D; or ce discriminant est une puissance de p, donc un idéal principal. On a donc $s^2=1$, et comme l'ordre h de Cl_k est impair, $s=1$, ce qui montre bien que S est libre.

Le lemme précédent permet de plonger S dans l'anneau M des matrices carrées d'ordre $(p-1)/2$ à coefficients dans D. Comme M est l'anneau des endomorphismes de la variété abélienne $\mathrm{A}=\mathrm{E}^{(p-1)/2}$, produit de $(p-1)/2$ copies de E, on voit que S opère sur A.

Lemme 2. — *Les* S-*modules* $\pi_1(\mathrm{A}_\varphi)$ *et* $\pi_1(\mathrm{A}_\psi)$ *sont projectifs de rang* 1. *Le premier est libre, le second ne l'est pas.*

On a

$$\pi_1(A_\varphi) = \pi_1(E_\varphi)\otimes_D S \qquad \text{et} \qquad \pi_1(A_\psi) = \pi_1(E_\psi)\otimes_D S,$$

ce qui démontre la première assertion, ainsi que le fait que $\pi_1(A_\varphi)$ est libre. Si $\pi_1(A_\psi)$ était libre sur S, le lemme 1 montre qu'il serait également libre sur D; or, comme D-module, c'est la somme directe de $(p-1)/2$ copies de $\pi_1(E_\psi)$. Son invariant $a_\psi \in \mathrm{Cl}_k$ est donc la puissance $[(p-1)/2]^{\text{ième}}$ de l'invariant e_ψ de $\pi_1(E_\psi)$; comme $e_\psi \neq 1$, et que h est premier à $p-1$, on a $a_\psi \neq 1$, ce qui démontre notre assertion.

2. Construction de la variété V. — Dans l'espace projectif de dimension $p-1$, soit Y l'hypersurface d'équation homogène $\sum_{i=1}^{i=p} X_i^p = 0$; c'est une variété non singulière; sur le corps $\mathbf{C}$, c'est un espace simplement connexe, en vertu d'un théorème de Lefschetz [7]. Soit G le groupe cyclique d'ordre p, et faisons opérer G sur Y par permutation circulaire des coordonnées; la variété quotient $X = Y/G$ est non singulière, puisque G opère librement.

D'autre part, l'anneau S est un quotient de l'algèbre $\mathbf{Z}[G]$ de G; comme S est plongé dans l'anneau des endomorphismes de la variété abélienne A, on en déduit que G opère sur A. Nous prendrons comme variété V le quotient de $Y \times A$ par G, le groupe G opérant sur $Y \times A$ par la formule

$$g(y, a) = (g^{-1}y, ga).$$

On obtient ainsi une variété projective non singulière, qui est un espace fibré isotrivial, de base X et de fibre A. Comme cet espace fibré admet une section, le groupe $\pi_1(V_\varphi)$ s'identifie au produit semi-direct de G par $\pi_1(A_\varphi)$, les opérations de G sur $\pi_1(A_\varphi)$ étant celles déduites de la structure de S-module de $\pi_1(A_\varphi)$; on a un résultat analogue pour $\pi_1(V_\psi)$.

Théorème. — *Les groupes $\pi_1(V_\varphi)$ et $\pi_1(V_\psi)$ ne sont pas isomorphes.*

On vérifie sans difficultés que $\pi_1(A_\varphi)$ est l'unique sous-groupe abélien d'indice p de $\pi_1(V_\varphi)$, et de même pour $\pi_1(V_\psi)$. Si f est un isomorphisme de $\pi_1(V_\varphi)$ sur $\pi_1(V_\psi)$, f applique donc $\pi_1(A_\varphi)$ sur $\pi_1(A_\psi)$, et définit par passage au quotient un automorphisme σ de G. Soit σ_S l'automorphisme correspondant de S. La restriction de f à $\pi_1(A_\varphi)$ est alors un isomorphisme σ_S-semi-linéaire de ce module sur le module $\pi_1(A_\psi)$, ce qui contredit le lemme 2.

C. Q. F. D.

Remarque. — La variété V construite ci-dessus est de dimension $(3p-5)/2$. Pour avoir un exemple analogue en dimension 2, il suffit de prendre l'intersection de V et d'une variété linéaire convenable [7].

(*) Séance du 20 avril 1964.

[1] J.-P. Serre, *Ann. Inst. Fourier*, 6, 1955-1956, p. 1-42.

(²) Par contre, les *groupes profinis* complétés de $\pi_1(V_\varphi)$ et de $\pi_1(V_\psi)$ sont toujours isomorphes; cela résulte simplement de la définition algébrique de ces groupes au moyen des revêtements étales de V.

(³) *Voir*, par exemple, M. Deuring, *Enzykl. Math. Wiss.*, I-2, nº 23, Teubner, 1958.

(⁴) Lorsque $k = \mathbf{Q}(\sqrt{-23})$, le corps K est engendré sur k par les racines de l'équation $x^3 - x - 1 = 0$, et l'invariant modulaire j de E est lié à x par une formule donnée dans H. Weber, *Lehrbuch der Algebra*, III, p. 486.

(⁵) On peut montrer que cette condition équivaut à la suivante : φ transforme l'invariant modulaire j de E en un nombre *réel*.

(⁶) N. Bourbaki, *Algèbre commutative*, chap. VII, § 4.

(⁷) *Cf.* R. Bott, *Mich. Math. J.*, 6, 1959, p. 211-216.

(*Institut des Hautes-Études Scientifiques, Bures-sur-Yvette, Seine-et-Oise.*)

64.

Zeta and L functions

Arithmetical Algebraic Geometry, Harper and Row, New York (1965), 82–92

The purpose of this lecture is to give the general properties of zeta functions and Artin's L functions in the setting of *schemes*. I will restrict myself mainly to the formal side of the theory; for the connection with l-adic cohomology and Lefschetz's formula, see Tate's lecture.

§1. ZETA FUNCTIONS

1.1. DIMENSION OF SCHEMES

All schemes considered below are supposed to be *of finite type over* **Z**. Such a scheme X has a well-defined *dimension* denoted by $\dim X$. It is the maximum length n of a chain

$$Z_0 \subset Z_1 \subset \cdots \subset Z_n, \qquad Z_i \neq Z_{i+1}$$

of closed irreducible subspaces of X. If X itself is irreducible, with generic point x, and if $k(x)$ is the corresponding residue field, one has:

$$\dim X = \text{Kronecker dimension of } k(x). \tag{1}$$

(The Kronecker dimension of a field E is the transcendence degree of E over the prime field, augmented by 1 if $\operatorname{char} E = 0$.)

1.2. CLOSED POINTS

Let X be a scheme and let $x \in X$. The following properties are equivalent:

a. $\{x\}$ is closed in X.

b. The residue field $k(x)$ is finite.

The set of closed points of X will be denoted by $\bar{X}$; we view it as a discrete topological space, equipped with the sheaf of fields $k(x)$; we call $\bar{X}$ the *atomization* of X. If $x \in \bar{X}$, the *norm* $N(x)$ of x is the number of elements of $k(x)$.

1.3. ZETA FUNCTIONS

The zeta function of a scheme X is defined by the eulerian product

$$\zeta(X, s) = \prod_{x \in \bar{X}} \frac{1}{1 - 1/N(x)^s}. \tag{2}$$

It is easily seen that there are only a finite number of $x \in \bar{X}$ with a given norm. This is enough to show that the above product is a *formal Dirichlet series* $\Sigma a_n/n^s$, with integral coefficients. In fact, that series converges, as the following theorem shows:

Theorem 1. The product $\zeta(X, s)$ converges absolutely for

$$R(s) > \dim X.$$

(As usual, $R(s)$ denotes the *real part* of s.)

Lemma. (a) Let X be a finite union of schemes X_i. If Theorem 1 is valid for each of the X_i's, it is valid for X. (b) If $X \to Y$ is a finite morphism, and if Theorem 1 is valid for Y, it is valid for X.

Using this lemma (which is elementary) and induction on dimension, one reduces Theorem 1 to the case

$$X = \operatorname{Spec} A[T_1, \ldots, T_n],$$

where the ring A is either $\mathbf{Z}$ or $\mathbf{F}_p$. In the first case, $\dim X = n + 1$, and the product (2) gives (after collecting some terms together):

$$\zeta(X, s) = \prod_p \frac{1}{1 - p^{n-s}} = \zeta(s - n).$$

In the second case, $\dim X = n$, and $\zeta(X, s) = 1/(1 - p^{n-s})$. In both cases, we have absolute convergence for $R(s) > \dim X$.

1.4. ANALYTIC CONTINUATION OF ZETA FUNCTIONS

One *conjectures* that $\zeta(X, s)$ can be continued as a meromorphic function in the entire s-plane; this, at least, has been proved for many schemes. However, in the general case, one knows only the following much weaker:

Theorem 2. $\zeta(X, s)$ can be continued analytically (as a meromorphic function) in the half-plane $R(s) > \dim X - \frac{1}{2}$.

The singularities of $\zeta(X, s)$ in the strip

$$\dim X - \tfrac{1}{2} < R(s) \leqq \dim X$$

are as follows:

Theorem 3. Assume X to be irreducible, and let E be the residue field of its generic point.

a. If $\operatorname{char} E = 0$, the only pole of $\zeta(X, s)$ in $R(s) > \dim X - \frac{1}{2}$ is $s = \dim X$, and it is a simple pole.

b. If $\operatorname{char} E = p \neq 0$, let q be the highest power of p such that E contains the field $\mathbf{F}_q$. The only poles of $\zeta(X, s)$ in $R(s) > \dim X - \frac{1}{2}$ are the points

$$s = \dim X + \frac{2\pi i n}{\log(q)}, \qquad n \in \mathbf{Z},$$

and they are simple poles.

Corollary 1. For any nonempty scheme X, the point $s = \dim X$ is a pole of $\zeta(X, s)$. Its order is equal to the number of irreducible components of X of dimension equal to $\dim X$.

Corollary 2. The domain of convergence of the Dirichlet series $\zeta(X, s)$ is the half-plane $R(s) > \dim X$.

Theorem 2 and Theorem 3 are deeper than Theorem 1. Their proof uses the "Riemann hypothesis for curves" of Weil [7] combined with the technique of "fibering by curves" (i.e., maps $X \to Y$ whose fibers are of dimension 1). One may also deduce them from the estimates of Lang-Weil [5] and Nisnevič [6].

1.5. SOME PROPERTIES AND EXAMPLES

$\zeta(X, s)$ depends only on the *atomization* $\bar{X}$ of X. In particular, it does not change by radicial morphism, and we have

$$\zeta(X_{\text{red}}, s) = \zeta(X, s). \tag{3}$$

If X is a disjoint union (which may be infinite) of subschemes X_i, we have

$$\zeta(X, s) = \prod \zeta(X_i, s),$$

with absolute convergence for $R(s) > \dim X$. It is even enough that $\bar{X}$ be the disjoint union of the $\bar{X}_i$'s. For instance, if $f : X \to Y$ is a morphism, we may take for X_i's the fibers $X_y = f^{-1}(y)$, $y \in \bar{Y}$, and we get:

$$\zeta(X, s) = \prod_{y \in \bar{Y}} \zeta(X_y, s). \tag{4}$$

(This, with $Y = \text{Spec}(\mathbf{Z})$, was the original definition of Hasse-Weil.) Note that the X_y's are schemes over the finite fields $k(y)$; that is, they are "algebraic varieties."

If $X = \text{Spec}(A)$, where A is the ring of integers of a number field K $\zeta(X, s)$ coincides with the classical zeta function ζ_K attached to K. For $A = \mathbf{Z}$, we get Riemann's zeta.

If $\mathbf{A}^n(X)$ is the affine n-space over a scheme X, we have

$$\zeta(\mathbf{A}^n(X), s) = \zeta(X, s - n).$$

Similarly,

$$\zeta(\mathbf{P}^n(X), s) = \prod_{m=0}^{m=n} \zeta(X, s - m).$$

1.6. SCHEMES OVER A FINITE FIELD

Let X be a scheme over $\mathbf{F}_q$. If $x \in \bar{X}$, the residue field $k(x)$ is a finite extension of $\mathbf{F}_q$; let $\deg(x)$ be its degree. We have

$$N(x) = q^{\deg(x)},$$

and

$$\zeta(X, s) = Z(X, q^{-s}) \tag{5}$$

where $Z(X, t)$ is the power series defined by the product:

$$Z(X, t) = \prod_{x \in \bar{X}} \frac{1}{1 - t^{\deg(x)}}. \qquad (6)$$

The product (6) converges for $|t| < q^{-\dim X}$.

Theorem 4 (Dwork). $Z(X, t)$ is a rational function of t.

(See[3] for the proof.)

In particular, $\zeta(X, s)$ is meromorphic in the whole plane and periodic of period $2\pi i/\log(q)$.

There is another expression of $Z(X, t)$ which is useful:

Let $k = \mathbf{F}_q$, and denote by k_n the extension of k with degree n. Let $X_n = X(k_n)$ be the set of points of X with value in k_n/k. Such a point P can be viewed as a *pair* (x, f), with $x \in \bar{X}$, and where f is a k-isomorphism of $k(x)$ into k_n. We have

$$\bigcup X_n = X(\bar{k}),$$

where $\bar{k}$ is the algebraic closure of k.

It is easily seen that the X_n's are *finite*. If we put:

$$\nu_n = \operatorname{Card}(X_n),$$

we have

$$\log Z(X, t) = \sum_{n=1}^{\infty} \frac{\nu_n t^n}{n}. \qquad (7)$$

1.7. FROBENIUS

We keep the notations of 1.6. Let $F : X \to X$ be the "Frobenius morphism" of X into itself (i.e., F is the identity on the topological space X, and it acts on the sheaf O_X by $\varphi \mapsto \varphi^q$). If we make F operate on $X(\bar{k})$, the *fixed points* of the nth iterate F^n of F are *the elements of* X_n. In particular, the number ν_n is *the number* $\Lambda(F^n)$ *of fixed points of* F^n. This remark, first made by Weil, is the starting point of his interpretation of ν_n as a *trace*, in Lefschetz's style.

§2. *L* FUNCTIONS

2.1 FINITE GROUPS ACTING ON A SCHEME

Let X be a scheme, let G be a finite group, and suppose that G acts on X on the right; we also assume that the quotient $X/G = Y$

exists (i.e., X is a union of affine open sets which are stable by G). The atomization $\bar{Y}$ of Y may be identified with $\bar{X}/G$. More precisely, let $x \in \bar{X}$, let y be its image in $\bar{Y}$, and let $D(x)$ be the corresponding decomposition subgroup; we have $g \in D(x)$ if and only if g leaves x fixed. There is a natural epimorphism

$$D(x) \to \mathrm{Gal}\, k(x)/k(y).$$

Its kernel $I(x)$ is called the *inertia subgroup* corresponding to x; when $I(x) = \{1\}$, the morphism $X \to Y$ is *étale* at x.

Since $D(x)/I(x)$ can be identified with $\mathrm{Gal}(k(x)/k(y))$, it is a cyclic group, with a canonical generator F_x, called the *Frobenius element* of x.

2.2. ARTIN'S DEFINITION OF L FUNCTIONS

Let χ be a character of G (i.e. a linear combination, with coefficients in $\mathbf{Z}$, of irreducible complex characters). For each $y \in \bar{Y}$, and for each integer n, let $\chi(y^n)$ be the mean value of χ on the nth power F_x^n of the Frobenius element $F_x \in D(x)/I(x)$, where $x \in \bar{X}$ is any lifting of y. Artin's definition of the L function $L(X, \chi; s)$ is the following (cf. [1]):

$$\log L(X, \chi; s) = \sum_{y \in \bar{Y}} \sum_{n=1}^{\infty} \frac{\chi(y^n) N(y)^{-ns}}{n}. \tag{8}$$

When χ is the character of a linear representation $g \mapsto M(g)$, we have

$$L(X, \chi; s) = \prod_{y \in \bar{Y}} \frac{1}{\det(1 - M(F_x)/N(y)^s)}, \tag{9}$$

where $M(F_x)$ is again defined as the mean value of $M(g)$, for $g \mapsto F_x$.

Both expressions (8) and (9) converge absolutely when

$$R(s) > \dim X.$$

2.3. FORMAL PROPERTIES OF THE L FUNCTIONS

a. $L(X, \chi)$ depends on X only through its atomization $\bar{X}$.

b. $L(X, \chi + \chi') = L(X, \chi). L(X, \chi')$.

c. If $\bar{X}$ is the disjoint union of the $\bar{X}_i$'s, with X_i stable by G for each i, we have

$$L(X, \chi; s) = \prod L(X_i, \chi; s)$$

with absolute convergence for $R(s) > \dim X$.

d. Let $\pi : G \to G'$ be a homomorphism, and let $\pi_* X = X \times^G G'$ be the scheme deduced from X by "extension of the structural group." Let χ' be a character of G', and let $\pi^*\chi' = \chi' \circ \pi$ be the corresponding character of G. We have

$$L(X, \pi^*\chi') = L(\pi_* X, \chi'). \qquad (10)$$

e. Let $\pi : G' \to G$ be a homomorphism, and let $\pi^* X$ denote the scheme X on which G' operates through π. Let χ' be a character of G', and let $\pi_*\chi'$ be its direct image, which is a character of G (when G' is a subgroup of G, $\pi_*\chi'$ is the "induced character" of χ'). We have

$$L(X, \pi_*\chi') = L(\pi^* X, \chi'). \qquad (11)$$

f. Let $X = \mathrm{Spec}(\mathbf{F}_{q^n})$, $Y = \mathrm{Spec}(\mathbf{F}_q)$, $G = \mathrm{Gal}(\mathbf{F}_{q^n}/\mathbf{F}_q)$, and χ an irreducible character of G. We have

$$L(X, \chi; s) = \frac{1}{1 - \chi(F) q^{-s}}, \qquad (12)$$

where F is the Frobenius element of G.

It is not hard to see that *properties* (a) *to* (f) *uniquely characterize the L functions.*

g. If $\chi = 1$ (unit character), $L(X, 1) = \zeta(X/G)$.
h. If $\chi = r$ (character of the regular representation), we have

$$L(X, r) = \zeta(X).$$

By combining (h) and (b), one gets the following formula (which is one of the main reasons for introducing L functions):

$$\zeta(X) = \prod_{\chi \in \mathrm{Irr}(G)} L(X, \chi)^{\deg(\chi)}, \qquad (13)$$

where $\mathrm{Irr}(G)$ denotes the set of *irreducible characters* of G, and $\deg(\chi) = \chi(1)$.

There is an analogous result for $\zeta(X/H)$, when H is a subgroup of G; one replaces the regular representation by the permutation representation of G/H.

2.4. SCHEMES OVER A FINITE FIELD

Let X be an $\mathbf{F}_q$-scheme and assume that the operations of G are $\mathbf{F}_q$-automorphisms of X. The scheme $Y = X/G$ is then also an $\mathbf{F}_q$-scheme.

On the set $X(\bar{k})$, we have two kinds of operators: the Frobenius endomorphism F (cf. 1.7) and the automorphisms defined by the elements of G; if $g \in G$, we have $F \circ g = g \circ F$.

If we put as usual $t = q^{-s}$, we can transform $L(X, \chi; s)$ into a function $L(X, \chi; t)$ of t. An elementary calculation gives:

$$\log L(X, \chi; t) = \sum_{n=1}^{\infty} \nu_n(\chi) t^n/n, \tag{14}$$

with

$$\nu_n(\chi) = \frac{1}{(G)} \sum_{g \in G} \chi(g^{-1}) \Lambda(gF^n), \tag{15}$$

where $(G) = \mathrm{Card}(G)$, and $\Lambda(gF^n)$ is the number of fixed points of gF^n (acting on $X(\bar{k})$).

(These formulae could have been used to *define* the L functions; they make the verification of properties (a) to (f) very easy.)

Remark. It is not yet known that $L(X, \chi; t)$ is a *rational function* of t. However, this is true in the following special cases:

a. When X is projective and smooth over $\mathbf{F}_q$: this follows from l-adic cohomology (Artin-Grothendieck).
b. When Artin-Schreier or Kummer theory applies; that is, when G is cyclic of order p^N, or of order m prime to p, with m dividing $q - 1$. This can be proved by Dwork's method; the case $G = \mathbf{Z}/p\mathbf{Z}$ has been studied in some detail by Bombieri.

(Added in proof: The rationality of the L functions has now been proved by Grothendieck. See his Bourbaki's lecture, n° 279.)

2.5. ARTIN-SCHREIER EXTENSIONS

It would be easy—but too long—to give various examples of L functions, in particular for an abelian group G. I will limit myself to one such example:

Let Y be an $\mathbf{F}_q$-scheme, and let a be a section of the sheaf O_Y. In the affine line $Y[T]$, let X be the closed subscheme defined by the equation

$$T^p - T = a.$$

If we put $G = \mathbf{Z}/p\mathbf{Z}$, the group G acts on X by $T \mapsto T + 1$, and

$X/G = Y$; we get in this way an *étale covering*. Let w be a primitive pth root of unity in $\mathbf{C}$, and let χ be the character of G defined by $\chi(n) = w^n$. The L function $L(X, \chi; t)$ is given by formula (14); its coefficients $\nu_n(\chi)$ can be written here in the following form:

$$\nu_n(\chi) = \sum_{y \in Y_n} w^{\mathrm{Tr}_n a(y)}, \tag{16}$$

where $Y_n = Y(k_n)$, and Tr_n is the trace map from $k_n = \mathbf{F}_{q^n}$ to $\mathbf{F}_p$. The above expression is a typical "exponential sum." If, for instance, we take for Y the multiplicative group $\mathbf{G}_m$, and put $a = \lambda y + \mu y^{-1}$, we get the so-called "Kloosterman sums." This connection between L functions and exponential sums was first noticed by Davenport-Hasse [2] and then used by Weil [8] to give estimates in the one-dimensional case.

2.6. ANALYTIC CONTINUATION OF L FUNCTIONS

Theorems 2 and 3 have analogues for L functions. First:

Theorem 5. $L(X, \chi; s)$ can be continued analytically (as a meromorphic function) in the half-plane $R(s) > \dim X - \frac{1}{2}$.

The singularities of $L(X, \chi; s)$ in the critical strip

$$\dim X - \tfrac{1}{2} < R(s) \leq \dim X$$

can be determined, or rather reduced to the classical case $\dim X = 1$. We use the following variant of the "fibering by curves" method:

Lemma. Let $f : X \to X'$ be a morphism which commutes with the action of the group G. Assume that all geometric fibers of f are irreducible curves. Then

$$L(X, \chi; s) = H(s) \cdot L(X', \chi; s - 1), \tag{17}$$

where $H(s)$ is holomorphic and $\neq 0$ for $R(s) > \dim X - \frac{1}{2}$.

This lemma gives a reduction process to dimension 1 (and even to dimension 0 if X is a scheme over a finite field). The result obtained in this way is a bit involved, and I will just state a special case:

Theorem 6. Assume that X is irreducible, and that G operates faithfully on the residue field E of the generic point of X. Let χ be a character of G, and let $\langle \chi, 1 \rangle$ be the multiplicity of the identity character 1 in χ. The order of $L(X, \chi)$ at $s = \dim X$ is equal to $-\langle \chi, 1 \rangle$.

Corollary. If χ is a non-trivial irreducible character, $L(X, \chi)$ is holomorphic and $\neq 0$ at the point $s = \dim X$.

2.7. ARTIN-ČEBOTAREV'S DENSITY THEOREM

Let Y be an irreducible scheme of dimension $n \geqq 1$. By using the fact that $\zeta(Y, s)$ has a simple pole at $s = n$, we get easily:

$$\sum_{y \in \bar{Y}} \frac{1}{N(y)^s} \sim \log \frac{1}{s - n} \qquad \text{for } s \to n. \tag{18}$$

A subset M of $\bar{Y}$ has a *Dirichlet density* m if we have

$$\left(\sum_{y \in M} \frac{1}{N(y)^s} \right) \Big/ \log \frac{1}{s - n} \to m \qquad \text{for } s \to n. \tag{19}$$

For $Y = \operatorname{Spec}(\mathbf{Z})$, this is the usual definition of the Dirichlet density of a set of prime numbers.

Now let X verify the assumptions of Theorem 6, and let $Y = X/G$. Assume that $\dim X \geqq 1$ and that G operates freely (i.e., $I(x) = \{1\}$ for all $x \in \bar{X}$). If $y \in \bar{Y}$, the Frobenius element F_x of a corresponding point $x \in \bar{X}$ is a well defined element of G, and its conjugation class F_y depends only on y.

Theorem 7. Let $R \subset G$ be a subset of G stable by conjugation. The set $\bar{Y}_R$ of elements $y \in \bar{Y}$ such that $F_y \subset R$ has Dirichlet density equal to $\operatorname{Card}(R)/\operatorname{Card}(G)$.

This follows by standard arguments from the corollary to Theorem 6.

Corollary. $\bar{Y}_R$ is infinite if $R \neq \emptyset$.

Remark. A slightly more precise result has been obtained by Lang [4] for "geometric" coverings and also for coverings obtained by extension of the ground field.

REFERENCES

1. Artin, E., Zur Theorie der L-Reihen mit allgemeinen Gruppencharakteren, *Abh. Hamb.*, **8**(1930), 292–306.
2. Davenport, H., and H. Hasse, Die Nullstellen der Kongruenzzetafunktionen im gewissen zyklischen Fällen. *Crelle Jour.*, **172**(1935), 151–182.
3. Dwork, B., On the rationality of the zeta function of an algebraic variety, *Amer. Jour. Math.*, **82**(1960), 631–648.
4. Lang, S., Sur les séries L d'une variété algébrique, *Bull. Soc. Math. France*, **84**(1956), 385–407.
5. Lang, S., and A. Weil, Number of points of varieties in finite fields, *Amer. Jour. Math.*, **76**(1954), 819–827.
6. Nisnevič, L., Number of points of algebraic varieties over finite fields (in Russian), *Dokl. Akad. Nauk*, **99**(1954), 17–20.
7. Weil, A., *Sur les courbes algébriques et les variétés qui s'en déduisent*, *Act. Sci. Ind.*, n°. 1041, Paris, Hermann, 1948.
8. Weil, A., On some exponential sums, *Proc. Nat. Acad. Sci. USA*, **34**(1948), 204–207.
9. Weil, A., Number of solutions of equations in finite fields, *Bull. Amer. Math. Soc.*, **55**(1949), 497–508.

65.

Classification des variétés analytiques p-adiques compactes

Topology **3** (1965), 409–412

(Received 22 March 1964)

§1. DÉFINITIONS ET RÉSULTATS

SOIT k un corps localement compact pour la topologie définie par une valuation discrète v. On note A (resp. $\mathfrak{m}$) l'anneau (resp. l'idéal maximal) de cette valuation. Le corps résiduel $k_0 = A/\mathfrak{m}$ est un corps fini; on note q le nombre de ses éléments. Si $a \in k^*$, on note $|a|$ la valeur absolue *normalisée* de a, autrement dit le module de l'automorphisme du groupe additif de k défini par a (cf. BOURBAKI: *Int.*, Chapitre VII, §1, n°10); on sait que $|a| = q^{-v(a)}$. Lorsque $k = \mathbf{Q}_p$, corps des nombres p-adiques, on a $A = \mathbf{Z}_p$, $k_0 = \mathbf{F}_p$, $q = p$.

Si U est un ouvert de k^n, une application $f : U \to k$ est dite analytique si elle est développable en série de Taylor au voisinage de tout point de U. Au moyen de ces fonctions, on définit (par "recollement") la catégorie des *variétés analytiques sur k* (appelées encore variétés analytiques *p-adiques* si $k = \mathbf{Q}_p$). Toutes les notions usuelles de géométrie différentielle se laissent définir sans difficultés pour de telles variétés; on peut parler de leur dimension (au voisinage d'un point), de leur fibré tangent, cotangent, etc.

Soit n un entier $\geqq 1$, fixé une fois pour toutes. Nous nous intéresserons dans ce qui suit aux variétés analytiques X sur k qui vérifient les deux conditions suivantes:

(i) X est un espace topologique *compact non vide*.

(ii) La dimension de X en chacun de ses points est égale à n.

Pour abréger, un tel X sera appelé une *n-variété compacte*. La *boule* A^n en est un exemple. Plus généralement, on peut faire la somme disjointe de r copies ($r \geqq 1$) de A^n; la variété ainsi obtenue sera notée $r.A^n$. Ce procédé fournit *toutes* les n-variétés compactes. On a en effet:

THÉORÈME (1). (a) *Toute n-variété compacte X est isomorphe à $r.A^n$ pour un entier $r \geqq 1$ convenable.*

(b) *Pour que $r.A^n$ et $r'.A^n$ soient isomorphes, il faut et il suffit que $r \equiv r'$* mod.$(q-1)$.

Il s'ensuit que, si l'on attache à X la classe de r mod.$(q-1)$, on obtient un élément $i(X) \in \mathbf{Z}/(q-1)\mathbf{Z}$ qui est un *invariant* de X, et il est clair que cet invariant *caractérise* X à isomorphisme près. En particulier:

COROLLAIRE. *Toute n-variété compacte X est isomorphe à une variété et une seule de la forme $r.A^n$, avec $1 \leqq r \leqq q-1$.*

(Noter le cas particulier $q = 2$, dans lequel toutes les n-variétés compactes sont isomorphes.)

On peut donner une définition *analytique* de l'invariant $i(X)$:

Soit dx la mesure de Haar sur k, normalisée de telle sorte que $\int_A dx = 1$. Si ω est une forme différentielle de degré n sur la n-variété X, on définit (cf. Weil [3], p. 14–15) la mesure positive $|\omega|$ sur X; rappelons que, si ω s'écrit $f\,dx_1 \wedge \ldots \wedge dx_n$ en termes de coordonnées locales, la mesure $|\omega|$ est égale à $|f|dx_1 \ldots dx_n$, la valeur absolue étant la valeur absolue *normalisée*, introduite ci-dessus.

THÉORÈME (2). *Soit X une n-variété compacte.*

(a) *Il existe une forme différentielle analytique ω de degré n qui ne s'annule en aucun point de X.*

(b) *Si ω est une telle forme différentielle, l'intégrale $\int_X|\omega|$ s'écrit sous la forme a/q^b $(a, b \in \mathbf{N})$, et l'on a:*

$$i(X) \equiv a \equiv \int_X |\omega| \quad \text{mod.}(q-1).$$

(Noter que $a/q^b = a$ dans l'anneau $\mathbf{Z}/(q-1)\,\mathbf{Z}$.)

EXEMPLES. (i) Soit S un schéma lisse sur A (au sens de Grothendieck [1], Chapitre IV), et soit $X = S(A)$ l'ensemble des points de S à valeurs dans A. Supposons que $X \neq \emptyset$, et que le schéma réduit $\bar{S} = S \otimes k_0$ soit de dimension n en tout point. On définit alors sur X, de la façon habituelle, une structure de variété analytique sur k, qui en fait une n-variété compacte. De plus, l'ensemble $\bar{S}(k_0)$ est fini; soit N le nombre de ses éléments, et soit $\pi : X \to \bar{S}(k_0)$ l'application canonique évidente ("réduction modulo $\mathfrak{m}$"). On montre facilement que π est *surjective*, et que ses fibres sont des *boules* (comparer avec Weil [3] Théorème (2.2.5), Chapitre I). Il s'ensuit que *l'invariant $i(X)$ est congru à N* mod.$(q-1)$.

(ii) Prenons $k = \mathbf{Q}_p$, et soit G un groupe analytique p-adique compact, de dimension n. C'est un groupe profini, et son *ordre* est défini (cf. par exemple [2], p. 1–4); on voit facilement qu'il peut s'écrire $(G) = p^\infty . N$, avec $(N, p) = 1$. On définit au moyen de l'exponentielle (ou par tout autre procédé) un sous-groupe ouvert U de G, qui est un pro-p-groupe et qui est isomorphe (comme variété) à une boule A^n; l'indice $(G : U)$ est égal à $p^h N$, avec $h \geqq 0$. En décomposant G en classes à gauche mod. U, on voit que $i(G)$ est congru à $p^h N$ mod.$(p-1)$, d'où finalement $i(G) \equiv N$ mod.$(p-1)$. *L'invariant de G est donc déterminé par son ordre.*

§2. DÉMONSTRATIONS

LEMME (1) (Bourbaki). *Toute n-variété compacte X est somme disjointe de boules.*

Montrons-le tout d'abord lorsque X est un sous-ensemble *ouvert et fermé* de la boule A^n. Soit $Y = A^n - X$. Comme X et Y sont des ensembles compacts disjoints, leur distance est > 0. On en conclut qu'il existe un exposant $h \geqq 0$ tel que, si $x = (x_i)$, $x' = (x'_i)$ appartiennent à A^n et si $x_i \equiv x'_i$ mod. $\mathfrak{m}^h$ pour tout i, les relations $x \in X$ et $x' \in X$ sont équivalentes.

En d'autres termes, X est réunion de classes modulo $\mathfrak{m}^h$. Comme chacune de ces classes est visiblement isomorphe à une boule, le résultat cherché s'ensuit dans le cas considéré.

Dans le cas général, on peut écrire X sous la forme:

$$X = \bigcup X_i \qquad (1 \leqq i \leqq N),$$

où chaque X_i est une sous-variété ouverte compacte de X, isomorphe à la boule A^n. Raisonnons par récurrence sur N, le cas $N = 1$ étant trivial. Soit $X' = \bigcup X_i \, (1 \leqq i \leqq N - 1)$. L'hypothèse de récurrence montre que X' est somme disjointe de boules. D'autre part $X'' = X - X'$ est isomorphe à un ouvert compact de A^n; vu ce qui précède, c'est donc une somme disjointe (éventuellement vide) de boules. Comme X est somme disjointe de X' et de X'', on voit que X est lui aussi somme disjointe de boules.

LEMME (2). *Soient $r, r' \geqq 1$, avec $r \equiv r'$ mod.$(q-1)$. Les n-variétés $r.A^n$ et $r'.A^n$ sont isomorphes.*

Il suffit de voir que $q.A^n$ est isomorphe à A^n; pour cela on décompose A^n en q boules correspondant aux différentes valeurs de la première coordonnée modulo $\mathfrak{m}$.

LEMME (3). *Soit ω une forme différentielle analytique de degré n sur $X = r.A^n$. On suppose que ω ne s'annule en aucun point de X. On a alors $\int_X |\omega| = a/q^b$, avec $a \equiv r$ mod.$(q-1)$.*

Par additivité, on est ramené au cas où $r = 1$, i.e. $X = A^n$; la forme différentielle ω s'écrit alors $f dx_1 \wedge \ldots \wedge dx_n$, où f est une fonction analytique de $(x_1, \ldots, x_n)$ ne s'annulant en aucun point de A^n. La mesure $|\omega|$ correspondante est donnée par:

$$|\omega| = |f| \, dx_1 \ldots dx_n.$$

Puisque $|f|$ ne s'annule pas, elle prend des valeurs *discrètes*, et c'est une fonction *localement constante*. Il existe donc un $h \geqq 0$ tel que $|f|$ soit constante sur les classes B_α modulo $\mathfrak{m}^h$ (cf. démonstration du Lemme (1)); soit q^{c_α} la valeur de $|f|$ sur B_α; d'après la définition de la valeur absolue normalisée, c_α est un *entier*. Comme le volume de chaque B_α est $1/q^{nh}$, on obtient:

$$\int_X |\omega| = \sum_\alpha q^{c_\alpha - nh}.$$

Mais chaque $q^{c_\alpha - nh}$ est congru à 1 modulo $(q-1)$; comme le nombre des B_α est q^{nh}, on obtient finalement:

$$\int_X |\omega| \equiv q^{nh} \equiv 1 \qquad \text{mod.}(q-1),$$

ce qui démontre le lemme.

Les Théorèmes (1) et (2) sont maintenant évidents. En effet, l'assertion (a) du Théorème (1) a été démontrée (Lemme (1)); l'assertion (a) du Théorème (2) en résulte (sur toute boule on peut évidemment construire une forme ω qui ne s'annule en aucun point, par exemple $dx_1 \wedge \ldots \wedge dx_n$). Si une même variété X est isomorphe à $r.A^n$ et $r'.A^n$, et si ω est une forme différentielle analytique de degré n partout non nulle sur X, le Lemme (3) montre que $r \equiv \int_X |\omega| \equiv r'$ mod.$(q-1)$; inversement, si cette congruence est satisfaite,

$r.A^n$ et $r'.A^n$ sont isomorphes (Lemme (2)). Cela achève de prouver le Théorème (1); quant à la partie (b) du Théorème (2), elle résulte du Lemme (3).

BIBLIOGRAPHIE

1. A. Grothendieck: Eléments de géométrie algébrique (rédigés avec la collaboration de J. Dieudonné) *Publ. Inst. Hautes Études Sci., Paris* (1965), n° 24.
2. J-P. Serre: *Cohomologie galoisienne. Lecture Notes in Mathematics*, N° 5, Springer-Verlag, Berlin, 1964.
3. A. Weil: *Adeles and algebraic groups* (notes by M. Demazure and T. Ono). Inst. for Advanced Study, Princeton, 1961.

Paris

66.

Sur la dimension cohomologique des groupes profinis

Topology **3** (1965), 413–420

(*Received* 12 *June* 1964)

§1. ENONCÉ DU THÉORÈME

SOIT p un nombre premier, et soit G un groupe profini (i.e. une limite projective de groupes finis, cf. [2], [4]). Nous noterons $cd_p(G)$ la *p-dimension cohomologique* de G au sens de Tate; rappelons (cf. [2], p. 189–07 ou [4], p. I–17) que c'est la borne supérieure, finie ou infinie, des entiers n tels qu'il existe un G-module discret fini A annulé par p avec $H^n(G, A) \neq 0$. Si U est un sous-groupe fermé de G, on a

$$cd_p(U) \leqq cd_p(G),$$

et Tate a montré qu'il y a égalité lorsque U est ouvert et que $cd_p(G) < \infty$ (cf. [2], p. 189–08 ou [4], p. I–20). Nous nous proposons de démontrer le théorème suivant, qui complète celui de Tate:

THÉORÈME. *Soit G un groupe profini sans élément d'ordre p, et soit U un sous-groupe ouvert de G. On a $cd_p(U) = cd_p(G)$.*

(L'hypothèse faite sur G est raisonnable; en effet, si G contient un élément d'ordre p, on a $cd_p(G) = \infty$.)

Le résultat suivant répond à une question posée par Lazard:

COROLLAIRE (1). *Soit G un groupe analytique p-adique compact, de dimension n, et sans élément d'ordre p. On a $cd_p(G) = n$.*

En effet, Lazard a montré que G contient un sous-groupe ouvert U qui est "p-valué complet de rang n" et que l'on a $cd_p(U) = n$ (cf. [3], III-3-2 et V-2-2).

COROLLAIRE (2). *Tout pro-p-groupe sans élément d'ordre p qui contient un sous-groupe ouvert libre est libre.*

Cela résulte de la caractérisation des pro-p-groupes libres au moyen de l'inégalité $cd_p \leqq 1$ (cf. [4], p. I–37).

Remarque. J'ignore si l'analogue "discret" du corollaire 2 est vrai: un groupe G sans torsion qui contient un sous-groupe d'indice fini libre est-il nécessairement
1 libre?

§2. RELATIONS ENTRE CLASSES DE COHOMOLOGIE

Soit $S = \mathbf{F}_p[X_1, \ldots, X_n]$ l'algèbre des polynômes en n variables sur le corps à p éléments $\mathbf{F}_p$; soit θ l'endomorphisme de S qui applique X_i sur $X_i + X_i^p$ pour $1 \leqq i \leqq n$; soit k une clôture algébrique de $\mathbf{F}_p$.

PROPOSITION (1). *Soit $\mathfrak{a}$ un idéal homogène de S, stable par θ, et soit $X(k)$ la sous-variété algébrique de k^n définie par $\mathfrak{a}$. Toutes les composantes irréductibles de $X(k)$ sont des sous-espaces vectoriels de k^n rationnels sur $\mathbf{F}_p$.*

(Rappelons qu'un sous-espace vectoriel de k^n est dit *rationnel sur* $\mathbf{F}_p$ s'il peut être défini par des équations linéaires à coefficients dans $\mathbf{F}_p$, cf. BOURBAKI, *Alg.*, Chap. II, 3ème éd., §8.)

Soit F l'endomorphisme de Frobenius de k^n; il est défini par la formule:

$$Fx = (x_1^p, \ldots, x_n^p) \qquad \text{si } x = (x_1, \ldots, x_n).$$

Le m-ième itéré de F sera noté F^m.

LEMME (1). *Soit $x \in X(k)$, et soit $W(x)$ le sous-espace vectoriel de k^n engendré par les $F^m x$ pour $m \geqq 0$. On a $W(x) \subset X(k)$.*

Soit $W_r(x)$ le sous-espace vectoriel de k^n engendré par les $F^m x$ pour $0 \leqq m \leqq r$. On a $W(x) = \bigcup W_r(x)$. Montrons par récurrence sur r que $W_r(x) \subset X(k)$. C'est clair pour $r = 0$ puisque $x \in X(k)$ et que $X(k)$ est un *cône* ($\mathfrak{a}$ étant homogène). Supposons donc que l'on ait $W_{r-1}(x) \subset X(k)$ et montrons que $W_r(x) \subset X(k)$. Un élément de $W_r(x)$ s'écrit:

$$y = y_0 x + y_1 Fx + \ldots + y_r F^r x, \qquad \text{avec} \quad y_i \in k.$$

Vu le fait que $\mathfrak{a}$ est homogène et stable par θ, $X(k)$ contient tous les éléments de la forme $z_0(z + Fz)$, avec $z_0 \in k$ et $z \in X(k)$, et en particulier avec $z \in W_{r-1}(x)$. Si l'on écrit un tel élément z sous la forme:

$$z = z_1 x + z_2 Fx + \ldots + z_r F^{r-1} x,$$

on a:

$$Fz = z_1^p Fx + \ldots + z_r^p F^r x.$$

Pour que l'élément donné $y \in W_r(x)$ soit égal à $z_0(z + Fz)$, il suffit donc que $z_0, \ldots, z_r$ vérifient les $r + 1$ équations:

$$\begin{aligned} z_0 z_1 &= y_0 \\ z_0(z_2 + z_1^p) &= y_1 \\ &\ldots \\ z_0(z_r + z_{r-1}^p) &= y_{r-1} \\ z_0 z_r^p &= y_r. \end{aligned}$$

On vérifie par un calcul élémentaire que ce système est résoluble lorsque y_0 et l'un des $y_1, \ldots, y_r$ sont non nuls. Comme l'ensemble des y correspondants est dense dans $W_r(x)$ (pour la topologie de Zariski), on en conclut bien que $W_r(x) \subset X(k)$, ce qui démontre le lemme.

La Proposition (1) est maintenant immédiate. En effet, le Lemme (1) montre que $X(k)$ est réunion de sous-espaces vectoriels W_α stables par F, donc rationnels sur $\mathbf{F}_p$. L'ensemble de ces sous-espaces étant fini, toute composante irréductible de $X(k)$ est égale à l'un d'eux, *cqfd.*

COROLLAIRE. *Soit* $\mathfrak{a}$ *un idéal vérifiant les hypothèses de la Proposition* (1). *Supposons* $\mathfrak{a} \neq 0$. *Alors* $\mathfrak{a}$ *contient un élément* u *de la forme*

$$u = \prod u_i$$

où les u_i *sont des éléments homogènes non nuls de degré* 1 *de* S.

Soit T l'ensemble des éléments homogènes non nuls de degré 1 de S. C'est un ensemble *fini.* Posons

$$v = \prod_{t \in T} t.$$

Le polynôme v *s'annule sur la variété* $X(k)$ *de l'idéal* $\mathfrak{a}$. En effet, d'après la Proposition (1), $X(k)$ est réunion finie de sous-espaces vectoriels W_α rationnels sur $\mathbf{F}_p$, et l'on a $W_\alpha \neq k^n$ pour tout α puisque $\mathfrak{a} \neq 0$. Chaque W_α est donc contenu dans au moins un hyperplan H_α rationnel sur $\mathbf{F}_p$, c'est-à-dire d'équation $t_\alpha = 0$, avec $t_\alpha \in T$; on voit bien que v s'annule sur $X(k)$. D'après le théorème des zéros de Hilbert, on en déduit qu'il existe une puissance u de v qui appartient à $\mathfrak{a}$, ce qui démontre le corollaire.

L'utilité de la Proposition (1) provient du résultat suivant:

PROPOSITION (2). *Soit* G *un groupe profini* (*resp. un espace topologique*), *et soient* $x_1, \dots, x_n$ *des éléments de* $H^2(G, \mathbf{F}_p)$; *si* $p = 2$ *supposons que* $Sq^1 x_i = 0$ *pour tout* i. *Soit* $\mathfrak{a} \subset S$ *l'idéal des relations entre les* x_i (considérés comme éléments de l'algèbre de cohomologie de G à coefficients dans $\mathbf{F}_p$). *L'idéal* $\mathfrak{a}$ *vérifie les hypothèses de la Proposition* (1).

Soit

$$H^*(G) = \sum_{q=0}^{\infty} H^q(G, \mathbf{F}_p)$$

l'algèbre de cohomologie de G. Supposons d'abord $p \neq 2$. Nous utiliserons les *puissances réduites* de Steenrod P^i $(i = 0, 1, \dots)$, cf. [6], Chapitre VI. Ces opérations sont définies sur $H^*(G)$: c'est là un fait bien connu lorsqu'il s'agit de groupes discrets, et le cas d'un groupe profini en résulte par passage à la limite. Soit T l'application de $H^*(G)$ dans lui-même définie par la formule:

$$T = \sum_{i=0}^{\infty} P^i.$$

Cette formule a un sens, car, pour tout $x \in H^*(G)$, on a $P^i x = 0$ pour i assez grand. De plus, la *formule de Cartan* montre que T est un *endomorphisme* de l'algèbre $H^*(G)$. Si $x \in H^2(G, \mathbf{F}_p)$, on a:

$$Tx = x + x^p, \qquad \text{cf. [6], Lemme (2.2), p.78.}$$

Si l'on note π l'homomorphisme de $S = \mathbf{F}_p[X_1, \dots, X_n]$ dans $H^*(G)$ qui applique X_i sur x_i, on a donc $\pi \circ \theta = T \circ \pi$. Le noyau $\mathfrak{a}$ de π est donc bien stable par θ; il est clair que c'est un idéal homogène de S.

Pour $p = 2$, on raisonne de la même façon, en posant:

$$T = \sum_{i=0}^{\infty} Sq^i.$$

Si $x \in H^2(G, \mathbf{F}_2)$ est tel que $Sq^1 x = 0$, on a $Tx = x + x^2$. Le reste du raisonnement s'applique sans changement.

§3. RELATIONS ENTRE CLASSES DE COHOMOLOGIE DE DEGRÉ 1 D'UN PRO-p-GROUPE.

Nous écrirons à partir de maintenant $H^q(G) = H^q(G, \mathbf{F}_p)$ et nous noterons β l'opération de Bockstein $H^*(G) \to H^*(G)$. On sait (cf. [6], p. 76) que c'est une antidérivation de degré $+1$ de l'algèbre $H^*(G)$. Si $p = 2$, on a $\beta = Sq^1$.

PROPOSITION (3). *Soit G un pro-p-groupe, et soit $(y_i)_{i\in I}$ une base de $H^1(G)$, l'ensemble d'indices I étant muni d'une structure d'ordre total. Les deux conditions suivantes sont alors équivalentes*:

(i) *G est isomorphe au groupe produit $(\mathbf{Z}/p\mathbf{Z})^I$.*

(ii) *Les éléments $y_i y_j$ $(i, j \in I, i < j)$ et $\beta(y_k)$ $(k \in I)$ sont des éléments linéairement indépendants de $H^2(G)$.*

Le fait que (i) $\Rightarrow$ (ii) résulte de la détermination classique de la cohomologie du groupe $\mathbf{Z}/p\mathbf{Z}$, et de la formule de Künneth. On a même un résultat plus précis: pour $p = 2$, $H^*(G)$ s'identifie à l'algèbre des polynômes en les y_i; pour $p \neq 2$, $H^*(G)$ s'identifie au produit tensoriel de l'algèbre extérieure engendrée par les y_i et de l'algèbre des polynômes engendrée par les $\beta(y_k)$.

Montrons que (ii) $\Rightarrow$ (i). Soit G^* le "sous-groupe de Frattini" de G, autrement dit l'adhérence de $(G, G)G^p$, ou encore l'intersection des noyaux des homomorphismes $y: G \to \mathbf{Z}/p\mathbf{Z}$. Le groupe G/G^* s'identifie au dual topologique de $H^1(G)$, c'est-à-dire au produit $(\mathbf{Z}/p\mathbf{Z})^I$. Si φ désigne la projection canonique de G sur G/G^*, l'homomorphisme $\varphi_1^*: H^1(G/G^*) \to H^1(G)$ est un isomorphisme, et *la condition* (ii) *équivaut à dire que $\varphi_2^*: H^2(G/G^*) \to H^2(G)$ est injectif.* L'implication (ii) $\Rightarrow$ (i) résulte donc du lemme suivant (comparer avec Stallings [5]):

LEMME (2). *Soit $\varphi: G \to G'$ un homomorphisme de pro-p-groupes. Si $\varphi_1^*: H^1(G') \to H^1(G)$ est bijectif, et si $\varphi_2^*: H^2(G') \to H^2(G)$ est injectif, φ est un isomorphisme.*

Tout d'abord, le fait que φ_1^* soit injectif montre que φ est surjectif (cf. [4], Proposition (23), p. I-35). Si $R = \mathrm{Ker}(\varphi)$, la suite spectrale des extensions de groupes montre que $H^0(G', H^1(R)) = 0$. Or $H^1(R)$ est un G'-module discret, annulé par p; il est réunion de sous-G'-modules finis T_α. Puisque $H^0(G', H^1(R)) = 0$, on a $H^0(G', T_\alpha) = 0$, d'où $T_\alpha = 0$ (cf. [4], cor. à la Proposition (20), p. I-32) et $H^1(R) = 0$. Comme R est un pro-p-groupe, cela entraîne $R = \{1\}$, *cqfd.*

PROPOSITION (4). *Les notations étant celles de la Proposition* (3), *on suppose que le pro-p-groupe G ne vérifie pas les conditions* (i) *et* (ii). *Il existe alors une famille finie $(z_1, \ldots, z_m)$*

d'éléments non nuls de $H^1(G)$ telle que l'élément

$$u = \prod_{i=1}^{i=m} \beta(z_i)$$

de $H^{2m}(G)$ soit nul.

Puisque (ii) n'est pas vérifiée, il existe une relation non triviale de la forme:

$$(*) \qquad \sum_{i<j} a_{ij} y_i y_j + \sum_{k \in I} b_k \beta(y_k) = 0, \qquad \text{avec} \quad a_{ij}, b_k \in \mathbf{F}_p.$$

Si tous les a_{ij} sont nuls, on peut prendre

$$m = 1, \qquad z_1 = \sum b_k y_k,$$

et l'on a bien $z_1 \neq 0$, $\beta(z_1) = 0$. Supposons donc que l'un au moins des a_{ij} ne soit pas nul; posons $x_k = \beta(y_k)$. Appliquons à $(*)$ l'opération $\beta P^1 \beta$ (pour $p = 2$, c'est l'opération $Sq^1 Sq^2 Sq^1$). Le calcul se fait sans difficultés, en utilisant les formules:

$$\beta(x_k) = 0, \qquad P^1(y_k) = 0, \qquad P^1(x_k) = x_k^p.$$

On trouve la relation:

$$(**) \qquad \sum_{i<j} a_{ij}(x_i^p x_j - x_i x_j^p) = 0.$$

Cette relation est non triviale; de plus, elle ne fait intervenir qu'un nombre fini des x_i; soit J la partie de I correspondante. L'idéal $\mathfrak{a}$ des relations entre les x_i $(i \in J)$ est non nul, puisqu'il contient le polynôme

$$\sum_{i<j} a_{ij}(X_i^p X_j - X_i X_j^p).$$

En lui appliquant la Proposition (2) et le corollaire à la Proposition (1), on en déduit qu'il existe une famille finie $(u_i)_{1 \leqq i \leqq m}$ de combinaisons linéaires non triviales des x_j telle que le polynôme $u = \prod u_i$ appartienne à $\mathfrak{a}$. Ecrivons chaque u_i sous la forme

$$u_i = \sum_{j \in J} c_{ij} x_j,$$

avec $c_{ij} \in \mathbf{F}_p$. Par hypothèse, pour tout i, il existe au moins un $j \in J$ tel que $c_{ij} \neq 0$. Si l'on pose

$$z_i = \sum_{j \in J} c_{ij} y_j$$

on a donc $z_i \neq 0$ pour $1 \leqq i \leqq m$, et $\beta(z_i) = u_i$, d'où $\prod \beta(z_i) = 0$ dans $H^{2m}(G)$, *cqfd.*

§4. UN RÉSULTAT DE PÉRIODICITÉ

PROPOSITION (5). *Soient G un groupe profini, z un élément non nul de $H^1(G)$, et U le noyau de z* (z étant considéré comme un homomorphisme de G sur $\mathbf{Z}/p\mathbf{Z}$). *On suppose que $cd_p(U)$ est finie. Alors, si A est un G-module discret annulé par p, le cup-produit par $\beta(z)$ définit un isomorphisme de $H^q(G, A)$ sur $H^{q+2}(G, A)$ pour tout $q > cd_p(U)$ (resp. une surjection pour $q = cd_p(U)$).*

Soit $R = \mathbf{F}_p[\mathbf{Z}/p\mathbf{Z}]$ l'algèbre du groupe $\mathbf{Z}/p\mathbf{Z}$ sur le corps $\mathbf{F}_p$. Si σ désigne le générateur canonique de $\mathbf{Z}/p\mathbf{Z}$, l'homothétie λ de rapport $1 - \sigma$ dans R a un noyau et un conoyau de dimension 1. On en déduit une suite exacte de R-modules:

$$(*) \qquad 0 \to \mathbf{F}_p \to R \to R \to \mathbf{F}_p \to 0.$$

L'homomorphisme $z : G \to \mathbf{Z}/p\mathbf{Z}$ permet de considérer cette suite comme une *suite exacte de G-modules*. En tensorisant par A, on obtient la suite exacte:

$$(**) \qquad 0 \to A \to R \otimes A \to R \otimes A \to A \to 0.$$

Le G-module $R \otimes A$ est isomorphe au module *induit* $M_G^U(A)$, cf. [4], p. I–12, et l'on a donc des isomorphismes:

$$H^q(G, R \otimes A) \simeq H^q(U, A) \qquad (q \geqq 0).$$

D'autre part, $H^q(U, A) = 0$ pour $q > cd_p(U)$. On en déduit facilement que le double cobord

$$\delta\delta : H^q(G, A) \to H^{q+2}(G, A),$$

associé à la suite exacte $(**)$, est bijectif pour $q > cd_p(U)$ et surjectif pour $q = cd_p(U)$. D'après les propriétés des cup-produits (cf. Cartan–Eilenberg [1], Chap. XI, §2 et Chap. XII, §4), on a:

$$\delta\delta\,(a) = \delta\delta\,(1).\,a \quad \text{pour tout} \quad a \in H^q\,(G,A),$$

où $\delta\delta(1) \in H^2(G)$ est défini par la suite exacte $(*)$. Il ne nous reste plus qu'à montrer que $\delta\delta(1)$ est égal à $c\,.\,\beta(z)$, avec $c \neq 0$. Cela pourrait se faire par un calcul direct (qui fournirait également la valeur de c). On peut aussi remarquer que, par fonctorialité, il suffit de prouver l'existence de c lorsque $G = \mathbf{Z}/p\mathbf{Z}$, auquel cas il est évident que $\beta(z)$ et $\delta\delta(1)$ sont deux éléments non nuls de $H^2(G)$, et l'on sait que $\dim.H^2(G) = 1$.

COROLLAIRE. *Pour que $cd_p(G)$ soit finie, il faut et il suffit qu'une puissance de $\beta(z)$ soit nulle.*

En effet, si $cd_p(G) = n$, on a $\beta(z)^m = 0$ pour $2m > n$. Inversement, si $\beta(z)^m = 0$, la Proposition (5) montre que $H^q(G, A) = 0$ pour $q > cd_p(U) + 2m$, d'où

$$cd_p(G) \leqq cd_p(U) + 2m < \infty.$$

(Noter que, d'après le théorème de Tate cité au n°. 1, on a alors $cd_p(G) = cd_p(U)$.)

Remarque. La démonstration de la Proposition (5) donnée ci-dessus m'a été indiquée par Tate (qui s'était servi du résultat pour démontrer un cas particulier du théorème du n°. 1). On aurait pu également utiliser le fait que le cup-produit par $\beta(z)$ est un *endomorphisme de bidegré* (2, 0) de la suite spectrale associée à l'extension $G/U = \mathbf{Z}/p\mathbf{Z}$, et que cet endomorphisme est un *isomorphisme* en degrés assez grands (périodicité de la cohomologie de $\mathbf{Z}/p\mathbf{Z}$).

§5. DÉMONSTRATION DU THÉORÈME

LEMME (3). *Soit G un pro-p-groupe. Supposons que tous ses sous-groupes ouverts d'indice p soient de dimension cohomologique finie. Alors G est de dimension cohomologique finie ou est isomorphe à $\mathbf{Z}/p\mathbf{Z}$.*

Notons d'abord que, si G est isomorphe à un produit $(\mathbf{Z}/p\mathbf{Z})^I$, l'hypothèse faite sur ses sous-groupes ouverts d'indice p n'est vérifiée que si $\mathrm{Card}(I) \leqq 1$. Ce cas trivial étant écarté, on peut appliquer la Proposition (4) au groupe G. Il existe donc une famille finie

$(z_1, \ldots, z_m)$ d'éléments non nuls de $H^1(G)$ telle que l'élément

$$u = \prod_{i=1}^{i=m} \beta(z_i)$$

de $H^{2m}(G)$ soit nul. Chacun des z_i a pour noyau un sous-groupe ouvert U_i de G, qui est d'indice p dans G, donc de dimension cohomologique finie. En appliquant la Proposition (5), on voit que le cup-produit par $\beta(z_i)$ est un isomorphisme de $H^k(G)$ sur $H^{k+2}(G)$ pour k assez grand; le cup-produit par u est donc un isomorphisme de $H^k(G)$ sur $H^{k+2m}(G)$ pour k assez grand. Comme $u = 0$, cela signifie que $H^k(G) = 0$ pour k assez grand, ce qui entraîne que $cd_p(G) < \infty$ (cf. [4], Proposition (21), p. I-32).

Lemme (4). *Soit G un groupe profini, contenant un sous-groupe ouvert distingué U d'indice p, avec $cd_p(U) < \infty$. Soit Σ l'ensemble des sous-groupes fermes V de G tels que $cd_p(V) = \infty$. Si $\Sigma \neq \varnothing$, Σ contient un élément minimal.*

D'après le théorème de Zorn, il suffit de prouver que Σ est un ensemble *inductif* pour la relation d'inclusion décroissante. Soit donc $(V_\lambda)_{\lambda \in L}$ une famille totalement ordonnée d'éléments de Σ, et montrons que $V_0 = \bigcap V_\lambda$ appartient à Σ. Par hypothèse, il existe un élément non nul $z \in H^1(G)$ tel que $U = \operatorname{Ker}(z)$. Soit z_λ la restriction de z à V_λ, et soit $U_\lambda = U \cap V_\lambda$ le noyau de z_λ. Puisque $U_\lambda \subset U$, on a $cd_p(U_\lambda) < \infty$, d'où $U_\lambda \neq V_\lambda$, c'est-à-dire $z_\lambda \neq 0$. En appliquant au couple (V_λ, z_λ) le corollaire à la Proposition (5), on en déduit que $\beta(z_\lambda)^m \neq 0$ pour tout $m \geqq 0$. Mais $V_0 = \bigcap V_\lambda = \varprojlim V_\lambda$, d'où $H^*(V_0) = \varinjlim H^*(V_\lambda)$, cf. [4], Proposition (8), p. I-9. Pour chaque $m \geqq 0$, le système des $\beta(z_\lambda)^m$ est un élément non nul de $\varinjlim H^{2m}(V_\lambda)$. On a donc $H^{2m}(V_0) \neq 0$, ce qui montre bien que $cd_p(V_0) = \infty$.

Fin de la démonstration du théorème

Soit (G, U) un couple vérifiant les hypothèses du théorème. Soit P un p-sous-groupe de Sylow de G tel que $P \cap U$ soit un p-sous-groupe de Sylow de U; on a:

$$cd_p(G) = cd_p(P), \qquad cd_p(U) = cd_p(P \cap U), \qquad \text{cf. [4], p. I-21.}$$

On est donc ramené à démontrer le théorème pour le couple $(P, P \cap U)$, autrement dit on peut supposer que *G est un pro-p-groupe*. Vu le théorème de Tate déjà cité, tout revient à montrer que l'on ne peut pas avoir à la fois $cd_p(U) < \infty$ et $cd_p(G) = \infty$. Supposons que ce soit le cas. D'après un résultat classique sur les p-groupes finis, on peut trouver une suite croissante de sous-groupes ouverts $U_0 \subset U_1 \subset \ldots \subset U_k$ de G vérifiant les conditions:

$$U_0 = U, \qquad (U_i : U_{i-1}) = p, \qquad U_k = G.$$

De plus, U_{i-1} est un sous-groupe *distingué* de U_i.

Soit r le plus petit entier tel que $cd_p(U_r) = \infty$; on a $r \geqq 1$. En appliquant le Lemme (4) au couple (U_r, U_{r-1}), on voit qu'il existe un sous-groupe fermé V de U_r tel que $cd_p(V) = \infty$ et minimal pour cette propriété. En particulier, tout sous-groupe ouvert d'indice p de V est de p-dimension cohomologique finie. D'après le Lemme (3), V est donc isomorphe à $\mathbf{Z}/p\mathbf{Z}$, ce qui contredit l'hypothèse que G ne contient pas d'élément d'ordre p, *cqfd*.

BIBLIOGRAPHIE

1. H. Cartan et S. Eilenberg: Homological algebra. *Princeton Math. Ser., No. 19*, Princeton, 1956.
2. A. Douady: Cohomologie des groupes compacts totalement discontinus, *Séminaire Bourbaki*, 1959–60, exposé 189.
3. M. Lazard: Groupes analytiques *p*-adiques. *Publ. Inst. Hautes Études Sci., Paris* (1965), No. 26.
4. J-P. Serre: *Cohomologie galoisienne*. *Lecture Notes in Mathematics*, nº 5, Springer-Verlag, Berlin, 1964.
5. J. Stallings: *On the homological nature of the lower central series of a group*. Non publié.
6. N. Steenrod: Cohomology operations (written and revised by D. Epstein). *Annals Math. Stud., No. 50*, Princeton, 1962.

Paris.

67.

Résumé des cours de 1964 – 1965

Annuaire du Collège de France (1965) 45 – 49

Le sujet du cours a été l'étude des *courbes elliptiques,* orientée vers les propriétés arithmétiques de leurs points d'ordre fini, et plus précisément de leurs modules de TATE. Le seul cas exposé en détail a été celui des courbes *à multiplication complexe* ; les autres courbes, plus intéressantes à certains égards, exigent d'autres méthodes ; j'espère pouvoir les discuter ultérieurement.

Le cours a comporté quatre parties :

1. *Propriétés générales des courbes elliptiques.*

Une courbe elliptique E peut être définie comme une courbe algébrique, projective, non singulière, irréductible et de genre 1 ; on la supposera toujours munie d'un point rationnel 0, pris pour origine. Dans le cas complexe, une telle courbe s'identifie à un quotient $\mathbf{C}/\Gamma$, où Γ est un sous-groupe discret de rang 2 de $\mathbf{C}$. Les diviseurs de degré $\geqslant 3$ de E définissent des plongements projectifs de E ; le diviseur 3. (0) correspond à la représentation traditionnelle de E comme cubique non singulière dans le plan projectif. On peut en donner diverses formes réduites, notamment (en caractéristique $\neq 2$ et 3) la « forme de Weierstrass » :

$$y^2 = 4x^3 - g_2x - g_3.$$

Suivant les besoins, on prend pour « base » le corps $\mathbf{C}$, un corps quelconque, ou un schéma ; les mêmes formules s'appliquent, pourvu qu'on les interprète convenablement.

Le fait que le genre de E soit égal à 1 a une conséquence importante : E peut être identifiée à sa jacobienne ; elle est donc munie d'une structure de *groupe algébrique* (resp. de schéma en groupes si l'on s'est placé dans le cadre schématique). En particulier, si $f : E \to E'$ est un homomorphisme de courbes elliptiques, le *transposé* f' de f est un homomorphisme de E′ dans E. L'application $f \to f'$ est involutive, linéaire, et telle que

$$f \circ f' = \deg(f) \quad , \quad f' \circ f = \deg(f).$$

De ces propriétés de l'involution $f \to f'$ résulte facilement le fait que l'homothétie n_E de rapport n dans E est de degré n^2 (i.e. le noyau de n_E est un schéma en groupes fini d'ordre n^2). Soit alors l un nombre premier distinct de la caractéristique du corps de base k, et soit E_{l^m} le groupe des points de E (à valeurs dans la clôture algébrique $\bar{k}$ de k) d'ordre divisant l^m : le groupe E_{l^m} est isomorphe à $\mathbf{Z}/l^m\mathbf{Z} \times \mathbf{Z}/l^m\mathbf{Z}$. La limite projective

$$T_l(E) = \varprojlim E_{l^m}$$

s'appelle le *l-ième module de Tate* de E ; c'est un module libre de rang 2 sur l'anneau $\mathbf{Z}_l$ des entiers l-adiques. Le groupe de Galois $G(\bar{k}/k)$ de la clôture algébrique de *k opère* sur T_l (E) à travers un groupe de Lie l-adique. Ces groupes, et les algèbres de Lie qui leur correspondent, restent encore assez mal connus.

2. *Structure de l'anneau des endomorphismes.*

Soit E une courbe elliptique définie sur un corps k, soit R l'anneau des endomorphismes de E (sur la clôture algébrique $\bar{k}$ de k) et soit $K = R \otimes \mathbf{Q}$. On démontre, en utilisant les propriétés de l'involution $f \to f'$, que K est un corps, de degré 1, 2 ou 4 sur $\mathbf{Q}$. La structure du sous-anneau R de K a été complètement élucidée par Deuring. Le résultat est le suivant :

(a) Si la caractéristique de k est *nulle,* deux cas sont possibles :

(a_1) (cas « général ») : $R = \mathbf{Z}$ et $K = \mathbf{Q}$.

(a_2) (« multiplication complexe ») : K est un corps quadratique imaginaire, et R un ordre de K, de conducteur f (i.e., si R_1 est l'anneau des entiers de K, R est égal à $R_f = \mathbf{Z} + fR_1$). Une telle courbe elliptique a des propriétés remarquables : son invariant modulaire j est un entier algébrique, et le corps $K(j)$ est une extension abélienne de K que l'on peut décrire au moyen de la théorie du corps de classes à partir du conducteur f ; lorsque $f = 1$ (cas auquel on peut toujours se ramener par une isogénie) le corps $K(j)$ est le *corps de classes absolu* de K.

(b) Si la caractéristique de *k est égale à un nombre premier p* un nouvel invariant intervient : la *hauteur h* de E, égale à 1 ou 2. On peut la définir de bien des manières ; en voici une : p^h est la partie inséparable du degré de l'homothétie p_E. On a $h = 2$ si et seulement si l'invariant de Hasse de E est nul ; cela se produit pour un nombre fini de valeurs de j (pour une caractéristique p donnée). Trois cas sont maintenant possibles :

(b_1) : $R = \mathbf{Z}$, $K = \mathbf{Q}$; ce cas se produit si et seulement si j est transcendant sur le corps premier $\mathbf{F}_p$; la hauteur de E est alors égale à 1.

(b_2) : K est un corps quadratique imaginaire dans lequel p est décomposé ; R est un ordre de K de conducteur f premier à p. Ce cas est caractérisé par les propriétés suivantes : $h = 1$ et j est algébrique sur $\mathbf{F}_p$.

(b_3) : K est un corps de quaternions sur $\mathbf{Q}$, ramifié seulement en p et à l'infini ; R est un ordre maximal de K. Ce cas est caractérisé par : $h = 2$. L'invariant modulaire j de E appartient alors à $\mathbf{F}_p$ ou à $\mathbf{F}_{p^2}$.

Dans chacun des cas (a_2), (b_2) il n'y a qu'un nombre fini de courbes elliptiques E (à un $\bar{k}$-isomorphisme près) ayant un anneau d'endomorphismes R donné. Plus précisément, soit Ell(R) l'ensemble des classes de telles courbes, et soit Pic(R) le groupe des classes de R-modules projectifs de rang 1. Si $E \in \mathrm{Ell}(R)$ et $P \in \mathrm{Pic}(R)$, la courbe elliptique $E * P = \mathrm{Hom}_R(P, E)$ appartient à Ell(R). L'opération ainsi définie fait de Ell(R) un espace principal homogène sur Pic(R) ; en particulier, Ell(R) et Pic(R) ont même nombre d'éléments : le « nombre de classes » de R. Dans le cas (b_3), on a un résultat analogue : les classes de courbes de hauteur 2 correspondent bijectivement aux classes de modules projectifs de rang 1 sur l'anneau d'endomorphismes de l'une d'elles.

Applications.

(i) Deux courbes elliptiques correspondant au même corps K sont *isogènes,* pourvu que $K \neq \mathbf{Q}$; cela vérifie (dans un cas très particulier) une conjecture de Tate sur la cohomologie l-adique.

(ii) On peut, en s'appuyant sur les résultats numériques de Weber, faire la liste des invariants modulaires des courbes à multiplication complexe définies sur $\mathbf{Q}$. On trouve :

$$j = 2^6.3^3,\ j = (2.3.11)^3,\ j = (2^2.5)^3,\ j = 0,\ j = 2^4.3^3.5^3,$$
$$j = -3.2^{15}.5^3,\ j = -3^3.5^3,\ j = (3.5.17)^3,\ j = -2^{15},$$
$$j = -(2^5.3)^3,\ j = -(2^6.3.5)^3,\ j = -(2^5.3.5.11)^3,$$
$$j = -(2^6.3.5.23.29)^3,$$

plus peut-être une autre valeur, correspondant à l'hypothétique corps
1 quadratique imaginaire à nombre de classes 1 de grand discriminant.

(iii) Au moyen d'espaces fibrés à fibres des produits de courbes elliptiques à multiplication complexe, on peut construire des exemples de variétés projectives non singulières qui sont *conjuguées* (au sens de la théorie de Galois),
2 et ont des *groupes fondamentaux non isomorphes.* En particulier, ces variétés ne sont pas homéomorphes.

3. *Réduction des courbes elliptiques.*

Elle permet de relier les phénomènes de caractéristique p et ceux de caractéristique zéro. Plus précisément, soit K un corps muni d'une valuation discrète v, d'anneau de valuation A, de corps résiduel $k = A/\mathfrak{m}$, et soit E une courbe elliptique définie sur K. On dit que E *se réduit bien* (par rapport à v) si E provient par extension des scalaires d'une courbe elliptique E_A au-dessus de Spec (A) ; si tel est le cas, le schéma E_A est déterminé par E de manière unique ; sa fibre $\tilde{E} = E_A \otimes k$ est une courbe elliptique *sur le corps résiduel k ;* on l'appelle la *courbe réduite* de E en v. Il y a deux critères de bonne réduction :

(a) (critère de Deuring). Pour qu'il existe une extension finie L de K telle que la courbe $E \otimes L$ ait une bonne réduction, il faut et il suffit que l'invariant modulaire j de E soit *entier,* i.e. appartienne à A.

3 (b) (critère de Néron-Ogg-Šafarevič). Pour que E ait bonne réduction en v, il faut et il suffit que, pour un nombre premier l distinct de la

caractéristique du corps résiduel k, l'action du groupe de Galois $G(\overline{K}/K)$ sur $T_l(E)$ soit *non ramifiée*.

(Ce dernier critère s'étend d'ailleurs aux variétés abéliennes.)

Si E est une courbe elliptique définie sur un corps de nombres algébriques K, E a une bonne réduction pour presque toute valuation v de K. On sait peu de chose sur la variation des courbes réduites $\tilde{E}_v$ avec v. Par exemple : quelle est la distribution des angles de leurs éléments de Frobenius ? (Il y a à ce sujet une conjecture de Sato-Tate.) L'ensemble des v pour lesquels la hauteur de $\tilde{E}_v$ est égale à 2 est-il infini ? La fonction zêta de E se prolonge-t-elle en une fonction méromorphe dans tout le plan ?

4. *Courbes elliptiques à multiplication complexe.*

C'est le cas (a_2) du n° 2. Les propriétés de ces courbes peuvent être étudiées en détail. Les résultats principaux (dus en grande partie à Deuring) sont les suivants :

a) Détermination du corps $K(j)$ engendré par l'invariant modulaire j de la courbe E, et détermination de l'application de réciprocité correspondante.

Tout résulte (grâce à la théorie du corps de classes) du théorème de réduction suivant, dont la démonstration est facile :

a') Si E se réduit bien en v, et si $\mathfrak{p}_v$ est l'idéal correspondant de R, la courbe réduite $\tilde{E}_v$ vérifie la relation :

$$(\tilde{E}_v)^{N\mathfrak{p}_v} \approx \tilde{E}_v * \mathfrak{p}_v.$$

(On suppose $\mathfrak{p}_v$ premier au conducteur $\mathfrak{f}$ de R, de telle sorte que $\mathfrak{p}_v$ est un R-module projectif de rang 1.)

En termes de l'invariant modulaire j, et d'un réseau Γ définissant E, c'est la congruence classique :

$$j(\Gamma)^{N\mathfrak{p}_v} \equiv j(\mathfrak{p}_v^{-1}\Gamma).$$

b) Des arguments analogues conduisent à la détermination de la *fonction zêta* de E (sur un corps de définition k contenant K). On trouve essentiellement une fonction L de Hecke, associée à un *Grössencharaktere* χ de k.

c) L'action de $G(\bar{k}/k)$ sur le module de Tate $T_l(E)$ peut être déterminée à partir du Grössencharaktere χ ; compte tenu du critère de bonne réduction de Néron-Ogg-Šafarevič, on retrouve le fait (démontré autrement par Deuring) que le conducteur de χ a pour support l'ensemble des valuations v où E se réduit mal.

d) L'extension abélienne maximale de K s'obtient en adjoignant au corps $K(j)$ les coordonnées des points d'ordre fini de la variété de Kummer de E (supposée définie sur $K(j)$). Cela résulte de c).

e) Supposons E définie sur un corps L contenant K, et soit v une valuation de L. Alors (sauf dans des cas exceptionnels indiqués ci-après), on peut trouver une courbe E′, définie sur L, de même invariant modulaire j que E, et ayant une bonne réduction en v.

4 Les « cas exceptionnels » peuvent effectivement se produire, mais seulement lorsque K est le corps des racines quatrièmes ou sixièmes de l'unité, que le conducteur f de R est une puissance d'un nombre premier p, et que la caractéristique résiduelle de v est égale à p. En voici un exemple : $L = K = \mathbf{Q}(\sqrt{-3})$, $f = 2$, $R = \mathbf{Z}[\sqrt{-3}]$, $j = 2^4 3^3 5^3$; une telle courbe E ne peut pas avoir une bonne réduction en la valuation 2-adique v de L, $v(j)$ n'étant pas divisible par 3.

Séminaire

Il a comporté deux séances, consacrées à des résultats récents de cohomologie galoisienne :

M. Martin Kneser a esquissé une démonstration du théorème suivant :

Soit k une extension finie du corps p-adique $\mathbf{Q}_p$, et soit G un groupe algébrique semi-simple simplement connexe défini sur k. On a $H^1(k, G) = 0$.

Ce théorème était connu pour les groupes classiques, ainsi que pour certains groupes exceptionnels. Il restait à traiter le cas des formes trialitaires de D_4 et des formes de E_6, E_7, E_8. La démonstration de Kneser utilise les propriétés particulières des systèmes de racines de ces divers groupes (mais heureusement pas les définitions géométriques des groupes eux-mêmes) ; les sous-systèmes de rang maximum y jouent un rôle essentiel.

Pour un groupe semi-simple G quelconque (quotient d'un groupe simplement connexe par un sous-groupe fini C du centre), Kneser démontre que l'application cobord

$$\Delta : H^1(k, G) \to H^2(k, C)$$

est bijective. Comme la structure de $H^2(k, C)$ est connue (théorème de dualité de Tate), on obtient ainsi une description explicite de $H^1(k, G)$.

M. Günter Harder a donné l'analogue global du théorème de Kneser :

Soit k un corps de nombres totalement imaginaire, et soit G un groupe algébrique semi-simple simplement connexe défini sur k et sans facteur de type E_8. On a $H^1(k, G) = 0$.

Plus généralement, si k est un corps de nombres quelconque, de complétés réels les corps k_v, Harder démontre que l'application

$$H^1(k, G) \to \prod_v H^1(k_v, G)$$

est bijective (« principe de Hasse » — dans le cas simplement connexe). Ici encore, le résultat était connu pour presque tous les groupes classiques, et il fallait traiter les cas exceptionnels.

68.

Prolongement de faisceaux analytiques cohérents

Ann. Inst. Fourier **16** (1966), 363–374

On rencontre fréquemment en théorie des fonctions automorphes des variétés algébriques complexes de la forme X — S, où X est projective, et où S est une sous-variété de X de codimension $\geqslant 2$. Si $\mathcal{F}$ est un faisceau analytique cohérent sur X — S (par exemple un faisceau de formes automorphes), on peut essayer de le prolonger en un faisceau analytique cohérent $\mathcal{G}$ sur X; du fait que X est projective, $\mathcal{G}$ est alors *algébrique,* et l'on peut lui appliquer les résultats de [13].

Dans ce qui suit, je donne un *critère de prolongement* permettant d'affirmer l'existence (sous certaines conditions) d'un tel faisceau $\mathcal{G}$. Les conditions en question sont vérifiées dans le cas des faisceaux de formes automorphes, cf. [1], 10.14.

L'énoncé du critère est donné au n° 1; il s'applique à des espaces analytiques normaux quelconques. Sa démonstration utilise de façon essentielle le théorème de Remmert-Stein [11] sur le prolongement des sous-variétés; on la trouvera au n° 4. Les n°s 2 et 3 sont préliminaires. Les n°s 5 et 6 donnent divers compléments, notamment sur le cas algébrique.

1. Le critère de prolongement.

Soit X un espace analytique complexe (cf. [5]), de faisceau structural $\mathcal{O}_X$, et soit S un sous-ensemble analytique fermé de X. Notons i l'injection X — S → X. Soit $\mathcal{F}$ un faisceau analytique cohérent sur X — S, et soit $i_* \mathcal{F}$ son *image directe* par i; rappelons que, si U est un ouvert de

X, l'espace vectoriel $\Gamma(U, i_* \mathcal{F})$ des sections de $i_* \mathcal{F}$ sur U est égal, par définition, à $\Gamma(U - S \cap U, \mathcal{F})$. Le faisceau $i_* \mathcal{F}$ est un faisceau analytique sur X, prolongeant $\mathcal{F}$. Considérons les deux conditions suivantes :

(i) *Le faisceau* $i_* \mathcal{F}$ *est cohérent.*

(ii) *Il existe un faisceau analytique cohérent* $\mathcal{G}$ *sur* X *qui prolonge* $\mathcal{F}$.

Il est clair que (i) $\Longrightarrow$ (ii). La réciproque est inexacte en général (le faisceau $i_* \mathcal{O}_{X-S}$ n'est pas toujours cohérent).

La condition (ii) entraîne :

(iii) *Pour tout* $s \in S$, *il existe une partie ouverte* U *de* X, *contenant* s, *telle que la restriction de* $\mathcal{F}$ *à* $U - S \cap U$ *soit engendrée par ses sections* (i.e., pour tout $x \in U - S \cap U$, l'image de $\Gamma(U - S \cap U, \mathcal{F})$ dans $\mathcal{F}_x$ engendre le $\mathcal{O}_x$-module $\mathcal{F}_x$).

En effet, si $\mathcal{G}$ est un faisceau cohérent prolongeant $\mathcal{F}$, il suffit de prendre pour U un voisinage de s assez petit pour que $\mathcal{G}$ soit engendré par ses sections sur U; il en est *a fortiori* de même pour $\mathcal{F}$ sur $U - S \cap U$.

THÉORÈME 1. — *Supposons que* X *soit normal, que* S *soit partout de codimension* $\geqslant 2$, *et que* $\mathcal{F}$ *soit sans torsion. Les conditions* (i), (ii) *et* (iii) *sont alors équivalentes.*

(Rappelons qu'un espace analytique X est dit *normal* si ses anneaux locaux sont intègres et intégralement clos; un faisceau analytique $\mathcal{F}$ sur un ouvert V de X est dit *sans torsion* si, pour tout $x \in V$, le $\mathcal{O}_x$-module $\mathcal{F}_x$ est sans torsion.)

Nous venons de voir que (i) $\Longrightarrow$ (ii) $\Longrightarrow$ (iii). L'implication (iii) $\Longrightarrow$ (i) sera démontrée au n° 4.

2. Une propriété noethérienne des faisceaux analytiques cohérents.

PROPOSITION 1. — *Soit* X *un espace analytique complexe. Tout faisceau analytique cohérent* $\mathcal{A}$ *sur* X *jouit de la propriété suivante :*

(N) — *Toute famille filtrante croissante* $(\mathcal{A}_i)_{i \in I}$ *de sous-faisceaux cohérents de* $\mathcal{A}$ *est localement stationnaire* (i.e. stationnaire sur tout compact).

La question étant locale, on peut supposer X de dimension bornée, et raisonner par récurrence sur $n = \dim. X$. Le cas $n < 0$ est trivial, X étant vide. Supposons $n \geqslant 0$, et soit $x \in X$. On sait qu'il existe un voisinage ouvert X′ de X qui est un « revêtement » d'un ouvert Y′ de $\mathbf{C}^n$, i.e. qui possède un morphisme *fini* $\pi : X' \to Y'$ (cf. [5], exposé 19). L'image directe $\pi_* \mathcal{A}$ de $\mathcal{A}$ par π est un faisceau cohérent sur Y′; de plus, si $\pi_* \mathcal{A}_i = \pi_* \mathcal{A}_j$, on a $\mathcal{A}_i = \mathcal{A}_j$ (*loc. cit.*); il suffit donc de prouver que $\pi_* \mathcal{A}$ jouit de la propriété (N). Nous sommes ainsi ramenés au cas où X est une variété non singulière, que l'on peut en outre supposer connexe. D'autre part, tout quotient et toute extension de faisceaux vérifiant (N) vérifie aussi (N). Comme $\mathcal{A}$ est localement isomorphe à un quotient d'un faisceau $\mathcal{O}_X^m$, on voit que l'on est ramené à prouver que *le faisceau* $\mathcal{O}_X$ *vérifie* (N). Dans ce cas, les $\mathcal{A}_i$ sont des faisceaux d'idéaux. S'ils sont tous nuls, il n'y a rien à démontrer; si $\mathcal{A}_j \neq 0$ pour un indice $j \in I$, le faisceau $\mathcal{A}_j$ définit un sous-espace analytique X_j de X, distinct de X, donc de dimension $\leqslant n - 1$, X étant connexe; les $\mathcal{A}_i$ $(i \geqslant j)$ correspondent à des faisceaux d'idéaux sur X_j; l'hypothèse de récurrence montre alors bien que les $\mathcal{A}_i$ sont localement stationnaires.

Remarques.

1) Ce résultat montre en particulier que la *réunion* des $\mathcal{A}_i$ est un faisceau cohérent.

2) On aurait pu déduire la prop. 1 du théorème des « voisinages privilégiés », soit sous la forme de Cartan ([3], th. α, p. 191), soit sous celle de Douady ([6], § 7).

Proposition 2. — *Soient* X *un espace analytique complexe,* $\mathcal{A}$ *un faisceau analytique cohérent sur* X, *et* $(f_i)_{i \in I}$ *une famille de sections de* $\mathcal{A}$ *sur* X. *Le sous-faisceau* $\mathcal{A}_I$ *de* $\mathcal{A}$ *engendré par les* f_i *est cohérent.*

Si J est une partie finie de I, le faisceau $\mathcal{A}_J$ engendré par les $(f_i)_{i \in J}$, est cohérent (c'est l'image d'un morphisme $(\mathcal{O}_X)^J \to \mathcal{A}$ de faisceaux cohérents). D'après la remarque 1) ci-dessus, la réunion des $\mathcal{A}_J$ est donc aussi un faisceau cohérent, d'où la proposition.

Remarque. Les propositions 1 et 2 ne s'étendent pas aux espaces analytiques sur un corps valué complet ultramétrique.

3. Faisceaux de cohomologie locale.

Ces faisceaux ont été introduits par Grothendieck ([8], [9]). Rappelons leur définition :

Soit S une partie fermée d'un espace topologique X, et soit i l'inclusion $X - S \to X$. Soit $\mathcal{A}$ un faisceau de groupes abéliens sur X. Pour tout ouvert V de X, notons $H^0_S(V, \mathcal{A})$ le groupe des sections de $\mathcal{A}$ sur V *à support contenu dans* S; lorsque V varie, les $H^0_S(V, \mathcal{A})$ forment un *faisceau*, noté $\mathcal{H}^0_{X/S}(\mathcal{A})$, ou simplement $\mathcal{H}^0_S(\mathcal{A})$; ce faisceau est concentré sur S. Les foncteurs dérivés du foncteur $\mathcal{A} \mapsto H^0_S(V, \mathcal{A})$ sont notés $H^q_S(V, \mathcal{A})$; ce sont des groupes abéliens. Lorsque V varie, les $H^q_S(V, \mathcal{A})$ forment un préfaisceau; le faisceau associé est noté $\mathcal{H}^q_{X/S}(\mathcal{A})$, ou simplement $\mathcal{H}^q_S \mathcal{A}$; les $\mathcal{H}^q_S$ sont isomorphes aux foncteurs dérivés du foncteur $\mathcal{A} \mapsto \mathcal{H}^0_S \mathcal{A}$.

Les $\mathcal{H}^q_S$ relient la cohomologie de X et de X — S : pour tout ouvert V de X, on a une suite exacte :

$$0 \to H^0_S(V, \mathcal{A}) \to H^0(V, \mathcal{A}) \to H^0(V - S \cap V, \mathcal{A}) \to H^1_S(V, \mathcal{A}) \to \ldots \qquad (*)$$

Par passage à la limite sur V, on en déduit une suite exacte :

$$0 \to \mathcal{H}^0_S \mathcal{A} \to \mathcal{A} \to i_* i^* \mathcal{A} \to \mathcal{H}^1_S \mathcal{A} \to 0, \qquad (**)$$

ainsi que des isomorphismes :

$$(R^q i_*)(i^*\mathcal{A}) \simeq \mathcal{H}^{q+1}_S \mathcal{A} \qquad (q \geqslant 1), \qquad (***)$$

où $i^*\mathcal{A}$ désigne la *restriction* de $\mathcal{A}$ à X — S et $R^q i_*$ le *q-ème foncteur dérivé* du foncteur i_*.

Supposons maintenant que X soit un espace analytique, S un sous-ensemble analytique de X, et $\mathcal{A}$ un faisceau analytique cohérent. Les faisceaux $\mathcal{H}^q_S \mathcal{A}$ sont alors des faisceaux analytiques sur X; il serait intéressant d'en donner des *critères de cohérence*, analogues à ceux obtenus par Grothendieck dans le cas algébrique (cf. [9], Cor. VIII-II-3). Nous n'aurons besoin que des deux propositions ci-dessous, de nature très élémentaire :

PROPOSITION 3. — *Quels que soient* X, S *et* $\mathcal{A}$, *le faisceau* $\mathcal{H}^0_S \mathcal{A}$ *est cohérent.*

Soit $\mathcal{I}$ un faisceau cohérent d'idéaux définissant S, et soit $\mathcal{A}(\mathcal{I})$ le sous-faisceau de $\mathcal{A}$ *annulé par* $\mathcal{I}$, autrement dit le noyau de l'homomorphisme canonique $\mathcal{A} \to \mathcal{H}om(\mathcal{I}, \mathcal{A})$. C'est un faisceau cohérent. Si l'on remplace $\mathcal{I}$ par ses puissances $\mathcal{I}^n$ $(n \geqslant 1)$, on obtient une suite croissante $\mathcal{A}(\mathcal{I}^n)_{n \geqslant 1}$ de sous-faisceaux cohérents de $\mathcal{A}$. D'après la prop. 1, cette suite est localement stationnaire, et sa réunion $\mathcal{A}(\mathcal{I}^\infty)$ est un sous-faisceau cohérent de $\mathcal{A}$; la prop. 3 résulte donc du lemme suivant :

LEMME 1. — *On a* $\mathcal{H}^0_S \mathcal{A} = \mathcal{A}(\mathcal{I}^\infty)$.

Il est clair que $\mathcal{A}(\mathcal{I}^\infty)$ est nul en dehors de S, ce qui montre qu'il est contenu dans $\mathcal{H}^0_S \mathcal{A}$. Réciproquement, soit a une section de $\mathcal{H}^0_S \mathcal{A}$, autrement dit une section de $\mathcal{A}$ à support dans S. Soit $\mathcal{J}$ l'annulateur de a dans $\mathcal{O}_X$; c'est un faisceau cohérent d'idéaux de $\mathcal{O}_X$, et le support de $\mathcal{O}_X/\mathcal{J}$ est contenu dans S. D'après le théorème des zéros, $\mathcal{J}$ contient (localement) une puissance de $\mathcal{I}$; cela montre bien que a est une section de $\mathcal{A}(\mathcal{I}^\infty)$, d'où le lemme.

PROPOSITION 4. — *Supposons que* X *soit normal et que* S *soit partout de codimension* $\geqslant 2$. *On a alors* $\mathcal{H}^0_S \mathcal{O}_X = \mathcal{H}^1_S \mathcal{O}_X = 0$, *et* $i_* \mathcal{O}_{X-S} = \mathcal{O}_X$.

Soit V un ouvert de X. D'après un résultat classique («Riemannschen Hebbarkeitssatz», cf. par exemple [12]), toute fonction holomorphe sur $V - S \cap V$ se prolonge de façon unique en une fonction holomorphe sur V. L'application canonique

$$\mathcal{O}_X \to i_* \mathcal{O}_{X-S}$$

est donc un isomorphisme, et la suite exacte (**) montre que l'on a $\mathcal{H}^q_S \mathcal{O}_X = 0$ pour $q = 0,1$.

Remarques.

1) On trouvera dans le mémoire de Scheja cité plus haut des critères permettant d'affirmer que les faisceaux $\mathcal{H}^q_S \mathcal{A}$ sont *nuls* jusqu'à une dimension donnée.

2) Les hypothèses étant celles de la prop. 4, soit $\mathcal{R}$ un faisceau *réflexif sur* X (i.e. tel que l'application canonique de $\mathcal{R}$ dans son bidual soit un isomorphisme). On a alors $\mathcal{H}^0_S \mathcal{R} = \mathcal{H}^1_S \mathcal{R} = 0$ et $\mathcal{R} = i_* i^* \mathcal{R}$. En effet, il suffit de prouver la dernière égalité. Or, si l'on note $\mathcal{D}$ le dual de $\mathcal{R}$, on a $\mathcal{R} = \mathcal{H}om(\mathcal{D}, \mathcal{O}_X)$, d'où $i^* \mathcal{R} = \mathcal{H}om(i^* \mathcal{D}, \mathcal{O}_{X-S})$, et

$$\begin{aligned} i_* i^* \mathcal{R} &= i_* \mathcal{H}om\,(i^* \mathcal{D}, \mathcal{O}_{X-S}) \\ &= \mathcal{H}om\,(\mathcal{D}, i_* \mathcal{O}_{X-S}) = \mathcal{H}om\,(\mathcal{D}, \mathcal{O}_X) = \mathcal{R}. \end{aligned}$$

(On pourrait aussi, bien entendu, appliquer les critères de Scheja au faisceau $\mathcal{R}$.)

4. Démonstration de l'implication (iii) $\Longrightarrow$ (i).

Nous nous plaçons dans les hypothèses de (iii). Il s'agit de prouver que $i_*\mathcal{F}$ est cohérent. C'est évident sur X — S. Il reste donc à montrer que, pour tout $s \in$ S, le faisceau $i_*\mathcal{F}$ est cohérent au voisinage de s. Le problème étant *local,* on peut remplacer X par un voisinage ouvert quelconque de s. En particulier, on peut supposer que X est connexe, donc aussi X — S. Il s'ensuit que le faisceau $\mathcal{F}$ est de *rang constant*; soit n ce rang. Vu (iii), nous pouvons également prendre X assez petit pour que $\mathcal{F}$ soit engendré par ses sections sur X — S.

LEMME 2. — *Il existe un homomorphisme injectif* $f : \mathcal{O}^n_{X-S} \rightarrow \mathcal{F}$.

Soit $x \in$ X — S. Le $\mathcal{O}_x$-module $\mathcal{F}_x$ est de rang n, et il est engendré par les éléments de Γ(X — S, $\mathcal{F}$). Il existe donc n sections $f_1, \ldots, f_n$ de $\mathcal{F}$ sur X — S qui sont linéairement indépendantes sur l'anneau $\mathcal{O}_x$. Le morphisme $f : \mathcal{O}^n_{X-S} \rightarrow \mathcal{F}$ défini par les f_i est injectif au voisinage de x; si $\mathcal{N}$ est son noyau, $\mathcal{N}$ est sans torsion; le support T de $\mathcal{N}$ est donc *ouvert et fermé* dans X — S. Comme x n'appartient pas à T, et que X — S est connexe, T est vide, d'où $\mathcal{N} = 0$ et f est injectif.

LEMME 3. — *Soit* Y *un espace analytique normal connexe, et soient* $\mathcal{A} \subset \mathcal{B}$ *deux faisceaux analytiques cohérents sur* Y. *On suppose que* $\mathcal{A}$ *et* $\mathcal{B}$ *sont sans torsion, de même rang, et que* $\mathcal{A}$ *est réflexif. Alors le support* D *de* $\mathcal{B}/\mathcal{A}$ *est un diviseur de* Y (i.e. est de codimension 1 en chacun de ses points).

Soit $y \in$ Y et soit $\mathfrak{a}_y$ l'annulateur de $\mathcal{B}_y/\mathcal{A}_y$; c'est un idéal de $\mathcal{O}_y$. Les composantes irréductibles de D passant par y correspondent bijectivement aux idéaux premiers $\mathfrak{p}$ de $\mathcal{O}_y$ qui contiennent $\mathfrak{a}_y$ et sont minimaux pour cette propriété. Il s'agit de prouver que ces idéaux sont de hauteur 1 (i.e. minimaux parmi les idéaux premiers non nuls de $\mathcal{O}_y$). Or un tel idéal $\mathfrak{p}$ ne peut pas être égal à 0 (du fait que $\mathcal{B}/\mathcal{A}$ est un faisceau de torsion); il suffit donc de prouver que $\mathfrak{p}$ est de hauteur $\leqslant 1$, ce qui est un résultat connu (BOURBAKI, *Alg. Comm.*, Chap. VII, § 4, prop. 7).

Revenons à X et X — S :

LEMME 4. — *Soit* D *un diviseur de* X — S. *L'adhérence de* D *dans* X *est un diviseur de* X.

C'est un cas particulier d'un théorème de REMMERT et STEIN, cf. [11], th. 13, ou [4], exposés 13 et 14.

LEMME 5. — *Il existe un couple* (U, *g*) *vérifiant les conditions suivantes* :

(a) U *est un voisinage ouvert de s dans* X.

(b) *Soit* $V = U - S \cap U$, *et soit* $\mathcal{F} | V$ *la restriction de* $\mathcal{F}$ *à* V. *Alors g est un homomorphisme injectif de* $\mathcal{F} | V$ *dans* $\mathcal{O}_V^n$.

(Autrement dit, quitte à restreindre X, il existe un plongement de $\mathcal{F}$ dans $\mathcal{O}_{X-S}^n$.)

Choisissons un homomorphisme injectif $f: \mathcal{O}_{X-S}^n \to \mathcal{F}$, cf. lemme 2, et soit D le support du conoyau de cet homomorphisme. D'après le lemme 3, D est un diviseur de $X - S$, et le lemme 4 montre que son adhérence $\bar{D}$ est un diviseur de X. Il existe donc une fonction holomorphe h sur un voisinage ouvert connexe U_1 de s qui s'annule sur $\bar{D} \cap U_1$ et n'est pas identiquement nulle. Soit K un voisinage compact de s contenu dans U_1, et soient $(D_i)_{i \in I}$ les composantes irréductibles du diviseur $\bar{D} \cap U_1$ qui rencontrent K; les D_i sont en nombre fini. Comme codim. $S \geqslant 2$, les $D_i - S \cap D_i$ sont des diviseurs irréductibles de $U_1 - S \cap U_1$; choisissons un point $x_i \in D_i - S \cap D_i$. Puisque le support de Coker (f) est contenu dans D, et que h s'annule sur $D \cap U_1$, le théorème des zéros montre qu'il existe une puissance h^m $(m \geqslant 1)$ de h qui annule le faisceau Coker (f) au voisinage des points x_i. Posons $\mathcal{A} = (f(\mathcal{O}^n) + h^m \mathcal{F})/f(\mathcal{O}^n)$; c'est un faisceau cohérent sur $V_1 = U_1 - S \cap U_1$. D'après le lemme 3, appliqué à U_1 et $S \cap U_1$, le support D' du faisceau $\mathcal{A}$ est un diviseur de V_1. Il est clair que l'on a $D' \subset D \cap V_1$. D'autre part, par construction, D' ne contient aucun des points x_i ; si D'_j est une composante irréductible de D', on a donc $D'_j \neq D_i - S \cap D_i$ pour tout i, ce qui montre que D'_j ne rencontre pas K. Le faisceau $\mathcal{A}$ est donc nul sur $K \cap V_1$. Prenons alors pour U un voisinage ouvert connexe de s contenu dans K. Puisque la restriction $\mathcal{A} | V$ de $\mathcal{A}$ à $V = U - S \cap U$ est égale à 0, on a $h^m \cdot \mathcal{F} | V \subset f(\mathcal{O}_V^n)$. Il existe donc un morphisme $g: \mathcal{F} | V \to \mathcal{O}_V^n$ tel que le composé $f \circ g$ soit égal à la multiplication par h^m. Puisque h n'est pas identiquement nulle, $f \circ g$ est injectif, donc aussi g, ce qui démontre le lemme.

Quitte à remplacer X par U, le lemme 5 nous permet de supposer que $\mathcal{F}$ *est un sous-faisceau du faisceau* $\mathcal{O}_{X-S}^n$. Nous ferons désormais cette hypothèse.

LEMME 6. — *Il existe un sous-faisceau cohérent $\mathcal{G}$ de $\mathcal{O}_X^n$ qui prolonge $\mathcal{F}$.*

Vu l'hypothèse faite au début, $\mathcal{F}$ est engendré par le groupe Γ de ses sections sur X — S. Mais, puisque $\mathcal{F}$ est un sous-faisceau du faisceau $\mathcal{O}_{X-S}^n$, toute section a de $\mathcal{F}$ s'identifie à une section de $\mathcal{O}_{X-S}^n$. D'après ce qui a été dit au n° 3, cette dernière se prolonge en une section $\tilde{a}$ de $\mathcal{O}_X^n$ sur X tout entier. Soit $\mathcal{G}$ le sous-faisceau de $\mathcal{O}_X^n$ engendré par les $\tilde{a}$, pour $a \in \Gamma$. D'après la prop. 2, c'est un faisceau cohérent; d'autre part, il est clair que sa restriction à X — S est égale à $\mathcal{F}$.

LEMME 7. — *Si $\mathcal{G}$ est un sous-faisceau cohérent de $\mathcal{O}_X^n$, on a $\mathcal{H}_S^0\,\mathcal{G} = 0$ et $\mathcal{H}_S^1\,\mathcal{G}$ est cohérent.*

D'après la prop. 4, on a $\mathcal{H}_S^0\,\mathcal{O}_X^n = \mathcal{H}_S^1\,\mathcal{O}_X^n = 0$. En appliquant la suite exacte des foncteurs dérivés à la suite exacte

$$0 \to \mathcal{G} \to \mathcal{O}_X^n \to \mathcal{O}_X^n/\mathcal{G} \to 0,$$

on voit que $\mathcal{H}_S^0\,\mathcal{G} = 0$ et que $\mathcal{H}_S^1\,\mathcal{G}$ est isomorphe à $\mathcal{H}_S^0\,(\mathcal{O}_X^n/\mathcal{G})$, lequel est cohérent (prop. 3).

Fin de la démonstration du théorème 1 :

Soit $\mathcal{G}$ un faisceau vérifiant la condition du lemme 6. On a

$$i^*\mathcal{G} = \mathcal{F},$$

et la suite exacte (**) du n° 3 s'écrit ici :

$$0 \to \mathcal{H}_S^0\,\mathcal{G} \to \mathcal{G} \to i_*\,\mathcal{F} \to \mathcal{H}_S^1\,\mathcal{G} \to 0.$$

D'après le lemme 7, $\mathcal{H}_S^0\,\mathcal{G}$ est nul et $\mathcal{H}_S^1\,\mathcal{G}$ est cohérent. Le faisceau $i_*\mathcal{F}$ est donc extension des deux faisceaux cohérents $\mathcal{H}_S^1\,\mathcal{G}$ et $\mathcal{G}$. Cela entraîne qu'il est cohérent, cqfd.

5. Compléments et contre-exemples.

Nous conservons les hypothèses du théorème 1 : X est normal, $\mathcal{F}$ sans torsion, et codim. $S \geqslant 2$ en tout point. Si $\mathcal{F}$ vérifie les conditions (i), (ii), (iii), on dit que $\mathcal{F}$ est *prolongeable*.

PROPOSITION 5. — *Si $\mathcal{F}$ est isomorphe à un quotient d'un faisceau prolongeable, $\mathcal{F}$ est prolongeable.*

C'est évident sur la condition (iii).

PROPOSITION 6. — *Supposons* X *compacte. Alors* $H^0(X - S, \mathcal{F})$ *est de dimension finie.*

Soit $\mathcal{F}_1$ le sous-faisceau de $\mathcal{F}$ engendré par les sections de $\mathcal{F}$ sur $X - S$. D'après la prop. 2, c'est un faisceau cohérent. On a :

$$H^0(X - S, \mathcal{F}) = H^0(X - S, \mathcal{F}_1) = H^0(X, i_* \mathcal{F}_1).$$

Le faisceau $\mathcal{F}_1$ vérifie la condition (iii). D'après le th. 1, $i_* \mathcal{F}_1$ est donc cohérent. Comme X est compacte, il en résulte que $H^0(X, i_* \mathcal{F}_1)$ est de dimension finie (cf. par exemple [10], p. 241), d'où la proposition.

PROPOSITION 7. — *Supposons $\mathcal{F}$ réflexif et prolongeable. Alors $i_* \mathcal{F}$ est réflexif, et c'est l'unique faisceau réflexif de* X *qui prolonge* $\mathcal{F}$.

Soit $\mathcal{G}$ un faisceau cohérent prolongeant $\mathcal{F}$, et soit $\mathcal{G}''$ son bidual; il est clair que $\mathcal{G}''$ prolonge $\mathcal{F}$ et que c'est un faisceau réflexif (cf. BOURBAKI, *Alg. Comm.*, chap. VII, p. 50); on a vu au n° 3 que $\mathcal{G}'' = i_* i^* \mathcal{G}''$. Mais $i^* \mathcal{G}'' = \mathcal{F}$. D'où $\mathcal{G}'' = i_* \mathcal{F}$, ce qui montre que $i_* \mathcal{F}$ est réflexif, et coïncide avec $\mathcal{G}$ si $\mathcal{G}$ est réflexif.

Remarques.

1) Les faisceaux de fonctions automorphes (à valeurs scalaires ou vectorielles) sont réflexifs.

2) La prop. 7 s'applique notamment au cas où $\mathcal{F}$ est *localement libre* et prolongeable; elle montre que $i_* \mathcal{F}$ est réflexif. Si X est *non singulière* et *de dimension* 2, cela entraîne que $i_* \mathcal{F}$ est localement libre (en effet, on sait qu'un module réflexif de type fini sur un anneau local régulier de dimension 2 est libre); on obtient donc ainsi un critère de prolongement des *fibrés vectoriels sur* $X - S$. L'hypothèse $\dim. X = 2$ est essentielle, comme le montre le contre-exemple a) ci-dessous.

Contre-exemples.

a) *Un faisceau localement libre prolongeable $\mathcal{F}$ tel que $i_* \mathcal{F}$ ne soit pas localement libre.*

Prenons $X = \mathbf{C}^n$, $n \geqslant 3$, et $S = \{0\}$. Soit E un fibré vectoriel sur l'espace projectif $\mathbf{P}_{n-1}(\mathbf{C})$, et soit E′ son image réciproque sur X — S par la projection naturelle $X - S \rightarrow \mathbf{P}_{n-1}(\mathbf{C})$. Soit $\mathscr{F}$ le faisceau localement libre des germes de sections de E′. On peut montrer (par exemple en utilisant le fait que E est algébrique [13]) que $\mathscr{F}$ est prolongeable, et que $i_* \mathscr{F}$ est localement libre si et seulement si E est somme directe de fibrés de rang 1. Or, pour $n \geqslant 3$, on sait qu'il existe des fibrés qui ne sont pas de ce type (le fibré tangent, par exemple).

b) *Faisceaux non prolongeables.*

Les plus simples sont les faisceaux d'idéaux associés à des sous-espaces analytiques non prolongeables de X — S (par exemple une suite de points tendant vers S). Voici un exemple moins trivial, qui a l'avantage d'être *localement libre* :

Prenons $X = \mathbf{C}^2$, $S = \{0\}$. Soit $\mathcal{O}_X^*$ le faisceau des éléments inversibles de $\mathcal{O}_X$. L'application exponentielle définit un isomorphisme

$$H^1(X - S, \mathcal{O}_{X-S}) \rightarrow H^1(X - S, \mathcal{O}_{X-S}^*).$$

Or $H^1(X - S, \mathcal{O}_{X-S})$ est facile à déterminer : c'est un espace vectoriel de dimension infinie ([7], p. 203). Il existe donc un élément non trivial $f \in H^1(X - S, \mathcal{O}_{X-S}^*)$; soit F le fibré de rang 1 correspondant, et soit $\mathscr{F}$ le faisceau associé. Ce faisceau *n'est pas prolongeable*. En effet, s'il l'était, $i_* \mathscr{F}$ serait localement libre de rang 1 (cf. Remarque 2 ci-dessus), donc correspondrait à un élément $\bar{f}$ de $H^1(X, \mathcal{O}_X^*)$. Mais $H^1(X, \mathcal{O}_X^*)$ est isomorphe à $H^1(X, \mathcal{O}_X)$, qui est nul. On aurait donc $\bar{f} = 0$, d'où *a fortiori* $f = 0$, contradiction.

Question.

Si codim. $S \geqslant 3$, est-il vrai que tout faisceau localement libre (ou
1 même seulement réflexif) sur X — S est prolongeable ?

6. Le cas projectif.

Conservons les notations et hypothèses du théorème 1, et supposons que X soit projective, i.e. soit un sous-espace analytique fermé d'un espace projectif $\mathbf{P}_N(\mathbf{C})$. D'après un théorème de Chow, X et S sont alors algébriques. Si $\mathcal{A}$ est un faisceau *algébrique* cohérent sur X (ou sur X — S), on notera $\mathcal{A}^h$ le faisceau analytique cohérent associé (cf. [13], n° 9).

THÉORÈME 2. — *Si* X *est projective, et si les hypothèses du théorème* 1 *sont vérifiées, les conditions* (i), (ii), (iii) *sont équivalentes à chacune des deux suivantes* :

(iv) *Il existe un faisceau algébrique cohérent* $\mathcal{A}$ *sur* X — S *tel que* $\mathcal{A}^h$ *soit isomorphe à* $\mathcal{F}$.

(v) *Pour tout* $x \in$ X—S, *il existe un entier n tel que* $H^0(X—S, \mathcal{F}(n))$ *engendre* $\mathcal{F}(n)_x$.

(Le faisceau $\mathcal{F}(n)$ est défini comme le produit tensoriel du faisceau $\mathcal{F}$ et du faisceau $\mathcal{O}(n)$, cf. [13], n° 16.)

Il suffit de prouver que (iv) $\Longrightarrow$ (ii) $\Longrightarrow$ (v) $\Longrightarrow$ (iii).

(iv) $\Longrightarrow$ (ii) : d'après un théorème de Grothendieck (cf. [2], prop. 2) tout faisceau algébrique cohérent $\mathcal{A}$ sur X — S se prolonge en un faisceau algébrique cohérent $\mathcal{B}$ sur X. Si $\mathcal{A}^h = \mathcal{F}$, il s'ensuit que $\mathcal{B}^h$ prolonge $\mathcal{F}$.

(ii) $\Longrightarrow$ (v) : si $\mathcal{F}$ se prolonge en un faisceau analytique cohérent $\mathcal{G}$, on sait (cf. [13]) qu'il existe un entier n tel que $H^0(X, \mathcal{G}(n))$ engendre $\mathcal{G}(n)_x$ pour tout $x \in X$. *A fortiori*, $H^0(X — S, \mathcal{F}(n))$ engendre $\mathcal{F}(n)_x$ pour tout $x \in X — S$.

(v) $\Longrightarrow$ (iii) : soit $s \in S$, et soit E un hyperplan de $\mathbf{P}_N(\mathbf{C})$ ne passant pas par s. Soit $U = X — X \cap E$, et soit $x \in U — S \cap U$. D'après (v), il existe un entier n tel que $\mathcal{F}(n)_x$ soit engendré par $H^0(X — S, \mathcal{F}(n))$, donc aussi par $H^0(U — S \cap U, \mathcal{F}(n))$. Mais le faisceau $\mathcal{O}(n)$ est isomorphe au faisceau $\mathcal{O}_X$ au-dessus du complémentaire de E; le faisceau $\mathcal{F}(n)$ est donc isomorphe au faisceau $\mathcal{F}$ au-dessus de U — S $\cap$ U, qui est contenu dans X — E. On en conclut que $\mathcal{F}_x$ est engendré par $H^0(U — S \cap U, \mathcal{F})$ pour tout $x \in U — S \cap U$, ce qui démontre (iii).

Remarques.

1) Le théorème 2 montre que les faisceaux prolongeables coïncident avec les faisceaux *algébriques*.

2) Si $\mathcal{F}$ est prolongeable, on peut prouver que le faisceau algébrique $\mathcal{A}$ tel que $\mathcal{F} \simeq \mathcal{A}^h$ est déterminé *à isomorphisme unique près*. De plus, on a $i_* \mathcal{F} \simeq (i_* \mathcal{A})^h$.

Question.

Soit X un espace algébrique complexe (non nécessairement projectif), soit S un sous-espace algébrique fermé de X, et soit $\mathcal{A}$ un faisceau algébrique cohérent sur X. Supposons que les faisceaux algébriques $\mathcal{H}^i_S \mathcal{A}$

soient cohérents pour $0 \leqslant i \leqslant m$ (cf. [9], *loc. cit.*). Est-il vrai que les homomorphismes canoniques

$$(\mathcal{H}^i_S \mathcal{A})^h \to \mathcal{H}^i_S (\mathcal{A}^h)$$

2 sont des *isomorphismes* pour $0 \leqslant i \leqslant m$? Cela montrerait en particulier que les faisceaux analytiques $\mathcal{H}^i_S (\mathcal{A}^h)$ sont *cohérents*.

BIBLIOGRAPHIE

[1] W. L. Baily et A. Borel, *Compactification of arithmetic quotients of bounded symmetric domains*. Ann. of Maths., 84 (1966).

[2] A. Borel et J.-P. Serre, *Le théorème de Riemann-Roch* (*d'après des résultats inédits de A. Grothendieck*). Bull. Soc. Math. France, 86 (1958), 97-136.

[3] H. Cartan, *Idéaux de fonctions analytiques de n variables complexes*. Ann. Ecole Norm. Sup., 61 (1944), 149-197.

[4] H. Cartan, *Variétés analytiques complexes et fonctions automorphes*. Séminaire E.N.S., Paris, 1953-54.

[5] H. Cartan, *Familles d'espaces complexes et fondements de la géométrie analytique*. Séminaire E.N.S., Paris, 1960-61.

[6] A. Douady, *Le problème des modules pour les sous-espaces analytiques compacts d'un espace analytique donné*. Ann. Inst. Fourier, 16 (1966), 1-98.

[7] J. Frenkel, *Cohomologie non abélienne et espaces fibrés*. Bull. Soc. Math. France, 83 (1957), 135-218.

[8] A. Grothendieck, *Local cohomology* (Notes by Robin Hartshorne). Harvard Univ., 1961.

[9] A. Grothendieck, *Séminaire de géométrie algébrique* (Notes prises par un groupe d'auditeurs). Paris, I.H.E.S., 1962.

[10] R. Gunning et H. Rossi, *Analytic functions of several complex variables*. Prentice-Hall, 1965.

[11] R. Remmert et K. Stein, *Ueber die wesentlichen Singularitäten analytischer Mengen*. Math. Annalen, 126 (1953), 263-306.

[12] G. Scheja, *Fortsetzungssätze der komplex-analytischen Cohomologie und ihre algebraische Charakterisierung*. Math. Annalen, 157 (1964), 75-94.

[13] J.-P. Serre, *Géométrie algébrique et géométrie analytique*. Ann. Inst. Fourier, 6 (1956), 1-42.

Manuscrit reçu le 15 *avril* 1966.

Jean-Pierre SERRE,
Collège de France

69.

Existence de tours infinies de corps de classes d'après Golod et Šafarevič

Colloque CNRS, **143** (1966), 231–238

1. Résultats.

Soit k un corps de nombres algébriques et soit k_a le « corps de classes absolu » de k, autrement dit l'extension abélienne non ramifiée[1] maximale de k. On sait que k_a est une extension finie de k, et que son groupe de Galois s'identifie au groupe Cl_k des classes d'idéaux de l'anneau R_k des entiers de k. En itérant cette construction on obtient une suite croissante (k_n) d'extensions de k, définie par les formules :

$$k_0 = k, \qquad k_n = (k_{n-1})_a \qquad \text{pour} \quad n \geqslant 1.$$

Cette suite s'appelle la « tour de corps de classes » de k. La réunion k_r des k_n est une extension galoisienne non ramifiée de k; son groupe de Galois est « pro-résoluble » (limite projective de groupes résolubles finis), et il est clair que k_r est la plus grande extension jouissant de ces propriétés. Le *problème de la tour de corps de classes* (posé pour la première fois par Furtwängler) s'énonce ainsi :

Existe-t-il un corps de nombres algébriques k tel que k_r soit une extension infinie de k ?

(Noter qu'il revient au même de demander que k possède une extension non ramifiée infinie à groupe de Galois pro-résoluble, puisqu'une telle extension est nécessairement contenue dans k_r.)

(1) La condition de non ramification porte également sur les places « à l'infini » : tout plongement de k dans $\mathbf{R}$ doit être induit par un plongement de k_a dans $\mathbf{R}$. Si l'on omettait cette condition, il faudrait modifier la définition de Cl_k en faisant intervenir les éléments de k qui sont positifs dans tout plongement de k dans $\mathbf{R}$.

Dans le mémoire [*1*], Golod et Šafarevič (s'appuyant de façon essentielle sur des résultats antérieurs de Šafarevič [*3*, *4*]) montrent que la réponse est *affirmative* : il y a des tours infinies. Plus précisément :

Théorème 1. — *Pour tout nombre premier p il existe un corps de nombres algébriques k admettant une p-extension non ramifiée infinie.*

(On appelle *p-extension* une extension galoisienne dont le groupe de Galois est un pro-p-groupe, autrement dit une limite projective de p-groupes finis; un tel groupe est évidemment pro-résoluble.)

Indiquons tout de suite deux corollaires de ce théorème :

Corollaire 1. — *Soit k un corps vérifiant la condition du théorème* 1. *Il est impossible de plonger k dans un corps de nombres algébriques* K *tel que* $\mathrm{Cl}_{\mathrm{K}} = \{1\}$.

Par hypothèse, k possède une p-extension non ramifiée infinie k'/k. Si K contient k, l'extension $\mathrm{K}k'/\mathrm{K}$ est encore une p-extension non ramifiée infinie; elle contient donc une extension abélienne non ramifiée de K distincte de K; d'où $\mathrm{Cl}_{\mathrm{K}} \neq \{1\}$, d'après la théorie du corps de classes.

Corollaire 2. — *Il existe une suite* (k_i) *de corps de nombres algébriques, de discriminants* D_i, *et de degrés* n_i *tendant vers* $+\infty$, *telle que*
1 $|\mathrm{D}_i|^{1/n_i}$ *soit constant.*

Il suffit de prendre pour suite (k_i) la tour de corps de classes d'un corps k vérifiant la condition du théorème 1.

En fait, Golod et Šafarevič démontrent le théorème suivant, plus précis que le théorème 1 :

Théorème 2. — *Soient k un corps de nombres algébriques et p un nombre premier. Soit* ρ *(resp. d) le nombre minimum de générateurs du groupe* E_k *des unités de k (resp. de la composante p-primaire du groupe* Cl_k). *Si l'on a l'inégalité*

$$(*) \qquad d \geqslant 3 + 2\sqrt{\rho + 2}$$

le corps k admet une p-extension non ramifiée infinie.

Exemples : Prenons $p = 2$, et $k = \mathbf{Q}(\sqrt{-\mathrm{N}})$, où N est un entier > 0, sans facteurs carrés, et congru à 1 mod. 4. On a $\rho = 1$, et d est égal au

nombre de facteurs premiers de N. L'inégalité (*) est vérifiée lorsque
2 $d \geqslant 7$; l'exemple le plus simple est donc :

$$N = 3.5.7.11.13.17.19 = 4\,849\,845.$$

Pour $p \neq 2$, on a des exemples analogues, obtenus en adjoignant au corps k_0 des racines $p^{\text{-ièmes}}$ de l'unité la racine $p^{\text{-ième}}$ d'un élément convenable de k_0; comme précédemment, ce procédé donne des valeurs de d arbitrairement grandes.

Le reste de cet exposé est consacré à la démonstration du théorème 2. Cette démonstration se décompose en deux parties, l'une de nature arithmétique, l'autre de pure théorie des groupes.

2. Première partie de la démonstration (Šafarevič [3, 4]).

Soit k un corps de nombres algébriques, soit K la p-extension non ramifiée maximale de k, et soit G le groupe de Galois de K/k. Le groupe G est un pro-p-groupe. Posons :

$$d = \dim . H^1(G, \mathbf{Z}/p\mathbf{Z}), \qquad r = \dim . H^2(G, \mathbf{Z}/p\mathbf{Z}).$$

On sait (*cf.* par exemple [5], Chap. I, § 4) que d est le *nombre minimum de générateurs* (au sens topologique) de G, et que r est le *nombre minimum de relations* entre d générateurs $x_1, \ldots, x_d$ de G. En outre, la théorie du corps de classes montre que $H^1(G, \mathbf{Z}/p\mathbf{Z}) = \mathrm{Hom}\,(\mathrm{Cl}_k, \mathbf{Z}/p\mathbf{Z})$; on peut donc aussi définir d comme le nombre minimum de générateurs de la composante p-primaire de Cl_k, *cf.* théorème 2.

Rappelons d'autre part que ρ désigne le nombre minimum de générateurs du groupe E_k des unités du corps k.

Théorème 3. — *Avec les notations ci-dessus, on a* $r - d \leqslant \rho$.

Ce résultat, dû à Šafarevič, est démontré dans [4]. Lorsque G est *fini* (restriction qui n'est pas gênante pour l'application que nous avons en vue), on peut en donner une démonstration plus simple, basée sur une note d'Iwasawa (*cf.* [2], ainsi que [5], Chap. I, n° 4.4) :

Puisque G est fini, K est un corps de nombres algébriques; si C_K désigne le groupe des classes d'idèles de K, on a, d'après un résultat classique de Tate :

$$H^i(G, C_K) = H^{i-2}(G, \mathbf{Z}) \qquad \text{pour tout} \quad i \in \mathbf{Z}.$$

Soit d'autre part E_K le groupe des unités de K, et soit U_K le groupe des idèles de K dont toutes les composantes non archimédiennes sont des unités (dans les corps locaux correspondants). On a la suite exacte :

$$0 \to E_K \to U_K \to C_K \to Cl_K \to 0.$$

Par hypothèse, K n'admet pas de p-extension non ramifiée distincte de K; la composante p-primaire de Cl_K est donc nulle, d'où $H^i(G, Cl_K) = 0$ pour tout i. Puisque K est non ramifié sur k, on a également

$$H^i(G, U_K) = 0 \qquad \text{pour tout } i.$$

On tire de là un isomorphisme :

$$H^i(G, C_K) = H^{i+1}(G, E_K) \qquad \text{pour tout} \quad i \in \mathbf{Z}.$$

Pour $i = -1$, on obtient donc :

$$H^0(G, E_K) = H^{-1}(G, C_K) = H^{-3}(G, \mathbf{Z}).$$

Soit t le nombre minimum de générateurs de $H^{-3}(G, \mathbf{Z})$; comme $H^0(G, E_K)$ est égal à $E_k/N(E_K)$, on déduit de ce qui précède que $t \leqslant \rho$. D'autre part $H^{-3}(G, \mathbf{Z})$ est dual de $H^3(G, \mathbf{Z})$; t est donc aussi le nombre minimum de générateurs de $H^3(G, \mathbf{Z})$. En écrivant la suite exacte de cohomologie associée à la suite exacte de coefficients

$$0 \to \mathbf{Z} \xrightarrow{p} \mathbf{Z} \to \mathbf{Z}/p\mathbf{Z} \to 0$$

on voit facilement que t est égal à $r - d$. On a donc bien $r - d \leqslant \rho$, ce qui démontre le théorème.

3. Deuxième partie de la démonstration (Golod-Šafarevič [*1*]).

Soit G un pro-p-groupe, et posons, comme ci-dessus :

$$d = \dim . H^1(G, \mathbf{Z}/p\mathbf{Z}), \qquad r = \dim . H^2(G, \mathbf{Z}/p\mathbf{Z}).$$

Théorème 4. — *Si* $d \geqslant 1$, *et si l'on a l'inégalité :*

3 (**)
$$r \leqslant \frac{(d-1)^2}{4},$$

le groupe G *est infini.*

[Les théorèmes 3 et 4 entraînent le théorème 2. En effet, si $r - d \leqslant \rho$ et si $d \geqslant 3 + 2\sqrt{\rho + 2}$, on a

$$r \leqslant d + \left(\frac{d-3}{2}\right)^2 - 2,$$

c'est-à-dire (**).]

Soit L le pro-p-groupe libre engendré par d éléments $x_1, \ldots, x_d$ (*cf.* [5], Chap. I, n° 1.5). On peut écrire G sous la forme L/R, où R est un sous-groupe distingué fermé de L. Par hypothèse, il existe r éléments $s_1, \ldots, s_r$ de R tels que R soit engendré (comme sous-groupe distingué fermé de L) par ces éléments; on a $s_i \in (\mathrm{L}, \mathrm{L})\,\mathrm{L}^p$ pour tout i (sinon G pourrait être engendré par $d - 1$ éléments).

Soit $\mathrm{A_L}$ l'algèbre du groupe L sur le corps premier $\mathbf{F}_p = \mathbf{Z}/p\mathbf{Z}$, autrement dit la limite projective des algèbres $\mathbf{F}_p\,[\mathrm{L/U}]$, pour U parcourant l'ensemble des sous-groupes ouverts distingués de L; définissons de manière analogue l'algèbre $\mathrm{A_G}$ du groupe G. Les algèbres $\mathrm{A_L}$ et $\mathrm{A_G}$ sont *compactes* (pour la topologie limite projective). On notera que G est fini si et seulement si $\mathrm{A_G}$ l'est.

Lemme 1. — *a) On peut identifier* $\mathrm{A_L}$ *à l'algèbre* $\mathbf{F}_p\{\{\mathrm{X}_1, \ldots, \mathrm{X}_d\}\}$ *des « séries formelles non commutatives » en d indéterminées* $\mathrm{X}_1, \ldots, \mathrm{X}_d$, *cette identification transformant* $x_k \in \mathrm{L}$ *en* $1 + \mathrm{X}_k$.

b) L'algèbre $\mathrm{A_G}$ *est isomorphe au quotient de* $\mathrm{A_L}$ *par le plus petit idéal bilatère fermé contenant les éléments* $f_i = 1 - s_i$ $(1 \leqslant i \leqslant r)$.

L'assertion *a*) se déduit de la proposition 7 de [5], p. I-7, en divisant par p. L'assertion *b*) est une conséquence facile de *a*).

Soit $\mathfrak{m}$ l'idéal de $\mathrm{A_L}$ formé des séries de terme constant nul; c'est l'unique idéal maximal (à gauche ou à droite) de $\mathrm{A_L}$. La topologie de $\mathrm{A_L}$ est définie par les puissances $\mathfrak{m}^n$ de $\mathfrak{m}$. Du fait que $s_i \in (\mathrm{L}, \mathrm{L})\,\mathrm{L}^p$,

on a $\quad f_i \in \mathfrak{m}^2 \quad$ pour $\quad 1 \leqslant i \leqslant r.$

Le théorème 4 est donc conséquence du théorème suivant, où il n'est plus question de groupes :

Théorème 4'. — *Soit* $\mathrm{A_L} = \mathbf{F}_p\{\{\mathrm{X}_1, \ldots, \mathrm{X}_d\}\}$, *avec* $d \geqslant 1$, *soient* $(f_1, \ldots, f_r)$ *r éléments de* $\mathfrak{m}^2$ *et soit* $\mathfrak{a}$ *le plus petit idéal bilatère fermé de* $\mathrm{A_L}$ *contenant les* f_i. *Si l'inégalité* (**) *est vérifiée, l'algèbre* $\mathrm{A_L}/\mathfrak{a}$ *est infinie.*

Soit $\Lambda = \mathrm{gr}(A_L)$ l'algèbre graduée associée à la filtration de A_L par les $\mathfrak{m}^n$; c'est l'algèbre des « polynômes non commutatifs » en les X_k (autrement dit l'algèbre tensorielle d'un espace vectoriel de dimension d sur le corps $\mathbf{F}_p$). Si l'on filtre $A_L/\mathfrak{a}$ par la filtration quotient de celle de A_L, on a :

$$\mathrm{gr}(A_L/\mathfrak{a}) = \mathrm{gr}(A_L)/\mathrm{gr}(\mathfrak{a}) = \Lambda/\mathrm{gr}(\mathfrak{a}).$$

Ecrivons chaque f_i sous la forme

$$f_i = \sum_{j \geqslant 2} f_{i,j}$$

avec $f_{i,j}$ homogène de degré j. Soit $\bar{\mathfrak{a}}$ l'idéal bilatère de Λ engendré par les $f_{i,j}$ $(1 \leqslant i \leqslant r,\ j \geqslant 2)$. On vérifie immédiatement que $\mathrm{gr}(\mathfrak{a})$ *est contenu dans* $\bar{\mathfrak{a}}$. Pour prouver le théorème 4′, il suffit donc de montrer que *l'algèbre quotient* $B = \Lambda/\bar{\mathfrak{a}}$ *est infinie* lorsque l'inégalité (**) est vérifiée.

Soit $B_n = \Lambda_n/\bar{\mathfrak{a}}_n$ la composante homogène de degré n de B, et posons :

$$P(t) = \sum_{n=0}^{\infty} b_n t^n \qquad \text{avec} \qquad b_n = \dim . B_n.$$

La série $P(t)$ est la *série de Poincaré* de B.

LEMME 2. — *Pour tout* $n \geqslant 1$, *on a une suite exacte* :

$$\sum_{2 \leqslant j \leqslant n} B^r_{n-j} \xrightarrow{\psi} B^d_{n-1} \xrightarrow{\varphi} B_n \to 0.$$

(On désigne par B^d_{n-1} le produit de d copies de B_{n-1}; la notation B^r_{n-} a un sens analogue.)

L'homomorphisme φ est défini par la formule :

$$\varphi[(y^k)_{1 \leqslant k \leqslant d}] = \sum_{k=1}^{d} y^k X_k,$$

X_k étant considéré comme élément de B_1. Il est clair que φ est surjectif. Pour définir ψ, on écrit chaque $f_{i,j} \in \Lambda_j$ sous la forme :

$$f_{i,j} = \sum_{k=1}^{d} f^k_{i,j} X_k \qquad \text{avec} \qquad f^k_{i,j} \in \Lambda_{j-1}.$$

L'homomorphisme ψ transforme un élément $(z^{i,j})_{1 \leqslant i \leqslant r}^{2 \leqslant j \leqslant n}$ de $\sum B^r_{n-j}$ en l'élément $(y^k)_{1 \leqslant k \leqslant d}$ de B^d_{n-1} donné par la formule :

$$y^k = \sum_{\substack{1 \leqslant i \leqslant r \\ 2 \leqslant j \leqslant n}} z^{i,j} f^k_{i,j}.$$

On vérifie sans difficultés que le noyau de φ est égal à l'image de ψ (il faut utiliser le fait que tout élément de Λ_n, $n \geqslant 1$, s'écrit *de façon unique* sous la forme $\sum y^k X_k$, avec $y_k \in \Lambda_{n-1}$).

Si P et Q sont deux séries formelles en t à coefficients réels, on conviendra d'écrire $P \succ Q$ lorsque chaque coefficient de P est supérieur ou égal au coefficient correspondant de Q.

Lemme 3. — *On a* $P(t).\,(1 - dt + r(t^2 + t^3 + \ldots)) \succ 1$.

D'après le lemme 2, on a:

$$b_n \geqslant d.b_{n-1} - r(b_{n-2} + b_{n-3} + \ldots + b_0) \qquad \text{pour tout} \quad n \geqslant 1.$$

En multipliant les deux membres par t^n et en ajoutant, on obtient :

$$P(t) - 1 \succ dt\,P(t) - r(t^2 + t^3 + \ldots)\,P(t),$$

d'où le résultat cherché.

Lemme 4. — *Si* $d \geqslant 1$ *et* $r \leqslant \frac{(d-1)^2}{4}$, *les coefficients de la série*

$$Q(t) = \frac{1}{1 - dt + r(t^2 + t^3 + \ldots)} \qquad \textit{sont tous} > 0.$$

On a

$$Q(t) = \frac{1-t}{1 - (d+1)\,t + (d+r)\,t^2}.$$

L'hypothèse $r \leqslant \frac{(d-1)^2}{4}$ assure que les racines du dénominateur sont *réelles*. En décomposant Q en somme d' « éléments simples », on obtient le lemme.

Le théorème 4′ résulte des lemmes 3 et 4. En effet, puisque $Q(t) \succ 0$, on peut multiplier par $Q(t)$ les deux membres de l'inégalité

$$P(t).\,(1 - dt + r\,(t^2 + t^3 + \ldots)) \succ 1,$$

ce qui donne $P(t) \succ Q(t)$. On a donc $b_n > 0$ pour tout n, ce qui montre bien que l'algèbre $B = \Lambda/\bar{\mathfrak{a}}$ est infinie.

Remarque. — L'expression explicite de $Q(t)$ montre que, à part le cas trivial $d = 1$, $r = 0$, la croissance de b_n est *exponentielle*. Compte tenu des résultats récents de Lazard sur les groupes analytiques p-adiques, on en conclut qu'*un pro-p-groupe qui vérifie les conditions du théorème* 4 *n'est pas analytique* (sauf bien sûr si $d = 1$, $r = 0$).

BIBLIOGRAPHIE

[1] E. S. Golod et I. R. Šafarevič. — *Sur la tour des corps de classes* (en russe), Izv. Akad. Nauk SSSR, *28*, 1964, p. 261-272.

[2] K. Iwasawa. — *A note on the group of units of an algebraic number field*, Journ. maths. pures et appl., *35*, 1956, p. 189-192.

[3] I. R. Šafarevič. — *Corps de nombres algébriques* (en russe), Proc. int. cong., Stockholm 1962, p. 163-176 (Amer. Math. Soc. Transl., ser. 2, vol. 31, p. 25-39).

[4] I. R. Šafarevič. — *Extensions à points de ramification donnés* (en russe), Publ. Math. I.H.E.S., nº 18, 1963.

[5] J.-P. Serre. — *Cohomologie galoisienne*, Lecture Notes in Maths., nº5, Springer-Verlag, 1964.

70.

Groupes de Lie l-adiques attachés aux courbes elliptiques

Colloque CNRS, **143** (1966), 239–256

Les points d'ordre fini sur une courbe elliptique engendrent des extensions du corps de base qui sont en général non abéliennes. L'étude de leurs groupes de Galois amène à introduire des *groupes analytiques l-adiques* (*cf.* [*20*]), et du même coup des *algèbres de Lie l-adiques*. Dans ce qui suit, je me propose de déterminer ces algèbres de Lie, au moins dans un certain nombre de cas (en particulier lorsque le corps de base est le corps **Q** des nombres rationnels). Il est nécessaire d'étudier d'abord le cas local; les résultats correspondants sont énoncés au paragraphe 2. Le passage aux corps de nombres est fait au paragraphe 3. Le paragraphe 4 contient un certain nombre de commentaires et de conjectures.

Les résultats qui vont être exposés doivent beaucoup à une abondante correspondance avec J. Tate; je suis heureux de l'en remercier ici.

§ 1. Préliminaires.

1. 1. Les groupes G_l et leurs algèbres de Lie.

Dans tout ce qui suit, la lettre E désigne une courbe elliptique définie sur un corps k, et munie d'un point rationnel noté 0. On sait qu'il existe sur E une structure de groupe algébrique et une seule qui admette 0 comme élément neutre; nous noterons additivement sa loi de composition.

Soit l un nombre premier [1] distinct de la caractéristique de k, et soit $\bar{k}$ une clôture algébrique de k. Si n est un entier $\geqslant 0$, soit E_{l^n} le groupe

([1]) Dans [*20*], ce nombre premier est noté p. Je préfère réserver ici la lettre p pour la *caractéristique résiduelle* (lorsque k est un corps local, cf. § 2).

formé des points x de E, rationnels sur $\bar{k}$, tels que $l^n x = 0$. On sait (*cf.* par exemple Lang [*13*], chap. VII) que E_{l^n} est un $\mathbf{Z}/l^n\mathbf{Z}$-module libre de rang 2. Le *l-ième module de Tate* de E est défini par la formule :

$$T_l = \varprojlim . E_{l^n} \qquad (\text{pour} \quad n \to \infty).$$

C'est un module libre de rang 2 sur l'anneau $\mathbf{Z}_l$ des entiers l-adiques. On notera V_l le $\mathbf{Q}_l$-espace vectoriel associé. On a :

$$V_l = T_l \otimes \mathbf{Q}_l = T_l\left[\frac{1}{l}\right].$$

Le groupe de Galois $G(\bar{k}/k)$ opère sur chacun des E_{l^n}, donc aussi sur T_l et sur V_l. On obtient ainsi un homomorphisme continu

$$\pi_l : G(\bar{k}/k) \to \mathbf{GL}(T_l).$$

L'image de $G(\bar{k}/k)$ par π_l sera notée G_l; c'est un sous-groupe fermé du groupe de Lie l-adique $\mathbf{GL}(T_l)$, isomorphe à $\mathbf{GL}(2, \mathbf{Z}_l)$. L'extension galoisienne k_l/k associée à G_l est l'extension obtenue en adjoignant à k les coordonnées des points de $E(\bar{k})$ d'ordre une puissance de l.

Du fait que G_l est un sous-groupe fermé du groupe de Lie l-adique $\mathbf{GL}(T_l)$, on déduit que G_l est lui-même un groupe de Lie (*cf.* [*20*], proposition 3). Son *algèbre de Lie* $\mathfrak{g}_l$ est une sous-algèbre de l'algèbre $\mathfrak{gl}(V_l)$; cette dernière est isomorphe à $\mathfrak{gl}(2, \mathbf{Q}_l)$. Ce sont les algèbres $\mathfrak{g}_l$ que nous voulons étudier. Rappelons (*cf.* [*20*], proposition 4) qu'elles sont invariantes par extension de type fini du corps de base; elles sont également invariantes lorsqu'on remplace la courbe E par une courbe isogène.

1. 2. Propriétés élémentaires des algèbres $\mathfrak{g}_l$ (cf. [20], n°1.3).

a) Soit $T_l(\mathbf{G}_m)$ le module de Tate construit à partir des racines de l'unité d'ordre une puissance de l. C'est un $\mathbf{Z}_l$-module libre de rang 1; on note $V_l(\mathbf{G}_m)$ le $\mathbf{Q}_l$-espace vectoriel associé. Le groupe de Galois $G(\bar{k}/k)$ opère continûment sur $T_l(\mathbf{G}_m)$ et $V_l(\mathbf{G}_m)$. Comme on peut identifier E à sa variété duale (au sens de la dualité des variétés abéliennes) le symbole (x, y) (*cf.* Lang [*13*], chap. VII, § 2) définit un isomorphisme canonique :

$$\wedge^2 T_l = T_l(\mathbf{G}_m), \qquad \text{d'où aussi} \quad \wedge^2 V_l = V_l(\mathbf{G}_m).$$

On en conclut en particulier que $\mathfrak{g}_l$ n'est contenue dans $\mathfrak{sl}(V_l)$ que s'il existe une extension finie k' de k contenant toutes les racines de l'unité d'ordre une puissance de l. Cette condition n'est vérifiée, ni par les corps de nombres algébriques, ni par les corps locaux (à corps résiduel fini).

b) Si R est l'anneau des $\bar{k}$-endomorphismes de E, on voit facilement que $\mathfrak{g}_l$ et R commutent dans l'algèbre des endomorphismes de V_l. Le cas le plus intéressant pour la suite est celui où R est un « ordre » d'un corps quadratique imaginaire K (nous dirons que E est une courbe « à multiplications complexes »). Le commutant de K dans End (V_l) est alors $K_l = K \otimes \mathbf{Q}_l$, et l'on en conclut que $\mathfrak{g}_l$ est *contenue dans* K_l; en particulier, $\mathfrak{g}_l$ est *abélienne.*

1. 3. Cas des corps finis.

Supposons que k soit un corps fini, de caractéristique p, ayant $q = p^f$ éléments. Par hypothèse, on a $l \neq p$. Soit F *l'endomorphisme de Frobenius* de E, et soit F_l l'endomorphisme de T_l défini par F. Le groupe de Galois G_l est topologiquement engendré par F_l; c'est un groupe de dimension 1. On sait que l'endomorphisme F_l est semi-simple; son équation caractéristique est à coefficients entiers, et ne dépend pas de l. Les valeurs propres π et $\bar{\pi}$ de F_l sont imaginaires conjuguées, et vérifient les formules :

$$\pi . \bar{\pi} = \det (F_l) = q,$$

$$\pi + \bar{\pi} = \mathrm{Tr}\,(F_l) = 1 + q - N,$$

où N est le nombre de points de E rationnels sur k.

L'homothétie de rapport p dans E est de degré p^2, et son exposant d'inséparabilité est égal à 1 ou à 2. Dans le premier cas, le module $T_p = \varprojlim E_{p^n}$ est libre de rang 1 sur $\mathbf{Z}_p$; nous dirons que E est *de type* (I). Dans le second cas [*type* (II)], T_p est réduit à zéro. On sait que (II) ne se produit que pour un *nombre fini* de courbes elliptiques (p étant donné), *cf.* Hasse [*9*] ou Deuring [*1*].

La proposition suivante rassemble quelques résultats connus :

Proposition 1. — *Supposons* E *de type* (I) (*resp. de type* (II)).

a) *L'invariant de Hasse de* E (*cf.* [*9, 18*]) *est non nul* (*resp. est nul*).

b) *Aucune puissance de* F_l *n'est une homothétie* (*resp. la puissance 4-ième ou la puissance 6-ième de* F_l *est une homothétie*).

c) *L'anneau des $\bar{k}$-endomorphismes de* E *est un ordre dans un corps quadratique imaginaire* (*resp. un ordre maximal dans un corps de quaternions sur* **Q**).

d) *Le groupe formel* $\widehat{\mathrm{E}}$, *complété de* E *à l'origine, est de hauteur* 1 (*resp. de hauteur* 2) *au sens de Lazard* [*14*].

L'assertion *a*) est démontrée dans Hasse [*9*] (voir aussi [*18*]); *c*) est démontrée dans Deuring [*1*] et *d*) résulte du fait que l'exposant d'inséparabilité de la multiplication par p est égal à 1 (resp. à 2). Si une puissance de F_l est une homothétie, cette dernière est, au signe près, une puissance de p; dans l'anneau des endomorphismes de E, on a une relation de la forme :

$$\mathrm{F}^m = \pm\, p^h, \qquad m \geqslant 1, \qquad h \geqslant 1.$$

On en déduit que l'homothétie de rapport p est purement inséparable, i.e. que E est de type (II). Inversement, si E est de type (II), il y a une puissance F^m de F qui commute à tous les $\bar{k}$-endomorphismes de E; vu *c*), F_l^m est une homothétie. Si π et $\bar{\pi}$ sont les valeurs propres de F, on a donc $\pi = u.\bar{\pi}$, avec $u^m = 1$. En utilisant le fait que π et $\bar{\pi}$ sont contenus dans un corps quadratique imaginaire, on en déduit [2] $u^4 = 1$ ou $u^6 = 1$, ce qui achève de prouver *b*).

1. 4. Quelques algèbres de Lie.

Nous aurons à considérer certaines sous-algèbres de $\mathfrak{gl}(\mathrm{V}_l)$:

a) *L'algèbre* $\mathfrak{sl}(\mathrm{V}_l)$. C'est une algèbre simple de dimension 3, isomorphe à $\mathfrak{sl}(2, \mathbf{Q}_l)$.

b) *Les sous-algèbres de Borel de* $\mathfrak{gl}(\mathrm{V}_l)$. Une telle algèbre $\mathfrak{b}_\mathrm{X}$ s'obtient en choisissant une droite X de V_l, et en prenant les endomorphismes u de V_l tels que $u(\mathrm{X}) \subset \mathrm{X}$. Si (e_1, e_2) est une base de V_l telle que $e_1 \in \mathrm{X}$, on peut écrire $\mathfrak{b}_\mathrm{X}$ sous forme matricielle :

$$\mathfrak{b}_\mathrm{X} = \begin{pmatrix} a & b \\ 0 & d \end{pmatrix}.$$

(2) Lorsque l est impair, et $p \neq 2, 3$, on prouve facilement que u est égal à -1, d'où $\mathrm{Tr}(\mathrm{F}_l) = 0$ et $\mathrm{N} = q + 1$.

Si G est un sous-groupe fermé de $\mathbf{GL}(V_l)$ ayant $\mathfrak{b}_X$ pour algèbre de Lie, G est *ouvert* dans le groupe de Borel B_X correspondant. Cela résulte du fait que le normalisateur de $\mathfrak{b}_X$ dans $\mathbf{GL}(V_l)$ est égal à B_X.

c) Les *sous-algèbres de Cartan* de $\mathfrak{gl}(V_l)$. On peut les caractériser comme des sous-algèbres abéliennes de rang 2 opérant de façon semi-simple sur V_l; il se trouve que ce sont aussi des sous-algèbres de l'algèbre associative End (V_l). Il y en a de deux sortes :

c-1) *Cas déployé.* Une telle algèbre $\mathfrak{h}$ se met sous forme diagonale par rapport à une base convenable de V_l.

c-2) *Cas non déployé.* L'algèbre $\mathfrak{h}$ est un corps, extension quadratique de $\mathbf{Q}_l$.

A toute sous-algèbre de Cartan $\mathfrak{h}$ de $\mathfrak{gl}(V_l)$ correspond un *sous-groupe de Cartan* H de $\mathbf{GL}(V_l)$; c'est l'ensemble des éléments de $\mathfrak{h}$ qui sont inversibles dans End (V_l). Soit N le normalisateur de H; on sait que N/H est cyclique d'ordre 2. Si un sous-groupe fermé G de $\mathbf{GL}(V_l)$ a pour algèbre de Lie $\mathfrak{h}$, on voit comme ci-dessus qu'il est *ouvert dans* N. Il y a donc deux possibilités, qu'il importe de distinguer :

Cas (C). Le groupe G est un *sous-groupe ouvert* de H, et en particulier c'est un groupe *commutatif*.

Cas (NC). Le groupe G *n'est pas contenu dans* H. Ce n'est pas un groupe commutatif; toutefois, $H \cap G$ est un sous-groupe ouvert commutatif d'indice 2 de G.

Proposition 2. — *Toute sous-algèbre de Lie de $\mathfrak{gl}(V_l)$ contenant strictement une sous-algèbre de Cartan $\mathfrak{h}$ est, soit une sous-algèbre de Borel, soit $\mathfrak{gl}(V_l)$. Le premier cas n'est possible que si $\mathfrak{h}$ est déployée.*

La vérification est immédiate.

§ 2. Résultats locaux.

Dans ce paragraphe, k désigne un corps complet pour une valuation discrète v; on note A l'anneau cette valuation, et k_0 son corps résiduel. Pour simplifier l'exposé, nous supposerons en outre que k est *de caractéristique zéro*, et que k_0 est un *corps fini*, de caractéristique p; cela revient à dire que k est une extension finie de $\mathbf{Q}_p$.

Le groupe de Galois noté G_l au numéro 1.1 sera ici noté D_l (pour indiquer que, dans le cas global, ce groupe s'interprète comme un *groupe de décomposition*); son algèbre de Lie sera notée $\mathfrak{d}_l$. Le *sous-groupe d'inertie* I_l

de D_l est distingué dans D_l; son algèbre de Lie $\mathfrak{i}_l$ est un idéal de $\mathfrak{d}_l$. Comme D_l/I_l est monogène, on a $\dim(\mathfrak{d}_l/\mathfrak{i}_l) \leqslant 1$.

2. 1. Le cas où E se réduit bien.

La notion de « bonne réduction » est classique. En voici deux définitions équivalentes, formulées dans des langages différents :

(1) Il existe un plongement de E dans le plan projectif $\mathbf{P}_2$ tel que la cubique correspondante soit définie par une équation homogène

$$f(x, y, z) = 0 \qquad \text{avec} \quad f \in A[X, Y, Z],$$

l'image f_0 de f dans $k_0[X, Y, Z]$ ayant un discriminant non nul (*i.e.* définissant une cubique non singulière E_0).

(2) Il existe un A-schéma en groupes $\overline{E}$, projectif et lisse (*cf.* Grothendieck [*6*]) tel que $E = \overline{E} \otimes_A k$. Ce schéma est unique. Le schéma $E_0 = \overline{E} \otimes_A k_0$ est alors une courbe elliptique sur le corps k_0; on l'appelle la *réduction* de E.

Soit j l'invariant modulaire de E. Si E se réduit bien, j est *entier* (*i.e.* appartient à A), et l'invariant modulaire j_0 de E_0 est égal à l'image de j dans k_0. La réciproque est presque vraie : si $j \in A$, il existe une extension finie k' de k telle que E ait une bonne réduction sur k' (*cf.* Deuring [*1*], §4, n° 3). On notera encore E_0 la courbe réduite; elle est définie sur une extension finie de k_0, mais son invariant modulaire j_0 appartient à k_0. Comme les algèbres de Lie $\mathfrak{d}_l$ et $\mathfrak{i}_l$ sont invariantes par extension finie du corps de base, on pourra remplacer sans inconvénient k par k'.

2. 2. Le cas $l \neq p$, avec j entier.

Vu ce qui précède, on peut supposer qu'il y a bonne réduction. Le module T_l s'identifie alors au module $T_l(E_0)$ de la courbe réduite; on est ainsi ramené au cas d'un corps de base fini (*cf.* n° 1.3.) On en déduit que $I_l = \{1\}$, et que D_l est engendré par *l'élément de Frobenius* F_l. En particulier, on a $\mathfrak{i}_l = 0$, et $\dim(\mathfrak{d}_l) = 1$.

2. 3. Le cas $l = p$, avec j entier.

Ici encore, on peut supposer qu'il y a bonne réduction. Distinguons deux cas :

(I) *La courbe réduite* E_0 *est de type* (I), *au sens du* n° 1.3.

Posons

$$V_p(E_0) = T_p(E_0) \otimes \mathbf{Q}_p.$$

On a $\dim . V_p(E_0) = 1$ (*cf.* n° 1.3). L'opération de réduction définit un homomorphisme surjectif

$$\varphi : V_p \longrightarrow V_p(E_0).$$

Soit X le noyau de φ; on a $\dim . X = 1$. Il est clair que X est stable par D_p; l'algèbre de Lie $\mathfrak{d}_p$ est donc contenue dans l'algèbre de Borel $\mathfrak{b}_X$ formée des éléments $u \in \mathfrak{gl}(V_p)$ tels que $u(X) \subset X$. D'autre part, le groupe d'inertie I_p opère trivialement sur $V_p(E_0)$; son algèbre de Lie $\mathfrak{i}_p$ est donc contenue dans la sous-algèbre $\mathfrak{r}_X$ de $\mathfrak{b}_X$ formée des éléments u tels que $u(V_p) \subset X$. Le théorème suivant précise ces résultats :

Théorème 1. — *Supposons que l'on ait* $l = p$, *j entier, et* E_0 *de type* (I). *Alors* :

a) *Si* E *est une courbe à multiplications complexes, il existe un supplémentaire* Y *de* X *dans* V_p *stable par* $\mathfrak{d}_p$. *L'algèbre* $\mathfrak{d}_p$ *est l'algèbre de Cartan déployée ayant pour sous-espaces propres* X *et* Y. *L'algèbre d'inertie* $\mathfrak{i}_p$ *est la sous-algèbre de* $\mathfrak{d}_p$ *formée des éléments qui s'annulent sur* Y.

b) *Si* E *n'a pas de multiplications complexes,* $\mathfrak{d}_p$ *est égale à l'algèbre de Borel* $\mathfrak{b}_X$, *et* $\mathfrak{i}_p = \mathfrak{r}_X$.

L'assertion *a*) se déduit sans difficulté des résultats généraux rappelés au n° 1.2. Pour *b*), le point essentiel consiste à montrer qu'il n'existe pas de supplémentaire de X stable par $\mathfrak{g}_p$; on utilise pour cela le *groupe proalgébrique* $F(\overline{E})$ associé à $\overline{E}$ par la méthode de Greenberg ([*5*], voir aussi [*19*]), ainsi que la technique des *variations de structure* de Grothen-
1 dieck [*7*]. Il n'est pas possible de donner davantage de détails ici. Indiquons simplement que l'on obtient du même coup l'existence, pour toute courbe elliptique E_0 de type (I) sur le corps k_0, d'un *relèvement canonique* $\overline{E}$ de E sur A, caractérisé par le fait que le groupe proalgébrique $F(\overline{E})$ soit une extension triviale de E_0.

(II) *La courbe réduite* E_0 *est de type* (II).

Théorème 2. — *Supposons que l'on ait* $l = p$, *j entier, et* E_0 *de type* (II). *L'algèbre* $\mathfrak{d}_p$ *est alors, soit* $\mathfrak{gl}(V_p)$, *soit une sous-algèbre de Cartan non déployée de* $\mathfrak{gl}(V_p)$. *On a* $\mathfrak{i}_p = \mathfrak{d}_p$.

Puisque $T_p(E_0) = 0$, les points de E d'ordre une puissance de p se réduisent en l'élément neutre. Leur structure se déduit de celle du complété $\widehat{E}$ de $\overline{E}$ à l'origine ; $\widehat{E}$ est un *groupe formel à un paramètre* (*cf.* Lazard [*14*]) sur l'anneau A. Sa réduction $\widehat{E}_0$ s'identifie au complété de E_0 ; elle est de hauteur 2 (*cf.* proposition 1). Le groupe formel $\widehat{E}$ est donc du type étudié dans la thèse de Lubin [*15*]. On peut définir son *module de Tate* $T_p(\widehat{E})$, et ce qui précède montre que T_p *s'identifie à* $T_p(\widehat{E})$. Or on peut prouver le résultat suivant :

PROPOSITION 3. — *Soient* G *un groupe formel de hauteur* $r \geqslant 1$ *sur* A, $T_p(G)$ *son module de Tate, et* $V_p = T_p(G) \otimes \mathbf{Q}_p$. *On a* $\dim . V_p = r$. *Si* $\mathfrak{i}_p$ *désigne la sous-algèbre de Lie de* $\mathfrak{gl}(V_p)$ *définie par le groupe d'inertie de* $G(\overline{k}/k)$, *on a* $\mathfrak{i}_p . x = V_p$ *pour tout* $x \neq 0$ *de* V_p. *En particulier,* V_p *est un* $\mathfrak{i}_p$*-module simple.*

Dans le cas considéré ici, on a $r = 2$. Il s'ensuit que $\mathfrak{i}_p$ est, soit une sous-algèbre de Cartan non déployée de $\mathfrak{gl}(V_p)$, soit $\mathfrak{sl}(V_p)$, soit $\mathfrak{gl}(V_p)$. Le second cas étant exclu (*cf.* n° 1.2), le théorème en résulte.

Remarque. J'ignore dans quel cas $\mathfrak{d}_p$ est une algèbre de Cartan.
2 Il en est en tout cas ainsi lorsque E a des « multiplications formelles » (*i.e.* dim. End $(\widehat{E}) = 2$), et *a fortiori* lorsque E a des multiplications complexes; voir là-dessus Lubin-Tate [*16*], qui contient des résultats beaucoup plus précis. On notera qu'il peut se faire que E n'ait pas de multiplications complexes, bien que $\widehat{E}$ ait des multiplications formelles; Tate m'en a communiqué des exemples.

2. 4. Le cas où j n'est pas entier.

THÉORÈME 3. — *Lorsque* $j \notin A$, *il existe une droite* X *de* V_l *telle que* $\mathfrak{d}_l$ *soit la sous-algèbre de* $\mathfrak{gl}(V_l)$ *formée des éléments* u *tels que* $u(V_l) \subset X$. *L'algèbre d'inertie* $\mathfrak{i}_l$ *est égale à* $\mathfrak{d}_l$ *si* $l = p$. *Si* $l \neq p$, *c'est la sous-algèbre de* $\mathfrak{d}_l$ *formée des éléments* u *tels que* $u(X) = 0$.

[En termes matriciels, on a donc $\mathfrak{d}_l = \begin{pmatrix} a & b \\ 0 & 0 \end{pmatrix}$, et $\mathfrak{i}_l = \begin{pmatrix} 0 & b \\ 0 & 0 \end{pmatrix}$ *si* $l \neq p$.]

La démonstration repose sur une construction explicite de E, considéré comme groupe analytique sur k; cette construction est due à Tate (non publié - voir aussi Morikawa [*17*]). En voici un résumé :

Soit q un élément non nul de l'idéal maximal de A, et soit Γ_q le sous-groupe discret de k^* engendré par q. En utilisant la théorie des fonctions thêta, sous la forme de Jacobi, Tate montre que, pour toute extension finie k' de k, le groupe analytique k'^{*}/Γ_q est isomorphe au groupe $E_q(k')$ des points rationnels sur k' d'une certaine courbe elliptique E_q définie sur k. L'équation de cette dernière (dans un plongement convenable dans $\mathbf{P}_2$) peut s'écrire :

$$y^2 + xy = x^3 - b_2 x - b_3,$$

avec

$$b_2 = 5 \sum_{m=1}^{\infty} m^3 q^m/(1-q^m) \qquad \text{et} \qquad b_3 = \sum_{m=1}^{\infty} \frac{7\,m^5 + 5\,m^3}{12} q^m/(1-q^m),$$

ces séries étant convergentes dans k.

L'invariant modulaire $j(q)$ de E_q est donné par la formule classique :

$$j(q) = \frac{\left(1 + 240 \sum m^3 q^m/(1-q^m)\right)^3}{q \prod (1-q^n)^{24}} = \frac{1}{q} + 744 + 196\,884\, q + \ldots.$$

Choisissons maintenant q de telle sorte que $j(q)$ soit égal à l'invariant modulaire j de la courbe donnée E; c'est possible, en vertu du fait que $j \notin A$ et que la série ci-dessus a tous ses coefficients entiers. Les courbes E et E_q sont alors isomorphes sur une extension finie (que l'on peut même prendre quadratique) de k. L'étude de V_l est ainsi ramenée à celle de $V_l(E_q)$. Or la construction même de E_q montre que l'on a une suite exacte canonique :

$$0 \rightarrow V_l(\mathbf{G}_m) \rightarrow V_l(E_q) \rightarrow \mathbf{Q}_l \rightarrow 0.$$

Le théorème 3 en résulte facilement $(\text{avec } X = V_l(\mathbf{G}_m))$.

Remarque. On voit en particulier que, si $j \notin A$, l'algèbre $\mathfrak{h}_l$ n'est pas abélienne; d'après le n° 1.2, cela entraîne que E *n'a pas de multiplications complexes*, ce qui est un résultat bien connu (*cf.* Deuring [*1*], § 7).

§ 3. Résultats globaux.

Dans ce paragraphe, k est un *corps de nombres algébriques*(3), autrement dit une extension finie de $\mathbf{Q}$. Soit P l'ensemble des places (non archimé-

(3) On pourrait traiter de la même manière le cas d'un corps de fonctions à une variable sur un corps fini k_0. On trouverait que $\mathfrak{g}_l$ est de dimension 1 (resp. est égale à $\mathfrak{gl}(V_l)$) si $j \in k_0$ (resp. si j est transcendant sur k_0). Cela peut aussi se déduire des résultats plus précis d'Igusa [*11*].

diennes) de k. Si $v \in \mathrm{P}$, on note k_v le complété de k pour la topologie définie par v, A_v l'anneau des entiers du corps local k_v, et p_v la caractéristique du corps résiduel de A_v. *Les résultats du paragraphe* 2 *s'appliquent à* (k_v, A_v, p_v). Plus précisément, soit w une extension de v à $\bar{k}$, et soit $\bar{k}_w$ la réunion des complétés pour w des sous-corps de $\bar{k}$ finis sur k; le corps $\bar{k}_w$ est une clôture algébrique de k_v. Le groupe D_l associé au corps k_v et à sa clôture algébrique $\bar{k}_w$ n'est autre que le *groupe de décomposition* de w dans G_l; on le notera $\mathrm{D}_l(w)$. On a un résultat analogue pour le *groupe d'inertie* $\mathrm{I}_l(w)$. Les algèbres de Lie de ces deux sous-groupes seront notées $\mathfrak{d}_l(w)$ et $\mathfrak{i}_l(w)$; ce sont des sous-algèbres de l'algèbre $\mathfrak{g}_l$. Lorsque v est donnée, changer w ne modifie $\mathrm{D}_l(w)$ et $\mathrm{I}_l(w)$ que par un *automorphisme intérieur* de G_l.

Dans le cas particulier où il y a bonne réduction, et où $l \neq p_v$, le groupe $\mathrm{D}_l(w)$ est engendré par *l'élément de Frobenius* $\mathrm{F}_l(w)$ associé à la courbe réduite $\mathrm{E}_0(v)$. La classe de conjugaison de $\mathrm{F}_l(w)$ sera notée $\mathrm{F}_l(v)$. On sait (théorème de densité de Čebotarev, *cf.* par exemple Hasse [*8*], §§ 24-26) que les $\mathrm{F}_l(v)$ sont *équirépartis* dans l'ensemble des classes de G_l; en particulier, les $\mathrm{F}_l(w)$ sont *denses* dans G_l.

3. 1. Premiers résultats.

Proposition 4. — *L'algèbre* $\mathfrak{g}_l$ *ne peut pas être une sous-algèbre de Borel de* $\mathfrak{gl}(\mathrm{V}_l)$.

Supposons que ce soit le cas, et soit X la droite de V_l stable par $\mathfrak{g}_l$; soit $\mathfrak{r}$ l'idéal de $\mathfrak{g}_l$ formé des éléments u tels que $u(\mathrm{V}_l) \subset \mathrm{X}$. Soit $v \in \mathrm{P}$, et soit w une extension de v à $\bar{k}$. Nous allons voir que *l'algèbre d'inertie* $\mathfrak{i}_l(w)$ *est contenue dans* $\mathfrak{r}$. En effet :

a) Si j est entier en v et $l \neq p_v$, on a $\mathfrak{i}_l(w) = 0$ (*cf.* nº 2.2).

b) Si j est entier en v et $l = p_v$, le théorème 2 montre que la réduction $\mathrm{E}_0(v)$ de E en v est de type (I), et le théorème 1 montre que $\mathfrak{d}_l(w) = \mathfrak{g}_l$ et $\mathfrak{i}_l(w) = \mathfrak{r}$ (en effet, sinon, E aurait des multiplications complexes, ce qui est impossible puisque $\mathfrak{g}_l$ n'est pas abélienne).

c) Si j n'est pas entier en v, le théorème 3 montre qu'il existe une droite X' de V_l telle que $\mathfrak{d}_l(w)$ soit l'ensemble des $u \in \mathfrak{gl}(\mathrm{V}_l)$ tels que $u(\mathrm{V}_l) \subset \mathrm{X}'$. Comme $\mathfrak{d}_l(w)$ est contenu dans $\mathfrak{g}_l$, on a nécessairement
3 $\mathrm{X}' = \mathrm{X}$. D'après le théorème 3, $\mathfrak{i}_l(w)$ est la sous-algèbre de $\mathfrak{d}_l(w)$ formée des éléments u tels que $u(\mathrm{X}) = 0$; on a bien ici encore $\mathfrak{i}_l(w) \subset \mathfrak{r}$.

Ce point étant établi, observons que, d'après le nº 1.4, le groupe G_l est un sous-groupe ouvert du groupe de Borel défini par X; en particulier, on a $s(\mathrm{X}) = \mathrm{X}$ pour tout $s \in \mathrm{G}_l$. Soit R le sous-groupe de G_l formé des éléments s qui agissent trivialement sur V_l/X. Le groupe $A = G_l/R$ est un groupe commutatif de dimension 1 (c'est un sous-groupe ouvert de $\mathbf{Q}_l^*$); son sous-groupe de torsion C est fini, et A/C est isomorphe à $\mathbf{Z}_l$. Le fait que toutes les algèbres d'inertie $\mathfrak{i}_l(w)$ soient contenues dans l'algèbre de Lie $\mathfrak{r}$ de R montre que les sous-groupes d'inertie de A sont finis, donc contenus dans C. Soit K/k l'extension dont le groupe de Galois est A/C. Ce qui précède montre que K/k est à la fois *non ramifiée* et *abélienne infinie*; on sait que c'est impossible.

Théorème 4. — *Si j n'est pas un entier algébrique, on a* $\mathfrak{g}_l = \mathfrak{gl}(V_l)$.

Choisissons une place v telle que j ne soit pas entier en v, et soit w une extension de v à $\bar{k}$. D'après le théorème 3, il existe une droite X de V_l telle que $\mathfrak{r}_l(w)$ soit formée des éléments u qui appliquent V_l dans X. D'après la proposition 5 de [20], $\mathfrak{g}_l$ ne peut pas être égale à $\mathfrak{r}_l(w)$. Or on voit tout de suite que toute algèbre de Lie contenant strictement $\mathfrak{r}_l(w)$ est, soit une algèbre de Borel, soit $\mathfrak{gl}(V_l)$. Comme le premier cas est exclu (proposition 4), le théorème en résulte.

Proposition 5. — *L'algèbre* $\mathfrak{g}_l$ *est soit* $\mathfrak{gl}(V_l)$, *soit une sous-algèbre de Cartan de* $\mathfrak{gl}(V_l)$.

Vu le théorème 4, on peut supposer j entier. Soit v une place de k telle que $p_v = l$, et soit w une extension de v à $\bar{k}$. D'après les théorèmes 1 et 2, l'algèbre $\mathfrak{r}_l(w)$ est, soit une algèbre de Cartan, soit une algèbre de Borel, soit $\mathfrak{gl}(V_l)$. D'après la proposition 2 du n° 1.4, il en est de même de $\mathfrak{g}_l$. Comme le cas d'une algèbre de Borel est exclu, cela démontre la proposition.

3. 2. Densité de l'ensemble des places v en lesquelles $E_0(v)$ est de type (II).

Si $v \in P$, nous noterons Nv le nombre d'éléments du corps résiduel de A_v. Si $Q \subset P$, et si $x \in \mathbf{R}$, soit $n(Q, x)$ le nombre de places $v \in Q$ telles que $Nv \leqslant x$. On dit que l'ensemble Q a pour *densité* un nombre ρ si l'on a :

$$\lim. \frac{n(Q, x)}{n(P, x)} = \rho \qquad \text{quand} \quad x \to +\infty.$$

On sait d'ailleurs que $n(P, x) \sim \dfrac{x}{\log x}$.

Soit d'autre part Σ l'ensemble des $v \in P$ en lesquels j est entier, et où la courbe réduite $E_0(v)$ est de type (II), au sens du n° 1.3. Nous allons voir que Σ a une densité :

Proposition 6. — *Soit l un nombre premier, et soient G_l et $\mathfrak{g}_l$ le groupe de Lie et l'algèbre de Lie attachés à l.*

a) Si $\mathfrak{g}_l$ est une sous-algèbre de Cartan de $\mathfrak{gl}(V_l)$, et si G_l est non commutatif (cas (NC) du n° 1.4), *Σ a pour densité* 1/2.

b) Dans tout autre cas, la densité de Σ est nulle.

Soit P' l'ensemble des $v \in P$ en lesquels E a une bonne réduction; $P - P'$ est un ensemble fini. Si $v \in P'$, on a défini plus haut la classe de conjugaison $F_l(v)$; c'est une partie de G_l. Soit Z le sous-ensemble de G_l formé des éléments dont la puissance 4e ou la puissance 6e est une homothétie. Il résulte de la proposition 1 du numéro 1.3 que $v \in \Sigma \cap P'$ équivaut à $F_l(v) \subset Z$. Soit μ la mesure de Haar de G_l, normalisée par la condition $\mu(G_l) = 1$. Du fait que Z est défini par des équations analytiques l-adiques, on déduit facilement qu'il est μ-*quarrable*, *i.e.* que sa mesure $\rho = \mu(Z)$ est égale à celle de son intérieur $\mathring{Z}$. Il est facile de déterminer $\mathring{Z}$ et ρ. Dans le cas *a*), si H désigne le groupe de Cartan d'algèbre de Lie $\mathfrak{g}_l$, on trouve que

$$\mathring{Z} = G_l - H \cap G_l, \qquad \text{d'où} \quad \rho = 1/2.$$

Dans tout autre cas, on trouve

$$\mathring{Z} = \emptyset \qquad \text{et} \qquad \rho = 0.$$

La proposition résulte alors du théorème de Čebotarev (c'est-à-dire de l'équirépartition des $F_l(v)$).

Corollaire. *Si la condition a) de la proposition* 6 *est vérifiée pour une valeur de l, elle l'est pour tout l.*

C'est évident, puisque la définition de Σ ne fait pas intervenir le nombre premier l.

3. 3. Courbes à multiplications complexes.

Théorème 5. — *Supposons que* E *soit une courbe à multiplications complexes, et soit* K *le corps quadratique imaginaire correspondant.*

(i) L'algèbre de Lie $\mathfrak{g}_l$ est égale à la sous-algèbre de Cartan de $\mathfrak{gl}(V_l)$ définie par $K_l = K \otimes \mathbf{Q}_l$. Elle est déployée si l se décompose dans K, *non déployée dans le cas contraire.*

(*ii*) *Le groupe* G_l *est commutatif si* k *contient* K, *non commutatif dans le cas contraire.*

(*iii*) *On a* $v \in \Sigma$ *si et seulement si* p_v *ne se décompose pas dans* K.

(*iv*) *La densité de* Σ *est* 0 *si* k *contient* K, *et* 1/2 *dans le cas contraire.*

L'assertion (*i*) résulte de la proposition 5, combinée avec le numéro 1.2. L'assertion (*ii*) est immédiate; (*iii*) résulte des théorèmes 1 et 2, et (*iv*) s'en déduit.

Remarque. On trouvera dans Deuring [*2*] ou dans Shimura-Taniyama [*22*] des résultats plus précis que (*i*) et (*ii*); en particulier, lorsque k contient K, on peut déterminer explicitement *l'application de réciprocité* dans le groupe commutatif G_l.

3. 4. Courbes sans multiplications complexes.

THÉORÈME 6. — *Supposons que* E *n'ait pas de multiplications complexes. Deux cas seulement sont possibles :*

(*i*) $\mathfrak{g}_l = \mathfrak{gl}(V_l)$.

(*ii*) $\mathfrak{g}_l$ *est une sous-algèbre de Cartan non déployée de* $\mathfrak{gl}(V_l)$. *Dans le cas* (*ii*), G_l *est commutatif, et toute place* v *telle que* $p_v = l$ *appartient à* Σ.

En comparant à la proposition 6, on obtient :

COROLLAIRE 1. — *La densité de* Σ *est nulle.*

A fortiori, $P - \Sigma$ est infini. D'où :

COROLLAIRE 2. — *Pour une courbe elliptique donnée, le cas* (*i*) *se présente pour une infinité de valeurs de* l.

En fait, je ne connais pas d'exemple du cas (*ii*), et je conjecture
4 qu'il n'en existe pas. C'est en tout cas ce qui se passe lorsque j n'est pas entier (théorème 4); voici un autre exemple :

THÉORÈME 7. — *Le cas* (*ii*) *du théorème* 6 *est impossible lorsque le corps de base* k *peut être plongé dans* **R** (exemple : $k = \mathbf{Q}$).

Démonstration du théorème 6. — Supposons que $\mathfrak{g}_l \neq \mathfrak{gl}(V_l)$. D'après la proposition 5, $\mathfrak{g}_l$ est alors une sous-algèbre de Cartan de $\mathfrak{gl}(V_l)$; d'après le théorème 4, l'invariant modulaire j de E est un entier algébrique. Soit $v \in \mathrm{P}$ tel que $p_v = l$. Le théorème 1 montre que la courbe réduite $\mathrm{E}_0(v)$ n'est pas de type (I); on a donc $v \in \Sigma$, et le théorème 2 montre que $\mathfrak{g}_l$ est non déployée. De plus, la proposition 6 montre que la densité de $\mathrm{P} - \Sigma$ est > 0, et en particulier $\mathrm{P} - \Sigma$ est *infini*. Vu ce qui précède, il y a donc une infinité de l pour lesquels c'est le cas (*i*) qui se présente. Reste enfin à prouver que, dans le cas (*ii*), G_l est commutatif. S'il ne l'était pas, le corollaire à la proposition 6 montrerait que le cas (*ii*) se produit pour toute valeur de l, contrairement à ce que l'on vient de voir. C.Q.F.D

Démonstration du théorème 7. — Soit ω un plongement de k dans $\mathbf{R}$ et soit $\bar{\omega}$ un plongement de $\bar{k}$ dans $\mathbf{C}$ prolongeant ω. Comme le groupe de Galois de $\mathbf{C}/\mathbf{R}$ est cyclique d'ordre 2, on déduit de là un élément $s \in \mathrm{G}_l$, tel que $s^2 = 1$. En faisant un changement de base de k à $\mathbf{R}$, on voit que s a une valeur propre égale à 1, et l'autre à -1. Si l'on était dans le cas (*ii*), le groupe G_l serait un sous-groupe du groupe de Cartan H correspondant à $\mathfrak{g}_l$. Or H est isomorphe au groupe multiplicatif d'une extension quadratique de $\mathbf{Q}_l$, et il ne contient qu'un seul élément d'ordre 2, à savoir -1. On aurait donc $s = -1$, ce qui contredit ce que l'on a dit sur les valeurs propres de s.

§ 4. Compléments.

Dans ce paragraphe, on suppose (sauf mention expresse du contraire) que k est un *corps de nombres algébriques*, et que la courbe E *n'a pas de multiplications complexes*.

4. 1. Questions diverses.

La principale est celle que pose le théorème 6 : a-t-on toujours $\mathfrak{g}_l = \mathfrak{gl}(\mathrm{V}_l)$? On notera qu'il suffirait de savoir que la dimension de $\mathfrak{g}_l$ est indépendante de l.

Dans le cas local, le théorème 2 soulève une question analogue : est-il vrai que $\mathfrak{h}_l$ n'est une algèbre de Cartan que si $\widehat{\mathrm{E}}$ a des multiplications formelles ? (Ajouté en janvier 1966. — Des résultats récents de Tate permettent de répondre affirmativement à ces deux questions.)

On peut se poser des questions plus précises. Par exemple : est-il vrai que $\mathrm{G}_l = \mathbf{GL}(\mathrm{T}_l)$ pour presque tout l ? Ou mieux : l'image de

5 $\mathrm{G}(\bar{k}/k)$ dans $\prod_l \mathbf{GL}(\mathrm{T}_l)$ est-elle un sous-groupe *ouvert* de $\prod_l \mathbf{GL}(\mathrm{T}_l)$?

Soit E′ une seconde courbe elliptique (également dépourvue de multiplications complexes). L'image de $\mathrm{G}(\bar{k}/k)$ dans le groupe

$$\mathbf{GL}(\mathrm{T}_l(\mathrm{E})) \times \mathbf{GL}(\mathrm{T}_l(\mathrm{E}'))$$

est contenue dans le sous-groupe H formé des couples (s, s') tels que $\det s = \det s'$ (*cf.* n° 1.2.) Est-il vrai que cette image est *ouverte* dans H,
6 si E et E' ne sont pas isogènes ?

4. 2. Relations avec les conjectures de Tate.

Les T_l ne sont que des cas particuliers des groupes d'homologie l-adiques que Grothendieck et M. Artin attachent à toute variété algébrique; les groupes G_l et leurs algèbres de Lie $\mathfrak{g}_l$ peuvent se définir dans ce cadre plus large. D'après une conjecture non publiée de Tate, les classes de cohomologie « algébriques » seraient, *grosso modo*, celles qui sont invariantes par G_l. En appliquant cette conjecture aux classes de degré 2 sur un produit de variétés abéliennes, on obtient l'énoncé suivant, où la cohomologie ne figure plus explicitement :

7 Conjecture (J. Tate). *Soient* A *et* B *deux variétés abéliennes définies sur* k. *Soit*

$$X_l(A, B) = \mathrm{Hom}_k\,(T_l(A), T_l(B))$$

le groupe des $\mathbf{Z}_l$*-homomorphismes de* $T_l(A)$ *dans* $T_l(B)$ *qui commutent à l'action de* $G(\overline{k}/k)$. *On a alors* :

$$X_l(A, B) = \mathrm{Hom}_k(A, B) \otimes \mathbf{Z}_l.$$

[Il y a un plongement évident de $\mathrm{Hom}_k(A, B) \otimes \mathbf{Z}_l$ dans $X_l(A, B)$.]

Si l'on applique cette conjecture au cas A = B, on voit que *le commutant de l'algèbre de Lie* $\mathfrak{g}_l$ *doit être égal à* $\mathrm{End}\,(A) \otimes \mathbf{Q}_l$. En particulier, si A est une courbe elliptique sans multiplications complexes, le commutant de $\mathfrak{g}_l$ doit être réduit aux scalaires, et cela suffit à éliminer le cas (*ii*) du théorème 6. De façon analogue, la conjecture de Tate entraîne une réponse *affirmative* à la dernière question du numéro 4.1.

4. 3. L'ensemble des places v où la courbe réduite $E^\circ(v)$ a un invariant de Hasse nul.

C'est l'ensemble noté Σ au paragraphe § 3. On a vu que sa densité
8 est *nulle*. Est-il infini (comme dans le cas de la multiplication complexe) ? Je ne connais aucun exemple de courbe elliptique pour laquelle la question ait été tranchée.

Explicitons la définition de Σ en nous bornant pour simplifier au cas $k = \mathbf{Q}$. Soit q une uniformisante locale à l'origine, et soit

$$\omega = \sum_{n=1}^{\infty} a_n\, q^{n-1}\, dq, \qquad \text{avec} \quad a_1 = 1,$$

une forme différentielle de première espèce sur E. Il existe un ensemble fini S de nombres premiers tel que, pour tout $p \notin \mathrm{S}$, la réduction ω_p de ω mod. p soit une forme différentielle de première espèce sur la courbe réduite $\mathrm{E}_0(p)$, et que $\omega_p \neq 0$. L'invariant de Hasse de $\mathrm{E}_0(p)$ est égal à a_p mod. p. Si $p \in \mathrm{P} - \mathrm{S}$, on a donc :

$$p \in \Sigma \iff a_p \equiv 0 \bmod p,$$

ce qui donne une description relativement simple de Σ.

Exemple. On prend pour E la courbe elliptique associée au sous-groupe $\Gamma_0(11)$ du groupe modulaire $\mathbf{PSL}(2, \mathbf{Z})$ (*cf.* Igusa [*12*]); son invariant modulaire est $j = -2^{12}\, 31^3\, 11^{-5}$. L'équation de E donnée par Fricke ([*4*], p. 403-408) est :

$$y^2 = x\,(x^3 - 20\,x^2 + 56\,x - 44).$$

Par un changement de variables, on peut la mettre sous la forme :

$$\mathrm{Y}^2 + \mathrm{Y} = 11\,\mathrm{X}^3 + 14\,\mathrm{X}^2 + 5\,\mathrm{X},$$

où l'on voit qu'il y a bonne réduction pour $p \neq 11$ (*cf.* Igusa, *loc. cit.*).

On a ici :

$$\omega = \sum_{n=1}^{\infty} a_n\, q^{n-1}\, dq = dq \prod_{n=1}^{\infty} (1 - q^n)^2\, (1 - q^{11n})^2,$$

le paramètre q ayant la signification habituelle en théorie des fonctions modulaires. D'après Igusa (complétant des résultats antérieurs d'Eichler [*3*] et Shimura [*21*], valables seulement pour presque tout p), la trace de l'endomorphisme de Frobenius $\mathrm{F}(p)$ de $\mathrm{E}_0(p)$ est donnée par la formule :

$$\mathrm{Tr}\,(\mathrm{F}\,(p)) = a_p \qquad \text{pour} \quad p \neq 11.$$

L'ensemble Σ contient le nombre premier 2. Pour $p \neq 2$, on a :

$$p \in \Sigma \iff a_p \equiv 0 \bmod p \iff a_p = 0.$$

Le calcul des a_p (pour $p < 31\,500$) a été fait par D.H. Lehmer. D'après les résultats qu'il m'a obligeamment communiqués, il y a 27 valeurs de $p < 31\,500$ pour lesquelles $a_p = 0$. Les premières sont $p = 19, 29, 199, 569, \ldots$, les dernières $p = 22\,279, 24\,359, 27\,529, 28\,789$ (4). Cette distribution assez régulière suggère que Σ est probablement infini.

BIBLIOGRAPHIE

[1] M. Deuring. — Die Typen der Multiplikatorenringe elliptischer Funktionenkörper. *Abh. Math. Sem. Hamburg, 14*, 1941, p. 197-272.

[2] M. Deuring. — Algebraische Begründung der komplexen Multiplikation. *Abh. Math. Sem. Hamburg, 16*, 1949, p. 32-47.

[3] M. Eichler. — Quaternäre quadratische Formen und die Riemannsche Vermutung für die Kongruenzzetafunktion. *Arch. Math.*, *5*, 1954, p. 355-366.

[4] R. Fricke. — Die elliptischen Funktionen und ihre Anwendungen — Teil I. *Teubner*, Leipzig, 1922.

[5] D. Greenberg. — Schemata over local rings. *Ann. of Maths.*, *73*, 1961, p. 624-648; II, *ibid.*, *78*, 1963, p. 256-266.

[6] A. Grothendieck. — Éléments de géométrie algébrique (rédigés avec la collaboration de J. Dieudonné), *Publ. Math. I. H. E. S.*, 1960 — ...

[7] A. Grothendieck. — Morphismes simples : propriétés de prolongement. *Sém. Géom. Alg.*, *I. H. E. S.*, 1960, exposé III.

[8] H. Hasse. — Bericht über neuere Untersuchungen und Probleme aus der Theorie der algebraischen Zahlkörper. Teil II. Reziprozitätsgesetz. *Jahr. Deut. Math. Ver.*, Erg. Band VI, 1930.

[9] H. Hasse. — Existenz separabler zyklischer unverzweigter Erweiterungskörper vom Primzahlgrade p über elliptischen Funktionenkörpern der Charakteristik p. *Journ. reine ang. Math.*, *172*, 1934, p. 77-85.

[10] E. Hecke. — Mathematische Werke. *Göttingen*, 1959.

[11] J. Igusa. — Fibre systems of Jacobian varieties (III. Fibre systems of elliptic curves). *Amer. J. of Maths.*, *81*, 1959, p. 453-476.

[12] J. Igusa. — Kroneckerian model of fields of elliptic modular functions. *Amer. J. of Maths.*, *81*, 1959, p. 561-577.

[13] S. Lang. — Abelian varieties. *Interscience Tracts*, n° 7, New-York, 1957.

[14] M. Lazard. — Sur les groupes de Lie formels à un paramètre. *Bull. Soc. Math. France*, *83*, 1955, p. 251-274.

(4) Comme Eichler me l'a fait remarquer, on peut prouver *a priori* qu'un tel nombre premier p est congru à -1 mod. 5. Plus généralement, on a :

$$a_p \equiv 1 + p \pmod 5 \quad , \text{pour } p \neq 11.$$

Cette congruence peut se démontrer, soit par voie analytique (en utilisant les formules données dans Hecke [*10*], p. 479), soit en remarquant que la courbe E a un point rationnel d'ordre 5 (le point $X = 0$, $Y = 0$).

[15] J. Lubin. — One parameter formal Lie groups over $\mathfrak{p}$-adic integer rings. *Ann. of Maths.*, *80*, 1964, p. 464-484.

[16] J. Lubin et J. Tate. — Formal complex multiplication in local fields. *Ann. of Maths.*, *81*, 1965, p. 380-387.

[17] H. Morikawa. — On theta functions and abelian varieties over valuation fields of rank one. I. *Nagoya Math. Journ.*, *20*, 1962, p. 1-27; II, *ibid.*, *21*, 1962, p. 231-250.

[18] J.-P. Serre. — Sur la topologie des variétés algébriques en caractéristique *p*. *Symp. Top. Mexico*, 1958, p. 24-53.

[19] J.-P. Serre. — Géométrie algébrique. *Proc. Int. Cong.*, Stockohlm, 1962, p. 190-196.

[20] J.-P. Serre. — Sur les groupes de congruence des variétés abéliennes. *Izv. Akad. Nauk S. S. S. R.*, *28*, 1964, p. 3-20.

[21] G. Shimura. — Correspondances modulaires et les fonctions zêta de courbes algébriques. *Journ. Math. Soc. Japan*, *10*, 1958, p. 1-28.

[22] G. Shimura et Y. Taniyama. — Complex multiplication of abelian varieties and its applications to number theory. *Publ. Math. Soc. Japan*, n° 6, Tokyo, 1961.

71.

Résumé des cours de 1965 – 1966

Annuaire du Collège de France (1966), 49 – 58

Le cours du *mardi* a été consacré aux groupes formels à un paramètre ; il a été complété par un séminaire de J. Tate sur les groupes *p*-divisibles. Le cours du *mercredi* a porté sur les courbes elliptiques, et sur les représentations *l*-adiques des groupes de Galois des corps de nombres algébriques.

1. *Courbes elliptiques et représentations l-adiques.*

1.1. *Courbes elliptiques (principaux résultats).*

Soient K un corps de nombres algébriques, $\bar{K}$ sa clôture algébrique, et E une courbe elliptique définie sur K. Si *l* est un nombre premier et *n* un entier $\geqslant 0$, soit $E(l^n)$ le noyau de la multiplication par l^n dans $E(\bar{K})$, et posons :

$$T_l = T_l(E) = \varprojlim E(l^n), \quad V_l = T_l \otimes \mathbf{Q}_l,$$

où $\mathbf{Q}_l$ désigne le corps des nombres *l*-adiques. Le groupe de Galois $\mathrm{Gal}(\bar{K}/K)$ opère sur T_l et V_l ; son image G_l dans $\mathrm{Aut}(T_l)$ est un *sous-groupe de Lie l-adique* de $\mathrm{Aut}(T_l)$. L'algèbre de Lie $\mathfrak{g}_l$ de G_l est une sous-algèbre de $\mathrm{End}(V_l)$.

Le but principal du cours a été la détermination de $\mathfrak{g}_l$:

Théorème 1. — *Si E n'a pas de multiplication complexe, on a*

$$\mathfrak{g}_l = \mathrm{End}(V_l)$$

pour tout nombre premier l.

(Le cas où E a des multiplications complexes est facile, et avait été traité dans un cours antérieur ; on trouve que $\mathfrak{g}_l$ est alors une sous-algèbre de Cartan de $\mathrm{End}(V_l)$.)

Le théorème 1 équivaut à dire que G_l est *ouvert* dans $\mathrm{Aut}(T_l)$; la question se pose de savoir si G_l est *égal* à $\mathrm{Aut}(T_l)$ pour presque tout *l*. De façon plus précise, on peut démontrer *l'équivalence* des trois propriétés suivantes :

(a) L'image de $\mathrm{Gal}(\bar{K}/K)$ dans $\prod \mathrm{Aut}(T_l)$ est d'indice fini.

(b) On a $G_l = \mathrm{Aut}(T_l)$ pour presque tout *l*.

(c) Si $\widetilde{G}_l$ désigne l'image de G_l dans $\mathrm{Aut}(E(l))$, on a $\widetilde{G}_l = \mathrm{Aut}(E(l))$ pour presque tout *l*.

1 Il est vraisemblable que ces propriétés sont vérifiées par toute courbe elliptique E (sans multiplication complexe) ; toutefois, la question n'a été tranchée pour *aucune* courbe. On ne peut démontrer, pour l'instant, que le résultat plus faible suivant :

(c′) Le $\widetilde{G}_l$-module $E(l)$ est irréductible pour presque tout *l*.

Soient maintenant E et E′ deux courbes elliptiques. Supposons que, pour un nombre premier l, $V_l(E)$ et $V_l(E')$ soient isomorphes comme modules sur $\mathrm{Gal}(\bar{K}/K)$. On a alors :

THÉORÈME 2. — (i) *Pour tout nombre premier* l, $V_l(E)$ *et* $V_l(E')$ *sont isomorphes.*

(ii) *Si l'invariant modulaire* j *de* E *n'est pas entier,* E *et* E′ *sont isogènes sur* K.

L'hypothèse sur j faite dans (ii) est probablement inutile ; c'est en tout cas ce qu'affirme une conjecture générale de TATE sur les homomorphismes
2 de variétés abéliennes.

1. 2. *Courbes elliptiques* (*méthodes locales*).

Pour déterminer les groupes G_l et leurs algèbres de Lie, on commence par étudier leurs *groupes de décomposition* ; ces groupes (ou plutôt leurs classes de conjugaison) correspondent aux différentes places v de K ; ils s'interprètent comme des groupes de Galois sur les corps locaux K_v.

Le cas où E a une bonne réduction en v, et où l est distinct de la caractéristique résiduelle p_v de K_v, conduit à un groupe de décomposition de dimension 1, non ramifié, engendré par l'élément de Frobenius $F_{v,l}$. La théorie des courbes elliptiques sur les corps finis (exposée dans un cours antérieur) donne des résultats précis sur les $F_{v,l}$; en particulier, leur équation caractéristique est à coefficients entiers indépendants de l.

Les cas ramifiés correspondent à des groupes de décomposition plus « gros », et donnent davantage de renseignements ; le cas le plus intéressant est celui où E a bonne réduction et où $l = p_v$; ce cas se divise lui-même en deux :

(I) La courbe elliptique réduite E_v est de hauteur 1. L'algèbre de Lie $\mathfrak{d}_v$ du groupe de décomposition de v est alors, soit une sous-algèbre de Cartan déployée, soit une sous-algèbre de Borel de $\mathrm{End}(V_l)$. Le premier cas se produit si et seulement si E a des multiplications complexes.

(La démonstration utilise des résultats sur le relèvement des variétés abéliennes obtenus en collaboration avec TATE.)

(II) La courbe E_v est de hauteur 2. L'algèbre de Lie $\mathfrak{d}_v$ est alors, soit une sous-algèbre de Cartan non déployée de $\mathrm{End}(V_l)$, soit $\mathrm{End}(V_l)$ tout entière. Le premier cas se produit si et seulement si E a des multiplications « formelles » au sens de LUBIN et TATE.

(La démonstration utilise des théorèmes sur les groupes formels dus à TATE.)

Les renseignements fournis par ces méthodes locales, combinés avec le théorème de densité de Čeboratev, permettent de démontrer une partie du théorème 1 : si E n'a pas de multiplication complexe, l'algèbre $\mathfrak{g}_l$ est, soit une sous-algèbre de Cartan, soit $\mathrm{End}(V_l)$; de plus le second cas se produit pour une infinité de valeurs de l.

1. 3. *Systèmes de représentations l-adiques.*

Soit W un $\mathbf{Q}_l$-espace vectoriel de dimension finie, et soit

$$\varrho : \mathrm{Gal}(\bar{K}/K) \rightarrow \mathrm{Aut}(W)$$

un homomorphisme continu. Soit P l'ensemble des places de K. Supposons qu'il existe une partie finie S de P telle que, pour $v \in$ P-S, on ait les propriétés suivantes :

(1) ϱ est non ramifiée en v.

(2) La classe de conjugaison « de Frobenius » $F_{v,\varrho} \in \mathrm{Cl}(\mathrm{Aut}(W))$ attachée à ϱ et v a pour coefficients de son polynôme caractéristique des nombres *rationnels.*

Nous dirons alors que ϱ est une représentation l-adique *rationnelle* de Gal($\bar{K}/K$).

Deux représentations rationnelles ϱ et ϱ', relatives à des nombres premiers l et l', sont dites *compatibles,* si, pour presque toute place v, le polynôme caractéristique de $F_{v,\varrho}$ est le même que celui de $F_{v,\varrho'}$. Il existe au plus une représentation l'-adique semi-simple compatible avec une représentation l-adique donnée (en fait, dans tous les exemples connus, il en existe une).

De telles représentations interviennent à propos de la *cohomologie étale* des variétés algébriques (cf. n° 1. 4). On sait très peu de choses à leur sujet, excepté dans le cas abélien, où l'on a le résultat suivant :

THÉORÈME 3. *Supposons que ϱ soit abélienne, rationnelle, et « localement algébrique » en toutes les places de* K *de caractéristique résiduelle égale à l. Pour tout nombre premier l', il existe alors une représentation l'-adique ϱ' vérifiant les mêmes propriétés, et compatible avec ϱ.*

On peut en outre déterminer explicitement ces représentations en termes de certains groupes algébriques attachés à K (Grothendieck), ou, ce qui revient au même, de « Grössencharaktere de type A_0 » (Weil).

L'hypothèse « ϱ est localement algébrique » est automatiquement satisfaite lorsque K est composé de corps quadratiques (cela résulte d'un théorème de
3 transcendance de LANG) ; il est probable qu'il en est de même en général.

Le théorème ci-dessus, appliqué à la représentation ϱ_l attachée à une courbe elliptique E, montre que, si $\mathfrak{g}_l$ est une sous-algèbre de Cartan pour un nombre premier l, il en est de même pour tout l (il faut vérifier que ϱ_l est « localement algébrique », ce qui résulte d'un théorème de TATE) ; ce résultat, joint à ceux du n° 1. 2, achève de démontrer le théorème 1.

1. 4. *Relations avec les groupes de Mumford-Tate* (*conjectures*).

Les résultats obtenus pour les courbes elliptiques suggèrent un certain nombre de *conjectures* sur les représentations l-adiques fournies par la cohomologie étale $H^n_{et}(X_{\mathbf{C}}, \mathbf{Q}_l)$ d'une variété projective non singulière X définie sur K.

Soit $V_o = H^n_{top}(X_{\mathbf{C}}, \mathbf{Q})$ la cohomologie usuelle de $X_{\mathbf{C}} = X \times_K \mathbf{C}$ relativement à un plongement donné de K dans **C**. Soit $V = V_o \otimes \mathbf{C}$. La décomposition de Hodge

$$V = \Sigma V^{r,s} \quad (\text{avec } r + s = n)$$

est une bigraduation de V ; elle correspond donc à une action du groupe $\mathbf{C}^* \times \mathbf{C}^*$ sur V ; d'où un sous-tore T de Aut(V). Le *groupe de* MUMFORD-TATE G de V est, par définition, le plus petit sous-groupe algébrique de $\mathrm{Aut}(V_o)$, défini sur **Q**, tel que G(C) contienne T ; c'est un groupe réductif connexe.

D'après un théorème de M. ARTIN, $V_o \otimes \mathbf{Q}_l$ s'identifie au groupe de cohomologie étale $V_l = H^n_{et}(X_{\mathbf{C}}, \mathbf{Q}_l)$.

Le groupe $\mathrm{Gal}(\bar{K}/K)$ opère donc sur V_l ; soit G_l le sous-groupe de $\mathrm{Aut}(V_l)$ ainsi obtenu. D'autre part, le groupe $G(\mathbf{Q}_l)$ des points de G rationnels sur $\mathbf{Q}_l$ opère aussi sur V_l. Il s'impose de comparer ces deux groupes. Tout d'abord, *si la conjecture de* HODGE (caractérisant les classes de cohomologie algébriques) *est vraie pour tous les produits* $X \times \ldots \times X$, *l'algèbre de Lie* $\mathfrak{g}_l$ *de* G_l *est contenue dans celle de* $G(\mathbf{Q}_l)$. On peut même espérer que ces deux algèbres de Lie soient *toujours égales* (i.e. que G_l et $G(\mathbf{Q}_l)$ coïncident localement) ; il en résulterait, par exemple, que la dimension de $\mathfrak{g}_l$ est indépendante de *l*, et que $\mathfrak{g}_l$ contient la sous-algèbre des homothéties (on ne sait même pas si ces deux propriétés sont vraies pour $n = 1$, sauf lorsque X est une courbe elliptique, où cela résulte du théorème 1).

On peut formuler d'autres conjectures, relatives à la *rationalité* des classes de conjugaison des éléments de Frobenius (dans un sous-groupe G' de $\mathrm{Aut}(V_o)$, défini sur **Q**, et de composante neutre G), et à leur *équipartition* (dans l'ensemble des classes d'un certain groupe compact). Je me bornerai à signaler l'énoncé auquel on est conduit dans le cas elliptique :

CONJECTURE de SATO-TATE. *Supposons que* E *n'ait pas de multiplication complexe. Soient* $(\varphi_v, -\varphi_v)$, *avec* $0 \leqslant \varphi_v < \pi$, *les amplitudes des deux valeurs propres de l'élément de Frobenius* F_v. *Les* φ_v *sont équirépartis dans* $[0, \pi]$ *par rapport à la mesure* $\frac{2}{\pi}\sin^2\varphi d\varphi$.

La mesure $\frac{2}{\pi}\sin^2\varphi\, d\varphi$ intervient ici comme mesure de Haar de l'espace des classes du groupe SU(2).

1. 5. *Utilisation des isogénies.*

On a le résultat suivant (dû à Šafarevič) :

THÉORÈME 4. *Soit* S *un ensemble fini de places de* K. *Les courbes elliptiques définies sur* K *et se réduisant bien en dehors de* S *sont en nombre fini (à isomorphisme près).*

Cela résulte du théorème de SIEGEL sur la finitude du nombre des points S-entiers d'une courbe affine de genre $\geqslant 1$.

Un corollaire du théorème précédent est la finitude du nombre des courbes elliptiques isogènes sur K à une courbe donnée ; ce résultat, à son tour, entraîne la propriété (c') du n° 1. 1.

On ignore si le théorème 4 s'étend aux variétés abéliennes d'une dimen-
4 sion g donnée, munies de polarisations de degré d donné ; si oui, on pourrait en tirer de nombreuses conséquences (comme vient de le faire TATE sur un corps de base *fini*) ; par exemple, le cas $g = 2$, $d = 1$ suffirait à débarrasser le théorème 2 de toute hypothèse sur j.

2. *Groupes formels à un paramètre.*

Un tel groupe G peut être défini au moyen d'une « loi de groupe »

$$F(X, Y) \in A[[X, Y]]$$

vérifiant les identités

$$F(X, 0) = F(0, X) = X$$
$$F(X, F(Y, Z)) = F(F(X, Y), Z)$$
$$F(X, Y) = F(Y, X).$$

Lorsque l'anneau de base A n'a pas d'éléments nilpotents, la dernière identité (commutativité) est une conséquence des deux premières ; ce théorème (dû à LAZARD) peut se démontrer en considérant la représentation adjointe de G.

2. 1. *Groupes formels sur un corps de caractéristique* $p > 0$.

Ce cas a été étudié en détail par LAZARD et DIEUDONNÉ. Supposons d'abord que le corps de base k soit *séparablement clos,* et de caractéristique p. Soit G un groupe formel à un paramètre défini sur k. La multiplication par p dans G est de degré p^h, avec $1 \leqslant h \leqslant +\infty$; on dit que h est la *hauteur* de G. D'après LAZARD, l'entier h détermine G à isomorphisme près. Le cas $h = \infty$ correspond au groupe additif ; le cas $h = 1$ au groupe multiplicatif ; le groupe formel attaché à une courbe elliptique E est de hauteur 1 (resp. de hauteur 2) si l'invariant de Hasse de E est non nul (resp. est nul). L'anneau d'endomorphismes d'un groupe formel de hauteur h est isomorphe à l'anneau Z_h des entiers du corps gauche D_h de centre $\mathbf{Q}_p$, de degré h^2, et d'invariant $1/h$. [Ces résultats n'ont pas été exposés dans le cours, mais ont fait l'objet de trois séances du Séminaire.]

En particulier, le groupe des automorphismes du groupe formel G est isomorphe au groupe multiplicatif Z_h^* des unités de D_h. Ce résultat permet, par des arguments de descente galoisienne standards, de classer les groupes formels de hauteur donnée h définis sur un corps quelconque k de caractéristique p (non nécessairement séparablement clos). Par exemple, si k est un corps fini à $q = p^f$ éléments, on trouve qu'un tel groupe est déterminé à isomorphisme près par la classe de conjugaison (par Z_h^*) de l'élément de Frobenius $\pi \in Z_h$; l'élément π est assujetti à la seule condition d'avoir une valuation égale à f.

2. 2. *Groupes formels sur un anneau de valuation discrète, et modules de* TATE.

Soit A un anneau de valuation discrète, complet, de corps des fractions K, et de corps résiduel $k = A/\mathfrak{m}$. On suppose que $\operatorname{car}(K) = 0$ et $\operatorname{car}(k) = p$, autrement dit on se place *en inégale caractéristique* (c'est le cas le plus intéressant). Soit G un groupe formel à un paramètre défini sur A ; par réduction mod. $\mathfrak{m}$, G définit un groupe formel sur k dont la hauteur h est appelée la *hauteur* de G ; on suppose que h est *finie*. [Pour les groupes formels à plusieurs paramètres, il faudrait supposer que la multiplication par p dans le groupe est une *isogénie*.]

Les points de G à valeurs dans $\mathfrak{m}$ forment, de façon naturelle, un groupe G(K) ; lorsque G est le complété formel d'une courbe elliptique E ayant une bonne réduction, le groupe G(K) s'identifie au groupe (étudié par E. LUTZ) des points de E qui se réduisent en l'élément neutre.

La limite inductive des sous-groupes de torsion des groupes G(K′), pour K′ fini sur K, est un groupe isomorphe à $(\mathbf{Q}_p/\mathbf{Z}_p)^h$, où opère Gal($\bar{\mathrm{K}}$/K). On en déduit, comme au n° 1.1, un module de Tate T_p qui est un $\mathbf{Z}_p$-module libre de rang h, ainsi qu'un $\mathbf{Q}_p$-espace vectoriel $\mathrm{V}_p = \mathrm{T}_p \otimes \mathbf{Q}_p$. Ici encore, l'image de Gal($\bar{\mathrm{K}}$/K) dans Aut(T_p) est un sous-groupe de Lie de Aut(T_p) ; son algèbre de Lie $\mathfrak{g}_p$ est une sous-algèbre de End(V_p). On montre facilement que les orbites de Gal($\bar{\mathrm{K}}$/K) dans $\mathrm{T}_p - \{0\}$ sont *ouvertes*. On a donc $\mathfrak{g}_p.x = \mathrm{V}_p$ pour tout $x \in \mathrm{V}_p$, $x \neq 0$. D'après un théorème de TATE, (dont la démonstration n'a pas été exposée dans le cours), le commutant de $\mathfrak{g}_p$ dans End(V_p) est le corps des fractions de l'anneau des endomorphismes de G (sur une extension assez grande de K).

2. 3. *Cas où* K *est non ramifié.*

Supposons que l'indice de ramification de K sur $\mathbf{Q}_p$ soit égal à 1. On peut alors obtenir des renseignements assez précis sur les *groupes de ramification* de l'image de Gal($\bar{\mathrm{K}}$/K) dans Aut(T_p). En les utilisant, on démontre le résultat suivant :

5 THÉORÈME 5. *Il existe une extension finie* L *de* $\mathbf{Q}_p$, *de degré* m *divisant* h, *telle que l'algèbre de Lie* $\mathfrak{g}_p$ *soit isomorphe à l'algèbre des matrices de rang* h/m *sur* L.

Le corps L est le corps des fractions de l'anneau des endomorphismes de G ; cela résulte du théorème de TATE cité plus haut.

2. 4. *Les groupes de* LUBIN-TATE.

Supposons que le corps des fractions K de A soit une extension finie de $\mathbf{Q}_p$; soit $n = [\mathrm{K}:\mathbf{Q}_p]$. LUBIN et TATE ont montré que l'on peut construire des groupes formels G sur A, de hauteur n, admettant A pour anneau d'endomorphismes. Deux tels groupes sont isomorphes sur la complétion de l'extension non ramifiée maximale de K. De plus, T_p(G) est alors un A-module libre de rang 1, et l'action de Gal($\bar{\mathrm{K}}$/K) sur T_p(G) peut être déterminée explicitement ; sur le groupe d'inertie I($\bar{\mathrm{K}}$/K) cette action est donnée par un homomorphisme

$$\mathrm{I}(\bar{\mathrm{K}}/\mathrm{K}) \to \mathrm{A}^*$$

qui est *l'opposé* de celui fourni par la théorie du corps de classes local.

SÉMINAIRE

François BRUHAT et Jacques TITS ont fait quatre exposés sur les groupes simples, simplement connexes, définis sur un corps local K. Soit G un tel groupe. Lorsque G est *déployé,* IWAHORI et MATSUMOTO ont montré que le groupe G(K) des points rationnels de G possède une « structure de Tits » (B, N), où B est l'image réciproque dans G(A) d'un sous-groupe de Borel du groupe $G(A/\mathfrak{m})$; le groupe de Weyl associé à cette structure est le groupe de Weyl affine de G. BRUHAT et TITS montrent que des résultats analogues valent même lorsque G n'est pas déployé, à condition de remplacer le système de racines usuel par le système de racines *relatif,* au sens de BOREL-TITS. Les sous-groupes « parahoriques » de G(K) sont en relation avec certaines structures de G sur A ; ce sont des groupes proalgébriques sur le corps résiduel $k = A/\mathfrak{m}$. Ces résultats ont des applications à

i) la détermination des sous-groupes bornés maximaux de G(K) ;

ii) la cohomologie galoisienne de G.

En particulier, si l'on suppose que k est parfait, et de dimension cohomologique $\leqslant 1$, BRUHAT et TITS montrent que $H^1(K, G)$ est trivial ; lorsque k est fini, et K de caractéristique zéro, cela redonne un théorème de M. KNESER.

Michel LAZARD a fait trois exposés sur la classification des groupes formels à un paramètre sur un corps séparablement clos de caractéristique p, ainsi que sur la structure de l'anneau des endomorphismes d'un tel groupe (voir n° 2. 1 ci-dessus).

6 John TATE a fait dix exposés sur la théorie des *groupes p-divisibles,* théorie qui généralise celle des groupes formels.

a) *Définition des groupes p-divisibles.*

Nous supposerons, pour simplifier, que l'anneau de base A est un anneau de valuation discrète, complet, et d'inégale caractéristique. Soit K son corps des fractions, soit $\mathfrak{m}$ son idéal maximal, et soit $k = A/\mathfrak{m}$; le corps k est de caractéristique p.

Soit h un entier $\geqslant 0$. Un groupe p-divisible G, de hauteur h, défini sur A, est (par définition) un système inductif

$$G_1 \to G_2 \to \ldots \to G_n \to \ldots$$

vérifiant les deux conditions suivantes :

(D. 1) — Pour tout $n \geqslant 1$, G_n est un schéma en groupes commutatif sur Spec(A), fini et plat, de rang égal à p^{nh}.

(D. 2) — Pour tout $n \geqslant 1$, la suite

$$0 \to G_n \to G_{n+1} \xrightarrow{p^n} G_{n+1}$$

est une suite exacte (i. e. G_n s'identifie au noyau de la multiplication par p^n dans G_{n+1}).

Exemple. — Soit X un schéma abélien sur A, de dimension d ; prenons pour G_n le noyau de $p^n : X \to X$. On obtient un groupe p-divisible $G = (G_n)$ sur A, de hauteur $h = 2d$.

b) *Lien avec les groupes formels.*

Soit G un groupe formel commutatif à m paramètres, défini sur A ; supposons que G soit *divisible,* c'est-à-dire que la multiplication par p dans G soit une isogénie ; soit p^h le degré de cette isogénie. On peut alors définir le *noyau* de $p^n : G \to G$ comme un schéma en groupes G_n sur A ; le système inductif (G_n) est un groupe p-divisible de hauteur h sur A ; ce système est *connexe* (i.e. tous les G_n sont connexes). On démontre que l'on obtient ainsi une *équivalence de catégories* entre groupes formels divisibles et groupes p-divisibles connexes.

Tout groupe p-divisible G est extension d'un groupe *étale* (correspondant à un module galoisien sur $\mathrm{Gal}(\bar{k}/k)$ par un groupe *connexe* G^0, sa composante neutre. La dimension m de G^0 est appelée la *dimension* de G.

c) *Dualité.*

Soit $G = (G_n)$ un groupe p-divisible. Soit G'_n le dual (au sens de Cartier) de G_n ; les homomorphismes $G_{n+1} \to G_n$ induits par la multiplication par p définissent par transposition des homomorphismes $G'_n \to G'_{n+1}$. On obtient ainsi un groupe p-divisible $G' = (G'_n)$, de hauteur h, appelé le *dual* de G.

Si $m = \dim(G)$ et $m' = \dim(G')$, on a $h = m + m'$.

d) *Points et modules de Tate.*

Le groupe G(A) des points de G à valeurs dans A est défini comme la limite projective, pour $N \to \infty$, des groupes $\varinjlim G_n(A/\mathfrak{m}^N)$.

Si t_G désigne l'espace tangent à l'origine de la composante connexe G^0 de G, on définit au moyen du *logarithme* un isomorphisme

$$L : G(A) \otimes \mathbf{Q}_p \to t_G \otimes_A K.$$

Le noyau de $L : G(A) \to t_G \otimes K$ est le sous-groupe de torsion de G(A) ; c'est un groupe fini d'ordre une puissance de p.

Remplaçant K par ses extensions finies, on définit comme au n° 2.2 le *module de Tate* $T_p(G)$ et le $\mathbf{Q}_p$-espace vectoriel $V_p(G) = T_p(G) \otimes \mathbf{Q}_p$. On a $\dim. V_p(G) = h$.

La connaissance de $T_p(G)$ équivaut à celle du système inductif des $G_n \times_A K$, obtenus par extension des scalaires de A à K.

Si G' est le dual de G, on a un accouplement canonique

$$T_p(G) \times T_p(G') \to T_p(\mathbf{G}_m)$$

où $\mathbf{G}_m$ désigne le groupe p-divisible associé au groupe multiplicatif formel (i.e. le dual du groupe étale $\mathbf{Q}_p/\mathbf{Z}_p$).

e) *Complétion de la clôture algébrique de* K.

Soit $\bar{K}$ la clôture algébrique de K, et soit C le complété de $\bar{K}$; le groupe $\mathrm{Gal}(\bar{K}/K)$ opère par continuité sur C. L'un des résultats les plus surprenants de la théorie de TATE est le fait que *les propriétés des groupes p-divisibles sont intimement liées à la structure de* C *comme module galoisien sur* $\mathrm{Gal}(\bar{K}/K)$.

La structure en question est loin d'être complètement élucidée. TATE a toutefois démontré un certain nombre de résultats. Tout d'abord :

THÉORÈME 6. *Le corps des invariants de* $\mathrm{Gal}(\bar{K}/K)$ *dans* C *est réduit à* K.

Malgré les apparences, ce n'est pas un résultat trivial. TATE le démontre en « montant » de K à $\bar{K}$ par l'intermédiaire de l'extension p-cyclotomique maximale K_c de K ; il lui faut étudier les propriétés de la trace dans les sous-extensions de K_c/K et de $\bar{K}/K_c$. Le fait que le corps résiduel k n'est pas nécessairement parfait cause quelques ennuis supplémentaires.

Soit maintenant $H = V_p(G_m) = T_p(G_m) \otimes \mathbf{Q}_p$. Si V est un C-espace vectoriel où $\mathrm{Gal}(\bar{K}/K)$ opère semi-linéairement, on pose :

$$V(i) = V \otimes H^i \qquad (\text{pour } i \in \mathbf{Z}),$$

en désignant par H^i la puissance tensorielle i-ème de H. (C'est là une opération de « torsion ».)

On a alors :

THÉORÈME 7. $H^q(\mathrm{Gal}(\bar{K}/K), C(i)) = 0$ *pour* $q = 0,1$ *et* $i \neq 0$.

(La cohomologie est définie par des *cochaînes continues* pour les topologies naturelles de $\mathrm{Gal}(\bar{K}/K)$ et de $C(i)$.)

f) *Décomposition de* $V_p(G)$.

Soit G un groupe p-divisible de hauteur h, défini sur A, et soit G′ son dual. Notons B l'anneau des entiers de C, et soit U le groupe des éléments inversibles de B qui sont congrus à 1. Les propriétés élémentaires de la dualité de Cartier montrent que l'on a :

$$\mathrm{Hom}_B(G, G_m) = T_p(G').$$

On en déduit un homomorphisme $G(B) \to \mathrm{Hom}(T_p(G'), U)$, d'où, par restriction à G(A), un homomorphisme

$$\alpha : G(A) \to \mathrm{Hom}_{\mathrm{Gal}}(T_p(G'), C).$$

Par passage au logarithme, α définit

$$d\alpha : t_G \otimes K \to \mathrm{Hom}_{\mathrm{Gal}}(V_p(G'), C).$$

THÉORÈME 8. *Les homomorphismes* α *et* $d\alpha$ *sont des isomorphismes.*

L'injectivité est facile. La surjectivité se démontre au moyen des théorèmes 6 et 7.

Il y a intérêt à reformuler (et compléter) le théorème 8 en remplaçant G par G′, et en introduisant la notation

$$H^1(G, C) = \mathrm{Hom}(V_p(G), C).$$

On trouve alors une décomposition canonique :

$$(*) \quad H^1(G, C) = W \oplus W'(-1),$$

où $W = t_{G'} \otimes C$ et $W' = \mathrm{Hom}(t_G, C)$.

g) *Une application.*

Le théorème 8 montre que la connaissance du module galoisien $V_p(G)$ détermine la *dimension* de G. En utilisant ce fait, TATE a montré que $T_p(G)$ *détermine* G. Plus précisément :

THÉORÈME 9. *Soient* G_1 *et* G_2 *des groupes p-divisibles, et soit* φ *un homomorphisme de* $T_p(G_1)$ *dans* $T_p(G_2)$ *commutant avec* $\mathrm{Gal}(\bar{K}/K)$. *Il existe alors un homomorphisme* $f : G_1 \to G_2$ *et un seul qui induise* φ.

COROLLAIRE. *Le commutant de* $\mathrm{Gal}(\bar{K}/K)$ *dans* $\mathrm{End}(T_p(G)$ *est égal à l'anneau des* A*-endomorphismes de* G.

La démonstration du théorème 9 n'a pas été exposée dans le Séminaire.

h) *Le cas abélien.*

Supposons que le corps résiduel k soit *fini.* Soit G un groupe p-divisible sur A tel que l'action de $\mathrm{Gal}(\bar{K}/K)$ sur $V_p(G)$ soit *abélienne,* et *irréductible.* En appliquant les résultats ci-dessus, combinés avec l'étude des groupes de Lubin-Tate, TATE montre que l'action de $\mathrm{Gal}(\bar{K}/K)$ sur $V_p(G)$ se fait au moyen d'un caractère « localement algébrique » de $\mathrm{Gal}(\bar{K}/K)$, dont il précise la forme.

i) *Une conjecture.*

Appliquons la décomposition (*) de f) au groupe p-divisible associé à une variété abélienne X sur K, ayant une bonne réduction (i.e. provenant d'un schéma abélien sur A). En interprétant convenablement les différents termes de cette décomposition, on obtient :

$$H^1_{et}(X_C, C) = H^{0,1}(X_C) \oplus H^{1,0}(X_C)(-1),$$

où $H^1_{et}(X_C, C)$ est le premier groupe de cohomologie étale de $X_C = X \times_K C$, et $H^{0,1}(X_C)$, $H^{1,0}(X_C)$ sont les groupes de Hodge de X_C.

On est ainsi conduit à la conjecture suivante :

CONJECTURE. *Si* X *est une variété projective non singulière définie sur* K, *on a une décomposition canonique*

$$H^n(X_C, C) = \Sigma\, H^{r,s}(X_C)(-r),$$

avec $H^{r,s}(X_C) = H^s(X, \Omega^r) \otimes_K C$. *Cette décomposition est compatible avec l'action de* $\mathrm{Gal}(\bar{K}/K)$.

(Peut-être est-il nécessaire de supposer que X provient d'un schéma projectif et lisse sur A ?)

La décomposition $H^n_{et} = \Sigma\, H^{r,s}(-r)$ serait *l'analogue p-adique de la décomposition de Hodge* $H^n(X_{\mathbf{C}}, \mathbf{C}) = \Sigma\, H^{r,s}(X_{\mathbf{C}})$.

72.

Sur les groupes de Galois attachés aux groupes p-divisibles

Proc. Conf. Local Fields, Driebergen, Springer-Verlag (1966), 118–131

Introduction

Soit K un corps local de caractéristique 0 et de caractéristique résiduelle p, et soit C la complétion d'une clôture algébrique de K. Soit T le module de Tate ([*9*], n° 2.4) associé à un groupe p-divisible F, défini sur l'anneau des entiers de K. TATE a montré ([*9*], § 4, cor. 2 au th. 3) que $T \otimes C$ possède une décomposition analogue à celle de Hodge pour la cohomologie complexe. De nombreuses propriétés du module galoisien T sont implicitement contenues dans cette décomposition. Dans son séminaire au Collège de France, résumé dans [*8*], TATE en a indiqué un certain nombre (notamment lorsque l'action du groupe de Galois est abélienne). Dans ce qui suit, j'explicite une autre conséquence de cette décomposition de $T \otimes C$: si G est le groupe de Galois qui opère sur T, l'enveloppe algébrique de G contient (sous une hypothèse de semi-simplicité convenable) un groupe «de Mumford-Tate» p-adique (§ 3, ths. 1 et 2). Lorsqu'on fait certaines hypothèses supplémentaires sur F, on en déduit que G est *ouvert* dans $\mathrm{Aut}(T)$ (cf. § 5, th. 4). Ces hypothèses sont notamment vérifiées lorsque F est un groupe formel à 1 paramètre, n'admettant pas de multiplication complexe formelle (§ 5, th. 5).

§ 1. Enveloppes algébriques des groupes linéaires p-adiques

Soit V un espace vectoriel de dimension finie sur le corps p-adique $\mathbf{Q}_p$, et soit $\mathrm{Aut}(V)$ le groupe de ses automorphismes, muni de sa structure

---

[1] Le texte ci-dessous a été rédigé en décembre 1966. Il diffère de l'exposé oral par un plus grand usage de la théorie des groupes algébriques.

L'idée de remplacer les algèbres de Lie p-adiques par les groupes algébriques correspondants m'avait d'ailleurs été suggérée par Grothendieck il y a plusieurs années, en liaison avec sa théorie des «motifs».

naturelle de groupe de Lie p-adique. Soit G un sous-groupe compact de $\mathrm{Aut}(V)$. On sait (voir par exemple [7], p. 5.42) que G est un *sous-groupe de Lie* de $\mathrm{Aut}(V)$. Soit $\mathfrak{g}$ son algèbre de Lie; l'exponentielle définit un isomorphisme d'un voisinage ouvert de 0 dans $\mathfrak{g}$ (muni de la loi de groupe fournie par la formule de Hausdorff) sur un sous-groupe ouvert de G.

Proposition 1. – *Les conditions suivantes sont équivalentes:*

(a) *V est un G-module semi-simple.*

(b) *V est un $\mathfrak{g}$-module semi-simple.*

(c) *$\mathfrak{g}$ est une algèbre de Lie réductive* (i.e. produit d'une algèbre abélienne $\mathfrak{c}$ par une algèbre semi-simple $\mathfrak{s}$) *et V est un $\mathfrak{c}$-module semi-simple.*

Soit G_1 un sous-groupe ouvert distingué de G assez petit pour être contenu dans l'image de l'exponentielle. Tout sous-espace de V stable par $\mathfrak{g}$ l'est aussi par G_1, et inversement. Cela montre l'équivalence de (b) et de la condition suivante:

(a_1) V est un G_1-module semi-simple.

Mais G/G_1 est fini. On en déduit facilement (cf. CHEVALLEY [*1*], tome III, p. 82, prop. 1) l'équivalence de (a) et (a_1). D'où (a)$\Leftrightarrow$(b). L'équivalence (b)$\Leftrightarrow$(c) est bien connue (BOURBAKI, *Gr. et Alg. de Lie*, chap. I, § 6, n° 5, th. 4).

Nous supposerons à partir de maintenant que les conditions de la prop. 1 sont vérifiées. Nous allons associer à G un certain groupe algébrique réductif G_{alg}, de la manière suivante:

Soit d'abord $\mathbf{GL}_V$ le $\mathbf{Q}_p$-groupe algébrique des automorphismes de V. Cela signifie, par définition, que, si k est une $\mathbf{Q}_p$-algèbre commutative, le groupe $\mathbf{GL}_V(k)$ des points de $\mathbf{GL}_V$ à valeurs dans k est égal à $\mathrm{Aut}(V\otimes k)$. En particulier, le groupe $\mathbf{GL}_V(\mathbf{Q}_p)$ s'identifie au groupe $\mathrm{Aut}(V)$ considéré plus haut.

Définition. – *On appelle enveloppe algébrique de G, et on note G_{alg}, le plus petit sous-groupe algébrique de $\mathbf{GL}_V$ dont le groupe des points contienne G.*

L'existence et l'unicité de G_{alg} sont immédiates (et ne nécessitent aucune hypothèse sur G). Si A est l'algèbre affine de $\mathbf{GL}_V$, l'idéal définissant G_{alg} est l'ensemble des $f\in A$ tels que $f(g)=0$ pour tout $g\in G$.

Utilisons maintenant l'hypothèse faite sur G. Décomposons l'algèbre de Lie $\mathfrak{g}$ en

$$\mathfrak{g}=\mathfrak{c}\times\mathfrak{s},$$

où $\mathfrak{c}$ est le centre de $\mathfrak{g}$, et $\mathfrak{s}=[\mathfrak{g},\mathfrak{g}]$ est semi-simple. On sait (CHEVALLEY

[*1*], tome II, p. 177, th. 15) que $\mathfrak{s}$ est *algébrique* (i.e. correspond à un groupe algébrique); si $\mathfrak{c}_{\mathrm{alg}}$ (resp. $\mathfrak{g}_{\mathrm{alg}}$) désigne la plus petite sous-algèbre de Lie algébrique de End(V) contenant $\mathfrak{c}$ (resp. contenant $\mathfrak{g}$), on a évidemment

$$\mathfrak{g}_{\mathrm{alg}} = \mathfrak{c}_{\mathrm{alg}} \times \mathfrak{s}.$$

L'algèbre $\mathfrak{c}_{\mathrm{alg}}$ est abélienne, et opère de façon semi-simple sur V. Il s'ensuit que $\mathfrak{g}_{\mathrm{alg}}$ est réductive. Le lien entre $\mathfrak{g}_{\mathrm{alg}}$ et G_{alg} est fourni par la proposition suivante:

Proposition 2. – (i) *L'algèbre de Lie de* G_{alg} *est* $\mathfrak{g}_{\mathrm{alg}}$.

(ii) G_{alg} *est réductif* (MUMFORD [*4*], p. 26, déf. 1.4).

(iii) *Toute composante connexe de* G_{alg} *rencontre* G.

Puisque $\mathfrak{g}_{\mathrm{alg}}$ est algébrique, il existe un sous-groupe algébrique connexe H^0 de $\mathbf{GL}_V$ d'algèbre de Lie $\mathfrak{g}_{\mathrm{alg}}$. Comme $\mathfrak{g}_{\mathrm{alg}}$ contient $\mathfrak{g}$, le groupe $H^0(\mathbf{Q}_p)$ contient un sous-groupe ouvert G_1 de G; on peut supposer G_1 distingué dans G. Soit (g_i) un ensemble fini de représentants des classes de G mod. G_1; la réunion H des $H^0 g_i$ est un sous-groupe algébrique de $\mathbf{GL}_V$ contenant G, et il est clair que c'est le plus petit possible. On a donc $H = G_{\mathrm{alg}}$, ce qui démontre (i) et (iii). L'assertion (ii) résulte de (i) (ou bien, si l'on préfère, du fait que V est un G_{alg}-module semi-simple et fidèle).

Corollaire. – *Si* $\mathfrak{c}$ *est algébrique, l'algèbre de Lie de* G_{alg} *est égale à* $\mathfrak{g}$, *et* G *est un sous-groupe ouvert de* $G_{\mathrm{alg}}(\mathbf{Q}_p)$.

La première assertion est évidente; la seconde en résulte puisque G et $G_{\mathrm{alg}}(\mathbf{Q}_p)$ sont des groupes de Lie p-adiques de même algèbre de Lie.

On peut donner une caractérisation des points de G_{alg} au moyen des *invariants* du groupe G. Plus précisément, soient r, s deux entiers $\geqslant 0$, et soit $T_{r,s}(V)$ le produit tensoriel de r copies de V et de s copies du dual V^* de V. Le groupe G opère (par transport de structure) sur $T_{r,s}(V)$; soit $T^0_{r,s}(V)$ le sous-espace de $T_{r,s}(V)$ formé des éléments invariants par G. Il est clair que G_{alg} laisse invariants les éléments de $T^0_{r,s}(V)$. De plus, cette propriété *caractérise* les points de G_{alg}:

Proposition 3. – *Soit* k *une* $\mathbf{Q}_p$*-algèbre commutative, et soit* $g \in \mathbf{GL}_V(k)$. *Pour que* g *appartienne à* $G_{\mathrm{alg}}(k)$, *il faut et il suffit que, pour tout couple* (r, s), *l'extension* $T_{r,s}(g)$ *de* g *à* $T_{r,s}(V \otimes k) = T_{r,s}(V) \otimes k$ *laisse invariants les éléments de* $T^0_{r,s}(V)$.

Notons d'abord qu'un élément de $T_{r,s}(V)$ est invariant par G_{alg} si et seulement si il appartient à $T^0_{r,s}(V)$. La prop. 3 est donc conséquence du lemme suivant:

Lemme 1. – *Soit* E *un corps de caractéristique* 0, *soit* V *un* E*-espace* *vectoriel de dimension finie, et soit H un sous-groupe algébrique réductif de* $\mathbf{GL}_V$. *Pour qu'un point de* $\mathbf{GL}_V$, *à valeurs dans une extension de E, soit un point de H, il faut et il suffit que, pour tout couple (r, s), il laisse invariants les éléments de $T_{r,s}(V)$ invariants par H.*

(En d'autres termes, un groupe réductif est déterminé par ses invariants tensoriels.)

Comme c'est là un résultat bien connu, je me bornerai à en esquisser la démonstration. On se ramène tout de suite au cas où le corps de base est algébriquement clos, ce qui permet d'identifier le groupe à l'ensemble de ses points rationnels; on peut aussi supposer que H est contenu dans le groupe unimodulaire $\mathbf{SL}_V$ (en effet, si $n = \dim. V$, on remplace V par $V \oplus \wedge^n V^*$). Soit alors g un élément de $\mathbf{GL}_V$, vérifiant la condition du lemme, et n'appartenant pas à H. Du fait que H est contenu dans $\mathbf{SL}_V$, H et Hg sont fermés dans $\mathrm{End}(V)$; puisque H est réductif, il existe donc une fonction polynôme f sur $\mathrm{End}(V)$, invariante par multiplication à gauche par H, et prenant les valeurs 0 sur H et 1 sur Hg (cf. [*4*], p. 29, cor. 1.2). Mais la représentation de H dans $\mathrm{End}(V)$ par multiplication à gauche est isomorphe à la somme directe de n copies de V. Comme f appartient à l'algèbre symétrique du dual de $\mathrm{End}(V)$, l'hypothèse faite sur g montre que f est invariante par g. Mais c'est absurde, puisque $f(1) = 0$ et $f(g) = 1$.

§ 2. Modules galoisiens du type de Hodge-Tate

A partir de maintenant, K désigne un corps muni d'une valuation discrète, et complet pour la topologie définie par cette valuation. On note A l'anneau des entiers de K, et $k = A/\mathfrak{m}$ le corps résiduel correspondant. On suppose K de caractéristique zéro, et k parfait de caractéristique p. On note $\bar{K}$ une clôture algébrique de K, et C sa complétion. Le groupe de Galois Gal_K de $\bar{K}/K$ opère sur C (cf. [*9*], § 3).

Soit $\mathbf{U}_p = \mathbf{Z}_p^*$ le groupe des unités de $\mathbf{Q}_p$, et soit

$$\chi : \mathrm{Gal}_K \to \mathbf{U}_p$$

le caractère de Gal_K donnant l'action de ce groupe sur les racines p^n-èmes de l'unité. Par définition, on a

$$sz = z^{\chi(s)}$$

pour tout $s \in \mathrm{Gal}_K$ et pour toute racine de l'unité z d'ordre une puissance de p.

Soit maintenant X un C-espace vectoriel de dimension finie muni d'une loi d'opération de Gal_K continue et semi-linéaire; on a

$$s(cx)=s(c)\,s(x) \quad \text{si} \quad s\in \mathrm{Gal}_K,\ c\in C,\ x\in X.$$

Si $i\in \mathbf{Z}$, notons X^i le sous-ensemble de X formé des éléments x tels que

$$sx=\chi(s)^i x \quad \text{pour tout} \quad s\in \mathrm{Gal}_K;$$

c'est un K-espace vectoriel. Posons $X(i)=X^i\otimes_K C$. L'injection $X^i\to X$ se prolonge en une application C-linéaire

$$\varepsilon_i : X(i)\to X.$$

TATE (séminaire au Collège de France) a démontré le résultat suivant:

Proposition 4. – *Soit $\sum X(i)$ la somme directe des $X(i)$. L'homomorphisme*

$$\varepsilon : \sum X(i)\to X,$$

somme des ε_i, est injectif.

Rappelons brièvement la démonstration. Soit (x_{ij}) une base de X^i sur K. Si ε n'était pas injectif, il existerait des $c_{ij}\in C$, non tous nuls, tels que

$$\sum c_{ij}x_{ij}=0.$$

Parmi toutes les relations de ce genre, choisissons-en une de longueur minimum, et telle que $c_{i_0j_0}=1$ pour un couple (i_0, j_0) particulier. Si $s\in \mathrm{Gal}_K$, on a

$$\sum s(c_{ij})\,s(x_{ij})=0,$$

d'où

$$\sum s(c_{ij})\,\chi(s)^i x_{ij}=0.$$

Utilisant la minimalité de la relation (c_{ij}), on en déduit que:

$$s(c_{ij})\,\chi(s)^i=\chi(s)^{i_0}\,c_{ij}, \quad \text{pour tout} \quad s\in \mathrm{Gal}_K.$$

Mais, d'après TATE [*9*], § 3, cette dernière relation entraîne $c_{ij}=0$ pour $i\neq i_0$, et $c_{ij}\in K$ pour $i=i_0$, contrairement au fait que les (x_{ij}) sont linéairement indépendants sur K. D'où la proposition.

La proposition précédente permet *d'identifier $\sum X(i)$ à un sous-espace vectoriel de X.* Si ce sous-espace est égal à X tout entier, nous dirons que X est *du type Hodge-Tate*, ou admet une décomposition de type (HT).

Remarque. Si X est de type (HT), il en est de même de son dual X^*, et l'on a:

$$X^*(i)=X(-i)^*;$$

la vérification est immédiate. De même, tout produit tensoriel de modules galoisiens de type (HT) est de type (HT).

§ 3. Le groupe de Mumford-Tate p-adique

Les notations étant celles du § 2, soit V un $\mathbf{Q}_p$-espace vectoriel de dimension finie muni d'une loi d'opération de Gal_K continue et linéaire. Soit G l'image de Gal_K dans $\mathrm{Aut}(V)$; c'est un sous-groupe compact de $\mathrm{Aut}(V)$.

Faisons les deux hypothèses suivantes:

(H.1) – *V est un G-module semi-simple.*

(H.2) – *Le module galoisien $V_C = V \otimes_{\mathbf{Q}_p} C$ est du type Hodge-Tate.*

(Précisons que Gal_K opère sur V_C par transport de structure, i.e. par la formule $s(v \otimes c) = s(v) \otimes s(c)$.)

L'hypothèse (H.1) permet d'appliquer à G les définitions et résultats du § 1; en particulier, le groupe G_{alg} est défini. On notera que $G_{\mathrm{alg}}(C)$ est un sous-groupe du groupe $\mathrm{Aut}(V_C)$ des automorphismes C-linéaires de V_C.

Soit d'autre part $\lambda \in C^*$; notons $\varphi(\lambda)$ l'automorphisme de V_C qui est l'homothétie de rapport λ^i sur la i-ème composante $V_C(i)$ de V_C (au sens du § 2). On définit ainsi un homomorphisme $\varphi: C^* \to \mathrm{Aut}(V_C)$. Soit $\Phi = \mathrm{Im}(\varphi)$; c'est un sous-groupe de $\mathrm{Aut}(V_C)$.

Théorème 1. – *Le groupe Φ est contenu dans $G_{\mathrm{alg}}(C)$.*

Soit (r, s) un couple d'entiers $\geqslant 0$, et soit $W = T_{r,s}(V)$. Vu la prop. 3, il suffit de prouver que tout élément de W invariant par Gal_K est invariant par Φ (lorsqu'on l'identifie à un élément de $T_{r,s}(V_C) = W_C$). Or:

(a) *W_C est du type Hodge-Tate.*

(b) *Si $\lambda \in C^*$, l'action de $\varphi(\lambda)$ sur W_C est donnée par:*

$$\varphi(\lambda)\, x = \lambda^i x \quad si \quad x \in W_C(i).$$

En effet, (a) et (b) sont vrais pour $W = V$ (i.e. $r = 1$, $s = 0$), et, si elles sont vraies pour W_1 et W_2, elles le sont aussi pour W_1^* et $W_1 \otimes W_2$, en vertu de la remarque de la fin du § 2.

Ceci étant, si $w \in W$ est invariant par Gal_K, w appartient *a fortiori* à W_C^0, donc aussi à $W_C(0) = W_C^0 \otimes_K C$, et (b) montre que $\varphi(\lambda)\, w = w$ pour tout $\lambda \in C^*$. L'élément w est donc bien invariant par Φ, cqfd.

Soit M le plus petit sous-groupe algébrique de $\mathbf{GL}_V$ (au sens strict du terme, i.e. «défini sur $\mathbf{Q}_p$») dont le groupe des points à valeurs dans C contienne Φ. Je dirai que M est *le groupe de Mumford-Tate* du module galoisien V (c'est en effet l'analogue p-adique de celui défini dans [5]). Le théorème 1 est visiblement équivalent au suivant:

Théorème 2. – *Le groupe G_{alg} contient le groupe M.*

Remarques. 1) Le groupe Φ est un C-sous-groupe algébrique connexe de $\mathbf{GL}_V(C)$. Il en résulte que M est connexe, donc *contenu dans la composante neutre* de G_{alg}.

2) Soit $d\varphi$ l'endomorphisme de V_C qui est l'homothétie de rapport i sur $V_C(i)$. Les théorèmes 1 et 2, traduits en termes d'algèbres de Lie, signifient que:

$$d\varphi \in \mathfrak{g}_{\mathrm{alg}} \otimes C.$$

3) Soit K_{nr} l'extension non ramifiée maximale de K contenue dans $\bar{K}$. L'image I de $\mathrm{Gal}(\bar{K}/K_{nr})$ dans G est le *sous-groupe d'inertie* de G. Comme I est distingué dans G, V est un I-module semi-simple et le groupe I_{alg} est défini. *On a* $M \subset I_{\mathrm{alg}}$; cela se voit en appliquant le th. 2 sur le corps de base $\hat{K}_{nr}$ complété de K_{nr}. (On n'aurait donc rien perdu si l'on avait supposé le corps résiduel k algébriquement clos.)

§ 4. Un cas particulier

Conservons les notations des §§ 2, 3, et faisons sur V les hypothèses suivantes:

(H*.1) *V est un $\mathfrak{g}$-module absolument simple.*

(H*.2) *V_C est somme directe de $V_C(0)$ et $V_C(1)$.*

(H*.3) *Les dimensions n_0 et n_1 de $V_C(0)$ et $V_C(1)$ sont $\geqslant 1$ et premières entre elles.*

Remarques. – 1) Les hypothèses (H*.1) et (H*.2) entraînent évidemment les hypothèses (H.1) et (H.2) du § 3.

2) (H*.1) équivaut à dire que le $\mathfrak{g}$-module V est *semi-simple* et que *son commutant est réduit aux homothéties* (BOURBAKI, *Alg.* VIII, § 13, n° 4, cor. à la prop. 5). En particulier, si $\mathfrak{c}$ désigne le centre de $\mathfrak{g}$, on voit que $\mathfrak{c}$ est, ou bien réduit à 0, ou bien égal à l'ensemble des homothéties de V. Dans les deux cas, c'est une algèbre de Lie algébrique, et l'on a donc $\mathfrak{g}_{\mathrm{alg}} = \mathfrak{g}$.

Théorème 3. – *Sous les hypothèses ci-dessus, on a* $G_{\mathrm{alg}} = \mathbf{GL}_V$.

Vu la remarque 2) ci-dessus, cet énoncé équivaut à:

Corollaire 1. – *L'algèbre de Lie $\mathfrak{g}$ de G est égale à* $\mathrm{End}(V)$.

Il équivaut aussi à:

Corollaire 2. – *Le groupe G est un sous-groupe* ouvert *de* $\mathrm{Aut}(V)$.

(En d'autres termes, l'action de Gal_K sur V est aussi peu triviale que possible.)

Démonstration. – Posons, pour simplifier $E = V_C$, $E_0 = V_C(0)$ et

$E_1 = V_C(1)$. Soit H la composante neutre du C-groupe algébrique $G_{\mathrm{alg}}(C)$ (du fait que C est algébriquement clos, nous nous permettons d'identifier un C-groupe algébrique à l'ensemble de ses points rationnels). Tout revient à montrer que $H = \mathbf{GL}_E$. Or, H jouit des trois propriétés suivantes:

(a) *H est un sous-groupe réductif connexe de $\mathbf{GL}_E$, de commutant réduit aux homothéties.*

(b) *H contient le groupe Φ formé des automorphismes de E qui sont l'identité sur E_0 et une homothétie sur E_1.*

Cela résulte du théorème 1.

(c) *Les dimensions n_0 et n_1 de E_0 et E_1 sont premières entre elles.*

Le théorème 3 est donc une conséquence du résultat suivant, qui est un pur énoncé de théorie des groupes algébriques:

Proposition 5. – *Tout sous-groupe algébrique H de $\mathbf{GL}_E$ vérifiant les conditions* (a), (b), (c) *ci-dessus est égal à $\mathbf{GL}_E$.*

La démonstration comporte plusieurs étapes:

1) Soit T (resp. S) la composante neutre du centre de H (resp. son groupe des commutateurs). On a $H = T \cdot S$, $T \cap S$ est fini, et S est semi-simple. Vu (a), T est, soit réduit à $\{1\}$, soit égal au groupe $\mathbf{G}_m$ des homothéties. Dans le premier cas, $H = S$ serait contenu dans le groupe unimodulaire $\mathbf{SL}_E$, ce qui est absurde car les éléments de Φ ne sont pas tous de déterminant 1. On a donc $T = \mathbf{G}_m$ et il va nous suffire de prouver que $S = \mathbf{SL}_E$.

2) Soit Θ le tore de dimension 2 formé des automorphismes de E qui sont égaux à une homothétie sur E_0 et à une autre homothétie sur E_1. On a $\Theta = \mathbf{G}_m \cdot \Phi$, d'où $\Theta \subset H$ d'après ce qui précède. Soit $\psi: C^* \to \Theta$ l'homomorphisme défini par:

$$\psi(\lambda)\,x = \lambda^{n_1} x \quad \text{si} \quad x \in E_0$$
$$\psi(\lambda)\,x = \lambda^{-n_0} x \quad \text{si} \quad x \in E_1\,.$$

On a $\det \psi(\lambda) = \lambda^{n_0 n_1 - n_1 n_0} = 1$ pour tout $\lambda \in C^*$. L'image Ψ de ψ est donc un sous-groupe connexe de $H \cap \mathbf{SL}_E$, donc aussi *un sous-groupe* de S.

3) Montrons maintenant que S est *simple* (i.e. tout sous-groupe algébrique distingué de S est, soit fini, soit égal à S). Sinon, en effet, on aurait $S = (S' \times S'')/N$, avec S', S'' semi-simples non réduits à $\{1\}$, et N sous-groupe fini du centre de $S' \times S''$. Le $(S' \times S'')$-module E peut s'écrire comme produit tensoriel:

$$E = E' \otimes E'',$$

où E' (resp. E'') est un S'-module (resp. S''-module) absolument simple. Soit $\tilde{\Psi}$ la composante neutre de l'image réciproque de Ψ dans $S' \times S''$. C'est un tore de dimension 1, donc isomorphe au groupe $\mathbf{G}_m$. Choisissons un isomorphisme $\sigma: \tilde{\Psi} \to \mathbf{G}_m$. Notons respectivement f, f_0, f_1, f', f'' les caractères des représentations E, E_0, E_1, E', E'' de $\tilde{\Psi}$. Ce sont des polynômes à coefficients entiers positifs en σ et σ^{-1}. On a

$$f' \cdot f'' = f = f_0 + f_1$$

et

$$f_0 = n_0 \sigma^a, \quad f_1 = n_1 \sigma^b, \quad \text{avec} \quad a, b \in \mathbf{Z}.$$

On a $a \neq b$; sinon, en effet, Ψ opèrerait sur E par homothéties. De plus:

$$f = n_0 \sigma^a + n_1 \sigma^b.$$

Mais on vérifie tout de suite qu'un tel binôme ne peut se décomposer en produit de deux polynômes à coefficients entiers $\geqslant 0$ que de façon triviale, l'un des facteurs étant un monôme $c\sigma^d$. L'entier c doit diviser n_0 et n_1, donc doit être égal à 1 vu l'hypothèse $\operatorname{pgcd}(n_0, n_1) = 1$. On a donc, par exemple, $f' = \sigma^d$, d'où $\dim. E' = 1$. Mais c'est absurde, car l'image de S' dans S opèrerait trivialement sur E, contrairement au fait que E est un S-module fidèle. Le groupe S est donc bien un groupe *simple*.

4) Soit $h = n_0 + n_1$ la dimension de E, et soit μ_h le groupe des racines h-èmes de l'unité. On a $\lambda^{n_1} = \lambda^{-n_0}$ si $\lambda \in \mu_h$. L'homomorphisme ψ de 2) transforme donc $\lambda \in \mu_h$ en une *homothétie*. Comme n_0 et n_1 sont premiers entre eux, ψ est injectif. On en conclut finalement que Ψ, donc *a fortiori* *S, contient le groupe* μ_h, identifié à un sous-groupe du groupe des homothéties. En particulier, μ_h *est contenu dans le centre de S*.

5) Vu 3) et 4), il ne nous reste plus qu'à démontrer le lemme suivant:

Lemme 2. – *Soit S un groupe algébrique simple, et soit* $\varrho: S \to \mathbf{GL}_E$ *une représentation linéaire non triviale de S, de dimension h. Si le centre de S est d'ordre multiple de h,* ϱ *est un isomorphisme de S sur* $\mathbf{SL}_E$.

Distinguons deux cas:

a) Le groupe S est de type $\mathbf{A}_n$ (au sens de la classification des groupes algébriques simples), donc quotient de $\mathbf{SL}(n+1)$ par un sous-groupe de son centre. Par hypothèse, h divise $n+1$. D'où $\dim. S \geqslant \dim. \mathbf{SL}_E$, et, comme le noyau de ϱ est fini, on en conclut d'abord que ϱ applique S sur $\mathbf{SL}_E$, puis que c'est un isomorphisme ($\mathbf{SL}_E$ étant simplement connexe).

b) Le groupe S n'est pas de type $\mathbf{A}_n$. La classification des groupes simples montre alors que le centre de S a au plus 4 éléments. D'où $h \leqslant 4$. Le cas $h=1$ est impossible. Le cas $h=2$ donnerait $S = \mathbf{SL}(2)$, qui est exclu.

Le cas $h=3$ n'est possible que si S est de type $\mathbf{E}_6$; mais la dimension de $\mathbf{E}_6$ est bien trop grande pour que ce groupe puisse être plongé dans $\mathbf{SL}(3)$. De même, le cas $h=4$ n'est possible que pour un groupe de type $\mathbf{D}_n$, avec $n \geqslant 4$ (pour $n \leqslant 3$, $\mathbf{D}_n$ est, soit isomorphe à $\mathbf{A}_n$, soit non simple); comme la dimension de $\mathbf{D}_4$ est strictement supérieure à celle de $\mathbf{SL}(4)$, on conclut comme précédemment.

Ceci achève la démonstration du lemme 2, et, avec elle, celles de la prop. 5 et du th. 3.

Remarque. Même lorsqu'on ne fait plus l'hypothèse (H*.3), l'existence dans S d'un tore Ψ de dimension 1, ayant pour caractère un binôme $n_0\sigma^a + n_1\sigma^b$, peut être utilisée pour déterminer (au moins en partie) la
1 structure de S.

§ 5. Application aux groupes p-divisibles

Conservons les notations des paragraphes précédents. Soit F un *groupe p-divisible de hauteur h* sur l'anneau A des entiers de K (pour tout ce qui concerne les groupes p-divisibles, voir [9]). Soit T le module de Tate de F, et soit $V = T \otimes \mathbf{Q}_p$. On sait ([9], n° 2.4) que dim. $V = h$, et que Gal_K opère continûment sur T et sur V.

Nous aurons besoin de deux des principaux résultats de la théorie de Tate. Tout d'abord la décomposition de V_C ([9], § 4, cor. 2 au th. 3):

Proposition 6. – *$V_C = V \otimes C$ possède une décomposition de Hodge-Tate de la forme:*

$$V_C = V_C(0) \oplus V_C(1).$$

De plus, la dimension n_1 (resp. n_0) de $V_C(1)$ (resp. de $V_C(0)$) est égale à la dimension de la composante neutre de F (resp. de son dual F').

(Rappelons, cf. [9], n° 2.2, que la composante neutre F^0 de F peut être identifiée à un *groupe formel* sur A, au sens de Dieudonné, Lazard, Lubin; par la «dimension» de F^0, on entend le «nombre de paramètres» du groupe formel en question.)

Si K' est une extension finie de K, d'anneau de valuation A', notons $\mathrm{End}_{A'}(F)$ l'anneau des endomorphismes du groupe p-divisible $F \times_A A'$ déduit de F par extension des scalaires de A à A'. Soit $\mathrm{End}(F)$ la limite inductive (qui est en fait une réunion) des $\mathrm{End}_{A'}(F)$ lorsque K' parcourt toutes les sous-extensions finies de $\bar{K}$ (cf. Lubin [2] pour le cas de dimension 1).

Proposition 7. – (a) *Le commutant de G dans T est égal à* $\mathrm{End}_A(F)$.

(b) *Le commutant de G dans V est égal à* $\mathrm{End}_A(F)\otimes\mathbf{Q}_p$.

(c) *Le commutant de* $\mathfrak{g}$ *dans V est égal à* $\mathrm{End}(F)\otimes\mathbf{Q}_p$.

L'assertion (a) est démontrée dans [*9*], § 4, cor. 1 au th. 4; (b) résulte de (a) par produit tensoriel avec $\mathbf{Q}_p$. Enfin, (c) résulte de (b) et du fait que le commutant de $\mathfrak{g}$ dans V est égal à la réunion des commutants des sous-groupes ouverts de G.

Nous pouvons maintenant appliquer le théorème 3. On en tire:

Théorème 4. – *Faisons sur F les hypothèses suivantes:*

(a) *V est un G-module semi-simple.*

(b) $\mathrm{End}(F)=\mathbf{Z}_p$.

(c) *Les dimensions n_1 et n_0 de F et de son groupe dual F' sont $\geqslant 1$ et premières entre elles.*

On a alors $G_{\mathrm{alg}}=\mathbf{GL}_V$, $\mathfrak{g}=\mathrm{End}(V)$ *et G est un sous-groupe ouvert de* $\mathrm{Aut}(V)$.

En effet, (H*.1) résulte de (a) et (b), compte tenu de la prop. 7, et (H*.2) et (H*.3) résultent de la prop. 6 et de (c).

Remarque. Les hypothèses (a), (b), (c) entraînent que F est connexe (c'est donc un *groupe formel*). En effet, si F^0 désigne la composante neutre de F, $V(F^0)$ est un sous-espace de $V(F)=V$ stable par G. Vu (a) et (b), on a donc $V(F^0)=0$ ou $V(F^0)=V$. Le premier cas entraîne $F^0=0$, d'où $n_1=0$, ce qui est exclu d'après (c). Le second cas entraîne $F=F^0$. De même, le dual de F est un groupe formel.

Nous allons maintenant appliquer le théorème 4 aux *groupes formels de dimension* 1 (au sens de LUBIN [*2*], [*3*]), i.e. au cas $n_1=1$. On a tout d'abord:

Proposition 8. – *Supposons F connexe et de dimension* 1. *Pour tout $z\in V$, $z\neq 0$, on a $\mathfrak{g}\cdot z=V$. En particulier, V est un $\mathfrak{g}$-module simple.*

Par hypothèse, l'algèbre affine de F est isomorphe à l'algèbre des séries formelles $A[[X]]$. Choisissons un tel isomorphisme (ce qui revient à considérer F comme un groupe formel). La multiplication par p dans F est donnée par une série formelle

$$f(X)=\sum_{n=1}^{\infty} a_n X^n, \qquad a_n\in A, \quad a_1=p.$$

Puisque F est de hauteur h, on a

$$a_n\in\mathfrak{m} \quad \text{pour} \quad n<p^h, \quad \text{et} \quad a_n\notin\mathfrak{m} \quad \text{pour} \quad n=p^h,$$

cf. LUBIN [*2*].

Soit $\bar{A}$ (resp. $\bar{\mathfrak{m}}$) l'anneau (resp. l'idéal) de valuation de $\bar{K}$. Pour tout entier $n \geqslant 0$, notons $f^{(n)}$ le n-ème itéré de f (i.e. *la multiplication par* p^n dans F), et soit T_n l'ensemble des $x \in \bar{\mathfrak{m}}$ tels que $f^{(n)}(x)=0$. On sait (cf. par exemple [3]) que T_n est un groupe (pour la loi de groupe formel définissant F), et que ce groupe est isomorphe à $(\mathbf{Z}/p^n\mathbf{Z})^h$; on a $T = \varprojlim T_n$. Notons T'_n l'ensemble des éléments de T_n d'ordre p^n; on a

$$T'_n = T_n - T_{n-1}.$$

Lemme 3. – *Il existe un nombre $c>0$ tel que, pour tout $n \geqslant 1$, et tout $x \in T'_n$, l'indice de ramification de l'extension $K(x)/K$ soit $\geqslant c \cdot p^{nh}$.*

Admettons provisoirement ce lemme, et démontrons la prop. 8. Quitte à transformer z par une homothétie, on peut supposer que $z \in T$ et $z \notin pT$. Pour tout $n \geqslant 1$, l'image z_n de z dans $T/p^nT = T_n$ appartient à T'_n. Soit d'autre part $U = G \cdot z$ *l'orbite* de z par G. C'est une *sous-variété analytique p-adique* de T et son espace tangent au point z est égal à $\mathfrak{g} \cdot z$ (cf. par exemple [7], LG, p. 4.12). D'autre part, l'image U_n de U dans T/p^nT est égale à $G \cdot z_n$, ensemble des conjugués de z_n. Mais, d'après le lemme 3, on a $\mathrm{Card}(G \cdot z_n) = [K(z_n):K] \geqslant c \cdot p^{nh}$. D'où

$$\mathrm{Card}(U_n) \geqslant c \cdot p^{nh}.$$

Soit alors μ la mesure de Haar de T, normalisée de telle sorte que $\mu(T)=1$. La formule ci-dessus entraîne que $\mu(U) \geqslant c$. Mais il est immédiat qu'une sous-variété analytique p-adique de T n'a une mesure >0 que si son intérieur est non vide. Comme U est une orbite, on en conclut que U est *ouvert* dans T. Son espace tangent en z est donc V tout entier. D'où $\mathfrak{g} \cdot z = V$.

Reste à démontrer le lemme 3. Soit v la valuation de $\bar{K}$, normalisée de telle sorte que $v(p)=1$. Soit c_1 la borne inférieure des $v(a_n)$, pour $n<p^h$. D'après ce qui a été dit plus haut, on a $c_1>0$. Soit $\varphi : \mathbf{R}_+ \to \mathbf{R}_+$ l'application donnée par la formule

$$\varphi(\alpha) = \mathrm{Inf}\,(p^h\alpha, \alpha + c_1).$$

C'est une bijection strictement croissante de $\mathbf{R}_+$ sur $\mathbf{R}_+$; soit ψ la bijection réciproque. Si $x \in \bar{\mathfrak{m}}$, la formule

$$f(x) = \sum a_n x^n$$

montre que

$$v(f(x)) \geqslant \varphi(v(x)),$$

ou encore

$$v(x) \leqslant \psi(v(f(x))).$$

De plus, pour $v(x) < c_2 = c_1/(p^h - 1)$, la valuation du terme correspondant à $n = p^h$ est strictement inférieure à celle des autres termes, et l'on a donc

$$v(f(x)) = p^h v(x).$$

Soit d_n la borne supérieure des $v(x)$, pour $x \in T'_n$. Les d_n sont >0. Si $x \in T'_n$, on a $f(x) \in T'_{n-1}$; d'où:

$$d_n \leqslant \psi(d_{n-1}) \quad \text{et} \quad d_n \leqslant \psi^{(n-1)}(d_1).$$

Mais, pour tout $\alpha > 0$, les itérés $\psi^{(n)}(\alpha)$ tendent vers 0. Il existe donc un entier n_0 tel que, si $n \geqslant n_0$, on ait $d_n < c_2$, d'où $d_{n+1} = d_n/p^h$. On obtient ainsi l'existence d'une constante $c_3 > 0$ telle que:

$$v(x) \leqslant c_3/p^{nh} \quad \text{si} \quad x \in T'_n.$$

Soit c_4 la valuation d'une uniformisante de K, et soit e l'indice de ramification de $K(x)/K$. On a évidemment:

$$v(x) \geqslant c_4/e.$$

En comparant, on trouve $e \geqslant c \cdot p^{nh}$, avec $c = c_4/c_3$, ce qui démontre le lemme.

On voit ainsi que la condition (a) du théorème 4 est automatiquement vérifiée en dimension 1. La condition (c) l'est aussi pourvu que $h \geqslant 2$, puisque $n_1 = 1$ et $n_0 = h - 1$. Comme le cas $h = 1$ est trivial, on en déduit finalement:

Théorème 5. – *Soit F un groupe formel défini sur A, de dimension* 1 *et de hauteur finie h. Supposons que* $\mathrm{End}(F) = \mathbf{Z}_p$. *L'image G de* Gal_K *dans* $\mathrm{Aut}(V)$ *est ouverte.*

(L'hypothèse $\mathrm{End}(F) = \mathbf{Z}_p$ signifie que F n'a pas de «multiplication complexe formelle», au sens de LUBIN [*2*].)

Remarques. – 1) Lorsqu'on ne fait plus l'hypothèse que $\mathrm{End}(F) = \mathbf{Z}_p$, on peut quand même déterminer l'algèbre de Lie $\mathfrak{g}$ de G. On trouve que c'est le *commutant* de $\mathrm{End}(F)$ dans V. La démonstration est analogue à
2 celle du cas particulier traité ici, mais sensiblement plus compliquée.

2) Les résultats ci-dessus s'appliquent au *groupe d'inertie I* de G; cela se voit en passant au corps $\hat{K}_{nr}$, et en remarquant que $\mathrm{End}(F)$ ne change pas par cette opération, en vertu de Lubin [*2*], § 2 (c'est là une propriété

spéciale aux groupes de dimension 1). On en déduit que *I est un sous-groupe ouvert de G*; je ne connais pas de démonstration directe de ce fait.

3) Le groupe I possède deux filtrations naturelles v et w, définies de la manière suivante:

$$v(g) \geqslant n \Leftrightarrow (g-1)(T) \subset p^n T,$$
$$w(g) \geqslant n \Leftrightarrow g \in I^n$$

(I^n désigne le n-ème groupe de ramification de I, dans la notation supérieure, cf. [*6*], chap. IV, § 3).

Quelle relation y a-t-il entre v et w? Si e_K désigne l'indice de ramification absolu de K, est-il vrai que l'on a

$$w = e_K \cdot v + O(1)?$$

Une question analogue se pose pour tous les groupes de Lie p-adiques qui
3 sont des groupes de Galois.

Bibliographie

[*1*] Chevalley, C.: Théorie des groupes de LIE, II et III. Publ. Inst. Math. Univ. Nancago, Paris: Hermann 1951 et 1955.

[*2*] Lubin, J.: One-parameter formal LIE groups over p-adic integer rings. Ann. of Maths. **80**, 464–484 (1964).

[*3*] Lubin, J.: Finite subgroups and isogenies of one-parameter formal LIE groups. Ann. of Maths. **85**, 296–302 (1961).

[*4*] Mumford, D.: Geometric invariant theory. Ergeb. der Math., Neue Folge, Bd. 34. Berlin, Heidelberg, New York, Springer 1965.

[*5*] Mumford, D.: Families of abelian varieties. Algebraic groups and discontinuous subgroups. Proc. Symp. Pure Maths. **9**, A.M.S. (1966).

[*6*] Serre, J-P.: Corps Locaux. Publ. Inst. Math. Univ. Nancago, VIII, Paris: Hermann 1962.

[*7*] Serre, J-P.: LIE algebras and LIE groups. New York: Benjamin 1965.

[*8*] Serre, J-P.: Résumé des cours 1965–66. Annuaire du Collège de France, 49–58, (1966–67).

[*9*] Tate, J.: p-divisible groups, ce volume p. 158–183.

73.

Commutativité des groupes formels de dimension 1

Bull. Sci. Math. **91** (1967), 113–115

Soit A un anneau commutatif à élément unité. Une *loi de groupe formel* à un paramètre à coefficients dans A est une série formelle

$$F(X, Y) \in A[[X, Y]]$$

vérifiant les deux conditions suivantes :

(i) $F(X, 0) = F(0, X) = X$;

(ii) $F(X, F(Y, Z)) = F(F(X, Y), Z)$.

On dit que F est *commutative* si $F(X, Y) = F(Y, X)$. C'est, par exemple, le cas pour la loi *additive* $F(X, Y) = X + Y$ et pour la loi *multiplicative* $F(X, Y) = X + Y + XY$.

M. Lazard (*C. R. Acad. Sc.*, t. 239, 1954, p. 942-945) a démontré le théorème suivant :

THÉORÈME. — *Si A est réduit, toute loi de groupe formel à un paramètre à coefficients dans A est commutative.*

(Rappelons qu'un anneau est dit *réduit* si 0 est son seul élément nilpotent.)

Je me propose de donner une autre démonstration de ce théorème, basée sur la « représentation adjointe » du groupe formel correspondant.

Rappelons d'abord que, si F et F' sont deux lois de groupes formels, on appelle *homomorphisme* de F dans F' toute série formelle $f \in A[[X]]$, sans terme constant, telle que

$$F'(f(X), f(Y)) = f(F(X, Y)).$$

LEMME 1. — *Soit F une loi de groupe formel à un paramètre, à coefficients dans A. Si F n'est pas commutative, il existe un homomorphisme non nul de F, soit dans la loi multiplicative, soit dans la loi additive.*

Notons $X.Y$ la loi F, et soit $X^{[-1]}$ la série formelle donnant l' « inverse » relativement à F, i. e. l'unique série telle que $X.X^{[-1]}=0$.

Soit $H(X, Y)$ la série formelle à deux variables $X.Y.X^{[-1]}$. On a $H(0, Y)=Y$, ce qui montre qu'on peut écrire H sous la forme :

$$H(X, Y)=Y+\sum_{n=1}^{\infty} r_n(X)\, Y^n,$$

où les r_n sont des séries sans terme constant. Puisque F n'est pas commutative, la série H n'est pas égale à Y, et l'un des r_n est $\neq 0$. Soit m le plus petit entier tel que $r_m \neq 0$. Distinguons deux cas :

a. $m=1$. On a

$$H(X, Y)\equiv Y(1+r_1(X)) \qquad (\operatorname{mod} Y^2).$$

Mais l'identité

$$(X.X').Y.(X.X')^{[-1]}=X.(X'.Y.X'^{[-1]}).X^{[-1]}$$

montre que

$$(1) \qquad H(X.X', Y)=H(X, H(X', Y)).$$

D'où

$$Y(1+r_1(X.X'))\equiv Y(1+r_1(X))(1+r_1(X')) \qquad (\operatorname{mod} Y^2),$$

c'est-à-dire

$$r_1(X.X')=r_1(X)+r_1(X')+r_1(X)r_1(X'),$$

et r_1 est un homomorphisme non nul de F dans la loi multiplicative.

b. $m \geqq 2$. On a

$$H(X, Y)\equiv Y+r_m(X)\, Y^m \qquad (\operatorname{mod} Y^{m+1}).$$

En appliquant l'identité (1), on en déduit que

$$\begin{aligned} Y+r_m(X.X')\,Y^m &\equiv Y+r_m(X')\,Y^m \\ &\quad + r_m(X)(Y+r_m(X')\,Y^m)^m \qquad (\operatorname{mod} Y^{m+1}), \\ &\equiv Y+(r_m(X)+r_m(X'))\,Y^m \qquad (\operatorname{mod} Y^{m+1}) \end{aligned}$$

c'est-à-dire :

$$r_m(X.X')=r_m(X)+r_m(X'),$$

et r_m est un homomorphisme non nul de F dans la loi additive.

LEMME 2. — *Supposons A intègre. Soient F et F' deux lois de groupes formels à un paramètre, à coefficients dans A, et soit f un homomorphisme non nul de F dans F'. Si F' est commutative, il en est de même de F.*

Écrivons f sous la forme :

$$f(X) = \sum_{p \geq r} a_p X^p, \qquad \text{avec} \quad a_r \neq 0,$$

i. e.

$$f(X) \equiv a_r X^r \qquad (\text{mod deg}(r+1)).$$

Soit, d'autre part, $C(X, Y)$ le *commutateur* $X.Y.X^{[-1]}.Y^{[-1]}$ relatif à la loi F. C'est une série formelle en X et Y. Si F n'est pas commutative, on a $C \neq 0$, et l'on peut écrire :

$$C(X, Y) \equiv C_m(X, Y) \qquad (\text{mod deg}(m+1)),$$

où C_m est un polynôme homogène non nul de degré m.

Du fait que f est un homomorphisme de F dans F' et que F' est commutative, on a

$$f(C(X, Y)) = 0.$$

D'où, en utilisant les formules ci-dessus,

$$a_r C_m(X, Y)^r \equiv 0 \qquad (\text{mod deg}(mr+1)).$$

Comme a_r est non nul, et que A est intègre, ceci entraîne $C_m = 0$, contrairement à l'hypothèse. Donc F est commutative, ce qui démontre le lemme.

Le *théorème de Lazard* résulte des lemmes 1 et 2. En effet, si A est réduit, 0 est intersection d'idéaux premiers de A, et A se plonge dans un produit d'anneaux intègres. On est donc ramené au cas où A est *intègre* (on pourrait même supposer que c'est un corps). Si la loi F est non commutative, le lemme 1 montre qu'elle admet un homomorphisme non nul soit dans la loi multiplicative, soit dans la loi additive; mais ces dernières sont commutatives; le lemme 2 montre alors que F est commutative.

Remarque. — La démonstration du lemme 1 montre, plus généralement, que tout groupe formel non commutatif de dimension finie n possède un homomorphisme non nul, soit dans le groupe linéaire formel GL_n, soit dans le groupe additif G_a.

74.

(avec H. Bass et J. Milnor)

Solution of the congruence subgroup problem for $SL_n (n \geq 3)$ and $Sp_{2n} (n \geq 2)$

Publ. Math. I.H.E.S., n° 33 (1967), 59–137

CONTENTS

§ 1. Introduction.

Let k be a (finite) algebraic number field, and let $\mathcal{O}$ be its ring of integers. Suppose $n \geq 3$, and write $G = SL_n$, with the convention that $G_A = SL_n(A)$ for any commutative ring A. Set $\Gamma = G_{\mathcal{O}} \subset G_k$, and write, for any ideal $\mathfrak{q}$ in $\mathcal{O}$,

$$\Gamma_{\mathfrak{q}} = \ker(G_{\mathcal{O}} \to G_{\mathcal{O}/\mathfrak{q}}).$$

The subgroups of Γ containing some $\Gamma_{\mathfrak{q}}(\mathfrak{q}\neq 0)$ are called *congruence subgroups*. Since $\mathcal{O}/\mathfrak{q}$ is finite they are of finite index in Γ. One can pose, conversely, the

Congruence Subgroup Problem : Is every subgroup of finite index in Γ a congruence subgroup?

We shall present here a complete solution of this problem. While the response is, in general, negative, we can describe precisely what occurs. The results apply to function fields over finite fields as well as to number fields, and to any subring $\mathcal{O}$ of " arithmetic type ". Moreover the analogous problem is solved for the symplectic groups, $G=Sp_{2n}$ $(n\geq 2)$. It appears likely that similar phenomena should occur for more general algebraic groups, G, e.g. for simply connected simple Chevalley groups of rank >1, and we formulate some conjectures to this effect in Chapter IV. Related conjectures have been treated independently, and from a somewhat different point of view, by Calvin Moore, and he has informed us of a number of interesting theorems he has proved in support of them. Chapter IV contains also some applications of our results (and conjectures) to vanishing theorems for the cohomology of arithmetic subgroups of G_k, and, in particular, to their " rigidity " (cf. Weil [24]).

Here, in outline, is how the problem above is solved for $G=SL_n$ $(n\geq 3)$. There is a normal subgroup $E_{\mathfrak{q}}\subset\Gamma_{\mathfrak{q}}$, generated by certain " elementary " unipotent matrices, and it can be proved by fairly elementary arguments that: (i) Every subgroup of finite index contains some $E_{\mathfrak{q}}$ $(\mathfrak{q}\neq 0)$, and $E_{\mathfrak{q}}$ itself has finite index in Γ; (ii) $E_{\mathfrak{q}}$ is a congruence subgroup if and only if $E_{\mathfrak{q}}=\Gamma_{\mathfrak{q}}$; and (iii) $\Gamma_{\mathfrak{q}}$ is generated by $E_{\mathfrak{q}}$ together with the matrices $\begin{pmatrix}\alpha & 0\\ 0 & I_{n-2}\end{pmatrix}$ in $\Gamma_{\mathfrak{q}}$, where $\alpha=\begin{pmatrix}a & b\\ c & d\end{pmatrix}\in SL_2(\mathcal{O})$.

From (i) and (ii) we see that an affirmative response to the congruence subgroup problem is equivalent to the vanishing of

$$C_{\mathfrak{q}}=\Gamma_{\mathfrak{q}}/E_{\mathfrak{q}}$$

for all ideals $\mathfrak{q}\neq 0$. If $\kappa:\Gamma_{\mathfrak{q}}\to C_{\mathfrak{q}}$ is the natural projection, then every element of $C_{\mathfrak{q}}$ is of the form $\kappa\begin{pmatrix}\alpha & 0\\ 0 & I_{n-2}\end{pmatrix}$, as in (iii), and, modulo elementary matrices, this element depends only on the first row, (a, b), of α. Denoting this image by $\begin{bmatrix}b\\ a\end{bmatrix}\in C_{\mathfrak{q}}$, we have a surjective function

$$[\;]:W_{\mathfrak{q}}\to C_{\mathfrak{q}},$$

where $W_{\mathfrak{q}}=\{(a,b)\,|\,(a,b)\equiv(1,0)\bmod\mathfrak{q};\ a\mathcal{O}+b\mathcal{O}=\mathcal{O}\}$, is the set of first rows of matrices α as above.

It was discovered by Mennicke [16] that this function has the following very pleasant properties:

MS1. $\begin{bmatrix}0\\ 1\end{bmatrix}=1;\quad \begin{bmatrix}b+ta\\ a\end{bmatrix}=\begin{bmatrix}b\\ a\end{bmatrix}$ for all $t\in\mathfrak{q}$; and $\begin{bmatrix}b\\ a+tb\end{bmatrix}=\begin{bmatrix}b\\ a\end{bmatrix}$ for all $t\in\mathcal{O}$.

MS2. If $(a,b_1),(a,b_2)\in W_{\mathfrak{q}}$ then $\begin{bmatrix}b_1b_2\\ a\end{bmatrix}=\begin{bmatrix}b_1\\ a\end{bmatrix}\begin{bmatrix}b_2\\ a\end{bmatrix}$.

Accordingly, we call a function from W_q to a group satisfying MS1 and MS2 a *Mennicke symbol.* There is evidently a *universal* one, all others being obtained uniquely by following the universal one with a homomorphism.

The main theorem of Chapter II asserts that the Mennicke symbol, $[\,] : W_q \to C_q$, above is universal. A more pedestrian way of saying this is that C_q has a presentation with generators W_q; and with relations MS1 and MS2. The principal content of this theorem is that C_q depends only on $\mathcal{O}$ and q, and not on n; recall that $G = SL_n$.

At this point we are faced with the problem of calculating, somehow directly, the universal Mennicke symbol on W_q. The multiplicativity (MS2) naturally suggests the power residue symbols. Specifically, suppose k contains μ_m, the m-th roots of unity. Then for $a, b \in \mathcal{O}$, with a prime to bm, there is a symbol

$$\left(\frac{b}{a}\right)_m \in \mu_m.$$

It is defined to be multiplicative in a, or rather in the principal ideal $a\mathcal{O}$, and for a prime ideal $\mathfrak{p}$ prime to m, with q elements in the residue class field, it is the unique m-th root of unity congruent, mod $\mathfrak{p}$, to $b^{q-1/m}$. This is evidently multiplicative in b and depends on b only modulo a.

Let q be an ideal and suppose $(a, b) \in W_q$. If m divides q then, since $a \equiv 1 \bmod q$, a is prime to m, so we can define $\left(\frac{b}{a}\right)_m$, provided $b \neq 0$. If $b = 0$ then a must be a unit, and we agree that $\left(\frac{0}{a}\right)_m = 1$ in this case. Then it is readily checked that

$$(-)_m : W_q \to \mu_m$$

satisfies all of the axioms for a Mennicke symbol except, possibly, the fact that $\left(\frac{b}{a}\right)_m$ depends on a only modulo b. For this we can try to use the " m-th power reciprocity law ". This says that $\left(\frac{b}{a}\right)_m = \pi_b \pi_m \pi_\infty$ where π_b is a product over primes $\mathfrak{p}$ dividing b, but not m, of $\left(\frac{a}{\mathfrak{p}}\right)_m^{\operatorname{ord}\,\mathfrak{p}(b)}$, and where π_m and π_∞ are products over primes $\mathfrak{p}$ dividing m and ∞, respectively, of certain " local symbols ", $\left(\frac{a, b}{\mathfrak{p}}\right)_m$, which are bilinear functions on the multiplicative group of the local field $k_\mathfrak{p}$, with values in μ_m.

It is easily seen that π_b depends on a only modulo b, so we will have manufactured a non trivial Mennicke symbol, and thus shown that $C_q \neq \{1\}$, provided we can guarantee that $\pi_m = \pi_\infty = 1$. The factor π_m is easy to dispose of. For if we take q highly divisible by m (e.g. by m^2) then since $a \equiv 1 \bmod q$, a will be very close to 1 in the topological group $k_\mathfrak{p}^*$, if $\mathfrak{p}$ divides m. Therefore a will be an m-th power in $k_\mathfrak{p}^*$, thus rendering $\left(\frac{a, b}{\mathfrak{p}}\right)_m = 1$ for any b.

If $\mathfrak{p}$ divides ∞ then $k_\mathfrak{p} = \mathbf{R}$ or $\mathbf{C}$, and everything is an m-th power in $\mathbf{C}^*$. If $k_\mathfrak{p} = \mathbf{R}$, however, we must have $m = 2$, and the local symbol at $\mathfrak{p}$ will be non trivial for any choice of $\mathfrak{q}$. This, in broad outline, explains how we are led to the main theorem of Chapter I (Theorem 3.6):

If k has a real embedding then for all ideals $\mathfrak{q} \neq 0$ in $\mathcal{O}$, all Mennicke symbols on $W_{\mathfrak{q}}$ are trivial. Hence $C_{\mathfrak{q}} = \{1\}$ for all $\mathfrak{q}$.

If, on the other hand, k is totally imaginary, then for each ideal $\mathfrak{q} \neq 0$ in $\mathcal{O}$, there is an integer $r = r(\mathfrak{q})$ such that μ_r (the r-th roots of unity) belong to k, and such that

$$(-)_r : W_{\mathfrak{q}} \to \mu_r$$

is a universal Mennicke symbol on $W_{\mathfrak{q}}$. Hence $C_{\mathfrak{q}} \cong \mu_r$. If m is the number of roots of unity in k, and if m^2 divides $\mathfrak{q}$ then $r(\mathfrak{q}) = m$. (We give an explicit formula for r.)

To facilitate matters for the reader (and ourselves) we have included an " Appendix on Number Theory " at the end of Chapter I which contains statements of the results from class field theory which we require, together with either references or proofs in each case. The exposition in Chapter I is otherwise self contained.

Chapter III proves, for the symplectic groups, a result analogous to that of Chapter II on SL_n. Together with the results of Chapters I and II it gives a solution of the congruence subgroup problem for these groups.

Our results on SL_n give, in principle, a method for calculating the " Whitehead group ", $Wh(\pi)$, of a finite abelian group π. We include some simple applications of this type in § 4, though there remain some serious technical problems in completing this task.

It is worth mentioning also that the theorem of Chapter II is finally formulated, and proved, as a " stability theorem " for SL_n over an arbitrary commutative noetherian ring. An example of an application of this added generality is the following:

If $t_1, \ldots, t_m$ are indeterminates, and if $n \geq m+4$, then $SL_n(\mathbf{Z}[t_1, \ldots, t_m])$ is a finitely generated group.

Next we shall explain, briefly, how the congruence subgroup problem is related to the work of Calvin Moore, mentioned above.

The congruence subgroups of Γ, and the subgroups of finite index, respectively, constitute bases for neighborhoods of the identity for two topologies on G_k. The latter refines the former so there is a continuous homomorphism,

$$\pi : \hat{G}_k \to \overline{G}_k,$$

between the corresponding completions, and it is easy to see that π is surjective. The congruence topology is the one induced by embedding $G_k \subset G_{(A_k^f)}$, where A_k^f is the ring of finite adèles of k, i.e. the adèle ring modulo the archimedean components. It is well known (cf. Bourbaki, *Alg. Comm.*, Chap. VII, § 2, n° 4, Prop. 4), that G_k is dense in $G_{(A_k^f)}$, o we can identify $\overline{G}_k = G_{(A_k^f)}$. In this way we obtain a topological group extension,

$$E(G_k) : 1 \to C(G_k) \to \hat{G}_k \overset{\pi}{\to} G_{(A_k^f)} \to 1,$$

and, since the right hand terms are both completions of G_k, the extension splits over $G_k \subset G_{(A_k^f)}$. The congruence subgroup problem asks whether the two topologies coincide, i.e. whether π is an isomorphism, i.e. whether $C(G_k)=\{1\}$. The discussion above shows easily that

$$C(G_k)=\varprojlim \Gamma_q/E_q=\varprojlim C_q,$$

so we conclude that

$$C(G_k)=\begin{cases}\{1\} \text{ if } k \text{ has a real embedding,}\\ \mu_k, \text{ the roots of unity in } k, \text{ if } k \text{ is totally imaginary.}\end{cases}$$

We conjecture that this evaluation of $C(G_k)$ holds if G is any simply connected, simple, split group of rank >1 over k. The discrepancy between the real case and the imaginary one is nicely accounted for by the work of Calvin Moore, which suggests that one should expect an extension

$$1\to\mu_k\to\widetilde{G}_k\to G_{A_k}\to 1,$$

over the *full* adèle group, which splits over $G_k\subset G_{A_k}$, and which has order exactly $[\mu_k:1]$ in $H^2(G_{A_k},\mu_k)$. We cannot get at this when there are real primes because $G_{\mathbf{R}}$ is not generally simply connected, and the two sheeted covering sought by Moore in this case appears to depend essentially on the real primes. In contrast, $G_{\mathbf{C}}$ is simply connected, so it follows easily that the alleged $\widetilde{G}_k$ must be of the form $\hat{G}_k\times G_{k_\infty}$ if k is totally imaginary. $\widetilde{G}_k$ generalizes, in a natural way, the " metaplectic groups " of Weil [25].

Suppose that G is any semi-simple, simply connected, algebraic group defined over $\mathbf{Q}$, and let Γ be an arithmetic subgroup of G in the sense of Borel-Harish-Chandra [8]. If $\hat{\Gamma}$ is the " profinite completion " of Γ then there is a natural continuous homomorphism

$$\pi:\hat{\Gamma}\to G_{A_{\mathbf{Q}}^f},$$

(cf. discussion above). In § 16 of Chapter IV we prove:

Assume :

a) $\mathrm{im}(\pi)$ *is open in* $G_{A_{\mathbf{Q}}^f}$; *and*

b) $\ker(\pi)$ *is finite.*

Then if $f:\Gamma\to GL_n(\mathbf{Q})$ *is any group homomorphism there is there is a homomorphism*

$$F:G\to GL_n$$

of algebraic groups, defined over $\mathbf{Q}$, *such that* F *agrees with* f *on a subgroup of finite index of* Γ.

This conclusion easily implies that $H^1(\Gamma, V)=0$ for any finite dimensional vector space V over $\mathbf{Q}$ on which Γ operates. Taking for V the adjoint representation of G, this implies the triviality of all deformations of Γ in $G_{\mathbf{R}}$ (cf. Weil [24]). Vanishing and rigidity theorems of this type have already been proved in many cases by Borel, Garland, Kajdan and Raghunathan.

The hypothesis *a)* above corresponds to a form of the strong approximation theorem, and it has been proved for a wide class of groups by M. Kneser [13]. Hypothesis *b)* is a kind of " congruence subgroup theorem ". In the notation introduced above, and applied to these more general groups G, it says that $C(G_{\mathbf{Q}})$ is finite. Therefore it is established here for certain G, and conjectured for others. For example, the case $\Gamma = SL_n(\mathbf{Z}) \subset G_{\mathbf{Q}} = SL_n(\mathbf{Q})$ $(n \geq 3)$, to which the theorem applies, is already rather amusing.

We shall close this introduction now with some historical remarks. The congruence subgroup problem for SL_n $(n \geq 3)$ and Sp_{2n} $(n \geq 2)$ over $\mathbf{Q}$ was solved independently by Mennicke ([16] and [17]) and by Bass-Lazard-Serre [4]. Mennicke and Newman have, independently of us, solved the problem for SL_n over any *real* number field. Both Mennicke [16, p. 37] and Bass [18, p. 360 and p. 416] have announced incorrect solutions for arbitrary number fields.

Mennicke (unpublished) announced, and Matsumoto [15] outlined, a procedure for deducing an affirmative solution of the congruence subgroup problem for simply connected simple Chevalley groups of rank >1 from the two special cases, SL_3 and Sp_4. Their methods should probably suffice to prove at least the finiteness of $C(G_k)$, starting from the results proved here.

The research presented here was initiated by the first two named authors in [5]. A more definitive solution of the problem treated there was obtained using results of the third named author, and this appeared, again as a set of notes, in [6]. The content of [6] is embedded here in Chapter I and a small part of Chapters II and III.

We are grateful to T.-Y. Lam for a critical reading of the manuscript, and for the proofs of Lemma 2.11 and of Proposition 4.13, to M. Kervaire for Lemma 2.10, and to Mennicke and Newman for giving us access to some of their unpublished work.

CHAPTER I

DETERMINATION OF ARITHMETIC MENNICKE SYMBOLS

§ 2. Definition and Basic Properties of Mennicke Symbols.

Throughout this chapter, without explicit mention to the contrary, A *denotes a Dedekind ring and* $\mathfrak{q}$ *denotes a non zero ideal of* A. Nevertheless the definition of $W_\mathfrak{q}$, $\mathfrak{q}$-equivalence, and Mennicke symbols below make sense for any commutative ring and ideal, and they will sometimes be referred to in this generality. In particular lemmas 2.2 and 2.10 are valid without any hypothesis on A.

We write

$$W_\mathfrak{q} = \{(a, b) \in A^2 \mid (a, b) = (1, 0) \bmod \mathfrak{q}, \text{ and } aA + bA = A\}.$$

We call two pairs, (a_1, b_1) and (a_2, b_2) in A^2, $\mathfrak{q}$-*equivalent*, denoted

$$(a_1, b_1) \sim_\mathfrak{q} (a_2, b_2)$$

if one is obtained from the other by a finite sequence of transformations of the types

$$(a, b) \mapsto (a, b + ta) \qquad (t \in \mathfrak{q})$$

and

$$(a, b) \mapsto (a + tb, b) \qquad (t \in A)$$

(Note the asymmetry.) If we let $GL_2(A)$ operate on column vectors $\begin{pmatrix} a \\ b \end{pmatrix}$ by left multiplication, then the $\mathfrak{q}$-equivalence classes are the orbits of the group generated by all $\begin{pmatrix} 1 & 0 \\ t & 1 \end{pmatrix}$ $(t \in \mathfrak{q})$ and all $\begin{pmatrix} 1 & t \\ 0 & 1 \end{pmatrix}$ $(t \in A)$.

Lemma 2.1. — Suppose $A' = S^{-1}A$ *is a ring of fractions of* A, *and that* $\mathfrak{q}'$ *is a non zero ideal of* A'. *Then any* $(a', b') \in W_{\mathfrak{q}'}$ *is* $\mathfrak{q}'$-*equivalent to some* $(a, b) \in W_\mathfrak{q}$, *where* $\mathfrak{q} = \mathfrak{q}' \cap A$.

Proof. — Since A is a Dedekind ring it follows that, for any ideal $\mathfrak{a}' \neq 0$ in A', the composite $A \to A' \to A'/\mathfrak{a}'$ is surjective.

Now, for our problem we can first arrange that a' and b' are non zero. Then we can find $b \in A$ with $b = b' \bmod a'\mathfrak{q}'$, by the remark above. Write $bA = \mathfrak{b}_1 \mathfrak{b}_2$ where $\mathfrak{b}_1 = bA' \cap A$. It follows from standard properties of rings of fractions, and the fact that A is Dedekind, that $\mathfrak{b}_1$ and $\mathfrak{b}_2$ are relatively prime, and that $\mathfrak{b}_1 A' = bA'$. Choose $a_1 \in A$ such that $a_1 \equiv a' \bmod bA'$, using the remark above again. Then solve

$$a \equiv a_1 \bmod \mathfrak{b}_1$$
$$a \equiv 1 \bmod \mathfrak{b}_2$$

in A. The first congruence implies $a \equiv a_1 \equiv a' \bmod bA'$, since $bA' = \mathfrak{b}_1 A'$. Hence $(a', b') \sim_{\mathfrak{q}'} (a', b) \sim_{\mathfrak{q}'} (a, b)$, so $(a, b) \equiv (1, 0)$ modulo $\mathfrak{q}' \cap A = \mathfrak{q}$. The fact that $aA + bA = A$, and hence that $(a, b) \in W_{\mathfrak{q}}$, follows easily from the conditions $aA' + bA' = A'$ and $a \equiv 1 \bmod \mathfrak{b}_2$.

The following elementary remarks will be used repeatedly, without explicit reference: Suppose $aA + bA = A$. If A is semi-local then we can find a $t \in A$ such that $a + tb$ is a unit. For this is trivial if A is a field, so we can do this modulo each of the (finite number of) maximal ideals of A. Then we can use the "Chinese Remainder Theorem" to find a single t that works simultaneously for all of them.

Next suppose that A is a Dedekind ring, and that $\mathfrak{a}$ is a non zero ideal. Then, applying the preceding remark to the semi-local ring $A/\mathfrak{a}$, we conclude that we can find a $t \in A$ so that $a + tb$ is prime to $\mathfrak{a}$.

Lemma 2.2. — Suppose $(a, b) \in W_{\mathfrak{q}}$.

a) $(a, b) \sim_{\mathfrak{q}} (a, bq)$, *where* $q = 1 - a \in \mathfrak{q}$.

b) *If a is congruent to a unit* mod *b, or if b is congruent to a unit* mod *a, then* $(a, b) \sim_{\mathfrak{q}} (1, 0)$.

Proof. — a) $(a, b) \sim_{\mathfrak{q}} (a, b - ba) = (a, bq)$.

b) If $a = u - tb$ with u a unit, $t \in A$, then

$$(a, b) \sim_{\mathfrak{q}} (a + tb, b) = (u, b) \sim_{\mathfrak{q}} (u, b + u(u^{-1}(1 - b - u))) = (u, 1 - u) \sim_{\mathfrak{q}} (1, 1 - u) \sim_{\mathfrak{q}} (1, 0).$$

Next suppose $b = u + ta$, u a unit, $t \in A$. With $q = 1 - a$ we have

$$(a, b) \sim_{\mathfrak{q}} (a, bq) \sim_{\mathfrak{q}} (a, bq - a(tq)) = (a, uq) \sim_{\mathfrak{q}} (a + u^{-1}(uq), uq) = (1, uq) \sim_{\mathfrak{q}} (1, 0).$$

Lemma 2.3. — Suppose $\mathfrak{q}' \subset \mathfrak{q}$ *are non zero ideals in* A. *Then any* $(a, b) \in W_{\mathfrak{q}}$ *is* $\mathfrak{q}$*-equivalent to some* $(a', b') \in W_{\mathfrak{q}'}$.

Proof. — Passing to $B = A/\mathfrak{q}'$ and $\mathfrak{b} = \mathfrak{q}/\mathfrak{q}'$, we would like to show that an $(a, b) \in W_{\mathfrak{b}}$ is $\mathfrak{b}$-equivalent to $(1, 0)$, where now B is a semilocal ring. We can find $t \in B$ so that $a + tb$ is a unit, and then $(a, b) \sim_{\mathfrak{b}} (a + tb, b) \sim_{\mathfrak{b}} (1, 0)$, the last $\mathfrak{b}$-equivalence following as in Lemma 2.2 *b)*.

Lemma 2.4 (Mennicke-Newman). — *Given* $(a_1, b_1), \ldots, (a_n, b_n) \in W_{\mathfrak{q}}$, *we can find* $(a, c_1), \ldots, (a, c_n) \in W_{\mathfrak{q}}$ *such that* $(a, c_i) \sim_{\mathfrak{q}} (a_i, b_i)$, $1 \leq i \leq n$.

Proof. — Choose $q \neq 0$ in $\mathfrak{q}$, and use Lemma 2.3 to find $(a'_i, a'_i q) \in W_q$ such that $(a'_i, b'_i q) \sim_{\mathfrak{q}} (a_i, b_i)$, $1 \leq i \leq n$. We propose to find $(a, c_i q) \sim_q (a'_i, b'_i q)$, $1 \leq i \leq n$, and this will clearly prove the lemma.

By induction on n (the case $n = 1$ being trivial) we can assume $n > 1$ and that $(a', c_i q) \sim_q (a'_i, b'_i q)$, $1 \leq i < n$, have been found, and with all $c_i \neq 0$. Choose $c_n \equiv b'_n \bmod a'_n$ so that c_n is prime to $c_1 \ldots c_{n-1}$ (Lemma 2.2). Then $(a'_n, b'_n q) \sim_q (a'_n, c_n q)$, clearly.

Write $a' - a_n = dq$ and solve $d = rc_n - sc_1 \ldots c_{n-1}$. Then $a' - a_n = rc_n q - sc_1 \ldots c_{n-1}$ so $a'_n + rc_n q = a' + sc_1 \ldots c_{n-1} q$; call this element a. Clearly $(a', c_i q) \sim_q (a, c_i q)$, $1 \leq i < n$, and $(a, c_n q) \sim_q (a'_n, c_n q)$, so the lemma is proved.

We now come to the principal object of study in this chapter.

Definition 2.5. — A *Mennicke symbol* on $W_\mathfrak{q}$ is a function

$$[\ ]: W_\mathfrak{q} \to C; \qquad (a, b) \mapsto \begin{bmatrix} b \\ a \end{bmatrix},$$

where C is a group, which satisfies:

MS 1. $\begin{bmatrix} 0 \\ 1 \end{bmatrix} = 1$, and $\begin{bmatrix} b_1 \\ a_1 \end{bmatrix} = \begin{bmatrix} b_2 \\ a_2 \end{bmatrix}$ if $(a_1, b_1) \sim_\mathfrak{q} (a_2, b_2)$.

MS 2. If $(a, b_1), (a, b_2) \in W_\mathfrak{q}$ then $\begin{bmatrix} b_1 b_2 \\ a \end{bmatrix} = \begin{bmatrix} b_1 \\ a \end{bmatrix} \begin{bmatrix} b_2 \\ a \end{bmatrix}$.

This definition makes it clear that there is a *universal* Mennicke symbol,

$$[\ ]_\mathfrak{q}: W_\mathfrak{q} \to C_\mathfrak{q},$$

such that all others are obtained, in a unique way, by composing $[\ ]_\mathfrak{q}$ with a homomorphism $C_\mathfrak{q} \to C$. We can take for $C_\mathfrak{q}$, for example, the free group with basis $W_\mathfrak{q}$ modulo the relations dictated by MS 1 and MS 2.

If $\mathfrak{q}' \subset \mathfrak{q}$ then $W_{\mathfrak{q}'} \subset W_\mathfrak{q}$, and clearly a Mennicke symbol on $W_\mathfrak{q}$ induces one on $W_{\mathfrak{q}'}$. In particular, therefore, there is a canonical homomorphism

$$C_{\mathfrak{q}'} \to C_\mathfrak{q} \tag{2.6}$$

Using Lemma 2.3, it follows just from MS 1 that this homomorphism is *surjective*.

We will now record some simple corollaries of the definition.

Lemma 2.7. — *Suppose* $[\ ]: W_\mathfrak{q} \to C$ *satisfies* MS 1. *Then :*

a) $\begin{bmatrix} b \\ a \end{bmatrix} = 1$ *if a is congruent to a unit* mod b, *or if b is congruent to a unit* mod a.

b) *If* $\mathfrak{q}' \subset \mathfrak{q}$ *then, given* $(a, b) \in W_\mathfrak{q}$, *we can find* $(a', b') \in W_{\mathfrak{q}'}$ *such that* $\begin{bmatrix} b \\ a \end{bmatrix} = \begin{bmatrix} b' \\ a' \end{bmatrix}$.

c) *If* $q \in \mathfrak{q}$ *and if* $a \equiv 1 \bmod q$, *then the map* $b \mapsto \begin{bmatrix} bq \\ a \end{bmatrix}$ *for* $b \in A$, *b prime to a, induces a map*

$$U(A/aA) \to C \tag{2.8}$$

whose composite with the homomorphism $U(A) \to U(A/aA)$ *is the constant map* 1.

d) *Any finite set of symbols* $\begin{bmatrix} b_i \\ a_i \end{bmatrix}$ *belong to the image of* (2.8) *for a suitable choice of q and a, and a can be chosen arbitrarily from a "progression"* $a + tcq$ $(t \in A)$ *for some c prime to a.*

Proof. — *a)* follows from Lemma 2.2 *b)*.

b) follows from Lemma 2.3.

c) Clearly the q-equivalence class of (a, bq) depends on b only mod a, so (2.8) is well defined. If b is a unit then $a \equiv 1 \bmod bq$, so $\begin{bmatrix} bq \\ a \end{bmatrix} = 1$ by part *a)*.

d) follows from *b)* and Lemma 2.4.

Lemma 2.9. — *Suppose* $[\ ]: W_\mathfrak{q} \to C$ *is a Mennicke symbol. Then :*

a) *The maps* (2.8) *are homomorphisms.*

b) *The image of* $W_\mathfrak{q}$ *is an abelian subgroup of* C.

Proof. — *a)* For $a \equiv 1 \bmod q$ we have $\begin{bmatrix} q \\ a \end{bmatrix} = 1$ by Lemma 2.7 *a)*. Therefore for $b_1, b_2 \in A$ and prime to a we have

$$\begin{bmatrix} b_1 b_2 q \\ a \end{bmatrix} = \begin{bmatrix} b_1 b_2 q \\ a \end{bmatrix} \begin{bmatrix} q \\ a \end{bmatrix} = \begin{bmatrix} b_1 q b_2 q \\ a \end{bmatrix} = \begin{bmatrix} b_1 q \\ a \end{bmatrix} \begin{bmatrix} b_2 q \\ a \end{bmatrix},$$

so (2.8) is a homomorphism.

b) now follows from Lemma 2.7 *d)* and the fact that $U(A/aA)$ is an abelian group.

We have now established all the lemmas required for the theorems of Chapter I. The balance of this section contains material to be applied in Chapter II.

Lemma 2.10 (Kervaire " reciprocity "). — *Suppose* $a \equiv 1 \equiv d \bmod q$ *for some* $q \in \mathfrak{q}$, *and suppose* $aA + dA = A$. *Then if* $[\ ] : W_{\mathfrak{q}} \to C$ *is a Mennicke symbol we have*

$$\begin{bmatrix} aq \\ d \end{bmatrix} = \begin{bmatrix} dq \\ a \end{bmatrix}$$

Proof. — Write $d - a = qx$. Then $\begin{bmatrix} dq \\ a \end{bmatrix} = \begin{bmatrix} dq - aq \\ a \end{bmatrix} = \begin{bmatrix} xq^2 \\ a \end{bmatrix} = \begin{bmatrix} xq \\ a \end{bmatrix} = \begin{bmatrix} xq \\ a + xq \end{bmatrix} = \begin{bmatrix} xq \\ d \end{bmatrix}$.

On the other hand, $\begin{bmatrix} aq \\ d \end{bmatrix} = \begin{bmatrix} aq - dq \\ d \end{bmatrix} = \begin{bmatrix} -q^2 x \\ d \end{bmatrix} = \begin{bmatrix} xq \\ d \end{bmatrix}$.

Lemma 2.11 (Lam, Mennicke-Newman). — *If* $[\ ] : W_{\mathfrak{q}} \to C$ *is a Mennicke symbol, and if* $(a_1, b), (a_2, b) \in W_{\mathfrak{q}}$, *then*

$$\begin{bmatrix} b \\ a_1 a_2 \end{bmatrix} = \begin{bmatrix} b \\ a_1 \end{bmatrix} \begin{bmatrix} b \\ a_2 \end{bmatrix} \tag{2.12}$$

Remark. — This property was discovered and proved by Mennicke and Newman for the particular symbols constructed in Chapter II. Lam supplied the following axiomatic proof. Lam also has shown that MS 1 and (2.12) imply MS 2.

Proof. — Case 1. — There is a $q \in \mathfrak{q}$ such that $a_1 \equiv a_2 \equiv 1 \bmod q$.

Then $\begin{bmatrix} q \\ a_1 a_2 \end{bmatrix} = 1 = \begin{bmatrix} q \\ a_i \end{bmatrix}$, $i = 1, 2$, so it suffices to show that $\begin{bmatrix} bq \\ a_1 a_2 \end{bmatrix} = \begin{bmatrix} bq \\ a_1 \end{bmatrix} \begin{bmatrix} bq \\ a_2 \end{bmatrix}$. For this, neither side is altered if we vary $b \bmod a_1 a_2$, so we can arrange that b is prime to q. Then we can find b' solving

$$b_1 = b' b \equiv 1 \bmod q$$
$$b' \equiv 1 \bmod a_1 a_2.$$

Using Lemmas 2.7 and 2.9 we obtain

$$\begin{bmatrix} b_1 q \\ a_1 a_2 \end{bmatrix} = \begin{bmatrix} b' q \\ a_1 a_2 \end{bmatrix} \begin{bmatrix} bq \\ a_1 a_2 \end{bmatrix} = \begin{bmatrix} bq \\ a_1 a_2 \end{bmatrix}$$

and, for $i = 1, 2$,

$$\begin{bmatrix} b_1 q \\ a_i \end{bmatrix} = \begin{bmatrix} b' q \\ a_i \end{bmatrix} \begin{bmatrix} bq \\ a_i \end{bmatrix} = \begin{bmatrix} bq \\ a_i \end{bmatrix}$$

Finally, we have from Lemma 2.10 and Lemma 2.9 *a)*,

$$\begin{bmatrix} b_1 q \\ a_1 a_2 \end{bmatrix} = \begin{bmatrix} a_1 a_2 q \\ b_1 \end{bmatrix} = \begin{bmatrix} a_1 q \\ b_1 \end{bmatrix}\begin{bmatrix} a_2 q \\ b_1 \end{bmatrix} = \begin{bmatrix} b_1 q \\ a_1 \end{bmatrix}\begin{bmatrix} b_1 q \\ a_2 \end{bmatrix}$$

General case. — Write $a_1 = 1 - q$. Neither side of (2.12) is altered if we replace b by $b_1 = b + t a_1 a_2$ for some $t \in \mathfrak{q}$. We can choose t so that q and b_1 generate $\mathfrak{q}$. For since $a_1 a_2$ is prime to b we can do this locally, clearly, and then use the Chinese Remainder Theorem to obtain a t that works at each prime dividing q. (If $q = 0$ our problem is trivial, so we can assume $q \neq 0$).) Next write $a_2 = 1 + q'$, $q' \in \mathfrak{q}$. Then $q' = r b_1 + s q$ for some $r, s \in A$. Neither side of the alleged equation,

$$\begin{bmatrix} b_1 \\ a_1 a_2 \end{bmatrix} = \begin{bmatrix} b_1 \\ a_1 \end{bmatrix}\begin{bmatrix} b_1 \\ a_2 \end{bmatrix},$$

is altered if we replace a_2 by $a_2' = a_2 - r b_1 = 1 + sq$. Therefore we have reduced the general case to case 1.

We close this section by showing how to extend a Mennicke symbol, $\begin{bmatrix} b \\ a \end{bmatrix}$ on $W_\mathfrak{q}$, to a symbol $\begin{bmatrix} \mathfrak{b} \\ a \end{bmatrix}$, where $\mathfrak{b}$ is an ideal. This result will not be needed in what follows, but it is perhaps worth pointing out.

Let

$$\overline{W}_\mathfrak{q} = \{(a, \mathfrak{b}) \mid a \equiv 1 \bmod \mathfrak{q};\ \mathfrak{b} \neq 0 \text{ is an ideal in } \mathfrak{q};\ aA + \mathfrak{b} = A\}.$$

Proposition 2.13. — *If* $(a, b) \mapsto \begin{bmatrix} b \\ a \end{bmatrix}$ *is a Mennicke symbol on* $W_\mathfrak{q}$, *then there is a unique function,* $(a, \mathfrak{b}) \mapsto \begin{bmatrix} \mathfrak{b} \\ a \end{bmatrix}$, *on* $\overline{W}_\mathfrak{q}$ *satisfying* :

M 0. — *If* $(a, b) \in W_\mathfrak{q}$, $b \neq 0$, *then* $\begin{bmatrix} bA \\ a \end{bmatrix} = \begin{bmatrix} b \\ a \end{bmatrix}$.

M 1. — *If* $(a, \mathfrak{b}) \in \overline{W}_\mathfrak{q}$ *then* $\begin{bmatrix} \mathfrak{b} \\ 1 \end{bmatrix} = 1$ *and* $\begin{bmatrix} \mathfrak{b} \\ a + b \end{bmatrix} = \begin{bmatrix} \mathfrak{b} \\ a \end{bmatrix}$ *for all* $b \in \mathfrak{b}$.

M 2. — *If* $(a, \mathfrak{b}_1), (a, \mathfrak{b}_2) \in W_\mathfrak{q}$ *then*

$$\begin{bmatrix} \mathfrak{b}_1 \mathfrak{b}_2 \\ a \end{bmatrix} = \begin{bmatrix} \mathfrak{b}_1 \\ a \end{bmatrix}\begin{bmatrix} \mathfrak{b}_2 \\ a \end{bmatrix}$$

M 3. — *If* $(a_1, \mathfrak{b}), (a_2, \mathfrak{b}) \in W_\mathfrak{q}$ *then* $\begin{bmatrix} \mathfrak{b} \\ a_1 a_2 \end{bmatrix} = \begin{bmatrix} \mathfrak{b} \\ a_1 \end{bmatrix}\begin{bmatrix} \mathfrak{b} \\ a_2 \end{bmatrix}$.

Proof. — Since an ideal in $\mathfrak{q}$ has $\mathfrak{q}$ as a factor we can write the elements of $\overline{W}_\mathfrak{q}$ in the form $(a, \mathfrak{b}\mathfrak{q})$, where $a \equiv 1 \bmod \mathfrak{q}$ and $aA + \mathfrak{b} = A$.

Uniqueness. — Choose $\mathfrak{c}$ prime to $\mathfrak{b}\mathfrak{q}$ so that $\mathfrak{c}\mathfrak{b}\mathfrak{q} = dA$ is principal, and choose a' solving

$$(*) \qquad \begin{aligned} a' &\equiv a \bmod \mathfrak{b}\mathfrak{q} \\ a' &\equiv 1 \bmod \mathfrak{c} \end{aligned}$$

Since $a \equiv 1 \bmod \mathfrak{q}$ we have $a' \equiv 1 \bmod \mathfrak{c}\mathfrak{q}$ so M 1 implies $\left[\begin{matrix}\mathfrak{c}\mathfrak{q}\\ a'\end{matrix}\right] = 1 = \left[\begin{matrix}\mathfrak{q}\\ a'\end{matrix}\right]$. Therefore

$$\begin{aligned}
\left[\begin{matrix}\mathfrak{b}\mathfrak{q}\\ a\end{matrix}\right] &= \left[\begin{matrix}\mathfrak{b}\mathfrak{q}\\ a'\end{matrix}\right]\left[\begin{matrix}\mathfrak{c}\mathfrak{q}\\ a'\end{matrix}\right] \\
&= \left[\begin{matrix}\mathfrak{c}\mathfrak{b}\mathfrak{q}^2\\ a'\end{matrix}\right] \qquad \text{(M 2)} \\
&= \left[\begin{matrix}\mathfrak{c}\mathfrak{b}\mathfrak{q}\\ a'\end{matrix}\right]\left[\begin{matrix}\mathfrak{q}\\ a'\end{matrix}\right] \qquad \text{(M 2)} \\
&= \left[\begin{matrix}d\\ a'\end{matrix}\right] \qquad \text{(M 0 and M 1)}
\end{aligned}$$

Existence. — Define $\left[\begin{matrix}\mathfrak{b}\mathfrak{q}\\ a\end{matrix}\right] = \left[\begin{matrix}d\\ a'\end{matrix}\right]$ as above. We must check that this is independent of the choices: $\mathfrak{c}$, then d, then a'. The congruences (*) determine $a' \bmod d\mathrm{A} = \mathfrak{c}\mathfrak{b}\mathfrak{q}$ so $\left[\begin{matrix}d\\ a'\end{matrix}\right]$ does not depend on the choice of a'. Neither does it depend on d, which is determined by $\mathfrak{c}$ up to a unit factor.

Finally, suppose $\mathfrak{c}_1$ and $\mathfrak{c}_2$ are prime to $\mathfrak{b}$ (hence to $\mathfrak{b}\mathfrak{q}$) and that $\mathfrak{c}_i\mathfrak{b}\mathfrak{q} = d_i\mathrm{A}$, $i = 1, 2$. Choose $\mathfrak{b}'$ prime to $\mathfrak{b}\mathfrak{q}$ so that $\mathfrak{c}_i\mathfrak{b}'\mathfrak{q} = e_i\mathrm{A}$, $i = 1, 2$; just take $\mathfrak{b}'$ in the ideal class of $\mathfrak{b}$. Then

$$e_1 d_2 \mathrm{A} = \mathfrak{c}_1\mathfrak{b}'\mathfrak{q}\,\mathfrak{c}_2\mathfrak{b}\mathfrak{q} = \mathfrak{c}_2\mathfrak{b}'\mathfrak{q}\,\mathfrak{c}_1\mathfrak{b}\mathfrak{q} = e_2 d_1 \mathrm{A}.$$

Choose an a' solving

$$a' \equiv a \bmod \mathfrak{b}\mathfrak{q}$$
$$a' \equiv 1 \bmod \mathfrak{c}_1\mathfrak{c}_2\mathfrak{b}'.$$

Then $a' \equiv 1 \bmod \mathfrak{c}_1\mathfrak{c}_2\mathfrak{b}'\mathfrak{q} = e_1\mathfrak{c}_2 = e_2\mathfrak{c}_1$, so $\left[\begin{matrix}e_i\\ a'\end{matrix}\right] = 1$, $i = 1, 2$. We must show that $\left[\begin{matrix}d_1\\ a'\end{matrix}\right] = \left[\begin{matrix}d_2\\ a'\end{matrix}\right]$. But

$$\begin{aligned}
\left[\begin{matrix}d_1\\ a'\end{matrix}\right] &= \left[\begin{matrix}d_1\\ a'\end{matrix}\right]\left[\begin{matrix}e_2\\ a'\end{matrix}\right] = \left[\begin{matrix}d_1 e_2\\ a'\end{matrix}\right] \\
&= \left[\begin{matrix}d_2 e_1\\ a'\end{matrix}\right] = \left[\begin{matrix}d_2\\ a'\end{matrix}\right]\left[\begin{matrix}e_1\\ a'\end{matrix}\right] = \left[\begin{matrix}d_2\\ a'\end{matrix}\right]
\end{aligned}$$

Now that $\left[\begin{matrix}\mathfrak{b}\\ a\end{matrix}\right]$ is well defined M 0 is clear. If $a = 1$ we can choose a' above equal to 1, so $\left[\begin{matrix}\mathfrak{b}\\ 1\end{matrix}\right] = \left[\begin{matrix}d\\ 1\end{matrix}\right] = 1$.

Replacing a by $a + b$, $b \in \mathfrak{b}\mathfrak{q}$, we can make the same choices of $\mathfrak{c}$, d, a' above, so M 1 follows.

Suppose $(a, \mathfrak{b}_1\mathfrak{q}), (a, \mathfrak{b}_2\mathfrak{q}) \in \overline{\mathrm{W}}_{\mathfrak{q}}$. Choose $\mathfrak{c}_i$ prime to $\mathfrak{b}_1\mathfrak{b}_2$ such that $\mathfrak{c}_i\mathfrak{b}_i\mathfrak{q} = d_i\mathrm{A}$, $i = 1, 2$. Then choose a' so that

$$a' \equiv a \bmod \mathfrak{b}_1\mathfrak{b}_2\mathfrak{q}$$
$$a' \equiv 1 \bmod \mathfrak{c}_1\mathfrak{c}_2$$

Since $(\mathfrak{c}_1\mathfrak{c}_2)(\mathfrak{b}_1\mathfrak{q}\mathfrak{b}_2\mathfrak{q})=d_1d_2\mathrm{A}$ we have

$$\begin{bmatrix}\mathfrak{b}_1\mathfrak{q}\mathfrak{b}_2\mathfrak{q}\\ a\end{bmatrix}=\begin{bmatrix}d_1d_2\\ a'\end{bmatrix}=\begin{bmatrix}d_1\\ a'\end{bmatrix}\begin{bmatrix}d_2\\ a'\end{bmatrix}=\begin{bmatrix}\mathfrak{b}_1\\ a\end{bmatrix}\begin{bmatrix}\mathfrak{b}_2\\ a\end{bmatrix}.$$

Finally, to prove M 3, suppose $(a_1, \mathfrak{b}\mathfrak{q}), (a_2, \mathfrak{b}\mathfrak{q})\in \mathrm{W}_\mathfrak{q}$. Choose $\mathfrak{c}$, d, and a_i' as above, $i=1, 2$. Then $\mathfrak{c}$, d, and $a'=a_1'a_2'$ clearly serve to define the symbol for $(a_1a_2, \mathfrak{b}\mathfrak{q})$. Hence

$$\begin{aligned}\begin{bmatrix}\mathfrak{b}\mathfrak{q}\\ a_1a_2\end{bmatrix}&=\begin{bmatrix}d\\ a_1'a_2'\end{bmatrix}=\begin{bmatrix}d\\ a_1'\end{bmatrix}\begin{bmatrix}d\\ a_2'\end{bmatrix} \qquad \text{(Lemma 2.11)}\\ &=\begin{bmatrix}\mathfrak{b}\mathfrak{q}\\ a_1\end{bmatrix}\begin{bmatrix}\mathfrak{b}\mathfrak{q}\\ a_2\end{bmatrix}\end{aligned}$$

Remark. — The symbol $\begin{bmatrix}b\\ a\end{bmatrix}$ is trivial whenever a is a unit. We shall exhibit examples in § 4 for which $\begin{bmatrix}\mathfrak{b}\\ a\end{bmatrix}\neq 1$ even when a is a unit. In this way we can get a non trivial pairing of the units of A with the ideal class group of A.

§ 3. Determination of arithmetic Mennicke symbols.

Throughout this section A denotes a Dedekind ring of arithmetic type defined by a finite set, S_∞, of primes in a global field k. This terminology as well as that to follow, is taken from the appendix on number theory, to which frequent reference will be made here.

We shall call A *totally imaginary* if S_∞ consists of complex primes. This means that k is a totally imaginary number field, and that A is its ring of algebraic integers.

For an integer $m\geq 1$ we shall write μ_m for the group of all m-th roots of unity (in some algebraic closure of k). It will be understood, when we write μ_m, that m is prime to char(k), so that μ_m is a cyclic group of order m.

Here is the first example of a non trivial Mennicke symbol.

Proposition 3.1. — Suppose that A *is totally imaginary and that* $\mu_m\subset k$. *Let* $\mathfrak{q}$ *be an ideal such that, for all primes* $\mathfrak{p}$ *dividing* m, *if* p *is the rational prime over which* $\mathfrak{p}$ *lies, we have*

$$\frac{\mathrm{ord}_\mathfrak{p}(\mathfrak{q})}{\mathrm{ord}_\mathfrak{p}(p)}-\frac{1}{p-1}\geq \mathrm{ord}_p(m).$$

Then $(a, b)\mapsto\left(\frac{b}{a}\right)_m$ $(=1$ *if* $b=0)$ *is a Mennicke symbol*

$$(-)_m : \mathrm{W}_\mathfrak{q}\to\mu_m.$$

Remarks. — 1. For the definition of the power residue symbol $\left(\frac{b}{a}\right)_m$, see formula A.20 of the Appendix. Note that the hypothesis makes a prime to m, so that $\left(\frac{b}{a}\right)_m$ is defined if $b\neq 0$; when $b=0$ we have made the convention that $\left(\frac{b}{a}\right)_m=1$.

2. The main result of this chapter, Theorem 3.6 below, says that Proposition 3.1 accounts for all non trivial Mennicke symbols of arithmetic type.

Proof. — It follows immediately from the definition (A.20) that $\left(\frac{b}{a}\right)_m$ is bimultiplicative and depends on b only modulo a. (Note that b can be zero only when a is a unit, in which case $\left(\frac{b}{a}\right)_m = 1$ for all b's.) These remarks establish all the axioms for a Mennicke symbol except the fact that $\left(\frac{b}{a}\right)_m$ depends on a only modulo b. This is trivial if $b=0$ so suppose otherwise, and apply the reciprocity formula, (A.21):

$$\left(\frac{b}{a}\right)_m = \prod_{\mathfrak{p}\nmid a}\left(\frac{a,b}{\mathfrak{p}}\right)_m$$

If $\mathfrak{p}\nmid abm$ then either $\mathfrak{p}$ is finite and $\left(\frac{a,b}{\mathfrak{p}}\right)_m = 1$ by (A.16), or $\mathfrak{p}$ is complex (by hypothesis). Therefore, using (A.16) again,

$$\left(\frac{b}{a}\right)_m = \prod_{\mathfrak{p}\mid b,\ \mathfrak{p}\nmid m}\left(\frac{a}{\mathfrak{p}}\right)_m^{\mathrm{ord}_{\mathfrak{p}}(b)} \cdot \prod_{\mathfrak{p}\mid m}\left(\frac{a,b}{\mathfrak{p}}\right)_m .$$

The first factors clearly depend on a only modulo b. Finally, suppose $\mathfrak{p}\mid m$ and set $h=\mathrm{ord}_{\mathfrak{p}}(\mathfrak{q})$ and $e=\mathrm{ord}_{\mathfrak{p}}(p)$, where p is the rational prime $\mathfrak{p}$ divides. We have assumed that

$$\frac{h}{e}-\frac{1}{p-1}\geq n=\mathrm{ord}_p(m).$$

With this we conclude from (A.18) that $\left(\frac{a,b}{\mathfrak{p}}\right)_{p^n}$ depends on a only modulo b for $(a,b)\in W_{\mathfrak{q}}$. Writing $m=p^n m'$ with m' prime to p we have

$$\left(\frac{a,b}{\mathfrak{p}}\right)_m = \left(\left(\frac{a,b}{\mathfrak{p}}\right)_{p^n}\right)^r\left(\left(\frac{a,b}{\mathfrak{p}}\right)_{m'}\right)^s$$

for suitable integers r and s (independent of a and b), and $\left(\frac{a,b}{\mathfrak{p}}\right)_m = \left(\frac{a}{\mathfrak{p}}\right)_{m'}^{\mathrm{ord}_{\mathfrak{p}}(b)}$ depends on a only modulo b. This completes the proof.

Let p be a rational prime and let μ_{p^n} be the group of *all* p-th power roots of unity in k. (If $\mathrm{char}(k)=p$ then $n=0$.) This notation will be fixed in the next two theorems.

Theorem 3.2. — Given $(a,b)\in W_{\mathfrak{q}}$, we can find an $(a_1,b_1)\sim_{\mathfrak{q}}(a,b)$ such that $a_1 A=\mathfrak{p}_1\mathfrak{p}_2$, a product of distinct primes, which satisfy $\mathbf{N}\mathfrak{p}_i\not\equiv 1 \bmod p^{n+1}$, $i=1,2$. In case k is a number field we can choose the $\mathfrak{p}_i$ prime to p; moreover, if $\mathfrak{q}\subset p^{n+1}A$ and $b\neq 0$ then we can find $a_1\equiv a \bmod b$ with this property.

Proof. — Number field case: Suppose first that A is the ring of algebraic integers in k. Let $P=\{\mathfrak{p}\notin S_\infty \mid \mathbf{N}\mathfrak{p}\not\equiv 1 \bmod p^{n+1}\}$. Our hypothesis, together with (A.8), implies that P is *infinite*.

Using Lemma 2.3 we see that it suffices to prove the theorem for ideals divisible by $p^{n+1}A$, so assume $\mathfrak{q} \subset p^{n+1}A$. We may also arrange that $b \neq 0$. Then the theorem will be proved if we find $a_1 \equiv a \bmod bA$ satisfying the conditions of the theorem, for then clearly $(a_1, b) \sim_{\mathfrak{q}} (a, b)$.

Since $b \neq 0$ and P is infinite we can choose a $\mathfrak{p}_1 \in P$ prime to b. Then we can apply the Dirichlet Theorem (A.11) to find $a_1 \equiv a \bmod b$ such that a_1 is positive at the real primes, and such that $a_1 A = \mathfrak{p}_1 \mathfrak{p}_2$ for some prime $\mathfrak{p}_2$. It remains only to be shown that $\mathfrak{p}_2 \in P$, i.e. that $\mathbf{N}\mathfrak{p}_2 \not\equiv 1 \bmod p^{n+1}$.

$\mathbf{N}\mathfrak{p}_1 \mathbf{N}\mathfrak{p}_2 = \operatorname{card}(A/a_1 A) = |N_{k/\mathbf{Q}} a_1|$, since A is the ring of integers of k. Since a_1 is positive at the real primes, and since $a_1 \equiv 1 \bmod \mathfrak{q}$ with $\mathfrak{q} \subset p^{n+1}A$, we have

$$|N_{k/\mathbf{Q}} a_1| = N_{k/\mathbf{Q}} a_1 \equiv 1 \bmod p^{n+1}\mathbf{Z}.$$

Since $\mathbf{N}\mathfrak{p}_1 \not\equiv 1 \bmod p^{n+1}\mathbf{Z}$ the desired conclusion now follows.

Next suppose A′ is some other Dedekind ring of arithmetic type in k. Then $A' = A[s^{-1}]$ for some $s \in A$, where A is as above. The theorem for A′ follows by using Lemma 2.1 to replace (a, b) by a $\mathfrak{q}$-equivalent pair in $W_{\mathfrak{q} \cap A}$, and then applying the argument above, making sure that $\mathfrak{p}_1$ and $\mathfrak{p}_2$ do not divide s. This is possible since we have infinitely many choices for each of them.

Function field case. — First suppose $p \neq \operatorname{char}(k)$. Let $\mathbf{F}_q$ be the constant field of k, and let m be the least positive integer such that $p^{n+1} | q^m - 1$. The hypothesis of the theorem implies that $m > 1$. Let $P = \{\mathfrak{p} \notin S_\infty \mid \deg(\mathfrak{p}) \text{ is prime to } m\}$. Then (A.9) says P is infinite. Moreover, if $\mathfrak{p} \in P$, then $\mathbf{N}\mathfrak{p} \not\equiv 1 \bmod p^{n+1}$. To see this write $\mathbf{N}\mathfrak{p} = q^d$, where $d = \deg(\mathfrak{p})$ is prime to m. If $I = (q^m - 1)\mathbf{Z} + (q^d - 1)\mathbf{Z} \subset (q-1)\mathbf{Z}$ then, modulo I, $q^m \equiv 1 \equiv q^d$, so $q \equiv 1$; i.e. $\text{g.c.d.}(q^m - 1, q^d - 1) = q - 1$. Therefore if p^{n+1} divides $q^d - 1$ it also divides $q - 1$, contradicting our hypothesis.

Given $(a, b) \in W_{\mathfrak{q}}$ (we can assume $b \neq 0$) choose a $\mathfrak{p}_1 \in P$ prime to b. This is possible because P is infinite. Now use the Dirichlet Theorem (A.12) to find $a_1 \equiv a \bmod b$ such that $\operatorname{ord}_{\mathfrak{p}}(a_1) \equiv 0 \bmod m$ at all $\mathfrak{p} \in S_\infty$ and such that $a_1 A = \mathfrak{p}_1 \mathfrak{p}_2$ for some prime $\mathfrak{p}_2 \neq \mathfrak{p}_1$. The product formula (A.3) yields

$$\begin{aligned} 0 &= \sum_{\mathfrak{p}} \operatorname{ord}_{\mathfrak{p}}(a_1) \deg(\mathfrak{p}) \\ &= \deg(\mathfrak{p}_1) + \deg(\mathfrak{p}_2) + \sum_{\mathfrak{p} \in S_\infty} \operatorname{ord}_{\mathfrak{p}}(a_1) \deg(\mathfrak{p}) \\ &\equiv \deg(\mathfrak{p}_1) + \deg(\mathfrak{p}_2) \quad \bmod m\mathbf{Z} \end{aligned}$$

Since $\mathfrak{p}_1 \in P$ this implies $\mathfrak{p}_2 \in P$ also, and since $(a_1, b) \sim_{\mathfrak{q}} (a, b)$, the theorem now follows from the fact, proved above, that $\mathbf{N}\mathfrak{p} \not\equiv 1 \bmod p^{n+1}$ for $\mathfrak{p} \in P$.

Finally, if $\operatorname{char}(k) = p$ we can take any $a_1 \equiv a \bmod b$ which is a product of two distinct primes, and the conclusion of the theorem is automatic. This concludes the proof of Theorem 3.2.

Before stating the next result we must introduce some further notation. Recall that μ_{p^n} is the group of all p-th power roots of unity in k.

Suppose that A is totally imaginary and let $\mathfrak{q}$ be a non zero ideal in A. We define

$$(3.3)\qquad j_p(\mathfrak{q})=\min_{\mathfrak{p}\mid p}\left[\frac{\mathrm{ord}_{\mathfrak{p}}(\mathfrak{q})}{\mathrm{ord}_{\mathfrak{p}}(p)}-\frac{1}{p-1}\right]_{[0,n]}$$

For $x\in\mathbf{R}$, $[x]_{[0,n]}$ denotes the nearest integer in the interval $[0, n]$ to the largest integer $\leq x$. I.e. $[x]_{[0,n]}=\inf(\sup(0, [x]), n)$.

Lemma 3.4. — a) *With* $j=j_p(\mathfrak{q})$, *there is a prime* $\mathfrak{p}_0$ *dividing* p, *a* $u\equiv 1 \bmod \mathfrak{q}$, *and a* $v\in \mathrm{U}_{\mathfrak{p}_0}$, *such that* $\left(\frac{u, v}{\mathfrak{p}_0}\right)_{p^n}$ *generates* $\mu_{p^{n-j}}$.

b) $(-)_{pj}: \mathrm{W}_{\mathfrak{q}}\to\mu_{pj}$ *is a Mennicke symbol.*

Proof. — *a)* $j=\left[\frac{\mathrm{ord}_{\mathfrak{p}_0}(\mathfrak{q})}{\mathrm{ord}_{\mathfrak{p}_0}(p)}-\frac{1}{p-1}\right]_{[0,n]}$ for some $\mathfrak{p}_0$ dividing p, and (A.17) tells us that

$$\mu_{p^{n-j}}=\left(\frac{\mathrm{U}_{\mathfrak{p}_0}(h), \mathrm{U}_{\mathfrak{p}_0}}{\mathfrak{p}_0}\right)_{p^n}$$

where $h=\mathrm{ord}_{\mathfrak{p}_0}(\mathfrak{q})$, hence the result.

b) follows from Proposition 3.1 if $j>0$, and it is obvious if $j=0$.

Theorem 3.5. — *Suppose* $(a, b)\in\mathrm{W}_{\mathfrak{q}}$. *Let p be a prime number, and let n be the largest integer such that k contains* μ_{p^n}. *Then there exist* $q\in\mathfrak{q}$, $a_1\equiv 1 \bmod q$, *and* $c\in\mathrm{A}$, *such that* $(a, b)\sim_{\mathfrak{q}}(a_1, c^{p^n}q)$, *except in the following case:* A *is totally imaginary and* $\left(\frac{b}{a}\right)_{pj}\neq 1$, *where* $j=j_p(\mathfrak{q})$.

(Lemma 3.4 guarantees that $\left(\frac{b}{a}\right)_{pj}$ above is defined.)

Proof. — We shall call two non zero elements " close at $\mathfrak{p}$ " if they are multiplicatively congruent modulo p^n-th powers. Note that this is a congruence relation modulo an open subgroup of finite index.

Case 1. — A *is not totally imaginary.*

Then there is a non-complex (i.e. either real or finite) $\mathfrak{p}_\infty\in\mathrm{S}_\infty$, and the non degeneracy of the Hilbert symbol shows that we can find $u, v\in k^*_{\mathfrak{p}_\infty}$ such that $\left(\frac{u, v}{\mathfrak{p}_\infty}\right)_{p^n}$ generates μ_{p^n}.

Choose a principal ideal $q\mathrm{A}\subset\mathfrak{q}$, and, with the aid of Lemma 2.3, an $(a', b'q)\in\mathrm{W}_q$ which is $\mathfrak{q}$-equivalent to (a, b). We can take $b'\neq 0$, and, altering $a' \bmod b'q$, arrange that a' is prime to p in the number field case.

Now the Dirichlet theorem (A.10) gives us a prime $b_1\mathrm{A}$, where b_1 satisfies

$b_1\equiv b' \bmod a'$

b_1 is close to v at $\mathfrak{p}_\infty$

b_1 is close to 1 at all $\mathfrak{p}\in\mathrm{S}_\infty-\{\mathfrak{p}_\infty\}$, and at all $\mathfrak{p}\notin\mathrm{S}_\infty$ which divide p, in the number field case.

The last condition makes $b_1\mathrm{A}$ prime to p in the number field case.

Since $\left(\frac{u, v}{\mathfrak{p}_\infty}\right)_{p^n}$ generates μ_{p^n} we can solve $\left(\frac{a', b_1}{b_1 A}\right)_{p^n} \cdot \left(\frac{u, v}{\mathfrak{p}_\infty}\right)_{p^n}^i = 1$ for some $i > 0$. Use Dirichlet now to find a prime $a_1 A$, prime to p in the number field case, so that

$$a_1 \equiv a' \bmod b_1 q$$

$$a_1 \text{ is close to } u^i \text{ at } \mathfrak{p}_\infty$$

Now we apply the reciprocity formula (A.21):

$$\left(\frac{b_1}{a_1}\right)_{p^n} = \prod_{\mathfrak{p} \nmid a_1} \left(\frac{a_1, b_1}{\mathfrak{p}}\right)_{p^n}.$$

On the right our conditions on b_1 exclude any contribution from S_∞ except at $\mathfrak{p}_\infty$, as well as any from the primes dividing p in the number field case. Using (A.16) to eliminate most of the finite primes, therefore, we have

$$\left(\frac{b_1}{a_1}\right)_{p^n} = \left(\frac{a_1, b_1}{b_1 A}\right)_{p^n} \cdot \left(\frac{a_1, b_1}{\mathfrak{p}_\infty}\right)_{p^n}.$$

Since $b_1 A$ is not p-adic the first factor depends on a_1 only modulo b_1, so our approximations, and choice of i, leave us with

$$\left(\frac{b_1}{a_1}\right)_{p^n} = \left(\frac{a', b_1}{b_1 A}\right)_{p^n} \cdot \left(\frac{u^i, v}{\mathfrak{p}_\infty}\right)_{p^n} = 1.$$

Thus b_1 is a p^n-th power modulo a_1, say $b_1 \equiv c^{p^n} \bmod a_1$. Then

$$(a, b) \sim_{\mathfrak{q}} (a', b'q) \sim_{\mathfrak{q}} (a', b_1 q) \sim_{\mathfrak{q}} (a_1, b_1 q) \sim_{\mathfrak{q}} (a_2, c^{p^n} q),$$

and the proof is complete.

Case 2. — A *is totally imaginary, but* $\mathfrak{q}$ *is not divisible by every prime dividing* p.

Let $\mathfrak{q}' \subset \mathfrak{q}$ be the largest ideal in $\mathfrak{q}$ which is so divisible. Then $\text{ord}_\mathfrak{p}(\mathfrak{q}') = 1$ for at least one $\mathfrak{p}$ dividing p, so it follows that $j_p(\mathfrak{q}') = j_p(\mathfrak{q}) = 0$ (see (3.3)). Use Lemma 2.3 to find an $(a', b') \in W_{\mathfrak{q}'}$ which is $\mathfrak{q}$-equivalent to (a, b). Then, since $j_p(\mathfrak{q}') = 0$, this case follows now from:

Case 3. — A *is totally imaginary,* $\mathfrak{q}$ *is divisible by every prime dividing* p, *and* $\left(\frac{b}{a}\right)_{pj} = 1$.

We recall from Lemma 3.4 that $(-)_{pj}$ is a Mennicke symbol on $W_\mathfrak{q}$.

Choose $q \in \mathfrak{q}$ such that $\text{ord}_\mathfrak{p}(q) = \text{ord}_\mathfrak{p}(\mathfrak{q})$ for all $\mathfrak{p} | p$. Clearly then $j_p(q) = j_p(\mathfrak{q})$, and we can find an $(a', b'q) \in W_q$ which is $\mathfrak{q}$-equivalent to (a, b). Then

$$1 = \left(\frac{b}{a}\right)_{pj} = \left(\frac{b'q}{a'}\right)_{pj} = \left(\frac{b'}{a'}\right)_{pj} \left(\frac{q}{a'}\right)_{pj} = \left(\frac{b'}{a'}\right)_{pj}$$

because $(-)_{pj}$ is a Mennicke symbol on $W_\mathfrak{q}$, and because $a' \equiv 1 \bmod q$.

Choose a $\mathfrak{p}_0$, u, and v as in Lemma 3.4 *a)*. If $h = \text{ord}_{\mathfrak{p}_0}(\mathfrak{q})$ then $u \equiv 1 \bmod \mathfrak{p}_0^h$, $v \in U_{\mathfrak{p}_0}$, and $\left(\frac{u, v}{\mathfrak{p}_0}\right)_{p^n}$ generates $\mu_{p^{n-j}}$.

We now use the Dirichlet theorem (A.10) to find a $b_1 \in A$ such that

$$b_1 \equiv b' \bmod a'$$
$$b_1 \text{ is close to } v \text{ at } \mathfrak{p}_0$$
$$b_1 \text{ is close to } 1 \text{ at all other } \mathfrak{p} \text{ dividing } p,$$

and such that $b_1 A$ is a prime, prime to q. Since $a' \equiv 1 \bmod q$, a' is prime to p, so these congruences are compatible.

Since $(-)_{pj}$ is a Mennicke symbol on W_q, we obtain, with the reciprocity formula (A.21):

$$1 = \left(\frac{b}{a}\right)_{pj} = \left(\frac{b'}{a'}\right)_{pj} = \left(\frac{b_1}{a'}\right)_{pj} = \prod_{\mathfrak{p} \nmid a'} \left(\frac{a', b_1}{\mathfrak{p}}\right)_{pj}.$$

Since A is totally imaginary, and since b_1 is close to 1 at all p-adic $\mathfrak{p}$ other than $\mathfrak{p}_0$, we are left with

$$1 = \left(\frac{a', b_1}{b_1}\right)_{pj} \left(\frac{a', b_1}{\mathfrak{p}_0}\right)_{pj}.$$

Since $\left(\frac{a', b_1}{\mathfrak{p}_0}\right)_{p^n} \in \left(\frac{U_{\mathfrak{p}_0}(h), U_{\mathfrak{p}_0}}{\mathfrak{p}_0}\right)_{p^n} = \mu_{p^{n-j}}$ (see (A.17)) we have $\left(\frac{a', b_1}{\mathfrak{p}_0}\right)_{pj} = 1$, hence also $\left(\frac{a', b_1}{b_1}\right)_{pj} = 1$. Therefore $\left(\frac{a', b_1}{b_1}\right)_{p^n} \in \mu_{p^{n-j}}$, so we can find $i \geq 0$ such that

$$\left(\frac{u, v}{\mathfrak{p}_0}\right)_{p^n}^i \left(\frac{a', b_1}{b_1}\right)_{p^n} = 1.$$

Now choose a prime a_1 such that

$$a_1 \equiv a' \bmod b_1 q$$
$$a_1 \text{ is close to } u^i \text{ at } \mathfrak{p}_0.$$

Since $u \equiv 1 \bmod \mathfrak{p}_0^h$, $h = \operatorname{ord}_{\mathfrak{p}_0}(q)$, the same is true of u^i, so these congruences are compatible since b_1 is prime to q. Moreover,

$$(a_1, b_1 q) \sim_q (a', b_1 q) \sim_q (a', b' q) \sim_q (a, b).$$

We conclude the proof now by showing that b_1 is a p^n-th power modulo a_1.

From reciprocity,

$$\left(\frac{b_1}{a_1}\right)_{p^n} = \prod_{\mathfrak{p} \nmid a_1} \left(\frac{a_1, b_1}{\mathfrak{p}}\right)_{p^n} = \left(\frac{a_1, b_1}{b_1}\right)_{p^n} \left(\frac{a_1, b_1}{\mathfrak{p}_0}\right)_{p^n}$$

using the fact that A is totally imaginary, and eliminating most finite primes with the aid of (A.16). The latter shows also that $\left(\frac{a_1, b_1}{b_1}\right)_{p^n} = \left(\frac{a_1}{b_1}\right)_{p^n}$ depends on a_1 only modulo b_1 so $\left(\frac{a_1, b_1}{b_1}\right)_{p^n} = \left(\frac{a', b_1}{b_1}\right)_{p^n}$. At $\mathfrak{p}_0$ our approximations imply

$\left(\frac{a_1, b_1}{\mathfrak{p}_0}\right)_{p^n} = \left(\frac{u^i, v}{\mathfrak{p}_0}\right)_{p^n}$. Hence $\left(\frac{b_1}{a_1}\right)_{p^n} = \left(\frac{a', b_1}{b_1}\right)_{p^n} \left(\frac{u^i, v}{\mathfrak{p}_0}\right)_{p^n} = 1$, so b_1 is indeed a p^n-th power modulo a_1. Q.E.D.

We are now prepared to prove the main theorem of this chapter.

Theorem 3.6. — *If* A *is not totally imaginary then, for all ideals* $\mathfrak{q} \neq 0$, *all Mennicke symbols on* $W_\mathfrak{q}$ *are trivial*; i.e. $C_\mathfrak{q} = \{1\}$.

Suppose A *is totally imaginary, and let m denote the number of roots of unity in k. If* $\mathfrak{q}$ *is a non zero ideal define the divisor* $r = r(\mathfrak{q})$ *of m by* $\mathrm{ord}_p(r) = j_p(\mathfrak{q})$, *for each prime p, where*

$$j_p(\mathfrak{q}) = \min_{\mathfrak{p}|p} \left[\frac{\mathrm{ord}_\mathfrak{p}(\mathfrak{q})}{\mathrm{ord}_\mathfrak{p}(p)} - \frac{1}{p-1}\right]_{[0,\, \mathrm{ord}_p(m)]}$$

as in (3.3). *Then*

$$(-)_r : W_\mathfrak{q} \to \mu_r$$

is a universal Mennicke symbol in $W_\mathfrak{q}$, *so* $C_\mathfrak{q} \cong \mu_r$. *If* $\mathfrak{q} \subset \mathfrak{q}'$ *and if* $r' = r(\mathfrak{q}')$, *then the natural homomorphism* $C_\mathfrak{q} \to C_{\mathfrak{q}'}$ *corresponds to the* (r/r')*-th power map*, $\mu_r \to \mu_{r'}$.

Remark. — In the totally imaginary case it follows already from Proposition 3.1 that $(-)_r$ is a Mennicke symbol on $W_\mathfrak{q}$. The point now being made is its universality. The last assertion follows simply from the formula,

$$(-)_{r'} = ((-)_r)^{r/r'}$$

Proof. — Let $[\ ] : W_\mathfrak{q} \to C$ be a universal Mennicke symbol. We shall use the notation and assertions of Lemmas 2.7 and 2.3. In the homomorphism (2.8) we can use (2.7) *d)* and the Dirichlet Theorem to make aA prime. Then $U(A/aA)$ is cyclic, so we conclude from (2.7) *d)* that:

(i) Every finite subset of C lies in a finite cyclic subgroup.

Suppose $m = p^n m'$ with p a rational prime and m' prime to p. Given $(a, b) \in W_\mathfrak{q}$ we can find $(a_1, b_1) \sim_\mathfrak{q} (a, b)$ as in Theorem 3.2. This implies that $U(A/a_1A)$ has no elements of order p^{n+1}. If $q = 1 - a_1 \in \mathfrak{q}$ then $(a_1, b_1) \sim_\mathfrak{q} (a_1, b_1 - b_1 a_1) = (a_1, b_1 q)$ so $\left[\begin{matrix} b \\ a \end{matrix}\right] = \left[\begin{matrix} b_1 q \\ a_1 \end{matrix}\right]$ lies in a homomorphic image of $U(A/a_1A)$. Consequently C has no elements of order p^{n+1}. Letting p range now over all rational primes we conclude from this and (i) that C has exponent m, i.e. $x^m = 1$ for all $x \in C$. It follows easily from this and (i) that:

(ii) C is a cyclic group of order dividing m.

Again write $m = p^n m'$ as above. Suppose $(a, b) \sim_\mathfrak{q} (a_1, c^{p^n} q)$ for some $q \in \mathfrak{q}$ with $a_1 \equiv 1 \bmod q$ and $c \in A$. Then $\left[\begin{matrix} b \\ a \end{matrix}\right] = \left[\begin{matrix} c^{p^n} q \\ a_1 \end{matrix}\right] = \left[\begin{matrix} cq \\ a_1 \end{matrix}\right]^{p^n}$, so it follows from (ii) that $\left[\begin{matrix} b \\ a \end{matrix}\right]$ has order prime to p. If A is not totally imaginary then we can invoke Theorem 3.5 and apply this remark, for every p, and conclude:

(iii) $C = \{1\}$ if A is not totally imaginary.

Now suppose that A is totally imaginary. Since [ ] was chosen universal, and since $(-)_r$ is a Mennicke symbol on $W_{\mathfrak{q}}$ (Remark 2 above) there is a homomorphism $f: C \to \mu_r$ rendering

$$\begin{array}{ccc} & \overset{[\,]}{\nearrow} & C \\ W_{\mathfrak{q}} & & \downarrow f \\ & \underset{(-)_r}{\searrow} & \mu_r \end{array}$$

commutative. Clearly f is surjective, so if we show that $[C:1] \leq r$ the theorem will be proved. It suffices to do this on the p-primary components C_p for each prime p. Writing $m = p^n m'$ and $r = p^j r'$, with m' and r' prime to p, and $j = j_p(\mathfrak{q})$, the passage to p-primary components can be achieved by replacing m by p^n, r by p^j, and C by C_p. Then if $\begin{bmatrix} b \\ a \end{bmatrix} \in C_p \cap \ker f$ we have $\left(\dfrac{b}{a}\right)_{p^j} = 1$, so it follows from Theorem 3.5 that $(a, b) \sim_{\mathfrak{q}} (a_1, c^{p^n} q)$. As above, we see that $\begin{bmatrix} b \\ a \end{bmatrix} = 1$ since it is a p^n-th power in the group C_p which has exponent p^n, according to (ii). Q.E.D.

The next theorem is required to handle some technical problems that arise in connection with the symplectic groups where we obtain a symbol { } for which we cannot directly verify all the axioms for a Mennicke symbol.

Theorem 3.7. — Suppose we have a commutative diagram

$$\begin{array}{ccc} & \overset{\{\,\}}{\nearrow} & D \\ W_{\mathfrak{q}} & & \downarrow f \\ & \underset{[\,]_{\mathfrak{q}}}{\searrow} & C_{\mathfrak{q}} \end{array}$$

where

a) *f is a homomorphism of abelian groups,*

b) *$[\,]_{\mathfrak{q}}$ is a universal Mennicke symbol on $W_{\mathfrak{q}}$, and*

c) *{ } is a surjective map.*

Let $\begin{bmatrix} b \\ a \end{bmatrix}$ *be* $\begin{Bmatrix} b^2 \\ a \end{Bmatrix}$, *and make the following assumptions:*

(i) $(a, b) \mapsto \begin{Bmatrix} b \\ a \end{Bmatrix}$ *and* $(a, b) \mapsto \begin{bmatrix} b \\ a \end{bmatrix}$ *satisfy* MS 1, *and*

(ii) *if* $(a, b_1), (a, b_2) \in W_{\mathfrak{q}}$, *then*

$$\begin{Bmatrix} b_1 \\ a \end{Bmatrix} \begin{bmatrix} b_2 \\ a \end{bmatrix} = \begin{Bmatrix} b_1 b_2^2 \\ a \end{Bmatrix}.$$

Then f is an isomorphism, so { } is a universal Mennicke symbol on $W_{\mathfrak{q}}$.

Proof. — Evidently *c)* (i) and *c)* (ii) imply that [ ] satisfies MS 1 and MS 2, so [ ] is a Mennicke symbol on $W_{\mathfrak{q}}$. Therefore its image is a cyclic subgroup, D', of D, whose order divides m (the same m as in Theorem 3.6).

If A is not totally imaginary, and if $\text{char}(k) \neq 2$, then we can apply Theorem 3.5 to any $(a, b) \in W_{\mathfrak{q}}$ to find an $(a_1, c^2 q) \sim_{\mathfrak{q}} (a, b)$ with $q \in \mathfrak{q}$, $a_1 \equiv 1 \bmod q$, and $c \in A$. (We take $p=2$ in Theorem 3.5). Since $(a_1, q) \sim_{\mathfrak{q}} (1, 0)$ we conclude, using *c)* (i) and *c)* (ii), that

$$\begin{Bmatrix} b \\ a \end{Bmatrix} = \begin{Bmatrix} c^2 q \\ a_1 \end{Bmatrix} = \begin{Bmatrix} c^2 q \\ a_1 \end{Bmatrix} \begin{bmatrix} q \\ a_1 \end{bmatrix} = \begin{Bmatrix} (cq)^2 q \\ a_1 \end{Bmatrix} = \begin{Bmatrix} q \\ a_1 \end{Bmatrix} \begin{bmatrix} cq \\ a_1 \end{bmatrix} = \begin{bmatrix} cq \\ a_1 \end{bmatrix} \in D'.$$

If $\text{char}(k)=2$ we find $(a_1, b_1 q) \sim_{\mathfrak{q}} (a, b)$ with $q \in \mathfrak{q}$, $a_1 \equiv 1 \bmod q$, and $a_1 A$ prime, using the Dirichlet Theorem. $A/a_1 A$ is then a finite field of characteristic 2 so $b_1 \equiv c^2 \bmod a_1$ for some c, and we can argue again as above. Thus, if A is not totally imaginary then we have $D = D'$, and, by Theorem 3.6, $D' = \{1\}$.

Now assume that A is totally imaginary. Then we can realize $[\ ]_{\mathfrak{q}}$ by $(-)_r : W_{\mathfrak{q}} \to \mu_r$, as in Theorem 3.6. We want to show that the (surjective) homomorphism $f : D \to \mu_r$ is an isomorphism, and we shall do this by showing that $[D : 1] \leq r$. We know $[D' : 1] \mid r$.

Write $m = 2^n m'$ with m' odd. If r is odd, i.e. if $j_2(\mathfrak{q}) = 0$, then we always have the hypotheses of Theorem 3.5, and we can argue as above to prove that $D = D'$.

Henceforth, therefore, we can assume r is even. We claim that $[D' : 1] \mid \frac{r}{2}$. To see this we first note that, since $[\ ] : W_{\mathfrak{q}} \to D'$ is a Mennicke symbol, there is a necessarily surjective homomorphism $g : \mu_r \to D'$ such that

$$\begin{Bmatrix} b^2 \\ a \end{Bmatrix} = \begin{bmatrix} b \\ a \end{bmatrix} = g\left(\frac{b}{a}\right)_r.$$

We want to show that $g(-1) = 1$. If $-1 = \left(\frac{b}{a}\right)_r$ then $\left(\frac{b^2}{a}\right)_r = 1$, so we have $\left(\frac{b^2}{a}\right)_{2^j} = 1$, $j = j_2(\mathfrak{q})$. Hence we can apply Theorem 3.5 and find an $(a_1, c^{2^n} q) \sim_{\mathfrak{q}} (a, b^2)$ with $q \in \mathfrak{q}$, $a_1 \equiv 1 \bmod q$, $c \in A$. Then we have

$$\begin{aligned} g(-1) &= \begin{Bmatrix} b^2 \\ a \end{Bmatrix} = \begin{Bmatrix} c^{2^n} q \\ a_1 \end{Bmatrix} \begin{bmatrix} q \\ a_1 \end{bmatrix} \\ &= \begin{Bmatrix} (c^{2^{n-1}} q)^2 q \\ a_1 \end{Bmatrix} \qquad \text{(using } c) \text{ (ii))} \\ &= \begin{bmatrix} c^{2^{n-1}} q \\ a_1 \end{bmatrix} \begin{Bmatrix} q \\ a_1 \end{Bmatrix} \qquad \text{(using } c) \text{ (ii))} \\ &= \begin{bmatrix} cq \\ a_1 \end{bmatrix}^{2^{n-1}} \in (D')^{2^{n-1}}. \end{aligned}$$

If $j < n$ this implies $g(-1) = 1$. Now suppose $j = n$, i.e. that $2^n \mid r$. We can use Theorem 3.2 to find an $a \equiv 1 \bmod \mathfrak{q}$ such that $aA = \mathfrak{p}_1 \mathfrak{p}_2$ where the $\mathfrak{p}_i$ are distinct odd primes such that $N_i = \mathbf{N}\mathfrak{p}_i \not\equiv 1 \bmod 2^{n+1}$, $i = 1, 2$. Choose a $b \in \mathfrak{q}$ such that $b \equiv -1 \bmod \mathfrak{p}_1$ and $b \equiv 1 \bmod \mathfrak{p}_2$. Then $b^2 \equiv 1 \bmod a$, and we have

$\left(\frac{b}{a}\right)_r = \left(\frac{-1}{\mathfrak{p}_1}\right)_r \left(\frac{1}{\mathfrak{p}_2}\right)_r = (-1)^{(N_1-1)/r}$. Since $2^n | r$ and since $2^{n+1} \nmid N_1 - 1$, it follows that $(N_1-1)/r$ is odd, so $\left(\frac{b}{a}\right)_r = -1$. Setting $q = 1 - a$ we have

$$(a, b^2) \sim_{\mathfrak{q}} (a, b^2 - b^2 a) = (a, b^2 q) \sim_{\mathfrak{q}} (a, q) \sim_{\mathfrak{q}} (1, 0),$$

so $\left\{\frac{b^2}{a}\right\} = 1$. Therefore $g(-1) = g\left(\frac{b}{a}\right)_r = \left\{\frac{b^2}{a}\right\} = 1$, as claimed. This completes the proof that $[D' : 1] \mid \frac{r}{2}$ when r is even.

The proof of the theorem will be concluded now by showing that $[D : D'] \leq 2$. (Note that, at this point, we have not even shown that D is finite). For since we have just shown that $[D' : 1] \mid \frac{r}{2}$ it will follow that $[D : 1] \leq r$, as we were required to show.

Given any $(a_1, b_1), \ldots, (a_n, b_n) \in W_{\mathfrak{q}}$ we can use Lemmas 2.3 and 2.4 to choose $q \in \mathfrak{q}$ and $(a, c_i q) \in W_q$, such that $(a_i, b_i) \sim_{\mathfrak{q}} (a, c_i q)$, $1 \leq i \leq n$. We can further arrange that the c_i are non-zero, and then, by varying a mod $c_1 \ldots c_n q$, arrange that aA is a prime ideal. Let U be the finite cyclic group U(A/aA). Then we have the map defined in (2.8),

$$h : U \to D,$$

defined by $b \mapsto \left\{\frac{bq}{a}\right\}$ for $b \in A$ and prime to a, and the image of h contains each of the given elements $\left\{\frac{b_1}{a_1}\right\}, \ldots, \left\{\frac{b_n}{a_n}\right\}$. From *c)* (ii) we have the functional equation,

$$h(u^2 v) = h(u^2) h(v) \qquad \text{for } u, v \in U.$$

Let $H = h(U^2) \subset D'$, and let b generate U. Then $U = U^2 \cup bU^2$ so

$$h(U) = H \cup h(b) H \subset D' \cup h(b) D'.$$

In conclusion, this discussion shows that any finite set of symbols $\left\{\frac{b_1}{a_1}\right\}, \ldots, \left\{\frac{b_n}{a_n}\right\}$ lie in the union of D′ and of one of its cosets in D. Finally, since $\{\,\} : W_{\mathfrak{q}} \to D$ is surjective, by hypothesis, it follows immediately that $[D : D'] \leq 2$. Q.E.D.

We shall conclude this chapter now by describing the functoriality of the isomorphism in Theorem 3.6.

Let A be the ring of integers in a totally imaginary number field k. Then Theorem 3.6 supplies an isomorphism

$$\varprojlim_{\mathfrak{q}} C_{\mathfrak{q}} \cong \mu_k, \tag{3.8}$$

where μ_k denotes the group of roots of unity in k, and where the limit is taken over all non zero ideals $\mathfrak{q}$ of A. In fact, if $m = [\mu_k : 1]$, the limit is already reached by any $\mathfrak{q}$ divisible by $m . \prod_{p|m} p^{1/(p-1)}$, and *a fortiori* by any $\mathfrak{q}$ divisible by m^2. (k contains a primitive p-th root of unity, w_p, and $1 - w_p$ generates the ideal whose $(p-1)$-st power is (p). The symbol $p^{1/(1-p)}$ above denotes this ideal.)

Let k_1 be an extension of k of degree $d=[k_1:k]$, and with integers A_1. If $\mathfrak{q}$ is an ideal of A then the inclusion $W_{\mathfrak{q}} \subset W_{\mathfrak{q}A_1}$ induces a homomorphism $C_{\mathfrak{q}} \to C_{\mathfrak{q}A_1}$. The ideals $\mathfrak{q}A_1$ are cofinal in A_1, so, passing to the limit, (3.8) induces a homomorphism

$$\varphi : \mu_k \to \mu_{k_1}.$$

The nature of the identification (3.8) shows that φ is characterized by the fact that, for $\mathfrak{q}$ highly divisible by $m_1=[\mu_{k_1}:1]$, and for any $(a, b) \in W_{\mathfrak{q}}$,

$$\varphi\left({}_k\left(\frac{b}{a}\right)_m\right) = {}_{k_1}\left(\frac{b}{a}\right)_{m_1}.$$

The left subscripts here designate the fields to which the symbols apply.

This φ has been determined in (A.23); it is defined by the formula:

1 (3.9) $$\varphi(\zeta)=\zeta^e, \qquad \text{where } e=\left(1+\frac{m}{2}+\frac{m_1}{2}\right)\frac{dm}{m_1}.$$

APPENDIX ON NUMBER THEORY

This appendix presents, in a form convenient for our applications in § 3, the statements of several fundamental theorems from algebraic number theory. Most of the statements are simply given with a reference to the literature from which they are drawn. In other cases we have deduced certain " well known " corollaries from the latter. The following references will be used:

[AT] E. Artin and J. Tate, *Class Field Theory*, Harvard notes (1961).

[H] H. Hasse, Bericht über neuere Untersuchungen und Probleme aus der Theorie der algebraischen Zahlkörper, II Teil, *Jahr. Deut. Math. Ver.*, Erg. VI Band, Teubner, 1930.

[L] S. Lang, *Algebraic Numbers*, Addison Wesley (1964).

[O'M] O. T. O'Meara, *Introduction to Quadratic Forms*, Springer (1963).

[S] J.-P. Serre, *Corps Locaux*, Hermann (1962).

Let k be a global field, i.e. a finite number field or a function field in one variable over a finite field. If $\mathfrak{p}$ is a prime (or place) of k then there is a normalized absolute value, $|\ |_{\mathfrak{p}}$, on the local field $k_{\mathfrak{p}}$ at $\mathfrak{p}$. (See [L, p. 24] where it is denoted $\|\ \|_{\mathfrak{p}}$.) If $\mathfrak{p}$ is finite then the residue class field $k(\mathfrak{p})$ is finite with $\mathbf{N}\mathfrak{p}$ elements, and $|x|_{\mathfrak{p}}=\mathbf{N}\mathfrak{p}^{-\mathrm{ord}_{\mathfrak{p}}(x)}$. If k is a function field with constant field $\mathbf{F}_q$ then $\mathbf{N}\mathfrak{p}=q^{\deg(\mathfrak{p})}$, where $\deg(\mathfrak{p})=[k(\mathfrak{p}):\mathbf{F}_q]$.

For finite $\mathfrak{p}$ write $U_{\mathfrak{p}}$ for the group of local units at $\mathfrak{p}$, and

$$U_{\mathfrak{p}}(n)=\{u \in U_{\mathfrak{p}} \mid \mathrm{ord}_{\mathfrak{p}}(1-u) \geq n\}$$

Thus $U_{\mathfrak{p}}(0)=U_{\mathfrak{p}}$ and $U_{\mathfrak{p}}(n)=1+\mathfrak{p}^n$ for $n>0$. The group $U_{\mathfrak{p}}(n)$ is an open subgroup of finite index in $U_{\mathfrak{p}}$. If $\mathfrak{p}$ is infinite we can set $U_{\mathfrak{p}}=k_{\mathfrak{p}}^*$, the multiplicative group of $k_{\mathfrak{p}}$.

Let J be the idèle group of k (see [L, Ch. VI] or [O'M, Ch. III]). J has a topology making it a locally compact group and inducing the product topology on the open subgroup $\prod_{\mathfrak{p}} U_{\mathfrak{p}}$. The group k^* is embedded diagonally as a discrete subgroup of J.

If $x=(x_{\mathfrak{p}})$ is an idèle then $|x_{\mathfrak{p}}|_{\mathfrak{p}}=1$ for almost all $\mathfrak{p}$. Let $||x||=\prod_{\mathfrak{p}}|x_{\mathfrak{p}}|_{\mathfrak{p}}$. The map $|| \; || : J \to \mathbf{R}^*$ is a continuous homomorphism whose kernel we denote by J^0. It is clear from the definitions that

(A.1)
$$J/J^0 \cong \begin{cases} \mathbf{R} & \textit{if } k \textit{ is a number field.} \\ \mathbf{Z} & \textit{if } k \textit{ is a function field.} \end{cases}$$

(A.2) *Product Formula* (See [L, Ch. V] or [O'M, § 33 B]).

$$k^* \subset J^0.$$

I.e. $\prod_{\mathfrak{p}}|x|_{\mathfrak{p}}=1$ for $x \in k^*$.

In function fields this is usually written additively:

(A.3) *If k is a function field and if* $x \in k^*$ *then*

$$\sum_{\mathfrak{p}} \text{ord}_{\mathfrak{p}}(x) \deg(\mathfrak{p})=0.$$

Write $C=J/k^*$, the group of *idèle classes*, and $C^0=J^0/k^*$.

(A.4) *Class Number-Unit Theorem* (See [L, Ch. VI, Theorem 4]).

C^0 *is compact.*

Let $\mathfrak{p}_0$ be a finite prime. An idèle $t=(t_{\mathfrak{p}})$ is called *prime at* $\mathfrak{p}_0$ if $t_{\mathfrak{p}}=1$ for $\mathfrak{p} \neq \mathfrak{p}_0$, and if $t_{\mathfrak{p}_0}$ is a local parameter (i.e. generates the maximal ideal) at $\mathfrak{p}_0$.

(A.5) *Artin Reciprocity and Existence Theorem.* (See [AT, Ch. 8, § 1]). *Let* K/*k be a finite abelian extension. Then there is a continuous epimorphism* $r: C \to \text{Gal}(K/k)$ *such that, if* $\mathfrak{p}$ *is a finite prime of k, unramified in* K, *and if t is a prime idèle at* $\mathfrak{p}$, *then* $r(t.k^*)=(\mathfrak{p}, K/k)$, *the Artin symbol. Every open subgroup of finite index in* C *is the kernel of r for a suitable (and uniquely determined)* K.

For the Artin symbol see, e.g., [S, Ch. I, § 8].

(A.6) " *Čebotarev Theorem for abelian extensions* ". (See [H], § 24). *Let* K/*k be a finite abelian extension; given* $\sigma \in \text{Gal}(K/k)$ *there are infinitely many primes* $\mathfrak{p}$ *of k, unramified in* K, *such that* $(\mathfrak{p}, K/k)=\sigma$. (See also A. Weil, *Basic number theory*, p. 289.)

In view of (A.5) we see that this Čebotarev Theorem is equivalent to the:

(A.7) *Density Theorem.*

If U *is an open subgroup of finite index in* C *then every coset of* C/U *contains infinitely many prime idèle classes.*

(A.8) *Corollary. — Let* ζ *be a primitive m-th root of unity and suppose that* $\zeta \notin k$. *Then there exist infinitely many primes* ζ *such that* $\mathbf{N}\mathfrak{p} \not\equiv 1 \bmod m$. *If* $k(\zeta)/k$ *is cyclic we can even arrange that* $k(\mathfrak{p})$ *contains no more m-th roots of unity than k does.*

Proof. — Choose $\sigma \neq 1$ in $\text{Gal}(k(\zeta)/k)$, a generator in the cyclic case. By the Čebotarev Theorem there are infinitely many primes $\mathfrak{p}$, prime to m in the number field case, and hence unramified in $k(\zeta)$, such that $(\mathfrak{p}, k(\zeta)/k)=\sigma$. Thus the Frobenius automorphism in the extension $k(\mathfrak{p})(\zeta)/k(\mathfrak{p})$ is not trivial, so $\zeta \notin k(\mathfrak{p})$. (We identify ζ with its image modulo $\mathfrak{p}$.)

In the cyclic case we even have $[k(\mathfrak{p})(\zeta) : k(\mathfrak{p})] =$ order of σ. Suppose $\zeta^i \in k(\mathfrak{p})$. Then, by Hensel's lemma, $\zeta^i \in k_\mathfrak{p}$, so $[k_\mathfrak{p}(\zeta) : k_\mathfrak{p}]$ is dominated by $[k(\zeta) : k(\zeta^i)]$. The inequalities

$$[k(\zeta) : k] = [k(\mathfrak{p})(\zeta) : k(\mathfrak{p})] \leq [k_\mathfrak{p}(\zeta) : k_\mathfrak{p}] \leq [k(\zeta) : k(\zeta^i)]$$

now imply that $\zeta^i \in k$.

(A.9) *Corollary. — If k is a function field then, given $n > 1$, there are infinitely many primes $\mathfrak{p}$ of degree prime to n.*

For if $\mathbf{F}_q$ is the constant field of k we can take $m = q^n - 1$ in the corollary above. The extension $k(\zeta)/k$ is certainly cyclic, and it is easy to see that a finite extension of $\mathbf{F}_q$ having only $q-1$ m-th roots of unity must have degree prime to n.

Let S_∞ be a finite, non empty, set of primes of k, containing all archimedean primes when k is a number field, and let

$$A = \{x \in k \mid \operatorname{ord}_\mathfrak{p}(x) \geq 0 \text{ for all } \mathfrak{p} \notin S_\infty\}.$$

A is called the *Dedekind ring of arithmetic type* defined by the set S_∞ of primes in k. (A is a " Hasse domain " in the terminology of O'Meara.) A is, indeed, a Dedekind domain, and we can canonically identify the maximal ideals of A with the primes outside S_∞. With this convention we have $k(\mathfrak{p}) = A/\mathfrak{p}$ for $\mathfrak{p} \notin S_\infty$. If A' is defined by $S'_\infty \supset S_\infty$ then it follows easily from the finiteness of class number that A' is a ring of fractions of A; in fact $A' = A[a^{-1}]$ for a suitable $a \in A$.

(A.10) *Dirichlet Theorem. — Suppose we are given: non zero $a, b \in A$ such that $aA + bA = A$; a finite set S_0 of primes outside S_∞ and prime to b; for each $\mathfrak{p} \in S_0 \cup S_\infty$ an open subgroup $V_\mathfrak{p} \subset k_\mathfrak{p}^*$ and an $x_\mathfrak{p} \in k_\mathfrak{p}^*$ such that, for $\mathfrak{p} \in S_0$, $e_\mathfrak{p} = \operatorname{ord}_\mathfrak{p}(x_\mathfrak{p}) \geq 0$. Suppoxe also that, for at least one $\mathfrak{p} \in S_\infty$, $V_\mathfrak{p}$ has finite index in $k_\mathfrak{p}^*$.*

Then there exist infinitely many primes $\mathfrak{p}_0 \notin S_0 \cup S_\infty$ such that there is a $c \in A$ satisfying

$$c \equiv a \bmod bA$$

$$c \in x_\mathfrak{p} V_\mathfrak{p} \quad \textit{for all} \quad \mathfrak{p} \in S_0 \cup S_\infty$$

and

$$cA = \mathfrak{p}_0 \mathfrak{a}$$

where

$$\mathfrak{a} = \prod_{\mathfrak{p} \in S_0} \mathfrak{p}^{e_\mathfrak{p}}.$$

Proof. — For $\mathfrak{p} \in S_0$ we can, by making the $V_\mathfrak{p}$ smaller, if necessary, assume $V_\mathfrak{p} \subset U_\mathfrak{p}$. For $\mathfrak{p} \notin S_0 \cup S_\infty$ define

$$V_\mathfrak{p} = U_\mathfrak{p}(\operatorname{ord}_\mathfrak{p}(b)) = \{u \in U_\mathfrak{p} \mid \operatorname{ord}_\mathfrak{p}(1-u) \geq \operatorname{ord}_\mathfrak{p}(b)\}.$$

Then $V_\mathfrak{p} = U_\mathfrak{p}$ for almost all $\mathfrak{p}$, so $V = \prod_\mathfrak{p} V_\mathfrak{p}$ is an open subgroup of J. Therefore $W = Vk^*/k^*$ is an open subgroup of $C = J/k^*$, so C/W is discrete. To show that it is finite we need only observe that it is compact. Since C^0 is compact (see (A.4)) it suffices to show that $C/C^0.W = \|C\|/\|W\|$ is finite. Since $\|C\| \cong \mathbf{R}$ or $\mathbf{Z}$ (see (A.1)) and since $||W||$ is an open subgroup, it suffices to observe that $||W|| \neq \{1\}$. But this follows immediately from the fact that $V_\mathfrak{p}$ has finite index in $k_\mathfrak{p}^*$ for some $\mathfrak{p} \in S_\infty$.

Now it follows from the Density Theorem that each coset of $J/V.k^*$ contains infinitely many prime idèles. To apply this we first construct some idèles from the data of the theorem. Write S_b for the set of primes dividing b, and define idèles $\overline{a}$ and $\overline{x}$ by:

$$\overline{a}:\ \overline{a}_\mathfrak{p} = \begin{cases} a \text{ if } \mathfrak{p} \in S_b \\ 1 \text{ if } \mathfrak{p} \notin S_b \end{cases}$$

$$\overline{x}:\ \overline{x}_\mathfrak{p} = \begin{cases} x_\mathfrak{p} \text{ if } \mathfrak{p} \in S_0 \cup S_\infty \\ 1 \quad \text{otherwise} \end{cases}$$

Now the Density Theorem gives us infinitely many primes $\mathfrak{p}_0 \notin S_b \cup S_\infty$ such that there is a prime idèle r at $\mathfrak{p}_0$ satisfying $r \equiv \overline{a}\,\overline{x}^{-1} \bmod Vk^*$. Thus we can find $d \in k^*$ and $v \in V$ such that

$$(*) \qquad r\overline{x}v = \overline{a}d$$

We claim that $\mathfrak{p}_0$ and $c = ad$ satisfy the conclusions of the theorem. To verify this we study the equation $(*)$ at each $\mathfrak{p}$.

$\mathfrak{p} \notin \{\mathfrak{p}_0\} \cup S_b \cup S_0 \cup S_\infty$: $\quad v_\mathfrak{p} = ad, \quad$ so $\mathrm{ord}_\mathfrak{p}(c) = 0$

$\mathfrak{p} = \mathfrak{p}_0$: $\quad r_{\mathfrak{p}_0} v_{\mathfrak{p}_0} = ad, \quad$ so $\mathrm{ord}_{\mathfrak{p}_0}(c) = 1$

$\mathfrak{p} \in S_0$: $\quad x_\mathfrak{p} v_\mathfrak{p} = ad, \quad$ so $cx_\mathfrak{p}^{-1} \in V_\mathfrak{p} \subset U_\mathfrak{p}$

and, in particular, $\mathrm{ord}_\mathfrak{p}(c) = \mathrm{ord}_\mathfrak{p}(x_\mathfrak{p}) = e_\mathfrak{p}$.

$\mathfrak{p} \in S_b$: $\quad v_\mathfrak{p} = d \quad$ so $d \in V_\mathfrak{p} = U_\mathfrak{p}(\mathrm{ord}_\mathfrak{p}(b))$

and therefore $c = ad \equiv a \bmod \mathfrak{p}^{\mathrm{ord}_\mathfrak{p}(b)}$.

These conclusions already show that $c \in A$, that $c \equiv a \bmod bA$, and that $cA = \mathfrak{p}_0 \mathfrak{a}$, as well as that $cx_\mathfrak{p}^{-1} \in V_\mathfrak{p}$ for $\mathfrak{p} \in S_0$. There remains only the condition at S_∞.

$\mathfrak{p} \in S_\infty$: $\quad x_\mathfrak{p} v_\mathfrak{p} = ad, \quad$ so $cx_\mathfrak{p}^{-1} \in V_\mathfrak{p}$. Q.E.D.

The following special cases of this theorem suffice for most applications.

(A.11) *Suppose k is a number field. Given non zero $a, b \in A$ and a non zero ideal $\mathfrak{a}$ such that $aA + bA = A = \mathfrak{a} + bA$, then there are infinitely many primes $\mathfrak{p}_0 \notin S_\infty$ such that $\mathfrak{p}_0\mathfrak{a} = cA$ for some $c \equiv a \bmod bA$, and we can prescribe the signs of c at the real primes.*

We take $V_\mathfrak{p}$ = the positive reals, at real $\mathfrak{p}$, to obtain the last condition.

(A.12) *Suppose k is a function field, and that we are given a, b and $\mathfrak{a}$ as in* (A.11) *above. Suppose also given, for each $\mathfrak{p} \in S_\infty$, integers $n_\mathfrak{p} > 0$ and $m_\mathfrak{p}$. Then we have the same conclusion as above, where the condition at real primes is replaced by:*

$$\mathrm{ord}_\mathfrak{p}(c) \equiv m_\mathfrak{p} \bmod n_\mathfrak{p}\mathbf{Z}$$

for all $\mathfrak{p} \in S_\infty$.

Here we take for $V_\mathfrak{p}$, $\mathfrak{p} \in S_\infty$, the set of $x \in k^*$ such that $\mathrm{ord}_\mathfrak{p}(x) \equiv 0 \bmod n_\mathfrak{p}$.

We shall now give a description of the power reciprocity laws, following [AT, Ch. 12] and [S, Ch. XIV].

We fix an integer $m \geq 1$ and we shall be discussing fields k which contain the group, μ_m, of all m-th roots of unity. This will always be understood to imply that $\operatorname{char}(k) \nmid m$, so that μ_m is cyclic of order m.

First suppose k is a *local field*, i.e. a local completion of some global field, and assume $\mu_m \subset k$. If k_a is the maximal abelian extension of k, then there is a *reciprocity map*, which is a continuous homomorphism

$$k^* \to \operatorname{Gal}(k_a/k)$$
$$a \to (a, k_a/k),$$

(See [S, Ch. XI, § 3]). For example, in the non-archimedean case, the restriction of $(a, k_a/k)$ to the unramified part is the Artin symbol, i.e. the ord(a) power of the lifting of the Frobenius automorphism. If $a, b \in k^*$ then, since $\mu_m \subset k$, $k(a^{1/m})/k$, is an abelian extension on which $\sigma = (b, k_a/k)$ operates, so we can define

$$\left(\frac{a, b}{k}\right)_m = \frac{\sigma a^{1/m}}{a^{1/m}} \in \mu_m$$

and it is easy to see that this is independent of the choice of $a^{1/m}$. (In case our field is $k_\mathfrak{p}$, where k now denotes some global field, then we shall write $\left(\frac{a, b}{\mathfrak{p}}\right)_m$ instead.) This definition agrees with those of [H] and [S], and is reciprocal to that of [A-T].

(A.13) $$\left(\frac{\ ,\ }{k}\right)_m : k^* \times k^* \to \mu_m$$

factors through $(k^*/k^{*m}) \times (k^*/k^{*m})$, *on which it defines a non-degenerate, antisymmetric, bilinear form. Moreover,*

$$\left(\frac{a, 1-a}{k}\right)_m = 1 \qquad \textit{whenever } a, 1-a \in k^*$$

and, if $n \mid m$, $$\left(\left(\frac{a, b}{k}\right)_m\right)^n = \left(\frac{a, b}{k}\right)_{m/n}.$$

This result and (A.16) below summarize the results of [S, Ch. XIV, §§ 1-3] and of [AT, Ch. 12, § 1].

We shall now discuss the evaluation of these symbols. In the archimedean case the symbol is uniquely characterized by (A.13):

(A.14) *If* $k \cong \mathbf{C}$ *then* $k^* = k^{*m}$ *so* $\left(\frac{a, b}{\mathbf{C}}\right)_m = 1$ *for all* a *and* b.

(A.15) *If* $k \cong \mathbf{R}$ *then* $m \leq 2$ *and we have*

$$\left(\frac{a,\,b}{\mathbf{R}}\right)_2 = \begin{cases} -1 & \text{if } a, b < 0 \\ 1 & \text{otherwise} \end{cases}.$$

Suppose next that k is non archimedean, with prime $\mathfrak{p}$ and suppose $\mathbf{N}\mathfrak{p} = q$ is prime to m. Since $\mu_m \subset k$ we have $q \equiv 1 \bmod m$. Therefore, if $a \in U_\mathfrak{p}$, $a^{\frac{q-1}{m}}$ becomes an m-th root of unity mod $\mathfrak{p}$, so there is a unique element $\left(\frac{a}{\mathfrak{p}}\right)_m \in \mu_m$ such that

$$a^{\frac{q-1}{m}} \equiv \left(\frac{a}{\mathfrak{p}}\right)_m \bmod \mathfrak{p}.$$

This is called the m-th *power residue symbol* at $\mathfrak{p}$.

(A.16) (See [S, p. 217]). *Suppose k is non archimedean with prime $\mathfrak{p}$ and residue characteristic prime to m. Then for $a \in U_\mathfrak{p}$ and $b \in k^*_\mathfrak{p}$*

$$\left(\frac{a,\,b}{\mathfrak{p}}\right)_m = \left(\frac{a}{\mathfrak{p}}\right)_m^{\operatorname{ord}_\mathfrak{p}(b)}$$

Thus $\left(\frac{a,\,b}{\mathfrak{p}}\right)_m = 1$ if b is also a unit. Note that when char $k > 0$ we are automatically in the case covered by (A.16). It remains to discuss the much more complicated case when the residue characteristic divides m. The information we require in these cases is contained in the following two propositions.

k now denotes a finite extension of $\mathbf{Q}_p$, with prime $\mathfrak{p}$, and we suppose $m = p^n$. We shall write

$$e = \operatorname{ord}_\mathfrak{p}(p),$$

the absolute ramification index.

For $x \in \mathbf{R}$ write $[x]$ for the largest integer $\leq x$, and for $a \in \mathbf{Z}$ write $a_{[0,n]}$ for the nearest integer to a in the interval $[0, n]$.

(A.17) *Let h be a non negative integer. Then*

$$\left(\frac{U_\mathfrak{p}(h),\, U_\mathfrak{p}}{\mathfrak{p}}\right)_{p^n} = \left(\frac{U_\mathfrak{p}(h+1),\, k^*}{\mathfrak{p}}\right)_{p^n} = \mu_{p^{n-j}}$$

where

$$j = \left[\frac{h}{e} - \frac{1}{p-1}\right]_{[0,n]}.$$

(A.18) *If* $a \in U_\mathfrak{p}(h)$ *and if* $\operatorname{ord}_\mathfrak{p}(b) \geq h$, *then* $\left(\frac{a,\,b}{\mathfrak{p}}\right)_{p^j}$ *depends on a only modulo b, where j has the same meaning as in* (A.17); *it equals* 1 *if* $\operatorname{ord}_\mathfrak{p}(b) = h$.

Remark. — When $a \in U_\mathfrak{p}(h)$, $b \in k^*_\mathfrak{p}$, the value of $\left(\frac{a,\,b}{\mathfrak{p}}\right)_{p^j}$ may be given explicitly, as follows:

When $j=0$, this symbol is of course equal to 1.

When $j \geq 1$, let w be a primitive p-th root of unity, and let $\alpha=(a-1)/p^j(w-1)$. Since $a \in \mathrm{U}_\mathfrak{p}(h)$, α is $\mathfrak{p}$-integral; let $\bar{\alpha}$ be its image in $k(\mathfrak{p})$, and let $\mathrm{S}(\alpha)$ be the image of $\bar{\alpha}$ by the trace $\mathrm{Tr} : k(\mathfrak{p}) \to \mathbf{F}_p$. With these notations, one has:

$$\left(\frac{a, b}{\mathfrak{p}}\right)_{p^j} = w^{-\mathrm{S}(\alpha)\mathrm{ord}_\mathfrak{p}(b)}.$$

(If $j=1$ this is [S, Prop. 6, p. 237]. The general case is proved by induction on j, writing a as a p-th power.)

Proof of (A.17). — Write

$$\mu(h, n) = \left(\frac{\mathrm{U}_\mathfrak{p}(h+1), k_\mathfrak{p}^*}{\mathfrak{p}}\right)_{p^n}$$

and
$$\mu'(h, n) = \left(\frac{\mathrm{U}_\mathfrak{p}(h), \mathrm{U}_\mathfrak{p}}{\mathfrak{p}}\right)_{p^n}$$

We shall reason by induction on n. Setting $j' = \left[\frac{h}{e} - \frac{1}{p-1}\right]$, j' is defined by the inequalities

$$e\left(j' + \frac{1}{p-1}\right) \leq h < e\left(j' + 1 + \frac{1}{p-1}\right),$$

and j is the nearest integer to j' in the interval $[0, n]$.

The case $n=1$. — Since the groups μ and μ' decrease as h increases it suffices to show that, for $h = e\left(1 + \frac{1}{p-1}\right) = \frac{ep}{p-1}$ (which is an integer because $p^{n-1}(p-1)$ divides e),

$$\mu(h, 1) = \{1\}, \qquad \mu(h-1, 1) = \mu_p,$$
$$\mu'(h, 1) = \{1\}, \qquad \mu'(h-1, 1) = \mu_p.$$

If $x \in \mathrm{U}_\mathfrak{p}(h)$ and $y \in k_\mathfrak{p}^*$ the evaluation of $\left(\frac{x, y}{\mathfrak{p}}\right)_p$ is made in [S, p. 237, Prop. 6]. From this one deduces the first three formulas

$$\left(\frac{\mathrm{U}_\mathfrak{p}(h+1), k_\mathfrak{p}^*}{\mathfrak{p}}\right)_p = \{1\} = \left(\frac{\mathrm{U}_\mathfrak{p}(h), \mathrm{U}_\mathfrak{p}}{\mathfrak{p}}\right)_p, \text{ and } \left(\frac{\mathrm{U}_\mathfrak{p}(h), k_\mathfrak{p}^*}{\mathfrak{p}}\right)_p = \mu_p.$$

The last formula, $\left(\frac{\mathrm{U}_\mathfrak{p}(h-1), \mathrm{U}_\mathfrak{p}}{\mathfrak{p}}\right)_p = \mu_p$ follows from the evaluation of the symbol given in [S, p. 237, Exercise 3]. Rather than appeal to an exercise we can argue directly, as follows. Take $x \in \mathrm{U}_\mathfrak{p}(h-1)$, $x \notin \mathrm{U}_\mathfrak{p}(h)$. If $\left(\frac{x, \mathrm{U}_\mathfrak{p}}{\mathfrak{p}}\right)_p = \{1\}$, the reciprocity map $k^* \to \mathrm{Gal}(k(x^{1/p})/k)$ is trivial on $\mathrm{U}_\mathfrak{p}$, and hence the extension $k(x^{1/p})/k$ is unramified [S, p. 205, Cor. to Prop. 13]. Then $\mathrm{ord}_\mathfrak{p}$ on k agrees with ord on $k(x^{1/p})$. Writing $x^{1/p}=1+y$ we have

$$x=1+py\left(1+\frac{p-1}{2}y+\ldots\right)+y^p$$

so

$$h-1=\frac{ep}{p-1}-1=e+\frac{e}{p-1}-1=\mathrm{ord}(x-1)$$
$$\geq \min(e+\mathrm{ord}(y), p\,\mathrm{ord}(y)),$$

with equality when these two numbers differ. Since $h-1$ is not a multiple of p, therefore, we cannot have $p\,\mathrm{ord}(y)<e+\mathrm{ord}(y)$, so $\mathrm{ord}(y)\geq \frac{e}{p-1}$, and $h-1\geq e+\mathrm{ord}(y)\geq e+\frac{e}{p-1}$; contradiction.

The case $n\geq 2$. — Let $\pi:\mu_{p^n}\to\mu_{p^{n-1}}$ be the p-th power map. Since

$$(*)\qquad \left(\frac{x,y}{\mathfrak{p}}\right)_{p^{n-1}}=\pi\left(\frac{x,y}{\mathfrak{p}}\right)_{p^n}=\left(\frac{x^p,y}{\mathfrak{p}}\right)_{p^n}$$

we see that $\mu(h,n-1)=\pi(\mu(h,n))$, and similarly for μ'.

(i) Suppose first that $j=\left[\frac{h}{e}-\frac{1}{p-1}\right]_{[0,n]}\leq n-2$. Then, by induction we have $\mu(h,n-1)=\mu_{p^{n-1-j}}\neq\{1\}$, and the only subgroup of μ_{p^n} having this image under π is $\mu_{p^{n-j}}$. Therefore this case follows from the remark above.

(ii) Suppose that $\left[\frac{h}{e}-\frac{1}{p-1}\right]\geq n-1$. The argument above shows now that $\pi(\mu(h,n))=\{1\}$, so $\mu(h,n)\subset\mu_p$, and similarly for μ'. As in the case $n=1$, it suffices to show that, if $h_n=e\left(n+\frac{1}{p-1}\right)$, then

$$\mu(h_n,n)=\{1\},\qquad \mu(h_n-1,n)=\mu_p,$$
$$\mu'(h_n,n)=\{1\},\qquad \mu'(h_n-1,n)=\mu_p.$$

Since $n\geq 2$ and since e is divisible by $(p-1)p^{n-1}\geq 2$ it follows that $h_n-1>e\left(1+\frac{1}{p-1}\right)$. Now it follows from [S, p. 219, Prop. 9] that, for $m>e\left(1+\frac{1}{p-1}\right)$, the p-th power map sends $U_\mathfrak{p}(m-e)$ isomorphically onto $U_\mathfrak{p}(m)$. Taking $m=h_n-1, m=h_n$, and $m=h_n+1$, and using the formula $(*)$ above, we obtain

$$\mu(h_n,n)=\mu(h_{n-1},n-1)$$
$$\mu'(h_n,n)=\mu'(h_{n-1},n-1)$$
$$\mu(h_n-1,n)=\mu(h_{n-1}-1,n-1)$$
$$\mu'(h_n-1,n)=\mu'(h_{n-1}-1,n-1)$$

The proof is now completed by the induction hypothesis.

Proof of (A.18). — Since $\left(\frac{a,\, b}{\mathfrak{p}}\right)_{p^j} = \left(\left(\frac{a,\, b}{\mathfrak{p}}\right)_{p^n}\right)^{p^{n-j}}$ it follows from part (i) that

$$\left(\frac{U_\mathfrak{p}(h),\, U_\mathfrak{p}}{\mathfrak{p}}\right)_{p^j} = \{1\} = \left(\frac{U_\mathfrak{p}(h+1),\, k_\mathfrak{p}^*}{\mathfrak{p}}\right)_{p^j}.$$

This shows first that $\left(\frac{a,\, b}{\mathfrak{p}}\right)_{p^j}$ depends only on the class of a mod $U_\mathfrak{p}(h+1)$, i.e. mod $\mathfrak{p}^{h+1}$.

Case $\mathrm{ord}_\mathfrak{p}(b) \geq h+1$. — It is then clear that $\left(\frac{a,\, b}{\mathfrak{p}}\right)_{p^j}$ depends only on a mod b.

Case $\mathrm{ord}(b) = h$. — If $a \in U_\mathfrak{p}(h+1)$ we have $\left(\frac{a,\, b}{\mathfrak{p}}\right)_{p^j} = 1$ by one of the formulae above. If $a \notin U_\mathfrak{p}(h+1)$, $\mathrm{ord}_\mathfrak{p}(1-a) = h$, and we have $b = (1-a)v$ with $v \in U_\mathfrak{p}$. Hence:

$$\left(\frac{a,\, b}{\mathfrak{p}}\right)_{p^j} = \left(\frac{a,\, 1-a}{\mathfrak{p}}\right)_{p^j} \left(\frac{a,\, v}{\mathfrak{p}}\right)_{p^j}.$$

But $\left(\frac{a,\, 1-a}{\mathfrak{p}}\right)_{p^j} = 1$ by (A.13), and $\left(\frac{a,\, v}{\mathfrak{p}}\right)_{p^j} = 1$ by one of the formulae above. Hence $\left(\frac{a,\, b}{\mathfrak{p}}\right)_{p^j} = 1$. Q.E.D.

Now let k be a *global* field containing μ_m.

(A.19) *m-th power reciprocity law: If* $a, b \in k^*$ *then* $\left(\frac{a,\, b}{\mathfrak{p}}\right)_m = 1$ *for almost all* $\mathfrak{p}$, *and*

$$\prod_\mathfrak{p} \left(\frac{a,\, b}{\mathfrak{p}}\right)_m = 1$$

The first assertion follows from (A.16), since a and b are both units at almost all finite $\mathfrak{p}$. The product formula is [AT, Ch. 12, Theorem 13].

Suppose that A is the ring of algebraic integers in a number field k. Let b be a non zero element of A, and let $\mathfrak{a}$ be an ideal of A prime to bm. The *m-th power residue symbol*, $\left(\frac{b}{\mathfrak{a}}\right)_m$, is defined by

(A.20) $$\left(\frac{b}{\mathfrak{a}}\right)_m = \prod_{\mathfrak{p} \mid \mathfrak{a}} \left(\frac{b}{\mathfrak{p}}\right)_m^{\mathrm{ord}_\mathfrak{p}(\mathfrak{a})}.$$

When $\mathfrak{a} = a\mathrm{A}$ we write simply $\left(\frac{b}{a}\right)_m$. This is evidently a bimultiplicative function on the pairs $(\mathfrak{a}, b)$ for which it is defined. According to (A.16) we can write $\left(\frac{b}{\mathfrak{p}}\right)_m^{\mathrm{ord}_\mathfrak{p}(a)} = \left(\frac{b,\, a}{\mathfrak{p}}\right)_m$ so the reciprocity law, and the antisymmetry of the local symbols, gives us

(A.21) $$\left(\frac{b}{a}\right)_m = \prod_{\mathfrak{p} \nmid a} \left(\frac{a,\, b}{\mathfrak{p}}\right)_m.$$

If $p \nmid mab\infty$ then (A.16) implies $\left(\dfrac{a, b}{p}\right)_m = 1$. Therefore we can rewrite (A.21), using (A.16), as:

$$(A.21) \qquad \left(\frac{b}{a}\right)_m = \prod_{\substack{p \mid b \\ p \nmid m}} \left(\frac{a}{p}\right)_m^{\mathrm{ord}_p(b)} \cdot \prod_{p \mid m} \left(\frac{a, b}{p}\right)_m \cdot \prod_{p \mid \infty} \left(\frac{a, b}{p}\right)_m$$

Note that the third factor disappears if k is totally imaginary; if $(b, m) = 1$ the first factor is just $\left(\dfrac{a}{b}\right)_m$.

The following fact from Artin-Tate [AT, Ch. 12, Theorem 8] is used in the proof of Proposition 4.15. It can also be deduced from the remark following (A.18).

(A.22) *Let p be an odd prime, let $k = \mathbf{Q}(\zeta)$ with ζ a primitive p-th root of unity, and let $\lambda = 1 - \zeta$. Then $\left(\dfrac{1 - \lambda^p, \lambda}{(\lambda)}\right)_p \neq 1$.*

We shall now discuss a functorial property of the power residue symbols. Changing notation slightly we shall write μ_k for the group of all roots of unity in a number field k.

(A.23) *Let $k \subset k_1$ be an extension of number fields of degree $d = [k_1 : k]$, and write $m = [\mu_k : 1]$ and $m_1 = [\mu_{k_1} : 1]$ for the orders of their groups of roots of unity.*

a) *There is a unique homomorphism $\varphi = \varphi_{k_1/k} : \mu_k \to \mu_k$ making the triangle*

$$\begin{array}{ccc}
 & \mu_{k_1} & \\
{\scriptstyle m_1/m} \swarrow & & \searrow {\scriptstyle N_{k_1/k}} \\
\mu_k & \xrightarrow{\;\;\varphi\;\;} & \mu_k
\end{array}$$

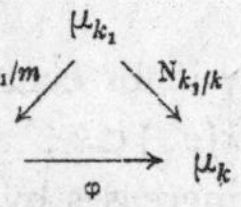

commutative, and, if $k_1 \subset k_2$, $\varphi_{k_2/k} = \varphi_{k_2/k_1} \circ \varphi_{k_1/k}$.

2   b) *$\varphi(\zeta) = \zeta^e$, where $e = \left(1 + \dfrac{m}{2} + \dfrac{m_1}{2}\right) dm/m_1$.*

This makes sense because dm/m_1 has denominator prime to m.

c) *Let b be an algebraic integer of k, and let $\mathfrak{a}$ be an ideal of k which is prime to $m_1 b$; identify $\mathfrak{a}$ with the corresponding ideal of k_1. Then*

$$_{k_1}\!\left(\frac{b}{\mathfrak{a}}\right)_{m_1} = \varphi\left(_k\!\left(\frac{b}{\mathfrak{a}}\right)_m\right),$$

where the left subscript denotes the field in which the symbol is defined.

Proof. — a) The existence and uniqueness of φ follows because $\mu_{k_1} \xrightarrow{m_1/m} \mu_k$ is an epimorphism of cyclic groups, and because $N_{k_1/k}(\mu_{k_1}) \subset \mu_k$. The functoriality follows from uniqueness and the commutativity of the diagram

$$\begin{array}{ccccccc} & & & \mu_{k_2} & & & \\ & & {\scriptstyle m_2/m_1} \swarrow & & \searrow {\scriptstyle \mathrm{N}_{k_2/k_1}} & & \\ & \mu_{k_1} & & \xrightarrow{\varphi_{k_2/k_1}} & & \mu_{k_1} & \\ {\scriptstyle m_1/m} \swarrow & & \searrow {\scriptstyle \mathrm{N}_{k_1/k}} & & & & \searrow {\scriptstyle \mathrm{N}_{k_1/k}} \\ \mu_k & \xrightarrow[\varphi_{k_1/k}]{} & \mu_k & & \xrightarrow[\varphi_{k_2/k_1} \mid \mu_k]{} & & \mu_k \end{array}$$

(The parallelogram commutes because φ_{k_2/k_1} is the multiplication by some integer.)

Suppose we know *b)* for $\varphi_{k_1/k}$ and φ_{k_2/k_1}, and write $d_1 = [k_2 : k_1]$. Then

$$\left(1+\frac{m}{2}+\frac{m_1}{2}\right)\frac{dm}{m_1}\left(1+\frac{m_1}{2}+\frac{m_2}{2}\right)\frac{d_1 m_1}{m_2} = \left(1+\frac{m}{2}+\frac{m_1}{2}\right)\left(1+\frac{m_1}{2}+\frac{m_2}{2}\right)\frac{[k_2 : k]m}{m_2}$$

so the formula for $\varphi_{k_2/k} = \varphi_{k_2/k_1} \circ \varphi_{k_1/k}$ will follow if we show that

$$\left(1+\frac{m}{2}+\frac{m_1}{2}\right)\left(1+\frac{m_1}{2}+\frac{m_2}{2}\right) \equiv \left(1+\frac{m}{2}+\frac{m_2}{2}\right) \bmod m.$$

Write $m_1 = mn_1$ and $m_2 = m_1 n_2$. Then the difference of the left and right side is

$$m_1 + \frac{1}{4}(mm_1 + mm_2 + m_1^2 + m_1 m_2) \equiv \frac{m^2 n_1}{4}(1 + n_2 + n_1 + n_1 n_2) \bmod m$$

$$\equiv m.\frac{m}{2}.\frac{n_1(1+n_1)}{2}.(1+n_2) \equiv 0 \bmod m.$$

Similarly *c)* follows if we know it for each layer of $k \subset k_1 \subset k_2$. Using this we can prove *b)* and *c)* in the layers of $k \subset k(\mu_{k_1}) \subset k_1$, and we can further break up the bottom into layers such that the order of μ_k increases by a prime factor in each one. Therefore it suffices to treat the following three cases.

Case 1. — $m_1 = m$. Then $\mu_{k_1} \subset k$ so clearly $\varphi(\zeta) = \zeta^d$, which is *b)*. For *c)* it suffices to show that if $\mathfrak{p}$ is a prime of k, prime to m_1, and if $b \notin \mathfrak{p}$, then $\left(\frac{b}{\mathfrak{p}}\right)_{k_1,m} = \left(\frac{b}{\mathfrak{p}}\right)_{k,m}^d$. If $\mathfrak{p} = \prod_i \mathfrak{P}_i^{e_i}$ where $\mathfrak{P}_i$ has degree f_i over $\mathfrak{p}$, and if $\mathbf{N}\mathfrak{p} = q$, then $\mathbf{N}\mathfrak{P}_i = q^{f_i}$. Therefore $\left(\frac{b}{\mathfrak{P}_i}\right)_{k_1,m} \equiv b^{\frac{q^{f_i}-1}{m}} = b^{\frac{(q-1)}{m}(1+q+\ldots+q^{f_i-1})} \equiv \left(\frac{b}{\mathfrak{p}}\right)_{k,m}^{(1+q+\ldots+q^{f_i-1})} = \left(\frac{b}{\mathfrak{p}}\right)_{k,m}^{f_i} \bmod \mathfrak{P}_i$. Thus

$$\left(\frac{b}{\mathfrak{p}}\right)_{k_1,m} = \prod_i \left(\frac{b}{\mathfrak{P}_i}\right)_{k_1,m}^{e_i} = \left(\frac{b}{\mathfrak{p}}\right)_{k,m}^{\Sigma e_i f_i} = \left(\frac{b}{\mathfrak{p}}\right)_{k,m}^{d}.$$

Case 2. — $k_1 = k(\mu_{k_1})$ and $m_1 = mp$ where p is a prime not dividing m. Then p must be odd so $\frac{m}{2} + \frac{m_1}{2} = m.\frac{1+p}{2} \equiv 0 \bmod m$, so *b)* becomes $\varphi(\zeta) = \zeta^{d/p}$. Thus we must show $N_{k_1/k}(\zeta)=(\zeta^p)^{d/p}$ for $\zeta\in\mu_{k_1}$. This is clear for $\zeta\in\mu_k$, and if ζ has order p, and hence for a set of generators of μ_{k_1}.

For *c)* we note that ${}_{k_1}\left(\frac{b}{\mathfrak{p}}\right)_{mp}\in\mu_k$ because it is fixed under the galois group. Moreover,

$${}_{k_1}\left(\frac{b}{\mathfrak{p}}\right)_{mp}^{p}={}_{k_1}\left(\frac{b}{\mathfrak{p}}\right)_{m}={}_{k}\left(\frac{b}{\mathfrak{p}}\right)_{m}^{d},$$

by the same calculation as in case 1. Hence

$${}_{k_1}\left(\frac{b}{\mathfrak{p}}\right)_{mp}={}_{k}\left(\frac{b}{\mathfrak{p}}\right)_{m}^{d/p}=\varphi\left({}_{k}\left(\frac{b}{\mathfrak{p}}\right)_{m}\right).$$

Case 3. — As in Case 2, but now assume p divides m. Then $d=[k_1:k]=p$, and

$$\frac{m}{2}+\frac{m_1}{2}=m\frac{1+p}{2}\equiv\begin{cases}0 & \text{if } p\neq 2\\ \frac{m}{2} & \text{if } p=2\end{cases}\mod m.$$

We are in a Kummer extension of degree p, so the norm of a root of unity not in μ_k is its p-th power times the product of all p-th roots of unity. Therefore, for $\zeta\in\mu_{k_1}$

$$N_{k_1/k}(\zeta)=\begin{cases}\zeta^p & \text{if } p\neq 2\\ \zeta^{2+m} & \text{if } p=2.\end{cases}$$

These remarks prove *b)*.

It remains to prove *c)*. Let b an element of A, and let $\mathfrak{p}$ be a prime ideal of A which divides neither b nor m_1. Then $\mathfrak{p}$ is unramified in the galois extension k_1/k, so $p=[k_1:k]=fg$, where f is the degree of a prime $\mathfrak{P}$ over $\mathfrak{p}$, and g is the number of primes over $\mathfrak{p}$. Write $q=\mathbf{N}\mathfrak{p}$, so $q^f=\mathbf{N}\mathfrak{P}$.

The case $f=1$. — Set $\zeta={}_{k_1}\left(\frac{b}{\mathfrak{P}}\right)_{mp}$. Then

$$\zeta^p={}_{k_1}\left(\frac{b}{\mathfrak{P}}\right)_{m}\equiv b^{(q-1)/m}\equiv{}_{k}\left(\frac{b}{\mathfrak{p}}\right)_{m}\mod\mathfrak{P}$$

and

$$N_{k_1/k}(\zeta)=\prod_{\sigma\in\mathrm{Gal}(k_1/k)}{}_{k_1}\left(\frac{b}{\sigma\mathfrak{P}}\right)_{mp}={}_{k_1}\left(\frac{b}{\mathfrak{p}}\right)_{mp}.$$

Hence $\varphi\left({}_{k}\left(\frac{b}{\mathfrak{p}}\right)_{m}\right)=\varphi(\zeta^p)=\varphi(\zeta^{m_1/m})=N_{k_1/k}(\zeta)={}_{k_1}\left(\frac{b}{\mathfrak{p}}\right)_{mp}$ by part *a)*.

The case $f=p$. — Then $q\equiv 1 \bmod m$ but $q\not\equiv 1 \bmod mp$. Write $q=1+am$; then $a^{p-1}\equiv 1 \bmod p$. We can write $q^p-1=pam(1+amb)+a^pm^p$ for some integer b. Setting $(q^p-1)/mp=h(q-1)/m$, we have

$$h=\frac{1+q+\dots+q^{p-1}}{p}=\frac{q^{p-1}}{p(q-1)}=1+amb+\frac{a^{p-1}m^{p-1}}{p}$$

$$\equiv 1+\frac{m^{p-1}}{p}\bmod m.$$

$$\equiv\begin{cases}1 & \text{if } p\neq 2\\ 1+\dfrac{m}{2} & \text{if } p=2\end{cases}\bmod m.$$

Now

$$\left(\frac{b}{\mathfrak{p}}\right)_{k_1,mp}=\left(\frac{b}{\mathfrak{P}}\right)_{k_1,mp}\equiv b^{(q^p-1)/mp}\bmod\mathfrak{P}$$

$$=b^{h(q-1)/m}$$

$$\equiv\left(\frac{b}{\mathfrak{p}}\right)_{k,m}^{h}\bmod\mathfrak{P}$$

$$=\varphi\left(\left(\frac{b}{\mathfrak{p}}\right)_{k,m}\right).\quad \text{Q.E.D.}$$

Chapter II

MENNICKE SYMBOLS ASSOCIATED WITH SL_n

§ 4. Statement of the main theorem. Examples and Applications.

Let A be a commutative ring and let $\mathfrak{q}$ be an ideal of A. $E_n(A)$ denotes the subgroup of $SL_n(A)$ generated by all " elementary " matrices, $I + te_{ij}$ $(t \in A,\ i \neq j)$, and $E_n(A, \mathfrak{q})$ denotes the *normal* subgroup of $E_n(A)$ generated by those with $t \in \mathfrak{q}$. This is a subgroup of

$$SL_n(A, \mathfrak{q}) = \ker(SL_n(A) \to SL_n(A/\mathfrak{q})).$$

We shall consider $SL_n(A) \subset SL_{n+m}(A)$ by identifying $\alpha \in SL_n(A)$ with $\begin{pmatrix} \alpha & 0 \\ 0 & I_m \end{pmatrix}$.

If $\alpha = \begin{pmatrix} a & b \\ c & d \end{pmatrix} \in SL_2(A, \mathfrak{q})$, then it is easy to see (Lemma 5.3 below) that $\alpha \mapsto (a, b)$ defines a surjective map $\qquad SL_2(A, \mathfrak{q}) \xrightarrow{1^{\text{st}} \text{ row}} W_{\mathfrak{q}}$,

where $W_{\mathfrak{q}}$ is defined in § 2.

The aim of this chapter is to prove:

Theorem 4.1. — Let A *be a Dedekind ring, let* $\mathfrak{q}$ *be an ideal of* A, *and suppose* $n \geq 3$.

a) $E_n(A, \mathfrak{q}) = [SL_n(A), SL_n(A, \mathfrak{q})]$.

b) *Write* $C_{\mathfrak{q}}(n) = SL_n(A, \mathfrak{q})/E_n(A, \mathfrak{q})$, *and let*

$$\kappa : SL_n(A, \mathfrak{q}) \to C_{\mathfrak{q}}(n)$$

be the natural epimorphism. Then there is a unique map $[\ ] : W_{\mathfrak{q}} \to C_{\mathfrak{q}}(n)$ *such that*

$$\begin{array}{ccc} SL_2(A, \mathfrak{q}) & \xrightarrow{\text{incl.}} & SL_n(A, \mathfrak{q}) \\ {\scriptstyle 1^{\text{st}}\text{ row}}\Big\downarrow & & \Big\downarrow{\scriptstyle \kappa} \\ W_{\mathfrak{q}} & \xrightarrow[{[\ ]}]{\qquad} & C_{\mathfrak{q}}(n) \end{array}$$

is commutative, and $[\ ]$ *is a Mennicke symbol.*

c) *This Mennicke symbol is universal.*

Part *a)* is a slight improvement of well known results (cf. part *d)* of Theorem 7.5 and part *a)* of Theorem 11.1 below). Parts *b)* and *c)* can be stated equally well as follows:

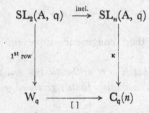

Let C be any group. Then the commutative squares

$$\begin{array}{ccc} SL_2(A, \mathfrak{q}) & \longrightarrow & SL_n(A, \mathfrak{q}) \\ \downarrow {\scriptstyle 1^{st}\ row} & & \downarrow {\scriptstyle \kappa} \\ W_{\mathfrak{q}} & \xrightarrow[{[\,]}]{} & C \end{array}$$

define a bijection between Mennicke symbols, [ ], and homomorphisms κ satisfying $\kappa(\tau\sigma\tau^{-1})=\kappa(\sigma)$ for $\sigma\in SL_n(A, \mathfrak{q})$ and $\tau\in SL_n(A)$.

Part *b)* says that, given $\kappa : SL_n(A, \mathfrak{q})\rightarrow C$ as above, its restriction to $SL_2(A, \mathfrak{q})$ factors through a unique map $[\,] : W_{\mathfrak{q}}\rightarrow C$, and [ ] is a Mennicke symbol. The theorem of Mennicke in § 5 contains this fact.

Part *c)* says that, given a Mennicke symbol $[\,] : W_{\mathfrak{q}}\rightarrow C$, we can construct a unique κ as above. This implies, first of all, that the composite

$$SL_2(A, \mathfrak{q}) \xrightarrow{1^{st}\ row} W_{\mathfrak{q}} \xrightarrow{[\,]} C$$

is a homomorphism. This not at all obvious fact is the Theorem of Kubota in § 6. After this there remains the problem of extending a homomorphism $\kappa_n : SL_n(A, \mathfrak{q})\rightarrow C$, satisfying certain conditions, to a homomorphism $\kappa_{n+1} : SL_{n+1}(A, \mathfrak{q})\rightarrow C$, satisfying analogous conditions. The (rather complicated) solution of this problem occupies §§ 8-10, and it is done in a setting more general than that of Theorem 4.1.

Before embarking on the proofs of these results we shall now record some of the principal corollaries of Theorem 4.1. Further results and applications are stated in § 11.

Corollary 4.2. — For $n\geq 3$ *the natural maps*

$$C_{\mathfrak{q}}(n) \rightarrow C_{\mathfrak{q}}(n+1)$$

are isomorphisms.

The next corollary solves the " congruence subgroup problem " (see Chapter IV) for $SL_n(A)$.

Corollary 4.3. — Suppose that A *is of arithmetic type and that* $n\geq 3$.

a) $SL_n(A)$ *is equal to* $E_n(A)$ *and it is a finitely generated group, equal to its own commutator subgroup.*

b) *If* A *is not totally imaginary then* $C_{\mathfrak{q}}=\{1\}$ *for all* $\mathfrak{q}$.

c) *If* A *is totally imaginary, and if m is the number of roots of unity in* A, *then there is a canonical isomorphism*

$$C_{\mathfrak{q}}\cong \mu_r \qquad \textit{(the r-th roots of unity)}$$

where $r=r(\mathfrak{q})$, *is defined by*

$$\mathrm{ord}_p(r)=\min_{\mathfrak{p}|\mathfrak{q}}\left[\frac{\mathrm{ord}_{\mathfrak{p}}(\mathfrak{q})}{\mathrm{ord}_{\mathfrak{p}}(p)}-\frac{1}{p-1}\right]_{[0,\ \mathrm{ord}_p(m)]}$$

for each prime p (cf. (3.3)).

If $\mathfrak{q}\subset\mathfrak{q}'$, *and if* $r'=r(\mathfrak{q}')$, *then the homomorphism* $C_{\mathfrak{q}}\to C_{\mathfrak{q}'}$ *corresponds to the* (r/r')*-th power map* $\mu_r\to\mu_{r'}$.

d)

$$\varprojlim_{\mathfrak{q}} C_{\mathfrak{q}} \cong \begin{cases}\{1\} & \textit{if } A \textit{ is not totally imaginary,}\\ \mu_m & \textit{if } A \textit{ is totally imaginary.}\end{cases}$$

Parts *b)* and *c)* follow from Theorem 4.1 combined with Theorem 3.6. These imply $C_A=\{1\}$ in all cases, and this, together with remarks (5.2) below, is part *a)*. Part *d)* is an immediate consequence of parts *b)* and *c)*.

When A is a ring of algebraic integers the finite generation of $SL_n(A)$ was proved by Hurwitz [12] in 1895, and the finite generation of all " arithmetic groups " was finally proved by Borel-Harish-Chandra [8] in 1962. In the function field case, however, finite generation of $SL_n(A)$ $(n\geq 3)$ was only recently proved by O'Meara [20], and he points out that $SL_2(A)$ may fail to be finitely generated. The statements about generation by elementary matrices, and about the commutator subgroups, can fail for $SL_2(A)$ even
3 in the number field case. For example, if $A=\mathbf{Z}[\sqrt{-5}]$, then Swan (unpublished) has determined a presentation of $SL_2(A)$ from which it follows that $SL_2(A)/H\cong\mathbf{Z}\times(\mathbf{Z}/2\mathbf{Z})$ where H is the subgroup generated by all commutators and all elementary matrices. Thus H doesn't even have finite index in $SL_2(A)$.

In § 11 we show that $SL_n(A)$ is finitely generated for certain finitely generated $\mathbf{Z}$-algebras A, provided n is sufficiently large relative to the Krull dimension of A.

In the balance of this section we shall use Theorem 4.1 to produce some further examples of non trivial Mennicke symbols, and finally apply Corollary 4.3 to the calculation of some " Whitehead groups " of finite abelian groups.

Example 4.4. — (Cf. [18, § 1, Ex. 1.7, and p. 422].) Let $A=\mathbf{R}[x,y]$ where x and y are subject to the single relation, $x^2+y^2=1$. Viewing A as a ring of functions on the circle, S^1, with x and y the coordinate functions, an element of $SL_n(A)$ defines a map $S^1\to SL_n(\mathbf{R})$. Taking homotopy classes we obtain a homomorphism

$$SL_n(A)\to\pi_1(SL_n(\mathbf{R}))\cong\{\pm 1\} \qquad (n\geq 3).$$

Since $\begin{pmatrix} x & y\\ -y & x\end{pmatrix}$ represents a generator of this homotopy group we obtain a Mennicke symbol (for the ideal $\mathfrak{q}=A$) such that $\begin{bmatrix} y\\ x\end{bmatrix}=-1$. Let $\mathfrak{p}_i$ be the ideal generated by y and $x-i$, $i=\pm 1$. Then $x\equiv i \bmod \mathfrak{p}_i$ and $\mathfrak{p}_1\mathfrak{p}_{-1}=yA$. Hence, using Proposition 2.13, we have

$$-1=\begin{bmatrix} y\\ x\end{bmatrix}=\begin{bmatrix} \mathfrak{p}_1\mathfrak{p}_{-1}\\ x\end{bmatrix}=\begin{bmatrix} \mathfrak{p}_1\\ x\end{bmatrix}\begin{bmatrix} \mathfrak{p}_{-1}\\ x\end{bmatrix}=\begin{bmatrix} \mathfrak{p}_1\\ 1\end{bmatrix}\begin{bmatrix} \mathfrak{p}_{-1}\\ -1\end{bmatrix}=\begin{bmatrix} \mathfrak{p}_{-1}\\ -1\end{bmatrix}.$$

The orthogonal group in the plane operates as automorphisms of A. Applying them to the above equation we find that

$$\begin{bmatrix} \mathfrak{p}\\ -1\end{bmatrix}=-1$$

for any prime $\mathfrak{p}$ corresponding to a point of S^1. This should be contrasted with the fact that $\left[\begin{matrix} b \\ u \end{matrix}\right] = 1$ whenever u is a unit.

It can be shown that the symbol above is universal, i.e. that $SL_n(A)/E_n(A) \cong \{\pm 1\}$ for $n \geq 3$.

Example 4.5 (Stallings). — Let $A = \mathbf{R}[t]$ be a polynomial ring in one variable t. Then A is euclidean, so $SL_n(A) = E_n(A)$ for all $n \geq 2$. Let $\mathfrak{q} = (t^2 - t)A$; $\mathfrak{q}$ consists of polynomials vanishing at 0 and 1. Therefore, if $[0, 1]$ denotes the unit interval, an element of $SL_n(A, \mathfrak{q})$ defines a function $[0, 1] \to SL_n(\mathbf{R})$ sending 0 and 1 to the identity matrix. It is easy to see that this induces, for $n \geq 3$, a homomorphism

$$(*) \qquad SL_n(A, \mathfrak{q})/E_n(A, \mathfrak{q}) \to \pi_1(SL_n(\mathbf{R})) \cong \{\pm 1\}.$$

Let
$$\tau(t) = \begin{pmatrix} 1 & 0 \\ t & 1 \end{pmatrix} \begin{pmatrix} 1 & -t \\ 0 & 1 \end{pmatrix} \begin{pmatrix} 1 & 0 \\ t & 1 \end{pmatrix} = \begin{pmatrix} 1-t^2 & -t \\ 2t-t^3 & 1-t^2 \end{pmatrix}$$

For $t = 1$, $\tau(t) = \begin{pmatrix} 0 & -1 \\ 1 & 0 \end{pmatrix}$ is a $90°$ rotation.

Let $\sigma(t)$ be the rotation by $\pi t/2$. One has $\sigma(0) = \tau(0)$ and $\sigma(1) = \tau(1)$. Moreover the paths σ and τ are homotopic; to see this it suffices to verify that the paths $\sigma(t)(e_2)$ and $\tau(t)(e_2)$ in $\mathbf{R}^2 - \{0\}$ are homotopic, which is clear. It follows that σ^4 and τ^4 are homotopic loops in $SL_2(\mathbf{R})$. Since σ^4 is evidently a generator of $\pi_1(SL_2(\mathbf{R}))$ it follows that τ^4 is likewise. Consequently the map $(*)$ above is surjective, and we obtain a non trivial Mennicke symbol

$$[\ ] : W_{\mathfrak{q}} \to \{\pm 1\}.$$

If $(a, b) \in W_{\mathfrak{q}}$ then (a, b) defines a function from $[0, 1]$ to $\mathbf{R}^2 - \{0\}$ sending 0 and 1 to the point $(1, 0) \in \mathbf{R}^2$. Viewed as a function from the circle to the punctured plane, $\left[\begin{matrix} b \\ a \end{matrix}\right] \in \{1\}$ is just the parity of the degree of this function.

We close this section now with some calculations of Whitehead groups. For an ideal $\mathfrak{q}$ in a commutative ring A we shall write

$$SK_1(A, \mathfrak{q}) = \lim_{n \to \infty} SL_n(A, \mathfrak{q})/E_n(A, \mathfrak{q}),$$

and $SK_1 A = SK_1(A, A)$.

It is clear that we have an exact sequence (cf. [1, Ch. III]),

$$(4.6) \qquad SK_1(A, \mathfrak{q}) \to SK_1 A \to SK_1(A/\mathfrak{q}).$$

Moreover, it follows from [1, Corollary 5.2] that:

(4.7) *If* $\mathfrak{q} \subset \mathfrak{q}'$ *are ideals such that* $A/\mathfrak{q}$ *is semi-local then* $SK_1(A, \mathfrak{q}) \to SK_1(A, \mathfrak{q}')$ *is surjective.*

Let π be a finite abelian group, and let $A = \mathbf{Z}\pi$. We are interested in determining $SK_1\mathbf{Z}\pi$. Let $\bar{A}$ denote the integral closure of A in $\mathbf{Q}\pi$. The ring $\bar{A}$ is a direct product of rings A_χ indexed by the subgroups χ of π for which π/χ is cyclic. A_χ is generated over $\mathbf{Z}$ by the projection of π, which is, say, the m_χ-th roots of unity. The kernel of this projection is χ, and we write $k_\chi=[\chi:1]$; thus $[\pi:1]=k_\chi m_\chi$.

Let $\mathfrak{c}=\{a\in\bar{A}\mid a\bar{A}\subset A\}$ be the conductor from $\bar{A}$ to A; it is the largest ideal of $\bar{A}$ lying in A. Since $\mathfrak{c}$ is an ideal of $\bar{A}$ it is the direct sum of its components, $\mathfrak{c}_\chi$ in the various factors A_χ. The $\mathfrak{c}_\chi$'s have been determined in [7, Prop. 8.6]:

$$\mathfrak{c}_\chi=k_\chi\cdot\prod_{p\mid m_\chi,\ p\ \text{prime}}(p)^{1/(p-1)} \tag{4.8}$$

Here $(p)^{1/(p-1)}$ is the ideal whose $(p-1)$-st power is (p), and it is generated by $1-w$ for any primitive p-th root of unity w. If $\mathfrak{p}\mid p$ in A_χ then $\operatorname{ord}_\mathfrak{p}((p)^{1/(p-1)})=p^{\operatorname{ord}_p(m_\chi)-1}$.

It follows from Corollaries 4.2 and 4.3 that

$$SK_1(A_\chi,\mathfrak{c}_\chi)\cong\mu_r,$$

the r-th roots of unity, where $r=r(\mathfrak{c}_\chi)$ is 1 if A_χ is not totally imaginary, i.e. if $m_\chi\leq 2$, and otherwise we have, for a prime p,

$$\operatorname{ord}_p(r)=\min_{\mathfrak{p}\mid p}\left[\frac{\operatorname{ord}_\mathfrak{p}(\mathfrak{c}_\chi)}{\operatorname{ord}_\mathfrak{p}(p)}-\frac{1}{p-1}\right]_{[0,\ \operatorname{ord}_p(m'_\chi)]}. \tag{4.9}$$

We use the notation of Corollary 4.3 here, and m'_χ denotes the number of roots of unity in A_χ. Thus $m'_\chi=m_\chi$ if m_χ is even, and $m'_\chi=2m_\chi$ otherwise.

Proposition 4.10. — For a prime p the p-primary part of $SK_1(A_\chi,\mathfrak{c}_\chi)$ *is cyclic of order p^j, where:*

If $p=2$ and if m_χ is odd and >2 then

$$j=\begin{cases}1 & \text{if } 4\mid[\pi:1]\\ 0 & \text{if } 4\nmid[\pi:1]\end{cases}$$

Otherwise,
$$j=\begin{cases}\min(\operatorname{ord}_p(k_\chi),\operatorname{ord}_p(m_\chi)) & \text{if } m_\chi>2\\ 0 & \text{if } m_\chi\leq 2\end{cases}$$

Proof. — If $m_\chi\leq 2$ then A_χ is not totally imaginary so $j=0$. If $m_\chi>2$ then $j=\operatorname{ord}_p(r)$ as in (4.9).

Suppose $p\mid m_\chi$. Then if $\mathfrak{p}\mid p$, we have $\operatorname{ord}_p(m'_\chi)=\operatorname{ord}_p(m_\chi)$, and,

$$\operatorname{ord}_\mathfrak{p}(p)=\varphi(p^{\operatorname{ord}_p(m_\chi)})=(p-1)p^{(\operatorname{ord}_p(m_\chi)-1)}.$$

Further it follows from (4.8) that $\operatorname{ord}_\mathfrak{p}(\mathfrak{c}_\chi)=\operatorname{ord}_\mathfrak{p}(k_\chi)+p^{(\operatorname{ord}_p(m_\chi)-1)}$. Consequently

$$\frac{\operatorname{ord}_\mathfrak{p}(\mathfrak{c}_\chi)}{\operatorname{ord}_\mathfrak{p}(p)}-\frac{1}{p-1}=\frac{\operatorname{ord}_\mathfrak{p}(k_\chi)}{\operatorname{ord}_\mathfrak{p}(p)}+\frac{1}{p-1}-\frac{1}{p-1}=\operatorname{ord}_p(k_\chi)\geq 0,$$

so
$$\left[\frac{\operatorname{ord}_\mathfrak{p}(\mathfrak{c}_\chi)}{\operatorname{ord}_\mathfrak{p}(p)}-\frac{1}{p-1}\right]_{[0,\ \operatorname{ord}_p(m_\chi)]}=\min(\operatorname{ord}_p(k_\chi),\operatorname{ord}_p(m_\chi)).$$

If $p \nmid m'_\chi$ there are no p-th roots of unity in A_χ, so $j=0$. Thus the formulas are verified except in the case m_χ is odd and >2 and $p=2$. In this case, if $\mathfrak{p}|2$, $\mathrm{ord}_\mathfrak{p}(2)=1$ and $\mathrm{ord}_\mathfrak{p}(\mathfrak{c}_\chi)=\mathrm{ord}_\mathfrak{p}(k_\chi)$ so

$$j=\left[\frac{\mathrm{ord}_\mathfrak{p}(k_\chi)}{1}-\frac{1}{2-1}\right]_{[0,\,1]}=(\mathrm{ord}_2(k_\chi)-1)_{[0,\,1]}$$

$$=\begin{cases}1 & \text{if } \mathrm{ord}_2(k_\chi)\geq 2\\ 0 & \text{if } \mathrm{ord}_2(k_\chi)<2.\end{cases}$$

This completes the proof of Proposition 4.10.

Corollary 4.11. — *We have* $SK_1(A_\chi, \mathfrak{c}_\chi)=\mu_{r(\chi)}$ *where:*

$r(\chi)=1$ *if* $m_\chi\leq 2$;

$r(\chi)=2$ g.c.d. (m_χ, k_χ) *if* $4|k_\chi$ *and* m_χ *is odd and* ≥ 3;

$r(\chi)=$ g.c.d. (m_χ, k_χ) *otherwise.*

Since $A/\mathfrak{c}$ is a finite ring it follows from (4.7) that

$$SK_1(A, \mathfrak{c}) \to SK_1 A \text{ \textit{is surjective.}}$$

Moreover, it follows from [7, Lemma 10.5] that *if* $\mathfrak{a}$ *is an* $\bar{A}$*-ideal contained in* A *then*

$$(4.12) \qquad SK_1(A, \mathfrak{a}) \xrightarrow{\cong} SK_1(\bar{A}, \mathfrak{a}).$$

These two facts combine to show that $SK_1 A$ is a quotient of

$$SK_1(\bar{A}, \mathfrak{c})=\coprod_\chi SK_1(A_\chi, \mathfrak{c}_\chi).$$

Corollary 4.13. — $SK_1(\mathbf{Z}\pi)=0$ *if* π *is an elementary* 2*-group.*

For in this case all m_χ's are ≤ 2.

Proposition 4.14. — *If the* p*-primary part of* π *is cyclic then* $SK_1(\mathbf{Z}\pi)$ *has no* p*-torsion.*

Proof. — We argue by induction on $n=\mathrm{ord}_p[\pi:1]$. The case $n=0$ is trivial, so assume $n>0$. Let π_0 be *the* subgroup of π of order p, and write $\pi'=\pi/\pi_0$. Let $\mathfrak{b}=\ker(A\to A')$, where $A'=\mathbf{Z}\pi'$. Then from (4.6) we have an exact sequence $SK_1(A, \mathfrak{b}) \to SK_1(A) \to SK_1(A')$, and, by induction, $SK_1(A')$ has no p-torsion. We shall finish the proof by showing that $SK_1(A, \mathfrak{b})$ has no p-torsion.

Write $\bar{A}=\bar{A}'\times\bar{A}''$ where $\bar{A}'$ is the integral closure of A', and where $\bar{A}''$ is the product of all A_χ for which χ does not contain π_0. If A'' is the projection of A into $\bar{A}''$ then $A\subset A'\times A''$ and $\mathfrak{b}$ is the kernel of the projection of A in the first factor. In particular, $\mathfrak{b}$ is an $(A'\times A'')$-ideal, and is identical with its projection into A''. It follows therefore from [7, Lemma 10.5] that $SK_1(A, \mathfrak{b})=SK_1(A'\times A'', \mathfrak{b})$, and the latter is clearly equal to $SK_1(A'', \mathfrak{b})$.

Let $\mathfrak{a}$ denote the projection of $\mathfrak{c}$ into $\bar{A}''$. Then we can identify $\mathfrak{a}$ with an ideal of $\bar{A}''$, which has finite index in $\bar{A}''$, and which is contained in $\mathfrak{b}$. Now (4.7) implies that $SK_1(A'', \mathfrak{a}) \to SK_1(A'', \mathfrak{b})$ is surjective, and from [7, Lemma 10.5] again, we deduce that $SK_1(A'', \mathfrak{a}) \cong SK_1(\bar{A}'', \mathfrak{a})$. The latter is just the direct sum of all $SK_1(A_\chi, \mathfrak{c}_\chi)$ for which χ does not contain π_0. Hence the Proposition will be proved if we show that each of these has no p-torsion.

But if $\pi_0 \not\subset \chi$ then $k_\chi = [\chi : 1]$ is prime to p. Proposition 4.10 says the p-torsion in $SK_1(A_\chi, \mathfrak{c}_\chi)$ is cyclic of order p^j, where $j = \min(\mathrm{ord}_p(k_\chi), \mathrm{ord}_p(m_\chi))$, so $j = 0$ as claimed.

Proposition 4.15 (T.-Y. Lam). — *Let* $\pi = (x, y / x^p = y^p = [x, y] = 1)$ *be a direct product of two cyclic groups of order* p. *Then* $SK_1 \mathbf{Z}\pi = 0$.

Proof. — We can assume $p > 2$ thanks to Corollary 4.13. We shall write f_χ for the projection $\mathbf{Z}\pi \to A_\chi$, and $f_0 = f_{\chi_0}$, where χ_0 is the subgroup generated by x. Let $c = \prod_{i=0}^{p-1} (x^i - y)$, $a = 1 - c$, and $b = (1-y)c$. Then if $\chi \neq \chi_0$ we have $f_\chi(x^i) = f_\chi(y)$ for some i, so $f_\chi(a) = 1$. Moreover, if $\lambda = 1 - f_0(y)$ then $f_0(a) = 1 - \lambda^p$ and $f_0(b) = \lambda^{p+1}$. This shows that b and c belong to the conductor $\mathfrak{c}$.

Let $[\ ]_\mathfrak{c}$ be the Mennicke symbol associated with $\mathfrak{c}$ in $\mathbf{Z}\pi$ or in $\bar{A}$. It exists thanks to Theorem 5.4 below, and (4.12) implies that it is insensitive to the difference between $\mathbf{Z}\pi$ and $\bar{A}$. In the decomposition

$$SK_1(\bar{A}, \mathfrak{c}) = \coprod_\chi SK_1(A_\chi, \mathfrak{c}_\chi),$$

$\begin{bmatrix} b \\ a \end{bmatrix}_\mathfrak{c}$ has zero coordinate at each $\chi \neq \chi_0$, and at χ_0 it has a coordinate which corresponds, via Corollary 4.3, to the power residue symbol

$$\left(\frac{\lambda^{p+1}}{1-\lambda^p}\right)_p = \left(\frac{\lambda}{1-\lambda^p}\right)_p = \left(\frac{1-\lambda^p, \lambda}{(\lambda)}\right)_p \tag{A.21}$$

$$\neq 1. \tag{A.22}$$

The map $SK_1(A, \mathfrak{c}) \to SK_1(A)$ is an epimorphism of modules over

$$G = \mathrm{Aut}(\pi) \cong GL_2(\mathbf{Z}/p\mathbf{Z}),$$

and G operates transitively on the non trivial characters χ. Consequently $\begin{bmatrix} b \\ a \end{bmatrix}_\mathfrak{c}$ generates $SK_1(A, \mathfrak{c})$ as a G-module, and if we show that $\begin{bmatrix} b \\ a \end{bmatrix}_\mathfrak{c}$ has trivial image in $SK_1 A$ the proposition will be proved. If $[\ ]$ is the Mennicke symbol for $SK_1 A$, i.e. for the unit ideal in A, then the image of $\begin{bmatrix} b \\ a \end{bmatrix}_\mathfrak{c}$ is just $\begin{bmatrix} b \\ a \end{bmatrix}$. Write $d = 1 - y$. Then $b = dc$ and $a = 1 - \prod_{i=0}^{p-1} (x^i - y) = 1 - de$, so

$$\begin{bmatrix} b \\ a \end{bmatrix} = \begin{bmatrix} dc \\ a \end{bmatrix} = \begin{bmatrix} d \\ a \end{bmatrix} \begin{bmatrix} c \\ a \end{bmatrix} = 1.$$

because $a \equiv 1 \bmod d$ and $a \equiv 1 \bmod c$. Q.E.D.

§ 5. The theorem of Mennicke.

Let A be a commutative ring and let $\mathfrak{q}$ and $\mathfrak{q}'$ be ideals. The commutator formula $[I+te_{ij}, I+se_{jk}]=I+tse_{ik}$, for i, j, and k distinct, shows that

$$\mathrm{E}_n(\mathrm{A}, \mathfrak{q}'\mathfrak{q}) \subset [\mathrm{E}_n(\mathrm{A}, \mathfrak{q}'), \mathrm{E}_n(\mathrm{A}, \mathfrak{q})]$$

for $n \geq 3$. For $\mathfrak{q}'=\mathrm{A}$ this yields

$$\mathrm{E}_n(\mathrm{A}, \mathfrak{q})=[\mathrm{E}_n(\mathrm{A}), \mathrm{E}_n(\mathrm{A}, \mathfrak{q})] \quad \textit{for} \quad n \geq 3. \tag{5.1}$$

The commutator formula also easily implies (see [1, Corollary 1.5]) that:

(5.2) *If* A *is a finitely generated* **Z**-*algebra then* $\mathrm{E}_n(\mathrm{A})$ *is a finitely generated group, for* $n \geq 3$.

The subgroup generated by $\mathrm{E}_n(\mathrm{A}, \mathfrak{q})$ together with the diagonal matrices in $\mathrm{GL}_n(\mathrm{A}, \mathfrak{q})$ will be denoted

$$\mathrm{GE}_n(\mathrm{A}, \mathfrak{q}).$$

Lemma 5.3. — Let N *denote the group of all matrices* $\begin{pmatrix} 1 & 0 \\ q & u \end{pmatrix}$ *in* $\mathrm{GL}_2(\mathrm{A}, \mathfrak{q})$, *and let* SN *denote those with* $u=1$. *The map* $\alpha=\begin{pmatrix} a & b \\ c & d \end{pmatrix} \mapsto (a, b)$ *defines bijections* $\mathrm{N}\backslash\mathrm{GL}_2(\mathrm{A}, \mathfrak{q}) \to \mathrm{W}_\mathfrak{q}$ *and* $\mathrm{SN}\backslash\mathrm{SL}_2(\mathrm{A}, \mathfrak{q}) \to \mathrm{W}_\mathfrak{q}$.

Proof. — Since $u=ad-bc$ is a unit it is clear that $(a, b) \in \mathrm{W}_\mathfrak{q}$. Suppose $\alpha'=\begin{pmatrix} a & b \\ c' & d' \end{pmatrix}$. Then $\alpha'\alpha^{-1}=\begin{pmatrix} a & b \\ c' & d' \end{pmatrix} \cdot \begin{pmatrix} d & -b \\ -c & a \end{pmatrix} u^{-1}=\begin{pmatrix} u & 0 \\ * & * \end{pmatrix} u^{-1} \in \mathrm{N}$. We conclude the proof by showing that every $(a, b) \in \mathrm{W}_\mathfrak{q}$ is the first row of an $\alpha \in \mathrm{SL}_2(\mathrm{A}, \mathfrak{q})$. Write $1=ax+by$ $(x, y \in \mathrm{A})$ and then set $c=-by^2 \in \mathfrak{q}$ and $d=x+bxy$. Then

$$ad-bc=a(x+bxy)+b^2y^2=ax+by(ax+by)=1.$$

Hence $d \equiv 1 \bmod \mathfrak{q}$ since $a \equiv 1 \bmod \mathfrak{q}$, and so $\begin{pmatrix} a & b \\ c & d \end{pmatrix} \in \mathrm{SL}_2(\mathrm{A}, \mathfrak{q})$.

Theorem 5.4 (Mennicke). — *Let* A *be a commutative ring, and let* $\mathfrak{q}$ *be an ideal of* A. *Suppose, for some* $n \geq 3$, *that we are given a homomorphism* $\kappa : \mathrm{SL}_n(\mathrm{A}, \mathfrak{q}) \to \mathrm{C}$ *such that* $\kappa(\tau\sigma\tau^{-1})=\kappa(\sigma)$ *whenever* $\tau \in \mathrm{E}_n(\mathrm{A})$ *and* $\sigma \in \mathrm{SL}_n(\mathrm{A}, \mathfrak{q})$. *Then there is a unique map* $[\;] : \mathrm{W}_\mathfrak{q} \to \mathrm{C}$ *rendering*

$$\begin{array}{ccc} \mathrm{SL}_2(\mathrm{A}, \mathfrak{q}) & \longrightarrow & \mathrm{SL}_n(\mathrm{A}, \mathfrak{q}) \\ {\scriptstyle 1^{\text{st}}\text{ row}} \big\downarrow & & \big\downarrow {\scriptstyle \kappa} \\ \mathrm{W}_\mathfrak{q} & \longrightarrow & \mathrm{C} \end{array}$$

commutative, and $[\;]$ *is a Mennicke symbol.*

Remarks. — 1) When A is a Dedekind ring this establishes part *b)* of Theorem 4.1.

2) The proof of Theorem 5.4 is developed directly from Mennicke's arguments in [16].

3) In view of the results of Chapter I this theorem is already sufficient to obtain the portion of Corollary 4.3 applying to A of arithmetic type, but not totally imaginary. In case A is the ring of algebraic integers in a real number field this application was obtained independently by Mennicke and Newman in unpublished work. They follow closely Mennicke's original argument [16] for the case $A=\mathbf{Z}$.

Proof. — Since $n\geq 3$ it follows from the hypotheses of the theorem and (5.1) that

$$\ker(\kappa)\supset[E_n(A), SL_n(A, \mathfrak{q})]\supset E_n(A, \mathfrak{q}).$$

Therefore, if $\kappa_2 : SL_2(A, \mathfrak{q})\to C$ is the restriction of κ to $SL_2(A, \mathfrak{q})$, the existence of [ ] satisfying MS 1 follows from the next lemma, which will be used again in Chapter III for the symplectic group.

Lemma 5.5. — Let $\kappa_2 : SL_2(A, \mathfrak{q})\to C$ *be a homomorphism whose kernel contains* $E_2(A, \mathfrak{q})$ *and* $[E_2(A), SL_2(A, \mathfrak{q})]$. *Then* κ_2 *factors, via* $SL_2(A, \mathfrak{q})\xrightarrow{1^{\text{st}}\text{ row}} W_\mathfrak{q}$, *through a unique map* $[\ ] : W_\mathfrak{q}\to C$, *and* [ ] *satisfies* MS 1.

Proof. — The group SN in Lemma 5.3 clearly lies in $E_2(A, \mathfrak{q})$, so [ ] exists, thanks to Lemma 5.3, and, moreover, $\begin{bmatrix}0\\1\end{bmatrix}=1$ because κ_2 kills SN. If $t\in\mathfrak{q}$ then $\begin{pmatrix}1 & t\\0 & 1\end{pmatrix}\in E_2(A, \mathfrak{q})$ so, for $\alpha=\begin{pmatrix}a & b\\c & d\end{pmatrix}\in SL_2(A, \mathfrak{q})$,

$$\begin{bmatrix}b\\a\end{bmatrix}=\kappa\begin{pmatrix}a & b\\c & d\end{pmatrix}=\kappa\left(\begin{pmatrix}a & b\\c & d\end{pmatrix}\cdot\begin{pmatrix}1 & t\\0 & 1\end{pmatrix}\right)=\kappa\begin{pmatrix}a & b+ta\\ * & *\end{pmatrix}=\begin{bmatrix}b+ta\\a\end{bmatrix}.$$

If $t\in A$ then $\begin{pmatrix}1 & 0\\t & 1\end{pmatrix}\in E_2(A)$, so

$$\begin{bmatrix}b\\a\end{bmatrix}=\kappa\begin{pmatrix}a & b\\c & d\end{pmatrix}=\kappa\left(\begin{pmatrix}1 & 1\\-t & 0\end{pmatrix}\cdot\begin{pmatrix}a & b\\c & d\end{pmatrix}\cdot\begin{pmatrix}1 & 0\\t & 1\end{pmatrix}\right)=\kappa\begin{pmatrix}a+tb & b\\ * & *\end{pmatrix}=\begin{bmatrix}b\\a+tb\end{bmatrix}.$$

We have thus shown the existence of [ ] satisfying MS 1.

Proof of MS 2. — If $(a, b_1), (a, b_2)\in W_\mathfrak{q}$ we have to show that $\begin{bmatrix}b_1b_2\\a\end{bmatrix}=\begin{bmatrix}b_1\\a\end{bmatrix}\begin{bmatrix}b_2\\a\end{bmatrix}$. By restricting κ to $SL_3(A, \mathfrak{q})$ we may as well assume that $n=3$. Choose $\alpha_i=\begin{pmatrix}a & b_i\\c_i & d_i\end{pmatrix}\in SL_2(A, \mathfrak{q})$, $i=1, 2$, which we view, as usual, as elements of $SL_3(A, \mathfrak{q})$. Setting $\varepsilon_1=\begin{pmatrix}0 & -1 & 0\\0 & 0 & -1\\1 & 0 & 0\end{pmatrix}\in E_3(A)$, we have:

$$\alpha_1\varepsilon_1\alpha_2\varepsilon_1^{-1}=\begin{pmatrix}a & b_1 & 0\\c_1 & d_1 & 0\\0 & 0 & 1\end{pmatrix}\begin{pmatrix}d_2 & 0 & -c_2\\0 & 1 & 0\\-b_2 & 0 & a\end{pmatrix}=\begin{pmatrix}ad_2 & b_1 & -ac_2\\c_1d_2 & d_1 & -c_1c_2\\-b_2 & 0 & a\end{pmatrix}$$

Left multiplication by $\varepsilon_2=\begin{pmatrix}1&0&c_2\\0&1&0\\0&0&1\end{pmatrix}$ gives $\begin{pmatrix}1&b_1&0\\c_1d_2&d_1&-c_1c_2\\-b_2&0&a\end{pmatrix}$.

Left multiplication by $\varepsilon_3=\begin{pmatrix}1&0&0\\-c_1d_2&1&0\\b_2&0&1\end{pmatrix}$ gives $\begin{pmatrix}1&b_1&0\\0&d'&-c_1c_2\\0&b_1b_2&a\end{pmatrix}$,

where $d'=d_1-b_1c_1d_2$.

Right multiplication by $\varepsilon_4=\begin{pmatrix}1&-b_1&0\\0&1&0\\0&0&1\end{pmatrix}$ gives $\alpha'=\begin{pmatrix}1&0&0\\0&d'&-c_1c_2\\0&b_1b_2&a\end{pmatrix}$.

With $\varepsilon_5=\begin{pmatrix}0&0&1\\0&1&0\\-1&0&0\end{pmatrix}\in E_3(A)$ we have

$\varepsilon_5\alpha'\varepsilon_5^{-1}=\begin{pmatrix}a&b_1b_2&0\\-c_1c_2&d'&0\\0&0&1\end{pmatrix}$. Now since $\varepsilon_i\in E_3(A)$ for $i=1, 5$ and $\varepsilon_i\in E_3(A, \mathfrak{q})$ for $i=2, 3, 4$, we have

$$\begin{bmatrix}b_1b_2\\a\end{bmatrix}=\kappa(\varepsilon_5\alpha'\varepsilon_5^{-1})=\kappa(\alpha')=\kappa(\varepsilon_3\varepsilon_2\alpha_1(\varepsilon_1\alpha_2\varepsilon_1^{-1})\varepsilon_4)=\kappa(\alpha_1)\kappa(\alpha_2)=\begin{bmatrix}b_1\\a\end{bmatrix}\begin{bmatrix}b_2\\a\end{bmatrix}.\quad \text{Q.E.D}$$

§ 6. Kubota's Theorem.

Theorem 6.1 (Kubota, cf. [14]). — *Let* A *be a Dedeking ring, let* $\mathfrak{q}$ *be an ideal of* A, *and let* $[\ ] : W_{\mathfrak{q}}\to C$ *be a Mennicke symbol. Let* κ *be the composite map,*

$$GL_2(A, \mathfrak{q}) \xrightarrow{1^{st}\ row} W_{\mathfrak{q}} \xrightarrow{[\ ]} C,$$

so that $\kappa\begin{pmatrix}a&b\\c&d\end{pmatrix}=\begin{bmatrix}b\\a\end{bmatrix}$. *Then* κ *is a homomorphism, and its kernel contains* $GE_2(A, \mathfrak{q})$ *and* $[GE_2(A), GL_2(A, \mathfrak{q})]$. *If* $\mathfrak{q}'$ *is a non zero ideal contained in* $\mathfrak{q}$, *then* κ *and* $\kappa|SL_2(A, \mathfrak{q}')$ *have the same image. Hence, if* $[\ ]$ *is not trivial, then* $\ker(\kappa)$ *contains no congruence subgroup* $SL_2(A, \mathfrak{q}')$, $\mathfrak{q}'\neq 0$.

Kubota proved this in the following case: A is of arithmetic type and totally imaginary, A contains $C=\mu_m$, $\mathfrak{q}$ is highly divisible by m, and $[\ ]=(-)_m$, which, according to Proposition 3.1, is a Mennicke symbol under these circumstances. The proof we give for the above generalization is inspired directly by Kubota's.

Proof. — We shall give the proof in several steps. $\alpha=\begin{pmatrix}a&b\\c&d\end{pmatrix}$ always denotes an element of $GL_2(A, \mathfrak{q})$. We assume $\mathfrak{q}\neq 0$; otherwise the theorem is trivial. Lemma 2.11 will be used without explicit reference.

1) $\kappa(\alpha)=\begin{bmatrix}c\\d\end{bmatrix}=\begin{bmatrix}b\\d\end{bmatrix}^{-1}$. *In particular,* $\kappa({}^{T}\alpha)=\kappa(\alpha)^{-1}$, *where* ${}^{T}\alpha$ *denotes the transpose of* α.

For since $ad-bc$ is a unit, ad is congruent to a unit mod b, and bc is congruent to a unit mod d, so using Lemma 2.7 *a)*,

$$\kappa(a)=\begin{bmatrix}b\\a\end{bmatrix}=\begin{bmatrix}b\\ad\end{bmatrix}\begin{bmatrix}b\\d\end{bmatrix}^{-1}=\begin{bmatrix}b\\d\end{bmatrix}^{-1}=\begin{bmatrix}b\\d\end{bmatrix}^{-1}\begin{bmatrix}bc\\d\end{bmatrix}=\begin{bmatrix}c\\d\end{bmatrix}.$$

2) *If* $\varepsilon\in GE_2(A)$, *then* $\kappa(\varepsilon\alpha\varepsilon^{-1})=\kappa(\alpha)$.

It suffices to check this for a set of generators of $GE_2(A)$, so we can take ε either elementary or diagonal. If $\varepsilon=\begin{pmatrix}1&0\\t&1\end{pmatrix}$ then $\varepsilon\alpha\varepsilon^{-1}=\begin{pmatrix}a-tb&b\\ *&*\end{pmatrix}$, so $\kappa(\varepsilon\alpha\varepsilon^{-1})=\begin{bmatrix}b\\a-tb\end{bmatrix}=\begin{bmatrix}b\\a\end{bmatrix}$.
If $\varepsilon=\begin{pmatrix}1&t\\0&1\end{pmatrix}$ then $\varepsilon\alpha\varepsilon^{-1}=\begin{pmatrix}a_1&b_1\\c&d-tc\end{pmatrix}$, so, using (1), $\kappa(\varepsilon\alpha\varepsilon^{-1})=\begin{bmatrix}c\\d-tc\end{bmatrix}=\begin{bmatrix}c\\d\end{bmatrix}=\kappa(\alpha)$.
If $\varepsilon=\begin{pmatrix}u&0\\0&v\end{pmatrix}$ then $\varepsilon\alpha\varepsilon^{-1}=\begin{pmatrix}a&uv^{-1}b\\vu^{-1}c&d\end{pmatrix}$ so

$$\kappa(\varepsilon\alpha\varepsilon^{-1})=\begin{bmatrix}uv^{-1}b\\a\end{bmatrix}=\begin{bmatrix}uv^{-1}bq\\a\end{bmatrix}=\begin{bmatrix}uv^{-1}q\\a\end{bmatrix}\begin{bmatrix}b\\a\end{bmatrix}=\begin{bmatrix}b\\a\end{bmatrix}=\kappa(\alpha),$$

where $q=1-a$, and we have used Lemma 2.2.

3) *If* $\varepsilon\in GE_2(A,\mathfrak{q})$ *then* $\kappa(\alpha\varepsilon)=\kappa(\alpha)$.

If ε is elementary or diagonal this follows from simple direct calculations very similar to those just above. Clearly

$$H=\{\varepsilon\in GL_2(A,\mathfrak{q})\,|\,\kappa(\alpha\varepsilon)=\kappa(\alpha)\ \text{ for all }\ \alpha\in GL_2(A,\mathfrak{q})\}$$

is a group. Therefore, since H contains elementary and diagonal matrices, it will contain $GE_2(A,\mathfrak{q})$ provided it is normalized by $GE_2(A)$. So suppose $\tau\in GE_2(A)$ and $\varepsilon\in H$. Then

$$\begin{aligned}\kappa(\alpha\tau\varepsilon\tau^{-1})&=\kappa(\tau^{-1}\alpha\tau\varepsilon) &&\text{(by 2))}\\ &=\kappa(\tau^{-1}\alpha\tau) &&(\varepsilon\in H)\\ &=\kappa(\alpha) &&\text{(by 2))}.\end{aligned}$$

4) *Suppose* $\alpha=\begin{pmatrix}a&b\\c&d\end{pmatrix}$ *and* $\alpha'=\begin{pmatrix}a'&b'\\c'&d'\end{pmatrix}$ *in* $GL_2(A,\mathfrak{q})$ *are such that* $d\equiv 1\equiv a'$ mod q *for some* $q\in\mathfrak{q}$, *and such that* $dA+a'A=A$. *Then*

$$\kappa(\alpha'\alpha)=\kappa(\alpha')\kappa(\alpha).$$

We shall use the following remark: If $x\in A$ and $y\in\mathfrak{q}$ are prime to a' then $\begin{bmatrix}xy\\a'\end{bmatrix}=\begin{bmatrix}xq\\a'\end{bmatrix}\begin{bmatrix}y\\a'\end{bmatrix}$, and similarly for d. For $\begin{bmatrix}q\\a'\end{bmatrix}=1$, so $\begin{bmatrix}xy\\a'\end{bmatrix}=\begin{bmatrix}xy\\a'\end{bmatrix}\begin{bmatrix}q\\a'\end{bmatrix}=\begin{bmatrix}xyq\\a'\end{bmatrix}=\begin{bmatrix}xq\\a'\end{bmatrix}\begin{bmatrix}y\\a'\end{bmatrix}$.

Now $\alpha'\alpha=\begin{pmatrix}a'a+b'c&a'b+b'd\\ *&*\end{pmatrix}$, so

$$\kappa(\alpha'\alpha)=\begin{bmatrix}a'b+b'd\\a'a+b'c\end{bmatrix}$$

$$=\begin{bmatrix}a'b+b'd\\(a'a+b'c)d\end{bmatrix}\begin{bmatrix}a'b+b'd\\d\end{bmatrix}^{-1} \qquad (d \text{ is prime to } a')$$

$$=\begin{bmatrix}a'b+b'd\\a'u+c(a'b+b'd)\end{bmatrix}\begin{bmatrix}a'b\\d\end{bmatrix}^{-1} \qquad (u=ad-bc)$$

$$=\begin{bmatrix}a'b+b'd\\a'u\end{bmatrix}\begin{bmatrix}a'q\\d\end{bmatrix}^{-1}\begin{bmatrix}b\\d\end{bmatrix}^{-1} \qquad (\text{remark above})$$

$$=\begin{bmatrix}b'd\\a'u\end{bmatrix}\begin{bmatrix}a'q\\d\end{bmatrix}^{-1}\kappa(\alpha) \qquad (\text{by } 1))$$

$$=\begin{bmatrix}b'd\\u\end{bmatrix}\begin{bmatrix}b'\\a'\end{bmatrix}\begin{bmatrix}dq\\a'\end{bmatrix}\begin{bmatrix}a'q\\d\end{bmatrix}^{-1}\kappa(\alpha) \qquad (\text{remark above})$$

$$=\kappa(\alpha')\kappa(\alpha) \qquad (\text{Lemma } 2.10;\ u \text{ is a unit}).$$

5) κ *is a homomorphism.*

Given $\alpha, \alpha'\in GL_2(A, \mathfrak{q})$ we must show that $\kappa(\alpha'\alpha)=\kappa(\alpha')\kappa(\alpha)$. If $\alpha=\alpha_1\alpha_2$ with $\alpha_2\in GE_2(A, \mathfrak{q})$ then, using 3), we have $\kappa(\alpha'\alpha)=\kappa(\alpha'\alpha_1)$, and $\kappa(\alpha)=\kappa(\alpha_1)$, so it suffices to deal with α_1. In this way we can first arrange that $\alpha\in SL_2(A, \mathfrak{q})$.

Write $a'=1+q$. If $q=0$ then our assertion follows from 4). If $q\neq 0$ then A/qA is semi-local, so it follows from [1, Corollary 5.2] that $SL_2(A, \mathfrak{q})=SL_2(A, qA).E_2(A, \mathfrak{q})$. Hence we can find an $\varepsilon_1\in E_2(A, \mathfrak{q})$ such that $\alpha\varepsilon_1=\begin{pmatrix}a_1 & b_1\\ c_1 & d_1\end{pmatrix}\in SL_2(A, qA)$. Since $d_1A+c_1A=A=d_1A+c_1^2A$ we can find a $d_2=d_1+tc_1^2$ $(t\in A)$ which is prime to a' (see remark before (2.2)). Setting $\varepsilon_2=\begin{pmatrix}1 & c_1t\\ 0 & 1\end{pmatrix}\in E_2(A, qA)$, we have now achieved the hypotheses of 4) for $\alpha\varepsilon_1\varepsilon_2$ and α'. Applying 3) and 4) therefore, we have

$$\kappa(\alpha'\alpha)=\kappa(\alpha'\alpha\varepsilon_1\varepsilon_2)=\kappa(\alpha')\kappa(\alpha\varepsilon_1\varepsilon_2)=\kappa(\alpha')\kappa(\alpha).$$

6) $\ker\kappa\supset GE_2(A, \mathfrak{q})$ *and* $[GE_2(A), GL_2(A, \mathfrak{q})]$.

This follows respectively from 3) and 2).

The last assertion of Kubota's Theorem follows from Lemma 2.3, so its proof is now complete.

§ 7. Review of the stable structure of $GL_n(A)$.

Let A be a commutative ring, and let $\mathfrak{q}$ be an ideal in A. We call an element $(a_1, \ldots, a_m)\in A^m$ $\mathfrak{q}$-unimodular if $(a_1, a_2, \ldots, a_m)\equiv(1, 0, \ldots, 0) \bmod \mathfrak{q}$, and if

$$\sum_i Aa_i=A.$$

When $\mathfrak{q}=A$ we just say *unimodular*. When $m=2$ the $\mathfrak{q}$-unimodular elements are just the elements of $W_{\mathfrak{q}}$. Thus, it follows immediately from Lemma 5.3, that:

(7.1) $SL_2(A, \mathfrak{q})$ *operates transitively on the* $\mathfrak{q}$*-unimodular elements in* A^2.

Throughout the balance of this chapter we shall deal extensively with the following condition, some of whose implications we shall record in this section.

$(7.2)_n$ *If* $m \geq n$, *if* $\mathfrak{q}$ *is an ideal in* A, *and if* $(a_1, \ldots, a_m)$ *is* $\mathfrak{q}$*-unimodular in* A^m, *then there exist* $a'_i = a_i + t_i a_m$, *with* $t_i \in \mathfrak{q}$, $1 \leq i < m$, *such that* $(a'_1, \ldots, a'_{m-1})$ *is* $\mathfrak{q}$*-unimodular in* A^{m-1}.

Clearly this condition is reasonable only for $n \geq 2$. If we require $(7.2)_n$ only for the unit ideal, $\mathfrak{q} = A$, then $(7.2)_n$ becomes the condition that " $n-1$ defines a stable range for GL(A) " in the sense of [1, § 4].

Lemma 7.3. — If we require $(7.2)_n$ *only for* $\mathfrak{q} = A$ *then it follows for all ideals* $\mathfrak{q}$.

Proof. — If $(a_1, \ldots, a_m)$ is $\mathfrak{q}$-unimodular then clearly $(a_1, \ldots, a_{m-1}, a_m^2)$ is still unimodular. By hypothesis, therefore, we can find $a'_i = a_i + t_i a_m^2$, $1 \leq i < m$, such that $(a'_1, \ldots, a'_{m-1})$ is unimodular. It is automatically $\mathfrak{q}$-unimodular, so we solve our problem with the $s_i = t_i a_m \in \mathfrak{q}$, $1 \leq i < m$.

By virtue of this lemma it now follows from [1, Theorem 11.1] that:

Theorem 7.4. — If the maximal ideal space of A *is a noetherian space of dimension* $\leq d$ (e.g. *if* A *is a noetherian ring of Krull dimension* $\leq d$) *then* A *satisfies* $(7.2)_n$ *for all* $n \geq d+2$.

The force of $(7.2)_n$ derives largely from the following theorem [1, Theorem 4.2], which we will strengthen in § 11.

Theorem 7.5. — Assume $(7.2)_n$. *For all ideals* $\mathfrak{q}$, *and for all* $m \geq n$:

a) $E_m(A, \mathfrak{q})$ *operates transitively on each congruence class modulo* $\mathfrak{q}$ *of unimodular elements in* A^m.

b) $GL_m(A, \mathfrak{q}) = GL_{n-1}(A, \mathfrak{q}) . E_m(A, \mathfrak{q})$.

c) $E_m(A, \mathfrak{q})$ *is a normal subgroup of* $GL_m(A)$.

d) $[GE_m(A), GL_m(A, \mathfrak{q})] \subset E_m(A, \mathfrak{q})$. *In case* $m \geq 3$ *we have*

$$E_m(A, \mathfrak{q}) = [E_m(A), E_m(A, \mathfrak{q})],$$

so the above inclusion becomes equality. If moreover, $m \geq 2(n-1)$, *then*

$$[GL_m(A), GL_m(A, \mathfrak{q})] = E_m(A, \mathfrak{q}).$$

Suppose $m \geq n$ *and* $m \geq 3$:

e) *If* $H \subset GL_m(A)$ *is a subgroup normalized by* $E_m(A)$ *then there is a unique ideal* $\mathfrak{q}$ *such that* $E_m(A, \mathfrak{q}) \subset H$ *and such that* H *maps into the center of* $GL_m(A/\mathfrak{q})$.

This differs in formulation from [1, Theorem 4.2] only in part *d)*. The proof of [1, Theorem 4.2] proves *d)* as stated provided we replace $GE_m(A)$ above by $E_m(A)$. The fact that we can put $GE_m(A)$ there follows immediately from part *b)* plus the fact that $GE_m(A)$ is generated by $E_m(A)$ and the matrices diag$(1, \ldots, 1, u)$, u a unit, because the latter commute with $GL_{n-1}(A, \mathfrak{q})$.

§ 8. The construction of κ_{n+1}.

To prove part *c)* of Theorem 4.1 we want to extend the homomorphism $\kappa_2 : GL_2(A, \mathfrak{q}) \to C$ given by Kubota's Theorem, to a homomorphism $\kappa_n : GL_n(A, \mathfrak{q}) \to C$. Once this is accomplished part *a)* of Theorem 4.1 will follow easily from the results quoted in § 7. We shall extend κ_2 in two steps. First we shall show that it extends to a homomorphism $\kappa_3 : \mathrm{GL}_3(A, \mathfrak{q}) \to C$ which satisfies several conditions. Then we shall show, in a rather general setting, that a homomorphism $\kappa_n : \mathrm{GL}_n(A, \mathfrak{q}) \to C$, satisfying such conditions, extends to a homomorphism $\kappa_{n+1} : \mathrm{GL}_{n+1}(A, \mathfrak{q}) \to C$ which satisfies analogous conditions. Before stating our results we must enumerate the conditions in question.

Two of the conditions will be imposed on A and n. The first is condition $(7.2)_n$ of the last section, and the second is:

$(8.1)_n$ *For every ideal* $\mathfrak{q}$, $\mathrm{GL}_n(A, \mathfrak{q})$ *operates transitively on the* $\mathfrak{q}$*-unimodular elements of* A^n.

By virtue of Theorem 7.5 *a)* we have $(7.2)_n \Rightarrow (8.1)_m$ for $m \geq n$, but we shall require $(7.2)_n$ together with $(8.1)_{n-1}$.

Next we shall consider conditions on a homomorphism $\kappa_n : \mathrm{GL}_n(A, \mathfrak{q}) \to C$. It is assumed throughout that $n \geq 2$.

$(8.2)_n$ $\kappa_n(\varepsilon) = 1$ *if* ε *lies in* $[\mathrm{GE}_n(A), \mathrm{GL}_n(A, \mathfrak{q})]$ *or in* $E_n(A, \mathfrak{q})$.

If $n \geq 3$ then (5.1) permits us to delete $E_n(A, \mathfrak{q})$ in this condition. Conversely, assuming $(7.2)_n$, Theorem 7.5 *d)* permits us to delete $[\mathrm{GE}_n(A), \mathrm{GE}_n(A, \mathfrak{q})]$.

$(8.3)_n$ *If* $\kappa_n(\sigma) = 1$ *then* $\kappa_n({}^T\sigma) = 1$.

Here ${}^T\sigma$ denotes the transpose of σ.

To state the last condition we make a definition. Let $\alpha, \alpha' \in \mathrm{GL}_n(A, \mathfrak{q})$ and let $t \in \mathfrak{q}$. We shall say that α' is $(\mathfrak{q}, t)$*-related to* α if α' can be written in the form

$$\alpha = \begin{pmatrix} 1 + ta'_{11} & a'_{12} & \dots & a'_{1n} \\ ta'_{21} & a_{22} & \dots & a_{2n} \\ \vdots & \vdots & & \vdots \\ ta'_{n1} & a_{n2} & \dots & a_{nn} \end{pmatrix} \quad \text{and} \quad \alpha' = \begin{pmatrix} 1 + ta'_{11} & ta'_{12} & \dots & ta'_{1n} \\ a'_{21} & a_{22} & \dots & a_{2n} \\ \vdots & \vdots & & \vdots \\ a'_{n1} & a_{n2} & \dots & a_{nn} \end{pmatrix}$$

with $a'_{11} \in \mathfrak{q}$. Note that this is not a symmetric relation.

Our last condition is:

$(8.4)_n$ If $t \in \mathfrak{q}$ and if α' is $(\mathfrak{q}, t)$-related to α in $\mathrm{GL}_n(A, \mathfrak{q})$ then $\kappa_n(\alpha') = \kappa_n(\alpha)$.

Proposition 8.5. — *Suppose we have the assumptions of Kubota's theorem (Theorem* 6.1*). Then* A *satisfies* $(7.2)_n$ *for* $n \geq 3$ *and* $(8.1)_n$ *for* $n \geq 2$. *Moreover the homomorphism* $\kappa_2 : \mathrm{GL}_2(A, \mathfrak{q}) \to C$ *constructed in Kubota's theorem extends uniquely to a homomorphism* $\kappa_3 : \mathrm{GL}_3(A, \mathfrak{q}) \to C$ *satisfying* $(8.2)_3$, *and* κ_3 *also satisfies* $(8.3)_3$ *and* $(8.4)_3$.

Proposition 8.6. — *Let* A *be a commutative ring satisfying* $(7.2)_n$ *and* $(8.1)_{n-1}$, *and let* $\mathfrak{q}$ *be an ideal of* A. *Then given a homomorphism* $\kappa_n : \mathrm{GL}_n(A, \mathfrak{q}) \to C$ *satisfying* $(8.2)_n$, $(8.3)_n$, *and* $(8.4)_n$, *it has a unique extension* $\kappa_{n+1} : \mathrm{GL}_{n+1}(A, \mathfrak{q}) \to C$ *satisfying* $(8.2)_{n+1}$, *and* κ_{n+1} *also satisfies* $(8.3)_{n+1}$ *and* $(8.4)_{n+1}$.

Proposition 8.6 does not apply to κ_2 in Kubota's Theorem because A need not satisfy $(7.2)_2$. However it does apply to the κ_3 supplied by Proposition 8.5, and to all the κ_n thereafter. Hence the proof of part *c)* of Theorem 4.1 will be achieved with the proof of these two propositions. This proof occupies §§ 8-10. The two propositions will be proved simultaneously, except for the very last stage of the argument. This is made possible because of:

Lemma 8.7. — *Let* A *be a Dedekind ring.*

a) A *satisfies* $(7.2)_n$ *for* $n \geq 3$ *and* $(8.1)_n$ *for* $n \geq 2$.

b) *The homomorphism* κ_2 *constructed in Kubota's theorem satisfies* $(8.2)_2$, $(8.3)_2$, *and* $(8.4)_2$.

Proof. — *a)* A Dedekind ring is a noetherian ring of Krull dimension ≤ 1, so Theorem 7.4 implies A satisfies $(7.2)_n$ for $n \geq 3$, and hence, by Theorem 7.5 *a)*, it satisfies $(8.1)_n$ for $n \geq 3$. Condition $(8.1)_2$ follows from (7.1).

b) The statement of Kubota's Theorem contains $(8.2)_2$, and step (1) of its proof implies $(8.3)_2$. For $(8.4)_2$, suppose $t \in \mathfrak{q}$ and suppose $\alpha' = \begin{pmatrix} 1+ta' & tb' \\ c' & d \end{pmatrix}$ is $(\mathfrak{q}, t)$-related to $\alpha = \begin{pmatrix} 1+ta' & b' \\ tc' & d \end{pmatrix}$ in $GL_2(A, \mathfrak{q})$. Then

$$\kappa_2(\alpha') = \begin{bmatrix} tb' \\ 1+ta' \end{bmatrix} = \begin{bmatrix} t \\ 1+ta' \end{bmatrix} \begin{bmatrix} b' \\ 1+ta' \end{bmatrix} = \begin{bmatrix} b' \\ 1+ta' \end{bmatrix} = \kappa_2(\alpha). \quad \text{Q.E.D.}$$

Henceforth until the end of § 10 A may be any commutative ring, and $\mathfrak{q}$ any ideal in A. The following lemma will help us verify $(8.4)_{n+1}$ for κ_{n+1}.

Lemma 8.8. — *Suppose* $t \in \mathfrak{q}$ *and suppose* α' *and* β' *are* $(\mathfrak{q}, t)$*-related to* α, *resp.* β. *Then*

a) $\alpha'\beta'$ *is* $(\mathfrak{q}, t)$*-related to* $\alpha\beta$.

b) $\alpha^{-1}\alpha' \in [E_{n+1}(A), GL_{n+1}(A, \mathfrak{q})]$. *In particular,* $\det \alpha' = \det \alpha$.

Proof. — *a)* Write $\alpha = \begin{pmatrix} \alpha_{11} & \alpha_{12} \\ t\alpha_{21} & \alpha_{22} \end{pmatrix}$ and $\alpha' = \begin{pmatrix} \alpha_{11} & t\alpha_{12} \\ \alpha_{21} & \alpha_{22} \end{pmatrix}$ in block form, with $\alpha_{11} = 1 + ta'_{11}$, $\alpha_{22} = \begin{pmatrix} a_{22} & \dots & a_{2n} \\ \vdots & & \vdots \\ a_{n2} & \dots & a_{nn} \end{pmatrix}$, etc. Similarly write

$$\beta = \begin{pmatrix} \beta_{11} & \beta_{12} \\ t\beta_{21} & \beta_{22} \end{pmatrix} \quad \text{and} \quad \beta' = \begin{pmatrix} \beta_{11} & t\beta_{12} \\ \beta_{21} & \beta_{22} \end{pmatrix}.$$

Then
$$\alpha\beta = \begin{pmatrix} \alpha_{11}\beta_{11} + t\alpha_{12}\beta_{21} & \alpha_{11}\beta_{12} + \alpha_{12}\beta_{22} \\ t(\alpha_{21}\beta_{11} + \alpha_{22}\beta_{21}) & t\alpha_{21}\beta_{12} + \alpha_{22}\beta_{22} \end{pmatrix}$$

and
$$\alpha'\beta' = \begin{pmatrix} \alpha_{11}\beta_{11} + t\alpha_{12}\beta_{21} & t(\alpha_{11}\beta_{12} + \alpha_{12}\beta_{22}) \\ \alpha_{21}\beta_{11} + \alpha_{22}\beta_{21} & t\alpha_{21}\beta_{12} + \alpha_{22}\beta_{22} \end{pmatrix}.$$

b) The first column of α is $\begin{pmatrix} 1 \\ 0 \\ \vdots \\ 0 \end{pmatrix} + t\gamma$, where $\gamma = \begin{pmatrix} a'_{11} \\ \vdots \\ a'_{n1} \end{pmatrix}$. Set $\overline{\alpha} = \begin{pmatrix} \alpha & -\gamma \\ 0 & 1 \end{pmatrix}$, and $\varepsilon = \begin{pmatrix} 0 & 0 & 1 \\ 0 & I_{n-1} & 0 \\ -1 & 0 & t \end{pmatrix} \in E_{n+1}(A)$. A direct calculation shows that

$$\overline{\alpha}^{\varepsilon} = \varepsilon^{-1}\overline{\alpha}\varepsilon = \overline{\alpha}' = \begin{pmatrix} \alpha' & 0 \\ \rho & 1 \end{pmatrix},$$

where $\rho=(a'_{11}, \ldots, a'_{1n})$. Hence $\bar{\alpha}^{-1}\bar{\alpha}'=[\bar{\alpha}, \varepsilon]\in[E_{n+1}(A), GL_{n+1}(A, \mathfrak{q})]$. Evidently if we write $\alpha=\bar{\alpha}\varepsilon_1$ and $\alpha'=\bar{\alpha}'\varepsilon_2$ then $\varepsilon_1, \varepsilon_2\in E_{n+1}(A, \mathfrak{q})$, and since $n+1\geq 3$, (5.1) implies $E_{n+1}(A, \mathfrak{q})\subset[E_{n+1}(A), GL_{n+1}(A, \mathfrak{q})]$. Therefore

$$\alpha^{-1}\alpha'=\varepsilon_1^{-1}\bar{\alpha}^{-1}\bar{\alpha}'\varepsilon_2\in[E_{n+1}(A), GL_{n+1}(A, \mathfrak{q})].$$

The construction of κ_{n+1} will be based upon the next lemma. We shall say an element σ of $GL_{n+1}(A)$ is of *type* L if its last row is $(0, \ldots, 0, 1)$, and of *type* R if its first column is $\begin{pmatrix}1\\0\\\vdots\\0\end{pmatrix}$. One of type L thus looks like

$$\bar{\alpha}=\begin{pmatrix}\alpha & \gamma\\ 0 & 1\end{pmatrix}$$

with $\alpha\in GL_n(A)$, γ an n-column; etc. Similarly a type R has the form

$$\bar{\beta}=\begin{pmatrix}1 & \rho\\ 0 & \beta\end{pmatrix}$$

with $\beta\in GL_n(A)$, ρ an n-row, etc.

Lemma 8.9. — *Assume* $(7.2)_{n+1}$ *and* $(8.1)_n$.

a) *Any* $\sigma\in GL_{n+1}(A, \mathfrak{q})$ *can be factored in* $GL_{n+1}(A, \mathfrak{q})$ *as*

$$\sigma=\bar{\alpha}\varepsilon\bar{\beta}$$

where $\bar{\alpha}$ *is of type* L, $\varepsilon=I+te_{n+1,1}$ *for some* $t\in\mathfrak{q}$, *and* $\bar{\beta}$ *is of type* R. *We shall call such a representation a " standard form " for* σ.

b) *Suppose* $t\in\mathfrak{q}$ *and suppose that* σ' *is* $(\mathfrak{q}, t)$*-related to* σ *in* $GL_{n+1}(A, \mathfrak{q})$. *Then* $\sigma^{-1}\sigma'\in E_{n+1}(A, \mathfrak{q})$.

Remark. — The ε in part *a)* is unique because t is the coefficient $a_{n+1,1}$ of σ.

Proof. — *a)* Say σ has first column $\sigma_1=\begin{pmatrix}a_1\\\vdots\\a_{n+1}\end{pmatrix}$. Using $(7.2)_{n+1}$ we can find $\bar{\gamma}=\begin{pmatrix}I_n & \gamma\\ 0 & 1\end{pmatrix}\in E_{n+1}(A, \mathfrak{q})$ such that $\bar{\gamma}\sigma_1=\begin{pmatrix}a'_1\\\vdots\\a'_n\\a_{n+1}\end{pmatrix}$ with $\sigma'_1=\begin{pmatrix}a'_1\\\vdots\\a'_n\end{pmatrix}$ $\mathfrak{q}$-unimodular. Then $(8.1)_n$ gives us an $\alpha_1\in GL_n(A, \mathfrak{q})$ such that $\alpha_1\sigma'_1=\begin{pmatrix}1\\0\\\vdots\\0\end{pmatrix}$. Set $\bar{\alpha}_1=\begin{pmatrix}\alpha_1 & 0\\ 0 & 1\end{pmatrix}$ and $\varepsilon=I+a_{n+1}e_{n+1,1}$. Then $\varepsilon^{-1}\bar{\alpha}_1\bar{\gamma}\sigma_1=\varepsilon^{-1}\begin{pmatrix}1\\0\\\vdots\\0\\a_{n+1}\end{pmatrix}=\begin{pmatrix}1\\0\\\vdots\\0\end{pmatrix}$, so $\bar{\beta}=\varepsilon^{-1}\bar{\alpha}_1\bar{\gamma}\sigma=\begin{pmatrix}1 & \rho\\ 0 & \beta\end{pmatrix}$ is of type R. Finally, $\sigma=\bar{\alpha}\varepsilon\bar{\beta}$, where $\bar{\alpha}=\bar{\gamma}^{-1}\bar{\alpha}_1^{-1}=\begin{pmatrix}\alpha_1^{-1} & -\gamma\\ 0 & 1\end{pmatrix}$ is of type L and in $GL_{n+1}(A, \mathfrak{q})$.

b) We are given a σ' that is $(\mathfrak{q}, t)$-related to σ. Thus, in the argument above, σ_1 is actually $(t\mathfrak{q})$-unimodular, so we can choose $\overline{\gamma}$ and $\overline{\alpha}_1$ in $\mathrm{GL}_{n+1}(\mathrm{A}, t\mathfrak{q})$. The result will be a standard form, $\sigma=\overline{\alpha}\varepsilon\overline{\beta}$, in which $\overline{\alpha}$ and $\varepsilon=I+a_{n+1}e_{n+1,1}$ have $(t\mathfrak{q})$-unimodular first columns. This permits us to define $\overline{\alpha}'=\begin{pmatrix}\alpha' & \gamma'\\ 0 & 1\end{pmatrix}$ and $\varepsilon'=I+a'_{n+1}e_{n+1,1}$ which are $(\mathfrak{q}, t)$-related to $\overline{\alpha}$, resp. ε. Similarly, $\overline{\beta}'=\begin{pmatrix}1 & t\rho\\ 0 & \beta\end{pmatrix}$ is $(\mathfrak{q}, t)$-related to $\overline{\beta}$, so Lemma 8.8 *a)* implies that $\overline{\alpha}\varepsilon'\overline{\beta}'$ is $(\mathfrak{q}, t)$-related to $\sigma=\overline{\alpha}\varepsilon\overline{\beta}$.

Our hypothesis $(7.2)_{n+1}$, and Theorem 7.5, imply that $\mathrm{E}_{n+1}(\mathrm{A}, \mathfrak{q})$ is a normal subgroup of $\mathrm{GL}_{n+1}(\mathrm{A})$ containing $[\mathrm{GE}_{n+1}(\mathrm{A}), \mathrm{GL}_{n+1}(\mathrm{A}, \mathfrak{q})]$. It is clear that $\varepsilon'\equiv\varepsilon$ and $\overline{\beta}'\equiv\overline{\beta}$ modulo $\mathrm{E}_{n+1}(\mathrm{A}, \mathfrak{q})$, and it follows from Lemma 8.8 *b)* that $\overline{\alpha}'\equiv\alpha'\equiv\alpha$ modulo $\mathrm{E}_{n+1}(\mathrm{A}, \mathfrak{q})$. Therefore $\overline{\alpha}'\varepsilon'\overline{\beta}'\equiv\overline{\alpha}\varepsilon\overline{\beta}=\sigma$ modulo $\mathrm{E}_{n+1}(\mathrm{A}, \mathfrak{q})$.

Now σ' and $\overline{\alpha}'\varepsilon'\overline{\beta}'$ are both $(\mathfrak{q}, t)$-related to σ, so they differ at most in the first row. (They may differ if t is a zero divisor.) Hence $\overline{\alpha}'\varepsilon'\overline{\beta}'(\sigma')^{-1}$ differs from I_{n+1} at most in the first row. Since, by Lemma 8.8 *b)*, $\det\sigma'=\det\sigma=\det(\overline{\alpha}'\varepsilon'\overline{\beta}')$, it follows that $\overline{\alpha}'\varepsilon'\overline{\beta}'(\sigma')^{-1}\in\mathrm{E}_{n+1}(\mathrm{A}, \mathfrak{q})$, so $\sigma'\equiv\sigma$ modulo $\mathrm{E}_{n+1}(\mathrm{A}, \mathfrak{q})$.

Corollary 8.10 (Uniqueness). — Assume $(7.2)_{n+1}$ *and* $(8.1)_n$, *and let*

$$\kappa_n : \mathrm{GL}_n(\mathrm{A}, \mathfrak{q})\to\mathrm{C}$$

be a homomorphism satisfying $(8.3)_n$. *Then there is at most one homomorphism*

$$\kappa_{n+1} : \mathrm{GL}_{n+1}(\mathrm{A}, \mathfrak{q})\to\mathrm{C}$$

extending κ_n *and satisfying* $(8.2)_{n+1}$. *Moreover* κ_{n+1} *must also satisfy* $(8.3)_{n+1}$ *and* $(8.4)_{n+1}$.

Proof. — $(7.2)_{n+1}$ and Theorem 7.5 *b)* imply that

$$\mathrm{GL}_{n+1}(\mathrm{A}, \mathfrak{q})=\mathrm{GL}_n(\mathrm{A}, \mathfrak{q}).\mathrm{E}_{n+1}(\mathrm{A}, \mathfrak{q}).$$

The map κ_{n+1} agrees with κ_n on $\mathrm{GL}_n(\mathrm{A}, \mathfrak{q})$, and, by $(8.2)_{n+1}$, annihilates $\mathrm{E}_{n+1}(\mathrm{A}, \mathfrak{q})$; hence it is unique. To verify $(8.3)_{n+1}$, i.e. that $\kappa_{n+1}({}^{\mathrm{T}}\sigma)=\kappa_{n+1}(\sigma)$, it is enough to do so for generators of $\mathrm{GL}_{n+1}(\mathrm{A}, \mathfrak{q})$. On $\mathrm{GL}_n(\mathrm{A}, \mathfrak{q})$ this follows from $(8.3)_n$, and if $\sigma\in\mathrm{E}_{n+1}(\mathrm{A}, \mathfrak{q})$ then likewise for ${}^{\mathrm{T}}\sigma$. Finally, $(8.4)_{n+1}$ follows immediately from $(8.2)_{n+1}$ and Lemma 8.9 *b)*, which our hypotheses permit us to invoke.

Henceforth we shall assume we are given A, $\mathfrak{q}$, and $\kappa_n : \mathrm{GL}_n(\mathrm{A}, \mathfrak{q})\to\mathrm{C}$ satisfying $(7.2)_{n+1}$, $(8.1)_n$, $(8.2)_n$, $(8.3)_n$, and $(8.4)_n$. (Recall that $(7.2)_{n+1}$ and $(8.1)_n$ are both consequences of $(7.2)_n$.) We seek to construct a homomorphism $\kappa_{n+1} : \mathrm{GL}_{n+1}(\mathrm{A}, \mathfrak{q})\to\mathrm{C}$ which extends κ_n and satisfies $(8.2)_{n+1}$. Once this is done it will follow from Corollary 8.10 that we have proved both Proposition 8.5 and 8.6.

Lemma 8.11 (Definition of κ_{n+1}*). — Suppose* $\sigma\in\mathrm{GL}_{n+1}(\mathrm{A}, \mathfrak{q})$ *has a standard form* $\sigma=\overline{\alpha}\varepsilon\overline{\beta}$ *with*

$$\overline{\alpha}=\begin{pmatrix}\alpha & \gamma\\ 0 & 1\end{pmatrix} \quad \textit{and} \quad \overline{\beta}=\begin{pmatrix}1 & \rho\\ 0 & \beta\end{pmatrix}.$$

Then $$\kappa_{n+1}(\sigma)=\kappa_n(\alpha)\kappa_n(\beta)$$
depends only on σ, *and* $\kappa_{n+1}|\mathrm{GL}_n(\mathrm{A}, \mathfrak{q})=\kappa_n$.

Proof. — Suppose $\overline{\alpha}_1\varepsilon_1\overline{\beta}_1=\sigma=\overline{\alpha}_2\varepsilon_2\overline{\beta}_2$ are two standard forms. We claim that $\kappa_n(\alpha_1)\kappa_n(\beta_1)=\kappa_n(\alpha_2)\kappa_n(\beta_2)$, i.e. that $\kappa_n(\alpha)=\kappa_n(\beta)$, where $\alpha=\alpha_2^{-1}\alpha_1=(a_{ij})$ and $\beta=\beta_2\beta_1^{-1}=(b_{ij})$. Setting $\overline{\alpha}=\overline{\alpha}_2^{-1}\overline{\alpha}_1=\begin{pmatrix}\alpha & \gamma\\ 0 & 1\end{pmatrix}$ and $\overline{\beta}=\overline{\beta}_2\overline{\beta}_1^{-1}=\begin{pmatrix}1 & \rho\\ 0 & \beta\end{pmatrix}$ we have $\overline{\alpha}\varepsilon_1=\varepsilon_2\overline{\beta}$. Say $\varepsilon_1=I+te_{n+1,1}$, $\varepsilon_2=I+se_{n+1,1}$, $\gamma=\begin{pmatrix}c_1\\ \vdots\\ c_n\end{pmatrix}$, and $\rho=(r_1, \ldots, r_n)$.

$$\overline{\alpha}\varepsilon_1=\begin{pmatrix}\alpha+\gamma(t, 0, \ldots, 0) & \gamma\\ t\ \ 0\ \ .\ \ .\ \ .\ \ 0 & 1\end{pmatrix}=\begin{pmatrix}a_{11}+c_1t & a_{12}\ldots a_{1n} & c_1\\ \vdots & \vdots\quad\ \ \vdots & \vdots\\ a_{n1}+c_nt & a_{n2}\ldots a_{nn} & c_n\\ t & 0\ \ldots\ 0 & 1\end{pmatrix}.$$

$$\varepsilon_2\overline{\beta}=\begin{pmatrix}1 & \rho\\ 0 & \\ \vdots & \\ 0 & \beta+\begin{pmatrix}0\\ \vdots\\ 0\\ s\end{pmatrix}.\rho\\ s & \end{pmatrix}=\begin{pmatrix}1 & r_1 & \ldots & r_n\\ 0 & b_{11} & \ldots & b_{1n}\\ \vdots & \vdots & & \vdots\\ 0 & & & \\ s & b_{n1}+sr_1 & \ldots & b_{nn}+sr_n\end{pmatrix}$$

Therefore $s=t$ and $c_1=r_n$, and if we set $a'_{i1}=-c_i$ $(1<i\le n)$ and $a'_{1j}=r_j$ $(1\le j<n)$ we have

$$\alpha=\begin{pmatrix}1-c_1t & r_1 & \ldots & r_{n-1}\\ -c_2t & a_{22} & & a_{2n}\\ \vdots & & & \\ -c_nt & a_{n2} & & a_{nn}\end{pmatrix}=\begin{pmatrix}1+ta'_{11} & a'_{12} & \ldots & a'_{1n}\\ ta'_{21} & a_{22} & \ldots & a_{2n}\\ \vdots & \vdots & & \vdots\\ ta'_{n1} & a_{n2} & \ldots & a_{nn}\end{pmatrix}$$

and

$$\beta=\begin{pmatrix}a_{22} & \ldots & a_{2n} & c_2\\ \vdots & & \vdots & \\ a_{n2} & \ldots & a_{nn} & c_n\\ -tr_1 & \ldots & -tr_{n-1} & 1-tr_n\end{pmatrix}=\begin{pmatrix}a_{22} & \ldots & a_{2n} & -a'_{21}\\ & & & \\ a_{n2} & \ldots & a_{nn} & -a'_{n1}\\ -ta'_{12} & \ldots & -ta'_{1n} & 1+ta'_{11}\end{pmatrix}$$

With $\pi=\begin{pmatrix}0 & \cdots & 0 & -1\\ 1 & 0\cdots & \cdot & 0\\ \cdot & 1 & \cdot & \cdot\\ \vdots & & \ddots & \vdots\\ 0 & \cdots 0 & 1 & 0\end{pmatrix}\in\mathrm{GE}_n(\mathrm{A})$ we have

$$\pi\beta\pi^{-1}=\begin{pmatrix}1+ta'_{11} & ta'_{12} & \ldots & ta'_{1n}\\ a'_{21} & a_{22} & \ldots & a_{2n}\\ \vdots & \vdots & & \vdots\\ a'_{n1} & a_{n2} & \ldots & a_{nn}\end{pmatrix},$$ which is $(\mathfrak{q}, t)$-related to α.

Therefore $\kappa_n(\beta)=\kappa_n(\pi\beta\pi^{-1})$ by $(8.2)_n$, and $\kappa_n(\pi\beta\pi^{-1})=\kappa_n(\alpha)$ by $(8.4)_n$. Finally, the fact that κ_{n+1} extends κ_n is clear.

We close this section with a corollary of the definition of κ_{n+1}.

Lemma 8.12. — *If* $\overline{\alpha}_1, \sigma, \overline{\beta}_1 \in \mathrm{GL}_{n+1}(\mathrm{A}, \mathfrak{q})$ *with* $\overline{\alpha}_1$ *of type* L *and* $\overline{\beta}_1$ *of type* R, *then*

$$\kappa_{n+1}(\overline{\alpha}_1\sigma\overline{\beta}_1) = \kappa_{n+1}(\overline{\alpha}_1)\kappa_{n+1}(\sigma)\kappa_{n+1}(\overline{\beta}_1).$$

Proof. — If $\sigma = \overline{\alpha}\varepsilon\overline{\beta}$ in standard form then, with an obvious choice of notation,

$$\overline{\alpha}_1\overline{\alpha} = \begin{pmatrix} \alpha_1\alpha & * \\ 0 & 1 \end{pmatrix}$$

is of type L, and

$$\overline{\beta}\,\overline{\beta}_1 = \begin{pmatrix} 1 & * \\ 0 & \beta\beta_1 \end{pmatrix}$$

is of type R. Hence $\overline{\alpha}_1\sigma\overline{\beta}_1 = (\overline{\alpha}_1\overline{\alpha})\varepsilon(\overline{\beta}\,\overline{\beta}_1)$ is a standard form for $\overline{\alpha}_1\sigma\overline{\beta}_1$, so $\kappa_{n+1}(\overline{\alpha}_1\sigma\overline{\beta}_1) = \kappa_n(\alpha_1\alpha)\kappa_n(\beta\beta_1) = \kappa_n(\alpha_1)\kappa_n(\alpha)\kappa_n(\beta)\kappa_n(\beta_1) = \kappa_{n+1}(\overline{\alpha}_1)\kappa_{n+1}(\sigma)\kappa_{n+1}(\overline{\beta}_1)$.

§ 9. The normalizer of κ_{n+1}.

Given A, $\mathfrak{q}$, and a homomorphism $\kappa_n : \mathrm{GL}_n(\mathrm{A}, \mathfrak{q}) \to \mathrm{C}$, satisfying $(7.2)_{n+1}$, $(8.1)_n$, $(8.2)_n$, $(8.3)_n$ and $(8.4)_n$, we have constructed (Lemma 8.11) a map, $\kappa_{n+1} : \mathrm{GL}_{n+1}(\mathrm{A}, \mathfrak{q}) \to \mathrm{C}$, extending κ_n. We seek to show, under the hypotheses of either Proposition 8.5 or Proposition 8.6, that the map κ_{n+1} is a homomorphism satisfying $(8.2)_{n+1}$. The remarks after Corollary 8.10 show that this will suffice to prove Propositions 8.5 and 8.6.

Write

$$\mathrm{H} = \{\sigma \in \mathrm{GL}_{n+1}(\mathrm{A}, \mathfrak{q}) \mid \kappa_{n+1}(\sigma\sigma') = \kappa_{n+1}(\sigma)\kappa_{n+1}(\sigma') \text{ for all } \sigma' \in \mathrm{GL}_{n+1}(\mathrm{A}, \mathfrak{q})\}$$

and

$$\mathrm{N} = \{\tau \in \mathrm{GL}_{n+1}(\mathrm{A}) \mid \kappa_{n+1}(\tau\sigma\tau^{-1}) = \kappa_{n+1}(\sigma) \text{ for all } \sigma \in \mathrm{GL}_{n+1}(\mathrm{A}, \mathfrak{q})\}.$$

The condition that κ_{n+1} be a homomorphism is that $\mathrm{H} = \mathrm{GL}_{n+1}(\mathrm{A}, \mathfrak{q})$. Since $n+1 \geq 3$, condition $(8.2)_{n+1}$ just means that $\mathrm{GE}_{n+1}(\mathrm{A}) \subset \mathrm{N}$.

Lemma 9.1. — a) H *is a group, and it contains all matrices of type* L *in* $\mathrm{GL}_{n+1}(\mathrm{A}, \mathfrak{q})$.

b) N *is a group, and it normalizes* H.

Proof. — *a)* If $\sigma \in \mathrm{H}$ then

$$1 = \kappa_{n+1}(\sigma\sigma^{-1}) = \kappa_{n+1}(\sigma)\kappa_{n+1}(\sigma^{-1}) \quad \text{so} \quad \kappa_{n+1}(\sigma^{-1}) = \kappa_{n+1}(\sigma)^{-1}.$$

Hence, if $\sigma' \in \mathrm{GL}_{n+1}(\mathrm{A}, \mathfrak{q})$, then $\kappa_{n+1}(\sigma') = \kappa_{n+1}(\sigma\sigma^{-1}\sigma') = \kappa_{n+1}(\sigma)\kappa_{n+1}(\sigma^{-1}\sigma')$, so $\kappa_{n+1}(\sigma^{-1}\sigma') = \kappa_{n+1}(\sigma)^{-1}\kappa_{n+1}(\sigma') = \kappa_{n+1}(\sigma^{-1})\kappa_{n+1}(\sigma')$; i.e. $\sigma^{-1} \in \mathrm{H}$. Suppose $\sigma_1 \in \mathrm{H}$ also. Then $\kappa_{n+1}(\sigma_1\sigma\sigma') = \kappa_{n+1}(\sigma_1)\kappa_{n+1}(\sigma\sigma') = \kappa_{n+1}(\sigma_1)\kappa_{n+1}(\sigma)\kappa_{n+1}(\sigma') = \kappa_{n+1}(\sigma_1\sigma)\kappa_{n+1}(\sigma')$, so $\sigma_1\sigma \in \mathrm{H}$. This shows that H is a group. Lemma 8.12 implies that H contains all $\sigma \in \mathrm{GL}_{n+1}(\mathrm{A}, \mathfrak{q})$ of type L.

It is clear that N is a group.

If $\tau \in \mathrm{N}$, $\sigma \in \mathrm{H}$, and $\sigma' \in \mathrm{GL}_{n+1}(\mathrm{A}, \mathfrak{q})$, then

$$\kappa_{n+1}((\tau^{-1}\sigma\tau)\sigma') = \kappa_{n+1}(\sigma\tau\sigma'\tau^{-1}) = \kappa_{n+1}(\sigma)\kappa_{n+1}(\tau\sigma'\tau^{-1})$$
$$= \kappa_{n+1}(\sigma)\kappa_{n+1}(\sigma') = \kappa_{n+1}(\tau^{-1}\sigma\tau)\kappa_{n+1}(\sigma');$$

hence $\tau^{-1}\sigma\tau \in \mathrm{H}$.

Lemma 9.2. — *A subgroup* $K \subset GL_{n+1}(A, \mathfrak{q})$ *which contains all matrices of type* L, *and which is normalized by* $E_{n+1}(A)$, *is all of* $GL_{n+1}(A, \mathfrak{q})$.

Proof. — The matrices of type L contain $GL_n(A, \mathfrak{q})$ and, therefore, all matrices $I + te_{12}$ $(t \in \mathfrak{q})$. The smallest group containing the latter and normalized by $E_{n+1}(A)$ is $E_{n+1}(A, \mathfrak{q})$. Therefore K contains $GL_n(A, \mathfrak{q}) . E_{n+1}(A, \mathfrak{q})$, which is all of $GL_n(A, \mathfrak{q})$ thanks to Theorem 7.5 *b)* and our hypothesis $(7.2)_{n+1}$ above.

Corollary 9.3. — *If* $GE_{n+1}(A) \subset N$ *then* κ_{n+1} *is a homomorphism satisfying* $(8.2)_{n+1}$.

This follows immediately from Lemmas 9.1, 9.2, and the remarks preceding Lemma 9.1. The rest of our arguments will be concerned with showing that $GE_{n+1}(A) \subset N$.

Lemma 9.4. — N *contains all matrices of the form*

$$\tau = \begin{pmatrix} u & * & * \\ 0 & \nu & * \\ 0 & 0 & v \end{pmatrix}$$

where u and v are units and $\nu \in GE_{n-1}(A)$.

Proof. — These matrices form a group, of which those of the types

$$\tau_1 = \operatorname{diag}(u_1, \ldots, u_{n+1}), \qquad \tau_2 = \begin{pmatrix} 1 & 0 & 0 \\ 0 & \nu & 0 \\ 0 & 0 & 1 \end{pmatrix}, \qquad \text{and} \qquad \tau_3 = I + te_{ij},$$

where the u_i are units, $\nu \in GE_{n-1}(A)$, $t \in \mathfrak{q}$, and $(i, j) = (1, 2)$ or $(n, n+1)$, form a set of generators. It therefore suffices to show that, for τ one of these types, and for $\sigma \in GL_{n+1}(A, \mathfrak{q})$, that $\kappa_{n+1}(\tau\sigma\tau^{-1}) = \kappa_{n+1}(\sigma)$.

If $\sigma = \bar{\alpha}\varepsilon\bar{\beta}$ in standard form, then, for $\tau = \tau_1$ or τ_2, $\tau\sigma\tau^{-1} = (\tau\bar{\alpha}\tau^{-1})(\tau\varepsilon\tau^{-1})(\tau\bar{\beta}\tau^{-1})$ is still in standard form, and it follows easily from hypothesis $(8.2)_n$ that

$$\kappa_{n+1}(\tau\sigma\tau^{-1}) = \kappa_{n+1}(\sigma).$$

Suppose next, say, that $\tau = I + te_{12}$, $t \in A$. Then $\bar{\alpha}' = \tau\bar{\alpha}\tau^{-1} = \begin{pmatrix} \alpha' & \gamma' \\ 0 & 1 \end{pmatrix}$ is still of type L, with $\alpha' = \tau\alpha\tau^{-1}$. Moreover $\bar{\beta}' = \tau\bar{\beta}\tau^{-1} = \begin{pmatrix} 1 & \rho' \\ 0 & \beta \end{pmatrix}$ is still of type R. Finally, if $\varepsilon = I + se_{n+1,1}$, then $\tau\varepsilon\tau^{-1} = I + se_{n+1,1} - ste_{n+1,2} = \varepsilon(I - ste_{n+1,2}) = \varepsilon\bar{\beta}_1$. Here $\bar{\beta}_1 = \begin{pmatrix} 1 & 0 \\ 0 & \beta_1 \end{pmatrix}$ is of type R with $\beta_1 \in E_n(A, \mathfrak{q})$. Therefore $\tau\sigma\tau^{-1} = \bar{\alpha}'\varepsilon(\bar{\beta}_1\bar{\beta}')$ is in standard form, so $\kappa_{n+1}(\tau\sigma\tau^{-1}) = \kappa_n(\alpha')\kappa_n(\beta_1\beta) = \kappa_n(\alpha)\kappa_n(\beta_1)\kappa_n(\beta) = \kappa_{n+1}(\sigma)$, by virtue of $(8.2)_n$.

In case $\tau = I + te_{n,n+1}$ the argument is similar, except that this time we have $\tau\varepsilon\tau^{-1} = \bar{\alpha}_1\varepsilon$, where $\bar{\alpha}_1$ is a factor of type L that can be absorbed with $\tau\bar{\alpha}\tau^{-1}$.

At this point we shall use condition $(8.3)_n$ for the first time. This says that $\ker(\kappa_n)$ is invariant under transposition. Consequently the map $\sigma \mapsto {}^{T}\sigma$ on $GL_n(A, \mathfrak{q})$ induces an antiautomorphism, $x \mapsto {}^{T}x$, on $\operatorname{im}(\kappa_n) \subset C$. It is defined by the formula

$${}^{T}\kappa_n(\sigma) = \kappa_n({}^{T}\sigma).$$

Let $\varphi=\begin{pmatrix} 0 & 0 & 1 \\ 0 & I_{n-1} & 0 \\ 1 & 0 & 0 \end{pmatrix}\in GE_{n+1}(A)$. Note that $\varphi=\varphi^{-1}={}^{T}\varphi$. For $\sigma\in GL_{n+1}(A)$ write

$$\widetilde{\sigma}={}^{T}(\varphi\sigma\varphi^{-1})=\varphi({}^{T}\sigma)\varphi^{-1}.$$

It is easy to see that $\sigma\mapsto\widetilde{\sigma}$ is an antiautomorphism of $GL_{n+1}(A)$, preserving $GL_{n+1}(A, \mathfrak{q})$, and that $\widetilde{\widetilde{\sigma}}=\sigma$.

Suppose $\overline{\alpha}=\begin{pmatrix} \alpha & \gamma \\ 0 & 1 \end{pmatrix}$ is of type L. Then a direct calculation shows that $\widetilde{\overline{\alpha}}=\begin{pmatrix} 1 & \gamma_1 \\ 0 & {}^{T}\alpha_1 \end{pmatrix}$ is of type R. Here $\alpha_1=\pi\alpha\pi^{-1}$, where $\pi=\begin{pmatrix} 0 & 1 & \dots & 0 \\ \vdots & 0 & & \vdots \\ 0 & & \ddots & 1 \\ 1 & 0 & \dots & 0 \end{pmatrix}\in GE_n(A)$.

Similarly, if $\overline{\beta}=\begin{pmatrix} 1 & \rho \\ 0 & \beta \end{pmatrix}$ if of type R then $\widetilde{\overline{\beta}}=\begin{pmatrix} {}^{T}\beta_1 & \rho_1 \\ 0 & 1 \end{pmatrix}$ is of type L, where $\beta_1=\pi^{-1}\beta\pi$. Finally, if $\varepsilon=I+te_{n+1,1}$, then $\widetilde{\varepsilon}=\varepsilon$.

Suppose $\sigma\in GL_{n+1}(A, \mathfrak{q})$ has a standard form $\sigma=\overline{\alpha}\varepsilon\overline{\beta}$. The discussion above shows that $\widetilde{\sigma}=\widetilde{\overline{\beta}}\varepsilon\widetilde{\overline{\alpha}}$ is a standard form for $\widetilde{\sigma}$, so $\kappa_{n+1}(\widetilde{\sigma})=\kappa_n({}^{T}\beta_1)\kappa_n({}^{T}\alpha_1)$, in the notation above. Thus

$$\begin{aligned}\kappa_{n+1}(\widetilde{\sigma})&={}^{T}\kappa_n(\beta_1){}^{T}\kappa_n(\alpha_1)\\&={}^{T}(\kappa_n(\pi\alpha\pi^{-1})\kappa_n(\pi^{-1}\beta\pi))\\&={}^{T}(\kappa_n(\alpha)\kappa_n(\beta))\\&={}^{T}\kappa_{n+1}(\sigma).\end{aligned}$$

Now suppose that $\tau\in N$; we claim that $\widetilde{\tau}\in N$ also. For

$$\begin{aligned}\kappa_{n+1}(\widetilde{\tau}\sigma\widetilde{\tau}^{-1})&=\kappa_{n+1}((\tau^{-1}\widetilde{\sigma}\tau)^{\sim})\\&={}^{T}\kappa_{n+1}(\tau^{-1}\widetilde{\sigma}\tau)\\&={}^{T}\kappa_{n+1}(\widetilde{\sigma})\\&=\kappa_{n+1}(\sigma)\end{aligned}$$

We have thus proved:

Lemma 9.5. — If $\tau\in N$ *then* $\widetilde{\tau}\in N$.

Lemma 9.6. — A subgroup of $GL_{n+1}(A)$ *containing all the matrices in Lemma 9.4, invariant under* $\tau\mapsto\widetilde{\tau}$, *and containing*

$$\pi=\begin{pmatrix} I_{n-1} & 0 & 0 \\ 0 & 0 & 1 \\ 0 & 1 & 0 \end{pmatrix}$$

contains $GE_{n+1}(A)$.

Proof. — $GE_{n+1}(A)$ is generated by diagonal matrices and by elementary matrices. Lemma 9.4 gives us all diagonal matrices and all elementary matrices $I+te_{ij}$ except those with $i=n+1$ or $j=1$.

But $\pi(I+te_{n,n+1})\pi^{-1}=I+te_{n+1,n}$, and $[I+te_{n+1,n}, I+e_{nj}]=I+te_{n+1,j}$ for $j\neq n, n+1$. Hence we have all $I+te_{ij}$ with $j\neq 1$. Next note that $(I+te_{n+1,j})^{\sim}=I+te_{j1}$ for $j\neq 1, n+1$, so we lack only $I+te_{n+1,1}$. We obtain the latter as $[I+te_{n+1,n}, I+e_{n,1}]$.

§ 10. Proof that $\pi \in N$.

We want to show that $GE_{n+1}(A) \subset N$, and Lemmas 9.4, 9.5 and 9.6 make it sufficient to show that $\pi \in N$, where

$$\pi = \begin{pmatrix} I_{n-1} & 0 & 0 \\ 0 & 0 & 1 \\ 0 & 1 & 0 \end{pmatrix}$$

This amounts to showing that

$$\kappa_{n+1}(\pi\sigma\pi^{-1}) = \kappa_{n+1}(\sigma) \tag{10.1}$$

for $\sigma \in GL_{n+1}(A, q)$.

Lemma 10.2. — a) *The matrices σ for which* (10.1) *holds are stable under right multiplication by matrices β_1 of type* R, *and under left multiplication by matrices*

$$\overline{\alpha}_1 = \begin{pmatrix} \alpha'_1 & \gamma_1 \\ 0 & I_2 \end{pmatrix}. \tag{10.3}$$

b) *It suffices to prove* (10.1) *for σ of the form $\sigma = \overline{\alpha}\varepsilon$, where $\varepsilon = I + te_{n+1,1}$, and where $\overline{\alpha} = \begin{pmatrix} \alpha & \gamma \\ 0 & 1 \end{pmatrix}$ is of type* L. *If we further assume* $(7.2)_n$ *and* $(8.1)_{n-1}$ *then we can even restrict α to have the form*

$$\alpha = \begin{pmatrix} 1 & a_{12} & \dots & a_{1n} \\ 0 & a_{22} & \dots & a_{2n} \\ \vdots & \vdots & & \vdots \\ 0 & a_{n-1,2} & \dots & a_{n-1,n} \\ a_{n1} & a_{n2} & & a_{nn} \end{pmatrix}. \tag{10.4}$$

Proof. — *a)* If $\overline{\beta}$ is of type R then so is $\pi\overline{\beta}_1\pi^{-1}$, clearly, and $(8.2)_n$ implies $\kappa_{n+1}(\pi\overline{\beta}_1\pi^{-1}) = \kappa_{n+1}(\overline{\beta}_1)$. Similarly, if $\overline{\alpha}_1$ is as in (10.3) then $\pi\overline{\alpha}_1\pi^{-1}$ is of the same type, and $\kappa_{n+1}(\pi\overline{\alpha}_1\pi^{-1}) = \kappa_{n+1}(\overline{\alpha}_1)$, clearly. Now if $\kappa_{n+1}(\pi\sigma\pi^{-1}) = \kappa_{n+1}(\sigma)$ then, using Lemma 8.12,

$$\begin{aligned}\kappa_{n+1}(\pi\overline{\alpha}_1\sigma\overline{\beta}_1\pi^{-1}) &= \kappa_{n+1}(\pi\overline{\alpha}_1\pi^{-1})\kappa_{n+1}(\pi\sigma\pi^{-1})\kappa_{n+1}(\pi\overline{\beta}_1\pi^{-1}) \\ &= \kappa_{n+1}(\overline{\alpha}_1)\kappa_{n+1}(\sigma)\kappa_{n+1}(\overline{\beta}_1) = \kappa_{n+1}(\overline{\alpha}_1\sigma\overline{\beta}_1).\end{aligned}$$

b) Using *a)*, in order to verify (10.1) for a given σ, we are free to first modify σ on the right by factors of type R, and on the left by factors of type (10.3). The former permits us to render σ of the form $\sigma = \overline{\alpha}\varepsilon$, as indicated in the lemma. If we assume $(7.2)_n$ and $(8.1)_{n-1}$ then it follows from Lemma 8.9 *a)* that we can write $\alpha = \alpha_1\varepsilon_1\beta_1$, a standard form in $GL_n(A, q)$. Since $\alpha_1 = \begin{pmatrix} \alpha'_1 & \gamma'_1 \\ 0 & 1 \end{pmatrix}$ it follows that $\overline{\alpha}_1 = \begin{pmatrix} \alpha_1 & 0 \\ 0 & 1 \end{pmatrix}$ is a matrix of type (10.3). Replacing σ by $\overline{\alpha}_1^{-1}\sigma$, therefore, which we can do thanks to part *a)*, we can assume above that $\alpha = \varepsilon_1\beta_1$, a standard form in $GL_n(A, q)$. This implies that α has the form (10.4) above. Q.E.D.

Proof of Proposition 8.6 (concluded):

Since $(7.2)_n$ and $(8.1)_{n-1}$ are part of the hypotheses of Proposition 8.6, we can now finish the proof of that proposition by verifying (10.1) for $\sigma=\overline{\alpha}\varepsilon$ where $\varepsilon=I+te_{n+1,1}$, $t\in\mathfrak{q}$, and where $\overline{\alpha}=\begin{pmatrix}\alpha & \gamma\\ 0 & 1\end{pmatrix}$ with α as in (10.4).

Note first that if $\varepsilon_1=I-a_{n1}e_{n1}\in E_n(A,\mathfrak{q})$ then $\varepsilon_1\alpha=\begin{pmatrix}1 & *\\ 0 & \alpha'\end{pmatrix}$, where

$$\alpha'=\begin{pmatrix} a_{22} & \cdots & a_{2n}\\ \vdots & & \\ a_{n-1,2} & \cdots & a_{n-1,n}\\ a_{n2}-a_{n1}a_{12} & \cdots & a_{nn}-a_{n1}a_{1n}\end{pmatrix}.$$

Hence, if $\kappa_{n-1}=\kappa_n|GL_{n-1}(A,\mathfrak{q})$ then

$$\kappa_{n+1}(\sigma)=\kappa_n(\alpha)=\kappa_{n-1}(\alpha'),$$

clearly. Thus we must show that $\kappa_{n+1}(\pi\sigma\pi^{-1})=\kappa_{n-1}(\alpha')$.

Writing $\gamma=\begin{pmatrix}c_1\\ \vdots\\ c_n\end{pmatrix}$ we have

$$\sigma=\overline{\alpha}\varepsilon=\begin{pmatrix}\alpha+\gamma(t,0,\ldots,0) & \gamma\\ t\quad 0\ \ .\ \ .\ \ .\ \ 0 & 1\end{pmatrix}=\begin{pmatrix} 1+tc_1 & a_{12} & \cdots & a_{1n} & c_1\\ tc_2 & a_{22} & \cdots & a_{2n} & c_2\\ \vdots & \vdots & & \vdots & \\ tc_{n-1} & a_{n-1,2} & \cdots & a_{n-1,n} & c_{n-1}\\ a_{n1}+tc_n & a_{n2} & \cdots & a_{nn} & c_n\\ t & 0 & \cdots & 0 & 1\end{pmatrix}.$$

Writing $\tau=\pi\sigma\pi^{-1}$ we have

$$\tau=\begin{pmatrix} 1+tc_1 & a_{12} & \cdots & a_{1,n-1} & c_1 & a_{1n}\\ tc_2 & a_{22} & \cdots & a_{2,n-1} & c_2 & a_{2n}\\ \vdots & \vdots & & \vdots & \vdots & \vdots\\ tc_{n-1} & a_{n-1,1} & \cdots & a_{n-1,n-1} & c_{n-1} & a_{n-1,n}\\ t & 0 & \cdots & 0 & 1 & 0\\ a_{n1}+tc_n & a_{n2} & \cdots & a_{n,n-1} & c_n & a_{nn}\end{pmatrix}.$$

We now proceed to put τ in standard form, so that we can evaluate $\kappa_{n+1}(\tau)$.

Set $\overline{\alpha}_1=\begin{pmatrix}\alpha_1 & 0\\ 0 & 1\end{pmatrix}$, where $\alpha_1=I-(\sum_{i=1}^{n-1}c_ie_{in})$. Then

$$\overline{\alpha}_1\tau=\begin{pmatrix} 1 & a_{12} & \cdots & a_{1,n-1} & 0 & a_{1n}\\ 0 & a_{22} & \cdots & a_{2,n-1} & 0 & a_{2n}\\ \vdots & \vdots & & \vdots & \vdots & \vdots\\ 0 & a_{n-1,2} & \cdots & a_{n-1,n-1} & 0 & a_{n-1,n}\\ t & 0 & \cdots & 0 & 1 & 0\\ a_{n1}+tc_n & a_{n2} & \cdots & a_{n,n-1} & c_n & a_{nn}\end{pmatrix}.$$

Set $\bar{\alpha}_2 = \pi\varepsilon^{-1}\pi^{-1} = \begin{pmatrix} \alpha_2 & 0 \\ 0 & 1 \end{pmatrix}$, where $\alpha_2 = I - te_{n1}$, and set $\varepsilon_1 = I + se_{n+1,1}$, where $s = a_{n1} + tc_n$. Then

$$\bar{\beta} = \varepsilon_1^{-1}\bar{\alpha}_2\bar{\alpha}_1\tau = \begin{pmatrix} 1 & \rho \\ 0 & \beta \end{pmatrix}$$

is of type R, where

$$\beta = \begin{pmatrix} a_{22} & \dots & a_{2,n-1} & 0 & a_{2n} \\ \vdots & & \vdots & \vdots & \vdots \\ -ta_{12} & \dots & -ta_{1,n-1} & 1 & -ta_{1n} \\ a_{n2} - sa_{12} & \dots & a_{n,n-1} - sa_{1,n-1} & c_n & a_{nn} - sa_{1n} \end{pmatrix}.$$

Therefore $\tau = (\bar{\alpha}_2\bar{\alpha}_1)^{-1}\varepsilon_1\bar{\beta}$ is a standard form, so $\kappa_{n+1}(\tau) = \kappa_n((\alpha_2\alpha_1)^{-1})\kappa_n(\beta) = \kappa_n(\beta)$, since clearly $\alpha_1, \alpha_2 \in E_n(A, \mathfrak{q})$.

In $GL_n(A, \mathfrak{q})$ set $\delta = I + (\sum_{j=1}^{n-2} ta_{ij+1}e_{n-1,j}) + ta_{1n}e_{n-1,n}$. Then since

$$a_{nj} - sa_{ij} + ta_{ij}c_n = a_{nj} - (a_{n1} + tc_n)a_{ij} + ta_{ij}c_n = a_{nj} - a_{n1}a_{ij},$$

we have

$$\beta\delta = \begin{pmatrix} a_{22} & \dots & a_{2,n-1} & 0 & a_{2n} \\ \vdots & & \vdots & \vdots & \vdots \\ a_{n-1,2} & \dots & a_{n-1,n-1} & 0 & a_{n-1,n} \\ 0 & & 0 & 1 & 0 \\ a_{n2} - a_{n1}a_{12} & \dots & a_{n,n-1} - a_{n1}a_{1,n-1} & c_n & a_{nn} - a_{n1}a_{1n} \end{pmatrix}.$$

Now $\beta\delta$ is conjugate, by a permutation matrix, to

$$\beta' = \begin{pmatrix} & & & 0 \\ & \alpha' & & \vdots \\ & & & 0 \\ & & & c_n \\ 0 & \dots & 0 & 1 \end{pmatrix}.$$

Therefore, since $\delta \in E_n(A, \mathfrak{q})$, it follows from $(8.2)_n$ that

$$\kappa_n(\beta) = \kappa_n(\beta\delta) = \kappa_n(\beta') = \kappa_{n-1}(\alpha'),$$

and so $\kappa_{n+1}(\tau) = \kappa_n(\beta) = \kappa_{n-1}(\alpha')$, as was to be shown. This concludes the proof of Proposition 8.6.

Proof of Proposition 8.5 (concluded):

Now it remains to prove (10.1) in the setting of Proposition 8.5. Thus $n = 2$ and κ_2 is given by a Mennicke symbol, $\kappa_2\begin{pmatrix} a & b \\ c & d \end{pmatrix} = \begin{bmatrix} b \\ a \end{bmatrix}$. Again it is enough, by Lemma 10.2 *b)*, to treat σ of the form $\sigma = \bar{\alpha}\varepsilon$.

Writing $\bar{\alpha} = \begin{pmatrix} \alpha & \gamma \\ 0 & 1 \end{pmatrix}$ with $\alpha = \begin{pmatrix} a_{11} & a_{12} \\ a_{21} & a_{22} \end{pmatrix}$ and $\gamma = \begin{pmatrix} c_1 \\ c_2 \end{pmatrix}$, we can modify σ on the left by a factor of type (10.3) to arrange that $a_{11} \neq 0$. (This is automatic if $\mathfrak{q} \neq A$.)

With $\tau=\pi\sigma\pi^{-1}$ we have

$$\tau=\begin{pmatrix} a_{11}+tc_1 & c_1 & a_{12} \\ t & 1 & 0 \\ a_{21}+tc_2 & c_1 & a_{22} \end{pmatrix}.$$

Set $\bar{\alpha}_1=\begin{pmatrix} \alpha_1 & 0 \\ 0 & 1 \end{pmatrix}$ with $\alpha_1=\begin{pmatrix} 1 & -c_1 \\ 0 & 1 \end{pmatrix}$, as above, so that

$$\bar{\alpha}_1\tau=\begin{pmatrix} a_{11} & 0 & a_{12} \\ t & 1 & 0 \\ a_{21}+tc_2 & c_2 & a_{22} \end{pmatrix}.$$

Since $a_{11}\neq 0$, $A/a_{11}A$ is semi-local, so we can find an $s\in\mathfrak{q}$ such that $t+s(a_{21}+tc_2)$ is prime to a_{11} (see remark above Lemma 2.2). We can further arrange that $c=1+sc_2\neq 0$, and write $t+s(a_{21}+tc_2)=sa_{21}+tc$. Then with $\delta=I+se_{23}$ we have

$$\delta\bar{\alpha}_1\tau=\begin{pmatrix} a_{11} & 0 & a_{12} \\ sa_{21}+tc & c & sa_{22} \\ a_{21}+tc_2 & c_2 & a_{22} \end{pmatrix}.$$

Since $(a_{11}, sa_{21}+tc)$ is $\mathfrak{q}$-unimodular we can use (7.1) to find an

$$\omega=\begin{pmatrix} w_{11} & w_{12} \\ w_{21} & w_{22} \end{pmatrix}\in SL_2(A, \mathfrak{q})$$

such that

(10.5) $$\omega\begin{pmatrix} a_{11} & 0 \\ sa_{21}+tc & c \end{pmatrix}=\begin{pmatrix} 1 & x \\ 0 & y \end{pmatrix}$$

for some x, y. Setting $\bar{\omega}=\begin{pmatrix} \omega & 0 \\ 0 & 1 \end{pmatrix}$ we have

$$\bar{\omega}\delta\bar{\alpha}_1\tau=\begin{pmatrix} 1 & x & w_{11}a_{12}+sw_{12}a_{22} \\ 0 & y & w_{21}a_{12}+sw_{22}a_{22} \\ a_{21}+tc_2 & c_2 & a_{22} \end{pmatrix}.$$

Therefore if $\varepsilon_1=I+ue_{31}$, $u=a_{21}+tc_2$, then

$$\bar{\beta}=\varepsilon_1^{-1}\bar{\omega}\delta\bar{\alpha}_1\tau=\begin{pmatrix} 1 & \rho \\ 0 & \beta \end{pmatrix}$$

is of type R, where $\beta=\begin{pmatrix} y & w_{21}a_{12}+sw_{22}a_{22} \\ c_2-ux & a_{22}-u(w_{11}a_{12}+sw_{12}a_{22}) \end{pmatrix}$.

Finally $\tau=(\bar{\omega}\delta\bar{\alpha}_1)^{-1}\varepsilon_1\bar{\beta}$ is a standard form for τ, because

$$\bar{\omega}\delta\bar{\alpha}_1=\begin{pmatrix} \omega\alpha_1 & \omega\begin{pmatrix} 0 \\ s \end{pmatrix} \\ 0 \quad 0 & 1 \end{pmatrix}$$

is of type L. Since $\alpha_1=I-c_1e_{12}\in E_2(A, \mathfrak{q})$ we have

$$\begin{aligned}\kappa_3(\tau)&=\kappa_2((\omega\alpha_1)^{-1})\kappa_2(\beta)\\ &=\kappa_2(\omega)^{-1}\kappa_2(\beta).\end{aligned}$$

To evaluate this we solve for ω from (10.5):

$$\begin{pmatrix} w_{11}a_{11}+w_{12}(sa_{21}+tc) & w_{12}c \\ w_{21}a_{11}+w_{22}(sa_{21}+tc) & w_{22}c \end{pmatrix} = \begin{pmatrix} 1 & x \\ 0 & y \end{pmatrix}.$$

Since $\det \omega = 1$, (10.5) shows that $y=a_{11}c$, and hence $a_{11}c=w_{22}c$. But $c\neq 0$ by our choice of s above, so $a_{11}=w_{22}$. Therefore $0=w_{21}a_{11}+a_{11}(sa_{21}+tc)$, and since $a_{11}\neq 0$ (by construction) we have $w_{21}=-(sa_{21}+tc)$. The other coordinates give $x=w_{12}c$ and $1=w_{11}a_{11}+w_{12}(sa_{21}+tc)$.

Now we can write
$$\omega=\begin{pmatrix} w_{11} & w_{12} \\ -(sa_{21}+tc) & a_{11} \end{pmatrix}$$

and
$$\beta=\begin{pmatrix} a_{11}c & -(sa_{21}+tc)a_{12}+sa_{11}a_{22} \\ * & * \end{pmatrix}=\begin{pmatrix} a_{11}c & sd-tca_{12} \\ * & * \end{pmatrix}$$

where $d=\det \alpha$.

Using step (1) of the proof of Kubota's Theorem we have

$$\begin{aligned}\kappa_2(\omega)^{-1} &= \begin{bmatrix} -(sa_{21}+tc) \\ a_{11} \end{bmatrix}^{-1} = \begin{bmatrix} (sa_{21}+tc)a_{12} \\ a_{11} \end{bmatrix}^{-1} \begin{bmatrix} a_{12} \\ a_{11} \end{bmatrix} \\ &= \begin{bmatrix} s(a_{11}a_{22}-d)+tca_{12} \\ a_{11} \end{bmatrix}^{-1} \kappa_2(\alpha) \\ &= \begin{bmatrix} tca_{12}-sd \\ a_{11} \end{bmatrix}^{-1} \kappa_2(\alpha).\end{aligned}$$

Next
$$\begin{aligned}\kappa_2(\beta) &= \begin{bmatrix} sd-tca_{12} \\ a_{11}c \end{bmatrix} = \begin{bmatrix} sd-tca_{12} \\ c \end{bmatrix}\begin{bmatrix} sd-tca_{12} \\ a_{11} \end{bmatrix} \\ &= \begin{bmatrix} sd \\ c \end{bmatrix}\begin{bmatrix} sd-tca_{12} \\ a_{11} \end{bmatrix} = \begin{bmatrix} sd-tca_{12} \\ a_{11} \end{bmatrix}\end{aligned}$$

because d is a unit and $c=1+sc_2$. Finally, we have

$$\begin{aligned}\kappa_3(\tau) &= \kappa_2(\omega)^{-1}\kappa_2(\beta) \\ &= \kappa_2(\alpha)\begin{bmatrix} tca_{12}-sd \\ a_{11} \end{bmatrix}^{-1}\begin{bmatrix} sd-tca_{12} \\ a_{11} \end{bmatrix} \\ &= \kappa_2(\alpha)=\kappa_3(\sigma).\end{aligned}$$

Q.E.D.

This concludes the proof of Proposition 8.5, and hence of part *c)* of Theorem 4.1. Part *b)* of Theorem 4.1 was proved in § 5 (Theorem 5.1). Part *a)* will be deduced in the following section.

§ 11. Further conclusions.

Theorem 11.1. — *Let* A *be a commutative ring, let* $\mathfrak{q}$ *be an ideal of* A, *and assume they satisfy* $(7.2)_n$ *and* $(8.1)_{n-1}$ *for some* $n\geq 3$. *Then for all* $m\geq n$:

a) $E_m(A, \mathfrak{q})=[GL_m(A), GL_m(A, \mathfrak{q})]$; *and*

b) *The natural homomorphism*

$$GL_n(A, \mathfrak{q})/E_n(A, \mathfrak{q}) \to GL_m(A, \mathfrak{q})/E_m(A, \mathfrak{q})$$

is an isomorphism.

Proof. — $(7.2)_n$ and Theorem 7.5 *c)* imply that $E_m(A, \mathfrak{q})$ is normal in $GL_m(A)$. In particular we can define $C_m = GL_m(A, \mathfrak{q})/E_m(A, \mathfrak{q})$. Theorem 7.5 *b)* implies that $C_n \to C_m$ is surjective. Let $\kappa_n : GL_n(A, \mathfrak{q}) \to C_n$ be the natural projection. This satisfies $(8.2)_n$ because of Theorem 7.5 *d)*, and it satisfies $(8.3)_n$ because $E_n(A, \mathfrak{q})$ is clearly stable under transposition. Finally the hypotheses $(7.2)_n$ and $(8.1)_{n-1}$ make Lemma 8.9 *b)* available, and the latter confirms $(8.4)_n$. We now have all the hypotheses of Proposition 8.6, so we obtain an extension of κ_n to a homomorphism $\kappa_{n+1} : GL_{n+1}(A, \mathfrak{q}) \to C_n$ whose kernel contains $E_{n+1}(A, \mathfrak{q})$. The map κ_{n+1} therefore induces $C_{n+1} \to C_n$ such that the composite $C_n \to C_{n+1} \to C_n$ is the identity. Since, as already remarked, $C_n \to C_{n+1}$ is surjective, it follows that $C_n \to C_{n+1}$ is an isomorphism.

Since $(7.2)_n \Rightarrow (7.2)_m$ and $(8.1)_m$ for all $m \geq n$, by virture of Theorem 7.5 *a)*, we can repeat the above argument, and prove part *b)* of the theorem by induction.

According to Theorem 7.5 *d)* we have $[GL_m(A), GL_m(A, \mathfrak{q})] \subset E_m(A, \mathfrak{q})$ for sufficiently large m. Hence

$$[GL_n(A), GL_n(A, \mathfrak{q})] \subset E_m(A, \mathfrak{q}) \cap GL_n(A, \mathfrak{q}) = E_n(A, \mathfrak{q}),$$

the last equality expressing the fact that $C_n \to C_m$ is a monomorphism. Since $n \geq 3$ it follows now from (5.1) that

$$E_n(A, \mathfrak{q}) = [E_n(A), E_n(A, \mathfrak{q})] = [GL_n(A), GL_n(A, \mathfrak{q})].$$

Since our hypotheses carry over for all $m \geq n$, this proves *a)*, and completes the proof of the theorem.

Theorem 11.2. — Suppose the maximal ideal space of A *is a noetherian space of dimension* $\leq d$. *Then* A *satisfies* $(7.2)_n$ *and* $(8.1)_n$ *for all ideals* $\mathfrak{q}$ *and all* $n \geq d+2$.

Proof. — This follows directly from Theorem 7.4 and Theorem 7.5 *a)*.

Write

$$GL(A, \mathfrak{q}) = \bigcup_{n \geq 1} GL_n(A, \mathfrak{q}) \quad \text{and} \quad E(A, \mathfrak{q}) = \bigcup_{n \geq 1} E_n(A, \mathfrak{q}) = [GL(A), GL(A, \mathfrak{q})]$$

(see [1, Ch. I]). Then there are canonical maps

$$GL_n(A, \mathfrak{q})/E_n(A, \mathfrak{q}) \to K_1(A, \mathfrak{q}) = GL(A, \mathfrak{q})/E(A, \mathfrak{q}).$$

The next corollary affirms, for commutative A, the conjecture of [1, § 11], except for the probably unnecessary requirement of $(8.1)_{n-1}$.

Corollary 11.3. — Under the hypotheses of Theorem 11.2, the map

$$GL_n(A, \mathfrak{q})/E_n(A, \mathfrak{q}) \to K_1(A, \mathfrak{q})$$

is an isomorphism of groups for all $n \geq d+3$ *(and for all* $n \geq 3$ *if* $d = 1$*). Moreover* $E_n(A, \mathfrak{q}) = [E_n(A), E_n(A, \mathfrak{q})] = [SL_n(A), SL_n(A, \mathfrak{q})] = [GL_n(A), GL_n(A, \mathfrak{q})]$.

Proof. — The first assertion, as well as the equality $E_n(A, \mathfrak{q}) = [GL_n(A), GL_n(A, \mathfrak{q})]$, follows from Theorem 11.1 and Theorem 11.2 if $d > 1$. The case $d = 1$ and $n = 3$ works because condition $(8.1)_2$ is supplied by (7.1).

The equality $E_n(A, \mathfrak{q}) = [E_n(A), E_n(A, \mathfrak{q})]$ is (5.1) and the insertion of SL_n follows from this and the equation above.

The last assertion of Corollary 11.3 contains part *a)* of Theorem 4.1. Thus, *the proof of Theorem 4.1 is now concluded.*

According to (5.2), $E_n(A)$ is a finitely generated group if A is a finitely generated $\mathbf{Z}$-algebra, and $n \geq 3$. Hence:

Corollary 11.4. — Let A *be a finitely generated commutative* $\mathbf{Z}$*-algebra of Krull dimension* $\leq d$. *If* K_1A *is a finitely generated abelian group, then* $GL_n(A)$ *and* $SL_n(A)$ *are finitely generated groups for all* $n \geq d+3$ *(and all* $n \geq 3$ *if* $d = 1$*).*

Examples. — Let A be a Dedekind ring of arithmetic type, and let T be a free abelian group or monoid. Then it follows from the results of [3] that $K_1A[T]$ is finitely generated. Therefore, for example, if $t_1, \ldots, t_d$ are indeterminates, then

$$SL_n(\mathbf{Z}[t_1, \ldots, t_d])$$

is a finitely generated group if $n \geq d+4$, *and, if k is a finite field,*

$$SL_n(k[t_1, \ldots, t_d])$$

is a finitely generated group if $n \geq d+3$.

One cannot generalize these results too hastily, as the following example shows. Let $A = \{a + 2ib \mid a, b \in \mathbf{Z}\}$, a subring of the Gaussian integers, or, say, $k[t^2, t^3] \subset k[t]$ with k a finite field and t an indeterminate. Then if T is a free abelian group of rank ≥ 2, $SL_n(A[T])$ is not a finitely generated group for any $n \geq 6$. This can be deduced from results of [3] and [7].

Chapter III

MENNICKE SYMBOLS ASSOCIATED WITH Sp_{2n}

§ 12. Statement of the main theorem.

Let A be a commutative ring and let ε denote the $2n\times 2n$ matrix, $\varepsilon=\begin{pmatrix} 0 & I_n \\ -I_n & 0\end{pmatrix}$. Then ${}^T\varepsilon=-\varepsilon$, where the superscript denotes transpose. The *symplectic group* is defined by

$$Sp_{2n}(A)=\{\alpha\in GL_{2n}(A)\,|\,\alpha\varepsilon{}^T\alpha=\varepsilon\}.$$

This is the group of automorphisms of A^{2n} leaving invariant the standard alternating form in $2n$ variables.

Writing a $2n\times 2n$ matrix in $n\times n$ blocks, we can express membership in $Sp_{2n}(A)$ by the condition:

$$\begin{pmatrix} \alpha & \beta \\ \gamma & \delta\end{pmatrix}\begin{pmatrix} {}^T\delta & -{}^T\beta \\ -{}^T\gamma & {}^T\alpha\end{pmatrix}=I_{2n}.$$

From this we deduce three immediate consequences. First

$$Sp_2(A)=SL_2(A).$$

Second, Sp_{2n} contains all matrices

(12.1) $$\begin{pmatrix} I & \sigma \\ 0 & I\end{pmatrix} \quad\text{and}\quad \begin{pmatrix} I & 0 \\ \sigma & I\end{pmatrix} \quad\text{with}\quad \sigma={}^T\sigma.$$

The subgroup generated by these will be denoted

$$Ep_{2n}(A).$$

Finally, there is a homomorphism,

(12.2) $$GL_n(A)\to Sp_{2n}(A),\qquad \alpha\mapsto\begin{pmatrix} \alpha & 0 \\ 0 & \widetilde{\alpha}\end{pmatrix},$$

where $\widetilde{\alpha}=({}^T\alpha)^{-1}={}^T(\alpha^{-1})$. It is also known that $Sp_{2n}(A)\subset SL_{2n}(A)$.

We shall agree to identify $\begin{pmatrix} \alpha & \beta \\ \gamma & \delta\end{pmatrix}\in Sp_{2n}(A)$ with $\begin{pmatrix} \delta & 0 & \beta & 0 \\ 0 & I_m & 0 & 0 \\ \gamma & 0 & \delta & 0 \\ 0 & 0 & 0 & I_m\end{pmatrix}\in Sp_{2(m+n)}(A)$.

This gives us the vertical map in the diagram of monomorphisms,

(12.3)
$$\begin{array}{ccccc} & & SL_2(A)=Sp_2(A) & & \\ & & \downarrow f_1 & & \\ GL_n(A) & \xrightarrow{(12.2)} & Sp_{2n}(A) & \xrightarrow{\text{incl.}} & SL_{2n}(A). \end{array}$$

It is clear that the embedding $SL_2(A) \to SL_{2n}(A)$ induced by f_1 differs from the inclusion defined in Chapter II, § 4, only by conjugation by a permutation matrix.

Let $\mathfrak{q}$ be an ideal of A. Then we write

$$Sp_{2n}(A, \mathfrak{q}) = \ker(Sp_{2n}(A) \to Sp_{2n}(A/\mathfrak{q})),$$

and denote by
$$Ep_{2n}(A, \mathfrak{q})$$

the *normal* subgroup of $Ep_{2n}(A)$ generated by all those matrices (12.1) for which σ has coordinates in $\mathfrak{q}$.

We can now state an analogue, for Sp_{2n}, of Theorem 4.1 on SL_n.

Theorem 12.4. — Let A *be a Dedekind ring of arithmetic type, let* $\mathfrak{q}$ *be a nonzero ideal of* A, *and suppose* $n \geq 2$. *Then* $Ep_{2n}(A, \mathfrak{q})$ *is a normal subgroup of* $Sp_{2n}(A)$, *so we can define* $Cp_\mathfrak{q} = Sp_{2n}(A, \mathfrak{q})/Ep_{2n}(A, \mathfrak{q})$, *and the natural projection,* $\kappa : Sp_{2n}(A, \mathfrak{q}) \to Cp_\mathfrak{q}$. *There is a unique map* $\{\ \} : W_\mathfrak{q} \to Cp_\mathfrak{q}$ *rendering*

$$\begin{array}{ccc} SL_2(A, \mathfrak{q}) = Sp_2(A, \mathfrak{q}) & \xrightarrow{f_1} & Sp_{2n}(A, \mathfrak{q}) \\ \Big\downarrow {\scriptstyle 1^{st}\ \text{row}} & & \Big\downarrow {\scriptstyle \kappa} \\ W_\mathfrak{q} & \xrightarrow[\{\ \}]{} & Cp_\mathfrak{q} \end{array}$$

commutative, and $\{\ \}$ *is a universal Mennicke symbol.*

Invoking Theorem 3.6, where the universal Mennicke symbols are calculated arithmetically, we obtain the following corollary:

Corollary 12.5. — $Sp_{2n}(A)$ *is generated by the matrices* (12.1). $Cp_\mathfrak{q}$ *is independent of n, and the natural map* $Cp_\mathfrak{q} \to Cp_{\mathfrak{q}'}$, *is an epimorphism of finite groups whenever* $0 \neq \mathfrak{q} \subset \mathfrak{q}'$. *Moreover,*

$$\lim_{\leftarrow \mathfrak{q}} Cp_\mathfrak{q} \cong \begin{cases} \text{the roots of unity in A, if A is totally imaginary;} \\ \{1\} \text{ otherwise.} \end{cases}$$

Remark. — Using the fact that $Sp_{2n}(A)$ is generated by the matrices (12.1) it is not difficult to show that $Sp_{2n}(A)$ is finitely generated (cf. [22]). (This is even trivial in the number field case.) Moreover the commutator factor group of $Sp_{2n}(A)$ is trivial for $n \geq 3$, and is a finite group of exponent 2 for $n = 2$.

§ 13. Proof of Theorem 12.4.

Lemma 13.1. — The diagram (12.3) *induces diagrams*

$$\begin{array}{ccccc} & & SL_2(A, \mathfrak{q}) & & \\ & & \downarrow f_1 & & \\ SL_n(A, \mathfrak{q}) & \xrightarrow{(12.2)} & Sp_{2n}(A, \mathfrak{q}) & \longrightarrow & SL_{2n}(A, \mathfrak{q}) \end{array}$$

and

$$\begin{array}{ccccc} & & E_2(A, \mathfrak{q}) & & \\ & & \downarrow f_1 & & \\ E_n(A, \mathfrak{q}) & \xrightarrow{(12.2)} & Ep_{2n}(A, \mathfrak{q}) & \longrightarrow & E_{2n}(A, \mathfrak{q}). \end{array}$$

Proof. — The only assertion here that does not follow immediately from the definitions is that $\begin{pmatrix} \alpha & 0 \\ 0 & \tilde{\alpha} \end{pmatrix} \in Ep_{2n}(A, \mathfrak{q})$ if $\alpha \in E_n(A, \mathfrak{q})$. From the way these groups are defined it is easily seen that it suffices to prove this when α is an elementary matrix. α is then an element of some SL_2, so we can carry out the calculation in Sp_4. Say $\alpha = \begin{pmatrix} 1 & 0 \\ q & 1 \end{pmatrix}$. Set $\sigma = \begin{pmatrix} 0 & q \\ q & 0 \end{pmatrix}$ and $\tau = \begin{pmatrix} 1 & 0 \\ 0 & 0 \end{pmatrix}$. Then $\sigma\tau = \begin{pmatrix} 0 & 0 \\ q & 0 \end{pmatrix}$, $\tau\sigma = \begin{pmatrix} 0 & q \\ 0 & 0 \end{pmatrix}$, $\sigma\tau\sigma = \begin{pmatrix} 0 & 0 \\ 0 & q^2 \end{pmatrix}$, and $\tau\sigma\tau = 0$. Hence

$$\begin{pmatrix} I & 0 \\ \tau & I \end{pmatrix}^{-1} \begin{pmatrix} I & \sigma \\ 0 & I \end{pmatrix} \begin{pmatrix} I & 0 \\ \tau & I \end{pmatrix} = \begin{pmatrix} I + \sigma\tau & \sigma \\ 0 & I - \tau\sigma \end{pmatrix} = \begin{pmatrix} \alpha & \sigma \\ 0 & \tilde{\alpha} \end{pmatrix},$$

and $\begin{pmatrix} \alpha & 0 \\ 0 & \tilde{\alpha} \end{pmatrix} = \begin{pmatrix} I & \sigma^T\alpha \\ 0 & I \end{pmatrix} \begin{pmatrix} \alpha & \sigma \\ 0 & \tilde{\alpha} \end{pmatrix}$.

Proposition 13.2. — Let A *be a Dedekind ring, let* $\mathfrak{q}$ *be an ideal of* A, *and suppose* $n \geq 2$.

a) $Sp_{2n}(A, \mathfrak{q}) = Sp_2(A, \mathfrak{q}) . Ep_{2n}(A, \mathfrak{q})$.

b) $Ep_{2n}(A, \mathfrak{q}) \supset [Sp_{2n}(A), Sp_{2n}(A, \mathfrak{q})] \supset Ep_{2n}(A, \mathfrak{q}' . \mathfrak{q})$, *where* $\mathfrak{q}' = A$ *if* $n \geq 3$, *and* $\mathfrak{q}'$ *is generated by all* $t^2 - t$, $t \in A$, *if* $n = 2$.

c) *Every subgroup of finite index in* $Sp_{2n}(A)$ *contains* $Ep_{2n}(A, \mathfrak{q})$ *for some* $\mathfrak{q} \neq 0$.

This is a special case of results proved in [2, Ch. II].

It follows from part *b)* that $Ep_{2n}(A, \mathfrak{q})$ is normal in $Sp_{2n}(A)$ so we can introduce the canonical projection,

$$\kappa : Sp_{2n}(A, \mathfrak{q}) \to Cp_{\mathfrak{q}} = Sp_{2n}(A, \mathfrak{q}) / Ep_{2n}(A, \mathfrak{q}).$$

We have $f_1 : SL_2(A, \mathfrak{q}) = Sp_2(A, \mathfrak{q}) \to Sp_{2n}(A, \mathfrak{q})$,

and we further introduce $f_2 : SL_2(A, \mathfrak{q}) \to Sp_{2n}(A, \mathfrak{q})$

which is the composite of the inclusion, $SL_2(A, \mathfrak{q}) \subset GL_n(A)$, with the homomorphism (12.2): $GL_n(A) \to Sp_{2n}(A)$. From Lemma 13.1 we see that $E_2(A, \mathfrak{q}) \subset \ker(\kappa f_i)$

for both $i=1$ and 2. Moreover (13.2) *b)* implies that $[E(A), SL_2(A, \mathfrak{q})] \subset \ker(\kappa f_i)$ as well, for $i=1$ and 2.

Now it follows from Lemma 5.5 that there exist unique maps $\{\ \}, [\ ] : W_\mathfrak{q} \to Cp_\mathfrak{q}$ rendering

$$\begin{array}{ccc} SL_2(A, \mathfrak{q}) & \xrightarrow{f_1} & Sp_{2n}(A, \mathfrak{q}) \\ \Big\downarrow{\scriptstyle 1^{st}\ row} & & \Big\downarrow{\scriptstyle \kappa} \\ W_\mathfrak{q} & \xrightarrow[\{\ \}]{} & Cp_\mathfrak{q} \end{array}$$

and

$$\begin{array}{ccc} SL_2(A, \mathfrak{q}) & \xrightarrow{f_2} & Sp_{2n}(A, \mathfrak{q}) \\ \Big\downarrow{\scriptstyle 1^{st}\ row} & & \Big\downarrow{\scriptstyle \kappa} \\ W_\mathfrak{q} & \xrightarrow[[\ ]]{} & Cp_\mathfrak{q} \end{array}$$

commutative, and they both satisfy axiom MS1 for a Mennicke symbol.

Lemma 13.3. — *If* $(a, b_1), (a, b_2) \in W_\mathfrak{q}$ *then*

$$\begin{bmatrix} b_1 \\ a \end{bmatrix} \begin{Bmatrix} b_2 \\ a \end{Bmatrix} = \begin{Bmatrix} b_1^2 b_2 \\ a \end{Bmatrix}.$$

Before proving this we shall use it to conclude the proof of Theorem 12.4; this will be accomplished by supplying the hypotheses of Theorem 3.7 for $\{\ \}$.

If $(a, b) \in W_\mathfrak{q}$ then

$$\begin{bmatrix} b \\ a \end{bmatrix} = \begin{Bmatrix} b^2 \\ a \end{Bmatrix}.$$

For if $q = 1 - a \in \mathfrak{q}$ we have $(a, q) \sim_\mathfrak{q} (1, 0)$ so MS1 implies $\begin{Bmatrix} q \\ a \end{Bmatrix} = 1$. Using Lemma 13.3, therefore,

$$\begin{bmatrix} b \\ a \end{bmatrix} = \begin{bmatrix} b \\ a \end{bmatrix} \begin{Bmatrix} q \\ a \end{Bmatrix} = \begin{Bmatrix} b^2 q \\ a \end{Bmatrix} = \begin{Bmatrix} b^2 q + b^2 a \\ a \end{Bmatrix} = \begin{Bmatrix} b^2 \\ a \end{Bmatrix}.$$

In particular, $(a, b) \mapsto \begin{Bmatrix} b^2 \\ a \end{Bmatrix}$ satisfies MS1.

Next let

$$f : Cp_\mathfrak{q} \to C_\mathfrak{q}$$

be the homomorphism induced by the inclusion $Sp_{2n}(A, \mathfrak{q}) \to SL_{2n}(A, \mathfrak{q})$. The composite $f \circ \{\ \} = [\ ]_\mathfrak{q} : W_\mathfrak{q} \to C_\mathfrak{q}$ is just the map denoted $[\ ]$ in Theorem 4.1. This is because, as remarked above, the composite

$$SL_2(A, \mathfrak{q}) \xrightarrow{f_1} Sp_{2n}(A, \mathfrak{q}) \longrightarrow SL_{2n}(A, \mathfrak{q})$$

differs from the embedding used in Chapter II only by conjugation by a permutation matrix, whereas $C_\mathfrak{q} \subset \text{center}(SL_{2n}(A)/E_{2n}(A, \mathfrak{q}))$.

Thanks to Theorem 4.1, we have now shown that the maps in the commutative diagram

$$\begin{array}{ccc} & \overset{\{\ \}}{\nearrow} & \mathrm{Cp}_{\mathfrak{q}} \\ \mathrm{W}_{\mathfrak{q}} & & \downarrow f \\ & \underset{[\ ]_{\mathfrak{q}}}{\searrow} & \mathrm{C}_{\mathfrak{q}} \end{array}$$

satisfy all the hypotheses of Theorem 3.7, so the latter implies f is an isomorphism and that $\{\ \}$ is a universal Mennicke symbol on $\mathrm{W}_{\mathfrak{q}}$. This proves Theorem 12.4, modulo the:

Proof of Lemma 13.3. — If $\alpha=\begin{pmatrix} a & b \\ c & d \end{pmatrix}\in \mathrm{SL}_2(\mathrm{A}, \mathfrak{q})$ then

$$f_1\alpha=\begin{pmatrix} a & 0 & b & 0 \\ 0 & 1 & 0 & 0 \\ c & 0 & d & 0 \\ 0 & 0 & 0 & 1 \end{pmatrix} \quad\text{and}\quad f_2\alpha=\begin{pmatrix} \alpha & 0 \\ 0 & \tilde{\alpha} \end{pmatrix}$$

where $\tilde{\alpha}={}^{\mathrm{T}}\alpha^{-1}=\begin{pmatrix} d & -c \\ -b & a \end{pmatrix}=\begin{pmatrix} 0 & 1 \\ -1 & 0 \end{pmatrix}\alpha\begin{pmatrix} 0 & 1 \\ -1 & 0 \end{pmatrix}^{-1}$. The symbols $\begin{Bmatrix} b \\ a \end{Bmatrix}$ and $\begin{bmatrix} b \\ a \end{bmatrix}$ are the classes modulo $\mathrm{Ep}_{2n}(\mathrm{A}, \mathfrak{q})$ of $f_1\alpha$ and $f_2\alpha$, respectively. Hence it suffices to prove the lemma in Sp_4. Moreover since $[\mathrm{Sp}_{2n}(\mathrm{A}), \mathrm{Sp}_{2n}(\mathrm{A}, \mathfrak{q})]\subset \mathrm{Ep}_{2n}(\mathrm{A}, \mathfrak{q})$ we can replace α by $\tilde{\alpha}$ without changing the symbols.

Given $(a, b_1), (a, b_2)\in \mathrm{W}_{\mathfrak{q}}$ choose $\alpha_i=\begin{pmatrix} a & b_i \\ c_i & d_i \end{pmatrix}\in \mathrm{SL}_2(\mathrm{A}, \mathfrak{q})$, $i=1, 2$, and set $\beta_1=f_2\tilde{\alpha}_1$, $\beta_2=f_1\alpha_2$. Then $\begin{bmatrix} b_1 \\ a \end{bmatrix}\begin{Bmatrix} b_2 \\ a \end{Bmatrix}$ is the image modulo $\mathrm{Ep}_{2n}(\mathrm{A}, \mathfrak{q})$ of

$$\beta_1\beta_2=\begin{pmatrix} d_1 & -c_1 & 0 & 0 \\ -b_1 & a & 0 & 0 \\ 0 & 0 & a & b_1 \\ 0 & 0 & c_1 & d_1 \end{pmatrix}\begin{pmatrix} a & 0 & b_2 & 0 \\ 0 & 1 & 0 & 0 \\ c_2 & 0 & d_2 & 0 \\ 0 & 0 & 0 & 1 \end{pmatrix}$$

$$=\begin{pmatrix} d_1a & -c_1 & d_1b_2 & 0 \\ -b_1a & a & -b_1b_2 & 0 \\ ac_2 & 0 & ad_2 & b_1 \\ c_1c_2 & 0 & c_1d_2 & d_1 \end{pmatrix}.$$

Right multiplication by $\varepsilon_1=\begin{pmatrix} 1 & 0 & 0 & 0 \\ b_1 & 1 & 0 & 0 \\ 0 & 0 & 1 & -b_1 \\ 0 & 0 & 0 & 1 \end{pmatrix}$

gives $\begin{pmatrix} 1 & -c_1 & d_1b_2 & -b_1b_2d_1 \\ 0 & a & -b_1b_2 & b_1^2b_2 \\ ac_2 & 0 & ad_2 & -b_1b_2c_2 \\ c_1c_2 & 0 & c_1d_2 & d_1-b_1c_1d_2 \end{pmatrix}$.

Left multiplication by $\varepsilon_2=\begin{pmatrix} 1 & 0 & 0 & 0 \\ 0 & 1 & 0 & 0 \\ -ac_2 & -c_1c_2 & 1 & 0 \\ -c_1c_2 & 0 & 0 & 1 \end{pmatrix}$

gives $\begin{pmatrix} 1 & -c_1 & d_1b_2 & -b_1b_2d_1 \\ 0 & a & -b_1b_2 & b_1^2b_2 \\ 0 & 0 & 1 & 0 \\ 0 & c_1^2c_2 & e & d_3 \end{pmatrix}$, where

$$e=c_1d_2-c_1c_2d_1b_2 \qquad \text{and} \qquad d_3=d_1-b_1c_1d_2+c_1c_2b_1b_2d_1.$$

Right multiplication by $\varepsilon_3=\begin{pmatrix} 1 & c_1 & 0 & 0 \\ 0 & 1 & 0 & 0 \\ 0 & 0 & 1 & 0 \\ 0 & 0 & -c_1 & 1 \end{pmatrix}$

gives $\begin{pmatrix} 1 & 0 & ad_1^2b_2 & -b_1b_2d_1 \\ 0 & a & -ad_1b_1b_2 & b_1^2b_2 \\ 0 & 0 & 1 & 0 \\ 0 & c_1^2c_2 & e-c_1d_3 & d_3 \end{pmatrix}$.

Right multiplication by $\varepsilon_4=\begin{pmatrix} 1 & 0 & -ad_1^2b_2 & b_1b_2d_1 \\ 0 & 1 & b_1b_2d_1 & 0 \\ 0 & 0 & 1 & 0 \\ 0 & 0 & 0 & 1 \end{pmatrix}$

gives $\gamma=\begin{pmatrix} 1 & 0 & 0 & 0 \\ 0 & a & 0 & b_1^2b_2 \\ 0 & 0 & 1 & 0 \\ 0 & c_1^2c_2 & 0 & d_3 \end{pmatrix}$.

If $\alpha_3=\begin{pmatrix} a & b_1^2b_2 \\ c_1^2c_2 & d_3 \end{pmatrix}$ then γ is evidently conjugate in $\mathrm{Sp}_4(A, \mathfrak{q})$ to $f_1\alpha_3$, so $\begin{Bmatrix} b_1^2b_2 \\ a \end{Bmatrix}$ is the image mod $\mathrm{Ep}_{2n}(A, \mathfrak{q})$ of $\gamma=\varepsilon_2\beta_1\beta_2\varepsilon_1\varepsilon_3\varepsilon_4$. Since each $\varepsilon_i\in\mathrm{Ep}_{2n}(A, \mathfrak{q})$ (thanks to Lemma 13.1 for $i=1, 3$) it follows that $\begin{Bmatrix} b_1^2b_2 \\ a \end{Bmatrix}$ is the image of $\beta_1\beta_2$ mod $\mathrm{Ep}_{2n}(A, \mathfrak{q})$, and this proves the lemma.

CHAPTER IV

THE CONGRUENCE SUBGROUP CONJECTURE. APPLICATIONS

§ 14. First variations of the problem.

The results of the preceding chapters solve, for SL_n $(n \geq 3)$ and Sp_{2n} $(n \geq 2)$, what we describe below as the " congruence subgroup problem ". There is strong evidence that similar phenomena should be witnessed for more general semi-simple algebraic groups, so we shall formulate the question in this more general setting.

In this section we fix a global field k and a finite non empty set S of primes of k containing all archimedean primes. We shall call S *totally imaginary* if all $\mathfrak{p} \in S$ are complex. This means k is a totally imaginary number field and S is just its set of archimedean primes. Departing slightly from our earlier notation we shall write

$$\mathcal{O} = \mathcal{O}^S = \{x \in k \mid \mathrm{ord}_{\mathfrak{p}}(x) \geq 0 \quad \text{for all } \mathfrak{p} \notin S\}.$$

A_k denotes the adèle ring of k, and A_k^S the ring of S-adèles of k, i.e. the restricted product of the completions $k_{\mathfrak{p}}$ at all $\mathfrak{p} \notin S$. For any field F, μ_F denotes the group of roots of unity in F.

Let G be a linear algebraic group over k, and let $\Gamma = G_k \cap GL_n(\mathcal{O})$, with respect to some faithful representation $G \to GL_n$ defined over k. The questions we shall pose turn out to be independent of the choice of this representation. We write $\Gamma_{\mathfrak{q}} = \Gamma \cap GL_n(\mathcal{O}, \mathfrak{q})$ for $\mathfrak{q}$ an ideal of $\mathcal{O}$, and call a subgroup of Γ which contains $\Gamma_{\mathfrak{q}}$, for some $\mathfrak{q} \neq 0$, an S-*congruence subgroup* of Γ. These are evidently of finite index in Γ, and one can ask, conversely:

Congruence Subgroup Problem: *Is every subgroup of finite index in* Γ *an* S-*congruence subgroup?*

Two subgroups of G_k are called commensurable if their intersection has finite index in each of them. The subgroups commensurable with Γ will be called S-*arithmetic subgroups*. In case k is a number field and S is the set of archimedean primes then these are just the arithmetic subgroups of G_k in the sense of Borel-Harish-Chandra [8]. We obtain two Hausdorff topologies on G_k, the S-*congruence topology*, and the S-*arithmetic topology*, by taking as a base for neighborhoods of 1 the S-congruence subgroups of Γ, and the S-arithmetic subgroups respectively. Since the latter topology refines the former there is a canonical continuous homomorphism

$$\hat{G}_k \xrightarrow{\pi} \overline{G}_k$$

between the corresponding completions of G_k. Write $\hat{\Gamma}$ and $\bar{\Gamma}$ for the closure of Γ in $\hat{G}_k$, respectively, $\bar{G}_k$. Clearly $\hat{\Gamma}$ is just the profinite completion of Γ, so it is a *compact* and open subgroup of $\hat{G}_k$. It follows that $\pi(\hat{\Gamma})=\bar{\Gamma}$, an open subgroup of $\bar{G}_k$. Therefore $\pi(\hat{G}_k)$ is an open and dense subgroup of $\bar{G}_k$ so π is *surjective*. Writing

$$C^S(G_k)=\ker(\pi)=\ker(\pi\,|\,\hat{\Gamma})$$

we see that $C^S(G_k)$ is a profinite group, and we have a topological group extension,

$$E^S(G_k) : 1 \to C^S(G_k) \to \hat{G} \xrightarrow{\pi} \bar{G}_k \to 1.$$

Since both the right hand terms are constructed as completions of G_k the inclusion $G_k \subset \hat{G}_k$ can be viewed as a *splitting* of $E^S(G_k)$ when restricted to the subgroup $G_k \subset \bar{G}_k$.

The congruence subgroup problem asks whether the two topologies above coincide, or, equivalently, whether π is an isomorphism. Thus we can restate it:

Congruence Subgroup Problem: Is $C^S(G_k)=\{1\}$?

The S-congruence topology on G is clearly just the topology induced by the embedding $G_k \to G_{(A_k^S)}$, which comes from the diagonal embedding of k in its ring of S-adèles. Therefore *we can identify* $\bar{G}_k$ *with the closure of* G_k *in* $G_{(A_k^S)}$. In this connection we have the:

Strong Approximation Theorem (M. Kneser [13]). — *Suppose k is a number field and*
4 *let G be simply connected and (almost) simple, but not of type* E_8. *Then, if* $G_{k_\mathfrak{p}}$ *is not compact for some* $\mathfrak{p} \in S$, G_k *is dense in* $G_{(A_k^S)}$. *I.e.* $\bar{G}_k = G_{(A_k^S)}$.

Here " simply connected " is taken in the algebraic sense. It is equivalent to the condition that for some (and therefore for every) embedding $k \to \mathbf{C}$, the corresponding Lie group $G_\mathbf{C}$ is a simply connected topological group.

5 *Congruence Subgroup Conjecture.* — *Let G be a simply connected, simple, Chevalley group of rank* >1, *and let*

$$E^S(G_k) : 1 \to C^S(G_k) \to \hat{G}_k \to \bar{G}_k \to 1$$

be the extension constructed above. Then this extension is central, and

$$C^S(G_k) \cong \begin{cases} \mu_k & \textit{if S is totally imaginary} \\ \{1\} & \textit{otherwise.} \end{cases}$$

Recall that G is a Chevalley group if it has a split k-torus of dimension equal to the rank of G.

Theorem 14.1. — *The congruence subgroup conjecture is true for* $G=SL_n$ $(n \geq 3)$ *and for* $G=Sp_{2n}$ $(n \geq 2)$.

Proof. — First consider $G=SL_n$ $(n\geq 3)$, and write $E_\mathfrak{q}=E_n(\mathcal{O},\mathfrak{q}) \subset \Gamma_\mathfrak{q}=SL_n(\mathcal{O},\mathfrak{q})$, in the notation of Chapter II. It follows from Corollary 4.3 that $E_\mathfrak{q}$ has finite index in Γ (for $\mathfrak{q} \neq 0$), and it follows from Theorem 7.5 *e)* that every subgroup of finite index in Γ contains an E_q for some $q \neq 0$. Therefore the E_q are a cofinal family of subgroups of finite index so $\hat{\Gamma} = \varprojlim \Gamma/E_q$. Since $\overline{\Gamma} = \varprojlim \Gamma/\Gamma_q$ we have

$$C = C^S(SL_n(k)) = \ker(\pi \mid \hat{\Gamma}) = \varprojlim \Gamma_q/E_q = \varprojlim C_q,$$

where $C_q = \Gamma_q/E_q$ is the group occuring in Theorem 4.1. Now the conjectured evaluation of C follows from Corollary 4.3. Since G is simply connected, it is known that G_k is generated by its unipotent subgroups, and hence has no finite quotients $\neq \{1\}$. Therefore it must centralize the finite group C.

By density, therefore, $C \subset$ center $\hat{G}_k$.

The proof for $G = Sp_{2n}$ $(n \geq 2)$ is similar. For E_q we take $Ep_{2n}(\mathcal{O}, q)$, and use Corollary 12.5 and Proposition 13.2 *c)* to verify that the E_q are a cofinal family of subgroups of finite index. Then the theorem follows as above, this time with the aid of Corollary 12.5.

Remarks. — 1) Matsumoto [15] outlined a method for proving that $C^S(G_k) = \{1\}$, starting from the assumption that this is so for SL_3 and Sp_4. Mennicke (unpublished) has also announced such a procedure. It seems likely that these methods might be used, in conjunction with Theorem 14.1, to prove at least the finiteness of $C^S(G_k)$, and perhaps even that it is a quotient of μ_k.

2) To prove the opposite " inequality " in the totally imaginary case the following observation is useful: If $\rho : G \rightarrow G'$ is a homomorphism of algebraic groups defined over k there is an induced homomorphism $C^S(\rho_k) : C^S(G_k) \rightarrow C^S(G'_k)$, since ρ_k is automatically continuous in both topologies. Now if we use the κ_n in Chapter II to identify $C^S(SL_n(k)) = \mu_k$, then every representation $\rho : G \rightarrow SL_n$ defined over k gives us a homomorphism $\overline{\rho} : C^S(G_k) \rightarrow \mu_k$. If we write the group $\mathrm{Hom}(C^S(G_k), \mu_k)$ additively then $\rho \rightarrow \overline{\rho}$ defines an additive map

$$R_k(G) \rightarrow \mathrm{Hom}(C^S(G_k), \mu_k),$$

where $R_k(G)$ is the k-representation ring of G. The behavior under multiplication is given by

$$\overline{\rho \otimes \sigma} = (\dim \rho)\overline{\sigma} + \overline{\rho}(\dim \sigma).$$

We thus obtain a pairing $R_k(G) \times C^S(G_k) \rightarrow \mu_k$; using subgroups of G isomorphic to SL_2 this can be used to give lower bounds for $C^S(G_k)$.

§ 15. Relationship to the work of C. Moore. The " Metaplectic Conjecture ".

Let L be a locally compact group (we shall understand this to mean separable also) and let M be a locally compact L-module, i.e. a locally compact abelian group with a continuous action $L \times M \rightarrow M$. If N is another such module we write $\mathrm{Hom}_L(M, N)$ for the continuous L-homomorphisms from M to N. C. Moore [19] has defined cohomology groups $H^n(L, M)$, $n \geq 0$, which have the usual formal properties, and the usual interpretations in low dimensions if one suitably accounts for the topological restrictions. In particular $H^2(L, M)$ classifies group extensions

$$1 \to M \xrightarrow{i} E \xrightarrow{p} L \to 1,$$

inducing the given action of L on M, and where p and i are continuous homomorphisms which induce topological isomorphisms $M \to iM$ and $E/iM \to L$.

Examples of these are the extensions

$$E^S(G_k) : 1 \to C^S(G_k) \to \hat{G}_k \to \overline{G}_k \to 1$$

constructed in the last section, provided we assume $C^S(G_k)$ is in the center of $\hat{G}_k$. If we put $C = C^S(G_k)$, and write $e = (E^S(G_k)) \in H^2(\overline{G}_k, C)$, then the fact that $E^S(G_k)$ splits over $G_k \subset \overline{G}$ can be written

$$e \in \ker(H^2(\overline{G}_k, C) \xrightarrow{\text{restr}} H^2(G_k, C)),$$

where we view $G_k \to \overline{G}_k$ as a homomorphism of locally compact groups, giving G_k the discrete topology. Now if $f : C \to M$ is a continuous homomorphism of locally compact $\overline{G}_k$-modules then

$$f(e) \in \ker(H^2(\overline{G}_k, M) \xrightarrow{\text{restr}} H^2(G_k, M)).$$

Theorem 15.1. — Let M *be a profinite* $\overline{G}_k$*-module. Then*

$$\mathrm{Hom}_{\overline{G}_k}(C, M) \longrightarrow \ker(H^2(\overline{G}_k, M) \xrightarrow{\text{restr}} H^2(G_k, M)),$$

by $f \mapsto f(e)$, *is surjective. If* $\overline{G}_k$ *acts trivially on* C *and on* M, *and if* G_k *has no non-trivial finite abelian quotients, then it is bijective.*

Proof. — If $x \in \ker(H^2(\overline{G}_k, M) \to H^2(G_k, M))$ let

$$1 \to M \to E \xrightarrow{p} \overline{G}_k \to 1$$

be an extension representing x. By assumption there is a section $s : G_k \to E$ such that $ps(\gamma) = \gamma$ for $\gamma \in G_k$.

Write $\overline{\Gamma}$ for the closure of Γ in $\overline{G}_k$, and set $F = p^{-1}(\overline{\Gamma})$, so that we have an induced extension

$$1 \to M \to F \to \overline{\Gamma} \to 1.$$

This shows that F is compact and totally disconnected, since M and $\overline{\Gamma}$ are, so F is a profinite group. Consequently $s|\Gamma$ extends to a continuous homomorphism $\hat{s} : \hat{\Gamma} \to F$. Therefore $s : G_k \to E$ is continuous for the S-arithmetic topology, since it is continuous in a neighborhood of 1. The completeness of E now allows us to extend s to a continuous homomorphism $\hat{s} : \hat{G}_k \to E$. Now the square

$$\begin{array}{ccc} E & \xrightarrow{p} & \overline{G}_k \\ \uparrow & & \| \\ \hat{G}_k & \xrightarrow{\pi} & \overline{G}_k \end{array}$$

commutes on $G_k \subset \hat{G}_k$, so it commutes because G_k is dense in $\hat{G}_k$ and the arrows are continuous. Thus we have constructed a morphism

$$\begin{array}{ccccccccc} 1 & \longrightarrow & M & \longrightarrow & E & \longrightarrow & \overline{G}_k & \longrightarrow & 1 \\ & & \uparrow f & & \uparrow \hat{s} & & \| & & \\ 1 & \longrightarrow & C & \longrightarrow & \hat{G}_k & \longrightarrow & \overline{G}_k & \longrightarrow & 1 \end{array}$$

of group extensions, and f is therefore the required $\overline{G}_k$-homomorphism for which $f(e)=x$.

Now suppose given $f: C \to M$. Factor f into $C \xrightarrow{g} C/\ker f \xrightarrow{h} M$. Then $g(e)$ corresponds to the extension

$$1 \to C/\ker f \to \hat{G}_k/\ker f \to \overline{G}_k \to 1.$$

If it splits and if $C \subset \text{center } \hat{G}_k$ then $C/\ker f$ is an abelian quotient of $\hat{G}_k/\ker f$. If G_k has no non trivial finite abelian quotients then, by density, neither does $\hat{G}_k$, so $C/\ker f = 0$. This shows, under the hypotheses of the theorem, that $f \neq 0 \Rightarrow g(e) \neq 0$. Now if, further, $\overline{G}_k$ acts trivially on M then $H^1(\overline{G}_k, \text{coker } h) = \text{Hom}(\overline{G}_k, \text{coker } h) = 0$, so the cohomology sequence of $0 \to C/\ker f \xrightarrow{h} M \to \text{coker } h \to 0$ yields

$$0 = H^1(\overline{G}_k, \text{coker } h) \to H^2(\overline{G}_k, C) \xrightarrow{h} H^2(\overline{G}_k, M).$$

Hence $f(e) = h(g(e)) \neq 0$. Q.E.D.

We can now restate the congruence subgroup conjecture cohomologically. We can even generalize it in a natural way by no longer requiring that the set S contain the archimedean primes, and even allowing S to be empty, in which case $A_k^S = A_k$. For reasons to be explained below we shall call this generalization the:

Metaplectic Conjecture. — Let k be a global field and let S *be any finite set of primes of k (possibly empty). Let* G *be a simply connected, simple, Chevalley group of rank >1. Then for any profinite abelian group* M *on which $G_{(A_k^S)}$ acts trivially, there is a natural isomorphism*

$$\ker(H^2(G_{(A_k^S)}, M) \xrightarrow{\text{restr}} H^2(G_k, M)) \cong \begin{cases} \text{Hom}(\mu_k, M) & \textit{if all } \mathfrak{p} \in S \textit{ are complex} \\ \{1\} & \textit{otherwise.} \end{cases}$$

More concretely, this means that there exists a central extension

$$(15.2) \qquad 1 \to \mu_k \to \widetilde{G} \to G_{A_k} \to 1,$$

which splits over $G_k \subset G_{A_k}$, and that any other such, say

$$1 \to M \to E \to G_{A_k} \to 1,$$

with profinite kernel M, is induced by a unique homomorphism $\mu_k \to M$. Moreover, for any non complex prime $\mathfrak{p}$, the restriction of (15.2) to the factor $G_{k_\mathfrak{p}} \subset G_{A_k}$ has order exactly $[\mu_k : 1]$ in $H^2(G_{k_\mathfrak{p}}, \mu_k)$.

The last assertion is deduced as follows: Let $x \in H^2(G_{A_k}, \mu_k)$ be the class of the extension (15.2). For any $\mathfrak{p}$, $G_{A_k} = G_{k_\mathfrak{p}} \times G_{(A_k^\mathfrak{p})}$, and $H^1(G_{k_\mathfrak{p}}, \mu_k) = 0$ because G_k is generated by unipotents. Therefore if the restriction of x to $H^2(G_{k_\mathfrak{p}}, \mu_k)$ is killed by n then it follows from the Künneth formula that nx is the inflation of an element of $H^2(G_{(A_k^\mathfrak{p})}, \mu_k)$ which splits on G_k. But, according to the conjecture, the group of such elements is zero if $\mathfrak{p}$ is not complex, and hence $nx = 0$.

The existence of (15.2) has been suggested by C. Moore as a natural generalization of Weil's " metaplectic " groups [25]. The latter are certain two sheeted coverings in the case $G = Sp_{2n}$. We might thus call the alleged $\widetilde{G}$ the " metaplectic group of G " over k. Moore, in unpublished work, has proved a number of interesting theorems in support of the metaplectic conjecture, and he suggests that we allow an arbitrary locally compact M in its formulation. His procedure, contrary to ours, is local to global. This seems to be the most natural approach since we obtain no direct construction of the local extensions (over the $G_{k_\mathfrak{p}}$'s) and because our method gives us no access to $\widetilde{G}$ when there are real primes or when k is a function field. On the other hand:

Theorem 15.3. — If k is a totally imaginary number field then the congruence subgroup conjecture for G_k is equivalent to the metaplectic conjecture for G_k, plus the conjecture that $C^S(G_k)$ lies always in the center of $\hat{G}_k$. In particular all these conjectures are true in this case for $G = SL_n$ $(n \geq 3)$ *and* $G = Sp_{2n}$ $(n \geq 2)$.

Proof. — In view of Theorem 15.1 we see that the congruence subgroup conjecture is obtained from the metaplectic conjecture simply by requiring the sets S to contain all archimedean primes. We must therefore show that this restriction costs us nothing when k is totally imaginary.

Given any finite set S let T be the union of S and the set of archimedean primes. Then
$$A_k^T \cong A_k^S \times \mathbf{C}^r$$
for some $r \geq 0$, since k is totally imaginary. Therefore
$$G_{(A_k^T)} \cong G_{(A_k^S)} \times G_{\mathbf{C}^r}.$$

Now $G_\mathbf{C}$ is a complex semi-simple Lie group which, by hypothesis, is simply connected. It follows that
$$H^1(G_{\mathbf{C}^r}, M) = H^2(G_{\mathbf{C}^r}, M) = 0$$
for any profinite abelian group M on which $G_\mathbf{C}$ acts trivially. From this it follows that the projection
$$G_{(A_k^T)} \to G_{(A_k^S)}$$
induces an isomorphism $H^2(G_{(A_k^S)}, M) \xrightarrow{\text{inf}} H^2(G_{(A_k^T)}, M)$. The projection is compatible with the embeddings of G_k, so we have now a natural isomorphism
$$\ker(H^2(G_{(A_k^S)}, M) \xrightarrow{\text{restr}} H^2(G_k, M))$$
$$\cong \ker(H^2(G_{(A_k^T)}, M) \xrightarrow{\text{restr}} H^2(G_k, M)).$$

Thus the metaplectic conjecture for S is equivalent to the same for T, and T contains the archimedean primes, so the theorem is proved.

In case there are real primes the argument above decidedly fails, since, e.g., $\pi_1(G_{\mathbf{R}}) \cong \mathbf{Z}/2\mathbf{Z}$ if G is not of type C_n. However, by a slight artifice, we can still deduce a partial local result at the finite primes of any number field.

Theorem 15.4. — Let k be a number field and let $\mathfrak{q}$ *be a finite prime of k. Suppose* G *is a simply connected, simple, Chevalley group for which the congruence subgroup conjecture holds over all number fields* (for instance SL_n, $n \geq 3$, or Sp_{2n}, $n \geq 2$). *Then* $H^2(G_{k_\mathfrak{q}}, \mu_{k_\mathfrak{q}})$ *contains an element of order* $[\mu_{k_\mathfrak{q}} : 1]$.

Proof. — Choose a totally imaginary number field L which contains $\mu_{k_\mathfrak{q}}$ and which has a finite prime $\mathfrak{p}$ such that $L_\mathfrak{p} \cong k_\mathfrak{q}$; this is quite easy to do. Clearly then $\mu_L = \mu_{k_\mathfrak{q}}$. Let S be the set of archimedean primes of L. Then, by the congruence subgroup conjecture, we obtain a central extension

$$1 \to \mu_L \to \hat{G}_L \to G_{A_L^S} \to 1$$

whose restriction to $G_{L_\mathfrak{p}}$ has order $[\mu_L : 1]$, as we have seen above. Q.E.D.

§ 16. Recovery of G-representations from those of an arithmetic subgroup.

Let G be a semi-simple, simply connected, algebraic group defined over $\mathbf{Q}$, and let Γ be an arithmetic subgroup of $G_{\mathbf{Q}}$. In the notation of § 14 this is an S-arithmetic subgroup where $S = \{\infty\}$. We will write A^f for the ring of *finite* adèles of $\mathbf{Q}$. (This is $A_{\mathbf{Q}}^{\{\infty\}}$ in our previous notation.) The closure of Γ in G_{A^f} is a profinite group, so there is a canonical continuous homomorphism

$$\pi : \hat{\Gamma} \to G_{A^f},$$

where $\hat{\Gamma}$ is the profinite completion of Γ. The main theorem of this section will invoke the following hypothesis:

(16.1)
a) $\pi(\hat{\Gamma})$ is open in G_{A^f}.
b) $\ker(\pi)$ is finite.

It is easy to see that these conditions depend only on G over $\mathbf{Q}$, and not on the choice of Γ. Moreover *a)* follows from Kneser's strong approximation theorem whenever the
6 latter applies. This requires, essentially, that all factors of G be not of type E_8 and non compact over $\mathbf{R}$. Part *b)* is a qualitative form of the conclusions of the congruence subgroup conjecture. It says, in the notation of § 14, that $C^{\{\infty\}}(G_{\mathbf{Q}})$ is a finite group. In particular it has been proved above for certain G.

7 *Conjecture.* — (16.1) *is true if* G *is simple relative to* $\mathbf{Q}$, *and of* $\mathbf{Q}$*-rank* (in the sense of Borel-Tits [9]) ≥ 2.

Theorem 16.2. — *With the hypothesis* (16.1), *suppose given a group homomorphism* $f : \Gamma \to GL_n(\mathbf{Q})$. *Then there is a homomorphism of algebraic groups*

$$F : G \to GL_n,$$

defined over $\mathbf{Q}$, *which coincides with* f *on a subgroup of finite index of* Γ.

Corollary 16.3. — *If* V *is a finite* $\mathbf{Q}$*-dimensional* $\mathbf{Q}[\Gamma]$*-module there is a lattice in* V *stable under* Γ.

Proof. — Say $F : G \to GL(V)$ agrees with f on $\Gamma' \subset \Gamma$, a subgroup of finite index. Then one knows that $F(\Gamma')$ is an arithmetic subgroup of $F(G)_{\mathbf{Q}}$, so $F(\Gamma')$ leaves some lattice, say L', invariant. Then $L = \sum_{s \in \Gamma/\Gamma'} sL'$ is stable under Γ.

Corollary 16.4. — *Every exact sequence*

$$0 \to V \to V' \to V'' \to 0$$

of finite $\mathbf{Q}$*-dimensional* $\mathbf{Q}[\Gamma]$*-modules splits. In particular* $H^1(\Gamma, V) = 0$.

Proof. — Passing to a subgroup Γ' of finite index in Γ, this becomes a sequence of Γ'-modules induced by an exact sequence of " algebraic " G-modules over $\mathbf{Q}$. Since G is semi-simple this sequence splits, and therefore it splits over Γ'. If $g' : V'' \to V'$ is a Γ'-splitting then $g(x) = \frac{1}{[\Gamma : \Gamma']} \sum_{s \in \Gamma/\Gamma'} sg'(s^{-1}x)$ defines a Γ-splitting.

The vanishing of $H^1(\Gamma, V)$ corresponds to the case $V'' = \mathbf{Q}$ with trivial action.

Corollary 16.5. — *If* Γ *operates on a finitely generated* $\mathbf{Z}$*-module* M *then* $H^1(\Gamma, M)$ *is finite.*

Proof. — Since Γ is finitely generated $H^1(\Gamma, M)$ is a finitely generated $\mathbf{Z}$-module. Now tensor with $\mathbf{Q}$ and apply the last corollary.

Remark. — The vanishing of $H^1(\Gamma, \text{ad})$, where ad is the adjoint representation of G, implies the " rigidity " of Γ, i.e. the triviality of deformations of Γ in $G_{\mathbf{R}}$ (see Weil [24]). Garland has proved that $H^1(\Gamma, \text{ad}) = 0$ for Chevalley groups, and Borel proved rigidity when G is semi-simple of $\mathbf{Q}$-rank ≥ 2 and such that every simple factor has $\mathbf{Q}$-rank ≥ 1. Finally, Raghunathan [21] proved the vanishing of $H^1(\Gamma, V)$ for these G and for any *faithful*, *irreducible* rational G-module V. On the other hand D. Kajdan has obtained vanishing of H^1 for the trivial representation in some cases.

Corollary 16.6. — *Assume* (16.1) *and that* $G_{\mathbf{Q}}$ *is generated by unipotents. Then every group homomorphism* $f : G_{\mathbf{Q}} \to GL_n(\mathbf{Q})$ *is algebraic.*

Proof. — It follows from Theorem 16.2 that there is an algebraic homomorphism $F : G \to GL_n$, defined over $\mathbf{Q}$, such that F and f agree on an arithmetic subgroup, Γ, of $G_{\mathbf{Q}}$. To show that F and f agree on all of $G_{\mathbf{Q}}$ it suffices, by hypothesis, to show that they agree on each abelian unipotent algebraic subgroup U of $G_{\mathbf{Q}}$. Since F is algebraic, F(U) is unipotent in $GL_n(\mathbf{Q})$. The group U is isomorphic to a vector space over $\mathbf{Q}$, and $\Gamma \cap U$ is a lattice of maximal rank in U. Hence, if we show that $f(U)$ is unipotent then it will follow from Lemma 16.7 below, that f and F agree on U, since they agree on the lattice $\Gamma \cap U$.

Suppose $x \in GL_n(\mathbf{Q})$ is such that some power of x is unipotent. Then the eigenvalues of x are roots of unity as well as roots of a polynomial of degree n over $\mathbf{Q}$. It follows that they are N-th roots of unity for some N depending only on n, and hence x^N is unipotent.

Now suppose $x \in U$. Then $x = y^N$ for some $y \in U$. Some power of y lies in $\Gamma \cap U$, so some power of $f(y)$ lies in $f(\Gamma \cap U) = F(\Gamma \cap U)$, which is unipotent. Therefore $f(x) = f(y)^N$ is unipotent, as was to be shown.

Lemma 16.7. — Let k be a field of characteristic zero, and suppose $x, y \in GL_n(k)$ are unipotent and that $x^m = y^m$ for some $m > 0$. Then $x = y$.

Proof. — We can write a unipotent x uniquely as $x = \exp(X)$ with $X (= \log(x))$ nilpotent, the " series " exp and log here being in fact polynomials. Hence if $x^m = y^m$ then $mX = mY$; so $X = Y$ and therefore $x = y$.

Proof of Theorem 16.2. — Since Γ is finitely generated there exists a prime p such that all elements of $f(\Gamma)$ are p-integral. (For each generator γ_i of Γ choose a common denominator for $f(\gamma_i)$ and $f(\gamma_i^{-1})$, and take p prime to all these denominators.) Then f extends continuously to

$$f_p : \hat{\Gamma} \to GL_n(\mathbf{Z}_p).$$

Replacing Γ by a subgroup of finite index, if necessary, we can identify $\hat{\Gamma}$ with an open subgroup of G_{A^f} of the form $\prod_q U_q$, where U_q is a compact open subgroup of $G_{\mathbf{Q}_q}$, equal to $G_{\mathbf{Z}_q}$ for almost all q. Then if $q \neq p$ it is easy to see that the image of the q-adic group U_q in the p-adic group $GL_n(\mathbf{Z}_p)$ must be finite.

Since $GL_n(\mathbf{Z}_p)$ has " no small finite subgroups ", i.e. since it has a neighborhood of the identity containing no non trivial finite subgroups, it follows by continuity of f_p that $f_p(U_q) = \{1\}$ for almost all q.

Passing again to a subgroup of finite index in Γ, therefore, we can arrange that $f_p(U_q) = 1$ for all $q \neq p$. Thus f factors as the composite

$$\Gamma \to U_p \xrightarrow{\varphi} GL_n(\mathbf{Z}_p),$$

where φ is a continuous homomorphism. Now by the theory of p-adic Lie groups (see [23, III (3.2.3.1)]) φ is analytic, and its tangent map at the identity is a homomorphism

$$L(\varphi) : \mathfrak{g} \otimes_{\mathbf{Q}} \mathbf{Q}_p \to \mathfrak{gl}_n(\mathbf{Q}_p)$$

of the associated Lie algebras over $\mathbf{Q}_p$. Since G is semi-simple and simply connected there is a unique homomorphism of algebraic groups, $F : G \to GL_n$, defined over $\mathbf{Q}_p$, with tangent map $L(\varphi)$. Therefore F agrees locally over $\mathbf{Q}_p$ with f_p, so F coincides with f on a subgroup, Γ', of finite index in Γ. It remains only to be seen that F is defined over $\mathbf{Q}$. This follows from the fact that $F(\Gamma') = f(\Gamma') \subset GL_n(\mathbf{Q})$, and the fact that Γ' is Zariski-dense in G.

REFERENCES

[1] Bass (H.), K-theory and stable algebra, *Publ. I.H.E.S.*, n° 22 (1964), 5-60.

[2] —, *Symplectic modules and groups* (in preparation).

[3] Bass (H.), Heller (A.) and Swan (R.), The Whitehead group of a polynomial extension, *Publ. I.H.E.S.*, n° 22 (1964), 61-79.

[4] Bass (H.), Lazard (M.) and Serre (J.-P.), Sous-groupes d'indice fini dans $SL(n, \mathbf{Z})$, *Bull. Am. Math. Soc.*, 385-392.

[5] Bass (H.) and Milnor (J.), *Unimodular groups over number fields* (mimeo. notes), Princeton University (1965).

[6] —, *On the congruence subgroup problem for* $SL_n(n \geq 3)$ *and* $Sp_{2n}(n \geq 2)$. (Notes, Inst. for Adv. Study.)

[7] Bass (H.) and Murthy (M. P.), Grothendieck groups and Picard groups of abelian group rings, *Ann. of Math.*, 86 (1967), 16-73.

[8] Borel (A.) and Harish-Chandra, Arithmetic subgroups of algebraic groups, *Ann. of Math.*, 75 (1962), 485-535.

[9] Borel (A.) and Tits (J.), Groupes réductifs, *Publ. I.H.E.S.*, n° 27 (1965), 55-151.

[10] Chevalley (C.), Sur certains schémas de groupes semi-simples, *Sém. Bourbaki* (1961), exposé 219.

[11] Higman (G.), On the units of group rings, *Proc. Lond. Math. Soc.*, 46 (1940), 231-248.

[12] Hurwitz (A.), Die unimodularen Substitutionen in einem algebraischen Zahlkörpen (1895), *Mathematische Werke*, vol. 2, 244-268, Basel (1933).

[13] Kneser (M.), Strong approximation, I, II, Algebraic groups and discontinuous subgroups, *Proc. Symp. Pure Math.*, IX, A.M.S., 1966, p. 187-196.

[14] Kubota (T.), Ein arithmetischer Satz über eine Matrizengrouppe, *J. reine angew. Math.*, 222 (1965), 55-57.

[15] Matsumoto (H.), Subgroups of finite index of arithmetic groups. Algebraic groups and Discontinuous Subgroups, *Proc. Symp. Pure Math.*, IX, A.M.S., 1966, p. 99-103.

[16] Mennicke (J.), Finite factor groups of the unimodular group, *Ann. of Math.*, 81 (1965), 31-37.

[17] —, Zur theorie der Siegelsche Modulgruppe, *Math. Ann.*, 159 (1965), 115-129.

[18] Milnor (J.), Whitehead torsion, *Bull. Am. Math. Soc.*, 7 (1966), 358-426.

[19] Moore (C.), Extensions and low dimensional cohomology of locally compact groups, I, *Trans. Am. Math. Soc.*, 113 (1964), 40-63.

[20] O'Meara (O. T.), On the finite generation of linear groups over Hasse domains, *J. reine angew. Math.*, 217 (1963).

[21] Raghunathan (M. S.), A vanishing theorem for the cohomology of arithmetic subgroups of algebraic groups (to appear).

[22] Rege (N.), Finite generation of classical groups over Hasse domains (to appear).

[23] Lazard (M.), Groupes analytiques *p*-adiques, *Publ. I.H.E.S.*, n° 26 (1965), 5-219.

[24] Weil (A.), Remarks on the cohomology of groups, *Ann. of Math.*, 80 (1964), 149-157.

[25] —, Sur certains groupes d'opérateurs unitaires, *Acta Math.*, 111 (1964), 143-211.

Manuscrit reçu le 17 mai 1967.

75.

Local Class Field Theory

Algebraic Number Theory, édité par J. Cassels et A. Fröhlich, chap. VI,
Acad. Press, 1967, 128–161

Introduction

We call a field K a *local field* if it is complete with respect to the topology defined by a discrete valuation v and if its residue field k is finite. We write $q = p^f = \text{Card}(k)$ and we always assume that the valuation v is normalized; that is, that the homomorphism $v: K^* \to \mathbf{Z}$ is surjective. The structure of such fields is known:

1. If K has characteristic 0, then K is a finite extension of the p-adic field $\mathbf{Q}_p$, the completion of $\mathbf{Q}$ with respect to the topology defined by the p-adic valuation. If $[K:\mathbf{Q}_p] = n$ then $n = ef$ where f is the residue degree (that is, $f = [k:\mathbf{F}_p]$ and e is the ramification index $v(p)$.

2. If K has characteristic p ("the equal characteristic case"), then K is isomorphic to a field $k((T))$ of formal power series, where T is a uniformizing parameter.

The first case is the one which arises in completions of a number field relative to a prime number p.

We shall study the Galois groups of extensions of K and would of course like to know the structure of the Galois group $G(K_s/K)$ of the separable closure K_s of K, since this contains the information about all such extensions. (In the case of characteristic 0, $K_s = \bar{K}$). We shall content ourselves with the following:

1. The cohomological properties of all galois extensions, whether abelian or not.

2. The determination of the abelian extensions of K, that is, the determination of G modulo its derived group G'.

Throughout this Chapter, we shall adhere to the notation already introduced above, together with the following. We denote the ring of integers of K by O_K, the multiplicative group of K by K^* and the group of units by U_K. A similar notation will be used for extensions L of K, and if L is a galois extension, then we denote the Galois group by $G(L/K)$ or $G_{L/K}$ or even by G. If $s \in G$ and $\alpha \in L$, then we denote the action of s on α by ${}^s\alpha$ or by $s(\alpha)$.

In addition to the preceding Chapters, the reader is referred to "Corps Locaux" (Actualités scientifiques et industrielles, 1296; Hermann, Paris, 1962) for some elided details. In what follows theorems etc. in the four sections are numbered independently.

1. The Brauer Group of a Local Field

1.1. *Statements of Theorems*

In this first section, we shall state the main results; the proofs of the theorems will extend over §§ 1.2–1.6.

We begin by recalling the definition of the Brauer group, Br (K), of K.

(See Chapter V, § 2.7.) Let L be a finite galois extension of K with Galois group $G(L/K)$. We write $H^2(L/K)$ instead of $H^2(G_{L/K}, L^*)$ and we consider the family $(L_i)_{i\in I}$ of all such finite galois extensions of K. The inductive (direct) limit $\varinjlim H^2(L_i/K)$ is by definition the Brauer group, $\mathrm{Br}(K)$, of K.

It follows from the definition that $\mathrm{Br}\,(K) = H^2(K_s/K)$. In order to compute $\mathrm{Br}\,(K)$ we look first at the intermediate field K_{nr}, $K \subset K_{nr} \subset K_s$, where K_{nr} denotes the maximal unramified extension of K. The reader is referred to Chapter I, § 7 for the properties of K_{nr}. We recall in particular, that the residue field of K_{nr} is $\bar{k}$, the algebraic closure of k, and that $G(K_{nr}/K) = G(\bar{k}/k)$. We denote by F the Frobenius element in $G(K_{nr}/K)$; the effect of F on the residue field $\bar{k}$ is given by $\lambda \mapsto \lambda^q$. The map $v \mapsto F^v$ is an isomorphism $\hat{\mathbf{Z}} \to G(K_{nr}/K)$ of topological groups. From Chapter V § 2.5, we recall that $\hat{\mathbf{Z}}$ is the projective (inverse) limit, $\varprojlim \mathbf{Z}/n\mathbf{Z}$, of the cyclic groups $\mathbf{Z}/n\mathbf{Z}$.

Since K_{nr} is a subfield of K_s, $H^2(K_{nr}/K)$ is a subgroup of $\mathrm{Br}(K) = H^2(K_s/K)$. In fact:

THEOREM 1. $H^2(K_{nr}/K) = \mathrm{Br}\,(K)$.

We have already noted above that $H^2(K_{nr}/K) = H^2(\hat{\mathbf{Z}}, K_{nr}^*)$.

THEOREM 2. *The valuation map* $v: K_{nr}^* \to \mathbf{Z}$ *defines an isomorphism* $H^2(K_{nr}/K) \to H^2(\hat{\mathbf{Z}}, \mathbf{Z})$.

We have to compute $H^2(\hat{\mathbf{Z}}, \mathbf{Z})$. More generally let G be a profinite group and consider the exact sequence

$$0 \to \mathbf{Z} \to \mathbf{Q} \to \mathbf{Q}/\mathbf{Z} \to 0$$

of G-modules with trivial action. The module $\mathbf{Q}$ has trivial cohomology, since it is uniquely divisible (that is, $\mathbf{Z}$-injective) and so the coboundary $\delta: H^1(\mathbf{Q}/\mathbf{Z}) \to H^2(\mathbf{Z})$ yields an isomorphism $H^1(\mathbf{Q}/\mathbf{Z}) \to H^2(G, \mathbf{Z})$. Now $H^1(\mathbf{Q}/\mathbf{Z}) = \mathrm{Hom}\,(G, \mathbf{Q}/\mathbf{Z})$ and so $\mathrm{Hom}\,(G, \mathbf{Q}/\mathbf{Z}) \cong H^2\,(G, \mathbf{Z})$.

We turn now to $\mathrm{Hom}\,(\hat{\mathbf{Z}}, \mathbf{Q}/\mathbf{Z})$. Let $\phi \in \mathrm{Hom}\,(\hat{\mathbf{Z}}, \mathbf{Q}/\mathbf{Z})$ and define a map $\gamma: \mathrm{Hom}\,(\hat{\mathbf{Z}}, \mathbf{Q}/\mathbf{Z}) \to \mathbf{Q}/\mathbf{Z}$ by $\phi \mapsto \phi(1) \in \mathbf{Q}/\mathbf{Z}$. It follows from Theorem 2 that we have isomorphisms

$$H^2(K_{nr}/K) \xrightarrow{v} H^2(\hat{\mathbf{Z}}, \mathbf{Z}) \xrightarrow{\delta^{-1}} \mathrm{Hom}\,(\hat{\mathbf{Z}}, \mathbf{Q}/\mathbf{Z}) \xrightarrow{\gamma} \mathbf{Q}/\mathbf{Z}.$$

The map $\mathrm{inv}_K: H^2(K_{nr}/K) \to \mathbf{Q}/\mathbf{Z}$ is now defined by

$$\mathrm{inv}_K = \gamma \circ \delta^{-1} \circ v.$$

For future reference, we state our conclusions in:

COROLLARY. *The map* $\mathrm{inv}_K = \gamma \circ \delta^{-1} \circ v$ *defines an isomorphism between the groups* $H^2(K_{nr}/K)$ *and* $\mathbf{Q}/\mathbf{Z}$.

Since, by Theorem 1, $H^2(K_{nr}/K) = \mathrm{Br}\,(K)$, we see that *we have defined an isomorphism* $\mathrm{inv}_K: \mathrm{Br}\,(K) \to \mathbf{Q}/\mathbf{Z}$.

If L is a finite extension of K, the corresponding map will be denoted by inv_L.

THEOREM 3. *Let L/K be a finite extension of degree n. Then*

$$\mathrm{inv}_L \circ \mathrm{Res}_{K/L} = n \, . \, \mathrm{inv}_K.$$

In other words, the following diagram is commutative

$$\begin{array}{ccc} \mathrm{Br}(K) & \xrightarrow{\mathrm{Res}_{K/L}} & \mathrm{Br}(L) \\ {\scriptstyle \mathrm{inv}_K}\downarrow & & \downarrow{\scriptstyle \mathrm{inv}_L} \\ \mathbf{Q}/\mathbf{Z} & \xrightarrow{\ n\ } & \mathbf{Q}/\mathbf{Z} \end{array}$$

(For the definition of $\mathrm{Res}_{K/L}$, the reader is referred to Chapter IV § 4 and to Chapter V § 2.7.)

COROLLARY 1. *An element $\alpha \in \mathrm{Br}(K)$ gives 0 in $\mathrm{Br}(L)$ if and only if $n\alpha = 0$.*

COROLLARY 2. *Let L/K be an extension of degree n. Then $H^2(L/K)$ is cyclic of order n. More precisely, $H^2(L/K)$ is generated by the element $u_{L/K} \in \mathrm{Br}(K)$, the invariant of which is $1/n \in \mathbf{Q}/\mathbf{Z}$.*

Proof. This follows from the fact that $H^2(L/K)$ is the kernel of Res.

1.2 *Computation of $H^2(K_{nr}/K)$*

In this section we prove Theorem 2. We have to prove that the homomorphism $H^2(K_{nr}/K) \to H^2(\hat{\mathbf{Z}}, \mathbf{Z})$ is an isomorphism.

PROPOSITION 1. *Let K_n be an unramified extension of K of degree n and let $G = G(K_n/K)$. Then for all $q \in \mathbf{Z}$ we have:*

(1). $H^q(G, U_n) = 0$, where $U_n = U_{K_n}$;

(2). the map $v : H^q(G, K_n^*) \to H^q(G, \mathbf{Z})$ is an isomorphism.

(Theorem 2 is evidently a consequence of (2) of Proposition 1, since $H^2(K_{nr}/K) = H^2(\hat{\mathbf{Z}}, K_{nr})$.)

Proof. The fact that (1) implies (2) follows from the cohomology sequence

$$H^q(G, U_n) \to H^q(G, K_n^*) \to H^q(G, \mathbf{Z}) \to H^{q+1}(G, U_n)$$

It remains to prove (1). Consider the decreasing sequence of open subgroups $U_n \supset U_n^1 \supset U_n^2 \supset \ldots$ defined as follows: $x \in U_n^i$ if and only if $v(x-1) \geqslant i$. Now let $\pi \in K$ be a uniformizing element; so that $U_n^i = 1 + \pi^i O_n$, where $O_n = O_{K_n}$. Then $U_n = \varprojlim U_n/U_n^i$. The proof will now be built up from the three following lemmas.

LEMMA 1. *Let k_n be the residue field of K_n. Then there are galois isomorphisms $U_n/U_n^1 \simeq k_n^*$ and, for $i \geqslant 1$, $U_n^i/U_n^{i+1} \simeq k_n^+$.*

(By a galois isomorphism we mean an isomorphism which is compatible with the action of the Galois group on either side.)

Proof. Take $\alpha \in U_n$ and map $\alpha \mapsto \bar{\alpha}$ where $\bar{\alpha}$ is the reduction of α into k_n. By definition, $U_n^1 = 1+\pi O_n$; so if $\alpha \in U_n^1$ then $\bar{\alpha} = 1$, and the first part of the lemma is proved.

To prove the second part, take $\alpha \in U_n^i$ and write $\alpha = 1+\pi^i\beta$ where $\beta \in O_n$. Now map $\alpha \mapsto \bar{\beta}$. We have to show that in this map a product $\alpha\alpha'$ corresponds to the sum $\bar{\beta}+\bar{\beta}'$. By definition, $\alpha\alpha' = 1+\pi^i(\beta+\beta')+\dots$, whence $\alpha\alpha' \mapsto \bar{\beta}+\bar{\beta}'$.

Finally, the isomorphisms are galois since ${}^s\alpha = 1+\pi^i.{}^s\beta$.

LEMMA 2. *For all integers q and for all integers $i \geqslant 0$, $H^q(G, U_n^i/U_n^{i+1}) = 0$.*

Proof. For $i = 0$, $U_n^0 = U_n$, and the first part of Lemma 1 gives

$$H^q(G, U_n/U_n^1) = H^q(G, k_n^*) = H^q(G_{k_n/k}, k_n^*).$$

Now for $q = 1$, $H^1(G_{k_n/k}, k_n^*) = 0$ ("Hilbert Theorem 90", cf. Chapter V, § 2.6). For $q = 2$, observe that G is cyclic. Since k_n^* is finite, the Herbrand quotient $h(k_n^*) = 1$ (cf. Chapter IV, § 8, Prop. 11); hence the result for $q = 2$. For other values of q the result follows by periodicity.

For $i \geqslant 1$, the lemma follows from Lemma 1 and the fact that k_n^+ has trivial cohomology.

The proof of Theorem 2 will be complete if we can go from the groups U_n^i/U_n^{i+1} to the group U_n itself and the following lemma enables us to do this.

LEMMA 3. *Let G be a finite group and let M be a G-module. Let M^i, $i \geqslant 0$ and $M^0 = M$, be a decreasing sequence of G-submodules and assume that $M = \varprojlim M/M^i$; (more precisely, the map from M to the limit is a bijection). Then, if, for some $q \in \mathbf{Z}$, $H^q(G, M^i/M^{i+1}) = 0$ for all i, we have $H^q(G, M) = 0$.*

Proof. Let f be a q-cocycle with values in M. Since $H^q(G, M/M^1) = 0$, there exists a $(q-1)$-cochain ψ_1 of G with values in M such that $f = \delta\psi_1+f_1$, where f_1 is a q-cocycle in M^1. Similarly, there exists ψ_2 such that $f_1 = \delta\psi_2+f_2$, $f_2 \in M^2$, and so on. We construct in this way a sequence (ψ_n, f_n) where ψ_n is a $(q-1)$-cochain with values in M^{n-1} and f_n is a q-cocycle with values in M^n, and $f_n = \delta.\psi_{n+1}+f_{n+1}$. Set $\psi = \psi_1+\psi_2+\dots$. In view of the hypotheses on M, this series converges and defines a $(q-1)$-cochain of G with values in M. On summing the equations $f_n = \delta\psi_{n+1}+f_{n+1}$, we obtain $f = \delta\psi$, and this proves the lemma.

We return now to the proof of Proposition 1. Take M in Lemma 3 to be U_n. It follows from Lemma 3 and from Lemma 2 that the cohomology of U_n is trivial and this completes the proof of Proposition 1 and so also of Theorem 2.

1.3 *Some Diagrams*

PROPOSITION 2. *Let L/K be a finite extension of degree n and let L_{nr} (resp. K_{nr}) be the maximal unramified extension of L (resp. K); so that $K_{nr} \subset L_{nr}$. Then the following diagram is commutative.*

$$\begin{array}{ccc} H^2(K_{nr}/K) & \xrightarrow{\text{Res}} & H^2(L_{nr}/L) \\ \downarrow{\scriptstyle \text{inv}_K} & & \downarrow{\scriptstyle \text{inv}_L} \\ \mathbf{Q}/\mathbf{Z} & \xrightarrow{n} & \mathbf{Q}/\mathbf{Z} \end{array}$$

Proof. Let $\Gamma_K = G(K_{nr}/K)$ and let F_K be the Frobenius element of Γ_K; let Γ_L and F_L be defined similarly. We have $F_L = (F_K)^f$ where $f = [l:k]$ is the residue field degree of L/K.

Let e be the ramification index of L/K, and consider the diagram:

$$\begin{array}{ccccccc} H^2(\Gamma_K, K_{nr}^*) & \xrightarrow{v_K} & H^2(\Gamma_K, \mathbf{Z}) & \xrightarrow{\delta^{-1}} & \text{Hom}(\Gamma_K, \mathbf{Q}/\mathbf{Z}) & \xrightarrow{\gamma_K} & \mathbf{Q}/\mathbf{Z} \\ \downarrow{\scriptstyle \text{Res}} & (1) & \downarrow{\scriptstyle e.\text{Res}} & (2) & \downarrow{\scriptstyle e.\text{Res}} & (3) & \downarrow{\scriptstyle n} \\ H^2(\Gamma_L, L_{nr}^*) & \xrightarrow{v_L} & H^2(\Gamma_L, \mathbf{Z}) & \xrightarrow{\delta^{-1}} & \text{Hom}(\Gamma_L, \mathbf{Q}/\mathbf{Z}) & \xrightarrow{\gamma_L} & \mathbf{Q}/\mathbf{Z}, \end{array}$$

where Res is induced by the inclusion $\Gamma_L \to \Gamma_K$, and γ_K (resp. γ_L) is given by $\varphi \mapsto \varphi(F_K)$ (resp. $\varphi \mapsto \varphi(F_L)$). The three squares (1), (2), (3) extracted from that diagram are *commutative*; for (1), this follows from the fact that v_L is equal to $e.v_K$ on K_{nr}^*; for (3), it follows from $F_L = F_K^f$, and $n = ef$; for (2), it is obvious.

On the other hand, the definition of $\text{inv}_K : H^2(\Gamma_K, K_{nr}^*) \to \mathbf{Q}/\mathbf{Z}$ is equivalent to:

$$\text{inv}_K = \gamma_K \circ \delta^{-1} \circ v_K,$$

and similarly:

$$\text{inv}_L = \gamma_L \circ \delta^{-1} \circ v_L.$$

Proposition 2 is now clear.

COROLLARY 1. *Let $H^2(L/K)_{nr}$ be the subgroup of $H^2(K_{nr}/K)$ consisting of those $\alpha \in H^2(K_{nr}/K)$ which are "killed by L" (that is, which give 0 in $Br(L)$). Then $H^2(L/K)_{nr}$ is cyclic of order n and is generated by the element $u_{L/K}$ in $H^2(K_{nr}/K)$ such that $\text{inv}_K(u_{L/K}) = 1/n$.*

Proof. Note that a less violent definition of $H^2(L/K)_{nr}$ is provided by $H^2(L/K)_{nr} = H^2(L/K) \cap H^2(K_{nr}/K)$.

Consider the exact sequence

$$0 \to H^2(L/K)_{nr} \to H^2(K_{nr}/K) \xrightarrow{\text{Res}} H^2(L_{nr}/L).$$

The kernel of the map $H^2(K_{nr}/K) \to H^2(L_{nr}/L)$ is $H^2(L/K)_{nr}$ and this goes to 0 under $\text{inv}_L : H^2(L_{nr}/L) \to \mathbf{Q}/\mathbf{Z}$. On the other hand, it follows from Proposition 2 that $\text{inv}_L \circ \text{Res} = n.\text{inv}_K$. The kernel of the latter is $(1/n)\mathbf{Z}/\mathbf{Z}$ and so $H^2(L/K)_{nr}$ is cyclic of order n, and is generated by $u_{L/K} \in H^2(K_{nr}/K)$ with $\text{inv}_K(u_{L/K}) = 1/n$.

COROLLARY 2. *The order of $H^2(L/K)$ is a multiple of n.*

Proof. $H^2(L/K)$ contains a cyclic subgroup of order n by Corollary 1.

1.4 *Construction of a Subgroup with Trivial Cohomology*

Let L/K be a finite galois extension with Galois group G, where L and K are local fields. According to the discussion in Proposition 1, the G-module U_L has trivial cohomology when L is unramified.

PROPOSITION 3. *There exists an open subgroup, V, of U_L with trivial cohomology. That is, $H^q(G, V) = 0$ for all q.*

Proof. We shall give two proofs; the first one works only in characteristic 0, the second works generally.

Method 1. The idea is to compare the multiplicative and the additive groups of L. We know that L^+ is a free module over the algebra $K[G]$. That is, there exists $\alpha \in L$ such that $[{}^s\alpha]_{s\in G}$ is a basis for L considered as a vector space over K.

Now take the ring O_K of integers of K and define $A = \sum_{s\in G} O_K . {}^s\alpha$. This is free over G and so has trivial cohomology. Moreover, by multiplying α by a sufficiently high power of the local uniformizer π_K, we may take such an A to be contained in any given neighbourhood of 0.

It is a consequence of Lie theory that the additive group of L is locally isomorphic to the multiplicative group. More precisely, the power series $e^x = 1+x+\ldots+x^n/n!+\ldots$, converges for $v(x) > v(p)/(p-1)$. Thus in the neighbourhood $v(x) > v(p)/(p-1)$ of 0, L^* is locally isomorphic to L^+ under the map $x \mapsto e^x$. (Note that, in the same neighbourhood, the inverse mapping is given by $\log(1+x) = x-x^2/2+x^3/3-\ldots$.)

Now define $V = e^A$; it is clear that V has trivial cohomology.

The foregoing argument breaks down in characteristic p; namely at the local isomorphism of L^+ and L^*.

Method 2. We start from an A constructed as above: $A = \sum_{s\in G} O_K . {}^s\alpha$. We may assume that $A \subset O_L$. Since A is open in O_L, $\pi_K^N O_L \subset A$ for a suitable N. Set $M = \pi_K^i A$. Then $M.M \subset \pi_K M$ if $i \geqslant N+1$. For $M.M = \pi_K^{2i} A.A \subset \pi_K^{2i} O_L$ and if $i \geqslant N+1$ then

$$\pi_K^{2i} O_L \subset \pi_K . \pi_K^i A \subset \pi_K M.$$

Now let $V = 1+M$. Then V is an open subgroup of U_L. It remains to be proved that V has trivial cohomology. We define a filtration of V by means of subgroups $V^i = 1+\pi_K^i M$, $i \geqslant 0$. (Note that V^i is a subgroup since $(1+\pi_K^i x)(1+\pi_K^i y) = 1+\pi_K^i(x+y+\pi_K^i xy)$, etc.) This yields a decreasing filtration $V = V^0 \supset V^1 \supset V^2 \supset \ldots$. As in § 1.2, Lemma 2, we are reduced to proving that $H^q(G, V^i/V^{i+1}) = 0$ for all q. Take $x = 1+\pi_K^i\beta$, $\beta \in M$ and associate with this its image $\bar{\beta} \in M/\pi_K M$. This is a group isomorphism of V^i/V^{i+1} and $M/\pi_K M$ and we know that the latter has trivial cohomology, since it is free over G.

This completes our proofs of Proposition 3.

We recall the definition of the Herbrand quotient $h(M)$. Namely, $h(M) = \text{Card}\,(\hat{H}^0(M))/\text{Card}\,(H^1(M))$, when both sides are finite. (See Chapter IV, § 8.)

COROLLARY 1. *Let L/K be a cyclic extension of degree n. Then we have $h(U_L) = 1$ and $h(L^*) = n$.*

Proof. Let V be an open subgroup of U_L with trivial cohomology (cf. Prop. 3). Since h is multiplicative, $h(U_L) = h(V).h(U_L/V) = 1$.

Again, $L^*/U_L \cong \mathbf{Z}$. So $h(L^*) = h(\mathbf{Z}).h(U_L)$. Now $h(U_L) = 1$ and $h(\mathbf{Z}) = n$, since $\hat{H}^0(G, \mathbf{Z}) = n$ and $H^1(G, \mathbf{Z})$ is trivial. Hence $h(L^*) = n$.

COROLLARY 2. *Let L/K be a cyclic extension of degree n. Then $H^2(L/K)$ is of order $n = [L:K]$.*

Proof. We have

$$h(L^*) = \frac{\text{Card}\,(H^2(G, L^*))}{\text{Card}\,(H^1(G, L^*))}.$$

Now Corollary 1 gives $h(L^*) = n$. Moreover, $H^1(G, L^*) = 0$ (Hilbert Theorem 90). Hence $\text{Card}\,(H^2(G, L^*)) = n$. But $H^2(G, L^*)$ is $H^2(L/K)$, whence the result.

1.5 *An Ugly Lemma*

LEMMA 4. *Let G be a finite group and let M be a G-module and suppose that ρ, q are integers with $\rho \geqslant 0$, $q \geqslant 0$. Assume that:*

(a) *$H^i(H, M) = 0$ for all $0 < i < q$ and all subgroups H of G;*

(b) *if $H \subset K \subset G$, with H invariant in K and K/H cyclic of prime order,*
1 *then the order of $H^q(H, M)$ (resp. $\hat{H}^0(H, M)$ if $q = 0$) divides $(K:H)^\rho$.*

Then the same is true of G. That is, $H^q(G, M)$ (resp. $\hat{H}^0(G, M)$ is of order dividing $(G:1)^\rho$.

Proof. Since the restriction map $\text{Res}: \hat{H}^q(G, M) \to \hat{H}^q(G_p, M)$ is injective on the p-primary components of $\hat{H}^q(G, M)$, where G_p denotes a Sylow p-subgroup of G, we may confine our attention to the case in which G is a p-group. We now argue by induction on the order of G.

Assume that G has order greater than 1. Choose a subgroup H of G which is invariant and of index p. We apply the induction hypothesis to H. We know from (b) that, for $q > 0$, the order of $H^q(G/H, M^H)$ divides $(G:H)^\rho = p^\rho$ and by the induction hypothesis $H^q(H, M)$ divides $(H:1)^\rho$. Now it follows from (a) that we have an exact sequence (Chapter IV, § 5).

$$0 \longrightarrow H^q(G/H, M^H) \xrightarrow{\text{Inf}} H^q(G, M) \xrightarrow{\text{Res}} H^q(H, M).$$

Thus $H^q(G, M)$ has order dividing $p^\rho.(H:1)^\rho = (G:1)^\rho$.

For $q = 0$, we recall (see Chapter IV, § 6) that

$$\hat{H}^0(G, M) = M^G/N_G M.$$

Then we have the exact sequence

$$M^H/N_H M \xrightarrow{N_{G/H}} M^G/N_G M \longrightarrow (M^H)^{G/H}/N_{G/H} M^H$$

where $N_{G/H}$ denotes the norm map and the second map is induced by the identity. The remainder of the argument now runs as before.

1.6 *End of Proofs*

PROPOSITION 4. *Let L/K be a finite galois extension with Galois group G of order $n = [L:K]$. Then $H^2(L/K)$ is cyclic of order n and has a generator $u_{L/K} \in H^2(K_{nr}/K)$ such that* $\mathrm{inv}_K(u_{L/K}) = 1/n$.

Proof. In Lemma 4, take $M = L^*$, $p = 1$ and $q = 2$. Condition (a) is satisfied by "Theorem 90" and (b) is true by Prop. 3, Cor. 2. Hence $H^2(G, L^*)$ has order dividing $(G:1) = n$. But by Prop. 2, Cor. 1, $H^2(L/K)$ contains a cyclic subgroup of order n, generated by $u_{L/K} \in H^2(K_{nr}/K)$ and such that $\mathrm{inv}_K(u_{L/K}) = 1/n$. Whence Proposition 4.

It follows from this proposition that $H^2(L/K)$ is contained in $H^2(K_{nr}/K)$.

We turn now to the proof of Theorem 1. The theorem asserts that the inclusion $\mathrm{Br}(K) \supset H^2(K_{nr}/K)$ is actually equality. Now by definition, $\mathrm{Br}(K) = \cup H^2(L/K)$, where L runs through the set of finite galois extensions of K. But as remarked above, $H^2(L/K) \subset H^2(K_{nr}/K)$. Hence $\mathrm{Br}(K) \subset H^2(K_{nr}/K)$, as was to be proved.

Evidently, Theorem 3 follows from Theorem 1 and Proposition 2.

1.7 *An Auxiliary Result*

We have now proved all the statements in § 1.1 and we conclude the present chapter with a result which has applications to global fields.

Let A be an abelian group and let n be an integer $\geqslant 1$. Consider the cyclic group $\mathbf{Z}/n\mathbf{Z}$ with trivial action on A. We shall denote the corresponding Herbrand quotient by $h_n(A)$, whenever it is defined. We have

$$h_n(A) = \frac{\mathrm{Order}\,(A/nA)}{\mathrm{Order}\,{}_nA}$$

where ${}_nA$ is the set of $\alpha \in A$ such that $n\alpha = 0$. (Alternatively, we could begin with the map $A \xrightarrow{n} A$ and take $h_n(A)$ to be:

$$\text{order (Coker }(n))/\text{order (Ker }(n)).)$$

Now let K be a local field. Then for $\alpha \in K$ there is a normalized absolute value, denoted by $|\alpha|_K$ (see Chapter II, § 11). If $\alpha \in O_K$, then $|\alpha|_K = 1/\mathrm{Card}\,(O_K/\alpha O_K)$.

PROPOSITION 5. *Let K be a local field and let $n \geqslant 1$ be an integer prime to the characteristic of K. Then $h_n(K^*) = n/|n|_K$.*

Proof. Suppose that K has characteristic 0. We have $h_n(K^*) = h_n(\mathbf{Z}).h_n(U_K)$. Now $h_n(\mathbf{Z}) = n$; so we must compute $h_n(U_K)$. As in Proposition 3, we consider a subgroup V of U which is open and isomorphic to the additive group of O_K. We have $h_n(U_K) = h_n(V).h_n(U_K/V)$ and since U_K/V is finite, $h_n(U_K/V) = 1$. We have

$$h_n(V) = h_n(O_K)$$

and

$$h_n(O_K) = \text{Card}\,(O_K/nO_K) = 1/|n|_K.$$

Whence

$$h_n(K^*) = n.(1/|n|_K) = n/|n|_K.$$

Suppose now that K has characteristic p. We take the same steps as before. First, $h_n(K^*) = n.h_n(U_K)$. Now consider the exact sequence

$$0 \to U_K^1 \to U_K \to k^* \to 0$$

where U_K^1 is a pro-p-group (cf. Lemma 1). Since n is prime to p it follows that $h_n(U_K^1) = 1$ and that $h_n(k^*) = 1$. So $n.h_n(U_K) = n$. Whence the result.

We note that the statement of the proposition is also correct for $\mathbf{R}$ *or* $\mathbf{C}$. In these cases we have $|n|_{\mathbf{R}} = |n|$, $|n|_{\mathbf{C}} = |n|^2$ and one can check directly that, for $\mathbf{R}$, $h_n(\mathbf{R}^*) = n/|n| = 1$ and, for $\mathbf{C}$, $h_n(\mathbf{C}^*) = n/|n|_{\mathbf{C}} = 1/n$.

APPENDIX

Division Algebras Over a Local Field

It is known that elements of Brauer groups correspond to skew fields (cf., for instance, "Séminaire Cartan", 1950/51, Exposés 6/7), and we are going to use this correspondence to give a description of skew fields and the corresponding invariants. Most results will be stated without proof.

Let K be a local field and let D be a division algebra over K, with centre K and $[D:K] = n^2$. The valuation v of K extends in a unique way from K to D (for example, by extending first to $K(\alpha)$, $\alpha \in D$, and then fitting the resulting extensions together). The field D is complete with respect to this valuation and, in an obvious notation, O_D is of degree n^2 over O_K. Let d be the residue field of D; we have $n^2 = ef$ where e is the ramification index and $f = [d:k]$.

Now $e \leqslant n$; for there exists $\alpha \in D$ such that $v_D(\alpha) = e^{-1}$ and α belongs to a commutative subfield of degree at most n over K. The residue field d is commutative, since k is a finite field, and $d = k(\bar{\alpha})$ for some $\alpha \in D$. Hence $f \leqslant n$. Together with $n^2 = ef$, the inequalities $e \leqslant n$ and $f \leqslant n$ yield $e = n$ and $f = n$.

Since $[d:k] = n$, we can find $\bar{\alpha} \in d$ such that $k(\bar{\alpha}) = d$. Now choose a corresponding $\alpha \in O_D$ and let $L = K(\alpha)$. Evidently $[L:K] \leqslant n$, since L is a commutative subfield of D. On the other hand, $\bar{\alpha}$ is an element of l (the residue field of L) and $l = d$; hence $[l:k] = n$. It follows that $[L:K] = n$ and L is unramified. We state this last conclusion as: *D contains a maximal commutative subfield L which is unramified over K.*

The element $\delta \in \mathrm{Br}(K)$ corresponding to D splits in L, that is $\delta \in H^2(L/K)$. So any element in $\mathrm{Br}(K)$ is split by an unramified extension and we have obtained a new proof of Theorem 1.

Description of the Invariant

The extension L of K constructed above is not unique, but the Skolem-Noether theorem (Bourbaki, "Algèbre", Chap. 8, § 10) shows that all such extensions are conjugate. The same theorem shows that any automorphism of L is induced by an inner automorphism of D. Hence there exists $\gamma \in D$ such that $\gamma L \gamma^{-1} = L$ and the inner automorphism $x \mapsto \gamma x \gamma^{-1}$ on L is the Frobenius F. Moreover γ is determined, up to multiplication by an element of L^*.

Let v_L be the valuation $v_L : L^* \to \mathbf{Z}$ of L; so that $v_D : D^* \to (1/n)\mathbf{Z}$ extends v_L on D. The image $i(D)$ of $v_D(\gamma)$ in $(1/n)\mathbf{Z}/\mathbf{Z} \subset \mathbf{Q}/\mathbf{Z}$ is independent of the choice of γ. One can prove that $i(D) = \mathrm{inv}_K(\delta)$, where $\delta \in \mathrm{Br}(K)$ is associated with D.

We can express the definition of $i(D)$ in a slightly different way. The map $x \mapsto \gamma^n x \gamma^{-n}$ is equal to F^n on L and so is the identity. It follows that γ^n commutes with L and $\gamma^n = c \in L^*$. Now

$$v_D(\gamma) = \frac{1}{n}\, v_D(\gamma^n) = \frac{1}{n}\, v_D(c) = \frac{1}{n}\, v_L(c).$$

Hence we have $v_D(\gamma) = (1/n)v_L(c) = i/n$ where $c = \pi_L^i u$.

Application

Suppose that K'/K is an extension of degree n. By Theorem 3, Cor. 2, an element $\delta \in \mathrm{Br}(K)$ is killed by K'. Hence: *any extension K'/K of degree n can be embedded in D as a maximal commutative subfield.* This may be stated more spectacularly as: any irreducible equation of degree n over K can be solved in D.

Exercise

Consider the 2-adic field $\mathbf{Q}_2$ and let H be the quaternion skew field over $\mathbf{Q}_2$. Prove that the ring of integers in H consists of the elements $a+bi+cj+dk$ where $a, b, c, d \in \mathbf{Z}_2$ or $a, b, c, d \equiv \frac{1}{2} \pmod{\mathbf{Z}_2}$. Make a list of the seven (up to conjugacy) quadratic subfields of H.

2. Abelian Extensions of Local Fields

2.1 *Cohomological Properties*

Let L/K be a finite galois extension of local fields with Galois group $G = G(L/K)$ of order n. We have seen (§ 1.1, Theorem 3, Cor. 2.) that the group $H^2(L/K) = H^2(G, L^*)$ is cyclic of order n and contains a generator $u_{L/K}$ such that $\text{inv}_K(u_{L/K}) = 1/n \in \mathbf{Q}/\mathbf{Z}$. On the other hand, we know that $H^1(G, L^*) = 0$.

Now let H be a subgroup of G of order m. Since H is the Galois group of L/K' for some $K' \supset K$, we also have $H^1(H, L^*) = 0$ and $H^2(H, L^*)$ is cyclic of order m and generated by $u_{L/K'}$.

To go further, we need to know more about $u_{L/K'}$. Now we have the restriction map $\text{Res}: \text{Br}(K) \to \text{Br}(K')$ and this suggests that $u_{L/K'} = \text{Res}\,(u_{L/K})$. To see that this is the case, we simply check on invariants. We have

$$\text{inv}_{K'}(\text{Res}\, u_{L/K}) = [K' : K]\,\text{inv}_K(u_{L/K}) = [K' : K]\,.\,\frac{1}{n} = \frac{1}{m} = \text{inv}_{K'}(u_{L/K'}).$$

We can now apply Tate's theorem (Chapter IV, § 10) to obtain:

THEOREM 1. *For all $q \in \mathbf{Z}$, the map $\alpha \mapsto \alpha\,.\,u_{L/K}$ given by the cup-product is an isomorphism of $\hat{H}^q(G, \mathbf{Z})$ onto $\hat{H}^{q+2}(G, L^*)$.*

A similar statement holds if H is a subgroup of G corresponding to an extension L/K'. The mappings Res and Cor connect the two isomorphisms and we have a more explicit statement in terms of diagrams.

STATEMENT. *The diagrams*

$$\begin{array}{ccc} \hat{H}^q(G,\mathbf{Z}) & \xrightarrow{u_{L/K}} & \hat{H}^{q+2}(G,L^*) \\ \text{Res}\downarrow & & \downarrow\text{Res} \\ \hat{H}^q(H,\mathbf{Z}) & \xrightarrow{u_{L/K'}} & \hat{H}^{q+2}(H,L^*) \end{array} \qquad \begin{array}{ccc} \hat{H}^q(G,\mathbf{Z}) & \xrightarrow{u_{L/K}} & \hat{H}^{q+2}(G,L^*) \\ \text{Cor}\uparrow & & \uparrow\text{Cor} \\ \hat{H}^q(H,\mathbf{Z}) & \xrightarrow{u_{L/K'}} & \hat{H}^{q+2}(H,L^*) \end{array}$$

are commutative.

Proof. As above, $u_{L/K'} = \text{Res}\,(u_{L/K})$. We must show that

$$\text{Res}_{K/K'}(u_{L/K}\,.\,\alpha) = u_{L/K'}\,.\,\text{Res}_{K/K'}(\alpha).$$

The left-hand side is $\text{Res}_{K/K'}(u_{L/K})\,.\,\text{Res}_{K/K'}(\alpha)$ (see Cartan-Eilenberg, "Homological Algebra", Chap. XII, p. 256) and so commutativity with Res is proved.

For the second diagram we have to show that $\text{Cor}\,(u_{L/K'}\,.\,\beta) = u_{L/K}\,.\,\text{Cor}(\beta)$. Now $\text{Cor}\,(u_{L/K'}\,.\,\beta) = \text{Cor}\,(\text{Res}\,(u_{L/K})\,.\,\beta) = u_{L/K}\,.\,\text{Cor}\,(\beta)$ (Cartan-Eilenberg, *loc. cit.*) and this proves the commutativity of the second diagram.

2.2 *The Reciprocity Map*

We shall be particularly concerned with the case $q = -2$ of the foregoing discussion. By definition $\hat{H}^{-2}(G, \mathbf{Z})$ is $H_1(G, \mathbf{Z})$ and we know that

$H_1(G, \mathbf{Z}) = G/G' = G^{ab}$. On the other hand, $\hat{H}^0(L/K) = K^*/N_{L/K}L^*$, where $N_{L/K}$ denotes the norm. In this case, Theorem 1 reads as follows.

THEOREM 2. *The cup-product by $u_{L/K}$ defines an isomorphism of $G^{ab}(L/K)$ onto $K^*/N_{L/K}L^*$.*

We give a name to the isomorphism just constructed, or rather to its inverse. Define $\theta = \theta_{L/K}$ to be the isomorphism of $K^*/N_{L/K}L^*$ on to G^{ab}, which is inverse to the cup-product by $u_{L/K}$. The map θ is called the *local reciprocity map* or the *norm residue symbol.*

If $\alpha \in K^*$ corresponds to $\bar{\alpha} \in K^*/N_{L/K}L^*$, then we write $\theta_{L/K}(\bar{\alpha}) = (\alpha, L/K)$. The norm residue symbol is so named since it tells whether or not $\alpha \in K^*$ is a norm from L^*. Namely, $(\alpha, L/K) = 0$ (remember that 0 means 1!) if and only if α is a norm from L^*.

Observe that if L/K is abelian, then $G^{ab} = G$ and we have an isomorphism $\theta: K^*/N_{L/K}L^* \to G$.

2.3 *Characterization of* $(\alpha, L/K)$ *by Characters*

Let L/K be a galois extension with group G. We start from an $\alpha \in K^*$ and we seek a characterization of $(\alpha, L/K) \in G^{ab}$. For ease of writing we set $s_\alpha = (\alpha, L/K)$. Let $\chi \in \mathrm{Hom}(G, \mathbf{Q}/\mathbf{Z}) = H^2(G, \mathbf{Z})$ be a character of degree 1 of G and let $\delta\chi \in H^2(G, \mathbf{Z})$ be the image of χ by the coboundary map $\delta: H^1(G, \mathbf{Q}/\mathbf{Z}) \to H^2(G, \mathbf{Z})$ (cf. § 1.1) Let

$$\bar{\alpha} \in K^*/N_{L/K}(L^*) = \hat{H}^0(G, L^*)$$

be the image of α. The cup-product $\bar{\alpha}.\delta\chi$ is an element of $H^2(G, L^*) \subset \mathrm{Br}(K)$.

PROPOSITION 1. *With the foregoing notation, we have the formula*

$$\chi(s_\alpha) = \mathrm{inv}_K(\bar{\alpha}.\delta\chi).$$

Proof. By definition $s_\alpha . u_{L/K} = \bar{\alpha} \in \hat{H}^0(G, L^*)$, s_α being identified with an element of $H^{-2}(G, \mathbf{Z})$. Using the associativity of the cup-product, this gives $\bar{\alpha}.\delta\chi = u_{L/K}.s_\alpha.\delta\chi = u_{L/K}.(s_\alpha.\delta\chi) = u_{L/K}.\delta(s_\alpha.\chi)$ with $s_\alpha.\chi \in \hat{H}^{-1}(G, \mathbf{Q}/\mathbf{Z})$. Now $\hat{H}^{-1}(G, \mathbf{Q}/\mathbf{Z}) \xrightarrow{\delta} \hat{H}^0(G, \mathbf{Z}) = \mathbf{Z}/n\mathbf{Z}$ and we identify $\hat{H}^{-1}(G, \mathbf{Q}/\mathbf{Z})$ with $\mathbf{Z}/n\mathbf{Z}$. Moreover, the identification between $H^{-2}(G, \mathbf{Z})$ and G^{ab} has been so made in order to ensure that $s_\alpha.\chi = \chi(s_\alpha)$ (see "Corps Locaux", Chap. XI, Annexe pp. 184–186). Write $s_\alpha.\chi = r/n$, $r \in \mathbf{Z}$. Then $\delta(r/n) \in \hat{H}^0(G, \mathbf{Z})$ and $\delta(r/n) = r$. Hence $u_{L/K}.(s.\delta\chi) = r.u_{L/K}$ and the invariant of this cohomology class is just $r/n = \chi(s_\alpha)$. So Proposition 1 is proved.

As an application we consider the following situation. Consider a tower of galois extensions $K \subset L' \subset L$ with $G = G(L/K)$ and $H = G(L/L')$. Then, if χ' is a character of $(G/H)^{ab}$ and χ is the corresponding character of G^{ab}, and if $\alpha \in K^*$ induces $s_\alpha \in G^{ab}$ and $s'_\alpha \in (G/H)^{ab}$ under the natural map $s_\alpha \mapsto s'_\alpha$, we have $\chi(s_\alpha) = \chi'(s'_\alpha)$. This follows from Prop. 2 and the fact that the inflation map transforms χ' (resp. $\delta\chi'$) into χ (resp. $\delta\chi$).

This compatibility allows us to define s_α for any abelian extension; in particular, taking $L = K^{ab}$, the maximal abelian extension of K, we get a homomorphism $\theta_K : K^* \to G(K^{ab}/K)$ defined by $\alpha \mapsto (\alpha, K^{ab}/K)$.

2.4 *Variations with the Fields Involved*

Having considered the effect on $(\alpha, L/K)$ of extensions of L we turn now to consider extensions of K. Let K'/K be a separable extension and let K^{ab}, K'^{ab} be the maximal abelian extensions of K, K' respectively.

We look at the first of the diagrams in the Statement of § 2.1 and the case $q = -2$. Taking the projective limit of the groups involved, we obtain a commutative diagram:

$$\begin{array}{ccc} K^* & \xrightarrow{\theta_K} & G_K^{ab} \\ {\scriptstyle \text{incl}}\downarrow & & \downarrow{\scriptstyle V} \\ K'^* & \xrightarrow{\theta_{K'}} & G_{K'}^{ab} \end{array}$$

Here V denotes the transfer (Chapter IV, § 6), $G_{K'}^{ab}$ denotes $G(K'^{ab}/K)$ and G_K^{ab} denotes $G(K^{ab}/K) = G^{ab}(K'^{ab}/K)$.

Similarly, using the second of the diagrams in the Statement, we obtain a commutative diagram:

$$\begin{array}{ccc} K'^* & \xrightarrow{\theta'_K} & G_{K'}^{ab} \\ {\scriptstyle N_{K'/K}}\downarrow & & \downarrow{\scriptstyle i} \\ K^* & \xrightarrow{\theta_K} & G_K^{ab} \end{array}$$

where i is induced by the inclusion of $G_{K'}$ into G_K.

[Note that if K'/K is an inseparable extension, then in the first of these diagrams the transfer, V, should be replaced by qV where q is the inseparable factor of the degree of the extension K'/K. The second diagram holds even in the inseparable case.]

2.5 *Unramified Extensions*

In this case it is possible to compute the norm residue symbol explicitly in terms of the Frobenius element:

PROPOSITION 2. *Let L/K be an unramified extension of degree n and let $F \in G_{L/K}$ be the Frobenius element. Let $\alpha \in K^*$ and let $v(\alpha) \in Z$ be its normalized valuation. Then $(\alpha, L/K) = F^{v(\alpha)}$.*

Proof. Let χ be an element of Hom $(G_{L/K}, \mathbf{Q}/\mathbf{Z})$. By Prop. 1, we have:

$$\chi((\alpha, L/K)) = \mathrm{inv}_K(\bar{\alpha}.\delta\chi).$$

The map $\mathrm{inv}_K : H^2(G_{L/K}, L^*) \to \mathbf{Q}/\mathbf{Z}$ has been defined as a composition:

$$H^2(G_{L/K}, L^*) \xrightarrow{v} H^2(G_{L/K}, \mathbf{Z}) \xrightarrow{\delta^{-1}} H^1(G_{L/K}, \mathbf{Q}/\mathbf{Z}) \xrightarrow{\gamma} \mathbf{Q}/\mathbf{Z}.$$

We have $v(\bar{\alpha}.\delta\chi) = v(\alpha).\delta\chi$, hence:

$$\mathrm{inv}_K(\bar{\alpha}.\delta\chi) = \gamma\circ\delta^{-1}\circ v(\bar{\alpha}.\delta\chi) = v(\alpha).\gamma(\chi) = v(\alpha)\chi(F) = \chi(F^{v(\alpha)}).$$

This shows that

$$\chi((\alpha, L/K)) = \chi(F^{v(\alpha)})$$

for any character χ of $G_{L/K}$; hence $(\alpha, L/K) = F^{v(\alpha)}$.

COROLLARY. *Let E/K be a finite abelian extension. The norm residue symbol $K^* \to G_{E/K}$ maps U_K onto the inertia subgroup T of $G_{E/K}$.*

Proof. Let L be the sub-extension of E corresponding to T. By Prop. 2, the image of U_K in $G_{L/K}$ is trivial; this means that the image of U_K in $G_{E/K}$ is contained in T. Conversely, let $t \in T$, and let $f = [L:K]$; there exists $a \in K^*$ such that $t = (a, E/K)$. Since $t \in T$, Prop. 2 shows that f divides $v_K(a)$; hence, there exists $b \in E^*$ such that $v_K(a) = v_K(Nb)$. If we put $u = a.Nb^{-1}$, we have $u \in U_K$ and $(u, E/K) = (a, E/K) = t$.

2.6 *Norm Subgroups*

DEFINITION. *A subgroup M of K^* is called a norm subgroup if there exists a finite abelian extension L/K with $M = N_{L/K}L^*$.*

Example: Let $m \geqslant 1$ be an integer, and let M_m be the set of elements $a \in K^*$ with $v_K(a) \equiv 0 \bmod m$; it follows from Prop. 2 (or from a direct computation of norms) that M_m is the norm group of the unramified extension of K of degree m.

Norm subgroups are closely related to the reciprocity map

$$\theta_K : K^* \to G_K^{ab} = G(K^{ab}/K)$$

defined in § 2.3. By construction, θ_K is obtained by projective limit from the isomorphisms $K^*/NL^* \to G_{L/K}$, where L runs through all finite abelian extensions of K. If we put:

$$\tilde{K} = \varprojlim . K^*/NL^*,$$

we see that θ_K can be factored into

$$K^* \xrightarrow{i} \tilde{K} \xrightarrow{\tilde{\theta}} G_K^{ab}.$$

where i is the natural map, and $\tilde{\theta}$ is an *isomorphism*. Note that $\tilde{K}$ is just the *completion* of K^* with respect to the topology defined by the norm subgroups.

This shows that norm subgroups of K^* and open subgroups of G_K^{ab} correspond to each other in a one–one way: if U is an open subgroup of G_K^{ab}, with fixed field L, we attach to U the norm subgroup $\theta_K^{-1}(U) = N_{L/K}L^*$; if M is a norm subgroup of K^*, we attach to it the adherence of $\theta_K(M)$; the corresponding field L_M is then the set of elements in K^{ab} which are invariant by the $\theta_K(a)$, for $a \in M$. We thus get a "Galois correspondence" between norm subgroups and finite abelian extensions; we state it as a proposition:

PROPOSITION 3. (a) *The map $L \mapsto NL^*$ is a bijection of the set of finite abelian extensions of K onto the set of norm subgroups of K^*.*

(b) *This bijection reverses the inclusion.*

(c) $N(L.L') = NL \cap NL'$ *and* $N(L \cap L') = NL.NL'$.

(d) *Any subgroup of* K^* *which contains a norm subgroup is a norm subgroup.*

(For a direct proof, see "Corps Locaux", Chap. XI, § 4.)

Non-abelian extensions give the same norm subgroups as the abelian ones:

PROPOSITION 4. *Let* E/K *be a finite extension, and let* L/K *be the largest abelian extension contained in* E. *Then we have:*

$$N_{E/K}E^* = N_{L/K}L^*.$$

Proof. This follows easily from the properties of the norm residue symbol proved in § 2.4; for more details, see Artin-Tate, "Class Field Theory", pp. 228–229, or "Corps Locaux", p. 180. (These two books give only the case where E/K is separable; the general case reduces to this one by observing that $NL = K$ when L is a purely inseparable extension of K.)

COROLLARY ("Limitation theorem"). *The index* $(K^* : NE^*)$ *divides* $[E : K]$. *It is equal to* $[E : K]$ *if and only if* E/K *is abelian.*

Proof. This follows from the fact that the index of NL^* in K^* is equal to $[L : K]$.

2.7 *Statement of the Existence Theorem*

It gives a characterization of the norm subgroups of K^*:

THEOREM 3. *A subgroup* M *of* K^* *is a norm subgroup if and only if it satisfies the following two conditions:*

(1) *Its index* $(K^* : M)$ *is finite.*

(2) M *is open in* K^*.

(Note that, if (1) is satisfied, (2) is equivalent to "M is closed".)

Proof of necessity. If $M = NL^*$, where L is a finite abelian extension of K, we know that K^*/M is isomorphic to $G_{L/K}$; hence $(K^* : M)$ is finite. Moreover, one checks immediately that $N: L^* \to K^*$ is continuous and *proper* (the inverse image of a compact set is compact); hence $M = NL^*$ is closed, cf. Bourbaki, "Top. Gén.", Chap. I, § 10. As remarked above, this shows that M is open. [This last property of the norm subgroups may also be expressed by saying that the reciprocity map

$$\theta_K : K^* \to G_K^{ab}$$

is *continuous*.]

Proof of sufficiency. See § 3.8, where we shall deduce it from Lubin-Tate's theory. The usual proof, reproduced for instance in "Corps Locaux", uses Kummer and Artin-Schreier equations.

We give now some equivalent formulations.

Consider the reciprocity map $\theta_K : K^* \to G_K^{ab}$. By Prop. 2, the composition

$$K^* \xrightarrow{\theta_K} G_K^{ab} \to G(K_{nr}/K) = \hat{\mathbf{Z}}$$

is just the valuation map $v: K^* \to Z$. Hence we have a commutative diagram:

$$\begin{array}{ccccccccc} 0 \to & U_K & \to & K^* & \to & \mathbf{Z} & \to 0 \\ & \downarrow\theta & & \downarrow\theta & & \downarrow\text{id.} & \\ 0 \to & I_K & \to & G_K^{ab} & \to & \hat{\mathbf{Z}} & \to 0, \end{array}$$

where $I_K = G(K^{ab}/K_{nr})$ is the *inertia subgroup* of G_K^{ab}, and $G(K_{nr}/K)$ is identified with $\hat{\mathbf{Z}}$.

The map $\theta: U_K \to I_K$ is continuous, and its image is dense (cf. Cor. to Prop. 2); since U_K is compact, it follows that it is *surjective.*

We can now state two equivalent formulations of the existence theorem.

THEOREM 3a. *The map $\theta: U_K \to I_K$ is an isomorphism.*

THEOREM 3b. *The topology induced on U_K by the norm subgroups is the natural topology of U_K.*

The group I_K is just $\varprojlim U_K/(M \cap U_K)$, where M runs through all norm subgroups of K^*; the equivalence of Theorem 3a and Theorem 3b follows from this and a compacity argument. The fact that Theorem 3 $\Rightarrow$ Theorem 3b is clear; the converse is easy, using Prop. 2.

COROLLARY. *The exact sequence $0 \to U_K \to K^* \to \mathbf{Z} \to 0$ gives by completion the exact sequence:*

$$0 \to U_K \to \tilde{K} \to \hat{\mathbf{Z}} \to 0.$$

Loosely speaking, this means that $\tilde{K}$ is obtained from K^* by "replacing $\mathbf{Z}$ by $\hat{\mathbf{Z}}$".

2.8 *Some Characterizations of* $(\alpha, L/K)$

Let L be an abelian extension of K containing K_{nr}, the maximal unramified extension. We want to give characterizations of the reciprocity map $\theta: K^* \to G_{L/K}$.

Since $K_{nr} \subset L$, we have an exact sequence $0 \to H \to G_{L/K} \to \hat{\mathbf{Z}} \to 0$ where $H = G(L/K_{nr})$ and $\hat{\mathbf{Z}}$ is identified with $G(K_{nr}/K)$. Choose a local uniformizer π in K and write $\sigma_\pi = \theta(\pi) = (\pi, L/K) \in G_{L/K}$. We know that σ_π maps onto the Frobenius element $F \in G_{K_{nr}/K}$. Moreover, we can write $G_{L/K}$ as a direct product of subgroups $G_{L/K} = H.I_\pi$ where I_π is generated by σ_π. Corresponding to this we have $L = K_{nr} \otimes K_\pi$, where K_π is the fixed field of $\sigma_\pi = \theta(\pi)$. In terms of a diagram, the interrelationship between the fields is expressed by

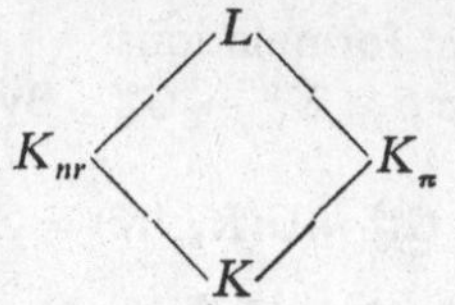

where K_{nr} and K_π are linearly disjoint.

PROPOSITION 5. *Let* $f\colon K^* \to G$ *be a homomorphism and assume that:*

(1) *the composition* $K^* \xrightarrow{f} G \to G(K_{nr}/K)$, *where* $G \to G(K_{nr}/K)$ *is the natural map, is the valuation map* $v\colon K^* \to \mathbf{Z}$;

(2) *for any uniformizing element* $\pi \in K$, $f(\pi)$ *is the identity on the corresponding extension* K_π.

Then f is equal to the reciprocity map θ.

Proof. Note that condition (1) can be restated as: for $\alpha \in K^*$, $f(\alpha)$ induces on K_{nr} the power of the Frobenius element, $F^{v(\alpha)}$.

We know that $f(\pi)$ is F on K_{nr} and that $\theta(\pi)$ is F on K_{nr}. On the other hand, $f(\pi)$ is 1 on K_π and $\theta(\pi)$ is 1 on K_π. Hence $f(\pi) = \theta(\pi)$ on L.

Now K^* is generated by its uniformizing elements πu (write $\pi^n u$ as $(\pi u).\pi^{n-1}$). Hence $f = \theta$.

PROPOSITION 6. *Let* $f\colon K^* \to G$ *be a homomorphism and assume that* (1) *of Proposition 5 holds, whilst* (2) *is replaced by:*

(2′) *if* $\alpha \in K^*$, *if* K'/K *is a finite sub-extension of L and if* α *is a norm from* K'^*, *then* $f(\alpha)$ *is trivial on* K'.

Then f is equal to the reciprocity map θ.

Proof. It suffices to prove that (2′) implies (2). That is, we have to prove that if π is a uniformizing element, then $f(\pi)$ is trivial on K_π. Let K'/K be a finite sub-extension of K_π. We want to prove that $\pi \in NK'^*$. But $\theta(\pi)$ is trivial on K_π and so on K'. This implies $\pi \in NK'^*$.

2.9 *The Archimedean Case*

For global class-field theory it is necessary to extend these results to the (trivial) cases in which K is either $\mathbf{R}$ or $\mathbf{C}$. Let $G = G(\mathbf{C}/\mathbf{R})$. In the case $K = \mathbf{C}$, the Brauer group is trivial, $\mathrm{Br}(\mathbf{C}) = 0$. On the other hand, $\mathrm{Br}(\mathbf{R}) = H^2(G, \mathbf{C}^*) = \mathbf{R}^*/\mathbf{R}^*_+$ and so $\mathrm{Br}(\mathbf{R})$ is of order 2.

The invariant $\mathrm{inv}_R\colon \mathrm{Br}(\mathbf{R}) \to \mathbf{Q}/\mathbf{Z}$ has image $\{0, 1/2\}$ in $\mathbf{Q}/\mathbf{Z}$ and $\mathrm{inv}_C\colon \mathrm{Br}(\mathbf{C}) \to \mathbf{Q}/\mathbf{Z}$ has image $\{0\}$. The group $H^2(G, \mathbf{C}^*) = H^2(\mathbf{C}/\mathbf{R})$ is cyclic of order 2 and is generated by $u \in \mathrm{Br}(\mathbf{R})$ such that $\mathrm{inv}_R(u) = 1/2$.

Under the reciprocity map (or rather its inverse) we have an isomorphism $G = H^{-2}(G, \mathbf{Z}) \to H^0(G, \mathbf{C}^*) = \mathbf{R}^*/\mathbf{R}^*_+$.

3. Formal Multiplication in Local Fields

The results given in this chapter are due to Lubin-Tate, *Annals of Mathematics*, **81** (1965), 380–387.

For our purposes, the main consequences will be: (1) the construction of a cofinal system of abelian extensions of a given local field K; (2) a formula giving $(\alpha, L/K)$ explicitly in such extensions; (3) the Existence Theorem of § 2.7.

In order to illustrate the ideas involved, we begin with the case $K = \mathbf{Q}_p$. The results to be proved were already known in this case (but were not easily obtained) and they will be shown to be trivial consequences of Lubin-Tate theory.

3.1 *The Case* $K = \mathbf{Q}_p$

THEOREM 1. *Let $\mathbf{Q}_p^{cycl}$ be the field generated over $\mathbf{Q}_p$ by all roots of unity. Then $\mathbf{Q}_p^{cycl}$ is the maximal abelian extension of $\mathbf{Q}_p$.*

In order to determine $(\alpha, L/K)$ it is convenient to split $\mathbf{Q}_p^{cycl}$ into parts. Define $\mathbf{Q}_{nr}$ to be the field generated over $\mathbf{Q}_p$ by roots of unity of order prime to p (so $\mathbf{Q}_{nr}$ is the maximal unramified extension of $\mathbf{Q}_p$) and define $\mathbf{Q}_{p^\infty}$ to be the field generated over $\mathbf{Q}_p$ by p^vth roots of unity, $v = 1, 2, \ldots$ (so $\mathbf{Q}_{p^\infty}$ is totally ramified). Then $\mathbf{Q}_{nr}$ and $\mathbf{Q}_{p^\infty}$ are linearly disjoint and

$$\mathbf{Q}_p^{cycl} = \mathbf{Q}_{nr} \cdot \mathbf{Q}_{p^\infty} = \mathbf{Q}_{nr} \otimes \mathbf{Q}_{p^\infty}.$$

We have a diagram:

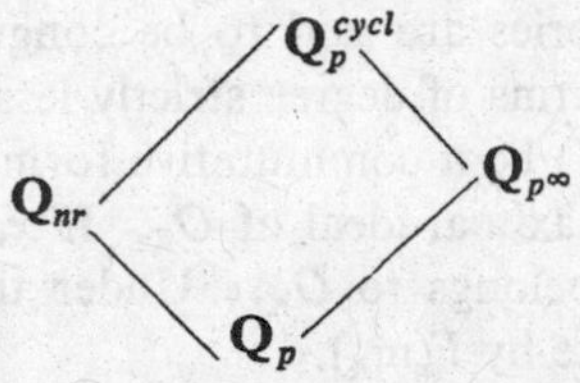

Now $G(\mathbf{Q}_{nr}/\mathbf{Q}_p) = \hat{\mathbf{Z}}$ and if $\sigma \in G(\mathbf{Q}_{p^\infty}/\mathbf{Q}_p)$ then σ is known by its action on the roots of unity. Let E be the group of p^vth roots of unity, $v = 1, 2, \ldots$. As an abelian group, E is isomorphic to $\varinjlim \mathbf{Z}/p^v\mathbf{Z} = \mathbf{Q}_p/\mathbf{Z}_p$. We shall view E as a $\mathbf{Z}_p$-module. There is a canonical map $\mathbf{Z}_p \to \mathrm{End}\,(E)$, defined in an obvious way and this map is an isomorphism. The action of the Galois group on E defines a homomorphism $G(\mathbf{Q}_{p^\infty}/\mathbf{Q}_p) \to \mathrm{Aut}\,(E) = U_p$ and it is known that this is an isomorphism. (See Chapter III, and "Corps Locaux", Chap. IX, § 4, and Chap. XIV, § 7.) If $u \in U_p$, we shall denote by $[u]$ the corresponding automorphism of $\mathbf{Q}_{p^\infty}/\mathbf{Q}_p$.

THEOREM 2. *If $\alpha = p^n . u$ where $u \in U_p$, then $(\alpha, \mathbf{Q}_p^{cycl}/\mathbf{Q}_p) = \sigma_\alpha$ is described by:*

(1) *on $\mathbf{Q}_{nr}$, σ_α induces the nth power of the Frobenius automorphism;*
(2) *on $\mathbf{Q}_{p^\infty}$, σ_α induces the automorphism $[u^{-1}]$.*

Of these (1) is trivial and has already been proved in § 2.5, Prop. 2. The assertion (2) can be proved by (a) global methods, or (b) hard local methods (Dwork), or (c) Lubin-Tate theory (see § 3.4, Theorem 3).

Remark. Assertion (2) of Theorem 2 is equivalent to the following: if w is a primitive p^nth root of unity and if $u \in U_p$ then

$$\sigma_u(w) = w^{u^{-1}} = 1 + \sum_{n=1}^{\infty} \binom{u^{-1}}{n} x^n,$$

where $w = 1+x$.

3.2 *Formal Groups*

The main game will be played with something which replaces the multiplicative group law $F(X, Y) = X+Y+XY$ and something instead of the binomial expansion. The group law will be a formal power series in two variables and we begin by studying such group laws.

DEFINITION. *Let A be a commutative ring with* 1 *and let $F \in A[[X, Y]]$. We say that F is a commutative formal group law if:*

(a) $F(X, F(Y, Z)) = F(F(X, Y), Z)$;
(b) $F(0, Y) = Y$ *and* $F(X, 0) = X$;
(c) *there is a unique* $G(X)$ *such that* $F(X, G(X)) = 0$;
(d) $F(X, Y) = F(Y, X)$;
(e) $F(X, Y) \equiv X+Y \quad$ (mod deg 2).

(In fact one can show that (c) and (e) are consequences of (a), (b) and (d).

Here, two formal power series are said to be congruent (mod deg n) if and only if they coincide in terms of degree strictly less than n.

Take $A = O_K$. Let $F(X, Y)$ be a commutative formal group law defined over O_K and let $\mathfrak{m}_K$ be the maximal ideal of O_K. If $x, y \in \mathfrak{m}_K$ then $F(x, y)$ converges and its sum $x*y$ belongs to O_K. Under this composition law, $\mathfrak{m}_K$ is a *group* which we denote by $F(\mathfrak{m}_K)$.

The same argument applies to an extension L/K and the maximal ideal $\mathfrak{m}_L$ in O_L. We then obtain a group $F(\mathfrak{m}_L)$ defined for any algebraic extension of K by passage to the inductive limit from the finite case.

If $F(X, Y) = X+Y+XY$ then we recover the multiplicative group law of $1+\mathfrak{m}_K$.

The elements of finite order of $F(\mathfrak{m}_{K_s})$ form a torsion group and $G(K_s/K)$ operates on this group. The structure of this Galois module presents an interesting problem which up to now has been solved only in special cases.

3.3 *Lubin-Tate Formal Group Laws*

Let K be a local field, $q = \text{Card}\,(k)$ and choose a uniformizing element $\pi \in O_K$. Let $\mathfrak{F}_\pi$ be the set of formal power series f with:

(1) $f(X) \equiv \pi X \quad$ (mod. deg. 2);
(2) $f(X) \equiv X^q \quad$ (mod. π).

(Two power series are said to be congruent (mod. π) if and only if each coefficient of their difference is divisible by π. So the second condition means that if we go to the residue field and denote by $\bar{f}(X)$ the corresponding element of $k[[X]]$ then $\bar{f}(X) = X^q$.)

Examples.

(*a*) $f(X) = \pi X + X^q$;

(*b*) $K = \mathbf{Q}_p, \quad \pi = p, \quad f(X) = pX + \binom{p}{2} X^2 + \ldots + pX^{p-1} + X^p.$

The following four propositions will be proved in § 5 as consequences of Prop. 5.

PROPOSITION 1. *Let $f \in \mathfrak{F}_\pi$. Then there exists a unique formal group law F_f with coefficients in A for which f is an endomorphism.*

(This means $f(F_f(X, Y)) = F_f(f(X), f(Y))$, that is $f \circ F_f = F_f \circ (f \times f)$.)

PROPOSITION 2. *Let $f \in \mathfrak{F}_\pi$ and F_f the corresponding group law of Prop. 1. Then for any $a \in A = O_K$ there exists a unique $[a]_f \in A[[X]]$ such that:*

(1) *$[a]_f$ commutes with f;*

(2) *$[a]_f \equiv aX$ (mod. deg. 2).*

Moreover, $[a]_f$ is then an endomorphism of the group law F_f.

From Prop. 2 we obtain a mapping $A \to \operatorname{End}(F_f)$ defined by $a \mapsto [a]_f$. For example, consider the case

$$K = \mathbf{Q}_p, \quad f = pX + \binom{p}{2} X^2 + \ldots + X^p;$$

then F is the multiplicative law $X + Y + XY$, and

$$[a]_f = (1+X)^a - 1 = \sum_{i=1}^{\infty} \binom{a}{i} X^i.$$

PROPOSITION 3. *The map $a \mapsto [a]_f$ is an injective homomorphism of the ring A into the ring* End (F_f).

PROPOSITION 4. *Let f and g be members of $\mathfrak{F}_\pi$. Then the corresponding group laws are isomorphic.*

3.4 *Statements*

Let K be a local field and let π be a uniformizing element. Let $f \in \mathfrak{F}_\pi$ and let F_f be the corresponding group law (of Prop. 1). We denote by $M_f = F_f(\mathfrak{m}_{K_s})$ the group of points in the separable closure equipped with the group law deduced from F. Let $a \in A$, $x \in M_f$ and put $ax = [a]_f x$. By Prop. 3, this defines a structure of an A-module on M_f. Let E_f be the torsion sub-module of M_f; that is the set of elements of M_f killed by a power of π.

THEOREM 3. *The following statements hold.*

(a) *The torsion sub-module E_f is isomorphic (as an A-module) with K/A.*

(b) *Let $K_\pi = K(E_f)$ be the field generated by E_f over K. Then K_π is an abelian extension of K.*

(c) *Let u be a unit in K^*. Then the element $\sigma_u = (u, K_\pi/K)$ of $G(K_\pi/K)$ acts on E_f via $[u^{-1}]_f$.*

(d) *The operation described in* (c) *defines an isomorphism $U_K \to G(K_\pi/K)$.*

(e) *The norm residue symbol $(\pi, K_\pi/K)$ is 1.*

(f) *The fields K_{nr} and K_π are linearly disjoint and $K^{ab} = K_{nr}.K_\pi$.*

We may express the results of Theorem 3 as follows. We have a diagram:

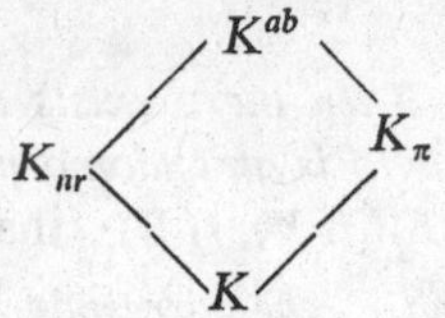

Here $G(K_{nr}/K) = \hat{\mathbf{Z}}$ and $G(K_\pi/K) = U_K$. Moreover every $\alpha \in K^*$ can be written in the form $\alpha = \pi^n.u$ and σ_π gives σ (the Frobenius) on K_{nr}/K whilst σ_u gives $[u^{-1}]$ on K_π/K.

Example. Take $K = \mathbf{Q}_p$, $\pi = p$ and $f = pX + \binom{p}{2} X^2 + \ldots + X^p$. The formal group law is the multiplicative group law; E_f is the set of p^νth roots of unity; K_π is the field denoted by $\mathbf{Q}_{p^\infty}$ in § 3.1—and we recover Theorems 1 and 2.

3.5 *Construction of F_f, $[a]_f$*

In this section we shall construct the formal group law F_f and the map $a \mapsto [a]_f$.

PROPOSITION 5. *Let $f, g \in \mathfrak{F}_\pi$, let n be an integer and let $\phi_1(X_1, \ldots, X_n)$ be a linear form in $X_1, \ldots, X_n$ with coefficients in A. Then there exists a unique $\phi \in A[[X_1, \ldots, X_n]]$ such that:*

(a) $\phi \equiv \phi_1$ (mod deg 2);

(b) $f \circ \phi = \phi \circ (g \times \ldots \times g)$.

Remarks. (1) The property (b) may be written

$$f(\phi(X_1, \ldots, X_n)) = \phi(g(X_1), \ldots, g(X_n)).$$

(2) The completeness of A will not be used in the proof. Moreover, the proof shows that ϕ is the only power series with coefficients in an extension of A, which is torsion free as an A-module, satisfying (a) and (b).

Proof. We shall construct ϕ by successive approximations. More precisely, we construct a sequence $(\phi^{(p)})$ such that $\phi^{(p)} \in A[[X_1, \ldots, X_n]]$, $\phi^{(p)}$ satisfies (a) and (b) (mod deg $p+1$), and $\phi^{(p)}$ is unique (mod deg $p+1$).

We shall then define $\phi = \lim \phi^{(p)}$ and this will be the ϕ whose existence is asserted.

We take $\phi^{(1)} = \phi_1$.

Suppose that the approximation $\phi_1 + \ldots + \phi_p = \phi^{(p)}$ has been constructed. That is, $f \circ \phi^{(p)} \equiv \phi^{(p)} \circ (g \times \ldots \times g)$ (mod deg $p+1$). For convenience of writing, we shall replace $g \times \ldots \times g$ by the single variable g. Now write $\phi^{(p+1)} = \phi^{(p)} + \phi_{p+1}$. Then we may write

$$f \circ \phi^{(p)} \equiv \phi^{(p)} \circ g + E_{p+1} \quad (\text{mod deg } p+2),$$

where E_{p+1} ("the error") satisfies $E_{p+1} \equiv 0$ (mod deg $p+1$). Consider $\phi^{(p+1)}$; we have

$$f \circ \phi^{(p+1)} = f \circ (\phi^{(p)} + \phi_{p+1}) \equiv f \circ \phi^{(p)} + \pi \phi_{p+1} \quad (\text{mod deg } p+2)$$

(the derivative of f at the origin is π) and

$$\phi^{(p)} \circ g + \phi_{p+1} \circ g \equiv \phi^{(p)} \circ g + \pi^{p+1} \phi_{p+1} \quad (\text{mod deg } p+2).$$

Thus

$$f \circ \phi^{(p+1)} - \phi^{(p+1)} \circ g \equiv E_{p+1} + (\pi - \pi^{p+1}) \phi_{p+1} \quad (\text{mod deg } p+2).$$

These equations show that we must take

$$\phi_{p+1} = -E_{p+1}/\pi(1-\pi^p).$$

The unicity is now clear and it remains to show that ϕ_{p+1} has coefficients in A. That is, $E_{p+1} \equiv 0$ (mod π). Now for $\phi \in \mathbf{F}_q[[X]]$, we have $\phi(X^q) = (\phi(X))^q$ and together with $f(X) \equiv X^q$ (mod π) this gives

$$f \circ \phi^{(p)} - \phi^{(p)} \circ f \equiv (\phi^{(p)}(X))^q - \phi^{(p)}(X^q) \equiv 0 \quad (\text{mod } \pi).$$

So, given $\phi^{(p)}$ we can construct a unique $\phi^{(p+1)}$ and the proof is completed by induction and passage to the limit.

Proof of Proposition 1. For each $f \in \mathfrak{F}_\pi$, let $F_f(X, Y)$ be the unique solution of $F_f(X, Y) \equiv X + Y$ (mod deg 2) and $f \circ F_f = F_f \circ (f \times f)$ whose existence is assured by Prop. 5. That F_f is a formal group law now requires the verification of the rules (a) to (e) above. But this is an exercise in the application of Prop. 5: in each case we check that the left-and the right-hand sides are solutions to a problem of the type discussed there and we use the unicity statement of Prop. 5. For example, to prove associativity note that both $F_f(F_f(X, Y), Z)$ and $F_f(X, F_f(Y, Z))$ are solutions of

$$H(X, Y, Z) \equiv X + Y + Z \quad (\text{mod deg } 2)$$

and

$$H(f(X), f(Y), f(Z)) = f(H(X, Y, Z)).$$

Proof of Proposition 2. For each $a \in A$ and $f, g \in \mathfrak{F}_\pi$ let $[a]_{f,g}(T)$ be the unique solution of

$$[a]_{f,g}(T) \equiv aT \quad (\text{mod deg } 2)$$

and

$$f([a]_{f,g}(T)) = [a]_{f,g}(g(T)),$$

(that is $f \circ [a]_{f,g} = [a]_{f,g} \circ g$). Write $[a]_f = [a]_{f,f}$.

Now we have

$$F_f([a]_{f,g}(X), [a]_{f,g}(Y)) = [a]_{f,g}(F_g(X, Y)).$$

For each side is congruent to $aX+aY$ (mod deg 2) and if we replace X by $g(X)$ and Y by $g(Y)$ in either side, then the result is the same as if we substitute the sides in question in f. Thus $[a]_{f,g}$ is a formal homomorphism of F_g into F_f. If we take $g = f$, this shows that the $[a]_f$'s are endomorphisms of F_f.

Proof of Proposition 3. In the same way as outlined above, one proves that

$$[a+b]_{f,g} = F_f \circ ([a]_{f,g} \times [a]_{f,g})$$

and

$$[ab]_{f,h} = [a]_{f,g} \circ [b]_{g,h}.$$

It follows from this that the composition of two homomorphisms of the type just established is reflected in the product of corresponding elements of A. Taking $f = g$, we see that the map $a \mapsto [a]_f$ is a ring homomorphism of A into End (E_f). It is injective because the term of degree 1 of $[a]_f$ is aX.

Proof of Proposition 4. If a is a unit in A, then $[a]_{f,g}$ is invertible (cf. the proof of Prop. 2) and so $F_g \cong F_f$ by means of the isomorphism $[a]_{f,g}$.

Note that $[\pi]_f = f$ and $[1]_f$ is the identity (proved as before).

This completes the proofs of the propositions 1, 2, 3, 4.

3.6 *First Properties of the Extension K_π of K*

From now on, we confine our attention to subfields of a fixed separable closure K_s of K. Given $f \in \mathfrak{F}_\pi$, let F_f be the corresponding formal group law and let E_f be the torsion submodule of the A-module $F_f(\mathfrak{m}_{K_s})$. Let E_f^n be the kernel of $[\pi^n]_f$; so that $E_f = \cup E_f^n$. Let $K_\pi^n = K(E_f^n)$ and $K_\pi = \cup K_\pi^n$. If $G_{\pi,n}$ denotes the Galois group of $K(E_f^n)$ over K, then $G(K_\pi/K) = \varprojlim G_{\pi,n}$.

PROPOSITION 6. (a) *The A-module E_f is isomorphic to K/A;*

(b) *the natural homomorphism $G(K_\pi/K) \to$ Aut (E_f) is an isomorphism.*

Proof. We are free to choose f as we please, since, by Prop. 4, different choices give isomorphic group laws. We take $f = \pi X + X^q$. Then $\alpha \in E_f^n$ if and only if $f^{(n)}(\alpha) = 0$, where $f^{(n)}$ denotes the composition $f \circ \ldots \circ f$ n times; that is $f^{(n)} = [\pi^n]_f$.

If $\alpha \in \mathfrak{m}_{K_s}$ then the equation $\pi X + X^q = \alpha$ is separable and so solvable in K_s, its solution belonging indeed to $\mathfrak{m}_{K_s}$. This shows that M_f is divisible.

Hence E_f is divisible also. This already implies that E_f is a direct sum of modules isomorphic to K/A.

Let us consider the submodule E_f^1 of E_f consisting (see above) of those $\alpha \in M_f$ such that $[\pi]_f\alpha = 0$. The submodule E_f^1 is isomorphic with $A/\mathfrak{m}_{K_s}$, since it is an A-module with q elements. This is enough to show that E_f is isomorphic to K/A.

An automorphism $\sigma \in G(K_\pi/K)$ induces an automorphism of the A-module E_f. But since $E_f \cong K/A$ and $\mathrm{End}_A(K/A) = A$ this gives a map $G(K_\pi/K) \to \mathrm{Aut}(E_f) = U_K$. This map is injective by the definition of K_π and it remains to be proved that it is surjective.

Take $n \geqslant 1$ and define E_f^n and K_π^n as above. We have an injection $G(K_\pi^n/K) \to U_K/U_K^n$, where $U_K^n = 1+\pi^n A$. Let $\alpha \in E_f^n$ be a primitive element; that is an element of E_f^n such that $[\pi^n]_f\alpha = 0$, but $[\pi^{n-1}]_f\alpha \neq 0$. Finally, we define ϕ as follows:

$$\phi = f^{(n)}/f^{(n-1)} = f(f^{(n-1)})/f^{(n-1)}.$$

Now $f = X^q+\pi X$; so $f/X = X^{q-1}+\pi$. Hence

$$\frac{f(f^{(n-1)})}{f^{(n-1)}} = (f^{(n-1)}(X))^{q-1}+\pi,$$

which is of degree q^n-q^{n-1} and which is irreducible, since it is an Eisenstein polynomial. All primitive elements α are roots of ϕ. Thus the order of $G(K_\pi^n/K)$ is at least $(q-1)q^{n-1}$. On the other hand, this is actually the order of the group U_K/U_K^n. Hence $G(K^n/K) = U_K/U_K^n$. It follows that

$$G(K_\pi/K) = \varprojlim G(K_\pi^n/K) = \varprojlim U_K/U_K^n = U_K,$$

and this completes the proof of Prop. 6.

The same proof also yields:

COROLLARY. *The element π is a norm from $K(\alpha) = K_\pi^n$.*

Proof. The polynomial ϕ constructed above is monic and ends with π. Hence $N(-\alpha) = \pi$.

3.7 *The Reciprocity Map*

We shall study the compositum $L = K_{nr}K_\pi$ of K_{nr} and K_π, and the symbol $(\alpha, L/K)$, $\alpha \in K^*$. We need to compare two uniformizing elements π and $\omega = \pi u$, $u \in U_K$.

Let $\hat{K}_{nr}$ be the completion of K_{nr} (remember: K_{nr} is an increasing union of complete fields but is not itself complete) and denote by $\hat{A}_{nr}$ the ring of integers of $\hat{K}_{nr}$. By definition $\hat{K}_{nr}$ is complete; it has an algebraically closed residue field and π is a uniformizing parameter in $\hat{K}_{nr}$. We take $f \in \mathfrak{F}_\pi$ and $g \in \mathfrak{F}_\omega$.

LEMMA 1. *Let $\sigma \in G(K_{nr}/K)$ be the Frobenius automorphism and extend it to $\hat{K}_{nr}$ by continuity. Then there exists a power series $\phi \in \hat{A}_{nr}[[X]]$ with $\phi(X) \equiv \varepsilon X \pmod{\deg 2}$ and ε a unit, such that*

(a) ${}^{\sigma}\phi = \phi \circ [u]_f$;

(b) $\phi \circ F_f = F_g \circ (\phi \times \phi)$;

(c) $\phi \circ [a]_f = [a]_g \circ \phi$ *for all* $a \in A$.

Proof. Since $\sigma - 1$ is surjective on $\hat{A}_{nr}$ and on $\hat{U}_{nr}$ (cf. "Corps Locaux", p. 209), there exists a $\phi \in \hat{A}_{nr}[[X]]$ such that $\phi(X) \equiv \varepsilon X \pmod{\deg 2}$ where ε is a unit and ${}^{\sigma}\phi = \phi \circ [u]_f$. This is proved by successive approximation and we refer the reader to Lubin-Tate for the details. This particular ϕ does not necessarily give (b) and (c) but can be adjusted to do so; the computations are given in Lubin-Tate (where they appear as (17) and (18) in Lemma 2 on p. 385). Note that together the above conditions express the fact that ϕ is an A-module isomorphism of F_f into F_g.

Computation of the norm reciprocity map in L/K.

Let $L_\pi = K_{nr}.K_\pi$. Since K_{nr} and K_π are linearly disjoint over K, the Galois group $G(L_\pi/K)$ is the product of the Galois groups $G(K_\pi/K)$ and $G(K_{nr}/K)$. For each uniformizing element $\pi \in A$ we define a homomorphism $r_\pi : K^* \to G(L_\pi/K)$ such that:

(a) $r_\pi(\pi)$ is 1 on K_π and is the Frobenius automorphism σ on K_{nr};

(b) for $u \in U_K$, $r_\pi(u)$ is equal to $[u^{-1}]_f$ on K_π and is 1 on K_{nr}.

We want to prove that *the field L_π and the homomorphism r_π are independent of π*. Let $\omega = \pi u$ be a second uniformizing element.

First, $L_\pi = L_\omega$. For by Lemma 1, F_f and F_g are isomorphic over $\hat{K}_{nr}$. Hence, the fields generated by their division points are the same. So $\hat{K}_{nr}.K_\pi = \hat{K}_{nr}.K_\omega$. On taking completions we find that $\widehat{K_{nr}.K_\pi} = \widehat{K_{nr}.K_\omega}$. In order to deduce that $K_{nr}.K_\pi = K_{nr}.K_\omega$ from this, we require the following:

LEMMA 2. *Let E be any algebraic extension (finite or infinite) of a local field and let $\alpha \in \hat{E}$. Then, if α is separable algebraic over E, α belongs to E.*

Proof. Let E_s be the separable closure of E and let E' be the adherence of E in E_s. We can view α as an element of E'. Hence it is enough to show that $E' = E$.

Let $s \in G(E_s/E)$. Since s is continuous and is the identity on E, it is also the identity on E'. Hence $G(E_s/E) = G(E_s/E')$ and by Galois theory we have $E' = E$.

It follows from Lemma 2 that $L_\pi = L_\omega$ and so $L_\pi = L$ is independent of π.

We turn now to the homomorphism $r_\pi : K^* \to G(L/K)$. *We shall show* *that* $r_\pi(\omega) = r_\omega(\omega)$. This will imply that $r_\pi(\omega)$ is independent of π and so the r_π's coincide on the local uniformizers. Since these generate K^*, the result will follow.

We look first at $r_\omega(\omega)$. On K_{nr}, $r_\omega(\omega)$ is the Frobenius automorphism σ. On K_ω it is 1. On the other hand, $r_\pi(\omega)$ is σ on K_{nr}; so we must look at $r_\pi(\omega)$ on K_ω.

Now $K_\omega = K(E_g)$, where $g \in \mathfrak{F}_\omega$. Let $\phi \in \hat{A}[[X]]$ be as in Lemma 1; ϕ determines an isomorphism of E_f onto E_g. So if $\lambda \in E_g$, then we can write $\lambda = \phi(\mu)$ with $\mu \in E_f$. We look at $r_\pi(\omega)\lambda$ and we want to show that this is λ. As already remarked, $r_\pi(\omega)(\lambda) = r_\pi(\omega)\phi(\mu)$. Write $s = r_\pi(\omega)$. We want to show that ${}^s\lambda = \lambda$; that is ${}^s\phi(\mu) = \phi(\mu)$. Now, $r_\pi(\omega) = r_\pi(\pi).r_\pi(u)$ and the effects of $r_\pi(\pi)$ and $r_\pi(u)$ are described in (a) and (b) above. Since ϕ has coefficients in $\hat{K}_{nr}$, ${}^s\phi = {}^\sigma\phi = \phi \circ [u]_f$ by (a) of Lemma 1. But

$${}^s(\phi(\mu)) = {}^s\phi({}^s\mu) = {}^s\phi([u^{-1}]_f(\mu)).$$

Hence

$${}^s\phi(\mu) = \phi \circ [u]_f \circ [u^{-1}]_f(\mu) = \phi(\mu).$$

So r_π is the identity on K_ω and it follows that r_π is independent of π.

Thus $r: K^* \to G(L/K)$ is the reciprocity map θ (§ 2.8, Prop. 5).

All assertions of Theorem 3 have now been proved except the equality $L = K^{ab}$, which we are now going to prove.

3.8 *The Existence Theorem*

Let K^{ab} be the maximal abelian extension of K; it contains K_{nr}. The Existence Theorem is equivalent to the following assertion (§ 2.3, Theorem 3a). If $I_K = G(K^{ab}/K_{nr})$ is the inertia subgroup of $G(K^{ab}/K)$, then *the reciprocity map* $\theta: U_K \to I_K$ *is an isomorphism.*

Let L be the compositum $K_\pi.K_{nr}$ and let $I'_K = G(L/K_{nr})$ be the inertia subgroup of $G(L/K)$. Consider the maps

$$U_K \xrightarrow{\theta} I_K \xrightarrow{e} I'_K$$

where θ is the reciprocity map and e is the canonical map $I_K \to I'_K$. Both θ and e are surjections.

On the other hand, the composition $e \circ \theta: U_K \to I_K$ has just been computed. If we identify I'_K with U_K it is $u \mapsto u^{-1}$. Hence the composed map $e \circ \theta$ is an isomorphism. It follows that both θ and e are isomorphisms.

As we have already noted, the first isomorphism is equivalent to the Existence Theorem. The second means that $L = K^{ab}$, since both L and K^{ab} contain K_{nr}.

[*Alternative Proof.* Let us prove directly that every open subgroup M of K^*, which is of finite index, is a norm subgroup corresponding to a finite subextension of L. This will prove both the existence theorem (§ 2.7, Theorem 3) and the fact that $L = K^{ab}$.

Since M is open, there exists $n \geqslant 1$ such that $U_K^n \subset M$; since M is of finite index, there exists $m \geqslant 1$ such that $\pi^m \in M$; hence M contains the subgroup $V_{n,m}$ generated by U_K^n and π^m. Now let K_m be the unramified extension of K of degree m, and consider the subfield $L_{n,m} = K_\pi^n . K_m$ of L. If $u \in U_K$, and $a \in \mathbf{Z}$, we know that $(u\pi^a, L_{n,m}/K)$ is equal to $[u^{-1}]$ on K_π^n and to the a-th power of the Frobenius element on K_m; hence $(u\pi^a, L_{n,m}/K)$ is trivial if and only if $u \in U_K^n$ and $a \equiv 0 \bmod m$, i.e. if and only if $u\pi^a \in V_{n,m}$. This shows that $V_{n,m} = NL_{n,m}$, and, since M contains $V_{n,m}$, M is the norm group of a subextension of $L_{n,m}$, Q.E.D.]

4. Ramification Subgroups and Conductors

4.1 *Ramification Groups*

Let L/K be a galois extension of local fields with Galois group $G(L/K)$. We recall briefly the definition of the upper numbering of the ramification groups. (For details, the reader should consult Chapter I, § 9, or "Corps Locaux", Chap. IV.)

Let the function $i_G : G(L/K) \to \{\mathbf{Z} \cup \infty\}$ be defined as follows. For $s \in G(L/K)$, let x be a generator of O_L as an O_K algebra and put $i_G(s) = v_L(s(x)-x)$. Now define G_u for all positive real numbers u by: $s \in G_u$ if and only if $i_G(s) \geqslant u+1$. The groups G_u are called the ramification groups of $G(L/K)$ (or of L/K). In order to deal with the quotient groups, it is necessary to introduce a second enumeration of the ramification groups called the "upper numbering". This new numbering is given by $G^v = G_u$, where $v = \phi(u)$ and where the function ϕ is characterized by the properties:

(a) $\phi(0) = 0$;
(b) ϕ is continuous;
(c) ϕ is piecewise linear;
(d) $\phi'(u) = 1/(G_0 : G_u)$ when u is not an integer.

The G^v's so defined are compatible with passage to the quotient: $(G/H)^v$ is the image of G^v in G/H ("Herbrand's theorem"). This allows one to define the G^v's even for infinite extensions.

On the other hand, we have a filtration on U_K defined by $U_K^n = 1+\mathfrak{m}_K^n$. We extend this filtration to real exponents by $U_K^v = U_K^n$ if $n-1 < v \leqslant n$. (It should be noted that v in this context is a real number and is not to be confused with the valuation map!)

THEOREM 1. *Let L/K be an abelian extension with Galois group G. Then the local reciprocity map $\theta : K^* \to G$ maps U_K^v onto G^v for all $v \geqslant 0$.*

Proof. (1) *Verification for the extensions K_π^n of* § 3.6.
Let $u \in U_K^i$ with $i < n$ and $u \notin U_K^{i+1}$. Let $s = \theta(u) \in G(K_\pi^n/K)$. We have

$i(s) = v_{K_\pi^n}(s\lambda - \lambda)$, where λ is a uniformizing element. We choose a primitive root α for λ; that is, an α satisfying $[\pi^n]_f\alpha = 0$ but $[\pi^{n-1}]_f\alpha \neq 0$. Observe that $s_u(\alpha) = [u^{-1}]_f\alpha$ and $u^{-1} = 1+\pi^i v$ (see § 3.3, Theorem 3), where v is a unit. These imply that

$$s_u\alpha = [1+\pi^i v]_f\alpha = F_f(\alpha, [\pi^i v]_f\alpha).$$

If we write $\beta = [\pi^i v]_f\alpha$, then β is a primitive $(n-i)$th root (that is, $[\pi^{n-i}]_f\beta = 0$, $[\pi^{n-1-i}]_f\beta \neq 0$), and we have

$$F_f(\alpha, [\pi^i v]_f\alpha) = \alpha+\beta+\sum_{i>1,\, j>1} \gamma_{ij}\alpha^i\beta^j$$

for some $\gamma_{ij} \in O_K$. Accordingly,

$$s_u(\alpha)-\alpha = \beta + \sum \gamma_{ij}\alpha^i\beta_j$$

and

$$v_{K_\pi^n}(s_u(\alpha)-\alpha) = v_{K_\pi^n}(\beta).$$

Now α is a uniformizing element in K_π^n whilst β is a uniformizing element

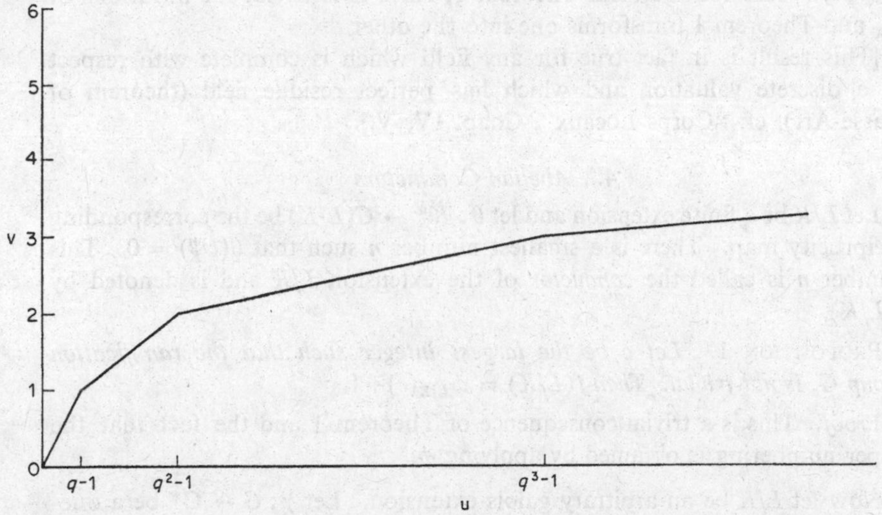

Figure 1.

in K_π^{n-i} and K_π^n/K_π^{n-i} is totally ramified. Its degree is q^i. So we have determined the i function of $\theta(u)$; namely, if $u \in U^i$ but $u \notin U^{i+1}$, then $i(\theta(u)) = q^i$. This says that if $q^{i-1}-1 < u \leqslant q^i-1$ then the ramification group G_u is $\theta(U_K^i)$.

We turn now to the upper numbering of the G_u's. That is, we define a function $\phi = \phi_{K_\pi^n/K}$, corresponding to the extension K_π^n, which satisfies the conditions (a) to (d) above. Namely,

$$\phi(u) = \phi_{K^n_\pi/K}(u) = \int_0^u \frac{dt}{(G:G_t)}.$$

Then $G^v = G_u$ with $v = \phi(u)$. The graph of $\phi(u)$ is shown in Figure 1.

If $q^{i-1}-1 < u \leqslant q^i - 1$, then $\phi'(u) = 1/(q^i - q^{i-1})$ and $(U_K : U_K^i) = q^i - q^{i-1}$. So if $i-1 < v \leqslant i$, then $G^v = \theta(U_K^v)$ for $v \leqslant n$.

The general case

(2) *Verification in the general case.*

Having proved Theorem 1 for K_π^n it follows for $K_\pi = \cup K_\pi^n$ by taking projective limits. Hence also for $K_\pi . K_{nr}$, since both extensions have the same intertia subgroup. Since $K_\pi . K_{nr}$ is the maximal abelian extension, the result is true in general.

This concludes the proof of Theorem 1.

COROLLARY. *The jumps in the filtration $\{G^v\}$ of G occur only for integral values of v.*

Proof. This follows from Theorem 1, since it is trivial for filtrations of U_K and Theorem 1 transforms one into the other.

[This result is in fact true for any field which is complete with respect to a discrete valuation and which has perfect residue field (theorem of Hasse-Arf), cf. "Corps Locaux", Chap. IV, V.]

4.2 *Abelian Conductors*

Let L/K be a finite extension and let $\theta : K^* \to G(L/K)$ be the corresponding reciprocity map. There is a smallest number n such that $\theta(U_K^n) = 0$. This number n is called the *conductor* of the extension L/K and is denoted by $f(L/K)$.

PROPOSITION 1. *Let c be the largest integer such that the ramification group G_c is not trivial. Then $f(L/K) = \phi_{L/K}(c)+1$.*

Proof. This is a trivial consequence of Theorem 1 and the fact that the upper numbering is obtained by applying ϕ.

Now let L/K be an arbitrary galois extension. Let $\chi : G \to \mathbf{C}^*$ be a one-dimensional character and let L_χ be the subfield of L corresponding to Ker (χ). The field L_χ is a cyclic extension of K and $f(L_\chi/K)$ is called *the conductor of* χ and is denoted by $f(\chi)$.

PROPOSITION 2. *Let $\{G_i\}$ be the ramification subgroups of $G = G(L/K)$ and write g_i =* Card (G_i). *Then*

$$f(\chi) = \sum_{i=0}^{\infty} \frac{g_i}{g_0}(1-\chi(G_i))$$

where $\chi(G_i) = g_i^{-1} \sum_{s \in G_i} \chi(s)$ is the "mean value" of χ on G_i.

Proof. We have $\chi(G_i) = 1$ if χ is trivial on G_i (that is, equal to 1 everywhere) and $\chi(G_i) = 0$ if χ is non-trivial on G_i. Hence (the reader is referred to "Corps Locaux", Chaps. IV and VI for the details)

$$\sum_{i=0}^{\infty} \frac{g_i}{g_0}(1-\chi(G_i)) = \sum_{i=0}^{c_\chi} \frac{g_i}{g_0} = \phi_{L/K}(c_\chi)+1,$$

where c_χ is the largest number such that the restriction $\chi|G_{c_\chi} \neq 1$. Now $f(\chi) = f(L_\chi/K)$ is equal to $\phi_{L_\chi/K}(c)+1$, where c is defined as in Prop. 1 for the extension L_χ/K. Since $\phi_{L/K}$ is transitive, it suffices to show that $c = \phi_{L/L_\chi}(c_\chi)$ and this is a consequence of Herbrand's theorem (§ 4.1).

4.3 *Artin's Conductors*

Let L/K be a finite galois extension with Galois group $G = G(L/K)$. Let χ be a character of G (that is, an integral combination of irreducible characters). Artin defined the *conductor* of χ as the number

$$f(\chi) = \sum_{i=0}^{\infty} \frac{g_i}{g_0}(\chi(1)-\chi(G_i)).$$

If χ is irreducible of degree 1, this $f(\chi)$ coincides with the previous $f(\chi)$. We define *Artin's character* a_G as follows. For $s \in G$, set

$$a_G(s) = -f.\, i_G(s) \qquad \text{if } s \neq 1$$
$$a_G(1) = f \sum_{s \neq 1} i_G(s).$$

Here f is the residue degree $[l:k]$ (not to be confused with the conductor!), and i_G is the function defined above.

PROPOSITION 3. *Let* $g = \text{Card}(G)$. *Then*

$$f(\chi) = (a_G, \chi) = \frac{1}{g} \sum_{s \in G} \chi(s) a_G(s).$$

Proof. The proof depends on summation on successive differences $G_i - G_{i+1}$ and is left as an exercise. (See "Corps Locaux", Chap. VI, § 2.)

PROPOSITION 4. (a) *Let* $K \subset L' \subset L$ *be a tower of galois extensions, let* χ' *be a character of* $G(L'/K)$ *and let* χ *be the corresponding character of* $G(L/K)$. *Then* $f(\chi) = f(\chi')$.

(b) *Let* $K \subset K' \subset L$ *and let* ψ *be a character of* $G(L/K')$ *and let* ψ^* *be the corresponding induced character of* $G(L/K)$. *Then*

$$f(\psi^*) = \psi(1).v_K(\mathfrak{d}_{K'/K}) + f_{K'/K}.f(\psi),$$

where $f_{K'/K}$ *is the residue degree of* K'/K *and* $\mathfrak{d}_{K'/K}$ *is the discriminant of* K'/K.

Proof. The proof depends on properties of the i_G function and on the relation between the different and the discriminant, and can be found in "Corps Locaux", Chap. VI.

THEOREM 2 (Artin). *Let χ be the character of a representation of G. Then $f(\chi)$ is a positive integer.*

Proof. Let χ be the character of the rational representation M of G. It follows from representation theory that

$$\chi(1) = \dim M$$

and

$$\chi(G_i) = \dim M^{G_i}.$$

Thus in

$$\sum \frac{g_i}{g_0}(\chi(1) - \chi(G_i)),$$

each term is positive ($\geqslant 0$) and so $f(\chi) \geqslant 0$.

It remains to be proved that $f(\chi)$ is an integer. According to a theorem of Brauer, χ can be written $\chi = \sum m_i \psi_i^*$ where $m_i \in \mathbf{Z}$ and ψ_i^* is induced by a character ψ_i of degree 1 of a subgroup H_i of G.

Hence, since $f(\psi_i^*) = \psi_i(1) v_K(\mathfrak{d}_{K'/K}) + f_{K'/K} . f(\psi_i)$, $f(\psi_i^*)$ is an integer provided that $f(\psi_i)$ is. But since ψ_i has degree 1, $f(\psi_i)$ may be interpreted as an abelian conductor and so is obviously an integer. This proves Theorem 2.

4.4 *Global Conductors*

Let L/K be a finite galois extension of *number fields* and let $G = G(L/K)$ be the Galois group. If χ is a character of G, then we define an ideal $\mathfrak{f}(\chi)$ of K, the *conductor of* χ, as follows. Let $\mathfrak{p}$ be a prime ideal in K and choose a prime ideal $\mathfrak{P}$ in L which divides $\mathfrak{p}$. Let $G_\mathfrak{p} = G(L_\mathfrak{P}/K_\mathfrak{p})$ be the corresponding decomposition subgroup. Let $f(\chi, \mathfrak{p})$ be the Artin conductor of the restriction of χ to $G_\mathfrak{p}$ as defined above. We have $f(\chi, \mathfrak{p}) = 0$ when $\mathfrak{p}$ is unramified. The ideal

$$\mathfrak{f}(\chi) = \prod_\mathfrak{p} \mathfrak{p}^{f(\chi, \mathfrak{p})}$$

is called the (global) conductor of χ.

In this notation, Prop. 4 gives:

PROPOSITION 5. *Let K'/K be a sub-extension of L/K. Let ψ be a character of $H = G(L/K')$ and let ψ^* be the induced character of $G(L/K)$. Then*

$$\mathfrak{f}(\psi^*) = \mathfrak{d}_{K'/K}^{\psi(1)} . N_{K'/K}(\mathfrak{f}(\psi)),$$

where $\mathfrak{d}_{K'/K}$ is the discriminant of K'/K.

We apply Prop. 5 to the case $\psi = 1$ and we denote the induced character ψ^* by $s_{G/H}$ (it corresponds to the permutation representation of G/H). Since $\mathfrak{f}(\psi) = (1)$ we obtain:

COROLLARY. *We have $\mathfrak{f}(s_{G/H}, L/K) = \mathfrak{d}_{K'/K}$.*

In the case $H = 1$ we have $s_{G/H} = r_G$, the character of the regular representation of G, and the corollary reads

$$\mathfrak{d}_{L/K} = \prod_{\chi} \mathfrak{f}(\chi)^{\chi(1)},$$

where χ runs through the set of irreducible characters of G. This is the "Führerdiskriminantenproduktformel" of Artin and Hasse, which was first proved by analytical methods (L functions). In the abelian case it reads:

$$\mathfrak{d}_{L/K} = \prod_{\chi : G \to \mathbf{C}^*} \mathfrak{f}(\chi).$$

In the quadratic case it reduces to the fact that the discriminant is equal to the conductor.

4.5 *Artin's Representation*

We return to the local case.

THEOREM 3. *Let L/K be a finite galois extension of local fields with Galois group G. Let a_G be the Artin character of G defined above* (*cf.* § 4.3). *Then a_G is the character of a complex linear representation of G called "the" Artin representation.*

Proof. The character a_G takes the same values on conjugate elements and so is a class function. It follows that a_G is a combination $\sum_\chi m_\chi \chi$, with complex coefficients m_χ, of the irreducible characters χ. Since

$$m_\chi = (a_G, \chi) = f(\chi),$$

we know (Prop. 3 and Theorem 2) that m_χ is a positive integer. Hence the result.

Now let V_χ be an irreducible representation corresponding to χ. We can define Artin's representation A_G by:

$$A_G = \sum f(\chi) . V_\chi,$$

where the summation is over all irreducible characters χ.

Remark. This construction of A_G is rather artificial. Weil has posed the problem of finding a "natural" A_G.

THEOREM 4. *Let l be a prime number not equal to the residue characteristic. Then the Artin representation can be realized over $\mathbf{Q}_l$.*

Proof. See J-P. Serre, *Annals of Mathematics*, **72** (1960), 406–420, or "Introduction à la théorie de Brauer" *Séminaire I.H.E.S.*, 1965/66.

Examples exist where the Artin representation cannot be realized over $\mathbf{Q}$, $\mathbf{R}$ or $\mathbf{Q}_p$, where p is the residue characteristic. This suggests that there is no trivial definition of the Artin representation.

Assume now that L/K is totally ramified. Let $u_G = r_G - 1$; we have

$u_G(s) = -1$ if $s \neq 1$ and $u_G(s) = \text{Card}(G)-1$ if $s = 1$. Now $a_G = u_G + b_G$ where b_G is a character of some representation.

Note: $a_G = u_G$ if and only if L/K is tamely ramified. So b_G is a measure of how wild the ramification is.

THEOREM 5. *Let l be a prime number not equal to the residue characteristic. Then there exists a finitely generated, projective $\mathbf{Z}_l[G]$ module $B_{G,l}$ with character b_G and this module is unique up to isomorphism.*

Proof. This follows from a theorem of Swan, "Topology", 2 (1963), Theorem 5, combined with Theorem 4 above and the remark that $b_G(s) = 0$ when the order of s is divisible by l. [See also the I.H.E.S. seminar quoted above.]

For applications of Theorem 5 to the construction of invariants of finite G-modules, see M. Raynaud, "Sém. Bourbaki", 1964/65, exposé 286. These invariants play an important role in the functional equation of the zeta functions of curves.

[Prepared by J. V. Armitage and J. Neggers]

76.

Complex Multiplication

Algebraic Number Theory, édité par J. Cassels et A. Fröhlich, chap. XIII, Acad. Press, 1967, 292–296

Introduction

A central problem of algebraic number theory is to give an explicit construction for the abelian extensions of a given field K. For instance, if K is $\mathbf{Q}$, the field of rationals, the theorem of Kronecker-Weber tells us that the maximal abelian extension $\mathbf{Q}^{\mathrm{ab}}$ of $\mathbf{Q}$ is precisely $\mathbf{Q}^{\mathrm{cycl}}$, the union of all cyclotomic extensions. There is a canonical isomorphism

$$\mathrm{Gal}(\mathbf{Q}^{\mathrm{cycl}}/\mathbf{Q}) \cong \prod_p U_p,$$

so we have an explicit class-field theory over $\mathbf{Q}$ (Chapter VII, § 5.7).

If K is an imaginary quadratic field, complex multiplication does essentially the same. We get the extensions $K^{\mathrm{ab}} \supset \tilde{K} \supset K$ ($\tilde{K}$ is the absolute class field the maximum unramified abelian extension) essentially by adjoining points of finite order on an elliptic curve with the right complex multiplication.

1. The Theorems

Let E be an elliptic curve over $\mathbf{C}$ (the complex field); in normal form, its equation may be taken as $y^2 = 4x^3 - g_2 x - g_3$. We know that $E \cong \mathbf{C}/\Gamma$ where Γ is a lattice in $\mathbf{C}$. An endomorphism of E is a multiplication by an element $z \in \mathbf{C}$ with $z\Gamma \subset \Gamma$. In general, $\mathrm{End}(E) = \mathbf{Z}$; if $\mathrm{End}(E)$ is larger, then $\mathrm{End}(E) \otimes \mathbf{Q} = K$ must be an imaginary quadratic field.

Let R be the ring of integers of such a field K; then $\mathrm{End}(E)$ is a subring of R of finite index. Every such subring of R has the form $R_f = \mathbf{Z} + fR$ ($f \geqslant 1$ is the "conductor"); so, if E has complex multiplication, there is a complex quadratic field K with integers R, and an integer f, such that $\mathrm{End}(E) \cong R_f$. Conversely, given R_f, there are corresponding elliptic curves.

THEOREM. *The elliptic curves with given endomorphism ring R_f correspond one–one (up to isomorphism) with the class group* $\mathrm{Cl}(R_f)$.

[$\mathrm{Cl}(R_f)$ is the same as $\tilde{K}_0(R_f)$, the group of projective modules of rank 1 over R_f. If $f = 1$, it is simply the group of ideal classes of R.]

Sketch of Proof. Such a curve E determines a lattice Γ by $E \cong \mathbf{C}/\Gamma$ (so essentially Γ is $\pi_1(E)$). Γ is an R_f-module of rank 1, whose endomorphism ring is exactly R_f; this implies that Γ is an R_f-projective module of rank 1. Conversely, given such a Γ, $\mathbf{C}/\Gamma$ is an elliptic curve with $\mathrm{End}(\mathbf{C}/\Gamma) = R_f$.

COROLLARY. *Up to isomorphism, there are only finitely many curves E with* $\mathrm{End}(E) = R_f$; *in fact, there are precisely* $h_f = \mathrm{Card}(\mathrm{Cl}(R_f))$.

To each E, associate its invariant $j(E)$; so there are h_f such numbers associated with R_f. For simplicity, take $f = 1$.

THEOREM (Weber-Fueter). (i) *The* $j(E)$ *are algebraic integers.*

(ii) *Let* $\alpha = j(E)$ *be one of them. The field* $K(\alpha)$ *is the absolute class field of* K.

(iii) $\mathrm{Gal}(K(\alpha)/K)$ *permutes the* $j(E)$*'s associated with R transitively.*

There are analogous results for $f > 1$; in particular, the $j(E)$ are still algebraic integers. In fact, we can be more explicit. Call $\mathrm{Ell}(R_f)$ the set of elliptic curves with endomorphism ring R_f; if $E \cong \mathbf{C}/\Gamma \in \mathrm{Ell}(R_f)$, write $j(\Gamma)$ for its invariant; Γ is an inversible ideal of R_f, and $j(\Gamma)$ depends only on its class. Hasse (1927, 1931) has proved the following theorem.

THEOREM. *Let* $\mathfrak{p}$ *be a good prime of K, with* $(\mathfrak{p}, f) = (1)$; *let* $\mathfrak{p}_f = \mathfrak{p} \cap R_f$ *be the corresponding ideal of* R_f. *Then the Frobenius element* $F(\mathfrak{p})$ *acts on* $j(\Gamma)$ *by*

$$(j(\Gamma))^{F(\mathfrak{p})} = j(\Gamma \cdot \mathfrak{p}_f^{-1}).$$

COROLLARY ($f = 1$). *If* $E \leftrightarrow e \in \mathrm{Cl}(R)$, *and the Artin map takes* $c \in \mathrm{Cl}(R)$ *to* $\sigma_c \in \mathrm{Gal}(K(\alpha)/K)$, *then* $\sigma_c\,(e) = e - c$.

Briefly, $\mathrm{Cl}(R)$ acts on $\mathrm{Ell}(R)$ by translation with a minus sign.

2. The Proofs

We describe Deuring's algebraic proof of these theorems (Deuring, 1949, 1952); for generalizations, see the tract of Shimura and Taniyama (1961).

First, we must make sure that everything we are using is algebraically defined. So, as before, let K be a complex quadratic field with integers R. A curve E defined over an algebraic closure $\bar{K}$ by $y^2 = 4x^3 - g_2 x - g_3$ has an invariant $j = 1728 g_2^3/\Delta$ where $\Delta = g_2^3 - 27 g_3^2$; and $\mathrm{End}(E)$ is well-defined algebraically. We consider the set $\mathrm{Ell}(R_f)$ of (classes of) curves with endomorphism ring R_f.

Our correspondence $\mathrm{Ell}(R_f) \leftrightarrow \mathrm{Cl}(R_f)$ was obtained using the topology of $\mathbf{C}$; so it must be replaced by something algebraic. We assert that $\mathrm{Ell}(R_f)$ is an affine space over $\mathrm{Cl}(R_f)$ (in other words, given $x \in \mathrm{Ell}$ and $y \in \mathrm{Cl}$ we can define $x - y \in \mathrm{Ell}$). In fact, if E is a curve and M is a projective module of rank 1 over R_f, we may define $M*E = \mathrm{Hom}(M, E)$. More explicitly, take a resolution

$$R_f^m \xrightarrow{\phi} R_f^n \to M \to 0;$$

then $\mathrm{Hom}(R_f, E) = E$, so $\mathrm{Hom}(M, E)$ is the kernel of ${}^t\phi : E^n \to E^m$.

Proof of the Theorem. Certainly $j(E)$ is an algebraic number; for if it were transcendental, there would be infinitely many curves with complex multiplication by R_f, but $\mathrm{Cl}(R_f)$ is finite. In fact, the $j(E)$ are algebraic *integers*, but we will not prove this (one needs other methods; for instance, show there is a model of E over a finite extension of K with a "good reduction" everywhere).

$G = \mathrm{Gal}(\bar{K}/K)$ operates on the set $\mathrm{Ell}(R_f)$ and preserves its structure of $\mathrm{Cl}(R_f)$-affine space; hence G acts by translations. This means that there is a homomorphism $\phi : G \to \mathrm{Cl}(R_f)$ such that the action of $\sigma \in G$ on $\mathrm{Ell}(R_f)$ is translation by $\phi(\sigma)$.

We make the following assertions.

(i) ϕ is onto.

If $\mathfrak{p}$ is a good prime, let $F_\mathfrak{p} \in \mathrm{Cl}(R_f)$ be the image of the Frobenius element by ϕ.

(ii) $F_\mathfrak{p} = \mathrm{Cl}(\mathfrak{p})$.

Clearly, (ii) implies (i); for, given (ii), $\mathrm{Cl}(\mathfrak{p}) \in \phi(G)$ for all good $\mathfrak{p}$ and trivially $\mathrm{Cl}(R_f)$ is generated by the $\mathrm{Cl}(\mathfrak{p})$'s. The assertion (i) tells us that the Galois group permutes the $j(E)$ transitively, and (i) and (ii) taken together tell us that $K(j(E))$ is the absolute class field (for $f = 1$). Note that it is actually enough to know (ii) for almost all primes $\mathfrak{p}$ of first degree; class field theory takes care of the others.

Proof of (ii). Let E be an elliptic curve defined over L, where L/K is abelian. If $\mathfrak{P}$ is a prime of L, not in a finite set S' of bad primes, E has a good reduction $\tilde{E}_\mathfrak{P}$ modulo $\mathfrak{P}$. Suppose that $\mathfrak{P}|\mathfrak{p}$, $\mathfrak{p}$ a prime of K. If $N\mathfrak{p}$ is the absolute norm of $\mathfrak{p}$, $(\tilde{E}_\mathfrak{P})^{N\mathfrak{p}}$ is got by raising all coefficients to the $N\mathfrak{p}$-th power. We assert

(iii) $(\tilde{E}_\mathfrak{P})^{N\mathfrak{p}} \cong \mathfrak{p}*\tilde{E}_\mathfrak{P} \cong \widetilde{(\mathfrak{p}*E)}_\mathfrak{P}$.

Now (iii) implies (ii), for by (iii), $j(E)^{N\mathfrak{p}} \equiv j(\mathfrak{p}*E)$ (modulo $\mathfrak{P}$), so the Frobenius map $j(E) \mapsto j(E)^{N\mathfrak{p}}$ is the translation $j(E) \mapsto j(\mathfrak{p}*E)$.

Proof of (iii). The inclusion map $\mathfrak{p} \to R_f$ induces $\mathfrak{p}*E \leftarrow R_f*E = E$. This map $E \to \mathfrak{p}*E$ is an isogeny of elliptic curves, and we see easily that its degree is $N\mathfrak{p}$. Taking reductions modulo $\mathfrak{P}$, we have an isogeny $\tilde{E} \to \widetilde{\mathfrak{p}*E}$.

Case 1. $\mathfrak{p}$ of degree 1, $N\mathfrak{p} = p$. The map $\tilde{E} \to \widetilde{\mathfrak{p}*E}$ has degree p, and may be seen to be inseparable (look at the tangent space). Hence, it can only be the map $x \mapsto x^p$ of $\tilde{E} \to \tilde{E}^p$. For our application, this is actually enough. But we had better sort out the other case:

Case 2. $\mathfrak{p}$ of degree 2, so $N\mathfrak{p} = p^2$ where p is inert in $K/\mathbf{Q}$. Then one can show that $\tilde{E}$ has Hasse invariant zero; that is, it has no point of order p. The map $\widetilde{E \to \mathfrak{p}*E}$ accordingly has trivial kernel, so again it is purely inseparable, so it is $\tilde{E} \to \tilde{E}^{p^2}$.

Example. There are either 13 or 14 complex quadratic R_f's with class number 1, namely $\mathbf{Q}(\sqrt{-d})$ with $f = 1$ for $d = 1,2,3,7,11,19,43,67,163$, and possibly ?, and also $\mathbf{Q}(\sqrt{-1})$, $\mathbf{Q}(\sqrt{-3})$ and $\mathbf{Q}(\sqrt{-7})$ with $f = 2$ and $\mathbf{Q}(\sqrt{-3})$ with $f = 3$. Hence there are 13 or 14 curves with complex multiplication with $j \in \mathbf{Q}$. Their invariants are: (see end of chapter)

$$j = 2^6 3^3,\quad 2^6 5^3,\quad 0,\quad -3^3 5^3,\quad -2^{15},\quad -2^{15} 3^3,\quad -2^{18} 3^3 5^3,$$
$$-2^{15} 3^3 5^3 11^3,\quad -2^{18} 3^3 5^3 23^3 29^3,\quad -(??)^3,$$
$$2^3 3^3 11^3,\quad 2^4 3^3 5^3,\quad 3^3 5^3 17^3,\quad -3^1 2^{15} 5^3.$$

3. Maximal Abelian Extension

We want the *maximal abelian extension* K^{ab} of K. As a first shot, try $K^?$, the union of the fields given by the j's of the elliptic curves of $\mathrm{Ell}(R_f)$, for $f = 1, 2, \ldots$; this field is generated by the $j(\tau)$'s where $\mathrm{Im}(\tau) > 0$ and $\tau \in K$. Now enlarge $K^?$ by adding the roots of unity; we get a field $K^{??} = \mathbf{Q}^{cycl}.K^?$ which is very near K^{ab}. The following theorem states this result more precisely:

THEOREM. $\mathrm{Gal}(K^{ab}/K^{??})$ *is a product of groups of order* 2.

This follows easily from class field theory and the results of Section 2.

Let now $\tilde{K}$ be the absolute class field of K, and let E be an elliptic curve defined over $\tilde{K}$, with $\mathrm{End}(E) = R$. Let L_E be the extension of $\tilde{K}$ generated by the coordinates of the points of finite order of E. This is an abelian extension of $\tilde{K}$, whose Galois group is embedded in a natural way in the group $U(K) = \prod U_v(K)$, where $U_v(K)$ means the group of units of K at the finite prime v. By class field theory, L_E is then described by a homomorphism

$$\theta_E : I_{\tilde{K}} \to U(K)$$

where $I_{\tilde{K}}$ is the idele group of $\tilde{K}$. Let U be the group of (global) units of K, so that $U = \{\pm 1\}$ unless K is $\mathbf{Q}(\sqrt{-1})$ or $\mathbf{Q}(\sqrt{-3})$. One can prove without much difficulty that the restriction of θ_E to the group $U(\tilde{K})$ is:

$$\theta_E(x) = N_{\tilde{K}/K}(x^{-1}).\rho_E(x)$$

where ρ_E is an homomorphism of $U(\tilde{K})$ into U.

The extension L_E, and the homomorphism ρ_E, depend on the choice of E. To get rid of this, let $X = E/U$ be the quotient of E by U (X is a projective line), and let L be the extension of $\tilde{K}$ generated by the coordinates of the images in X of the points of finite order of E. This extension is independent of the choice of E.

THEOREM. *L is the maximal abelian extension of K.*

This follows by class field theory from the properties of θ_E given above.

Remark. If U is of order 2 (resp. 4, 6) the map $E \to X$ is given by the coordinate x (resp. by x^2, x^3). Hence K^{ab} is generated by $j(E)$ and the coordinates x (resp. x^2, x^3) of the points of finite order on E; this has an obvious translation in analytical terms, using the j and $\wp$ functions.

[For further and deeper results, analogous to those of Kummer in the cyclotomic case, see a recent paper of Ramachandra (1964).]

REFERENCES

Deuring, M. (1949). Algebraische Begründung der komplexen Multiplikation. *Abh. Math. Sem. Univ. Hamburg*, **16**, 32–47.

Deuring, M. (1952). Die Struktur der elliptischen Funktionenkörper und die Klassenkörper der imaginären quadratischen Zahlkörper. *Math. Ann.* **124**, 393–426.

Deuring, M. Die Zetafunktion einer algebraischen Kurve vom Geschlechte Eins. *Nachr. Akad. Wiss. Göttingen, Math-Phys. Kl.* (1953) 85–94; (1955) 13–42; (1956) 37–76; (1957) 55–80.

Deuring, M. Die Klassenkörper der komplexen Multiplikation. *Enz. Math. Wiss.* Band I_2, Heft 10, Teil II (60 pp.).

Fueter, R. "Vorlesungen über die singulären Moduln und die komplexe Multiplikation der elliptischen Funktionen", (1924) Vol. I; (1927) Vol. II (Teubner).

Hasse, H. Neue Begründung der komplexen Multiplikation. *J. reine angew. Math.* (1927) **157**, 115–139; (1931) **165**, 64–88.

Ramachandra, K. (1964). Some applications of Kronecker's limit formulas. *Ann. Math.* **80**, 104–148.

Shimura, G. and Taniyama, Y. (1961). Complex multiplication of abelian varieties *Publ. Math. Soc. Japan*, **6**.

Weber, H. (1908). "Algebra", Vol. III (2nd edition). Braunschweig.

Weil, A. (1955). On the theory of complex multiplication. *Proc. Int. Symp. Algebraic Number Theory, Tokyo-Nikko*, pp. 9–22.

STOP PRESS

H. M. Stark has shown (*Proc. Nat. Acad. Sci. U.S.A.* **57** (1967), 216–221) that there is no tenth imaginary quadratic field with class-number 1 (the ? of the Example at the end of §2). Practically simultaneously A. Baker (*Mathematika*, **13** (1966), 204–216) proved an important general theorem which reduces the problem of its existence to a finite amount of computation.

[Prepared by B. J. Birch]

77.

Groupes de congruence (d'après H. Bass, H. Matsumoto, J. Mennicke, J. Milnor, C. Moore)

Séminaire Bourbaki 1966/67, n° 330

§ 1. Le problème des groupes de congruence

1.1. Groupes de congruence

Soit k un corps de nombres algébriques, et soit O_k l'anneau des entiers de k. Soit G un groupe algébrique linéaire connexe défini sur k, et soit $\Gamma = G_{O_k}$ le groupe des points entiers de G (relativement à un plongement donné de G dans un groupe linéaire $\mathbf{GL}_n$). Un sous-groupe Γ' de Γ est appelé un *sous-groupe de congruence* s'il existe un idéal $\mathfrak{q}$ non nul de O_k tel que Γ' contienne le sous-groupe $\Gamma_{\mathfrak{q}}$ de Γ formé des éléments g tels que $g \equiv 1 \bmod \mathfrak{q}$. Un tel sous-groupe est d'indice fini dans Γ. Le «problème des groupes de congruence» consiste à savoir si la réciproque est vraie, autrement dit si G vérifie la propriété suivante:

(C) *Tout sous-groupe d'indice fini de Γ est un groupe de congruence.*

On vérifie que cette condition ne dépend pas du choix du plongement $G \to \mathbf{GL}_n$ (bien que Γ en dépende).

Plus précisément, soit G_k le groupe des *points rationnels* de G (i.e. le groupe des points de G à valeurs dans k). Définissons une topologie $\mathcal{T}$ (resp. $\mathcal{T}_c$) sur G_k en prenant comme base de voisinages de 1 les sous-groupes d'indice fini de Γ (resp. les sous-groupes de congruence de Γ); ces topologies ne dépendent pas du choix du plongement $G \to \mathbf{GL}_n$ [on donnera un peu plus loin une définition intrinsèque de $\mathcal{T}_c$; quant à $\mathcal{T}$, on peut la caractériser en disant qu'un sous-groupe de G_k est ouvert pour $\mathcal{T}$ si et seulement si il contient un sous-groupe *arithmétique* de G_k, au sens de Borel-Harish-Chandra [4]]. Soit $\hat{G}_k$ (resp. $\bar{G}_k$) le complété de G_k pour $\mathcal{T}$ (resp. $\mathcal{T}_c$). Comme $\mathcal{T}$ est plus fine que $\mathcal{T}_c$, on a un homomorphisme canonique $\hat{G}_k \to \bar{G}_k$; on voit facilement que cet homomorphisme est surjectif, propre, et que son noyau $C(G)$ est un groupe *profini* (limite projective de groupes finis). D'où la suite exacte:

(1) $$1 \to C(G) \to \hat{G}_k \to \bar{G}_k \to 1 .$$

Si l'on note de même $\hat{\Gamma}$ et $\bar{\Gamma}$ les complétés de Γ pour $\mathcal{T}$ et $\mathcal{T}_c$, on a la suite exacte correspondante de groupes profinis:

(2) $$1 \to C(G) \to \hat{\Gamma} \to \bar{\Gamma} \to 1 .$$

La condition (C) revient à dire que $\mathcal{T} = \mathcal{T}_c$, ou encore que $C(G)$ est réduit à $\{1\}$.

Remarque. Soit A_k l'anneau des adèles de k, et soit A_k^f sa composante finie (i.e. le produit restreint des complétés k_v de k pour les diverses classes de valeurs absolues ultramétriques de k). Le groupe $G_{A_k^f}$ des points de G à valeurs dans la k-algèbre A_k^f est muni d'une structure naturelle de groupe localement compact. La topologie que ce groupe induit sur le sous-groupe G_k *est la topologie* $\mathcal{T}_c$. En particulier, $\bar{G}_k$ s'identifie à *l'adhérence de* G_k dans $G_{A_k^f}$. Lorsque G vérifie le «théorème d'approximation fort» de KNESER, on a $\bar{G}_k = G_{A_k^f}$ et $\bar{\Gamma} = \prod_v G_{O_v}$, où O_v désigne l'anneau des entiers de k_v.

1.2. Premiers résultats

a) La condition (C) est vérifiée lorsque G est un groupe *unipotent* (facile) ou lorsque G est un *tore* (CHEVALLEY [5]).

b) Lorsque $G = \mathbf{SL}_2$ et $k = \mathbf{Q}$, la condition (C) n'est pas vérifiée (comme le savait déjà KLEIN); le groupe $C(G)$ est infini. Le groupe $\mathbf{SL}_2(\mathbf{Z})$ a donc «beaucoup» de sous-groupes d'indice fini qui ne sont pas des groupes de congruence. J'ignore ce qui se passe lorsqu'on remplace $\mathbf{Q}$ par un corps de nombres quelconque.

c) Prenons pour G un groupe semi-simple *non simplement connexe*. Soit S son revêtement universel, de sorte que $G = S/M$ où M est un groupe algébrique de dimension zéro, non réduit à $\{1\}$. Supposons (ce qui est souvent le cas) que S vérifie le théorème d'approximation fort de KNESER, de sorte que $\bar{S}_k$ s'identifie à $S_{A_k^f}$. Considérons le diagramme commutatif:

$$\begin{array}{ccccccccc} 1 & \to & C(S) & \to & \hat{S}_k & \to & \bar{S}_k & \to & 1\,. \\ & & \downarrow & & \downarrow{\scriptstyle \hat{\pi}} & & \downarrow{\scriptstyle \bar{\pi}} & & \\ 1 & \to & C(G) & \to & \hat{G}_k & \to & \bar{G}_k & \to & 1\,. \end{array}$$

Le noyau de $\bar{\pi}$ est $M_{A_k^f}$; c'est un groupe infini. D'autre part, en utilisant le cor. 6.11 de BOREL-HARISH-CHANDRA [4], on montre que le noyau de $\hat{\pi}$ est M_k, qui est fini. Si E désigne l'image réciproque du sous-groupe $M_{A_k^f}$ de $\bar{S}_k$ dans $\hat{S}_k$, on en conclut que $C(G)$ contient un sous-groupe isomorphe à E/M_k; en particulier, $C(G)$ est *infini*, et G *ne vérifie pas* (C).

d) A titre de curiosité, mentionnons que le problème des groupes de congruence garde un sens pour les *variétés abéliennes*. Il n'est résolu (positivement)
1 qu'en dimension 1 (cf. [11]).

1.3. Le cas des groupes $\mathbf{SL}_n$ et $\mathbf{Sp}_{2n}$

Soit μ_k le groupe des racines de l'unité contenues dans k. C'est un groupe cyclique fini d'ordre pair.

Théorème 1. *Soit G l'un des groupes* $\mathbf{SL}_n$ ($n \geqq 3$) *ou* $\mathbf{Sp}_{2n}$ ($n \geqq 2$).

(i) *Si k a au moins un conjugué réel, on a $C(G) = 1$, autrement dit G vérifie* (C).

(ii) *Si k est totalement imaginaire, $C(G)$ est canoniquement isomorphe à μ_k; il est contenu dans le centre de $\hat{G}_k$. En particulier, G ne vérifie pas* (C).

Pour $\mathbf{SL}_n$, c'est une conséquence d'un théorème plus précis (cf. n° 3.1, th. 6) démontré dans [3]. Le cas de $\mathbf{Sp}_{2n}$ est analogue.

Remarque. Le cas particulier $k = \mathbf{Q}$ avait été résolu en 1964 par Mennicke [9] et Bass-Lazard-Serre [2]. Mennicke-Newman (non publié) ont ensuite traité le cas (i), du moins pour le groupe $\mathbf{SL}_n$.

1.4. Le cas des groupes semi-simples déployés

Théorème 2. *Faisons sur G l'hypothèse suivante:*

(H) *G est simple, simplement connexe, déployé, de rang* $\geqq 2$.

Alors:

(i) *Si k a au moins un conjugué réel, on a* $C(G) = \{1\}$, *autrement dit G vérifie* (C).

(ii) *Si k est totalement imaginaire,* $C(G)$ *est isomorphe à un quotient de* μ_k; *il est contenu dans le centre de* G_k.

Ce résultat est dû à Matsumoto ([7], [8]); sa méthode consiste à montrer que $C(G)$ est «plus petit» que le groupe correspondant pour $\mathbf{SL}_3$ et $\mathbf{Sp}_4$ (lequel est donné par le théorème 1). Il faut signaler que Mennicke a annoncé un résultat analogue. D'autre part, si l'on suppose connu que $C(G)$ est contenu dans le centre de G_k, le théorème est une simple conséquence des résultats de C. Moore [10] résumés au § 2.

Remarques. 1) Dans le cas (ii), il conviendrait de déterminer le quotient de
2 μ_k auquel $C(G)$ est isomorphe. Peut-être est-ce toujours μ_k lui-même?

2) On aimerait pouvoir remplacer l'hypothèse «déployé de rang $\geqq 2$» par «de rang relatif $\geqq 2$, au sens de Borel-Tits».

§ 2. Revêtements universels (C. Moore [10])

2.1. Le cas local

Soit k_v un corps localement compact, et soit G un groupe algébrique simple, simplement connexe, et déployé sur k_v. Le groupe G_v des points de G rationnels sur k_v est muni d'une structure naturelle de groupe localement compact. On s'intéresse aux *extensions centrales* de ce groupe, i.e. aux suites exactes

$$1 \to M \to E \to G_v \to 1, \tag{3}$$

où E et M sont des groupes localement compacts, avec $E/M = G$ (comme groupes topologiques), M étant contenu dans le centre de E.

Exemples. a) Si $k_v = \mathbf{C}$, le groupe G_v est simplement connexe (au sens topologique), et une telle extension est triviale: E est canoniquement isomorphe à $G_v \times M$.

b) Si $k_v = \mathbf{R}$, le groupe G_v n'est pas simplement connexe; son groupe fondamental $\pi_1(G_v)$ est isomorphe à $\mathbf{Z}/2\mathbf{Z}$ (sauf si G est de type C_n, $n \geqq 1$, auquel cas $\pi_1(G_v) = \mathbf{Z}$). Une extension du type (3) est alors déterminée par un élément de $\mathrm{Hom}(\pi_1(G_v), M)$.

c) Prenons pour G le groupe $\mathbf{Sp}_{2n}$, $n \geqq 1$. Weil [13] a construit une extension centrale de G_v, avec $M = \{\pm 1\}$, qui est non triviale pourvu que

$k_v \neq \mathbf{C}$ et caract$(k) \neq 2$; c'est le groupe «métaplectique» relativement au corps k_v.

On peut se demander s'il existe une extension centrale

(4) $$1 \to \pi_1(G_v) \to \tilde{G}_v \to G_v \to 1$$

telle que toute autre extension (3) s'en déduise par un unique homomorphisme $f_E\colon \pi_1(G_v) \to M$. L'extension en question s'appelle alors le *revêtement universel* de G_v, et son noyau $\pi_1(G_v)$ est le *groupe fondamental* de G_v.

C. Moore ([10], chap. III) a montré *l'existence* d'un tel revêtement universel et en a déterminé presque complètement la structure. De façon plus précise, bornons-nous au cas où k_v est ultramétrique, et notons μ_v le groupe des racines de l'unité contenues dans k_v. On a:

Théorème 3. a) *Le groupe $\pi_1(G_v)$ est isomorphe à un quotient de μ_v.*
b) Lorsque $G = \mathbf{SL}_2$, *on a $\pi_1(G_v) = \mu_v$.*
c) *Lorsque k_v est de caractéristique zéro, et que G est isomorphe à $\mathbf{SL}_n$ $(n \geqq 2)$ ou $\mathbf{Sp}_{2n}$ $(n \geqq 1)$, on a $\pi_1(G_v) = \mu_v$.*

La méthode suivie par C. Moore est analogue à celle de Steinberg [12] dans le cas discret; la décomposition de Bruhat de G_v y joue un rôle essentiel. On prouve que toute extension centrale de G_v provient d'un «cocycle de Steinberg». Dans le cas de $\mathbf{SL}_2$, Moore détermine tous ces cocycles; ils proviennent essentiellement du symbole de restes normiques de Hilbert. D'où b). Lorsque G est de rang $\geqq 2$, on choisit une racine longue de G; si H est le sous-groupe de rang 1 attaché à cette racine, Moore montre que $\pi_1(H_v) \to \pi_1(G_v)$ est surjectif. D'où a). Enfin c) se déduit de a) combiné avec le théorème 1.

Remarques. 1) Certains de ces résultats ont été obtenus indépendamment par T. Kubota.
3 2) C. Moore conjecture que $\pi_1(G_v)$ est toujours égal à μ_v.

2.2. Le cas adélique

Soit de nouveau k un corps de nombres (Moore traite également le cas d'un corps de fonctions d'une variable sur un corps fini). Soit S un ensemble de places de k, et soit A_k^S le produit restreint des corps locaux k_v, $v \notin S$. Lorsque $S = \emptyset$ (resp. lorsque S est l'ensemble des places archimédiennes de k), on retrouve l'anneau A_k des adèles (resp. sa composante finie A_k^f).

Soit d'autre part G un groupe algébrique simple, simplement connexe et déployé sur k. Le groupe G_k s'identifie à un sous-groupe du groupe localement compact $G_{A_k^S}$. On s'intéresse aux extensions centrales localement compactes:

(5) $$1 \to M \to E \to G_{A_k^S} \to 1$$

qui sont *triviales au-dessus de G_k* (autrement dit telles que E contienne un sous-groupe s'appliquant isomorphiquement sur G_k – ce sous-groupe est d'ailleurs unique puisque G_k coïncide avec son groupe des commutateurs). D'où une notion de *revêtement universel relatif* de $G_{A_k^S} \bmod G_k$, ainsi qu'un *groupe* *fondamental relatif*; nous noterons ce dernier $\pi_1^S(G,k)$. C. Moore en démontre l'existence ([10], chap. III); de plus:

Théorème 4. a) *Si l'une des places $v \in S$ n'est pas complexe, on a $\pi_1^S(G,k) = \{1\}$.*

b) *Si toutes les places $v \in S$ sont complexes, $\pi_1^S(G,k)$ est isomorphe à un quotient de μ_k. Sie de plus G est isomorphe à $\mathbf{SL}_n$, $n \geqq 2$, ou à $\mathbf{Sp}_{2n}$, $n \geqq 1$, le groupe $\pi_1^S(G,k)$ est isomorphe à μ_k.*

(Rappelons que μ_k désigne le groupe des racines de l'unité contenues dans k.)

Pour la démonstration, voir [10], chap. III.

Remarque. Il est probable que, dans le cas b), le groupe $\pi_1^S(G,k)$ est
4 toujours isomorphe à μ_k. Cette conjecture globale est d'ailleurs une conséquence de la conjecture locale analogue (cf. n° 2.1).

2.3. Relations entre les points de vue «groupes de congruence» et «revêtements universels» (cf. [10], chap. IV, ainsi que [3], § 15)

Conservons les notations du n° précédent, et prenons pour S l'ensemble des places archimédiennes de k, de sorte que $A_k^S = A_k^f$. Comme G est déployé, le groupe $G_{A_k^f}$ est égal à l'adhérence $\bar{G}_k$ du groupe G_k, cf. n° 1.

Soit

(6) $$1 \to \pi_1 \to E \to \bar{G}_k \to 1$$

le revêtement universel correspondant. Comparons-le à celui défini au n° 1.1:

(1) $$1 \to C(G) \to \hat{G}_k \to \bar{G}_k \to 1\,.$$

Supposons, pour simplifier, que le rang de G soit $\geqq 2$. D'après Matsumoto [8], cela entraîne que $C(G)$ est contenu dans le centre de $\hat{G}_k$. Comme en outre $\hat{G}_k$ contient G_k, le caractère universel de E permet de définir un homomorphisme $f\colon E \to \hat{G}_k$. D'autre part, l'injection $G_k \to E$ est continue pour la topologie $\mathcal{T}$ du n° 1.1 (cela provient de ce que E est une extension finie de $\bar{G}_k$); elle se prolonge donc en un homomorphisme $g\colon \hat{G}_k \to E$, et l'on vérifie tout de suite que $f \circ g = 1$ et $g \circ f = 1$. D'où:

Théorème 5. *Lorsque le rang de G est $\geqq 2$, les extensions E et $\hat{G}_k$ de $\bar{G}_k$ sont canoniquement isomorphes; en particulier, $C(G)$ et π_1 sont isomorphes.*

(Lorsque G est de rang 1, on peut simplement affirmer que E est la plus grande extension centrale de $\bar{G}_k$ qui soit quotient de $\hat{G}_k$. Si l'on note $(\hat{G}_k, C(G))$ l'adhérence du sous-groupe de $C(G)$ engendré par les commutateurs $s^{-1}t^{-1}st$, avec $s \in \hat{G}_k$, $t \in C(G)$, cela entraîne que $C(G)/(\hat{G}_k, C(G)) \simeq \pi_1$.)

Ainsi, les points de vue «groupes de congruence» et «revêtements universels» sont équivalents dans le cas considéré ici; d'où l'analogie entre les théorèmes 2 et 4.

§ 3. La méthode de Mennicke et Bass-Milnor pour $\mathbf{SL}_n$

3.1. Matrices élémentaires et sous-groupes associés

Soit A un anneau de Dedekind et soit n un entier $\geqq 3$. Nous noterons $\Gamma(n)$ (ou simplement Γ) le groupe $\mathbf{SL}_n(A)$. Un élément $g \in \Gamma(n)$ est appelé une matrice *élémentaire* si g est de la forme $1+aE_{ij}$, avec $a \in A$, $1 \leqq i, j \leqq n$, $i \neq j$. Ces matrices engendrent un sous-groupe $E(n)$ de $\Gamma(n)$.

Soit $\mathfrak{q}$ un idéal non nul de A. Le noyau de $\mathbf{SL}_n(A) \to \mathbf{SL}_n(A/\mathfrak{q})$ est le groupe de congruence $\Gamma_\mathfrak{q}(n)$ défini par $\mathfrak{q}$. On note $E_\mathfrak{q}(n)$ le sous-groupe distingué de $E(n)$ engendré par les matrices élémentaires de la forme $1+aE_{ij}$, avec $a \in \mathfrak{q}$ (ce sont celles qui appartiennent à $\Gamma_\mathfrak{q}(n)$). On montre, au moyen d'un théorème de stabilité de Bass [1], que $E_\mathfrak{q}(n)$ est distingué dans $\Gamma(n)$, et
5 que

$$E_\mathfrak{q}(n) = (E(n), E_\mathfrak{q}(n)) = (\mathbf{GL}_n(A), E_\mathfrak{q}(n)).$$

On pose $C_\mathfrak{q}(n) = \Gamma_\mathfrak{q}(n)/E_\mathfrak{q}(n)$. On a la suite exacte:

$$1 \to C_\mathfrak{q}(n) \to \Gamma(n)/E_\mathfrak{q}(n) \to \Gamma(n)/\Gamma_\mathfrak{q}(n) \to 1\,, \tag{7}$$

et $C_\mathfrak{q}(n)$ est contenu *dans le centre* de $\Gamma(n)/E_\mathfrak{q}(n)$.

Lorsque $\mathfrak{q}$ varie, les suites exactes (7) forment un système projectif, à flèches surjectives.

Revenons maintenant au cas du § 1, autrement dit supposons que A soit l'anneau O_k des entiers d'un corps de nombres algébriques k. On a alors:

Théorème 6. a) *Le groupe $C_\mathfrak{q}(n)$ est isomorphe à un sous-groupe de μ_k.*

b) *Si k a un conjugué réel, ou si $\mathfrak{q}=A$, on a $C_\mathfrak{q}(n)=1$.*

c) *Soit m l'ordre du groupe cyclique μ_k. Si k est totalement imaginaire et si* $\mathfrak{q}$ *est divisible par m^2, on a $C_\mathfrak{q} \simeq \mu_k$.*

Corollaire. *Le groupe $\mathbf{SL}_n(A)$ est engendré par des matrices élémentaires.*

C'est là le principal résultat de [3]. Nous donnerons quelques indications sur sa démonstration dans les numéros suivants.

Indiquons tout de suite comment le théorème 1, pour le groupe $\mathbf{SL}_n$, se déduit du théorème 6:

On remarque d'abord que, si Γ' est un sous-groupe distingué de $\Gamma(n)$ d'indice fini d, on a $E_\mathfrak{q}(n) \subset \Gamma'$ si $d \mid \mathfrak{q}$. On en conclut que les sous-groupes $E_\mathfrak{q}(n)$ sont cofinaux parmi les sous-groupes d'indice fini de $\Gamma(n)$. Avec les notations du n° 1.1, on a donc $\hat{\Gamma} = \varprojlim \Gamma(n)/E_\mathfrak{q}(n)$ et évidemment $\bar{\Gamma} = \varprojlim \Gamma(n)/\Gamma_\mathfrak{q}(n)$. La limite projective des suites exactes (7) donne donc:

$$1 \to \varprojlim C_\mathfrak{q}(n) \to \hat{\Gamma} \to \bar{\Gamma} \to 1\,. \tag{8}$$

En comparant à la suite exacte (2) du n° 1.1, on voit que $\varprojlim C_\mathfrak{q}(n)$ s'identifie au groupe que l'on avait noté $C(G)$. D'autre part, d'après le théorème 6, on a $\lim C_\mathfrak{q}(n) = \{1\}$ si k a un conjugué réel, et $\varprojlim C_\mathfrak{q}(n) \simeq \mu_k$ si k est totalement imaginaire; c'est bien ce qu'affirmait le théorème 1.

Remarque. Supposons k totalement imaginaire, et soit $\mathfrak{q}$ un idéal non nul de O_k. On trouvera dans [3], cor. 4.3, la détermination explicite du sous-groupe de μ_k auquel $C_{\mathfrak{q}}(n)$ est isomorphe; ce sous-groupe ne dépend pas de n (pourvu, bien sûr, que $n \geqq 3$). En particulier, on a $C_{\mathfrak{q}}(n) = \mu_k$ si et seulement si $\mathfrak{q}$ est divisible par $m \prod_{p|m} p^{1/(p-1)}$.

3.2. Symboles de Mennicke

Conservons les notations du n° précédent; soit $\mathfrak{q}$ un idéal non nul de l'anneau de Dedekind A. Soit $W_{\mathfrak{q}}$ l'ensemble des couples (a,b), $a, b \in A$, avec $a \equiv 1 \bmod \mathfrak{q}$, $b \equiv 0 \bmod \mathfrak{q}$, et $aA + bA = A$. Si $(a,b) \in W_{\mathfrak{q}}$, on voit facilement qu'il existe un élément $\alpha = \begin{pmatrix} a & b \\ c & d \end{pmatrix}$ de $\mathbf{SL}_2(A)$, dont la première ligne est (a,b), et qui vérifie $\alpha \equiv 1 \bmod \mathfrak{q}$. Soit $\alpha' = \begin{pmatrix} \alpha & 0 \\ 0 & 1_{n-2} \end{pmatrix}$, et soit $\begin{bmatrix} b \\ a \end{bmatrix}$ l'image de α' dans $C_{\mathfrak{q}}(n)$. On voit facilement que $\begin{bmatrix} b \\ a \end{bmatrix}$ ne dépend pas du choix de (c,d). On a donc défini une application $W_{\mathfrak{q}} \to C_{\mathfrak{q}}(n)$; elle jouit des propriétés suivantes:

Théorème 7. i) $\begin{bmatrix} 0 \\ 1 \end{bmatrix} = 1$; $\begin{bmatrix} b+ta \\ a \end{bmatrix} = \begin{bmatrix} b \\ a \end{bmatrix}$ *pour tout* $t \in \mathfrak{q}$; $\begin{bmatrix} b \\ a+tb \end{bmatrix} = \begin{bmatrix} b \\ a \end{bmatrix}$ *pour tout* $t \in A$.

ii) *Si* $(a,b_1) \in W_{\mathfrak{q}}$ *et* $(a,b_2) \in W_{\mathfrak{q}}$, *on a* $\begin{bmatrix} b_1 b_2 \\ a \end{bmatrix} = \begin{bmatrix} b_1 \\ a \end{bmatrix} \begin{bmatrix} b_2 \\ a \end{bmatrix}$.

iii) *Tout élément de* $C_{\mathfrak{q}}(n)$ *est de la forme* $\begin{bmatrix} b \\ a \end{bmatrix}$.

L'assertion i) est triviale. L'assertion ii), due à MENNICKE, se démontre par un calcul de matrices dans $\mathbf{SL}_3(A)$; il faut vérifier que les matrices

$$\begin{pmatrix} a & b_1 & 0 \\ * & * & 0 \\ 0 & 0 & 1 \end{pmatrix} \begin{pmatrix} a & b_2 & 0 \\ * & * & 0 \\ 0 & 0 & 1 \end{pmatrix} \quad \text{et} \quad \begin{pmatrix} a & b_1 b_2 & 0 \\ * & * & 0 \\ 0 & 0 & 1 \end{pmatrix}$$

sont congrues mod $E_{\mathfrak{q}}(3)$, ce qui se fait par un calcul explicite ([3], lemme 5.5). Enfin, iii) résulte d'un théorème de stabilité de BASS [1].

Définition. *Soient* $\mathfrak{q}$ *un idéal non nul de* A *et* C *un groupe. On appelle symbole de Mennicke relativement à* $\mathfrak{q}$ *et* C *toute application* $(a,b) \mapsto \begin{bmatrix} b \\ a \end{bmatrix}$ *de* $W_{\mathfrak{q}}$ *dans* C *qui vérifie les propriétés* i) *et* ii) *du théorème 7.*

On montre (cf. [3], § 2) qu'un symbole de MENNICKE vérifie les propriétés suivantes:

iv) *Si* $(a_1,b) \in W_{\mathfrak{q}}$ *et* $(a_2,b) \in W_{\mathfrak{q}}$, *on a* $\begin{bmatrix} b \\ a_1 a_2 \end{bmatrix} = \begin{bmatrix} b \\ a_1 \end{bmatrix} \begin{bmatrix} b \\ a_2 \end{bmatrix}$.

v) *Soient* $a, d \in A$, $t \in \mathfrak{q}$, *avec* $aA + dA = A$ *et* $a \equiv d \equiv 1 \bmod t$. *Alors* $\begin{bmatrix} at \\ d \end{bmatrix} = \begin{bmatrix} dt \\ a \end{bmatrix}$.

Pour tout idéal $\mathfrak{q} \neq 0$, il existe un symbole de MENNICKE *universel* $W_\mathfrak{q} \to C_\mathfrak{q}$, défini à isomorphisme unique près; il suffit de prendre pour $C_\mathfrak{q}$ le quotient du groupe libre engendré par $W_\mathfrak{q}$ par les relations fournies par i) et ii). En fait, il est inutile d'aller chercher si loin:

Théorème 8. *Pour tout* $n \geqq 3$, *le symbole de Mennicke* $W_\mathfrak{q} \to C_\mathfrak{q}(n)$ *construit plus haut est universel.*

Corollaire. *L'application* $C_\mathfrak{q}(n) \to C_\mathfrak{q}(n+1)$ *définie par la suspension* $\alpha \mapsto \begin{pmatrix} \alpha & 0 \\ 0 & 1 \end{pmatrix}$ *est un isomorphisme.*

C'est le théorème 4.1 de [3]; sa démonstration occupe une bonne vingtaine de pages. Il s'agit de prouver que tout symbole de MENNICKE $W_\mathfrak{q} \to C$ se factorise en $W_\mathfrak{q} \to C_\mathfrak{q}(n) \to C$, autrement dit définit un homomorphisme de $\Gamma_\mathfrak{q}(n)$ dans C qui est trivial sur $E_\mathfrak{q}(n)$. Cela se fait en plusieurs étapes:

1) Soit $\Gamma_\mathfrak{q}(2)$ le sous-groupe de congruence de $\mathbf{SL}_2(A)$ correspondant à $\mathfrak{q}$. Le symbole de MENNICKE $\begin{bmatrix} b \\ a \end{bmatrix}$ donné définit une application $\varphi_2 \colon \Gamma_\mathfrak{q}(2) \quad C$ par $\begin{pmatrix} a & b \\ c & d \end{pmatrix} \mapsto \begin{bmatrix} b \\ a \end{bmatrix}$. Le premier point consiste à vérifier que φ_2 est un *homomorphisme,* et que $\varphi_2(sts^{-1}) = \varphi_2(t)$ si $t \in \Gamma_\mathfrak{q}(2)$ et si s est une matrice élémentaire de $\mathbf{SL}_2(A)$. Voir pour cela KUBOTA [6] ainsi que [3], th. 6.1.

2) La partie la plus délicate de la démonstration (due à BASS) consiste à prolonger φ_2 en un homomorphisme $\varphi_3 \colon \Gamma_\mathfrak{q}(3) \to C$. Pour cela, on écrit tout élément $\sigma \in \Gamma_\mathfrak{q}(3)$ sous la forme

$$\sigma = \begin{pmatrix} (\alpha) & & * \\ & & * \\ 0 & 0 & 1 \end{pmatrix} \begin{pmatrix} 1 & 0 & 0 \\ 0 & 1 & 0 \\ t & 0 & 1 \end{pmatrix} \begin{pmatrix} 1 & * & * \\ 0 & (\beta) & \\ 0 & & \end{pmatrix} \quad \text{avec } t \in \mathfrak{q} \text{ et } \alpha,\ \beta \in \Gamma_\mathfrak{q}(2).$$

On pose $\varphi_3(\sigma) = \varphi_2(\alpha)\,\varphi_2(\beta)$, le membre de droite étant indépendant de la décomposition de σ choisie ([3], lemme 8.11). Il reste alors à montrer que φ_3 est un homomorphisme, et que φ_3 est trivial sur $E_\mathfrak{q}(3)$; ce n'est pas facile ([3], §§ 9, 10).

3) Le passage de φ_3 à $\varphi_4, \ldots, \varphi_n$ se fait comme celui de φ_2 à φ_3, la seule difficulté supplémentaire étant une difficulté d'écriture.

Remarque. La méthode décrite ci-dessus fournit en même temps une démonstration d'un «théorème de stabilité» pour $K^1(A)$, A étant un anneau commutatif quelconque; cf. [3], th. 11.2 et cor. 11.3.

3.3. Détermination des symboles de Mennicke dans le cas arithmétique

Revenons maintenant au cas où $A = O_k$, et soit m l'ordre de μ_k. Soit $\mathfrak{p}$ un idéal premier de O_k, premier à m, et soit x un élément de k qui est une unité en $\mathfrak{p}$; on sait qu'il existe alors un unique élément $\varepsilon \in \mu_k$, noté $\left(\frac{x}{\mathfrak{p}}\right)$, tel que

$$x^{(N\mathfrak{p}-1)/m} \equiv \varepsilon \quad \operatorname{mod} \mathfrak{p}\,, \quad N\mathfrak{p} \text{ étant la norme de } \mathfrak{p}\,.$$

Le caractère $x \mapsto \left(\frac{x}{\mathfrak{p}}\right)$ est la généralisation naturelle du *symbole de Legendre.*

Soient maintenant a et b deux éléments de A; supposons a étranger à la fois à b et à m. On pose:

$$\left(\frac{b}{a}\right) = \prod_{\mathfrak{p}|a} \left(\frac{b}{\mathfrak{p}}\right)^{v_{\mathfrak{p}}(a)},$$

où $v_{\mathfrak{p}}$ désigne la valuation discrète associée à $\mathfrak{p}$.

Théorème 9. *Supposons que k soit totalement imaginaire, et que $\mathfrak{q}$ soit divisible par*

$$m \prod_{p|m} p^{1/(p-1)}.$$

L'application $W_{\mathfrak{q}} \to \mu_k$ définie par $(a,b) \mapsto \left(\frac{b}{a}\right)$ est alors un symbole de Mennicke.

(Lorsque $b=0$, on convient que $\left(\frac{b}{a}\right) = 1$.)

On utilise la décomposition de $\left(\frac{b}{a}\right)$ en produit de symboles de HILBERT:

$$\left(\frac{b}{a}\right) = \prod_{\mathfrak{p}|a} \left(\frac{a,b}{\mathfrak{p}}\right).$$

La démonstration n'est pas difficile (cf. [3], prop. 3.1).

Théorème 10. a) *Si k a un conjugué réel, ou si $\mathfrak{q}=A$, tout symbole de Mennicke relativement à $\mathfrak{q}$ est trivial.*

b) *Si k est totalement imaginaire, et si $\mathfrak{q}$ est divisible par $m\prod_{p|m} p^{1/(p-1)}$, le symbole de Mennicke $(a,b) \mapsto \left(\frac{b}{a}\right)$ est universel.*

(Il est clair que ce théorème, combiné avec le théorème 8, entraîne les parties b) et c) du théorème 6, et en particulier résout le problème des groupes de congruence pour $\mathbf{SL}_n$. La partie a) du théorème 6 se démontre de manière analogue.)

Indiquons, à titre d'exemple, la démonstration de b). Soit $(a,b) \mapsto \begin{bmatrix} b \\ a \end{bmatrix}$ le symbole de MENNICKE universel $W_{\mathfrak{q}} \to C_{\mathfrak{q}}$. Vu le théorème 9, on a un homomorphisme surjectif $C_{\mathfrak{q}} \to \mu_k$, et il suffit de prouver que Card $(C_{\mathfrak{q}}) \leqq m$.

On montre tout d'abord (MENNICKE-NEWMAN, cf. [3], lemme 2.4) qu'étant donnés des éléments $(a_i, b_i) \in W_{\mathfrak{q}}$, en nombre fini, on peut trouver d'autres éléments $(a, c_i) \in W_{\mathfrak{q}}$, ayant même première coordonnée a, tels que $\begin{bmatrix} b_i \\ a_i \end{bmatrix} = \begin{bmatrix} c_i \\ a \end{bmatrix}$

pour tout i; de plus on peut s'arranger pour que a soit premier (i.e. que l'idéal aA soit premier). Mais, d'après la propriété ii) des symboles de MENNICKE, l'application $b \mapsto \begin{bmatrix} b \\ a \end{bmatrix}$ définit un homomorphisme $U(A/aA) \to C$, où $U(A/aA)$ désigne le groupe des unités de l'anneau A/aA. Comme A/aA est un corps fini, on en conclut que $U(A/aA)$ est un groupe cyclique fini; d'où: *tout sous-ensemble fini de C est contenu dans un sous-groupe cyclique fini de C.*

Soit maintenant p un nombre premier, et soit p^n la plus grande puissance de p divisant m. Vu ce qui précède, il suffit de prouver qu'aucun élément $\begin{bmatrix} b \\ a \end{bmatrix}$ de C n'est d'ordre p^{n+1}. Soit P l'ensemble des idéaux premiers $\mathfrak{p}$, premiers à p, tels que $N\mathfrak{p} \not\equiv 1 \bmod p^{n+1}$. En utilisant le fait que k ne contient pas les racines p^{n+1}-èmes de l'unité, on montre que P est *infini.* De plus, le théorème de la progression arithmétique montre (cf. [3], th. 3.2) qu'il existe $(c, d) \in W_{\mathfrak{q}}$, avec $\begin{bmatrix} d \\ c \end{bmatrix} = \begin{bmatrix} b \\ a \end{bmatrix}$, et $cA = \mathfrak{p}_1 \mathfrak{p}_2$, $\mathfrak{p}_1$, $\mathfrak{p}_2 \in P$, $\mathfrak{p}_1 \neq \mathfrak{p}_2$. L'élément $\begin{bmatrix} b \\ a \end{bmatrix}$ appartient alors à l'image de $U(A/cA) = U(A/\mathfrak{p}_1) \times U(A/\mathfrak{p}_2)$ dans C. Puisque $\mathfrak{p}_1$ et $\mathfrak{p}_2$ appartiennent à P, il est donc bien impossible que $\begin{bmatrix} b \\ a \end{bmatrix}$ soit d'ordre p^{n+1}. c.q.f.d.

Bibliographie

[1] H. BASS. *K-theory and stable algebra,* Publ. Math. I.H.E.S., n° **22** (1964), p. 5–60.

[2] H. BASS, M. LAZARD et J-P. SERRE. *Sous-groupes d'indice fini dans* $\mathbf{SL}(n, \mathbf{Z})$, Bull. Amer. Math. Soc., **70** (1964), p. 385–392.

[3] H. BASS, J. MILNOR et J-P. SERRE. *Solution of the congruence subgroup problem for* $\mathbf{SL}_n$ $(n \geqq 3)$ *and* $\mathbf{Sp}_{2n}$ $(n \geqq 2)$, Publ. Math. I.H.E.S., n° **33** (1967), p. 59–137.

[4] A. BOREL et HARISH-CHANDRA. *Arithmetic subgroups of algebraic groups,* Ann. of Math., **75** (1962), p. 485–535.

[5] C. CHEVALLEY. *Deux théorèmes d'arithmétique,* J. Math. Soc. Japan, **3** (1951), p. 36–44.

[6] T. KUBOTA. *Ein arithmetischer Satz über eine Matrizengruppe,* J. für reine und angew. Math., **222** (1965), p. 55–57.

[7] H. MATSUMOTO. *Subgroups of finite index in certain arithmetic groups,* Proc. Symp. Math., vol. **9,** A.M.S. 1966, p. 99–103.

[8] H. MATSUMOTO. *Sur les sous-groupes arithmétiques des groupes semi-simples déployés* (en préparation).

[9] J. MENNICKE. *Finite factor groups of the unimodular group,* Ann. of Math., **81** (1965), p. 31–37.

[10] C. MOORE. *Group extensions of p-adic and adelic linear groups,* Publ. Math. I.H.E.S. n° **35,** à paraître.

[11] J-P. SERRE. *Sur les groupes de congruence des variétés abéliennes,* Izv. Akad. Nauk, **28** (1964), p. 3–20.

[12] R. STEINBERG. *Générateurs, relations, et revêtements de groupes algébriques,* Colloque de Bruxelles (1962), p. 113–127.

[13] A. WEIL. *Sur certains groupes d'opérateurs unitaires,* Acta Math., **111** (1964), p. 143–211.

78.

Résumé des cours de 1966 – 1967

Annuaire du Collège de France (1967), 51 – 52

On rencontre en arithmétique deux types de fonctions zêtas :

1) Celles de la géométrie algébrique. Elles sont associées aux variétés algébriques sur les corps de nombres, et à leur cohomologie. On les définit par des développements eulériens qui convergent absolument lorsque la partie réelle $R(s)$ de la variable est assez grande. On a prouvé dans divers cas particuliers que ces fonctions se prolongent analytiquement à tout le plan complexe et y vérifient une équation fonctionnelle du type usuel (avec certains facteurs gammas). On conjecture que c'est là un fait général.

2) Les séries de Dirichlet associées, par la transformation de Mellin, aux formes modulaires des groupes semi-simples (relativement à leurs sous-groupes arithmétiques). On sait dans de nombreux cas effectuer le prolongement analytique de ces fonctions, démontrer leur équation fonctionnelle et les exprimer comme combinaisons linéaires de fonctions ayant un développement eulérien.

Il semble maintenant raisonnable d'espérer que les fonctions du second type *contiennent comme cas particuliers celles du premier type.* Un tel résultat constituerait un progrès considérable. Nous en sommes loin ; mais les résultats de Weil (*Math. Annalen*, 1967) relatifs aux courbes elliptiques sont fort encourageants, d'autant plus qu'ils ont été complétés par des résultats numériques très poussés (Swinnerton-Dyer, non publié).

Ce sont ces résultats de Weil qui ont fait l'objet du cours. Il a fallu d'abord exposer, en une dizaine de séances, la théorie classique des formes automorphes (analytiques) d'une variable complexe : structure de l'espace quotient, caractéristique d'Euler-Poincaré du groupe discret étudié, faisceaux de formes automorphes, lien avec le théorème de Riemann-Roch sur les courbes algébriques, cas particulier du groupe SL(2, **Z**) et applications aux fonctions thêta, théorie des opérateurs de Hecke pour le groupe $\Gamma_0(N)$. La théorie de Weil proprement dite a été exposée ensuite (4 séances) ; sous sa forme la plus frappante, elle conduit à conjecturer que toute courbe elliptique définie sur **Q** est isogène à un facteur de la jacobienne de la courbe modulaire correspondant à $\Gamma_0(N)$, où N est le « conducteur » de la courbe.

1 Une dernière séance a été consacrée à des conjectures sur la forme générale du conducteur, des facteurs locaux, et des facteurs gammas des fonctions zêtas des variétés projectives non singulières. Les facteurs gammas sont particulièrement intéressants ; il semble bien qu'ils ne dépendent que

de la *décomposition de Hodge* en types (*p. q*) de la cohomologie considérée, et, pour une place réelle, de l'involution de la cohomologie définie par la conjugaison complexe.

SÉMINAIRE

Armand BRUMER, *Travaux d'Iwasawa et Leopoldt sur les corps cyclotomiques* (6 exposés).

Roger GODEMENT, *Interprétation adélique de la jubilation de Siegel* (1 exposé).

John LABUTE, *Groupes de Demuškin* (2 exposés).

Jean-Pierre SERRE, *Groupes de Coxeter hyperboliques* (2 exposés).

79.

(avec J. Tate)

Good reduction of abelian varieties

Ann. of Math. **88** (1968), 492–517

As Ogg has shown, the fact that an elliptic curve has good reduction can be seen from the unramifiedness of its points of finite order (Woods Hole, 1964; see also [15]). It is easy to extend this criterion to abelian varieties, using the powerful tool provided by Néron's minimum models, cf. § 1 and § 2 below. More precisely, we consider both good reduction over a given ground field, or over some finite extension of it (we call the latter "potential good reduction"). The second case has an application (as in Ogg [15]) to conductor questions, cf. § 3. In the rest of the paper we give applications to abelian varieties with complex multiplication. Such a variety has potential good reduction everywhere (§ 5), it has good reduction outside the support of a corresponding Grössencharakter (§ 7) and, under suitable conditions, it can be twisted so as to have good reduction at a given finite set of places (§ 5). These facts generalize results of Deuring [7] relative to the elliptic case.

1. The criterion of Néron-Ogg-Šafarevič

Let K be a field, v a discrete valuation of K, and O_v the valuation ring of v; the residue field $O_v/\mathfrak{m}_v$ of v will be denoted by k_v, or simply by k. Let K_s be a separable closure of K and $\bar{v}$ an extension of v to K_s. We denote the inertia group and decomposition group of $\bar{v}$ by $I(\bar{v})$ and $D(\bar{v})$, respectively. They are subgroups of the Galois group $\mathrm{Gal}(K_s/K)$ and we have a canonical isomorphism

$$D(\bar{v})/I(\bar{v}) \cong \mathrm{Gal}\,(\bar{k}/k)$$

where $\bar{k}$, the residue field of $\bar{v}$, is an algebraic closure of k.

A Galois extension L of K contained in K_s is unramified at v if and only if L is fixed by $I(\bar{v})$. More generally, if $\mathrm{Gal}\,(K_s/K)$ acts on a set T, one says that T is *unramified at* v if $I(\bar{v})$ acts trivially on it; this does not depend on the choice of $\bar{v}$ because the inertia groups of two such choices are conjugate in $\mathrm{Gal}\,(K_s/K)$. In other words, T is unramified at v if and only if the decomposition group $D(\bar{v})$ acts on T through its homomorphic image $\mathrm{Gal}\,(\bar{k}/k)$.

Let A be an abelian variety over K. One says that A has *good reduction* at v if there exists an abelian scheme A_v over $\mathrm{Spec}\,(O_v)$(cf. [13, Ch. 6]) such

* Work on this paper was partially supported by the National Science Foundation and the Institut des Hautes Etudes Scientifiques.

that $A \approx A_v \times_{O_v} K$; this is equivalent to saying that there exists on A a "structure of v-variety" with respect to which A has "no defect for v" in the sense of Shimura-Taniyama [18, p. 94].

If $m \in \mathbf{Z}$ is prime to the characteristic of K, we put

$$A_m = \mathrm{Hom}\,(\mathbf{Z}/m\mathbf{Z}, A(K_s))\ .$$

Hence A_m is the group of points of order dividing m in the group $A(K_s)$ of K_s-points of A; it is known (cf. for instance [12, Ch. VII]) that A_m is a free $\mathbf{Z}/m\mathbf{Z}$-module of rank $2\dim(A)$ on which $\mathrm{Gal}\,(K_s/K)$ acts continuously.

Similarly, if l is a prime number, $l \neq \mathrm{char}\,(K)$, we put

$$T_l(A) = \mathrm{inv}\lim A_{l^n} = \mathrm{Hom}\,(\mathbf{Q}_l/\mathbf{Z}_l, A(K_s))\ .$$

This is a free module of rank $2\dim(A)$ over the ring $\mathbf{Z}_l$ of l-adic integers; the group $\mathrm{Gal}\,(K_s/K)$ acts continuously on $T_l(A)$.

THEOREM 1. *Let A be an abelian variety over K. Suppose that the residue field k of v is perfect*[1], *and let l be a prime number different from* char (k). *The following properties are equivalent*:

(a) *A has good reduction at v.*

(b) *A_m is unramified at v for all m prime to* char (k).

(b′) *There exist infinitely many integers m, prime to* char (k), *such that A_m is unramified at v.*

(c) *$T_l(A)$ is unramified at v.*

Before proving this theorem, we give some immediate corollaries and remarks.

COROLLARY 1. *If $T_l(A)$ is unramified at v for one l different from the residue characteristic, it is so for all such l.*

Indeed, (a) does not depend on l.

COROLLARY 2. *Let A' be an abelian variety over K and $f: A \to A'$ a surjective homomorphism. If A has good reduction at v, then so does A'. In particular, two K-isogenous abelian varieties, and especially two K-dual abelian varieties, either both have, or both have not, good reduction at v.*

Indeed, f maps $T_l(A)$ onto a subgroup of finite index of $T_l(A')$ and, if $I(\bar{v})$ acts trivially on the former, it does also on the latter.

COROLLARY 3. *Let $0 \to A' \to A \to A'' \to 0$ be an exact sequence of abelian varieties over K. Then A has good reduction at v if and only if both A' and A'' do.*

---

[1] We assume k perfect because Néron does (cf. [14]), but this assumption is not necessary according to results announced by Raynaud (C. R. Acad. Sci., **262** (1966), 413-416).

Indeed, A is K-isogenous to $A' \times A''$.

COROLLARY 4. *Let K' be an extension field of K and v' an extension of v to K' such that the map $I(\bar{v}') \to I(\bar{v})$ of the corresponding inertia groups is surjective* (for instance, $K' = \hat{K}$, or K' finite extension of K unramified at v'). *Let $A' = A \times_K K'$. If A' has good reduction at v', then A has good reduction at v.*

Indeed, $T_l(A) = T_l(A')$ is unramified at v if it is so at v'.

Remarks (1). Condition (c) of Theorem 1 gives a criterion[2] for good reduction which we call the "criterion of Néron-Ogg-Šafarevič". Indeed, it follows easily (see below) from Néron's theory of minimum models [14, Ch. II]; on the other hand, Ogg [15] used a closely related criterion for elliptic curves (see remark 1 in § 2), which seems also to have been known to Šafarevič.

(2) The fact that (a) implies (b), (b′) and (c) is well known (see for instance [18, p. 150, Prop. 18]). Corollary 2 is also known, and due to Koizumi-Shimura [11, Th. 4].

PROOF OF THEOREM 1. We note first that (c) is equivalent to saying that A_{l^n} is unramified at v for all n. Hence (b) $\Rightarrow$ (c) $\Rightarrow$ (b′), and it remains to prove that (a) $\Rightarrow$ (b) and (b′) $\Rightarrow$ (a).

Let A_v be the Néron minimum model of A relative to v (cf. [14, Ch. II]); thus, A_v is a smooth group scheme of finite type over O_v, together with an isomorphism $A_v \times_{O_v} K \simeq A$, which represents the functor

$$Y \longmapsto \mathrm{Hom}_K (Y \times_{O_v} K, A)$$

on the category of schemes Y smooth over O_v. The abelian variety A has good reduction at v if and only if A_v is *proper* over O_v, i.e., is an abelian scheme over O_v (cf. [13, *loc. cit.*]).

Let $\tilde{A}_v = A_v \times_{O_v} k$ be the special fiber of A_v. It is a commutative algebraic group over the residue field k. If m is prime to char (k), we define $\tilde{A}_m$, as above, by

$$\tilde{A}_m = \mathrm{Hom}\,(\mathbf{Z}/m\mathbf{Z}, \tilde{A}(\bar{k}))\ .$$

It is known (cf. [5], [17]) that the connected component $\tilde{A}^0$ of $\tilde{A}$ is an extension of an abelian variety B by a linear group H, and that $H = S \times U$, where S is a torus and U is unipotent.

LEMMA 1. *Let c be the index of $\tilde{A}^0$ in $\tilde{A}$. The $\mathbf{Z}/m\mathbf{Z}$-module $\tilde{A}_m$ is an extension of a group of order dividing c by a free $\mathbf{Z}/m\mathbf{Z}$-module of rank*

[2] Grothendieck, to whom one of us pointed out this criterion in 1964, has generalized it considerably: see [10, Cor. 4.2].

equal to $\dim(S) + 2\dim(B)$.

The index of $\tilde{A}^0_m$ in $\tilde{A}_m$ divides $c = (\tilde{A} : \tilde{A}_0)$. On the other hand, the fact that $H(\bar{k})$ is m-divisible shows that the sequence

$$0 \longrightarrow H_m \longrightarrow \tilde{A}^0_m \longrightarrow B_m \longrightarrow 0$$

is exact. Since H_m and B_m are free $\mathbf{Z}/m\mathbf{Z}$-modules of rank $\dim(S)$ and $2\dim(B)$ respectively, $\tilde{A}^0_m$ is free of rank $\dim(S) + 2\dim(B)$. This proves the lemma.

Let us now denote by A^I_m the set of elements of A_m invariant under the action of the inertia group $I = I(\bar{v})$.

LEMMA 2. *The reduction map defines an isomorphism of A^I_m onto $\tilde{A}_m$. This isomorphism commutes with the action of $D(\bar{v})$.*

More precisely, let L be the fixed field of the inertia group I. We have

$$\mathrm{Hom}\,(\mathbf{Z}/m\mathbf{Z}, A(L)) = \mathrm{Hom}_I\,(\mathbf{Z}/m\mathbf{Z}, A(K_s)) = A^I_m\,.$$

On the other hand, let O_L be the ring of $\bar{v}$-integers of L; its residue field is $\bar{k}$. Since O_L is a union of étale extensions of O_v, the group $A_v(O_L)$ of the O_L-points of A_v is equal to $A(L)$, by the universal property of the Néron model A_v. The reduction map $O_L \to \bar{k}$ defines a homomorphism

$$r\colon A(L) = A_v(O_L) \longrightarrow \tilde{A}(\bar{k})\,.$$

Since O_L is henselian, and A_v is smooth, r is surjective. Moreover, since m is prime to char (k), multiplication by m is an étale endomorphism of A_v; using again the fact that O_L is henselian, this shows that the kernel of r is uniquely divisible by m. Hence r defines a homomorphism

$$\mathrm{Hom}\,(\mathbf{Z}/m\mathbf{Z}, A(L)) = A^I_m \longrightarrow \mathrm{Hom}(\mathbf{Z}/m\mathbf{Z}, \tilde{A}(\bar{k})) = \tilde{A}_m\,;$$

this isomorphism commutes with the action of $D(\bar{v})$ by *transport de structure*; this proves Lemma 2.

Now, if A has good reduction at v, $\tilde{A}$ is an abelian variety and $\tilde{A}_m$ is free of rank $2\dim(\tilde{A}) = 2\dim(A)$. By Lemma 2, the same is true for A^I_m, hence $A_m = A^I_m$; this shows that (a) implies (b).

Conversely, assume that (b′) holds, i.e., that there exist arbitrarily large integers m, prime to char (k), such that $A_m = A^I_m$. Taking $m > c = (\tilde{A}\colon \tilde{A}^0)$, and applying Lemmas 1 and 2 we see that

$$\dim(S) + 2\dim(B) \geqq 2\dim(A)\,,$$

and, since $\dim(A) = \dim(U) + \dim(S) + \dim(B)$, this means that $U = S = 0$, i.e., that $\tilde{A}$ is *proper* over k. To prove (a), it remains to show that A_v itself is proper over O_v. This follows from:

LEMMA 3. *Let X_v be a smooth scheme over O_v whose general fiber*

$X = X_v \times_{O_v} K$ is geometrically connected and whose special fiber $\tilde{X}$ is proper. Then X_v is proper over O_v and $\tilde{X}$ is geometrically connected.

We may assume O_v is complete, since geometrical connectedness (of X) ascends and properness (of X_v) descends, cf. [9, IV, Prop. 2.7.1]. By [9, III, Cor. 5.5.2], there exist open disjoint subschemes Z and Z' of X_v, with $X_v = Z \cup Z'$, Z proper and $\tilde{X} \subset Z$. Since X is connected, this implies $Z' = \varnothing$, hence $X_v = Z$ is proper over O_v. The fact that $\tilde{X}$ is geometrically connected then follows from Zariski's connectedness theorem (*loc. cit.*).

2. Potential good reduction

The assumptions being as in § 1 and Theorem 1, we say that A has *potential good reduction at v* if there exists a finite extension K' of K and a prolongation v' of v to K' such that $A \times_K K'$ has good reduction at v'. Another possible terminology for this property would be to say that A is *of integral modulus at v*. Indeed, if A is an elliptic curve, then A has potential good reduction at v if and only if its modular invariant j is integral at v (cf. Deuring [6, p. 225]); one can prove an analogous result in higher dimension by using, instead of the j-line, the moduli schemes for polarized abelian varieties constructed by Mumford [13].

Let l be a prime number different from the residue characteristic, and let

$$\rho_l\colon \mathrm{Gal}\,(K_s/K) \longrightarrow \mathrm{Aut}\,(T_l)$$

denote the l-adic representation corresponding to the Galois module $T_l = T_l(A)$.

THEOREM 2. (i) *The abelian variety A has potential good reduction at v if and only if the image by ρ_l of the inertia group $I(\bar{v})$ is finite.*

(ii) *When this is the case, the restriction of ρ_l to $I(\bar{v})$ is independent of l in the following sense: its kernel is the same for all l, and its character has values in $\mathbf{Z}$ independent of l.*

Assertion (i) is a trivial consequence of Theorem 1. Since (ii) is concerned only with the inertia group, we may assume that K is henselian with algebraically closed residue field (replacing it, if necessary, by the field L introduced in the proof of Theorem 1); the group $\mathrm{Gal}\,(K_s/K)$ is now equal to its inertia subgroup $I(\bar{v})$. Let $\bar{K}$ be an algebraic closure of K_s and K' a finite subextension of $\bar{K}$; let $G_{K'} = \mathrm{Gal}(\bar{K}/K') = \mathrm{Gal}(K_s/K_s \cap K'))$ be the corresponding subgroup. Theorem 1 shows that the abelian variety $A' = A \times_K K'$ has good reduction at v if and only if $G_{K'}$ is contained in the kernel of ρ_l; hence this kernel is independent of l. Choose now a finite Galois extension K'/K having this property, and let A'_v be the Néron model of A'; it is an abelian scheme over the ring O'_v of integral elements of K'. The Galois group $G = \mathrm{Gal}(K'/K)$ acts on $A' = A \times_K K'$ *via* its action on K'; the functoriality of the Néron model implies that this action extends uniquely to an action of G on the scheme A'_v; the map

$$A'_v \longrightarrow \mathrm{Spec}\,(O'_v)$$

is compatible with the action of G on both schemes. Since G acts trivially on the residue field k, it acts on the special fiber $\tilde{A}'$, which is an abelian variety over k, by k-automorphisms (i.e. by *"algebraic"* automorphisms). Hence, by a theorem of Weil ([21, n° 68] or [12, Ch. VII]), the action of G on $T_l(\tilde{A}')$ has an *integral* character, which is independent of l. Assertion (ii) follows now from the canonical isomorphisms

$$T_l(A) \approx T_l(A') \approx T_l(\tilde{A}') \ .$$

COROLLARY 1. *Suppose that the residue field k is finite of characteristic p, and that, for some $l \neq p$, the image of* $\mathrm{Gal}\,(K_s/K)$ *in* $\mathrm{Aut}\,(T_l)$ *is abelian. Then A has potential good reduction at v.*

By Corollary 4 of Theorem 1, we can assume that K is complete; local class field theory then shows that the image of the inertia group I in $\mathrm{Aut}\,(T_l)$ is a quotient of the group U_K of units of K. But U_K is the product of a finite group and a pro-p-group P. Since $l \neq p$, the image of P in $\mathrm{Aut}\,(T_l)$ intersects the pro-l-group $1 + l \cdot \mathrm{End}\,(T_l)$ only in the neutral element, so the image of P maps injectively into the finite group $\mathrm{Aut}\,(T_l/lT_l)$ and is finite. Hence the image of I in $\mathrm{Aut}\,(T_l)$ is finite.

COROLLARY 2. *Suppose A has potential good reduction at v. Let m be an integer $\geqq 3$ and prime to $p =$* char (k); *let $K(A_m)$ be the smallest subextension of K_s over which the elements of A_m are rational. Then*

(a) *The inertia group (relative to $\bar{v}$) of the extension $K(A_m)/K$ is independent of m; this extension is tamely ramified if $p > 2d + 1$, where* $d = \dim(A)$.

(b) *The extension $K(A_m)/K$ is unramified if and only if A has good reduction at v.*

For each prime $l \neq p$, let $l' = l$ for $l \geqq 3$ and $l' = 4$ if $l = 2$. The kernel of $\mathrm{Aut}\,(T_l) \longrightarrow \mathrm{Aut}\,(T_l/l'T_l) = \mathrm{Aut}\,(A_{l'})$ has no element of finite order except 1, and therefore meets the finite group $\rho_l(I(\bar{v}))$ only in the neutral element. Since m is divisible by l' for some l, it follows that the inertia group of the Galois extension $K(A_m)/K$ is $I(\bar{v})/N$, where N is the common kernel of the restrictions of the ρ_l to $I(\bar{v})$; this proves the first part of (a). By Theorem 1, this inertia group is trivial if and only if A has good reduction at v, hence (b).

Assume now that $K(A_m)/K$ is wildly ramified, i.e., that the order of $I(\bar{v})/N$ is divisible by p. Then, for every odd prime $l \neq p$, the number

$$\text{Card}\left(\text{Aut}\,(A_l)\right) = l^{d(2d-1)} \prod_{n=1}^{n=2d} (l^n - 1)$$

is divisible by p, and consequently the exponent of l mod p is $\leqq 2d$. Taking l to be a primitive root mod p (by Dirichlet's theorem) we conclude that $p - 1 \leqq 2d$; this proves the second part of (a).

COROLLARY 3. *Suppose O_v is henselian with algebraically closed residue field, and A has potential good reduction at v. There is a minimal subextension L/K of $\bar{K}/K$ over which A acquires good reduction; it is a Galois extension, equal to $K(A_m)$ for all $m \geqq 3$ prime to* char (k); *the Galois group* Gal (K_s/L) *is equal to* Ker (ρ_l) *for all* $l \neq$ char (k).

This follows from Corollary 2 and the fact that Gal $(K_s/K) = I(\bar{v})$.

Remarks. (1) Part (b) of Corollary 2 is due to Ogg [15] in the elliptic case. In the general case, there is an alternate proof for it, independent of Theorem 1, based on the "fine" moduli schemes of polarized abelian varieties constructed by Mumford [13, Ch. 7, § 2]. Indeed, the abelian variety A, equipped with any polarization, defines a K-point of such a moduli scheme which "becomes integral" after extension of the ground field and is therefore integral to begin with.

(2) Part (a) of Corollary 2 suggests that, for abelian varieties of dimension d (hence also for curves of genus d), it is the primes $p \leqq 2d+1$ which can play an especially nasty role. This is well known for elliptic curves ($p = 2, 3$), and the same set of bad primes seems to arise in other connections. For instance, a function field of one variable of genus d is "conservative" if the characteristic p is $> 2d + 1$ (cf. [19]).

The case of a finite residue field. We assume here that k is *finite*, and we denote by F_v the Frobenius generator of Gal $(\bar{k}/k)$. Let σ be an element of $D(\bar{v})$ whose image in Gal $(\bar{k}/k)$ is F_v, and let A be an abelian variety over K which has potential good reduction at v. We want to give some properties of $\rho_l(\sigma) \in \text{Aut}\,(T_l(A))$, when $l \neq$ char (k). We may assume, as above, that the Galois group $G =$ Gal (K_s/K) is equal to the decomposition group $D(\bar{v})$. Let Γ_σ denote the closure of the subgroup of G generated by σ; the projection map $G \to$ Gal $(\bar{k}/k)$ defines an isomorphism of Γ_σ onto Gal$(\bar{k}/k)$; in particular, G is the semi-direct product of Γ_σ and $I(\bar{v})$. Let now H be the kernel of the restriction of ρ_l to $I(\bar{v})$; this is a closed invariant subgroup of G, which is open in $I(\bar{v})$(cf. Theorem 2). Hence $H \cdot \Gamma_\sigma$ is an open subgroup of G. Let K' be the subextension of K corresponding to $H \cdot \Gamma_\sigma$; the residue field of K' is k. On the other hand, $A' = A \times_K K'$ has good reduction, hence its special fiber

$\tilde{A}'$ is an abelian variety defined over k. The reduction map $r\colon T_l(A') \to T_l(\tilde{A}')$ is then an isomorphism (cf. Lemma 2); hence $H \cdot \Gamma_\sigma = \mathrm{Gal}(K_s/K')$ acts on $T_l(A')$ *via* its quotient $\mathrm{Gal}(\bar{k}/k)$. Since the image of σ in the latter group is F_v, we then see that the action of σ on $T_l(A') = T_l(A)$ is transformed by r into the action of the *Frobenius endomorphism* of the k-abelian variety A'. Hence, using Weil's results:

THEOREM 3. *The characteristic polynomial of* $\rho_l(\sigma)$ *has integral coefficients independent of* l. *The absolute values of its roots are equal to* $(Nv)^{1/2}$, *where* $Nv = \mathrm{Card}\,(k)$.

Moreover:

COROLLARY. *Let* s *be an element of* $D(\bar{v})$ *whose image in* $\mathrm{Gal}\,(\bar{k}/k)$ *is an integral power* F_v^n, $n \in \mathbf{Z}$, *of the Frobenius element* F_v. *The characteristic polynomial of* $\rho_l(s)$ *has rational coefficients independent of* l. *The absolute values of its roots are equal to* $(Nv)^{n/2}$.

When $n = 0$, one has $s \in I(\bar{v})$ and the assertion follows from Theorem 2. If $n \neq 0$, we may suppose that $n > 0$; replacing K by its unramified extension of degree n, we are reduced to the case $n = 1$, hence to Theorem 3.

3. Local invariants of abelian varieties with potential good reduction

We assume here that O_v is *henselian* (for instance complete) and that its residue field k is *algebraically closed*. Let A be an abelian variety over K, and l be a prime number different from $\mathrm{char}\,(k)$. The Galois module A_l is a finite dimensional vector space over the field $\mathbf{Z}/l\mathbf{Z}$. Let $\delta_l = \delta(K, A_l)$ be its "measure of wild ramification" (we follow here the notations of Ogg [15]; see also Raynaud's exposé [16]). When A is of dimension 1, Ogg (*loc. cit.*) has proved that δ_l is independent of l and it has been conjectured that the same is true in higher dimension as well[3]. We prove here that this is the case *when* A *has potential good reduction.*

More precisely, let L/K be a finite Galois extension of K, contained in K_s, such that $A \times_K L$ has good reduction; such an extension exists since A is supposed to have potential good reduction, cf. Corollary 3 to Theorem 2. Let $G = \mathrm{Gal}(L/K)$, and let a_G (resp. b_G) denote the Artin character (resp. the Swan character) of G (cf. Ogg, *loc. cit.*, § 1). Let φ_A be the character of the repre-

[3] Grothendieck has told us that he can prove this conjecture. His proof will be included in a forthcoming seminar (SGA 7). He also shows the existence of a finite extension L/K having the following property:

The connected component of the special fiber of the Néron model of $A \times_K L$ is an extension of an abelian variety by a torus.

Another proof of the existence of such a "semi-stable reduction" has been given by Mumford, under the assumption that $\mathrm{char}(k) \neq 2$.

sentation of G in $T_l(A)$; by Theorem 2, φ_A takes values in $\mathbf{Z}$ and is independent of l. If f and g are functions on G, define their scalar product $\langle f, g\rangle$ as usual by

$$\langle f, g\rangle = \frac{1}{n}\sum_{s\in G} f(s^{-1})g(s)\,, \qquad \text{where } n = \operatorname{Card}(G) = [L\colon K]\,.$$

THEOREM 4. *Assume A has potential good reduction. Then*

$$\delta_l = \langle b_G, \varphi_A\rangle\,.$$

In particular, δ_l is independent of l.

Let P_l be a $\mathbf{Z}_l[G]$-projective module whose character is b_G, so that

$$\delta_l = \dim_{\mathbf{Z}/l\mathbf{Z}}\cdot\operatorname{Hom}_G(P_l, A_l)\,,$$

(cf. Ogg, *loc. cit.*). Since $A_l = T_l/lT_l$ and P_l is projective, we have

$$\operatorname{Hom}_G(P_l, A_l) \simeq \mathbf{Z}/l\mathbf{Z} \otimes \operatorname{Hom}_G(P_l, T_l)\,,$$

hence

$$\begin{aligned}\delta_l &= \operatorname{rank}_{\mathbf{Z}_l}\operatorname{Hom}_G(P_l, T_l) = \dim_{\mathbf{Q}_l}\operatorname{Hom}_G(\mathbf{Q}_l\otimes P_l, \mathbf{Q}_l\otimes T_l)\\ &= \langle b_G, \varphi_A\rangle\,, \qquad \text{q.e.d.}\end{aligned}$$

COROLLARY. *Let ε be the codimension of the invariants of* $\operatorname{Gal}(\bar{K}/K)$ *in* $\mathbf{Q}_l\otimes T_l$. *Then*

$$\varepsilon + \delta_l = \langle a_G, \varphi_A\rangle\,.$$

Indeed, $\varepsilon = 2d - \langle 1, \varphi_A\rangle$, where $d = \dim(A)$. Hence, if r_G denotes the character of the regular representation of G, we have

$$\varepsilon = \langle r_G - 1, \varphi_A\rangle$$

and

$$\varepsilon + \delta_l = \langle b_G + r_G - 1, \varphi_A\rangle\,.$$

The corollary follows now from the fact that $a_G = b_G + r_G - 1$ (cf. [15]).

Remarks. (1) Let $\tilde{A}$ be the special fiber of the Néron model of A. Using Lemmas 1 and 2 of § 1, one can show that the connected component of $\tilde{A}$ is an extension of an abelian variety by a unipotent group U, and that $\varepsilon = 2\dim(U)$.

(2) The integer $\varepsilon + \delta_l$ is called the *exponent of the conductor* of A at v. It is 0 if and only if A has good reduction at v. It is equal to ε if and only if the Galois module A_l is tame (i.e., if and only if A acquires good reduction over a Galois extension of K of degree prime to $p = \operatorname{char}(k)$), and in particular
1 if $p > 2d + 1$ (cf. Corollary 2 of Theorem 2). A similar definition can be given for an arbitrary abelian variety once one knows that δ_l is independent of l (cf. footnote[3] above).

4. Abelian varieties with complex multiplication (preliminaries)

As is the preceding paragraphs, A is an abelian variety over a field K. We denote by $\mathrm{End}_K(A)$, or $\mathrm{End}(A)$, the ring of K-endomorphisms of A; if K' is an extension of K, we write $\mathrm{End}_{K'}(A)$ instead of $\mathrm{End}_{K'}(A \times_K K')$. Let $d = \dim(A)$, let F be an algebraic number field of degree $2d$, and let

$$i: F \longrightarrow \mathbf{Q} \otimes \mathrm{End}_K(A)$$

be a ring homomorphism. We call the pair (A, i) an *abelian variety with complex multiplication by F* over the field K. When K is a number field, this is essentially the same thing as a "variety of CM-type" in the sense of Shimura-Taniyama [18, § 5], except that the CM-type specifies in addition the action of F on the tangent space of A at the origin.

In what follows, we usually identify F with its image under i, that is, we view i as an inclusion. Let $R = F \cap \mathrm{End}_K(A)$; this is an "order" of F, i.e., a subring of F which is free of rank $2d$ over $\mathbf{Z}$; its integral closure is the ring of integers of F. Notice that R is *invariant with respect to a ground field extension K'/K*; that is, R is equal to $F \cap \mathrm{End}_{K'}(A)$. Since F/R is a torsion group, this follows from a general fact on abelian varieties, namely that $\mathrm{End}_{K'}(A)/\mathrm{End}_K(A)$ is *torsion-free*. Indeed, if $\varphi \in \mathrm{End}_{K'}(A)$ and $m\varphi \in \mathrm{End}_K(A)$ for some integer $m \geqq 1$, then $m\varphi$ vanishes on the kernel A_m of multiplication by m in A, viewed as a finite subgroup scheme of A. Since $A/A_m \approx A$, this implies the existence of $\varphi_0 \in \mathrm{End}_K(A)$ such that $m\varphi = m\varphi_0$. Hence $\varphi = \varphi_0$ and φ belongs to the ring $\mathrm{End}_K(A)$[4].

Now let l be a prime number different from $\mathrm{char}(K)$. We put

$$T_l = T_l(A) \quad \text{and} \quad V_l = V_l(A) = \mathbf{Q}_l \otimes_{\mathbf{Z}_l} T_l\ .$$

As usual, we identify T_l with a sublattice of V_l *via* the map $t \mapsto 1 \otimes t$.

The ring R operates on T_l and, by linearity, this makes T_l an R_l-module and V_l an F_l-module, where $R_l = \mathbf{Z}_l \otimes R$ and $F_l = \mathbf{Q}_l \otimes R = \mathbf{Q}_l \otimes F$.

THEOREM 5. (i) *The F_l-module V_l is free of rank* 1.

(ii) *An element of F_l carries T_l into itself if and only if it belongs to R_l.*

These facts are well known. We recall a proof:

Since the map $\mathbf{Q}_l \otimes \mathrm{End}(A) \to \mathrm{End}(V_l)$ is injective (Weil [21, p. 139]), the semi-simple $\mathbf{Q}_l$-algebra F_l acts *faithfully* on V_l. Since V_l and F_l have the same dimension $2d$ over $\mathbf{Q}_l$, it follows that V_l is free of rank 1 over F_l.

---

[4] An alternate proof can be given, using Galois theory together with the fact that *every endomorphism of $A \times_K \bar{K}$ comes from one of $A \times_K K_s$* (for this, consider the graph of the endomorphism, and use [12, p. 26, Th. 5]).

On the other hand, let φ be an element of F_l such that $\varphi T_l \subset T_l$. There exists an integer $N \geqq 0$ such that $l^N\varphi \in R_l$, and an element $\psi \in R$ such that $\psi \equiv l^N\varphi \pmod{l^N R_l}$. Since $l^N\varphi T_l \subset l^N T_l$, we have $\psi T_l \subset l^N T_l$, i.e., ψ vanishes on the kernel of multiplication by l^N in A. This implies that $\psi = l^N\varphi_0$, with $\varphi_0 \in \mathrm{End}_K(A) \cap F = R$. But then $\varphi \equiv \varphi_0 \pmod{R_l}$ hence $\varphi \in R_l$, as was to be shown.

From now on, we view R_l, F_l and End (T_l) as subrings of End (V_l).

COROLLARY 1. *The commutant of* R *in* End (V_l), *resp.* End (T_l), *resp.* $\mathbf{Q} \otimes \mathrm{End}_K(A)$, *resp.* $\mathrm{End}_K(A)$ *is* F_l, *resp.* R_l, *resp.* F, *resp.* R.

The assertion relative to End (V_l) follows from part (i) of Theorem 5, since any element of End (V_l) which commutes with R also commutes with the ring $F_l = \mathbf{Q}_l \otimes R$. The assertion relative to End (T_l) follows from part (ii) of Theorem 5, i.e., from the fact that R_l is equal to $F_l \cap \mathrm{End}(T_l)$. Since the map

$$\mathbf{Q}_l \otimes \mathrm{End}_K(A) \longrightarrow \mathrm{End}(V_l)$$

is injective (Weil, *loc. cit.*), the dimension over $\mathbf{Q}$ of the commutant of R in $\mathbf{Q} \otimes \mathrm{End}_K(A)$ is at most $[F_l : \mathbf{Q}_l] = [F : \mathbf{Q}]$; hence that commutant is F. The last assertion follows from the previous one and the definition of R as $F \cap \mathrm{End}_K(A)$.

Now consider the representation

$$\rho_l : \mathrm{Gal}(K_s/K) \longrightarrow \mathrm{Aut}(T_l)$$

defined by the Galois module T_l. If $s \in \mathrm{Gal}(K_s/K)$, it is clear that $\rho_l(s)$ *commutes* with the elements of R, and, by Corollary 1, this means that $\rho_l(s)$ is contained in R_l. Hence:

COROLLARY 2. *The representation* ρ_l *attached to* T_l *is a homomorphism of* Gal (K_s/K) *into the group* $U_l(R)$ *of invertible elements of* $R_l = \mathbf{Z}_l \otimes R$. *In particular*, Im (ρ_l) *is a commutative group.*

Remark. It is not true in general that T_l is a *free* R_l-module. However, this is the case if R_l is a product of discrete valuation rings (that is, if l does not divide the index of R in its integral closure), or, more generally (cf. Bass [3, Th. 6.2 and Prop. 7.2]) if R_l is a "Gorenstein ring", for example, if $\dim(A) = 1$.

5. Abelian varieties with complex multiplication (properties of good reduction)

We preserve the notations and hypotheses of § 4. If v is a discrete valuation of K, we denote by p_v the characteristic of the residue field k_v (cf. § 1).

Let μ denote the group of roots of unity contained in the field of complex multiplication F.

THEOREM 6. *Let v be a discrete valuation of K with finite residue field k_v. Then:*

(a) *The abelian variety A has potential good reduction at v in the sense of § 2.*

(b) *If $l \neq p_v$, the image of the inertia group $I(\bar{v})$ under the homomorphism* $\rho_l: \mathrm{Gal}(K_s/K) \to U_l(R)$ (cf. Corollary 2 of Theorem 5) *is contained in the subgroup $\mu \cap R[p_v^{-1}]$ of μ; the homomorphism*

$$\varphi_v: I(\bar{v}) \longrightarrow \mu$$

obtained in this way is independent of l.

(c) *Let n_v be the smallest integer $n \geqq 0$ such that φ_v is trivial on the nth ramification group $I(\bar{v})^{(n)}$ in the upper numbering* (cf. Artin-Tate [1, Ch. 11, § 2]). *Then the exponent (at v) of the conductor of A* (cf. § 3) *is equal to $2dn_v$.*

Statement (a) follows from Corollary 1 to Theorem 2 since $\mathrm{Im}(\rho_l)$ is commutative (by Corollary 2 to Theorem 5).

Hence there exists a finite Galois extension K' of K such that the abelian variety $A' = A \times_K K'$ has good reduction at v', where v' is the restriction of $\bar{v}$ to K'. Let k' be the residue field of v' and $\tilde{A}'$ the reduction of A' at v' (i.e., the special fiber of the Néron model of A'). If we identify as before $V_l(A)$ with $V_l(A')$ and $V_l(\tilde{A}')$, we know (cf. proof of Theorem 2) that $I(\bar{v})$ *acts on $V_l(\tilde{A}')$ through a group of k'-automorphisms of $\tilde{A}'$*. Let Φ_v be this group; it is finite, and independent of l by construction (*loc. cit.*). On the other hand, every endomorphism of an abelian variety extends to its Néron model and to its special fiber (this is a special case of the universal property of the Néron model). Therefore *R operates on $\tilde{A}'$*, i.e. we get an embedding

$$\tilde{i}_0: R \longrightarrow \mathrm{End}_{k'}(\tilde{A}') ,$$

which is obviously compatible with the action of R on $V_l(\tilde{A}') = V_l(A')$. Tensoring by $\mathbf{Q}$, this gives a homomorphism

$$\tilde{i}: F \longrightarrow \mathbf{Q} \otimes \mathrm{End}_{k'}(\tilde{A}') .$$

Thus $(\tilde{A}', \tilde{i})$ is an abelian variety with complex multiplication by F; since the elements of Φ_v commute with R, Corollary 1 to Theorem 5, applied to $\tilde{A}'$, shows that they belong to F. We have therefore $\Phi_v \subset F^*$, and since Φ_v is finite, $\Phi_v \subset \mu$. The fact that Φ_v is contained in the subgroup $\mu \cap R[p_v^{-1}]$ of μ results simply from the fact that Φ_v acts on V_l through $R_l = \mathbf{Z}_l \otimes R$ for all $l \neq p_v$. This finishes the proof of (b).

For (c), notice first that Φ_v can be identified with a quotient of the inertia group $I(\bar{v})$. The filtration of $I(\bar{v})$ by its ramification subgroups (in the upper numbering) defines a filtration $\Phi_v^{(x)}$ of Φ_v whose "jumps" are integers (cf. Artin-Tate [1, Ch. 11, § 4, Th. 11]). The integer n_v defined in (c) is the smallest integer $n \geqq 0$ such that $\Phi_v^{(n)} = \{1\}$. Now, let Tr denote the character of the natural representation of Φ_v in V_l; by what has been said in § 3, the exponent of the conductor of A at v is equal to $\langle a_v, \mathrm{Tr}\rangle$, where a_v denotes the Artin character of Φ_v, considered as a Galois group. But we have

$$\mathrm{Tr}(\omega) = \mathrm{Tr}_{F/\mathbf{Q}}(\omega) \qquad \text{for } \omega \in \Phi_v$$

(cf. Theorem 5). If $\sigma_1, \cdots, \sigma_{2d}$ are the different embeddings of F in $\mathbf{C}$, this can be written $\mathrm{Tr}(\omega) = \sum_{i=1}^{i=2d} \sigma_i(\omega)$, hence

$$\langle a_v, \mathrm{Tr}\rangle = \sum_{i=1}^{i=2d} \langle a_v, \sigma_i\rangle .$$

Each σ_i is a faithful representation of degree 1 of Φ_v, and this implies (cf. Artin-Tate [1, *loc. cit.*]) that $\langle a_v, \sigma_i\rangle = n_v$. Hence we have $\langle a_v, \mathrm{Tr}\rangle = 2dn_v$, q.e.d.

COROLLARY. *The abelian variety A has good reduction at v if and only if the homomorphism φ_v of Theorem* 6 *is trivial*, i.e., *if the image Φ_v of φ_v is* $\{1\}$.

This follows from Theorem 1 and the definition of φ_v.

Remarks. (1) The fact that A has potential good reduction generalizes the well known fact that the modular invariant of an elliptic curve with complex multiplication is *integral*.

(2) Suppose that $\Phi_v \neq \{1\}$, so that A has bad reduction at v. Let l be a prime number, distinct from p_v. Then no element of $V_l(A)$, except 0, is invariant by Φ_v (or, what is the same, by the inertia group $I(\bar{v})$). Let $\tilde{A}$ be the special fiber of the Néron model of A at v. Using Lemma 2 of § 1, one then sees that the connected component of $\tilde{A}$ is *unipotent*; with the notations of § 3, this means that $\varepsilon = 2d$, and hence $\delta_l = 2d(n_v - 1)$.

(3) Local class field theory allows us to identify the homomorphism

$$\varphi_v \colon I(\bar{v}) \longrightarrow \mu$$

with a homomorphism $U_v(K) \rightarrow \mu$, where $U_v(K)$ denotes the group of units of the completion K_v of K with respect to v. The integer n_v of (c) is the smallest positive integer such that $\varphi_v(x) = 1$ for $v(x-1) \geqq n_v$.

The case of global fields. From now on we assume, in addition to the preceding hypotheses, that the ground field K is a *global field*, i.e., either an algebraic number field of finite degree, or a function field of one variable over a finite field.

Let S be a finite set of valuations of K. By the remark above we have, for each $v \in S$, a homomorphism φ_v: $U_v(K) \longrightarrow \mu$, with image Φ_v. Let $m = m_S$ be the least common multiple of the orders of the groups Φ_v for $v \in S$, and let μ_m (resp. μ_{2m}) be the group of mth (resp. of $2m^{\text{th}}$) roots of unity in an algebraic closure of F. Then $\Phi_v \subset \mu_m \subset \mu$ for each $v \in S$, and μ_m is the smallest subgroup of μ containing the Φ_v, for $v \in S$.

Let C_K be the group of *idèle classes* of K. Since the character φ_v of $U_v(K)$ can be extended to a character of $K_v^* \simeq \mathbf{Z} \times U_v(K)$, it follows from the theorem of Grunwald-Hasse-Wang (cf. [1, Ch. 10]) that *there exists a continuous homomorphism* φ: $C_K \rightarrow \mu_{2m}$ *such that* $\varphi \circ i_v = \varphi_v$ *for each* $v \in S$, where i_v: $U_v(K) \longrightarrow C_K$ is the canonical injection. If there exists such a φ with values in μ_m (instead of merely in μ_{2m}), we shall say that the set S is *ordinary* for A; otherwise, we call S *exceptional*. One knows (cf. [1, *loc. cit.*]) that, for S to be exceptional, it is necessary that K be a number field, and that S contain a valuation v such that, if $m = 2^t m_0$, with m_0 odd, the extension of K_v obtained adjoining the $2^{t\ \text{th}}$ roots of unity is not cyclic, and such that 2^t divides the order of Φ_v. In particular, *S is ordinary if K is a function field, or if* $m \not\equiv 0 \pmod 4$, *or if K contains the mth roots of unity, or if S contains no v with* $p_v = 2$.

We are now ready to prove:

THEOREM 7. *Let S_A be the set of valuations v of K where A does not have good reduction* (i.e., *suchth at* $\Phi_v \neq \{1\}$), *and let m be the least common multiple of the orders of the Φ_v for $v \in S_A$. There exists a cyclic extension K' of K of degree m or $2m$ over which A acquires good reduction everywhere; if S_A is ordinary for A* (*see above*), *there exists such a K' of degree m.*

Let φ: $C_K \longrightarrow \mu_{2m}$ be a continuous homomorphism of minimal order such that $\varphi \circ i_v = \varphi_v$ for each $v \in S_A$. Let K' be the abelian extension of K corresponding, by class field theory, to the kernel of φ. The extension K'/K is cyclic; its degree is m if S_A is ordinary, $2m$ if S_A is exceptional. The abelian variety $A' = A \times_K K'$ has good reduction at each valuation v' of K'. This is clear if v' does not divide any $v \in S_A$; if v' divides $v \in S_A$, it follows from the construction of K' and the translation theorem of class field theory that $\varphi_{v'} = 1$, so that A' has good reduction at v' by the corollary of Theorem 6.

Remarks. (1) Even when S_A is exceptional, one might be able to choose K' of degree m over K, because all that is needed in the above argument is that $\operatorname{Ker}(\varphi_v) \supset \operatorname{Ker}(\varphi \circ i_v)$, that is, that φ_v is a *power* of $\varphi \circ i_v$, not necessarily equal to it.

(2) On the other hand, Theorem 7 is almost "the best possible" in the following sense: if L/K is a finite extension such that $A \times_K L$ has good

reduction everywhere, then $[L: K]$ *is divisible by* m, and, *if* L/K *is abelian of degree* m, it is necessarily cyclic. We leave the proofs of these facts to the reader.

The method we have just followed can also be used to solve a problem considered by Deuring in the case of elliptic curves ([7]—see also § 6 below).

THEOREM 8. *Let* S *be an arbitrary finite set of valuations of* K, *and let* $m = m_S$ *be the least common multiple of the orders of the* Φ_v *for* $v \in S$. *Suppose* S *satisfies the following condition:*

(a) *Either* $\mu_{2m} \subset R$ *or* S *is ordinary and* $\mu_m \subset R$.

Then there exists an abelian variety B *over* K *with the following two properties:*

(1) B *has good reduction at each* $v \in S$.

(2) $B \times_K K_s$ *is isomorphic to* $A \times_K K_s$ (in other words, B is a *K-form* of A, cf. [4, p. 129]).

The condition (a) is equivalent to the existence of a continuous homomorphism $\alpha: C_K \to \mu \cap R$ such that, for each $v \in S$, its local component $\alpha_v = \alpha \circ i_v$ coincides on $U_v(K)$ with the reciprocal of $\varphi_v: U_v(K) \to \mu$. Choose such an α; one has

$$\alpha_v(u)\varphi_v(u) = 1 \qquad \text{for } v \in S, u \in U_v(K) .$$

Since $\mu \cap R$ is a subgroup of the group of automorphisms of A, one can view α as a 1-cocycle of the group Gal (K_s/K) with values in $\mathrm{Aut}_{K_s}(A)$. Let $B = A_\alpha$ be the abelian variety over K obtained by *twisting* A by the cocycle α (cf. [4, *loc. cit.*]). One sees immediately that the Galois module $V_l(B)$ can be identified with the module $V_l(A)_\alpha$ obtained by twisting $V_l(A)$ by α. Since $\alpha_v\varphi_v = 1$ for $v \in S$, the corollary of Theorem 6 shows that B has good reduction in S, q.e.d.

Remarks. (1) If we choose a polarization θ of A invariant by the finite group $\mu \cap R$ (this is always possible), then we can furnish $B = A_\alpha$ with a polarization θ_B and a homomorphism

$$i_B: F \longrightarrow \mathbf{Q} \otimes \mathrm{End}_K(B) ,$$

in such a way that (B, i_B, θ_B) is a K-form of (A, i, θ). In particular, B is a K-form of A *as abelian variety with complex multiplication by* F, and B has *the same modular invariant* as A (i.e., the same image in the variety of moduli of polarized abelian varieties (cf. Mumford [13, Ch. 7])).

(2) The proof above shows also that condition (a) is *necessary* (as well as sufficient) for the existence of a K-form of A *as abelian variety with complex multiplication by* F having good reduction in S. In particular, when $R = \mathrm{End}_{K_s}(A)$, condition (a) is necessary and sufficient for the existence of a

K-form of A with good reduction in S.

(3) Suppose S is ordinary. Then, by Theorem 6 (b), the condition (a) is satisfied if $\mu \cap R[p_v^{-1}] = \mu \cap R$ for all $v \in S$, hence in particular if $\mu \subset R$, and especially if R is integrally closed, or if $\mu = \{\pm 1\}$.

6. Example: good reduction of elliptic curves with complex multiplication

In addition to the hypotheses of § 5, we now suppose that $\dim(A) = 1$ and that K is a number field. Then F is an imaginary quadratic field, and $R = \mathrm{End}(A)$. The action of R on the tangent space to A at the origin gives an embedding $F \to K$, by which we identify F with a subfield of K. Note that μ is contained in K, hence every finite set of valuations of K is ordinary in the sense of § 5.

In order to apply Theorem 8, we will have to consider separately the following case: $F = \mathbf{Q}(\sqrt{-1})$ *or* $\mathbf{Q}(\sqrt{-3})$, i.e., $\mu = \mu_4$ *or* μ_6 *and* $F = \mathbf{Q}(\mu)$; *moreover, the conductor of the order* $R = \mathrm{End}_K(A)$ *is a prime power* p^ν, $\nu \geqq 1$. This case will be referred to as the *special* case.

THEOREM 9. *Let S be a finite set of valuations of K.*

(1) *Except in the special case, S satisfies condition* (a) *of Theorem* 8.

(2) *In the special case, condition* (a) *holds if and only if, for each $v \in S$ with $p_v = p$, we have $N_{K_v/F_w}(U_v(K)) \subset U_p(R)$, where w is the valuation of F induced by v, and where $U_p(R)$ is the group of invertible elements of $R_p = \mathbf{Z}_p \otimes R$, viewed as a subgroup of $\prod_{p_w = p} U_w(F)$.*

(The prime p referred to in (2) is the one which divides the conductor of R.)

Part (1) of Theorem 9, combined with Theorem 8, gives

COROLLARY 1. *Except possibly in the special case, there is a K-form of A which has good reduction in S.*

This result is due to Deuring [7, III, Satz 3] except that he did not point out the necessity of excluding the special case. That this exclusion is necessary is shown by:

COROLLARY 2. *In the special case, assume that $K = F(j_A)$, where j_A is the modular invariant of A* (cf. Deuring [6]). *Then every K-form of A has bad reduction at all places of K dividing p.*

Before deriving Corollary 2, we prove Theorem 9. If $\mu = \{\pm 1\}$, S satisfies condition (a) by the last remark of § 5. If $\mu \neq \{\pm 1\}$, one has $\mu = \mu_4$ or $\mu = \mu_6$, and $F = \mathbf{Q}(\mu)$. Let z be a generator of μ, and let $R_1 = \mathbf{Z} + \mathbf{Z}z$ be the ring of integers of F. For each integer $f \geqq 1$, the order of F with conductor f is

$$R(f) = \mathbf{Z} + fR_1 = \mathbf{Z} + \mathbf{Z}fz ,$$

and every order is of this form. Note that $\mu \cap R(f) = \{\pm 1\}$ for $f > 1$, and that, for each prime p, we have $R \cap R(f)[p^{-1}] = R(f')$, where $f = p^\nu f'$ with $(p, f') = 1$. Hence, applying again the last remark of § 5, we see that S satisfies (a) except possibly if the conductor f of R is a prime power p^ν, $\nu \geqq 1$. This proves part (1) of Theorem 9.

In the special case, we see that S satisfies (a) if and only if

$$\varphi_v\big(U_v(K)\big) \subset \{\pm 1\}$$

for each $v \in S$ such that $p_v = p$. Let I_K denote the idèle group of K, and by means of the global reciprocity law homomorphism $I_K \rightarrow C_K \rightarrow \mathrm{Gal}\,(K^{ab}/K)$, let us interpret the representation ρ_l discussed in Corollary 2 of Theorem 5 as a homomorphism

$$\rho_l \colon I_K \longrightarrow U_l(R) \subset F_l^* .$$

By the theory of complex multiplication (see § 7 below), there is a continuous homomorphism $\varepsilon \colon I_K \rightarrow F^*$ such that $\varepsilon \mid K^* = N_{K/F}$, and such that, for each prime number l, we have

$$\rho_l(a) = \varepsilon(a) N_{K_l/F_l}(a_l^{-1}) , \qquad a \in I_K ,$$

where a_l denotes the component of the idèle a in the group

$$K_l^* = (\mathbf{Q}_l \otimes K)^* = \textstyle\prod_{p_v = l} K_v^* .$$

Let v be a valuation of K with $p_v = p$. Taking $l \neq p$, the above formula shows that the restriction of ε to $U_v(K)$ is φ_v. Taking $l = p$, and $u \in U_v(K)$, we have

$$\rho_p(u) = \varepsilon(u) N_{K_v/F_w}(u^{-1}) ;$$

since $\rho_p(u) \in U_p(R)$ and $\varepsilon(u) = \varphi_v(u)$, this shows that $\varphi_v(u)$ belongs to $N_{K_v/F_w}(u) \cdot U_p(R)$. But $U_p(R)$ intersects the image of μ in F_p^* only at 1 and -1; it follows that $\varphi_v(U_v(K)) \subset \{\pm 1\}$ if and only if $N_{K_v/F_w}(U_v(K)) \subset U_p(R)$. This proves Theorem 9.

We now prove Corollary 2. It is well known (cf. for instance Deuring [8, § 9], where this is expressed in the language of ideal classes) that the field $F(j_A)$ referred to in the corollary is the abelian extension of F corresponding to the group of idèle-classes XF^*/F^* where X is the following group of idèles:

$$X = \mathbf{C}^* \times \textstyle\prod_l U_l(R) = \mathbf{C}^* \times \prod_{p_w \neq p} U_w(F) \times U_p(R) .$$

Hence, if v is a valuation of K and w its restriction to F, we have, by class field theory,

$$N_{K_v/F_w}(U_v(K)) = U_w(F) \cap XF^* .$$

To derive the corollary, we must therefore show that, for each valuation w of F lying over p, we have

$$U_w(F) \cap XF^* \not\subset U_p(R) .$$

In fact, we have canonical isomorphisms

$$\frac{U_w(F) \cap XF^*}{U_w(F) \cap XF^* \cap U_p(R)} = \frac{U_w(F) \cap XF^*}{U_w(F) \cap XF^* \cap X} \simeq \frac{(U_w(F) \cap XF^*)X}{X}$$
$$= \frac{(F^* \cap XU_w(F))X}{X} = \frac{\mu X}{X} \simeq \frac{\mu}{\mu \cap X} = \frac{\mu}{\mu_2} .$$

The only non-obvious step in this chain is the equality

$$F^* \cap XU_w(F) = \mu .$$

It holds because $XU_w(F)$ is the group of idèles of F whose components at the finite places are units. This is clear in case w is the only valuation above p; when p splits into two valuations w and w', it follows from the fact that $U_p(R)$ contains $U_p(\mathbf{Z})$ which is a subgroup of $U_w(F) \times U_{w'}(F)$ whose projection on either factor is bijective.

Modular invariants. Before giving some numerical examples, we recall a few facts about the modular invariant $j = j_A$ of an elliptic curve A (with or without complex multiplication) over a field K (cf. for instance Deuring [6], [7]). Two such curves A and B (with a rational point taken as origin) are K-forms of each other if and only if $j_A = j_B$. Therefore, the existence of a K-form of A with good reduction at a discrete valuation v of K is a property of j_A, relative to v; thus it is natural to consider the set $J(v)$ of elements $j \in K$ such that there exists an A with good reduction at v with $j_A = j$. As is well known, we have the implication:

$$j \in J(v) \Rightarrow v(j) \geqq 0,\ v(j) \equiv 0 \pmod 3 \text{ and } v(j - 2^6 3^3) \equiv 0 \pmod 2,$$

with the convention that $\infty \equiv 0 \pmod 2$ and $\pmod 3$, in case $j = 0$ or $j = 2^6 3^3$. Moreover, the converse implication holds if $p_v \neq 2$ or 3. Thus, for such a v, the set $J(v)$ has a simple description. It would be of interest to describe it explicty in the remaining cases $p_v = 2$ and $p_v = 3$. Note that, for any v, the set $J(v)$ contains the elements $j \in K$ such that $v(j) = 0 = v(j - 2^6 3^3)$, as the equation

$$y^2 + xy = x^3 - \frac{2^2 3^2}{j - 2^6 3^3} x - \frac{1}{j - 2^6 3^3}$$

shows. On the other hand, if $p_v = 2$ and $v(j) > 0$, then

$$j \in J(v) \Longrightarrow \begin{cases} v(j) \geqq 9\,, & \text{if } v(2) = 1 \\ v(j) \geqq 12\,, & \text{if } v(2) > 1\,, \end{cases}$$

and if $p_v = 3$ and $v(j) > 0$, then

$$j \in J(v) \Longrightarrow v(j - 2^6 3^3) \geqq 6\,.$$

Numerical examples. We now return to elliptic curves with complex multiplication, and we give a few examples of the special case, in which the bad reduction predicted by Corollary 2 above can be seen from the value of j. We list the field F, the conductor f of the order R in F, the corresponding value of j, the page in Weber [20] from which this value is taken[5], and finally the property of j which implies the bad reduction at a place v of $K = F(j)$ dividing f:

F	f	j	page	bad property
$\mathbf{Q}(\mu_6)$	2	$2^4 \cdot 3^3 \cdot 5^3$	474	$v(j) = 4 \not\equiv 0 \pmod 3$
$\mathbf{Q}(\mu_6)$	3	$-3 \cdot 2^{15} \cdot 5^3$	462	$v(j) = 2 \not\equiv 0 \pmod 3$
$\mathbf{Q}(\mu_4)$	2	$2^3 \cdot 3^3 \cdot 11^3$	477	$0 < v(j) = 6 < 12$
$\mathbf{Q}(\mu_4)$	3	$2^4(x^8 - 4)^3 x^{-8}$	479	$v(j - 2^6 3^3) = 3 \not\equiv 0 \pmod 2$
$\mathbf{Q}(\mu_4)$	5	$2^6(4z^{24} - 1)^3 z^{-24}$	479	$v(j - 2^6 3^3) = 1 \not\equiv 0 \pmod 2$

In the first three examples, one has $K = F$. In the fourth,

$$K = \mathbf{Q}(\sqrt{-1}, \sqrt{3}) \text{ and } x = 1 \pm \sqrt{3}\,.$$

In the fifth, $K = \mathbf{Q}(\sqrt{-1}, \sqrt{5})$ and $z = (1 \pm \sqrt{5})/2$.

7. Complex multiplication over number fields

We now assume that K is a number field (of finite degree over $\mathbf{Q}$) and A an abelian variety with complex multiplication by F over K; the notations of § 4 and § 5 are still in force. Let $t = t_A$ denote the tangent space to A at the origin. It is a K-vector space of dimension $d = \dim(A)$. On the other hand, R acts K-linearly on t, so that t is a module over $R \otimes K = F \otimes_{\mathbf{Q}} K$; in other words, *$t$ is an (F, K)-bimodule over* $\mathbf{Q}$. Let d' be the dimension of t as an F-vector space. Then $[K\colon \mathbf{Q}] = 2d'$, because

$$d[K\colon \mathbf{Q}] = \dim_{\mathbf{Q}}(t) = [F\colon \mathbf{Q}]d' = 2dd'\,.$$

For each commutative $\mathbf{Q}$-algebra Λ, the tensor product $t \otimes_{\mathbf{Q}} \Lambda$ is an

[5] Weber usually gives, instead of j, some modular function of higher level. For instance, if $F = \mathbf{Q}(\mu_6)$ and the conductor is 2, one has $R = \mathbf{Z} + \mathbf{Z}\sqrt{-3}$, $j = j(\sqrt{-3})$ and one finds in Weber, p. 474, $f(\sqrt{-3})) = \sqrt[3]{2}$, where f is such that $j(\omega) = (f(\omega)^{24} - 16)/f(\omega)^8$; hence $j(\sqrt{-3}) = 2^4.3^3.5^3$.

$(F \otimes_{\mathbf{Q}} \Lambda, K \otimes_{\mathbf{Q}} \Lambda)$-bimodule over Λ. If $u \in K \otimes_{\mathbf{Q}} \Lambda$, we denote by $\det_t(u)$ the determinant of the corresponding endomorphism of $t \otimes_{\mathbf{Q}} \Lambda$ (viewed as a free module of rank d' over $F \otimes_{\mathbf{Q}} \Lambda$); if u is invertible in $K \otimes_{\mathbf{Q}} \Lambda$, so is $\det_t(u)$ in $F \otimes_{\mathbf{Q}} \Lambda$. Hence the map $\det_t$ gives a homomorphism

$$\psi_\Lambda: (K \otimes_{\mathbf{Q}} \Lambda)^* \longrightarrow (F \otimes_{\mathbf{Q}} \Lambda)^*$$

which is functorial in Λ. In the language of algebraic groups, this means that ψ is a morphism $T_K \to T_F$, where T_K and T_F are the tori corresponding to K and F, i.e., the affine algebraic groups over $\mathbf{Q}$ which represent the functors

$$\Lambda \longmapsto (K \otimes_{\mathbf{Q}} \Lambda)^* \quad \text{and} \quad \Lambda \longmapsto (F \otimes_{\mathbf{Q}} \Lambda)^*,$$

respectively. When Λ is $\mathbf{Q}$ (resp. $\mathbf{Q}_l$, resp. $\mathbf{R}$) we write ψ_0 (resp. ψ_l, resp. ψ_∞) instead of ψ_Λ. These are homomorphisms

$$\psi_0: K^* \longrightarrow F^*,$$
$$\psi_l: K_l^* \longrightarrow F_l^*, \qquad \text{where } K_l = \mathbf{Q}_l \otimes K \text{ and } F_l = \mathbf{Q}_l \otimes F,$$
$$\psi_\infty: K_\infty^* \longrightarrow F_\infty^*, \qquad \text{where } K_\infty = \mathbf{R} \otimes K \text{ and } F_\infty = \mathbf{R} \otimes F.$$

If v is a valuation of K at which A has good reduction, we let k_v, $\tilde{A}_v$ and $\tilde{\pi}_v$ denote respectively the residue field of v, the reduction of A at v, and the Frobenius endomorphism of $\tilde{A}_v$ relative to k_v. We have seen in the proof of Theorem 6 that the reduction map $\mathrm{End}(A) \to \mathrm{End}(\tilde{A}_v)$ defines an injection

$$\tilde{i}: F \longrightarrow \mathbf{Q} \otimes \mathrm{End}(A) \longrightarrow \mathbf{Q} \otimes \mathrm{End}(\tilde{A}_v).$$

Since $\tilde{\pi}_v$ commutes with every k_v-endomorphism of $\tilde{A}_v$, Corollary 1 of Theorem 5 shows that $\tilde{\pi}_v \in \mathrm{Im}(\tilde{i})$. Thus there is a unique element $\pi_v \in F$ such that $\tilde{i}(\pi_v) = \tilde{\pi}_v$; we call π_v the *Frobenius element* attached to v.

Let I_K denote the idèle group of K. For each finite set S of places of K, let I_K^S denote the group of idèles $a = (a_v)$ such that $a_v = 1$ for $v \in S$.

The next two theorems are a reformulation of results of Shimura-Taniyama [18] and Weil [22]:

THEOREM 10. *There exists a unique homomorphism*

$$\varepsilon: I_K \longrightarrow F^*$$

satisfying the following three conditions:

(a) *The restriction of ε to K^* is the map $\psi_0: K^* \to F^*$ defined above.*

(b) *The homomorphism ε is continuous, in the sense that its kernel is open in I_K.*

(c) *There is a finite set S of places of K, including the infinite ones and those where A has bad reduction, such that*

$$(*) \qquad \varepsilon(a) = \prod_{v \notin S} \pi_v^{v(a_v)} \qquad \textit{for } a \in I_K^S .$$

(The last condition means that, for $v \notin S$, the image under ε of any uniformizing element at v is the Frobenius element π_v attached to v.)

Let S be any finite set of places of K containing the infinite ones and those where A has bad reduction, and let $\varepsilon\colon I_K \to F^*$ be a homomorphism. Then it is clear that ε satisfies conditions (b) and (c)(relative to S) if and only if $(*)$ holds not only for $a \in I_K^S$, but for all a in some open subgroup N of I_K containing I_K^S. For any such N, we have $I_K = K^*N$ by the weak approximation theorem. This shows the unicity of an ε satisfying all three conditions, and shows also that the existence of such an ε for the set S in question is equivalent to the existence of an N as above such that

$$\prod_{v \notin S} \pi_v^{v(\alpha)} = \psi_0(\alpha) \qquad \text{for all } \alpha \in K^* \cap N .$$

But, except for the notation, this last equation is formula (3) on p. 148 of Shimura-Taniyama [18] if we take for S the set of infinite places and those dividing the ideal denoted there by $\mathfrak{f}\mathfrak{m}$, and for N the group of idèles $\equiv 1 \pmod{\mathfrak{f}\mathfrak{m}}$. Hence the theorem.

The next theorem concerns the relationship between ε and the l-adic representation ρ_l given by the action of the Galois group on $V_l(A)$. By Corollary 2 of Theorem 5, ρ_l takes its values in $U_l(R) \subset F_l^*$, and factors through $\mathrm{Gal}(K^{ab}/K)$, where K^{ab} is the maximal abelian extension of K. Class field theory allows us to interpret ρ_l as a homomorphism

$$\rho_l\colon I_K \longrightarrow F_l^*$$

which is trivial on K^*. If v is a valuation of K at which A has good reduction, and such that $p_v \neq l$, then ρ_l is *unramified at* v (i.e., ρ_l is trivial on $U_v(K)$) and takes the value π_v at each uniformizing element of K_v^*.

THEOREM 11. (i) *For each prime number l, we have*

$$(**) \qquad \rho_l(a) = \varepsilon(a)\psi_l(a_l^{-1}) \qquad \textit{for all } a \in I_K ,$$

where a_l denotes the component of a in $K_l^* = \prod_{p_v = l} K_v^*$, and $\psi_l\colon K_l^* \to F_l^*$ is the map defined above.

(ii) *For every valuation v of K, the restriction of ε to $U_v(K)$ is the homomorphism φ_v of* § 5 (cf. Remark 3 after Theorem 6).

Let S be a set of places satisfying condition (c) of Theorem 10, and let $I_K^{S,l}$ be the group of idèles a whose components are 1 at the places of S and at the places dividing l. By what has been said above, ρ_l coincides with ε on $I_K^{S,l}$, and since $a_l = 1$ for $a \in I_K^{S,l}$, it follows that $(**)$ holds for $a \in I_K^{S,l}$. For $\alpha \in K^*$ we have $\varepsilon(\alpha) = \psi_0(\alpha) = \psi_l(\alpha)$; hence $(**)$ holds for the dense subgroup $K^* I_K^{S,l}$

of I_K. By continuity, (**) holds for all $a \in I_K$. This proves (i).

To prove (ii), let l be some prime number different from p_v. Then $a_l = 1$ for $a \in K_v^*$, and (**) shows that ε coincides with ρ_l on K_v^*. Hence, on $U_v(K)$, ε coincides with φ_v, the restriction of ρ_l (cf. Theorem 6).

COROLLARY 1. *The abelian variety A has good reduction at v if and only if ε is unramified at v*, i.e., $\varepsilon(U_v(K)) = \{1\}$.

This follows from the equality $\Phi_v = \varepsilon(U_v(K))$, combined with the corollary to Theorem 6.

COROLLARY 2. *For each prime number l, the homomorphisms ρ_l and $1/\psi_l$ coincide on an open subgroup of $U_l(K) = \prod_{p_v=l} U_v(K)$; they coincide on all of $U_l(K)$ for those primes l such that A has good reduction at all the places v above l.*

(More precisely, if v divides l, the maps ρ_l and $1/\psi_l$ coincide on all of $U_v(K)$ if and only if A has good reduction at v.)

Indeed, if $x \in U_l(K)$, one has $\rho_l(x) = 1/\psi_l(x)$ if and only if $\varepsilon(x) = 1$.

Remark. Conversely, if for *one* prime l one knows[6] that ρ_l and $1/\psi_l$ coincide on some open subgroup of $U_l(K)$, then one recovers Theorem 10 immediately by defining ε by the formula

$$\varepsilon(a) = \rho_l(a)\psi_l(a_l) \qquad \text{for } a \in I_K .$$

(*A priori*, this ε has values in F_l^*, rather than in F^*, but it is easy to see that it satisfies the three conditions of Theorem 10 (with S consisting of the infinite places, those dividing l, and those where A has bad reduction), and any such homomorphism has values in F^*, as the proof of Theorem 10 shows.)

In view of Theorem 11, it is natural to define a homomorphism

$$\rho_\infty : I_K \longrightarrow F_\infty^* = (\mathbf{R} \otimes F)^*$$

by putting $\rho_\infty(a) = \varepsilon(a)\psi_\infty(a_\infty^{-1})$, where a_∞ is the infinite component of the idèle a. This homomorphism is obviously characterized by the fact that it is continuous, trivial on K^*, and coincides with ε on the group I_K^∞ of idèles whose infinite component is 1.

Let $\sigma: F \to \mathbf{C}$ be a homomorphism. The composition

$$\chi_\sigma : I_K \xrightarrow{\rho_\infty} (R \otimes F)^* \xrightarrow{1 \otimes \sigma} \mathbf{C}^*$$

is continuous and trivial on K^*; that is, χ_σ is a "Grössencharakter" in the broad sense (having values in $\mathbf{C}^*$ rather than in the unit circle); it is essen-

[6] Indeed, this can also be proved by local methods, which give the analogous statements for formal groups (or p-divisible groups) with formal complex multiplication. The ingredients for such a proof can be found in our Driebergen and McGill lectures (Springer, 1967–Benjamin, 1968).

tially the same as the Grössencharakter defined in [18, p. 148]. For each valuation v of K, the restriction of χ_σ to $U_v(K)$ is $\sigma \circ \varphi_v$, and, since σ is injective, it follows that *the exponent at v of the conductor of χ_σ is equal to the number n_v of Theorem* 6. Hence:

THEOREM 12. *The conductor of the abelian variety A is the $2d^{\text{th}}$ power of the conductor of χ_σ; in particular, the support of the conductor of χ_σ is the set of valuations of K where A has bad reduction.*

For elliptic curves, the second statement was proved by Deuring [7].

APPENDIX

Some problems on l-adic cohomology

Let K be a field with a discrete valuation v and residue field k (cf. § 1). Let X be an algebraic variety over K. Let l be a prime number, distinct from char (k), and let i be a positive integer. Denote by H_l^i the ith l-adic cohomology vector space of $X_s = X \times_K K_s$, for the étale topology (cf. [2]). Assume that char $(K) = 0$ or that X is proper over K, so that H_l^i is finite dimensional over $\mathbf{Q}_l$ (*loc. cit.*). The group Gal (K_s/K) acts on H_l^i. This defines a continuous homomorphism

$$\rho_l\colon \mathrm{Gal}\,(K_s/K) \longrightarrow \mathrm{Aut}\,(H_l^i)\ .$$

Let Tr (ρ_l) be the character of this representation.

Problem 1. *Is it true that the restriction of* Tr (ρ_l) *to the inertia group $I(\bar{v})$ is locally constant, takes values in* $\mathbf{Z}$, *and is independent of* l?

If so, there is an open subgroup H of $I(\bar{v})$ such that $\rho_l(s)$ is unipotent for all $s \in H$ (this has been proved by Grothendieck in a special case, see below). Moreover, Tr (ρ_l) then defines a character of a finite quotient of $I(\bar{v})$; this would make possible the definition of a *conductor*, as in § 3.

Assume moreover that the residue field k is *finite*, with q elements, and let s be an element of the decomposition group $D(\bar{v})$ whose image in Gal $(\bar{k}/k)$ is an integral power F_v^n of the Frobenius element F_v.

Problem 2. *Is it true that the characteristic polynomial of $\rho_l(s)$ has rational coefficients independent of l? If so, is it true that the roots z_α of this polynomial have absolute value $q^{-ni_\alpha/2}$, where $0 \leqq i_\alpha \leqq 2i$?*

These problems are suggested by various examples (for instance, abelian varieties: the case of potential good reduction has been discussed in §§ 2, 3 and the general case is similar, once one has the existence of a "semi-stable reduction" (cf. footnote[3])). One could refine them by asking for the existence of a filtration of H_l^i with suitable properties, but we do not want to go into that here.

We finish up with a result of Grothendieck, which gives, in a special but important case, a positive answer to a part of Problem 1.

PROPOSITION (Grothendieck). *Let* $\rho: D(\bar{v}) \to \mathrm{GL}(n, \mathbf{Q}_l)$ *be a continuous l-adic linear representation of the decomposition group* $D(\bar{v})$. *Assume that the residue field k of v has the following property*:

(C_l) *No finite extension of k contains all the roots of unity of order a power of l.*

Then there exists an open subgroup H of $I(\bar{v})$ *such that* $\rho(s)$ *is unipotent for all* $s \in H$.

(Note that (C_l) holds if k is finitely generated over the prime field, for instance if it is *finite*.)

PROOF. First, we may assume that K is *complete* and (after making a finite extension) that any matrix $x \in \mathrm{Im}(\rho)$ has coefficients in $\mathbf{Z}_l$ and *is congruent to* 1 mod l^2. This implies in particular that $\mathrm{Im}(\rho)$ is a *pro-l-group*, i.e., a projective limit of finite l-groups. We will show that $\rho(s)$ is then unipotent for all $s \in I(\bar{v})$.

Let K_{nr} be the maximal unramified extension of K contained in its separable closure K_s; we have

$$\mathrm{Gal}(K_s/K_{nr}) = I(\bar{v}) \qquad \text{and} \qquad \mathrm{Gal}(K_{nr}/K) = \mathrm{Gal}(k_s/k) .$$

Let K_l be the l-part of the maximal tamely ramified extension of K_{nr}, i.e., the extension of K_{nr} generated by the l^{n} th roots of a uniformizing element $(n = 1, 2, \cdots)$. One sees easily that, if L is a finite extension of K_l, every element of L is an lth-power. Hence the *order* of the group $\mathrm{Gal}(K_s/K_l)$, which is a "supernatural number", is prime to l. Since the order of $\mathrm{Im}(\rho)$ is a power of l, as remarked above, it follows that the image by ρ of $\mathrm{Gal}(K_s/K_l)$ is $\{1\}$, i.e., that ρ may be viewed as a homomorphism of $\mathrm{Gal}(K_l/K)$ into $\mathrm{GL}(n, \mathbf{Q}_l)$.

The group $\mathrm{Gal}(K_l/K)$ is itself an extension of $\mathrm{Gal}(k_s/k)$ by $\mathrm{Gal}(K_l/K_{nr})$. This last group is well known to be isomorphic with $T_l(\mu) = \mathrm{inv\,lim}\, \mu_n$, where μ_n denotes the group of l^{n} th roots of unity in k_s (or in K_{nr}, it does not matter). Moreover, the isomorphism

$$T_l(\mu) \simeq \mathrm{Gal}(K_l/K_{nr})$$

is compatible with the action of $\mathrm{Gal}(k_s/k)$, acting in the natural way on $T_l(\mu)$ and acting on $\mathrm{Gal}(K_l/K_{nr})$ by inner automorphisms of the extension $\mathrm{Gal}(K_l/K)$. Let $\chi: \mathrm{Gal}(k_s/k) \to \mathbf{Z}_l^*$ be the character giving the action of $\mathrm{Gal}(k_s/k)$ on $T_l(\mu)$. If s belongs to the pro-l-group $\mathrm{Gal}(K_l/K_{nr})$, the compatibility mentioned above shows that s *and* $s^{\chi(t)}$ *are conjugate in* $\mathrm{Gal}(K_l/K)$ for every $t \in \mathrm{Gal}(k_s/k)$. Let $X = \log \rho(s)$ be the l-adic logarithm of $\rho(s)$; since

$$\log \rho(s)^{\chi(t)} = \chi(t) \log \rho(s) = \chi(t)X ,$$

we see that X and $\chi(t)X$ are conjugate matrices for every $t \in \mathrm{Gal}(k_s/k)$. If $a_i(X)$ is the ith symmetric function of the characteristic roots of X, this shows that

$$a_i(X) = a_i(\chi(t)X) = \chi(t)^i a_i(X) .$$

But the condition (C_l) means that the image of χ is an infinite subgroup of $\mathbf{Z}_l^*$. Hence we may choose t such that $\chi(t)$ is not a root of unity, and the equation above shows that $a_i(X) = 0$ for all $i > 0$, i.e., that X is *nilpotent*. Since $\rho(s) \equiv 1 \bmod l^2$, we have

$$\rho(s) = \exp(\log \rho(s)) = \exp(X) ,$$

hence $\rho(s)$ is unipotent, q.e.d.

COLLÈGE DE FRANCE,
HARVARD UNIVERSITY

BIBLIOGRAPHY

[1] E. ARTIN and J. TATE, Class Field Theory. Benjamin, New York, 1968.

[2] M. ARTIN, A. GROTHENDIECK et J-L. VERDIER, *Cohomologie étale des schémas*, Séminaire Géom. Alg. (SGA 4), I. H. E. S., 1963/64 [see also SGA 5, 1964/65, exposé 6].

[3] H. BASS, *On the ubiquity of Gorenstein rings*. Math. Z., **82** (1963), 8-28.

[4] A. BOREL et J-P. SERRE, *Théorèmes de finitude en cohomologie galoisienne*. Comment. Math. Helv., **39** (1964), 111-164.

[5] C. CHEVALLEY, *Une démonstration d'un théorème sur les groupes algébriques*. J. Math. pures appl., **39** (1960), 307-317.

[6] M. DEURING, *Die Typen der Multiplikatorenringe elliptischer Funktionenkörper*. Abh. Math. Sem. Hamburg, **14** (1941), 197-272.

[7] ———, *Die Zetafunktion einer algebraischen Kurve vom Geschlechte Eins*, II. Gött. Nach., 1955, nº 2, p. 13-42; III, *ibid.*, 1956, nº 4, p. 37-76.

[8] ———, *Die Klassenkörper der komplexen Multiplikation*. Enz. Math. Wiss., Band I-2, Heft 10, Teil II, Teubner, 1958.

[9] A. GROTHENDIECK, Eléments de Géométrie algébrique (rédigés avec la collaboration de J. DIEUDONNÉ). Publ. Math. I.H.E.S., 1960-. . .

[10] ———, *Un théorème sur les homomorphismes de schémas abéliens*. Invent. Math., **2** (1966), 59-78.

[11] S. KOIZUMI and G. SHIMURA, *On specializations of abelian varieties*. Sc. Papers Coll. Gen. Ed., Univ. Tokyo, **9** (1959), 187-211.

[12] S. LANG, Abelian varieties. Intersc. Tracts, nº 7, New York, 1957.

[13] D. MUMFORD, Geometric Invariant Theory. Erg. der Math., Bd. 34, Springer-Verlag, 1965.

[14] A. NÉRON, *Modèles minimaux des variétés abéliennes sur les corps locaux et globaux*. Publ. Math. I.H.E.S., **21**, (1964), 5-128.

[15] A. P. OGG, *Elliptic curves and wild ramification*. Amer. J. Math., **89** (1967), 1-21.

[16] M. RAYNAUD, *Caractéristique d'Euler-Poincaré d'un faisceau et cohomologie des variétés abéliennes*. Sém. BOURBAKI, 1964/65, exposé 286.

[17] M. Rosenlicht, *Some basic theorems on algebraic groups*. Amer. J. Math., **78** (1956), 401-443.
[18] G. Shimura and Y. Taniyama, Complex multiplication of abelian varieties and its applications to number theory. Publ. Math. Soc. Japan, n° 6, Tokyo, 1961.
[19] J. Tate, *Genus change in inseparable extensions of function fields*. Proc. Amer. Math. Soc., **3** (1952), 400-406.
[20] H. Weber, Lehrbuch der Algebra. III. 3 Aufl., Braunschweig, 1908.
[21] A. Weil, Variétés abéliennes et courbes algébriques. Publ. Inst. Math. Univ. Strasbourg, VIII, Hermann, Paris, 1948.
[22] ———, *On a certain type of characters of the idèle-class group of an algebraic number-field*. Proc. Intern. Symp. Tokyo-Nikko, 1955, p. 1-7.

(Received March 18, 1968)

80.

Une interprétation des congruences relatives à la fonction τ de Ramanujan

Séminaire Delange-Pisot-Poitou 1967/68, n° **14**

§ 1. La fonction τ

1.1. Définition

Posons

(1) $$D(x) = x \prod_{m=1}^{\infty} (1-x^m)^{24}.$$

Le coefficient de x^n $(n \geq 1)$ dans le développement en série entière de $D(x)$ est noté $\tau(n)$. La fonction $n \mapsto \tau(n)$ est la *fonction de Ramanujan* (cf. [5], [16]). On a:

(2) $$D(x) = \sum_{n=1}^{\infty} \tau(n)\, x^n.$$

Voici quelques valeurs de τ, empruntées à Lehmer [11]:

$\tau(1) = 1$	$\tau(5) = 4830$	$\tau(9) = -113643$
$\tau(2) = -24$	$\tau(6) = -6048$	$\tau(10) = -115920$
$\tau(3) = 252$	$\tau(7) = -16744$	...
$\tau(4) = -1472$	$\tau(8) = 84480$	$\tau(300) = 9458784518400$.

1.2. Premières propriétés de τ

On sait que, si l'on pose

(3) $$\Delta(z) = D(e^{2\pi i z}), \quad \mathrm{Im}(z) > 0,$$

la fonction Δ est, à un facteur constant près, l'unique forme parabolique de poids 12 (ou -12, suivant les conventions adoptées) pour le groupe $\mathbf{SL}(2, \mathbf{Z})$. En particulier, pour tout nombre premier p, la fonction Δ est fonction propre de l'opérateur de Hecke T_p, la valeur propre correspondante étant $\tau(p)$ (cf., par exemple, Hecke [6], p. 644–671). Ceci entraîne les propriétés suivantes, conjecturées par Ramanujan [16] et démontrées par Mordell [14]:

(4) $\tau(mn) = \tau(m)\,\tau(n)$ si m et n sont premiers entre eux ;

(5) $\tau(p^{n+1}) = \tau(p^n)\,\tau(p) - p^{11}\,\tau(p^{n-1})$ si p est premier, $n \geq 1$.

Ces formules ramènent le calcul de $\tau(n)$ à celui de $\tau(p)$, pour p premier.

1.3. La série de Dirichlet attachée à τ

Soit

(6) $$L_\tau(s) = \sum_{n=1}^{\infty} \tau(n)/n^s$$

la série de Dirichlet définie par τ. Les formules (4) et (5) équivalent à la suivante:

$$L_\tau(s) = \prod_p \frac{1}{1 - \tau(p)\, p^{-s} + p^{11-2s}} = \prod_p \frac{1}{H_p(p^{-s})},$$

où

$$H_p(X) = 1 - \tau(p)\, X + p^{11} X^2. \tag{8}$$

De plus, la théorie de HECKE montre que $L_\tau(s)$ se prolonge en une *fonction entière* dans le plan complexe, et que la fonction

$$(2\pi)^{-s}\, \Gamma(s)\, L_\tau(s)$$

est invariante par $s \mapsto 12 - s$.

Signalons à ce sujet la *conjecture de Ramanujan* que l'on peut formuler de l'une des façons équivalentes suivantes:

- Les racines du polynôme $H_p(X)$ sont imaginaires conjuguées;
- Les racines du polynôme $H_p(X)$ sont de valeur absolue $p^{-11/2}$;
- On a $|\tau(p)| < 2p^{11/2}$.

§ 2. Les congruences relatives à τ

2.1. Résultats

1 On a des formules donnant $\tau(n)$ modulo 2^{11}, 3^7, 5^3, 7, 23, 691 (cf. LEHMER [13]). Plus précisément:

Puissances de 2. On trouve, dans [2], la valeur de $\tau(p)$ mod 2^5:

$$\tau(p) \equiv 1 + p^{11} \pmod{2^5} \quad \text{si } p \neq 2. \tag{9}$$

En fait, cette congruence vaut mod 2^8; plus précisément, LEHMER [13] démontre:

$$\tau(p) \equiv 1 + p^{11} + 8\,(41 + x)\cdot(p - x)^{2+x} \pmod{2^{11}} \tag{10}$$

avec $x = (-1)^{(p-1)/2}$.

SWINNERTON-DYER (non publié) a également obtenu des congruences modulo 2^{12}, 2^{13}, 2^{14} lorsque $p \equiv 5, 3, 7 \pmod 8$.

Puissances de 3. On trouve dans [15] la valeur de $\tau(p)$ mod 3:

$$\tau(p) \equiv 1 + p \pmod 3 \quad \text{si } p \neq 3. \tag{11}$$

LEHMER [13] donne $\tau(p)$ mod 3^5; en particulier:

$$\tau(p) \equiv p^2 + p^9 \pmod{3^3}. \tag{12}$$

SWINNERTON-DYER (non publié) a obtenu des congruences modulo 3^6 ou 3^7 suivant que $p \equiv 1 \pmod 3$ ou $p \equiv -1 \pmod 3$.

Puissances de 5. On a (cf. [2]):

$$\tau(p) \equiv p + p^{10} \pmod{5^2}. \tag{13}$$

LEHMER [13] donne une congruence mod 5^3:

$$\tau(p) \equiv -24p(1+p^9) - 10p(1+p^5) - 90p^2(1+p^3) \pmod{5^3};$$

on peut aussi l'écrire sous la forme:

$$\tau(p) \equiv p^{41} + p^{-30} \pmod{5^3}, \quad p \neq 5. \tag{14}$$

Puissances de 7. On a (cf. [15]):

$$\tau(p) \equiv p + p^4 \pmod 7. \tag{15}$$

On ne connait, pour l'instant, la valeur de $\tau(p) \bmod 7^2$ que lorsque p est non résidu quadratique mod 7, et dans ce cas c'est $p + p^{10}$ (LEHMER [13]).

Puissances de 23. Le résultat a ici une forme un peu différente des précédents. On a (cf. WILTON [21]), pour $p \neq 23$:

$$\left\{\begin{array}{ll} \tau(p) \equiv 0 \pmod{23} & \text{si } p \text{ est non résidu quadratique mod } 23, \\ \tau(p) \equiv 2 \pmod{23} & \text{si } p \text{ est de la forme } u^2+23v^2, \\ \tau(p) \equiv -1 \pmod{23} & \text{si } p \text{ est résidu quadratique mod } 23, \text{ mais n'est pas} \\ & \text{de la forme } u^2+23v^2. \end{array}\right. \tag{16}$$

[Soit $K = \mathbf{Q}(\sqrt{-23})$. Dire que p est résidu quadratique mod 23 signifie que p se décompose dans K en deux idéaux premiers distincts $\mathfrak{p}$ et $\bar{\mathfrak{p}}$; pour que p soit de la forme u^2+23v^2, il faut et il suffit que $\mathfrak{p}$ soit *principal* (rappelons que le nombre de classes de K est égal à 3).]

Puissances de 691. On a (RAMANUJAN [16]):

$$\tau(p) \equiv 1 + p^{11} \pmod{691}. \tag{17}$$

Telles sont les congruences connues sur $\tau(p)$; bien entendu, en utilisant les formules (4) et (5), on en déduit des congruences pour $\tau(n)$, n quelconque.

2.2. Démonstrations

Je me bornerai à de brèves indications; pour plus de détails, voir [2], [12], [13], [15], [16], [21].

(a) Considérons les séries d'Eisenstein de poids 6 et 12:

$$\left\{\begin{array}{l} E_6(x) = 1 - 504 \sum_{n=1}^{\infty} \sigma_5(n)\, x^n \\ E_{12}(x) = 1 + \dfrac{65520}{691} \sum_{n=1}^{\infty} \sigma_{11}(n)\, x^n. \end{array}\right. \quad \text{où } \sigma_q(n) = \sum_{d \mid n} d^q \tag{18}$$

Puisque le carré de E_6 est une forme modulaire de poids 12, c'est une combinaison linéaire de E_{12} et de D; d'où:

$$E_6^2 = E_{12} - \frac{a}{691} D, \quad \text{avec } a \equiv 65520 \pmod{691}. \tag{19}$$

En multipliant par 691, on obtient des séries à coefficients *entiers*, et, en réduisant modulo 691, on trouve:

$$(20) \qquad 0 \equiv 65\,520 \left(\sum_{n=1}^{\infty} \sigma_{11}(n)\, x^n - \sum_{n=1}^{\infty} \tau(n)\, x^n \right) \pmod{691},$$

d'où:

$$\tau(n) \equiv \sigma_{11}(n) \pmod{691}.$$

Lorsque $n = p$ est premier, cela donne bien la congruence (17).

(b) Les congruences mod 2^α, 3^β, 5^γ, 7 se démontrent par des arguments analogues au précédent (mais plus compliqués) utilisant les fonctions

$$\Phi_{r,s}(x) = \sum_{m,n} m^r n^s x^{mn}$$

de RAMANUJAN (cf. LEHMER [13]).

(c) La congruence modulo 23 résulte facilement de la suivante (cf. WILTON [21]):

$$(22) \qquad \prod_{m=1}^{\infty} (1 - x^m)^{24} \equiv f(x)\, f(x^{23}) \pmod{23}$$

où

$$f(x) = \prod_{m=1}^{\infty} (1 - x^m) = \sum_{-\infty}^{+\infty} (-1)^r x^{(3r^2+r)/2}.$$

2.3. Les zéros de la fonction τ

Y a-t-il des nombres premiers p tels que $\tau(p) = 0$? On n'en connait pas. En tout cas, les congruences ci-dessus entraînent (cf. LEHMER [12], [13]):

$$(23) \qquad \text{Si } \tau(p) = 0, \text{ on a } \begin{cases} p \equiv -1 \pmod{2^{11}\, 3^7\, 5^3\, 691} \\ p \equiv -1,\ 19 \text{ ou } 31 \pmod{49} \\ p \text{ non résidu quadratique mod } 23. \end{cases}$$

En particulier, la *densité* de l'ensemble des p tels que $\tau(p) = 0$ est inférieure à 10^{-12}, et le plus petit p tel que $\tau(p) = 0$ est un nombre d'au moins 15 chiffres.

§ 3. Les représentations l-adiques attachées à τ

3.1. Notations

Soit $\overline{\mathbf{Q}}$ une clôture algébrique de $\mathbf{Q}$; pour tout nombre premier l, nous noterons K_l la plus grande sous-extension de $\overline{\mathbf{Q}}$ qui est *non ramifiée en dehors de l*. Une sous-extension finie de $\overline{\mathbf{Q}}$ est contenue dans K_l si, et seulement si, la valeur absolue de son discriminant est une puissance de l.

L'extension $K_l/\mathbf{Q}$ est galoisienne; soit $\mathrm{Gal}(K_l/\mathbf{Q})$ son groupe de Galois; dans la terminologie de GROTHENDIECK, $\mathrm{Gal}(K_l/\mathbf{Q})$ est le *groupe fondamental* de $\mathrm{Spec}(\mathbf{Z}) - \{l\}$. Si p est un nombre premier distinct de l, nous associerons à p son *élément de Frobenius* F_p, qui est un élément de $\mathrm{Gal}(K_l/\mathbf{Q})$, défini à conjugaison près.

Soit k un anneau, soit N un entier, et soit

$$\varrho\colon \mathrm{Gal}(K_l/\mathbf{Q}) \to \mathbf{GL}(N,k)$$

une représentation linéaire de degré N de $\mathrm{Gal}(K_l/\mathbf{Q})$ dans k. Pour tout $p \neq l$, l'élément $\varrho(F_p)$ de $\mathbf{GL}(N,k)$ est déterminé à conjugaison près; en particulier, le polynôme

$$P_{p,\varrho}(X) = \det(1-\varrho(F_p)X)$$

est bien défini.

Dans ce qui suit, nous nous intéresserons surtout au cas où l'anneau k est $\mathbf{Z}/l^n\mathbf{Z}$, ou $\mathbf{Z}_l = \varprojlim \mathbf{Z}/l^n\mathbf{Z}$, ou $\mathbf{Q}_l = \mathbf{Z}_l[1/l]$, l'homomorphisme ϱ étant *continu*.

3.2. Une conjecture

C'est la suivante:

Conjecture. *Pour tout nombre premier l, il existe une représentation linéaire continue*

$$\varrho_l\colon \mathrm{Gal}(K_l/\mathbf{Q}) \to \mathrm{Aut}(V_l),$$

où V_l est un $\mathbf{Q}_l$-espace vectoriel de dimension 2, satisfaisant à la condition suivante:

(C) *Pour tout nombre premier $p \neq l$, le polynôme $P_{p,\varrho_l}(X)$ est égal au polynôme $H_p(X)$ du* n° 1.3.

La condition (C) peut être reformulée ainsi:

(C′) *Pour tout $p \neq l$, on a*

$$\mathrm{Tr}(\varrho_l(F_p)) = \tau(p) \quad et \quad \det(\varrho_l(F_p)) = p^{11}. \tag{24}$$

Dans la terminologie de [17] (chap. I, § 2), les ϱ_l forment un *système strictement compatible de représentations l-adiques rationnelles de* $\mathbf{Q}$, à ensemble exceptionnel réduit à $\emptyset$.

Remarques. 1) Soit $\chi_l\colon \mathrm{Gal}(K_l/\mathbf{Q}) \to \mathbf{Q}_l^*$ la représentation l-adique de degré 1 donnée par l'action de $\mathrm{Gal}(K_l/\mathbf{Q})$ sur les racines l^n-ièmes de l'unité (cf. [17], chap. I, n° 1.2); on a $\chi_l(F_p) = p$. La deuxième partie de la condition (24) équivaut donc à

$$\det(\varrho_l) = \chi_l^{11}. \tag{25}$$

2) Soit c l'élément d'ordre 2 de $\mathrm{Gal}(K_l/\mathbf{Q})$ induit par la conjugaison complexe; il est défini à conjugaison près. D'après (25), on a $\det(\varrho_l(c)) = -1$. On en conclut que $\varrho_l(c)$ a pour valeurs propres 1 et -1.

3) La représentation ϱ_l dont la conjecture ci-dessus affirme l'existence est *unique*, à isomorphisme près. Cela résulte de [17] (chap. I, n° 2.3), combiné avec le fait que ϱ_l est *irréductible* (cf. n° 5.1 ci-après).

3.3. Les représentations (mod l^n)

Observons d'abord que, si $\varrho_l\colon \mathrm{Gal}(K_l/\mathbf{Q}) \to \mathrm{Aut}(V_l)$ existe, il y a un *réseau* de V_l qui est stable par $\mathrm{Im}(\varrho_l)$, cf. [17] (chap. I, n° 1.1). Autrement dit, on peut considérer ϱ_l comme un homomorphisme de $\mathrm{Gal}(K_l/\mathbf{Q})$ dans $\mathbf{GL}(2, \mathbf{Z}_l)$ – et non pas seulement dans $\mathbf{GL}(2, \mathbf{Q}_l)$. (Noter toutefois qu'il n'y a plus unicité: des réseaux différents peuvent donner des représentations non isomorphes.) Par réduction modulo l^n, on en déduit des représentations (mod l^n)

$$\varrho_{l,n}\colon \mathrm{Gal}(K_l/\mathbf{Q}) \to \mathbf{GL}(2, \mathbf{Z}/l^n\mathbf{Z})$$

telles que

$$(26) \qquad \begin{cases} \mathrm{Tr}(\varrho_{l,n}(F_p)) \equiv \tau(p) & (\mathrm{mod}\, l^n) \\ \det(\varrho_{l,n}(F_p)) \equiv p^{11} & (\mathrm{mod}\, l^n) \end{cases}$$

pour tout $p \neq l$.

Or, pour certains l^n, on connait explicitement $\tau(p)$ modulo l^n, cf. n° 2.1. Une première vérification de la conjecture consiste donc à chercher, pour ces valeurs de l^n, une représentation (mod l^n) ayant les propriétés voulues. C'est ce que nous allons faire.

3.4. Représentations correspondant aux congruences du § 2

(a) Il n'y a aucune difficulté modulo 2^8, 3^3, 5^3, 7 ou 691. Dans chaque cas, on a:

$$\tau(p) \equiv p^a + p^{11-a} (\mathrm{mod}\, l^n)$$

pour $p \neq l$, avec $a = 0$, 2, 41, 1 ou 0 respectivement. Toute représentation triangulaire

$$\begin{pmatrix} \varphi & * \\ 0 & \psi \end{pmatrix}$$

où φ, ψ: $\mathrm{Gal}(K_l/\mathbf{Q}) \to (\mathbf{Z}/l^n\mathbf{Z})^*$ sont congrus (mod l^n) à χ_l^a et χ_l^{11-a}, répond à la question.

(b) Le cas de $l = 23$ et $n = 1$ s'interprète de la manière suivante:

Soit E le corps obtenu en adjoignant à $\mathbf{Q}$ les racines de l'équation

$$x^3 - x - 1 = 0 .$$

C'est une extension galoisienne de $\mathbf{Q}$, ramifiée seulement en 23; son groupe de Galois est le groupe $\mathfrak{S}_3$ des permutations de trois lettres. (On sait que E est le corps de classes absolu du corps $\mathbf{Q}(\sqrt{-23})$.) Soit r l'unique représentation irréductible de degré 2 de $\mathfrak{S}_3$; on a, si $s \in \mathfrak{S}_3$,

$$\mathrm{Tr}(r(s)) = 0, 2 \text{ ou } -1 ,$$

suivant que s est d'ordre 2, 1, ou 3. De plus, puisque $\mathrm{Gal}(E/\mathbf{Q})$ est un quotient de $\mathrm{Gal}(K_{23}/\mathbf{Q})$, on peut considérer r comme une représentation de $\mathrm{Gal}(K_{23}/\mathbf{Q})$. Les formules (16) montrent que ϱ_{23} et r ont même polynôme caractéristique (mod 23). Comme r est irréductible modulo 23, cela entraîne:

$$\varrho_{23,1} \approx r \quad (\mathrm{mod}\, 23) .$$

(c) Le cas de 2^{11} est beaucoup moins évident que les précédents (et m'avait même conduit à douter de la conjecture!). Heureusement, il a été traité par SWINNERTON-DYER (non publié), et son résultat constitue en fait la vérification numérique la plus probante de la conjecture générale. SWINNERTON-DYER obtient même la structure complète du groupe $\mathrm{Im}(\varrho_2)$ – et pas seulement de sa réduction mod 2^{11}. D'après ce qu'il m'a communiqué, c'est un *sous-groupe ouvert d'indice* 3.2^{25} du groupe $\mathbf{GL}(2, \mathbf{Z}_2)$.

3.5. La représentation $\varrho_{11,1}$

Bien que l'on n'ait pas de congruence donnant $\tau(p)$ (mod 11) comme une fonction simple de p (et pour cause – cf. n° 4.3 ci-dessous), SWINNERTON-DYER m'a fait observer que *l'existence de la représentation* $\varrho_{11,1}$ (i.e. ϱ_{11} modulo 11) peut se démontrer de la manière suivante:

On observe que

$$(27) \qquad x\prod_{m=1}^{\infty}(1-x^m)^{24} = x\prod_{m=1}^{\infty}(1-x^m)^2\prod_{m=1}^{\infty}(1-x^m)^{22}$$
$$\equiv x\prod_{m=1}^{\infty}(1-x^m)^2\prod_{m=1}^{\infty}(1-x^{11m})^2 \pmod{11}.$$

Or la fonction $x\prod(1-x^m)^2\prod(1-x^{11m})^2$ est une forme parabolique de poids 2 pour le groupe $\Gamma_0(11)$. De plus, on sait (cf. SHIMURA [19]) qu'il lui correspond, pour tout l, une représentation l-adique: celle associée à la courbe elliptique

$$(28) \qquad y^2 + y = x^3 - x^2 - 10x - 20.$$

On en conclut que $\varrho_{11,1}$ est isomorphe à la représentation de $\mathrm{Gal}(K_{11}/\mathbf{Q})$ dans le groupe des points de division par 11 de cette courbe elliptique. On observera (cf. SHIMURA [19]) que l'image de $\varrho_{11,1}$, qui est *a priori* un sous-groupe de $\mathbf{GL}(2, \mathbf{F}_{11})$, *est en fait égale à* $\mathbf{GL}(2, \mathbf{F}_{11})$ *tout entier.* La situation est donc bien différente de celle du numéro précédent, où l'on ne rencontrait que des groupes *résolubles.*

§ 4. Applications

Dans ce paragraphe, ainsi que dans le suivant, on *admet* la conjecture du n° 3.2, i.e. l'existence des représentations ϱ_l et $\varrho_{l,n}$. Les résultats énoncés ne pourront donc être considérés comme démontrés que quand la conjecture elle-même le sera (ce qui est imminent, cf. § 6).

4.1. Densité

La valeur de $\tau(p)$ modulo l^n dépend uniquement de l'élément

$$\varrho_{l,n}(F_p) \subset \mathbf{GL}(2, \mathbf{Z}/l^n\mathbf{Z}).$$

Vu le théorème de Čebotarev (cf. par exemple [17], chap. I, n° 2.2), cela implique:

L'ensemble des nombres premiers p, distincts de l, tels que $\tau(p)$ soit congru à un entier donné a modulo l^n, a une *densité;* cette densité est >0 si l'ensemble en question est non vide.

(De façon plus précise, cette densité est égale à A/B, où B est l'ordre de $\mathrm{Im}(\varrho_{l,n})$, et où A est le nombre d'éléments de $\mathrm{Im}(\varrho_{l,n})$ dont la trace est congrue à a modulo l^n.)

4.2. Indépendance des divers nombres premiers

Les extensions K_l ($l = 2, 3, 5, \ldots$) sont *linéairement disjointes* sur **Q**; cela provient simplement de ce que **Q** n'admet aucune extension non ramifiée, à part lui-même. On en conclut que les valeurs de $\tau(p)$ modulo 2^a, 3^b, ... sont *indépendantes*: si la densité des p tels que $\tau(p) \equiv a_i \pmod{l_i^{n_i}}$ est d_i, celle des p vérifiant toutes ces conditions à la fois est *le produit* des d_i.

Le même argument de disjonction entraîne ceci:

Soient l premier, $n \geq 1$, et p_0 premier avec $p_0 \neq l$. Il existe alors une infinité de p tels que

$$\tau(p) \equiv \tau(p_0) \pmod{l^n}, \quad p \equiv p_0 \pmod{l^n},$$

et il en existe dans toute progression arithmétique $an+b$, avec $(a,b)=1$ et $(a,l)=1$.

(En termes moins précis: si M et N sont deux entiers premiers entre eux, aucune congruence sur p modulo M ne peut entraîner quoi que ce soit sur la valeur de $\tau(p)$ modulo N.)

4.3. Absence de congruence modulo 11

Le fait que l'image de $\varrho_{11,1}$ soit le groupe $\mathbf{GL}(2, \mathbf{Z}/11\mathbf{Z})$ tout entier (cf. n° 3.5) implique, en vertu du théorème de Čebotarev:

Aucune congruence sur p n'entraîne quoi que ce soit sur la valeur de $\tau(p)$ modulo 11.

(Plus précisément: quels que soient les entiers a, b, c, avec $(a,b)=1$, il existe une infinité de nombres premiers p tels que $p \equiv a \pmod{b}$ et $\tau(p) \equiv c \pmod{11}$.)

Bien entendu, on a un résultat analogue chaque fois que $\mathrm{Im}(\varrho_{l,1})$ contient $\mathbf{SL}(2, \mathbf{Z}/l\mathbf{Z})$, propriété qu'il est facile de vérifier numériquement, par la méthode indiquée dans [19].

4.4. Les nombres premiers p tels que $\tau(p) = 0$ ont une densité nulle

Plus généralement, si $\Phi(X, Y)$ est un polynôme à deux variables, à coefficients dans un corps de caractéristique zéro, non identiquement nul, l'ensemble des p tels que $\Phi(p, \tau(p)) = 0$ a une densité nulle.

En effet, on se ramène par un argument facile au cas où Φ est de la forme $\Psi(X^{11}, Y)$, le polynôme Ψ ayant tous ses coefficients dans **Q**. Soit l un nombre premier, et soit $H_l = \mathrm{Im}(\varrho_l)$, considéré comme sous-groupe de $\mathbf{GL}(2, \mathbf{Q}_l)$. On peut montrer (cf. n° 5.1 ci-après) que H_l est *ouvert* dans $\mathbf{GL}(2, \mathbf{Q}_l)$. Soit alors X l'ensemble des $s \in H_l$ tels que $\Psi(\det(s), \mathrm{Tr}(s)) = 0$. L'ensemble X est une «hypersurface» de la variété l-adique H_l, et son intérieur est *vide*; il en résulte que, si μ est la mesure de Haar de H_l, on a $\mu(X) = 0$. Le théorème de Čebotarev entraîne alors que la densité de l'ensemble des p tels que $F_p \in X$ est nulle; d'où le résultat.

(On a donc remplacé le 10^{-12} du n° 2.3 par 0.)

4.5. Une congruence modulo 23^2

(Je me borne ici à un cas particulier trivial. Toutefois, comme SWINNERTON-DYER me l'a fait observer, on peut certainement donner la valeur de $\tau(p)$ modulo 23^2 quel que soit p.)

On a vu plus haut que $\varrho_{23,1}$ est congru modulo 23 à la représentation r de $\mathfrak{S}_3$. Prenons, en particulier, p de la forme u^2+23v^2; on a alors:

$$\varrho_{23}(F_p) \equiv \begin{pmatrix} 1 & 0 \\ 0 & 1 \end{pmatrix} \pmod{23}.$$

On peut donc écrire:

$$\varrho_{23}(F_p) = \begin{pmatrix} 1+23a & 23b \\ 23c & 1+23d \end{pmatrix},$$

avec $a, b, c, d \in \mathbf{Z}_{23}$, et

$$\tau(p) = 2 + 23(a+d),$$
$$p^{11} = 1 + 23(a+d) + 23^2(ad-bc).$$

En comparant, on en déduit:

$$\tau(p) \equiv 1 + p^{11} \pmod{23^2}, \tag{29}$$

si $p \neq 23$, p de la forme u^2+23v^2.

Exemple: $p = 59 = 6^2 + 23.1^2$; $\tau(p) = -5\,189\,203\,740$; on vérifie bien que l'on a $-5\,189\,203\,740 \equiv 1 + 59^{11} \pmod{529}$.

§ 5. Compléments et questions

5.1. L'image de ϱ_l est un sous-groupe ouvert de $\mathbf{GL}(2, \mathbf{Q}_l)$

Ce résultat a été mentionné plus haut. On le démontre par une méthode analogue à celle utilisée pour les «modules de Tate» des courbes elliptiques ([17], chap. IV, n° 2.2):

Tout d'abord, on peut supposer ϱ_l semi-simple (sinon, on la remplace par sa «semi-simplifiée»). Soit $\mathfrak{g}_l \subset \mathbf{M}_2(\mathbf{Q}_l)$ l'algèbre de Lie de $\mathrm{Im}(\varrho_l)$, considérée comme groupe de Lie l-adique; puisque ϱ_l est semi-simple, $\mathfrak{g}_l$ est une algèbre *réductive,* donc de la forme $\mathfrak{c} \times \mathfrak{s}$, avec $\mathfrak{c}$ abélienne et $\mathfrak{s}$ semi-simple. Si $\mathfrak{s} \neq 0$, $\mathfrak{s}$ est nécessairement égale à l'algèbre de Lie du groupe $\mathbf{SL}(2, \mathbf{Q}_l)$; en utilisant le fait que $\det(\varrho_l) = \chi_l^{11}$, on en déduit que $\mathfrak{g}_l = \mathbf{M}_2(\mathbf{Q}_l)$, ce qui signifie bien que $\mathrm{Im}(\varrho_l)$ est ouvert.

Il reste à montrer que le cas $\mathfrak{s} = 0$ est impossible. Or, si l'on avait $\mathfrak{s} = 0$, l'algèbre de Lie $\mathfrak{g}_l$ serait *abélienne,* et opèrerait de façon semi-simple sur V_l. Si $\mathfrak{g}_l$ était l'algèbre des *homothéties* de V_l, il y aurait un sous-groupe ouvert de $\mathrm{Im}(\varrho_l)$ formé d'homothéties. On en conclut qu'il existerait une infinité de p tels que $\det(\varrho_l(F_p)) = \mathrm{Tr}(\varrho_l(F_p))^2/4$, i.e. $4p^{11} = \tau(p)^2$, ce qui est absurde. Ce cas écarté, on voit que le commutant de $\mathfrak{g}_l$ dans $\mathrm{End}(V_l)$ est une *algèbre de Cartan*

$\mathfrak{h}_l$, et que Im (ϱ_l) est contenu dans le *normalisateur* N de $\mathfrak{h}_l$. Vu la structure de N, il s'ensuit qu'il existe dans Im (ϱ_l) un sous-groupe ouvert d'indice 1 ou 2 qui est abélien. En d'autres termes, il existe une extension E de $\mathbf{Q}$, avec $[E:\mathbf{Q}] \leq 2$, au-dessus de laquelle la représentation ϱ_l est *abélienne*. En appliquant à E et ϱ_l le théorème de [17] (chap. III, n° 3.1), on voit que ϱ_l est «localement algébrique» sur E. Mais, d'après le théorème de [17] (chap. III, n° 2.3), cela entraîne que toutes les représentations $\varrho_{l'}$ (relatives aux divers nombres premiers l') ont la même propriété. En particulier, chacun des groupes Im $(\varrho_{l'})$ possède un sous-groupe ouvert abélien d'indice 1 ou 2. C'est absurde, puisque le groupe Im $(\varrho_{11,1})$, par exemple, n'est pas résoluble.

5.2. Questions

(a) Peut-on déterminer l'image de ϱ_l, comme l'a fait SWINNERTON-DYER pour $l=2$? Plus précisément, Im (ϱ_l) est contenu dans le sous-groupe H_l de $\mathbf{GL}(2, \mathbf{Z}_l)$ formé des éléments dont le déterminant est une puissance 11-ième.
2 Est-il vrai que Im $(\varrho_l) = H_l$ pour presque tout l (ou même pour $l \neq 2, 3, 5, 7, 23, 691$)?

Il serait également intéressant de trouver une «raison» expliquant la forme si spéciale des représentations modulo 2, 3, 5, 7, 23, 691. Il y a des indications (conjecturales) là-dessus à la fin des notes de KUGA [9].

(b) L'ensemble des p tels que $\tau(p) \equiv 0 \pmod{p}$ est-il de densité nulle? Est-
3 il fini? Est-il-réduit à $\{2, 3, 5, 7\}$?

Une analogie (assez vague) avec les représentations associées aux courbes elliptiques suggère que $\tau(p) \equiv 0 \pmod{p}$ peut avoir un rapport avec la structure du *groupe d'inertie* I_p de p dans Im (ϱ_p), groupe qui est défini à conjugaison près. Par exemple, est-il vrai que I_p soit *ouvert* dans Im (ϱ_p) si, et seulement si, $\tau(p) \equiv 0 \pmod{p}$?

Pour $p = 2, 3, 5, 7$, on a en tout cas $I_p = \text{Im}(\varrho_p)$. [Démonstration: pour ces valeurs de p, les congruences du § 2 montrent que Im (ϱ_p) est extension du groupe $(\mathbf{Z}/p\mathbf{Z})^*$ par un pro-p-groupe; le groupe quotient $(\mathbf{Z}/p\mathbf{Z})^*$ correspond au p-ième corps cyclotomique $\mathbf{Q}(p)$. On en conclut que I_p s'applique *sur* $(\mathbf{Z}/p\mathbf{Z})^*$, et l'on est ramené à voir que $N \cap I_p = N$. Si l'on avait $N \cap I_p \neq N$, la théorie élémentaire des p-groupes montrerait l'existence d'un sous-groupe distingué fermé d'indice p de N contenant I_p; ce sous-groupe correspondrait à une extension cyclique de degré p non ramifiée de $\mathbf{Q}(p)$. D'après la théorie du corps de classes, il en résulterait que le nombre de classes du corps $\mathbf{Q}(p)$ serait divisible par p et p serait «irrégulier» au sens de KUMMER; or, ce n'est pas le cas: 2, 3, 5, 7 sont «réguliers».]

On notera que cet argument ne s'applique pas à $p = 691$, qui est irrégulier (puisqu'il divise le numérateur du nombre de Bernoulli b_{12}). En fait, il me paraît probable que, pour $p = 691$, on a $I_p \neq \text{Im}(\varrho_p)$, autrement dit qu'il intervient effectivement une extension non ramifiée de $\mathbf{Q}(691)$. On pourrait peut-être trancher la question en examinant les valeurs de $\tau(p)$ modulo 691^2.

(c) La restriction de ϱ_p au sous-groupe d'inertie I_p admet-elle une «décom-
4 position de Hodge» (cf. [17], chap. III, n° 1.2) de type (0, 11)?

(d) Si l'on admet la conjecture de Ramanujan $|\tau(p)| \leq 2p^{11/2}$, on peut écrire le polynôme $H_p(X)$ du n° 1.3 sous la forme

$$H_p(X) = (1 - \alpha_p X)(1 - \bar{\alpha}_p X), \tag{30}$$

avec $\alpha_p = p^{11/2} e^{i\varphi_p}$, $0 \leq \varphi_p \leq \pi$.

Est-il vrai que les angles φ_p soient *équirépartis* dans l'intervalle $[0,\pi]$ pour la mesure $\frac{2}{\pi}\sin^2\varphi \, d\varphi$, comme Sato et Tate l'ont conjecturé dans le cas elliptique sans multiplication complexe?

La question est liée ([17], chap. I, A. 2) à celle du prolongement analytique des séries de Dirichlet

$$L_m(s) = \prod_p \prod_{n=0}^{m} \frac{1}{(1 - \alpha_p^n \bar{\alpha}_p^{m-n} p^{-s})}, \quad m = 1, 2, \ldots . \tag{31}$$

Il faudrait démontrer que $L_m(s)$ est prolongeable en une *fonction entière* de s ne s'annulant pas au point

$$s = 1 + \frac{11\,m}{2}.$$

Bien entendu, il y a lieu aussi de conjecturer que $L_m(s)$ a une équation
5 fonctionnelle du type usuel. Plus précisément, il doit exister un «terme à l'infini» $\gamma_m(s)$ tel que $\gamma_m(s)\,L_m(s)$ soit invariant (ou anti-invariant) par

$$s \mapsto 11\,m + 1 - s.$$

On peut même se risquer à conjecturer la forme de $\gamma_m(s)$:

$$\gamma_m(s) = (2\pi)^{-ks}\,\Gamma(s)\,\Gamma(s-11)\ldots\Gamma(s-11(k-1)) \quad \text{si } m = 2k-1,$$

$$\gamma_m(s) = \pi^{-s/2}\,\Gamma\left(\frac{s - 11k + \varepsilon}{2}\right)\gamma_{m-1}(s) \quad \text{si } m = 2k, \quad \text{où } \varepsilon = \begin{cases} 0 \ (k \text{ pair}) \\ 1 \ (k \text{ impair}). \end{cases} \tag{32}$$

6 Il semble que seuls les cas $m = 1$ et $m = 2$ soient connus: $L_1(s)$ coïncide avec la fonction $L_\tau(s)$ du n° 1.3, et $L_2(s)$ est liée par une formule simple à la fonction

$$f(s) = \sum_1^\infty \tau^2(n)/n^s \tag{33}$$

étudiée par Rankin (cf. Hardy [5], p. 174–180).

5.3. Généralisation aux formes modulaires

Ce qui a été dit pour τ peut l'être aussi pour les coefficients de toute forme parabolique de poids k

$$\Phi(x) = \sum_{n=1}^\infty a_n X^n, \quad a_1 = 1, \tag{34}$$

qui est fonction propre des opérateurs de Hecke, et dont les coefficients appartiennent à $\mathbf{Z}$. On peut, ici encore, prouver que $\mathrm{Im}(\varrho_l)$ est *ouvert* dans $\mathbf{GL}(2, \mathbf{Q}_l)$.

D'après Kuga ([9], dernière partie), on peut s'attendre à ce que les représentations modulo 2, 3, 5, 7 aient des propriétés spéciales; il serait intéressant de les déterminer, et aussi d'examiner le cas des autres nombres premiers.

Exemple: Prenons $k=16$, auquel cas on a

$$(35) \qquad \Phi(x) = D(x)\, E_4(x) = \Big(\sum_{n=1}^{\infty} \tau(n)\, x^n\Big)\,\Big(1+240 \sum_{n=1}^{\infty} \sigma_3(n)\, x^n\Big)\,.$$

On constate facilement que

$$(36) \qquad a_p \equiv p + p^2 \pmod 7\,,$$

$$(37) \qquad a_p \equiv 1 + p^{15} \pmod{3617}\,.$$

(Noter que 3617 est le numérateur du nombre de Bernoulli b_{16}; c'est un nombre premier irrégulier.)

Quant aux formes paraboliques de $\mathbf{SL}(2, \mathbf{Z})$ qui sont fonctions propres des opérateurs de HECKE, mais ne sont pas à coefficients entiers, il doit leur correspondre des représentations «E-rationnelles» au sens de [17] (chap. I, n° 2.3). D'ailleurs, si l'espace des formes paraboliques est de dimension h, on doit pouvoir lui associer des représentations l-adiques de degré $2h$ sur lesquelles opèrent les T_p de HECKE, et c'est en réduisant ces représentations par rapport à l'algèbre de HECKE que l'on trouve les représentations de degré 2 qui nous intéressent.

§ 6. Historique

L'idée d'interpréter certains fonctions arithmétiques comme des traces d'opérateurs de Frobenius remonte à DAVENPORT-HASSE [3]. Toutefois, il ne s'agissait surtout que de sommes exponentielles dont les propriétés étaient connues (sommes de Gauss, sommes de Jacobi). La note de WEIL [20] va plus loin; elle donne une interprétation «frobeniusienne» de toutes les sommes exponentielles à une variable, et on obtient (grâce à «l'hypothèse de Riemann pour les courbes») une majoration qui n'était pas connue. Ainsi, pour les sommes de KLOOSTERMAN

$$(38) \qquad S_p(a,b) = \sum_{x=1}^{p-1} \exp\left(\frac{2\pi i}{p}(ax+b\bar{x})\right), \quad x\bar{x} \equiv 1 \pmod p\,,$$

on trouve:

$$(39) \qquad |S_p(a,b)| \leq 2p^{1/2} \quad \text{si} \quad ab \not\equiv 0 \pmod p\,.$$

WEIL avait remarqué depuis longtemps l'analogie de la conjecture de RAMANUJAN

$$|\tau(p)| \leq 2p^{11/2}$$

avec l'inégalité (39). Il avait suggéré que l'on devait pouvoir écrire $\tau(p)$ sous la forme $\tau(p) = \alpha_p + \bar{\alpha}_p$, où α_p et $\bar{\alpha}_p$ sont des valeurs propres d'un endomorphisme de Frobenius, opérant sur une cohomologie de dimension 11 convenable. D'autre part, en 1960, il m'avait demandé quelle pouvait être, de ce point de vue, l'interprétation des congruences connues sur $\tau(p)$ (j'avais été incapable de lui répondre, faute d'avoir compris le rapport entre «cohomologie» et «représentations l-adiques»).

Un pas important vers l'interprétation cohomologique de $\tau(p)$ a été fait par EICHLER [4]; il a montré comment les coefficients des formes paraboliques de poids 2 (pour certains sous-groupes de congruence du groupe modulaire) sont liés aux «modules de TATE» de la courbe modulaire correspondante. Ses résultats ont été repris par SHIMURA [18], puis complétés sur un point essentiel par IGUSA [7].

Pour un poids k quelconque, SATO (cf. [10], introduction) a eu l'idée de considérer la variété fibrée en produit de $k-2$ fois la courbe elliptique générique (la base étant la courbe modulaire). Les idées de SATO ont été précisées et mises en forme par KUGA-SHIMURA [10], à cela près que:

1° Ils s'expriment en «nombre de points» et non en «groupes de cohomologie»; ils n'obtiennent donc pas de représentations l-adiques.

2° Le groupe qu'ils considèrent n'est pas le groupe modulaire $\mathbf{SL}(2, \mathbf{Z})$ mais un groupe d'unités de quaternions, qui est à quotient compact (ce qui facilite leur tâche).

Toutefois, on pouvait espérer que les idées de SATO et KUGA-SHIMURA, combinées avec les théorèmes généraux sur la cohomologie l-adique dus à A. GROTHENDIECK et M. ARTIN [1], permettraient d'aboutir à une théorie applicable au groupe modulaire et à ses sous-groupes de congruence. Cet espoir semble sur le point de se réaliser: P. DELIGNE aurait réussi à démontrer plus qu'il n'en faut pour établir la conjecture du n° 3.2 et pour ramener la conjecture de RAMANUJAN aux «conjectures standard» de WEIL (ce dernier point avait d'ailleurs été déjà traité par IHARA [8] par une méthode extrêmement ingénieuse). Pour plus de détails, voir le séminaire de DELIGNE à l'I.H.E.S.,
7 «Conjecture de RAMANUJAN et représentations l-adiques», qui commence le 28 février 1968.

Bibliographie

[1] ARTIN (M.), GROTHENDIECK (A.) et VERDIER (J-L.). *Théorie des Topos et cohomologie étale des schémas,* SGA 4, I.H.E.S., Bures-sur-Yvette, 1963/64.

[2] BAMBAH (R. P.). *Two congruence properties of Ramanujan's function* $\tau(n)$, J. London math. Soc., t. **21,** 1946, p. 91–93.

[3] DAVENPORT (H.) und HASSE (H.). *Die Nullstelle der Kongruenzzetafunktionen in gewissen zyklischen Fällen,* J. für reine und angew. Math., t. **172,** 1935, p. 151–182.

[4] EICHLER (M.). *Quaternäre quadratische Formen und die Riemannsche Vermutung für die Kongruenzzetafunktion,* Archiv der Math., t. **5,** 1954, p. 355–366.

[5] HARDY (G. H.). *Ramanujan* (Twelve lectures on subjects suggested by his life and his work). Cambridge University Press, 1940 [Reprint: New York, Chelsea publishing Company, 1959].

[6] HECKE (E.). *Mathematische Werke.* – Göttingen, Vandenhoeck und Ruprecht, 1959.

[7] IGUSA (J.). *Kroneckerian model of fields of elliptic modular functions,* Amer. J. of Math., t. **81,** 1959, p. 561–577.

[8] IHARA (Y.). *Hecke polynomials as congruence* ζ *functions in elliptic modular case,* Ann. of Math., t. **85,** 1967, p. 267–295.

[9] KUGA (M.). *Fiber varieties over a symmetric space whose fibers are abelian varieties* [Notes polycopiées], University of Chicago, 1963/64.

[10] KUGA (M.) and SHIMURA (G.). *On the zeta function of a fibre variety whose fibres are abelian varieties,* Ann. of Math., t. **82,** 1965, p. 478–539.

[11] LEHMER (D. H.). *Ramanujan's function* $\tau(n)$, Duke math. J., t. **10,** 1943, p. 483–492.

[12] LEHMER (D. H.). *The vanishing of Ramanujan's function* $\tau(n)$, Duke math. J., t. **14,** 1947, p. 429–433.

[13] LEHMER (D. H.). *Notes on some arithmetical properties of elliptic modular functions* [Notes polycopiées, Berkeley, non datées].

[14] MORDELL (L. J.). *On Mr. Ramanujan's empirical expressions of modular functions,* Proc. Cambridge phil. Soc., t. **19,** 1917, p. 117–124.

[15] RAMANATHAN (K. G.). *Congruence properties of Ramanujan's function* $\tau(n)$, (II), J. Indian math. Soc., t. **9,** 1945, p. 55–59.

[16] RAMANUJAN (S.). *On certain arithmetical functions,* Trans. Cambridge phil. Soc., t. **22,** 1916, p. 159–184.

[17] SERRE (J-P.). *Abelian l-adic representations and elliptic curves.* New York, Benjamin, 1968.

[18] SHIMURA (G.). *Correspondances modulaires et les fonctions zêtas des courbes algébriques,* J. Math. Soc. Japan, t. **10,** 1958, p. 1–28.

[19] SHIMURA (G.). *A reciprocity law in non-solvable extensions,* J. für reine und angew. Math., t. **221,** 1966, p. 209–220.

[20] WEIL (A.). *On some exponential sums,* Proc. Nat. Acad. Sc. USA, t. **34,** 1948, p. 204–207.

[21] WILTON (J. R.). *Congruence properties of Ramanujan's function* $\tau(n)$, Proc. London math. Soc., t. **31,** 1930, p. 1–10.

81.

Groupes de Grothendieck des schémas en groupes réductifs déployés

Publ. Math. I.H.E.S., n° **34** (1968), 37–52

Les représentations linéaires du schéma en groupes GL_n, sur l'anneau de base **Z**, forment une catégorie additive où la notion de suite exacte a un sens évident. On en déduit un « groupe de Grothendieck » $R_{\mathbf{Z}}(GL_n)$. Si, au lieu de **Z**, on prend le corps **Q** pour anneau de base, on obtient de même un groupe $R_{\mathbf{Q}}(GL_n)$. L'opération d'extension des scalaires définit un homomorphisme

$$i : R_{\mathbf{Z}}(GL_n) \to R_{\mathbf{Q}}(GL_n).$$

La structure de $R_{\mathbf{Q}}(GL_n)$ est bien connue; elle est fournie par la théorie des caractères (cf. par exemple n° 3.8). Grothendieck a posé la question suivante :

L'homomorphisme $i : R_{\mathbf{Z}}(GL_n) \to R_{\mathbf{Q}}(GL_n)$ *est-il un isomorphisme ?*

(L'intérêt de cette question est que le groupe $R_{\mathbf{Z}}(GL_n)$ joue un rôle « universel » pour les opérations sur les représentations linéaires ou les fibrés vectoriels, par exemple les λ-opérations; cf. *Sém. Géom. Alg.*, I.H.E.S., 1966/67, exposé X, Appendice.)

Nous verrons (th. 5, n° 3.7) que la réponse est *affirmative*; plus généralement, on peut remplacer **Z** par un *anneau principal* A, et GL_n par un schéma en groupes *réductif déployé sur* A, au sens de [4], exposé XXII. La démonstration est donnée au § 3. C'est une simple application de la théorie des « homomorphismes de décomposition », due à Brauer (cf. Giorgiutti [5]). Il est toutefois nécessaire d'étendre la théorie de Brauer aux représentations linéaires d'un schéma en groupes affine et plat; c'est ce qui est fait au § 2, dans le cadre un peu plus général des *comodules* (sur une cogèbre plate). Le § 1 contient divers résultats préliminaires.

§ 1. COMODULES

1.1. Hypothèses et notations.

La lettre A désigne un anneau commutatif à élément unité. Tous les modules, produits tensoriels, etc., sont relatifs à A.

La lettre C désigne une *cogèbre* (ou « coalgèbre ») sur A, de coproduit *d* (Bourbaki, *Alg.*, chap. III, 3ᵉ éd.). On suppose :

(i) que C possède une *coünité* (à droite et à gauche), notée *e*;

(ii) que C est *co-associative.*

Rappelons ce que cela signifie :

C est un A-module

d est une application linéaire de C dans $C\otimes C$

e est une application linéaire de C dans A

et l'on a :

(i) Le composé $C \xrightarrow{d} C\otimes C \to C$ est l'identité, la seconde flèche étant $e\otimes 1$

(i') Même énoncé que (i), avec $e\otimes 1$ remplacé par $1\otimes e$.

(ii) Le diagramme

$$\begin{array}{ccc} & C & \\ {\scriptstyle d}\swarrow & & \searrow{\scriptstyle d} \\ C\otimes C & & C\otimes C \\ {\scriptstyle d\otimes 1}\searrow & & \swarrow{\scriptstyle 1\otimes d} \\ & C\otimes C\otimes C & \end{array}$$

est commutatif.

De plus, nous supposerons dans toute la suite que C est un A-module *plat* (Bourbaki, *Alg. Comm.*, chap. I, § 2).

1.2. Comodules.

On appelle *comodule à gauche* sur C, ou simplement *comodule*, le couple formé d'un A-module E et d'une application linéaire

$$d_E : E \to C\otimes E$$

vérifiant les deux conditions suivantes :

(i) Le composé $E\to C\otimes E\to E$ est l'identité, la première flèche étant d_E, la seconde $e\otimes 1$.

(ii) Le diagramme

$$\begin{array}{ccc} & E & \\ {\scriptstyle d_E}\swarrow & & \searrow{\scriptstyle d_E} \\ C\otimes E & & C\otimes E \\ {\scriptstyle d\otimes 1}\searrow & & \swarrow{\scriptstyle 1\otimes d_E} \\ & C\otimes C\otimes E & \end{array}$$

est commutatif.

L'application d_E s'appelle le *coproduit* de E; nous la noterons souvent *d*.

Exemples. — *a)* La cogèbre C, munie de son coproduit *d*, est un comodule.

b) Si E est un comodule, de coproduit *d*, et si M est un A-module, le module $E\otimes M$, muni de $d\otimes 1$, est un comodule.

c) La somme directe d'une famille de comodules a une structure évidente de comodule.

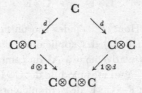

1.3. Morphismes, sous-comodules, etc.

Soient E et E′ deux comodules. Un morphisme $f: E \to E'$ est une application linéaire de E dans E′ telle que le diagramme

$$\begin{array}{ccc} E & \xrightarrow{f} & E' \\ {\scriptstyle d}\downarrow & & \downarrow{\scriptstyle d} \\ C\otimes E & \xrightarrow{1\otimes f} & C\otimes E' \end{array}$$

soit commutatif. L'ensemble $\mathrm{Hom}^C(E, E')$ des morphismes de E dans E′ est un sous-A-module de l'ensemble Hom(E, E′) des applications linéaires de E dans E′.

Soit F un sous-module (relativement à A) du comodule E. Du fait que C est plat sur A, on peut identifier $C\otimes F$ à un sous-module de $C\otimes E$. Supposons que d_E applique F dans $C\otimes F$; la restriction $d_F : F \to C\otimes F$ de d_E munit alors F d'une structure de comodule (cela se vérifie facilement en utilisant la platitude de C); on dit que F est un *sous-comodule* de E. Par passage au quotient, d_E définit une application $d_{E/F} : E/F \to C\otimes E/F$; d'où une structure de comodule sur E/F. Si $f: E \to E'$ est un morphisme de comodules, le noyau N (resp. l'image I) de f est un sous-comodule de E (resp. E′), et f définit par passage au quotient un isomorphisme du comodule E/N sur le comodule I. On en déduit que la catégorie des comodules est une *catégorie abélienne*, où la notion de sous-objet coïncide avec celle de sous-comodule; le foncteur « d'oubli », qui associe à tout comodule le A-module sous-jacent, est fidèle, exact, et commute aux limites projectives finies et aux limites inductives quelconques. En particulier, toute somme de sous-comodules et toute intersection finie de sous-comodules sont des sous-comodules. (Tout ceci résulte simplement des propriétés analogues du foncteur $E \mapsto C\otimes E$.)

1.4. Un exemple de morphismes.

Soit E un comodule, et soit E_0 le A-module sous-jacent à E. Le produit tensoriel $C\otimes E_0$ du comodule C et du module E_0 est muni d'une structure naturelle de comodule (cf. 1.2), de coproduit $d\otimes 1$. L'application linéaire

$$d_E : E \to C\otimes E_0$$

est un *morphisme de comodules* : cela ne fait que traduire l'axiome (ii) des comodules. Comme de plus $(e\otimes 1)\circ d_E = 1$, on voit que d_E *identifie* E *à un sous-comodule de* $C\otimes E_0$, ce sous-comodule étant même facteur direct (comme A-module) de $C\otimes E_0$.

1.5. Construction de sous-comodules.

Lemme 1. — Soit $f: M \to M'$ *un morphisme de* A*-modules, et soit* N′ *un sous-module de* M′. *Soit* N (resp. N_C) *l'image réciproque de* N′ (resp. de $C\otimes N'$) *dans* M (resp. dans $C\otimes M$) *par* f (resp. par $1\otimes f$). *On a* $N_C = C\otimes N$.

(En d'autres termes, le foncteur « produit tensoriel par C » commute aux images réciproques de sous-modules.)

Soit g le composé $M \rightarrow M' \rightarrow M'/N'$. On a $N = \mathrm{Ker}(g)$ et $N_C = \mathrm{Ker}(1 \otimes g)$. Puisque C est plat, on a $\mathrm{Ker}(1 \otimes g) = C \otimes \mathrm{Ker}(g)$, cf. Bourbaki, *Alg. Comm.*, chap. I, § 2. D'où $N_C = C \otimes N$.

Proposition 1. — Soit E *un comodule sur* C *et soit* H *un sous-*A*-module de* E. *Soit* F *l'ensemble des* $x \in E$ *tels que* $d_E(x) \in C \otimes H$. *Alors* F *est un sous-comodule de* E, *contenu dans* H, *et c'est le plus grand sous-comodule de* E *jouissant de cette propriété.*

Montrons que F est un sous-comodule de E. Par définition, F est l'image réciproque de $C \otimes H$ par l'application

$$d_E : E \rightarrow C \otimes E.$$

D'après le lemme 1, il s'ensuit que $C \otimes F$ est l'image réciproque de $C \otimes C \otimes H$ par l'application

$$1 \otimes d_E : C \otimes E \rightarrow C \otimes C \otimes E.$$

Pour prouver que $d_E(F)$ est contenu dans $C \otimes F$, il suffit donc de prouver que $(1 \otimes d_E)(d_E(F))$ est contenu dans $C \otimes C \otimes H$. Mais, vu l'axiome (ii) des comodules, on a $(1 \otimes d_E) \circ d_E = (d \otimes 1_E) \circ d_E$. Or $d_E(F)$ est contenu dans $C \otimes H$, et il est clair que $d \otimes 1_E$ applique $C \otimes H$ dans $C \otimes C \otimes H$; on a donc bien vérifié que F est un sous-comodule de E.

Puisque $(e \otimes 1) \circ d_E = 1_E$, on voit que F est contenu dans $(e \otimes 1)(C \otimes H)$, donc dans H. Enfin, si F' est un sous-comodule de E contenu dans H, on a $d_E(F') \subset C \otimes F' \subset C \otimes H$, d'où $F' \subset F$, ce qui achève de démontrer la proposition.

Dans ce qui suit, nous dirons qu'un comodule est *de type fini* (resp. *libre*, *projectif*, etc.) si c'est un A-module de type fini (resp. libre, projectif, etc.).

Proposition 2. — Supposons A *noethérien. Soit* E *un comodule sur* C, *et soit* M *un sous-module de type fini de* E. *Il existe alors un sous-comodule* F *de* E, *de type fini, contenant* M.

Puisque M est de type fini, il en est de même de $d_E(M)$. Il existe donc un sous-module H de E, de type fini, tel que

$$d_E(M) \subset C \otimes H.$$

Soit F l'ensemble des $x \in E$ tels que $d_E(x) \in C \otimes H$. D'après la prop. 1, F est un sous-comodule de E contenu dans H; comme A est noethérien, il en résulte que F est de type fini. D'autre part il est clair que F contient M.

Corollaire. — Le comodule E *est réunion filtrante de ses sous-comodules de type fini.*

§ 2. RÉDUCTION DES COMODULES ET GROUPES DE GROTHENDIECK

2.1. Hypothèses et notations.

On conserve celles du § 1, et l'on suppose en outre que A est un *anneau de Dedekind* (Bourbaki, *Alg. comm.*, chap. VII, § 2). L'hypothèse de platitude faite sur C revient alors simplement à dire que C est un A-module *sans torsion.*

On note K le corps des fractions de A, et C_K la cogèbre $C \otimes K$ sur le corps K. On identifie les comodules sur C_K aux comodules sur C qui sont des K-espaces vectoriels (i.e. tels que les homothéties définies par les éléments non nuls de A soient bijectives).

On note V l'ensemble des idéaux premiers non nuls de A. Si $v \in V$, on note k_v le corps résiduel A/v correspondant et C_v la cogèbre $C \otimes k_v$ sur le corps k_v. Ici encore, on identifie les comodules sur C_v aux comodules sur C qui sont annulés par v.

2.2. Une propriété de relèvement.

Proposition 3. — Tout comodule sur C *qui est de type fini* (en tant que A-module, cf. 1.5) *est isomorphe à un quotient d'un comodule projectif de type fini.*

(Noter que, puisque A est un anneau de Dedekind, « projectif de type fini » équivaut à « sans torsion et de type fini »; lorsque A est principal, cela équivaut à « libre de type fini ».)

Soit E un comodule sur C de type fini, et soit E_0 le A-module sous-jacent. Plongeons E, au moyen de d_E, dans le comodule $C \otimes E_0$, cf. 1.4. Puisque E_0 est de type fini, on peut trouver un A-module libre de type fini L et un homomorphisme surjectif $p : L \rightarrow E_0$. D'où un morphisme surjectif de comodules

$$1 \otimes p : C \otimes L \rightarrow C \otimes E_0.$$

Mais, puisque E a été identifié à un sous-comodule de $C \otimes E_0$, son image réciproque F dans $C \otimes L$ est un sous-comodule de $C \otimes L$; le morphisme $f : F \rightarrow E$ induit par $1 \otimes p$ est surjectif. Comme E est de type fini, il existe un sous-module N de type fini de F tel que $f(N) = E$. D'après la prop. 2, appliquée à F, il existe un sous-comodule P de F, contenant N, et de type fini. L'application $f : P \rightarrow E$ est surjective; donc E est isomorphe à un quotient de P. D'autre part, P est un sous-module de $C \otimes L$, qui est sans torsion; donc P est sans torsion, c.q.f.d.

Corollaire. — Soit E *un comodule de type fini. Il existe une suite exacte* (de comodules) :

$$0 \rightarrow P_1 \rightarrow P_0 \rightarrow E \rightarrow 0$$

où P_0 *et* P_1 *sont projectifs de type fini.*

D'après la prop. 3, il existe une suite exacte $P_0 \rightarrow E \rightarrow 0$ où P_0 est projectif de type fini. Le noyau P_1 de $P_0 \rightarrow E$ est sans torsion et de type fini, donc projectif.

2.3. Groupes de Grothendieck.

Soit Com_A (resp. Com_K, Com_v) la catégorie abélienne des comodules sur C (resp. sur C_K, sur C_v) qui sont *de type fini* comme A-modules (resp. comme K-espaces vectoriels, comme k_v-espaces vectoriels). Nous noterons R_A (resp. R_K, resp. R_v) le *groupe de Grothendieck* de la catégorie Com_A (resp. Com_K, Com_v) vis-à-vis des *suites exactes*. Si E est un objet de Com_A, nous noterons $[E]_A$, ou simplement [E], son image dans R_A; nous emploierons des notations analogues pour Com_K et Com_v.

Nous aurons également besoin de la catégorie additive Com_P des comodules sur C qui sont *projectifs de type fini*, et du groupe de Grothendieck R_P correspondant (pour les suites exactes). Si l'on associe à un objet P de Com_P son image $[P]_A$ dans R_A, on obtient une application additive $Ob(Com_P) \to R_A$, d'où un homomorphisme $\alpha : R_P \to R_A$.

Proposition 4. — L'homomorphisme $\alpha : R_P \to R_A$ *est un isomorphisme.*

C'est un cas particulier d'un résultat général de Grothendieck (cf. par exemple [5], chap. I, prop. 3.4). Rappelons-en brièvement la démonstration :

Si E est un objet de Com_A, choisissons une suite exacte

$$(*) \qquad 0 \to P_1 \to P_0 \to E \to 0$$

où P_0 et P_1 sont des comodules projectifs de type fini (cf. cor. à la prop. 3). Montrons que l'élément $[P_0]-[P_1]$ de R_P est *indépendant* du choix de la suite exacte (*). En effet, si

$$0 \to P'_1 \to P'_0 \to E \to 0$$

est une autre suite exacte du même type, soit Q le noyau du morphisme $P_0 \oplus P'_0 \to E$ somme des morphismes $P_0 \to E$ et $P'_0 \to E$. Les deux projections $Q \to P_0$ et $Q \to P'_0$ sont surjectives; leurs noyaux sont respectivement isomorphes à P'_1 et P_1. D'où :

$$[P_0]+[P'_1]=[Q]=[P'_0]+[P_1] \qquad \text{dans } R_P,$$

i.e. $[P_0]-[P_1]=[P'_0]-[P'_1]$.

Si l'on pose $\beta(E)=[P_0]-[P_1]$, on obtient donc une application $\beta : Ob(Com_A) \to R_P$. On vérifie par un argument analogue au précédent que β est *additive*. D'où un homomorphisme

$$\beta : R_A \to R_P.$$

Il est immédiat que $\alpha \circ \beta = 1$ et $\beta \circ \alpha = 1$. La proposition en résulte.

Remarque. — Nous identifierons désormais R_P et R_A au moyen de α.

2.4. Les homomorphismes *i* et *j*.

Le foncteur qui associe à un objet E de Com_A son produit tensoriel $E \otimes K$ par K est un foncteur *exact* de Com_A dans Com_K. Il définit donc un homomorphisme

$$i : R_A \to R_K$$

des groupes de Grothendieck correspondants.

Soit d'autre part $v \in V$. La catégorie Com_v s'identifie (cf. 2.1) à une *sous-catégorie pleine* de Com_A; le foncteur d'inclusion $Com_v \to Com_A$ définit donc un homomorphisme

$$j_v : R_v \to R_A$$

des groupes de Grothendieck correspondants.

Nous noterons

$$j : \coprod_{v \in V} R_v \to R_A$$

l'homomorphisme *somme* des homomorphismes j_v.

Remarque. — Soit Com_t la catégorie des comodules sur C qui sont *de type fini* et *de torsion* (comme A-modules). On voit tout de suite que le groupe de Grothendieck de Com_t s'identifie à la somme directe $\coprod_{v\in V} R_v$ des R_v; l'homomorphisme j est simplement l'homomorphisme déduit de l'inclusion $\mathrm{Com}_t \to \mathrm{Com}_A$.

Théorème 1. — La suite $\coprod_{v\in V} R_v \xrightarrow{j} R_A \xrightarrow{i} R_K \to 0$ *est une suite exacte.*

Il est clair que $i\circ j=0$. L'application i définit donc un homomorphisme $\varphi : \mathrm{Coker}(j) \to R_K$; il nous faut montrer que φ est un isomorphisme.

Lemme 2. — Soit E *un comodule sur* C *qui soit un* K-*espace vectoriel de dimension finie* (i.e. un objet de Com_K).

a) *Il existe un sous-comodule* F *de* E *qui est un réseau de* E.

b) *Si* F_1 *et* F_2 *sont des réseaux de* E *qui sont des sous-comodules, on a :*

$$[F_1] \equiv [F_2] \quad \text{mod. } \mathrm{Im}(j) \qquad \textit{dans } R_A.$$

(Rappelons qu'on appelle *réseau* du K-espace vectoriel E tout sous-A-module F de E qui est de type fini et qui engendre E comme K-espace vectoriel, cf. Bourbaki, *Alg. Comm.*, chap. VII, § 4.)

Soit M un réseau de E. D'après la prop. 2 du n° 1.5, il existe un sous-comodule F de E qui est de type fini et contient M; c'est un réseau de E; d'où *a)*.

Dans les hypothèses de *b)*, le comodule $F_1/F_1\cap F_2$ est de torsion. On a donc $[F_1/F_1\cap F_2]\in \mathrm{Im}(j)$, d'où :

$$[F_1] \equiv [F_1\cap F_2] \quad \text{mod. } \mathrm{Im}(j).$$

Le même argument montre que $[F_2]\equiv[F_1\cap F_2]$ mod. $\mathrm{Im}(j)$, ce qui achève de démontrer le lemme 2.

Revenons à la démonstration du théorème 1. Si $E\in \mathrm{Ob}(\mathrm{Com}_K)$, choisissons dans E un réseau F qui soit un sous-comodule, et notons $\psi(E)$ l'image de [F] dans $\mathrm{Coker}(j)$. D'après le lemme précédent, $\psi(E)$ ne dépend pas du choix de F. De plus, la fonction

$$\psi : \mathrm{Ob}(\mathrm{Com}_K) \to \mathrm{Coker}(j)$$

est *additive*. En effet, si

$$0\to E'\to E\to E''\to 0$$

est une suite exacte de Com_K, soit F un réseau de E qui soit un sous-comodule, et soit F' (resp. F'') l'image réciproque (resp. l'image) de F dans E' (resp. dans F''). La suite exacte

$$0\to F'\to F\to F''\to 0$$

montre que $[F]=[F']+[F'']$, d'où $\psi(E)=\psi(E')+\psi(E'')$.

Ainsi, ψ définit un homomorphisme

$$\psi : R_K \to \mathrm{Coker}(j).$$

Il est immédiat que $\varphi\circ\psi=1$ et $\psi\circ\varphi=1$; le théorème en résulte.

Remarque. — On pourrait également déduire le théorème 1 du fait que la catégorie Com_K est équivalente à la catégorie quotient $\mathrm{Com}_A/\mathrm{Com}_t$; cf. [5], chap. I, prop. 4.2.

2.5. Les homomorphismes de décomposition.

Soit $v \in V$. Le foncteur qui associe à tout objet P de Com_P son produit tensoriel $P \otimes k_v$ avec k_v est un foncteur *exact* de Com_P dans Com_v. Il définit donc un homomorphisme

$$q_v : R_P \rightarrow R_v.$$

D'où, en identifiant R_P et R_A (cf. 2.3) un homomorphisme de R_A dans R_v, que nous noterons encore q_v.

Théorème 2. — Il existe un homomorphisme $d_v : R_K \rightarrow R_v$ *et un seul tel que* $q_v = d_v \circ i$.

D'après le théorème 1, l'homomorphisme i identifie $R_A/\mathrm{Im}(j)$ à R_K. Comme $\mathrm{Im}(j) = \sum_{w \in V} \mathrm{Im}(j_w)$, on voit donc qu'il suffit de démontrer le résultat suivant :

Lemme 3. — Pour tout $w \in V$, *le composé* $R_w \xrightarrow{j_w} R_A \xrightarrow{q_v} R_v$ *est nul.*

Soit $X \in \mathrm{Ob}(\mathrm{Com}_w)$. Écrivons X comme un quotient P/Q, où $P, Q \in \mathrm{Ob}(\mathrm{Com}_P)$, cf. cor. à la prop. 3. On a

$$j_w([X]_w) = [X]_A = [P]_A - [Q]_A$$

et $$q_v([P]_A) = [P/vP]_v, \qquad q_v([Q]_A) = [Q/vQ]_v.$$

Il nous faut donc démontrer que

$$(*) \qquad [P/vP]_v = [Q/vQ]_v \quad \text{dans } R_v.$$

Notons d'abord que l'on a $P \supset Q \supset wP$ puisque P/Q est annulé par w. L'injection $Q \rightarrow P$ définit un morphisme

$$Q/vQ \rightarrow P/vP.$$

Si $w \neq v$, cet homomorphisme est un isomorphisme (car les localisés de P et Q en v coïncident). D'où *a fortiori* (*). Si $w = v$, on a la suite exacte (dans Com_v) :

$$0 \rightarrow vP/vQ \rightarrow Q/vQ \rightarrow P/vP \rightarrow P/Q \rightarrow 0.$$

Mais les comodules P/Q et vP/vQ sont *isomorphes*. En effet, soit x un élément de A dont l'image dans l'anneau local A_v engendre l'idéal maximal vA_v de A_v. On a en particulier $x \in v$; l'homothétie de rapport x applique P dans vP et Q dans vQ, donc définit un morphisme $\bar{x} : P/Q \rightarrow vP/vQ$. Par localisation en v, on voit que $\bar{x}$ est un isomorphisme, d'où notre assertion.

On a donc $$[P/Q]_v = [vP/vQ]_v \quad \text{dans } R_v,$$

et la suite exacte écrite ci-dessus montre que $[P/vP]_v = [Q/vQ]_v$, ce qui achève la démonstration du lemme.

Remarque. — L'homomorphisme $d_v : R_K \rightarrow R_v$ s'appelle l'homomorphisme de *décomposition* relativement à v. Sa définition est *locale* : il ne dépend que de l'anneau de valuation discrète A_v.

2.6. Bases ; matrices de décomposition.

Un comodule est dit *simple* (ou *irréductible*) s'il est non nul et s'il n'admet aucun sous-comodule distinct de o et de lui-même. Soit S_v l'ensemble des classes de comodules simples sur C_v; d'après le cor. à la prop. 2, tout $E \in S_v$ est de dimension finie sur k_v, i.e. est un objet de la catégorie Com_v, et sa classe $[E]_v \in R_v$ est définie.

Proposition 5. — Les $[E]_v$, $E \in S_v$, *forment une base du groupe abélien* R_v.

C'est une simple conséquence du fait que tous les objets de Com_v sont de longueur finie.

De même, si S désigne l'ensemble des classes de comodules simples sur C_K, on a :

Proposition 6. — Les $[E]_K$, $E \in S$, *forment une base de* R_K.

La matrice de $d_v : R_K \to R_v$ relativement aux bases ci-dessus est appelée la *matrice de décomposition* de C relativement à *v*.

2.7. Un théorème d'isomorphisme.

Lemme 4. — Soit $v \in V$. *Supposons que v soit principal. L'homomorphisme*

$$j_v \circ d_v : R_K \to R_A$$

est alors nul.

Soit $E \in \mathrm{Ob}(\mathrm{Com}_K)$. Choisissons un réseau F de E qui soit un sous-comodule de E sur C. On a :

$$d_v([E]_K) = [F/vF]_v$$

et

$$j_v \circ d_v([E]_K) = [F/vF]_A = [F]_A - [vF]_A.$$

Mais, si *v* est engendré par un élément *x*, l'homothétie de rapport *x* définit un isomorphisme de F sur *v*F, et l'on a

$$[F]_A = [vF]_A.$$

D'où

$$j_v \circ d_v([E]_K) = 0,$$

ce qui démontre le lemme.

Théorème 3. — Faisons les hypothèses suivantes :

a) A *est principal.*

b) *Tous les homomorphismes de décomposition* d_v $(v \in V)$ *sont surjectifs.*

Alors $i : R_A \to R_K$ *est un isomorphisme.*

Vu le théorème 1, il suffit de montrer que les homomorphismes $j_v : R_v \to R_A$ sont nuls. Or c'est évident, puisque $j_v \circ d_v = 0$ (lemme 4) et que d_v est surjectif.

Corollaire. — Deux comodules sur C, *de type fini, dont les produits tensoriels par* K *sont isomorphes, ont même image dans* R_A.

§ 3. LE CAS DES GROUPES RÉDUCTIFS DÉPLOYÉS

3.1. La cogèbre associée à un schéma en groupes affine.

Soit A un anneau commutatif à élément unité, et soit G un *schéma en groupes affine* sur A (cf. [3], exposé 2, ou [4], exposé 1). Soit C(G) l'algèbre affine de G; c'est une A-algèbre commutative, associative, à élément unité. La loi de multiplication $G \times G \to G$ est définie par un morphisme d'algèbres

$$d : C(G) \to C(G \times G) = C(G) \otimes C(G).$$

On obtient ainsi une structure de *cogèbre* sur C(G), compatible avec sa structure d'algèbre; autrement dit, C(G) est une *bigèbre* (ou « bialgèbre ») sur A (Bourbaki, *Alg.*, chap. III, 3e éd.).

Cette structure de cogèbre vérifie les conditions (i) et (ii) du n° 1.1; la coünité $e : C(G) \to A$ est l'homomorphisme d'algèbres de C(G) dans A correspondant à la section unité de G.

Nous supposerons dans toute la suite que G est *plat* sur A, i.e. que C(G) est un A-module plat; toutes les hypothèses du § 1 sont donc vérifiées.

3.2. G-modules.

Soit E un A-module. Une structure de G-*module* sur E se définit des deux façons équivalentes suivantes :

a) C'est une structure de comodule sur la cogèbre C(G), i.e. c'est une application linéaire

$$d_E : E \to C(G) \otimes E$$

vérifiant les conditions (i) et (ii) du n° 1.2.

b) Soit $\mathrm{Ann}_{/A}$ la catégorie des anneaux commutatifs A′ à élément unité munis d'un homomorphisme $A \to A'$. Soit Gr la catégorie des groupes. Si l'on associe à tout $A' \in \mathrm{Ob}(\mathrm{Ann}_{/A})$ le groupe G(A′) des points de G à valeurs dans A′, on obtient un foncteur $G : \mathrm{Ann}_{/A} \to \mathrm{Gr}$. Si l'on associe à A′ le groupe des A′-automorphismes de $A' \otimes E$, on obtient un foncteur $\mathrm{Aut}_E : \mathrm{Ann}_{/A} \to \mathrm{Gr}$. Une structure de G-module sur E peut alors se définir comme un *morphisme* du foncteur G dans le foncteur Aut_E (autrement dit comme une *action linéaire* de G(A′) sur $A' \otimes E$, définie pour tout A′, et variant fonctoriellement en A′).

L'équivalence de *a)* et *b)* est démontrée dans [3], [4], *loc. cit.* Bornons-nous à rappeler comment on passe du point de vue « comodule » au point de vue « morphisme de foncteurs » :

Soit $A' \in \mathrm{Ob}(\mathrm{Ann}_{/A})$, et soit $g \in G(A')$; l'élément g s'identifie à un morphisme de A-algèbres $g : C(G) \to A'$. Soit $\sigma(g)$ le composé

$$E \to C(G) \otimes E \to A' \otimes E,$$

le premier homomorphisme étant le coproduit d_E de E et le second étant $g \otimes 1$. Par linéarité, $\sigma(g)$ se prolonge en une application A'-linéaire $\rho(g) : A' \otimes E \to A' \otimes E$. On montre que $\rho(g)$ est un automorphisme de $A' \otimes E$, et que $\rho : G(A') \to \mathrm{Aut}_{A'}(A' \otimes E)$
1 est un homomorphisme de groupes. Comme cet homomorphisme est évidemment fonctoriel en A', il définit bien le morphisme $G \to \mathrm{Aut}_E$ cherché.

Remarque. — Supposons que E ait une base finie à n éléments (c'est le cas le plus important pour la suite). Le foncteur Aut_E est alors représentable par un schéma en groupes isomorphe à GL_n, et une structure de G-module sur E correspond donc à un morphisme de G dans GL_n.

3.3. Groupes de Grothendieck.

Supposons maintenant que A soit un *anneau de Dedekind*. On peut appliquer à la cogèbre C(G) les définitions et résultats du § 2. Les groupes de Grothendieck que l'on avait notés respectivement R_A, R_v, R_K, R_P seront maintenant notés $R_A(G)$, $R_v(G)$, etc. Rappelons que l'on a convenu d'identifier $R_A(G)$ et $R_P(G)$ au moyen de l'isomorphisme α du n° 2.3.

Remarque. — Ainsi, les *groupes* $R_A(G)$, $R_K(G)$, etc., ne dépendent *que de la structure de cogèbre de* C(G); il n'en est pas de même de leurs structures d'*anneaux* (provenant de l'opération de produit tensoriel de deux G-modules) : ces dernières font intervenir la structure de bigèbre de C(G).

3.4. Tores.

Soit M un groupe abélien, noté additivement, et soit T_M le A-schéma en groupes *diagonalisable* de groupe de caractères M (cf. [4], exposé 1, n° 4.4). Rappelons que la bigèbre $C(T_M)$ correspondante s'identifie à l'algèbre A[M] du groupe abélien M, le coproduit étant déduit de l'application diagonale $M \to M \times M$. Si $m \in M$, on note e^m l'élément correspondant de A[M], cf. Bourbaki, *Groupes et Algèbres de Lie*, chap. VI, § 3; les e^m, $m \in M$, forment une base de $C(T_M)$, et l'on a :

$$e^m . e^n = e^{m+n}, \qquad d(e^m) = e^m \otimes e^m, \qquad \text{si } m, n \in M.$$

On sait ([4], *loc. cit.*, prop. 4.7.3) que les T_M-modules s'identifient aux A-modules *gradués de type* M. Si E est un tel module, et si $m \in M$, on note E_m la composante de degré m de E; c'est l'ensemble des $x \in E$ tels que $d_E(x) = e^m \otimes x$. On a :

$$E = \coprod_{m \in M} E_m.$$

Supposons maintenant que E soit un A-module de type fini. Notons K(A) le groupe de Grothendieck de la catégorie des A-modules de type fini, et K(A)[M] l'algèbre de M sur l'anneau K(A). Associons à E l'élément $\mathrm{ch}(E) = \sum_{m \in M} [E_m] e^m$ de K(A)[M].

On obtient une application additive de la catégorie $\mathrm{Com}_A(T_M)$ des T_M-modules de type fini dans le groupe $K(A)[M]$. D'où un homomorphisme

$$\mathrm{ch} : R_A(T_M) \to K(A)[M].$$

Proposition 7. — L'homomorphisme ch *défini ci-dessus est un isomorphisme.*

Soit $m \in M$. Associons à tout A-module de type fini F le T_M-module dont toutes les composantes homogènes sont nulles à l'exception de la m-ème, qui est égale à F. Par passage aux groupes de Grothendieck, on en déduit un homomorphisme

$$f_m : K(A) \to R_A(T_M).$$

La famille des f_m, $m \in M$, définit un homomorphisme

$$f : K(A)[M] \to R_A(T_M),$$

et l'on vérifie immédiatement que $f \circ \mathrm{ch} = 1$ et $\mathrm{ch} \circ f = 1$; d'où la proposition.

Corollaire. — Si A *est principal, l'isomorphisme* ch *identifie* $R_A(T_M)$ *à* $\mathbf{Z}[M]$.

En effet, K(A) s'identifie à $\mathbf{Z}$ au moyen de l'application « rang », cf. Bourbaki, *Alg. Comm.*, chap. VII, § 4, n° 7.

3.5. Restriction.

Soit H un schéma en groupes affine sur A, et soit $\varphi : H \to G$ un homomorphisme; notons $\varphi^* : C(G) \to C(H)$ le morphisme de bigèbres correspondant. Soit E un G-module. Le composé des morphismes de foncteurs

$$H \xrightarrow{\varphi} G \to \mathrm{Aut}_E$$

définit une structure de H-module sur E, dite *déduite* de la précédente au moyen de φ. Le coproduit correspondant s'obtient en composant $d_E : E \to C(G) \otimes E$ et $\varphi^* \otimes 1 : C(G) \otimes E \to C(H) \otimes E$. Le foncteur $\mathrm{Com}_A(G) \to \mathrm{Com}_A(H)$ ainsi défini est exact. D'où un homomorphisme $\quad R(\varphi) : R_A(G) \to R_A(H)$.

Lorsque H est un sous-schéma en groupes de G, l'homomorphisme $R(\varphi)$ s'appelle l'homomorphisme de *restriction*; on le note Res.

3.6. Groupes réductifs déployés — cas d'un corps de base.

Dans ce numéro, nous supposons que A est un corps; nous le notons k. On prend pour groupe G un groupe *réductif déployé*, cf. [4], exposé XXII, déf. 1.13. On choisit un *sous-groupe de Cartan* T de G qui soit *diagonalisable* (un tel sous-groupe existe puisque G est déployé); on désigne par M le groupe des caractères de T; c'est un groupe abélien libre de type fini. Enfin, on désigne par W le *groupe de Weyl* de G relativement à T ([4], *loc. cit.*); il opère sur T, donc sur M.

D'après le corollaire à la prop. 7, l'homomorphisme

$$\mathrm{ch} : R_k(T) \to \mathbf{Z}[M]$$

est un isomorphisme. Si on le compose avec l'homomorphisme de restriction Res : $R_k(G) \to R_k(T)$ on obtient un homomorphisme

$$\mathrm{ch}_G : R_k(G) \to \mathbf{Z}[M].$$

Théorème 4. — L'homomorphisme ch_G *est injectif. Son image est le sous-groupe* $\mathbf{Z}[M]^W$ *de* $\mathbf{Z}[M]$ *formé des éléments invariants par* W.

Soit R le système de racines de G relativement à T; c'est une partie de M. Si M' désigne le dual de M (comme **Z**-module), et si $r \in R$, on note r' l'élément correspondant de M'; c'est la « coracine » associée à r. On choisit d'autre part un sous-groupe de Borel B de G contenant T; soit

$$R = R_+ \cup R_-, \qquad \text{avec } R_- = -R_+$$

la décomposition correspondante de R en partie positive et partie négative.

On définit une *relation d'ordre* dans M en posant $m \geqslant n$ si $m-n$ est combinaison linéaire, à coefficients entiers $\geqslant 0$, des éléments de R_+.

Un élément $m \in M$ est dit *dominant* si $\langle m, r' \rangle \geqslant 0$ pour tout $r \in R_+$. On note P l'ensemble des éléments dominants.

Lemme 5. — a) *Soit* $p \in P$. *Il existe un* G-*module simple* E_p *et un seul* (à isomorphisme près) *tel que*

$$\mathrm{ch}_G(E_p) = e^p + \sum_i e^{m_i}$$

avec $m_i < p$ *pour tout* i.

b) *Tout* G-*module simple est isomorphe à l'un des* E_p.

C'est là un résultat bien connu, essentiellement dû à Chevalley [2]. Toutefois, Chevalley fait certaines hypothèses restrictives (k algébriquement clos, G semi-simple) dont il est nécessaire de se débarrasser. Cela ne présente pas de difficulté :

(i) On peut écrire G comme quotient $(C \times S)/N$, où C est diagonalisable, S semi-simple simplement connexe, et N sous-groupe central de $C \times S$. Les G-modules s'identifient ainsi aux $(C \times S)$-modules où N opère trivialement. Mais l'on voit facilement qu'un $(C \times S)$-module simple s'écrit de manière unique comme produit tensoriel $E_1 \otimes E_2$, où E_1 est un C-module simple de rang 1 (correspondant à un caractère de C) et E_2 est un S-module simple. On est donc ramené à la classification des S-modules simples, c'est-à-dire *au cas où* G *est semi-simple simplement connexe.*

(ii) Soit $\overline{k}$ la clôture algébrique de k, et soit $\overline{G}$ le groupe algébrique sur $\overline{k}$ déduit de G par extension des scalaires. D'après Chevalley, *loc. cit.*, le lemme 5 est vrai pour $\overline{G}$. En particulier, pour tout $p \in P$, il existe un $\overline{G}$-module simple $\overline{E}_p$ de poids dominant p (i.e. tel que $\mathrm{ch}_{\overline{G}}(\overline{E}_p)$ soit de la forme voulue). De plus, on constate que la construction de ce module donnée par Chevalley peut se faire « sur k »; autrement dit, il existe un G-module E_p tel que $\overline{E}_p$ soit isomorphe à $E_p \otimes \overline{k}$. Il est clair que E_p est simple (et même absolument simple), d'où la première partie de *a)*.

D'autre part, si F est un G-module simple, notons $\overline{F}$ le $\overline{G}$-module obtenu par extension des scalaires de k à $\overline{k}$. Puisque le lemme 5 est vrai sur $\overline{k}$, il existe au moins un élément $p \in P$ tel que $\mathrm{Hom}_{\overline{G}}(\overline{E}_p, \overline{F}) \neq 0$. Par linéarité, il en résulte que $\mathrm{Hom}_G(E_p, F) \neq 0$, et, comme E_p et F sont simples, ceci entraîne que F est isomorphe à E_p; d'où les autres assertions du lemme.

Lemme 6. — Les éléments $\mathrm{ch}_G(E_p)$ *pour* $p \in P$, *forment une base du groupe* $\mathbf{Z}[M]^W$.

La démonstration est tout à fait semblable à celle de la prop. 3 de Bourbaki, *Groupes et Algèbres de Lie*, chap. VI, § 3, n° 4 :

Si $p \in P$, notons $W.p$ l'orbite de p par W, et posons

$$x_p = \sum_{q \in W.p} e^q.$$

On sait que toute orbite de W dans M contient un élément de P et un seul (cela provient du fait que la « chambre de Weyl » est un domaine fondamental pour W). On en conclut que les x_p, $p \in P$, forment une *base* de $\mathbf{Z}[M]^W$. De plus, comme les éléments $\mathrm{ch}_G(E_p)$ sont invariants par W (puisque W est induit par des automorphismes intérieurs de G), on peut écrire :

$$\mathrm{ch}_G(E_p) = x_p + \sum_i x_{p_i},$$

où les p_i sont des éléments de P, avec $p_i < p$. Mais, si $p \in P$, l'ensemble X_p des éléments $q \in P$ tels que $q \leqslant p$ est *fini* (en effet, si $(x|y)$ désigne un produit scalaire invariant sur $M \otimes \mathbf{R}$, on a $(q|q) \leqslant (q|p) \leqslant (p|p)$ si $q \in X_p$, ce qui montre que X_p est une partie bornée du réseau M). Il s'ensuit que l'ensemble ordonné P vérifie la condition des chaînes descendantes. En appliquant le lemme 4 de Bourbaki, *loc. cit.*, on en conclut que les $\mathrm{ch}_G(E_p)$ forment une base de $\mathbf{Z}[M]^W$, c.q.f.d.

Le théorème 4 est maintenant évident. En effet, d'après le lemme 5 et le n° 2.6, les $[E_p]$, $p \in P$, forment une base de $R_k(G)$ et, d'après le lemme 6, leurs images par ch_G forment une base de $\mathbf{Z}[M]^W$. Donc $\mathrm{ch}_G : R_k(G) \to \mathbf{Z}[M]^W$ est un isomorphisme.

Remarques. — 1) Lorsque k est de caractéristique 0, on a une formule explicite (due à H. Weyl) donnant $\mathrm{ch}_G(E_p)$ en fonction de p. On ne connaît pas, pour l'instant, de formule analogue en caractéristique $\neq 0$.

2) Le théorème 4 avait été signalé par Grothendieck, il y a une dizaine d'années, lors de sa première démonstration du théorème de Riemann-Roch (non publiée); il supposait k algébriquement clos. Le théorème analogue pour les *groupes de Lie compacts connexes* est mentionné par Atiyah-Hirzebruch ([1], n° 4.4).

3.7. Groupes réductifs déployés — cas d'un anneau principal.

Dans ce numéro, A désigne un *anneau principal*. On utilise les notations du n° 2.1; en particulier, K désigne le corps des fractions de A et V l'ensemble des idéaux premiers non nuls de A.

On a défini au § 2 des homomorphismes

$$i : \mathrm{R}_{\mathrm{A}}(\mathrm{G}) \to \mathrm{R}_{\mathrm{K}}(\mathrm{G})$$

et

$$d_v : \mathrm{R}_{\mathrm{K}}(\mathrm{G}) \to \mathrm{R}_v(\mathrm{G}), \qquad v \in \mathrm{V}.$$

Théorème 5. — Supposons que G *soit réductif et déployé sur* A (cf. [4], exposé XXII). *Les homomorphismes* d_v ($v \in \mathrm{V}$) *et* i *sont alors des isomorphismes.*

(Noter qu'un schéma en groupes réductif est *lisse*, donc *a fortiori* plat.)

Soit T un sous-groupe de Cartan diagonalisable de G (ici encore, un tel sous-groupe existe puisque G est déployé); soit M le groupe des caractères de T, et soit W le groupe de Weyl de G relativement à T ([4], *loc. cit.*).

Notons G_{K} et T_{K} (resp. G_v et T_v) les groupes algébriques sur K (resp. sur k_v, $v \in \mathrm{V}$) déduits de G et T par extension des scalaires. Le groupe G_{K} (resp. G_v) est un groupe réductif déployé, de sous-groupe de Cartan T_{K} (resp. T_v); de plus, T_{K} (resp. T_v) est diagonalisable, et de groupe des caractères égal à M. On a évidemment $\mathrm{R}_{\mathrm{K}}(\mathrm{G}_{\mathrm{K}}) = \mathrm{R}_{\mathrm{K}}(\mathrm{G})$ et $\mathrm{R}_v(\mathrm{G}_v) = \mathrm{R}_v(\mathrm{G})$. En appliquant le théorème 4 à G_{K} (resp. à G_v), on obtient des isomorphismes

$$\mathrm{ch}_{\mathrm{G}_{\mathrm{K}}} : \mathrm{R}_{\mathrm{K}}(\mathrm{G}) \to \mathbf{Z}[\mathrm{M}]^{\mathrm{W}}$$

et

$$\mathrm{ch}_{\mathrm{G}_v} : \mathrm{R}_v(\mathrm{G}) \to \mathbf{Z}[\mathrm{M}]^{\mathrm{W}}.$$

On a :

$$(*) \qquad d_v \circ \mathrm{ch}_{\mathrm{G}_v} = \mathrm{ch}_{\mathrm{G}_{\mathrm{K}}}.$$

En effet, cela résulte de la commutativité (facile à vérifier) des diagrammes

$$\begin{array}{ccc} \mathrm{R}_{\mathrm{K}}(\mathrm{G}) & \xrightarrow{d_v} & \mathrm{R}_v(\mathrm{G}) \\ \downarrow{\scriptstyle \mathrm{Res}} & & \downarrow{\scriptstyle \mathrm{Res}} \\ \mathrm{R}_{\mathrm{K}}(\mathrm{T}) & \xrightarrow{d_v} & \mathrm{R}_v(\mathrm{T}) \end{array} \qquad \text{et} \qquad \begin{array}{ccc} \mathrm{R}_{\mathrm{K}}(\mathrm{T}) & \xrightarrow{d_v} & \mathrm{R}_v(\mathrm{T}) \\ & \searrow \quad \swarrow & \\ & \mathbf{Z}[\mathrm{M}] & \end{array}$$

Puisque $\mathrm{ch}_{\mathrm{G}_v}$ et $\mathrm{ch}_{\mathrm{G}_{\mathrm{K}}}$ sont des isomorphismes, la formule (*) montre qu'il en est de même de d_v. Le fait que i soit un isomorphisme résulte alors du théorème 3 du n° 2.7, c.q.f.d.

Remarques. — 1) La cogèbre C(G) n'est pas seulement un module plat; c'est un module *libre* (utiliser le fait que C(G) se plonge dans l'algèbre affine de la « grosse cellule » de G, laquelle est évidemment un module libre).

2) Lorsque A est un anneau de Dedekind, un raisonnement analogue à celui fait ci-dessus montre que $\mathrm{R}_{\mathrm{A}}(\mathrm{G})$ s'identifie à $\mathrm{K}(\mathrm{A}) \otimes \mathrm{R}_{\mathrm{K}}(\mathrm{G})$, c'est-à-dire à la somme directe de $\mathrm{R}_{\mathrm{K}}(\mathrm{G})$ et de $\mathrm{R}_{\mathrm{K}}(\mathrm{G}) \otimes \mathrm{Cl}(\mathrm{A})$, où Cl(A) désigne le groupe des classes d'idéaux de A.

3) Soit P l'ensemble des éléments dominants de M (cf. n° 3.6). Pour tout $p \in \mathrm{P}$, désignons par $\mathrm{E}_{p,\mathrm{K}}$ (resp. $\mathrm{E}_{p,v}$) un G_{K}-module (resp. un G_v-module) simple de poids

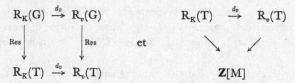

dominant p (cf. lemme 5). On a vu que les $[E_{p,K}]$ (resp. les $[E_{p,v}]$) forment une base de $R_K(G)$ (resp. de $R_v(G)$). En utilisant la formule (*) on montre facilement que l'on a :

$$d_v([E_{p,K}]) = [E_{p,v}] + \sum_i [E_{p_i,v}]$$

avec $p_i < p$ pour tout i. La *matrice de décomposition* de v est donc une matrice *triangulaire* (par rapport à la relation d'ordre naturelle sur P) dont *tous les coefficients diagonaux sont égaux à* 1 ; cela précise le fait que d_v est un isomorphisme.

Il serait intéressant de déterminer explicitement cette matrice lorsque K est de caractéristique 0 et k_v de caractéristique $\neq 0$ (lorsque K et k_v ont même caractéristique, c'est la matrice unité).

4) Lorsque G est un schéma en groupes *réductif* quelconque (non nécessairement déployé) les homomorphismes d_v sont injectifs, mais pas en général surjectifs. J'ignore ce qui se passe pour l'homomorphisme i.

3.8. Un exemple : le groupe GL_n.

Dans ce cas, on a $M = \mathbf{Z}^n$ et le groupe W est le groupe des permutations de n lettres. On a :

$$\mathbf{Z}[M] = \mathbf{Z}[X_1, \ldots, X_n, X_1^{-1}, \ldots, X_n^{-1}].$$

Désignons par $\lambda_1, \ldots, \lambda_n$ les fonctions symétriques élémentaires des X_i :

$$\lambda_m = \sum_{i_1 < i_2 < \ldots < i_m} X_{i_1} X_{i_2} \ldots X_{i_m}.$$

L'anneau $\mathbf{Z}[M]$ s'identifie au localisé $\mathbf{Z}[X_1, \ldots, X_n]_{\lambda_n}$ de $\mathbf{Z}[X_1, \ldots, X_n]$ par rapport à $\lambda_n = X_1 \ldots X_n$. D'où :

$$R_A(GL_n) = R_K(GL_n) = \mathbf{Z}[M]^W = \mathbf{Z}[\lambda_1, \ldots, \lambda_n]_{\lambda_n}.$$

L'interprétation de $\lambda_1, \ldots, \lambda_n$ est évidente : ces éléments correspondent, *via* ch_G, aux puissances extérieures de la représentation fondamentale de degré n de GL_n.

BIBLIOGRAPHIE

[1] M. Atiyah et F. Hirzebruch, Vector bundles and homogeneous spaces, *Proc. Symp. Pure Maths.*, vol. 3, Differential Geometry, A.M.S., 1961, p. 7-38.

[2] C. Chevalley, *Classification des groupes de Lie algébriques*, Séminaire E.N.S., Paris, 1956-1958.

[3] M. Demazure et P. Gabriel, *Groupes algébriques linéaires*, Séminaire Heidelberg-Strasbourg, 1965-1966, Publ. I.R.M.A., Strasbourg.

[4] M. Demazure et A. Grothendieck, *Schémas en groupes réductifs*, Séminaire I.H.E.S., Bures-sur-Yvette, 1962-1964.

[5] I. Giorgiutti, Groupes de Grothendieck, *Ann. Fac. Sci. Univ. Toulouse*, 26, 1962, p. 151-207 (Thèse, Paris, 1963).

Manuscrit reçu le 23 août 1967.

82.

Résumé des cours de 1967–1968

Annuaire du Collège de France (1968), 47–50

Soit K un corps complet pour une valuation discrète, de corps résiduel k. On suppose que K est de caractéristique zéro et que k est algébriquement clos de caractéristique p. Soit $\bar{K}$ une clôture algébrique de K, et soit G le groupe de Galois de $\bar{K}$ sur K. Soit V un espace vectoriel de dimension finie sur le corps p-adique $\mathbf{Q}_p$, et soit

$$\varrho : G \to \mathrm{Aut}(V)$$

un homomorphisme continu. On dit alors que V (ou ϱ) est une *représentation p-adique* de G.

Soit χ l'homomorphisme de G dans le groupe des unités p-adiques correspondant à l'action naturelle de G sur les racines de l'unité d'ordre une puissance de p. Soit C le complété de $\bar{K}$. Si V est, comme ci-dessus, une représentation p-adique de G, posons $V_C = C \otimes V$ (le produit tensoriel étant pris sur $\mathbf{Q}_p$) ; pour tout $n \in \mathbf{Z}$, soit V_C^n le K-sous-espace de V_C formé des éléments x tels que $\varrho(s)x = \chi(s)^n x$ pour tout $s \in G$, et soit $V_C(n) = C \otimes_K V_C^n$. D'après un résultat de TATE, la somme directe des $V_C(n)$ s'identifie à un sous-espace vectoriel de V_C. On dit que V admet une *décomposition de Hodge p-adique* (ou que V est un *module de Hodge*) si ce sous-espace vectoriel est égal à V_C, autrement dit si l'on a :

$$V_C = \sum_{n \in \mathbf{Z}} V_C(n).$$

Soit V un tel module, soit $G_V = \varrho(G)$ le sous-groupe correspondant de Aut(V), et soit H_V *l'enveloppe algébrique* de G_V, autrement dit le plus petit sous-groupe algébrique (sur $\mathbf{Q}_p$) du groupe linéaire $\mathbf{GL}_V$ dont le groupe des points contienne G_V.

Le sujet du cours a été l'étude du groupe H_V, et en particulier la démons-
1 tration des résultats suivants :

1) Le groupe G_V est un sous-groupe *ouvert* du groupe $H_V(\mathbf{Q}_p)$ des points de H_V à coefficients dans $\mathbf{Q}_p$.

Il revient au même de dire que l'algèbre de Lie du groupe analytique p-adique G_V est *algébrique*, au sens de Chevalley.

2) La décomposition $V_C = \sum V_C(n)$ définit un homomorphisme

$$h : \mathbf{G}_m/_C \to \mathbf{GL}_V/_C$$

de groupes algébriques sur C. Soit H_V^0 la composante neutre de H_V, et soit $H_V^0/_C$ le sous-groupe de $\mathbf{GL}_V/_C$ déduit de H_V^0 par extension des scalaires de $\mathbf{Q}_p$ à C. Alors $H_V^0/_C$ *contient le groupe* $h(\mathbf{G}_m/_C)$, image de h.

Lorsque de plus G_V est *résoluble*, on peut caractériser H_V^0 comme *le plus petit sous-groupe algébrique* R sur $\mathbf{Q}_p$ de $\mathbf{GL}_V$ *tel que* $R/_C$ *contienne* $h(\mathbf{G}_m/_C)$; c'est l'analogue p-adique du *groupe de Mumford-Tate.*

2 Il est probable que cette caractérisation de H_V^0 vaut sans supposer G_V résoluble ; on pourrait le prouver si l'on savait que $V_C = V_C(0)$ entraîne que G_V est fini.

3) Lorsque V varie, les groupes H_V forment un système projectif ; leur limite projective est un *groupe proalgébrique* H sur $\mathbf{Q}_p$, muni d'un homomorphisme $h : \mathbf{G}_m/_C \to H/_C$. La catégorie des modules de Hodge est équivalente à celle des H-modules de dimension finie ; si H° désigne la composante neutre de H, le groupe H/H° est le groupe de dimension zéro associé au groupe profini G ; le groupe H° ne change pas lorsqu'on remplace K par une extension finie.

4) Soit Θ le plus grand quotient commutatif du groupe proalgébrique H°. Le groupe Θ est une limite projective de tores ; il ne dépend que de p (mais pas de K) ; on a :

$$\Theta = \varprojlim T_E$$

où E parcourt l'ensemble des extensions finies de $\mathbf{Q}_p$.

(Si E est une extension de $\mathbf{Q}_p$ de degré n, on note T_E le tore $R_{E/\mathbf{Q}_p}(\mathbf{G}_m/_E)$ défini par E ; sa dimension est n, et $T_E(\mathbf{Q}_p)$ est canoniquement isomorphe à E^*.)

Ce résultat est essentiellement équivalent à un théorème exposé par TATE dans le séminaire 1965/66. Il est intimement lié aux propriétés des « multiplications complexes formelles » des groupes p-divisibles.

5) Faisons maintenant l'hypothèse que V ne fait intervenir que les exposants 0 et 1, autrement dit que $V_C = V(0) + V_C(1)$; posons

$$n_o = \dim_C V_C(0) \text{ et } n_1 = \dim_C V_C(1).$$

(Le module p-adique attaché à un groupe p-divisible est de ce type, l'entier n_1 étant égal à la dimension du groupe.)

Supposons que $n_1 = 1$ et que V soit un H^0_V-module simple. Alors le commutant de H^0_V dans End(V) est un corps commutatif E de degré fini sur $\mathbf{Q}_p$, et H^0_V est égal au groupe algébrique des E-automorphismes de V ; il en résulte, conformément à ce qu'avaient conjecturé LUBIN et TATE, que le groupe G_V contient un sous-groupe *ouvert* de $\mathrm{Aut}_E(V)$.

Le cours s'est achevé par un essai de classification dans le cas $n_1 > 1$ (en supposant V absolument simple sur H^0_V), basé sur le fait que $H^0_V/_C$
3 contient un tore de dimension 1 *n'ayant que deux poids.*

SÉMINAIRE

Le séminaire a continué celui de 1965/66, relatif aux *groupes* p-*divisibles*. Il a comporté neuf exposés : quatre par Michel RAYNAUD et cinq par John TATE (qui en avait fait dix en 1965/66).

Michel RAYNAUD a rappelé les notions préliminaires nécessaires : schémas en groupes finis, dualité de Cartier, quotients. Il a ensuite donné la définition des groupes p-divisibles, et montré leur interprétation comme groupes formels. Dans son dernier exposé, il a démontré le théorème fondamental, dû à TATE, qui affirme que, en inégale caractéristique, le passage de l'anneau des entiers au corps des fractions définit un foncteur *pleinement fidèle* sur la catégorie des groupes p-divisibles. Il est possible que sa démonstration, différente de celle de TATE, puisse être adaptée au cas d'égale caractéristique.

Les exposés de John TATE ont eu pour thème le *théorème de relèvement* des variétés abéliennes, autrement dit le fait que relever une variété abélienne revient à relever le groupe p-divisible correspondant (la caractéristique résiduelle étant égale à p). A Woods Hole, en 1964, TATE en avait donné une démonstration basée sur une certaine construction cohomologique. Dans le séminaire, il a proposé une autre méthode, où variété abéliennes et groupes p-divisibles n'interviennent que par les *faisceaux* correspondants (pour des topologies d'ARTIN-GROTHENDIECK convenables). Cette méthode, malgré des difficultés techniques qui n'ont pas été entièrement résolues, paraît plus naturelle que la précédente, et de portée plus générale.

Un cas particulier intéressant est celui où la variété abélienne est *ordinaire*, autrement dit a le maximum possible de points d'ordre p. Il existe alors un *relèvement canonique* que l'on peut caractériser de diverses manières ; dans le cas des courbes elliptiques, ce relèvement avait été signalé en 1933 par H. Hasse (qui se plaçait à un point de vue quelque peu différent).

Cohomologie des groupes discrets

C. R. Acad. Sci. Paris **268** (1969), 268–271

1 Soit G un groupe de Lie sur un corps valué complet k, et soit Γ un sous-groupe discret de G. Lorsque $k = \mathbf{R}$ ou $\mathbf{C}$, on sait que la cohomologie de Γ peut se déterminer en étudiant l'action de Γ sur l'espace $X = G/K$, où K est un sous-groupe compact maximal de G. Lorsque k est ultramétrique et G simple, l'*immeuble* attaché par Bruhat-Tits ([1]) à G rend les mêmes services que X; cela permet, en particulier, d'étudier la cohomologie des groupes S-arithmétiques.

1. Dimension cohomologique. — Soit Γ un groupe. Rappelons que l'on appelle dimension cohomologique de Γ, et que l'on note $cd(\Gamma)$, la borne supérieure, finie ou infinie, des entiers m tels qu'il existe un Γ-module M avec $H^m(\Gamma, M) \neq 0$. On démontre :

Proposition 1. — *Soit* Γ′ *un sous-groupe de* Γ. *On a* $cd(\Gamma') \leq cd(\Gamma)$. *Si* Γ *est sans torsion et si* $(\Gamma : \Gamma') < \infty$, *on a* $cd(\Gamma') = cd(\Gamma)$.

Nous dirons que Γ *a la propriété* (FL) s'il existe une suite exacte

$$(\star) \qquad 0 \to L_n \to \ldots \to L_0 \to \mathbf{Z} \to 0,$$

où les L_i sont des modules *libres de type fini* sur l'algèbre $\mathbf{Z}[\Gamma]$ de Γ. Dans ce cas, si l'on désigne par r_i le rang de L_i, on montre facilement que l'entier $\chi(\Gamma) = \sum_i (-1)^i r_i$ est indépendant du choix de (★); on l'appelle la *caractéristique d'Euler-Poincaré* de Γ. Si M est un groupe abélien de type fini sur lequel opère Γ, les groupes $H^q(\Gamma, M)$ sont de type fini, et l'on a

$$\sum_q (-1)^q \operatorname{rg} H^q(\Gamma, M) = \chi(\Gamma) \operatorname{rg}(M).$$

D'autre part, soit X un CW-complexe acyclique sur lequel Γ opère cellulairement. Soit Σ un ensemble de représentants des cellules de X modulo l'action de Γ; si $\sigma \in \Sigma$, soit Γ_σ l'ensemble des éléments γ de Γ tels que $\gamma\sigma = \sigma$. Le résultat suivant m'a été signalé par D. Quillen :

Proposition 2. — (*a*) *On a* $cd(\Gamma) \leq \operatorname{Sup}_{\sigma \in \Sigma}(\dim(\sigma) + cd(\Gamma_\sigma))$.

(*b*) *Si* Σ *est fini et si les* Γ_σ *ont la propriété* (FL), *alors* Γ *a la propriété* (FL), *et l'on a*

$$\chi(\Gamma) = \sum_{\sigma \in \Sigma} (-1)^{\dim(\sigma)} \chi(\Gamma_\sigma).$$

2. Sous-groupes discrets des groupes de Lie. — Soit $(G_\alpha)_{\alpha \in A}$ une famille finie de groupes. On suppose que chaque G_α est de l'un des types suivants :

(i) un groupe de Lie réel à nombre fini de composantes connexes;

(ii) le groupe $L_\alpha(k_\alpha)$ des k_α-points d'un groupe algébrique réductif L_α sur un corps local [2] k_α.

Dans le cas (i), on note $d(G_\alpha)$ la dimension du quotient de G_α par l'un de ses sous-groupes compacts maximaux; dans le cas (ii), on note $d(G_\alpha)$ le rang de L_α sur k_α, au sens de Borel-Tits. On pose $G = \prod G_\alpha$ et $d(G) = \sum d(G_\alpha)$.

La notion de *partie bornée* de G_α se définit de façon évidente dans le cas (ii); dans le cas (i), on convient que « borné » équivaut à « relativement compact ». Une partie de G est dite bornée si ses projections sur les G_α le sont.

Théorème 1. — *Soit* Γ *un sous-groupe de* G. *On suppose que :*

(1) Γ *est sans torsion;*

(2) *toute partie bornée de* Γ *est finie.*

On a alors $cd(\Gamma) \leqq d(G)$.

Ce résultat est bien connu lorsque G est un groupe de Lie réel [cas (i)]; le cas général se ramène à celui-là en utilisant l'action de Γ sur un produit convenable d'« immeubles » de Bruhat-Tits, et en appliquant la proposition 2 (c'est possible, car Bruhat et Tits ont montré que les « immeubles » en question sont des complexes simpliciaux *contractiles*, donc acycliques).

Corollaire. — *Si* $d(G) = 1$, *le groupe* Γ *est libre.*

Cela résulte du théorème de Stallings-Swan [3] puisque $cd(\Gamma) \leqq 1$. On peut aussi en donner une démonstration directe, en remarquant que Γ opère librement sur un *arbre.*

Exemple. — Lorsque $G = \mathbf{PGL}_2(k)$, où k est un corps local, le corollaire ci-dessus redonne un résultat de Y. Ihara [4].

3. Sous-groupes a quotient compact. — Supposons que G soit *localement compact*; la condition (2) du théorème 1 signifie alors simplement que Γ est *discret.*

Théorème 2. — *Soit* Γ *un sous-groupe discret sans torsion de* G *tel que* G/Γ *soit compact. Alors* Γ *a la propriété* (FL) *du n°* 1.

De plus, on peut définir sur chaque G_α une mesure invariante μ_α telle que, si l'on pose $\mu = \bigotimes \mu_\alpha$, on ait :

Théorème 3. — *La caractéristique d'Euler-Poincaré* $\chi(\Gamma)$ *de* Γ *est égale à* $\mu(G/\Gamma)$.

Précisons que la construction de μ_α n'utilise ni Γ, ni les G_β, pour $\beta \neq \alpha$, mais seulement G_α.

Exemple. — Soit k un corps local dont le corps résiduel est un corps fini à q éléments. Soit L un schéma en groupes sur l'anneau O_k des entiers de k; supposons que L soit simple, simplement connexe, et déployé; prenons pour G le groupe $L(k)$ des k-points de L. Le groupe G admet pour sous-groupe ouvert compact le groupe $L(O_k)$. La mesure μ du théorème 3 peut alors être caractérisée par la formule

$$\mu(L(O_k)) = \prod_{i=1}^{i=l} (1 - q^{n_i-1}),$$

où $l = d(G)$ est le rang de L, et où $n_1, \ldots, n_l$ sont les degrés d'une famille de l générateurs de l'algèbre des invariants symétriques du groupe de Weyl de L.

4. Groupes S-arithmétiques. — Soit k un corps de nombres algébriques ou un corps de fonctions algébriques d'une variable sur un corps fini. Soit S un ensemble fini non vide de places de k, contenant les places archimédiennes. Soit L un groupe algébrique réductif sur k; si $v \in S$, notons k_v le complété de k pour v, et G_v le groupe $L(k_v)$; posons $G = \prod_{v \in S} G_v$.

Théorème 4. — *Soit* Γ *un sous-groupe* S-*arithmétique* [5] *de* $L(k)$. *Supposons que* Γ *soit sans torsion. Alors :*

(*a*) *On a* $cd(\Gamma) \leq d(G)$;

(*b*) *Si* G/Γ *est compact, ou si* k *est un corps de nombres, le groupe* Γ *a la propriété* (FL).

L'assertion (*a*), et la première partie de (*b*), résultent des théorèmes 1 et 2, puisque Γ est discret dans G. La seconde partie de (*b*) a été démontrée par Raghunathan [6] lorsque toutes les places de S sont archimédiennes; le cas général se ramène à celui-là en utilisant la proposition 3 (appliquée à un produit d'« immeubles » convenable), combinée avec un théorème de finitude de Borel [7].

Remarques.

(1) Dans le cas (*b*), l'entier $\chi(\Gamma)$ est défini. D'après le théorème 3, on a $\chi(\Gamma) = \mu(G/\Gamma)$ lorsque G/Γ est compact. J'ignore si cette égalité s'étend au cas général; cela me paraît probable.

(2) Supposons que k soit un corps de nombres, et que G/Γ ne soit pas compact (on sait que cela équivaut à dire que le rang de L sur k est non nul). La majoration de $cd(\Gamma)$ fournie par (*a*) peut alors être améliorée d'une unité :

$$cd(\Gamma) \leq d(G) - 1.$$

Exemple. — Prenons pour L le groupe $\mathbf{SL}_2$ et pour k un corps de nombres de degré n. On a $d(G) = \mathrm{Card}(S) + n$; d'où, en vertu de ce qui précède, $cd(\Gamma) \leq \mathrm{Card}(S) + n - 1$ (on peut en fait montrer qu'il y a *égalité*).

Corollaire. — *Tout sous-groupe sans torsion de type fini de* $\mathbf{GL}_n(\mathbf{Q})$ *est de dimension cohomologique finie.*

En effet, soit Γ un tel sous-groupe. Quitte à choisir S assez grand, on peut trouver un sous-groupe S-arithmétique sans torsion Γ_1 de $\mathbf{GL}_n(\mathbf{Q})$ tel que $\Gamma \cap \Gamma_1$ soit d'indice fini dans Γ; on applique alors la proposition 1 et le théorème 4.

Un problème. — On prend $k = \mathbf{Q}$; on choisit pour L le k-groupe algébrique déduit par extension des scalaires d'un $\mathbf{Z}$-schéma en groupes L_0 que l'on suppose simple, simplement connexe, et déployé. On suppose en outre que Γ est d'indice fini N dans $L_0(\mathbf{Z}_S)$, où $\mathbf{Z}_S$ désigne l'anneau des S-entiers de $\mathbf{Q}$. Dans ces conditions, *est-il vrai que l'on a*

2 $$\chi(\Gamma) = N \prod_{i=1}^{i=l} \zeta_S(1 - n_i)\ ?$$

[Dans cette formule, les entiers l et n_i ont la même signification qu'au n° 3. Quant à ζ_S, c'est la fonction ζ de Riemann, dont on a enlevé les facteurs correspondant aux nombres premiers appartenant à S; on a donc $\zeta_S(s) = \prod_{p \notin S} (1 - p^{-s})^{-1}$.]

(*) Séance du 27 janvier 1969.

(1) *Cf.* F. Bruhat et J. Tits, *Groupes algébriques simples sur un corps local*, Proc. Conf. Local Fields, Springer-Verlag, 1967.

(2) Dans tout ce qui suit, nous réservons le terme de *corps local* à un corps complet pour une valuation discrète à corps résiduel parfait.

(3) *Cf.* J. Stallings, *Ann. Math.*, 88, 1968, p. 312-334, ainsi que R. Swan, à paraître.

(4) *Cf.* Y. Ihara, *J. Math. Soc. Japan*, 18, 1966, p. 219-235.

(5) On appelle ainsi tout groupe qui est commensurable à un groupe de « S-unités » de $L(k)$, au sens de Borel.

(6) *Cf.* M. S. Raghunathan, *Invent. Math.*, 4, 1968, p. 318-335.

(7) *Cf.* A. Borel, *Publ. Math. I. H. E. S.*, 16, 1963, p. 5-30.

(*Collège de France,*
place Marcelin Berthelot, 75-*Paris*, 5e.)

84.

Résumé des cours de 1968 – 1969

Annuaire du Collège de France (1969), 43 – 46

Le cours a été consacré aux *groupes discrets*. Il a comporté trois parties.
1 Les deux premières ont été rédigées, sous forme de notes polycopiées, en collaboration avec H. Bass. La troisième a été résumée en une note aux *Comptes rendus*.

1. *Arbres et amalgames*

On a donné quelques propriétés élémentaires des *arbres* (graphes connexes non vides sans circuits) et de leurs groupes d'automorphismes. Par exemple :

1.1. Soit Γ un groupe. Pour qu'il existe un arbre X sur lequel Γ *opère librement*, il faut et il suffit que Γ soit un groupe *libre*.

(Cela revient à dire qu'un groupe est libre si et seulement si c'est le groupe fondamental d'un graphe connexe, ce qui est évident.)

On déduit de là le *théorème de Schreier* : tout sous-groupe d'un groupe libre est libre.

1.2. Si un groupe Γ opère sur un arbre X avec pour domaine fondamental un *segment* PQ, alors Γ est somme des stabilisateurs Γ_P et Γ_Q de P et Q, amalgamés suivant le stabilisateur $\Gamma_P \cap \Gamma_Q$ de l'arête PQ.

Réciproquement, toute somme amalgamée de deux groupes peut être obtenue par ce procédé, de façon essentiellement unique. Cela donne une méthode « géométrique » d'étude des sommes amalgamées, qui est souvent commode.

Les énoncés 1.1 et 1.2 ci-dessus sont des cas particuliers d'un théorème général, démontré par H. Bass, donnant la structure de tout groupe opérant sur un arbre.

2. *Le groupe* $\mathbf{SL}_2$

Soit K un corps muni d'une valuation discrète v, et soit O_v l'anneau de valuation correspondant. Le couple (K, v) définit un *arbre* X de la manière suivante : les sommets de X sont les *classes de* O_v*-réseaux* dans K^2 (deux réseaux étant considérés comme équivalents s'ils sont homothétiques), et deux sommets sont liés par une arête s'ils proviennent de réseaux L, L′ tels que L soit contenu dans L′ et que L′/L soit un O_v-module de longueur 1. Le groupe $\mathbf{PGL}_2(K)$, donc aussi le groupe $\mathbf{SL}_2(K)$, opère sur X. L'arbre X joue pour $\mathbf{SL}_2(K)$ le rôle que joue le demi-plan de Poincaré pour $\mathbf{SL}_2(\mathbf{R})$; les stabilisateurs des sommets sont les sous-groupes bornés maximaux de $\mathbf{SL}_2(K)$; l'opérateur de Hecke « somme des sommets voisins d'un sommet donné » remplace le laplacien de la théorie classique.

De 1.1 et 1.2, on déduit les résultats suivants (dus à Y. IHARA) :

2.1. Soit Γ un sous-groupe de $\mathbf{SL}_2(K)$ n'ayant pas de sous-groupe borné $\neq \{1\}$; alors Γ est un groupe *libre*.

2.2. Le groupe $\mathbf{SL}_2(K)$ est somme amalgamée de deux copies de $\mathbf{SL}_2(O_v)$; le sous-groupe suivant lequel se fait l'amalgamation est formé des matrices $\left(\begin{smallmatrix} a & b \\ c & d \end{smallmatrix}\right)$ de $\mathbf{SL}_2(O_v)$ telles que $v(c) > 0$.

Prenons maintenant pour K un corps de fonctions d'une variable de corps des constantes k, la valuation v étant triviale sur k (elle correspond donc à un point P de la courbe C attachée à K). Soit A l'algèbre affine de la courbe C - {P}, et soit $\Gamma = \mathbf{SL}_2(A)$; c'est un sous-groupe discret de $\mathbf{SL}_2(K)$, muni de la topologie définie par v. Le groupe Γ opère sur l'arbre X défini par K et v ; les sommets du graphe quotient $X_\Gamma = X/\Gamma$ s'interprètent de façon simple en termes de classes de fibrés vectoriels de rang 2 sur C. On peut ainsi étudier la structure de X_Γ, donc aussi de Γ. On obtient notamment :

2.3. Supposons que C soit une *droite projective*, et que P soit de degré 1 ; on a alors $A = k[T]$, $\Gamma = \mathbf{SL}_2(k[T])$; le graphe X_Γ est réduit à une « pointe » :

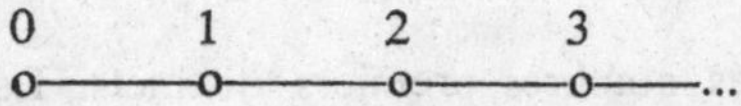

On en déduit que $\mathbf{SL}_2(k[T])$ est somme de $\mathbf{SL}_2(k)$ et du groupe de Borel $B(k[T])$ amalgamés suivant leur intersection $B(k)$ (théorème de Nagao).

2.4. Supposons k fini. Alors X_Γ est réunion d'un graphe fini et d'un nombre fini de *pointes* (correspondant aux classes d'idéaux de A) du type ci-dessus. On peut tirer de là diverses propriétés de Γ ; par exemple, Γ *n'est pas un groupe de type fini* et Γ contient beaucoup de sous-groupes d'indice fini qui ne sont pas des groupes de congruence.

2 3. *Cohomologie des groupes discrets*

La *dimension cohomologique* d'un groupe Γ, notée $cd(\Gamma)$, est la borne supérieure des entiers m tels qu'il existe un Γ-module M avec $H^m(\Gamma, M) \neq 0$.

Pour que $cd(\Gamma) \leqslant n$, il faut et il suffit qu'il existe une suite exacte de $\mathbf{Z}[\Gamma]$-modules

$$0 \to L_n \to \ldots \to L_1 \to L_o \to \mathbf{Z} \to 0,$$

où les L_i sont $\mathbf{Z}[\Gamma]$-projectifs (ou $\mathbf{Z}[\Gamma]$-libres, cela revient au même). Lorsque l'on peut choisir les L_i à la fois *libres* et *de type fini*, on dit que Γ a la propriété (FL). La somme alternée

$$\chi(\Gamma) = \sum (-1)^i \operatorname{rang}(L_i)$$

est alors appelée la *caractéristique d'Euler-Poincaré* de Γ.

Soit Γ' un sous-groupe d'indice fini de Γ. On peut montrer que $cd(\Gamma)$ est égal à $cd(\Gamma')$ ou à $+\infty$ (resp. à $cd(\Gamma')$ si Γ est sans torsion). Lorsque l'on peut choisir un tel sous-groupe Γ' qui soit de dimension cohomologique finie n, et qui vérifie (FL), on dit que Γ vérifie (VFL), et l'on pose (d'après C. T. C. Wall)

$$vcd(\Gamma) = n \quad \text{et} \quad \chi(\Gamma) = \frac{1}{(\Gamma : \Gamma')} \chi(\Gamma').$$

L'entier $vcd(\Gamma)$ et le nombre rationnel $\chi(\Gamma)$ sont indépendants du choix de Γ'.

Exemples

a) Le groupe $\Gamma = \mathbf{SL}_2(\mathbf{Z})$ vérifie (VFL) ; on a

$$cd(\Gamma) = \infty, \; vcd(\Gamma) = 1 \quad \text{et} \quad \chi(\Gamma) = -\frac{1}{12} = \zeta(-1).$$

(Plus généralement, il semble qu'il y ait des rapports étroits entre caractéristiques d'Euler-Poincaré des groupes arithmétiques et valeurs des fonctions zêta pour les entiers négatifs.)

b) Soient $p_1, \ldots, p_m$ des nombres premiers distincts. Le groupe

$$\Gamma = \mathbf{SL}_2(\mathbf{Z}[\frac{1}{p_1 \ldots p_m}])$$

vérifie (VFL), et l'on a :

$$vcd(\Gamma) = m + 1 \quad \text{et} \quad \chi(\Gamma) = -\frac{1}{12}(1 - p_1) \ldots (1 - p_m).$$

(Cela se démontre par récurrence sur m, en utilisant une décomposition de Γ en somme amalgamée analogue à celle de 2.2.)

Dans ce dernier exemple, Γ est un sous-groupe discret du groupe

$$G = \mathbf{SL}_2(\mathbf{R}) \times \mathbf{SL}_2(\mathbf{Q}_{p_1}) \times \ldots \times \mathbf{SL}_2(\mathbf{Q}_{p_m}).$$

On peut traiter, plus généralement, le cas où Γ est un sous-groupe discret d'un produit fini $G = \prod G_\alpha$, où les G_α sont de l'un des types suivants :

(i) un groupe de Lie réel à nombre fini de composantes connexes ;

(ii) le groupe $L_\alpha(K_\alpha)$ des K_α-points d'un groupe algébrique semi-simple L_α sur un corps localement compact ultramétrique K_α.

A chaque G_α on attache son « espace symétrique » X_α, défini de la façon suivante :

— dans le cas (i), X_α est le quotient de G_α par l'un de ses sous-groupes compacts maximaux ;

— dans le cas (ii), X_α est le produit des *immeubles* de BRUHAT-TITS correspondant aux différents facteurs simples de L_α.

Posons $d_\alpha = \dim(X_\alpha)$ et $d = \sum d_\alpha$. Le groupe Γ opère proprement sur l'espace *contractile* $X = \prod X_\alpha$. Si l'on suppose en outre que G/Γ est *compact,* et Γ sans torsion, on en déduit :

3.1. Γ vérifie (FL) et $cd(\Gamma) \leqslant d$.

3.2. Il existe sur chaque G_α une mesure invariante μ_α telle que, si $\mu = \otimes \mu_\alpha$, on ait $\chi(\Gamma) = \mu(G/\Gamma)$.

(La mesure μ_α ne dépend pas de Γ, mais seulement de G_α ; j'ignore si
3 l'on a toujours $\mu_\alpha \neq 0$ dans le cas (ii) ; c'est en tout cas vrai si L_α est *déployé.*)

L'énoncé 3.1 s'applique aussi aux *groupes de* S-*unités* d'un groupe semi-simple (sur un corps de nombres algébriques), même si G/Γ n'est pas
4 compact ; il est probable (mais non démontré) qu'il en est de même de 3.2. En particulier, *tout sous-groupe sans torsion de* $\mathbf{GL}_n(\mathbf{Q})$ *qui est de type fini est de dimension cohomologique finie.*

85.

Sur une question d'Olga Taussky

J. of Number Theory **2** (1970), 235–236

Communicated by H. Zassenhaus

Received October 13, 1969

Soit G un groupe. Sa suite dérivée $(D^n(G))$, $n = 0, 1, \ldots$, est définie par les formules:

$$D^0(G) = G, \quad D^{n+1}(G) = (D^n(G), D^n(G)) \quad \text{si} \quad n \geqslant 0.$$

On pose $G^{\mathrm{ab}} = G/D^1(G)$.

Supposons que G soit un p-groupe fini, p étant un nombre premier. Lorsque G^{ab} est cyclique, il est immédiat que $D^1(G) = \{1\}$; lorsque $p = 2$ et que G^{ab} est de type $(2, 2)$, on peut montrer (cf. [6]) que $D^1(G)$ est cyclique, donc que $D^2(G) = \{1\}$. Ces cas mis à part, la connaissance de G^{ab} ne permet d'affirmer la trivialité d'aucun des $D^n(G)$. Plus précisément:

THÉORÈME. *Soit n un entier $\geqslant 1$ et soit P un p-groupe abélien fini qui ne soit, ni cyclique, ni d'ordre 4. Il existe alors un p-groupe fini G tel que $D^n(G) \neq \{1\}$ et $G^{\mathrm{ab}} \simeq P$.*

(Ceci répond à la question posée dans [7], question qui avait d'ailleurs été résolue lorsque $p \neq 2$ ou lorsque P est "assez gros", cf. [1], [2].)

Démonstration. Puisque P n'est pas cyclique, on peut l'écrire comme produit $P = A \times B$, où A et B sont non triviaux. Notons a (resp. b) l'ordre de A (resp. B); on a

$$a \geqslant 2, \qquad b \geqslant 2, \qquad ab > 4.$$

Considérons le *produit libre* $A * B$ de A et de B ([4], p. 180) et soit $r : A * B \to A \times B$ l'homomorphisme canonique de ce groupe sur $A \times B$. Le noyau R de r est le groupe $D^1(A * B)$; de plus, on vérifie facilement (cf. par exemple [4], p. 196, exerc. 24) que R est un *groupe libre* de base la famille des commutateurs $x^{-1}y^{-1}xy$, avec $x \in A - \{1\}$, $y \in B - \{1\}$ (les commutateurs étant pris dans $A * B$). Le rang de R est $(a - 1)(b - 1)$; vu les inégalités ci-dessus, il est $\geqslant 2$, i.e. R est *non abélien*. Il en résulte que l'on a $D^m(R) \neq \{1\}$ pour tout $m \geqslant 0$. Choisissons alors un élément $z \neq 1$

de $D^{n-1}(R) = D^n(A * B)$. On sait, depuis Magnus, que tout groupe libre est *séparé* pour la p-topologie (celle définie par les sous-groupes distingués d'indice une puissance de p); cf., par exemple, [3], chap. I, n° 5 ou Bourbaki, *Gr. et Alg. de Lie*, chap. II, §5, n° 5. Il existe donc un sous-groupe distingué N de R, d'indice une puissance de p, ne contenant pas z. Quitte à remplacer N par l'intersection de ses conjugués dans $A * B$, on peut supposer que N est distingué dans $A * B$. Le groupe $G = (A * B)/N$ répond alors à la question. En effet, c'est une extension de $A \times B$ par R/N, donc un p-groupe; le groupe G^{ab} s'identifie à $A \times B = P$; enfin $D^n(G)$ contient l'image de z, qui n'est pas égale à 1 par construction.

Remarques

(1) On peut, si l'on veut, imposer à $D^n(G)$ de contenir un élément d'ordre p^m, avec m donné.

(2) L'argument utilisé plus haut montre en fait ceci: soient A et B deux p-groupes finis, et soit $A *_p B$ le *pro-p-groupe* (cf. [5], chap. I, n° 1.4) complété de $A * B$ pour la p-topologie; c'est le produit libre de A et B dans la catégorie des pro-p-groupes. On a alors une suite exacte

$$\{1\} \to R_p \to A *_p B \to A \times B \to \{1\},$$

où R_p est un pro-p-groupe libre (*loc. cit.*, n° 1.5) de base la famille des commutateurs $x^{-1}y^{-1}xy$ avec $x \in A - \{1\}$, $y \in B - \{1\}$.

(3) On peut également démontrer le théorème en construisant explicitement un groupe G ayant les propriétés voulues. Par exemple, lorsque P est de type (2, 2, 2) on peut prendre pour G le sous-groupe de $\mathbf{GL}(2, \mathbf{Z}/2^N\mathbf{Z})$, $N \geqslant 5.2^n$, engendré par les trois matrices d'ordre 2 que voici: $\left(\begin{smallmatrix}1 & 0\\ 0 & -1\end{smallmatrix}\right)$, $\left(\begin{smallmatrix}1 & 4\\ 0 & -1\end{smallmatrix}\right)$, $\left(\begin{smallmatrix}1 & 0\\ 4 & -1\end{smallmatrix}\right)$. C'est la méthode suivie dans [1].

Bibliographie

1. C. R. Hobby, The derived series of a finite p-group, *Illinois J. Math.* **5** (1961), 228–233.
2. N. Ito, Note on p-groups, *Nagoya Math. J.* **1** (1950), 113–116.
3. M. Lazard, Sur les groupes nilpotents et les anneaux de Lie, *Ann. Sci. ENS* **71** (1954), 101–190.
4. W. Magnus, A. Karrass et D. Solitar, "Combinatorial Group Theory," Wiley (Interscience), New York, 1966.
5. J.-P. Serre, "Cohomologie Galoisienne," Lecture Notes in Mathematics, n° 5, Springer-Verlag, New York/Berlin, 1965.
6. O. Taussky, A remark on the class field tower, *J. London Math. Soc.* **12** (1937), 82–85.
7. O. Taussky, Research problem 9, *Bull. Amer. Math. Soc.* **64** (1958), 124.

86.

Le problème des groupes de congruence pour SL_2

Ann. of Math. **92** (1970), 489 – 527

Introduction

Soit K un *corps global*, autrement dit un corps de nombres algébriques ou un corps de fonctions d'une variable sur un corps fini. Soit Σ l'ensemble des places de K, soit Σ^{∞} le sous-ensemble de Σ formé des places archimédiennes, et soit S une partie finie non vide de Σ contenant Σ^{∞}. Soit A_S l'anneau des S-entiers de K, i.e. l'ensemble des éléments de K dont la valuation est $\geqq 0$ en toute place de $\Sigma - S$.

Le "problème des groupes de congruence pour $\mathbf{SL}_2$" consiste à déterminer si tout sous-groupe d'indice fini du groupe $\mathbf{SL}_2(A_S)$ est un groupe de S-congruence (cf. n° 1.2) et, dans le cas contraire, à voir si le groupe $C(G)$ qui mesure la déviation entre ces deux types de sous-groupes est ou non un groupe fini[1]. Comme on le verra, il y a lieu de distinguer deux cas:

(i) Le cas où Card $(S) \geqq 2$, i.e. où le groupe A_S^* des éléments inversibles de A_S est *infini*. On peut alors montrer (c'est l'objet du § 2) que la situation est la même que pour le *cas stable* de $\mathbf{SL}_n$, $n \geqq 3$, traité dans [4]. Autrement dit, le problème des groupes de congruence admet une *réponse affirmative* si l'une au moins des places de S est archimédienne réelle, ou ultramétrique; si toutes les places de S sont archimédiennes complexes, le groupe déviation $C(G)$ est isomorphe au groupe des racines de l'unité contenues dans K, et c'est un groupe cyclique *fini* (le problème a donc une réponse *presque affirmative*).

(ii) Le cas où Card $(S) = 1$, i.e. où A_S^* est fini. Lorsque K est un corps de nombres, cela signifie que $S = \Sigma^{\infty}$, et que K est isomorphe à $\mathbf{Q}$ ou à un corps quadratique imaginaire. Le groupe $C(G)$ est alors infini (autrement dit le problème posé a une réponse *essentiellement négative*); c'est là un résultat bien connu lorsque $K = \mathbf{Q}$ (cf. Klein [13], § 1, p. 63) et nous le démontrerons au § 3 lorsque K est imaginaire quadratique, ou de caractéristique p.

Les démonstrations du § 2, relatives au cas Card $(S) \geqq 2$, sont purement

---

[1] Bien entendu, un problème analogue se pose pour tout groupe algébrique simple simplement connexe G. Vu les résultats récents de Kneser [14], on peut espérer que la réponse ne dépend que de la somme s des rangs relatifs de G aux diverses places de S.
1 De façon plus précise, est-il vrai que $C(G)$ est fini si $s \geqq 2$, et infini si $s = 1$?

algébriques; elles combinent les idées de Mennicke (qui a traité le cas, proposé par Ihara, où $K = \mathbf{Q}$ et $S = \{p, \infty\}$) avec la théorie des *revêtements universels relatifs* de C. Moore [16]. Par contre, les démonstrations du § 3 sont de nature topologique; elles utilisent "l'espace symétrique" correspondant au groupe $\mathbf{SL}_2(\hat{K})$, où $\hat{K}$ est le complété de K pour l'unique place appartenant à S.

Des conversations avec H. Bass et A. Borel m'ont été très utiles; je les en remercie vivement.

§ 1. Préliminaires

1.1. *Notations.*

On note A_S, ou simplement A, l'ensemble des $x \in K$ tels que $v(x) \geqq 0$ pour tout $v \in \Sigma - S$. C'est un anneau de Dedekind; ses idéaux maximaux correspondent bijectivement aux éléments de $\Sigma - S$.

Le groupe A^* des éléments inversibles de A est noté U. Son sous-groupe de torsion est le groupe μ des racines de l'unité contenues dans K; il est cyclique fini. Si $s = \text{Card}(S)$, on a $U \simeq \mu \times \mathbf{Z}^{s-1}$ ("théorème des unités"); en particulier, U est fini si et seulement si $s = 1$.

On pose $G = \mathbf{SL}_2(K)$, $\Gamma_A = \mathbf{SL}_2(A)$ et

$$E_{12}(x) = \begin{pmatrix} 1 & x \\ 0 & 1 \end{pmatrix} \quad \text{si } x \in K\,, \qquad h(x) = \begin{pmatrix} x & 0 \\ 0 & x^{-1} \end{pmatrix} \quad \text{si } x \in K^*\,.$$

1.2. *Sous-groupes de S-congruence et sous-groupes S-arithmétiques.*

Soit $\mathfrak{q}$ un idéal $\neq 0$ de A. Le quotient $A/\mathfrak{q}$ est fini. L'homomorphisme $\mathbf{SL}_2(A) \to \mathbf{SL}_2(A/\mathfrak{q})$ induit par $A \to A/\mathfrak{q}$ est *surjectif* ([2], cor. 5.2); son noyau $\Gamma_{\mathfrak{q}}$ s'appelle le *groupe de S-congruence défini par* $\mathfrak{q}$; c'est un sous-groupe d'indice fini de Γ_A.

Un sous-groupe H de G est dit *S-arithmétique* s'il est commensurable à Γ_A, i.e. si $\Gamma_A \cap H$ est d'indice fini dans Γ_A et dans H; si en outre H contient l'un des $\Gamma_{\mathfrak{q}}$ (pour un idéal $\mathfrak{q} \neq 0$ convenable), on dit que H est un *groupe de S-congruence*. Si S est réduit à Σ^∞, on dit "congruence" et "arithmétique" au lieu de "S-congruence" et "S-arithmétique".

Lorsque K est un corps de nombres, ou lorsque Card $(S) \geqq 2$, tout sous-groupe S-arithmétique de G est *de type fini*[2]; en effet, il suffit de le vérifier pour Γ_A lui-même, ce qui a été fait par O'Meara ([17], th. 24.8). Lorsque K

[2] On peut se demander si un tel groupe est *de présentation finie*, i.e. est définissable par un nombre fini de relations. C'est vrai lorsque K est un corps de nombres, d'après Behr [5]. J'ignore ce qu'il en est lorsque K est un corps de fonctions, même pour un groupe aussi simple que $\mathbf{SL}_2(\mathbf{F}_p[T, T^{-1}])$.

est un corps de fonctions, et que Card $(S) = 1$, on peut par contre montrer (cf. n° 3.2) que les sous-groupes S-arithmétiques *ne sont pas de type fini.*

1.3. *Les groupes $\hat{G}$, $\bar{G}$ et $C(G)$.*

Notons $\mathcal{T}$ (resp. $\mathcal{T}_c$) l'unique topologie sur G qui soit compatible avec la structure de groupe de G et admette comme base de voisinages de 1 l'ensemble des sous-groupes S-arithmétiques (resp. de S-congruence) de G (cf. [4], [16], [20]). Le groupe Γ_A est ouvert dans G pour $\mathcal{T}$ (resp. $\mathcal{T}_c$); de plus, les structures uniformes droite et gauche définies par $\mathcal{T}$ (resp. $\mathcal{T}_c$) sur Γ_A coïncident. On en conclut aussitôt (cf. Bourbaki, *Top. Gén.*, III, § 3, n° 4, th. 1) que G admet un complété $\hat{G}$ (resp. $\bar{G}$) pour $\mathcal{T}$ (resp. $\mathcal{T}_c$). Soit π la projection canonique $\hat{G} \to \bar{G}$ et soit $C(G)$ son noyau. On a des suites exactes

$$\{1\} \to C(G) \to \hat{G} \to \bar{G} \to \{1\}$$

$$\{1\} \to C(G) \to \hat{\Gamma}_A \to \bar{\Gamma}_A \to \{1\} ,$$

où $\hat{\Gamma}_A$ (resp. $\bar{\Gamma}_A$) désigne le complété de Γ_A pour $\mathcal{T}$ (resp. $\mathcal{T}_c$). On a

$$\bar{\Gamma}_A = \varprojlim \Gamma_A/\Gamma_{\mathfrak{q}} \quad \text{et} \quad \hat{\Gamma}_A = \varprojlim \Gamma_A/N ,$$

où $\mathfrak{q}$ parcourt l'ensemble des idéaux $\neq 0$ de A et N l'ensemble des sous-groupes d'indice fini de Γ_A. En particulier, $\hat{\Gamma}_A$, $\bar{\Gamma}_A$ et $C(G)$ sont des groupes *profinis,* et l'on voit que $C(G)$ mesure la "déviation" existant entre sous-groupes S-arithmétiques et sous-groupes de S-congruence.

1.4. *Les sous-groupes $E_{\mathfrak{q}}$.*

Soit $\mathfrak{q}$ un idéal $\neq 0$ de A; on note $E_{12}(\mathfrak{q})$ le sous-groupe de Γ_A formé des $E_{12}(x)$, pour $x \in \mathfrak{q}$; on note $E_{\mathfrak{q}}$ le plus petit sous-groupe distingué de Γ_A contenant $E_{12}(\mathfrak{q})$. Il est clair que l'on a $E_{\mathfrak{q}} \subset \Gamma_{\mathfrak{q}}$; l'un des buts du § 2 est de voir dans quel cas cette inclusion est une égalité.

PROPOSITION 1. *Supposons que K soit un corps de nombres, ou que* Card $(S) \geqq 2$. *Soit N un sous-groupe d'indice fini de Γ_A. Il existe alors un idéal $\mathfrak{q} \neq 0$ de A tel que $E_{\mathfrak{q}} \subset N$.*

Quitte à remplacer N par l'intersection de ses conjugués, on peut supposer que N est *distingué dans* Γ_A; il suffit alors de prouver l'existence d'un idéal $\mathfrak{q} \neq 0$ tel que $E_{12}(\mathfrak{q}) \subset N$. Distinguons deux cas:

(a) K est un corps de nombres. Si $n = (\Gamma_A : N)$, on peut prendre $\mathfrak{q} = nA$.

(b) K est un corps de fonctions sur un corps fini de caractéristique p et Card $(S) \geqq 2$. L'ensemble U' des $u \in U$ tels que $h(u) \in N$ est un sous-groupe d'indice fini de U. L'hypothèse faite sur Card (S) entraîne que U' contient un élément u *d'ordre infini.* D'autre part, soit $\mathfrak{n}$ l'ensemble des $x \in A$ tels que $E_{12}(x) \in N$. Le quotient $A/\mathfrak{n}$ est fini. De plus, $\mathfrak{n}$ est *stable* par $x \mapsto u^2x$:

cela résulte de la formule

$$h(u)E_{12}(x)h(u)^{-1} = E_{12}(u^2x) .$$

Si $B = \mathbf{F}_p[u^2]$ est le sous-anneau de A engendré par u^2, il s'ensuit que $\mathfrak{n}$ est un sous-B-module de A, et $A/\mathfrak{n}$ est un B-module. Mais $A/\mathfrak{n}$ est fini et B est infini (sinon l'ordre de u serait fini); il existe donc un élément $t \neq 0$ de B tel que $t.(A/\mathfrak{n}) = 0$, i.e. tel que $tA \subset \mathfrak{n}$. L'idéal $\mathfrak{q} = tA$ répond alors à la question.

COROLLAIRE. *Tout sous-groupe S-arithmétique de G contient l'un des* $E_\mathfrak{q}$.

C'est clair.

Remarque. Dans le cas "exceptionnel" où K est un corps de fonctions et Card $(S) = 1$, on peut montrer (en utilisant les résultats du n° 3.2) qu'il existe des sous-groupes d'indice fini de Γ_A qui ne contiennent aucun $E_\mathfrak{q}$.

§ 2. Le cas Card $(S) \geqq 2$

Dans ce paragraphe, on suppose que S *a au moins deux éléments*, autrement dit que U est *infini*.

2.1. *Sous-groupes à normalisateur arithmétique.*

PROPOSITION 2. *Soit X un sous-groupe de G, non contenu dans $\{\pm 1\}$, et normalisé par un sous-groupe S-arithmétique N de G. Alors X contient un groupe $E_\mathfrak{q}$.*

D'après le cor. à la prop. 1, il existe un idéal $\mathfrak{q}' \neq 0$ de A tel que $E_{\mathfrak{q}'} \subset N$; de plus, l'ensemble U' des éléments $u \in U$ tels que $h(u) \in N$ est un sous-groupe d'indice fini de U.

D'autre part, X contient un élément $\begin{pmatrix} a & b \\ c & d \end{pmatrix}$ tel que $ac \neq 0$. En effet, sinon, l'adhérence de X pour la topologie de Zariski serait un sous-groupe algébrique H de $\mathbf{SL}_2$ distinct de $\mathbf{SL}_2$. Le groupe H serait normalisé par N, donc aussi par l'adhérence de N pour la topologie de Zariski, adhérence qui est égale à $\mathbf{SL}_2$ comme on le voit aussitôt (elle contient les deux sous-groupes unipotents $\begin{pmatrix} 1 & * \\ 0 & 1 \end{pmatrix}$ et $\begin{pmatrix} 1 & 0 \\ * & 1 \end{pmatrix}$ qui engendrent $\mathbf{SL}_2$); le groupe H serait donc distingué dans $\mathbf{SL}_2$, donc contenu dans $\{\pm 1\}$, ce qui est absurde.

Choisissons alors un élément $x = \begin{pmatrix} a & b \\ c & d \end{pmatrix}$ de X, avec $ac \neq 0$. Quitte à remplacer l'idéal $\mathfrak{q}'$ par un idéal plus petit, on peut supposer que $a^{-1}c\mathfrak{q}'$ est contenu dans A. Soit u un élément de U' d'ordre infini. Puisque $A/a^{-1}c\mathfrak{q}'$ est fini, il existe un entier $n \geqq 1$ tel que $u^{2n} \equiv 1 \pmod{a^{-1}c\mathfrak{q}'}$. Ecrivons $a(u^{2n}-1)$ sous la forme ct, avec $t \in \mathfrak{q}'$, et posons

$$x' = \begin{pmatrix} 1 & t \\ 0 & 1 \end{pmatrix} x \begin{pmatrix} 1 & -t \\ 0 & 1 \end{pmatrix} = \begin{pmatrix} a' & b' \\ c' & d' \end{pmatrix} .$$

On a

$$x' \in X \text{ et } c' = c\,,\ a' = a + ct = u^{2n}a\,.$$

Comme $h(u^n) \in N$, on a $x'' \in X$ si l'on pose:

$$x'' = h(u^n)xh(u^{-n}) = \begin{pmatrix} a & u^{2n}b \\ u^{-2n}c & d \end{pmatrix}.$$

Soit $y = x'^{-1}x''$. On a $y \in X$, et

$$y = \begin{pmatrix} u^{-2n} & e \\ 0 & u^{2n} \end{pmatrix}, \qquad \text{avec } e \in K\,.$$

Si $z \in \mathfrak{q}'$, on a $y^{-1}E_{12}(z)yE_{12}(-z) \in X$. Or un tel élément s'écrit $E_{12}(r)$, avec $r = (u^{4n} - 1)z$. Il s'ensuit que X contient le sous-groupe $E_{12}(\mathfrak{q})$, avec $\mathfrak{q} = (u^{4n} - 1)\mathfrak{q}'$.

Ce qui précède s'applique aussi aux *conjugués* $\gamma X \gamma^{-1}$ de X par les éléments de Γ_A, conjugués qui sont en nombre fini puisque $(\Gamma_A : N \cap \Gamma_A)$ est fini. On peut donc choisir l'idéal $\mathfrak{q}$ de telle sorte que l'on ait

$$E_{12}(\mathfrak{q}) \subset \gamma X \gamma^{-1} \qquad \text{pour tout } \gamma \in \Gamma_A\,.$$

Le groupe X contient alors tous les $\gamma^{-1}E_{12}(\mathfrak{q})\gamma$, donc il contient $E_\mathfrak{q}$, cqfd.

2.2. *Une propriété de commutation.*

Posons $m = \mathrm{Card}\,(\mu)$; c'est le nombre des racines de l'unité contenues dans K.

Soit $\mathfrak{q}$ un idéal $\neq 0$ de A. On pose $C_\mathfrak{q} = \Gamma_\mathfrak{q}/E_\mathfrak{q}$; le groupe $C_\mathfrak{q}$ s'identifie à un sous-groupe de $\Gamma_A/E_\mathfrak{q}$.

PROPOSITION 3. *Soit u un élément de U. L'image de $h(u)^m$ dans $\Gamma/E_\mathfrak{q}$ commute aux éléments de $C_\mathfrak{q}$.*

La démonstration suit de près celle donnée par Mennicke [15] pour $K = \mathbf{Q}$ et $S = \{\infty, p\}$. Elle utilise les trois lemmes suivants:

LEMME 1. *Soient $x = \begin{pmatrix} a & b \\ c & d \end{pmatrix}$ et $x' = \begin{pmatrix} a' & b' \\ c' & d' \end{pmatrix}$ deux éléments de $\Gamma_\mathfrak{q}$.*

(i) *Si $a = a'$ et $b \equiv b'$ (mod $a\mathfrak{q}$), on a $x \equiv x'$ mod. $E_\mathfrak{q}$.*

(ii) *Si $b = b'$ et $a \equiv a'$ (mod $b\mathfrak{q}$), on a $x \equiv x'$ mod. $E_\mathfrak{q}$.*

Dans le cas (i), il existe $t \in \mathfrak{q}$ tel que $b = b' + ta$. En multipliant x' à droite par $\begin{pmatrix} 1 & t \\ 0 & 1 \end{pmatrix}$ on obtient $x'' = \begin{pmatrix} a & b \\ c'' & d'' \end{pmatrix}$, et $x'' \equiv x'$ mod. $E_\mathfrak{q}$. Le produit $x''x^{-1}$ est de la forme $\begin{pmatrix} 1 & 0 \\ e & f \end{pmatrix}$, et, comme il appartient à $\Gamma_\mathfrak{q}$, on a $f = 1$, $e \in \mathfrak{q}$. Si $w = \begin{pmatrix} 0 & 1 \\ -1 & 0 \end{pmatrix}$, on a $w\begin{pmatrix} 1 & 0 \\ e & 1 \end{pmatrix}w^{-1} = \begin{pmatrix} 1 & -e \\ 0 & 1 \end{pmatrix}$, d'où $\begin{pmatrix} 1 & 0 \\ e & 1 \end{pmatrix} \in E_\mathfrak{q}$ et $x'' \equiv x$ mod. $E_\mathfrak{q}$, ce qui démontre notre assertion dans le cas (i).

Dans le cas (ii), on a $a = a' + tb$, avec $t \in \mathfrak{q}$. En multipliant x' à droite par $\begin{pmatrix} 1 & 0 \\ t & 1 \end{pmatrix}$, on est ramené au cas $a' = a$, $b' = b$, traité dans (i).

LEMME 2. *Soient* $x = \begin{pmatrix} a & b \\ c & d \end{pmatrix}$ *un élément de* $\Gamma_{\mathfrak{q}}$, *et* n *un entier tels que* $u^{2n} \equiv 1 \pmod{aA}$. *Les éléments* $h(u)^n$ *et* x *commutent modulo* $E_{\mathfrak{q}}$.

On a en effet

$$h(u)^n x h(u)^{-n} = \begin{pmatrix} a' & b' \\ c' & d' \end{pmatrix},$$

avec $a' = a$, $b' = u^{2n}b$, et le lemme 1, (i), montre que cette matrice est congrue à x mod. $E_{\mathfrak{q}}$.

Pour tout élément non nul a de A, notons $U(a)$ le groupe multiplicatif des éléments inversibles de l'anneau A/aA; c'est un groupe fini.

LEMME 3. *Soit* l *un nombre premier, et soit* l^e *la plus grande puissance de* l *divisant* $m = \mathrm{Card}(\mu)$. *Soit* $a_0 \in A$ *et soit* $\mathfrak{r}$ *un idéal non nul de* A *tel que* a_0 *soit inversible modulo* $\mathfrak{r}$. *Il existe alors* $a \in A$, *avec* $a \equiv a_0 \pmod{\mathfrak{r}}$, *tel que* $U(a)$ *ne contienne pas d'élément d'ordre multiple de* l^{e+1}.

Pour la démonstration, voir n° 2.3 ci-après.

Démontrons maintenant la proposition 3. Soit $\xi \in C_{\mathfrak{q}}$. Utilisant le lemme 1, on peut choisir un représentant $x_0 = \begin{pmatrix} a_0 & b_0 \\ c_0 & d_0 \end{pmatrix}$ de ξ tel que $a_0 \neq 0$, $b_0 \neq 0$. Comme A/a_0A est fini, le lemme 2 montre qu'il existe un entier $n \geqq 1$ tel que $h(u)^n$ commute à x_0 mod. $E_{\mathfrak{q}}$. Soit N le plus petit entier $\geqq 1$ jouissant de cette propriété. Il nous faut voir que N divise m. Supposons que ce ne soit pas le cas. Il existerait alors un nombre premier l tel que l^{e+1} divise N, les notations étant celles du lemme 3. Ce dernier lemme, appliqué à $\mathfrak{r} = b_0\mathfrak{q}$, montre qu'il existe $a \equiv a_0 \pmod{b_0\mathfrak{q}}$ tel que $U(a)$ ne contienne aucun élément d'ordre divisible par l^{e+1}. Mais on vérifie immédiatement (cf. [4], lemme 5.3) qu'il existe $c, d \in A$ tels que la matrice $x = \begin{pmatrix} a & b_0 \\ c & d \end{pmatrix}$ appartienne à $\Gamma_{\mathfrak{q}}$. D'après le lemme 1, (ii), x est un représentant de ξ mod. $E_{\mathfrak{q}}$. Soit m_1 l'ordre de l'image de u^2 dans $U(a)$. D'après le lemme 2, $h(u)^{m_1}$ commute à x mod. $E_{\mathfrak{q}}$; donc N divise m_1, et *a fortiori* l^{e+1} divise m_1. Ceci contredit l'hypothèse faite sur $U(a)$, d'où la proposition.

2.3. *Démonstration du lemme* 3.

Nous le déduirons du suivant:

LEMME 4. *Soit* $a_0 \in A$ *et soit* $\mathfrak{r}$ *un idéal non nul de* A *tel que* a_0 *soit inversible* $\pmod{\mathfrak{r}}$. *Soit* L/K *une extension abélienne finie de* K, *distincte de* K, *et soit* P *l'ensemble des places* $v \in \Sigma - S$ *qui sont non ramifiées dans* L *et ne se décomposent pas complètement dans* L. *Soit* P' *une partie finie de* P.

Il existe alors $a \in A$ *vérifiant les conditions suivantes*:

(1) $a \equiv a_0 \pmod{\mathfrak{r}}$.

(2) *L'idéal* aA *est produit d'idéaux premiers distincts, appartenant tous à* $P - P'$.

(Ici, et dans toute la suite, on identifie une place $v \in \Sigma - S$ à l'idéal premier correspondant de A.)

Soit $H_{\mathfrak{r}}$ le groupe des classes d'idéaux mod $\mathfrak{r}$ (rappelons que deux idéaux fractionnaires de K relativement à A, premiers à $\mathfrak{r}$, sont dits équivalents mod $\mathfrak{r}$ si leur quotient est de la forme λA, avec λ congru multiplicativement à 1 mod $\mathfrak{r}$). D'après le théorème d'existence de la théorie du corps de classes, il existe une extension abélienne finie $K_{\mathfrak{r}}$ de K telle que l'application de réciprocité d'Artin donne un isomorphisme de $H_{\mathfrak{r}}$ sur le groupe de Galois $\mathrm{Gal}(K_{\mathfrak{r}}/K)$. [Pour tout ce qui concerne la théorie du corps de classes, voir [1], [8] ou [25].] Soit $L_{\mathfrak{r}}$ l'extension composée $L \cdot K_{\mathfrak{r}}$. Choisissons dans $\mathrm{Gal}(L_{\mathfrak{r}}/K)$ un élément α_0 dont l'image dans $H_{\mathfrak{r}} = \mathrm{Gal}(K_{\mathfrak{r}}/K)$ soit la classe de a_0. On peut trouver des éléments $\alpha_i \in \mathrm{Gal}(L_{\mathfrak{r}}/K)$, $i = 1$ ou $i = 1, 2$, ayant les deux propriétés suivantes:

(1′) $\prod \alpha_i = \alpha_0$.

(2′) Pour tout i, l'image de α_i dans $\mathrm{Gal}(L/K)$ est $\neq 1$.

En effet, si l'image de α_0 dans $\mathrm{Gal}(L/K)$ est $\neq 1$, on prend un seul α_i, à savoir α_0 luimême. Si l'image de α_0 est 1, on prend pour α_1 n'importe quel élément de $\mathrm{Gal}(L_{\mathfrak{r}}/K)$ dont l'image dans $\mathrm{Gal}(L/K)$ est $\neq 1$ (un tel élément existe puisque L est distinct de K), et on prend pour α_2 l'élément $\alpha_0\alpha_1^{-1}$.

Appliquons maintenant le théorème de densité de Čebotarev (cf. [25], p. 289) à l'extension $L_{\mathfrak{r}}/K$. On en déduit que, pour chaque i, il existe une infinité de places v_i dont l'élément de Frobenius est α_i; on peut donc choisir les v_i de telle sorte qu'elles soient distinctes, et n'appartiennent pas à $S \cup P'$. De plus, comme l'élément de Frobenius de v_i dans $\mathrm{Gal}(L/K)$ est $\neq 1$, on a $v_i \in P$ pour tout i. Enfin, la propriété (1′) entraîne que l'idéal $\prod v_i$ est équivalent (mod $\mathfrak{r}$) à l'idéal principal a_0A; il existe donc $\lambda \equiv 1 \pmod{\mathfrak{r}}$ tel que

$$a_0 A = \lambda \prod v_i \,.$$

L'élément $a = \lambda^{-1}a_0$ répond alors à la question.

Fin de la démonstration du lemme 3.

Le cas où l est égal à la caractéristique de K est trivial. Ce cas écarté, soit z une racine primitive l^{e+1}-ème de l'unité (dans une clôture séparable de K), et soit $L = K(z)$. L'extension L/K est abélienne, finie, et non triviale (sinon, on aurait $z \in K$, contrairement à la définition de e). Soit $v \in \Sigma - S$; si la caractéristique résiduelle p_v de v est $\neq l$, on sait que v se décompose complètement dans L si et seulement si le corps résiduel A/v de v contient une racine primitive l^{e+1}-ème de l'unité; si l'on pose $Nv = \mathrm{Card}\,(A/v)$, cela signifie que $Nv \equiv 1 \pmod{l^{e+1}}$. En appliquant le lemme 4, on voit donc qu'il existe $a \in A$ vérifiant $a \equiv a_0 \pmod{\mathfrak{r}}$ tel que l'idéal aA soit un produit de v_i distincts, avec $Nv_i \not\equiv 1 \pmod{l^{e+1}}$. Mais l'anneau A/aA est isomorphe au produit des corps A/v_i; son groupe multiplicatif ne contient donc pas d'élément d'ordre multiple de l^{e+1}, cqfd.

2.4. *Le groupe C.*

Si $\mathfrak{q}$ et $\mathfrak{q}'$ sont deux idéaux $\neq 0$ de A, avec $\mathfrak{q}' \subset \mathfrak{q}$, les inclusions $\Gamma_{\mathfrak{q}'} \to \Gamma_{\mathfrak{q}}$ et $E_{\mathfrak{q}'} \to E_{\mathfrak{q}}$ définissent un homomorphisme de $C_{\mathfrak{q}'} = \Gamma_{\mathfrak{q}'}/E_{\mathfrak{q}'}$ dans $C_{\mathfrak{q}} = \Gamma_{\mathfrak{q}}/E_{\mathfrak{q}}$; cet homomorphisme est *surjectif* (cf. [4], lemme 2.3).

Lorsque $\mathfrak{q}$ varie, les $C_{\mathfrak{q}}$ forment un *système projectif*. On pose:

$$C = \varprojlim C_{\mathfrak{q}}\,.$$

Les homomorphismes $C \to C_{\mathfrak{q}}$ sont *surjectifs*; cela résulte de la surjectivité des homomorphismes de transition $C_{\mathfrak{q}'} \to C_{\mathfrak{q}}$ et du fait que l'ensemble des idéaux de A est dénombrable.

Le groupe Γ_A opère par automorphismes intérieurs sur les $C_{\mathfrak{q}}$; il opère donc aussi sur C. En fait, cette action *se prolonge en une action de G tout entier*. Cela va résulter du lemme suivant:

LEMME 5. *Soient $\mathfrak{q}$ un idéal non nul de A, et g un élément de G. Il existe un idéal non nul $\mathfrak{q}'$ de A tel que $g\Gamma_{\mathfrak{q}}g^{-1}$ contienne $\Gamma_{\mathfrak{q}'}$ et que $gE_{\mathfrak{q}}g^{-1}$ contienne $E_{\mathfrak{q}'}$.*

L'existence d'un idéal non nul $\mathfrak{q}_1'$ tel que $g\Gamma_{\mathfrak{q}}g^{-1} \supset \Gamma_{\mathfrak{q}_1'}$ est triviale; si les coefficients de g appartiennent à $x^{-1}A$, où x est un élément non nul de A, on peut prendre $\mathfrak{q}_1' = x^2\mathfrak{q}$, comme on le voit aussitôt. D'autre part, $gE_{\mathfrak{q}}g^{-1}$ est normalisé par $g\Gamma_{\mathfrak{q}}g^{-1}$, donc aussi par $\Gamma_{\mathfrak{q}_1'}$; d'après la prop. 2, cela entraîne l'existence d'un idéal non nul $\mathfrak{q}_2'$ tel que $gE_{\mathfrak{q}}g^{-1} \supset E_{\mathfrak{q}_2'}$. L'idéal $\mathfrak{q}' = \mathfrak{q}_1' \cap \mathfrak{q}_2'$ répond alors à la question.

Nous pouvons maintenant définir *l'action de G sur C*. Soit $g \in G$ et soit $\mathfrak{q}$ un idéal non nul. D'après le lemme ci-dessus, appliqué à g^{-1}, il existe un idéal non nul $\mathfrak{q}'$ tel que l'on ait

$$gE_{\mathfrak{q}'}g^{-1} \subset E_{\mathfrak{q}} \quad \text{et} \quad g\Gamma_{\mathfrak{q}'}g^{-1} \subset \Gamma_{\mathfrak{q}}\,.$$

L'application $x \mapsto gxg^{-1}$ définit donc, par passage au quotient, un homomorphisme $C_{\mathfrak{q}'} \to C_{\mathfrak{q}}$. Par composition avec la projection canonique $C \to C_{\mathfrak{q}'}$, on en déduit un homomorphisme $i_{g,\mathfrak{q}}$ de C dans $C_{\mathfrak{q}}$ qui ne dépend pas du choix de $\mathfrak{q}'$. Si $\mathfrak{q}_1 \subset \mathfrak{q}_2$, le composé de $i_{g,\mathfrak{q}_1}$ avec la projection $C_{\mathfrak{q}_1} \to C_{\mathfrak{q}_2}$ est $i_{g,\mathfrak{q}_2}$; les $i_{g,\mathfrak{q}}$ définissent donc un homomorphisme de C dans $\varprojlim C_{\mathfrak{q}}$, i.e. un endomorphisme i_g de C. On vérifie sans difficulté que i_1 est l'identité et que

$i_{g_1g_2} = i_{g_1} \circ i_{g_2}$. Les i_g définissent donc bien une *loi d'opération du groupe G sur le groupe C*, et il est clair que cette loi prolonge celle de Γ_A sur C.

[*Variante.* Le lemme 5 montre qu'il existe sur G une topologie compatible avec la structure de groupe de G et admettant comme base de voisinages de 1 la famille des $E_{\mathfrak{q}}$. Si $\hat{G}_E$ est le complété de G pour cette topologie, le noyau de $\hat{G}_E \to \bar{G}$ s'identifie à $C = \varprojlim C_{\mathfrak{q}}$ et l'action de G sur C décrite ci-dessus n'est autre que l'action naturelle du sous-groupe G de $\hat{G}_E$ sur C, par automorphismes intérieurs.]

PROPOSITION 4. *L'action de G sur C est triviale.*

Soit H le sous-groupe distingué de G formé des éléments qui agissent trivialement sur C. D'après la prop. 2, H contient les éléments de la forme $h(u)^m$, avec $u \in U$ et $m = \mathrm{Card}(\mu)$. Comme $\mathrm{Card}(S) \geqq 2$, cela montre que H est infini. Mais les seuls sous-groupes distingués de $G = \mathrm{SL}_2(K)$ sont $\{1\}$, $\{\pm 1\}$ et G. On a donc $H = G$, ce qui démontre la proposition.

COROLLAIRE 1. *Si* $\mathfrak{q}$ *est un idéal* $\neq 0$ *de A, le groupe* $C_{\mathfrak{q}}$ *est contenu dans le centre de* $\Gamma_A/E_{\mathfrak{q}}$.

(En d'autres termes, on a la formule $(\Gamma_A, \Gamma_{\mathfrak{q}}) \subset E_{\mathfrak{q}}$.) En effet, la proposition montre que Γ_A opère trivialement sur C, donc aussi sur $C_{\mathfrak{q}}$ qui en est un quotient.

COROLLAIRE 2. *Les groupes* $C_{\mathfrak{q}}$ *sont des groupes abéliens de type fini.*

Le fait que les $C_{\mathfrak{q}}$ soient abéliens résulte du cor. 1; qu'ils soient de type fini résulte de ce que $\Gamma_{\mathfrak{q}}$ est de type fini, cf. n° 1.2.

2.5. *Expression de C(G) en termes des* $C_{\mathfrak{q}}$.

Revenons aux complétés $\hat{G}$, $\bar{G}$, $\hat{\Gamma}_A$, $\bar{\Gamma}_A$ définis au n° 1.3. On a

$$\hat{\Gamma}_A = \varprojlim \Gamma_A/N\,,$$

où N parcourt l'ensemble $\mathcal{F}$ des sous-groupes d'indice fini de Γ_A. Si $N \in \mathcal{F}$, la prop. 1 montre qu'il existe un idéal $\mathfrak{q} \neq 0$ tel que $E_{\mathfrak{q}} \subset N$. On en conclut que

$$\hat{\Gamma}_A = \varprojlim (\Gamma_A/E_{\mathfrak{q}})^{\wedge}\,,$$

où $(\Gamma_A/E_{\mathfrak{q}})^{\wedge}$ désigne le complété de $\Gamma_A/E_{\mathfrak{q}}$ pour la topologie des sous-groupes d'indice fini. Comme $C_{\mathfrak{q}} = \Gamma_{\mathfrak{q}}/E_{\mathfrak{q}}$ est un sous-groupe d'indice fini de $\Gamma_A/E_{\mathfrak{q}}$, son complété $\hat{C}_{\mathfrak{q}}$ pour la topologie des sous-groupes d'indice fini s'identifie à l'adhérence de $C_{\mathfrak{q}}$ dans $(\Gamma_A/E_{\mathfrak{q}})^{\wedge}$ et l'on a la suite exacte

$$\{1\} \to \hat{C}_{\mathfrak{q}} \to (\Gamma_A/E_{\mathfrak{q}})^{\wedge} \to \Gamma_A/\Gamma_{\mathfrak{q}} \to \{1\}\,.$$

En passant à la limite projective (ce qui est loisible, puisque les groupes en question sont *compacts*), on obtient la suite exacte

$$\{1\} \to \varprojlim \hat{C}_{\mathfrak{q}} \to \varprojlim (\Gamma_A/E_{\mathfrak{q}})^{\wedge} \to \varprojlim (\Gamma_A/\Gamma_{\mathfrak{q}}) \to \{1\},$$

ou encore:

$$\{1\} \to \varprojlim \hat{C}_{\mathfrak{q}} \to \hat{\Gamma}_A \to \bar{\Gamma}_A \to \{1\}.$$

En comparant à la suite exacte

$$\{1\} \to C(G) \to \hat{\Gamma}_A \to \bar{\Gamma}_A \to \{1\},$$

on voit que l'on a démontré:

PROPOSITION 5. *Le groupe $C(G)$ peut être identifié à la limite projective $\varprojlim \hat{C}_{\mathfrak{q}}$ des complétés des groupes $C_{\mathfrak{q}}$.*

On va en déduire:

COROLLAIRE. *Le groupe $C(G)$ est contenu dans le centre du groupe $\hat{G}$.*

Il faut prouver que les éléments de $\hat{G}$ et de $\varprojlim \hat{C}_{\mathfrak{q}}$ commutent. Comme G est dense dans $\hat{G}$ et $\varprojlim C_{\mathfrak{q}}$ dense dans $\varprojlim \hat{C}_{\mathfrak{q}}$, il suffit de prouver que, si $g \in G$ et $x \in \varprojlim C_{\mathfrak{q}}$, on a $gxg^{-1} = x$. Or, on vérifie aussitôt que $gxg^{-1} = i_g(x)$, les notations étant celles du n° 2.4. La formule $gxg^{-1} = x$ résulte alors de la prop. 4.

Remarque. Au lieu d'utiliser la prop. 4, on peut se contenter d'utiliser la prop. 3; celle-ci montre en effet que les éléments de Γ_A de la forme $h(u)^m$, avec $u \in U$ et $m = \text{Card}(\mu)$, centralisent $C(G) = \varprojlim \hat{C}_{\mathfrak{q}}$; comme le seul sous-groupe distingué de G contenant ces éléments est G lui-même, on en déduit que $C(G)$ est centralisé par G, donc aussi par $\hat{G}$.

2.6. *Utilisation de la théorie de C. Moore.*

Puisque $C(G)$ est contenu dans le centre de $\hat{G}$, on peut appliquer le th. 13.1 de [16] (voir aussi [4], chap. IV, § 15), et l'on obtient:

THÉORÈME 1. *Le groupe $\hat{G}$ est le revêtement universel de $\bar{G}$ relativement à G* (au sens de C. Moore [16]); *le groupe $C(G)$ est isomorphe au groupe fondamental relatif $\pi_1(\bar{G}, G)$.*

Nous dirons que S est *totalement imaginaire* si toutes les places $v \in S$ sont archimédiennes complexes. Cela équivaut à dire que K est un corps de nombres totalement imaginaire et que S est égal à l'ensemble Σ^∞ de ses places archimédiennes (noter que le degré de ce corps est $\geqq 4$, puisqu'on a $\text{Card}(S) \geqq 2$).

THÉORÈME 2. (a) *Le groupe $C(G)$ est un groupe cyclique fini, isomorphe à μ si S est totalement imaginaire, et réduit à l'élément neutre sinon.*

(b) *Les groupes $C_{\mathfrak{q}}$ sont cycliques finis d'ordre divisant $m = \text{Card}(\mu)$; ils sont réduits à $\{1\}$ si S n'est pas totalement imaginaire.*

(c) *Le groupe C est isomorphe à C(G).*

L'assertion (a) résulte de la détermination du groupe fondamental relatif $\pi_1(\bar{G}, G)$ faite par C. Moore ([16], th. 12.3). D'autre part, puisque $\hat{C}_\mathfrak{q}$ est isomorphe à un quotient de $C(G)$, c'est aussi un groupe cyclique fini. Mais $C_\mathfrak{q}$ est un groupe abélien de type fini (cor. 2 à la prop. 4); si son complété est un groupe fini, c'est qu'il est lui-même un groupe fini, et l'on a $C_\mathfrak{q} = \hat{C}_\mathfrak{q}$, d'où (b) et (c).

COROLLAIRE 1. *Pour qu'un sous-groupe de Γ_A soit d'indice fini, il faut et il suffit qu'il contienne un $E_\mathfrak{q}$.*

La nécessité résulte de la prop. 1; la suffisance résulte de ce que $E_\mathfrak{q}$ est d'indice fini dans Γ_A, puisque $C_\mathfrak{q} = \Gamma_\mathfrak{q}/E_\mathfrak{q}$ est fini.

COROLLAIRE 2. *Soit N un sous-groupe d'indice fini de Γ_A, et soit N_1 le plus petit sous-groupe de S-congruence contenant N. Alors N est distingué dans N_1 et le quotient N_1/N est cyclique d'ordre un diviseur de m.*

On peut choisir un idéal $\mathfrak{q}$ non nul tel que $E_\mathfrak{q} \subset N$ et $\Gamma_\mathfrak{q} \subset N_1$. Si $x \in N$, $y \in \Gamma_\mathfrak{q}$, on a $yxy^{-1}x^{-1} \in E_\mathfrak{q}$ (cf. cor. 1 à la prop. 4), donc yxy^{-1} appartient à N. Ainsi, N est normalisé par $\Gamma_\mathfrak{q}$. Le groupe $N.\Gamma_\mathfrak{q}$ est un groupe de congruence contenant N et contenu dans N_1; il est donc égal à N_1. Cela montre que N est distingué dans N_1 et que N_1/N est isomorphe à un quotient de $\Gamma_\mathfrak{q}/E_\mathfrak{q}$, donc est cyclique d'ordre un diviseur de m.

COROLLAIRE 3. *Si S n'est pas totalement imaginaire, on a $\Gamma_\mathfrak{q} = E_\mathfrak{q}$ pour tout $\mathfrak{q}$; tout sous-groupe S-arithmétique de G est un groupe de S-congruence.*

La première assertion traduit le fait que $C_\mathfrak{q} = \{1\}$; la seconde résulte de la première.

Exemple. Le cor. 3 s'applique notamment lorsque K est un *corps de fonctions*, ou lorsque S contient une *place non-archimédienne* (par exemple, lorsque $K = \mathbf{Q}$ et $S = \{\infty, p_1, \cdots, p_k\}$, $k \geqq 1$, les p_i étant des nombres premiers).

Remarque. Le cas où $K = \mathbf{Q}$ peut aussi se traiter sans utiliser la théorie de Moore, comme dans [3]: l'extension centrale (**) donne la suite exacte de cohomologie suivante (il s'agit de cohomologie de *groupes profinis*, à coefficients dans le groupe discret $\mathbf{Q}/\mathbf{Z}$):

$$0 \to H^1(\bar{\Gamma}_A) \to H^1(\hat{\Gamma}_A) \to H^1(C(G)) \to H^2(\bar{\Gamma}_A) .$$

Or le groupe $\bar{\Gamma}_A$ est isomorphe à $\prod_{p \notin S} \mathbf{SL}_2(\mathbf{Z}_p)$. Comme la cohomologie de $\mathbf{SL}_2(\mathbf{Z}_p)$ est connue (cf. [3], n° 3), on en déduit que $H^2(\bar{\Gamma}_A) = 0$ et que $H^1(\bar{\Gamma}_A)$ est cyclique d'ordre 12, 4, 3, ou 1 suivant que l'on a $2, 3 \notin S$, ou $3 \in S, 2 \notin S$, ou $2 \in S$, $3 \notin S$ ou $2, 3 \in S$. D'autre part, le groupe $H^1(\hat{\Gamma}_A)$ est isomorphe à

Hom $(\Gamma_A, \mathbf{Q}/\mathbf{Z})$ et ce dernier groupe n'est pas difficile à déterminer (on peut, par exemple, procéder par récurrence sur k, en utilisant la structure de Γ_A comme somme amalgamée, cf. Ihara [12] ou [22], chap. II, n° 1.4). On trouve ainsi que $H^1(\hat{\Gamma}_A)$ a même ordre que $H^1(\bar{\Gamma}_A)$; d'où $H^1(C(G)) = 0$ et $C(G) = \{1\}$; la trivialité des $C_\mathfrak{q}$ en résulte, comme on l'a vu ci-dessus.

Lorsque $k = 1$, cette méthode est essentiellement équivalente à celle utilisée par Mennicke [15].

COROLLAIRE 4. *Supposons S totalement imaginaire, et* $\mathfrak{q}$ *divisible par* $m' = m \prod_{p|m} p^{1/(p-1)}$. *Alors* $(\Gamma_\mathfrak{q} : E_\mathfrak{q}) = m$; *l'homomorphisme de Kubota* (cf. [4], § 6) $\begin{pmatrix} a & b \\ c & d \end{pmatrix} \mapsto (b/a)_m$ *définit par passage au quotient un isomorphisme de* $\Gamma_\mathfrak{q}/E_\mathfrak{q}$ *sur* μ. (On note $(b/a)_m$ le symbole de reste de m-ième puissance.)

On sait en effet (cf. [4], th. 6.1) que l'homomorphisme de Kubota

$$\Gamma_\mathfrak{q}/E_\mathfrak{q} \longrightarrow \mu$$

est surjectif. Comme $\Gamma_\mathfrak{q}/E_\mathfrak{q}$ est d'ordre un diviseur de m, c'est donc un isomorphisme.

Remarques (sur le cas totalement imaginaire).

(1) Si $\mathfrak{q}$ est divisible par m', le cor. 4 montre que $E_\mathfrak{q}$ est égal à l'ensemble des matrices $\begin{pmatrix} a & b \\ c & d \end{pmatrix}$ de $\Gamma_\mathfrak{q}$ telles que $(b/a)_m = 1$.

(2) Pour tout idéal non nul $\mathfrak{q}$ de A, on a défini dans [4], th. 3.6, un certain diviseur $r(\mathfrak{q})$ de m, et montré que le groupe "stable" $C_\mathfrak{q}(n)$, relatif à $\mathbf{SL}_n$, $n \geqq 3$, est cyclique d'ordre $r(\mathfrak{q})$. Comme $C_\mathfrak{q} \rightarrow C_\mathfrak{q}(n)$ est surjectif, il s'ensuit que l'ordre de $C_\mathfrak{q}$ est multiple de $r(\mathfrak{q})$. En fait, H. Bass m'a communiqué une démonstration du fait que l'ordre de $C_\mathfrak{q}$ est *égal* à $r(\mathfrak{q})$, autrement dit que $C_\mathfrak{q} \rightarrow C_\mathfrak{q}(n)$ est toujours un *isomorphisme*. En particulier, $C_\mathfrak{q}$ est réduit à $\{1\}$
2 pour $\mathfrak{q} = A$: le groupe Γ_A est engendré par les conjugués des $E_{12}(x)$, $x \in A$.

Il serait intéressant d'étendre ce résultat de Bass (resp. les résultats de [4]) au cas d'un groupe $\mathbf{SL}(\Lambda)$, où Λ est un A-module projectif de rang 2 (resp. de rang $n \geqq 3$), cf. O'Meara [17]; on définit alors les $E_\mathfrak{q}$ au moyen d'une décomposition de Λ en somme directe de modules de rang 1, ou, ce qui revient au même, au moyen du choix d'un sous-groupe radiciel de $\mathbf{SL}_2$ (resp. de $\mathbf{SL}_n$); il est d'ailleurs probable que $E_\mathfrak{q}$ ne dépend pas d'un tel choix.

THÉORÈME 3. *Soit N un sous-groupe S-arithmétique de G. Tout sous-groupe distingué de N est contenu dans* $\{\pm 1\}$ *ou est d'indice fini dans N.*

Soit X un sous-groupe distingué de N non contenu dans $\{\pm 1\}$. D'après la prop. 2, X contient un $E_\mathfrak{q}$ et d'après le cor. 1 au th. 2 $E_\mathfrak{q}$ est d'indice fini dans Γ_A; comme $(N : \Gamma_A \cap N)$ est fini, on en déduit bien que X est d'indice fini dans N.

COROLLAIRE. *Le quotient* N^{ab} *de N par son groupe dérivé* (N, N) *est fini.*

En effet, il est clair que (N, N) n'est pas contenu dans $\{\pm 1\}$.

2.7. *Application: représentations linéaires des groupes S-arithmétiques.* Soit N un sous-groupe S-arithmétique de G, soit k un corps commutatif, et soit $\rho: N \to \mathbf{GL}_n(k)$ une représentation linéaire de N sur k.

THÉORÈME 4. *Si les caractéristiques de k et K sont différentes, l'image de N par ρ est finie.*

Quitte à agrandir k, on peut le supposer algébriquement clos. D'après la prop. 1, il existe un idéal $\mathfrak{q} \neq 0$ de A tel que $E_{\mathfrak{q}}$ soit contenu dans N; d'autre part, l'ensemble U' des $u \in U$ tels que $h(u) \in N$ est un sous-groupe d'indice fini de U. Soit B le sous-groupe de N engendré par $E_{12}(\mathfrak{q})$ et $h(U')$; c'est un groupe résoluble. Le groupe $\rho(B)$ est un sous-groupe résoluble de $\mathbf{GL}_n(k)$; soit H son adhérence pour la topologie de Zariski, et soit H^0 la composante neutre de H. Quitte à remplacer ρ par une représentation équivalente, on peut supposer que les éléments de H^0 sont *triangulaires* (cela résulte du théorème de Lie-Kolchin, puisque H^0 est résoluble et connexe). Soit X l'ensemble des $x \in \mathfrak{q}$ tels que $\rho(E_{12}(x)) \in H^0$ et soit U_1 l'ensemble des $u \in U$ tels que $\rho(h(u)) \in H^0$; le groupe X (resp. U_1) est d'indice fini dans A (resp. dans U). Soit $u \in U_1$ tel que $u^2 \neq 1$ (on peut, par exemble, prendre u d'ordre infini). Les éléments $\rho(E_{12}(y))$, avec $y \in (u^2 - 1)X$, appartiennent au *groupe dérivé* de H^0, et sont donc des matrices triangulaires *unipotentes* (leurs coefficients diagonaux sont égaux à 1). Distinguons alors deux cas:

(a) K est de caractéristique p, et k de caractéristique $\neq p$. Les éléments $E_{12}(y)$ sont alors d'ordre p si $y \neq 0$, et d'autre part aucune matrice unipotente de $\mathbf{GL}_n(k)$ n'est d'ordre p. On en conclut que les $E_{12}(y)$, avec $y \in (u^2 - 1)X$, appartiennent au noyau Z de ρ. Le groupe Z n'est donc pas contenu dans $\{\pm 1\}$, et le théorème 3 montre que $(N: Z)$ est fini.

(b) K est de caractéristique 0 et k de caractéristique p. Toute matrice unipotente z de $\mathbf{GL}_n(k)$ vérifie alors la relation $z^{p^{n-1}} = 1$. On en conclut que le noyau de ρ contient les éléments de la forme $E_{12}(y)$, avec $y \in p^{n-1}(u^2 - 1)X$, et on conclut comme précédemment.

Supposons maintenant que les corps K et k soient *tous deux de caractéristique zéro* (j'ignore ce qui se passe quand tous deux sont de caractéristique p). Soit $H = R_{K/\mathbf{Q}}(\mathbf{SL}_{2/K})$ le groupe algébrique sur $\mathbf{Q}$ déduit de $\mathbf{SL}_{2/K}$ par l'opération $R_{K/\mathbf{Q}}$ de restriction des scalaires de K à $\mathbf{Q}$ (au sens de Weil [24], § 1.3); le groupe $H(\mathbf{Q})$ des points rationnels de H s'identifie à $G = \mathbf{SL}_2(K)$. Si $f: H_{n/k} \to \mathbf{GL}_{n/k}$ est un homomorphisme de k-groupes algébriques, la restriction de f à N est une représentation linéaire de N; une telle représentation sera dite *algébrique*.

THÉORÈME 5. *Si K et k sont de caractéristique zéro, il existe un sous-groupe N_1 de N, d'indice fini, tel que la restriction de ρ à N_1 soit algébrique.*

On en déduit, comme dans [4], § 16:

COROLLAIRE 1. *La représentation ρ est semi-simple.*

COROLLAIRE 2. *Si V est un $k[N]$-module de rang fini sur k, le groupe de cohomologie $H^1(N, V)$ est réduit à* 0.

(Lorsque l'action de N sur V est triviale, la nullité de $H^1(N, V)$ équivaut à la finitude de $N/(N, N)$, qui a déjà été démontrée; lorsqu'on prend pour V la représentation adjointe de N, la nullité de $H^1(N, V)$ entraîne que N est *rigide*.)

Remarque. Quitte à remplacer N_1 par l'intersection de ses conjugués, on peut supposer qu'il est *distingué* dans N. Supposons que ce soit le cas, et écrivons les $\rho(n)$, $n \in N$, sous la forme $u(n)f(n)$, où f est algébrique et coïncide avec ρ sur N_1. Si $n \in N$ et $n_1 \in N_1$, on a:

$$\begin{aligned} u(n)f(n_1) &= \rho(n)f(n)^{-1}f(n_1) = \rho(n)f(n^{-1}n_1n)f(n)^{-1} \\ &= \rho(n)\rho(n^{-1}n_1n)f(n)^{-1} = \rho(n_1)\rho(n)f(n)^{-1} \\ &= f(n_1)u(n) , \end{aligned}$$

ce qui montre que $u(n)$ commute aux éléments de $f(N_1)$. Mais N_1 est dense dans H pour la topologie de Zariski. Il s'ensuit que les $u(n)$ commutent à $f(H)$, et que u est un homomorphisme. Le couple (u, f) est donc une représentation du groupe $N/N_1 \times H_{/k}$. On en tire en particulier:

COROLLAIRE 3. *Supposons k algébriquement clos, et soient $\sigma_1, \cdots, \sigma_r$ les différents plongements de K dans k, avec $r = [K: \mathbf{Q}]$. Si $1 \leqq i \leqq r$, soit V_i la représentation de degré 2 de $\mathbf{SL}_2(K)$ donnée par σ_i. Toute représentation simple de N est isomorphe à une représentation de la forme*

$$W \otimes \mathrm{Sym}^{m_1}(V_1) \otimes \cdots \otimes \mathrm{Sym}^{m_r}(V_r)$$

où W est une représentation simple de N à noyau d'indice fini, et où les m_i sont des entiers $\geqq 0$.

(Cela résulte de ce qui précède, combiné avec le fait que toute représentation simple de $\mathbf{SL}_2$ est une puissance symétrique de la représentation fondamentale.)

Le corollaire précédent entraîne:

COROLLAIRE 4. *Soit $x \in N$. Les valeurs propres de $\rho(x)$ sont produits de racines de l'unité et de conjuguées des valeurs propres de x.*

Démonstration du théorème 5.

Elle comporte plusieurs étapes.

(i) *Le cas $k = \mathbf{Q}$.*

La démonstration donnée dans [4], § 16 pour les groupes arithmétiques s'applique presque sans changement à N; il est inutile de la reproduire. (Le point essentiel était la finitude de $C(G)$, et celle-ci a été démontrée plus haut.) Il y a toutefois une précaution à prendre: le nombre premier p utilisé dans la démonstration doit être distinct des caractéristiques résiduelles de S.

(ii) *Le cas où k est algébrique sur $\mathbf{Q}$.*

Comme N est de type fini, les coefficients des $\rho(x)$, $x \in N$, appartiennent à un sous-corps de k de degré fini sur $\mathbf{Q}$. On peut donc supposer que $[k\colon \mathbf{Q}]$ est fini. Soit $d = [k\colon \mathbf{Q}]$. Le choix d'une base de k permet d'identifier le groupe $R_{k/\mathbf{Q}}(\mathbf{GL}_{n/k})$ au commutant dans $\mathbf{GL}_{nd}$ du tore $T = R_{k/\mathbf{Q}}(\mathbf{G}_{m/k})$ défini par k. D'après (i), appliqué à nd, il existe un sous-groupe N_1 d'indice fini de N tel que la restriction de ρ à N_1 se prolonge en un homomorphisme de $\mathbf{Q}$-groupes algébriques

$$f_1\colon H \longrightarrow \mathbf{GL}_{nd}\,.$$

Comme N_1 est dense dans H pour la topologie de Zariski, l'image de f_1 commute à T. On peut donc interpréter f_1 comme un homomorphisme de H dans le groupe $R_{k/\mathbf{Q}}(\mathbf{GL}_{n/k})$, ou, ce qui revient au même, comme un k-homomorphisme de $H_{/k}$ dans $\mathbf{GL}_{n/k}$; d'où le théorème dans ce cas.

(iii) *Algébricité des traces.*

Soit $\bar{k}$ une clôture algébrique de k, soit $\overline{\mathbf{Q}}$ la fermeture algébrique de $\mathbf{Q}$ dans $\bar{k}$, et soit $k_0 = k \cap \overline{\mathbf{Q}}$. Nous allons montrer que *les éléments* $\mathrm{Tr}\,(\rho(x))$, *avec $x \in N$, appartiennent à k_0.*

Tout d'abord, puisque N est de type fini, il existe un sous-anneau Λ de k, de type fini sur $\mathbf{Z}$ (comme algèbre), tel que ρ soit à valeurs dans $\mathbf{GL}_n(\Lambda)$. Soit $x \in N$ tel que $t = \mathrm{Tr}\,(\rho(x))$ ne soit pas dans k_0. Le sous-anneau $\mathbf{Z}[t]$ de Λ est isomorphe à l'algèbre des polynômes $\mathbf{Z}[T]$. D'après un résultat connu (cf. Bourbaki, *Alg. Comm.*, chap. V, § 3, cor. 3 au th. 1), il existe un polynôme $P \neq 0$ de $\mathbf{Z}[T]$ jouissant de la propriété suivante: tout homomorphisme $\varphi\colon \mathbf{Z}[t] \to \overline{\mathbf{Q}}$ tel que $\varphi(P(t)) \neq 0$ est prolongeable en un homomorphisme de Λ dans $\overline{\mathbf{Q}}$. En d'autres termes, il existe un sous-ensemble fini I de $\overline{\mathbf{Q}}$ tel que, pour tout $\alpha \notin I$, il existe un homomorphisme $\varphi_\alpha\colon \Lambda \to \overline{\mathbf{Q}}$ tel que $\varphi_\alpha(t) = \alpha$. En composant ρ avec l'homomorphisme de $\mathbf{GL}_n(\Lambda)$ dans $\mathbf{GL}_n(\overline{\mathbf{Q}})$ donné par φ_α, on obtient alors une représentation $\rho_\alpha\colon N \to \mathbf{GL}_n(\overline{\mathbf{Q}})$ telle que $\mathrm{Tr}\,(\rho_\alpha(x)) = \alpha$. Soit d'autre part P_S l'ensemble des caractéristiques résiduelles des places ultramétriques appartenant à S, et soit w une place ultramétrique de $\overline{\mathbf{Q}}$ dont la caractéristique résiduelle n'appartient pas à P_S. D'après le cor. 4, appliqué à ρ_α (ce qui est loisible, puisque le th. 5 est démontré pour $\overline{\mathbf{Q}}$), les valeurs propres de $\rho_\alpha(x)$ appartiennent à l'anneau local de w, i.e. sont *w-entières*. Il en est donc de même de $\alpha = \mathrm{Tr}\,(\rho_\alpha(x))$. Mais c'est absurde, puisque α peut être choisi arbitrairement en dehors de l'ensemble fini I. Ainsi, $\mathrm{Tr}\,(\rho(x))$ appartient bien à k_0 pour tout $x \in N$.

(iv) *Le cas où ρ est semi-simple et k algébriquement clos.*

Avec les notations ci-dessus, on a $k_0 = \overline{\mathbf{Q}}$. Soit $\overline{\mathbf{Q}}\Lambda$ la sous-$\overline{\mathbf{Q}}$-algèbre de k engendrée par Λ. D'après Bourbaki, *loc. cit.*, il existe un homomorphisme $\theta: \overline{\mathbf{Q}}\Lambda \to \overline{\mathbf{Q}}$ dont la restriction à $\overline{\mathbf{Q}}$ est l'identité. En transformant ρ par θ, on obtient une représentation $\rho': N \to \mathbf{GL}_n(\overline{\mathbf{Q}})$ et, d'après (iii), les représentations ρ et ρ' ont *même trace*. La représentation ρ' est semi-simple, d'après (ii); si l'on suppose qu'il en est de même de ρ, on voit que ρ et ρ' sont *équivalentes*. Comme le th. 5 s'applique à ρ', il s'applique aussi à ρ.

(v) *Le cas où k est algébriquement clos.*

Vu ce qui précède, il suffit de prouver que toute représentation de N sur k est semi-simple, ou encore que toute extension de deux représentations simples V_1 et V_2 est scindée. Mais les classes d'extensions de V_1 par V_2 correspondent bijectivement aux éléments de $H^1(N, W)$, où $W = \mathrm{Hom}\,(V_1, V_2)$. D'après (iv), V_1 et V_2 proviennent par extension des scalaires de représentations V_1^0 et V_2^0 définies sur $\overline{\mathbf{Q}}$; si l'on pose $W^0 = \mathrm{Hom}\,(V_1^0, V_2^0)$, on a donc $W = k \otimes W^0$ (le produit tensoriel étant pris sur $\overline{\mathbf{Q}}$), d'où $H^1(N, W) = k \otimes H^1(N, W^0)$ puisque N est de type fini. Mais, d'après (ii), toute représentation linéaire de N sur $\overline{\mathbf{Q}}$ est semi-simple; on a donc $H^1(N, W^0) = 0$, d'où $H^1(N, W) = 0$, ce qui démontre notre assertion.

(vi) *Cas général.*

Soit $\bar{k}$ une clôture algébrique de k. En appliquant (v), on voit qu'il existe un sous-groupe N_1 de N, d'indice fini, tel que la restriction de ρ à N_1 se prolonge en un $\bar{k}$-homomorphisme $\bar{f}$ de $H_{/\bar{k}}$ dans $\mathbf{GL}_{n/\bar{k}}$. Mais N_1 est dense dans H pour la topologie de Zariski, et $\bar{f}(N_1)$ est contenu dans $\mathbf{GL}_n(k)$; on déduit de là que $\bar{f}$ est "défini sur k", i.e. provient par extension des scalaires d'un homomorphisme $f: H_{/k} \to \mathbf{GL}_{n/k}$, cqfd.

Remarque. Les mêmes arguments que ci-dessus permettent d'étendre le th. 16.2 de [4] au cas d'un corps de caractéristique zéro quelconque.

§ 3. Le cas Card $(S) = 1$.

Dans ce paragraphe, on suppose que *S est réduit à un seul élément.*

Lorsque K est de caractéristique $p > 0$, cela signifie que A est l'anneau de coordonnées d'une courbe affine obtenue en enlevant un point à une courbe projective lisse sur un corps fini k de caractéristique p; l'exemple le plus simple est $K = k(T)$, $A = k[T]$.

Lorsque K est un corps de nombres algébriques, cela signifie que $S = \Sigma^\infty$ et Card $(\Sigma^\infty) = 1$, autrement dit que A est l'anneau des entiers de K et que ce dernier est isomorphe, soit au corps $\mathbf{Q}$ des nombres rationnels, soit à un corps quadratique imaginaire $\mathbf{Q}(\sqrt{-d})$, avec $d \in \mathbf{Z}$, $d \geqq 1$.

Dans ce qui suit, ces cas seront appelés respectivement le cas *de caractéristique p*, le cas *rationnel*, et le cas *quadratique imaginaire*.

3.1. *Les groupes Γ^{ab} et le problème des groupes de congruence.*

Soit Γ un sous-groupe S-arithmétique de G. Nous supposerons[3] dans tout ce qui suit que Γ est *net* au sens de [7], § 17.1; cela équivaut à dire qu'aucun élément de Γ n'admet comme valeur propre (dans une clôture algébrique de K) une racine de l'unité $\neq 1$.

L'existence de tels sous-groupes est facile à prouver: pour le cas des corps de nombres, voir [7], § 17.4; dans le cas des corps de fonctions, il suffit de prendre pour Γ un groupe de S-congruence $\Gamma_{\mathfrak{q}}$, avec $\mathfrak{q} \neq A$.

Théorème 6. *Dans le cas rationnel et dans le cas quadratique imaginaire, Γ^{ab} est un groupe abélien infini, de type fini.*

Dans le cas de caractéristique p, Γ^{ab} est somme directe d'un groupe de type fini et d'un $\mathbf{F}_p$-espace vectoriel de dimension $\aleph_0$.

(Pour tout groupe H, on note H^{ab} le quotient de H par son groupe dérivé (H, H).)

Le cas rationnel est bien connu. En effet, Γ est alors un sous-groupe sans torsion de $\mathbf{SL}_2(\mathbf{R})$, commensurable à $\Gamma_A = \mathbf{SL}_2(\mathbf{Z})$, et le quotient $\mathbf{SL}_2(\mathbf{R})/\Gamma$ n'est pas compact. En utilisant l'action de Γ sur le demi-plan de Poincaré $X = \mathbf{SL}_2(\mathbf{R})/\mathbf{SO}_2(\mathbf{R})$, on en déduit que Γ est un *groupe libre* non abélien, de rang fini $c \geqq 2$, et le groupe Γ^{ab} est isomorphe à $\mathbf{Z}^c$, donc infini. On peut donner la valeur de c: si $\Gamma \cap \Gamma_A$ est d'indice d dans Γ et d'indice e dans Γ_A, on a $c = 1 + e/12d$ (utiliser le fait que la caractéristique d'Euler-Poincaré de $\mathbf{SL}_2(\mathbf{Z})$ est $-1/12$).

Dans les deux autres cas, le théorème se démontre en comparant Γ^{ab} à la somme directe des différentes classes de sous-groupes unipotents de Γ, cf. n° 3.2, th. 7.

Corollaire 1. *Dans le cas de caractéristique p, aucun sous-groupe S-arithmétique G n'est de type fini.*

Supposons en effet qu'un tel sous-groupe H soit de type fini. Comme

[3] Il suffirait en fait de supposer que l'image Γ' de Γ dans le groupe $G' = G/\{\pm 1\}$ est un groupe *net*. Lorsque K est de caractéristique 0 (resp. de caractéristique $p > 0$), cela signifie que Γ' est *sans torsion* (resp. *sans p'-torsion*, i.e. tout élément de Γ' est d'ordre infini ou d'ordre une puissance de p).

$H \cap \Gamma$ est d'indice fini dans H et dans Γ, le groupe Γ serait de type fini, et il en serait *a fortiori* de même de Γ^{ab}, ce qui contredirait le théorème 6.

COROLLAIRE 2. *Le noyau $C(G)$ de $\hat{G} \to \bar{G}$ est infini.*

(Autrement dit, le problème des groupes de congruence a une solution *essentiellement négative.*)

Plaçons-nous d'abord dans le cas rationnel ou imaginaire quadratique. Soit $\hat{\Gamma}$ (resp. $\bar{\Gamma}$) l'adhérence de Γ dans $\hat{G}$ (resp. dans $\bar{G}$), et soit $C_\Gamma = C(G) \cap \hat{\Gamma}$ le noyau de $\hat{\Gamma} \to \bar{\Gamma}$. Si $C(G)$ était fini, il en serait de même de C_Γ et l'on pourrait appliquer le th. 16.2 de [4]; il en résulterait que $H^1(\Gamma, \mathbf{Z})$ serait *fini*; comme $H^1(\Gamma, \mathbf{Z}) = \operatorname{Hom}(\Gamma^{ab}, \mathbf{Z})$, cela contredirait le théorème 6.

Dans le cas de caractéristique p, définissons $\hat{\Gamma}$ et $\bar{\Gamma}$ comme ci-dessus. Ce sont des groupes profinis. Comme la topologie des groupes de congruence admet une base dénombrable de voisinages de l'élément neutre, on voit que $\operatorname{Card}(\bar{\Gamma})$ est égal à $\mathfrak{c} = 2^{\aleph_0}$. D'autre part, le théorème 6 montre qu'il existe un homomorphisme surjectif $\varepsilon: \Gamma \to V$, où V désigne un $\mathbf{F}_p$-espace vectoriel de dimension $\aleph_0$. Comme $\hat{\Gamma}$ est le complété de Γ pour la topologie des sous-groupes d'indice fini, on en déduit un homomorphisme surjectif $\hat{\varepsilon}: \hat{\Gamma} \to \hat{V}$. Mais on voit tout de suite que $\hat{V}$ n'est autre que le *bidual* V'' de V, muni de la topologie de la convergence simple sur le dual V'. On a

$$\operatorname{Card}(V') = \mathfrak{c} \text{ et } \operatorname{Card}(\hat{V}) = \operatorname{Card}(V'') = 2^{\mathfrak{c}},$$

d'où $\operatorname{Card}(\hat{\Gamma}) \geqq 2^{\mathfrak{c}} > \mathfrak{c} = \operatorname{Card}(\bar{\Gamma})$. Il en résulte que C_Γ est infini, et même de cardinal $\geqq 2^{\mathfrak{c}}$, d'où le même résultat pour $C(G)$.

Remarque. On a en fait:

$\operatorname{Card}(C(G)) = \mathfrak{c}$ dans le cas rationnel ou imaginaire quadratique

$\operatorname{Card}(C(G)) = 2^{\mathfrak{c}}$ dans le cas de caractéristique p.

3.2. *Classes de sous-groupes unipotents.*

Soit V le K-espace vectoriel K^2, et soit $\mathbf{P} = (V - \{0\})/K^*$ la droite projective correspondante. Le groupe G opère de façon naturelle sur V et $\mathbf{P}$.

LEMME 6. *Soit N un sous-groupe S-arithmétique de G. Le nombre h_N des orbites de N dans* $\mathbf{P}$ *est fini; lorsque $N = \Gamma_A$, ce nombre est égal au nombre de classes h de l'anneau de Dedekind A.*

Rappelons brièvement la démonstration de ce résultat bien connu. Comme N est commensurable à Γ_A, il suffit de prouver la dernière assertion. Soit Λ le réseau A^2 de V, et soit $D \in \mathbf{P}$; le point D détermine une droite de V, que l'on note encore D. Le A-module $D \cap \Lambda$ est projectif de rang 1; soit $c(D)$ son image dans le groupe $c(A)$ des classes d'idéaux de A. Si $\gamma \in \Gamma_A$, on a $c(\gamma D) = c(D)$; ainsi, $D \mapsto c(D)$ définit par passage au quotient une application

$c\colon \mathbf{P}/\Gamma_A \to c(A)$. En utilisant la structure des modules sur les anneaux de Dedekind (Bourbaki, *Alg. Comm.*, chap. VII, § 4, n° 10), on montre que c est une *bijection*; on a donc bien Card $(\mathbf{P}/\Gamma_A) = h$.

Si $D \in \mathbf{P}$, notons B_D (resp. U_D) le sous-groupe de Borel (resp. le sous-groupe unipotent) de G défini par D, autrement dit l'ensemble des $g \in G$ tels que $gD = D$ (resp. tels que $gx = x$ pour tout $x \in D$).

LEMME 7. *Soit $D \in \mathbf{P}$ et soit N un sous-groupe S-arithmétique de G. Le groupe $U_D \cap N$ est un sous-groupe distingué d'indice fini du groupe $B_D \cap N$; on a $U_D \cap N = B_D \cap N$ si N est net.*

Si $g \in B_D$, notons $\omega(g)$ l'élément de K^* tel que $gx = \omega(g)x$ pour tout $x \in D$; on a la suite exacte

$$\{1\} \longrightarrow U_D \longrightarrow B_D \xrightarrow{\omega} K^* \longrightarrow \{1\}\ .$$

D'autre part, si γ appartient à un sous-groupe S-arithmétique de G, les valeurs propres de γ sont des éléments *entiers* sur A.

En particulier, si $\gamma \in B_D \cap N$, on a $\omega(\gamma) \in A^*$, d'où une suite exacte

$$\{1\} \longrightarrow U_D \cap N \longrightarrow B_D \cap N \longrightarrow A^*\ .$$

Comme Card $(S) = 1$, le groupe A^* est *fini*; on voit donc bien que $U_D \cap N$ est d'indice fini dans $B_D \cap N$. Si en outre N est net, on a $\omega(\gamma) = 1$ pour tout $\gamma \in B_D \cap N$, puisque $\omega(\gamma)$ est une racine de l'unité; d'où le fait que $U_D \cap N = B_D \cap N$ dans ce cas.

Revenons maintenant aux notations et hypothèses du n° 3.1, et soit Γ un sous-groupe S-arithmétique net de G. Choisissons des représentants (D_i), $i \in \mathbf{P}/\Gamma$, des éléments de $\mathbf{P}/\Gamma$; pour tout i, posons

$$\Gamma_i = U_{D_i} \cap \Gamma = B_{D_i} \cap \Gamma\ ,$$

cf. lemme 7. Les Γ_i sont des groupes abéliens; notons $U(\Gamma)$ leur *somme directe* $\coprod_{i \in \mathbf{P}/\Gamma} \Gamma_i$; à isomorphisme canonique près, elle est indépendante du choix des représentants D_i. L'inclusion $\Gamma_i \to \Gamma$ définit un homomorphisme $\alpha_i\colon \Gamma_i \to \Gamma^{ab}$, d'où, par somme directe, un homomorphisme

$$\alpha\colon U(\Gamma) \to \Gamma^{ab}\ .$$

THÉORÈME 7. (a) *Dans le cas de caractéristique p, $U(\Gamma)$ est un $\mathbf{F}_p$-espace vectoriel de dimension $\aleph_0$, le noyau de α est fini, et son conoyau est de type fini.*

(b) *Dans le cas quadratique imaginaire, $U(\Gamma)$ est un groupe abélien libre de rang $2h_\Gamma$, et le noyau de α est de rang h_Γ.*

(Rappelons que h_Γ désigne le nombre d'éléments de $\mathbf{P}/\Gamma$, cf. lemme 6.)

Chacun des Γ_i est un sous-groupe S-arithmétique du groupe additif $\mathbf{G}_a$, donc est isomorphe à un sous-groupe d'indice fini de A. Dans le cas (a), A est un $\mathbf{F}_p$-espace vectoriel de dimension $\aleph_0$, et dans le cas (b), A est isomorphe à $\mathbf{Z}^2$. Comme le nombre de facteurs de $U(\Gamma)$ est h_Γ, on en déduit bien les assertions relatives à la structure de $U(\Gamma)$. Celles relatives à α seront démontrées aux n°s 3.3 et 3.4 ci-après.

Montrons que *le théorème* 7 *entraîne le théorème* 6. C'est clair dans le cas quadratique imaginaire, puisque l'image de α est un sous-groupe de Γ^{ab} de rang $2h_\Gamma - h_\Gamma = h_\Gamma \geqq 1$, donc a une infinité d'éléments. Dans le cas de caractéristique p, le th. 7 montre que l'on a une suite exacte

$$0 \longrightarrow W \longrightarrow \Gamma^{ab} \longrightarrow E \longrightarrow 0\,,$$

où W est un $\mathbf{F}_p$-espace vectoriel de dimension $\aleph_0$ et E un groupe abélien de type fini. Soit $e \in \operatorname{Ext}(E, W)$ la classe de cette extension. Comme E est de type fini, on peut décomposer W en $W_1 \times W_2$, avec W_2 de dimension finie, de telle sorte que e appartienne à la composante $\operatorname{Ext}(E, W_2)$ de $\operatorname{Ext}(E, W)$. Le groupe Γ^{ab} est donc isomorphe au produit direct de W_1 par un groupe E_2 extension de E par W_2; comme E_2 est de type fini, cela démontre bien le th. 6 dans le cas considéré.

Remarque. Bien que ce soit inutile pour notre objet, signalons que, *dans le cas rationnel*, le groupe $U(\Gamma)$ est libre de rang h_Γ et l'on a une suite exacte

$$0 \longrightarrow \mathbf{Z} \longrightarrow \dot{U}(\Gamma) \xrightarrow{\ \alpha\ } \Gamma^{ab} \longrightarrow \mathbf{Z}^{2g_\Gamma} \longrightarrow 0\,,$$

où g_Γ désigne le *genre* de la surface de Riemann compactifiée de X/Γ (cf. démonstration du théorème 6). Cela résulte de la structure bien connue du premier groupe d'homologie d'une surface compacte dont on a retiré un nombre fini de points.

3.3. *Propriétés de* α: $U(\Gamma) \to \Gamma^{ab}$ *(cas de caractéristique* p*).*

Il s'agit de prouver que le noyau et le conoyau de α sont de type fini. Nous nous bornerons à indiquer les grandes lignes de la démonstration, renvoyant pour plus de détails à [22], chap. II, § 2.

(a) *L'arbre* X.

Soient v l'unique élément de S, O_v l'anneau de valuation correspondant et π une uniformisante de O_v. Un sous-O_v-module L de $V = K^2$ est appelé un *réseau* s'il est libre de rang 2, auquel cas il engendre le K-espace vectoriel V. Deux réseaux L et L' sont dits *équivalents* s'il existe $\lambda \in K^*$ tel que $\lambda L = L'$. Soit X l'ensemble des classes d'équivalence de réseaux de V. Deux éléments x, x' de X sont dits *voisins* si l'on peut les représenter par des réseaux L et L' tels que $L \supset L'$ et que L/L' soit un O_v-module de longueur 1. La relation de voisinage munit X d'une structure de *graphe combinatoire*; on vérifie facilement que ce graphe est connexe, non vide, et ne contient pas de circuit, autrement dit que c'est un *arbre* (cf. [22], chap. II, n° 1.1). Si $\hat{K}_v$ désigne le complété de K pour v, le groupe $\mathbf{PGL}_2(\hat{K}_v)$ opère de façon naturelle sur X; les stabilisateurs des sommets de X sont les sous-groupes compacts maximaux de $\mathbf{PGL}_2(\hat{K}_v)$. *L'arbre X joue pour* $\mathbf{PGL}_2(\hat{K}_v)$ *le rôle que joue le demi-plan de Poincaré pour* $\mathbf{PGL}_2(\mathbf{R})$[4].

(b) *Pointes.*

Soit d'abord $L_0 = (O_v)^2$ le réseau standard de $V = K^2$, et soit x_0 le point correspondant de X.

Soit $D \in \mathbf{P}$; comme au n° 3.2, nous identifions D à une droite de V. Si m est un entier $\geqq 0$, nous noterons $L(m, D)$ le sous-réseau de L_0 engendré par $\pi^m L_0$ et $L_0 \cap D$; soit $x(m, D)$ son image dans X. On a $x(0, D) = x_0$. Pour D fixé, les $x(m, D)$, $m = 0, 1, \cdots$, sont les sommets d'un "droit chemin" de X d'origine x_0, i.e. forment un sous-graphe de la forme

$$x_0 \circ\!\!-\!\!\!-\!\!\!-\!\!\circ\!\!-\!\!\!-\!\!\!-\!\!\circ\!\!-\!\!\!-\!\!\!-\!\!\circ\!\!-\!\!\!-\cdots .$$

Ce droit chemin p_D est la *pointe* définie par D; à un nombre fini de sommets près, elle ne dépend pas du choix de l'origine x_0. Si N est un entier $\geqq 0$, nous noterons $p_D(N)$ le sous-graphe de p_D formé des $x(m, D)$ tels que $m \geqq N$.

(c) *Action de* Γ *sur* X.

Soient Γ et $D_i (i \in \mathbf{P}/\Gamma)$ comme au n° 3.2. Le groupe Γ opère sur X.

LEMME 8. *Il existe une partie finie F de X et un entier $N \geqq 0$ tels que:*

(i) *Les pointes tronquées $p_{D_i}(N)$, $i \in \mathbf{P}/\Gamma$, sont deux à deux disjointes, et sont disjointes de F; la réunion de F et des $p_{D_i}(N)$ est un système de représentants de X/Γ dans X.*

(ii) *Si $m \geqq N$ et $i \in \mathbf{P}/\Gamma$, le stabilisateur $\Gamma_i(m)$ de $x(m, D_i)$ dans Γ est contenu dans $\Gamma_i(m+1)$ et opère transitivement sur l'ensemble des arêtes de X d'origine $x(m, D_i)$ et d'extrémité distincte de $x(m+1, D_i)$.*

(iii) *Pour tout $i \in \mathbf{P}/\Gamma$, la réunion des $\Gamma_i(m)$ est égale à Γ_i.*

Ce résultat est analogue à ceux de Borel relatifs aux domaines fondamentaux des groupes arithmétiques (cf. [7]). Il est englobé dans les résultats bien plus généraux de G. Harder [11]. La démonstration qui en est donnée dans [22], chap. II, § 2 consiste à se ramener d'abord au cas où $\Gamma = \Gamma_A$, et à interpréter les éléments de X/Γ comme certaines classes de *fibrés vectoriels de rang* 2 sur la courbe projective définie par K; le lemme provient alors de ce

---

[4] Plus généralement, les *immeubles* de Bruhat-Tits constituent l'analogue ultramétrique des *espaces riemanniens symétriques* de la théorie archimédienne, cf. par exemple [21].

que presque tous ces fibrés sont décomposés en sommes de deux fibrés de rang 1.

(d) *Structure de* X/Γ.

Du fait que Γ est contenu dans $\mathbf{SL}_2(K)$, aucun élément de Γ ne transforme une arête de X en son opposée; cela permet de définir le *graphe quotient* X/Γ.

LEMME 9. *Il existe un sous-graphe fini* F' *de* X/Γ *tel que le complémentaire de* F' *se décompose en somme disjointe de droits chemins* Δ_i, *images isomorphes des pointes tronquées* $p_{D_i}(N+1)$ *avec* $i \in \mathbf{P}/\Gamma$.

Cela résulte du lemme 8 en prenant pour F' l'image par $X \rightarrow X/\Gamma$ de la réunion de F et des $x(N, D_i)$, $i \in \mathbf{P}/\Gamma$.

(e) *Relations entre l'homologie de* Γ *et celle de* X/Γ.

Soit M un Γ-module. Soit s un entier $\geqq 0$, et soit x un sommet de X/Γ; choisissons un représentant $\bar{x}$ de x dans X, soit $\Gamma(\bar{x})$ son stabilisateur dans Γ, et soit $H_s(\Gamma(\bar{x}), M)$ le groupe d'homologie correspondant; on voit tout de suite que ce groupe est indépendant du choix de $\bar{x}$, à isomorphisme unique près; notons le $\mathcal{H}_s(x)$. On définit de même $\mathcal{H}_s(y)$ lorsque y est une arête de X/Γ, ainsi qu'un homomorphisme Cor: $\mathcal{H}_s(y) \rightarrow \mathcal{H}_s(x)$ lorsque x est une extrémité de y. La famille

$$\mathcal{H}_s = \{\mathcal{H}_s(x), \mathcal{H}_s(y), \mathrm{Cor}\}$$

constitue ce qu'il est naturel d'appeler un *cofaisceau* sur le graphe X/Γ; les groupes d'homologie correspondants sont notés $H_r(X/\Gamma, \mathcal{H}_s)$; ils sont nuls pour $r \geqq 2$.

LEMME 10. *On a une suite exacte*:

$$0 \longrightarrow H_0(X/\Gamma, \mathcal{H}_s) \longrightarrow H_s(\Gamma, M) \longrightarrow H_1(X/\Gamma, \mathcal{H}_{s-1}) \longrightarrow 0\,.$$

C'est un cas particulier de la suite spectrale associée à l'action de Γ sur X, compte tenu de ce que X est de dimension 1. On peut aussi en donner une démonstration directe en utilisant la suite exacte

$$0 \longrightarrow C_1(X, M) \longrightarrow C_0(X, M) \longrightarrow M \longrightarrow 0$$

des *chaînes* de l'arbre X à coefficients dans M.

(f) *Fin de la démonstration.*

Soit $\mathcal{C}$ la classe des groupes abéliens de type fini. Appliquons le lemme 10 avec $M = \mathbf{Z}$ et $s = 1$, de sorte que $H_1(\Gamma, M)$ s'identifie à Γ^{ab}. On obtient une suite exacte

$$0 \longrightarrow H_0(X/\Gamma, \mathcal{H}_1) \longrightarrow \Gamma^{ab} \longrightarrow H_1(X/\Gamma, \mathcal{H}_0) \longrightarrow 0\,.$$

Lorsque l'on remplace X/Γ par la somme disjointe des droits chemins Δ_i, les $H_r(X/\Gamma, \mathcal{H}_s)$ ne changent pas, à un $\mathcal{C}$-isomorphisme près: cela résulte du lemme 9. On peut donc (toujours à un $\mathcal{C}$-isomorphisme près) remplacer la suite exacte précédente par:

$$0 \longrightarrow \coprod_{i \in P/\Gamma} H_0(\Delta_i, \mathcal{H}_1) \longrightarrow \Gamma^{ab} \longrightarrow \coprod_{i \in P/\Gamma} H_1(\Delta_i, \mathcal{H}_0) \longrightarrow 0 .$$

Mais il est facile de calculer $H_0(\Delta_i, \mathcal{H}_1)$ et $H_1(\Delta_i, \mathcal{H}_0)$. On trouve:

$$H_0(\Delta_i, \mathcal{H}_1) = \varinjlim . \Gamma_i(m) = \Gamma_i$$

$$H_1(\Delta_1, \mathcal{H}_0) = H_1(\Delta_i, \mathbf{Z}) = 0 .$$

On obtient donc en définitive un *$\mathcal{C}$-isomorphisme* de $\coprod \Gamma_i$ sur Γ^{ab}, et il ne reste plus qu'à vérifier que ce $\mathcal{C}$-isomorphisme est induit par l'homomorphisme α du n° 3.2, ce qui ne présente pas de difficulté.

Remarque

La démonstration ci-dessus donne d'autres renseignements sur les $H_s(\Gamma, M)$ et en particulier sur Γ^{ab}. Elle montre par exemple que le *rang* du groupe Coker (α) est égal au *premier nombre de Betti* du graphe X/Γ, i.e. au "nombre de circuits" de X/Γ. D'autre part, si M est fini d'ordre premier à p, le groupe $H_1(\Gamma, M)$ est fini, et les $H_s(\Gamma, M)$ sont nuls pour $s \geqq 2$.

Exemple

Soit k un corps fini à q éléments. Prenons $A = k[T]$, de sorte que $K = k(T)$ et que v est la valuation "à l'infini", i.e.

$$v(a) = -\deg(a) \qquad \text{pour tout } a \neq 0 \text{ de } A .$$

Si l'on prend pour Γ le groupe $\Gamma_A = \mathbf{SL}_2(k[T])$, le graphe X/Γ est un droit chemin, isomorphe à la pointe p_D relative à la droite $D = K \times \{0\}$ de V; cela se démontre, soit directement (cf. [22], chap. II, n° 1.6), soit en utilisant la classification des fibrés vectoriels de base une droite projective, due à Grothendieck. Ce résultat est étroitement lié à la décomposition de Γ_A comme somme amalgamée (cf. [18]):

$$\Gamma_A = \mathbf{SL}_2(k) *_{B(k)} B(k[T]) ,$$

où B désigne le sous-groupe de Borel $\begin{pmatrix} * & * \\ 0 & * \end{pmatrix}$ de $\mathbf{SL}_2$.

Comme sous-groupe *net*, on peut prendre le groupe de congruence Γ défini par l'idéal premier (T) de A. On trouve alors ([22], *loc. cit.*, exerc. 5) que X/Γ est réunion de $q+1$ droits chemins d'origine commune, et que Γ est isomorphe au *produit libre* des Γ_i, lesquels sont isomorphes à A; en particulier, l'homomorphisme α: $U(\Gamma) \to \Gamma^{ab}$ est un *isomorphisme*.

3.4. *Propriétés de* α: $U(\Gamma) \to \Gamma^{ab}$ *(cas quadratique imaginaire)*.

Nous supposons maintenant que K est un corps quadratique imaginaire $\mathbf{Q}(\sqrt{-d})$, avec $d \in \mathbf{Z}$, $d \geqq 1$. Le groupe Γ est un sous-groupe discret du groupe de Lie $G_{\mathbf{C}} = \mathbf{SL}_2(\mathbf{C})$. Soit $X \approx G_{\mathbf{C}}/\mathbf{SU}_2(\mathbf{C})$ l'espace riemannien symétrique de $G_{\mathbf{C}}$; les points de X correspondent bijectivement aux sous-groupes compacts maximaux de $G_{\mathbf{C}}$; en tant qu'espace de Riemann, X est isomorphe à *l'espace hyperbolique à trois dimensions*. Comme Γ est sans torsion, il opère librement sur X, de sorte que X/Γ est une variété de dimension 3, orientable, et non compacte. Nous noterons X_Γ la *compactification* canonique de X/Γ décrite par Borel [7], § 17 (voir aussi l'*Appendice* ci-après); c'est une *variété à bord* compacte, dont l'intérieur est égal à X/Γ[5]. Son bord ∂X_Γ est somme disjointe de tores E_i, correspondant aux éléments i de $\mathbf{P}/\Gamma$ (ce sont les "pointes" de X/Γ); si l'on note U_i le sous-groupe unipotent de $G_{\mathbf{C}}$ formé des $g \in G_{\mathbf{C}}$ tels que $gx = x$ pour tout $x \in D_i$, le tore E_i est un espace homogène de U_i, de groupe d'isotropie $\Gamma_i = \Gamma \cap U_i$, de sorte que E_i est isomorphe à U_i/Γ_i. (Noter que U_i est un espace vectoriel de dimension 1 sur $\mathbf{C}$, de sorte que U_i/Γ_i a une structure naturelle de *courbe elliptique*, admettant le corps K comme corps de multiplication complexe.)

Puisque X est *contractile*, les groupes d'homologie $H_s(\Gamma)$ du groupe Γ s'identifient aux groupes d'homologie $H_s(X/\Gamma)$ de l'espace X/Γ; nous prenons ici comme groupe de coefficients le groupe $\mathbf{Z}$, avec action triviale de Γ. Comme l'injection $X/\Gamma \to X_\Gamma$ est une équivalence d'homotopie, on peut identifier $H_s(X/\Gamma)$ à $H_s(X_\Gamma)$. On a en particulier

$$\Gamma^{ab} = H_1(\Gamma) = H_1(X/\Gamma) = H_1(X_\Gamma) .$$

Pour la même raison, on a $H_s(\Gamma_i) = H_s(E_i)$, d'où

$$U(\Gamma) = \coprod_i \Gamma_i = \coprod_i H_1(\Gamma_i) = \coprod_i H_1(E_i) = H_1(\partial X_\Gamma) .$$

Ces diverses identifications transforment l'homomorphisme

$$\alpha\colon U(\Gamma) \longrightarrow \Gamma^{ab}$$

en un homomorphisme

$$\iota\colon H_1(\partial X_\Gamma) \longrightarrow H_1(X_\Gamma) ;$$

la construction de X_Γ donnée dans [7], *loc. cit.*, montre que ι est l'homomorphisme induit par l'injection de ∂X_Γ dans X_Γ. Or nous voulons montrer que le rang de Ker (α) est égal à $h_\Gamma = 1/2 \text{ rg. } U(\Gamma)$. Cela va résulter du lemme suivant, bien connu en théorie du cobordisme, appliqué à $Y = X_\Gamma$ et $m = 1$:

LEMME 11. *Soit Y une variété à bord compacte et orientable, de dimension impaire $2m + 1$. Le noyau de l'homomorphisme*

[5] Le fait que X/Γ soit l'intérieur d'une variété à bord compacte est un cas particulier d'un théorème de Raghunathan [19] valable pour tous les groupes arithmétiques.

$$\iota\colon H_m(\partial Y) \longrightarrow H_m(Y) ,$$

induit par l'injection de ∂Y *dans* Y, *a un rang égal à la moitié de celui de* $H_m(\partial Y)$.

Rappelons la démonstration. Soient $H^s(Y)$ et $H^s(\partial Y)$ les groupes de cohomologie, à coefficients dans **Q**, de Y et de ∂Y; par dualité, il suffit de prouver que l'image de l'homomorphisme de restriction

$$\rho\colon H^m(Y) \longrightarrow H^m(\partial Y)$$

est de rang égal à 1/2. rg. $H^m(\partial Y)$. Or, on a la suite exacte

$$(*) \qquad H^m(Y) \xrightarrow{\ \rho\ } H^m(\partial Y) \xrightarrow{\ \delta\ } H^{m+1}(Y, \partial Y) .$$

La dualité des variétés à bord (resp. la dualité de Poincaré) définit un accouplement $(\mathbf{a}, \mathbf{b}) \mapsto \langle \mathbf{a}, \mathbf{b} \rangle$ entre $H^m(Y)$ et $H^{m+1}(Y, \partial Y)$ (resp. entre $H^m(\partial Y)$ et $H^m(\partial Y)$). Si les orientations de Y et de ∂Y sont choisies de façon cohérente, les homomorphismes ρ et δ sont *transposés* l'un de l'autre par rapport à ces accouplements, i.e. on a

$$(**) \qquad \langle \delta\mathbf{a}, \mathbf{b} \rangle = \langle \mathbf{a}, \rho\mathbf{b} \rangle \qquad \text{si } \mathbf{a} \in H^m(\partial Y),\ \mathbf{b} \in H^m(Y) ;$$

cela résulte simplement de la formule $d(a.\, b) = d(a).\, b$, valable lorsque b est un cocycle et a une cochaîne quelconque.

Puisque ρ est le transposé de δ, Im (ρ) est l'orthogonal de Ker (δ) dans $H^m(\partial Y)$. Mais la suite exacte $(*)$ montre que Ker (δ) = Im (ρ). On en conclut que Im (ρ) *est son propre orthogonal dans* $H^m(\partial Y)$, autrement dit est un *sous-espace isotrope maximal* de $H^m(\partial Y)$, de rang égal à la moitié de celui de $H^m(\partial Y)$. Ceci achève la démonstration du lemme 11, et, en même temps, du théorème 7.

Remarque

Si M est un Γ-module, les groupes $H_s(\Gamma, M)$ et $H^s(\Gamma, M)$ s'identifient aux groupes d'homologie et de cohomologie correspondants de la variété X_Γ, à valeurs dans le système local défini par M. On en déduit que Γ est de *dimension cohomologique* 2, et que les $H_s(\Gamma, M)$ et $H^s(\Gamma, M)$ sont *de type fini* si M l'est; ces derniers résultats sont d'ailleurs des cas particuliers de ceux démontrés par Raghunathan [19] pour tous les groupes arithmétiques sans torsion (pour leur extension aux groupes S-arithmétiques, voir [21]).

La *caractéristique d'Euler-Poincaré* $\chi(\Gamma)$ est égale à celle de X_Γ, donc à la moitié de celle de ∂X_Γ, qui est *nulle* puisque ∂X_Γ est somme disjointe de tores. Si l'on désigne par b_s le s-ième nombre de Betti de Γ, on a donc:

$$0 = \chi(\Gamma) = 1 - b_1 + b_2 \quad \text{et} \quad b_1 \geqq h_\Gamma .$$

Questions

(1) *Comment peut-on déterminer* Ker (α)? Le théorème 7 dit que c'est un sous-groupe de rang h_Γ de $U(\Gamma)$ mais ne précise pas lequel. [On peut obtenir des renseignements supplémentaires sur Ker (α) en utilisant les sous-groupes de Γ qui sont intersections de Γ avec les conjugués de $\mathbf{SL}_2(\mathbf{Q})$; toutefois, j'ignore si les renseignements ainsi obtenus sont suffisants pour déterminer Ker (α).]

(2) *Comment varie* b_1 *avec* Γ? Par exemple, si Γ est un groupe de congruence $\Gamma_{\mathfrak{q}}$, quelle est la représentation linéaire de $\Gamma_A/\Gamma = \mathbf{SL}_2(A/\mathfrak{q})$ dans l'espace vectoriel $\Gamma^{ab} \otimes \mathbf{Q}$? Une question voisine est celle de l'action des *opérateurs de Hecke*; si $x \in \mathbf{GL}_2(K)$, et si l'on pose $\Gamma_x = \Gamma \cap x^{-1}\Gamma x$, l'opérateur de Hecke T_x attaché à x est l'endomorphisme de Γ^{ab} défini par

$$\Gamma^{ab} \xrightarrow{\ v\ } (\Gamma_x)^{ab} \xrightarrow{\ u\ } \Gamma^{ab} ,$$

où v est le transfert de Γ dans Γ_x, et u est induit par l'application $\gamma \mapsto x\gamma x^{-1}$. Que peut-on dire des *valeurs propres* des T_x, par exemple? Pour certains sous-groupes Γ, les résultats récents de Weil [26] laissent penser que les valeurs propres en question sont étroitement liées aux propriétés arithmétiques des *courbes elliptiques définies sur* K; il serait très intéressant d'en avoir des
3 exemples explicites.

3.5. *Compléments sur le cas quadratique imaginaire.*

Nous n'avons donné au n° précédent que le minimum nécessaire pour démontrer le théorème 7. La méthode employée (comparaison entre l'homologie de X_Γ et celle de son bord) permet d'obtenir d'autres résultats, que nous allons indiquer.

Soit Γ un sous-groupe arithmétique quelconque[6] de G; choisissons comme au n° 3.2 des représentants D_i des éléments de $\mathbf{P}/\Gamma$, et posons

$$\Gamma_i = \Gamma \cap B_{D_i} .$$

On notera que l'on a en général $\Gamma_i \neq \Gamma \cap U_{D_i}$; le groupe Γ_i peut même être non abélien, si K contient des racines de l'unité autres que ± 1.

Soit k un corps de caractéristique zéro et soit M un $k[\Gamma]$-module de rang fini sur k; les groupes de cohomologie $H^s(\Gamma, M)$, $H^s(\Gamma_i, M)$ sont des k-espaces vectoriels de dimension finie. Posons

[6] On pourrait même prendre pour Γ n'importe quel sous-groupe *discret* de $G_{\mathbf{C}}$ tel que $G_{\mathbf{C}}/\Gamma$ soit *de volume fini*. En effet, Garland et Raghunathan [10] ont montré que ces conditions entraînent l'existence d'une compactification de X/Γ ayant toutes les propriétés utilisées plus haut. On notera que certains de ces groupes *ne sont pas arithmétiques*; Makarov, Vinberg et Mostow en ont donné des exemples.

$$U^1(\Gamma, M) = \coprod_i H^1(\Gamma_i, M)$$

et soit $\rho: H^1(\Gamma, M) \to U^1(\Gamma, M)$ l'homomorphisme induit par les homomorphismes de restriction $\rho_i: H^1(\Gamma, M) \to H^1(\Gamma_i, M)$.

THÉORÈME 8. *Supposons M muni d'une forme k-bilinéaire non dégénérée invariante par Γ. On a alors*

$$\text{rg.}\,\text{Im}\,(\rho) = 1/2\,\text{rg.}\,U^1(\Gamma, M)\,.$$

Supposons d'abord que Γ soit net. Le Γ-module M définit alors un *système local* de coefficients $\mathfrak{M}$ sur la variété à bord X_Γ; ce système local est muni d'une forme bilinéaire non dégénérée, ce qui permet de l'identifier à son *dual*. On a ici encore

$$U^1(\Gamma, M) = H^1(\partial X_\Gamma, \mathfrak{M}) \quad \text{et} \quad H^1(\Gamma, M) = H^1(X_\Gamma, \mathfrak{M})\,.$$

La dualité de Poincaré définit sur $H^1(\partial X_\Gamma, \mathfrak{M})$ une forme bilinéaire non dégénérée qui est alternée (resp. symétrique) si la forme donnée sur M est symétrique (resp. alternée). La formule (**) du n° précédent est encore valable, et l'on en déduit comme dans la démonstration du lemme 11 que l'image de $\rho: H^1(X_\Gamma, \mathfrak{M}) \to H^1(\partial X_\Gamma, \mathfrak{M})$ est son propre orthogonal dans $H^1(\partial X_\Gamma, \mathfrak{M})$, d'où le résultat cherché.

Passons au *cas général*. Choisissons un sous-groupe distingué Γ_1 de Γ qui soit *net* et *d'indice fini*. Posons $\mathfrak{g} = \Gamma/\Gamma_1$. On sait que l'homomorphisme de restriction

$$H^\bullet(\Gamma, M) \longrightarrow H^\bullet(\Gamma_1, M)$$

identifie le premier espace au sous-espace du second formé des éléments invariants par $\mathfrak{g}$. On a donc

(a) $H^1(\Gamma, M) = H^0(\mathfrak{g}, H^1(\Gamma_1, M))$.

Soit d'autre part $M^{\mathbf{P}}$ l'ensemble des applications de $\mathbf{P}$ dans M, et faisons opérer Γ sur $M^{\mathbf{P}}$ par transport de structure, i.e. par

$$(\gamma\cdot f)(D) = \gamma\cdot f(\gamma^{-1}D) \qquad \text{si } \gamma \in \Gamma,\ f \in M^{\mathbf{P}} \text{ et } D \in \mathbf{P}\,.$$

Si l'on note $\mathbf{P}(i)$, $i \in \mathbf{P}/\Gamma$, les orbites de Γ dans $\mathbf{P}$, le Γ-module $M^{\mathbf{P}}$ est produit des Γ-modules $M^{\mathbf{P}(i)}$; de plus, le *lemme de Shapiro* montre que

$$H^\bullet(\Gamma, M^{\mathbf{P}(i)}) = H^\bullet(\Gamma_i, M)\,.$$

On a donc

$$H^1(\Gamma, M^{\mathbf{P}}) = \coprod_i H^1(\Gamma, M^{\mathbf{P}(i)}) = \coprod_i H^1(\Gamma_i, M) = U^1(\Gamma, M)$$

et l'homomorphisme ρ correspond simplement à l'injection diagonale de M dans $M^{\mathbf{P}}$. On en déduit, comme ci-dessus

(b) $U^1(\Gamma, M) = H^1(\Gamma, M^{\mathbf{P}}) = H^0(\mathfrak{g}, H^1(\Gamma_1, M^{\mathbf{P}})) = H^0(\mathfrak{g}, U^1(\Gamma_1, M))$.

Si ρ_1 désigne l'homomorphisme de restriction $H^1(\Gamma_1, M) \to U^1(\Gamma_1, M)$, il résulte de (a) et (b) que l'on a:

(c) $\mathrm{Im}(\rho) = H^0(\mathfrak{g}, \mathrm{Im}(\rho_1))$.

Mais, d'après ce qui a été vu plus haut, $\mathrm{Im}(\rho_1)$ est son propre orthogonal dans $U^1(\Gamma_1, M)$ vis-à-vis d'une certaine forme bilinéaire non dégénérée B; le caractère canonique de B, joint au fait que $\mathfrak{g}$ *conserve l'orientation* de X_{Γ_1}, montre que B est *invariante par* $\mathfrak{g}$. Le th. 8 résulte alors du lemme élémentaire suivant:

LEMME 12. *Soit E un k-espace vectoriel de dimension finie muni d'une forme bilinéaire non dégénérée B; soit F un sous-espace de E égal à son orthogonal dans E. Soit $\mathfrak{g}$ un groupe fini opérant linéairement sur E, laissant B invariante et laissant stable F. Alors la restriction de B à $H^0(\mathfrak{g}, E)$ est non dégénérée et $H^0(\mathfrak{g}, F)$ est son propre orthogonal dans $H^0(\mathfrak{g}, E)$; on a*

$$\mathrm{rg.}\, H^0(\mathfrak{g}, F) = 1/2\, \mathrm{rg.}\, H^0(\mathfrak{g}, E)\,.$$

La démonstration est immédiate.

Remarques

(1) L'hypothèse que k est de caractéristique 0 peut être remplacée par celle que l'ordre de $\mathfrak{g}$ est inversible dans k.

(2) Soit M un $k[\Gamma]$-module de rang fini sur k, et soit M' son dual. On peut montrer que $H^s(\Gamma, M')$ est dual de $H^{2-s}(\Gamma, M^{\mathrm{P}}/M)$; en d'autres termes, le Γ-module k^{P}/k est un *module dualisant* pour Γ.

(3) Posons $\Gamma_i^+ = \Gamma \cap U_{D_i}$ et $\mu_i = \Gamma_i/\Gamma_i^+$; l'homomorphisme ω du n° 3.2 identifie μ_i à un sous-groupe du groupe μ des racines de l'unité de K (cf. démonstration du lemme 7). On a

$$H^s(\Gamma_i, M) = H^0(\mu_i, H^s(\Gamma_i^+, M))\,,$$

ce qui ramène la détermination de $U^1(\Gamma, M)$ à celle des $H^1(\Gamma_i^+, M)$ et des actions correspondantes des μ_i. On vérifie facilement que, si Γ est *sans torsion*, ou si K est distinct de $\mathbf{Q}(\sqrt{-1})$ et de $\mathbf{Q}(\sqrt{-3})$, on a $\mu_i \subset \{\pm 1\}$ et μ_i opère trivialement sur Γ_i^+ (autrement dit Γ_i est abélien).

Donnons maintenant quelques applications du théorème 8:

COROLLAIRE 1. *Si les Γ_i sont sans torsion, on a*

$$\mathrm{rg.}\, \mathrm{Im}(\rho) = \textstyle\sum_i \mathrm{rg.}\, H^0(\Gamma_i, M)\,.$$

Si Γ_i est sans torsion, il est isomorphe à $\mathbf{Z} \times \mathbf{Z}$ et sa caractéristique d'Euler-Poincaré est nulle. D'où:

$$\mathrm{rg.}\, H^1(\Gamma_i, M) = \mathrm{rg.}\, H^0(\Gamma_i, M) + \mathrm{rg.}\, H^2(\Gamma_i, M)\,.$$

Mais, puisque M est isomorphe à son dual, la dualité de Poincaré montre que $H^0(\Gamma_i, M)$ et $H^2(\Gamma_i, M)$ ont même rang. On a donc

$$\text{rg. } H^1(\Gamma_i, M) = 2 \text{ rg. } H^0(\Gamma_i, M) ,$$

d'où le corollaire, en vertu du théorème 8.

COROLLAIRE 2. *Soit* $k = \mathbf{C}$, *et soit* Ad *la représentation adjointe de* Γ *dans l'algèbre de Lie de* $G_{\mathbf{C}}$. *On a*

$$\text{rg. } H^1(\Gamma, \text{Ad}) = \text{rg. Im}(\rho) = 1/2 \textstyle\sum_i \text{rg. } H^1(\Gamma_i, \text{Ad}) .$$

Si de plus les Γ_i *sont sans torsion, on a* rg. $H^1(\Gamma, \text{Ad}) = h_\Gamma$, *avec* $h_\Gamma = \text{Card}(\mathbf{P}/\Gamma)$.

D'après Garland et Raghunathan ([10], (8.2)), l'homomorphisme ρ est *injectif*. On a donc rg. $H^1(\Gamma, \text{Ad}) = \text{rg. Im}(\rho)$, ce qui démontre la première égalité; la seconde résulte du th. 8 et la dernière du cor. 1, compte tenu de ce que rg. $H^0(\Gamma_i, \text{Ad}) = 1$ si Γ_i est sans torsion (ou, plus généralement, si μ_i est contenu dans $\{\pm 1\}$).

COROLLAIRE 3. *Soit* $\alpha \colon \coprod_i \Gamma_i^{ab} \to \Gamma^{ab}$ *l'homomorphisme induit par les injections* $\Gamma_i \to \Gamma$. *Le rang du groupe* Im (α) *est égal au nombre d'éléments* $i \in \mathbf{P}/\Gamma$ *tels que* $\mu_i \subset \{\pm 1\}$; *en particulier, il est égal à* h_Γ *si* Γ *est sans torsion, ou si* K *est distinct de* $\mathbf{Q}(\sqrt{-1})$ *et de* $\mathbf{Q}(\sqrt{-3})$.

(Lorsque Γ est *net*, on retrouve le théorème 7.)

On applique le th. 8 au module $M = k$, avec action triviale de Γ et l'on utilise le fait que $H^1(\Gamma_i, k) = \text{Hom}(\Gamma_i^{ab}, k)$ est de rang 2 si μ_i est contenu dans $\{\pm 1\}$, et de rang 0 sinon.

3.6. *Le groupe* $\mathbf{SL}_2(A)^{ab}$ *(cas quadratique imaginaire).*

On conserve les notations et hypothèses des n°s 3.4 et 3.5; en particulier, on a $K = \mathbf{Q}(\sqrt{-d})$, où d est un entier $\geqq 1$; on suppose d sans facteurs carrés. On note $c(A)$ le groupe des classes d'idéaux de A, et h son ordre. On pose

$$\Gamma = \Gamma_A = \mathbf{SL}_2(A) .$$

On s'intéresse à la structure du groupe Γ^{ab}, et plus précisément, à la détermination du noyau de $\alpha \colon \coprod \Gamma_i^{ab} \to \Gamma^{ab}$. Comme les cas $d = 1$ et $d = 3$ sont bien connus (cf. Cohn [9] et Swan [23]), et quelque peu différents des autres (cf. cor. 3 au th. 8), on les écarte; on suppose donc dans tout ce qui suit que K est *distinct de* $\mathbf{Q}(\sqrt{-1})$ *et de* $\mathbf{Q}(\sqrt{-3})$. Cela entraîne que chaque Γ_i est produit de $\{\pm 1\}$ par $\Gamma_i^+ = \Gamma \cap U_{D_i}$. Nous poserons

$$U = \textstyle\coprod_{i \in \mathbf{P}/\Gamma} \Gamma_i^+ ,$$

et tout revient à déterminer le noyau de $\alpha \colon U \to \Gamma^{ab}$.

Nous aurons besoin pour cela de quelques définitions préliminaires.

Structure de U.

On a vu plus haut (n° 3.2, démonstration du lemme 6) que les éléments i de $\mathbf{P}/\Gamma$ correspondent bijectivement aux *classes d'idéaux* de A. Plus précisément, soit $c \in c(A)$ une telle classe. Il existe un sous-module E de rang 1 de $L = A^2$ qui est facteur direct dans L, et dont la classe (au sens de Bourbaki, *Alg. Comm.*, chap. VII, § 4, n° 7) est égale à c. On lui associe le sous-groupe unipotent Γ_c^+ de Γ formé des éléments dont la restriction à E est l'identité. On a donc $\Gamma_c^+ = \mathrm{Hom}_A(L/E, E)$. Mais d'autre part le produit extérieur $(a, b) \mapsto a \wedge b$ définit un accouplement

$$E \otimes_A L/E \longrightarrow \textstyle\bigwedge^2(L) = A\,,$$

d'où un isomorphisme de E sur le module dual $(L/E)^{-1}$ de L/E. On obtient donc un isomorphisme canonique

$$\Gamma_c^+ = \mathrm{Hom}_A(L/E, E) = (L/E)^{-1} \otimes E = E \otimes E = E^{\otimes 2}\,.$$

On observera en outre que, si E et F sont des A-modules projectifs de rang 1 de même classe c, il n'existe que deux isomorphismes φ et $-\varphi$ de E sur F, et ces deux isomorphismes définissent *le même* isomorphisme φ^2 de $E^{\otimes 2}$ sur $F^{\otimes 2}$. Le module $E^{\otimes 2}$ associé à c est donc déterminé à isomorphisme unique près; il est licite de le noter $c^{\otimes 2}$. On a ainsi:

$$\Gamma_c^+ = c^{\otimes 2} \quad \text{et} \quad U = \textstyle\coprod_{c \in c(A)} c^{\otimes 2}\,.$$

Si l'on choisit des idéaux fractionnaires $\mathfrak{a}(c)$ représentant les différentes classes c, on peut identifier $c^{\otimes 2}$ au *carré* $\mathfrak{a}(c)^2$ de l'idéal $\mathfrak{a}(c)$ et l'on a

$$U = \textstyle\coprod_{c \in c(A)} \mathfrak{a}(c)^2\,.$$

Conjugaison complexe.

L'application $a \mapsto \bar{a}$ définit, par transport de structure, des automorphismes de Γ, Γ^{ab}, $c(A)$ et U, que nous noterons par la même lettre σ.

Action de σ sur $c(A)$ et sur U.

Tout d'abord, si $\mathfrak{a}$ est un idéal fractionnaire de K, le produit $\mathfrak{a}\cdot\bar{\mathfrak{a}}$ est l'idéal principal engendré par la *norme* $N(\mathfrak{a})$ de $\mathfrak{a}$; on en conclut que la classe de $\bar{\mathfrak{a}}$ est *l'inverse* de la classe de $\mathfrak{a}$, autrement dit que l'on a

$$\sigma(c) = c^{-1} \qquad \text{pour tout } c \in c(A)\,.$$

Supposons que $\sigma(c) = c$, i.e. que $c^2 = 1$, et soit $\mathfrak{a}$ un idéal de classe c. Puisque $\mathfrak{a}$ et $\bar{\mathfrak{a}}$ sont dans la même classe, il existe $\lambda \in K^*$ tel que $\bar{\mathfrak{a}} = \lambda\mathfrak{a}$. On a alors $\lambda\bar{\lambda} = \pm 1$, d'où $\lambda\bar{\lambda} = 1$ puisque $\lambda\bar{\lambda}$ est > 0; le "théorème 90" montre qu'il existe $\mu \in K^*$ tel que $\lambda = \mu^{-1}\bar{\mu}$ et l'idéal $\mathfrak{a}' = \mu^{-1}\mathfrak{a}$ vérifie la relation $\bar{\mathfrak{a}}' = \mathfrak{a}'$. Si r est le nombre d'éléments $c \in c(A)$ tels que $c^2 = 1$, on en conclut que l'on peut trouver des représentants

$$\mathfrak{a}_1, \cdots, \mathfrak{a}_r, \mathfrak{b}_1, \cdots, \mathfrak{b}_s, \mathfrak{c}_1, \cdots, \mathfrak{c}_s \qquad (r + 2s = h)$$

des éléments de $c(A)$ tels que $\bar{\mathfrak{a}}_i = \mathfrak{a}_i$ pour $1 \leqq i \leqq r$ et $\bar{\mathfrak{b}}_j = \mathfrak{c}_j$ pour $1 \leqq j \leqq s$. Le A-module U se décompose en $U = V \oplus W$, avec

$$V = \textstyle\coprod_i \mathfrak{a}_i^2 \quad \text{et} \quad W = \coprod_j (\mathfrak{b}_j^2 \oplus \mathfrak{c}_j^2) .$$

L'application σ est un *anti-automorphisme* de U, donné par:

$$\sigma(x) = \bar{x} \qquad \text{si } x \in \mathfrak{a}_i^2$$

$$\sigma(y, z) = (\bar{z}, \bar{y}) \qquad \text{si } (y, z) \in \mathfrak{b}_j^2 \oplus \mathfrak{c}_j^2 .$$

Nous noterons $U_{\mathbf{R}}$, $V_{\mathbf{R}}$ et $W_{\mathbf{R}}$ l'ensemble des éléments de U, V et W invariants par σ, et nous noterons $U'_{\mathbf{R}}$ l'ensemble des $u + \sigma(u)$, où u parcourt U. On a:

$$U_{\mathbf{R}} = V_{\mathbf{R}} \oplus W_{\mathbf{R}} , \quad U'_{\mathbf{R}} = 2 V_{\mathbf{R}} \oplus W_{\mathbf{R}}$$

et

$$U_{\mathbf{R}} \supset U'_{\mathbf{R}} \supset 2 U_{\mathbf{R}} .$$

Les groupes $U_{\mathbf{R}}$, $U'_{\mathbf{R}}$, $V_{\mathbf{R}}$ et $W_{\mathbf{R}}$ sont des groupes abéliens libres de rang h, h, r et $2s$ respectivement. Leur relation avec le noyau de α est donnée par le théorème suivant:

THÉORÈME 9. *Le noyau N de l'homomorphisme α: $U \to \mathbf{SL}_2(A)^{ab}$ vérifie les inclusions $6U'_{\mathbf{R}} \subset N \subset U_{\mathbf{R}}$.*

(En particulier, N est compris entre $U_{\mathbf{R}}$ et $12U_{\mathbf{R}}$, autrement dit N coincide avec $U_{\mathbf{R}}$ à un groupe d'exposant 12 près.)

COROLLAIRE 1. *Soit x un produit d'éléments unipotents de $\mathbf{SL}_2(A)$, et soit $\bar{x} = \sigma(x)$ son image par la conjugaison complexe. L'élément $(x . \bar{x})^6$ appartient au groupe dérivé de $\mathbf{SL}_2(A)$.*

Cela exprime le fait que $6U'_{\mathbf{R}}$ est contenu dans N.

COROLLAIRE 2. *Soit $u \in U$. Pour que $\alpha(u)$ soit un élément de torsion de $\mathbf{SL}_2(A)^{ab}$, il faut et il suffit que u appartienne à $U_{\mathbf{R}}$.*

Si $u \in U_{\mathbf{R}}$, on a $2u \in U'_{\mathbf{R}}$ et le théorème montre que $\alpha(u)^{12} = 1$. D'autre part, si u n'appartient pas à $U_{\mathbf{R}}$, il en est de même de nu pour tout $n \geqq 1$, et le théorème montre que $\alpha(u)$ est d'ordre infini.

(En particulier, si $a \in A$ n'appartient pas à $\mathbf{Z}$, l'image de $\begin{pmatrix} 1 & a \\ 0 & 1 \end{pmatrix}$ dans $\mathbf{SL}_2(A)^{ab}$ est *d'ordre infini*, comme l'avait observé Swan ([23], n° 17) dans divers cas particuliers.)

Démonstration du théorème 9.

Observons d'abord que l'inclusion $N \subset U_{\mathbf{R}}$ est une *conséquence* de l'inclusion $6U'_{\mathbf{R}} \subset N$. En effet, supposons que l'on ait $6U'_{\mathbf{R}} \subset N$ et qu'il existe un élément $u \in N$ non contenu dans $U_{\mathbf{R}}$; le sous-groupe de N engendré par $6U'_{\mathbf{R}}$

et u serait alors de rang $h+1$, ce qui contredirait le cor. 3 au th. 8.

Reste à prouver que $6U'_{\mathrm{R}}$ est contenu dans N. Cela va résulter de la proposition suivante, qui sera démontrée au n° 3.7:

PROPOSITION 6. *Soit* $\mathfrak{q}$ *un idéal fractionnaire de* K *et soit* $H(\mathfrak{q})$ *le sous-groupe de* $\mathbf{SL}_2(K)$ *formé des matrices* $\begin{pmatrix} a & b \\ c & d \end{pmatrix}$ *telles que* $a \in A$, $b \in \mathfrak{q}$, $c \in \mathfrak{q}^{-1}$ *et* $d \in A$. *Soient* $t \in \mathfrak{q}$ *et* $t' = \bar{t}/N(\mathfrak{q})$; *on a* $t' \in \mathfrak{q}^{-1}$. *Posons*

$$x_t = \begin{pmatrix} 1 & t \\ 0 & 1 \end{pmatrix} \quad et \quad y_t = \begin{pmatrix} 1 & 0 \\ -t' & 1 \end{pmatrix}.$$

L'élément $(x_t \cdot y_t)^6$ *appartient alors au groupe dérivé de* $H(\mathfrak{q})$.

(Le groupe $H(\mathfrak{q})$ est un sous-groupe arithmétique de G; c'est le stabilisateur du réseau $\mathfrak{m} \oplus \mathfrak{n}$, où $\mathfrak{m}$ et $\mathfrak{n}$ sont deux idéaux tels que $\mathfrak{m}\cdot\mathfrak{n}^{-1} = \mathfrak{q}$; c'est un groupe de même genre que $\mathbf{SL}_2(A)$. Lorsque la classe de $\mathfrak{q}$ est un *carré*, $H(\mathfrak{q})$ et $\mathbf{SL}_2(A)$ sont isomorphes; c'est le cas que nous allons utiliser.)

Montrons comment la proposition précédente entraîne l'inclusion $6U'_{\mathrm{R}} \subset N$. Soit $c \in c(A)$ et soit $u \in \Gamma_c^+$. Il faut prouver que l'image de $6(u+\sigma(u))$ dans $\mathbf{SL}_2(A)^{ab}$ est triviale. Soit $\mathfrak{a}$ un idéal appartenant à la classe c; si l'on identifie Γ_c^+ à $\mathfrak{a}^2$ comme on l'a expliqué plus haut, u correspond à un certain élément t de $\mathfrak{a}^2$ et $\sigma(u)$ correspond à l'élément $\bar{t}$ de $\Gamma^+_{\sigma(c)} = \bar{\mathfrak{a}}^2$; mais, puisque $\mathfrak{a}^{-1} = N(\mathfrak{a})^{-1}\cdot\bar{\mathfrak{a}}$ est dans la même classe que $\bar{\mathfrak{a}}$, on peut aussi identifier $\Gamma^+_{\sigma(c)}$ à $\mathfrak{a}^{-2}$ et cela transforme $\sigma(u)$ en l'élément $t' = N(\mathfrak{a})^{-2}\cdot\bar{t}$ de $\mathfrak{a}^{-2}$. On va maintenant expliciter des éléments unipotents de $\mathbf{SL}_2(A)$ dont les classes de conjugaison sont u et $\sigma(u)$. Choisissons un isomorphisme

$$\theta: L \longrightarrow \mathfrak{a} \oplus \mathfrak{a}^{-1}$$

qui soit *de déterminant* 1, autrement dit tel que sa puissance extérieure seconde

$$\textstyle\bigwedge^2\theta: A = \bigwedge^2 L \longrightarrow \bigwedge^2(\mathfrak{a} \oplus \mathfrak{a}^{-1}) = \mathfrak{a} \otimes \mathfrak{a}^{-1} = A$$

soit l'identité. Le groupe $\mathbf{SL}(\mathfrak{a} \oplus \mathfrak{a}^{-1})$ s'identifie de façon évidente au groupe $H(\mathfrak{q})$ de la prop. 6, avec $\mathfrak{q} = \mathfrak{a}^2$. En particulier, l'élément t de $\mathfrak{a}^2$ définit un élément unipotent $x_t = \begin{pmatrix} 1 & t \\ 0 & 1 \end{pmatrix}$ de $\mathbf{SL}(\mathfrak{a} \oplus \mathfrak{a}^{-1})$ et $\theta^{-1}x_t\theta$ est un *représentant* de u. De même, si l'on choisit un isomorphisme

$$\theta': L \longrightarrow \mathfrak{a}^{-1} \oplus \mathfrak{a}$$

de déterminant 1, l'élément $\theta'^{-1}\begin{pmatrix} 1 & t' \\ 0 & 1 \end{pmatrix}\theta'$ est un représentant de $\sigma(u)$. Mais on peut prendre pour θ' le composé de θ et de l'isomorphisme

$$w: (x, y) \longmapsto (y, -x)$$

de $\mathfrak{a} \oplus \mathfrak{a}^{-1}$ sur $\mathfrak{a}^{-1} \oplus \mathfrak{a}$ (noter le signe "moins" qui est nécessaire pour que det $(w) = 1)$. On a alors

$$\theta'^{-1}\begin{pmatrix}1 & t'\\ 0 & 1\end{pmatrix}\theta' = \theta^{-1}w^{-1}\begin{pmatrix}1 & t'\\ 0 & 1\end{pmatrix}w\theta = \theta^{-1}\begin{pmatrix}1 & 0\\ -t' & 1\end{pmatrix}\theta .$$

Avec les notations de la prop. 6, ce qui précède montre que $\theta^{-1}x_t\theta$ est un représentant de u et $\theta^{-1}y_t\theta$ un représentant de $\sigma(u)$. D'où le résultat cherché puisque $(x_ty_t)^6$ appartient au groupe dérivé de $H(\mathfrak{q})$.

Remarques

(1) En utilisant une variante de la prop. 6, on peut démontrer le résultat suivant, plus précis que le cor. 2: si $u \in U_{\mathrm{R}}$, il existe des éléments x_i de $\mathbf{SL}_2(A)$, d'ordre 3 ou d'ordre 4, tels que $\alpha(u)$ soit égal à l'image du produit des x_i dans $\mathbf{SL}_2(A)^{ab}$.

(2) Signalons quelques résultats, obtenables par une méthode analogue à celle suivie ci-dessus, et qui précisent un peu l'inclusion $12U_{\mathrm{R}} \subset N$:

si $d \equiv 1 \pmod 3$, on a $4V_{\mathrm{R}} \subset N$
si $d \equiv 2 \pmod 4$,, $6V_{\mathrm{R}} \subset N$
si $d \equiv 3 \pmod 8$,, $3V_{\mathrm{R}} \subset N$.

En particulier, si $d \equiv 19 \pmod{24}$, on a $V_{\mathrm{R}} \subset N$, et l'élément $\begin{pmatrix}1 & 1\\ 0 & 1\end{pmatrix}$ appartient au groupe dérivé de $\mathbf{SL}_2(A)$. Ainsi, pour $d = 19, 43, 67, 163$, où $h = 1$, on a $N = U_{\mathrm{R}} = V_{\mathrm{R}}$ et l'image de U dans $\mathbf{SL}_2(A)^{ab}$ est un groupe cyclique infini, engendré par l'image de $\begin{pmatrix}1 & \omega\\ 0 & 1\end{pmatrix}$, où $\omega = (1 + \sqrt{-d})/2$.

Par contre, si $d \equiv 15, 23 \pmod{24}$, l'image de $\begin{pmatrix}1 & 1\\ 0 & 1\end{pmatrix}$ dans $\mathbf{SL}_2(A)^{ab}$ est d'ordre 12. Cela se voit en utilisant le fait que $\mathbf{SL}_2(\mathbf{Z}/4\mathbf{Z}) \times \mathbf{SL}_2(\mathbf{Z}/3\mathbf{Z})$ est quotient de $\mathbf{SL}_2(A)$ par un groupe de congruence convenable.

(3) Pour un certain nombre de valeurs de d, on dispose de résultats beaucoup plus précis que le th. 9. En effet, Bianchi ([6], voir aussi [27]) a déterminé un domaine fondamental de $\Gamma = \mathbf{SL}_2(A)$[7] dans l'espace hyperbolique; pour certaines valeurs de d, on peut en déduire une *présentation* de Γ par générateurs et relations, d'où *a fortiori* la structure de Γ^{ab} (et non pas seulement, comme ici, de la partie de Γ^{ab} engendrée par les éléments unipotents). Une méthode voisine a été utilisée récemment par Swan [23], qui donne un procédé général permettant de déterminer une présentation de Γ, et explicite le résultat pour $d = 2, 5, 6, 7, 11, 15, 19$ (ainsi que pour $d = 1$ et 3, que nous avons convenu d'exclure). D'autres valeurs de d ont été traitées par Mennicke (non publié), en particulier $d = 10$ qui est la plus petite valeur pour laquelle on ait rg. $\Gamma^{ab} > h$. Les méthodes de Swan et Mennicke sont topologi-

[7] En fait, Bianchi considère, non pas le groupe Γ, mais le groupe $\tilde{\Gamma}$ des automorphismes et anti-automorphismes du réseau A^2; on a $(\tilde{\Gamma} : \Gamma) = 4$ et l'on passe facilement d'une présentation de $\tilde{\Gamma}$ à une présentation de Γ.

ques; lorsque K est euclidien ($d = 1, 2, 3, 7, 11$), on dispose également d'une méthode algébrique, due à P. M. Cohn [9].

3.7. *Démonstration de la proposition* 6.

Elle utilise les trois lemmes suivants:

LEMME 13. *Soit* $x = \begin{pmatrix} 1 & 1 \\ 0 & 1 \end{pmatrix}$. *La matrice* $-x^6 = \begin{pmatrix} -1 & -6 \\ 0 & -1 \end{pmatrix}$ *appartient au groupe dérivé de* $\mathbf{SL}_2(\mathbf{Z})$.

Soit $w = \begin{pmatrix} 0 & -1 \\ 1 & 0 \end{pmatrix}$. Posons

$$u = xwx^{-1}w^{-1} = \begin{pmatrix} 1 & 1 \\ 0 & 1 \end{pmatrix} \cdot \begin{pmatrix} 1 & 0 \\ 1 & 1 \end{pmatrix} = \begin{pmatrix} 2 & 1 \\ 1 & 1 \end{pmatrix} \quad \text{et} \quad v = x^{-1}wxw^{-1} = \begin{pmatrix} 2 & -1 \\ -1 & 1 \end{pmatrix}.$$

On constate alors que $uvu^{-1}v^{-1} = -x^6$, ce qui montre bien que $-x^6$ appartient au groupe dérivé de $\mathbf{SL}_2(\mathbf{Z})$ (et même au *second* groupe dérivé).

LEMME 14. *Soit p un nombre premier $\neq 2$ et soit $\Gamma_0(p)$ le sous-groupe de* $\mathbf{SL}_2(\mathbf{Z})$ *formé des matrices* $\begin{pmatrix} a & b \\ c & d \end{pmatrix}$ *telles que* $c \equiv 0 \pmod p$. *Soient x et y les éléments de $\Gamma_0(p)$ définis par* $x = \begin{pmatrix} 1 & 1 \\ 0 & 1 \end{pmatrix}$, $y = \begin{pmatrix} 1 & 0 \\ -p & 1 \end{pmatrix}$. *L'élément $(xy)^6$ appartient au groupe dérivé de $\Gamma_0(p)$.*

Soit (x) le sous-groupe de $\mathbf{SL}_2(\mathbf{Z})$ engendré par x. L'ensemble

$$(x)\backslash \mathbf{SL}_2(\mathbf{Z})/\Gamma_0(p)$$

des doubles classes de $\mathbf{SL}_2(\mathbf{Z})$ modulo $\Gamma_0(p)$ et (x) a deux éléments; on peut les représenter par 1 et $w = \begin{pmatrix} 0 & -1 \\ 1 & 0 \end{pmatrix}$. On en conclut que l'image de x par le *transfert* v: $\mathbf{SL}_2(\mathbf{Z})^{ab} \to \Gamma_0(p)^{ab}$ est égale à $x.wx^pw^{-1} = xy$. D'autre part, on a $v(-1) = (-1)^{p+1} = 1$, puisque p est impair. D'où:

$$v(-x^6) = (xy)^6 .$$

D'après le lemme précédent, $-x^6$ appartient au groupe dérivé de $\mathbf{SL}_2(\mathbf{Z})$; il en résulte que $v(-x^6)$ est l'élément neutre de $\Gamma_0(p)^{ab}$; d'où le lemme.

Remarque. Si p est congru à -1 mod. 3 (resp. mod. 4, resp. mod. 12), l'exposant 6 du lemme précédent peut être remplacé par 2 (resp. par 3, resp. par 1).

LEMME 15. *Soit $\mathfrak{q}$ un idéal fractionnaire de K. En tant que groupe abélien, $\mathfrak{q}$ est engendré par les éléments $t \in \mathfrak{q}$ jouissant de la propriété suivante:*

(P)—*L'entier $t\bar{t}/N(\mathfrak{q})$ est un nombre premier $\neq 2$.*

Il suffit de montrer que, pour tout nombre premier l, et tout élément non nul ν de $\mathfrak{q}/l\mathfrak{q}$, il existe $t \in \mathfrak{q}$, tel que t jouisse de la propriété (P) et que l'image de t dans $\mathfrak{q}/l\mathfrak{q}$ soit égale à ν.

Soit n un représentant de ν dans $\mathfrak{q}$. Soit Ω l'ensemble des idéaux premiers $\mathfrak{p}$ de A dont la classe mod. l est égale à celle de $n\mathfrak{q}^{-1}$; d'après le théorème de la progression arithmétique, la *densité* de Ω est > 0. On peut donc trouver un élément $\mathfrak{p}$ de Ω qui soit de degré 1, et dont la norme p soit $\neq 2$. Le fait que $\mathfrak{p}$ appartienne à Ω signifie qu'il existe un élément z de K^*, congru à 1 mod. l (multiplicativement), tel que $\mathfrak{p} = zn\mathfrak{q}^{-1}$. L'élément $t = zn$ répond alors à la question: on a $t \in \mathfrak{q}$, l'image de t dans $\mathfrak{q}/l\mathfrak{q}$ est la même que celle de n, et $t\bar{t}/N(\mathfrak{q}) = p$ est un nombre premier $\neq 2$.

Démonstration de la proposition 6.

Il s'agit de montrer que, si $t \in \mathfrak{q}$, $t' = \bar{t}/N(\mathfrak{q})$, et si $x_t = \begin{pmatrix} 1 & t \\ 0 & 1 \end{pmatrix}$, $y_t = \begin{pmatrix} 1 & 0 \\ -t' & 1 \end{pmatrix}$, l'élément $(x_t y_t)^6$ a une image triviale dans $H(\mathfrak{q})^{ab}$.

Soit $a(t)$ cette image. L'application $t \mapsto a(t)$ est un homomorphisme de $\mathfrak{q}$ dans $H(\mathfrak{q})^{ab}$. Vu le lemme 15, il suffit donc de prouver que $a(t) = 1$ lorsque $t\bar{t}/N(\mathfrak{q})$ est égal à un nombre premier $p \neq 2$. Supposons que ce soit le cas. Soit φ l'homomorphisme de $\Gamma_0(p)$ dans $\mathbf{SL}_2(K)$ défini par

$$\begin{pmatrix} a & b \\ c & d \end{pmatrix} \longmapsto \begin{pmatrix} a & bt \\ ct^{-1} & d \end{pmatrix}.$$

L'image de φ est *contenue dans* $H(\mathfrak{q})$. En effet, puisque b appartient à $\mathbf{Z}$, on a $bt \in \mathfrak{q}$; d'autre part, puisque c appartient à $p\mathbf{Z}$, on a $ct^{-1} \in pt^{-1}A$, et comme $pt^{-1} = \bar{t}.N(\mathfrak{q})^{-1} = t'$ appartient à $\mathfrak{q}^{-1}$, on a bien $ct^{-1} \in \mathfrak{q}^{-1}$.

De plus, si $x = \begin{pmatrix} 1 & 1 \\ 0 & 1 \end{pmatrix}$ et $y = \begin{pmatrix} 1 & 0 \\ -p & 1 \end{pmatrix}$, on a $\varphi(x) = x_t$, $\varphi(y) = y_t$. Mais, d'après le lemme 14, $(xy)^6$ appartient au groupe dérivé de $\Gamma_0(p)$; son image par φ, qui est $(x_t y_t)^6$, appartient donc au groupe dérivé $H(\mathfrak{q})$, ce qui achève la démonstration.

APPENDICE

Adjonction de bords aux espaces symétriques de rang 1

Notations (celles des §§ 1, 2, 3 ne s'appliquent plus).

Le lettre G désigne un groupe algébrique linéaire *simple* sur $\mathbf{R}$, *de* $\mathbf{R}$-*rang égal à* 1 (cf. [7], n° 11.3); on note également G l'ensemble de ses points réels et l'on fait une convention analogue pour les autres groupes algébriques définis ci-dessous.

On note X l'*espace symétrique* attaché à G. On fait opérer G à droite sur X. L'action de G est transitive et les stabilisateurs des points de X sont les sous-groupes compacts maximaux de G. Si K est un tel sous-groupe, on note (K) le point de X de stabilisateur K.

On note bX la *frontière de Satake* de X. C'est un espace homogène de G. Si $D \in bX$, le stabilisateur Q_D de D est un sous-groupe parabolique minimal de G; son radical unipotent est noté N_D. Le quotient Q_D/N_D contient un unique tore déployé de rang 1; son image réciproque B_D dans Q_D est un sous-groupe trigonalisable maximal de G. Le point D est déterminé de manière unique par N_D, B_D ou Q_D; on pourrait donc, par exemple, *définir* bX comme l'espace homogène des sous-groupes paraboliques minimaux de G.

Adjonction d'un bord correspondant à un point frontière de X.

Soit $D \in bX$. Notons Y_D l'ensemble des sous-tores déployés de rang 1 de Q_D (ou de B_D, cela revient au même), et soit X_D *l'ensemble somme de* X *et de* Y_D. Nous allons munir X_D d'une structure de *variété à bord d'intérieur* X *et de bord* Y_D.

Soit K un sous-groupe compact maximal de G. On vérifie facilement qu'il existe un unique élément S_K de Y_D qui soit stable par l'involution de Cartan définie par K. Si A_K désigne la composante neutre de S_K (pour la topologie usuelle), on a la *décomposition d'Iwasawa* $G = K.A_K.N_D$, cf. [7], n° 11.18. On identifie A_K au groupe $\mathbf{R}_+^*$ des nombres réels > 0 au moyen de la *racine positive* de S_K, pour la relation d'ordre associée à N_D; si $t \in \mathbf{R}_+^*$, on note t_K l'élément correspondant de A_K (l'ensemble des $(K).t_K$, $0 < t \leqq 1$, est la demi-géodésique de X issue de (K) et tendant vers le point frontière D). Soit maintenant

$$f_K\colon \mathbf{R}_+ \times N_D \longrightarrow X_D$$

l'application définie par:

$$f_K(t, n) = (K).t_K.n \in X \qquad \text{si } t > 0,\ n \in N_D$$
$$f_K(t, n) = n^{-1}.S_K.n \in Y_D \qquad \text{si } t = 0,\ n \in N_D\,.$$

C'est une *bijection*.

Soit K' un autre sous-groupe compact maximal de G, et soient $\theta \in \mathbf{R}_+^*$, $\nu \in N_D$ tels que $(K') = (K).\theta_K.\nu$. Posons:

$$\varphi(t, n) = (\theta t, \nu n)^{\sim} \qquad \text{si } (t, n) \in \mathbf{R}_+ \times N_D.$$

Un calcul immédiat montre que le diagramme

$$\begin{array}{ccc} \mathbf{R}_+ \times N_D & \xrightarrow{f_{K'}} & \\ \varphi \downarrow & & X_D \\ \mathbf{R}_+ \times N_D & \xrightarrow{f_K} & \end{array}$$

est commutatif. Mais φ respecte la structure de variété à bord de $\mathbf{R}_+ \times N_D$, produit de celle de $\mathbf{R}_+$ (de bord $\{0\}$) par celle de N_D (de bord vide). On en conclut qu'il existe sur X_D une structure de *variété à bord analytique réelle* et une seule telle que les bijections f_K soient des *isomorphismes*; c'est la structure que nous voulions définir; son bord est Y_D.

[Il y a peut-être intérêt à changer la structure analytique réelle de X_D le long de Y_D en prenant pour coordonnée locale "normale", non t_K comme nous l'avons fait, mais une puissance $(t_K)^\lambda$ de t_K, où λ est un nombre réel > 0 convenable. Cela peut avoir de l'importance pour l'étude de X_D et de ses quotients du point de vue de la géométrie différentielle.]

On notera que le groupe Q_D opère sur X_D (par transport de structure). Le stabilisateur dans Q_D d'un élément S du bord Y_D est le *centralisateur* $Z(S)$ de S dans G; on a $Q_D = Z(S).N_D$ et $Z(S) \cap B_D = S$. D'autre part, Y_D est un *espace homogène principal* de N_D.

Adjonction de plusieurs bords.

Soit P une partie *dénombrable* de bX, et soit $X(P)$ l'ensemble somme de X et des Y_D pour $D \in P$. Si $D \in P$, X_D s'identifie à un sous-ensemble de $X(P)$. Il existe sur $X(P)$ une structure de variété à bord et une seule telle que les X_D (munis des structures définies ci-dessus) en soient des sous-variétés ouvertes. On l'obtient simplement en *recollant* les X_D, $D \in P$, suivant leur intersection commune X; le fait que $X(P)$ soit *séparée* résulte de [7], 12.6.

Le bord de $X(P)$ est somme disjointe des Y_D, $D \in P$. La variété $X(P)$ est *dénombrable à l'infini*, du fait que P est supposé dénombrable (sinon, on obtient une variété non paracompacte); elle est *contractile* puisque son intérieur l'est.

Le caractère "intrinsèque" de $X(P)$ montre que tout automorphisme de l'espace de Riemann X qui laisse P invariant se prolonge en un automorphisme de la variété à bord $X(P)$.

Action d'un groupe discret.

Soit Γ un sous-groupe *discret* de G. Soit P l'ensemble des *pointes* de Γ, autrement dit l'ensemble des $D \in bX$ tels que $N_D/(\Gamma \cap N_D)$ soit compact. L'ensemble P est dénombrable et invariant par Γ. Le groupe Γ opère donc sur la variété à bord $X(P)$.

THÉORÈME. *Supposons que Γ soit arithmétique* (cf. Borel [7], § 17). *Le groupe Γ opère alors proprement sur l'espace $X(P)$ et le quotient $X(P)/\Gamma$ est compact.*

Ce théorème n'est qu'une reformulation, dans un langage un peu différent, de résultats établis par Borel dans [7], *loc. cit.* On notera que, d'après Garland-Raghunathan [10], on peut remplacer l'hypothèse que Γ est arithmétique par celle que G/Γ est *de volume fini*.

COROLLAIRE. *Supposons en outre que Γ soit sans torsion. Alors Γ opère librement sur $X(P)$ et le quotient $X(P)/\Gamma$ est une variété à bord compacte;*

son bord est $(\coprod_{D\in P} Y_D)/\Gamma$ *et son intérieur est* X/Γ.

Si l'on choisit des représentants $D_i \in P$ des éléments de P/Γ, le bord de $X(P)/\Gamma$ est réunion disjointe des $E_i = Y_{D_i}/(Q_{D_i} \cap \Gamma)$; lorsqu'en outre Γ est net, on a $Q_{D_i} \cap \Gamma = N_{D_i} \cap \Gamma$ et E_i a une structure naturelle de "nilvariété". On retrouve l'énoncé de Borel [7], 17.10 (dans le cas particulier du rang réel 1).

COLLÈGE DE FRANCE

BIBLIOGRAPHIE

[1] E. ARTIN et J. TATE, Class Field Theory, Benjamin, New York, 1967.

[2] H. BASS, *K-theory and stable algebra*, Publ. Math. I.H.E.S. **22** (1964), 5-60.

[3] ———, M. LAZARD et J-P. SERRE, *Sous-groupes d'indice fini dans* **SL**$(n, \mathbf{Z})$, Bull. Amer. Math. Soc. **70** (1964), 385-392.

[4] ———, J. MILNOR et J-P. SERRE, *Solution of the congruence subgroup problem for* $\mathbf{SL}_n (n \geqq 3)$ *and* $\mathbf{Sp}_{2n} (n \geqq 2)$, Publ. Math. I.H.E.S. **33** (1967), 59-137.

[5] H. BEHR, *Über die endliche Definierbarkeit verallgemeinerter Einheitengruppen*, II, Invent. math. **4** (1967), 265-274.

[6] L. BIANCHI, *Sui gruppi di sostituzioni lineari con coefficienti appartenenti a corpi quadratici immaginari*, Math. Ann. **40** (1892), 332-412 [Opere Matematiche, Vol. 1, pt. 1, p. 270-373].

[7] A. BOREL, Introduction aux groupes arithmétiques, Hermann, Paris, 1969.

[8] J. CASSELS et A. FRÖHLICH, Algebraic Number Theory, Acad. Press, 1967.

[9] P. M. COHN, *A presentation of* $\mathbf{SL}_2$ *for Euclidean imaginary quadratic number fields*, Mathematika, **15** (1968), 156-163.

[10] H. GARLAND et M. S. RAGHUNATHAN, *Fundamental domains for lattices in (R-) rank one semi-simple Lie groups*, Ann. of Math. **92** (1970), 279-326.

[11] G. HARDER, *Minkowskische Reduktionstheorie über Funktionenkörpern*, Invent. math. **7** (1969), 33-54.

[12] Y. IHARA, *On discrete subgroups of the two by two projective linear group over p-adic fields*, J. Math. Soc. Japan **18** (1966), 219-235.

[13] F. KLEIN, *Zur Theorie der elliptischen Modulfunktionen*, Math. Ann. **17** (1880), 62-70 [Gesamm. Math. Abh., Bd. 3, p. 169-178].

[14] M. KNESER, *Normal subgroups of integral orthogonal groups*, Lecture Notes in Maths. 108 (*Algebraic K-theory and its geometric applications*), p. 67-71, Springer-Verlag, 1969.

[15] J. MENNICKE, *On Ihara's modular group*, Invent. math. **4** (1967), 202-228.

[16] C. MOORE, *Group extensions of p-adic and adelic linear groups*, Publ. Math. I.H.E.S. **35** (1969), 5-70.

[17] O. T. O'MEARA, *On the finite generation of linear groups over Hasse domains*, Journ. Crelle **217** (1965), 79-108.

[18] H. NAGAO, *On* **GL**$(2, K[x])$, J. Inst. Poly. Osaka Univ. **10** (1959), 117-121.

[19] M. S. RAGHUNATHAN, *A note on quotients of real algebraic groups by arithmetic subgroups*, Invent. math. **4** (1968), 318-335.

[20] J-P. SERRE, *Groupes de congruence (d'après H. Bass, H. Matsumoto, J. Mennicke, J. Milnor, C. Moore)*, Séminaire BOURBAKI, 1966/67, exposé 330, Benjamin, New York, 1968.

[21] ———, *Cohomologie des groupes discrets*, C. R. Acad. Sci. Paris **268** (1969), 268-271.

4 [22] ———, *Arbres, amalgames et* $\mathbf{SL}_2$, Collège de France, 1968/69 (notes polycopiées, rédigées avec la collaboration de H. BASS), à paraître aux Lect. Notes.

5 [23] R. SWAN, *Generators and relations for certain special linear groups*, à paraître prochainement (voir aussi Bull. Amer. Math. Soc. **74** (1968), 576-581).

[24] A. WEIL, Adèles and algebraic groups (notes by M. DEMAZURE and T. ONO), Inst. Adv. Study, Princeton, 1961.
[25] ———, Basic Number Theory, Springer-Verlag, 1967.
[26] ———, "*Zeta-functions and Mellin transforms,*" in Algebraic Geometry (Bombay Coll., 1968), p. 409-426, Oxford Univ. Press, 1969.
[27] W. WOODRUFF, The singular points of the fundamental domains for the groups of Bianchi, Dissert., Univ. Arizona, 1967.

(Received January 26, 1970)

87.

Facteurs locaux des fonctions zêta des variétés algébriques (définitions et conjectures)

Séminaire Delange-Pisot-Poitou, 1969/70, n° **19**

§ 1. Position du problème

1.1. Conjectures standard sur les corps finis

Rappelons brièvement en quoi elles consistent (voir [6], [7], [19], pour plus de détails).

On se donne un entier $m \geq 0$ et une variété projective non singulière Y sur un corps fini k à $q = p^f$ éléments. On note π: $y \mapsto y^q$ l'endomorphisme de Frobenius de Y.

Soit $\bar{k}$ une clôture algébrique de k, et soit $\bar{Y} = Y \times_k \bar{k}$ la variété déduite de Y par extension des scalaires de k à $\bar{k}$. Si l est un nombre premier $\neq p$, M. Artin et A. Grothendieck ont défini le groupe de cohomologie $H^m(\bar{Y}, \mathbf{Q}_l)$ et montré que c'est un espace vectoriel de dimension finie sur le corps $\mathbf{Q}_l$ des nombres l-adiques (cf. [2]). Par fonctorialité, π induit un endomorphisme $\pi_{l,m}$ de $H^m(\bar{Y}, \mathbf{Q}_l)$; cela permet de définir le polynôme

(1) $$P_{l,m}(T) = \det(1 - T \cdot \pi_{l,m}),$$

qui est à coefficients dans $\mathbf{Z}_l$. De plus, le produit

(2) $$Z(T) = \prod_{m=0}^{m=2r} P_{l,m}(T)^{(-1)^{m+1}}, \quad r = \dim(Y),$$

coïncide (cf. [2]) avec la *fonction zêta* de Y au sens de Weil ([13], [19]); en particulier, c'est une fonction rationnelle de T, à coefficients dans $\mathbf{Q}$, et elle ne dépend pas du choix de l.

Les «conjectures standard» pour une dimension m donnée consistent en les
1 deux assertions suivantes:

C_1 – *Le polynôme $P_{l,m}(T)$ est à coefficients dans* $\mathbf{Z}$ *et ne dépend pas du choix du nombre premier l.*

(On peut donc le noter $P_m(T)$, sans préciser l.)

C_2 (conjecture de Weil) – *Si l'on décompose $P_m(T)$ sur* $\mathbf{C}$ *en facteurs linéaires $(1 - \lambda_i T)$, on a $|\lambda_i| = q^{m/2}$ pour tout i.*

Pour $m \leq 1$, ces assertions sont vraies, car équivalentes à des résultats classiques de Weil ([18], §§ IX, X). Pour $m \geq 2$, par contre, on sait peu de choses, faute d'avoir pu transposer en caractéristique p les résultats de la théorie kählérienne (cf. [6], [7], [11]).

1.2. Les «bons facteurs» des fonctions zêta sur les corps globaux

Notations. La lettre K désigne un *corps global,* i.e. un corps de nombres algébriques ou un corps de fonctions d'une variable sur un corps fini. On note Σ_K (resp. Σ_K^∞) l'ensemble des places ultramétriques (resp. archimédiennes) de K. Si $v \in \Sigma_K \cup \Sigma_K^\infty$, on note K_v le complété de K pour v. Si v est ultramétrique, on note O_v, $k(v)$ et p_v l'anneau de valuation de K_v, son corps résiduel et sa caractéristique résiduelle; on pose $Nv = \mathrm{Card}\,(k(v))$; on a

$$Nv = p_v^{\deg(v)}, \quad \text{avec } \deg(v) = [k(v): \mathbf{F}_{p_v}].$$

La lettre X désigne une variété projective non singulière sur K. La lettre m désigne un entier ≥ 0.

Bonnes réductions. On choisit une partie finie S de Σ_K telle que X ait «bonne réduction en dehors de S». Cela implique que, pour tout $v \in \Sigma_K - S$, il existe un O_v-schéma X_v projectif et lisse tel que $X_v \times_{O_v} K_v$ s'identifie à $X \times_K K_v$. On choisit un tel X_v, et l'on note $X(v)$ sa *réduction* en v, autrement dit le schéma $X_v \times_{O_v} k(v)$. C'est une variété projective non singulière sur le corps fini $k(v)$. Nous *supposerons* dans tout ce qui suit que $X(v)$ *vérifie les conjectures standard* C_1 *et* C_2 *en dimension m.* On peut donc parler du polynôme $P_m(T)$ correspondant, qui est à coefficients entiers; comme ce polynôme dépend de v, on le notera $P_{m,v}(T)$. Son degré B_m est le m-ième nombre de Betti de $X(v)$ (ou de X, cela revient au même en vertu des résultats de [2]). Sur $\mathbf{C}$, on peut écrire $P_{m,v}(T)$ sous la forme

$$P_{m,v}(T) = \prod_{\alpha=1}^{\alpha=B_m} (1 - \lambda_{\alpha,v} T), \quad \text{avec } |\lambda_{\alpha,v}| = Nv^{m/2}. \tag{3}$$

On dit souvent, par abus de langage, que les $\lambda_{\alpha,v}$ sont les *valeurs propres* de l'opérateur de Frobenius relatif à v opérant dans $H^m(X)$.

[Bien que $X(v)$ dépende du choix du O_v-schéma X_v, on peut montrer que le polynôme $P_{m,v}(T)$ en est indépendant: cela résulte de son interprétation en termes de la cohomologie de $X \times_K K_v$, cf. n° 2.3.]

La fonction ζ_S. Elle dépend du choix de S (et bien entendu aussi de X, K, m). On la définit (cf. Tate [17]) par le produit eulérien

$$\zeta_S(s) = \prod_{v \in \Sigma_K - S} \frac{1}{P_{m,v}(Nv^{-s})} = \prod_{v,\alpha} \frac{1}{1 - \lambda_{\alpha,v}\, Nv^{-s}}, \tag{4}$$

produit qui converge absolument pour $R(s) > 1 + m/2$. On en déduit que $\zeta_S(s)$ est holomorphe et non nulle dans le demi-plan $R(s) > 1 + m/2$ et que c'est la somme d'une série de Dirichlet $\sum_{n=1}^{\infty} a_n/n^s$, à coefficients entiers, convergeant absolument dans le demi-plan en question.

1.3. Prolongement analytique et équation fonctionnelle de ζ_S

En général, on *ignore* si la fonction ζ_S définie ci-dessus peut être prolongée analytiquement à gauche de la droite $R(s) = 1 + m/2$. Toutefois, on l'a vérifié dans un certain nombre de cas particuliers (variétés abéliennes à multiplication complexe, courbes modulaires, notamment). Dans chacun de ces cas, on constate que ζ_S se prolonge en une fonction méromorphe dans tout le plan complexe, et possède une équation fonctionnelle du type $s \leftrightarrow m+1-s$. Plus précisément, on arrive dans chaque cas à définir les objets suivants:

i) *Un nombre rationnel* $A>0$;

ii) *Pour tout* $v \in S$, *un polynôme* $P_{m,v}(T)=\prod_{\alpha}(1-\lambda_{\alpha,v}T)$, *à coefficients entiers, de degré* $B_{m,v} \leq B_m$;

iii) *Pour tout* $v \in \Sigma_K^{\infty}$, *un «facteur gamma»* $\Gamma_v(s)$ (cf. § 3).

De plus, si l'on pose

$$\zeta(s)=\zeta_S(s)\cdot\prod_{v\in S}\frac{1}{P_{m,v}(Nv^{-s})}=\prod_{v,\alpha}\frac{1}{(1-\lambda_{\alpha,v}\,Nv^{-s})} \tag{5}$$

et

$$\xi(s)=A^{s/2}\,\zeta(s)\prod_{v\in\Sigma_K^{\infty}}\Gamma_v(s)\,, \tag{6}$$

l'équation fonctionnelle s'écrit:

$$\xi(s)=w\,\xi(m+1-s)\,,\quad \text{avec } w=\pm 1\,. \tag{7}$$

Lorsque l'on examine la façon dont A, les $P_{m,v}$ et les Γ_v sont définis dans chaque cas particulier, on constate qu'il est possible d'en donner une *définition générale*: A et les $P_{m,v}$ $(v \in S)$ ne dépendent que de la cohomologie l-adique des variétés $X\times_K K_v$, et les Γ_v $(v \in \Sigma_K^{\infty})$ ne dépendent que de la décomposition de Hodge de la cohomologie complexe de $X\times_K K_v$. C'est cette définition générale que je me propose de donner dans cet exposé; on la trouvera au § 4 (les §§ 2 et 3 contiennent divers préliminaires de nature locale).

Je précise qu'il ne s'agit de rien de plus que de donner *une définition*, accompagnée d'un certain nombre de *conjectures* désignées par les sigles $C_3, \ldots, C_9$. Le problème de la *démonstration* de ces conjectures (et en particulier du prolongement analytique et de l'équation fonctionnelle) reste entier. D'ailleurs, une telle démonstration ne pourra sans doute se faire que par une combinaison convenable des méthodes de la géométrie algébrique avec celles de la théorie des fonctions modulaires, suivant la voie inaugurée par WEIL [20] et poursuivie, entre autres, par LANGLANDS; nous sommes encore loin du but...

§ 2. Invariants locaux ultramétriques

Dans ce §, on désigne par K_v un corps complet pour une valuation discrète normalisée v. Comme au n° 1.2, on note O_v, $k(v)$ et p_v l'anneau de valuation de K_v, son corps résiduel et sa caractéristique résiduelle. On suppose $k(v)$ *parfait*; à partir du n° 2.2, on suppose même que $k(v)$ est *fini* et l'on note Nv le nombre de ses éléments.

On choisit une *clôture séparable* $K_{v,s}$ de K_v; on note G le groupe de Galois de $K_{v,s}$ sur K_v et I son groupe d'inertie.

2.1. Représentations l-adiques et conducteurs

Soit l un nombre premier $\neq p_v$, soit V un $\mathbf{Q}_l$-espace vectoriel de dimension finie d, et soit

$$\varrho\colon G \to \operatorname{Aut}(V) \simeq \mathbf{GL}(d, \mathbf{Q}_l)$$

un homomorphisme continu de G dans $\operatorname{Aut}(V)$, autrement dit une *représentation l-adique* de G dans V au sens de [15], n° 1.1. Nous allons attacher à ϱ deux entiers positifs ε et δ qui mesurent en quelque sorte la «ramification» de ϱ.

L'invariant ε est le plus facile à définir: si V^I désigne le sous-espace de V formé des éléments invariants par le groupe d'inertie I, on pose

$$\varepsilon = \operatorname{codim} V^I = d - \dim V^I . \tag{8}$$

On a $\varepsilon = 0$ si et seulement si ϱ est *non ramifiée*, i.e. si $\varrho(I) = \{1\}$.

Pour définir δ, nous ferons l'hypothèse suivante:

(H_ϱ) — *Il existe un sous-groupe ouvert I' de I tel que $\varrho(g)$ soit unipotent pour tout $g \in I'$.*

(Rappelons qu'un endomorphisme est dit unipotent si toutes ses valeurs propres sont égales à 1.)

Remarque. GROTHENDIECK a montré ([16], p. 515) que la condition (H_ϱ) est vérifiée lorsque $k(v)$ est fini. Il en est de même, d'après Deligne (non publié), lorsque ϱ est la représentation définie par la cohomologie l-adique d'une variété projective non singulière sur K_v, cf. n° 2.3.

Supposons (H_ϱ) vérifiée, et prenons I' *distingué* dans I. Pour tout entier $n \geq 0$, soit V_n l'ensemble des $x \in V$ tels que $(\varrho(g) - 1)^n x = 0$ pour tout $g \in I'$. Les V_n forment une filtration croissante de V, stable par I, et l'on a $V_n = V$ pour n assez grand, d'après le théorème de LIE-KOLCHIN appliqué à I'. Si l'on pose

$$\operatorname{gr} V = \bigoplus_{n=0}^{\infty} V_n / V_{n+1} ,$$

le groupe I opère sur $\operatorname{gr} V$ par l'intermédiaire du groupe fini $\Phi = I/I'$. On en déduit en particulier que, si $g \in I$, la *trace* de $\varrho(g)$ dans V ne dépend que de l'image de g dans Φ; on obtient ainsi une fonction $\operatorname{Tr}_\varrho\colon \Phi \to \mathbf{Q}_l$ que l'on appelle le *caractère* de ϱ sur I.

Soit maintenant $K_{v,nr}$ l'extension non ramifiée maximale de K_v dans $K_{v,s}$; on a $I = \operatorname{Gal}(K_{v,s}/K_{v,nr})$ et le groupe Φ est donc le groupe de Galois d'une extension finie $K_\Phi/K_{v,nr}$, qui est totalement ramifiée. Soit v_Φ la valuation normée de K_Φ, et soit t une uniformisante de K_Φ; on a $v_\Phi(t) = 1$. Définissons une fonction b_Φ sur Φ par les formules

$$\begin{aligned} b_\Phi(g) &= 1 - v_\Phi(g(t) - t) , \quad \text{si } g \in \Phi - \{1\} , \\ b_\Phi(1) &= -\sum_{g \neq 1} b_\Phi(g) . \end{aligned} \tag{9}$$

La fonction b_Φ est un *caractère* du groupe Φ (c'est le caractère que GROTHENDIECK appelle «de SWAN», cf. [9] ainsi que [14], p. III-20). L'invariant δ est alors défini comme le *produit scalaire* $\langle \mathrm{Tr}_\varrho, b_\Phi \rangle$ des caractères Tr_ϱ et b_Φ:

$$(10) \qquad \delta = \langle \mathrm{Tr}_\varrho, b_\Phi \rangle = \frac{1}{\mathrm{Card}\,(\Phi)} \sum_{g \in \Phi} \mathrm{Tr}_\varrho(g)\, b_\Phi(g)\,.$$

C'est un entier ≥ 0. Il ne dépend pas du choix de I'. On a $\delta = 0$ si et seulement si l'action de I sur $\mathrm{gr}\, V$ est modérée, i.e. si $p_v = 0$ ou (dans le cas $p_v \neq 0$) si le p_v-sous-groupe de Sylow de I opère trivialement sur $\mathrm{gr}\, V$ (cela revient aussi à dire que ce sous-groupe opère de façon unipotente sur V).

Une fois ε et δ définis, on pose

$$(11) \qquad f = \varepsilon + \delta\,;$$

c'est *l'exposant du conducteur* de ϱ.

Remarques. 1) Les entiers ε, δ et f ne dépendent que de la restriction de ϱ à I; ils ne changent pas lorsque l'on fait une extension non ramifiée du corps de base (ce sont des invariants «géométriques»).

2) On peut donner une autre interprétation de δ: soit Λ un $\mathbf{Z}_l$-réseau de V stable par G, et soit $V(l) = \Lambda / l\Lambda$ sa réduction modulo l; c'est un module galoisien d'ordre fini premier à p_v et sa «mesure de ramification sauvage» $\delta(K_v, V(l))$ est définie (cf. OGG [9], § I); il n'est pas difficile de prouver (par les mêmes arguments que dans [16], § 3) que l'on a

$$(12) \qquad \delta = \delta(K_v, V(l))\,.$$

[On aurait pu prendre cette formule comme *définition* de δ; cela aurait eu l'avantage d'éviter l'hypothèse (H_ϱ).]

3) Lorsque l'image de ϱ est finie, le *conducteur d'Artin* du caractère de ϱ est défini (cf. par exemple [12], chap. VI, § 2) et l'on vérifie sans peine que son exposant est égal à f, ce qui justifie la terminologie employée.

2.2. Cas d'un corps résiduel fini

Ajoutons aux hypothèses du n° précédent celle que $k(v)$ est *fini*. Le groupe G/I est alors muni d'un générateur canonique, le générateur de Frobenius $F\colon \lambda \mapsto \lambda^{Nv}$. Comme I opère trivialement sur V^I, F définit un automorphisme de l'espace vectoriel V^I; *l'inverse* de cet automorphisme sera appelé l'automorphisme de Frobenius «géométrique»; nous le désignerons par π_ϱ, ou simplement par π. Nous poserons

$$(13) \qquad P_\varrho(T) = \det(1 - \pi_\varrho \cdot T)\,.$$

(Précisons bien que π_ϱ est un automorphisme de V^I et non de V tout entier.)

Le polynôme P_ϱ est à coefficients dans $\mathbf{Z}_l$; son degré est égal à $\dim V^I = d - \varepsilon$.

2.3. Application à la cohomologie

Revenons maintenant à la situation du § 1; soit Y une variété projective non singulière sur K_v, et soit m un entier ≥ 0. Si l est un nombre premier

$\neq p_v$, soit V_l le m-ième groupe de cohomologie de $Y \times_{K_v} K_{v,s}$ à coefficients dans $\mathbf{Q}_l$. Le groupe G opère par transport de structure sur V_l; cela définit une représentation l-adique ϱ_l, à laquelle on peut appliquer les définitions ci-dessus.

2 C_3 – *Les entiers ε, δ et f relatifs à ϱ_l sont indépendants du choix de l.*

La partie de cette conjecture relative à δ peut être précisée de la manière suivante (cf. [16], p. 514, problem 1):

C_4 – *La restriction à I de la fonction* $\operatorname{Tr} \varrho_l$ *est à valeurs dans* $\mathbf{Z}$ *et elle est indépendante de l.*

Une fois C_3 et C_4 admis (ce que nous ferons), les entiers ε, δ et f sont définis sans ambiguïté.

Supposons maintenant que le corps résiduel $k(v)$ de K_v soit fini; pour tout $l \neq p_v$, le polynôme P_{ϱ_l} relatif à la représentation ϱ_l est défini (cf. n° 2.2).

C_5 – *Les coefficients de P_{ϱ_l} appartiennent à* $\mathbf{Z}$ *et sont indépendants du choix de l.*

Admettons cette conjecture, et notons $P_m(T)$ le polynôme à coefficients dans $\mathbf{Z}$ défini par l'un quelconque des P_{ϱ_l}. Décomposons P_m sur $\mathbf{C}$ en produit de facteurs linéaires:

$$P_m(T) = \prod (1 - \lambda_\alpha T) . \tag{14}$$

C_6 – *Pour tout α, il existe un entier $m(\alpha)$ compris entre* 0 *et m tel que* $|\lambda_\alpha| = Nv^{m(\alpha)/2}$.

C_7 – *Si $\varepsilon = 0$, tous les $m(\alpha)$ sont égaux à m.*

Remarques. 1) Les conjectures C_5, C_6, C_7 ne concernent que l'action de G sur V_l^I; il y a des conjectures plus générales, relatives à l'action de G sur V_l tout entier, par exemple la suivante (cf. [16], p. 514, problem 2):

C_8 – *Soit g un élément de G dont l'image dans G/I soit une puissance entière du générateur de Frobenius F. Le polynôme caractéristique de $\varrho_l(g)$ est à coefficients dans* $\mathbf{Q}$, *et ne dépend pas de l.*

3 2) Admettons que les théorèmes de Lefschetz (sous la forme $A(X)$ (a) de [6]) s'appliquent à Y, ce qui est par exemple le cas lorsque K_v est de caractéristique zéro. On peut alors, pour tout $l \neq p_v$, construire sur V_l une forme bilinéaire non dégénérée, à valeurs dans ce que Grothendieck note $\mathbf{Q}_l[-m]$, et qui est *invariante* par G (compte tenu de l'action de G à la fois sur V_l et sur $\mathbf{Q}_l[-m]$). Si l'on suppose que ϱ_l est *non ramifiée* (i.e. $\varepsilon = 0$), cela entraîne que, pour tout indice α, il existe un indice β tel que

$$\lambda_\alpha \lambda_\beta = Nv^m . \tag{15}$$

D'où $m(\alpha)+m(\beta)=2m$, et comme $m(\alpha)$ et $m(\beta)$ sont compris entre 0 et m d'après C_6, on a $m(\alpha)=m(\beta)=m$. Ainsi, C_6 *entraîne* C_7, au moins en caractéristique zéro.

3) Supposons que Y ait *bonne réduction* en v, et soit $Y(v)$ une telle réduction. D'après [2], la cohomologie l-adique de Y s'identifie à celle de $Y(v)$; en particulier, on a $\varepsilon=0$. De plus, le polynôme P_m relatif à Y (au sens ci-dessus) coïncide avec le polynôme P_m relatif à $Y(v)$ (au sens du n° 1.1); voir à ce sujet TATE [17], § 3. Les conjectures C_5 et C_7 se réduisent alors aux conjectures standard C_1 et C_2.

2.4. Exemple: courbes elliptiques (cf. Ogg [9])

Supposons que Y soit une courbe elliptique, et que $m=1$. L'espace de cohomologie V_l est le dual du *module de Tate* T_l de Y. Il y a trois cas à distinguer, suivant la structure de la composante connexe $Y(v)$ de la fibre du modèle de NÉRON de Y:

a) *Bonne réduction* (i.e. $Y(v)$ est une courbe elliptique)

On a $\varepsilon=\delta=f=0$. Le polynôme P_m est de degré 2; il est donné par

$$P_m(T)=1-a_v T+Nv\,T^2\,, \tag{16}$$

où a_v est la trace de l'endomorphisme de Frobenius de la courbe réduite $Y(v)$. Le nombre de points de $Y(v)$ sur $k(v)$ est égal à $P_m(1)=1-a_v+Nv$; cela donne un moyen de calculer a_v.

b) *Mauvaise réduction de type multiplicatif* (i.e. $Y(v)$ est un tore de dimension 1)

On a $\varepsilon=1$, $\delta=0$, $f=1$. Le polynôme P_m est de degré 1; il est donné par

$$P_m(T)=1-c_v T\,,\quad c_v=\pm 1\,, \tag{17}$$

avec $c_v=+1$ (resp. $c_v=-1$) si le tore $Y(v)$ est déployé (resp. ne l'est pas).

c) *Mauvaise réduction de type additif* (i.e. $Y(v)$ est isomorphe au groupe additif)

On a $\varepsilon=2$ et $P_m=1$. L'invariant δ est égal à 0 si p_v est différent de 2, 3. Lorsque $p_v=2$ ou 3, le calcul de δ est indiqué (au moins partiellement) dans OGG [9].

Plus généralement, les conjectures $C_3,\ldots,C_8$ sont vraies pour toute *variété abélienne*. Cela se démontre (par les arguments de [16], § 3) à partir du théorème de GROTHENDIECK-MUMFORD disant qu'une telle variété admet un modèle de NÉRON sans composante additive après extension finie du corps de base (cf. GROTHENDIECK [4], exposé IX).

§ 3. Invariants locaux archimédiens

Dans toutes les équations fonctionnelles connues, les facteurs gammas sont accompagnés de puissances de π. Pour pouvoir traiter les deux simultanément, nous poserons

$$\Gamma_{\mathbf{R}}(s)=\pi^{-s/2}\,\Gamma(s/2)\,, \tag{18}$$

$$\Gamma_{\mathbf{C}}(s)=(2\pi)^{-s}\,\Gamma(s)\,. \tag{19}$$

On a

(20) $$2\Gamma_{\mathbf{C}}(s) = \Gamma_{\mathbf{R}}(s)\,\Gamma_{\mathbf{R}}(s+1)\,.$$

[Cette dernière formule suggère de remplacer $\Gamma_{\mathbf{C}}(s)$ par $2\Gamma_{\mathbf{C}}(s)$ dans tout ce qui suit; ce genre de changement est inoffensif puisqu'il revient à multiplier les deux membres de l'équation fonctionnelle par la même puissance de 2.]

3.1. Décomposition de Hodge sur C

Soit V un espace vectoriel complexe de dimension finie. Une **C**-*décomposition de Hodge* de V est une décomposition de V en somme directe $V = \oplus V^{p,q}$, indexée par $\mathbf{Z}\times\mathbf{Z}$.

Posons

(21) $$h(p,q) = \dim V^{p,q}\,.$$

Le *facteur gamma* attaché à V est défini comme le produit:

(22) $$\Gamma_V(s) = \prod_{p,q} \Gamma_{\mathbf{C}}(s - \operatorname{Inf}(p,q))^{h(p,q)}\,.$$

3.2. Décomposition de Hodge sur R

Soit V comme ci-dessus. Une **R**-*décomposition de Hodge* de V est le couple formé d'une **C**-décomposition de Hodge $(V^{p,q})$ et d'un automorphisme σ de V tel que $\sigma^2 = 1$ et $\sigma(V^{p,q}) = V^{q,p}$ pour tout couple (p,q).

Supposons V muni d'une telle structure. Nous poserons comme ci-dessus $h(p,q) = \dim V^{p,q}$.

Si n est un entier, l'automorphisme σ laisse stable $V^{n,n}$; cela permet de décomposer $V^{n,n}$ en somme directe de deux sous-espaces

(23) $$V^{n,n} = V^{n,+} \oplus V^{n,-}\,,$$

avec

$$V^{n,+} = \{x \mid x \in V^{n,n},\ \sigma(x) = (-1)^n x\}\,,$$
$$V^{n,-} = \{x \mid x \in V^{n,n},\ \sigma(x) = (-1)^{n+1} x\}\,.$$

Nous poserons

(24) $$h(n,+) = \dim V^{n,+} \quad \text{et} \quad h(n,-) = \dim V^{n,-},$$

de sorte que $h(n,n) = h(n,+) + h(n,-)$.

Le *facteur gamma* attaché à V est alors défini comme le produit

(25) $$\Gamma_V(s) = \prod_n \Gamma_{\mathbf{R}}(s-n)^{h(n,+)}\,\Gamma_{\mathbf{R}}(s-n+1)^{h(n,-)} \prod_{p<q} \Gamma_{\mathbf{C}}(s-p)^{h(p,q)}\,.$$

3.3. Applications à la cohomologie

Revenons à la situation du § 1. Soit K_v un corps complet pour une valeur absolue archimédienne; on sait que K_v est isomorphe à **R** ou à **C** (cf. BOURBAKI, *Alg. Comm.*, chap. VI, § 6). Soit Y une variété projective non singulière sur K_v, et soit m un entier ≥ 0. On va attacher à ces données une K_v-*structure de*

Hodge, donc aussi un *facteur gamma,* en vertu de ce qui précède. Distinguons deux cas:

a) K_v est isomorphe à **C**. Soit Z l'espace topologique $Y(K_v)$ des points de Y dans K_v, et prenons pour V le groupe de cohomologie $H^m(Z, \mathbf{C})$. Une fois choisi un isomorphisme de K_v avec **C**, l'espace Z est muni d'une structure de variété analytique complexe et la théorie de Hodge fournit une décomposition $V = \oplus V^{p,q}$ $(p+q=m)$ de V en somme de sous-espaces de type (p, q). D'où une **C**-*structure de Hodge* sur V, au sens du n° 3.1. Si l'on remplace l'isomorphisme $K_v \simeq \mathbf{C}$ par son conjugué, on obtient la structure de Hodge *symétrique* de la précédente ($V^{p,q}$ devient $V^{q,p}$), et le facteur gamma correspondant est le même. On a donc associé à (K_v, Y, m) un *facteur gamma* bien déterminé, que nous noterons $\Gamma_v(s)$.

b) $K_v = \mathbf{R}$. Comme **C** est une extension quadratique de K_v, l'espace $Z = Y(\mathbf{C})$ des points de Y dans **C** est défini. Munissons comme ci-dessus $V = H^m(Z, \mathbf{C})$ de la structure de Hodge définie par la structure analytique complexe canonique de Z. La conjugaison complexe $z \mapsto \bar{z}$ est un automorphisme anti-holomorphe de Z; elle induit sur V un automorphisme σ transformant $V^{p,q}$ en $V^{q,p}$, et l'on a $\sigma^2 = 1$. On obtient donc bien sur V une **R**-*structure de Hodge* au sens du n° 3.2, d'où un facteur gamma, que nous noterons $\Gamma_v(s)$.

Exemple. Prenons $m = 1$, et soit Y une variété abélienne de dimension r. On a $h(1,0) = h(0,1) = r$, les autres $h(p,q)$ étant nuls. On en déduit que, si $K_v = \mathbf{C}$, le facteur gamma est égal à $\Gamma_{\mathbf{C}}(s)^{2r}$. Si $K_v = \mathbf{R}$, il est égal à $\Gamma_{\mathbf{C}}(s)^r$.

§ 4. L'équation fonctionnelle

4.1. Énoncé

Nous reprenons les notations et hypothèses du n° 1.3. En particulier, X désigne une variété projective non singulière sur un corps global K, et m désigne un entier ≥ 0. Nous allons définir les invariants A, $P_{m,v}$ et Γ_v promis au n° 1.3:

i) *Le conducteur*

C'est le *diviseur* positif $\mathfrak{f}$ de K défini (en notation additive) par la formule

$$\mathfrak{f} = \sum_{v \in \Sigma_K} f(v) \cdot v\,, \tag{26}$$

où $f(v)$ est «l'invariant f» attaché à la cohomologie de dimension m de la variété $X \times_K K_v$ sur le corps local K_v. (Noter que $f(v)$ est nul lorsque X a bonne réduction en v, ce qui fait que la somme (26) est finie.)

Lorsque K est un corps de nombres, $\mathfrak{f}$ s'identifie à un *idéal entier* du corps K.

ii) *Définition de A*

Si K est un corps de nombres, posons

$$D = |\, d_{K/\mathbf{Q}} \,|\,, \tag{27}$$

où $d_{K/\mathbf{Q}}$ est le discriminant de K sur **Q**.

Si K est un corps de fonctions de genre g sur un corps fini à q éléments, posons

(28) $$D = q^{2g-2}.$$

(Noter que D est le facteur qui intervient dans la définition de la *mesure de Tamagawa.*)

Soit d'autre part $N(\mathfrak{f}) = \prod_{v \in \Sigma_K} Nv^{f(v)}$ la *norme* du conducteur $\mathfrak{f}$ défini ci-dessus. L'invariant A est défini par

(29) $$A = N(\mathfrak{f}) \cdot D^{B_m},$$

où B_m est le m-ième nombre de Betti de X.

iii) *Définition des* $P_{m,v}$, $v \in \Sigma_K$

Ce sont les polynômes P_m relatifs à la variété $X \times_K K_v$, cf. n° 2.3. Lorsque $v \notin S$, ils coïncident avec les $P_{m,v}$ déjà définis au n° 1.2.

iv) *Définition des facteurs gamma* $\Gamma_v(s)$, $v \in \Sigma_K^\infty$

Ce sont les facteurs gamma relatifs aux variétés $X \times_K K_v$, cf. n° 3.3.

On peut maintenant définir $\zeta(s)$ et $\xi(s)$ par les formules

(5) $$\zeta(s) = \prod_{v \in \Sigma_K} \frac{1}{P_{m,v}(Nv^{-s})}$$

et

(6) $$\xi(s) = A^{s/2} \zeta(s) \prod_{v \in \Sigma_K^\infty} \Gamma_v(s),$$

et formuler la conjecture:

C_9 — *Les fonctions* $\zeta(s)$ *et* $\xi(s)$ *se prolongent en des fonctions méromorphes*
4 *dans tout le plan complexe. On a*

(7) $$\xi(s) = w\, \xi(m+1-s), \quad \textit{avec } w = \pm 1.$$

On trouvera dans l'exposé de TATE [17] des conjectures supplémentaires relatives aux zéros et pôles de $\zeta(s)$.

Exemples. a) Supposons que K soit un *corps de fonctions* de genre g sur un corps fini à q éléments, et que les théorèmes de LEFSCHETZ s'appliquent à X (c'est par exemple le cas si l'on peut relever X en caractéristique zéro). Alors *la conjecture* C_9 *est vraie* (GROTHENDIECK, non publié). De façon plus précise, comme les conjectures précédentes $C_1, \ldots, C_8$ ne sont pas encore démontrées, GROTHENDIECK travaille avec un l fixé. Il considère $\zeta(s)$ comme une série formelle $Z(T)$, à coefficients dans $\mathbf{Q}_l$, en la variable $T = q^{-s}$, et il montre que c'est une *fonction rationnelle* de T, et que l'on a l'équation fonctionnelle

(30) $$Z(T) = w\,(q^{(m+1)/2}\, T)^a\, Z(1/q^{m+1} T),$$

avec

(31) $$a = \deg(\mathfrak{f}) + 2g - 2, \quad \text{i.e. } q^a = A.$$

La formule (30) est équivalente à (7).

La démonstration de GROTHENDIECK s'applique en fait à toute représentation l-adique sur K; l'équation fonctionnelle met alors en relation la fonction zêta de la représentation et celle de sa duale (le théorème de LEFSCHETZ sert simplement à déterminer cette duale dans le cas particulier considéré ici).

Bien entendu, c'est ce résultat de GROTHENDIECK qui est principalement à la base des définitions que nous avons adoptées pour les invariants $f(v)$, $P_{m,v}$ et A.

b) Soit K un corps de nombres, soit $K = \mathrm{Spec}(K)$ une variété réduite à un point, et prenons $m=0$. On a $N(\mathfrak{f})=1$, $A=D$, $P_{m,v}(T)=1-T$ pour tout $v \in \Sigma_K$, et la fonction ζ est la fonction zêta du corps K, au sens usuel; l'équation (7) est son équation fonctionnelle, démontrée par HECKE; la constante w est ici égale à 1.

c) Prenons $K = \mathbf{Q}$, $m = 1$, et choisissons pour X une *courbe elliptique*. On a $D = 1$, A est le conducteur de X, $\Gamma_v(s) = \Gamma_{\mathbf{C}}(s)$ et (7) est l'équation fonctionnelle conjecturée par WEIL [20]. Lorsque X a de la multiplication complexe, sa fonction zêta est essentiellement une fonction L de HECKE à «Grössencharaktere», ce qui permet de démontrer son équation fonctionnelle (DEURING); on constate que celle-ci est identique à (7). En dehors de ce cas, (7) a été vérifiée pour *certaines* des courbes associées aux courbes modulaires, mais malheureusement pas pour *toutes* (faute de bien connaître les propriétés de
5 ramification des représentations l-adiques attachées aux formes modulaires au sens de DELIGNE [3]). C'est d'autant plus dommage que, d'après une autre conjecture de WEIL, toute courbe elliptique sur $\mathbf{Q}$ doit être associée (en un sens facile à préciser) à une courbe modulaire.

4.2. Compléments

Il y a des énoncés analogues pour les fonctions $L(s,\chi)$ d'ARTIN relatives à l'action d'un groupe fini sur X et à la donnée d'un caractère χ de ce groupe. (Le cas traité par ARTIN [1] correspond à $m=0$.) Bien entendu, l'équation fonctionnelle relie alors $L(s,\chi)$ à $L(m+1-s,\bar{\chi})$, où $\bar{\chi}$ désigne le conjugué de χ. De plus, la constante $w(\chi)$ de l'équation fonctionnelle n'est plus nécessairement égale à ± 1. L'expression explicite de $w(\chi)$ présente un intérêt considérable; une telle expression a été donnée pour les fonctions L d'ARTIN par DWORK [5] (au signe près) et LANGLANDS [8]. Utilisant ces résultats, DELIGNE a formulé une *conjecture* générale donnant, dans tous les cas, la valeur de $w(\chi)$ en termes d'invariants locaux; on la trouvera dans l'exposé qui fait suite à celui-ci; le cas des courbes elliptiques avait d'ailleurs été remarqué par LANGLANDS (non publié).

Signalons aussi que les définitions et conjectures ci-dessus peuvent être données dans le cadre des «motifs» de GROTHENDIECK, c'est-à-dire, *grosso*
6 *modo,* des facteurs directs des H^m fournis par des projecteurs *algébriques.* Ce genre de généralisation est utile si l'on veut, par exemple, discuter des propriétés des *produits tensoriels* de groupes de cohomologie, ou, ce qui revient au même, des *variétés produits.* Le cas du produit de deux courbes elliptiques est particulièrement intéressant (cf. OGG [10]).

Bibliographie

[1] ARTIN (E.). *Zur Theorie der L-Reihen mit allgemeinen Gruppencharakteren,* Hamb. Abh., **8,** 1930, p. 292–306 [= *Collected Papers,* p. 165–179].

[2] ARTIN (M.), GROTHENDIECK (A.) et VERDIER (J-L.). *Cohomologie étale des schémas,* Séminaire I.H.E.S. (SGA 4), 3 vol.

[3] DELIGNE (P.). *Formes modulaires et représentations l-adiques,* Séminaire BOURBAKI, 1968/69, exposé 355.

[4] DELIGNE (P.) et GROTHENDIECK (A.). *Groupes de monodromie en géométrie algébrique,* Séminaire I.H.E.S. (SGA 7), 2 vol.

[5] DWORK (B.). *On the Artin root number,* Amer. J. of Math., **78,** 1956, p. 444–472.

[6] GROTHENDIECK (A.). *Standard conjectures on algebraic cycles,* Algebraic Geometry, Bombay Colloquium 1968, Oxford Univ. Press, 1969, p. 193–199.

[7] KLEIMAN (S.). *Algebraic cycles and the Weil conjectures,* Dix exposés sur la cohomologie des schémas, North Holland Publ. Comp., Amsterdam, 1968, p. 359–386.

[8] LANGLANDS (R.). *On the functional equation of the Artin L-functions,* Notes polycopiées, Yale Univ. (en préparation).

[9] OGG (A.). *Elliptic curves and wild ramification,* Amer. J. of Maths., **89,** 1967, p. 1–21.

[10] OGG (A.). *On a convolution of L-series,* Invent. Math., **7,** 1969, p. 297–312.

[11] SERRE (J-P.). *Analogues kählériens de certaines conjectures de Weil,* Ann. of Math., **71,** 1960, p. 392–394.

[12] SERRE (J-P.). *Corps Locaux,* 2ème éd., Paris, Hermann, 1968.

[13] SERRE (J-P.). *Zeta and L-Functions,* Arithm. Alg. Geometry, Proc. of a conference held at Purdue Univ., Harper and Row, New York, 1965, p. 82–92.

[14] SERRE (J-P.). *Représentations linéaires des groupes finis,* Hermann, Paris, 1967.

[15] SERRE (J-P.). *Abelian l-adic representations and elliptic curves,* Benjamin, New York, 1968.

[16] SERRE (J-P.) et TATE (J.). *Good reduction of abelian varieties,* Ann. of Math., **88,** 1968, p. 492–517.

[17] TATE (J.). *Algebraic cycles and poles of zeta functions,* Arithm. Alg. Geometry, Proc. of a conference held at Purdue Univ., Harper and Row, New York, 1965, p. 93–110.

[18] WEIL (A.). *Variétés abéliennes et courbes algébriques,* Hermann, Paris, 1948.

[19] WEIL (A.). *Number of solutions of equations in finite fields,* Bull. Amer. Math. Soc., **55,** 1949, p. 497–508.

[20] WEIL (A.). *Über die Bestimmung Dirichletscher Reihen durch Funktionalgleichungen,* Math. Ann., **168,** 1967, p. 149–156.

(Texte reçu le 18 juin 1970)

88.

Cohomologie des groupes discrets

Ann. of Math. Studies, n° 70 (1971), 77–169, Princeton Univ. Press

INTRODUCTION

Soit Γ un *sous-groupe discret* d'un groupe localement compact G. Lorsque G est un groupe de Lie réel connexe, de sous-groupe compact maximal K, l'espace $T = G/K$ est homéomorphe à un espace euclidien R^n et l'action de Γ sur T peut être utilisée pour l'étude des groupes de cohomologie $H^q(\Gamma)$ de Γ. Si par exemple Γ est sans torsion, il opère librement sur T, et les $H^q(\Gamma)$ s'identifient aux groupes de cohomologie correspondants de la variété $X_\Gamma = \Gamma\backslash T$; la *dimension cohomologique de* Γ est $\leq n$. Si de plus G/Γ est compact, la formule de Gauss-Bonnet, appliquée à X_Γ, permet d'exprimer la caractéristique d'Euler-Poincaré $\chi(\Gamma)$ de Γ comme le volume $\mu_G(G/\Gamma)$ de G/Γ par rapport à une certaine mesure invariante μ_G sur G, indépendante de Γ; on peut appeler μ_G la *mesure d'Euler-Poincaré* de G.

Ce qui précède s'applique en particulier au *groupe des points entiers* d'un groupe algébrique L sur le corps Q: on prend pour G le groupe L(R) des points réels de L. Par contre, cela ne s'applique pas aux groupes plus généraux que sont les *groupes S-arithmétiques,* où l'on accepte des dénominateurs non triviaux. Ainsi, le groupe $\Gamma = SL_2(Z[\frac{1}{p}])$ n'est pas un sous-groupe discret de $SL_2(R)$; c'est un sous-groupe discret du produit

$$G = SL_2(R) \times SL_2(Q_p),$$

où Q_p est le corps des nombres p-adiques. Le but de ce mémoire est d'étendre à de tels produits G les résultats bien connus rappelés au début. L'outil essentiel, dans le cas p-adique, est *l'immeuble de Bruhat-Tits* qui rend les mêmes services que l'espace G/K de la théorie réelle: comme lui, il est contractile, et le groupe G y opère proprement; lorsque $G = SL_2(Q_p)$, c'est simplement *l'arbre* défini dans [38], chap. II.

Il y a trois §. Voici leur contenu:

Le §1 est préliminaire; le groupe G n'y apparaît pas. Les n^{os}1.1 à 1.4 rappellent divers résultats et définitions standard sur la cohomologie d'un groupe discret Γ, sa dimension cohomologique (notée $cd(\Gamma)$), la propriété de finitude (FL) et la caractéristique d'Euler-Poincaré $\chi(\Gamma)$; le lien avec la topologie est indiqué au n^o1.5. Lorsque Γ agit sur un CW-complexe contractile T, il existe certaines relations simples entre la cohomologie de Γ et celle des stabilisateurs Γ_σ des cellules σ de T; ces relations, qui m'ont été signalées par Quillen, jouent un rôle essentiel dans les §§2, 3; elles sont données au n^o1.6. Le n^o1.7 contient la démonstration, par voie topologique, de la formule $cd(\Gamma) = cd(\Gamma')$, valable lorsque Γ est sans torsion et Γ' d'indice fini dans Γ. Le n^o1.8 est consacré aux définitions "virtuelles": par exemple, un groupe Γ est dit de dimension cohomologique virtuelle $\leq n$ s'il contient un sous-groupe d'indice fini Γ' tel que $cd(\Gamma') \leq n$. L'utilité de telles notions provient de ce que les groupes arithmétiques les plus naturels, tels $SL_n(Z)$, ont de la torsion et sont donc de dimension cohomologique infinie; mais leur dimension cohomologique virtuelle est finie. Le §1 s'achève par le cas des *groupes de Coxeter*, et notamment la détermination de leur caractéristique d'Euler-Poincaré.

Le §2 contient surtout des majorations (et quelques calculs) de dimensions cohomologiques. Il s'agit de sous-groupes discrets Γ de groupes $G = \Pi\, G_\alpha$, où les G_α sont, soit des groupes de Lie réels à nombre fini de composantes connexes, soit des groupes semi-simples (ou réductifs) sur des corps locaux. Lorsque G_α est du second type, l'action de Γ sur l'immeuble de G_α permet de ramener l'étude de la cohomologie de Γ à celle de certains sous-groupes discrets du produit des autres G_β. Par récurrence, on se trouve ainsi ramené au cas réel, qui est bien connu. Tout cela fait l'objet des n^{os}2.1 à 2.3. Le n°2.4 applique ces résultats aux groupes S-arithmétiques (sur un corps de nombres ou sur un corps de fonctions sur un corps fini); on obtient en particulier le fait que tout sous-groupe sans torsion de type fini d'un $GL_n(\mathbf{Q})$ est de dimension cohomologique finie.

Le §3 démontre l'existence, sur un groupe G du type ci-dessus, d'une *mesure d'Euler-Poincaré* μ_G ayant la propriété indiquée au début: si Γ est un sous-groupe discret à quotient compact de G, on a $\chi(\Gamma) = \mu_G(G/\Gamma)$. Le cas réel se traite, on l'a vu, au moyen de la formule de Gauss-Bonnet (n°3.2). Le cas p-adique utilise l'immeuble T: si μ est une mesure de Haar sur G, on pose

$$\chi(\mu) = \sum_{\sigma \in \Sigma} (-1)^{\dim(\sigma)} \frac{1}{\mu(G_\sigma)} ;$$

dans cette formule, Σ désigne un système de représentants des cellules de T modulo l'action de G, et G_σ désigne le stabilisateur de σ, qui est un sous-groupe ouvert compact de G. Le produit $\mu_G = \chi(\mu)\mu$ est indépendant du choix de μ et c'est la mesure d'Euler-Poincaré cherchée (n°3.3). Lorsque G est semi-simple, μ_G est > 0 (resp. < 0) si le rang relatif de G est pair (resp. impair), cf. n° 3.4. L'application de ces résultats aux groupes S-arithmétiques à quotient compact est faite au n° 3.6. Le cas d'un quotient non compact, nettement plus délicat, vient d'être traité par Harder [19]; ses résultats sont rappelés aux n^{os}3.6 et 3.7. Le §3 se termine par une application des caractéristiques d'Euler-Poincaré à l'estimation des dénominateurs des valeurs des fonctions zêta aux entiers négatifs.

Les principaux résultats de ce travail ont été résumés dans une Note aux Comptes-Rendus [37].

§1. DIMENSION COHOMOLOGIQUE ET PROPRIÉTÉS DE FINITUDE

1.1. *Résolutions projectives et résolutions libres.*

Soit R un anneau et soit E un R-module (à gauche, pour fixer les idées). Une *résolution projective* (P_n) de E est une suite exacte de R-modules et de R-homomorphismes

$$\cdots \to P_n \to P_{n-1} \to \cdots \to P_1 \to P_0 \to E \to 0$$

telle que P_n soit *projectif* pour tout $n \geq 0$; il revient au même de dire que $P_\bullet = (P_n)$ est un *complexe acyclique, projectif,* muni d'un isomorphisme $H_0(P_\bullet) \to E$.

On dit que (P_n) est *de longueur* $\leq m$ si $P_n = 0$ pour $n > m$. Pour qu'il existe une telle résolution, il faut et il suffit que E soit de dimension projective $\leq m$, ou encore que $\mathrm{Ext}^q_R(E,F) = 0$ pour tout $q > m$ et tout R-module F ([13], p. 110, prop. 2.1); on peut même alors choisir pour P_n des modules *libres,* pourvu que m soit ≥ 1 (cela résulte de ce que, si P est projectif, il existe un module libre L tel que $P \oplus L \simeq L$, cf. Bourbaki, *Alg.* II, §2, exerc. 3).

Une résolution (P_n) est dite *de type fini* (resp. *libre*) si tous les modules P_n sont de type fini (resp. libres); on dit que (P_n) est *finie* si elle est à la fois de type fini et de longueur finie.

Le résultat suivant est bien connu:

PROPOSITION 1. *Soit* $0 \to E_q \to \cdots \to E_1 \to E_0 \to E \to 0$ *une suite exacte de* R-*modules. Pour tout* i *compris entre* 0 *et* q, *soit*

$(P_{i,n})$ *une résolution projective de* E_i. *Il existe alors une résolution projective* (P_n) *de* E *telle que*

$$P_n \simeq \coprod_{i+j=n} P_{i,j}$$

pour tout $n \geq 0$.

Un raisonnement par récurrence permet de se ramener au cas $q = 1$. On a alors une suite exacte

$$0 \to E_1 \xrightarrow{f} E_0 \to E \to 0.$$

On "relève" le morphisme f en un morphisme de résolutions

$$(f_n) : (P_{1,n}) \to (P_{0,n}),$$

et l'on prend pour (P_n) le "mapping-cylinder" de (f_n), cf. par exemple [13], p. 73, exerc. 3. On a bien $P_n = P_{1,n-1} \oplus P_{0,n}$ pour tout $n \geq 0$, et (P_n) est une résolution projective de E.

COROLLAIRE. *Soit* m *un entier* ≥ 0. *Si chaque* E_i *a une résolution projective (resp. libre) finie de longueur* $\leq m-i$, *alors* E *a une résolution projective (resp. libre) finie de longueur* $\leq m$.

Supposons maintenant qu'il existe un homomorphisme $R \to k$ de l'anneau R dans un corps k. Si L est un R-module libre de type fini, isomorphe à A^d, on a $d = \dim_k(L \otimes_R k)$ ce qui montre que d ne dépend que de L; l'entier d s'appelle le *rang* du module L; nous le noterons rgL. Si

$$0 \to L_n \to \ldots \to L_0 \to E \to 0$$

est une résolution libre finie d'un module E, nous poserons

$$\chi_R(E) = \sum_{i=0}^{n} (-1)^i \operatorname{rg}(L_i).$$

On a

$$\chi_R(E) = \sum_{i=0}^{n} (-1)^i \dim_k \mathrm{Tor}_i^R(E,k),$$

ce qui montre que l'entier $\chi_R(E)$ ne dépend pas de la résolution libre finie (L_i) choisie; on l'appelle la *caractéristique d'Euler-Poincaré* de E.

PROPOSITION 2. *Soit* $0 \to E_q \to \dots \to E_1 \to E_0 \to E \to 0$ *une suite exacte de* R-*modules. Supposons que chaque* E_i *possède une résolution libre finie. Il en est alors de même de* E, *et l'on a*

$$\chi_R(E) = \sum_{i=0}^{q} (-1)^i \chi_R(E_i).$$

On applique la prop.1 en prenant pour $(P_{i,n})$ une résolution libre finie de E_i. D'où une résolution libre finie (P_n) de E, avec

$$P_n \simeq \coprod_{i+j=n} P_{i,j}$$

et

$$\chi_R(E) = \sum_{i,j} (-1)^{i+j} \operatorname{rg} P_{i,j} = \sum_i (-1)^i \chi_R(E_i).$$

REMARQUE. Soit K(R) le *groupe de Grothendieck* de la catégorie des R-modules projectifs de type fini; si P est un tel module, soit [P] son image dans K(R). L'homomorphisme $R \to k$ définit un homomorphisme $e : K(R) \to K(k) = \mathbf{Z}$ tel que $e([R]) = 1$.

Si E est un R-module possédant une résolution projective finie (P_i), soit [E] l'élément de K(R) défini par

$$[E] = \sum_i (-1)^i [P_i].$$

On sait que [E] ne dépend pas de la résolution choisie. Pour que E admette une résolution *libre* finie, il faut et il suffit que [E] soit un multiple de [R], et l'on a alors

$$[E] = \chi_R(E) \cdot [R], \qquad e([E]) = \chi_R(E),$$

ce qui donne une caractérisation de $\chi_R(E)$ au moyen de [E]. De ce point de vue, la prop. 2 ne fait qu'exprimer *l'additivité* de la fonction $E \mapsto [E]$.

1.2. *Dimension cohomologique.*

Soit Γ un groupe, et soit $R = \mathbf{Z}[\Gamma]$ son algèbre sur $\mathbf{Z}$. Un R-module est également appelé un *Γ-module*. L'anneau R admet un homomorphisme dans un corps (par exemple le composé $R \to \mathbf{Z} \to \mathbf{Q}$); on peut donc lui appliquer les définitions et résultats du n°1.1. En particulier, si E est un Γ-module admettant une résolution libre finie, la *caractéristique d'Euler-Poincaré* $\chi_R(E)$ est définie; on la note également $\chi_\Gamma(E)$.

Dans tout ce que suit, $\mathbf{Z}$ est muni de la structure de Γ-module *triviale*, i.e. telle que $\gamma . n = n$ pour tout $\gamma \in \Gamma$ et tout $n \in \mathbf{Z}$.

PROPOSITION 3. *Soit* n *un entier* $\geq$ 0. *Les conditions suivantes sont équivalentes:*

(a) *Le Γ-module* $\mathbf{Z}$ *possède une résolution projective de longueur* $\leq$ n.

(b) *Tout Γ-module qui est libre sur* $\mathbf{Z}$ *possède une résolution projective de longueur* $\leq$ n.

(c) *Pour tout Γ-module* M, *et tout entier* $q > n$, *le groupe de cohomologie* $H^q(\Gamma, M)$ *est réduit à* 0.

L'équivalence de (a) et (c) résulte de [13], p. 110, prop. 2.1, compte tenu de ce que $H^q(\Gamma, M) = \mathrm{Ext}^q_R(\mathbf{Z}, M)$, avec $R = \mathbf{Z}[\Gamma]$. L'équivalence de (a) et (b) résulte du lemme suivant:

LEMME 1. *Soit* (P_n) *une résolution projective (resp. libre) du Γ-module* $\mathbf{Z}$, *et soit* M *un Γ-module libre sur* $\mathbf{Z}$. *Alors* $(P_n \otimes M)$ *est une résolution projective (resp. libre) de* M.

(Précisons que, si A et B sont deux Γ-modules, on munit $A \otimes B$ de la structure de Γ-module "produit", i.e. que l'on a $s(a \otimes b) = s(a) \otimes s(b)$ si $s \in \Gamma$, $a \in A$, $b \in B$.)

Comme M est libre sur Z, la suite

$$\dots \to P_n \otimes M \to \dots \to P_0 \otimes M \to M \to 0$$

est exacte. Tout revient donc à voir que $P \otimes M$ est un Γ-module projectif (resp. libre) si P est projectif (resp. libre); par décomposition en somme directe, il suffit de considérer le cas où P est libre de rang 1, avec pour base $\{p\}$; dans ce cas, si M a pour Z-base (m_i), on vérifie tout de suite que $(p \otimes m_i)$ est une $\mathbf{Z}[\Gamma]$-base de $P \otimes M$.

DÉFINITION. *On appelle dimension cohomologique du groupe* Γ *la borne inférieure des entiers* n *tels que les conditions de la prop.* 3 *soient satisfaites.*

On note $cd(\Gamma)$ la dimension cohomologique de Γ; on a $0 \leq cd(\Gamma) \leq \infty$, avec $cd(\Gamma) = \infty$ si et seulement si les conditions de la prop. 3 ne sont vérifiées pour *aucune* valeur de n.

On peut également caractériser $cd(\Gamma)$ comme la borne supérieure (finie ou infinie) des entiers q tels qu'il existe un Γ-module M avec $H^q(\Gamma,M) \neq 0$.

DÉFINITION. *On dit que* Γ *est de type* (FL) *si le* Γ*-module* Z *possède une résolution libre finie.*

Soit Γ un tel groupe. On a $cd(\Gamma) < \infty$. De plus, $\chi_\Gamma(\mathbf{Z})$ est définie; on l'appelle la *caractéristique d'Euler-Poincaré de* Γ, et on la note $\chi(\Gamma)$. On a, par définition,

$$\chi(\Gamma) = \sum_i (-1)^i \, rg_\Gamma L_i,$$

si (L_i) est une résolution libre finie du Γ-module Z.

PROPOSITION 4. *Supposons* Γ *de type* (FL), *et soit* M *un* Γ*-module.*

(a) *Si* M *est limite inductive de* Γ*-modules* (M_i), *et si* q *est un entier* ≥ 0, *l'homomorphisme canonique de* $\varinjlim . H^q(\Gamma, M_i)$ *dans* $H^q(\Gamma, M)$ *est un isomorphisme.*

(b) *Si* M *est de type fini sur* **Z**, *il en est de même des* $H^q(\Gamma, M)$ *et l'on a*

$$\sum_q (-1)^q \operatorname{rg} H^q(\Gamma, M) = \chi(\Gamma).\operatorname{rg} M.$$

(c) *Si* M *est* **Z**-*libre de type fini,* M *possède une résolution* $\mathbf{Z}[\Gamma]$-*libre finie, et l'on a*

$$\chi_\Gamma(M) = \chi(\Gamma) . \operatorname{rg} M.$$

Soit $L_\bullet = (L_n)$ une résolution $\mathbf{Z}[\Gamma]$-libre finie de **Z**. Les groupes $H^q(\Gamma, M)$ sont les groupes de cohomologie du complexe Hom $(L_\bullet, M)$, d'où aussitôt (a) et (b). De même, (c) résulte de ce que $L_\bullet \otimes M$ est une résolution libre finie de M, cf. lemme 1.

REMARQUES

1) Soit k un corps, et soit M un $k[\Gamma]$-module qui soit de dimension finie sur k. Le même argument que ci-dessus montre que les $H^q(\Gamma, M)$ sont des k-espaces vectoriels de dimension finie, et que l'on a

$$\sum_q (-1)^q \dim_k H^q(\Gamma, M) = \chi(\Gamma) . \dim_k M.$$

De plus M possède une résolution $k[\Gamma]$-libre finie, de caractéristique d'Euler-Poincaré égale à $\chi(\Gamma) . \dim_k M$.

2) On peut démontrer que le Γ-module **Z** possède une résolution libre finie *de longueur égale à* $\operatorname{cd}(\Gamma)$.

QUESTION

Soit Γ un groupe tel que le Γ-module **Z** possède une résolution *projective* finie. Le groupe Γ est-il de type (FL)?

1.3. *Sous-groupes, extensions, amalgames.*

Sous-groupes

PROPOSITION 5. *Soit* Γ' *un sous-groupe du groupe* Γ.

(a) *On a* $\mathrm{cd}(\Gamma') \leq \mathrm{cd}(\Gamma)$.

(b) *Si* $\mathrm{cd}(\Gamma) < \infty$ *et si* Γ' *est d'indice fini dans* Γ, *on a* $\mathrm{cd}(\Gamma') = \mathrm{cd}(\Gamma)$.

(c) *Si* Γ *est de type* (FL) *et si* Γ' *est d'indice fini dans* Γ, *alors* Γ' *est de type* (FL) *et l'on a* $\chi(\Gamma') = (\Gamma : \Gamma') \cdot \chi(\Gamma)$.

Comme $\mathbf{Z}[\Gamma]$ est un $\mathbf{Z}[\Gamma']$-module libre de rang $(\Gamma : \Gamma')$, toute résolution $\mathbf{Z}[\Gamma]$-libre (L_n) de $\mathbf{Z}$ est aussi une résolution $\mathbf{Z}[\Gamma']$-libre; d'où (a). Si en outre (L_n) est $\mathbf{Z}[\Gamma]$-finie, et si $(\Gamma : \Gamma') < \infty$, on voit que (L_n) est $\mathbf{Z}[\Gamma']$-finie, et l'on a

$$\chi(\Gamma') = \sum_n (-1)^n \operatorname{rg}_{\Gamma'} L_n = \sum_n (-1)^n (\Gamma : \Gamma') \operatorname{rg}_{\Gamma} L_n$$
$$= (\Gamma : \Gamma')\, \chi(\Gamma),$$

d'où (c).

Reste à prouver (b). Supposons donc que $(\Gamma : \Gamma')$ soit *fini*, et posons $n = \mathrm{cd}(\Gamma)$. Par hypothèse, il existe un Γ-module M tel que $H^n(\Gamma, M) \neq 0$. Nous allons voir que $H^n(\Gamma', M)$ est $\neq 0$; cela montrera que $\mathrm{cd}(\Gamma') \geq n$, d'où $\mathrm{cd}(\Gamma') = n$ d'après (a).

La non-nullité de $H^n(\Gamma', M)$ résulte du lemme suivant:

LEMME 2 (Tate). *L'homomorphisme de corestriction*

$$\mathrm{Cor}:\ H^n(\Gamma', M) \to H^n(\Gamma, M)$$

est surjectif si $n = \mathrm{cd}(\Gamma)$.

La démonstration est la même que dans le cas profini ([35], p. I-20, lemme 4). On identifie $H^n(\Gamma', M)$ à $H^n(\Gamma, M^*)$, où M^* désigne le *module* *induit* de M, ensemble des fonctions $f : \Gamma \to M$ telles que $f(sx) = sf(x)$ si $s \in \Gamma'$, $x \in \Gamma$; on fait opérer Γ sur M^* par $(tf)(x) = f(xt)$. On définit un homomorphisme surjectif $\pi : M^* \to M$ par

$$\pi(f) = \sum_{x \in \Gamma/\Gamma'} x \,.\, f(x^{-1}),$$

cf. [35], p. I-13. Par passage à la cohomologie, π donne la corestriction

$$\text{Cor:}\ H^q(\Gamma', M) = H^q(\Gamma, M^*) \to H^q(\Gamma, M).$$

Le fait que Cor soit surjectif en dimension n résulte alors simplement de ce que le foncteur $E \mapsto H^n(\Gamma, E)$ est exact à droite, vu la nullité de $H^{n+1}(\Gamma)$.

REMARQUE. Supposons que Γ' soit d'indice fini dans Γ. D'après (a) et (b), on a les deux possibilités suivantes:

(b_1) $cd(\Gamma') = cd(\Gamma)$;

(b_2) $cd(\Gamma') < \infty$ et $cd(\Gamma) = \infty$.

Nous verrons plus loin (n^o1.7, th. 1) que (b_2) ne peut se produire que *si Γ a de la torsion.*

Extensions

PROPOSITION 6. *Soit Γ' un sous-groupe distingué de Γ.*

(a) *On a* $cd(\Gamma) \le cd(\Gamma') + cd(\Gamma/\Gamma')$.

(b) *Si Γ' et Γ/Γ' sont de type* (FL), *il en est de même de Γ, et l'on a*

$$\chi(\Gamma) = \chi(\Gamma') \,.\, \chi(\Gamma/\Gamma').$$

Supposons Γ' de type (FL), et soit

$$0 \to L'_n \to \dots \to L'_0 \to Z \to 0$$

une résolution $Z[\Gamma']$-libre finie de Z. Par produit tensoriel avec $Z[\Gamma]$, on en déduit une résolution $Z[\Gamma]$-libre finie du Γ-module

$$Z[\Gamma] \otimes_{Z[\Gamma']} Z = Z[\Gamma/\Gamma'] :$$

$$0 \to L_n \to \dots \to L_0 \to \mathbf{Z}[\Gamma/\Gamma'] \to 0,$$

où $L_i = \mathbf{Z}[\Gamma] \otimes_{\mathbf{Z}[\Gamma']} L_i'$. On a donc $\chi_\Gamma(\mathbf{Z}[\Gamma/\Gamma']) = \chi(\Gamma')$.

Supposons maintenant Γ/Γ' de type (FL), et soit

$$0 \to L_m'' \to \dots \to L_0'' \to \mathbf{Z} \to 0$$

une résolution $\mathbf{Z}[\Gamma/\Gamma']$-libre finie de $\mathbf{Z}$. Vu ce qui précède, chaque L_i'' admet une résolution $\mathbf{Z}[\Gamma]$-libre finie; de plus, on a

$$\chi_\Gamma(L_i'') = \chi(\Gamma')\ \mathrm{rg}_{\Gamma/\Gamma'}(L_i'').$$

En appliquant les propositions 1 et 2, on en déduit que $\mathbf{Z}$ admet une résolution $\mathbf{Z}[\Gamma]$-libre finie, et que l'on a

$$\chi(\Gamma) = \chi_\Gamma(\mathbf{Z}) = \sum_i (-1)^i \chi_\Gamma(L_i'') = \chi(\Gamma') . \chi(\Gamma/\Gamma'),$$

ce qui démontre (b).

L'assertion (a) se démontre de manière analogue (ou se déduit de la suite spectrale des extensions de groupes, cf. [13], p. 350).

Amalgames

Soient Γ_1 et Γ_2 deux groupes contenant comme sous-groupe un même groupe A, et soit $\Gamma = \Gamma_1 *_A \Gamma_2$ la somme de Γ_1 et Γ_2 *amalgamée* suivant A (cf. Bourbaki, *Alg.* I, n^{elle} éd., p. 83 ou [38], I, §1). Soit M un Γ-module. D'après un résultat de Lyndon [28] (voir aussi Swan [44], th. 2.3), on a une suite exacte "de Mayer-Vietoris":

$$\dots \to H^q(\Gamma,M) \overset{\alpha}{\to} H^q(\Gamma_1,M) \oplus H^q(\Gamma_2,M) \overset{\beta}{\to} H^q(A,M) \to H^{q+1}(\Gamma,M) \to \dots$$

où α = (Res, Res) et β = (Res, - Res). On en déduit:

PROPOSITION 7. *Soit* n *un entier. Si* $cd(\Gamma_1) \leq n$, $cd(\Gamma_2) \leq n$ *et* $cd(A) \leq n-1$, *on a* $cd(\Gamma_1 *_A \Gamma_2) \leq n$.

De plus:

PROPOSITION 8. *Si* A, Γ_1 *et* Γ_2 *sont de type* (FL), *il en est de même de* $\Gamma_1 *_A \Gamma_2$, *et l'on a*

$$\chi(\Gamma_1 *_A \Gamma_2) = \chi(\Gamma_1) + \chi(\Gamma_2) - \chi(A).$$

Si B est un sous-groupe de $\Gamma = \Gamma_1 *_A \Gamma_2$, notons $\mathbf{Z}[\Gamma/B]$ le groupe abélien libre de base l'ensemble Γ/B; on munit $\mathbf{Z}[\Gamma/B]$ de l'unique structure de Γ-module prolongeant l'action naturelle de Γ sur Γ/B. D'après Lyndon et Swan ([44], Lemme 2.1), on a une suite exacte

$$0 \to \mathbf{Z}[\Gamma/A] \to \mathbf{Z}[\Gamma/\Gamma_1] \oplus \mathbf{Z}[\Gamma/\Gamma_2] \to \mathbf{Z} \to 0.$$

(L'exactitude de cette suite exprime simplement le fait que *l'arbre* associé à l'amalgame Γ ([38], I-50) est acyclique.)

Par hypothèse, le A-module $\mathbf{Z}$ admet une résolution libre finie (L_n). Par produit tensoriel avec $\mathbf{Z}[\Gamma]$, on en déduit une résolution libre finie du Γ-module $\mathbf{Z}[\Gamma/A]$ et l'on voit en même temps que la caractéristique d'Euler-Poincaré de ce module est égale à $\chi(A)$. On a des résultats analogues pour $\mathbf{Z}[\Gamma/\Gamma_1]$ et $\mathbf{Z}[\Gamma/\Gamma_2]$. On conclut alors en appliquant les prop. 1 et 2.

1.4. *Exemples.*

a) *On a* $cd(\Gamma) = 0$ *si et seulement si* $\Gamma = \{1\}$. En effet, si $cd(\Gamma) = 0$, $\mathbf{Z}$ est Γ-projectif, et l'homomorphisme canonique $\mathbf{Z}[\Gamma] \overset{\alpha}{\to} \mathbf{Z}$ admet une section. Il existe donc un élément $u \in \mathbf{Z}[\Gamma]$, invariant par Γ, et tel que $\alpha(u) = 1$; il est immédiat que cela entraîne $\Gamma = \{1\}$.

Plus généralement, soit A un anneau commutatif $\neq 0$. Définissons $cd_A(\Gamma)$ comme la dimension projective du $A[\Gamma]$-module A; c'est aussi la borne supérieure des entiers q tels qu'il existe un $A[\Gamma]$-module M avec $H^q(\Gamma,M) \neq 0$. Le même argument que ci-dessus montre que $cd_A(\Gamma) = 0$ *si et seulement si* Γ *est un groupe fini d'ordre inversible dans* A.

b) Un groupe *fini* d'ordre $\neq 1$ est de dimension cohomologique *infinie*. C'est là un résultat bien connu, cf. par exemple [13], p. 265, exerc. 14.

Vu la prop. 5, on en déduit que *tout groupe de dimension cohomologique finie est sans torsion.*

c) *On a* $cd(\Gamma) \leq 1$ *si et seulement si* Γ *est un groupe libre*; ce résultat, conjecturé depuis longtemps, a été démontré récemment par Stallings [43] et Swan [44]; ce dernier a même prouvé que, si Γ est sans torsion, et si $cd_A(\Gamma) \leq 1$ pour *un* anneau $A \neq 0$, alors Γ est libre.

Si Γ est libre de rang fini n (i.e. admet une famille basique à n éléments), Γ est de type (FL) et l'on a $\chi(\Gamma) = 1 - n$.

d) *Groupes de dimension cohomologique* ≤ 2. Ecrivons Γ sous la forme F/R, où F est libre de famille basique $(x_i)_{i\in I}$ et où R est un sous-groupe distingué de F. Si (R,R) désigne le groupe dérivé de R, le quotient R/(R,R) est un Γ-module. De plus, on a une suite exacte de Γ-modules (cf. Swan [44], th. 1.4):

$$0 \to R/(R,R) \overset{\theta}{\to} X \overset{\partial}{\to} Z[\Gamma] \to Z \to 0$$

où X est $Z[\Gamma]$-libre de base $(e_i)_{i\in I}$. On a $\partial(e_i) = x_i - 1$, et θ est définie au moyen des "dérivées partielles" $\partial/\partial x_i$, cf. Swan, *loc. cit.* On déduit de là que $cd(\Gamma) \leq 2$ *si et seulement si* R/(R,R) *est* $Z[\Gamma]$*-projectif.*

Supposons en particulier que I soit fini, et que R soit engendré comme sous-groupe distingué par un élément r qui ne soit une puissance m-ième pour aucun $m \geq 2$. Sous ces hypothèses, Lyndon [28] a montré que l'image de r dans R/(R,R) est une *base* de ce $Z[\Gamma]$-module. On a alors $cd(\Gamma) \leq 2$, le groupe Γ est de type (FL), et $\chi(\Gamma) = 2 - \mathrm{Card}(I)$.

e) *Un groupe nilpotent sans torsion de type fini est de type* (FL). Cela se démontre par récurrence sur la classe du groupe, en utilisant la prop. 6. (Si Γ est un tel groupe, on peut également plonger Γ dans un groupe de Lie réel G nilpotent simplement connexe de telle sorte que G/Γ soit compact, et utiliser la prop. 18 du n°2.1; cela montre en même temps que $cd(\Gamma)$ est égal à $\dim(G)$.)

f) *Tout sous-groupe "arithmétique" sans torsion d'un groupe algébrique semi-simple est de type* (FL) (Raghunathan [33]); nous verrons plus loin (n°2.4, th. 4) que ce résultat s'étend aux groupes "S-arithmétiques".

g) *Tout sous-groupe de* $GL_n(\mathbf{Q})$ *qui est de type fini et sans torsion est de dimension cohomologique finie,* cf. n°2.4, th. 5.

1.5. *Dimension cohomologique et espaces* $K(\Gamma, 1)$.

Soit Γ un groupe. On sait qu'il existe un CW-*complexe* X (au sens de J.H.C.Whitehead [51]) qui est un "espace $K(\Gamma, 1)$", i.e. qui vérifie les conditions suivantes:

(a) X est connexe non vide;

(b) le groupe fondamental $\pi_1(X)$ de X relativement à un point-base x est isomorphe à Γ ;

(c) les groupes d'homotopie supérieurs $\pi_n(X)$ sont nuls pour $n \geq 2$.

Les conditions (a) et (c) équivalent à dire que *le revêtement universel* $\overline{X}$ de X (relativement à x) est *contractile.*

Si X vérifie ces propriétés, le complexe $C_\bullet(\overline{X})$ des *chaînes cellulaires* de $\overline{X}$ est une *résolution libre* du Γ-module $\mathbf{Z}$; plus précisément, soit Σ l'ensemble des cellules de X, et pour tout $\sigma \in \Sigma$, soit $\overline{\sigma}$ un relèvement de σ dans $\overline{X}$; si l'on munit chaque $\overline{\sigma}$ d'une *orientation,* on obtient un élément $\tilde{\sigma}$ de $C_\bullet(\overline{X})$ et la famille $(\tilde{\sigma})$ est une *base* du $\mathbf{Z}[\Gamma]$-module $C_\bullet(\overline{X})$. Il en résulte que, si M est un Γ-module, les $H^q(\Gamma, M)$ sont isomorphes aux $H^q(\mathrm{Hom}_\Gamma(C_\bullet(\overline{X}), M))$, autrement dit aux groupes de cohomologie $H^q(X, \tilde{M})$ de l'espace X à coefficients dans le *système local* $\tilde{M}$ défini par M. On déduit aussitôt de là:

PROPOSITION 9. (a) *On a* $cd(\Gamma) \leq \dim(X)$.

(b) *Si* X *est un complexe fini,* Γ *est de type* (FL) *et* $\chi(\Gamma)$ *est égal à la caractéristique d'Euler-Poincaré* $\chi(X)$ *de* X.

(Noter que, dans le cas (b), le groupe Γ est *de présentation finie*.)

La proposition 9 fournit un moyen commode pour démontrer qu'un groupe Γ donné est de dimension cohomologique $\leq n$: il suffit de faire opérer Γ librement et proprement sur un espace contractile $\bar{X}$ choisi de telle sorte que le quotient $X = \bar{X}/\Gamma$ soit un CW-complexe de dimension $\leq n$. Nous en verrons de nombreux exemples dans la suite.

Pour $n \geq 3$, on a une réciproque (cf. Eilenberg-Ganea [16]) :

PROPOSITION 10. *Soit* n *un entier* ≥ 3, *et soit* Γ *un groupe tel que* $cd(\Gamma) \leq n$.

(a) *Il existe un* CW-*complexe* X *de dimension* $\leq n$ *qui est un espace* $K(\Gamma,1)$.

(b) *Si* Γ *est de présentation finie et de type* (FL), *on peut prendre pour* X *un complexe fini.*

Soit Y un CW-complexe qui soit un espace $K(\Gamma, 1)$. Puisque $cd(\Gamma) \leq n$, on a $H^q(Y, \tilde{M}) = 0$ pour tout $q > n$ et tout système local $\tilde{M}$ sur Y. D'après un résultat de Wall ([48], th. E) il en résulte que Y a même type d'homotopie qu'un CW-complexe X de dimension $\leq n$, ce qui établit (a).

L'assertion (b) se démontre de manière analogue. On peut, par exemple, appliquer le théorème F de [48], après avoir montré que Γ satisfait à la "condition Fn"; on peut aussi se ramener au th. 4 de [49]. Comme nous n'utiliserons pas (b) par la suite, nous laissons au lecteur le détail de ces démonstrations.

REMARQUE

On peut se demander si la prop. 10 reste valable pour $n < 3$. C'est évidemment le cas si $n = 0$; c'est aussi le cas si $n = 1$ grâce au théorème de Stallings-Swan, cf. n°4, c). Pour $n = 2$, la question (sous la forme (a), pour fixer les idées) se reformule ainsi:

Si $cd(\Gamma) \leq 2$, peut-on écrire Γ sous la forme F/R, avec F libre, de telle sorte qu'il existe une famille (r_i) d'éléments de R, engendrant R comme sous-groupe distingué de F, et telle que les images des r_i dans

R/(R,R) forment une *base* de R/(R,R) comme $Z[\Gamma]$-module? Cela paraît peu probable, mais je ne connais pas de contre-exemple.

1.6 *Actions cellulaires.*

Soit T un CW-complexe sur lequel opère le groupe Γ. Faisons les deux hypothèses suivantes:

(i) T est *acyclique*, i.e. $H_0(T, Z) = Z$ et $H_q(T, Z) = 0$ pour tout $q \geq 1$ (c'est notamment le cas si T est contractile).

(ii) Γ opère *cellulairement* sur T; cela signifie que le transformé d'une cellule de T par un élément de Γ est une cellule de T.

Si σ est une cellule de T, notons Γ_σ l'ensemble des $\gamma \in \Gamma$ tels que $\gamma\sigma = \sigma$. Soit d'autre part Σ un ensemble de représentants des cellules de T modulo l'action de Γ. La proposition suivante permet, dans une certaine mesure, de passer des Γ_σ $(\sigma \in \Sigma)$ à Γ lui-même:

PROPOSITION 11 (Quillen). (a) *On a* $\mathrm{cd}(\Gamma) \leq \sup_{\sigma \in \Sigma} (\dim(\sigma) + \mathrm{cd}(\Gamma_\sigma))$.

(b) *Si* Σ *est fini et si les* Γ_σ *sont de type* (FL), *alors* Γ *est de type* (FL), *et l'on a*

$$\chi(\Gamma) = \sum_{\sigma \in \Sigma} (-1)^{\dim(\sigma)} \chi(\Gamma_\sigma).$$

Soit $n = \dim(T)$. On peut supposer n fini, car sinon il n'y a rien à démontrer. Puisque T est acyclique, on a une suite exacte de Γ-modules

$$0 \to C_n(T) \to \dots \to C_0(T) \to Z \to 0,$$

où $C_q(T)$ est le groupe des *chaînes cellulaires* de degré q de T; si T_q désigne le q-squelette de T, on a

$$C_q(T) = H_q(T_q \bmod. T_{q-1}; Z).$$

La structure du Γ-module $C_q(T)$ est facile à déterminer:

Notons Σ_q la partie de Σ formée des cellules de dimension q; si $\sigma \in \Sigma_q$, et si $\gamma \in \Gamma_\sigma$, posons $\varepsilon_\sigma(\gamma) = 1$ (resp. -1) si γ respecte (resp. renverse) l'orientation de σ. On obtient ainsi un homomorphisme $\varepsilon_\sigma : \Gamma_\sigma \to \{\pm 1\}$, d'où une action de Γ_σ sur $\mathbf{Z}$; soit $\mathbf{Z}_\sigma$ le Γ_σ-module ainsi défini, et soit $\mathbf{Z}_\sigma^* = \mathbf{Z}[\Gamma] \otimes_{\mathbf{Z}[\Gamma_\sigma]} \mathbf{Z}_\sigma$ le Γ-module induit correspondant.

LEMME 3. (i) *Le Γ-module $\mathbf{Z}_\sigma^*$ est de dimension projective* $\leq \mathrm{cd}(\Gamma_\sigma)$; *si Γ_σ est de type* (FL), $\mathbf{Z}_\sigma^*$ *admet une résolution libre finie, et sa caractéristique d'Euler-Poincaré est égale à* $\chi(\Gamma_\sigma)$.

(ii) $C_q(T)$ *est isomorphe à la somme directe des* $\mathbf{Z}_\sigma^*$, $\sigma \in \Sigma_q$.

La prop. 3 montre que le Γ_σ-module $\mathbf{Z}_\sigma$ possède une résolution projective de longueur $\leq \mathrm{cd}(\Gamma_\sigma)$; par produit tensoriel avec $\mathbf{Z}[\Gamma]$, on en déduit une résolution projective du Γ-module $\mathbf{Z}_\sigma^*$ de longueur $\leq \mathrm{cd}(\Gamma_\sigma)$. De même, si Γ_σ est de type (FL), on peut trouver une résolution libre finie de $\mathbf{Z}_\sigma$, et sa caractéristique d'Euler-Poincaré est égale à $\chi(\Gamma_\sigma)$, cf. prop. 4; par produit tensoriel avec $\mathbf{Z}(\Gamma)$, on en déduit le même résultat pour le Γ-module $\mathbf{Z}_\sigma^*$. D'où (i). L'assertion (ii) provient simplement de ce que toute cellule de T peut être transformée par Γ en une cellule de Σ, et une seule.

Revenons maintenant à la prop. 11. Soit c_q la dimension projective du Γ-module $C_q(T)$. D'après le lemme 3, on a

$$c_q \leq \operatorname*{Sup.}_{\sigma \in \Sigma_q} \mathrm{cd}(\Gamma_\sigma) \quad \text{pour tout } q \geq 0.$$

En appliquant le cor. à la prop. 1, on en déduit

$$\mathrm{cd}(\Gamma) \leq \operatorname*{Sup}_{q \leq n} (q + \operatorname*{Sup.}_{\sigma \in \Sigma_q} \mathrm{cd}(\Gamma_\sigma)) = \operatorname*{Sup}_{\sigma \in \Sigma} (\dim(\sigma) + \mathrm{cd}(\Gamma_\sigma)),$$

ce qui démontre (a).

Dans le cas (b), le lemme 3 montre que les $C_q(T)$ ont des résolutions libres finies, d'où le même résultat pour le Γ-module $\mathbf{Z}$ d'après le cor. à la prop. 1. De plus, la prop. 2 montre que l'on a

$$\chi(\Gamma) = \chi_\Gamma(\mathbf{Z}) = \sum_q (-1)^q \chi_\Gamma(C_q(T)),$$

d'où, en appliquant le lemme 3,

$$\chi(\Gamma) = \sum_{\sigma \in \Sigma} (-1)^{\dim(\sigma)} \chi_\Gamma(\mathbf{Z}_\sigma^*) = \sum_{\sigma \in \Sigma} (-1)^{\dim(\sigma)} \chi(\Gamma_\sigma),$$

ce qui achève la démonstration de (b).

REMARQUES

1) On déduit facilement de la suite exacte

$$0 \to C_n(T) \to \dots \to C_0(T) \to \mathbf{Z} \to 0$$

et du lemme 3, l'existence, pour tout Γ-module M, d'une *suite spectrale* ayant pour terme E_1 le produit (gradué) des $H^\bullet(\Gamma_\sigma, \mathbf{Z}_\sigma \otimes M)$, $\sigma \in \Sigma$, et aboutissant au gradué associé à $H^\bullet(\Gamma, M)$. Cela donne une autre démonstration de (a).

2) Lorsque T est *contractile* et que les Γ_σ *sont réduits à* $\{1\}$, on peut munir l'espace $X = T/\Gamma$ d'une structure de CW-complexe quotient de celle de T, et l'on montre que T s'identifie au revêtement universel de X; on retrouve la situation du n° précédent.

EXEMPLE

Appliquons la proposition 11 *à l'arbre* T associé à un *amalgame* $\Gamma = \Gamma_1 *_A \Gamma_2$, cf. [38], chap. I, n° 4.1. Le domaine fondamental de Γ est un segment $P_1 P_2$; on peut donc prendre pour Σ les sommets P_1, P_2 et l'arête $P_1 P_2$; les stabilisateurs Γ_σ correspondants sont Γ_1, Γ_2 et A. La prop. 11 donne alors

$$\mathrm{cd}(\Gamma) \leq \mathrm{Sup}(\mathrm{cd}(\Gamma_1), \mathrm{cd}(\Gamma_2), 1 + \mathrm{cd}(A))$$

et

$$\chi(\Gamma) = \chi(\Gamma_1) + \chi(\Gamma_2) - \chi(A)$$

si A, Γ_1 et Γ_2 sont de type (FL).

On retrouve ainsi les prop. 7 et 8. De plus, si Γ' est un sous-groupe de Γ, la prop. 11, appliquée à l'action de Γ' sur T, montre que l'on a $\mathrm{cd}(\Gamma') \leq n$ si les intersections de Γ' avec les conjugués de Γ_1 et Γ_2 (resp. de A) sont de dimension cohomologique $\leq n$ (resp. $\leq n-1$). La même méthode s'applique à des amalgames plus compliqués, cf. [38], chap. I, §5.

1.7. *Sous-groupes d'indice fini.*

THÉORÈME 1. *Soit Γ' un sous-groupe d'indice fini d'un groupe Γ. Si Γ est sans torsion, on a* $\mathrm{cd}(\Gamma') = \mathrm{cd}(\Gamma)$.

D'après la prop. 5, l'égalité $\mathrm{cd}(\Gamma') = \mathrm{cd}(\Gamma)$ est vraie si $\mathrm{cd}(\Gamma) < \infty$. Tout revient donc à montrer que, si $\mathrm{cd}(\Gamma')$ est fini, il en est de même de $\mathrm{cd}(\Gamma)$. Cela va résulter de la proposition suivante:

PROPOSITION 12. *Supposons que* $\mathrm{cd}(\Gamma')$ *et* $(\Gamma : \Gamma')$ *soient finis. On peut alors faire opérer cellulairement Γ sur un* CW*-complexe acyclique* Z *de dimension finie tel que, pour toute cellule σ de* Z, *le stabilisateur Γ_σ de σ dans Γ soit fini.*

(Si Γ est sans torsion, les Γ_σ sont réduits à $\{1\}$, et la prop. 11 montre que $\mathrm{cd}(\Gamma) \leq \dim(Z) < \infty$.)

Soit $n = \mathrm{Sup}(3, \mathrm{cd}(\Gamma'))$. D'après la prop. 10, il existe un CW-complexe X de dimension n qui est un espace $K(\Gamma', 1)$. Soit T le revêtement universel d'un tel espace X, relativement à un point-base. Munissons T de la structure de CW-complexe image réciproque de celle de X ([51], §5, (N)). Le groupe Γ' opère librement et cellulairement sur T; on a $T/\Gamma' = X$. Soit

$$Y = \Gamma \times^{\Gamma'} T$$

le Γ-espace *induit* du Γ'-espace T; par définition, Y est le quotient de $\Gamma \times T$ (Γ ayant la topologie discrète) par Γ' opérant par

$$\alpha . (\gamma,t) = (\gamma\alpha^{-1}, \alpha t) \text{ si } \alpha \in \Gamma', \gamma \in \Gamma, t \in T;$$

de plus, le transformé par $\delta \in \Gamma$ de la classe de (γ,t) est la classe de $(\delta\gamma,t)$. (Autre définition de Y: c'est le revêtement de X associé au Γ'-ensemble Γ.)

L'espace T s'identifie à un sous-espace de Y par $t \mapsto (1,t)$; l'action de Γ sur Y prolonge celle de Γ' sur T. Si $\gamma_1, \gamma_2 \in \Gamma$, on a $\gamma_1 T = \gamma_2 T$ si et seulement si $\gamma_1\Gamma' = \gamma_2\Gamma'$, ce qui donne un sens à l'expression αT, pour $\alpha \in \Gamma/\Gamma'$. L'espace Y est *somme disjointe* des αT $(\alpha \in \Gamma/\Gamma')$; en particulier, les αT sont les *composantes connexes* de Y. La structure de CW-complexe de T se transporte aux αT, et définit une structure de CW-complexe sur Y, invariante par Γ.

Soit maintenant $Z = \prod_{\alpha\in\Gamma/\Gamma'} \alpha T$ le CW-complexe *produit* des CW-complexes αT (noter que la topologie de Z n'est pas nécessairement la topologie produit: c'est la limite inductive des topologies de ses sous-complexes finis, cf. [51]). Comme Γ opère cellulairement sur Y, et permute entre eux les αT, il opère cellulairement sur Z. De plus:

(i) Z est *contractile*. En effet, chacun des complexes αT est isomorphe à T, donc contractile.

(ii) Pour toute cellule σ de Z, *le stabilisateur* Γ_σ *de* σ *est fini*. En effet, on a $\sigma = \Pi\sigma_\alpha$, où σ_α est une cellule de αT. Si γ appartient à Γ_σ, γ permute entre eux les σ_α. Si en outre γ appartient à Γ', on a $\gamma\sigma_1 = \sigma_1$, puisque γ applique T dans lui-même. Comme Γ' opère librement sur les cellules de T, cela entraîne $\gamma = 1$; on a donc $\Gamma_\sigma \cap \Gamma' = \{1\}$, et comme Γ' est d'indice fini dans Γ, cela montre bien que Γ_σ est *fini*.

Le CW-complexe Z répond donc à la question.

REMARQUE

On peut transcrire la démonstration précédente en termes purement algébriques:

Supposons $cd(\Gamma')$ fini. Soit L une $Z[\Gamma']$-résolution projective de Z qui soit de longueur finie, et soit $M = Z[\Gamma] \otimes_{Z[\Gamma']} L$ le complexe "induit" correspondant. Ce complexe contient L comme sous-complexe, et l'on a

$$M = \prod_{\alpha \epsilon \Gamma/\Gamma'} \alpha L.$$

Les sous-complexes αL sont permutés entre eux par l'action de Γ. Formons leur produit tensoriel (relativement à un ordre total choisi [1] sur Γ/Γ'):

$$N = \bigotimes_{\alpha \epsilon \Gamma/\Gamma'} (\alpha L).$$

Le groupe Γ opère de façon naturelle sur N (compte tenu des "signes" dus au fait que Γ ne respecte pas la structure d'ordre choisie sur Γ/Γ'). Il est clair que N est acyclique (formule de Künneth) et de longueur finie; si Γ est sans torsion, un argument analogue à celui utilisé plus haut montre que N est $Z[\Gamma]$-projectif. Le théorème 1 en résulte (voir [44], §9, pour plus de détails).

Cette "algébrisation" a deux avantages:

i) On peut y remplacer Z par un anneau commutatif A quelconque. On obtient ainsi le résultat suivant (cf. [44], th. 9.2): *Soit Γ' un sous-groupe d'indice fini de Γ; supposons que Γ n'ait pas de A-torsion, i.e. que, si $n \geq 1$ est l'ordre d'un élément de Γ, n soit inversible dans A; alors $cd_A(\Gamma') = cd_A(\Gamma)$.*

ii) On peut employer la même méthode pour la cohomologie des *groupes profinis* (cf. [35]), à condition de remplacer les modules $Z[\Gamma]$-projectifs par des modules "pro-libres" relativement à l'algèbre complétée du groupe profini Γ considéré. On voit ainsi que, *si Γ n'a*

[1] On peut éviter un tel choix; il faut alors définir une notion de "produit tensoriel de complexes" qui ne dépende pas d'une relation d'ordre sur l'ensemble d'indices; nous en laissons les détails au lecteur.

pas d'élément d'ordre p (p premier) *et si* Γ' *est un sous-groupe ouvert de* Γ, *on a* $cd_p(\Gamma') = cd_p(\Gamma)$, résultat qui avait été démontré dans [36] au moyen des puissances de Steenrod.

1.8. *Notions virtuelles.*

Nous dirons qu'un groupe Γ est *virtuellement sans torsion* s'il existe un sous-groupe de Γ qui est *sans torsion* et *d'indice fini dans* Γ.

EXEMPLES

Un argument classique, dû à Minkowski [31], montre que tout groupe S-arithmétique est virtuellement sans torsion. Il en est de même, plus généralement, de tout sous-groupe de type fini d'un groupe linéaire sur un corps de caractéristique zéro (cf. par exemple [7], 17.7).

DÉFINITION. *Soit* Γ *un groupe virtuellement sans torsion. On appelle dimension cohomologique virtuelle de* Γ, *et on note* $vcd(\Gamma)$, *la dimension cohomologique des sous-groupes d'indice fini de* Γ *qui sont sans torsion.*

(Cette définition est licite car tous ces sous-groupes ont même dimension cohomologique, en vertu du th.1.)

REMARQUES

a) On a $vcd(\Gamma) = 0$ si et seulement si Γ est *fini*.

b) Si Γ' est un sous-groupe de Γ, on a $vcd(\Gamma') \leq vcd(\Gamma)$ et il y a égalité si $(\Gamma:\Gamma')$ est fini.

c) Si Γ est sans torsion, on a $vcd(\Gamma) = cd(\Gamma)$. Par contre, si Γ a de la torsion, on a $cd(\Gamma) = \infty$, alors que $vcd(\Gamma)$ peut être fini.

DÉFINITION. *On dit que* Γ *est de type* (VFL) (ou que Γ est virtuellement de type (FL)) *s'il existe un sous-groupe d'indice fini de* Γ *qui est de type* (FL).

Soit Γ un tel groupe. Il est clair que Γ est virtuellement sans torsion, et que $vcd(\Gamma)$ est *fini*. Choisissons un sous-groupe Γ' de Γ qui soit de type (FL), et posons (cf. Wall [47]):

$$\chi(\Gamma) = \frac{1}{(\Gamma:\Gamma')}\,\chi(\Gamma').$$

D'après la prop. 5 (c), le nombre rationnel $\chi(\Gamma)$ ainsi défini ne dépend pas du choix de Γ'. On l'appelle la *caractéristique d'Euler-Poincaré* de Γ.

EXEMPLES

1) Un groupe *fini* Γ est de type (VFL) et $\chi(\Gamma) = 1/\mathrm{Card}(\Gamma)$.

2) Soit $\Gamma = \mathrm{SL}_2(\mathbf{Z})$. On sait que Γ est somme du groupe cyclique d'ordre 4 engendré par $x = \begin{pmatrix} 0 & 1 \\ -1 & 0 \end{pmatrix}$ et du groupe cyclique d'ordre 6 engendré par $y = \begin{pmatrix} 0 & -1 \\ 1 & 1 \end{pmatrix}$, ces deux groupes étant amalgamés par leur intersection $\{\pm 1\}$. On déduit facilement de là que le *groupe dérivé* $\Gamma' = (\Gamma,\Gamma)$ de Γ est d'indice 12 dans Γ, et que c'est un groupe libre de base $\{u,v\}$ avec [2]

$$u = xyx^{-1}y^{-1} = \begin{pmatrix} 2 & 1 \\ 1 & 1 \end{pmatrix} \quad \text{et} \quad v = xy^{-1}x^{-1}y = \begin{pmatrix} 1 & 1 \\ 1 & 2 \end{pmatrix}.$$

Le groupe Γ' est donc de type (FL), et l'on a

$$\mathrm{cd}(\Gamma') = 1, \quad \chi(\Gamma') = 1 - 2 = -1.$$

On en déduit que Γ est de type (VFL), et que

$$\mathrm{vcd}(\Gamma) = 1, \quad \chi(\Gamma) = -\frac{1}{12}.$$

Noter que $-\frac{1}{12}$ est aussi *la valeur de la fonction zêta de Riemann au point* -1; nous reviendrons au n° 3.7 sur cette "coïncidence".

---

[2] Le groupe Γ' a une interprétation simple en termes de la fonction modulaire

$$f(\tau) = \eta(\tau)^2 = \Delta(\tau)^{1/12} = e^{\pi i \tau/6} \prod_{n \geq 1} (1 - e^{2\pi i n \tau})^2;$$

c'est l'ensemble des matrices $\begin{pmatrix} a & b \\ c & d \end{pmatrix} \in \mathrm{SL}_2(\mathbf{Z})$ telles que

$$f\left(\frac{a\tau + b}{c\tau + d}\right) = (c\tau + d)\, f(\tau).$$

On peut le décrire par des congruences mod. 12, cf. Hurwitz, *Math. Werke*, I, p. 35-40.

3) Plus généralement, tout groupe S-arithmétique est de type (VFL), cf. n° 2.4, th. 4.

REMARQUE

Si Γ est de type (VFL), on montre facilement que le Γ-module $\mathbf{Z}$ a une résolution libre de type fini (n° 1.1). Il en résulte par exemple que les foncteurs $M \mapsto H^q(\Gamma, M)$ commutent aux limites inductives, et que $H^q(\Gamma, M)$ est de type fini sur $\mathbf{Z}$ si M l'est. De plus, les groupes $H^q(\Gamma, M)$ sont des groupes *de torsion* pour $q > \mathrm{vcd}(\Gamma)$.

QUESTIONS

Soit Γ un groupe de type (VFL). Supposons que Γ soit *sans torsion*.
Est-il vrai que Γ est de type (FL)? C'est vrai dans divers cas particu-
1 liers. Dans le cas général, je ne sais même pas si $\chi(\Gamma)$ est *entier*. La
question est liée à la suivante:

Soit k un corps de caractéristique zéro, soit V un $k[\Gamma]$-module de rang fini sur k, et soit Γ' un sous-groupe distingué d'indice fini de Γ. Posons $V_i = H^i(\Gamma', V)$. Le groupe Γ/Γ' opère sur V_i; soit v_i le caractère de la représentation de Γ/Γ' ainsi définie et soit $v = \Sigma(-1)^i v_i$. Est-il
2 vrai que v soit un multiple du caractère de la représentation régulière de
Γ/Γ', i.e. que $v(s) = 0$ pour tout $s \in \Gamma/\Gamma'$, $s \neq 1$? (C'est vrai si Γ est de type (FL), comme on le vérifie facilement.)

Les questions ci-dessus amènent à renforcer la condition (VFL):

DÉFINITION. *On dit que* Γ *est de type* (WFL) *si* Γ *est virtuellement sans torsion, et si tous les sous-groupes d'indice fini sans torsion de* Γ *sont de type* (FL).

PROPOSITION 13. *Soit* Γ *un groupe de type* (WFL) *et soit* m *le ppcm des ordres des sous-groupes finis de* Γ. *Il existe un entier* $n \geq 1$ *tel que* $m^n \cdot \chi(\Gamma) \in \mathbf{Z}$.

3 (J'ignore si l'on peut prendre $n = 1$.)

Il suffit de montrer que, si p est un nombre premier et si Γ ne contient pas d'élément d'ordre p, alors $\chi(\Gamma)$ est p-entier. Soit Γ' un sous-groupe d'indice fini de Γ qui soit sans torsion. Quitte à remplacer Γ' par l'intersection de ses conjugués, on peut supposer que Γ' est distingué dans Γ. Soit P un p-sous-groupe de Sylow de Γ/Γ', et soit Γ_p son image réciproque dans Γ. Si C est un sous-groupe fini de Γ_p, on a $C \cap \Gamma' = \{1\}$, ce qui montre que C est isomorphe à un sous-groupe de P, donc est un p-groupe. Comme Γ ne contient pas d'élément d'ordre p, on a donc $C = \{1\}$ ce qui prouve que Γ_p est sans torsion. Puisque Γ est supposé de type (WFL), Γ_p est de type (FL), et $\chi(\Gamma_p)$ est entier. Mais l'indice $(\Gamma : \Gamma_p)$ est premier à p, et l'on a $\chi(\Gamma) = \chi(\Gamma_p)/(\Gamma : \Gamma_p)$. D'où le fait que $\chi(\Gamma)$ est p-entier, cqfd.

La plupart des résultats des n^{os} précédents se transposent sans difficulté aux notions "virtuelles" définies ci-dessus. Nous nous bornerons à deux exemples:

i) *Actions cellulaires*

On reprend les notations et hypothèses du n°1.6: T est un CW-complexe acyclique sur lequel Γ opère cellulairement; pour toute cellule σ, on note Γ_σ le stabilisateur de σ; on choisit un ensemble Σ de représentants des cellules de T modulo Γ.

PROPOSITION 14. (a) *Si Γ est virtuellement sans torsion, il en est de même des Γ_σ et l'on a*

$$\mathrm{vcd}(\Gamma) \leq \operatorname*{Sup}_{\sigma \in \Sigma} (\dim(\sigma) + \mathrm{vcd}(\Gamma_\sigma)).$$

(b) *Supposons que Σ soit fini, et que Γ contienne un sous-groupe Γ' d'indice fini dont les intersections avec les conjugués des Γ_σ soient de type* (FL). *Alors Γ et les Γ_σ sont de type* (VFL), *et l'on a*

$$\chi(\Gamma) = \sum_{\sigma \in \Sigma} (-1)^{\dim(\sigma)} \chi(\Gamma_\sigma).$$

c) *Supposons que* Σ *soit fini, que* Γ *soit virtuellement sans torsion, et que les* Γ_σ *soient de type* (WFL). *Alors* Γ *est de type* (WFL).

Soit Γ' un sous-groupe d'indice fini sans torsion de Γ. Pour tout $\sigma \in \Sigma$, soit I_σ un ensemble de représentants dans Γ des éléments de $\Gamma' \backslash \Gamma / \Gamma_\sigma$. Les cellules $\gamma\sigma (\sigma \in \Sigma, \gamma \in I_\sigma)$ forment un système de représentants des cellules de T modulo Γ'. Le stabilisateur $\Gamma'_{\gamma\sigma}$ dans Γ' d'une telle cellule $\gamma\sigma$ est le groupe

$$\Gamma' \cap \Gamma_{\gamma\sigma} = \Gamma' \cap (\gamma \Gamma_\sigma \gamma^{-1}) \simeq (\gamma^{-1} \Gamma' \gamma) \cap \Gamma_\sigma .$$

Il est isomorphe à un sous-groupe d'indice fini sans torsion de Γ_σ. En appliquant la prop. 11 (a) à Γ' on en déduit

$$\begin{aligned} \mathrm{cd}(\Gamma') &\leq \sup_{\sigma,\gamma} \left(\dim(\sigma) + \mathrm{cd}(\Gamma'_{\gamma\sigma})\right) \\ &\leq \sup_{\sigma} \left(\dim(\sigma) + \mathrm{vcd}(\Gamma_\sigma)\right), \end{aligned}$$

d'où (a), puisque $\mathrm{vcd}(\Gamma) = \mathrm{cd}(\Gamma')$.

Supposons maintenant que Σ soit fini et que les $\Gamma'_{\gamma\sigma}$ soient de type (FL). Il est clair que les Γ_σ sont alors de type (VFL), et la prop. 11 (b), appliquée à Γ', montre que Γ' est de type (FL), donc que Γ est de type (VFL). Cela démontre la première partie de (b), ainsi que (c). La prop. 11 montre en outre que

$$\chi(\Gamma') = \sum_{\sigma \in \Sigma} \sum_{\gamma \in I_\sigma} (-1)^{\dim(\sigma)} \chi(\Gamma'_{\gamma\sigma}).$$

Mais $\chi(\Gamma')$ est égal à $(\Gamma : \Gamma')\, \chi(\Gamma)$. On est donc ramené à démontrer la formule

$$(\Gamma : \Gamma')\, \chi(\Gamma_\sigma) = \sum_{\gamma \in I_\sigma} \chi(\Gamma'_{\gamma\sigma}).$$

Puisque $\Gamma'_{\gamma\sigma}$ est isomorphe au groupe $\Gamma_\sigma^\gamma = (\gamma^{-1} \Gamma' \gamma) \cap \Gamma_\sigma$, le membre de droite peut s'écrire

$$\sum_{\gamma\in I_\sigma} \chi(\Gamma_\sigma^\gamma) = \sum_{\gamma\in I_\sigma} \chi(\Gamma_\sigma)\ (\Gamma_\sigma : \Gamma_\sigma^\gamma).$$

Il suffit donc de prouver que

$$(*) \qquad (\Gamma : \Gamma') = \sum_{\gamma\in I_\sigma} (\Gamma_\sigma : \Gamma_\sigma^\gamma).$$

Or $\Gamma'\backslash\Gamma$ est réunion disjointe des $\Gamma'\backslash\Gamma'\gamma\Gamma_\sigma$ pour $\gamma\in I_\sigma$, et l'on a

$$\mathrm{Card}\,(\Gamma'\backslash\Gamma'\gamma\Gamma_\sigma) = \mathrm{Card}\,(\Gamma_\sigma^\gamma\backslash\Gamma_\sigma) = (\Gamma_\sigma : \Gamma_\sigma^\gamma).$$

La formule (*) en résulte.

ii) *Amalgames*

PROPOSITION 15. *Soit* $\Gamma = \Gamma_1 *_A \Gamma_2$ *un amalgame* (cf. n° 1.3).

(a) *Supposons* Γ *virtuellement sans torsion. Il en est alors de même de* Γ_1, Γ_2 *et* A, *et l'on a*

$$\mathrm{vcd}(\Gamma) \le \mathrm{Sup}\ (\mathrm{vcd}(\Gamma_1),\ \mathrm{vcd}(\Gamma_2),\ 1 + \mathrm{vcd}(A)).$$

(b) *Supposons que* Γ *contienne un sous-groupe d'indice fini dont les intersections avec les conjugués de* A, Γ_1 *et* Γ_2 *soient de type* (FL). *Alors* A, Γ_1, Γ_2 *et* Γ *sont de type* (VFL), *et l'on a*

$$\chi(\Gamma) = \chi(\Gamma_1) + \chi(\Gamma_2) - \chi(A).$$

Si de plus, A, Γ_1 *et* Γ_2 *sont de type* (WFL), *il en est de même de* Γ.

Cela résulte de la prop. 14, appliquée à l'action de Γ sur *l'arbre* T défini par l'amalgame ([38], chap. I, n° 4.1).

COROLLAIRE 1. *Si* Γ_1 *et* Γ_2 *sont finis, le groupe* $\Gamma = \Gamma_1 *_A \Gamma_2$ *est de type* (WFL), *et l'on a*

$$\mathrm{vcd}(\Gamma) \le 1 \quad et \quad \chi(\Gamma) = \frac{1}{\mathrm{Card}\,(\Gamma_1)} + \frac{1}{\mathrm{Card}\,(\Gamma_2)} - \frac{1}{\mathrm{Card}\,(A)}.$$

On sait que Γ est *résiduellement fini* (cf. par exemple Bourbaki, Alg. I, n^{elle} éd., §7, exerc. 33). On en conclut qu'il existe un sous-groupe distingué d'indice fini de Γ qui rencontre Γ_1 et Γ_2 seulement en l'élément neutre. On est donc dans les conditions d'application de la prop. 15 (b). D'où le résultat.

COROLLAIRE 2. *Soit* S *un ensemble fini de nombres premiers, soit* $\mathbf{Z}_S$ *le sous-anneau de* $\mathbf{Q}$ *engendré par les éléments* $1/p$, $p \in S$, *et soit* $\Gamma_S = SL_2(\mathbf{Z}_S)$. *Le groupe* Γ_S *est de type* (WFL), *et l'on a*

$$\operatorname{vcd}(\Gamma_S) \leq 1 + \operatorname{Card}(S) \quad \textit{et} \quad \chi(\Gamma_S) = -\frac{1}{12} \prod_{p \in S} (1-p).$$

Lorsque $S = \emptyset$, on a $\mathbf{Z}_S = \mathbf{Z}$ et $\Gamma_S = SL_2(\mathbf{Z})$. Le corollaire résulte dans ce cas du cor. 1, appliqué à $\Gamma_1 = \mathbf{Z}/6\mathbf{Z}$, $\Gamma_2 = \mathbf{Z}/4\mathbf{Z}$ et $A = \mathbf{Z}/2\mathbf{Z}$ (on a bien $\frac{1}{6} + \frac{1}{4} - \frac{1}{2} = -\frac{1}{12}$). Lorsque $S \neq \emptyset$, on raisonne par récurrence sur le nombre d'éléments de S. Soit $p \in S$, et soit $T = S - \{p\}$. D'après [38], p. II-16, on peut écrire Γ_S comme un amalgame

$$\Gamma_S = \Gamma_1 *_A \Gamma_2$$

où Γ_1 et Γ_2 sont isomorphes à Γ_T et où A est d'indice $p+1$ dans Γ_1 et Γ_2. Le cor. 1, joint à l'hypothèse de récurrence, montre que Γ_S est de type (WFL), que $\operatorname{vcd}(\Gamma_S) \leq 1 + \operatorname{Card}(S)$, et que

$$\begin{aligned}
\chi(\Gamma_S) &= \chi(\Gamma_1) + \chi(\Gamma_2) - \chi(A)\\
&= (1+1-(p+1))\,\chi(\Gamma_T) = (1-p)\,\chi(\Gamma_T),\\
&= (1-p)\left(-\frac{1}{12}\right) \prod_{\ell \in T} (1-\ell)\\
&= -\frac{1}{12} \prod_{\ell \in S} (1-\ell), \text{ cqfd.}
\end{aligned}$$

REMARQUES

1) L'inégalité $\mathrm{vcd}(\Gamma_S) \leq 1 + \mathrm{Card}(S)$ est en fait une *égalité*, cf. n° 2.5, prop. 21.

2) Posons

$$\zeta_S(s) = \prod_{p \notin S} \frac{1}{1-p^{-s}}.$$

On a:

$$\zeta_S(-1) = \zeta(-1) \prod_{p \in S} (1-p) = -\frac{1}{12} \prod_{p \in S} (1-p),$$

d'où:

$$\chi(\Gamma_S) = \zeta_S(-1).$$

3) Lorsque $S = \{p\}$, on a $\Gamma_S = \mathrm{SL}_2(\mathbf{Z}[\frac{1}{p}])$; la caractéristique d'Euler-Poincaré de ce groupe est $(p-1)/12$, sa dimension cohomologique virtuelle est égale à 2. Soit Γ' un sous-groupe d'indice fini N de Γ_S, sans torsion; on a $\chi(\Gamma') = (p-1)N/12$; d'autre part, d'après le cor. 2 au th. 5 de [39], on a $H^1(\Gamma', V) = 0$ pour tout $k[\Gamma']$-module V qui est de rang fini sur k (k étant un corps de caractéristique zéro). On en déduit la formule:

$$\dim_k H^0(\Gamma', V) + \dim_k H^2(\Gamma', V) = \frac{(p-1)N}{12} \dim_k V.$$

1.9. *Exemple: groupes de Coxeter.*

Soit S un ensemble fini, et soit $M = (m(s,s'))$ une matrice de Coxeter de type S ([9], p. 20, déf. 4). Rappelons ce que cela signifie:

i) Si s,s' appartiennent à S, $m(s,s')$ est, soit un entier ≥ 1, soit $+\infty$.

ii) La matrice M est symétrique.

iii) On a $m(s,s') = 1$ si et seulement si $s = s$.

Soit W le *groupe de Coxeter* défini par M ([9], p. 91-92); il est engendré par les éléments s de S, soumis aux relations

$$(ss')^{m(s,s')} = 1 \quad \text{pour} \quad (s,s') \in S \times S \quad \text{et} \quad m(s,s') < \infty .$$

En particulier, on a $s^2 = 1$ pour tout $s \in S$.

Si I est une partie de S, on note W_I le sous-groupe de W engendré par I; c'est un groupe de Coxeter (plus précisément, le couple (W_I, I) est un système de Coxeter, cf. [9], p. 20, th. 2). On a $W_S = W$ et $W_\emptyset = \{1\}$.

PROPOSITION 16. (a) *Le groupe* W *est de type* (WFL).

(b) *Soit* d = Card(S) *et soit* m *le nombre de composantes irréductibles de* (W,S), cf. [9], p. 21. *On a* $\mathrm{vcd}(W) \leq d - m$.

(c) *Si* W *est infini, on a*

$$\sum_{I \subset S} \varepsilon(I)\, \chi(W_I) = 0 .$$

[Ici, et dans toute la suite, on pose $\varepsilon(I) = (-1)^{\mathrm{Card}(I)}$.]

On raisonne par récurrence sur d, le cas d = 0 étant trivial. Supposons $d \geq 1$. Nous allons utiliser le *complexe simplicial* T associé par Tits à W (cf. [45] ainsi que [9], p. 40, exerc. 16). Ce complexe jouit des propriétés suivantes, qui le caractérisent à isomorphisme près:

(α) W opère simplicialement sur T.

(β) T contient un simplexe C, de sommets $(x_s)_{s \in S}$ indexés par S; pour toute partie I de S, distincte de S, on note C_I la face de C de sommets les x_s, $s \in S - I$.

(χ) Si $w \in W$ et $I \subset S$, $I \neq S$, on a $w.C_I = C_I$ si et seulement si $w \in W_I$ et dans ce cas w est l'identité sur la face C_I.

(δ) Tout simplexe de T peut être transformé par un élément de W en une face de C et une seule.

En particulier T *est de dimension* d−1. Noter que l'on peut donner une interprétation géométrique de T: il est isomorphe[3] au complexe obtenu en

[3] Plus précisément, on définit une bijection canonique de T sur $\Sigma \cap U$ qui est continue et respecte les structures simpliciales de ces deux espaces; toutefois, ce n'est pas en général un homéomorphisme.

intersectant le cône U de [9], p. 96 avec une sphère Σ de centre 0 dans l'espace euclidien R^S. Lorsque W est fini, on a $U = R^S$ et T est *homéomorphe à* S_{d-1}. D'autre part:

LEMME 4. *Lorsque* W *est infini,* T *est contractile.*

Cela peut se déduire de l'interprétation géométrique de T mentionnée ci-dessus, compte tenu de ce que U est *convexe (loc. cit.,* p. 97) et distinct de R^S; on doit toutefois prendre certaines précautions, en raison du fait que la topologie de T ne coïncide pas nécessairement avec celle de $\Sigma \cap U$. Voici une autre démonstration, qui a l'avantage de s'appliquer également aux *immeubles* associés aux systèmes de Tits à groupe de Coxeter infini ([9], p. 49, exerc. 10):

Numérotons les éléments de W:

$$w_1, w_2, \ldots, w_n, \ldots$$

de telle sorte que, si $\ell(w)$ désigne la *longueur* de w ([9], p. 9, déf. 1), on ait $\ell(w_n) \leq \ell(w_{n+1})$ pour tout $n \geq 1$. On a $w_1 = 1$. Notons T_n le sous-complexe de T formé de la réunion des w_iC pour $i \leq n$; le complexe T est réunion croissante de la suite des T_n et il suffit donc de montrer que T_n est contractile pour tout n. Cela se fait par récurrence sur n, le cas $n = 1$ étant immédiat puisque $T_1 = C$ est un simplexe. Supposons $n \geq 2$. Le complexe T_n s'obtient en adjoignant le simplexe w_nC à T_{n-1} et tout revient à montrer que w_nC est *rétractile* sur $w_nC \cap T_{n-1}$. Soit J l'ensemble des $s \in S$ tels que $\ell(w_ns) < \ell(w_n)$. Comme $w_n \neq 1$, on a $J \neq \emptyset$; d'autre part, on a $J \neq S$ car sinon w_n serait l'élément de plus grande longueur de W ([9], p. 43, exerc. 22) et W serait fini. Soit I une partie de S distincte de S. Pour que la face w_nC_I de w_nC appartienne à T_{n-1}, il faut et il suffit qu'il existe un indice $i \leq n-1$ tel que $w_n \in w_iW_I$; comme $\ell(w_i) \leq \ell(w_n)$, ce n'est le cas que si w_n n'est pas l'élément de longueur minimum de la classe w_nW_I; d'après [9], p. 37, exerc. 3, ceci équivaut à dire que $\ell(w_ns) < \ell(w_n)$ pour au moins un $s \in I$, i.e. que I *rencontre* J. On voit ainsi que $w_nC \cap T_{n-1}$ *est réunion des faces* $w_nC_{\{j\}}$ *pour* $j \in J$. Comme ces faces sont de codimension 1, et que J est distinct à la fois de ∅ et de S, on en déduit bien que w_nC est rétractile sur $w_nC \cap T_{n-1}$, ce qui achève la démonstration du lemme.

Revenons maintenant à la démonstration de la prop. 16. Si W est fini, il n'y a rien à démontrer. Supposons donc W infini. Comme W est isomorphe à un sous-groupe de type fini de $GL_d(\mathbf{R})$ (cf. [9], p. 93), il est virtuellement sans torsion (voir aussi [9], p. 131, exerc. 9). Vu le lemme 4, on peut appliquer la prop. 14 au complexe T, en choisissant pour Σ l'ensemble des faces C_I $(I \neq S)$ de C. L'hypothèse de récurrence montre que les W_I sont de type (WFL) et il en est donc de même de W. On a de plus

$$\begin{aligned} \mathrm{vcd}(W) &\leq \sup_{I \neq S} \left(\dim(C_I) + \mathrm{vcd}(W_I)\right) \\ &\leq \sup_{I \neq S} \left(d-1 - \mathrm{Card}(I) + (\mathrm{Card}(I) - m_I)\right), \end{aligned}$$

où m_I désigne le nombre de composantes irréductibles de W_I. On en déduit

$$\mathrm{vcd}(W) \leq d-1,$$

ce qui démontre (b) lorsque W est irréductible; le cas général se ramène à celui-là en décomposant W en facteurs irréductibles et en appliquant, par exemple, la prop. 6. Enfin, la prop. 14 montre que l'on a

$$\chi(W) = \sum_{I \neq S} (-1)^{\dim(C_I)} \chi(W_I)$$

$$= -\varepsilon(S) \sum_{I \neq S} \varepsilon(I)\, \chi(W_I),$$

d'où, en regroupant,

$$\sum_{I \subset S} \varepsilon(I)\, \chi(W_I) = 0, \text{ cqfd.}$$

REMARQUES

1) L'action de W sur T donne d'autres renseignements sur la cohomologie de W à valeurs dans un W-module M:

Pour tout entier $q \geq 0$, définissons un "faisceau simplicial" $\mathcal{H}^q(M)$ sur le simplexe C en associant à toute face C_I de C le groupe $H^q(W_I, M)$, et à toute inclusion $C_I \subset C_J$ l'homomorphisme

$$\text{Res}\colon\ H^q(W_I, M) \to H^q(W_J, M).$$

Notons $H^\bullet(C, \mathcal{H}^q(M))$ la cohomologie du simplexe C à valeurs dans le faisceau $\mathcal{H}^q(M)$. Si W est infini, le fait que T soit acyclique entraîne l'existence d'une *suite spectrale*, convergeant vers $H^\bullet(W, M)$, dont le terme $E_2^{p,q}$ est égal à $H^p(C, \mathcal{H}^q(M))$; le cas où W est fini est analogue, mais un peu plus compliqué. Dans les deux cas, on obtient des relations étroites entre $H^\bullet(W, M)$ et les $H^\bullet(W_I, M)$ pour $I \neq S$; on devrait pouvoir les utiliser pour étudier plus en détail $H^\bullet(W, M)$.

2) La formule

$$\sum_{I \subset S} \varepsilon(I)\, \chi(W_I) = 0 \qquad \text{(pour W infini)}$$

permet de calculer $\chi(W)$ par récurrence sur $d = \mathrm{Card}(S)$, compte tenu de ce que $\chi(W_I) = 1/\mathrm{Card}(W_I)$ lorsque W_I est fini. En voici quelques exemples:

i) (Groupes *triangulaires* de Schwarz). On prend pour graphe de Coxeter un triangle

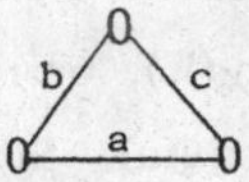

et l'on note a,b,c les $m(s,s')$ correspondant à ses côtés. On suppose que $\frac{1}{a} + \frac{1}{b} + \frac{1}{c} \leq 1$, ce qui équivaut à dire que W est infini ([9], p. 130, exerc. 4). Les W_I correspondant à $\mathrm{Card}(I) = 2$ sont d'ordre 2a, 2b, 2c; ceux correspondant à $\mathrm{Card}(I) = 1$ sont d'ordre 2; on trouve donc:

$$\chi(W) = (1/2a + 1/2b + 1/2c) - 3/2 + 1$$
$$= \frac{1}{2}\left(\frac{1}{a} + \frac{1}{b} + \frac{1}{c} - 1\right).$$

ii) Graphe 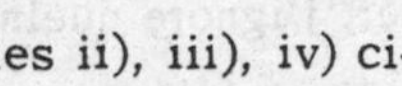; on trouve $\chi(W) = 1/2^6 3^2 5^2$.

iii) Graphe 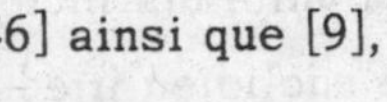; on trouve $\chi(W) = 17/2^7 3^2 5^2$.

iv) Graphe 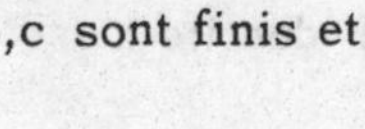; on trouve $\chi(W) = 11/2^7 3^2 5$.

[Les graphes ii), iii), iv) ci-dessus sont *de type hyperbolique compact* (cf. Vinberg [46] ainsi que [9], p. 133, exerc. 15); il en est de même du graphe i) si a,b,c sont finis et $\frac{1}{a} + \frac{1}{b} + \frac{1}{c} < 1$. Plus généralement, lorsque W est de type hyperbolique, on a $\chi(W) = 0$ si d est pair, $\chi(W) > 0$ si $d \equiv 1 \pmod 4$ et $\chi(W) < 0$ si $d \equiv 3 \pmod 4$; de plus, $\mathrm{vcd}(W) = d-1$ si W est de type compact, et $\mathrm{vcd}(W) = d-2$ sinon.]

La proposition suivante donne un autre moyen de calculer $\chi(W)$:

PROPOSITION 17. *Notons* W(t) *la série formelle* $\sum_{w \in W} t^{\ell(w)}$. *Alors* W(t) *est une fonction rationnelle de* t, *et l'on a*

$$\chi(W) = 1/W(1).$$

Le fait que W(t) soit une fonction rationnelle est démontré dans [9], p. 45, exerc. 26. Cela donne un sens à l'expression 1/W(1). Pour démontrer que 1/W(1) est égal à $\chi(W)$, on raisonne par récurrence sur $d = \mathrm{Card}(S)$, le cas $d \leq 1$ étant trivial. Si W est fini, on a $W(1) = \mathrm{Card}(W)$, et la formule est évidente. Supposons W infini. L'hypothèse de récurrence, jointe à la prop. 16, montre que

$$\varepsilon(S)\chi(W) = - \sum_{I \neq S} \varepsilon(I)/W_I(1).$$

Mais, d'après [9], *loc. cit.*, f), on a $\sum_{I \subset S} \varepsilon(I)/W_I(t) = 0$, d'où, en faisant $t = 1$, l'équation

$$\varepsilon(S)/W(1) = - \sum_{I \neq S} \varepsilon(I)/W_I(1).$$

En comparant, on trouve bien $\chi(W) = 1/W(1)$, cqfd.

REMARQUE

Lorsque W est fini, ou "euclidien", on peut donner des formules explicites simples pour W(t), cf. [9], p. 230-231, exerc. 10. Je ne connais rien de tel dans le cas général. En particulier, j'ignore quels sont les *pôles* de W(t) (ses zéros sont des racines de l'unité distinctes de 1, cf. [9], p. 45, exerc. 26). Lorsque W est de type euclidien irréductible, ou hyperbolique compact, on prouve facilement l'identité

$$W(t^{-1}) = -\varepsilon(S)\, W(t),$$

cf. n° 3.4, prop. 26 (d); cela donne une propriété de *symétrie* des pôles en question, et montre que ce sont des *unités* dans un corps de nombres algébriques.

§2. SOUS-GROUPES DISCRETS DES PRODUITS DE GROUPES DE LIE

Dans ce §, Γ est un sous-groupe discret d'un produit fini $G = \Pi G_\alpha$ de groupes de Lie (réels ou ultramétriques), et l'on se propose de relier la cohomologie de Γ aux propriétés des G_α. Nous nous occuperons seulement des invariants $cd(\Gamma)$, $vcd(\Gamma)$ ainsi que des propriétés (FL), (VFL) et (WFL) définies au §1; pour $\chi(\Gamma)$, voir §3.

2.1. *Rappels sur le cas réel.*

Soit G un groupe de Lie réel ayant un nombre fini de composantes connexes, et soit K un sous-groupe compact maximal de G. Nous poserons

$$d(G) = \dim(G/K) = \dim(G) - \dim(K).$$

On sait que l'espace homogène $T = G/K$ est difféomorphe à l'espace euclidien $R^{d(G)}$; en particulier, T est contractile. De plus, G opère *proprement* sur T.

Soit Γ un sous-groupe *discret* de G. Si $x \in T$, le stabilisateur Γ_x de x dans Γ est compact et discret, donc *fini*. Si Γ est sans torsion, il en résulte que Γ opère *librement* sur T, de sorte que T est un revêtement universel de la variété quotient $X_\Gamma = \Gamma \backslash T = \Gamma \backslash G/K$.

L'espace X_Γ est un espace $K(\Gamma, 1)$, cf. n° 1.5. De plus, comme X_Γ est une variété différentielle, on peut la *trianguler*.[4]

---

[4] Pour la triangulation des variétés différentielles (éventuellement à bords), voir J. R. Munkres, *Elementary Differential Topology*, Ann. of Math. Studies n° 54, §10. [En fait, dans la plupart des applications, une *décomposition cellulaire* suffit, et cela peut s'obtenir à moindre frais, grâce à la théorie de Morse.]

PROPOSITION 18. *Soit* Γ *un sous-groupe discret sans torsion de* G.

(a) *Si* G/Γ *est compact,* Γ *est de type* (FL), *et* $cd(\Gamma) = d(G)$.

(b) *Si* G/Γ *n'est pas compact, on a* $cd(\Gamma) \leq d(G)-1$.

Cela résulte de ce qui précède, et de la prop. 9 du n° 1.5. Pour (a), il faut en outre remarquer que G/Γ est compact si et seulement si la variété X_Γ est compacte; pour (b), on utilise le lemme bien connu suivant (conséquence de la dualité de Poincaré):

LEMME 5. *Soit* X *une variété topologique connexe non compacte, et soit* M *un système local de coefficients sur* X. *On a* $H^n(X, M) = 0$ *pour tout* $n \geq \dim(X)$.

La proposition 18 entraîne évidemment:

COROLLAIRE. *Soit* Γ *un sous-groupe discret de* G. *Supposons* Γ *virtuellement sans torsion. On a alors* $vcd(\Gamma) \leq d(G)$ *et il y a égalité si et seulement si* G/Γ *est compact; dans ce dernier cas,* Γ *est de type* (WFL).

REMARQUE

Revenons au cas où Γ est sans torsion. Disons que $X_\Gamma = \Gamma\backslash T$ est *bordable* s'il existe une variété à bord Y_Γ de classe C^∞ qui soit compacte et dont l'intérieur soit isomorphe à X_Γ. Comme les espaces X_Γ et Y_Γ ont même type d'homotopie, Y_Γ est aussi un espace $K(\Gamma, 1)$. Mais toute variété différentielle à bord peut être triangulée. On en déduit que, *si* X_Γ *est bordable, le groupe* Γ *est de type* (FL). Cela s'applique notamment au cas où G est semi-simple et Γ arithmétique (Raghunathan [33] - voir aussi n° 2.4, dém. du th. 4). Signalons à ce sujet:

QUESTION

Soit μ une mesure de Haar à droite sur G. Supposons que $\mu(G/\Gamma)$
4 soit *fini*. Est-il vrai que X_Γ est bordable?

C'est vrai lorsque G est un groupe semi-simple de rang réel 1, d'après Garland-Raghunathan [17].

2.2. *Rappels sur le cas ultramétrique.*

Soit k un *corps local;* dans tout ce qui suit, nous entendrons par là un corps *complet* pour une valuation discrète v, à corps résiduel *parfait.*[5] On suppose v *normée* de telle sorte que $v(k^*) = Z$; on note O_v (resp. $\mathfrak{m}_v$, resp. $\tilde{k}$) l'anneau de v (resp. son idéal maximal, resp. son corps résiduel); on a $\tilde{k} = O_v/\mathfrak{m}_v$. Le cas le plus important pour la suite est celui où k est *localement compact,* i.e. où $\tilde{k}$ est *fini.*

Soit maintenant L un *groupe algébrique linéaire* sur k. Notons G le groupe L(k) de ses points à coefficients dans k; c'est un groupe topologique. Comme L est une variété affine, la notion de partie bornée de G a un sens évident (c'est une partie qui est bornée dans *un* plongement affine, ou dans *tous,* cela revient au même). Lorsque k est localement compact, il en est de même de G, et "borné" équivaut à "relativement compact".

Supposons que L soit *réductif connexe,* et notons d(G) son rang sur k au sens de Borel-Tits [8], i.e. la dimension d'un tore déployé maximal de L. D'après Bruhat et Tits, on peut associer à L un CW-complexe T, sur lequel G opère cellulairement, et qui joue un rôle analogue à celui de l'espace homogène G/K du n° précédent. On appelle T *l'immeuble* de G. Il jouit des propriétés suivantes:

i) T est *contractile.*

ii) On a dim(T) = d(G).

iii) Pour toute cellule σ de T, le stabilisateur G_σ de σ dans G est un *sous-groupe ouvert borné* de G.

iv) Tout sous-groupe borné de G est contenu dans un G_σ.

v) Les cellules de T sont *en nombre fini* modulo l'action de G.

Commençons par deux cas particuliers:

5 J'ignore si cette hypothèse est indispensable.

a) L *est le groupe multiplicatif* G_m (de sorte que $G = k^*$).

On prend pour T la droite R, munie de la triangulation définie par les points *entiers*, et par les intervalles $[n,n+1]$, $n \in Z$. Si $g \in k^*$ est un élément de G, on fait opérer g sur T par la translation d'amplitude v(g). Les G_σ sont tous égaux au *groupe des unités* de k^*, qui est le plus grand sous-groupe borné de G. Il est clair que les propriétés i) à v) ci-dessus sont satisfaites.

b) L *est simple sur* k.

C'est le cas crucial, traité par Bruhat-Tits (cf. [11], [12]). Soit $\bar{L}$ le revêtement universel (au sens algébrique) de L. Bruhat et Tits commencent par munir le groupe $\bar{L}(k)$ d'une structure de *système de Tits* ([9], chap. IV, §2); le groupe de Weyl W de ce système est un groupe de Coxeter euclidien irréductible infini de rang égal à $d(G) + 1$. [Lorsque L est *déployé*, le système de Tits en question avait été défini par Iwahori et Matsumoto [23]; le groupe W est alors simplement le *groupe de Weyl affine* du système de racines de L. Le cas quasi-déployé est dû à Hijikata [20]. Bruhat et Tits montrent comment on peut ramener le cas général à ces cas particuliers par une "descente galoisienne" convenable.]

Une fois obtenu le système de Tits de $\bar{L}(k)$, on définit T comme *l'immeuble associé à ce système* (cf. [12], I, §2 ou [9], p. 49, exerc. 10); c'est un *complexe simplicial*; ses faces correspondent aux sous-groupes "parahoriques" de $\bar{L}(k)$. Le groupe $\bar{L}(k)$ opère simplicialement sur T, avec pour domaine fondamental un simplexe de dimension d(G). Plus généralement, le groupe des automorphismes de $\bar{L}$ opère de façon naturelle sur T; comme L s'envoie de façon évidente dans le *groupe adjoint* de $\bar{L}$, on en déduit bien une action de $G = L(k)$ sur T. Les propriétés ii) et v) sont immédiates; iii) résulte de ce qu'un groupe "parahorique" est ouvert et borné; i) et iv) sont des propriétés générales des immeubles à groupe de Coxeter de type euclidien, cf. [10], [12].

EXEMPLE

Prenons pour L le groupe SL_n, $n \geq 2$, qui est simplement connexe.

L'immeuble T s'interprète de la manière suivante: soit R l'ensemble des *réseaux* de k^n (sous-O_v-modules libres de rang n), et soit $\overline{R}$ le quotient de R par k^* opérant par homothéties. L'ensemble $\overline{R}$ est *l'ensemble des sommets* de T. Une partie finie de $\overline{R}$ est une *face* de T si l'on peut représenter ses éléments par des réseaux $L_1,\ldots,L_p$ tels que

$$L_1 \supset L_2 \supset \ldots \supset L_p \supset m_v L_1.$$

Le stabilisateur d'une telle face est simplement l'ensemble des $g \in G$ tels que $g(L_i) = L_i$ pour $i = 1,\ldots,p$.

Lorsque $n = 2$, on retrouve *l'arbre de* SL_2, cf. [38], chap. II.

c) *Construction de* T: *cas général.*

Soit C le centre de L, et soit $L/C = \prod_{\alpha \in A} L_\alpha$ la décomposition du groupe semi-simple L/C en produit de groupes simples. Pour tout $\alpha \in A$, soit T_α l'immeuble de L_α, cf. b). Le groupe $G = L(k)$ opère simplicialement sur T_α, grâce à l'homomorphisme $L \to L_\alpha$.

Soit d'autre part Φ une *base* du groupe abélien $\mathrm{Hom}_k(L, G_m)$. Pour tout $\phi \in \Phi$, soit T_ϕ l'immeuble de G_m, cf. a), et faisons opérer L(k) sur T_ϕ au moyen de ϕ.

On pose alors

$$T = \prod_{\alpha \in A} T_\alpha \times \prod_{\phi \in \Phi} T_\phi .$$

C'est un *complexe polysimplicial* au sens de [12], I, 1.1; en particulier, c'est un CW-complexe. Le groupe G opère de façon naturelle sur T. Les propriétés i) à v) se vérifient en remarquant que L est isogène à un produit

$$L_1 = L' \times \prod_{\alpha \in A} L_\alpha \times \prod_{\phi \in \Phi} G_m ,$$

où L′ est de rang 0; le groupe L′(k) est alors *borné* (cf. [11], cor. au th. 4) et l'on se réduit ainsi facilement aux cas a) et b) considérés ci-dessus; nous laissons les détails de cette réduction au lecteur (d'autant plus que le cas où L est *isomorphe* à L_1 nous suffirait pour la suite).

REMARQUES

1) Lorsque k est localement compact, le complexe T est localement fini, donc aussi localement compact; les stabilisateurs G_σ des cellules σ de T sont des *sous-groupes ouverts compacts* de G.

2) La structure de complexe de T dépend du choix de la base Φ de $\mathrm{Hom}_k(L, G_m)$; c'est sans inconvénient pour les applications.

Applications à la cohomologie des groupes

Soit Γ un groupe, et soit i un homomorphisme de Γ dans le groupe $G = L(k)$. Si U est un sous-groupe de G, on pose $\Gamma_U = i^{-1}(U)$. On note $\mathfrak{B}$ l'ensemble des sous-groupes *ouverts bornés* de G.

PROPOSITION 19. *On a* $\mathrm{cd}(\Gamma) \leq d(G) + \mathrm{Sup.}_{U \in \mathfrak{B}}\, \mathrm{cd}(\Gamma_U)$.

On fait opérer Γ sur T au moyen de $i : \Gamma \to G$. Les stabilisateurs Γ_σ des cellules σ de T sont de la forme Γ_U, avec $U \in \mathfrak{B}$, vu la propriété iii) de l'immeuble T. La prop. 19 résulte de là, et de la prop. 11 (a) du n° 1.6.

PROPOSITION 20. *Supposons que, pour tout* $U \in \mathfrak{B}$, Γ_U *soit de type* (FL), *et que* $i(\Gamma)\backslash G/U$ *soit fini. Alors* Γ *est de type* (FL).

Soit $\mathfrak{S}$ l'ensemble des cellules de T. Vu les propriétés iii) et v) de l'immeuble T, le G-ensemble $\mathfrak{S}$ est réunion disjointe d'un nombre fini d'espaces homogènes de la forme G/U, avec $U \in \mathfrak{B}$. Le quotient de $\mathfrak{S}$ par Γ est donc réunion finie d'ensembles de la forme $i(\Gamma)\backslash G/U$; vu l'hypothèse faite sur Γ, il est *fini*. La proposition résulte de là, et de la prop. 11 (b) du n° 1.6.

REMARQUES

1) Dans les énoncés ci-dessus, on peut remplacer $\mathfrak{B}$ par l'ensemble

$\mathfrak{B}'$ des stabilisateurs des cellules de T (lorsque L est simple et simplement connexe, $\mathfrak{B}'$ est l'ensemble des *sous-groupes parahoriques* de G, au sens de Bruhat-Tits).

2) Supposons k localement compact. Alors $\mathfrak{B}$ est l'ensemble des sous-groupes *ouverts compacts* de G; si U,U′ appartiennent à $\mathfrak{B}$, $U \cap U'$ est d'indice fini dans U et U′; on en déduit une propriété analogue pour les Γ_U. Compte tenu du th. 1 du n° 1.7, on voit que, si Γ est sans torsion, les Γ_U *ont même dimension cohomologique,* ce qui simplifie l'énoncé de la prop. 19; de même, dans le cas de la prop. 20, on peut se borner aux sous-groupes U qui sont *compacts maximaux* dans G.

QUESTION

Prenons pour k le corps p-adique Q_p, et soit $H^m_{cont}(G, Q_p)$ (resp. $H^m_{ana}(G, Q_p)$) le m-ième groupe de cohomologie du complexe des cochaînes *continues* (resp. *analytiques*) de G à valeurs dans Q_p. Lorsque $d(G) = 0$, le groupe G est *compact*, et un théorème de Lazard ([27], chap. V, §2) montre que

$$H^m_{cont}(G, Q_p) = H^m_{ana}(G, Q_p) = H^m(\mathfrak{g}, Q_p),$$

où $\mathfrak{g}$ désigne *l'algèbre de Lie* de G. A-t-on un résultat analogue dans le
5 cas général? Il devrait être possible d'utiliser l'action de G sur l'immeuble T pour mettre en relation les groupes de cohomologie en question avec ceux des sous-groupes ouverts compacts de G, lesquels sont justiciables de la théorie de Lazard. Le premier cas à considérer est celui de $SL_2(Q_p)$, qui est somme amalgamée de deux copies de $SL_2(Z_p)$.

2.3. *Passage aux produits*

Dans ce n°, $(G_\alpha)_{\alpha\in A}$ désigne une famille finie de groupes de Lie. On suppose que chaque G_α est de l'un des types considérés aux n°s 2.1 et 2.2, autrement dit:

(i) un groupe de Lie réel ayant un nombre fini de composantes connexes;

(ii) le groupe $L_\alpha(k_\alpha)$ des k_α-points d'un groupe algébrique réductif connexe L_α sur un corps local k_α.

Dans le cas (i), on note T_α le quotient de G_α par l'un de ses sous-groupes compacts maximaux; dans le cas (ii), on note T_α l'immeuble de G_α. On pose $d(G_\alpha) = \dim(T_\alpha)$; dans le cas (ii), c'est aussi le rang de G_α sur k_α. Enfin, on pose

$$G = \prod_{\alpha \in A} G_\alpha, \quad T = \prod_{\alpha \in A} T_\alpha \quad \text{et} \quad d(G) = \dim(T) = \sum_{\alpha \in A} d(G_\alpha).$$

Le groupe G opère sur T.

Une partie H de G est dite *bornée* si ses projections sur les G_α de type (i) (resp. de type (ii)) sont relativement compactes (resp. sont bornées). On dit que H est *fortement discrète*[6] si toute partie bornée de H est finie. Lorsque les k_α sont localement compacts, "borné" équivaut à "relativement compact" et "fortement discret" équivaut à "discret".

THÉORÈME 2. *Soit* Γ *un sous-groupe de* G *qui soit sans torsion et fortement discret. On a alors* $cd(\Gamma) \leq d(G)$.

On raisonne par récurrence sur le nombre des facteurs G_α qui sont de type (ii). Lorsqu'il n'y en a aucun, G est de type (i), et le théorème résulte de la prop. 18. Supposons donc qu'il y en ait un, soit G_α, et notons H le produit des G_β, $\beta \neq \alpha$. Soit U un sous-groupe ouvert borné de G_α,

---

6 Lorsque le produit $G = \prod G_\alpha$ est réduit à un seul facteur de type (ii), dire que H est fortement discrete équivaut à dire que H est une *sous-variété de dimension zéro de* G, au sens de la géométrie analytique *rigide* de Tate. Signalons à ce propos la question suivante: si Γ est un sous-groupe fortement discret de G, peut-on définir de façon raisonnable une variété rigide quotient G/Γ ? C'est le cas si G est un tore, d'après Tate, Morikawa et Raynaud; j'ignore ce qu'il en est lorsque $G = SL_2(\mathbf{Q}_p)$, par exemple.

et soit Γ_U l'intersection de Γ avec $H \times U$. Le noyau de la projection

$$pr_1 : \Gamma \to H$$

est contenu dans $\{1\} \times U$, donc borné. Puisque Γ est fortement discret, ce noyau est fini, et, puisque Γ est sans torsion, il est réduit à $\{1\}$. On peut donc identifier Γ_U au moyen de pr_1 à un sous-groupe de H, et il est immédiat que ce sous-groupe est fortement discret dans H. D'après l'hypothèse de récurrence, on a donc $cd(\Gamma_U) \leq d(H)$. D'où, en appliquant la prop. 19,

$$\begin{aligned} cd(\Gamma) &\leq d(G_\alpha) + \text{Sup. } cd(\Gamma_U) \\ &\leq d(G_\alpha) + d(H) = d(G), \end{aligned}$$

ce qui démontre le théorème.

COROLLAIRE. *Si* $d(G) = 1$, *tout sous-groupe fortement discret sans torsion de* G *est un groupe libre.*

En effet, on a alors $d(\Gamma) \leq 1$, et l'on applique le théorème de Stallings-Swan, cf. 1.4, c).

EXEMPLE. Lorsque $G = \mathbf{PGL}_2(k)$, où k est un corps local, le corollaire ci-dessus redonne un théorème de Ihara ([22], voir aussi [38], p. II-20).

Supposons maintenant que les G_α soient *localement compacts*, auquel cas il en est de même de G.

THÉORÈME 3. *Soit* Γ *un sous-groupe discret sans torsion de* G *tel que* G/Γ *soit compact. Alors* Γ *est de type* (FL).

Le raisonnement est le même que pour le th. 2: on procède par récurrence sur le nombre des facteurs G_α de type (ii). Lorsqu'il n'y en a aucun, G est de type (i) et le théorème résulte de la prop. 18. Lorsqu'il y en a un, soit G_α, on note H le produit des G_β, $\beta \neq \alpha$. Si U est un sous-groupe ouvert compact de G_α, le groupe $\Gamma_U = \Gamma \cap (H \times U)$ s'identifie à un sous-groupe discret de H. Faisons opérer à droite le sous-groupe $H \times U$ sur l'espace homogène $\Gamma\backslash G$; les orbites de $H \times U$ sont ouvertes, et comme $\Gamma\backslash G$ est compact, on voit qu'elles sont fermées (donc compactes), et en nombre fini. Comme $\Gamma\backslash G/(H \times U)$ s'identifie à $pr_{\alpha}(\Gamma)\backslash G_{\alpha}/U$, on en déduit que ce dernier ensemble est *fini*. Vu la prop. 20, on est donc ramené à prouver que les Γ_U sont de type (FL). Mais le quotient $(H \times U)/\Gamma_U$ est l'une des orbites de $H \times U$ opérant dans $\Gamma\backslash G$, donc est compact d'après ce qui précède. Comme U est compact, on déduit de là que H/Γ_U *est compact.* L'hypothèse de récurrence montre alors que Γ_U est de type (FL), ce qui achève la démonstration.

COROLLAIRE. *Soit* Γ *un sous-groupe discret de* G, *qui soit virtuellement sans torsion. On a alors* $\mathrm{vcd}(\Gamma) \leq d(G)$. *Si de plus* G/Γ *est compact,* Γ *est de type* (WFL).

Cela résulte du théorème précédent, appliqué aux sous-groupes sans torsion d'indice fini de Γ.

VARIANTE

On pourrait songer à démontrer le th. 3 en faisant opérer Γ sur le produit T des T_{α}. L'action de Γ est propre et libre, et T est contractile, de sorte que T/Γ *est un espace* $K(\Gamma, 1)$. De plus, comme G/Γ est *compact,* il en est de même de T/Γ. Pour passer de là au fait que Γ est de type (FL), il suffirait donc de montrer que T/Γ *admet une décomposition cellulaire.* C'est probablement faisable (en "stratifiant" T/Γ à l'aide de variétés à coins), mais en tout cas moins simple que le raisonnement par récurrence utilisé ci-dessus.

REMARQUES

1) Si Γ satisfait aux hypothèses du th. 3, on peut montrer que $\mathrm{cd}(\Gamma) = d(G)$.

2) Il serait intéressant d'établir des "vanishing theorems" analogues à ceux du cas réel. Prenons par exemple le cas où $G = L(k)$, L étant un

groupe algébrique simple sur un corps local k, extension finie de Q_p; soit Γ un sous-groupe discret de G tel que G/Γ soit compact; *est-il vrai que* $H^m(\Gamma, k) = 0$ *pour* $0 < m < d(G)$? (Des résultats dans cette direction viennent d'être obtenus par H. Garland.) La même question se pose pour les autres représentations ρ de G; le cas $m = 1$, $\rho = \mathrm{Ad}$, est particu-
6 lièrement intéressant, car lié à la *rigidité* de Γ.

2.4. *Groupes S-arithmétiques.*

Rappelons d'abord la définition de ces groupes:

Soit k un corps *global,* i.e. un corps de nombres algébriques (extension finie de $\mathbf{Q}$) ou un corps de fonctions d'une variable sur un corps fini. Soit Σ l'ensemble des places de k et soit Σ^∞ le sous-ensemble de Σ formé des places archimédiennes. Si v appartient à Σ, nous noterons k_v le complété de k pour la topologie définie par v; le corps k_v est isomorphe à $\mathbf{R}$ ou $\mathbf{C}$ si $v \in \Sigma^\infty$; sinon, k_v est un corps local localement compact.

Soit S une partie finie non vide de Σ contenant Σ^∞. Nous noterons O_S le sous-anneau de k formé des éléments dont la valuation est ≥ 0 en toutes les places n'appartenant pas à S. C'est un anneau de Dedekind, dont les idéaux maximaux correspondent aux éléments de $\Sigma - S$.

Soit L un groupe algébrique linéaire sur le corps k; choisissons un plongement de L dans un groupe linéaire GL_n, et notons Γ_S le groupe $L(k) \cap GL_n(O_S)$. Un sous-groupe Γ de $L(k)$ est dit S-*arithmétique* s'il est commensurable à Γ_S, i.e. si $\Gamma \cap \Gamma_S$ est d'indice fini dans Γ et dans Γ_S; cette propriété ne dépend pas du choix du plongement $L \to GL_n$.

Pour tout $v \in S$, notons G_v le groupe $L(k_v)$ des points de L à valeurs dans k_v; c'est un groupe de Lie sur k_v. Posons

$$G = \prod_{v \in S} G_v .$$

Le groupe G est localement compact; si Γ est un sous-groupe S-arithmétique de L(k), on voit tout de suite que Γ est un *sous-groupe discret* de G.

Limitons-nous maintenant au cas où L est *réductif connexe*. Les définitions et résultats du n^{o} précédent s'appliquent alors aux groupes G_v et à leur produit G. On définit en particulier $d(G_v)$ de la manière suivante:

si $v \notin \Sigma^{\infty}$, $d(G_v)$ est le rang de L sur k_v;

si $v \in \Sigma^{\infty}$, $d(G_v)$ est la dimension (réelle) du quotient de G_v par un sous-groupe compact maximal.

On pose

$$d(G) = \sum_{v \in S} d(G_v).$$

THÉORÈME 4. *Soit* Γ *un sous-groupe* S-*arithmétique de* L(k), *où* L *est réductif connexe.*

(a) *Supposons que* k *soit un corps de nombres. Alors* Γ *est de type* (WFL) *et l'on a* $\mathrm{vcd}(\Gamma) \leq d(G)$; *si le rang de* L *sur* k *est* ≥ 1 (i.e. si G/Γ n'est pas compact, cf. [6], 8.12), *on a* $\mathrm{vcd}(\Gamma) \leq d(G) - 1$.

(b) *Supposons que* k *soit un corps de fonctions sur un corps fini, et que le rang de* L *sur* k *soit* 0. *Alors* Γ *est de type* (WFL) *et l'on a* $\mathrm{vcd}(\Gamma) \leq d(G)$.

Cas (a)

On sait que Γ est virtuellement sans torsion (cf. par exemple [7], 17.4). On peut donc supposer que Γ est *sans torsion*. Distinguons alors trois cas:

(a_1) *Le rang de* L *sur* k *est* 0

Le quotient G/Γ est compact ([6], *loc. cit.*) et le th. 3 montre que Γ est de type (FL); d'autre part, le th. 2 montre que $\mathrm{cd}(\Gamma) \leq d(G)$.

(a_2) *Le rang de* L *sur* k *est* ≥ 1, *et* $S = \Sigma^{\infty}$

Ce cas se déduit de Raghunathan [33]. Plus précisément, on se ramène d'abord, par restriction des scalaires, au cas où $k = \mathbf{Q}$. On a alors $G = L(R)$ et Γ est un sous-groupe arithmétique de $L(Q)$. Soit C la composante neutre du centre de L; comme L est réductif, c'est un tore. Soit D le plus grand sous-tore déployé de C, et soit $L' = L/D$. Le groupe $\Gamma \cap D(Q)$ est un sous-groupe arithmétique de $D(Q)$, donc fini, et comme Γ est sans torsion, on a $\Gamma \cap D(Q) = \{1\}$; ainsi Γ s'identifie à un sous-groupe de $L'(Q)$ et il est facile de voir que ce sous-groupe est arithmétique. On est ainsi ramené au cas où $D = \{1\}$, i.e. où le rang de C sur Q est nul. Le quotient de $D(R)$ par $\Gamma \cap C(Q)$ est alors *compact*. Soit d'autre part $M = L/C$; c'est un groupe semi-simple, et l'image Γ_M de Γ dans $M(Q)$ en est un sous-groupe arithmétique (pouvant *a priori* avoir de la torsion). Soit maintenant K un sous-groupe compact maximal de $G = L(R)$, et soit K_M un sous-groupe compact maximal de $M(R)$ contenant l'image de K par l'homomorphisme de projection $p : G \to M(R)$. D'après [33], il existe une application $f : M(R) \to \mathbf{R}_+$, qui est de classe C^∞ et vérifie les propriétés suivantes:

(i) f est invariante à droite par Γ_M et à gauche par K_M;

(ii) l'application $f_\Gamma : M(R)/\Gamma_M \to R_+$ déduite de f par passage au quotient est *propre* (i.e. $f_\Gamma(x)$ tend vers l'infini avec x).

(iii) il existe un compact de $M(R)/\Gamma_M$ en dehors duquel f_Γ n'a pas de point critique (i.e. df_Γ ne s'annule pas).

En composant f avec p, on contient une fonction $F : G \to \mathbf{R}_+$. Cette fonction F jouit des propriétés (i), (ii), (iii) ci-dessus relativement aux groupes K et Γ; c'est immédiat pour (i), et pour (ii) et (iii) cela résulte de ce que $g/\Gamma \to M(R)/\Gamma_M$ est *propre* (puisque $C(R)/(\Gamma \cap C(Q))$ est compact). On peut maintenant appliquer à F l'argument de Raghunathan [33] : soit $X_\Gamma = K\backslash G/\Gamma$ et soit $F_X : X_\Gamma \to R_+$ la fonction définie par F. Du fait que Γ est sans torsion, X_Γ est une variété différentielle, et F_X jouit des propriétés (ii) et (iii) ci-dessus. Si c est un nombre réel assez grand, un argument standard montre que X_Γ est difféomorphe à l'intérieur de la variété à bord $Y_\Gamma = \{x \mid F_X(x) \leq c\}$, qui est compacte. Il en résulte que X_Γ est *bordable*, cf. n°2.1; le groupe Γ est donc de type (FL) et l'on a $cd(\Gamma) \leq d(G)-1$ d'après la prop. 18.

(a_3) *Le rang de* L *sur* k *est* ≥ 1, *et* $S \neq \Sigma^\infty$

On raisonne par récurrence sur le nombre d'éléments de $S - \Sigma^\infty$. Soit $v \in S - \Sigma^\infty$ et posons $S_v = S - \{v\}$. Si U est un sous-groupe ouvert compact de G_v, notons Γ_U le sous-groupe de Γ formé des éléments dont l'image dans G_v appartient à U; il est immédiat que Γ_U *est un sous-groupe* S_v*-arithmétique de* L(k). Vu l'hypothèse de récurrence (resp. le cas (a_2) si $S_v = \Sigma^\infty$), le groupe Γ_U est de type (FL) et l'on a $cd(\Gamma_U) < d(G) - d(G_v)$. D'autre part; l'ensemble $\Gamma \backslash G_v/U$ est *fini*, en vertu d'un résultat de Borel ([6], p. 28, formule (1)). On peut donc appliquer les prop. 19 et 20, et l'on en déduit bien que Γ est de type (FL) et que $cd(\Gamma) < d(G)$.

Cas (b)

Comme le rang de L sur k est 0, le quotient G/Γ est *compact*: cela résulte d'un théorème récent de Harder (cf. [18], Kor. 2.2.7 pour l'énoncé analogue dans le cas "adélique", énoncé qui entraîne facilement celui dont nous avons besoin). Faisons alors opérer Γ sur le CW-complexe T produit des immeubles T_v des G_v, $v \in S$. Du fait que G/Γ est compact, les cellules de T sont en nombre fini modulo l'action de Γ; de plus, les stabilisateurs Γ_σ des cellules σ de T sont les *sous-groupes finis* de Γ. On en déduit que ceux-ci sont *en nombre fini*, à conjugaison près dans Γ. Comme Γ est résiduellement fini, il existe donc un sous-groupe d'indice fini de Γ qui ne rencontre les Γ_σ qu'en l'élément neutre, donc qui est *sans torsion*. Ceci montre déjà que Γ est virtuellement sans torsion. Supposons maintenant que Γ soit sans torsion. Alors Γ opère librement sur T, et le complexe quotient T/Γ est fini. D'où le fait que Γ est de type (FL) et que $cd(\Gamma) \leq d(G)$, ce qui démontre (b). [Le fait que Γ soit isomorphe au groupe fondamental du complexe fini T/Γ entraîne que Γ est un groupe *de présentation finie*, résultat que l'on peut également démontrer par les méthodes de Behr [2], [3].]

COMPLÉMENTS

1) Dans (b), on peut se borner à supposer que le *rang semi-simple de* L *est nul*; la démonstration est analogue. Par contre, lorsque le rang semi-simple de L est ≥ 1, le groupe L contient un sous-groupe isomorphe au groupe additif G_a; si p est la caractéristique de k, on en déduit que Γ contient une somme directe infinie de groupes cycliques d'ordre p. Ainsi, Γ n'est pas virtuellement sans torsion, ni *a fortiori* de type (WFL). Pour obtenir des résultats positifs, il faut donc "négliger p". De façon plus précise, on montre que Γ contient un sous-groupe d'indice fini Γ' qui est *sans* p*'-torsion* (i.e. tout élément de Γ' est d'ordre infini ou d'ordre une puissance de p), et que l'on a $cd_A(\Gamma') \leq d(G)$ pour tout anneau commutatif A dans lequel p est inversible, par exemple $Z[\frac{1}{p}]$.

2) Supposons que k soit un corps de nombres, soit P un sous-groupe parabolique de L, et soit Γ un sous-groupe S-arithmétique de P(k) qui soit *net* ([7], 17.1). Alors Γ *est de type* (FL). Indiquons brièvement la démonstration. Soit N le radical unipotent de P, et soit $M = P/N$; le groupe M est *réductif*. Si $S = \Sigma^\infty$, le groupe $\Gamma_N = \Gamma \cap N(k)$ est un groupe nilpotent de type fini sans torsion, donc de type (FL), cf. n° 1.4, e); d'autre part Γ/Γ_N est isomorphe à un sous-groupe arithmétique de M(k), et n'a pas de torsion du fait que Γ est net; d'après le th. 4, c'est un groupe de type (FL), et la prop. 6 montre qu'il en est de même de Γ. Lorsque $S \neq \Sigma^\infty$, on raisonne par récurrence sur $\mathrm{Card}(S - \Sigma^\infty)$, comme dans la démonstration du th. 4, (a). La seule chose à vérifier est que, si U est un sous-groupe ouvert de G_v, avec $v \in S - \Sigma^\infty$, l'ensemble

$\Gamma\backslash G_v/U$ est *fini*. Or, on sait que $G_v/P(k_v)$ est compact; il en résulte qu'il suffit de vérifier la finitude de $\Gamma\backslash P(k_v)/U_P$, où U_P est un sous-groupe ouvert de $P(k_v)$; cela se déduit facilement du résultat correspondant pour $M(k_v)$, démontré par Borel ([6], *loc. cit.*).

THÉORÈME 5. *Soit* Γ *un sous-groupe de type fini sans torsion de* $GL_n(k)$. *On a* $cd(\Gamma) < \infty$.

Comme Γ est de type fini, on peut choisir S assez grand pour que Γ soit contenu dans le groupe $\Gamma_S = GL_n(O_S)$. Distinguons alors deux cas:

a) k *est un corps de nombres algébriques.*

Le th. 4 montre que $vcd(\Gamma_S) < \infty$. Comme Γ est un sous-groupe de Γ_S, on a $vcd(\Gamma) \leq vcd(\Gamma_S) < \infty$, et comme Γ est sans torsion, on a $vcd(\Gamma) = cd(\Gamma)$, d'où le résultat.

b) k *est un corps de fonctions sur un corps fini.*

On ne peut plus appliquer directement le th. 4. On fait opérer Γ sur le produit T des immeubles T_v, $v \in S$. Du fait que Γ est sans torsion, il opère *librement* sur T, et l'on a $cd(\Gamma) \leq \dim(T)$, d'où le résultat.

REMARQUE

Dans l'énoncé précédent, il est essentiel que k soit un *corps de nombres* (ou un corps de fonctions d'une variable sur un corps fini). Ainsi, si l'on prend pour k le corps $\mathbf{Q}(t)$, le sous-groupe Γ de $GL_2(k)$ engendré par les matrices $\begin{pmatrix} 1 & 1 \\ 0 & 1 \end{pmatrix}$ et $\begin{pmatrix} t & 0 \\ 0 & 1 \end{pmatrix}$ est sans torsion et contient des sous-groupes abéliens libres de rang arbitrairement grand; on a donc $cd(\Gamma) = \infty$. J'ignore s'il existe des exemples analogues où Γ soit *de présentation*
7 *finie*, et pas seulement *de type fini*.

2.5. *Exemples.*

Commençons par SL_2 :

PROPOSITION 21. *Soit* k *un corps de nombres algébriques, et soit* S *un ensemble fini de places de* k *contenant les places archimédiennes. Si* Γ *est un sous-groupe* S-*arithmétique de* $SL_2(k)$, *on a*

$$\mathrm{vcd}(\Gamma) = n + s - 1, \text{ avec } n = [k : Q] \text{ et } s = \mathrm{Card}(S).$$

Si $v \in S$, posons $G_v = SL_2(k_v)$ et soit $G = \prod_{v \in S} G_v$. D'après le th. 4, on a $\mathrm{vcd}(\Gamma) \leq d(G) - 1$, avec $d(G) = \sum_{v \in S} d(G_v)$. Si v est ultramétrique, on a $d(G_v) = 1$, puisque SL_2 est de rang 1. Si $v \in \Sigma^\infty$, et si $k_v \cong R$, l'espace symétrique T_v attaché à v est isomorphe au plan hyperbolique $SL_2(R)/SO_2(R)$, et $d(G_v) = \dim(T_v) = 2$. Si $k_v \cong C$, on a

$$T_v \cong SL_2(C)/SU_2(C) \text{ et } d(G_v) = \dim(T_v) = 3.$$

On a donc

$$d(G) = s + r_1 + 2r_2$$

où r_1 (resp. r_2) est le nombre de places réelles (resp. complexes) de k; comme $n = r_1 + 2r_2$, on en déduit

$$\mathrm{vcd}(\Gamma) \leq n + s - 1.$$

L'inégalité opposée résulte du lemme suivant:

LEMME 6. *Soit* Δ *un sous-groupe* S-*arithmétique du groupe trigonal supérieur de* $SL_2(k)$. *On a* $\mathrm{vcd}(\Delta) = n + s - 1$.

[Comme $\Delta \cap \Gamma$ est d'indice fini dans Δ, on a

$$\mathrm{vcd}(\Delta) = \mathrm{vcd}(\Delta \cap \Gamma) \leq \mathrm{vcd}(\Gamma), \text{ cf. n}^{\text{o}}\ 1.8,$$

et l'on obtient bien l'inégalité cherchée.]

Reste à démontrer le lemme. Soit ℓ un nombre premier distinct des caractéristiques résiduelles des corps locaux k_v, $v \in S$. D'après le théorème des unités, le groupe O_S^* des éléments inversibles de O_S est de rang s−1. On peut donc trouver un sous-groupe A de O_S^* qui est d'indice fini, et isomorphe à Z^{s-1}; quitte à remplacer A par un sous-groupe de congruence, on peut en outre supposer que tous les éléments de A sont congrus à 1 modulo ℓ. Soit Δ' le sous-groupe de $SL_2(O_S)$ formé des matrices $\begin{pmatrix} a & b \\ c & d \end{pmatrix}$ telles que $c = 0$ et $a \in A$. Comme Δ' est commensurable à Δ, et sans torsion, on a $cd(\Delta') = vcd(\Delta)$ et l'on est ramené à montrer que $cd(\Delta') \geq n + s - 1$. Or Δ' est extension de A par O_S; si l'on prend $Z/\ell Z$ comme coefficients, on a donc une suite spectrale:

$$E_2 = H^\bullet(A, H^\bullet(O_S, Z/\ell Z)) \Longrightarrow H^\bullet(\Delta', Z/\ell Z).$$

Mais on peut écrire O_S comme extension d'un groupe T par le groupe Z^n, où T est un groupe de torsion dénombrable dont tous les éléments sont d'ordre premier à ℓ. Il en résulte facilement que

$$H^\bullet(O_S, Z/\ell Z) = H^\bullet(Z^n, Z/\ell Z),$$

et cette algèbre de cohomologie est donc une algèbre extérieure à n générateurs indépendants de degré 1. De plus, le fait que les éléments de A soient congrus à 1 (mod. ℓ) entraîne que A *opère trivialement* sur $H^\bullet(O_S, Z/\ell Z)$. On peut donc écrire le terme E_2 ci-dessus sous la forme

$$E_2 = H^\bullet(A, Z/\ell Z) \otimes H^\bullet(O_S, Z/\ell Z),$$

et les deux facteurs sont des algèbres extérieures ayant respectivement $s - 1$ et n générateurs indépendants de degré 1. On en déduit par un argument standard[7] que $H^{n+s-1}(\Delta', Z/\ell Z)$ est isomorphe à $Z/\ell Z$, d'où $cd(\Delta') \geq n + s - 1$, ce qui démontre le lemme.

---

[7] On peut même montrer que $E_2 = E_\infty$ et que $H^\bullet(\Delta', Z/\ell Z)$ est une algèbre extérieure à $n + s - 1$ générateurs indépendants de degré 1.

REMARQUE

Il serait intéressant de trouver une démonstration *a priori* de l'égalité $\mathrm{vcd}(\Gamma) = \mathrm{vcd}(\Delta)$.

Passons maintenant aux *groupes déployés de rang* ≥ 2. Soient k, S, n, s comme dans la prop. 21, et soit L un groupe algébrique semi-simple déployé de rang $\ell \geq 2$ et de dimension $N = \ell + 2m$. Si $v \in S$, soit $G_v = L(k_v)$. L'invariant $d(G_v)$ est facile à calculer:

$$d(G_v) = \ell \quad \text{si } v \text{ est ultramétrique}$$

$$d(G_v) = N - m = \ell + m \quad \text{si } v \text{ est réelle}$$

$$d(G_v) = N = \ell + 2m \quad \text{si } v \text{ est complexe.}$$

Si $G = \prod_{v \in S} G_v$, on a donc

$$d(G) = \Sigma\, d(G_v) = \ell s + mr_1 + 2mr_2 = \ell s + mn.$$

Soit Γ (resp. Δ) un sous-groupe S-arithmétique de $L(k)$ (resp. d'un sous-groupe de Borel de $L(k)$). Le th. 4 montre que

$$\mathrm{vcd}(\Gamma) < d(G) = \ell s + mn.$$

D'autre part, un argument analogue à celui du lemme 6 donne:

$$\mathrm{vcd}(\Delta) = \ell(s-1) + mn = \ell s + mn - \ell.$$

On en conclut comme ci-dessus:

$$(*) \quad \ell s + mn - \ell \leq \mathrm{vcd}(\Gamma) < \ell s + mn.$$

Comme $\ell \geq 2$, les inégalités $(*)$ ne suffisent pas à déterminer la valeur de $\mathrm{vcd}(\Gamma)$. Ainsi, pour $SL_3(\mathbf{Z})$, on a $\ell = 2$, $m = 3$, $n = 1$, $s = 1$, d'où:

$$\mathrm{vcd}(SL_3(\mathbf{Z})) = 3 \text{ ou } 4.$$

De même:

$$\mathrm{vcd}(Sp_4(\mathbf{Z})) = 4 \text{ ou } 5.$$

En fait, *ce sont les valeurs les plus basses qui sont correctes.* Plus généralement, on peut montrer que, si G,L,Γ vérifient les hypothèses du th. 4, on a $\mathrm{vcd}(\Gamma) = d(G) - \ell$, où ℓ est le rang de L sur k (la démon-
8 stration figurera dans un travail écrit en collaboration avec A. Borel).

§3. MESURES D'EULER-POINCARÉ

3.1. *Définition.*

Soit G un groupe *localement compact unimodulaire* (Bourbaki, *Int.*, chap. VII, p. 18) et soit μ une mesure invariante sur G. Si Γ est un sous-groupe discret de G, la mesure μ définit par passage au quotient une mesure sur G/Γ, notée encore μ; si cette mesure est *bornée*, on peut donc définir $\mu(G/\Gamma) = \int_{G/\Gamma} \mu$; ceci s'applique en particulier lorsque G/Γ est *compact.*

DÉFINITION. *On dit que* μ *est une mesure d'Euler-Poincaré sur* G *si tout sous-groupe discret* Γ *de* G, *sans torsion, et à quotient compact, possède les deux propriétés suivantes*:

(a) Γ *est de type* (FL).

(b) *On a* $\chi(\Gamma) = \mu(G/\Gamma)$.

REMARQUES

1) Supposons que μ soit une mesure d'Euler-Poincaré sur G, et soit Γ un sous-groupe discret de G à quotient compact. Supposons que Γ soit virtuellement sans torsion (ce qui est le cas pour tous les groupes G "usuels"). *Alors* Γ *est de type* (WFL) *et l'on a* $\chi(\Gamma) = \mu(G/\Gamma)$; cela se voit en appliquant (a) et (b) ci-dessus à un sous-groupe sans torsion d'indice fini de Γ.

2) Lorsque G possède un sous-groupe discret, sans torsion, et à quotient compact, il existe *au plus une* mesure d'Euler-Poincaré sur G. S'il en existe une, on l'appelle *la* mesure d'Euler-Poincaré de G.

3) On a vu au §2 de nombreux exemples de groupes G pour lesquels tout sous-groupe discret sans torsion à quotient compact est de type (FL); pour un tel groupe, la seule propriété à vérifier est (b).

Donnons maintenant quelques *exemples* de mesures d'Euler-Poincaré (on en verra d'autres par la suite):

(i) Un groupe *discret* G de type (WFL) possède une mesure d'Euler-Poincaré μ caractérisée par la formule

$$\mu(\{g\}) = \chi(G) \quad \text{pour tout} \quad g \in G.$$

(ii) Si G est *compact*, la mesure d'Euler-Poincaré de G est la mesure de Haar de G normalisée par la condition $\mu(G) = 1$.

(iii) La mesure d'Euler-Poincaré de $\mathbf{R}^n$ est *nulle* si $n \geq 1$.

(iv) Soit k un corps local, à corps résiduel fini ayant q éléments, et soit O_k l'anneau des entiers de k. Soit $G = SL_2(k)$, et soit μ la mesure de Haar de G, normalisée de telle sorte que le sous-groupe ouvert compact $SL_2(O_k)$ ait pour mesure $q-1$, cf. [38], p. II-20. *La mesure d'Euler-Poincaré de* G *est égale à* $-\mu$. En effet, d'après Ihara [22], G contient des sous-groupes discrets sans torsion à quotient compact, et, si Γ est un tel sous-groupe, Γ est un groupe libre de rang $\mu(G/\Gamma) - 1$ ([22], th. 1 – voir aussi [38], *loc. cit.*, th. 5); on a donc

$$\chi(\Gamma) = 1 - \mathrm{rg}(\Gamma) = -\mu(G/\Gamma)$$

ce qui montre bien que $-\mu$ est la mesure d'Euler-Poincaré de G.

3.2. *Le cas réel (rappels).*

C'est celui où G est un *groupe de Lie réel*, unimodulaire, ayant un nombre fini de composantes connexes. Si K est un sous-groupe compact maximal de G, on note T l'espace homogène G/K, cf. n°2.1. Il est bien connu (cf. par exemple [32], [34]) que l'application de la formule de Gauss-Bonnet aux quotients de T entraîne l'existence d'une mesure d'Euler-Poincaré sur G. De façon plus précise, distinguons deux cas:

a) $d(G) = \dim(T)$ *est impair*.

Dans ce cas, si Γ est un sous-groupe discret sans torsion de G, à quotient compact, la variété $X_\Gamma = \Gamma\backslash T = \Gamma\backslash G/K$ est une variété compacte de dimension impaire, et sa caractéristique d'Euler-Poincaré est nulle. On a donc $\chi(\Gamma) = 0$ ce qui montre que 0 *est une mesure d'Euler-Poincaré sur* G.

b) $d(G) = \dim(T)$ *est pair.*

Posons $d(G) = 2n$. Munissons T d'une structure riemannienne invariante par G, ce qui est possible puisque K est compact. A cette structure est associée *une forme d'Euler-Poincaré* Ω qui est une *forme tordue de degré* 2n *sur* T, donc s'identifie à une *mesure réelle* sur T. Rappelons brièvement comment se définit cette forme:

De façon générale, soit X une variété riemannienne de dimension 2n et soit R son tenseur de courbure (cf. Milnor [30] §9). Soit $e_1,\dots,e_{2n}$ un repère orthonormal du fibré tangent à X dans un ouvert U. Sur U, la donnée de R équivaut à celle d'une famille (Ω_{ij}), $1 \leq i,\ j \leq 2n$, de formes différentielles de degré 2, telles que

$$R(u,v)\,e_i = \sum_j \Omega_{ij}(u,v)\,e_j$$

pour tout couple (u,v) de champs de vecteurs sur U. Les formes Ω_{ij} dépendent de façon alternée de (i,j) et commutent entre elles, puisqu'elles sont de degré 2. On peut donc définir le *pfaffien* $\mathrm{Pf}((\Omega_{ij}))$ de la matrice (Ω_{ij}), cf. Bourbaki, *Alg.*, chap. IX, §5, n°2. C'est une forme de degré 2n sur U. Posons

$$\Omega = \frac{1}{(2\pi)^n}\,\mathrm{Pf}((\Omega_{ij}))\,.$$

Si l'on remplace $e_1,\dots,e_{2n}$ par un autre repère orthonormal de même orientation (resp. d'orientation opposée) la forme Ω ne change pas (resp. est remplacée par $-\Omega$). Elle définit donc par recollement une *forme tordue de degré* 2n sur X, i.e. une *mesure réelle*, appelée *forme* (ou *mesure*) *de Gauss-Bonnet*. Si A est une pièce compacte de X (Bourbaki, *Var.*, R., 11.1), de bord ∂A, la formule de Gauss-Bonnet prend la forme suivante (cf. Chern [14]):

$$\chi(A) = \int_A \Omega + \int_{\partial A} \Pi\,,$$

où Π est une certaine forme de degré $2n-1$ sur ∂A. En particulier, si X est compacte, on peut prendre $A = X$, $\partial A = \emptyset$, et l'on obtient la formule de Gauss-Bonnet usuelle:

$$\chi(X) = \int_X \Omega .$$

Revenons maintenant au cas de la variété $T = G/K$, munie d'une structure riemannienne invariante par G. La forme Ω correspondante est également invariante par G. Comme K est compact, il existe une mesure μ invariante sur G, et une seule, dont l'image par $G \to G/K$ soit la mesure Ω; si ν désigne la mesure de Haar de K, normalisée de telle sorte que $\nu(K) = 1$, on a $\mu/\nu = \Omega$.

PROPOSITION 22. *La mesure* μ *est une mesure d'Euler-Poincaré sur* G.

En effet, soit Γ un sous-groupe discret sans torsion de G, à quotient compact. Si Ω_Γ désigne la forme de Gauss-Bonnet de l'espace riemannien $X_\Gamma = \Gamma\backslash T$, on a $\chi(\Gamma) = \chi(X_\Gamma) = \int_{X_\Gamma} \Omega_\Gamma$. Mais le caractère local de Ω montre que l'image réciproque de Ω_Γ par $T \to X_\Gamma = \Gamma\backslash T$ est Ω. On en conclut que l'image par la projection $\Gamma\backslash G \to X_\Gamma$ de la mesure μ est Ω_Γ, d'où

$$\chi(\Gamma) = \int_{X_\Gamma} \Omega_\Gamma = \int_{\Gamma\backslash G} \mu = \mu(\Gamma\backslash G).$$

La proposition résulte de là, et du fait que $\mu(\Gamma\backslash G) = \mu(G/\Gamma)$ puisque G est unimodulaire.

Passons maintenant au cas où G est *réductif,* i.e. de la forme L(R) où L est un groupe algébrique réductif sur R. Notons $\mathfrak{g}$ (resp. $\mathfrak{k}$) l'algèbre de Lie de G (resp. de K). Le résultat suivant est bien connu:

PROPOSITION 23. *La mesure d'Euler-Poincaré* μ *de* G *est* $\neq 0$ *si et seulement si* $\mathfrak{g}$ *et* $\mathfrak{k}$ *ont même rang* (i.e. si $\mathfrak{k}$ contient une sous-algèbre de Cartan de $\mathfrak{g}$). *S'il en est ainsi, le signe de* μ *est* $(-1)^n$, *où*

$$n = \frac{1}{2}\dim(G/K).$$

(Noter que G possède des sous-groupes discrets à quotient compact, d'après un théorème de Borel [5] ; on peut donc parler de *la* mesure d'Euler-Poincaré de G.)

La démonstration repose sur le *principe de proportionnalité* de Hirzebruch. Résumons-la:

On se ramène d'abord facilement au cas où G est *semi-simple*. Soit $\mathfrak{m}$ l'orthogonal de $\mathfrak{k}$ dans $\mathfrak{g}$ pour la forme de Killing. Si l'on identifie $\mathfrak{m}$ à l'espace tangent à G/K en l'élément neutre, le tenseur de courbure R en ce point est donné par

$$R(u,v)\,w = [[u,v],w], \qquad (u,v,w \in \mathfrak{m})$$

cf. par exemple [25], p. 231, th. 3.2 (noter que la définition de R utilisée dans [25] est *l'opposée* de celle de Milnor [30], que nous avons adoptée). Soit d'autre part $\mathfrak{g}_{\mathbf{C}} = \mathbf{C} \otimes \mathfrak{g} = \mathfrak{g} \oplus i\mathfrak{g}$ la complexifiée de $\mathfrak{g}$. La décomposition de $\mathfrak{g}$ en $\mathfrak{k} \oplus \mathfrak{m}$ donne une décomposition de $\mathfrak{g}_{\mathbf{C}}$:

$$\mathfrak{g}_{\mathbf{C}} = \mathfrak{k} \oplus \mathfrak{m} \oplus i\mathfrak{k} \oplus i\mathfrak{m}.$$

L'algèbre de Lie $\mathfrak{g}' = \mathfrak{k} \oplus i\mathfrak{m}$ est une forme réelle de $\mathfrak{g}_{\mathbf{C}}$. Soit G′ le groupe simplement connexe correspondant, et soit K′ le sous-groupe de G′ correspondant à la sous-algèbre $\mathfrak{k}$. Les groupes G′ et K′ sont *compacts*; l'espace homogène G′/K′ est parfois appelé le *dual* de l'espace G/K. Si l'on identifie $i\mathfrak{m}$ à l'espace tangent à G′/K′ en l'élément neutre, le tenseur de courbure R′ de G′/K′ est donné par la même formule que ci-dessus

$$R'(u,v)\,w = [[u,v],w] \qquad (u,v,w \in i\mathfrak{m}).$$

Il en résulte que la bijection $u \mapsto iu$ *transforme* R *en* $-$ R′. Notons alors Ω (resp. Ω') la valeur en l'élément neutre de la forme de Gauss-Bonnet de G/K (resp. de G'/K'). Ce qui précède montre que $u \mapsto iu$ transforme Ω en $(-1)^n\,\Omega'$, avec $n = \frac{1}{2}\dim(G/K)$ si $\dim(G/K)$ est paire (si cette dimension est impaire, on a $\Omega = \Omega' = 0$). Mais l'intégrale de Ω' sur G'/K' est égale à $\chi(G'/K')$. La prop. 24 revient donc à affirmer que $\chi(G'/K') = 0$ si le rang de $\mathfrak{k}$ est strictement inférieur à celui de $\mathfrak{g}$, et que $\chi(G'/K') > 0$ si ces deux rangs sont égaux, ce qui est un résultat classique de Hopf-Samelson [21].

EXEMPLES

1) Supposons que G soit le groupe réel sous-jacent à un groupe réductif *complexe* de dimension ≥ 1. Le rang de $\mathfrak{k}$ est alors égal à la moitié de celui de $\mathfrak{g}$; vu la proposition précédente, *on en conclut que* $\mu = 0$.

2) Si G est *semi-simple déployé*, on a $\mu \neq 0$ si et seulement si -1 appartient au groupe de Weyl du système de racines de G; cela équivaut à dire que tous les facteurs simples de $\mathfrak{g}$ sont de type A_1, B_ℓ, C_ℓ, D_ℓ (ℓ pair), E_7, E_8, F_4 ou G_2.

3) Prenons en particulier $G = SL_2(\mathbf{R})$. Soit

$$X = \begin{pmatrix} 0 & 1 \\ 0 & 0 \end{pmatrix}, \quad Y = \begin{pmatrix} 0 & 0 \\ 1 & 0 \end{pmatrix}, \quad Z = \begin{pmatrix} 1 & 0 \\ 0 & -1 \end{pmatrix}$$

la base canonique de $\mathfrak{g}$ (et même de $\mathfrak{g}_{\mathbf{Z}}$), et soit a le 3-covecteur sur $\mathfrak{g}$ tel que $a(X,Y,Z) = 1$. Ce covecteur définit sur G une mesure de Haar μ_a (mesure "*arithmétique*"). En terme de μ_a, la mesure d'Euler-Poincaré μ de G est donnée par la formule

$$\mu = -\frac{1}{2\pi^2}\mu_a.$$

Cela se vérifie, par exemple, en identifiant l'espace homogène

$$T = SL_2(\mathbf{R})/SO_2(\mathbf{R})$$

au demi-plan de Poincaré $H = \{z \mid \mathrm{Im}(z) > 0\}$, et en montrant que la mesure de Gauss-Bonnet de H est $\frac{-1}{2\pi}\, dxdy/y^2$.

3.3. *Le cas ultramétrique.*

Dans ce n°, G désigne un groupe *localement compact unimodulaire* qui *opère cellulairement* sur un CW-complexe T. On fait les hypothèses suivantes:

i) T est *contractile*.

ii) T est *localement compact* (donc de dimension finie).

iii) Pour toute cellule σ de T, le stabilisateur G_σ de σ dans G est un sous-groupe ouvert compact de G.

iv) Tout sous-groupe compact de G est contenu dans un G_σ.

v) Les cellules de T sont en nombre fini modulo l'action de G.

(Ces conditions sont satisfaites lorsque $G = L(k)$, où k est un corps local localement compact et L un groupe algébrique réductif connexe défini sur k, le complexe T étant *l'immeuble* de G au sens du n° 2.2.)

Soit $\mathfrak{S}$ l'ensemble des cellules de T et soit Σ un système de représentants de $G\backslash\mathfrak{S}$ dans $\mathfrak{S}$; d'après v), Σ est *fini*. Si μ est une mesure invariante sur G, non nulle, posons

$$\chi(\mu) = \sum_{\sigma \in \Sigma} (-1)^{\dim(\sigma)} \frac{1}{\mu(G_\sigma)}.$$

Cette somme a un sens, puisque chacun des G_σ est ouvert compact, donc a une mesure $\neq 0$. Elle ne dépend pas du système de représentants Σ choisi: en effet, puisque G est unimodulaire, on a

$$\mu(G_{g\sigma}) = \mu(gG_\sigma g^{-1}) = \mu(G_\sigma)$$

si $g \in G$, $\sigma \in \mathfrak{S}$. De plus, si l'on multiplie μ par une constante c, $\chi(\mu)$ est multiplié par c^{-1}. *Le produit* $\mu_G = \chi(\mu)\mu$ *est donc indépendant du choix de* μ; nous l'appellerons la *mesure canonique* du groupe G.

PROPOSITION 24. *La mesure canonique* μ_G *est une mesure d'Euler-Poincaré.*

Soit Γ un sous-groupe discret sans torsion de G, à quotient compact. Le groupe Γ opère librement et proprement sur T et le quotient $\Gamma\backslash T$ est compact. D'après la prop. 9 (ou la prop. 11), Γ est de type (FL), et l'on a

$$\chi(\Gamma) = \chi(\Gamma\backslash T) = \sum_{\sigma\in\Gamma\backslash\mathfrak{S}} (-1)^{\dim(\sigma)} .$$

Mais le G-ensemble $\mathfrak{S}$ s'identifie à la somme disjointe des espaces homogènes G/G_σ, $\sigma\in\Sigma$, et $\Gamma\backslash\mathfrak{S}$ s'identifie à la somme disjointe des $\Gamma\backslash G/G_\sigma$, $\sigma\in\Sigma$. On peut donc récrire l'expression ci-dessus sous la forme

$$\chi(\Gamma) = \sum_{\sigma\in\Sigma} (-1)^{\dim(\sigma)} \operatorname{Card}(\Gamma\backslash G/G_\sigma).$$

Comme Γ est sans torsion, le groupe ouvert compact G_σ opère librement (à droite) sur $\Gamma\backslash G$. On en conclut que, si μ est une mesure de Haar de G, on a

$$\mu(\Gamma\backslash G) = \mu(G_\sigma) . \operatorname{Card}(\Gamma\backslash G/G_\sigma).$$

D'où:

$$\chi(\Gamma) = \mu(\Gamma\backslash G) \sum_{\sigma\in\Sigma} (-1)^{\dim(\sigma)} \frac{1}{\mu(G_\sigma)}$$

$$= \mu(\Gamma\backslash G)\ \chi(\mu) = \mu_G(G/\Gamma),$$

ce qui démontre la proposition.

COROLLAIRE. *Soit* L *un groupe réductif connexe sur un corps local* K *localement compact. Le groupe* G = L(k) *possède une mesure d'Euler-Poincaré.*

Nous verrons au n° suivant que, si L est *semi-simple,* cette mesure est $\neq 0$ et que son signe est $(-1)^\ell$, où ℓ est le rang de L sur k (i.e. la dimension de T).

EXEMPLE

Prenons $G = SL_2(k)$, de sorte que T est un *arbre* et que Σ est formé de deux sommets P,Q et de l'arête PQ. Si q est le nombre d'éléments du corps résiduel de k, le groupe G_{PQ} est d'indice $q + 1$ dans G_P et G_Q. D'où:

$$\begin{aligned}\chi(\mu) &= 1/\mu(G_P) + 1/\mu(G_Q) - 1/\mu(G_{PQ}) \\ &= (1 + 1 - q - 1)/\mu(G_P) \\ &= (1 - q)/\mu(G_P).\end{aligned}$$

La mesure d'Euler-Poincaré μ_G est donc caractérisée par la relation $\mu_G(G_P) = -(q-1)$; comme $G_P = SL_2(O_k)$, on retrouve le résultat de l'exemple (iv) du n° 3.1.

REMARQUE

Il est très probable que tout groupe G de la forme L(k) possède des sous-groupes discrets sans torsion à quotient compact; cela doit pouvoir se démontrer par voie arithmétique, comme l'a fait Borel [5] dans le cas
9 réel.

Mesure d'Euler-Poincaré sur un produit $H \times G$

Soit H un groupe localement compact unimodulaire, muni d'une mesure invariante μ_H. Munissons le groupe $H \times G$ de la mesure produit $\mu_{H\times G} = \mu_H \otimes \mu_G$ de μ_H par la mesure canonique de G. Soit Γ un sous-groupe discret sans torsion de $H \times G$. Pour tout $\sigma \in \mathfrak{S}$, soit

$$\Gamma_\sigma = \Gamma \cap (H \times G_\sigma);$$

la projection $\Gamma_\sigma \to H$ est injective (car son noyau est discret et compact); elle identifie Γ_σ à un sous-groupe discret sans torsion de H. Faisons les hypothèses suivantes:

(a) Pour tout $\sigma \in \mathfrak{S}$, l'ensemble $\Gamma\backslash(H \times G)/(H \times G_\sigma)$ est fini.

(b) Pour tout $\sigma \in \mathfrak{S}$, le groupe Γ_σ est de type (FL), le quotient H/Γ_σ est de volume fini, et $\chi(\Gamma_\sigma) = \mu_H(H/\Gamma_\sigma)$.

PROPOSITION 25. *Sous les hypothèses ci-dessus,* Γ *est de type* (FL), *le quotient* $(H \times G)/\Gamma$ *est de volume fini, et* $\chi(\Gamma) = \mu_{H\times G}((H \times G)/\Gamma)$.

La démonstration est analogue à celle de la prop. 24. Le fait que Γ soit de type (FL) résulte de la prop. 20, ou de la prop. 11. Cette dernière montre en outre que

$$\chi(\Gamma) = \sum_{\sigma\in\Gamma\backslash\mathfrak{S}} (-1)^{\dim(\sigma)} \chi(\Gamma_\sigma),$$

d'où

$$\chi(\Gamma) = \sum_{\sigma\in\Gamma\backslash\mathfrak{S}} (-1)^{\dim(\sigma)} \mu_H(\Gamma_\sigma\backslash H).$$

Soit I_σ un système de représentants des éléments de

$$\Gamma\backslash(H \times G)/(H \times G_\sigma).$$

Les $g\sigma$ ($\sigma\in\Sigma$, $g\in I_\sigma$) forment un système de représentants de $\Gamma\backslash\mathfrak{S}$. On a donc:

$$\chi(\Gamma) = \sum_{\sigma\in\Sigma} (-1)^{\dim(\sigma)} \sum_{g\in I_\sigma} \mu_H(\Gamma_{g\sigma}\backslash H).$$

Posons:

$$\Gamma_\sigma^{\,g} = g^{-1}\Gamma_{g\sigma}g = (H \times G_\sigma) \cap g^{-1}\Gamma g.$$

Faisons opérer $H \times G_\sigma$ à droite sur $\Gamma\backslash(H \times G)$; cet espace se décompose en orbites isomorphes aux $\Gamma_\sigma^{\,g}\backslash(H \times G_\sigma)$, $g\in I_\sigma$. On en déduit que $(H \times G)/\Gamma$ est de volume fini, et que, si μ est une mesure de Haar sur G, on a

$$(\mu_H \otimes \mu)(\Gamma\backslash(H \times G)) = \sum_{g\in I_\sigma} (\mu_H \otimes \mu)(\Gamma_\sigma^{\,g}\backslash(H \times G_\sigma)).$$

De plus, en projetant $\Gamma_\sigma{}^g\backslash(H \times G_\sigma)$ sur $\Gamma_\sigma{}^g\backslash H$, on obtient:

$$
\begin{aligned}
(\mu_H \otimes \mu)(\Gamma_\sigma{}^g\backslash(H \times G_\sigma)) &= \mu_H(\Gamma_\sigma{}^g\backslash H)\cdot\mu(G_\sigma) \\
&= \mu_H(\Gamma_{g\sigma}\backslash H)\cdot\mu(G_\sigma).
\end{aligned}
$$

Utilisant ces formules, on voit que l'on peut récrire $\chi(\Gamma)$ sous la forme

$$
\begin{aligned}
\chi(\Gamma) &= (\mu_H \otimes \mu)(\Gamma\backslash(H \times G)).\sum_{\sigma\in\Sigma}(-1)^{\dim(\sigma)}\frac{1}{\mu(G_\sigma)} \\
&= (\mu_H \otimes \mu)(\Gamma\backslash(H \times G))\cdot\chi(\mu) \\
&= (\mu_H \otimes \mu_G)((H \times G)/\Gamma),
\end{aligned}
$$

ce qui démontre la proposition.

COROLLAIRE. *Si* μ_H *est une mesure d'Euler-Poincaré sur* H, *la mesure* $\mu_{H\times G} = \mu_H \otimes \mu_G$ *est une mesure d'Euler-Poincaré sur* $H \times G$.

Soit Γ un sous-groupe discret sans torsion de $H \times G$, à quotient compact. Si $\sigma \in \mathfrak{S}$, l'espace $\Gamma\backslash(H \times G)/(H \times G_\sigma)$ est compact et discret, donc fini. D'autre part, on voit comme dans la démonstration du th. 3 du n° 2.3 que H/Γ_σ est compact. Vu l'hypothèse faite sur (H, μ_H), cela entraîne que Γ_σ est de type (FL) et que $\chi(\Gamma_\sigma)$ est égal à $\mu_H(H/\Gamma_\sigma)$. On peut donc appliquer la prop. 25 à Γ; d'où le fait que $\mu_{H\times G}$ est une mesure d'Euler-Poincaré sur $H \times G$.

3.4. *Le cas ultramétrique : détermination de* μ_G.

Soit k un corps local localement compact, soit L un groupe simple simplement connexe sur k, de rang relatif ℓ, et soit G le groupe L(k). Nous nous proposons de déterminer la *mesure canonique* μ_G de G. Comme μ_G est invariante, il suffit de connaître sa valeur sur un *sous-groupe ouvert compact* de G. Or, d'après les résultats de Bruhat-Tits rappelés au n° 2.2, le groupe G possède un *système de Tits* (G, B, N, S) (cf. [9], p. 22) dans lequel B est un sous-groupe ouvert compact de G, appelé *sous-groupe d'Iwahori.* Il suffit donc de déterminer $\mu_G(B)$. Cela se fait au moyen d'une certaine fonction rationnelle de plusieurs variables que nous allons définir (la même fonction intervient dans les travaux de I. G. Macdonald sur la formule de Plancherel):

La fonction W(t)

Soit (W,S) un système de Coxeter ([9], p. 11) tel que S soit *fini.* Soit $t = (t_i)_{i \in I}$ une famille finie d'indéterminées, et donnons-nous une application $s \mapsto i(s)$ de S dans I vérifiant les conditions équivalentes suivantes (cf. [9], p. 12, prop. 3):

(α) $i(s) = i(s')$ si s et s′ sont conjugués dans W;

(β) $i(s) = i(s')$ si l'ordre $m(s,s')$ de ss′ est fini et impair.

Si $s \in S$, on écrit t_s au lieu de $t_{i(s)}$.

Soit $w \in W$. Choisissons une décomposition réduite $(s_1,\ldots,s_q)$ de w, cf. [9], p. 9; *le monôme* $t_w = t_{s_1} \ldots t_{s_q}$ *est indépendant du choix de* $(s_1,\ldots,s_q)$ en vertu de la prop. 5, p. 16 de [9]. Le degré total de t_w est égal à la longueur $\ell(w)$ de w; il tend vers l'infini avec w. Si A est une partie de W, on peut donc poser:

$$A(t) = A((t_i)_{i \in I}) = \sum_{w \in A} t_w .$$

C'est une série formelle à coefficients entiers ≥ 0 en les t_i; lorsque la famille (t_i) est réduite à un élément t, on retrouve la série A(t) étudiée dans [9], p. 45, exerc. 26.

Si Y est une partie de S et W_Y le sous-groupe qu'elle engendre, on peut appliquer ce qui précède à $A = W_Y$. On obtient ainsi une série formelle $W_Y(t)$; si Y = S, on écrit W(t) au lieu de $W_S(t)$.

PROPOSITION 26. (a) $W(t)$ *est une fonction rationnelle des* t_i.

(b) *Si* W *est fini, et si* w_0 *est son élément de plus grande longueur, on a*

$$t_{w_0}/W(t) = 1/W(t^{-1}) = \sum_{Y \subset S} \varepsilon(Y)/W_Y(t), \quad \text{où } \varepsilon(Y) = (-1)^{\mathrm{Card}(Y)}.$$

(c) *Si* W *est infini, on a*

$$0 = \sum_{Y \subset S} \varepsilon(Y)/W_Y(t).$$

(d) *Si* W *est infini, et si tous les* W_Y $(Y \neq S)$ *sont finis, on a*

$$W(t^{-1}) = -\varepsilon(S)\, W(t).$$

(e) *Si* W *est de type euclidien, la série* $W(t)$ *converge absolument dans le polydisque unité* $|t_i| < 1$.

Les démonstrations de (b) et (c) sont identiques à celles des résultats correspondants de l'exerc. 26, *loc. cit.* (voir aussi Solomon [42], §3). Il est inutile de les reproduire. L'assertion (a) se démontre par récurrence sur Card(S). Le cas où W est fini est trivial, $W(t)$ étant un polynôme. Si W est infini, (c) montre que

$$\varepsilon(S)/W(t) = -\sum_{Y \neq S} \varepsilon(Y)/W_Y(t)$$

et les $W_Y(t)$ sont des fonctions rationnelles en vertu de l'hypothèse de récurrence; il en est donc de même de $W(t)$.

Pour (d), on substitue t^{-1} à t dans (c); cela donne la formule

$$\varepsilon(S)/W(t^{-1}) = -\sum_{Y \neq S} \varepsilon(Y)/W_Y(t^{-1}).$$

En la combinant à (b), appliqué aux W_Y, on obtient:

$$\varepsilon(S)/W(t^{-1}) = - \sum_{Y \neq S} \varepsilon(Y) \sum_{Z \subset Y} \varepsilon(Z)/W_Z(t).$$

Mais, si Z est une partie de S distincte de S, la somme des $\varepsilon(Y)$, pour $Z \subset Y \subset S$, est nulle; la somme analogue, étendue aux Y distincts de S, est donc égale à $-\varepsilon(S)$. Cela permet de récrire la formule précédente sous la forme

$$\varepsilon(S)/W(t^{-1}) = -\varepsilon(S) \sum_{Z \neq S} \varepsilon(Z)/W_Z(t),$$

et en comparant avec (c), on en déduit bien que $1/W(t^{-1})$ est égal à $-\varepsilon(S)/W(t)$.

Reste à prouver (e). Comme les coefficients de la série $W(t)$ sont ≥ 0, il suffit de montrer que la série en une variable $W(t)$ converge absolument dans le disque $|t| < 1$; cela résulte de ce que les pôles de $W(t)$ sont des racines de l'unité, cf. par exemple [23], n° 1.8 ou [9], p. 231.

Application aux systèmes de Tits

Soit (G,B,N,S) un système de Tits de groupe de Weyl $W = N/(B \cap N)$. Si $w \in W$, notons $C(w)$ la double classe BwB; le groupe G est réunion disjointe des $C(w)$, $w \in W$ *(décomposition de Bruhat)*. Si $Y \subset S$, notons G_Y la réunion des $C(w)$, $w \in W_Y$; c'est le sous-groupe *parabolique* de G défini par Y.

Supposons que tous les $C(w)$ soient *réunions finies* de classes à gauche modulo B, et posons

$$q_w = \mathrm{Card}(C(w)/B) = (B:B_w) \quad \text{où} \quad B_w = B \cap wBw^{-1}.$$

Ceci s'applique en particulier aux éléments s de S.

LEMME 7. (a) *Les* q_s *sont des entiers* ≥ 2.

(b) *Si* $(s_1,\dots,s_q)$ *est une décomposition réduite de* w, *on a*

$$q_w = q_{s_1} \cdots q_{s_q}.$$

(c) *Si* $s, s' \in S$ *sont conjugués dans* W, *on a* $q_s = q_{s'}$.

Ce résultat est connu, cf. [9], p. 55, exerc. 24. Rappelons-en la démonstration:

Si q_s était égal à 1, on aurait BsB = sB et, en passant aux inverses, BsB = Bs, d'où sBs = ssB = B, contrairement à l'axiome (T_4) des systèmes de Tits ([9], p. 22). Cela démontre (a).

Pour (b), il suffit de prouver que, si $w \in W$ et $s \in S$ sont tels que $\ell(ws) = \ell(w) + 1$, on a $q_{ws} = q_w q_s$. Or, dans ce cas, on sait que $C(ws) = C(w)C(s)$, cf. [9], p. 26, cor. 1. Décomposons alors C(w) (resp. C(s)) en réunion disjointe de classes à gauche $g_i B$ (resp. $h_j B$), avec $1 \leq i \leq q_w$ (resp. $1 \leq j \leq q_s$). Il résulte de la formule ci-dessus que tout élément de C(ws) est contenu dans une classe à gauche $g_i h_j B$ et tout revient à montrer que ces classes sont *deux à deux distinctes*. Supposons donc que l'on ait $g_i h_j \in g_{i'} h_{j'} B$. Comme h_j et $h_{j'}$ appartiennent au groupe $G_s = B \cup C(s)$, on a $g_i \in g_{i'} G_s$ d'où $g_i \in g_{i'} B$ ou $g_i \in g_{i'} C(s)$. La seconde relation est impossible, car elle entraînerait $g_i \in C(w)C(s) = C(ws)$ alors que g_i appartient à C(w). On a donc $g_i \in g_{i'} B$, i.e. $g_i = g_{i'}$, d'où $h_j B = h_{j'} B$ et $j = j'$, ce qui démontre notre assertion [lorsqu'on ne fait plus d'hypothèses de finitude, le même argument montre que C(ws) s'identifie à $C(w) \times^B C(s)$ si $\ell(ws) = \ell(w) + 1$].

Pour prouver (c), il suffit de voir que, si l'ordre n de ss' est fini et impair, on a $g_s = g_{s'}$. Posons $n = 2m + 1$, et soit $w = (ss')^m s = (s's)^m s'$; les décompositions

$$(s,s',s,s',\ldots,s) \quad \text{et} \quad (s',s,s',s,\ldots,s')$$

de w sont toutes deux réduites ([9], p. 11). En leur appliquant (b), on voit que

$$(q_s q_{s'})^m q_s = q_w = (q_{s'} q_s)^m q_{s'}$$

d'où $q_s = q_{s'}$, ce qui achève la démonstration du lemme.

Soit maintenant I le quotient de S par la relation

"s et s′ sont conjugués dans W,"

soit i l'application canonique de S sur I, et soit $t = (t_i)_{i \in I}$ une famille d'indéterminées indexée par I. Si $s \in S$, posons comme ci-dessus $t_s = t_{i(s)}$ et $W(t) = \sum_{w \in W} t_w$. D'après le lemme 7, on peut définir une famille $q = (q_i)_{i \in I}$ d'entiers ≥ 2 telle que $q_{i(s)} = q_s = \mathrm{Card}(C(s)/B)$ pour tout $s \in S$; la valeur $t_w(q)$ du monôme t_w pour la famille (q) est égale à q_w, d'après (b).

PROPOSITION 27. *Supposons* W *infini, de type euclidien irréductible.*

(a) *La fonction rationnelle* W(t) *est définie aux points* q *et* q^{-1}; *on a*

$$-\varepsilon(S)\, W(q) = W(q^{-1}) = \sum_{w \in W} 1/q_w ,$$

cette dernière série étant convergente.

(b) *Si* Y *est une partie de* S *distincte de* S, *l'indice de* B *dans* G_Y *est fini, et égal à* $W_Y(q) = \sum_{w \in W_Y} q_w$.

(c) *On a* $\sum_{Y \neq S} \varepsilon(Y)/(G_Y : B) = -\varepsilon(S)/W(q) > 0.$

Comme les q_s sont ≥ 2, la prop. 26 (e) montre que W(t) est définie au point q^{-1} et que sa valeur en ce point est égale à la somme de la série convergente $\Sigma\, 1/q_w$; d'autre part, les W_Y sont finis si $Y \neq S$, et la prop. 26 (d) montre que

$$W(t^{-1}) = -\varepsilon(S)\, W(t) ,$$

d'où (a).

L'assertion (b) résulte de ce que G_Y est réunion disjointe des C(w), $w \in W_Y$, d'où $\mathrm{Card}(G_Y/B) = \sum_{w \in W_Y} \mathrm{Card}(C(w)/B) = W_Y(q)$.

Enfin, on obtient (c) en faisant $t = q$ dans la formule

$$-\varepsilon(S)/W(t) = \sum_{Y \neq S} \varepsilon(Y)/W_Y(t),$$

cf. prop. 26 (c); le fait que $-\varepsilon(S)/W(q) = 1/W(q^{-1})$ soit > 0 résulte de l'expression de $W(q^{-1})$ sous forme de série donnée dans (a) [noter que la même série intervient dans [29]].

Le cas d'un groupe simple simplement connexe sur un corps local

Revenons au groupe $G = L(k)$ introduit au début de ce n°. On peut appliquer au système de Tits (G,B,N,S) toutes les propriétés démontrées ci-dessus. On a $\mathrm{Card}(S) = \ell + 1$, où ℓ est le rang de L. Les entiers q_s sont des puissances du nombre d'éléments q du corps résiduel de k; le nombre $W(q)$ est défini et non nul; son signe est $(-1)^\ell$.

THÉORÈME 6. *On a* $\mu_G(B) = 1/W(q) = (-1)^\ell/W(q^{-1})$.

(Rappelons que μ_G désigne la *mesure canonique* de G.)

Soit μ une mesure de Haar sur G; il nous faut calculer $\chi(\mu)$, cf. n° 3.3. Or, par définition même de l'immeuble T, celui-ci contient un simplexe C de dimension ℓ, dont les sommets (x_s) sont indexés par S. Si $Y \subset S$, $Y \neq S$, notons C_Y la face de C de sommets les x_s, $s \in S - Y$; le stabilisateur de C_Y est G_Y; de plus, l'ensemble des C_Y, $Y \neq S$, constitue un système de représentants des cellules de T modulo G. On a donc

$$\chi(\mu) = \sum_{Y \neq S} -\varepsilon(S - Y)/\mu(G_Y),$$

ou encore, puisque $\mu(G_Y) = \mu(B) \cdot (G_Y : B)$,

$$\chi(\mu) = \frac{-\varepsilon(S)}{\mu(B)} \sum_{Y \neq S} \varepsilon(Y)/(G_Y : B).$$

En appliquant la prop. 27 (c) on obtient

$$\chi(\mu) = 1/W(q)\mu(B),$$

i.e.

$$1/W(q) = \chi(\mu)\mu(B) = \mu_G(B),$$

d'où le théorème, d'après la prop. 27 (a).

COROLLAIRE. *La mesure* μ_G *est* $\neq 0$; *son signe est* $(-1)^{\ell}$.

On a vu en effet que $W(q^{-1}) = \Sigma\, 1/q_w$ est > 0.

Cas déployé

C'est le cas traité par Iwahori-Matsumoto [23]. On part d'un schéma en groupes L_0 sur O_k, que l'on suppose simple, simplement connexe et *déployé*; soient R son système de racines et W_R son groupe de Weyl. On peut appliquer le th. 6 au groupe algébrique $L = L_0 \times_{O_k} k$ déduit de L_0 par extension des scalaires. Le groupe W est alors le *groupe de Weyl affine* $\tilde{W}_R$ de W_R et S est l'ensemble des sommets du *graphe de Dynkin complété* ([9], p. 198) de R; en particulier, il y a un élément s_0 de S tel que $Y = S - \{s_0\}$ soit le graphe de Coxeter de R; le groupe G_Y correspondant est égal à $L_0(O_k)$; c'est un *sous-groupe compact maximal* de $G = L(k)$.

THÉORÈME 7. *Soient* $m_1, \ldots, m_\ell$ *les exposants* ([9], p. 118) *de* W_R *et soit* q *le nombre d'éléments du corps résiduel de* k. *On a*

$$\mu_G(B) = \prod_{i=1}^{i=\ell} \frac{1 - q^{m_i}}{1 + q + \ldots + q^{m_i}}$$

et

$$\mu_G(L_0(O_k)) = \prod_{i=1}^{i=\ell} (1 - q^{m_i}).$$

Les entiers q_s sont ici tous égaux à q, cf. [23], 3.1. Pour calculer $\mu_G(B) = 1/W(q)$ on peut donc remplacer la fonction de plusieurs variables $W(t)$ par la fonction $W(t) = \sum_{w \in W} t^{\ell(w)}$.

Comme on a

$$W(q) = \prod_{i=1}^{i=\ell} (1 + q + \ldots + q^{m_i})/(1 - q^{m_i}),$$

cf. [23], 1.10 et [9], p. 231, on trouve bien la valeur annoncée pour $\mu_G(B)$.

D'autre part, l'indice de B dans $L_0(O_k) = G_Y$ est égal à $W_Y(q)$, cf. prop. 27 (b). On a donc

$$\mu_G(L_0(O_k)) = W_Y(q)\, \mu_G(B).$$

Mais W_Y est égal à W_R, et l'on a

$$W_R(q) = \prod_{i=1}^{i=\ell} (1 + q + \ldots + q^{m_i}),$$

cf. [23], [9], *loc. cit.* D'où le résultat cherché.

Groupes réductifs

Passons maintenant au cas d'un groupe L *réductif* sur k (non nécessairement simple), et soit $G = L(k)$.

PROPOSITION 28. *La mesure canonique de* G *est* $\neq 0$ *si et seulement si le rang sur* k *du centre de* L *est nul* (i.e. si le centre de G est compact). *Dans ce cas, son signe est* $(-1)^{\ell}$, *où* ℓ *est le rang* L *sur* k.

Soit $G' \to G$ une *isogénie* et soit n (resp. c) le nombre d'éléments de son noyau (resp. l'indice de son image). Comme G et G′ sont localement isomorphes, la mesure canonique μ_G de G définit une mesure $(\mu_G)'$. Un calcul facile montre que *la mesure canonique* $\mu_{G'}$ *de* G′ *est égale à* $\frac{c}{n}(\mu_G)'$; elle est donc nulle (resp. positive, négative) si et seulement si μ_G l'est.

D'autre part, si $L = L_1 \times L_2$ et si $G = G_1 \times G_2$ est la décomposition correspondante de G, on a $\mu_G = \mu_{G_1} \otimes \mu_{G_2}$, c'est immédiat.

En combinant les deux faits ci-dessus, on est ramené à vérifier la proposition dans les trois cas particuliers suivants:

a) L est simple et simplement connexe;

b) $L = G_m$;

c) L est un tore de rang 0 sur k.

Le premier cas a été traité plus haut; dans le second, on a $\mu_G = 0$ et dans le troisième G est compact et μ_G est la mesure de Haar canonique de G. D'où la proposition.

3.5. *Passage aux produits.*

Soit $(G_\alpha)_{\alpha \in A}$ une famille finie de groupes de Lie. On suppose que chaque G_α est de l'un des types suivants (cf. n° 2.3):

(i) un groupe de Lie réel unimodulaire ayant un nombre fini de composantes connexes;

(ii) le groupe $L_\alpha(k_\alpha)$ des k_α-points d'un groupe algébrique réductif connexe L_α sur un corps local localement compact k_α.

On désigne par G_∞ (resp. G_f) le produit des G_α de type (i) (resp. de type (ii)), et l'on pose

$$G = \prod_{\alpha \in A} G_\alpha = G_\infty \times G_f .$$

Les groupes G_∞, G_f et G sont des groupes localement compacts unimodulaires. On sait (prop. 22) que G_∞ possède une mesure d'Euler-Poincaré; soit μ_∞ une telle mesure. D'autre part, si G_α est de type (ii), nous avons défini au n° 3.3 une mesure canonique μ_{G_α} sur G_α; par passage aux produits, cela définit une mesure μ_f sur G_f. D'où finalement une mesure

$$\mu = \mu_\infty \otimes \mu_f$$

sur $G = G_\infty \times G_f$.

THÉORÈME 7. *La mesure* μ *définie ci-dessus est une mesure d'Euler-Poincaré sur* G.

On raisonne par récurrence sur le nombre de G_α de type (ii) et l'on applique le corollaire à la prop. 25 du n° 3.3.

COROLLAIRE. *Soient* Γ *et* Γ' *deux sous-groupes discrets sans torsion de* G, *à quotient compact. Si* $\mu \neq 0$, *le rapport des volumes de* G/Γ *et* G/Γ' *est un nombre rationnel.*

En effet, ce rapport est égal à $\mu(G/\Gamma)/\mu(G/\Gamma') = \chi(\Gamma)/\chi(\Gamma')$.

REMARQUES

1) Lorsque G_∞ est réductif, les prop. 23 et 28 permettent de déterminer si la mesure μ est > 0, nulle, ou < 0.

2) Si $\mu = 0$, on ne sait à peu près rien sur la nature arithmétique des volumes des G/Γ compacts. Par exemple, soient Γ et Γ' deux sous-groupes discrets à quotient compact de $G = SL_n(\mathbf{R})$, $n \geq 3$. Est-il vrai que le rapport des volumes de G/Γ et G/Γ' soit un nombre rationnel?
10 C'est très improbable, mais on ne connaît aucun contre-exemple; la question est liée à celle des valeurs des fonctions zêta aux entiers positifs impairs.

QUESTION

Soit Γ un sous-groupe discret sans torsion de G tel que G/Γ soit

de volume fini, mais pas nécessairement compact. *Est-il vrai que* Γ *est*
11 *de type* (FL) *et que* $\chi(\Gamma) = \mu(G/\Gamma)$? Cela paraît probable, vu les résultats récents de Harder sur les groupes arithmétiques (cf. n° 3.6). Il suffirait en tout cas de résoudre la question lorsque G est un groupe de Lie réel, la prop. 25 permettant de passer de là au cas général.

3.6. *Sous-groupes* S-*arithmétiques.*

Reprenons les notations et hypothèses du n° 2.4 : L est un groupe algébrique réductif sur un *corps global* k, et S est un ensemble fini non vide de places de k contenant les places archimédiennes. Pour tout $v \in S$, on note k_v le complété de k pour v, et l'on pose

$$G = \prod_{v \in S} G_v \quad \text{où} \quad G_v = L(k_v).$$

Soit μ la mesure définie au n° précédent sur le groupe G.

THÉORÈME 8. *Soit* Γ *un sous-groupe* S-*arithmétique de* L(k). *Si le rang de* L *sur* k *est nul, on a* $\chi(\Gamma) = \mu(G/\Gamma)$.

(L'expression $\chi(\Gamma)$ a un sens car Γ est de type (WFL) d'après le th. 4 du n° 2.4.)

Cela résulte du th. 7, puisque l'on sait que G/Γ est *compact.*

Dans les corollaires ci-dessous, on suppose L *semi-simple.*

COROLLAIRE 1. *Si tous les* G_v *correspondant aux places archimédiennes sont compacts, on a* $\chi(\Gamma) \neq 0$, *et le signe de* $\chi(\Gamma)$ *est* $(-1)^{d(G)}$.

(Ceci s'applique notamment lorsque k est un corps de fonctions sur un corps fini.)

Le facteur archimédien G_∞ de G est compact; sa mesure d'Euler-Poincaré est donc > 0 (et même de masse 1). D'autre part, si v est ultramétrique, la prop. 28 montre que la mesure canonique de G_v est non nulle, et que son signe est $(-1)^{d(G_v)}$, où $d(G_v)$ désigne le rang de L sur k_v ; la mesure d'Euler-Poincaré de G est donc $\neq 0$, et son signe est $(-1)^{d(G)}$, avec $d(G) = \sum_{v \in S} d(G_v)$. D'où le corollaire.

COROLLAIRE 2. *Si l'une des places de* k *est complexe, et si* $\dim(L) \geq 1$, *on a* $\chi(\Gamma) = 0$.

En effet, on a vu (cf. n° 3.2, exemple 2) que la mesure d'Euler-Poincaré de $L(\mathbf{C})$ est *nulle*; il en est donc de même de celle de G.

Groupes semi-simples de rang ≥ 1

Supposons maintenant que L soit *semi-simple* et *de rang* ≥ 1 sur k. Soit Γ un sous-groupe S-arithmétique de L(k). Le quotient G/Γ n'est pas compact, mais il est *de volume fini*. Si μ désigne comme ci-dessus la mesure canonique de G, le nombre réel $\mu(G/\Gamma)$ a donc un sens. Il s'impose de l'interpréter. Distinguons deux cas:

i) k *est un corps de fonctions sur un corps fini*

L'existence dans L de sous-groupes isomorphes au groupe additif G_a montre que Γ n'est pas de type (WFL) et les définitions du §1 ne s'appliquent plus; on ne peut pas parler de $\chi(\Gamma)$. Pour retrouver des propriétés de finitude, il est probablement nécessaire d'introduire une *cohomologie relative* mesurant en quelque sorte la déviation entre Γ et ses sous-groupes unipotents (par exemple); on peut alors espérer que, si Γ est sans p'-torsion, $\chi(\Gamma)$ est égal à la caractéristique d'Euler-Poincaré de cette cohomologie relative (ce qui montrerait en particulier que $\chi(\Gamma)$ est *entier*); c'est en tout cas ainsi que les choses se passent pour SL_2, cf. [38], chap. II, §2.

ii) k *est un corps de nombres algébriques*

Ici la situation est satisfaisante: *le groupe* Γ *est de type* (WFL) *et l'on a*

$$\chi(\Gamma) = \mu(G/\Gamma)$$

d'après un résultat récent[8] de Harder [19]. [Lorsque $S = \Sigma^{\infty}$ et que Γ

[8] On connaissait divers cas particuliers de ce résultat, notamment celui où L est un *groupe orthogonal* (Siegel [40], t. III, p. 453-456).

est sans torsion, Harder montre que la variété $X_\Gamma = \Gamma\backslash T$ est réunion croissante de pièces compactes $A(t)$ $(t \to \infty)$, ayant même type d'homotopie que X_Γ, et jouissant de la propriété suivante: si l'on écrit la formule de Gauss-Bonnet[9] pour $A(t)$

$$\chi(A(t)) = \int_{A(t)} \Omega + \int_{\partial A(t)} \Pi \text{ , cf. n}^{o}\, 3.2,$$

le terme provenant du bord $\int_{\partial A(t)} \Pi$ *tend vers zéro* quand $t \to \infty$. Par passage à la limite, il en déduit que

$$\chi(\Gamma) = \chi(X_\Gamma) = \int_{X_\Gamma} \Omega ,$$

d'où la formule cherchée $\chi(\Gamma) = \mu(G/\Gamma)$ dans le cas considéré. Le cas général se ramène à celui-là au moyen de la prop. 25.]

Lorsque L est *déployé*, Harder donne également une formule explicite pour $\chi(\Gamma)$, voir ci-après.

3.7. *Caractéristiques d'Euler-Poincaré et valeurs de fonctions zêta.*

Conservons les notations et hypothèses du n° précédent, et supposons que k soit un corps de nombres *totalement réel* (i.e. tous les k_v, $v \in \Sigma^\infty$, sont isomorphes à $\mathbf{R}$). Notons r le *degré* de k sur $\mathbf{Q}$, et d la valeur absolue de son *discriminant*. Soit S une partie finie de Σ contenant Σ^∞ et soit O_S l'anneau des éléments de k qui sont entiers en toutes les places de $\Sigma - S$. Définissons la *fonction zêta* de k relativement à S par le produit eulérien

$$\zeta_{k,S}(s) = \prod_{v \in \Sigma - S} \frac{1}{1 - Nv^{-s}},$$

[9] On suppose ici que l'espace symétrique T est de dimension *paire*. Lorsqu'il est de dimension impaire, le raisonnement est analogue: on remplace Ω par 0 et Π par la moitié de la forme de Gauss-Bonnet de $\partial A(t)$.

où Nv désigne le nombre d'éléments du corps résiduel de k_v. La fonction $\zeta_{k,S}$ ne diffère de la fonction zêta usuelle ζ_k du corps k que par l'omission des facteurs locaux relatifs à $S - \Sigma^\infty$. Elle se prolonge en une fonction méromorphe dans tout le plan complexe. D'après un théorème de Siegel ([40], t. I, p. 545-546 – voir aussi Klingen [24]) les nombres

$$d^{-1/2}\ \pi^{-rn}\ \zeta_{k,S}(n)\ , \qquad n \text{ entier pair } \geq 2\ ,$$

sont *rationnels*; vu l'équation fonctionnelle de ζ_k, cela équivaut à dire que $\zeta_{k,S}(s)$ prend des *valeurs rationnelles* lorsque s est un entier < 0, valeurs qui sont $\neq 0$ si et seulement si l'entier s est *impair*. Comme Siegel l'a montré sur divers exemples, ces valeurs rationnelles peuvent être interprétées en termes de *volumes* de groupes arithmétiques, donc aussi de *caractéristiques d'Euler-Poincaré*. Indiquons cette interprétation, en nous bornant au cas déployé, qui vient d'être traité complètement par Harder:

Soit L_0 un schéma en groupes simple, simplement connexe et déployé sur l'anneau O_S, soit $L = L_0 \times_{O_S} k$ et soit $\Gamma_S = L_0(O_S)$ le groupe des points O_S-entiers de L_0; le groupe Γ_S est un sous-groupe S-arithmétique de L(k).

Soient d'autre part ℓ, R, W_R le rang de L, son système de racines et son groupe de Weyl; soient $m_1,\ldots,m_\ell$ les exposants de W_R ([9], p. 118); soit W_K le groupe de Weyl d'un sous-groupe compact maximal K de L(R) et posons

$$c = \mathrm{Card}(W_R)/2^\ell\, \mathrm{Card}(W_K)\,.$$

On a alors (Harder [19], n° 2.2):

$$(*) \qquad \chi(\Gamma_S) = \mu(G/\Gamma_S) = c^r \prod_{i=1}^{i=\ell} \zeta_{k,S}(-m_i)\,.$$

[D'après Langlands [26], le *nombre de Tamagawa* de L est égal à 1. On en déduit facilement que $\omega(G/\Gamma_S)$ est égal au produit des $\zeta_{k,S}(1+m_i)$, ω étant une certaine mesure "arithmétique" sur G. Il faut ensuite déterminer le rapport μ/ω ; c'est ce que fait Harder, *loc. cit.*, lorsque $S = \Sigma^{\infty}$; le cas général se ramène à celui-là en utilisant le th. 7 du n° 3.4. On obtient ainsi une expression de $\mu(G/\Gamma_S)$ en fonction des $\zeta_{k,S}(1+m_i)$; en appliquant l'équation fonctionnelle de $\zeta_{k,S}$, on en déduit[10] la formule (∗).]

Exemples

(i) Si L est de type A_ℓ ($\ell \geq 2$), D_ℓ (ℓ impair ≥ 3) ou E_6, le groupe W_R ne contient pas -1, et la mesure canonique μ est nulle, cf. n° 3.2; d'autre part, l'un des exposants m_i est pair ([9], p. 123) de sorte que le nombre $\zeta_{k,S}(-m_i)$ correspondant est nul. On trouve ainsi (de deux façons différentes) la formule $\chi(\Gamma_S) = 0$.

(ii) Si L est de type F_4, le sous-groupe compact maximal K de L(R) est de type D_4; on a $\mathrm{Card}(W_R)/\mathrm{Card}(W_K) = 6$, $c = 3/8$, et (∗) s'écrit:

$$\chi(\Gamma_S) = (3/8)^r\, \zeta_{k,S}(-1)\, \zeta_{k,S}(-5)\, \zeta_{k,S}(-7)\, \zeta_{k,S}(-11).$$

(iii) Si L est de type C_ℓ, on a $L(R) = Sp_{2\ell}(R)$, $K = U_\ell(C)$, $c = 1$, et $\{m_1, \ldots, m_\ell\} = \{1, 3, \ldots, 2\ell - 1\}$. D'où

$$\chi(Sp_{2\ell}(O_S)) = \zeta_{k,S}(-1)\, \zeta_{k,S}(-3) \ldots \zeta_{k,S}(-2\ell+1).$$

Par exemple:

$$\chi(Sp_4(Z[\tfrac{1}{p}])) = (1-p)(1-p^3)\, \zeta(-1)\, \zeta(-3) = -\frac{(p-1)(p^3-1)}{2^5 3^2 5}.$$

---

[10] Lorsque k est un *corps de fonctions* sur un corps fini, la même méthode montre que

$$\mu(G/\Gamma_S) = \tau \prod_{i=1}^{i=\ell} \zeta_{k,S}(-m_i),$$

12 où τ est le nombre de Tamagawa de L.

(iv) En appliquant (iii) au cas $\ell = 1$ on obtient le résultat suivant, qui généralise celui du n° 1.8, relatif à $k = \mathbf{Q}$:

$$(**) \qquad \chi(SL_2(O_S)) = \zeta_{k,S}(-1) = \zeta_k(-1) \prod_{v \in S - \Sigma^\infty} (1 - Nv).$$

[Noter que, dans ce cas, la détermination de la mesure canonique μ n'offre pas de difficultés (cf. n°s 3.1 et 3.2), pas plus que celle du nombre de Tamagawa ([50], n° 3.4); le seul point un peu délicat est l'égalité $\chi(\Gamma_S) = \mu(G/\Gamma_S)$, que l'on peut vérifier au moyen de la compactification donnée dans [7], §17.]

Estimation du dénominateur de $\zeta_k(-1)$

La formule (**) ci-dessus permet de majorer le dénominateur du nombre rationnel $\zeta_{k,S}(-1)$; en effet, si Γ est un sous-groupe sans torsion de $SL_2(O_S)$, d'indice fini N, on a

$$N \cdot \zeta_{k,S}(-1) = N \cdot \chi(SL_2(O_S)) = \chi(\Gamma),$$

et $\chi(\Gamma)$ est *entier* puisque Γ est de type (FL), cf. th. 4. Ainsi, le dénominateur de $\zeta_{k,S}(-1)$ est un *diviseur de* N. En choisissant convenablement Γ, on peut tirer de là une estimation assez précise du dénominateur en question:

Soit ℓ un nombre premier. Si n est un entier ≥ 0, soit F_n le corps des racines ℓ^n-ièmes de l'unité, et soit E_n le sous-corps réel maximal de F_n. Identifions k à un sous-corps de $\mathbf{R}$ et notons $n(\ell)$ la plus grande valeur de n telle que E_n soit contenu dans k (ou que $[F_n k : k]$ soit ≤ 2, cela revient au même). On a $n(\ell) = 0$ pour presque tout ℓ. Posons

$$w = 2^{n(2)+1} \prod_{\ell \neq 2} \ell^{n(\ell)}.$$

PROPOSITION 29. *Le produit* $w \cdot \zeta_{k,S}(-1)$ *est un entier.*

Soit ℓ un nombre premier, et soit $n = n(\ell)$; posons $m = n$ si $\ell \neq 2$ et $m = n+1$ si $\ell = 2$. Vu l'argument donné ci-dessus, on est ramené à prouver le résultat suivant:

LEMME 8. *Il existe un sous-groupe sans torsion de* $SL_2(O_S)$ *dont l'indice est fini et n'est pas divisible par* ℓ^{m+1}.

(L'hypothèse "sans torsion" pourrait être affaiblie en "sans ℓ-torsion", cf. n° 1.8, prop. 13.)

Soit i un entier ≥ 0, et soit $Gal(F_i/Q)$ le groupe de Galois de F_i/Q. On sait que ce groupe s'identifie à $(Z/\ell^i Z)^*$, et que cette identification transforme $Gal(F_i/E_i)$ en $\{\pm 1\}$. Soit V_i le sous-groupe de $(Z/\ell^i Z)^*$ correspondant à $F_i \cap k$. On a

$$V_i = Gal(F_i/(F_i \cap k)) = Gal(F_i k/k).$$

Du fait que k est réel, -1 appartient à V_i. Vu la définition de n, on a $V_i = \{\pm 1\}$ si et seulement si $i \leq n$. Il existe donc un élément $s \in V_{n+1}$ qui est *distinct de* ± 1. Soit Σ_ℓ l'ensemble des $v \in \Sigma - \Sigma^\infty$ dont la caractéristique résiduelle p_v est distincte de ℓ. Si $v \in \Sigma_\ell$, v est non ramifiée dans $F_i k$ et la substitution de Frobenius $\sigma_v \in V_i$ correspondante est l'image de Nv dans $(Z/\ell^i Z)^*$. Prenons $i = n+1$ et appliquons le théorème de densité de Čebotarev à l'extension $F_i k/k$. On en déduit qu'il existe une infinité de $v \in \Sigma_\ell$ tels que $\sigma_v = s$. Vu le choix de s, on a donc

$$Nv \not\equiv \pm 1 \pmod{\ell^{n+1}}.$$

On vérifie facilement que cela entraîne

$$\text{(***)} \quad \begin{aligned} Nv^2 &\not\equiv 1 \pmod{\ell^{n+1}} \quad \text{si } \ell \neq 2 \\ Nv^2 &\not\equiv 1 \pmod{2^{n+2}} \quad \text{si } \ell = 2. \end{aligned}$$

Choisissons un tel v, et supposons en outre que $v \notin S$, que v est non ramifiée sur $\mathbf{Q}$, et que $p_v \neq 2$; c'est possible, puisque cela n'écarte qu'un nombre fini de v. Soit $\mathfrak{p}_v$ l'idéal maximal de O_S défini par v, et soit Γ_v le sous-groupe de $SL_2(O_S)$ formé des matrices congrues à 1 modulo $\mathfrak{p}_v$. Un argument classique, dû à Minkowski [31], montre que le groupe de congruence Γ_v est *sans torsion.* Son indice est $Nv(Nv^2 - 1)$; vu (***) ci-dessus, il n'est pas divisible par ℓ^{m+1}, ce qui démontre le lemme.

REMARQUE

13 D'après une conjecture de Bass, Birch et Tate, la valeur absolue de l'entier $w\zeta_k(-1)$ de la prop. 23 devrait être égale à l'ordre d'un certain sous-groupe du "K_2" du corps k (l'intersection des noyaux des "symboles modérés"). Comme l'a remarqué Tate, cette conjecture suggère diverses propriétés de divisibilité de $w\zeta_k(-1)$, que l'on peut essayer d'interpréter en termes de caractéristiques d'Euler-Poincaré. En voici un exemple:

PROPOSITION 30. *Soit* S *la réunion de* Σ^∞ *et des places ultramétriques* v *telles que* $p_v = 2$. *Soit* C_S *le groupe des classes d'idéaux de* O_S *de carré égal à* 1. *Posons*

$$\mathrm{Card}(O_S^*/O_S^{*2}) = 2^e \quad \textit{et} \quad \mathrm{Card}(C_S) = 2^c.$$

14 *L'entier* $w\zeta_k(-1)$ *est divisible par* 2^{e+c-1}.

Noter que, d'après le théorème des unités, on a $e = \mathrm{Card}(S) \geq r+1$. D'où le résultat suivant, démontré également par Harder et Hirzebruch:

COROLLAIRE. *On a* $w\zeta_k(-1) \equiv 0 \pmod{2^r}$, *où* $r = [k:\mathbf{Q}]$.

La démonstration de la proposition 30 utilise un certain sous-groupe S-arithmétique du groupe adjoint $PGL_2 = SL_2/\{\pm 1\}$. De facon plus précise, notons Λ le réseau $O_S \oplus O_S$ de k^2, de sorte que $SL(\Lambda) = SL_2(O_S) = \Gamma$; notons Γ' le sous-groupe $\Gamma/\{\pm 1\}$ de $PGL_2(k)$. Soit d'autre part $\tilde{\Gamma}''$

le sous-groupe de $GL_2(k)$ formé des éléments g tels qu'il existe un idéal $\mathfrak{a}$ de O_S avec $g(\Lambda) = \mathfrak{a}\cdot\Lambda$; le groupe $\tilde{\Gamma}''$ contient k^*; soit $\Gamma'' = \tilde{\Gamma}''/k^*$ son image dans $PGL_2(k)$. On a $\Gamma' \subset \Gamma''$; de plus, Γ'' s'identifie au groupe des automorphismes de l'algèbre de matrices $M_2(O_S)$, donc est un *sous-groupe S-arithmétique de* $PGL_2(k)$. En raisonnant comme dans la démonstration de la prop. 29, on en déduit que le produit $w\cdot\chi(\Gamma'')$ est *entier* (noter que, pour tout corps fini $\tilde{k}$, $SL_2(\tilde{k})$ et $PGL_2(\tilde{k})$ ont même nombre d'éléments).

D'autre part, soit $g \in \tilde{\Gamma}''$, et soit $c(g)$ la classe de l'idéal $\mathfrak{a}$ tel que $g(\Lambda) = \mathfrak{a}\cdot\Lambda$; par passage au quotient, l'application $g \mapsto c(g)$ définit un homomorphisme de Γ''/Γ' sur le groupe C_S, et le noyau de cet homomorphisme est isomorphe à O_S^*/O_S^{*2}. On en conclut que $(\Gamma'':\Gamma') = 2^{e+c}$, d'où $\chi(\Gamma'') = \chi(\Gamma')/2^{e+c}$. Mais tout sous-groupe sans torsion d'indice fini N dans Γ est isomorphe à son image dans Γ', qui est d'indice $N/2$ dans Γ'. On en déduit que $\chi(\Gamma') = 2\chi(\Gamma) = 2\zeta_{k,S}(-1)$, d'où

$$\chi(\Gamma'') = \zeta_{k,S}(-1)/2^{e+c-1}.$$

Comme $w\chi(\Gamma'')$ est entier, cela montre que $w\zeta_{k,S}(-1)$ est divisible par 2^{e+c-1}. Mais $\zeta_{k,S}(-1)$ diffère de $\zeta_k(-1)$ par le facteur $\prod_{p_v=2} (1 - Nv)$, qui est un entier *impair*. On voit donc que $w\zeta_k(-1)$ est divisible par 2^{e+c-1}, d'où la proposition.

Exemples

i) Pour $k = \mathbf{Q}$, on a $w = 2^3 3$, $\zeta(-1) = -1/12$ d'où $w\zeta(-1) = -2$ qui est bien divisible par $2^{e+c-1} = 2$.

ii) Pour $k = \mathbf{Q}(\sqrt{5})$, on a $w = 2^3 3.5$ et $\zeta_k(2) = 2\pi^4/75\sqrt{5}$, cf. Siegel [41], p. 32. La formule

$$\zeta_k(-1) = d^{3/2}\zeta_k(2)/(-2\pi^2)^r$$

montre alors que $\zeta_k(-1) = 1/2.3.5$ d'où $w\zeta_k(-1) = 2^2$, qui est bien divisible par $2^{e+c-1} = 2^2$.

iii) Pour $k = \mathbf{Q}(\sqrt{15})$, on trouve de même $w\zeta_k(-1) = 2^4 3$, qui est bien divisible par $2^{e+c-1} = 2^2$.

iv) Prenons pour k le sous-corps réel maximal du corps des racines 7-ièmes de l'unité; c'est un corps cubique cyclique. On a $w = 2^3 3.7$ et $\zeta_k(2) = 2^3\pi^6/3.7^4$, cf. [41], p. 100-101. On en tire $\zeta_k(-1) = -1/3.7$, d'où $w\zeta_k(-1) = -2^3$ qui est bien divisible par $2^{e+c-1} = 2^3$.

Dénominateurs des $\zeta_k(1-2n)$

On peut appliquer au groupe Sp_{2n} la même méthode que ci-dessus. L'indice du groupe de congruence associé à une place ultramétrique v est égal à $Nv^{n^2}\prod_{i=1}^{i=n}(Nv^{2i}-1)$. On en déduit que le produit des $(Nv^{2i}-1)\,\zeta_k(1-2i)$, $1 \leq i \leq n$, a pour dénominateur une puissance de p_v. Pour tout nombre premier ℓ, et tout entier pair 2i, notons alors $m(i,\ell)$ le plus grand entier m tel que ℓ^m divise tous les $(Nv^{2i}-1)$, avec $p_v \neq \ell$, et soit w_i le produit des $\ell^{m(i,\ell)}$. En raisonnant comme dans la démonstration du lemme 8, on obtient:

PROPOSITION 31. *Pour tout* $n \geq 1$, *le nombre rationnel* $\prod_{i=1}^{i=n} w_i\zeta_k(1-2i)$ *est un entier.*

Il est facile de déterminer explicitement les w_i en fonction de l'intersection de k avec le corps de toutes les racines de l'unité; nous laissons ce soin au lecteur.

Questions

15 1) Est-il vrai que chacun des $w_i\zeta_k(1-2i)$ soit un *entier?* En d'autres termes, si v est une place ultramétrique de k, de caractéristique résiduelle p, est-il vrai que *le produit de* $\zeta_k(1-2i)$ *par* $(Nv^{2i}-1)$ *appartienne à* $\mathbf{Z}[\frac{1}{p}]$? Si oui, peut-on interpréter les entiers $w_i\zeta_k(1-2i)$ en termes de caractéristiques d'Euler-Poincaré?

2) Y a-t-il des congruences reliant les $w_i\zeta_k(1-2i)$ pour différentes valeurs de i, et généralisant les congruences de Kummer sur les nombres de Bernoulli? La question est liée à celle, fort mystérieuse, d'une éventuelle extension des résultats de Kubota-Leopoldt à tous les corps totalement réels.

16 3) Peut-on interpréter en termes de caractéristiques d'Euler-Poincaré les valeurs aux entiers négatifs des fonctions zêta relatives aux *classes d'idéaux* (modulo un conducteur) d'un corps de nombres quelconque? On sait que ces valeurs sont rationnelles et l'on a une majoration de leurs dénominateurs (Siegel [41]); on peut espérer l'améliorer.

Collège de France
Paris, France

BIBLIOGRAPHIE

[1] W. L. BAILY et A. BOREL – *Compactification of arithmetic quotients of bounded symmetric domains*, Ann. of Math., 84, 1966, p. 442-528.

[2] H. BEHR – *Über die endliche Definierbarkeit verallgemeinerter Einheitengruppen*, J. Crelle, 211, 1962, p. 123-135.

[3] H. BEHR – *Endliche Erzeugbarkeit arithmetischer Gruppen über Funktionenkörpern*, Invent. Math., 7, 1969, p. 1-32.

[4] A. BOREL – *Ensembles fondamentaux pour les groupes arithmétiques*, Colloque sur la théorie des gr. alg., Bruxelles, 1962, p. 23-40.

[5] A. BOREL – *Compact Clifford-Klein forms of symmetric spaces*, Topology, 2, 1963, p. 111-122.

[6] A. BOREL – *Some finiteness properties of adele groups over number fields*, Publ. Math. I.H.E.S., 16, 1963, p. 5-30.

[7] A. BOREL – Introduction aux groupes arithmétiques, Hermann, Paris, 1969.

[8] A. BOREL et J. TITS – *Groupes réductifs*, Publ. Math. I.H.E.S., 27, 1965, p. 55-151.

[9] N. BOURBAKI – Groupes et Algèbres de Lie, chap. IV-V-VI, Hermann, Paris, 1968.

[10] F. BRUHAT et J. TITS – *Un théorème de point fixe*, I.H.E.S., 1966 (notes polycopiées).

[11] F. BRUHAT et J. TITS – *Groupes algébriques simples sur un corps local*, Proc. Conf. Local Fields, Springer-Verlag, 1967. (Voir aussi C. R. Acad. Sci. Paris, 263, 1966, p. 598-601, 766-768, 822-825 et 867-869.)

[12] F. BRUHAT et J. TITS – *Groupes algébriques semi-simples sur un corps local. Chap. I. Systèmes de Tits de type affine.* A paraître aux Publ. Math. I.H.E.S.

[13] H. CARTAN et S. EILENBERG – Homological Algebra, Princeton Univ. Press, Princeton, 1956.

[14] S. S. CHERN – *A simple intrinsic proof of the Gauss-Bonnet formula for closed Riemannian manifolds*, Ann. of Math., 45, 1944, p. 747-752.

[15] C. DELAROCHE et A. KIRILLOV – *Sur les relations entre l'espace dual d'un groupe et la structure de ses sous-groupes fermés (d'après* D. A. KAJDAN), Sém. Bourbaki, 1967/68, exposé 343, Benjamin, New York, 1969.

[16] S. EILENBERG et T. GANEA – *On the Lusternik-Schnirelmann category of abstract groups*, Ann. of Math., 65, 1957, p. 517-518.

[17] H. GARLAND et M. S. RAGHUNATHAN – *Fundamental domains for lattices in rank one semi-simple Lie groups*, Ann. of Math., 92, 1970, p. 279-326.

[18] G. HARDER – *Minkowskische Reduktionstheorie über Funktionenkörpern*, Invent. Math., 7, 1969, p. 33-54.

[19] G. HARDER – *A Gauss-Bonnet formula for discrete arithmetically defined groups*, Annales Sci. E.N.S., à paraître.

[20] H. HIJIKATA – *On the arithmetic of $\mathfrak{p}$-adic Steinberg groups*, Yale Univ., 1964 (notes polycopiées).

[21] H. HOPF et H. SAMELSON – *Ein Satz über die Wirkungsräume geschlossener Liescher Gruppen*, Comment. Math. Helv., 13, 1941, p. 240-251.

[22] Y. IHARA – *On discrete subgroups of the two by two projective linear group over* $\mathfrak{p}$*-adic fields*, J. Math. Soc. Japan, 18, 1966, p. 219-235.

[23] N. IWAHORI et H. MATSUMOTO – *On some Bruhat decomposition and the structure of the Hecke ring of p-adic Chevalley groups*, Publ. Math. I.H.E.S., 25, 1965, p. 5-48.

[24] H. KLINGEN – *Über die Werte der Dedekindschen Zetafunktion*, Math. Ann., 145, 1962, p. 265-272.

[25] S. KOBAYASHI et K. NOMIZU – Foundations of differential geometry, vol. II, Intersc. Publ., New York, 1969.

[26] R. P. LANGLANDS – *The volume of the fundamental domain for some arithmetical subgroups of Chevalley groups*, Proc. Symp. Pure Maths., vol. IX, p. 143-148, Amer. Math. Soc., Providence, 1966.

[27] M. LAZARD – *Groupes analytiques* $\mathfrak{p}$*-adiques*, Publ. Math. I.H.E.S., 26, 1965, p. 5-219.

[28] R. C. LYNDON – *Cohomology theory of groups with a single defining relation*, Ann. of Math., 52, 1950, p. 650-665.

[29] H. MATSUMOTO – *Fonctions sphériques sur un groupe semi-simple* $\mathfrak{p}$*-adique*, C. R. Acad. Sci. Paris, 269, 1969, p. 829-832.

[30] J. MILNOR – Morse theory. Princeton Univ. Press, Princeton, 1963.

[31] H. MINKOWSKI – *Zur Theorie der positiven quadratischen Formen*, J. Crelle, 101, 1887, p. 196-202 [*Gesamm. Abhandlungen*, I, p. 212-218].

[32] T. ONO – *On algebraic groups and discontinuous groups*, Nagoya Math. J., 27, 1966, p. 279-332.

[33] M. S. RAGHUNATHAN – *A note on quotients of real algebraic groups by arithmetic subgroups*, Invent. Math., 4, 1968, p. 318-335.

[34] I. SATAKE – *The Gauss-Bonnet Theorem for V-manifolds*, J. Math. Soc. Japan, 9, 1957, p. 464-492.

[35] J-P. SERRE – Cohomologie galoisienne, 3ème éd., Lecture Notes in Maths., n° 5, Springer-Verlag, 1965.

[36] J-P. SERRE – *Sur la dimension cohomologique des groupes profinis*, Topology, 3, 1965, p. 413-420.

[37] J-P. SERRE – *Cohomologie des groupes discrets*, C. R. Acad. Sci. Paris, 268, 1969, p. 268-271.

[38] J-P. SERRE – Arbres, amalgames et SL_2, notes polycopiées rédigées avec la collaboration de H. BASS, à paraître aux Lecture Notes in Maths.

[39] J-P. SERRE – *Le problème des groupes de congruence pour* SL_2, Ann. of Math., 92, 1970, p. 489-527.

[40] C. L. SIEGEL – Gesammelte Abhandlungen, Springer-Verlag, 1966.

[41] C. L. SIEGEL – *Bernoullische Polynome und quadratische Zahlkörper*, Göttingen Nach., 2, 1968, p. 7-38; *Berechnung von Zetafunktionen an ganzzahligen Stellen*, ibid., 10, 1969, p. 87-102; *Über die Fourierschen Koeffizienten von Modulformen*, ibid., 3, 1970, p. 15-56.

[42] L. SOLOMON – *The orders of the finite Chevalley groups*, J. of Algebra, 3, 1966, p. 376-393.

[43] J. STALLINGS – *On torsion free groups with infinitely many ends*, Ann. of Math., 88, 1968, p. 312-334.

[44] R. SWAN – *Groups of cohomological dimension one*, J. of Algebra, 12, 1969, p. 585-601.

[45] J. TITS – *Groupes et géométries de Coxeter*. I.H.E.S., 1961 (notes polycopiées).

[46] E. B. VINBERG – *Groupes discrets engendrés par des réflexions de l'espace de Lobačevski* (en russe), Mat. Sbornik, 72, 1967, p. 471-488 [trad. anglaise: Math. USSR-Sbornik, 1, 1967, p. 429-444].

[47] C. T. C. WALL – *Rational Euler characteristics*, Proc. Cambridge Phil. Soc., 57, 1961, p. 182-183.

[48] C. T. C. WALL – *Finiteness conditions for CW-complexes*, Ann. of Math., 81, 1965, p. 56-69.

[49] C. T. C. WALL – *Finiteness conditions for CW-complexes* II, Proc. Royal Soc., A, 295, 1966, p. 129-139.

[50] A. WEIL – Adèles and algebraic groups (notes by M. DEMAZURE and T. ONO), Inst. Adv. Study, Princeton, 1961.

[51] J. H. C. WHITEHEAD – *Combinatorial homotopy* I, Bull. Amer. Math. Soc., 55, 1949, p. 213-245 [*Mathematical Works*, Pergamon Press, Vol. III, p. 85-117].

89.

Sur les groupes de congruence des variétés abéliennes II

Izv. Akad. Nauk SSSR **35** (1971), 731–735

Introduction. Soit A une variété abélienne définie sur un corps de nombres algébriques k, et soit $A(k)$ le groupe des points de A rationnels sur k. Nous nous proposons de montrer que *tout sous-groupe d'indice fini de $A(k)$ est un groupe de congruence.*

D'après (6), il suffit pour cela de prouver la nullité des groupes de cohomologie de certaines *algèbres de Lie p-adiques* attachées à A. Cette nullité a èté démontrée (*loc. cit.*) lorsque $\dim(A) = 1$, ou lorsque A a suffisamment de multiplications complexes; nous verrons qu'elle est vraie dans le cas général.

1. Un critère de nullité pour la cohomologie d'une algèbre de Lie. Soit V un espace vectoriel de dimension finie sur un corps commutatif K, et soit $\mathfrak{g}$ une sous-algèbre de Lie de l'algèbre de Lie $\mathfrak{gl}(V)$ des K-endomorphismes de V. Soit $x \in \mathfrak{g}$, et soit L l'ensemble des valeurs propres de x (dans une clôture algébrique $\overline{K}$ de K). Si N est un entier $\geqslant 0$, considérons la propriété suivante de L:

(P_N) *Pour toute famille* $(\lambda_1, \ldots, \lambda_{N+1}, \mu_1, \ldots, \mu_N)$ *formée de* $2N+1$ *éléments de* L, *on a*

$$\lambda_1 + \ldots + \lambda_{N+1} \neq \mu_1 + \ldots + \mu_N.$$

(Noter que l'on ne suppose pas que les λ_i et μ_j soient distincts.)

Ainsi, (P_0) signifie que 0 n'appartient pas à L; (P_1) signifie que $\lambda, \mu \in L$ entraîne $\lambda + \mu \notin L$. On a $(P_N) \Rightarrow (P_n)$ si $n \leqslant N$.

THÉORÈME 1. *Soit N un entier $\geqslant 0$, et soit $\mathfrak{g}$ une sous-algèbre de Lie de $\mathfrak{gl}(V)$. Supposons que $\mathfrak{g}$ contienne un élément x dont le spectre L jouisse de la propriété (P_N) ci-dessus. On a alors $H^n(\mathfrak{g}, V) = 0$ pour tout $n \leqslant N$.*

(Pour la définition des groupes de cohomologie $H^n(\mathfrak{g}, V)$, voir par exemple Cartan—Eilenberg (2), chap. XIII.)

Soit C le complexe des cochaînes de $\mathfrak{g}$ à valeurs dans V. C'est un complexe gradué; notons d son opérateur cobord, et C^n sa composante homogène de degré n; on a $d(C^n) \subset C^{n+1}$. Un élément de C^n est une application n-linéaire alternée de $\mathfrak{g}^n$ dans V.

Soit $x \in \mathfrak{g}$. L'élément x définit deux endomorphismes i_x et θ_x de l'espace vectoriel C:

a) i_x est le *produit intérieur* par x; il transforme $f \in C^n$ en l'élément $i_x f$ de C^{n-1} défini par la formule

$$(i_x f)(y_1, \ldots, y_{n-1}) = f(x, y_1, \ldots, y_{n-1}) \text{ pour } y_i \in \mathfrak{g}.$$

On a $i_x i_x = 0$.

b) θ_x est la *dérivée de Lie* par rapport à x (pour l'action naturelle de $\mathfrak{g}$ sur C); si $f \in C^n$, on a $\theta_x f \in C^n$ et:

$$(\theta_x f)(y_1, \ldots, y_n) = x \cdot f(y_1, \ldots, y_n) - \sum_{i=1}^{i=n} f(y_1, \ldots, [x, y_i], \ldots, y_n).$$

Les endomorphismes d, i_x et θ_x sont liés par la classique *formule d'homotopie*:

$$di_x + i_x d = \theta_x.$$

Comme d et i_x sont de carré nul, cette formule montre que

$$d\theta_x = di_x d = \theta_x d \text{ et } i_x\theta_x = i_x di_x = \theta_x i_x.$$

Supposons maintenant que le spectre L de x vérifie la propriété (P_N). On va en déduire:

LEMME 1. *Si n est un entier $\leqslant N$, la restriction de θ_x à C^n est un automorphisme de C^n.*

L'espace vectoriel C^n est canoniquement isomorphe à un sous-espace de $T^n(\mathfrak{g}') \otimes V$, où $T^n(\mathfrak{g}')$ désigne la puissance tensorielle n-ème du dual $\mathfrak{g}'$ de $\mathfrak{g}$. D'autre part $\mathfrak{g}'$ est isomorphe à un quotient de $V \otimes V'$, où V' désigne le dual de V. Ces isomorphismes identifient donc C^n à un sous-espace d'un quotient de l'espace tensoriel $T^{n+1}(V) \otimes T^n(V')$, et cette identification est compatible avec l'action de $\mathfrak{g}$, et en particulier avec celle de x. On en conclut que les valeurs propres de θ_x sur C^n sont de la forme

$$(\lambda_1 + \ldots + \lambda_{n+1}) - (\mu_1 + \ldots + \mu_n), \text{ avec } \lambda_i, \mu_j \in L.$$

Comme L vérifie (P_N), donc aussi (P_n), aucune de ces valeurs propres n'est nulle, ce qui signifie bien que la restriction de θ_x à C^n est un automorphisme.

La nullité de $H^n(\mathfrak{g}, V) = H^n(C)$ pour $n \leqslant N$ est maintenant immédiate. En effet, soit $f \in C^n$ tel que $df = 0$. D'après le lemme 1, il existe $u \in C^n$ tel que $\theta_x u = f$, d'où

$$di_x u + i_x du = \theta_x u = f.$$

Mais, puisque θ_x commute à i_x et d, on a

$$\theta_x i_x du = i_x d\theta_x u = i_x df = 0,$$

d'où $i_x du = 0$ en appliquant le lemme 1. La formule écrite plus haut se réduit alors à $di_x u = f$, ce qui montre bien que f est un cobord, et achève la démonstration.

Remarques. 1) Le cas important pour la suite est celui où $n=1$; il est facile à traiter directement.

2) On peut déduire le théorème 1 de la suite spectrale

$$H^*(\mathfrak{h}, C(\mathfrak{g}/\mathfrak{h}, V)) \Rightarrow H^*(\mathfrak{g}, V),$$

où $\mathfrak{h}$ désigne la sous-algèbre de $\mathfrak{g}$ engendrée par x (cf. Hochschild — Serre (3), § 2).

2. Cohomologie à valeurs dans les modules de Tate. Soient k un corps de nombres algébriques, $\bar{k}$ une clôture algébrique de k, et A une variété abélienne sur k, de dimension d. Soit p un nombre premier. Si n est un entier $\geqslant 0$, notons A_{p^n} le noyau de la multiplication par p^n dans le groupe $A(\bar{k})$ des points de A à valeurs dans $\bar{k}$. Le *module de Tate* T_p de la variété A est défini comme la limite projective des A_{p^n}, pour $n \to \infty$; c'est un module libre de rang $2d$ sur l'anneau $\mathbf{Z}_p$ des entiers p-adiques; on pose $V_p = T_p \otimes \mathbf{Q}_p$, de sorte que V_p est un $\mathbf{Q}_p$-espace vectoriel de dimension $2d$.

Le groupe de Galois $\mathrm{Gal}(\bar{k}/k)$ opère continûment sur T_p et V_p; son image dans le groupe $\mathbf{GL}(T_p)$ des automorphismes de T_p est un sous-groupe compact G_p de $\mathbf{GL}(T_p)$. On sait [cf. (1), chap. III, § 8, n° 2, th. 2, ainsi que (6), prop. 3] que G_p est un sous-groupe de Lie du groupe de Lie p-adique $\mathbf{GL}(T_p)$; son algèbre de Lie $\mathfrak{g}_p$ est une sous-algèbre de l'algèbre de Lie $\mathfrak{gl}(V_p)$.

THÉORÈME 2. *On a* $H^n(\mathfrak{g}_p, V_p) = 0$ *pour tout* $n \geqslant 0$.

Choisissons une place ultramétrique v de k qui ne divise pas p et qui soit telle que A ait bonne réduction en v. On sait que la représentation $\mathrm{Gal}(\bar{k}/k) \to \mathbf{GL}(T_p)$ définie ci-dessus est alors non ramifiée en v. Si w est une place de $\bar{k}$ prolongeant v, on peut donc parler de *l'élément de Frobenius* F_w de G_p attaché à w; la classe de conjugaison de F_w ne dépend que de v.

LEMME 2. *Soit P l'ensemble des valeurs propres de F_w (dans une clôture algébrique de $\mathbf{Q}_p$). Si $a_1, \ldots, a_n, b_1, \ldots, b_m$ appartiennent à P, et si $m \neq n$, l'élément $a_1 \ldots a_n b_1^{-1} \ldots b_m^{-1}$ n'est pas une racine de l'unité.*

En effet, d'après un résultat classique de Weil (8), les a_i et les b_j sont des nombres algébriques dont toutes les valeurs absolues (complexes) sont égales à $Nv^{1/2}$, où Nv désigne le nombre d'éléments du corps résiduel de v. Il en résulte que $a_1 \ldots a_n b_1^{-1} \ldots b_m^{-1}$ est un nombre algébrique dont toutes les valeurs absolues sont égales à $Nv^{(n-m)/2}$; ce n'est donc pas une racine de l'unité.

Passons maintenant à l'algèbre de Lie $\mathfrak{g}_p$ de G_p. Puisque G_p est compact, le *logarithme p-adique*

$$\log : G_p \to \mathfrak{g}_p$$

est défini sur G_p tout entier (cf. Bourbaki (1), Chap. III, § 7, n°6).

LEMME 3. *Soit L l'ensemble des valeurs propres de l'élément* $\log(F_w)$ *de* $\mathfrak{g}_p$. *Si* $\lambda_1, \ldots, \lambda_n, \mu_1, \ldots, \mu_m$ *appartiennent à L, et si $m \neq n$, on a*

$$\lambda_1 + \ldots + \lambda_n \neq \mu_1 + \ldots + \mu_m.$$

Après extension finie du corps des scalaires $\mathbf{Q}_p$, on peut mettre F_w sous forme triangulaire (et même sous forme diagonale, car F_w est semi-simple). On en déduit facilement que L n'est autre que l'ensemble des logarithmes des éléments du spectre P de F_w. Si l'on avait

$$\lambda_1 + \ldots + \lambda_n = \mu_1 + \ldots + \mu_m \quad (n \neq m),$$

avec $\lambda_i, \mu_j \in L$, il existerait donc $a_1, \ldots, a_n, b_1, \ldots, b_m \in P$ tels que

$$\log(a_1 \ldots a_n) = \log(b_1 \ldots b_m),$$

et l'élément $a_1 \ldots a_n b_1^{-1} \ldots b_m^{-1}$ serait une racine de l'unité (Bourbaki, *loc. cit.*, prop. 13), ce qui contredirait le lemme 2.

Il résulte du lemme 3 que l'élément $\log(F_w)$ possède la propriété (P_N) du n°1 pour tout entier $N \geqslant 0$. Le théorème 2 résulte donc du théorème 1, appliqué à l'algèbre de Lie $\mathfrak{g}_n$ et à l'élément $\log(F_w)$.

Corollaire. *Pour tout $n \geqslant 0$, on a $H^n(G_p, V_p) = 0$, et $H^n(G_p, T_p)$ est un p-groupe fini.*

(Il s'agit de cohomologie calculée au moyen de cochaînes *continues* — ou *analytiques*, cela revient au même d'après Lazard ([4]), chap. V. th. 2.3.10.)

D'après Lazard, *loc. cit.*, V.2.4.10, $H^n(G_p, V_p)$ s'identifie à un sous-espace vectoriel de $H^n(\mathfrak{g}_p, V_p)$; vu le th. 2, on a donc bien $H^n(G_p, V_p) = 0$. D'autre part, d'après V.3.2.7, le groupe $H^n(G_p, T_p)$ est un $\mathbf{Z}_p$-module de type fini, et son produit tensoriel avec $\mathbf{Q}_p$ est isomorphe à $H^n(G_p, V_p)$; vu la nullité de ce dernier groupe, $H^n(G_p, T_p)$ est un $\mathbf{Z}_p$-module de longueur finie, donc un p-groupe fini.

Remarques. 1) Soit V_p' le dual de V_p, et soit W un sous-$\mathfrak{g}_p$-module d'un espace tensoriel $T^i(V_p) \otimes T^j(V_p')$. Si $i \neq j$, les valeurs propres de $\log(F_W)$ dans W vérifient encore les propriétés (P_N), et l'on en conclut que les groupes $H^n(\mathfrak{g}_p, W)$ sont tous nuls.

2) Le théorème 2 et son corollaire restent valables lorsque l'on suppose seulement que *le corps de base k est de type fini sur le corps premier*, p étant distinct de la caractéristique de k; en effet, cette hypothèse suffit à assurer l'existence d'un «élément de Frobenius» dans G_p, cf. ([6]), fin du n° 1.3.

3) On ne sait pas grand chose sur les algèbres de Lie $\mathfrak{g}_p$, à part le cas $\dim(A) = 1$, traité dans ([7]), chap. IV, § 2. Une conjecture naturelle est que $\mathfrak{g}_p$ coincide avec l'algèbre de Lie du «groupe de Hodge» de A, augmentée des homothéties (cf. Mumford ([5]), n° 4). Signalons à ce sujet une propriété des $\mathfrak{g}_p$: leurs sous-algèbres de Cartan sont abéliennes, et formées d'éléments semi-

simples dans $\mathfrak{gl}(V_p)$ (cela se déduit facilement du fait que les éléments $\log(F_w)$ sont denses dans $\mathfrak{g}_p$, et semi-simples).

3. Le problème des groupes de congruence. Conservons les notations et hypothèses du n° précédent. Si v est une place de k, notons k_v le complété de k pour v; le groupe $A(k_v)$ des points de A à valeurs dans k_v a une structure naturelle de groupe k_v-analytique compact; si v est ultramétrique, c'est un groupe compact totalement discontinu.

Soit $A(k)$ le groupe des points de A à valeurs dans k. D'aprés le théorème de Mordell — Weil, c'est un groupe abélien de type fini. Soit S un
1 ensemble fini de places de k contenant les places archimédiennes. Un sous-groupe Γ de $A(k)$ est appelé un *sous-groupe de S-congruence* s'il existe un ensemble fini I de places de k, disjoint de S, et un sous-groupe ouvert U de $\prod_{v \in I} A(k_v)$ tel que Γ contienne $A(k) \cap U$. Un tel sous-groupe est d'indice fini dans $A(k)$. Réciproquement:

THÉORÈME 3. *Tout sous-groupe d'indice fini de $A(k)$ est un groupe de S-congruence.*

On a défini dans ([6]) un certain sous-groupe $H^1_*(\mathfrak{g}_p, V_p)$ de $H^1(\mathfrak{g}_p, V_p)$ et montré que la nullité de ces sous-groupes (pour tout p premier) entraîne le théorème 3 (loc. cit., n° 3.2, th. 2 et 3). Or, d'après le théorème 2, on a $H^1(\mathfrak{g}_p, V_p) = 0$, d'où a fortiori $H^1_*(\mathfrak{g}_p, V_p) = 0$, cqfd.

Remarque. On peut reformuler le théorème 3 en disant que la topologie induite sur $A(k)$ par la topologie produit de $\prod_{v \notin S} A(k_v)$ est la topologie des sous-groupes d'indice fini.

BIBLIOGRAPHIE

[1] Bourbaki N., Groupes et Algèbres de Lie, chap. II—III, Act. Sci Ind., n° 1349, Paris, Hermann, 1971.

[2] Cartan H. and Eilenberg S., Homological Algebra, Princeton Math. Ser., n° 19, Princeton, 1956.

[3] Hochschild G. et Serre J.-P., Cohomology of Lie algebras, Ann. Math., 57 (1953), 591—603.

[4] Lazard M., Groupes analytiques p-adiques, Publ. Math. I. H. E. S., 26 (1965), 1—219.

[5] Mumford D., Families of Abelian Varieties, Proc. Symp. pure math., IX (Boulder), Amer. Math. Soc. (1966), 347—351.

[6] Serre J-P., Sur les groupes de congruence des variétés abéliennes, Izv. Akad. Nauk SSSR. Ser. mat., 28 (1964), 3—20.

[7] Serre J-P., Abelian l-adic representations and elliptic curves, New York, Benjamin, 1968.

[8] Weil A., Variétés abéliennes et courbes algébriques, Act. Sci. Ind., n° 1064, Paris, Hermann, 1948.

90.

(avec A. Borel)

Adjonction de coins aux espaces symétriques; applications à la cohomologie des groupes arithmétiques

C. R. Acad. Sci. Paris **271** (1970), 1156–1158

1 **Soit G un groupe algébrique linéaire réductif connexe sur $\mathbf{Q}$, sans caractère non trivial, et soit $G(\mathbf{R})$ [resp. $G(\mathbf{Q})$] le groupe de ses points réels (resp. rationnels). On associe à G une *variété à coins* (1) $\overline{X}$ dont l'intérieur X est un espace homogène à droite de $G(\mathbf{R})$, isomorphe au quotient de $G(\mathbf{R})$ par un sous-groupe compact maximal. Tout sous-groupe arithmétique Γ de $G(\mathbf{Q})$ opère proprement sur $\overline{X}$, et le quotient $\overline{X}/\Gamma$ est compact. Si Γ est sans torsion, sa cohomologie s'identifie à celle de $\overline{X}/\Gamma$ et vérifie une certaine *formule de dualité*; en particulier, la dimension cohomologique de Γ est $d-l$, où $d = \dim(X)$ et $l = \mathrm{rg}_{\mathbf{Q}}(G)$.**

1. Adjonction de coins a l'espace symétrique X. — Soient G et X comme ci-dessus et soit $\mathfrak{P}$ l'ensemble des sous-groupes paraboliques de G (définis sur $\mathbf{Q}$).

On peut plonger X dans une variété à coins $\overline{X}$ jouissant des propriétés suivantes :

(i) $\overline{X}$ est séparée, dénombrable à l'infini, contractile.

(ii) Si $\partial\overline{X}$ désigne le bord de $\overline{X}$, on a $X = \overline{X} - \partial\overline{X}$.

(iii) A tout $P \in \mathfrak{P}$ est attachée une partie e_P de $\overline{X}$, et $\overline{X}$ est réunion disjointe des e_P, $P \in \mathfrak{P}$. On a $e_G = X$.

(iv) Si $P \in \mathfrak{P}$, l'adhérence de e_P dans $\overline{X}$ est réunion des e_Q pour $Q \subset P$; c'est une sous-variété à coins de $\overline{X}$; elle est contractile.

(v) Si $P \in \mathfrak{P}$, la réunion $X(P)$ des e_Q, pour $Q \supset P$, est une sous-variété ouverte de $\overline{X}$.

La construction de $\overline{X}$ se fait en définissant directement les $X(P)$ et en les recollant suivant leurs intersections (2); les propriétés (i) à (v) sont alors faciles à vérifier [le fait que $\overline{X}$ soit *séparée* résulte de la proposition 12.6 de (3)].

Indiquons brièvement comment on définit $X(P)$; pour simplifier, nous nous bornons au cas où P est un sous-groupe parabolique *minimal* (le cas général est analogue) :

Soient N le radical unipotent de P et S le tore déployé maximal de P/N. Soient R le système de racines de G par rapport à un relèvement de S dans P (4), et $\{\alpha_1, \ldots, \alpha_l\}$ la base de R définie par N. Le groupe de Lie réel $S(\mathbf{R})$ est isomorphe à $(\mathbf{R}^*)^l$; soit A sa composante neutre. Les α_i définissent un isomorphisme de A sur $(\mathbf{R}^*_+)^l$, ce qui permet de faire opérer A sur la variété à coins $\overline{A} = (\mathbf{R}_+)^l = (\mathbf{R}^*_+ \cup \{0\})^l$. Le groupe A opère également sur X : si $x \in X$, il existe un unique sous-groupe de Lie A_x de $P(\mathbf{R})$ qui soit stable par l'involution de Cartan (5) associée au stabilisateur de x, et qui s'applique isomorphiquement sur A par la projection

$P(\mathbf{R}) \to P(\mathbf{R})/N(\mathbf{R})$; si $a \in A$, notons a_x l'élément correspondant de A_x; le transformé de x par a est défini comme $x.a_x$. L'action de A sur X ainsi obtenue est appelée *l'action géodésique* de A; elle commute à l'action naturelle de $P(\mathbf{R})$ sur X; de plus, elle fait de X un *espace fibré principal de* groupe structural A. L'espace fibré *associé* $X \times^A \overline{A}$, de fibre type $\overline{A}$, est la variété à coins X(P) cherchée; en particulier, e_P s'identifie au quotient X/A de X par l'action géodésique de A.

THÉORÈME 1. — *Le bord* $\partial\overline{X}$ *de* $\overline{X}$ *a le même type d'homotopie que l'immeuble de Tits* $T(\mathfrak{P})$ *défini par* $\mathfrak{P}$.

[Rappelons ([6]) que $T(\mathfrak{P})$ est un complexe simplicial dont les faces σ_P correspondent bijectivement aux éléments P de $\mathfrak{P}$ distincts de G; on a $\sigma_P \supset \sigma_Q$ si et seulement si Q contient P. Le groupe $G(\mathbf{Q})$ opère simplicialement sur $T(\mathfrak{P})$, et le stabilisateur de σ_P est $P(\mathbf{Q})$.]

COROLLAIRE 1. — *La variété* $\partial\overline{X}$ *a même type d'homotopie qu'un bouquet de sphères de dimension* $l-1$, *où* $l = \mathrm{rg}_{\mathbf{Q}} G$.

Cela résulte d'un théorème de Solomon-Tits ([7]), appliqué à $T(\mathfrak{P})$.

COROLLAIRE 2. — *Soit* $d = \dim(X)$. *Les groupes de cohomologie à supports compacts* $H_c^q(\overline{X}, \mathbf{Z})$ *sont nuls pour* $q \neq d - l$; *le groupe* $I = H_c^{d-l}(\overline{X}, \mathbf{Z})$ *est libre sur* $\mathbf{Z}$.

Cela résulte du corollaire 1, combiné avec la dualité de Poincaré.

Remarque. — Si $g \in G(\mathbf{Q})$, l'application $x \mapsto xg$ se prolonge en un automorphisme de $\overline{X}$; on voit ainsi que $G(\mathbf{Q})$ *opère* sur $\overline{X}$, donc aussi sur $I = H_c^{d-l}(\overline{X}, \mathbf{Z})$; la représentation de $G(\mathbf{Q})$ obtenue de cette manière est analogue à la *représentation de Steinberg* des groupes finis munis d'un système de Tits ([7]).

2. GROUPES ARITHMÉTIQUES. — Soit Γ un sous-groupe arithmétique de $G(\mathbf{Q})$. Il opère sur $\overline{X}$.

THÉORÈME 2. — *L'action de* Γ *sur* $\overline{X}$ *est propre; le quotient* $\overline{X}/\Gamma$ *est compact.*

C'est essentiellement une reformulation de deux des principaux résultats de la « théorie de la réduction », *cf.* ([3]), th. 13.1 et th. 15.4.

Supposons désormais Γ *sans torsion.* Il opère alors *librement* sur $\overline{X}$ et le quotient $\overline{X}/\Gamma$ est une *variété à coins compacte*; comme $\overline{X}$ est contractile, la cohomologie de $\overline{X}/\Gamma$ s'identifie à celle de $\overline{X}$. Plus précisément, si M est un Γ-module, et $\tilde{M}$ le système local correspondant sur $\overline{X}/\Gamma$, les groupes $H^q(\overline{X}/\Gamma, \tilde{M})$ s'identifient aux groupes $H^q(\Gamma, M)$.

Or, du fait que $\overline{X}/\Gamma$ est compacte, on a une suite spectrale

$$H_*(\Gamma, H_c^*(\overline{X}, M)) \Rightarrow H^*(\overline{X}/\Gamma, \tilde{M}).$$

Vu le corollaire 2 au théorème 1, le groupe $H^q_c(\overline{X}, M)$ est isomorphe à $I \otimes M$ si $q = d - l$, et il est réduit à o si $q \neq d - l$. La suite spectrale ci-dessus dégénère donc en un isomorphisme

$$H_{d-l-q}(\Gamma, I \otimes M) \simeq H^q(\overline{X}/\Gamma, \tilde{M}) \simeq H^q(\Gamma, M).$$

D'où le *théorème de dualité* suivant :

THÉORÈME 3. — *Si* M *est un* Γ*-module et* q *un entier, le groupe de cohomologie* $H^q(\Gamma, M)$ *est isomorphe au groupe d'homologie* $H_{d-l-q}(\Gamma, I \otimes M)$, *où* $I = H^{d-l}_c(\overline{X}, \mathbf{Z})$.

En particulier :

COROLLAIRE 1. — *La dimension cohomologique* $cd(\Gamma)$ *de* Γ *est* $d - l$.

(Il s'agit de dimension cohomologique relativement à un anneau commutatif non nul quelconque.)

Exemple. — Si G est *déployé*, $cd(\Gamma)$ est égal au nombre de racines positives du système de racines de G.

COROLLAIRE 2. — *On a* $H^q(\Gamma, \mathbf{Z}[\Gamma]) = 0$ *pour* $q \neq d - l$ *et* $H^{d-l}(\Gamma, \mathbf{Z}[\Gamma]) = I$.

En particulier, Γ n'a qu'*un seul bout* si $d - l \geq 2$; si $d - l = 1$, Γ est un groupe libre.

Remarque. — Le théorème 3 et ses corollaires restent valables pour tous les sous-groupes arithmétiques sans torsion des groupes algébriques linéaires sur **Q**, moyennant une définition convenable de I.

(*) Séance du 23 novembre 1970.

(1) Pour tout ce qui concerne les *variétés à coins* (ou *variétés à bords anguleux*), voir les exposés de A. DOUADY dans le Séminaire H. Cartan, 1961,1962, W. A. Benjamin, New York, 1968.

(2) Dans le cas du groupe $\mathbf{SL}_n$, X(P) et $\overline{X}$ sont essentiellement les espaces définis par C. L. Siegel en ajoutant à X des points « frontières » et des points « idéaux » (cf. *Zur Reduktionstheorie der quadratischer Formen*, Publ. Math. Soc. Japan, 5, 1959, § 1 et 12; *Gesamm. Abh.*, III, p. 275-327). Dans le cas général, la construction de X(P) esquissée ci-dessous doit beaucoup à des remarques faites à l'un de nous par H. Garland.

(3) A. BOREL, *Introduction aux groupes arithmétiques*, Hermann, Paris, 1969.

(4) *Cf.* A. BOREL et J. TITS, *Groupes réductifs*, Publ. Math. I.H.E.S., 27, 1965, p. 55-151.

(5) Si H est un groupe algébrique réductif connexe sur **R** et K un sous-groupe compact maximal de H(**R**), *l'involution de Cartan* associée à K est l'unique automorphisme involutif de H dont la restriction à H(**R**) admet K pour ensemble de points fixes.

(6) *Cf.* J. TITS, *Structures et groupes de Weyl*, Séminaire N. Bourbaki, exposé 288 (fév. 1965), W. A. Benjamin, New York, 1966.

(7) *Cf.* L. SOLOMON, *The Steinberg character of a finite group with* BN-*pair*, Theory of Finite Groups (Symposium édité par R. BRAUER et C.-H. SAH, W. A. Benjamin, New York, 1969, p. 213-221).

(*Institute for Advanced Study,*
Princeton, N. J. 08540,
États-Unis
et *Collège de France,*
place Marcelin-Berthelot,
75-Paris, 5e.)

91.

(avec A. Borel)

Cohomologie à supports compacts des immeubles de Bruhat-Tits; applications à la cohomologie des groupes S-arithmétiques

C. R. Acad. Sci. Paris **272** (1971), 110–113

1 Soient K un corps local [1], G un groupe algébrique linéaire semi-simple sur K et X l'immeuble de Bruhat-Tits [2] associé à G. Soit $l = \mathrm{rg}_K\, G = \dim(X)$. Les groupes de cohomologie à supports compacts $H^q_c(X, \mathbf{Z})$ sont nuls pour $q \neq l$ et le groupe $H^l_c(X, \mathbf{Z})$ est libre sur $\mathbf{Z}$. Ce résultat, combiné avec ceux d'une Note précédente [3], permet de démontrer une formule de dualité pour la cohomologie des groupes S-arithmétiques, et de déterminer la dimension cohomologique de ces groupes.

1. Un complexe auxiliaire. — Soient G et K comme ci-dessus. Munissons le groupe G(K) d'une structure de système de Tits (G(K), B, N, S) comme indiqué dans [4]. Le groupe de Weyl $W = N/(B \cap N)$ est un groupe de Coxeter fini, de rang égal au rang l de G sur K. Si J est une partie de S, notons P_J le groupe BW_JB correspondant [5]; c'est le groupe des K-points d'un sous-groupe parabolique de G. L'ensemble $G(K)/P_J$ a une structure naturelle de K-variété analytique compacte, quotient de la structure de variété de G(K). Nous noterons F_J le groupe des fonctions localement constantes sur $G(K)/P_J$ à valeurs entières; un élément de F_J s'identifie à une fonction localement constante sur G(K), à valeurs dans $\mathbf{Z}$, invariante à droite par P_J. Si $J \subset J'$, on a $F_{J'} \subset F_J$. Cela permet de définir un *complexe* $C = \sum_{n=0}^{n=l} C_n$, où les éléments de C_n sont les familles

$$\{f_{s_1 \ldots s_n}\}_{s_i \in S} \quad (\text{avec } f_{s_1 \ldots s_n} \in F_{\{s_1, \ldots, s_n\}}),$$

dépendant de façon alternée des s_i, et où l'opérateur bord $d : C_n \to C_{n-1}$ est donné par

$$(df)_{s_1 \ldots s_{n-1}} = \sum_{s \in S} f_{s s_1 \ldots s_{n-1}}.$$

Théorème 1. — *Les groupes d'homologie* $H_p(C)$ *sont nuls pour* $p \geq 1$.

Le groupe $H_0(C)$ se détermine de la manière suivante : pour tout $w \in W$, posons $\varepsilon(w) = (-1)^{l(w)}$, où $l(w)$ est la longueur [6] de w, et choisissons un représentant $\overline{w}$ de w dans N. Si $f \in C_0$, f est une fonction localement constante sur G(K), invariante à droite par B. Si $x \in G$, posons

$$\tilde{f}(x) = \sum_{w \in W} \varepsilon(w) f(x\overline{w}).$$

La fonction $\tilde{f}$ ainsi définie ne dépend pas du choix des $\overline{w}$, et l'on a $\tilde{f} = 0$ si $f \in d(C_1)$; de plus, $\tilde{f}$ est invariante à droite par $T = B \cap N$. Notons f_1 la fonction sur B/T induite par $\tilde{f}$.

Théorème 2. — *L'application* $f \mapsto f_1$ *définit par passage au quotient un isomorphisme de* $H_0(C)$ *sur le groupe des fonctions localement constantes à support compact sur* B/T.

En particulier, $H_0(C)$ est un **Z**-module libre.

On peut démontrer des résultats analogues aux théorèmes 1 et 2 pour les groupes semi-simples *réels* : on définit F_J comme le groupe des fonctions continues réelles sur $G(\mathbf{R})/P_J$, et l'on trouve que $H_p(C) = 0$ pour $p \geq 1$ et que $H_0(C)$ est isomorphe au groupe des fonctions continues réelles sur B/T qui tendent vers zéro à l'infini.

2. Cohomologie a supports compacts de l'immeuble de Bruhat-Tits. — Soit d'abord Y l'immeuble ([7]) attaché au système de Tits (G(K), B, N, S) du n° 1. Le groupe G(K) opère sur Y. Si σ est un simplexe de Y de dimension maximale $l-1$, l'application $G(K)\times\sigma \to Y$ est surjective. Nous munirons Y de la *topologie quotient* de celle de $G(K)\times\sigma$, étant entendu que G(K) est muni de sa topologie naturelle de groupe localement compact, et σ de sa topologie naturelle de simplexe. L'espace Y^{top} ainsi défini est *compact*. Nous noterons $H^i(Y^{\mathrm{top}}, \mathbf{Z})$ ses groupes de cohomologie de Čech à valeurs dans **Z**, et $\tilde{H}^i(Y^{\mathrm{top}}, \mathbf{Z})$ les groupes de cohomologie « réduits » correspondants :

$$\tilde{H}^i(Y^{\mathrm{top}}, \mathbf{Z}) = H^i(Y^{\mathrm{top}}, \mathbf{Z}) \quad \text{si } i \neq 0, -1,$$

$$\tilde{H}^0(Y^{\mathrm{top}}, \mathbf{Z}) = \mathrm{Coker}(\mathbf{Z} \to H^0(Y^{\mathrm{top}}, \mathbf{Z})),$$

$$\tilde{H}^{-1}(Y^{\mathrm{top}}, \mathbf{Z}) = \mathrm{Ker}(\mathbf{Z} \to H^0(Y^{\mathrm{top}}, \mathbf{Z})).$$

Ces groupes sont liés aux groupes d'homologie considérés au n° 1 :

Lemme. — *On a* $\tilde{H}^i(Y^{\mathrm{top}}, \mathbf{Z}) \simeq H_{l-1-i}(C)$ *pour tout* $i \in \mathbf{Z}$.

D'autre part, l'immeuble de Bruhat-Tits X attaché à G est un complexe polysimplicial localement fini (donc localement compact), de dimension l; on sait qu'il est contractile. On peut *compactifier* X en lui adjoignant l'espace Y^{top} défini ci-dessus, et l'espace $X \cup Y^{\mathrm{top}}$ ainsi obtenu est encore contractile. La suite exacte de cohomologie montre alors que la cohomologie à supports compacts de X est donnée par

$$H^i_c(X, \mathbf{Z}) \simeq \tilde{H}^{i-1}(Y^{\mathrm{top}}, \mathbf{Z}) \quad \text{pour tout } i \in \mathbf{Z}.$$

D'où, en combinant le lemme ci-dessus avec les théorèmes 1 et 2 :

Théorème 3. — *Les groupes* $H^i_c(X, \mathbf{Z})$ *sont nuls pour* $i \neq l$. *Le groupe* $I = H^l_c(X, \mathbf{Z})$ *est isomorphe au groupe des fonctions localement constantes à support compact sur* B/T; *c'est un* **Z**-*module libre.*

3. Groupes S-arithmétiques. — Soient k un corps de nombres algébriques et S un ensemble fini de places de k contenant l'ensemble Σ des places archimédiennes; si $v \in S$, on note k_v le complété de k pour v. Soit G un groupe algébrique semi-simple sur k, et soit Γ un sous-groupe S-arithmétique de $G(k)$; c'est un sous-groupe discret du produit des $G(k_v)$, pour $v \in S$.

Soit X_∞ l'espace homogène des sous-groupes compacts maximaux du groupe de Lie réel $G_\infty = \prod_{v \in \Sigma} G(k_v)$, et soit $\overline{X}_\infty$ la *variété à coins* ([3]) d'intérieur X_∞ associée au groupe algébrique sur **Q** déduit de G par restriction des scalaires.

Si $v \in S - \Sigma$, notons X_v l'immeuble de Bruhat-Tits de G sur le corps local k_v. Posons :

$$X_S = \overline{X}_\infty \times \prod_{v \in S - \Sigma} X_v.$$

Le groupe $G(k)$ (donc *a fortiori* le groupe Γ) opère sur X_S.

THÉORÈME 4. — *Le groupe* Γ *opère proprement sur* X_S; *le quotient* X_S/Γ *est compact.*

Notons l (resp. l_v) le rang de G sur k (resp. sur k_v). Posons

$$d = \dim(X_\infty) \quad \text{et} \quad m = \dim(X_S) - l = d - l + \sum_{v \in S - \Sigma} l_v.$$

Il résulte du corollaire 2 au théorème 1 de ([3]) et du théorème 3 que les groupes de cohomologie à supports compacts $H^i_c(X_S, \mathbf{Z})$ sont nuls pour $i \neq m$ et que le groupe $I_S = H^m_c(X_S, \mathbf{Z})$ est libre sur **Z**. On en déduit, comme dans ([3]) :

THÉORÈME 5. — *Soient* Γ *un sous-groupe* S-*arithmétique sans torsion de* $G(k)$, M *un* Γ-*module et* q *un entier. Le groupe* $H^q(\Gamma, M)$ *est isomorphe au groupe d'homologie* $H_{m-q}(\Gamma, I_S \otimes M)$.

COROLLAIRE. — *On a* $cd(\Gamma) = m$. *Le groupe* $H^q(\Gamma, \mathbf{Z}[\Gamma])$ *est nul pour* $q \neq m$ *et* $H^m(\Gamma, \mathbf{Z}[\Gamma])$ *est isomorphe à* I_S.

4. SOUS-GROUPES DISCRETS A QUOTIENT COMPACT. — Soit L un groupe localement compact, produit direct d'un nombre fini de groupes L_α où L_α est, soit un groupe de Lie réel ayant un nombre fini de composantes connexes, soit le groupe des k_α-points d'un groupe semi-simple sur un corps local k_α. Soit X le produit des X_α, où X_α désigne, dans le premier cas, le quotient de L_α par un sous-groupe compact maximal, et, dans le second cas, l'immeuble de Bruhat-Tits de L_α. Posons $m = \dim(X)$. Vu le théorème 3, le groupe $I_L = H^m_c(X, \mathbf{Z})$ est libre sur **Z** et $H^i_c(X, \mathbf{Z}) = 0$ pour $i \neq m$. Si Γ est un sous-groupe discret de L tel que L/Γ soit compact, Γ opère proprement sur X, et X/Γ est compact. On en déduit comme plus haut :

THÉORÈME 6. — *Soient* Γ *un sous-groupe discret sans torsion de* L *tel que* L/Γ *soit compact,* M *un* Γ-*module et* q *un entier. Les groupes* $H^q(\Gamma, M)$ *et* $H_{m-q}(\Gamma, I_L \otimes M)$ *sont isomorphes.*

COROLLAIRE. — *On a* $cd(\Gamma) = m$. *Le groupe* $H^q(\Gamma, \mathbf{Z}[\Gamma])$ *est nul pour tout* $q \neq m$ *et* $H^m(\Gamma, \mathbf{Z}[\Gamma])$ *est isomorphe à* I_L.

Remarque. — Le théorème 6 s'applique en particulier aux sous-groupes S-arithmétiques sans torsion d'un groupe semi-simple G sur un corps de fonctions d'une variable sur un corps fini, pourvu que le rang de G sur le corps en question soit *nul* ([8]).

(*) Séance du 4 janvier 1971.

([1]) Nous entendons par là un corps complet pour une valuation discrète à corps résiduel fini; un tel corps est localement compact.

([2]) *Cf.* F. Bruhat et J. Tits, *Proc. Conf. Local Fields*, Springer-Verlag, 1967. (*Voir* aussi *Comptes rendus*, 263, 1966, p. 598, 766, 822 et 867.)

([3]) *Comptes rendus*, 271, série A, 1970, p. 1156.

([4]) *Cf.* A. Borel et J. Tits, *Publ. Math. I. H. E. S.*, 16, 1963, p. 5-30, § 5.

([5]) *Cf.* N. Bourbaki, *Groupes et Algèbres de Lie*, chap. IV, § 2, Hermann, Paris, 1968.

([6]) *Cf.* N. Bourbaki, *Groupes et Algèbres de Lie*, chap. IV, § 1, Hermann, Paris, 1968.

([7]) *Cf.* J. Tits, *Structures et groupes de Weyl*, Séminaire N. Bourbaki, exposé 288 (février 1965), W. A. Benjamin, New York, 1966.

([8]) *Cf.* G. Harder, *Invent. Math.*, 7, 1969, p. 33-54, Kor. 2.2.7.

(*Institute for Advanced Study,*
Princeton, N. J., 08540, *U. S. A.*
et *Collège de France,*
place Marcelin-Berthelot,
75-*Paris*, 5e.)

92.

Conducteurs d'Artin des caractères réels

Invent. Math. **14** (1971), 173–183

1. Enoncé du résultat

Soit A un anneau de Dedekind, de corps des fractions K, et soit L une extension galoisienne finie de K, de groupe de Galois G. Soit A_L la fermeture intégrale de A dans L; c'est un anneau de Dedekind. Dans tout ce qui suit, nous supposerons que *les extensions résiduelles de A_L sont séparables*; cela signifie que, pour tout idéal premier $\mathfrak{p}$ de A_L, le corps $A_L/\mathfrak{p}$ est extension séparable du corps $A/(\mathfrak{p} \cap A)$.

Soit $R(G) = R_{\mathbf{C}}(G)$ l'anneau des *caractères virtuels* de G sur $\mathbf{C}$, autrement dit l'ensemble des combinaisons linéaires, à coefficients dans $\mathbf{Z}$, des caractères des représentations linéaires complexes de G. Si χ est le caractère d'une représentation linéaire ρ, nous noterons δ_χ le caractère de degré 1 fourni par le déterminant $\det(\rho)$ de ρ. On a $\delta_{\chi+\chi'} = \delta_\chi \cdot \delta_{\chi'}$, ce qui permet, par linéarité, de définir δ_χ pour tout $\chi \in R(G)$. Le caractère δ_χ intervient dans les propriétés de la *constante de l'équation fonctionnelle de $L(s, \chi)$*, cf. Weil [7], p. 146–156. Nous allons voir qu'il intervient également dans la *parité* du conducteur d'Artin de χ.

De façon plus précise, soit $\chi \in R(G)$, et soit $\mathfrak{f}(\chi) = \mathfrak{f}(\chi, L/K)$ son conducteur d'Artin; c'est un idéal fractionnaire de K relativement à A ([5], p. 111). De même $\mathfrak{f}(\delta_\chi)$ est défini; nous nous proposons de comparer les idéaux $\mathfrak{f}(\chi)$ et $\mathfrak{f}(\delta_\chi)$, cf. théorème 1 ci-dessous. Nous supposerons dans tout ce qui suit que χ est *à valeurs réelles*. Le caractère δ_χ est alors à valeurs dans $\{\pm 1\}$; il correspond à une extension $E(\chi)$ de K de degré 1 ou 2, et $\mathfrak{f}(\delta_\chi)$ est *l'idéal discriminant* $\mathfrak{d}_{E(\chi)/K}$ de cette extension.

Théorème 1. *Supposons que χ soit à valeurs réelles, et que l'une des conditions suivantes soit satisfaite:*

(i) *L/K est modérément ramifiée,*

(ii) *le caractère χ est réalisable sur* $\mathbf{R}$.

Le conducteur $\mathfrak{f}(\chi)$ de χ est alors égal au produit de $\mathfrak{f}(\delta_\chi)$ par le carré d'un idéal fractionnaire de K.

(Précisons ce que veulent dire les conditions (i) et (ii):

(i) signifie que, pour tout idéal premier $\mathfrak{p}$ de A_L, le groupe d'inertie correspondant est d'ordre premier à la caractéristique du corps résiduel $A_L/\mathfrak{p}$;

(ii) signifie que l'on a $\chi \in R_{\mathbf{R}}(G)$ (cf. [6], n° 12.1), autrement dit que χ est différence de deux caractères de représentations linéaires réelles de G; on sait, depuis Frobenius et Schur, que c'est là une condition plus restrictive que de dire que χ est à valeurs réelles.)

La démonstration du théorème 1 occupe les n°s 2 à 7 ci-après. Le cas (i) est le plus facile (n° 3). Le cas (ii) se ramène, par un argument à la Brauer, au cas où G est diédral (n°s 4, 5), auquel cas on applique un résultat de Fontaine (n° 6). Les n°s 8, 9 contiennent quelques compléments.

Indiquons tout de suite deux corollaires du théorème 1. Le premier répond partiellement à une question posée par Fröhlich ([3], p. 81), et sur laquelle nous reviendrons au n° 9:

Corollaire 1. *Sous les hypothèses du théorème* 1, *la classe de l'idéal* $\mathfrak{f}(\chi)$ *est un carré (dans le groupe* $C(A)$ *des classes d'idéaux de* A*).*

En effet, la classe de $\mathfrak{f}(\delta_\chi)$ est un carré, puisque $\mathfrak{f}(\delta_\chi)$ est un discriminant ([5], p. 58).

Corollaire 2. *Si* K *est de caractéristique* 2, *et si les hypothèses du théorème* 1 *sont satisfaites, l'idéal* $\mathfrak{f}(\chi)$ *est un carré.*

En caractéristique 2, le discriminant d'une extension quadratique est un carré: cela se vérifie par un calcul immédiat (voir aussi [7], §75, p. 176, où est traité le cas d'une extension séparable quelconque). Il en résulte que $\mathfrak{f}(\delta_\chi)$ est un carré, d'où le même résultat pour $\mathfrak{f}(\chi)$ d'après le théorème 1.

Remarque. Le théorème 1 est en fait un résultat *local* (cf. n° 2); il s'étend donc automatiquement aux revêtements galoisiens $Y \to X$, où Y et X sont des schémas réguliers de dimension 1 (par exemple des courbes algébriques); il en est de même des corollaires 1 et 2 ci-dessus.

2. Préliminaires

a) Réduction au cas local

Soit $\mathfrak{p}$ un idéal premier $\neq 0$ de A, et soit $f(\chi, \mathfrak{p})$ l'exposant de $\mathfrak{p}$ dans l'idéal $\mathfrak{f}(\chi)$. Le théorème 1 équivaut à dire que l'on a $f(\chi, \mathfrak{p}) \equiv f(\delta_\chi, \mathfrak{p})$ (mod. 2) pour tout $\mathfrak{p}$, pourvu que l'une des conditions (i) et (ii) soit satisfaite. C'est là un énoncé de nature locale. On peut donc supposer, et c'est ce que nous ferons jusqu'au n° 7, que A est un *anneau de valuation discrète*; nous noterons v sa valuation. Nous écrirons $f(\chi)$ au lieu de $f(\chi, \mathfrak{p})$; de même, si E est une extension finie séparable de K, nous noterons $d_{E/K}$ la valuation de l'idéal discriminant $\mathfrak{d}_{E/K}$.

b) Réduction au cas totalement ramifié

Soit w une valuation discrète de L prolongeant v. Soit I_w le sous-groupe d'inertie de G relatif à w, et soit K_w le sous-corps correspondant de L. Notons $\hat{L}$ et $\hat{K}_w$ les complétés de L et K_w pour w; l'extension $\hat{L}/\hat{K}_w$ est galoisienne de groupe de Galois I_w, et elle est totalement ramifiée. Soit $\chi|I_w$ la restriction de χ à I_w; on peut parler de la valuation $f(\chi|I_w)$ du conducteur d'Artin de $\chi|I_w$ relativement à l'extension $\hat{L}/\hat{K}_w$. Par définition même de $f(\chi)$, on a

$$f(\chi)=f(\chi|I_w), \qquad \text{cf. [5], p. 107-111.}$$

On a un résultat analogue pour $f(\delta_\chi)$. Ainsi, il suffit de prouver le théorème 1 pour l'extension $\hat{L}/\hat{K}_w$. Dans toute la suite, nous supposerons donc que A et B sont des anneaux de valuation discrète *complets*, et que l'extension galoisienne L/K est *totalement ramifiée.*

c) Additivité

Lemme 1. *Soient φ et φ' deux homomorphismes de G dans $\{\pm 1\}$. On a $f(\varphi\varphi')\equiv f(\varphi)+f(\varphi')$ (mod 2).*

C'est clair si K est de caractéristique 2, puisque l'on a alors $f(\varphi)=f(\varphi')=f(\varphi\varphi')=0$, cf. n° 1. Si K est de caractéristique $\neq 2$, les caractères φ, φ' et $\varphi\varphi'$ correspondent à des éléments a, a' et $a a'$ de K^*/K^{*2}. Soit $\bar{v}$: $K^*/K^{*2}\to \mathbf{Z}/2\mathbf{Z}$ l'homomorphisme induit par v: $K^*\to\mathbf{Z}$. Le calcul du discriminant d'une extension quadratique montre que l'on a

$$f(\varphi)\equiv\bar{v}(a) \pmod 2,$$

et de même $f(\varphi')\equiv\bar{v}(a')$ (mod. 2) et $f(\varphi\varphi')\equiv\bar{v}(a a')$ (mod. 2). Le lemme en résulte.

Soit maintenant χ un caractère virtuel de G à valeurs réelles. Nous noterons $e(\chi)$ la classe modulo 2 de l'entier $f(\chi)-f(\delta_\chi)$.

Lemme 2. *Si χ et χ' sont à valeurs réelles, on a*

$$e(\chi+\chi')=e(\chi)+e(\chi').$$

En effet, on a $f(\chi+\chi')=f(\chi)+f(\chi')$, et le lemme 1 montre que

$$f(\delta_{\chi+\chi'})=f(\delta_\chi\cdot\delta_{\chi'})\equiv f(\delta_\chi)+f(\delta_{\chi'}) \pmod 2.$$

3. Cas d'un groupe abélien

Supposons que G soit *abélien*; c'est notamment le cas lorsque l'extension L/K est «modérément ramifiée» («tamely ramified» dans la terminologie anglaise), puisque G est alors cyclique. Nous allons voir que, si χ est un caractère virtuel de G à valeurs réelles, l'invariant

$e(\chi)\in\mathbf{Z}/2\mathbf{Z}$ défini ci-dessus est égal à 0; cela démontrera le théorème 1 dans le cas (i).

Soit X (resp. Y) l'ensemble des caractères de degré 1 de G d'ordre $\leqq 2$ (resp. d'ordre $\geqq 3$). On peut écrire χ sous la forme

$$\chi=\sum_{\varphi\in X} n(\varphi)\,\varphi+\sum_{\psi\in Y} m(\psi)\,\psi, \qquad \text{avec } n(\varphi),\, m(\psi)\in\mathbf{Z}.$$

Puisque χ est à valeurs réelles, on a $m(\psi)=m(\bar{\psi})$ pour tout $\psi\in Y$. On en conclut que χ est combinaison $\mathbf{Z}$-linéaire de caractères de la forme φ $(\varphi\in X)$, ou $\psi+\bar{\psi}$ $(\psi\in Y)$. Vu le lemme 2, il suffit donc de prouver que $e(\varphi)=0$ et que $e(\psi+\bar{\psi})=0$. Or, si $\varphi\in X$, on a $\delta_\varphi=\varphi$, d'où $f(\varphi)=f(\delta_\varphi)$, et $e(\varphi)=0$. Si $\chi=\psi+\bar{\psi}$, avec $\psi\in Y$, on a $\delta_\chi=\psi\cdot\bar{\psi}=1$, d'où $f(\delta_\chi)=0$, et $f(\chi)=f(\psi)+f(\bar{\psi})=2f(\psi)\equiv 0$ (mod 2), d'où encore $e(\chi)=0$, ce qui achève la démonstration dans le cas considéré.

4. Induction

Soit H un sous-groupe de G, et soit E le sous-corps de L correspondant à H. Notons $r_{G/H}$ le caractère de la représentation de permutation de G dans G/H, et notons $\varepsilon_{G/H}$ le déterminant de cette représentation; si $s\in G$, $\varepsilon_{G/H}(s)$ est la *signature* de la permutation de G/H définie par s.

Lemme 3. *On a* $f(r_{G/H})=d_{E/K}\equiv f(\varepsilon_{G/H})$ (mod 2).

L'égalité $f(r_{G/H})=d_{E/K}$ est l'une des propriétés fondamentales des conducteurs d'Artin (cf. par exemple [5], p. 111, cor. 1). La congruence $d_{E/K}\equiv f(\varepsilon_{G/H})$ (mod. 2) est démontrée dans [7], p. 155–156.

Soit G^{ab} (resp. H^{ab}) le quotient de G (resp. H) par son groupe dérivé, et soit Ver: $G^{ab}\to H^{ab}$ l'homomorphisme de *transfert* ([5], p. 128–130). Si ψ est un caractère de degré 1 de H, on peut considérer ψ comme un homomorphisme de H^{ab} dans $\mathbf{C}^*$; par composition avec le transfert, on en déduit un homomorphisme de G^{ab} dans $\mathbf{C}^*$, i.e. un caractère de degré 1 de G; on notera ce caractère $\psi\circ\mathrm{Ver}$.

Lemme 4. *Soit ψ un caractère de degré* 1 *de H, à valeurs dans* $\{\pm 1\}$. *On a* $f(\psi\circ\mathrm{Ver})\equiv f(\psi)$ (mod 2).

Si K est de caractéristique 2, on a $f(\psi\circ\mathrm{Ver})=f(\psi)=0$. Si K est de caractéristique $\neq 2$, le caractère ψ (resp. $\psi\circ\mathrm{Ver}$) correspond à un élément b de E^*/E^{*2} (resp. à un élément a de K^*/K^{*2}), et l'on a

$$f(\psi)\equiv\bar{v}_E(b) \text{ (mod 2)}, \qquad f(\psi\circ\mathrm{Ver})\equiv\bar{v}(a) \text{ (mod 2)},$$

où v_E désigne la valuation normalisée de E. Or, on voit facilement (soit par calcul direct, soit par voie cohomologique) que a est l'image de b par l'homomorphisme $\bar{N}$: $E^*/E^{*2}\to K^*/K^{*2}$ déduit par passage au quotient de la *norme* N: $E^*\to K^*$. Le lemme résulte alors de la formule $\bar{v}_E=\bar{v}\circ\bar{N}$.

Proposition 1. *Soit θ un caractère de H à valeurs réelles, et soit $\chi = \mathrm{Ind}_H^G \theta$ le caractère de G induit par θ. On a $e(\chi)=e(\theta)$.*

On a tout d'abord

$$f(\chi)=f(\theta)+\theta(1)\, d_{E/K}, \quad \text{cf. [5], p. 109}.$$

D'autre part, le calcul du déterminant d'une représentation induite montre que

$$\delta_\chi = \varepsilon_{G/H}^{\theta(1)} \cdot (\delta_\theta \circ \mathrm{Ver}).$$

En utilisant les lemmes 1, 3 et 4, on obtient

$$\begin{aligned} f(\delta_\chi) &= f(\delta_\theta \circ \mathrm{Ver}) + \theta(1)\, f(\varepsilon_{G/H}) \\ &\equiv f(\delta_\theta) + \theta(1)\, d_{E/K} \pmod 2, \end{aligned}$$

d'où

$$f(\chi) - f(\delta_\chi) \equiv f(\theta) - f(\delta_\theta) \pmod 2,$$

ce qui démontre la proposition.

5. Réduction au cas diédral

Proposition 2. *Soit G un groupe fini. Tout caractère virtuel de G réalisable sur* **R** *est combinaison* **Z***-linéaire de caractères induits $\mathrm{Ind}_H^G \theta$, où H est un sous-groupe de G, et θ un caractère de H réalisable sur* **R** *de degré* 1 *ou* 2.

Soit $\chi \in R_{\mathbf{R}}(G)$ un caractère virtuel de G réalisable sur **R**. D'après un théorème de Brauer et Witt ([6], n° 12.6), on peut écrire χ comme combinaison **Z**-linéaire de caractères induits $\mathrm{Ind}_H^G \theta$, où H est «$\Gamma_{\mathbf{R}}$-élémentaire», et θ appartient à $R_{\mathbf{R}}(H)$. Vu la transitivité de l'opération d'induction, on est donc ramené au cas où G lui-même est $\Gamma_{\mathbf{R}}$-élémentaire.

Faisons cette hypothèse. Le groupe G est alors produit semi-direct d'un sous-groupe distingué cyclique par un p-groupe. Il en résulte facilement que l'on peut trouver une suite de composition (G_i) de G telle que les G_i soient distingués dans G tout entier et que les quotients G_i/G_{i+1} soient cycliques. En d'autres termes, le groupe G est «de type (MP)» dans la terminologie de [1] («hyper-résoluble» dans la terminologie habituelle). La proposition 2 résulte alors de la suivante:

Proposition 3. *Soit G un groupe de type (MP), et soit $\rho\colon G \to \mathbf{GL}(V)$ une représentation linéaire de G dans un espace vectoriel réel V. Supposons ρ irréductible sur* **R**. *Alors ρ est induite par une représentation linéaire réelle de degré* 1 *ou* 2 *d'un sous-groupe de G.*

Munissons V d'une structure euclidienne invariante par G, et soit $\mathbf{O}(V)$ le groupe orthogonal correspondant. Le théorème 1 de [1], appliqué au sous-groupe $\rho(G)$ de $\mathbf{O}(V)$, montre qu'il existe un tore maximal T de $\mathbf{O}(V)$ dont le normalisateur N contient $\rho(G)$. Si V est de dimension impaire, les éléments de V invariants par T forment une droite D, qui est stable par N, donc par G; puisque ρ est irréductible, on a $D=V$, ce qui montre que V est de dimension 1, auquel cas il n'y a rien à démontrer. Si V est de dimension paire $2n$, il existe une décomposition de V en somme directe orthogonale de n plans $W_1, \ldots, W_n$ telle que

$$T=\mathbf{SO}(W_1)\times\cdots\times\mathbf{SO}(W_n).$$

Puisque $\rho(G)$ normalise T, $\rho(G)$ permute entre eux les W_i; comme ρ est irréductible, il les permute transitivement. Si H désigne le sous-groupe de G formé des éléments qui laissent stable W_1, il est clair que la représentation ρ est induite par la représentation de H dans W_1, ce qui démontre la proposition.

6. Le cas diédral

Dans ce n°, on suppose que le groupe G est un groupe *diédral*, produit semi-direct d'un sous-groupe cyclique C et d'un groupe $\{1, s\}$ d'ordre 2, avec $sxs=x^{-1}$ pour tout $x\in C$. On considère comme ci-dessus une extension galoisienne totalement ramifiée L/K, de groupe de Galois G; on note E l'extension quadratique de K correspondant au sous-groupe C de G. On désigne par C^i les groupes de ramification de l'extension L/E (numérotés au moyen de la «numérotation supérieure», cf. [5], p. 81).

Proposition 4. *Si i est un entier pair, on a $C^{i+1}=C^i$.*

(Autrement dit, les *sauts* de la filtration (C^i) du groupe C sont des entiers *impairs.*)

Soit p la caractéristique résiduelle de K. Nous distinguerons trois cas:

(a) $p=0$.

Puisque L/K est totalement ramifiée, G est alors un groupe cyclique. Comme il est diédral, ce n'est possible que si $C=\{1\}$, auquel cas la proposition est triviale.

(b) $p=2$.

Les éléments de G d'ordre une puissance de 2 forment un sous-groupe G_1 de G (le groupe de ramification «sauvage»). Comme G est engendré par ses éléments d'ordre 2, on en conclut que $G=G_1$, donc que l'ordre de C est une puissance de 2. Le résultat cherché en résulte, en vertu d'un théorème de Fontaine ([2], prop. 4.4 (a)).

(c) $p\neq 2$ et $p\neq 0$.

Le premier sous-groupe de ramification G_1 de G est un p-groupe, donc est contenu dans C; comme G/G_1 est cyclique, on en conclut que

$G_1 = C$, donc que C est cyclique d'ordre une puissance p^m de p. Soit $\mathfrak{p}_L$ l'idéal maximal de l'anneau A_L et soient

$$\theta_0\colon G/G_1 \to (A_L/\mathfrak{p}_L)^* \quad \text{et} \quad \theta_j\colon G_j/G_{j+1} \to \mathfrak{p}_L^j/\mathfrak{p}_L^{j+1} \quad (j \geqq 1),$$

les homomorphismes définis dans [5], p. 74–75. On a $\theta_0(s) = -1$. Soit j un saut de la filtration de C, en notation inférieure, et soit $t \in C_j - C_{j+1}$. Comme $C_j = C \cap G_j$, on a $\theta_j(t) \neq 0$. En appliquant la prop. 9 de [5], p. 77, on en déduit que

$$\theta_j(sts^{-1}) = (-1)^j \theta_j(t).$$

Mais sts^{-1} est égal à t^{-1}, et $\theta_j(t^{-1}) = -\theta_j(t)$ puisque θ_j est un homomorphisme. On en tire $1 = -(-1)^j$, d'où $j \equiv 1 \pmod 2$. Nous avons ainsi prouvé que, pour la notation inférieure, les sauts $(j_0, \ldots, j_{m-1})$ de la filtration de C sont impairs. Il faut passer de là aux sauts $(i^0, \ldots, i^{m-1})$ pour la notation supérieure. Or on a (cf. [5], p. 80)

$$j_0 = i^0 \quad \text{et} \quad j_n - j_{n-1} = p^n(i^n - i^{n-1}) \quad \text{si } n \geqq 1.$$

Comme p et les j_n sont impairs, on en conclut

$$i^0 \equiv 1 \pmod 2 \quad \text{et} \quad i^n - i^{n-1} \equiv 0 \pmod 2 \quad \text{pour } n \geqq 1,$$

ce qui montre bien que les i^n sont impairs.

Remarque. La méthode de démonstration utilisée par Fontaine [2] dans le cas $p = 2$ pourrait également être appliquée au cas $p \neq 2$.

Corollaire. *Si χ est un caractère irréductible de degré 2 du groupe diédral G, on a $e(\chi) = 0$.*

On sait que χ est induit par un caractère ψ de degré 1 de C. On a donc $f(\chi) = f(\psi) + d_{E/K}$. D'autre part, le caractère δ_χ n'est autre que l'homomorphisme $G \to \{\pm 1\}$ de noyau C; on a donc $f(\delta_\chi) = d_{E/K}$, d'où $e(\chi) \equiv f(\psi) \pmod 2$. Mais, si i est le plus grand entier tel que ψ soit $\neq 1$ sur C^i, on a $f(\psi) = i + 1$, cf. [5], p. 109. Vu la proposition 4, i est impair; on a donc bien $f(\psi) \equiv 0 \pmod 2$, d'où $e(\chi) = 0$.

7. Fin de la démonstration du théorème 1

Il s'agit de montrer que $e(\chi) = 0$ pour tout caractère virtuel χ réalisable sur $\mathbf{R}$. On raisonne par récurrence sur l'ordre de G, le cas où $G = \{1\}$ étant trivial. Vu la proposition 2 et l'additivité du symbole e, on peut supposer que $\chi = \mathrm{Ind}_H^G \theta$, où H est un sous-groupe de G, et θ un caractère de H réalisable sur $\mathbf{R}$ de degré 1 ou 2. D'après la proposition 1, on a $e(\chi) = e(\theta)$. Si $H \neq G$, l'hypothèse de récurrence montre que $e(\theta) = 0$, d'où $e(\chi) = 0$. Supposons donc que $H = G$, i.e. que χ soit le caractère d'une représentation linéaire réelle $\rho\colon G \to \mathbf{GL}(V)$ de degré $\leqq 2$. Si ρ

n'est pas fidèle, le théorème résulte de l'hypothèse de récurrence, appliquée au groupe $\rho(G)$ image de G. Si ρ est fidèle, G est isomorphe à un sous-groupe fini du groupe orthogonal à 2 variables; c'est donc, soit un groupe cyclique, soit un groupe diédral, et l'on a $e(\chi)=0$ d'après le n° 3 et le n° 6.

8. Un complément

Revenons maintenant au cadre global du n° 1. On peut se demander si le théorème 1 s'applique à *tous* les caractères virtuels χ à valeurs réelles. Nous allons voir qu'il n'en est rien:

Théorème 2. *Les deux propriétés suivantes sont équivalentes*:

(a) *Pour tout caractère virtuel* χ *de* G, *à valeurs réelles,* $\mathfrak{f}(\chi)$ *est égal au produit de* $\mathfrak{f}(\delta_\chi)$ *par le carré d'un idéal fractionnaire de* K.

(b) *Pour tout idéal premier* $\mathfrak{p}\neq 0$ *de* A, *le caractère d'Artin* $a_{G,\mathfrak{p}}$ *de* G *attaché à* $\mathfrak{p}$ *est réalisable sur* **R**.

Ici encore, l'énoncé est local sur A, de sorte que l'on peut supposer que A est un anneau de valuation discrète. Avec des notations analogues à celles du n° 2, il s'agit donc de prouver l'équivalence de:

(a) $e(\chi)=0$ *pour tout* χ *à valeurs réelles*;

(b) *le caractère d'Artin* a_G *est réalisable sur* **R**.

Or, d'après Frobenius et Schur (cf. par exemple [6], n° 13.2), les caractères virtuels de G à valeurs réelles sont les combinaisons **Z**-linéaires des caractères χ de l'un des types suivants:

(i) $\chi=\psi+\bar{\psi}$, où ψ est un caractère irréductible sur **C**, prenant au moins une valeur non réelle;

(ii) χ est irréductible sur **C**, et la représentation correspondante laisse fixe une forme bilinéaire *symétrique* non dégénérée;

(iii) χ est irréductible sur **C**, et la représentation correspondante laisse fixe une forme bilinéaire *alternée* non dégénérée.

De plus, un caractère de G à valeurs réelles est réalisable sur **R** si et seulement si ses produits scalaires avec les caractères de type (iii) sont *pairs*. En particulier, les caractères de type (i) et (ii) sont réalisables sur **R**, et leur invariant $e(\chi)$ est nul d'après le théorème 1. On voit donc que la condition (a) ci-dessus équivaut à:

(a') $e(\chi)=0$ *pour tout* χ *de type* (iii).

Mais, si χ est de type (iii), on a $\delta_\chi=1$, puisque tout élément du groupe symplectique est de déterminant 1. Comme $f(\chi)=\langle a_G,\chi\rangle$, on voit donc que (a') équivaut à dire que $\langle a_G,\chi\rangle\equiv 0$ (mod. 2) pour tout χ de type (iii), ce qui signifie bien que a_G est réalisable sur **R**, vu les résultats rappelés ci-dessus.

Remarque. On trouvera dans [4], n°s 4, 5 des exemples de caractères d'Artin qui ne sont pas réalisables sur **R**; d'après le théorème 2, cela fournit des exemples de caractères χ à valeurs réelles tels que $e(\chi) \neq 0$.

9. Un contre-exemple

Dans [3], p. 81, Fröhlich pose la question suivante:

Si χ est un caractère à valeurs réelles, la classe de $\mathfrak{f}(\chi)$ est-elle un carré?

D'après le corollaire 1 au théorème 1, la réponse est affirmative si χ est réalisable sur **R**, ou si l'extension L/K considérée est modérément ramifiée; le théorème 2 montre d'ailleurs que la condition «modérément ramifiée» peut être remplacée par la condition plus faible «toutes les représentations d'Artin de G sont réalisables sur **R**». De toutes façons, une hypothèse restrictive est nécessaire. En effet, en utilisant les groupes d'automorphismes des courbes elliptiques $y^2 - y = x^3$ (sur le corps $\mathbf{F}_{16}$) et $y^2 = x^3 - x$ (sur le corps $\mathbf{F}_9$), on construit facilement des exemples où la classe de $\mathfrak{f}(\chi)$ *n'est pas un carré.* Ces exemples sont «géométriques». Nous donnons ci-dessous un exemple analogue, qui a l'avantage d'être «arithmétique»:

Nous prendrons comme groupe G le groupe d'ordre 12 défini par deux générateurs s, t liés par les relations $s^3 = 1$, $t^4 = 1$ et $tst^{-1} = s^{-1}$. L'algèbre $\mathbf{R}[G]$ est isomorphe à $\mathbf{R} \times \mathbf{R} \times \mathbf{C} \times \mathbf{M}_2(\mathbf{R}) \times \mathbf{H}$, où $\mathbf{H}$ est le corps des quaternions. Nous choisirons pour caractère χ le caractère irréductible associé au facteur $\mathbf{H}$; c'est un caractère de degré 2, à valeurs réelles, et de type (iii) au sens du n° 8; on a $\delta_\chi = 1$.

Proposition 5. *Soient K un corps de nombres algébriques, A l'anneau des entiers de K, et L une extension galoisienne de K de groupe de Galois le groupe G ci-dessus. Faisons les hypothèses suivantes:*

(1) *Il existe un seul idéal premier $\mathfrak{p}_3$ de A de caractéristique résiduelle* 3.

(2) *L'extension L/K est totalement ramifiée en $\mathfrak{p}_3$.*

(3) *L'image de $\mathfrak{p}_3$ dans le groupe $C(A)$ des classes d'idéaux de A n'est pas un carré.*

Alors la classe du conducteur d'Artin $\mathfrak{f}(\chi)$ n'est pas un carré.

La condition (2) permet d'appliquer au groupe G un résultat de Fontaine ([2], n° 7.4, th. 1): le caractère d'Artin $a_{G, \mathfrak{p}_3}$ de G en $\mathfrak{p}_3$ n'est pas réalisable sur **R**. On a donc

$$f(\chi, \mathfrak{p}_3) = \langle a_{G, \mathfrak{p}_3}, \chi \rangle \equiv 1 \pmod 2,$$

autrement dit l'exposant de $\mathfrak{p}_3$ dans $\mathfrak{f}(\chi)$ est impair.

Soit d'autre part $\mathfrak{p}$ un idéal premier non nul de A distinct de $\mathfrak{p}_3$, et soit $\mathfrak{p}'$ un idéal premier de A_L tel que $\mathfrak{p}' \cap A = \mathfrak{p}$. Vu la condition (1), la caractéristique résiduelle de $\mathfrak{p}$ et $\mathfrak{p}'$ est $\neq 3$. On en déduit facilement que le groupe d'inertie I de G relatif à $\mathfrak{p}'$ est distinct de G, donc cyclique. D'après ce qui a été démontré au n° 3, il s'ensuit que

$$f(\chi, \mathfrak{p}) \equiv f(\delta_\chi, \mathfrak{p}) \equiv 0 \pmod 2),$$

de sorte que l'exposant de $\mathfrak{p}$ dans $\mathfrak{f}(\chi)$ est pair.

Ainsi, l'idéal $\mathfrak{f}(\chi)$ est égal au produit de $\mathfrak{p}_3$ par le carré d'un idéal de A. Compte tenu de la condition (3), cela démontre bien que sa classe n'est pas un carré.

Il reste à construire un exemple d'extension L/K satisfaisant aux conditions (1), (2), (3):

Construction de K

On prend pour K le corps de degré 4 sur $\mathbf{Q}$ obtenu en adjoignant à $\mathbf{Q}(i)$ une racine carrée α de $3(1+i)$. L'idéal premier (3) de $\mathbf{Z}[i]$ est ramifié dans K; il existe donc bien dans K un seul idéal premier $\mathfrak{p}_3$ de caractéristique résiduelle 3; sa norme est 9. D'autre part, le corps $K' = K(\sqrt{-3}) = K(\sqrt{1+i})$ est une extension quadratique non ramifiée de K, dans laquelle $\mathfrak{p}_3$ est inerte (cela se voit en remarquant que $1+i$ n'est pas un carré dans le corps $\mathbf{F}_9$). D'après la théorie du corps de classes, cela montre que $\mathfrak{p}_3$ n'est pas un carré dans $C(A)$. (On pourrait en outre prouver que $C(A)$ est d'ordre 2, de sorte que K' est le corps de classes absolu de K.) Les conditions (1) et (3) sont donc bien satisfaites.

Construction de l'extension L/K

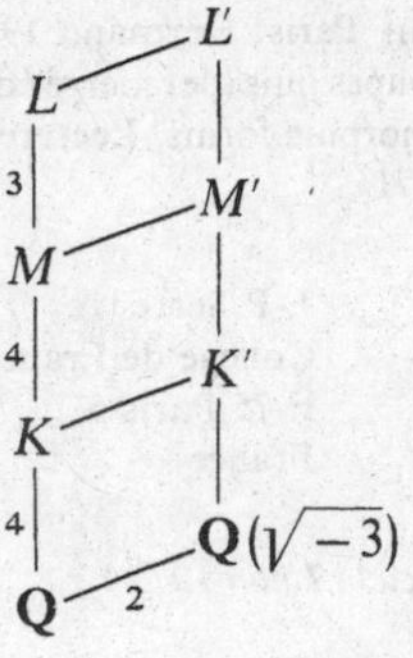

Soit $M = K(\beta)$ le corps obtenu en adjoignant à K un élément β tel que $\beta^4 = \alpha$. L'extension M/K est cyclique de degré 4, et totalement ramifiée en $\mathfrak{p}_3$ (cela résulte de ce que α est une uniformisante en $\mathfrak{p}_3$). Posons $M' = M \cdot K'$ et soit d l'élément $\alpha/\sqrt{-3}$ de K'. On a $d^2 = -(1+i)$.

Posons $\delta=(1+d\beta^2)/(1-d\beta^2)$, et soit $L'=M'(\pi)$ le corps obtenu en adjoignant à M' un élément π tel que $\pi^3=\delta$. Si $\mathfrak{p}'_3$ est l'unique idéal premier de M' au-dessus de $\mathfrak{p}_3$, la valuation de $1-\delta$ en $\mathfrak{p}'_3$ est égale à 2. Il n'est pas difficile de tirer de là le fait que L'/M' est une extension cyclique de degré 3 de M', totalement ramifiée en $\mathfrak{p}'_3$. L'extension L'/K est engendrée par les trois éléments β, ρ, π, où $\rho=(-1+\sqrt{-3})/2$. On vérifie sans peine qu'il existe des automorphismes σ, s et t de cette extension qui sont caractérisés par les propriétés suivantes:

$$\sigma(\beta)=\beta; \quad \sigma(\rho)=\rho^{-1}; \quad \sigma(\pi)=\pi^{-1};$$
$$s(\beta)=\beta; \quad s(\rho)=\rho; \quad s(\pi)=\rho\pi;$$
$$t(\beta)=i\beta; \quad t(\rho)=\rho; \quad t(\pi)=\pi^{-1}.$$

L'automorphisme σ est d'ordre 2; il commute à s et t. On a $s^3=1$, $t^4=1$, $tst^{-1}=s^{-1}$, de sorte que s et t engendrent un groupe isomorphe à G. On définit alors L comme le sous-corps de L' formé des éléments invariants par σ; l'extension L/K est bien galoisienne, de groupe de Galois G, et l'idéal $\mathfrak{p}_3$ y est totalement ramifié. Toutes les conditions de la proposition 5 sont satisfaites.

Bibliographie

1. Borel, A., Serre, J.-P.: Sur certains sous-groupes des groupes de Lie compacts. Comm. Math. Helv. **27**, 128–139 (1953).
2. Fontaine, J.-M.: Groupes de ramification et représentations d'Artin. Ann. Sci. E.N.S. **4** (1971).
3. Fröhlich, A.: Some topics in the theory of module conductors. Oberwolfach Reports **2**, 59–82 (1965).
4. Serre, J.-P.: Sur la rationalité des représentations d'Artin. Ann. of Math. **72**, 406–420 (1960).
5. – Corps Locaux (deuxième édition). Paris: Hermann 1968.
6. – Représentations linéaires des groupes finis (deuxième édition). Paris: Hermann 1971.
7. Weil, A.: Dirichlet series and automorphic forms. Lecture Notes in Math. **189**. Berlin-Heidelberg-New York: Springer 1971.

J.-P. Serre
Collège de France
F-75 Paris 5
France

(Reçu le 7 juin 1971)

93.

Résumé des cours de 1970–1971

Annuaire du Collège de France (1971), 51–55

1 Soit E une courbe elliptique définie sur un corps de nombres K, et munie d'un point rationnel 0, pris comme origine. Soit $\bar{K}$ une clôture algébrique de K, et soit G le groupe de Galois de $\bar{K}/K$. Soit E_t le sous-groupe de torsion du groupe $E(\bar{K})$ des points de E rationnels sur $\bar{K}$; le groupe E_t est isomorphe à $\mathbf{Q}/\mathbf{Z} \oplus \mathbf{Q}/\mathbf{Z}$ et son groupe d'automorphismes $\mathrm{Aut}(E_t)$ est isomorphe à $\prod_{l \in P} \mathbf{GL}_2(\mathbf{Z}_l)$, où P désigne l'ensemble des nombres premiers, et où $\mathbf{Z}_l$ est l'anneau des entiers l-adiques. Le groupe G opère sur E_t, ce qui définit un homomorphisme continu $\varphi : G \rightarrow \mathrm{Aut}(E_t)$.

Le but principal du cours a été la démonstration du résultat suivant :

THÉORÈME 1. *Supposons que la courbe elliptique* E *n'ait pas de multiplication complexe. Alors* $\varphi(G)$ *est un sous-groupe* ouvert (*donc d'indice fini*) *du groupe compact* $\mathrm{Aut}(E_t) \simeq \prod_{l \in P} \mathbf{GL}_2(\mathbf{Z}_l)$.

Notons $\varphi_l : G \rightarrow \mathbf{GL}_2(\mathbf{Z}_l)$ la l-ième composante de φ ; elle indique comment G opère sur la composante l-primaire de E_t. Posons $G_l = \varphi_l(G)$; c'est un sous-groupe fermé de $\mathbf{GL}_2(\mathbf{Z}_l)$. Le théorème 1 équivaut à la conjonction des deux assertions suivantes :

(1) *Pour tout l,* G_l *est un sous-groupe ouvert de* $\mathbf{GL}_2(\mathbf{Z}_l)$.

(2) *Pour presque tout l* (i.e. tout l sauf un nombre fini), *le groupe* $\varphi(G)$ *contient le l-ième facteur* $\mathbf{GL}_2(\mathbf{Z}_l)$ *de* $\mathrm{Aut}(E_t)$.

L'assertion (1) avait déjà été démontrée dans le cours de 1965/1966, et sa démonstration se trouve dans « *Abelian l-adic representations and elliptic curves* » (notes rédigées avec la collaboration de W. Kuyk et J. Labute, publiées par W. A. Benjamin, New York, 1968). Le résultat nouveau est (2), qui entraîne :

(3) *Pour presque tout l, on a* $G_l = \mathbf{GL}_2(\mathbf{Z}_l)$.

En particulier, si $\tilde{G}_l$ désigne l'image de G_l dans $\mathbf{GL}_2(\mathbf{F}_l)$ par réduction modulo l, on a :

(4) *Pour presque tout l, le groupe $\tilde{G}_l$ est égal à* $\mathbf{GL}_2(\mathbf{F}_l)$.

(Noter que $\tilde{G}_l$ est le groupe de Galois de l'extension K_l de K obtenue en adjoignant à K les coordonnées des points d'ordre l de la courbe elliptique E ; l'assertion (4) équivaut donc à dire que $[K_l:K] = l(l-1)(l^2-1)$ pour presque tout l.)

En fait, il n'est pas difficile de montrer que (2), (3) et (4) sont *équivalents*. Tout revient donc à prouver (4), c'est-à-dire à montrer que $\tilde{G}_l$ est « aussi gros » que possible.

Les *groupes d'inertie* en l fournissent un premier renseignement sur $\tilde{G}_l$. Plus précisément, soit v une place de K dont la caractéristique résiduelle p_v est égale à l ; supposons que v soit non ramifiée sur $\mathbf{Q}$, et que la courbe E ait bonne réduction (ou mauvaise réduction de type multiplicatif) en v. Soit I_v le groupe d'inertie de G relativement à une place de $\bar{K}$ prolongeant v. Une étude locale montre que l'image de I_v dans $\tilde{G}_l$ contient un groupe de l'un des types suivants :

(i) (« demi-sous-groupe de Cartan déployé ») Un groupe cyclique d'ordre $l-1$, représentable matriciellement sous la forme $\begin{pmatrix} * & 0 \\ 0 & 1 \end{pmatrix}$.

(ii) (« sous-groupe de Cartan non déployé ») Un groupe cyclique d'ordre l^2-1.

Le cas (i) est celui où E a bonne réduction de hauteur 1 en v (ou mauvaise réduction de type multiplicatif, à la Tate) ; le cas (ii) est celui où E a bonne réduction de hauteur 2. De plus, les *caractères* de I_v définis par $I_v \to \tilde{G}_l \subset \mathbf{GL}_2(\mathbf{F}_l)$ sont, dans le cas (i), le caractère unité et le caractère fondamental $I_v \to \mathbf{F}_l^*$ de hauteur 1, et dans le cas (ii), les deux caractères fondamentaux $I_v \to \mathbf{F}_{l^2}^*$ de hauteur 2.

On peut faire la liste des sous-groupes de $\mathbf{GL}_2(\mathbf{F}_l)$ contenant un sous-groupe de type (i) ou de type (ii). On en déduit en particulier que, si (4) est en défaut, on peut trouver un ensemble infini L de nombres premiers tel que, pour tout $l \in L$, on ait l'une des situations suivantes :

(a) $\tilde{G}_l$ est contenu dans un sous-groupe de Cartan, ou dans un sous-groupe de Borel ;

(b) $\tilde{G}_l$ est contenu dans le normalisateur N d'un sous-groupe de Cartan H, mais n'est pas contenu dans H.

Dans le cas (b), le groupe $H \cap \tilde{G}_l$ est d'indice 2 dans $\tilde{G}_l$, donc définit une extension quadratique K'_l de K, contenue dans K_l. On peut montrer que les extensions K'_l/K ainsi obtenues sont *non ramifiées* en dehors d'un ensemble fini de places de K, qui ne dépend pas de l. Ces extensions sont donc en nombre fini, et leur composé K′ est de degré fini sur K. En remplaçant K par K′, *on est ainsi ramené au cas* (a). Soit alors

$$\tilde{\varphi}_l : G \to \mathbf{GL}_2(\mathbf{F}_l),\ l \in L,$$

la représentation de degré 2 de G déduite par « semi-simplification » de la représentation $G \to \tilde{G}_l \subset \mathbf{GL}_2(\mathbf{F}_l)$. Les $(\tilde{\varphi}_l)_{l \in L}$ sont *abéliennes*, et ont les deux propriétés suivantes :

— (« *Rationalité des éléments de Frobenius* ») Pour presque toute place v de K, il existe un polynôme $P_v \in \mathbf{Z}[T]$ tel que, si $l \in L$ est distinct de p_v, $\tilde{\varphi}_l$ est non ramifiée en v, et l'élément de Frobenius correspondant de $\tilde{\varphi}_l(G)$ a pour polynôme caractéristique la réduction modulo l de P_v.

— (« *Caractères bornés* ») Il existe un entier N tel que, pour tout $l \in L$ et toute place v de K telle que $p_v = l$, la représentation du groupe d'inertie I_v fournie par $\tilde{\varphi}_l$ ne fasse intervenir que des produits des caractères fondamentaux $I_v \to \mathbf{F}^*_{l^m}$ affectés d'exposants au plus égaux à N en valeur absolue.

Vu la théorie du corps de classes, on peut interpréter les $\tilde{\varphi}_l$ comme des représentations du groupe des *classes d'idèles* de K. Cela permet de montrer que le système $(\tilde{\varphi}_l)_{l \in L}$ provient par réduction modulo l du système de représentations l-adiques $(\varrho_l)_{l \in P}$ associé à une représentation $\varrho : S_{\mathfrak{m}} \to \mathbf{GL}_2$ d'un certain groupe agébrique $S_{\mathfrak{m}}$ (défini dans le cours de 1965/1966, cf. « *Abelian l-adic representations...* », chap. II). On en déduit alors que, pour tout $l \in P$, la semi-simplifiée de $\varphi_l : G \to \mathbf{GL}_2(\mathbf{Q}_l)$ est isomorphe à ϱ_l, donc abélienne ; vu les résultats rappelés au début, cela montre que E a de la multiplication complexe, d'où le théorème 1.

Exemples numériques

(Dans ces exemples, on a $K = \mathbf{Q}$; on définit la courbe E comme cubique non singulière du plan projectif, et l'on donne son équation ; on note N le *conducteur* de E, au sens de Weil.)

$y^2 - y = x^3 - x^2$ (N = 11) : $\tilde{G}_l = \mathbf{GL}_2(\mathbf{F}_l)$ pour $l \neq 5$;

$y^2 + xy + y = x^3 - x$ (N = 14) : $\tilde{G}_l = \mathbf{GL}_2(\mathbf{F}_l)$ pour $l \neq 2,3$;

$y^2 + xy + y = x^3 - x^2 - 3x + 3$ (N = 26) : $\tilde{G}_l = \mathbf{GL}_2(\mathbf{F}_l)$ pour $l \neq 7$;

$y^2 + y = x^3 - x$ (N = 37) : $\tilde{G}_l = \mathbf{GL}_2(\mathbf{F}_l)$ pour tout l ;

$y^2 + xy + y = x^3 - x^2$ (N = 53) : $\tilde{G}_l = \mathbf{GL}_2(\mathbf{F}_l)$ pour tout l ;

$y^2 = x^3 - 2x^2 - x$ (N = 2^7) : $\tilde{G}_l = \mathbf{GL}_2(\mathbf{F}_l)$ pour $l \neq 2$;

$y^2 + xy = x^3 + x^2 - 2x - 7$ (N = 11^2) : $\tilde{G}_l = \mathbf{GL}_2(\mathbf{F}_l)$ pour $l \neq 11$.

Compléments

L'assertion (2) peut être précisée de la manière suivante :

THÉORÈME 2. *Pour toute place ultramétrique v de* K, *notons* J_v *le sous-groupe distingué fermé de* G *engendré par les sous-groupes d'inertie des places de* $\bar{K}$ *prolongeant v. Pour presque tout v, l'image de* J_v *par* φ : $G \to \mathrm{Aut}(E_t)$ *est égale au l-ième facteur* $\mathbf{GL}_2(\mathbf{Z}_l)$ *de* $\mathrm{Aut}(E_t)$, *avec* $l = p_v$.

On peut d'autre part comparer les groupes de Galois associés à *deux courbes elliptiques* E *et* E′ sur K (sans multiplication complexe). Notons A le sous-groupe de $\mathrm{Aut}(E_t) \times \mathrm{Aut}(E'_t)$ formé des couples d'éléments ayant même déterminant. L'image de G par (φ, φ') : $G \to \mathrm{Aut}(E_t) \times \mathrm{Aut}(E'_t)$ est contenue dans A. De plus :

THÉORÈME 3. *Soit* $l \in P$. *Supposons que les représentations l-adiques*

$$\varphi_l : G \to \mathbf{GL}_2(\mathbf{Q}_l) \quad \text{et} \quad \varphi'_l : G \to \mathbf{GL}_2(\mathbf{Q}_l)$$

associées à E *et* E′ *ne soient isomorphes sur aucune extension finie de* K. *L'image de* G *par* (φ, φ') *est alors un sous-groupe ouvert du groupe* A *défini ci-dessus.*

(L'hypothèse faite sur φ_l et φ'_l est en réalité indépendante du choix de *i*.
2 Il est probable qu'elle équivaut simplement à « E et E′ ne sont pas isogènes sur $\bar{K}$ », mais ce n'est démontré que lorsque l'invariant modulaire de E n'est pas un entier algébrique.)

On peut enfin se demander si des résultats analogues au théorème 1 valent pour d'autres systèmes de représentations *l*-adiques, par exemple pour le système (φ_l^{Δ}) associé à la fonction τ de Ramanujan. Malheureusement, on n'a pas suffisamment de renseignements sur l'action des groupes d'inertie, et
3 l'on ne sait pas prouver la propriété « caractères bornés » utilisée de façon essentielle ci-dessus. Pour cette raison, on n'obtient que des résultats partiels, par exemple le suivant :

THÉORÈME 4. *Soit* H_l *le sous-groupe de* $\mathbf{GL}_2(\mathbf{Z}_l)$ *formé des éléments dont le déterminant est une puissance* 11*-ième. On a* $\overset{\triangle}{\varphi_l}(G) \subset H_l$ *pour tout* l, *et l'ensemble* S *des* l *tels que* $\overset{\triangle}{\varphi_l}(G) \neq H_l$ *a une densité nulle.*

4 En fait, il est probable que $S = \{2,3,5,7,23,691\}$.

SÉMINAIRE

5 Michel RAYNAUD a fait deux exposés sur la structure des schémas en groupes de type $(p,...,p)$. Ses résultats généralisent ceux de OORT-TATE sur les groupes d'ordre p ; comme eux, il utilise de façon essentielle les « sommes de Jacobi ». L'une des conséquences de sa théorie est la détermination des caractères qui interviennent dans l'action du groupe de Galois (l'anneau de base étant un anneau de valuation discrète de caractéristique résiduelle p) ; il prouve que ces caractères s'expriment en fonction des caractères fondamentaux avec des exposants compris entre 0 et l'indice de ramification absolu de l'anneau de base ; cela démontre une conjecture faite dans le cours.

Jacques VÉLU a fait deux exposés sur les courbes elliptiques sur $\mathbf{Q}$ de conducteur 11. Deux telles courbes étaient connues :

$y^2 - y = x^3 - x^2$, qui correspond au groupe modulaire $\Gamma_0^0(11)$,
$y^2 - y = x^3 - x^2 - 10x - 20$, qui correspond à $\Gamma_0(11)$.

Il en obtient une troisième :

$$y^2 - y = x^3 - x^2 - 7820x - 263580.$$

Ces courbes sont liées par des isogénies de degré 5, que l'on peut expliciter. Il est probable (mais non démontré) que ce sont les seules courbes de
6 conducteur 11, à isomorphisme près.

La situation est analogue pour le conducteur 11^2 : on a une liste de telles
7 courbes, qui est probablement complète. Celles de ces courbes d'invariants modulaires $j = -2^{15}, -11^2, -11.131^3$ ont un sous-groupe d'ordre 11 rationnel sur $\mathbf{Q}$; ces trois valeurs de j sont d'ailleurs les seules à avoir cette propriété.

8 Gérard LIGOZAT a fait un exposé sur les courbes modulaires associées aux groupes $\Gamma_0(N)$, et leurs rapports avec les courbes elliptiques sur $\mathbf{Q}$ de conducteur N (conjectures de WEIL). Il a donné un certain nombre de propriétés (modèle de NÉRON, détermination des points rationnels) de celles de ces courbes qui sont de genre 1, ce qui se produit pour N = 11,14,15,17, 19,20,21,24,27,32,36 et 49.

Notes

La note n° x de la page Y est désignée par le symbole Y. x.

45. Analogues kählériens de certaines conjectures de Weil

1.1 On ignore si le th. 1 reste valable en caractéristique $p > 0$, lorsqu'on remplace $H^r(V, \mathbf{C})$ par le r-ème groupe de cohomologie l-adique de $V (l \neq p)$. D'après Deligne («La conjecture de Weil I», *Publ. Math. I.H.E.S.* 43 (1964), 273–307), c'est vrai dans le cas le plus important, celui où f est un endomorphisme de Frobenius.

2.2 Cette démonstration montre également que f_r^* est semi-simple. On conjecture que cela reste vrai en caractéristique $p > 0$, mais on ne sait pas le démontrer, même lorsque f est un endomorphisme de Frobenius. Cela résulterait de ce que Grothendieck a appelé les «conjectures standard»; voir par exemple le texte de S. Kleiman dans *«Dix exposés sur la cohomologie des schémas»*, North-Holland, 1968.

3.3 C'est bien X'_r qui joue le rôle de ξ', et non X_{2n-r} comme l'a cru le «reviewer» de *Math. Rev.*, t. 22, n° 3018.

46. Sur la rationalité des représentations d'Artin

4.1 On dit maintenant «corps résiduel» plutôt que «corps des restes».

6.2 Les mêmes exemples montrent que la représentation d'Artin n'est pas toujours rationnelle sur $\mathbf{Q}_p$, où p est la caractéristique résiduelle, supposée $\neq 0$. Toutefois, si le corps résiduel k de K est parfait, la représentation d'Artin est rationnelle sur le corps des fractions de l'anneau des vecteurs de Witt à coefficients dans k: cela a été démontré par J-M. Fontaine dans sa thèse (*Ann. Sci. E.N.S.* 4 (1971), 337–392 – voir notamment p. 387).

6.3 Pour une autre démonstration du th. 2, voir *Représentations linéaires des groupes finis*, 3ème édition, Hermann, Paris, 1978, § 19.2. Cette démonstration utilise un peu de théorie de Brauer, mais n'utilise pas le th. 3.

17.4 Aucun progrès n'a été fait sur ces questions, autant que je sache.

47. Résumé des cours de 1959–1960

20.1 La première partie de ce cours correspond au n° 49, la seconde au n° 51.

21.2 Les résultats de P. Gabriel résumés ici sont exposés en détail dans:

M. Demazure et P. Gabriel, *Groupes Algébriques,* Masson – North-Holland, 1970, chap. V.

48. Sur les modules projectifs

23.1 Pour $n \leq 6$, des résultats plus ou moins complets ont été obtenus entre 1973 et 1975 par M. P. Murthy, M. Roitman, A. Suslin, R. Swan et L. N. Vaserstein. Finalement, en 1976, D. Quillen et A. Suslin (indépendamment l'un de l'autre) ont traité le cas général: ils ont montré que tout module projectif sur $k[X_1,\ldots,X_n]$ est libre, si k est un corps, ou, plus généralement, un anneau principal.

Pour un exposé d'ensemble de la question, voir: T. Y. Lam, *Serre's Conjecture* (sic), Lect. Notes in Math. n° 635, Springer-Verlag, 1978.

32.2 B. Segre avait cru construire un tel exemple (*Rev. Roum. Math. Pures et Appl.* 9 (1970), 1527–1534), mais sa démonstration était incorrecte comme l'a aussitôt montré S. Abhyankar.

33.3 Cette caractérisation des courbes de $\mathbf{P}_3$ qui sont des intersections complètes est due à G. Gherardelli (*Atti Accad. Italia Rend. Sci. Fis. Mat. Nat.* 4 (1943), 128–132).

49. Groupes proalgébriques

35.1 «... seront exposés ailleurs»: voir n° 51.

35.2 Voir là-dessus SGA III (*Lect. Notes in Math.* n° 151, Springer-Verlag, 1970), exposé VI. A, p. 315, ainsi que F. Oort, *Lect. Notes in Math.* n° 15, Springer-Verlag, 1966.

51. Sur les corps locaux à corps résiduel algébriquement clos

101.1 Le cas d'un corps résiduel non algébriquement clos est traité dans la thèse de M. Hazewinkel, *Abelian extensions of local fields,* Amsterdam, 1969. Voir aussi l'Appendice de M. Demazure et P. Gabriel, *Groupes Algébriques,* Masson – North-Holland, 1970.

52. Résumé des cours de 1960–1961

150.1 Le contenu de ce cours correspond au n° 64.

53. Cohomologie galoisienne des groupes algébriques linéaires

157.1 Un exemple montrant que $d(k) \leq 1$ n'entraîne pas (C_1) (même si k est parfait) a été construit par J. Ax (*Proc. A.M.S.* 16 (1965), 1214–1221).

157.2 La conjecture I a été démontrée par R. Steinberg (*Publ. Math. I.H.E.S.* 25 (1965), 49–80, th. 1.9).

157.3 Les groupes unipotents de ce type ont des propriétés très curieuses, qui les rapprochent des variétés abéliennes. Voir là-dessus la thèse de J. Oesterlé (*Invent. Math.* 78 (1984), 13–88).

158.4 Les conjectures I′ et I″ sont vraies: T. Springer a en effet démontré qu'elles sont conséquences de la conjecture I prouvée par R. Steinberg (cf. ci-dessus). Voir *Cohomologie Galoisienne,* Lect. Notes in Math. n° 5, 4ème édition, Springer-Verlag, 1975, p. III-16 et III-17.

163.5 L'implication $(H_2) \Rightarrow (C_2)$ est déjà fausse pour les corps p-adiques, comme l'a montré G. Terjanian. Voir là-dessus M. J. Greenberg, *Lectures on Forms in Many Variables,* Benjamin, 1969.

164.6 La conjecture II a été démontrée dans les cas particuliers suivants:

a) k est un corps p-adique (M. Kneser, *Math. Zeit.* 88 (1965), 40–47 et 89 (1965), 250–272 – cela peut aussi se déduire de la théorie des immeubles affines de Bruhat-Tits);

b) k est un corps de nombres totalement imaginaire et G n'a pas de facteur de type E_8 (G. Harder, *Math. Zeit.* 90 (1965), 404–428 et 92 (1966), 396–415).

165.7 Cet article est paru: *Comm. Math. Helv.* 39 (1964), 111–164 (= A. Borel, *Oeuvres,* t. II, n° 64).

166.8 On trouvera un tel exemple dans *Cohomologie Galoisienne, loc. cit.,* p. III-38 à III-44.

166.9 M. Kneser (pour les groupes classiques) et G. Harder (pour les groupes exceptionnels) ont montré que l'application π est bijective, pourvu que le groupe G ne contienne pas de facteur de type E_8. Dans ce dernier cas, on sait seulement que π est surjective (en fait, la surjectivité de π est vraie pour tous les groupes linéaires connexes). Voir là-dessus:

G. Harder, *Bericht über neuere Resultate der Galoiskohomologie halbeinfacher Gruppen,* Jahr. D.M.V. 70 (1968), 182–216;

M. Kneser, *Lectures on Galois cohomology of classical groups,* Tata Inst., Bombay, 1969.

Le cas de E_8 continue à résister. On ignore, par exemple, combien il y a de formes de E_8 sur $\mathbf{Q}$; il y en aurait trois si $\pi: H^1(\mathbf{Q}, E_8) \to H^1(\mathbf{R}, E_8)$ était bijectif.

54. A different with an odd class

(avec A. Fröhlich et J. Tate)

168.1 Lorsque le corps de base k est un corps fini, la classe canonique K_Y de la courbe Y est *divisible par* 2 (et il en est donc de même de la classe de la différente de $Y \to X$). Cela peut se voir de plusieurs façons:

Méthode analytique

Soit C le groupe des classes de diviseurs de Y; pour montrer que K_Y est divisible par 2 dans C, il suffit de prouver que, si $\chi: C \to \{\pm 1\}$ est un caractère de C d'ordre 2, on a $\chi(K_Y)=1$. Or il est bien connu que $\chi(K_Y)$ est la constante de l'équation fonctionnelle de la fonction L attachée au caractère χ. D'après la théorie du corps de classes, χ correspond à un revêtement quadratique non ramifié $Y' \to Y$, et la fonction L ci-dessus est le quotient des fonctions zêta de Y' et Y. Mais la constante de l'équation fonctionnelle d'une fonction zêta est 1; d'où, par division, le même résultat pour la fonction L, ce qui montre bien que $\chi(K_Y)=1$.

Pour plus de détails sur cette démonstration (qui s'applique aussi aux corps de nombres), voir:

J. Armitage, *Invent. Math.* 2 (1967), 238–246;

A. Weil, *Basic Number Theory*, Springer-Verlag, 1967 (chap. XIII, § 12).

Méthode géométrique

On suppose k de caractéristique $\neq 2$ (le cas de caractéristique 2 étant déjà traité). Soient $\bar{k}$ une clôture algébrique de k, $\bar{Y}$ la $\bar{k}$-courbe déduite de Y par extension des scalaires, $\bar{C}$ le groupe des classes de diviseurs de $\bar{Y}$, et σ l'automorphisme de Frobenius de $\bar{C}$; on vérifie facilement que le groupe C des classes de diviseurs de Y s'identifie au sous-groupe de $\bar{C}$ formé des éléments invariants par σ. Notons V (resp. Θ) l'ensemble des $x \in \bar{C}$ tels que $2x=0$ (resp. $2x=K_Y$). Le groupe V est de type $(2,\ldots,2)$, et de rang $2g$, où g est le genre de Y. L'ensemble Θ est un espace principal homogène sous V; il est muni d'une fonction quadratique $Q\colon \Theta \to \mathbf{Z}/2\mathbf{Z}$ définie par:

$$Q(x) \equiv \dim H^0(\bar{Y}, \underline{L}_x) \pmod 2,$$

où $\underline{L}_x$ est le faisceau inversible sur $\bar{Y}$ qui correspond à la classe x (cf. M. F. Atiyah, *Ann. Sci. E.N.S.* 4 (1971), 47–62 et D. Mumford, *ibid.* 181–192). L'automorphisme σ laisse stables V et Θ, et conserve Q. Or il est facile de voir (Atiyah, *loc. cit.*, lemme 5.1) que tout automorphisme affine de Θ qui conserve Q a un point fixe. Si x est un tel point, on a $x \in C$ (puisque x est fixé par σ), et $2x=K_Y$ (puisque x appartient à Θ). Cela montre bien que K_Y est divisible par 2 dans C.

Cette démonstration s'applique, plus généralement, au cas où k est un corps quasi-fini, i.e. un corps parfait tel que $\mathrm{Gal}(\bar{k}/k)$ soit isomorphe à $\hat{\mathbf{Z}}$.

55. Endomorphismes complètement continus des espaces de Banach p-adiques

176.1 On peut se débarrasser de l'hypothèse «E est isomorphe à un espace $C(I)$», cf. L. Gruson, *Bull. Soc. math. France* 94 (1968), 67–96.

56. Géométrie algébrique

188.1 «simple» se dit maintenant «lisse».

189.2 De tels «bons schémas de modules sur $\mathbf{Z}$» viennent d'être construits par G. Faltings (*Lect. Notes in Math.* n° 1111, Springer-Verlag, 1985, 321–383).

192.3 Cette théorie de dualité très générale n'a pas été explorée.

57. Résumé des cours de 1961–1962

195.1 Pour le § 4, voir P. Roquette, *Analytic Theory of Elliptic Functions over Local Fields,* Vandenhoeck-Ruprecht, Göttingen, 1970.

196.2 Le cas des variétés abéliennes a été traité par H. Morikawa, M. Raynaud, L. Gerritzen, D. Mumford ... Voir par exemple S. Bosch et W. Lütkebohmert, *Invent. Math.* 78 (1984), 257–297.

196.3 Le contenu du § 5 correspond au n° 55.

197.4 Cela a été fait par R. Kiehl, *Invent. Math.* 2 (1967), 191–214 et 256–273.

197.5 Effectivement, les méthodes de Dwork permettent de démontrer l'équation fonctionnelle de la fonction zêta d'une hypersurface lisse d'un espace projectif: B. Dwork, *Ann. of Math.* 80 (1964), 227–299.

198.6 Ce manuscrit de Tate a été reproduit «with(out) his permission» par l'I.H.E.S., sous forme de notes polycopiées. Dix ans plus tard, il a été publié: *Invent. Math.* 12 (1971), 257–289.

58. Structure de certains pro-*p*-groupes (d'après Demuškin)

199.1 Pour les propriétés des $H^q(G)$ utilisées ici, voir *Cohomologie Galoisienne,* ainsi que:

H. Koch, *Galoissche Theorie der p-Erweiterungen,* Berlin, 1970;

S. S. Shatz, *Profinite Groups, Arithmetic, and Geometry,* Ann. of Math. Studies n° 67, Princeton, 1972.

201.2 Une classification complète des groupes de Demuškin a été donnée par J. P. Labute dans sa thèse (*Can. J. Math.* 19 (1967), 106–132).

206.3 La formule $n_H - 2 = d(n_G - 2)$ *caractérise* les groupes de Demuškin, cf. D. Dummit et J. P. Labute, *Invent. Math.* 73 (1983), 413–418.

206.4 Pour les propriétés du module dualisant, voir *Cohomologie Galoisienne,* chap. I, § 3.5 et Annexe.

206.5 La réponse à la question 10.1 est «oui»: un groupe de Demuškin est déterminé à isomorphisme près par n et $\mathrm{Im}(\chi)$, cf. J. P. Labute, *loc. cit.*

206.6 La réponse à la question 10.2 est «non»: si r n'est pas une puissance p-ième, il peut se faire que G_r ait de la torsion, d'où $\mathrm{cd}(G_r) = \infty$ (D. Gildenhuys, *Invent. Math.* 5 (1968), 357–366); on a toutefois $\mathrm{cd}(G_r) = 2$ si r est «suffisamment éloigné» des puissances p-ièmes (J. P. Labute, *Invent. Math.* 4 (1967), 142–158). Peut-être est-il vrai que $\mathrm{cd}(G_r) = 2$ dès que G_r est sans torsion (et $r \neq 1$)?

59. Résumé des cours de 1962–1963

208.1 Le contenu des §§ 1, 2 et 3 correspond à *Cohomologie Galoisienne.*

209.2 Pour les conjectures I et II, voir les notes 2, 4 et 6 au n° 53.

211.3 Pour des résultats (partiels) sur le problème des groupes de congruence dans le cas semi-simple, voir n°s 61, 74, 77, 86.

211.4 Dans le cas des variétés abéliennes, ce problème a une réponse positive, cf. n° 89.

211.5 La théorie de Lazard est exposée dans:

M. Lazard, *Groupes analytiques p-adiques,* Publ. Math. I.H.E.S. 26 (1965), 1–219.

On en trouvera un résumé au n° 60 ci-après.

211.6 La condition «G contient un élément d'ordre p» est nécessaire (et suffisante) pour que $\mathrm{cd}\,(G) = \infty$, cf. n° 66.

60. Groupes analytiques *p*-adiques (d'après Michel Lazard)

219.1 Les deux propriétés «G est sans torsion» et «$\mathrm{cd}\,(G) < \infty$» sont bien équivalentes, cf. n° 66.

62. Sur les groupes de congruence des variétés abéliennes

230.1 Le cas général est traité au n° 89.

232.2 On dispose maintenant de davantage de renseignements sur les $\mathfrak{g}_p$:

(i) Le $\mathfrak{g}_p$-module V_p est semi-simple (G. Faltings, *Invent. Math.* 73 (1983), 349–366, Satz 3); en particulier $\mathfrak{g}_p$ est réductive.

(ii) Le commutant de $\mathfrak{g}_p$ dans $\mathrm{End}\,(V_p)$ est $\mathbf{Q}_p \otimes \mathrm{End}\,(A)$ (G. Faltings, *loc. cit.*).

(iii) L'algèbre $\mathfrak{g}_p$ est algébrique et contient les homothéties (F. Bogomolov, *C. R. Acad. Sci. Paris,* 290 (1980), 701–703).

(iv) Le rang de $\mathfrak{g}_p$ est indépendant de p.

Par contre, on ne sait toujours pas si la dimension de $\mathfrak{g}_p$ est indépendante de p.

235.3 L'égalité $\mathfrak{g}_p = \mathfrak{gl}_2$ est vraie pour toute courbe elliptique sans multiplications complexes (*Abelian l-adic representations and elliptic curves,* Benjamin, New York, 1968, chap. IV).

237.4 L'hypothèse «S est fini» pourrait être affaiblie en «$\mathrm{dens}\,(S) = 0$», comme me l'a fait remarquer P. Schneider.

241.5 Voir n° 60, § 5.

241.6 Ici encore, on pourrait se borner à supposer que la densité de S est 0.

244.7 Cf. note 2 ci-dessus.

66. Sur la dimension cohomologique des groupes profinis

264.1 L'analogue discret du cor. 2 est vrai: un groupe G sans torsion qui contient un sous-groupe d'indice fini libre est libre. Cela a été démontré par J. Stallings quand G est de type fini (*Ann. of Math.* 88 (1968), 312–334), et par R. Swan dans le cas général (*J. of Algebra* 12 (1969), 585–610).

67. Résumé des cours de 1964–1965

274.1 On sait (Heegner-Stark-Baker) que cet hypothétique corps quadratique imaginaire n'existe pas.

274.2 Voir nº 63.

274.3 Le critère de Néron-Ogg-Šafarevič est démontré au § 1 du nº 79.

276.4 Les «cas exceptionnels» en question sont étudiés au § 6 du nº 79.

68. Prolongement de faisceaux analytiques cohérents

286.1 Cette question a été résolue affirmativement par Y-t. Siu (*Ann. of Math.* 90 (1969), 108–143) et par J. Frisch-J. Guénot (*Invent. Math.* 7 (1969), 321–343). Voir aussi l'exposé de A. Douady au Sém. Bourbaki, nov. 1969, nº 366 (*Lect. Notes in Math.* nº 180, Springer-Verlag, 1971).

288.2 Pour des résultats dans cette direction, voir: R. Hartshorne, *Ample Subvarieties of Algebraic Varieties*, Lect. Notes in Math. nº 156, Springer-Verlag, 1970, Chap. VI, § 2.

69. Existence de tours infinies de corps de classes d'après Golod et Šafarevič

290.1 Il est intéressant de construire des suites (k_i) telles que la valeur constante D de $|D_i|^{1/n_i}$ soit aussi petite que possible. Le record actuel (1985) est $D = 11^{4/5}2^{3/2}23^{1/2} = 92{,}368\ldots$ (J. Martinet, *Invent. Math.* 44 (1978), 65–73). Sous GRH, on a $D > 44{,}763$, cf. nº 106.

291.2 J. Martinet (*loc. cit.*) a donné un exemple plus simple, à savoir $\mathbf{Q}(\sqrt{-N})$, avec $N = 3.5.17.19$.

292.3 On peut remplacer l'inégalité $r \leq (d-1)^2/4$ par $r \leq d^2/4$; cette amélioration du th. 4 est due à W. Gaschütz et E. Vinberg (cf. l'exposé de P. Roquette dans J. Cassels et A. Fröhlich, *Algebraic Number Theory*, Academic Press, 1967).

Une autre amélioration du th. 4 a été proposée par Y. Akagawa (*J. Soc. Math. Japan* 20 (1968), 1–12), mais le résultat énoncé est incorrect: il est contredit par des exemples de A. Kostrikin (*Izv. Akad. Nauk SSSR* 29 (1965), 1119–1122).

70. Groupes de Lie l-adiques attachés aux courbes elliptiques

303.1 Cette démonstration, basée sur le «foncteur de Greenberg», n'a jamais été publiée, Tate en ayant trouvé une autre de portée plus générale (qui n'a pas été publiée non plus ... voir toutefois W. Messing, *Lect. Notes in Math.* n° 264, Springer-Verlag, 1972, Appendice).

304.2 L'algèbre de Lie $\mathfrak{d}_p$ est une algèbre de Cartan si et seulement si E a des «multiplications formelles»: cela résulte d'un théorème de Tate sur les homomorphismes de groupes p-divisibles, cf. n° 72, th. 9.

306.3 La phrase commençant par «D'après le théorème 3» doit être remplacée par: «D'après le théorème 3, on a $\mathfrak{d}_l(w) = \mathfrak{r}$, d'où ici encore $\mathfrak{i}_l(w) \subset \mathfrak{r}$.»

309.4 Le cas (ii) est impossible, cf. note 3 au n° 62.

310.5 Cette question a été résolue affirmativement, cf. n° 94, th. 3.

311.6 Si E et E' ne sont pas isogènes, l'image de $G(\bar{k}/k)$ dans le groupe H est ouverte; en effet, d'après Faltings (cf. ci-dessous) les représentations l-adiques attachées à E et E' ne sont pas isomorphes, et l'on peut appliquer le th. 6 du n° 94.

311.7 La conjecture de Tate a été démontrée par G. Faltings, cf. note 2 au n° 62.

311.8 Il est probable que Σ est infini, et même que le nombre des $p \in \Sigma$ tels que $p \leq X$ est de l'ordre de grandeur de $X^{1/2}/\log X$ pour $X \to \infty$, cf. S. Lang et H. Trotter, *Frobenius Distributions in GL_2-Extensions,* Lect. Notes in Math. n° 504, Springer-Verlag, 1976. Voir aussi n° 106, § 4.11 et n° 125, § 8.2.

71. Résumé des cours de 1965 – 1966

315.1 Ces propriétés sont démontrées dans le n° 94.

316.2 Voir note 2 au n° 62.

317.3 On peut maintenant traiter le cas général, grâce à un théorème de transcendance de M. Waldschmidt (*Invent. Math.* 63 (1981), 97–127; voir aussi G. Henniart, *Séminaire D.P.P.* 1980–1981, Birkhäuser, 1982, 107–126).

319.4 Cela a été fait par G. Faltings, cf. ci-dessus.

320.5 Pour une démonstration du th. 5, voir S. Sen, *Ann. of Math.* 97 (1973), 160–170, th. 3.

321.6 Cf. J. Tate, *p-divisible groups,* Proc. Conf. Local Fields (Driebergen, 1966), 158–183, Springer-Verlag, 1967.

72. Sur les groupes de Galois attachés aux groupes p-divisibles

334.1 Voir n° 119, § 3.

337.2 Cf. note 5 au n° 71.

338.3 Cette question a été résolue affirmativement par S. Sen (*Invent. Math.* 17 (1972), 44–50).

74. Solution of the congruence subgroup problem for $\mathbf{SL}_n$ $(n \geq 3)$ and $\mathbf{Sp}_{2n}$ $(n \geq 2)$ (avec H. Bass et J. Milnor)

364.1 La formule donnant e est incorrecte, cf. ci-dessous.

373.2 Les démonstrations de (A. 23, b) et (A. 23, c) données aux p. 91 à 93 sont incorrectes (l'erreur se trouve p. 91, dans l'assertion «we can further break up the bottom into layers such that the order of μ_k increases by a prime factor in each one»). En fait, (A. 23, b) est faux, et (A. 23, c) est vrai, cf. n° 103.

379.3 Pour les propriétés de $\mathbf{SL}_2(\mathbf{Z}[\sqrt{-5}])$, voir R. G. Swan, *Advances in Math.* 6 (1971), 1–77, cor. 11.2.

412.4 On peut supprimer la restriction «but not of type E_8»; en effet, V. Platonov a démontré le théorème d'approximation forte dans le cas général (*Izv. Akad. Nauk SSSR* 33 (1969), 1211–1219); voir aussi G. Prasad, *Ann. of Math.* 105 (1977), 553–572, pour une démonstration valable sur tout corps global.

412.5 La «Congruence Subgroup Conjecture» a été démontrée par H. Matsumoto (*Ann. Sci. E.N.S.* 2 (1969), 1–62).

417.6 Ici encore, il n'est plus nécessaire d'exclure le type E_8, cf. note 4.

417.7 Cette conjecture a été démontrée par M. S. Raghunathan (*Publ. Math. I.H.E.S.* 46 (1976), 107–161, th. D). Pour des résultats plus précis, voir M. S. Raghunathan, *On the congruence subgroup problem* II, à paraître dans *Invent. Math.*

75. Local Class Field Theory

428.1 Dans (b), il faut remplacer $H^q(H,M)$ par $H^q(K/H,M^H)$ et $\hat{H}^0(H,M)$ par $\hat{H}^0(K/H,M^H)$.

77. Groupes de congruence (d'après H. Bass, H. Matsumoto, J. Mennicke, J. Milnor, C. Moore)

461.1 Le problème des groupes de congruence pour les variétés abéliennes est résolu (affirmativement) en toute dimension, cf. n° 90.

462.2 Dans le cas (ii), $C(G)$ est isomorphe à μ_k: cela a été démontré par H. Matsumoto (*Ann. Sci. E.N.S.* 2 (1969), 1–62, th. 12.5).

463.3 Cette conjecture de C. Moore a été démontrée par H. Matsumoto (*loc. cit.*, th. 12.1).

464.4 Cette conjecture a été démontrée par H. Matsumoto, cf. ci-dessus.

465.5 Le fait que $E_q(n)$ soit égal à $(\mathbf{GL}_n(A), E_q(n))$, et en particulier que $C_q(n)$ soit contenu dans le centre de $\Gamma(n)/\Gamma_q(n)$, ne résulte des théorèmes de stabilité de Bass que pour $n \geq 4$ (et non $n \geq 3$). Pour $n = 3$, il faut utiliser le th. 8, cf. n° 74.

78. Résumé des cours de 1966 – 1967

470.1 Pour l'énoncé de ces conjectures, voir n° 87.

79. Good reduction of abelian varieties
(avec J. Tate)

480.1 L'exposant du conducteur d'une variété abélienne sur un corps local est défini dans SGA 7 I (*Lect. Notes in Math.* n° 288, Springer-Verlag, 1972), Exposé IX, § 4. Voir aussi n° 87, § 2.

80. Une interprétation des congruences relatives à la fonction τ de Ramanujan

499.1 On trouvera davantage de renseignements sur ces congruences dans H. P. F. Swinnerton-Dyer, *Lect. Notes in Math.* n° 350, Springer-Verlag, 1973, 1–55 et *Lect. Notes in Math.* n° 601, Springer-Verlag, 1977, 63–90.

507.2 L'égalité $\mathrm{Im}(\varrho_l) = H_l$ pour $l \neq 2, 3, 5, 7, 23, 691$ a été démontrée par Swinnerton-Dyer (cf. ci-dessus); voir aussi n° 95.

507.3 Soit T l'ensemble des nombres premiers p tels que $\tau(p) \equiv 0 \pmod{p}$. On connaît cinq éléments de T, à savoir 2, 3, 5, 7 et 2411 (M. Newman). On ignore tout des propriétés asymptotiques de T: est-il fini, ou infini de densité nulle, ou au contraire de complémentaire fini? Un argument probabiliste naïf (du genre «$\tau(p)$ a une chance sur p d'être divisible par p») suggèrerait une distribution en loglog: le nombre des $p \in T$ tels que $p \leq X$ serait de l'ordre de grandeur de $\log\log X$ pour $X \to \infty$; cela ne paraît pas facile à démontrer.

La situation est analogue à celle de l'ensemble des p tels que le quotient de Fermat $(2^{p-1} - 1)/p$ soit divisible par p; on est également ignorant dans les deux cas.

507.4 L'existence d'une telle décomposition vient d'être démontrée (semble-t-il) par G. Faltings.

508.5 Cette équation fonctionnelle est analogue à celles du n° 87. Elle rentre dans le cadre général de la «philosophie de Langlands» (R. P. Langlands, *Euler Products,* Yale Univ. Press, 1967).

508.6 On a maintenant des résultats essentiellements complets sur les cas $m = 3$ et $m = 4$, et des résultats partiels pour $m = 5$, cf. F. Shahidi, *Amer. J. of Math.* 103 (1981), 297–355.

510.7 Cf. P. Deligne, *Formes modulaires et représentations l-adiques,* Sém. Bourbaki 1968/69, n° 355, Lecture Notes in Math. n° 179, Springer-Verlag, 1971, 139–186. Voir aussi H. Carayol, *Sur les représentations l-adiques associées aux formes modulaires de Hilbert,* Thèse, Paris, 1984.

81. Groupes de Grothendieck des schémas en groupes réductifs déployés

522.1 Il y a une erreur de signe: c'est $g \mapsto \varrho(g)^{-1}$ qui est un homomorphisme de groupes, et non pas $g \mapsto \varrho(g)$.

82. Résumé des cours de 1967–1968

528.1 Voir n° 119, où ces résultats sont démontrés, et complétés.

529.2 Cette caractérisation de H_V^0 est valable dans le cas général, comme l'a montré S. Sen (*Ann. of Math.* 97 (1973), 160–170).

530.3 Voir n° 119, § 3.

83. Cohomologie des groupes discrets

532.1 Les résultats énoncés dans cette Note sont démontrés au n° 88.

535.2 G. Harder a montré que cette formule est exacte pour $\mathbf{Sp}_{2n}$, mais fausse pour les autres groupes: il y faut un facteur correctif. Voir n° 88, p. 157.

84. Résumé des cours de 1968–1969

536.1 Ces notes ont paru sous le titre: *Arbres, Amalgames,* $\mathbf{SL}_2$, Astérisque n° 46, Soc. math. France, 1977.

537.2 Le contenu du § 3 correspond au n° 88.

539.3 Le fait que μ_α est $\neq 0$ est démontré dans le cas général au n° 88, cor. au th. 6, p. 150; de plus, μ_α est > 0 si et seulement si le rang relatif d_α de G_α est pair.

539.4 D'après un théorème de G. Harder, l'énoncé 3.2 est valable même si G/Γ n'est pas compact (cf. n° 88, p. 155).

86. Le problème des groupes de congruence pour $\mathbf{SL}_2$

542.1 La finitude de $C(G)$ a été démontrée par G. Prasad et M. S. Raghunathan (*Invent. Math.* 71 (1983), 21–42) sous les hypothèses suivantes:

(a) $s \geq 2$;

(b) Pour tout $v \notin S$, le rang relatif de G en v est ≥ 1.

On trouvera également dans ce travail une détermination presque complète de $C(G)$ (*loc. cit.,* th. 3.4).

553.2 L. Vaserstein a démontré un résultat plus précis: Γ_A est engendré par les $E_{12}(x)$ et les $E_{21}(x)$, avec $x \in A$ (*Math. Sb.* 89 (1972), 313–322). Si l'on admet l'hypothèse de Riemann généralisée (GRH), on peut même montrer que tout $\gamma \in \Gamma_A$ est produit de 9 éléments de la forme $E_{12}(x)$ ou $E_{21}(x)$ (G. Cooke et P. Weinberger, *Comm. Algebra* 3 (1975), 481–524).

567.3 Ce genre de question a été étudié sur des cas particuliers par F. Grunewald et J. Mennicke. Voir par exemple:

F. Grunewald, H. Helling et J. Mennicke, *Algebra i Logika* 17 (1978), 512–580;

F. Grunewald et J. Mennicke, *Archiv für Math.* 35 (1980), 275–291;

J. Elstrodt, F. Grunewald et J. Mennicke, *LMS Lecture Notes* n° 56, 255–283, Londres, 1982.

579.4 [22] est paru dans *Astérisque*, Soc. math. France, n° 46, 1977.

579.5 [23] est paru dans *Adv. in Math.* 6 (1971), 1–77.

87. Facteurs locaux des fonctions zêta des variétés algébriques (définitions et conjectures)

581.1 Les conjectures C_1 et C_2 ont été démontrées par P. Deligne (*Publ. Math. I.H.E.S.* 43 (1974), 273–307).

586.2 Les conjectures $C_3, C_4, \ldots, C_7, C_8$, bien que voisines de C_1 et C_2, n'ont toujours pas été démontrées. Il manque un «théorème de réduction semi-stable» analogue à celui des variétés abéliennes.

586.3 Les théorèmes de Lefschetz ont été étendus à la caractéristique $p > 0$ par P. Deligne (*La conjecture de Weil* II, Publ. Math. I.H.E.S. n° 52 (1980), 137–252, § 4.1).

590.4 Lorsque K est un corps de nombres, il convient de compléter C_9 en disant que $\xi(s)$ n'a qu'un nombre fini de pôles, et est d'ordre ≤ 1 (ou, ce qui revient au même, que $\xi(s)$ est bornée dans toute bande verticale en dehors d'un voisinage des pôles). Lorsque m est impair, $\xi(s)$ devrait même être holomorphe.

591.5 Ces propriétés de ramification sont maintenant beaucoup mieux connues, grâce notamment à la thèse de H. Carayol (Paris, 1984).

591.6 Pour une définition de la fonction zêta d'un motif, en style «philosophie de Langlands», voir: P. Deligne, *Proc. Symp. Pure Math.* n° 33 (1979), vol. 2, 313–346, § 5.2.

88. Cohomologie des groupes discrets

617.1 La question «Est-il vrai que Γ est de type (FL)?» n'a pas été résolue, autant que je sache. Toutefois, K. Brown a montré que $\chi(\Gamma)$ est entier (*Invent. Math.* 27 (1974), 229–264, cf. Remarque p. 238).

617.2 Le fait que v soit un multiple du caractère de la représentation régulière a été démontré par K. Brown, *loc. cit.*, th. 4.

618.3 On peut prendre $n = 1$, cf. K. Brown, *loc. cit.*, cor. 1 au th. 5.

630.4 Il devrait être possible de résoudre positivement cette question en utilisant les théorèmes d'arithméticité de Margulis (*Uspehi Mat. Nauk* 29 (1974), 49–98; voir aussi l'exposé de J. Tits au Sém. Bourbaki 1975/76, n° 482).

635.5 Cette question a été résolue affirmativement par W. Casselman et D. Wigner (*Invent. Math.* 25 (1974), 199–211).

639.6 La nullité de $H^m(\Gamma, k)$ pour $0 < m < d(G)$ a été démontrée par H. Garland (sous certaines hypothèses restrictives), puis par W. Casselman (dans le cas général). Voir là-dessus A. Borel, *Oeuvres*, t. III, 300–314 et 704–705.

Le cas d'une représentation linéaire ϱ quelconque est traité dans:

A. Borel et N. Wallach, *Continuous Cohomology, Discrete Subgroups, and Representations of Reductive Groups*, Ann. of Math. Studies n° 94, Princeton Univ. Press, Princeton, 1980, p. 371, prop. 3.7.

644.7 Oui, on peut choisir Γ de présentation finie, comme l'a remarqué G. Baumslag: il suffit de prendre le sous-groupe de $\mathbf{GL}_2(\mathbf{Q}(t))$ engendré par $x = \begin{pmatrix} 1 & 1 \\ 0 & 1 \end{pmatrix}$, $y = \begin{pmatrix} t & 0 \\ 0 & 1 \end{pmatrix}$ et $z = \begin{pmatrix} 1+t & 0 \\ 0 & 1 \end{pmatrix}$; on vérifie en effet que ce groupe peut être défini par les relations $(y, z) = 1$, $(x, yxy^{-1}) = 1$ et $zxz^{-1} = yxy^{-1}x$.

648.8 Cf. n° 90, ainsi que A. Borel, *Oeuvres*, t. III, 244–299.

657.9 Lorsque le corps local k est de caractéristique 0, l'existence de tels sous-groupes discrets à quotient compact a été démontrée par A. Borel et G. Harder (*J. Crelle* 298 (1978), 53–64 = A. Borel, *Oeuvres*, t. III, 520–531). Lorsque k est de caractéristique $p > 0$, et que le groupe L a un facteur simple non de type A_l, il est probable que de tels sous-groupes n'existent pas (Borel-Harder, *loc. cit.*, n° 3.4).

669.10 Cette question n'est toujours pas résolue; voir là-dessus J. Milnor, *Bull. A.M.S.* 6 (1982), 9–24.

670.11 Ici encore, cela devrait pouvoir se démontrer au moyen des théorèmes d'arithméticité de Margulis.

674.12 On a $\tau = 1$ d'après G. Harder, *Ann. of Math.* 100 (1974), 249–306, n° 3.3.

677.13 Cette conjecture est énoncée dans J. Tate, *Actes Congr. Intern. Math. Nice*, 1970, t. 1, 201–211. Lorsque k est abélien sur $\mathbf{Q}$, elle a été démontrée (à une puissance de 2 près) par B. Mazur et A. Wiles, *Invent. Math.* 76 (1984), 179–330, th. 5, p. 224.

677.14 Pour un résultat un peu plus précis, voir K. Brown, *loc. cit.*, prop. 9.

680.15 Les questions 1) et 2) ont été résolues, grâce à l'extension à tous les corps totalement réels des fonctions zêta p-adiques de Kubota-Leopoldt. Voir là-dessus:

n° 97, et notes;

Pierrette Cassou-Noguès, *Invent. Math.* 51 (1979), 29–59;

P. Deligne et K. Ribet, *Invent. Math.* 59 (1980), 227–286.

En particulier, on sait que les $w_i \zeta_k(1-2i)$ sont des entiers; ces entiers interviennent dans des conjectures de Lichtenbaum (*Lect. Notes in Math.* n° 342, Springer-Verlag, 1973, 489–501).

680.16 Aucun progrès n'a été fait sur la première partie de cette question (interprétation en termes de caractéristiques d'Euler-Poincaré des valeurs aux entiers négatifs des fonctions zêta partielles). Par contre, les estimations de dénominateurs dues à Siegel ont été améliorées (cf. références ci-dessus).

89. Sur les groupes de congruence des variétés abéliennes. II

690.1 L'hypothèse de finitude faite sur S peut être remplacé par «dens$(S)=0$», cf. notes 4 et 6 au n° 62.

90. Adjonction de coins aux espaces symétriques; applications à la cohomologie des groupes arithmétiques

(avec A. Borel)

691.1 Les résultats annoncés dans cette Note ont été publiés aux *Comm. Math. Helv.* 48 (1973), 436–491 (= A. Borel, *Oeuvres*, t. III, 244–299).

91. Cohomologie à supports compacts des immeubles de Bruhat-Tits; applications à la cohomologie des groupes *S*-arithmétiques

(avec A. Borel)

694.1 Les résultats annoncés dans cette Note ont été publiés dans *Topology* 15 (1976), 211–232 (= A. Borel, *Oeuvres*, t. III, 439–460).

93. Résumé des cours de 1970–1971

709.1 Le contenu de ce cours correspond au n° 94.

712.2 Cela a été démontré par G. Faltings (*Invent. Math.* 73 (1983), 349–366, th. 4).

712.3 On peut prouver la propriété «caractères bornés» en question.

713.4 Il est bien vrai que S est égal à $\{2, 3, 5, 7, 23, 691\}$, cf. n° 95.

713.5 Cf. M. Raynaud, *Bull. soc. Math. France* 102 (1974), 241–280.

713.6 Il n'y a pas d'autre courbe de conducteur 11. Cela a été démontré par M. Agrawal, J. Coates, D. Hunt et A. van der Poorten (*Math. Comp.* 35 (1980), 991–1002) par des calculs sur machine, basés sur un résultat non publié de J. Loxton, M. Mignotte, A. van der Poorten et M. Waldschmidt; cela peut aussi se faire sans calcul, par une méthode inspirée de Faltings.

713.7 J'ignore s'il existe d'autres courbes de conducteur 11^2.

713.8 Voir la thèse de G. Ligozat, *Mém. Soc. math. France* n° 43, 1975.

Liste des Travaux

Reproduits dans les Œuvres

Volume I: 1949–1959

1. Extensions de corps ordonnés, C. R. Acad. Sci. Paris **229** (1949), 576–577.
2. (avec A. Borel) Impossibilité de fibrer un espace euclidien par des fibres compactes, C. R. Acad. Sci. Paris **230** (1950), 2258–2260.
3. Cohomologie des extensions de groupes, C. R. Acad. Sci. Paris **231** (1950), 643–646.
4. Homologie singulière des espaces fibrés. I. La suite spectrale, C. R. Acad. Sci. Paris **231** (1950), 1408–1410.
5. Homologie singulière des espaces fibrés. II. Les espaces de lacets, C. R. Acad. Sci. Paris **232** (1951), 31–33.
6. Homologie singulière des espaces fibrés. III. Applications homotopiques, C. R. Acad. Sci. Paris **232** (1951), 142–144.
7. Groupes d'homotopie, Séminaire Bourbaki 1950/51, n° **44**.
8. (avec A. Borel) Détermination des p-puissances réduites de Steenrod dans la cohomologie des groupes classiques. Applications, C. R. Acad. Sci. Paris **233** (1951), 680–682.
9. Homologie singulière des espaces fibrés. Applications, Thèse, Paris, 1951, et Ann. of Math. **54** (1951), 425–505.
10. (avec H. Cartan) Espaces fibrés et groupes d'homotopie. I. Constructions générales, C. R. Acad. Sci. Paris **234** (1952), 288–290.
11. (avec H. Cartan) Espaces fibrés et groupes d'homotopie. II. Applications, C. R. Acad. Sci. Paris **234** (1952), 393–395.
12. Sur les groupes d'Eilenberg-MacLane, C. R. Acad. Sci. Paris **234** (1952), 1243–1245.
13. Sur la suspension de Freudenthal, C. R. Acad. Sci. Paris **234** (1952), 1340–1342.
14. Le cinquième problème de Hilbert. Etat de la question en 1951, Bull. Soc. Math. de France **80** (1952), 1–10.
15. (avec G. P. Hochschild) Cohomology of group extensions, Trans. Amer. Math. Soc. **74** (1953), 110–134.
16. (avec G. P. Hochschild) Cohomology of Lie algebras, Ann. of Math. **57** (1953), 591–603.
17. Cohomologie et arithmétique, Séminaire Bourbaki 1952/53, n° **77**.
18. Groupes d'homotopie et classes de groupes abéliens, Ann. of Math. **58** (1953), 258–294.
19. Cohomologie modulo 2 des complexes d'Eilenberg-MacLane, Comm. Math. Helv. **27** (1953), 198–232.

20. Lettre à Armand Borel, inédit, avril 1953.
21. Espaces fibrés algébriques (d'après A. Weil), Séminaire Bourbaki 1952/53, n° **82**.
22. Quelques calculs de groupes d'homotopie, C. R. Acad. Sci. Paris **236** (1953), 2475–2477.
23. Quelques problèmes globaux relatifs aux variétés de Stein, Colloque sur les fonctions de plusieurs variables, Bruxelles, 1953, 57–68.
24. (avec H. Cartan) Un théorème de finitude concernant les variétés analytiques compactes, C. R. Acad. Sci. Paris **237** (1953), 128–130.
25. Travaux de Hirzebruch sur la topologie des variétés, Séminaire Bourbaki 1953/54, n° **88**.
26. Fonctions automorphes: quelques majorations dans le cas où X/G est compact, Séminaire H. Cartan, 1953/54, n° **2**.
27. Cohomologie et géométrie algébrique, Congrès International d'Amsterdam, **3** (1954), 515–520.
28. Un théorème de dualité, Comm. Math. Helv. **29** (1955), 9–26.
29. Faisceaux algébriques cohérents, Ann. of Math. **61** (1955), 197–278.
30. Une propriété topologique des domaines de Runge, Proc. Amer. Math. Soc. **6** (1955), 133–134.
31. Notice sur les travaux scientifiques, inédit (1955).
32. Géométrie algébrique et géométrie analytique, Ann. Inst. Fourier **6** (1956), 1–42.
33. Sur la dimension homologique des anneaux et des modules noethériens, Proc. int. symp., Tokyo-Nikko (1956), 175–189.
34. Critère de rationalité pour les surfaces algébriques (d'après K. Kodaira), Séminaire Bourbaki 1956/57, n° **146**.
35. Sur la cohomologie des variétés algébriques, J. de Math. pures et appliquées **36** (1957), 1–16.
36. (avec S. Lang) Sur les revêtements non ramifiés des variétés algébriques, Amer. J. of Math. **79** (1957), 319–330; erratum, *ibid.* **81** (1959), 279–280.
37. Résumé des cours de 1956–1957, Annuaire du Collège de France (1957), 61–62.
38. Sur la topologie des variétés algébriques en caractéristique p, Symp. Int. Top. Alg., Mexico (1958), 24–53.
39. Modules projectifs et espaces fibrés à fibre vectorielle, Séminaire Dubreil-Pisot 1957/58, n° **23**.
40. Quelques propriétés des variétés abéliennes en caractéristique p, Amer. J. of Math. **80** (1958), 715–739.
41. Classes des corps cyclotomiques (d'après K. Iwasawa), Séminaire Bourbaki 1958/59, n° **174**.
42. Résumé des cours de 1957–1958, Annuaire du Collège de France (1958), 55–58.
43. On the fundamental group of a unirational variety, J. London Math. Soc. **34** (1959), 481–484.
44. Résumé des cours de 1958–1959, Annuaire du Collège de France (1959), 67–68.

Volume II: 1960–1971

45. Analogues kählériens de certaines conjectures de Weil, Ann. of Math. **71** (1960), 392–394.
46. Sur la rationalité des représentations d'Artin, Ann. of Math. **72** (1960), 405–420.
47. Résumé des cours de 1959–1960, Annuaire du Collège de France (1960), 41–43.
48. Sur les modules projectifs, Séminaire Dubreil-Pisot 1960/61, n° **2**.
49. Groupes proalgébriques, Publ. Math. I.H.E.S., n° **7** (1960), 5–68.
50. Exemples de variétés projectives en caractéristique p non relevables en caractéristique zéro, Proc. Nat. Acad. Sci. USA **47** (1961), 108–109.
51. Sur les corps locaux à corps résiduel algébriquement clos, Bull. Soc. Math. de France **89** (1961), 105–154.
52. Résumé des cours de 1960–1961, Annuaire du Collège de France (1961), 51–52.
53. Cohomologie galoisienne des groupes algébriques linéaires, Colloque de Bruxelles (1962), 53–68.
54. (avec A. Fröhlich et J. Tate) A different with an odd class, J. de Crelle **209** (1962), 6–7.
55. Endomorphismes complètement continus des espaces de Banach p-adiques, Publ. Math. I.H.E.S., n° **12** (1962), 69–85.
56. Géométrie algébrique, Cong. Int. Math., Stockholm (1962), 190–196.
57. Résumé des cours de 1961–1962, Annuaire du Collège de France (1962), 47–51.
58. Structure de certains pro-p-groupes (d'après Demuškin), Séminaire Bourbaki 1962/63, n° **252**.
59. Résumé des cours de 1962–1963, Annuaire du Collège de France (1963), 49–53.
60. Groupes analytiques p-adiques (d'après Michel Lazard), Séminaire Bourbaki 1963/64, n° **270**.
61. (avec H. Bass et M. Lazard) Sous-groupes d'indice fini dans $\mathbf{SL}(n,\mathbf{Z})$, Bull. Amer. Math. Soc. **70** (1964), 385–392.
62. Sur les groupes de congruence des variétés abéliennes, Izv. Akad. Nauk. SSSR **28** (1964), 3–18.
63. Exemples de variétés projectives conjuguées non homéomorphes, C. R. Acad. Sci. Paris **258** (1964), 4194–4196.
64. Zeta and L functions, Arithmetical Algebraic Geometry, Harper and Row, New York (1965), 82–92.
65. Classification des variétés analytiques p-adiques compactes, Topology **3** (1965), 409–412.
66. Sur la dimension cohomologique des groupes profinis, Topology **3** (1965), 413–420.
67. Résumé des cours de 1964–1965, Annuaire du Collège de France (1965), 45–49.
68. Prolongement de faisceaux analytiques cohérents, Ann. Inst. Fourier **16** (1966), 363–374.

69. Existence de tours infinies de corps de classes d'après Golod et Šafarevič, Colloque CNRS, **143** (1966), 231–238.
70. Groupes de Lie l-adiques attachés aux courbes elliptiques, Colloque CNRS, **143** (1966), 239–256.
71. Résumé des cours de 1965–1966, Annuaire du Collège de France (1966), 49–58.
72. Sur les groupes de Galois attachés aux groupes p-divisibles, Proc. Conf. Local Fields, Driebergen, Springer-Verlag (1966), 118–131.
73. Commutativité des groupes formels de dimension 1, Bull. Sci. Math. **91** (1967), 113–115.
74. (avec H. Bass et J. Milnor) Solution of the congruence subgroup problem for $\mathbf{SL}_n (n \geqq 3)$ and $\mathbf{Sp}_{2n} (n \geqq 2)$, Publ. Math. I.H.E.S., n° **33** (1967), 59–137.
75. Local Class Field Theory, Algebraic Number Theory, édité par J. Cassels et A. Fröhlich, chap. VI, Acad. Press (1967), 128–161.
76. Complex Multiplication, Algebraic Number Theory, édité par J. Cassels et A. Fröhlich, chap. XIII, Acad. Press (1967), 292–296.
77. Groupes de congruence (d'après H. Bass, H. Matsumoto, J. Mennicke, J. Milnor, C. Moore), Séminaire Bourbaki 1966/67, n° **330**.
78. Résumé des cours de 1966–1967, Annuaire du Collège de France (1967), 51–52.
79. (avec J. Tate) Good reduction of abelian varieties, Ann. of Math. **88** (1968), 492–517.
80. Une interprétation des congruences relatives à la fonction τ de Ramanujan, Séminaire Delange-Pisot-Poitou 1967/68, n° **14**.
81. Groupes de Grothendieck des schémas en groupes réductifs déployés, Publ. Math. I.H.E.S, n° **34** (1968), 37–52.
82. Résumé des cours de 1967–1968, Annuaire du Collège de France (1968), 47–50.
83. Cohomologie des groupes discrets, C. R. Acad. Sci. Paris **268** (1969), 268–271.
84. Résumé des cours de 1968–1969, Annuaire du Collège de France (1969), 43–46.
85. Sur une question d'Olga Taussky, J. of Number Theory **2** (1970), 235–236.
86. Le problème des groupes de congruence pour $\mathbf{SL}_2$, Ann. of Math. **92** (1970), 489–527.
87. Facteurs locaux des fonctions zêta des variétés algébriques (définitions et conjectures), Séminaire Delange-Pisot-Poitou, 1969/70, n° **19**.
88. Cohomologie des groupes discrets, Ann. of Math. Studies, n° **70** (1971), 77–169, Princeton Univ. Press.
89. Sur les groupes de congruence des variétés abéliennes II, Izv. Akad. Nauk SSSR **35** (1971), 731–735.
90. (avec A. Borel) Adjonction de coins aux espaces symétriques; applications à la cohomologie des groupes arithmétiques, C. R. Acad. Sci. Paris **271** (1970), 1156–1158.

91. (avec A. Borel) Cohomologie à supports compacts des immeubles de Bruhat-Tits; applications à la cohomologie des groupes S-arithmétiques, C. R. Acad. Sci. Paris **272** (1971), 110–113.
92. Conducteurs d'Artin des caractères réels, Invent. Math. **14** (1971), 173–183.
93. Résumé des cours de 1970–1971, Annuaire du Collège de France (1971), 51–55.

Volume III: 1972–1984

94. Propriétés galoisiennes des points d'ordre fini des courbes elliptiques, Invent. Math. **15** (1972), 259–331.
95. Congruences et formes modulaires (d'après H.P.F. Swinnerton-Dyer), Séminaire Bourbaki 1971/72, n° **416**.
96. Résumé des cours de 1971–1972, Annuaire du Collège de France (1972), 55–60.
97. Formes modulaires et fonctions zêta *p*-adiques, Lect. Notes in Math., n° **350**, Springer-Verlag (1973), 191–268.
98. Résumé des cours de 1972–1973, Annuaire du Collège de France (1973), 51–56.
99. Valeurs propres des endomorphismes de Frobenius (d'après P. Deligne), Séminaire Bourbaki 1973/74, n° **446**.
100. Divisibilité des coefficients des formes modulaires de poids entier, C. R. Acad. Sci. Paris **279** (1974), série A, 679–682.
101. (avec P. Deligne) Formes modulaires de poids 1, Ann. Sci. Ec. Norm. Sup. **7** (1974), 507–530.
102. Résumé des cours de 1973–1974, Annuaire du Collège de France (1974), 43–47.
103. (avec H. Bass et J. Milnor) On a functorial property of power residue symbols, Publ. Math. I.H.E.S., n° **44** (1975), 241–244.
104. Valeurs propres des opérateurs de Hecke modulo *l*, Journées arith. Bordeaux, Astérisque **24–25** (1975), 109–117.
105. Les Séminaires Cartan, Allocution prononcée à l'occasion du Colloque Analyse et Topologie, Orsay, 17 juin 1975.
106. Minorations de discriminants, inédit, octobre 1975.
107. Résumé des cours de 1974–1975, Annuaire du Collège de France (1975), 41–46.
108. Divisibilité de certaines fonctions arithmétiques, L'Ens. Math. **22** (1976), 227–260.
109. Résumé des cours de 1975–1976, Annuaire du Collège de France (1976), 43–50.
110. Modular forms of weight one and Galois representations, Algebraic Number Fields, édité par A. Fröhlich, Acad. Press (1977), 193–268.
111. Majorations de sommes exponentielles, Journées arith. Caen, Astérisque **41–42** (1977), 111–126.

112. Représentations l-adiques, Kyoto Int. Symposium on Algebraic Number Theory, Japan Soc. for the Promotion of Science (1977), 177–193.
113. (avec H. Stark) Modular forms of weight 1/2, Lect. Notes in Math. n° **627**, Springer-Verlag (1977), 29–68.
114. Résumé des cours de 1976–1977, Annuaire du Collège de France (1977), 49–54.
115. Une «formule de masse» pour les extensions totalement ramifiées de degré donné d'un corps local, C. R. Acad. Sci. Paris **286** (1978), série A, 1031–1036.
116. Sur le résidu de la fonction zêta p-adique d'un corps de nombres, C. R. Acad. Sci. Paris **287** (1978), série A, 183–188.
117. Travaux de Pierre Deligne, Gazette des Mathématiciens **11** (1978), 61–72.
118. Résumé des cours de 1977–1978, Annuaire du Collège de France (1978), 67–70.
119. Groupes algébriques associés aux modules de Hodge-Tate, Journées de Géométrie Algébrique de Rennes, Astérisque **65** (1979), 155–188.
120. Arithmetic Groups, Homological Group Theory, édité par C. T. C. Wall, LMS Lect. Note Series n° **36,** Cambridge Univ. Press (1979), 105–136.
121. Un exemple de série de Poincaré non rationnelle, Proc. Nederland Acad. Sci. **82** (1979), 469–471.
122. Quelques propriétés des groupes algébriques commutatifs, Astérisque **69–70** (1979), 191–202.
123. Extensions icosaédriques, Séminaire de Théorie des Nombres de Bordeaux 1979/80, n° **19**.
124. Résumé des cours de 1979–1980, Annuaire du Collège de France (1980), 65–72.
125. Quelques applications du théorème de densité de Chebotarev, Publ. Math. I.H.E.S., n° **54** (1981), 123–201.
126. Résumé des cours de 1980–1981, Annuaire du Collège de France (1981), 67–73.
127. Résumé des cours de 1981–1982, Annuaire du Collège de France (1982), 81–89.
128. Sur le nombre des points rationnels d'une courbe algébrique sur un corps fini, C. R. Acad. Sci. Paris **296** (1983), série I, 397–402.
129. Nombres de points des courbes algébriques sur $\mathbf{F}_q$, Séminaire de Théorie des Nombres de Bordeaux 1982/83, n° **22**.
130. Résumé des cours de 1982–1983, Annuaire du Collège de France (1983), 81–86.
131. L'invariant de Witt de la forme $\mathrm{Tr}(x^2)$, Comm. Math. Helv. **59** (1984), 651–676.
132. Résumé des cours de 1983–1984, Annuaire du Collège de France (1984), 79–83.

Volume IV: 1985 – 1998

133. Lettres à Ken Ribet, janvier 1981.
134. Lettre à Daniel Bertrand, juin 1984.
135. Résumé des cours de 1984 – 1985, Annuaire du Collège de France (1985), 85–90.
136. Résumé des cours de 1985 – 1986, Annuaire du Collège de France (1986), 95–99.
137. Lettre à Marie-France Vignéras, février 1986.
138. Lettre à Ken Ribet, mars 1986.
139. Sur la lacunarité des puissances de η, Glasgow Math. J. **27** (1985), 203–221.
140. $\Delta = b^2 - 4ac$, Math. Medley, Singapore Math. Soc. **13** (1985), 1–10.
141. An interview with J-P. Serre, Intelligencer **8** (1986), 8–13.
142. Lettre à J-F. Mestre, A.M.S. Contemp. Math. **67** (1987), 263–268.
143. Sur les représentations modulaires de degré 2 de $\mathrm{Gal}(\bar{\mathbf{Q}}/\mathbf{Q})$, Duke Math. J. **54** (1987), 179–230.
144. Une relation dans la cohomologie des p-groupes, C. R. Acad. Sci. Paris **304** (1987), 587–590.
145. Résumé des cours de 1987 – 1988, Annuaire du Collège de France (1988), 79–82.
146. Résumé des cours de 1988 – 1989, Annuaire du Collège de France (1989), 75–78.
147. Groupes de Galois sur **Q**, Séminaire Bourbaki 1987/88, n° **689**, Astérisque **161 – 162** (1988), 73–85.
148. Résumé des cours de 1989 – 1990, Annuaire du Collège de France (1990), 81–84.
149. Construction de revêtements étales de la droite affine en caractéristique p, C. R. Acad. Sci. Paris **311** (1990), 341–346.
150. Spécialisation des éléments de $\mathrm{Br}_2(\mathbf{Q}(T_1, \ldots, T_n))$, C. R. Acad. Sci. Paris **311** (1990), 397–402.
151. Relèvements dans $\tilde{A}_n$, C. R. Acad. Sci. Paris **311** (1990), 477–482.
152. Revêtements à ramification impaire et thêta-caractéristiques, C. R. Acad. Sci. Paris **311** (1990), 547–552.
153. Résumé des cours de 1990 – 1991, Annuaire du Collège de France (1991), 111–121.
154. Motifs, Astérisque **198 – 199 – 200** (1991), 333–349.
155. Lettre à M. Tsfasman, Astérisque **198 – 199 – 200** (1991), 351–353.
156. Résumé des cours de 1991 – 1992, Annuaire du Collège de France (1992), 105–113.
157. Revêtements des courbes algébriques, Séminaire Bourbaki 1991/92, n° **749**, Astérisque **206** (1992), 167–182.
158. Résumé des cours de 1992 – 1993, Annuaire du Collège de France (1993), 109–110.
159. (avec T. Ekedahl) Exemples de courbes algébriques à jacobienne complètement décomposable, C. R. Acad. Sci. Paris **317** (1993), 509–513.

160. Gèbres, L'Enseignement Math. **39** (1993), 33–85.
161. Propriétés conjecturales des groupes de Galois motiviques et des représentations ℓ-adiques, Proc. Symp. Pure Math. **55** (1994), vol. I, 377–400.
162. A letter as an appendix to the square-root parameterization paper of Abhyankar, Algebraic Geometry and its Applications (C. L. Bajaj edit.), Springer-Verlag (1994), 85–88.
163. (avec E. Bayer-Fluckiger) Torsions quadratiques et bases normales autoduales, Amer. J. Math. **116** (1994), 1–63.
164. Sur la semi-simplicité des produits tensoriels de représentations de groupes, Invent. Math. **116** (1994), 513–530.
165. Résumé des cours de 1993 – 1994, Annuaire du Collège de France (1994), 91–98.
166. Cohomologie galoisienne: progrès et problèmes, Séminaire Bourbaki 1993/94, n° **783**, Astérisque **227** (1995), 229–257.
167. Exemples de plongements des groupes $\mathbf{PGL}_2(\mathbf{F}_p)$ dans des groupes de Lie simples, Invent. Math. **124** (1996), 525–562.
168. Travaux de Wiles (et Taylor, ...) I, Séminaire Bourbaki 1994/95, n° **803**, Astérisque **237** (1996), 319–332.
169. Two letters on quaternions and modular forms (mod p), Israel J. Math. **95** (1996), 281–299.
170. Répartition asymptotique des valeurs propres de l'opérateur de Hecke T_p, Journal A.M.S. **10** (1997), 75–102.
171. Semisimplicity and tensor products of group representations: converse theorems (with an Appendix by Walter Feit), J. Algebra **194** (1997), 496–520.
172. Deux lettres sur la cohomologie non abélienne, Geometric Galois Actions (L. Schneps and P. Lochak edit.), Cambridge Univ. Press (1997), 175–182.
173. La distribution d'Euler-Poincaré d'un groupe profini, Galois Representations in Arithmetic Algebraic Geometry (A. J. Scholl and R. L. Taylor edit.), Cambridge Univ. Press (1998), 461–493.
174. Sous-groupes finis des groupes de Lie, Séminaire Bourbaki 1998/99, n° **864**, Astérisque **266** (2000), 415–430; Doc. Math. **1**, 233–248, S.M.F., 2001.
175. La vie et l'œuvre d'André Weil, L'Enseignement Mathématique **45** (1999), 5–16.

Textes non reproduits dans les ŒUVRES

1) Ouvrages

Groupes algébriques et corps de classes, Hermann, Paris, 1959; 2ᵉ éd. 1975, 204 p. [traduit en anglais et en russe].

Corps Locaux, Hermann, Paris, 1962; 3ᵉ éd., 1980, 245 p. [traduit en anglais].

Cohomologie galoisienne, Lecture Notes in Maths. n° **5,** Springer-Verlag, 1964; 5° édition révisée et complétée, 1994, 181 p. [traduit en anglais et en russe].

Lie Algebras and Lie Groups, Benjamin Publ., New York, 1965; 3ᵉ éd. 1974, 253 p. [traduit en anglais et en russe].

Algèbre Locale. Multiplicités, Lecture Notes in Maths. n° **11,** Springer-Verlag, 1965 – rédigé avec la collaboration de P. GABRIEL; 3ᵉ éd. 1975, 160 p. [traduit en anglais et en russe].

Algèbres de Lie semi-simples complexes, Benjamin Publ., New York, 1966, 135 p. [traduit en anglais et en russe].

Représentations linéaires des groupes finis, Hermann, Paris, 1968; 3ᵉ éd. 1978, 182 p. [traduit en allemand, anglais, espagnol, japonais, polonais, russe].

Abelian l-adic representations and elliptic curves, Benjamin Publ., New York, 1968 – rédigé avec la collaboration de W. KUYK et J. LABUTE, 195 p. [traduit en russe]; 2° édition, A. K. Peters, Wellesley, 1998.

Cours d'Arithmétique, Presses Univ. France, Paris, 1970; 2ᵉ éd. 1977, 188 p. [traduit en anglais, chinois, japonais, russe].

Arbres, amalgames, SL_2, Astérisque n° **46,** Soc. Math. France 1977 – rédigé avec la collaboration de H. BASS; 3ᵉ éd. 1983, 189 p. [traduit en anglais et en russe].

Lectures on the Mordell-Weil Theorem, traduit et édité par M. Brown, d'après des notes de M. Waldschmidt, Vieweg, 1989, 218 p.; 3° édit., 1997.

Topics in Galois Theory, notes written by H. Darmon, Jones & Bartlett, Boston, 1992, 117 p.; A. K. Peters, Wellesley, 1994.

Exposés de Séminaires (1950–1999), Documents Mathématiques 1, S.M.F., 2001, 259 p.

Correspondance Grothendieck-Serre (éditée avec la collaboration de P. Colmez), Documents Mathématiques 2, S.M.F., 2001, 288 p.

2) Articles

Compacité locale des espaces fibrés, C. R. Acad. Sci. Paris **229** (1949), 1295–1297.

Trivialité des espaces fibrés. Applications, C. R. Acad. Sci. Paris **230** (1950), 916–918.

Sur un théorème de T. Szele, Acta Szeged **13** (1950), 190–191.

(avec A. Borel) [1] Sur certains sous-groupes des groupes de Lie compacts, Comm. Math. Helv. **27** (1953), 128–139.

(avec A. Borel) [1] Groupes de Lie et puissances réduites de Steenrod, Amer. J. of Math. **75** (1953), 409–448.

Correspondence, Amer. J. of Math. **78** (1956), 898.

(avec S. S. Chern et F. Hirzebruch) [2] On the index of a fibered manifold, Proc. Amer. Math. Soc. **8** (1957), 587–596.

Revêtements. Groupe fondamental, Mon. Ens. Math., Structures algébriques et structures topologiques, Genève (1958), 175–186.

(avec A. Borel) [1] Le théorème de Riemann-Roch (d'après des résultats inédits de A. Grothendieck), Bull. Soc. Math. de France **86** (1958), 97–136.

(avec A. Borel) [1] Théorèmes de finitude en cohomologie galoisienne, Comm. Math. Helv. **39** (1964), 111–164.

Groupes finis d'automorphismes d'anneaux locaux réguliers (rédigé par Marie-José Bertin), Colloque d'algèbre, E.N.S.J.F., Paris, 1967, 11 p.

Groupes discrets – Compactifications, Colloque Elie Cartan, Nancy, 1971, 5 p.

(avec A. Borel) [1] Corners and arithmetic groups, Comm. Math. Helv. **48** (1973), 436–491.

Fonctions zêta *p*-adiques, Bull. Soc. Math. de France, Mém. **37** (1974), 157–160.

Amalgames et points fixes, Proc. Int. Conf. Theory of Groups, Lect. Notes in Math. **372**, Springer-Verlag (1974), 633–640.

(avec A. Borel) [1] Cohomologie d'immeubles et de groupes S-arithmétiques, Topology **15** (1976), 211–232.

Deux lettres, Mémoires S.M.F., 2e série, n° **2** (1980), 95–102.

La vie et l'œuvre de Ivan Matveevich Vinogradov, C. R. Acad. Sci. Paris, La Vie des Sciences (1985), 667–669.

C est algébriquement clos (rédigé par A-M. Aubert), E.N.S.J.F., 1985.

Rapport au comité Fields sur les travaux de A. Grothendieck, K-Theory **3** (1989), 73–85.

Entretien avec Jean-Pierre Serre, *in* M. Schmidt, Hommes de Science, 218–227, Hermann, Paris, 1990; reproduit dans Wolf Prize in Mathematics, vol. 2, 542–549, World Sci. Publ. Co., Singapore, 2001.

Les petits cousins, Miscellanea Math., Springer-Verlag, 1991, 277–291.

Smith, Minkowski et l'Académie des Sciences (avec des notes de N. Schappacher), Gazette des Mathématiciens **56** (1993), 3–9.

Représentations linéaires sur des anneaux locaux, d'après Carayol (rédigé par R. Rouquier), ENS, 1993.

Commentaires sur: O. Debarre, Polarisations sur les variétés abéliennes produits, C. R. Acad. Sci. Paris **323** (1996), 631–635.

---

[1] Ces textes ont été reproduits dans les *Œuvres* de A. Borel, publiées par Springer-Verlag en 1983.

[2] Ce texte a été reproduit dans les *Selected Papers* de S. S. Chern, publiés par Springer-Verlag en 1978.

Appendix to: J-L. Nicolas, I. Z. Ruzsa et A. Sarközy, On the parity of additive representation functions, J. Number Theory **73** (1998), 292–317.

Appendix to: R. L. Griess, Jr., et A. J. E. Ryba, Embeddings of $PGL_2(31)$ and $SL_2(32)$ in $E_8(\mathbf{C})$, Duke Math. J. **94** (1998), 181–211.

Moursund Lectures on Group Theory, Notes by W. E. Duckworth, Eugene 1998, 30 p. (http:// darkwing.uoregon.edu/~math/serre/index.html).

Jean-Pierre Serre, in Wolf Prize in Mathematics, vol. 2, 523–551 (edit. S. S. Chern et F. Hirzebruch), World Sci. Publ. Co., Singapore, 2001.

Commentaires sur: W. Li, On negative eigenvalues of regular graphs, C. R. Acad. Sci. Paris **333** (2001), 907–912.

Appendix to: K. Lauter, Geometric methods for improving the upper bounds on the number of rational points on algebraic curves over finite fields, J. Algebraic Geometry **10** (2001), 19–36.

On a theorem of Jordan, notes rédigées par H. H. Chan, Math. Medley, Singapore Math. Soc. **29** (2002), 3–18.

Appendix to: K. Lauter, The maximum or minimum number of rational points on curves of genus three over finite fields, Comp. Math., à paraître.

3) Séminaires

Les séminaires marqués d'un astérisque * ont été reproduits, avec corrections, dans *Documents Mathématiques* **1**, S.M.F., 2001.

Séminaire Bourbaki

* Extensions de groupes localement compacts (d'après Iwasawa et Gleason), 1949/50, n° **27**, 6 p.

Utilisation des nouvelles opérations de Steenrod dans la théorie des espaces fibrés (d'après Borel et Serre), 1951/52, n° **54**, 10 p.

Cohomologie et fonctions de variables complexes, 1952/53, n° **71**, 6 p.

Faisceaux analytiques, 1953/54, n° **95**, 6 p.

* Représentations linéaires et espaces homogènes kählériens des groupes de Lie compacts (d'après Borel et Weil), 1953/54, n° **100**, 8 p.

Le théorème de Brauer sur les caractères (d'après Brauer, Roquette et Tate), 1954/55, n° **111**, 7 p.

Théorie du corps de classes pour les revêtements non ramifiés de variétés algébriques (d'après S. Lang), 1955/56, n° **133**, 9 p.

Corps locaux et isogénies, 1958/59, n° **185**, 9 p.

* Rationalité des fonctions zêta des variétés algébriques (d'après Dwork), 1959/60, n° **198**, 11 p.

* Revêtements ramifiés du plan projectif (d'après Abhyankar), 1959/60, n° **204**, 7 p.

* Groupes finis à cohomologie périodique (d'après R. Swan), 1960/61, n° **209**, 12 p.

* Groupes *p*-divisibles (d'après J. Tate), 1966/67, n° **318**, 14 p.

Travaux de Baker, 1969/70, n° **368,** 14 p.
p-torsion des courbes elliptiques (d'après Y. Manin), 1969/70, n° **380,** 14 p.
Cohomologie des groupes discrets, 1970/71, n° **399,** 14 p.
(avec Barry Mazur) Points rationnels des courbes modulaires $X_0(N)$, 1974/75, n° **469,** 18 p.
Représentations linéaires des groupes finis «algébriques» (d'après Deligne-Lusztig), 1975/76, n° **487,** 18 p.
* Points rationnels des courbes modulaires $X_0(N)$ (d'après Barry Mazur), 1977/78, n° **511,** 12 p.

Séminaire Henri Cartan

Groupes d'homologie d'un complexe simplicial, 1948/49, n° **2,** 9 p.
(avec H. Cartan) Produits tensoriels, 1948/49, n° **11,** 12 p.
Extensions des applications. Homotopie, 1949/50, n° **1,** 6 p.
Groupes d'homotopie, 1949/50, n° **2,** 7 p.
Groupes d'homotopie relatifs. Application aux espaces fibrés, 1949/50, n° **9,** 8 p.
Homotopie des espaces fibrés. Applications, 1949/50, n° **10,** 7 p.
* Applications algébriques de la cohomologie des groupes. I., 1950/51, n° **5,** 7 p.
* Applications algébriques de la cohomologie des groupes. II. Théorie des algèbres simples, 1950/51, n^{os} **6–7,** 20 p.
La suite spectrale des espaces fibrés. Applications, 1950/51, n° **10,** 9 p.
Espaces avec groupes d'opérateurs. Compléments, 1950/51, n° **13,** 12 p.
La suite spectrale attachée à une application continue, 1950/51, n° **21,** 8 p.
Applications de la théorie générale à divers problèmes globaux, 1951/52, n° **20,** 26 p.
* Fonctions automorphes d'une variable: application du théorème de Riemann-Roch, 1953/54, n^{os} **4–5,** 15 p.
* Deux théorèmes sur les applications complètement continues, 1953/54, n° **16,** 7 p.
* Faisceaux analytiques sur l'espace projectif, 1953/54, n^{os} **18–19,** 17 p.
* Fonctions automorphes, 1953/54, n° **20,** 23 p.
* Les espaces $K(\pi,n)$, 1954/55, n° **1,** 7 p.
* Groupes d'homotopie des bouquets de sphères, 1954/55, n° **20,** 7 p.
Rigidité du foncteur de Jacobi d'échelon $n \geqq 3$, 1960/61, n° **17,** Append., 3 p.
Formes bilinéaires symétriques entières à discriminant ± 1, 1961/62, n^{os} **14–15,** 16 p.

Séminaire Claude Chevalley

* Espaces fibrés algébriques, 1957/58, n° **1,** 37 p.
* Morphismes universels et variété d'Albanese, 1958/59, n° **10,** 22 p.
* Morphismes universels et différentielles de troisième espèce, 1958/59, n° **11,** 8 p.

Séminaire Delange-Pisot-Poitou

* Dépendance d'exponentielles *p*-adiques, 1965/66, n° **15,** 14 p.
Divisibilité de certaines fonctions arithmétiques, 1974/75, n° **20,** 28 p.

Séminaire Grothendieck

Existence d'éléments réguliers sur les corps finis, SGA 3 II 1962/64, n° **14,** Append. Lect. Notes in Math. **152,** 342–348.

Séminaire Sophus Lie

Tores maximaux des groupes de Lie compacts, 1954/55, n° **23,** 8 p.
Sous-groupes abéliens des groupes de Lie compacts, 1954/55, n° **24,** 8 p.

Seminar on Complex Multiplication (Lect. Notes in Math. **21,** 1966)

Statement of results, n° **1,** 8 p.
Modular forms, n° **2,** 16 p.

4) Éditions

G. F. Frobenius, *Gesammelte Abhandlungen* (Bd. I, II, III), Springer-Verlag, 1968, 2129 p.

(avec W. Kuyk) *Modular Functions of One Variable* III, Lect. Notes in Math. n° **350,** Springer-Verlag, 1973, 350 p.

(avec D. Zagier) *Modular Functions of One Variable* V, Lect. Notes in Math. n° **601,** Springer-Verlag, 1977, 294 p.

(avec D. Zagier) *Modular Functions of One Variable* VI, Lect. Notes in Math. n° **627,** Springer-Verlag, 1977, 339 p.

(avec R. Remmert) H. Cartan, *Œuvres,* vol. I, II, III, Springer-Verlag, 1979, 1469 p.

(avec U. Jannsen et S. Kleiman) *Motives*, Proc. Symp. Pure Math. **55,** AMS 1994, 2 vol., 1423 p.

Acknowledgements

Springer-Verlag thanks the original publishers of Jean-Pierre Serre's papers for permission to reprint them here.

The numbers following each source correspond to the numbering of the articles.

Reprinted from Algebraic Number Theory, © by Academic Press Inc.: 75, 76
Reprinted from Algebraic Number Fields, © by Academic Press Inc.: 110
Reprinted from Amer. J. of Math., © by Johns Hopkins University Press: 36, 40
Reprinted from Ann. Inst. Fourier, © by Institut Fourier, Grenoble: 32, 68
Reprinted from Ann. of Math., © by Math. Dept. of Princeton University: 9, 16, 18, 29, 45, 46, 79, 86
Reprinted from Ann. of Math. Studies, © by Princeton University Press: 88
Reprinted from Ann. Sci. Ec. Norm. Sup., © by Gauthier-Villars: 101
Reprinted from Annuaire du Collège de France, © by Collège de France: 37, 42, 44, 47, 52, 57, 59, 67, 71, 78, 82, 84, 93, 96, 98, 102, 107, 109, 114, 118, 124, 126, 127, 130, 132
Reprinted from Astérisque, © by Société Mathématique de France: 104, 111, 119, 122
Reprinted from Bull. Sci. Math., © by Gauthier-Villars: 73
Reprinted from Bull. Amer. Math. Soc., © by The American Mathematical Society: 61
Reprinted from Bull. Soc. Math. France, © by Gauthier-Villars: 14, 51
Reprinted from Colloque CNRS, © by Centre National de la Recherche Scientifique: 69, 70
Reprinted from Colloque de Bruxelles, © by Gauthier-Villars: 53
Reprinted from Comm. Math. Helv., © by Birkhäuser Verlag Basel: 19, 28, 131
Reprinted from Cong. Int. Math., Stockholm, © by Institut Mittag-Leffler: 56
Reprinted from Cong. Int. d'Amsterdam, © by North Holland Publishing Company: 27
Reprinted from C. R. Acad. Sci. Paris, © by Gauthier-Villars: 1, 2, 3, 4, 5, 6, 8, 10, 11, 12, 13, 22, 24, 63, 83, 90, 91, 100, 115, 116, 128
Reprinted from Gazette des Mathématiciens, © by Société Mathématique de France: 117
Reprinted from Int. Symp. Top. Alg. Mexico, © by University of Mexico: 38
Reprinted from Izv. Akad. Nauk SSSR, © by VAAP: 62, 89
Reprinted from Kyoto Int. Symp. on Algebraic Number Theory, © by Maruzen: 112
Reprinted from J. de Crelle, © by Walter de Gruyter & Co: 54

Reprinted from J. de Math. pures et appliquées, © by Gauthier-Villars: 35
Reprinted from J. London Math. Soc., © by Cambridge University Press: 43
Reprinted from J. of Number Theory, © by Academic Press: 85
Reprinted from l'Ens. Math., © by Université de Genève: 108
Reprinted from LMS Lect. Note Series no 36, © by Cambridge University Press: 120
Reprinted from Proc. Amer. Math. Soc., © by The American Mathematical Society: 30
Reprinted from Proc. int. symp., Tokyo-Nikko, © by The Science Council of Japan: 33
Reprinted from Publ. Math. I.H.E.S., © by Institut des Hautes Etudes Scientifiques: 49, 55, 74, 81, 103, 125
Reprinted from Séminaire Bourbaki, © by Ecole Normale Supérieure: 7, 17, 21, 25, 34, 41, 58, 60, 77, 95, 99
Reprinted from Séminaire Delange-Pisot-Poitou, © by Secrétariat Mathématique, Paris: 80, 87
Reprinted from Séminaire de Théorie des Nombres de Bordeaux, © by Université de Bordeaux: 123, 129
Reprinted from Séminaire Dubreil-Pisot, © by Secrétariat Mathématique, Paris: 39, 48
Reprinted from Séminaire H. Cartan, © by Secrétariat Mathématique, Paris: 26
Reprinted from Topology, © by Pergamon Press: 65, 66
Reprinted from Trans. Amer. Math. Soc., © by The American Mathematical Society: 15
Reprinted from Zeta and *L* functions, Arithmetical Algebraic Geometry, © by Harper and Row: 64